建筑结构设计系列手册

建筑结构荷载设计手册

（第四版）

沙志国　沙　安　编著

中国建筑工业出版社

图书在版编目（CIP）数据

建筑结构荷载设计手册/沙志国，沙安编著. —4
版. —北京：中国建筑工业出版社，2022.7
（建筑结构设计系列手册）
ISBN 978-7-112-27484-0

Ⅰ．①建… Ⅱ．①沙…②沙… Ⅲ．①建筑结构-结
构载荷-结构设计-技术手册 Ⅳ．①TU312-62

中国版本图书馆 CIP 数据核字（2022）第 097429 号

本手册（第四版）根据近年来我国新修订的有关建筑结构设计的国家
标准及建筑行业标准，如《建筑结构可靠性设计统一标准》GB 50068—
2018、《工程结构通用规范》GB 55001—2021、《建筑与市政工程抗震通
用规范》GB 55002—2021、《钢结构设计标准》GB 50017—2017 等有关内容
并参考有关技术资料编写而成。全书包括荷载分类和荷载效应组合、永久
荷载、楼面和屋面活荷载、吊车（起重机）荷载、雪荷载、风荷载、温度
作用、偶然荷载、地震作用及结构内力计算例题共 10 章，还有自动扶梯技
术资料、部分工业建筑及专用建筑楼面等效均布活荷载标准值、汽车活荷
载标准值、双向板楼面等效均布荷载计算表、国内部分起重机产品的技术
资料、常用机械设备动力系数等 8 个附录，资料翔实，使用方便。

责任编辑：刘瑞霞
责任校对：张 颖

建筑结构设计系列手册

建筑结构荷载设计手册（第四版）
沙志国 沙 安 编著

*

中国建筑工业出版社出版、发行（北京海淀三里河路9号）
各地新华书店、建筑书店经销
北京科地亚盟排版公司制版
河北鹏润印刷有限公司印刷

*

开本：787 毫米×1092 毫米 1/16 印张：38¼ 字数：926 千字
2022 年 9 月第四版 2022 年 9 月第一次印刷
定价：**138.00** 元
ISBN 978-7-112-27484-0
（39577）

第 四 版 前 言

由于《建筑结构可靠性设计统一标准》GB 50068—2018、《工程结构通用规范》GB 55001—2021、《建筑与市政工程抗震通用规范》GB 55002—2021、《钢结构设计标准》GB 50017—2017 等标准及规范的颁布实施，涉及本手册第三版的一些核心内容必须作相应变更及修改，方能满足工程设计的需要。

本手册的第四版与第三版相比较，在以下方面有较大变更和修改：

1. 按承载能力极限状态设计，确定持久设计状况和短暂设计状况的基本组合效应设计值时，增大永久荷载和可变荷载的分项系数，并取消现行《建筑结构荷载规范》GB 50009—2012 规定的由永久荷载效应控制的组合要求。

2. 确定地震作用效应和其他作用效应的基本组合设计值时，完善了设计值表达式增大了永久荷载对承载力不利的荷载分项系数。增大了水平地震作用和垂直地震作用的分项系数。

3. 提高部分民用建筑楼面均布活荷载标准值。

4. 统一主要受力结构和围护结构垂直作用于其表面上风荷载标准值的表达式。

5. 修改相关的计算例题。

6. 根据产品因技术进步更新情况，对附录五的起重机技术资料及附录一的自动扶梯技术资料部分进行更新修改。

7. 取消附录六的原内容，更新为常用机械设备的动力系数，供设计人员参考。

本书第一章～第八章由沙志国执笔，第九章及第十章由沙安执笔。

由于编者的技术水平和知识面的局限性，难免有错误和不当之处，恳请读者批评指正。

编者
2022 年 3 月

第 三 版 前 言

2010 年以来，我国有关建筑结构设计的国家标准及建筑行业标准完成新的修订，新颁布的标准中涉及建筑结构荷载（作用）的规定均有较大的变更，因而本手册需作相应修改。

本手册的第三版与第二版相比较在以下主要方面有较大修改：

1. 增加设计状况的内容；

2. 增加和完善偶然设计状况的表达式；

3. 增加可变荷载考虑设计年限的调整系数；

4. 调整和补充部分民用建筑楼面、屋面均布活荷载标准值及栏杆活荷载标准值；

5. 补充部分屋面积雪不均匀分布情况；

6. 完善和补充风荷载体型系数，修改顺风向风振系数计算表达式和计算参数，增加横风向和扭转风振等效风荷载计算规定；

7. 增加温度作用和偶然荷载的计算规定；

8. 增加计算例题。

本书第一～八章由沙志国执笔，第九章及第十章由沙安执笔，附录四由陈基发执笔。

由于编者水平和知识面的局限性，难免发生错误和不当之处，敬请读者批评指正。

编者

2016 年 12 月

第 二 版 前 言

本手册的第二版是在第一版的基础上，根据经修订后的《建筑结构荷载规范》GB 50009—2001 以及新修订的《建筑抗震设计规范》GB 50011—2001，《高层建筑混凝土结构技术规程》JGJ 3—2002 等建筑结构设计规范中的有关内容编写。

《建筑结构荷载规范》GB 50009—2001 的主要修订内容是有关荷载组合和风荷载两部分，此外也对建筑结构的楼面和屋面活荷载等作部分的调整和增项；《建筑抗震设计规范》GB 50011—2001 中关于地震作用的计算也有多处修订。以上修订内容已反映在本手册的第二版内。

此外，《建筑结构荷载规范》GB 50009—2001 自实施以来，规范修订组从不同渠道收集到使用意见，认为规范中的某些条文仍存在一定问题，正准备进行局部修订，本手册第二版内容中已包括了局部修订的内容。

编者
2004 年 7 月

第 一 版 前 言

80 年代后期，我国工业及民用建筑的结构设计规范相继进行了修订，采用了以概率理论为基础的极限状态设计方法，将建筑结构荷载规范与各类结构设计规范的内容有机结合，互相配套，形成完整的新设计方法体系，因而各规范的内容变动较大。为了介绍和推广使用新修订的结构设计规范，已出版了不少书籍和手册，但有关建筑结构荷载方面的很少。编写这本手册的目的就在于弥补这方面的空白。针对建筑结构设计中常遇到的有关荷载的问题，以《建筑结构荷载规范》GBJ 9—87 及《建筑抗震设计规范》GBJ 11—89 中有关条文内容为核心，并参考相应规范修订稿及有关资料编写这本设计手册，还通过例题形式来说明规范条文的正确应用。本手册以实用为目的，有关规范条文的背景资料和编制说明不在本手册中涉及。

本手册共分八章及六个附录，其内容包括荷载分类、荷载效应组合、永久荷载、楼面和屋面活荷载、吊车荷载、雪荷载、风荷载以及地震力等。

考虑到使用上的方便，将有关地震作用下的地震力设计参数也纳入本手册。这样可在结构设计初期汇集设计荷载时，有利于设计人员的查阅。

本手册除规范的内容外，尽量选编一些与荷载有直接关系的基础资料供设计人员查阅，例如在附录中列出的各类吊车、车辆和自动扶梯的技术数据；对在规范中不明确而在设计中又经常遇到的问题，作适当的介绍，提供一些可作参考的资料和方法，例如山区基本风压、吊车工作制与工作级别的关系、双向板楼面的等效均布活荷载等问题。手册中还增加了一些规范中未规定的荷载设计值。

必须说明，本手册虽然是在规范条文的基础上编写的，但由于手册的编写受制约的条件较少，有可能增加一些目前虽不成熟，但可供实际参考使用的内容，它对今后规范的修订有潜在的影响力，但目前还不能作为技术的法定依据。因此，设计人员在使用本手册时，仍应与规范内容区别对待。

限于编者水平，本手册中难免有不当和疏漏之处，希望广大设计人员将意见反映给中国建筑科学研究院《建筑结构荷载规范》管理组，以便在今后改进。

本手册由《建筑结构荷载规范》管理组负责人陈基发研究员和北京首都工程有限公司设计部沙志国总工程师共同编写，其中第七章地震力还邀请了中国建筑科学研究院金新阳高级工程师参加编写；此外，在手册的编写过程中还得到北京起重机运输机械研究所，上海、天津、大连等起重运输机械厂等单位的帮助，提供了吊车的技术资料，在此一并表示感谢。

编者

1997 年 6 月

术　语

作用——施加在结构上的集中力或分布力（直接作用也称荷载）；引起结构外加变形或约束变形的原因（间接作用）。

永久荷载——在结构设计所考虑的使用年限内始终存在，且其量值不随时间变化，或其变化与平均值相比可以忽略不计，或其变化是单调的并能趋于某个限值的荷载。

可变荷载——在结构使用年限内，其量值随时间变化，且其变化与平均值相比不可以忽略不计的荷载。

偶然荷载——在结构使用年限内不一定出现，而一旦出现其量值很大且持续时间很短的荷载。

荷载代表值——设计中用以验算极限状态所采用的荷载量值，例如标准值、组合值、频遇值和准永久值。

设计基准期——为确定可变荷载代表值而选用的时间参数。

设计工作年限（即设计使用年限）——设计规定的结构不需进行大修即可按其预定目的使用的时间段。

荷载标准值——荷载的基本代表值，为设计基准期内最大荷载统计分布的特征值（例如均值、众值、中值或某个分位值）；或根据工程经验确定。

可变荷载的组合值——对可变荷载，使组合后的荷载效应在设计基准期内的超越概率，能与该荷载单独出现时的相应概率趋于一致的荷载值；或使组合后的结构具有规定的可靠指标的荷载值，可通过组合值系数对荷载标准值的折减来表示。

可变荷载的频遇值——对可变荷载，在设计基准期内，其超越的总时间为规定的较小比率或被超越概率限制在规定概率的荷载值，可通过频遇值系数对荷载标准值的折减来表示。

可变荷载的准永久值——对可变荷载，在设计基准期内，其超越的总时间占设计基准期的比率较大的荷载值，可通过准永久值系数对荷载标准值的折减来表示。

荷载设计值——荷载代表值与荷载分项系数的乘积。

荷载效应——由荷载引起结构或构件的反应，例如内力、变形和裂缝等。

设计状况——代表一定时段内实际情况的一组设计条件，设计应做到在该组条件下结构不超越有关的极限状态。

持久设计状况——在结构使用过程中一定出现，且持续期很长的设计状况，其持续期一般与设计使用年限为同一数量级。

短暂设计状况——在结构施工和使用过程中出现概率大，而与设计使用年限相比，其持续期很短的设计状况。

偶然设计状况——在结构使用过程中出现概率很小，且持续期很短的设计状况。

地震设计状况——结构遭受地震时的设计状况。

极限状态——整个结构或结构的一部分超过某一特定状态就不能满足设计规定的某一功能要求，此特定状态为该功能的极限状态。

承载能力极限状态——对应于结构或结构构件达到最大承载力或不适于继续承载的变形的状态。

正常使用极限状态——对应于结构或结构构件达到正常使用或耐久性能的某项规定限值的状态。

不可逆正常使用极限状态——当产生超越正常使用极限状态的荷载卸除后，该荷载产生的超越状态不可恢复的正常使用极限状态。

可逆正常使用极限状态——当产生超越正常使用极限状态的荷载卸除后，该荷载产生的超越状态可以恢复的正常使用极限状态。

耐久性极限状态——对应于结构或结构构件在环境影响下出现的劣化达到耐久性能的某项规定限值或标志的状态。

荷载组合——按极限状态设计时，为保证结构的可靠性而对同时出现的各种荷载设计值的规定。

基本组合——承载能力极限状态计算时，永久作用（荷载）和可变作用（荷载）效应的组合；或结构构件抗震验算时，地震作用效应和其他作用（荷载）效应的组合。

偶然组合——承载能力极限状态计算时，永久作用、可变作用和一个偶然作用的组合，以及偶然事件发生后受损结构整体稳固性验算时，永久荷载与可变荷载的组合。

标准组合——正常使用极限状态计算时，采用标准值或组合值为荷载代表值的组合。

频遇组合——正常使用极限状态计算时，对可变荷载采用频遇值或准永久值为荷载代表值的组合。

准永久组合——正常使用极限状态计算时，对可变荷载采用准永久值为荷载代表值的组合。

荷载分项系数——承载能力极限状态计算时，为了使结构或构件具有规定的可靠度，在荷载效应中所采用的能反映荷载不定性并与结构或构件可靠度相关联的分项安全系数，如永久荷载分项系数、可变荷载分项系数。

结构的整体稳固性——当发生火灾、爆炸、撞击或人为的错误等偶然事件时，结构整体能保证稳固且不出现与起因不相称的破坏后果的能力。

连续倒塌——初始的局部破坏，从构件到构件扩展，最终导致整个结构倒塌或与起因不相称的一部分结构倒塌。

结构构件抗力的设计值——结构或构件承受荷载效应能力的设计值。

从属面积——考虑梁、柱等构件均布荷载折减所采用的计算构件负荷的楼面面积。

等效均布荷载——结构设计时，为了计算方便，一般采用等效均布荷载代替楼面上不连续分布的实际荷载，但所得结构的荷载效应仍应与实际的荷载效应保持一致。

动力系数——承受动力荷载的结构或构件，当按静力设计时采用的等效系数，其值为结构或构件的最大动力效应与相应的静力效应的比值。

吊车工作级别——反映吊车在运行期间工作繁重程度和利用次数的综合因素的级别，共分8级。

基本雪压——雪荷载的基准压力，一般按当地空旷平坦地面上积雪自重的观测数据，经概率统计得出 50 年一遇最大值确定。

屋面积雪分布系数——考虑积雪在屋面上不利分布情况的系数。

基本风压——风荷载的基准压力，一般按当地空旷平坦地面上 10m 高度处 10min 平均的风速观测数据，经概率统计得出 50 年一遇最大值确定的风速 v_0，再考虑当地的空气密度 ρ，按公式 $w_0 = \frac{1}{2}\rho v_0^2$ 确定的风压（w_0 即基本风压）。

地面粗糙度——风在到达房屋或结构物以前吹越 20 倍房屋或结构物高度且不小于 2km 范围内的地面时，描述该地面上不规则障碍物（植被、房屋高度及密集度等）分布状况的等级。

风荷载体型系数——风在建筑物表面引起的实际压力或吸力与该高度处当不存在建筑物时的速度风压的比值。

风荷载放大系数——考虑风荷载的脉动增大效应时，对主要受力结构或围护结构的风荷载放大系数。

风荷载地形修正系数——考虑建筑物所在位置处不同地形对建筑物所受风荷载的影响和修正系数。

风向影响系数——考虑不同风向对建筑物上作用的风荷载不同影响系数。

温度作用——结构或结构构件中由于温度变化所引起的作用。

气温——在标准百叶箱内测量所得按小时定时记录的温度。

基本气温——气温的基准值，取 50 年一遇月平均最高气温和月平均最低气温，根据历年最高温度月的最高气温的平均值和最低温度月内最低气温的平均值经统计确定。

均匀温度——在结构构件的整个截面中为常数且主导结构构件膨胀或收缩的温度。

初始温度——结构在施工某个阶段形成约束的结构系统时的温度，也称合拢温度。

抗震设防烈度——按国家规定的权限批准作为一个地区抗震设防依据的地震烈度。一般情况，取 50 年内超越概率 10% 的地震烈度。

地震作用——由地震动引起的结构动态作用，包括水平地震作用和竖向地震作用。

设计地震动参数——抗震设计用的地震加速度（速度、位移）时程曲线、加速度反应谱和峰值加速度。

场地——工程群体所在地，具有相似的反应谱特征，其范围相当于厂区、居民小区和自然村或不小于 $1.0\mathrm{km}^2$ 的平面面积。

场地类别——为适应抗震设计需要（选取地震设计反应谱特征周期和抗震措施），对建筑场地内土层的等效剪切波速和场地覆盖层厚度所作的类别划分。

地震影响系数——反映地震时地面运动强弱和场地类别、抗震设防烈度、结构自振周期的地震设计参数。

设计特征周期——抗震设计用的地震影响系数曲线中，反映地震震级、震中距和场地类别等因素的下降段起始点对应的周期值，简称特征周期。

抗震设防标准——衡量设防要求高低的尺度，由抗震设防烈度或设计地震动参数及建筑抗震设防类别确定。

重力荷载代表值——抗震设计中在计算地震作用时对重力荷载的取值，其值应取结构和构配件自重标准值和各可变荷载组合值之和。

　　底部剪力法——根据地震设计反应谱和结构的基本自振周期，由结构等效重力荷载确定结构底部总水平地震作用标准值（底部总剪力），然后以一定规则将其在结构高度上进行分配，确定各质点水平地震作用的计算方法。

　　振型分解反应谱法——根据地震设计反应谱和结构各个振型的周期和相对位移求得各振型各质点的水平地震作用和相应的水平地震作用效应，再用平方和平方根（SRSS）法或其他方法求得总地震作用效应的计算方法。

　　时程分析法——将地震时记录到的或人工模拟的地面运动时程曲线，经离散后作为输入，用数值积分的方法求解运动方程，由此求得整个地震作用过程的结构位移、速度和加速度的计算方法。

主 要 符 号

G_k——永久荷载标准值；

Q_k——可变荷载标准值；

P——预应力作用的代表值；

A_d——偶然荷载标准值；

S_{Gk}——永久荷载的标准值效应；

S_{Qk}——可变荷载的标准值效应；

S_P——预应力作用有关代表值的效应；

S_{A_d}——偶然荷载的标准值效应；

S_d——荷载效应组合设计值；

S_{Ehk}——水平地震作用标准值的效应；

S_{Evk}——竖向地震作用标准值的效应；

F_{Ek}——结构总水平地震作用标准值；

F_{Evk}——结构总竖向地震作用标准值；

G_E——地震时结构（构件）的重力荷载代表值；

G_{eq}——地震时结构等效总重力荷载代表值；

R——结构构件抗力设计值；脉动风荷载的共振分量因子；支座反力；

T_1——结构基本自振周期；

H——结构或山峰顶部高度；

B——结构迎风面宽度；

B_z——脉动风荷载的背景分量因子；

C_L'——横风向风力系数；

C_T'——风致扭矩系数；

C_m——横风向风力的角沿修正系数；

C_{sm}——横风向风力功率谱的角沿修正系数；

D——结构平面进深（顺风向尺寸）或直径；

Re——雷诺数；

St——斯脱罗哈数；

A——面积；

I——惯性矩；

E——弹性模量；

N——轴向力设计值；

M——弯矩设计值；

V——剪力设计值，或爆炸空间的体积（m^3）；

s_k——雪荷载标准值；

s_0——基本雪压；

w_k——风荷载标准值；

w_0——基本风压；

v_{cr}——横风向共振的临界风速；

α——坡度角，或风速剖面指数；

γ_0——结构重要性系数；

γ_{RE}——承载力抗震调整系数；

γ_G——永久荷载的分项系数；

γ_Q——可变荷载的分项系数；

γ_P——预应力作用的分项数；

γ_E——地震作用的分项系数；

ψ_c——可变荷载的组合值系数；

ψ_f——可变荷载的频遇值系数；

ψ_q——可变荷载的准永久值系数；

μ_r——屋面积雪分布系数；

μ_z——风压高度变化系数；

μ_s——风荷载体型系数；

μ_{sl}——风荷载局部体型系数；

β_z——风荷载放大系数；

C_d——风向影响系数；

C_t——风荷载地形修正系数；

ρ_x——脉动风荷载水平方向相关系数；

ρ_z——脉动风荷载竖直方向相关系数；

φ_z——结构振型系数；

ζ——结构阻尼比；

ζ_a——横风向气动阻尼比；

T_{max}、T_{min}——月平均最高气温、月平均最低气温；

$T_{s,max}$、$T_{s,min}$——结构最高平均温度、结构最低平均温度；

$T_{o,max}$、$T_{o,min}$——结构最高初始温度、结构最低初始温度；

ΔT_k——均匀温度作用标准值；

α_T——材料的线膨胀系数；

A_v——通口板面积（m^2）；

K_{dc}——计算爆炸等效均布静力荷载标准值的动力系数；

m——汽车或直升机的质量；

P_k——撞击荷载标准值；

p_v——通口板的核定破坏压力；

p_c——爆炸均布动荷载最大压力；

q_{ce}——爆炸等效均布静力荷载标准值；

t——撞击时间；

υ——汽车速度；

α——水平地震影响系数；

α_{max}——水平地震影响系数最大值；

α_{vmax}——竖向地震影响系数最大值。

目　录

第一章 荷载分类和荷载效应组合

第一节 荷载分类和荷载代表值

一、荷载分类

建筑结构设计时，为保证结构构件的安全和满足使用性能要求，应考虑结构构件上可能出现的各种作用。根据《建筑结构可靠性设计统一标准》GB 50068—2018[1]的规定，结构上的作用（包括直接作用——荷载；间接作用）可按性质分类，其中包括按随时间的变化分类、按随空间的变化分类、按结构的反应特点分类、按有无限值分类及其他分类等。《建筑结构荷载规范》GB 50009—2012[6]（以下简称现行荷载规范）结合建筑结构的特点及工程设计经验选用了按随时间的变化对建筑结构的荷载进行分类。此分类是最基本的分类，在分析结构可靠度时它关系到荷载概率模型的选择；在按各类极限状态计算时，它还关系到荷载代表值及其效应组合形式的选择。

现行荷载规范根据上述原则将建筑结构的荷载分为以下三种类型：

1. 永久荷载：包括结构自重、土压力、预应力及水位不变化的水压力等。

2. 可变荷载：包括楼面活荷载、屋面活荷载和积灰荷载、吊车荷载、风荷载、雪荷载、水位变化的水压力、温度作用等❶。

3. 偶然荷载：包括爆炸力、撞击力等。

以上对建筑结构的荷载分类，其中的永久荷载和可变荷载类同于以往所谓的恒荷载和活荷载，而偶然荷载也相当于 20 世纪 50 年代我国建筑结构设计规范中的特殊荷载。

在建筑结构设计中采用何种荷载代表值将直接影响到荷载的取值及大小，也关系到结构设计的安全和使用性能要求。因而现行荷载规范以强制性条文（见该规范第 3.1.2 条）对其给予规定。

由于任何荷载都具有不同性质的变异性，在设计中不可能直接引用反映荷载变异性的各种统计参数，并通过复杂的概率运算来进行具体设计，因而在设计时，除采用便于设计者使用的设计表达式外，对荷载需要赋予一个规定的量值，称其为荷载代表值。实际工程中可根据不同的设计要求，规定荷载有不同的代表值，以便能够更确切地反映该荷载在设计中的特点。现行荷载规范根据设计要求的不同给出荷载的四种代表值，即标准值、组合值、频遇值和准永久值。其中荷载标准值是荷载的基本代表值，而其余三种代表值均可在标准值的基础上乘以相应的系数后得出。

此外，现行荷载规范还明确规定，在建筑结构设计时，在不同的设计状况中不同荷载应采用不同的代表值。对永久荷载应采用标准值作为代表值；对可变荷载应根据设计状况

---

❶ 现行荷载规范考虑到便于设计应用，对可变荷载的有关规定同样适用于温度作用。

的不同要求采用标准值、组合值、频遇值或准永久值作为代表值；对偶然荷载应按建筑结构使用特点确定其代表值。

应该指出，由于地震作用是一种性质不同于其他荷载类型的重要作用，已在《建筑抗震设计规范》GB 50011—2010[12]作出相应规定，因而现行荷载规范未涉及。但本手册考虑到地震作用是我国建筑结构设计中必须考虑的主要作用之一，故将其有关内容纳入相关章节。

二、荷载标准值

荷载标准值是指在结构的使用期间可能出现的最大荷载值。由于荷载本身的随机性，因而使用期间的最大荷载也是随机变量，原则上可用它的统计分布来描述。按《建筑结构可靠性设计统一标准》GB 50068—2018 的规定，荷载标准值统一由设计基准期最大荷载概率分布的某个分位值来确定。其中设计基准期统一规定为 50 年，但对该分位值的百分位未作统一规定。因而通常当对某种荷载有足够资料且有可能对其统计分布作出合理估计时，则在其设计基准期为 50 年的最大荷载的分布上，可根据协议的百分位取其分位值作为该荷载的代表值。原则上可取该荷载概率分布的特征值（例如均值、众值或中值）作为标准值，此情况下在国际上习惯将其称为该荷载的特征值（Characteristic Value）。

目前并非对所有荷载都能取得足够的资料可进行统计分析，为此，不得不从实际出发，根据已有的工程实践经验，通过分析判断后，对该荷载协议一个公称值（Nominal Value）作为标准值的代表值。现行荷载规范中对按以上两种方式规定的荷载代表值统称为标准值。此外，对自然荷载（例如风荷载及雪荷载），工程习惯上都按其平均重现期（50 年一遇）的最大荷载值来定义其标准值，也即相当于以该荷载在重现期 50 年内最大荷载分布的众值作为标准值。

在确定各种可变荷载的标准值时，会涉及出现该荷载最大值的时域问题，现行荷载规范根据《建筑结构可靠性设计统一标准》GB 50068—2018 的统一规定，取建筑结构的设计基准期为 50 年作为荷载最大值的时域，也即相应的房屋建筑考虑结构设计使用年限为 50 年。因此当考虑建筑结构的设计使用年限不同时，现行荷载规范增加应对其可变荷载的标准值进行调整的规定。具体内容如下：

1. 对楼面和屋面活荷载的标准值，现行荷载规范规定，其调整系数 γ_L 应按表 1-1 采用。

房屋建筑楼面和屋面活荷载标准值考虑结构设计使用年限的调整系数 γ_L　　表 1-1

结构的设计使用年限（年）	γ_L
5	0.9
50	1.0
100	1.1

注：1. 当结构设计使用年限为 25 年时，调整系数 γ_L 可按线性内插确定；
　　2. 对荷载标准值可控制的活荷载（如书库、档案库、储藏室、机房、停车库以及工业建筑楼面均布活荷载等），结构设计使用年限调整系数 γ_L 取 1.0。

应该指出表 1-1 中的 γ_L 调整系数值根据概率理论分析，其取值基本偏于保守和安全。

2. 对风、雪荷载标准值，现行荷载规范规定可通过选择不同的重现期值来考虑设计使用年限年限的变化的影响。在现行荷载规范附录 E（本手册附录七）中除给出重现期为

50 年（设计基准期为 50 年）的基本风压和基本雪压外，也给出重现期为 10 年和 100 年的风压和雪压值，供设计人员使用。

3. 对吊车荷载由于其标准值是最大轮压值（见本手册第四章），与使用时间关系不大，因此现行荷载规范规定不需要考虑结构设计使用年限的影响，即对其不进行调整。

4. 对温度作用由于是现行荷载规范新增加的内容，尚未积累较多的设计经验，因此对其标准值暂不考虑设计使用年限影响的 γ_L 调整。

偶然荷载标准值应根据具体工程情况和偶然荷载可能出现的最大值确定，也可根据有关标准的专门规定确定。

地震作用标准值应根据地震作用的重现期及当地地区的基本烈度等参数确定。地震作用重现期可根据建筑抗震设防目标按《建筑抗震设计规范》GB 50011—2010[12] 的规定确定。

三、可变荷载的准永久值、频遇值和组合值

按《建筑结构可靠性设计统一标准》GB 50068—2018 的规定，可变荷载的准永久值是指在设计基准期内被超越的总时间占设计基准期比例较大的荷载值，可通过准永久值系数（$\psi_q \leqslant 1$）对荷载标准值的折减来表示。它用于确定建筑结构构件按正常使用极限状态验算、荷载偶然组合的承载能力极限状态计算及偶然事件发生后受损结构整体稳固性验算的效应设计值。由于按严格的统计定义来确定准永久值目前还比较困难，因此现行荷载规范对准永久值系数 ψ_q 的规定，大部分是根据工程经验并考虑国外标准的相关内容后确定。对于有可能划分为持久性和临时性两部分的可变荷载，可以直接引用可变荷载的持久性部分作为其准永久值。

按《建筑结构可靠性设计统一标准》GB 50068—2018 的规定，可变荷载的频遇值是指在设计基准期内被超越的总时间占设计基准期的比率较小的作用（荷载）值；或被超越的频率限制在规定频率内的作用（荷载）值，可通过频遇值系数（$\psi_f \leqslant 1$）对荷载标准值的折减来表示。它用于确定建筑结构按正常使用极限状态验算、荷载偶然组合的承载能力极限状态计算及偶然事件发生后受损结构整体稳固性验算的效应设计值。与可变荷载准永久值的情况相同，目前按严格的统计定义来确定频遇值还比较困难，因此现行荷载规范对频遇值系数 ψ_f 的规定，主要根据工程经验判断和参考国外标准的相关内容确定。

可变荷载的组合值是考虑到当作用在建筑结构上需要参与组合的可变荷载有两种或两种以上时，由于全部可变荷载同时达到其单独出现时可能达到的最大值的概率极小，因此，除主导可变荷载（产生最大效应的可变荷载）仍可以其标准值为代表值外，其他伴随的可变荷载均应采用相应时段内的最大可变荷载，也即以小于其标准值的组合值作为荷载代表值。《建筑结构可靠性设计统一标准》GB 50068—2018 对可变荷载组合值的定义，是指在设计基准期内使组合后的作用（荷载）效应值的超越概率与该作用（荷载）单独作用出现时的超越概率趋于一致的作用（荷载）值；或组合后结构具有规定可靠指标的作用（荷载）值。可通过组合值系数对荷载标准值的折减来表示。此外，在《工程结构可靠性设计统一标准》GB 50153—2008[76] 中的附录 C 中对如何确定可变荷载组合值规定了四项原则。这些原则与国际标准《结构可靠性总原则》ISO 2394—1998 的规定相同。我国在研究中发现 GB 50068—2018 规定的两种确定可变荷载组合值的方法所得的结果，对实际应用并无显著差别，但使组合后结构具有规定可靠指标的方法在概念上更为合理。由于考虑

到目前实际上对可变荷载取样的局限性，现行荷载规范无法按 GB 50068—2018 规定的原则确定可变荷载组合值，主要还是在工程经验范围内偏保守地确定其值，而且暂时不明确组合值的确定方法。

第二节   荷载效应组合

一、总则

《建筑结构可靠性设计统一标准》GB 50068—2018 首次规定：建筑结构在规定的设计使用年限内应满足三类极限状态设计（即承载能力极限状态设计、正常使用极限状态设计、耐久性极限状态设计）的要求及三类极限状态的标志或限值。此外还规定建筑结构设计时应区分以下四种设计状况：

1. 持久设计状况，适用于结构使用时的正常情况；

2. 短暂设计状况，适用于结构出现的临时情况，包括结构施工和检修时的情况等；

3. 偶然设计状况，适用于结构出现的异常情况，包括结构遭受火灾、爆炸、撞击时的情况等；

4. 地震设计状况，适用于结构遭受地震时的情况。由于《中国地震动参数区划图》GB 18306—2015 规定，全国均为抗震设防地区，因此新建、改建建筑工程均应考虑地震设计状况（除《建筑抗震设计规范》GB 50011—2010 有明确规定者外）。

对上述四种设计状况，该标准规定应分别进行下列极限状态设计：

1. 对上述四种设计状况，均应进行承载能力极限状态设计；

2. 对持久设计状况，尚应进行正常使用极限状态设计，并宜进行耐久性极限状态设计；

3. 对短暂设计状况和地震设计状况，可根据需要进行正常使用极限状态设计；

4. 对偶然设计状况，可不进行正常使用极限状态和耐久性极限状态设计。

在我国现行的各种建筑结构设计规范中（除缺乏统计资料者外），对承载能力极限状态设计和正常使用极限状态设计均采用以概率理论为基础、分项系数表达的极限状态设计方法，并规定对不同的设计状态应采用相应的不同荷载（作用）效应组合表达式，且应取其中最不利的效应组合进行相应设计状况的设计。而对耐久性极限状态设计，目前多数设计规范采用根据不同的环境类别对结构材料、设计构造、防护措施、施工质量有相应的要求等；以及对结构应采取定期检修和维修措施，以保证结构在设计年限内的耐久性能符合使用要求。但是对某些结构有严格的耐久性要求时，则应依据有关的专门设计标准，例如《混凝土结构耐久性设计规范》GB/T 50476—2008[73]、《建筑结构可靠性设计统一标准》GB 50068—2018 等进行结构对应于所处环境影响下详细的耐久性极限状态设计。

二、承载能力极限状态荷载组合的效应设计值

应按荷载的基本组合、偶然组合和地震组合确定荷载组合的效应设计值。其中基本组合用于持久设计状况和短暂设计状况；偶然组合用于偶然设计状况；地震组合用于地震设计状况，并用下列设计表达式进行设计：

$$\gamma_0 S_d \leqslant R \tag{1-1}$$

式中 γ_0——结构重要性系数，应根据建筑结构的安全等级（表 1-2）和设计状况（表 1-3）确定；

建筑结构的安全等级 表 1-2

安全等级	破坏后果
一级	很严重：对人的生命、经济、社会或环境影响很大
二级	严重：对人的生命、经济、社会或环境影响较大
三级	不严重：对人的生命、经济、社会或环境影响较小

结构重要性系数 γ_0 表 1-3

结构重要性系数	对持久设计状况和短暂设计状况			对偶然设计状况和地震设计状况
	安全等级			
	一级	二级	三级	
γ_0	1.1	1.0	0.9	1.0

注：当有关建筑结构设计规范对 γ_0 有规定时，尚需符合相应的规范规定。

S_d——荷载效应（如轴向力、弯矩、剪力等）组合的设计值；

R——结构构件抗力的设计值，应按各有关建筑结构设计规范的规定确定。当考虑地震作用时，抗力设计值尚应除以承载力调整系数 γ_{RE}。

1. 荷载基本组合的效应设计值 S_d

应从下列荷载组合中取用最不利的效应设计值进行设计：

$$S_d = \sum_{j=1}^{m} \gamma_{Gj} S_{Gjk} + \gamma_p S_p + \gamma_{Q1} \gamma_{L1} S_{Q1k} + \sum_{i=2}^{n} \gamma_{Qi} \gamma_{Li} \psi_{ci} S_{Qik} \qquad (1-2)$$

式中 γ_{Gj}——第 j 个永久荷载的分项系数；

γ_p——预应力作用的分项系数；

γ_{Qi}——第 i 个可变荷载的分项系数，其中 γ_{Q1} 为主导可变荷载 Q_1 的分项系数；

γ_{Li}——第 i 个可变荷载考虑设计使用年限的调整系数，其中 γ_{L1} 为主导可变荷载 Q_1 考虑设计使用年限的调整系数；

S_{Gjk}——按第 j 个永久荷载标准值 G_{jk} 计算的荷载效应值；

S_p——预应力作用有关代表值的效应；

S_{Qik}——按第 i 个可变荷载标准值 Q_{ik} 计算的荷载效应值，其中 S_{Q1k} 为诸可变荷载效应中起控制作用者；

ψ_{ci}——第 i 个可变荷载 Q_i 的组合值系数；

m——参与组合的永久荷载数；

n——参与组合的可变荷载数。

荷载基本组合效应设计值中的荷载分项系数应按下列规定采用：

（1）永久荷载分项系数 γ_G

当永久荷载效应对承载力不利时应取 1.3；

当永久荷载效应对承载力有利时，不应大于 1.0。当地下水压作为永久荷载考虑时，由于受地表水位的限制，其分项系数一般建议取 1.0。

（2）预应力作用分项系数 γ_p

对预应力作用，当其效应对结构不利时，不应小于 1.3；对结构有利时，不应大于 1.0。

（3）可变荷载分项系数 γ_Q

当可变荷载效应对承载力不利时应取 1.5；对标准值大于 4kN/m² 的工业房屋楼面可

变荷载，当其效应对承载力不利时应取 1.4；当可变荷载效应对承载力有利时应取 0。

（4）对结构的倾覆、滑移或漂浮验算，其荷载的分项系数应按有关建筑结构设计规范的规定取值。

应该指出：在公式（1-2）中的效应设计值仅适用于荷载与荷载效应按线性关系考虑的情况。对荷载与荷载效应为非线性关系的荷载基本组合问题，可参见《建筑结构可靠性设计统一标准》GB 50068—2018 的规定。此外，当对最不利的效应设计值无法明显判断时，应依次以各可变荷载效应作为 S_{Q1k}，并选取其中最不利的荷载组合的效应设计值。此过程一般可由计算机程序的运算来完成。

2. 荷载偶然组合的效应设计值 S_d

（1）用于偶然事件发生时结构承载力计算的效应设计值，应按下式进行计算：

$$S_d = \sum_{j=1}^{m} S_{Gjk} + S_p + S_{A_d} + \psi_{f1} S_{Q1k} + \sum_{i=2}^{n} \psi_{qi} S_{Qik} \tag{1-3}$$

式中 S_{A_d}——按偶然荷载标准值 A_d 计算的荷载效应值；

ψ_{f1}——第 1 个可变荷载的频遇值系数，应按有关标准的规定采用；

ψ_{qi}——第 i 个可变荷载的准永久值系数，应按有关标准的规定采用。

（2）用于偶然事件发生后受损结构整体稳固性验算的效应计算值，应按下式进行计算：

$$S_d = \sum_{j=1}^{m} S_{Gjk} + S_p + \psi_{f1} S_{Q1k} + \sum_{i=2}^{n} \psi_{qi} S_{qik} \tag{1-4}$$

以上两组合中的设计值仅适用于荷载与荷载效应为线性关系的情况。

和原荷载规范相比较，现行荷载规范修订了原规范的有关内容，明确给出偶然事件发生时结构承载力计算和偶然事件发生后受损结构整体稳固性验算的效应设计值计算公式。公式（1-3）主要考虑到：①由于偶然荷载标准值的确定往往带有主观和经验的因素，因而设计表达式中不再考虑荷载分项系数，而直接采用规定的标准值作为设计值；②对荷载偶然组合效应设计值，由于偶然事件本身属于小概率事件，两种不相关的偶然事件同时发生的概率更小，因而不必同时考虑两种或两种以上的偶然荷载；③偶然事件的发生是一个强不确定性事件，偶然荷载值的大小也不确定，在实际情况下的偶然荷载值可能发生超过规定的标准值，也就意味着按公式（1-3）计算的效应设计值设计的结构也存在破坏的可能性，因而为保证人员的生命安全，结构设计还应保证偶然事件发生后受损结构能够承担对应于偶然荷载组合设计状况的永久荷载和可变荷载。为此，现行荷载规范分别给出偶然事件发生时承载力计算和发生后整体稳固性验算两种不同的效应设计值表达式。公式（1-3）及公式（1-4）使荷载偶然组合的效应设计值的确定比原规范概念明确并反映了该领域的技术进步。

由于偶然荷载的特点是出现的概率很小，而一旦出现，量值很大，并往往具有很大的破坏作用甚至引起结构发生连续倒塌。因此设计人员和业主首先应控制偶然荷载发生的概率或减小偶然荷载的强度，其中的一些设计原则可查阅相关的参考资料（如《混凝土结构设计规范》GB 50010—2010 第 3.6 节及《高层建筑混凝土结构技术规程》JGJ 3—2010 第 3.12 节等）；其次才是进行偶然荷载发生的整体稳固性验算，目前我国已在一些结构设计规范中（如 GB 50010—2010、JGJ 3—2010、GB 50017—2017 等）增加和补充了有关整体稳固性验算的设计规定，为设计人员提供了设计依据。

3. 荷载地震组合的效应设计值 S_d

地震作用效应与其他荷载效应的基本组合应按下式计算：

$$S_d = \gamma_G S_{GE} + \gamma_{Eh} S_{Ehk} + \gamma_{Ev} S_{Evk} + \sum \gamma_{Di} S_{Di} + \sum \psi_i \gamma_i S_{ik} \qquad (1-5)$$

式中　　S_d——结构构件效应组合的设计值，包括组合的弯矩、轴向力和剪力设计值等；

　　　　γ_G——重力荷载分项系数，一般情况应采用 1.3，当重力荷载效应对构件承载能力有利时，应采用 1.0；

γ_{Eh}、γ_{Ev}——分别为水平、竖向地震作用分项系数，应按表 1-4 取值；

地震作用分项系数　　　　　　　　　　　　　　　　　　　表 1-4

地震作用	γ_{Eh}	γ_{Ev}
仅计算水平地震作用	1.4	0.0
仅计算竖向地震作用	0.0	1.4
同时计算水平与竖向地震作用（水平地震为主）	1.4	0.5
同时计算水平与竖向地震作用（竖向地震为主）	0.5	1.4

　　　　γ_{Di}——不包括在重力荷载内的第 i 个永久荷载的分项系数，对预应力其值及土压力效应对构件承载力不利时取 ≥ 1.3，有利时取 ≤ 1.0；

　　　　γ_i——不包括在重力荷载内的第 i 个可变荷载的分项系数，不应小于 1.5。

　　　S_{GE}——重力荷载代表值的效应，重力荷载代表值的确定详见本手册第九章第一节三款及第三节；对有硬钩吊车时，尚应包括悬吊物重力标准值的效应；

　　S_{Ehk}——水平地震作用标准值的效应，尚应乘以相应的增大系数或调整系数；

　　S_{Evk}——竖向地震作用标准值的效应，尚应乘以相应的增大系数或调整系数；

　　S_{Dik}——不包括在重力荷载内的第 i 个永久荷载标准值的效应；

　　　S_{ik}——不包括在重力荷载内的第 i 个可变荷载标准值的效应；

　　　ψ_i——不包括在重力荷载内的第 i 个可变荷载的组合值系数，对风荷载当为一般建筑结构时取等于 0，当为风荷载起控制作用的建筑结构时取等于 0.2；对温度作用取等于 0.65。

4. 进行荷载效应组合时应注意的事项

（1）应正确选择参与组合的可变荷载类别

现行荷载规范及其他结构设计规范[17,27]中在不同设计状况下对不同时参与组合的可变荷载均有某些专门规定，例如在现行荷载规范中规定，对不上人屋面均布活荷载可不与屋面雪荷载和风荷载同时考虑参与组合；又如在现行《建筑结构抗震设计规范》中规定，风荷载与地震作用仅在对风荷载起控制作用的结构才同时考虑参与组合，再如现行《门式刚架轻型房屋钢结构技术规范》GB 51022—2015[17]中规定风荷载不与地震作用参与组合等。因此结构设计人员在设计时必须根据工程的具体情况遵守相应的设计规范规定。

（2）本手册根据参考文献[1,74,75]在不同设计状况下的荷载组合设计效应中均明确预应力效应参与组合，但实际工程中在按现行国家标准中的某些规范（如混凝土结构设计规范）进行设计时，预应力效应不参与组合而将其视为承载力的一部分，因而设计人员应注意其相关的规定。

（3）采用手算确定不同工况下的设计值在某些情况下可进行简化计算

在某些情况下需要手算确定不同工况下的荷载组合效应设计值时，可根据以往的设计经验或判断分析，进行简化计算。例如在确定持久设计状况时的钢筋混凝土偏心受压构件正截面承载力时，可采用组合效应中的最大正弯矩（$+M_{max}$）和相应轴向力 N；最大负弯矩绝对值（$-M_{max}$）和相应的轴向力 N；最大轴向力 N_{max} 和相应的最大正弯矩或最大负弯矩绝对值（$\pm M_{max}$），最小轴向力 N_{min} 和相应的最大正弯矩或最大负弯矩绝对值（$\pm M_{max}$）等几种工况下的组合效应进行计算，通常情况下即可达到控制设计中最不利的效应组合设计值作用。再如对钢筋混凝土楼盖结构中的多跨连续梁进行持久设计状况下的受弯、受剪承载力计算时，在楼面均布活荷载标准值小于或等于 $4kN/m^2$ 的情况下，可不考虑楼面活荷载各种分布位置对内力计算的影响，仅计算在梁全长满布均布活荷载的内力即可满足设计精度要求。

三、正常使用极限状态荷载组合效应设计值

应根据不同的设计状况要求，采用荷载的标准组合、频遇组合或准永久组合的效应设计值，并应采用下列设计表达式进行设计：

$$S_d \leqslant C \tag{1-6}$$

式中　C——结构或结构构件达到正常使用要求的规定限值，例如裂缝、变形、自振频率、振动加速度、应力等的限值，应按各有关建筑结构设计规范的规定采用。

1. 荷载标准组合的效应设计值 S_d 应按下式进行计算：

$$S_d = \sum_{j=1}^{m} S_{Gjk} + S_p + S_{Q1k} + \sum_{i=2}^{n} \psi_{ci} S_{Qik} \tag{1-7}$$

2. 荷载频遇组合的效应设计值 S_d 应按下式进行计算：

$$S_d = \sum_{j=1}^{m} S_{Gjk} + S_p + \psi_{f1} S_{Q1k} + \sum_{i=2}^{n} \psi_{qi} S_{Qik} \tag{1-8}$$

3. 荷载准永久组合的效应设计值 S_d 应按下式进行计算：

$$S_d = \sum_{j=1}^{m} S_{Gjk} + S_p + \sum_{i=1}^{n} \psi_{qi} S_{Qik} \tag{1-9}$$

以上组合中的效应设计值仅适用于荷载与荷载效应为线性关系的情况。此外，关于正常使用极限状态的荷载标准组合、频遇组合、准永久组合的效应设计值 S_d 的计算公式，现行荷载规范根据近十年来的国际和国内科学研究成果，对以上三种设计工况的适用范围有新的认识，具体内容已在《建筑结构可靠性设计统一标准》GB 50068—2018 中规定，它指出：标准组合宜用于不可逆正常使用极限状态设计；频遇组合宜用于可逆正常使用极限状态设计；准永久组合宜用于当长期效应是决定性因素时的正常使用极限状态。其中不可逆正常使用极限状态设计是当产生超越正常使用极限状态的荷载卸除后，该荷载产生的超越状态不可恢复，反之则为可逆正常使用极限状态。由于我国以往对荷载频遇值及正常使用状态的荷载频遇组合尚缺乏深入的研究，结构设计人员对它尚不够熟悉，因此虽然自2001 年以来在原荷载规范中规定了各可变荷载的频遇值系数和荷载频遇组合效应设计值的计算公式，但在现行的建筑结构设计规范中均未在正常使用极限状态验算中有相关内容的规定。预计今后对此问题进行深入研究后，我国的建筑结构规范也会采用荷载频遇组合的设计概念。然而我国的《公路钢筋混凝土及预应力混凝土桥涵设计规范》JTG D62 早在2004 年已规定采用作用频遇组合效应设计值验算预应力混凝土梁的抗裂性，在我国工程界开创了先例。

在国内各类建筑结构设计规范中根据不影响正常使用、舒适度、观感、耐久性等方面的要求，对不同结构的受弯构件的挠度、柱构件的水平位移、结构的层间位移角、楼盖的自振频率和振动加速度、混凝土构件的裂缝控制等内容提出相应的正常使用极限状态的限值要求，现摘录如下：

1. 关于裂缝控制

在《混凝土结构设计规范》GB 50010—2010 中，根据结构在持久设计状况下的功能要求、环境条件对钢筋的腐蚀影响、钢筋种类对腐蚀的敏感性和荷载作用的时间等因素划分为三种控制等级：

一级——严格要求不出现裂缝的构件，按荷载标准组合计算时，构件受拉边缘混凝土不应产生拉应力；

二级——一般要求不出现裂缝的构件，按荷载标准组合计算时，构件受拉边缘混凝土拉应力不应大于混凝土抗拉强度的标准值；

三级——允许出现裂缝的构件，对钢筋混凝土构件按荷载准永久组合并考虑长期作用影响时，构件的最大裂缝宽度不应超过表 1-5 中的限值。对预应力混凝土构件按荷载标准组合并考虑长期作用的影响计算时，构件的最大裂缝宽度不应超过表 1-4 中的限值。对二 a 类环境的预应力混凝土构件，尚应按荷载准永久组合计算，且构件受拉边缘混凝土拉应力不应大于混凝土的抗拉强度标准值。

结构构件的裂缝控制等级及最大裂缝宽度的限值 w_{lim}（mm） 表 1-5

项次	环境类别	钢筋混凝土结构		预应力混凝土结构	
		裂缝控制等级	w_{lim}	裂缝控制等级	w_{lim}
1	一	三级	0.30（0.40）	三级	0.20
2	二 a		0.20		0.10
3	二 b			二级	—
4	三 a、三 b			一级	—

注：1. 对处于年平均相对湿度小于 60% 地区一类环境下的受弯构件，其最大裂缝宽度限值可采用括号内的数值；
2. 在一类环境下，对钢筋混凝土屋架、托架及需作疲劳验算的吊车梁，其最大裂缝宽度限值应取为 0.20mm；对钢筋混凝土屋面梁和托梁，其最大裂缝宽度限值应取为 0.30mm；
3. 在一类环境下，对预应力混凝土屋架、托架及双向板体系，应按二级裂缝控制等级进行验算；对一类环境下的预应力混凝土屋面梁、托梁、单向板，应按表中二 a 级环境的要求进行验算；在一类和二 a 类环境下需作疲劳验算的预应力混凝土吊车梁，应按裂缝控制等级不低于二级的构件进行验算；
4. 表中规定的预应力混凝土构件的裂缝控制等级和最大裂缝宽度限值仅适用于正截面的验算；预应力混凝土构件的斜截面裂缝控制验算应符合该规范第 7 章的有关规定；
5. 对烟囱、筒仓和处于液体压力下的结构，其裂缝控制要求应符合专门标准的有关规定；
6. 对于处于四、五类环境下的结构构件，其裂缝控制要求应符合专门标准的有关规定；
7. 表中的最大裂缝宽度限值为用于验算荷载作用引起的最大裂缝宽度。

2. 关于位移控制

（1）钢筋混凝土和预应力混凝土受弯构件的挠度限值见表 1-6[8]。

钢筋混凝土和预应力混凝土受弯构件的挠度限值（mm） 表 1-6

项次	构件类型	挠度限值
1	吊车梁：手动吊车 电动吊车	$l_0/500$ $l_0/600$

续表

项次	构件类型	挠度限值
2	屋盖、楼盖及楼梯构件： 当 $l_0 < 7\text{m}$ 时 当 $7\text{m} \leqslant l_0 \leqslant 9\text{m}$ 时 当 $l_0 > 9\text{m}$ 时	$l_0/200$（$l_0/250$） $l_0/250$（$l_0/300$） $l_0/300$（$l_0/400$）

注：1. 表中 l_0 为构件的计算跨度；
    2. 表中括号内的数值适用于使用上对挠度有较高要求的构件；
    3. 如果构件制作时预先起拱，且使用上也允许，则在验算挠度时，可将计算所得的挠度值减去起拱值；对预应力混凝土构件，尚可减去预加力所产生的反拱值；
    4. 计算悬臂构件的挠度限值时，其计算跨度 l_0 按实际悬臂长度的 2 倍取用；
    5. 构件制作时的起拱值和预加力所产生的反拱值不宜超过构件在相应荷载组合作用下的计算挠度值。

（2）钢结构受弯构件的挠度限值见表 1-7[9]。

钢结构吊车梁、楼盖梁、屋盖梁、工作平台梁以及墙架构件的挠度不宜超过表 1-7 所列的容许值。

钢结构受弯构件挠度容许值（mm） 表 1-7

项次	构件类别	挠度容许值	
		$[v_T]$	$[v_Q]$
1	吊车梁和吊车桁架（按自重和起重量最大的一台吊车计算挠度） （1）手动吊车和单梁吊车（含悬挂吊车） （2）轻级工作制桥式吊车 （3）中级工作制桥式吊车 （4）重级工作制桥式吊车	 $l/500$ $l/800$ $l/1000$ $l/1200$	
2	手动或电动葫芦的轨道梁	$l/400$	
3	（1）有重轨（重量等于或大于 38kg/m）轨道的工作平台梁 （2）有轻轨（重量等于或小于 24kg/m）轨道的工作平台梁	$l/600$ $l/400$	

4	楼（屋）盖梁或桁架、工作平台梁（第 3 项除外）和平台板
	（1）主梁或桁架（包括设有悬挂起重设备的梁和桁架）
	（2）仅支承压型金属板屋面和冷弯型钢檩条
	（3）除支承压型金属板屋面和冷弯型钢檩条外，尚有吊顶
	（4）抹灰顶棚的次梁
	（5）除（1）～（4）款外的其他梁（包括楼梯梁）
	（6）屋盖檩条
	  支承压型金属板屋面者
	  支承其他屋面材料者
	  有吊顶者
	（7）平台板
		
		$l/400$
		$l/180$
		$l/240$
		$l/250$
		$l/250$
		
		$l/150$
		$l/200$
		$l/240$
		$l/150$
			
			$l/500$
			
			$l/350$
			$l/300$

5	墙架构件（风荷载不考虑阵风系数） （1）支柱（水平方向） （2）作为连续支柱支承的抗风桁架（水平方向） （3）砌体墙的横梁（水平方向） （4）支承压型金属板的横梁（水平方向） （5）支承其他墙面材料的横梁（水平方向） （6）带有玻璃窗的横梁（竖直和水平方向）	 — — — — — $l/200$	 $l/400$ $l/1000$ $l/300$ $l/100$ $l/200$ $l/200$

注：1. l 为受弯构件的跨度（对悬臂梁和伸臂梁为悬伸长度的 2 倍）；
    2. $[v_T]$ 为永久和可变荷载标准值产生的挠度（如有起拱应减去拱度）的容许值；$[v_Q]$ 为可变荷载标准值产生的挠度的容许值；
    3. 冶金工厂或类似车间中设有工作级别为 A7、A8 级吊车的车间，其跨间每侧吊车梁或吊车桁架的制动结构，由一台最大吊车横向水平荷载（按荷载规范取值）所产生的挠度不宜超过制动结构跨度的 1/2200；
    4. 当吊车梁或吊车桁架跨度大于 12m 时，其挠度容许值 $[v_T]$ 应乘以 0.9 的系数；
    5. 当墙面采用延性材料或与结构柔性连接时，墙架构件的支柱水平位移容许值可采用 $l/300$，抗风桁架（作为连续支柱的支承时）水平位移容许值可采用 $l/800$。

(3) 单层钢结构的水平位移容许值[9]

① 在风荷载标准值作用下，单层钢结构柱顶水平位移不宜超过表 1-8 所列的容许值。

风荷载作用下单层钢结构柱顶水平位移容许值 表 1-8

结构体系	吊车情况	柱顶水平位移
排架、框架	无桥式吊车	$H/150$
	有桥式吊车	$H/400$

注：1. H 为柱高度，当围护结构采用轻型钢墙板时，柱顶水平位移要求可适当放宽；
　　2. 无桥式吊车时，当房屋高度不超过 18m 且围护结构采用轻型钢墙板，柱顶水平位移可放宽至 $H/60$；
　　3. 无桥式吊车时，当围护结构采用砌体墙，柱顶水平位移不宜大于 $H/240$；
　　4. 有桥式吊车时，当房屋高度不超过 18m、采用轻型屋盖、吊车起重量不大于 20t、工作级别为 A1～A5 且吊车由地面控制时，柱顶水平位移可放宽至 $H/180$。

② 在冶金厂房或类似车间中设有 A7、A8 级吊车的厂房柱和设有中级和重级工作制吊车的露天栈桥柱，在吊车梁或吊车桁架的顶面标高处，由一台最大吊车水平荷载（按荷载规范取值）所产生的计算变形值，不宜超过表 1-9 所列的容许值。

冶金厂房钢结构柱、露天栈桥钢柱位移限值 表 1-9

项次	位移的种类	按平面结构图形计算	按空间结构图形计算
1	厂房柱的横向位移	$H_c/1250$	$H_c/2000$
2	露天栈桥柱的横向位移	$H_c/2500$	—
3	厂房柱和露天栈桥柱的纵向位移	$H_c/4000$	—

注：1. H_c 为基础顶面至吊车梁或吊车桁架的顶面高度；
　　2. 计算厂房柱或露天栈桥柱的纵向位移时，可假定吊车的纵向水平制动力分配在温度区段内所有的柱间支撑或纵向框架上；
　　3. 在设有 A8 级吊车的厂房中，厂房柱的水平位移（计算值）容许值不宜大于表中数值的 90%；
　　4. 在设有 A6 级吊车的厂房中，厂房柱的纵向位移宜符合表中的要求。

(4) 多层及高层建筑钢结构的层间位移角容许值[9]

① 在风荷载标准值作用下，有桥式吊车时，多层钢结构的弹性层间位移角不宜超过 1/400。

② 在风荷载标准值作用下，无桥式吊车时，多层钢结构的弹性层间位移角不宜超过表 1-10 的数值。

多层钢结构无桥式吊车时在风荷载标准值作用下弹性层间位移角容许值 表 1-10

结构体系			弹性层间位移角
框架、框架-支撑			1/250
框-排架	侧向框-排架		1/250
	竖向框-排架	排架	1/150
		框架	1/250

注：1. 对室内装修要求较高的建筑，层间位移角宜适当减小；无墙壁的建筑，层间位移角可适当放宽。
　　2. 当围护结构可适应较大变形时，层间位移角可适当放宽；
　　3. 在多遇地震作用下多层钢结构的弹性层间位移角不宜超过 1/250。

③ 高层建筑钢结构在风荷载和多遇地震作用下弹性层间位移角不宜超过 1/250。

(5) 大跨度钢结构的挠度限值[9]

① 在永久荷载与可变荷载的标准组合下，大跨度钢结构挠度宜符合下列规定：

A. 结构的最大挠度值不宜超过表 1-11 中的挠度容许值。

在永久荷载与可变荷载的标准组合下的大跨度钢结构挠度容许值　　表 1-11

结构类型		跨中区域	悬挑结构
受弯为主的结构	桁架、网架 斜拉结构、张弦结构等	$l/250$（屋盖） $l/300$（楼盖）	$l/125$（屋盖） $l/150$（楼盖）
受压为主的结构	双层网壳	$l/250$	$l/125$
	拱架、单层网壳	$l/400$	—
受拉为主的结构	单层单索屋盖	$l/200$	
	单层索网、双层索系以及横向加劲索系的屋盖、索穹顶屋盖	$l/250$	

注：1. 表中 l 为结构短向跨度或悬挑跨度；
　　2. 索网结构的挠度为施加预应力后的挠度。

B. 网架与桁架可预先起拱，起拱值可取不大于短向跨度的 1/300；当仅为改善外观条件时，结构挠度可取永久荷载与可变荷载标准值作用下的挠度计算值减去起拱值，但结构在可变荷载作用下的挠度不宜大于结构跨度的 1/400。

C. 对于设有悬挂起重设备的屋盖结构，其最大挠度值不宜大于结构跨度的 1/400，在可变荷载作用下的挠度不宜大于结构跨度的 1/500。

② 在重力荷载代表值与多遇竖向地震作用标准值组合下的最大挠度值不宜超过表 1-12 的容许值。

重力荷载代表值与多遇竖向地震作用标准值组合下的大跨度钢结构挠度容许值　表 1-12

结构类型		跨中区域	悬挑结构
受弯为主的结构	桁架、网架 斜拉结构、张弦结构等	$l/250$（屋盖） $l/300$（楼盖）	$l/125$（屋盖） $l/150$（楼盖）
受压为主的结构	双层网壳、弦支穹顶	$l/300$	$l/150$
	拱架、单层网壳	$l/400$	—

注：表中 l 为结构短向跨度或悬挑跨度。

（6）门式刚架轻型钢结构房屋位移限值见表 1-13 和表 1-14[17]。

门式刚架房屋柱顶位移限值（mm）　　表 1-13

吊车情况	其他情况	柱顶位移限值	吊车情况	其他情况	柱顶位移限值
无吊车	当采用轻型钢墙板时	$H/60$	有桥式吊车	当吊车有驾驶室时	$H/400$
	当采用砌体墙时	$H/100$		当吊车由地面操作时	$H/180$

注：表中 H 为刚架柱高度。在风荷载或多遇地震标准值作用下的单层门式刚架房屋的柱顶位移计算值不应大于表中规定的限值。

门式刚架房屋受弯构件的挠度限值（mm）　　表 1-14

项次	挠度类别	构件类别		构件挠度限值
1	竖向挠度	门式刚架斜梁	仅支承压型钢板屋面和冷弯型钢檩条	$l/180$
			尚有吊顶	$l/240$
			有悬挂起重机	$l/400$
		夹层	主梁	$l/400$
			次梁	$l/250$
		檩条	仅支承压型钢板屋面	$l/150$
			尚有吊顶	$l/240$
		压型钢板屋面板		$l/150$

续表

项次	挠度类别	构件类别		构件挠度限值
2	水平挠度	墙板		$l/100$
		抗风柱或抗风桁架		$l/250$
		墙梁	仅支承压型钢板墙	$l/100$
			支承砌体墙	$l/180$ 且≤50mm

注：1. 表中 l 为构件跨度，对门式刚架斜梁 l 取全跨；
　　2. 对悬臂梁，按悬臂长度的 2 倍计算受弯构件的跨度。

（7）冷弯薄臂钢结构构件的挠度和侧移限值见表 1-15[21]。

冷弯薄壁钢结构挠度和侧移限值（mm）　　　　表 1-15

项次	构件类别			构件挠度和侧移限值
1	压型钢板	屋面板	屋面坡度＜1/20	$l/250$（竖向挠度）
			屋面坡度≥1/20	$l/200$（竖向挠度）
		墙板		$l/150$（水平方向挠度）
		楼板		$l/200$（竖向挠度）
2	檩条	瓦楞铁屋面		$l/150$（竖向挠度）
		压型钢板、钢丝瓦水泥瓦和其他水泥制品瓦屋面		$l/200$（竖向挠度）
3	墙梁	压型钢板、瓦楞铁墙面		$l/150$（水平方向挠度）
		窗洞顶部的墙梁		$l/200$（水平方向和竖向挠度）
4	刚架梁	仅支承压型钢板屋面和檩条（承受活荷载或雪荷载）		$l/180$（竖向挠度）
		尚有吊顶		$l/240$（竖向挠度）
		有吊顶且抹灰		$l/360$（竖向挠度）
5	刚架柱	无吊车	采用压型钢板等轻型钢墙板时	$H/75$（柱顶侧移）
			采用砖墙时	$H/100$（柱顶侧移）
		有桥式吊车	吊车由驾驶室操作时	$H/400$（柱顶侧移）
			吊车由地面操作时	$H/180$（柱顶侧移）

注：1. 表中窗洞顶部墙梁竖向挠度值且不得大于 10mm；
　　2. 表中刚架梁 l：对单跨山形门式刚架为一侧斜梁的坡面长度；对多跨山形门式刚架为相邻两柱之间斜梁一坡的坡面长度；
　　3. 对悬臂梁 l 取其实际悬臂长度的 2 倍；
　　4. 表中 l 为梁的计算跨度，H 为刚架柱高度。

（8）各类结构在多遇地震作用标准值或风荷载标准值作用下的弹性层间位移角限值 θ_e 见表 1-16[12,27]。

弹性层间位移角限值　　　　表 1-16

项次	结构类型	$[\theta_e]$
1	钢筋混凝土框架	1/550
2	钢筋混凝土框架-抗震墙、板柱抗震墙、框架-核心筒	1/800
3	钢筋混凝土抗震墙、筒中筒	1/1000
4	钢筋混凝土框支层	1/1000
5	多、高层钢结构	1/250

注：表中 $\theta_e \approx \Delta_u/h$，$\Delta_u$ 为按多遇地震作用标准值或风荷载标准值按弹性方法计算的楼层层间最大位移，h 为计算楼层层高。

（9）轻钢轻混凝土结构房屋构件的挠度和弹性层间位移角限值[32]应符合下列规定：

轻钢轻混凝土结构房屋受弯构件的挠度限值见表 1-17[32]。

受弯构件的挠度限值　　　　　　　　　　　表 1-17

项次	构件类别	挠度限值
1	楼盖、梁	$l_0/300$
2	门窗过梁	$l_0/350$
3	屋架、屋盖	$l_0/250$

注：1. l_0 为构件的计算跨度；
　　2. 计算悬臂构件的挠度限值时，其计算跨度 l_0 按实际悬臂长度的 2 倍计算。

轻钢轻混凝土结构房屋在风荷载标准值或多遇地震作用标准值作用下，按弹性计算的结构层间位移角不宜大于 1/1200。

（10）木结构受弯构件按荷载效应标准组合计算的挠度限值见表 1-18[10]。

木结构受弯构件挠度限值（mm）　　　　　　　　表 1-18

项次	构件类别		挠度限值〔w〕
1	檩条	$l \leqslant 3.3m$	$l/200$
		$l > 3.3m$	$l/250$
2	椽条		$l/150$
3	吊顶中的受弯构件		$l/250$
4	楼盖梁和搁栅		$l/250$
5	墙骨柱	墙面为刚性贴面	$l/360$
		墙面为柔性贴面	$l/250$
6	屋盖大梁	工业建筑	$l/120$
		民用建筑　无粉刷吊顶	$l/180$
		有粉刷吊顶	$l/240$

注：表中 l 为受弯构件的计算跨度。

（11）预应力混凝土结构房屋在多遇地震作用下的弹性层间位移角限值[43]应符合表 1-19 的规定：

预应力混凝土结构房屋的弹性层间位移角限值　　　　表 1-19

项次	房屋结构类型		弹性层间位移角限值
1	框架结构 板柱结构 板柱-框架结构 预应力装配整体式混凝土框架结构 无粘结预应力全装配式混凝土框架结构		1/500
2	框架-抗震墙结构 框架-核心筒结构 板柱-抗震墙结构		1/800
3	预应力混凝土框支层		1/1000
4	板柱-支撑结构	普通钢支撑	1/700
5		屈曲约束支撑	1/550

3. 关于楼盖结构舒适度控制

（1）楼盖结构的竖向自振频率限值

①《混凝土结构设计规范》GB 50010—2010 规定：对混凝土楼盖结构应根据使用功能的要求进行自振频率验算，并应符合下列要求：

对住宅和公寓不宜低于 5Hz；

对办公楼和旅馆不宜低于 4Hz；

对大跨度公共建筑不宜低于 3Hz。

②《高层民用建筑钢结构技术规程》JGJ 99—2015[28] 及《高层建筑混凝土结构技术规程》JGJ 3—2010[27] 规定，楼盖结构竖向自振频率不宜小于 3Hz。

③《建筑楼盖结构振动舒适度技术标准》JGJ/T 441—2019[78] 规定，以下三类不同用途的楼盖结构第一阶竖向自振频率限值如下：

A. 以行走激励振动为主的楼盖结构，第 1 阶竖向自振频率不宜低于 3Hz；

B. 有节奏运动为主的楼盖结构，在正常使用时其第 1 阶竖向自振频率不宜低于 4Hz；

C. 车间办公室、安装娱乐振动设备、生产操作区的楼盖结构，在正常使用时其第 1 阶自振频率不宜低于 3Hz。

以上三类楼盖结构在计算其第 1 阶竖向自振频率时，荷载的取值应符合 JGJ/T 441—2019 的规定。

（2）楼盖结构的竖向振动加速度限值

①《高层民用建筑钢结构技术规程》JGJ 99—2015 及《高层建筑混凝土结构技术规程》JGJ 3—2010 的规定见表 1-20。

楼盖结构竖向振动加速度限值　　　　　　　　　　　　　　表 1-20

人员活动环境	峰值加速度限值（m/s²）	
	竖向自振频率不大于 2Hz	竖向自振频率不小于 4Hz
住宅、办公	0.07	0.05
商场及室内连廊	0.22	0.15

注：1. 楼盖结构竖向自振频率为 2～4Hz 时，峰值加速度限值可按线性插值选取；
　　2. 楼盖结构竖向振动加速度的计算方法详见《高层建筑混凝土结构技术规程》JGJ 3—2010 附录 A。

②《建筑楼盖结构振动舒适度技术标准》JGJ/T 441—2019 的规定见表 1-21。

楼盖结构峰值加速度限值　　　　　　　　　　　　　　　　表 1-21

楼盖使用类别		峰值加速度限值（m/s²）
A	手术室	0.025
	住宅、医院病房、办公室、会议室、医院门诊室、教室、宿舍、旅馆、酒店、托儿所、幼儿园	0.05
	商场、餐厅、公共交通等候大厅、剧场、影院、礼堂、展览厅	0.15
B	舞厅、演出舞台，演唱会或体育场的看台（有、无固定座位）、健身房（仅进行有氧健身操）	0.50
	同时进行有氧健身操和器械健身的健身房	0.20
C	车间办公室	0.20
	安装娱乐振动设备	0.35
	生产操作区	0.40

注：峰值加速度限值计算时的荷载取值应符合 JGJ/T 441—2019 的规定。B 类楼盖的峰值加速度限值系指有限最大加速度限值。

4. 关于风荷载标准值作用下的高层建筑舒适度控制

对房屋高度不小于 150m 的混凝土或钢结构高层建筑，要求在现行荷载规范规定的 10 年一遇风荷载标准值作用下，结构项点的顺风向和横风向振动最大加速度计算值不应大于表 1-22 的限值[27,28]。

结构顶点的顺风向和横风向风振加速度限值　　　　　　　　表 1-22

使用功能	a_{lim}
住宅、公寓	$0.20 m/s^2$
办公、旅馆	$0.20 m/s^2$

【例题 1-1】　已知某设计使用年限为 100 年现浇钢筋混凝土房屋的楼板，该楼板按单跨单向简支设计，计算跨度 L_0 为 7.8m，按设计基准期 50 年确定的楼板上作用的荷载：永久荷载（包括楼板、楼面装修面层、吊顶自重）标准值为 7.5kN/m²，楼面均布活荷载标准值为 3kN/m²，组合值系数 ψ_c 为 0.7，结构重要性系数为 1.1。试确定该楼板在持久设计状况跨中正截面受弯承载力计算时，楼板单位宽度（m）的最不利荷载基本组合弯矩设计值 M_d。

【解】　楼板单位宽度（m）跨中正截面最大弯矩设计值 M_d 应按公式（1-2）计算，取 $\gamma_G = 1.3$；$\gamma_Q = 1.5$，并按表 1-1 取当设计使用年限为 100 年时楼面活荷载的调整系数 $\gamma_L = 1.1$；

$$M_d = \gamma_0(\gamma_G M_{Gk} + \gamma_Q \gamma_L M_{Qk})$$
$$= 1.1 \times (1.3 \times 7.5 \times 7.8^2/8 + 1.5 \times 1.1 \times 3 \times 7.8^2/8)$$
$$= 1230 kN \cdot m/m$$

【例题 1-2】　已知某设计使用年限为 50 年的工业建筑，其现浇钢筋混凝土单跨简支楼板计算跨度 $L_0 = 7.5m$，作用在楼板上的荷载：均布永久荷载标准值为 7kN/m²；等效均布活荷载标准值为 5kN/m²，结构重要性系数 $\gamma_c = 1.0$，试确定该楼板在持久设计状况跨中截面受弯承载力计算时，最不利的荷载基本组合弯矩设计值 M_d。

【解】　取 1m 宽板带按公式（1-2）计算持久设计状况跨中截面基本组合的最大弯矩设计值 M_d：取 $\gamma_G = 1.3$；$\gamma_Q = 1.5$

$$M_d = 1.3 \times 7 \times 7.5^2/8 + 1.5 \times 5 \times 7.5^2/8 = 116.7 kN \cdot m/m$$

【例题 1-3】　某设计使用年限为 50 年、计算跨度 L_0 为 6.6m 的简支钢筋混凝土楼面梁，梁上作用的荷载：均布永久荷载（包括梁、楼板、楼面装修面层、吊顶自重）标准值 20kN/m；楼面均布活荷载标准值 8kN/m，其准永久系数 ψ_q 为 0.7。试确定该楼面梁在持久设计状况正常使用极限状态设计进行跨中正截面裂缝宽度验算时，荷载准永久组合的弯矩设计值 M_d。（注：根据现行国家标准《混凝土结构设计规范》GB 50010—2010，对钢筋混凝土受弯构件进行裂缝宽度验算时，应采用荷载准永久组合的规定。）

【解】　该楼面梁在正常使用极限状态设计进行跨中正截面裂缝宽度验算时，荷载准永久组合的弯矩设计值 M_d 应按公式（1-9）确定。

$$M_d = (G_k + \psi_q q_k)L_0^2/8 = (20 + 0.7 \times 8) \times 6.6^2/8 = 139.4 kN \cdot m$$

【例题 1-4】　某设计使用年限为 50 年、上人屋面的预应力混凝土屋面梁，该梁按一级控制裂缝等级设计，梁上作用的荷载标准值：均布永久荷载（包括屋盖结构构件自重、屋面建筑做法自重、吊顶及悬挂管线自重等）24kN/m；屋面均布活荷载 12kN/m；屋面均布雪荷载 2.4kN/m；活荷载的组合值系数 ψ_c 均为 0.7。梁的计算跨度 L_0 为 18m，环境类别为一类。试确定该梁在持久设计状况对跨中正截面进行正常使用极限状态裂缝控制验算时的荷载标准组合弯矩设计值 M_d。

【解】　根据《建筑结构荷载规范》GB 50009—2012 规定，由于是上人屋面该梁上作用的可变荷载均应参与组合。其中屋面均布活荷载标准值较大，应作为主导活荷载，雪荷载应作为伴随活荷载，因此 M_d 应按公式（1-7）计算：

$$M_d = (G_k + Q_{1k} + \psi_c Q_{2k})L_0^2/8 = (24 + 12 + 0.7 \times 2.4) \times 18^2/8 = 1526 \text{kN} \cdot \text{m}$$

第二章 永久荷载

永久荷载是指在结构使用期间，其量值不随时间变化或其变化与平均值相比可以忽略不计的荷载。因此，对永久荷载进行概率统计时，原则上可采用正态分布，而其标准值可直接由其总体分布的平均值确定。

建筑结构构件上承受的永久荷载应包括结构构件、围护构件、建筑面层及装饰、固定设备、长期储物自重、土压力、预应力、水压力以及其他需要按永久荷载考虑的荷载等。其荷载标准值应根据该荷载的特性确定。

第一节 结构构件、围护构件、建筑面层及装饰的自重标准值

结构构件、围护构件、建筑面层及装饰的自重标准值可按其设计尺寸与材料单位体积或单位面积的自重计算确定。对一般材料和构件的单位体积或单位面积自重可取其平均值。对自重变异较大的材料和构件应根据对结构的不利和有利状态，分别取上限值和下限值。

一、常用材料和构件单位体积或单位面积的自重标准值

常用材料和构件单位体积或单位面积的自重标准值可按表 2-1 采用。

常用材料和构件单位体积或单位面积的自重标准值 表 2-1

项次		名称	自重	备注
1	木材 (kN/m³)	杉木	4.0	随含水率而不同
		冷杉、云杉、红松、华山松、樟子松、铁杉、拟赤杨、红椿、杨木、枫杨	4.0～5.0	随含水率而不同
		马尾松、云南松、油松、赤松、广东松、桤木、枫香、柳木、檫木、秦岭落叶松、新疆落叶松	5.0～6.0	随含水率而不同
		东北落叶松、陆均松、榆木、桦木、水曲柳、苦楝、木荷、臭椿	6.0～7.0	随含水率而不同
		锥木（栲木）、石栎、槐木、乌墨	7.0～8.0	随含水率而不同
		青冈栎（槠木）、栎木（柞木）、桉树、木麻黄	8.0～9.0	随含水率而不同
		普通木板条、椽檩木料	5.0	随含水率而不同
		锯末	2.0～2.5	加防腐剂时为 3kN/m³
		木丝板	4.0～5.0	—
		软木板	2.5	—
		刨花板	6.0	—
2	胶合板材 (kN/m²)	胶合三夹板（杨木）	0.019	—
		胶合三夹板（椴木）	0.022	—

续表

项次	名称		自重	备注
2	胶合板材 （kN/m²）	胶合三夹板（水曲柳）	0.028	—
		胶合五夹板（杨木）	0.030	—
		胶合五夹板（椴木）	0.034	—
		胶合五夹板（水曲柳）	0.040	—
		甘蔗板（按10mm厚计）	0.030	常用厚度为13mm，15mm， 19mm，25mm
		隔声板（按10mm厚计）	0.030	常用厚度为13mm，20mm
		木屑板（按10mm厚计）	0.120	常用厚度为6mm，10mm
3	金属矿产 （kN/m³）	锻铁	77.5	
		铁矿渣	27.6	—
		赤铁矿	25.0~30.0	—
		钢	78.5	
		紫铜、赤铜	89.0	
		黄铜、青铜	85.0	—
		硫化铜矿	42.0	
		铝	27.0	
		铝合金	28.0	
		锌	70.5	—
		亚锌矿	40.5	—
		铅	114.0	—
		方铅矿	74.5	—
		金	193.0	
		白金	213.0	—
		银	105.0	—
		锡	73.5	—
		镍	89.0	—
		水银	136.0	—
		钨	189.0	—
		镁	18.5	—
		锑	66.6	—
		水晶	29.5	—
		硼砂	17.5	—
		硫矿	20.5	—
		石棉矿	24.6	—
		石棉	10.0	压实
		石棉	4.0	松散，含水量不大于15%
		石垩（高岭土）	22.0	—
		石膏矿	25.5	—
		石膏	13.0~14.5	粗块堆放 $\varphi=30°$ 细块堆放 $\varphi=40°$
		石膏粉	9.0	—

项次		名称	自重	备注
4	土、砂、砂砾、岩石（kN/m³）	腐殖土	15.0~16.0	干，$\varphi=40°$；湿，$\varphi=35°$；很湿，$\varphi=25°$
		黏土	13.5	干，松，空隙比为1.0
		黏土	16.0	干，$\varphi=40°$，压实
		黏土	18.0	湿，$\varphi=35°$，压实
		黏土	20.0	很湿，$\varphi=25°$，压实
		砂土	12.2	干，松
		砂土	16.0	干，$\varphi=35°$，压实
		砂土	18.0	湿，$\varphi=35°$，压实
		砂土	20.0	很湿，$\varphi=25°$，压实
		砂土	14.0	干，细砂
		砂土	17.0	干，粗砂
		卵石	16.0~18.0	干
		黏土夹卵石	17.0~18.0	干，松
		砂夹卵石	15.0~17.0	干，松
		砂夹卵石	16.0~19.2	干，压实
		砂夹卵石	18.9~19.2	湿
		浮石	6.0~8.0	干
		浮石填充料	4.0~6.0	—
		砂岩	23.6	—
		页岩	28.0	—
		页岩	14.8	片石堆置
		泥灰石	14.0	$\varphi=40°$
		花岗岩、大理石	28.0	—
		花岗岩	15.4	片石堆置
		石灰石	26.4	—
		石灰石	15.2	片石堆置
		贝壳石灰岩	14.0	—
		白云石	16.0	片石堆置，$\varphi=48°$
		滑石	27.1	—
		火石（燧石）	35.2	—
		云斑石	27.6	—
		玄武岩	29.5	—
		长石	25.5	—
		角闪石、绿石	30.0	—
		角闪石、绿石	17.1	片石堆置
		碎石子	14.0~15.0	堆置
		岩粉	16.0	黏土质或石灰质的
		多孔黏土	5.0~8.0	作填充料用，$\varphi=35°$
		硅藻土填充料	4.0~6.0	—
		辉绿岩板	29.5	—

续表

项次	名称		自重	备注
5	砖及砌块 (kN/m³)	普通砖	18.0	240mm×115mm×53mm（684 块/m³）
		普通砖	19.0	机器制
		缸砖	21.0～21.5	230mm×110mm×65mm（609 块/m³）
		红缸砖	20.4	—
		耐火砖	19.0～22.0	230mm×110mm×65mm（609 块/m³）
		耐酸瓷砖	23.0～25.0	230mm×113mm×65mm（590 块/m³）
		灰砂砖	18.0	砂∶白灰＝92∶8
		煤渣砖	17.0～18.5	—
		矿渣砖	18.5	硬矿渣∶烟灰∶石灰＝75∶15∶10
		焦渣砖	12.0～14.0	—
		烟灰砖	14.0～15.0	炉渣∶电石渣∶烟灰＝30∶40∶30
		黏土坯	12.0～15.0	—
		锯末砖	9.0	—
		焦渣空心砖	10.0	290mm×290mm×140mm（85 块/m³）
		水泥空心砖	9.8	290mm×290mm×140mm（85 块/m³）
		水泥空心砖	10.3	300mm×250mm×110mm（121 块/m³）
		水泥空心砖	9.6	300mm×250mm×160mm（83 块/m³）
		蒸压粉煤灰砖	14.0～16.0	干重度
		陶粒空心砌块	5.0	长 600mm、400mm，宽 150mm、250mm，高 250mm、200mm
			6.0	390mm×290mm×190mm
		粉煤灰轻渣空心砌块	7.0～8.0	390mm×190mm×190mm，390mm×240mm×190mm
		蒸压粉煤灰加气混凝土砌块	5.5	—
		混凝土空心小砌块	11.8	390mm×190mm×190mm
		碎砖	12.0	堆置
		水泥花砖	19.8	200mm×200mm×24mm（1042 块/m³）
		瓷面砖	17.8.	150mm×150mm×8mm（5556 块/m³）
		陶瓷马赛克	0.12kN/m²	厚 5mm
6	石灰、水泥、灰浆及混凝土 (kN/m³)	生石灰块	11.0	堆置，$\varphi＝30°$
		生石灰粉	12.0	堆置，$\varphi＝35°$
		熟石灰膏	13.5	—
		石灰砂浆、混合砂浆	17.0	—
		水泥石灰焦渣砂浆	14.0	—
		石灰炉渣	10.0～12.0	—
		水泥炉渣	12.0～14.0	—
		石灰焦渣砂浆	13.0	—
		灰土	17.5	石灰∶土＝3∶7，夯实
		稻草石灰泥	16.0	—
		纸筋石灰泥	16.0	—
		石灰锯末	3.4	石灰∶锯末＝1∶3

续表

项次		名称	自重	备注
6	石灰、水泥、灰浆及混凝土（kN/m³）	石灰三合土	17.5	石灰、砂子、卵石
		水泥	12.5	轻质松散，$\varphi=20°$
		水泥	14.5	散装，$\varphi=30°$
		水泥	16.0	袋装压实，$\varphi=40°$
		矿渣水泥	14.5	—
		水泥砂浆	20.0	—
		水泥蛭石砂浆	5.0～8.0	—
		石棉水泥浆	19.0	—
		膨胀珍珠岩砂浆	7.0～15.0	—
		石膏砂浆	12.0	—
		碎砖混凝土	18.5	—
		素混凝土	22.0～24.0	振捣或不振捣
		矿渣混凝土	20.0	—
		焦渣混凝土	16.0～17.0	承重用
		焦渣混凝土	10.0～14.0	填充用
		铁屑混凝土	28.0～65.0	—
		浮石混凝土	9.0～14.0	—
		沥青混凝土	20.0	—
		无砂大孔性混凝土	16.0～19.0	—
		泡沫混凝土	4.0～6.0	—
		加气混凝土	5.5～7.5	单块
		石灰粉煤灰加气混凝土	6.0～6.5	—
		钢筋混凝土	24.0～25.0	—
		碎砖钢筋混凝土	20.0	—
		钢丝网水泥	25.0	用于承重结构
		水玻璃耐酸混凝土	20.0～23.5	—
		粉煤灰陶粒混凝土	19.5	—
7	沥青、煤灰、油料（kN/m³）	石油沥青	10.0～11.0	根据相对密度
		柏油	12.0	—
		煤沥青	13.4	—
		煤焦油	10.0	—
		无烟煤	15.5	整体
		无烟煤	9.5	块状堆放，$\varphi=30°$
		无烟煤	8.0	碎块堆放，$\varphi=35°$
		煤末	7.0	堆放，$\varphi=15°$
		煤球	10.0	堆放
		褐煤	12.5	—
		褐煤	7.0～8.0	堆放
		泥炭	7.5	—
		泥炭	3.2～4.2	堆放
		木炭	3.0～5.0	

续表

项次	名称		自重	备注
7	沥青、煤灰、油料（kN/m³）	煤焦	12.0	—
		煤焦	7.0	堆放，$\varphi=45°$
		焦渣	10.0	—
		煤灰	6.5	—
		煤灰	8.0	压实
		石墨	20.8	—
		煤蜡	9.0	—
		油蜡	9.6	—
		原油	8.8	—
		煤油	8.0	—
		煤油	7.2	桶装，相对密度0.82～0.89
		润滑油	7.4	—
		汽油	6.7	—
		汽油	6.4	桶装，相对密度0.72～0.76
		动物油、植物油	9.3	—
		豆油	8.0	大铁桶装，每桶360kg
8	杂项（kN/m³）	普通玻璃	25.6	
		钢丝玻璃	26.0	
		泡沫玻璃	3.0～5.0	
		玻璃棉	0.5～1.0	作绝缘层填充料用
		岩棉	0.5～2.5	
		沥青玻璃棉	0.8～1.0	导热系数0.035～0.047W/(m·K)
		玻璃棉板（管套）	1.0～1.5	导热系数0.035～0.047W/(m·K)
		玻璃钢	14.0～22.0	—
		矿渣棉	1.2～1.5	松散，导热系数 0.031～0.044W/(m·K)
		矿渣棉制品（板、砖、管）	3.5～4.0	导热系数0.047～0.07W/(m·K)
		沥青矿渣棉	1.2～1.6	导热系数0.041～0.052W/(m·K)
		膨胀珍珠岩粉料	0.8～2.5	干，松散，导热系数 0.052～0.076W/(m·K)
		水泥珍珠岩制品、憎水珍珠岩制品	3.5～4.0	强度1.0N/m²，导热系数0.058～0.081W/(m·K)
		膨胀蛭石	0.8～2.0	导热系数0.052～0.07W/(m·K)
		沥青蛭石制品	3.5～4.5	导热系数0.81～0.105W/(m·K)
		水泥蛭石制品	4.0～6.0	导热系数0.093～0.14W/(m·K)
		聚氯乙烯板（管）	13.6～16.0	
		聚苯乙烯泡沫塑料	0.5	导热系数不大于0.035W/(m·K)
		石棉板	13.0	含水率不大于3%
		乳化沥青	9.8～10.5	—
		软性橡胶	9.30	
		白磷	18.30	
		松香	10.70	

续表

项次	名称		自重	备注
8	杂项 (kN/m³)	磁	24.00	—
		酒精	7.85	100%纯
		酒精	6.60	桶装，相对密度 0.79～0.82
		盐酸	12.00	浓度 40%
		硝酸	15.10	浓度 91%
		硫酸	17.90	浓度 87%
		火碱	17.00	浓度 60%
		氯化铵	7.50	袋装堆放
		尿素	7.50	袋装堆放
		碳酸氢铵	8.00	袋装堆放
		水	10.00	温度 4℃密度最大时
		冰	8.96	—
		书籍	5.00	书架藏置
		道林纸	10.00	—
		报纸	7.00	—
		宣纸类	4.00	—
		棉花、棉纱	4.00	压紧平均重量
		稻草	1.20	—
		建筑碎料（建筑垃圾）	15.00	—
9	食品 (kN/m³)	稻谷	6.00	$\varphi=35°$
		大米	8.50	散放
		豆类	7.50～8.00	$\varphi=20°$
		豆类	6.80	袋装
		小麦	8.00	$\varphi=25°$
		面粉	7.00	—
		玉米	7.80	$\varphi=28°$
		小米、高粱	7.00	散装
		小米、高粱	6.00	袋装
		芝麻	4.50	袋装
		鲜果	3.50	散装
		鲜果	3.00	箱装
		花生	2.00	袋装带壳
		罐头	4.50	箱装
		酒、酱油、醋	4.00	成瓶箱装
		豆饼	9.00	圆饼放置，每块 28kg
		矿盐	10.00	成块
		盐	8.60	细粒散放
		盐	8.10	袋装
		砂糖	7.50	散装
		砂糖	7.00	袋装

续表

项次	名称		自重	备注
10	砌体 （kN/m³）	浆砌细方石	26.4	花岗石，方整石块
		浆砌细方石	25.6	石灰石
		浆砌细方石	22.4	砂岩
		浆砌毛方石	24.8	花岗石、上下面大致平整
		浆砌毛方石	24.0	石灰石
		浆砌毛方石	20.8	砂岩
		干砌毛石	20.8	花岗石，上下面大致平整
		干砌毛石	20.0	石灰石
		干砌毛石	17.6	砂岩
		浆砌普通砖	18.0	—
		浆砌机砖	19.0	—
		浆砌缸砖	21.0	—
		浆砌耐火砖	22.0	—
		浆砌矿渣砖	21.0	—
		浆砌焦渣砖	12.5～14.0	—
		土坯砖砌体	16.0	
		黏土砖空斗砌体	17.0	中填碎瓦砾，一眠一斗
		黏土砖空斗砌体	13.0	全斗
		黏土砖空斗砌体	12.5	不能承重
		黏土砖空斗砌体	15.0	能承重
		粉煤灰泡沫砌块砌体	8.0～8.5	粉煤灰：电石渣：废石膏＝74：22：4
		三合土	17.0	灰：砂：土＝1：1：9～1：1：4
11	隔墙与 墙面 （kN/m²）	双面抹灰板条隔墙	0.9	每面抹灰厚16～24mm，龙骨在内
		单面抹灰板条隔墙	0.5	灰厚16～24mm，龙骨在内
		C形轻钢龙骨隔墙	0.27	两层12mm纸面石膏板，无保温层
			0.32	两层12mm纸面石膏板， 中填岩棉保温板50mm
			0.38	三层12mm纸面石膏板，无保温层
			0.43	三层12mm纸面石膏板， 中填岩棉保温板50mm
			0.49	四层12mm纸面石膏板，无保温层
			0.54	四层12mm纸面石膏板， 中填岩棉保温板50mm
		贴瓷砖墙面	0.50	包括水泥砂浆打底，共厚25mm
		水泥粉刷墙面	0.36	20mm厚，水泥粗砂
		水磨石墙面	0.55	25mm厚，包括打底
		水刷石墙面	0.50	25mm厚，包括打底
		石灰粗砂粉刷	0.34	20mm厚
		剁假石墙面	0.50	25mm厚，包括打底
		外墙拉毛墙面	0.70	包括25mm厚水泥砂浆打底

续表

项次	名称		自重	备注
12	屋架、门窗 (kN/m²)	木屋架	0.07+ 0.007l	按屋面水平投影面积计算，跨度 l 以 m 计算
		钢屋架	0.12+ 0.011l	无天窗，包括支撑，按屋面水平投影面积计算，跨度 l 以 m 计算
		木框玻璃窗	0.20～0.30	—
		钢框玻璃窗	0.40～0.45	—
		木门	0.10～0.20	—
		钢铁门	0.40～0.45	—
13	屋顶 (kN/m²)	黏土平瓦屋面	0.55	按实际面积计算，下同
		水泥平瓦屋面	0.50～0.55	
		小青瓦屋面	0.90～1.10	
		冷摊瓦屋面	0.50	—
		石板瓦屋面	0.46	厚 6.3mm
		石板瓦屋面	0.71	厚 9.5mm
		石板瓦屋面	0.96	厚 12.1mm
		麦秸泥灰顶	0.16	以 10mm 厚计
		石棉板瓦	0.18	仅瓦自重
		波形石棉瓦	0.20	1820mm×725mm×8mm
		镀锌薄钢板	0.05	24 号
		瓦楞铁	0.05	26 号
		彩色钢板波形瓦	0.12～0.13	0.6mm 厚彩色钢板
		拱形彩色钢板屋面	0.30	包括保温及灯具重 0.15kN/m²
		有机玻璃屋面	0.06	厚 1.0mm
		玻璃屋顶	0.30	9.5mm 夹丝玻璃，框架自重在内
		玻璃砖顶	0.65	框架自重在内
		油毡防水层（包括改性沥青防水卷材）	0.05	一层油毡刷油两遍
			0.25～0.30	四层做法，一毡二油上铺小石子
			0.30～0.35	六层做法，二毡三油上铺小石子
			0.35～0.40	八层做法，三毡四油上铺小石子
		捷罗克防水层	0.10	厚 8mm
		屋顶天窗	0.35～0.40	9.5mm 夹丝玻璃，框架自重在内
14	顶棚 (kN/m²)	钢丝网抹灰吊顶	0.45	
		麻刀灰板条顶棚	0.45	吊木在内，平均灰厚 20mm
		砂子灰板条顶棚	0.55	吊木在内，平均灰厚 25mm
		苇箔抹灰顶棚	0.48	吊木龙骨在内
		松木板顶棚	0.25	吊木在内
		三夹板顶棚	0.18	吊木在内
		马粪纸顶棚	0.15	吊木及盖缝条在内
		木丝板吊顶棚	0.26	厚 25mm，吊木及盖缝条在内
		木丝板吊顶棚	0.29	厚 30mm，吊木及盖缝条在内
		隔声纸板顶棚	0.17	厚 10mm，吊木及盖缝条在内

续表

项次	名称		自重	备注
14	顶棚 (kN/m²)	隔声纸板顶棚	0.18	厚 13mm，吊木及盖缝条在内
		隔声纸板顶棚	0.20	厚 20mm，吊木及盖缝条在内
		V 形轻钢龙骨吊顶	0.12	一层 9mm 纸面石膏板，无保温层
			0.17	二层 9mm 纸面石膏板，有厚 50mm 的岩棉板保温层
			0.20	二层 9mm 纸面石膏板，无保温层
			0.25	二层 9mm 纸面石膏板，有厚 50mm 的岩棉板保温层
		V 形轻钢龙骨及铝合金龙骨吊顶	0.10~0.12	一层矿棉吸声板厚 15mm，无保温层
		顶棚上铺焦渣锯末绝缘层	0.20	厚 50mm 焦渣、锯末按 1:5 混合
15	地面 (kN/m²)	地板格栅	0.20	仅格栅自重
		硬木地板	0.20	厚 25mm，剪刀撑、钉子等自重在内，不包括格栅自重
		松木地板	0.18	
		小瓷砖地面	0.55	包括水泥粗砂打底
		水泥花砖地面	0.60	砖厚 25mm，包括水泥粗砂打底
		水磨石地面	0.65	10mm 面层，20mm 水泥砂浆打底
		油地毡	0.02~0.03	油地纸，地板表面用
		木块地面	0.70	加防腐油膏铺砌厚 76mm
		菱苦土地面	0.28	厚 20mm
		铸铁地面	4.00~5.00	60mm 碎石垫层，60mm 面层
		缸砖地面	1.70~2.10	60mm 砂垫层，53mm 棉层，平铺
		缸砖地面	3.30	60mm 砂垫层，115mm 棉层，侧铺
		黑砖地面	1.50	砂垫层，平铺
16	建筑用压型钢板 (kN/m²)	单波型 V-300（S-30）	0.120	波高 173mm，板厚 0.8mm
		双波型 W-550	0.110	波高 130mm，板厚 0.8mm
		三波型 V-200	0.135	波高 70mm，板厚 1mm
		多波型 V-125	0.065	波高 35mm，板厚 0.6mm
		多波型 V-115	0.079	波高 35mm，板厚 0.6mm
17	建筑墙板 (kN/m²)	彩色钢板金属幕墙板	0.11	两层，彩色钢板厚 0.6mm，聚苯乙烯芯材厚 25mm
		金属绝热材料（聚氨酯）复合板	0.14	板厚 40mm，钢板厚 0.6mm
			0.15	板厚 60mm，钢板厚 0.6mm
			0.16	板厚 80mm，钢板厚 0.6mm
		彩色钢板夹聚苯乙烯保温板	0.12~0.15	两层，彩色钢板厚 0.6mm，聚苯乙烯芯材板厚 50~250mm
		彩色钢板岩棉夹心板	0.24	板厚 100mm，两层彩色钢板，Z 型龙骨岩棉芯材
			0.25	板厚 120mm，两层彩色钢板，Z 型龙骨岩棉芯材
		GRC 增强水泥聚苯复合保温板	1.13	—
		GRC 空心隔墙板	0.30	长 2400~2800mm，宽 600，厚 60mm

续表

项次	名称		自重	备注
17	建筑墙板 (kN/m²)	GRC内隔墙板	0.35	长 2400～2800mm，宽 600，厚 60mm
		轻质 GRC 保温板	0.14	3000mm×600mm×60mm
		轻质 GRC 空心隔墙板	0.17	3000mm×600mm×60mm
		轻质大型墙板（太空板系列）	0.70～ 0.90	6000mm×1500mm×120mm， 高强水泥发泡芯材
		轻质条型 墙板（太 空板系列） 厚度 80mm	0.40	标准规格 3000mm×1000 (1200、1500) mm 高强水泥发泡
		厚度 100mm	0.45	芯材，按不同檩距及荷载配有
		厚度 120mm	0.50	不同钢骨架及冷拔钢丝网
		GRC 墙板	0.11	厚 10mm
		钢丝网岩棉夹芯复合板（GY 板）	1.10	岩棉芯材厚 50mm，双面钢丝网 水泥砂浆各厚 25mm
		硅酸钙板	0.08	板厚 6mm
			0.10	板厚 8mm
			0.12	板厚 10mm
		泰柏板	0.95	板厚 100mm，钢丝网片夹聚苯乙烯 保温层，每面抹水泥砂浆层 20mm
		蜂窝复合板	0.14	厚 75mm
		石膏珍珠岩空心条板	0.45	长 2500～3000mm， 宽 600mm，厚 60mm
		加强型水泥石膏聚苯保温板	0.17	3000mm×600mm×60mm
		玻璃幕墙	1.00～ 1.50	一般可按单位面积玻璃自重增大 20%～30%采用

二、轻骨料混凝土及配筋轻骨料混凝土的密度（自重）标准值

轻骨料混凝土及配筋轻骨料混凝土的密度标准值见表 2-2。

轻骨料混凝土及配筋轻骨料混凝土的密度标准值

表 2-2

密度等级	轻骨料混凝土干 密度的变化范围（kg/m³）	密度标准值（kg/m³）	
		轻骨料混凝土	配筋轻骨料混凝土
1200	1160～1250	1250	1350
1300	1260～1350	1350	1450
1400	1360～1450	1450	1550
1500	1460～1550	1550	1650
1600	1560～1650	1650	1750
1700	1660～1750	1750	1850
1800	1760～1850	1850	1950
1900	1860～1950	1950	2050

注：1. 配筋轻骨料混凝土的密度标准值，也可根据实际配筋情况确定；
　　2. 对蒸养后即行起吊的预制构件，吊装验算时，其密度标准值应增加 100kg/m³；
　　3. 表 2-2 的数据系根据《轻骨料混凝土应用技术标准》JGJ/T 12—2019 的规定。

三、蒸压加气混凝土砌体及配筋构件的自重标准值

根据《蒸压加气混凝土建筑应用技术规程》JGJ/T 17—2020 规定：蒸压加气混凝土用作围护结构时，加气混凝土材料的标准干密度可分为 $300kg/m^3$、$400kg/m^3$、$500kg/m^3$、$600kg/m^3$、$700kg/m^3$ 五个级别。但在确定加气混凝土砌体及配筋自重标准值时，应考虑含水量和砌筑砂浆、配筋等不同因素的影响，可按材料体积与增大 1.4 倍的蒸压加气混凝土标准干密度的乘积计算。

四、混凝土小型空心砌块砌体结构自重标准值

根据《混凝土小型空心砌块建筑技术规程》JGJ/T 14—2011 规定：小砌块砌体应按小砌块孔洞率并考虑在墙体中增加的构造措施的重量计算墙体自重标准值。灌孔砌体应按实际灌孔后的砌体重量计算墙体自重标准值。

由于混凝土小型砌块可分为普通混凝土小型空心砌块及轻骨料混凝土小型空心砌块两大类，各自砌块中又有单排孔、双排孔、多排孔等类型，各厂家生产的砌块孔洞率不尽相同；实际工程中采用小型混凝土砌块砌体承重的房屋类别，有少层和多层以及配筋小砌块砌体抗震墙结构、高层建筑；墙体类别有围护墙、承重墙、夹心保温砌块墙等，因而小型砌块砌体墙应按小砌块实际的孔洞率并应考虑在墙体中增加的构造措施的重量计算墙体自重标准值。灌孔砌体应按实际灌孔后的砌体重量计算墙体自重标准值。为便于设计，根据北京地区的设计经验，对普通混凝土小型砌块承重砌体住宅建筑的墙体自重标准值（已考虑灌孔混凝土率的影响），对少层房屋可取 $13kN/m^3$；对多层房屋可取 $17\sim18kN/m^3$；对配筋小砌块砌体抗震墙结构高层住宅可取 $20\sim25kN/m^3$。

此外，对钢筋混凝土结构（如框架、剪力墙、框架-剪力墙、筒体结构等）的填充墙，当采用普通混凝土小型空心砌块砌筑时，其墙体自重标准值可参考表 2-3 取值。

普通混凝土小型空心砌块填充墙自重标准值参考表　　　表 2-3

砌块填充墙种类	填充墙自重（kN/m^2）	砌块填充墙种类	填充墙自重（kN/m^2）
310mm 厚保温砌块墙	2.7～3.1	240mm 厚三排以上孔保温砌块墙	2.5～3.0
290mm 厚三排孔保温砌块墙	3.0～3.6	190mm 厚双排孔砌块墙	2.0～2.3
240mm 厚三排孔保温砌块墙	2.5～3.0	190mm 厚单排孔砌块墙	2.0～2.3
290mm 厚 Z 形保温砌块墙	3.0～3.6	140mm 厚单排孔砌块墙	1.5～1.7
240mm 厚 Z 形保温砌块墙	2.5～3.0	90mm 厚单排孔砌块墙	1.0～1.2
240mm 厚双排孔保温砌块墙	2.5～3.0	砌块夹心墙	3.0～3.9

注：1. 表中砌块填充墙的截面外形见国家建筑标准设计图集《框架结构填充小型空心砌块结构构造》14SG614；
　　2. 表中墙体自重未考虑双面抹灰层及装饰层的自重。

对轻骨料混凝土小型砌块围护墙及夹心保温砌块墙，由于类型较多，构造各异，因此设计人员应根据实际工程采用的砌块墙类型及构造情况确定其自重标准值。

五、隔墙自重标准值

隔墙是建筑中常见的一种围护用非结构构件。对有确切固定位置的隔墙，其作用在支承结构上的荷载标准值可按永久荷载考虑。但对位置可灵活布置的隔墙，为便于设计，现行荷载规范规定隔墙自重标准值应取不小于 1/3 的每延米墙重（kN/m）作为楼面活荷载标准值的附加值（kN/m^2）计入，且附加值不应小于 $1.0kN/m^2$。

六、自动扶梯自重标准值

附录一列有国内部分自动扶梯厂家的技术资料供设计人员选用。其中自动扶梯自重标

准值应按以下方法确定：在厂家提供的自动扶梯支承反力（标准值）中应扣除扶梯上的人流荷载标准值（可变荷载）后即可求得。人流荷载可按扶梯水平投影单位面积（每平方米）上作用有 $5kN/m^2$ 的均布活荷载标准值计算。此外尚应注意到，支承反力是扶梯两侧的两个钢桁架在支承处反力的合力值。

【例题 2-1】   某二层钢筋混凝土现浇框架结构商业建筑，其结构设计使用年限为 50 年。使用要求在该建筑首层地面至二层楼面间设置四部梯级宽度为 1000mm 的人行自动扶梯（分两组各两部分别设置在不同区域）。设计单位根据投资方的订货，选用奥的斯电梯有限公司生产的 OTIS LINK 系列中提升高度 H 为 4800mm、倾角 35°商用自动扶梯。

要求计算确定每部自动扶梯两侧的每个钢桁架在其上、下端支承处，由电梯自重产生的钢桁架支承反力标准值 R_A^1、R_B^1 及由扶梯上的人流荷载标准值产生的钢桁架支承反力 R_A^2 及 R_B^2（R_A 及 R_B 位置见附图1-4）。

【解】   根据本书附录一、附表 1-5 可求得梯级宽度为 1000mm，提升高度为 4800mm 的自动扶梯上、下两端支承处，钢桁架的支承反力 R_A 及 R_B：

扶梯下端的支承反力 R_A：

扶梯跨距 L（根据附表1-4）：$L=1.426H+4793=1.426\times4800+4793=11638mm$
$$=11.638m$$
$$R_A=5.11L+7=5.11\times11.638+7=66.47kN$$

扶梯上端的支承反力 R_B（根据附表1-4和附表1-5）：
$$R_B=5.11L+2.3=5.11\times11.638+2.3=61.77kN$$

由扶梯上的人流荷载标准产生的每个钢桁架上、下两端支承处的反力 R_A^2 及 R_B^2 可根据扶梯钢桁架两端支承为简支构件的条件确定其值：

扶梯钢桁架承载的水平投影面积 $A=$梯级宽度×扶梯跨距

扶梯上的人流均布活荷载标准值 $q_k=5kN/m^2$

因此：$R_A^2=R_B^2=\left(\frac{1}{2}Aq_k\right)\times\frac{1}{2}=\left(\frac{1}{2}\times11.638\times1\times5\right)\times\frac{1}{2}=14.55kN$

由扶梯自重产生的每个钢桁架在下端支承处的支承反力标准值 R_A^1：

钢桁架下端的支承反力 R_A 是两个钢桁架该处支承反力的合力，因此
$$R_A^1=\frac{R_A}{2}-R_A^2=\frac{1}{2}\times66.47-14.55=18.69kN$$

由扶梯自重产生的每个钢桁架在上端支承处的支承反力标准值 R_B^1：

同上，$R_B^1=\frac{R_B}{2}-R_B^2=\frac{1}{2}\times61.77-14.55=16.34kN$

第二节   土压力标准值

工业及民用建筑中的地下室外墙、地沟侧壁和挡土墙等结构构件均承受土壤的侧压力，简称土压力。根据挡土结构位移情况的不同及结构所处平衡状态的不同，其所承受的土压力情况也各异，一般分静止、主动和被动三种情况：其中主动土压力值最小，被动土压力值最大，而静止土压力值则介于两者之间，它们与墙身位移的关系如图 2-1 所示。当土体内剪应力低于其抗剪切强度，在土压力作用下墙身处于无任何位移或转动的弹性平衡

时，取静止土压力；当墙身向前方向开始位移或转动而处于极限平衡时，取主动土压力；当墙身向后方向开始位移或转动而处于极限平衡时，取被动土压力。对建筑结构主要考虑主动土压力和静止土压力，但有时也要考虑被动土压力，例如地下室侧墙受上部结构的推力或地震作用水平力推向室外位移时。

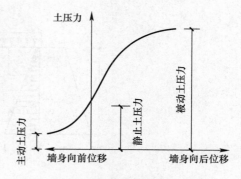

图 2-1　墙身位移与土压力关系示意

一、影响土压力的因素

试验研究表明，影响土压力大小的因素主要有：

1. 挡土结构构件的位移

挡土结构构件的位移（或转动）方向和位移量大小是影响土压力大小的最主要因素。挡土结构构件位移方向不同，土压力的种类也不同。

2. 挡土结构构件的截面形状

挡土结构构件，以挡土墙为例，其横截面的形状，包括墙背为竖直或是倾斜、墙背光滑或粗糙，均与采用何种土压力计算理论公式和计算结果有关。

3. 填土的性质

挡土结构构件的填土松密程度、干湿程度、土的强度指标、内摩擦角和黏聚力的大小，以及填土表面的形状（水平、上斜或下斜）等，均会影响土压力的大小。

4. 挡土结构构件的建筑材料

挡土结构构件的材料种类（如素混凝土、钢筋混凝土、各种砌体等）不同，其表面与填土间的摩擦力也不相同，因而土压力的大小和方向也不相同。

5. 其他因素

填土上表面是否有地面荷载以及填土内的地下水位等因素均影响土压力的大小。

地震作用对土压力大小也有影响，通常情况下，由于地震时的地面运动会使土压力产生变化，与无地震作用时相比较将使主动土压力增大，被动土压力减小。其变化的程度与地震烈度有关，高烈度时变化大，低烈度时变化小。

此外土压力还与其墙背后缘是否有较陡峻的稳定岩石坡面或邻近的支挡结构相互影响情况等因素有关。

土压力计算是工程中较复杂的问题之一，由于影响因素多且缺乏大量的试验研究资料，因而在设计中通常采用古典的库仑理论或朗肯理论，通过修正和简化确定土压力。

二、静止土压力标准值

在挡土墙后水平填土表面以下任意深度 z 的计算点处取一微小单元体，若挡土墙静止不动，作用在此微元体上的竖向力为计算点以上各土层的自重压力及填土表面附加均布荷载 q 产生的压力（图 2-2a），该处的水平向作用力即为静止土压力强度，其值可按下式计算：

$$p_{0z} = k_0(\gamma z + q) \tag{2-1}$$

式中　p_{0z}——距填土表面深度为 z 处的计算点墙背上的静止土压力强度（kN/m²）；

k_0——静止土压力系数，其值随填土的密实度和固结程度的增加而增加，宜由试验确定，当无试验条件时可取：填土和砂土为 0.34～0.45，黏土为 0.5～0.7；

γ——填土的重度（kN/m³）；

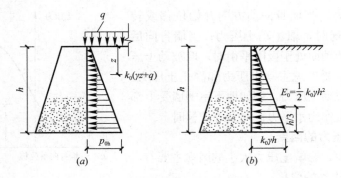

图 2-2　静止土压力计算简图

(*a*) 填土表面有附加均布荷载；(*b*) 填土表面无附加均布荷载

z——墙背上的计算点距填土表面的深度（m）；

q——填土表面的附加均布荷载（kN/m^2）。

当填土表面无附加均布荷载时（图 2-2*b*），其静止土压力强度在墙顶部，因 $z=0$，$p_{0h}=0$；在墙底部 $z=h$，$p_{0h}=k_0\gamma h$，静止土压力强度呈三角形分布，若取沿墙长度每延米计算，其静止土压力标准值 $E_0=\dfrac{1}{2}k_0\gamma h^2$（kN/m）、土压力 E_0 的作用点位于距墙底面 $h/3$ 处。

三、库仑理论计算主动和被动土压力标准值

库仑理论计算主动土压力假定，挡土墙的墙面俯倾；墙后填土为理想散粒体（无黏性砂土），其黏聚力 $c=0$、内摩擦角为 φ；填土表面倾斜，墙背粗糙。当墙体向前移动在墙体

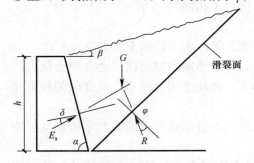

图 2-3　库仑理论主动土压力计算简图

上产生土压力的同时，从墙趾沿某个方向出现滑裂面，墙后填土形成可视为刚性的楔体（图 2-3），当楔体挤向墙面下滑时，则产生主动土压力 E_a 和滑裂面上的反力 R，阻止楔体下滑，与楔体自重 G 处于极限平衡状态，由此导出主动土压力的公式，但对不同方向的滑裂面主动土压力是不同的，库仑取其中最大值作为设计值。作用于每延米墙长上的主动土压力标准值可按下式计算：

$$E_a=\frac{1}{2}\gamma h^2 k_a \tag{2-2}$$

式中　E_a——主动土压力标准值（kN/m）；

γ——填土重度（kN/m^3）；

h——墙体挡土高度（m）；

k_a——主动土压力系数，可按下式计算：

$$k_a=\frac{\sin^2(\varphi+\alpha)}{\left[1+\sqrt{\dfrac{\sin(\varphi+\delta)\sin(\varphi-\beta)}{\sin(\alpha-\delta)\sin(\alpha+\beta)}}\right]^2\sin(\alpha-\delta)\sin^2\alpha} \tag{2-3}$$

式中　α——墙面倾角；

β——地面倾角；

δ——土对墙体表面的摩擦角，也即土压力与墙面法线间的夹角；

φ——填土的内摩擦角。

土对墙体表面的摩擦角 δ 可按表 2-4 采用。

土对挡土墙墙背的摩擦角 δ　　　　表 2-4

挡土墙情况	摩擦角 δ
墙背平滑、排水不良	$(0\sim0.33)\varphi$
墙背粗糙、排水良好	$(0.33\sim0.5)\varphi$
墙背很粗糙、排水良好	$(0.5\sim0.67)\varphi$
墙背与填土间不可能滑动	$(0.67\sim1.0)\varphi$

与计算主动土压力的计算假定相同，当墙体向后移动楔体受墙体挤压而上举时，则产生被动土压力 E_p 和滑裂面上的反力 R，阻止楔体上举，同样与楔体自重 G 处于极限平衡状态（图 2-4），由此，同样可导出被动土压力的最小值作为设计值。因而作用于每延米墙长上的被动土压力标准值（kN/m）可按下式计算：

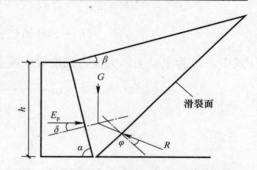

图 2-4　库仑理论被动土压力计算简图

$$E_p = \frac{1}{2}\gamma h^2 k_p (\text{kN/m}) \qquad (2-4)$$

式中　E_p——被动土压力标准值（kN/m）；

k_p——被动土压力系数，可按下式计算：

$$k_p = \frac{\sin^2(-\varphi+\alpha)}{\left[1-\sqrt{\dfrac{\sin(\varphi+\delta)\sin(\varphi+\beta)}{\sin(\alpha+\delta)\sin(\alpha+\beta)}}\right]^2 \sin^2\alpha\sin(\alpha+\beta)} \qquad (2-5)$$

对于墙面垂直、地面水平且与墙高齐平时的一般情况，即 $\alpha=90°$，$\beta=0$ 时，则分别得主动和被动土压力系数如下：

$$k_a = \frac{\cos^2\varphi}{\left[\sqrt{\cos\delta}+\sqrt{\sin(\varphi+\delta)\sin\varphi}\right]^2} \qquad (2-6)$$

$$k_p = \frac{\cos^2\varphi}{\left[\sqrt{\cos\delta}-\sqrt{\sin(\varphi+\delta)\sin\varphi}\right]^2} \qquad (2-7)$$

设计中出于保守的观点也可取 $\delta=0$，此时得出简单的计算公式：

$$k_a = \tan^2\left(45°-\frac{\varphi}{2}\right) \qquad (2-8)$$

$$k_p = \tan^2\left(45°+\frac{\varphi}{2}\right) \qquad (2-9)$$

四、朗肯理论计算主动和被动土压力标准值

朗肯理论建立在挡土墙的背面垂直（$\alpha=90°$）且墙面光滑（$\delta=0°$）；挡土墙后填土表面为水平面的前提条件下，对填土类型不再限于无黏性的砂土且考虑土壤的黏聚力 c（kN/m²）。设土体竖向应力不变，由于墙体被挤压而发生离土体的位移时，土体水平应力逐渐减小，最大最小主应力之差增大，致使土体剪切应力增大，一旦达到抗剪切强度 $\sigma\tan\varphi+$

c，出现沿与水平面间倾角为 $45°+\varphi/2$ 的滑裂面，土体达到极限平衡，与此对应的水平应力为朗肯理论计算的主动土压力强度（考虑土壤黏聚力 c）公式：

$$p_a = \gamma z \tan^2\left(45° - \frac{\varphi}{2}\right) - 2c\tan\left(45° - \frac{\varphi}{2}\right) \tag{2-10}$$

式中 p_a——主动土压力强度（kN/m²）；

   c——土壤的黏聚力（kN/m²）；

   z——主动土压力计算点到地表的距离（m）。

由此可求得作用于每延米墙长上的主动土压力标准值 E_a（kN/m）可求得如下：

$$E_a = \frac{1}{2}(h - z_0)\left[\gamma h \tan^2\left(45° - \frac{\varphi}{2}\right) - 2c\tan\left(45° - \frac{\varphi}{2}\right)\right]$$

$$= \frac{1}{2}(h - z_0)(\gamma h k_a - 2c\sqrt{k_a}) \tag{2-11}$$

式中，z_0 为主动土压力应力强度等于零点的位置，按下式确定：

$$z_0 = \frac{2c}{\gamma \tan\left(45° - \frac{\varphi}{2}\right)} = \frac{2c}{\gamma \sqrt{k_a}} \tag{2-12}$$

$$k_a = \tan^2\left(45° - \frac{\varphi}{2}\right) \tag{2-13}$$

z_0 点以上的拉应力忽略不计，图 2-5 中给出主动土压力强度的分布图，E_a 的作用点距底部为 $\frac{1}{3}(h - z_0)$。

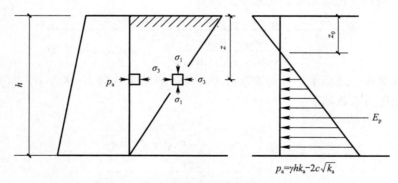

图 2-5 朗肯理论主动土压力计算简图

同样理由，当墙体发生向土体的位移时，一旦达到极限平衡，出现沿与水平面间倾角为 $45° + \frac{\varphi}{2}$ 的滑裂面，与其对应的被动土压力强度公式：

$$p_p = \gamma z \tan^2\left(45° + \frac{\varphi}{2}\right) + 2c\tan\left(45° + \frac{\varphi}{2}\right) \tag{2-14}$$

相应的作用于每延米墙长上被动土压力标准值（kN/m）公式为：

$$E_p = \frac{1}{2}\gamma h^2 \tan^2\left(45° + \frac{\varphi}{2}\right) + 2c\tan\left(45° + \frac{\varphi}{2}\right) = \frac{1}{2}\gamma h^2 k_p + 2ch\sqrt{k_p} \tag{2-15}$$

$$k_p = \tan^2\left(45° + \frac{\varphi}{2}\right) \tag{2-16}$$

图 2-6 给出被动土压力强度的分布图，E_p 的作用点由该图形的形心确定。

当不考虑黏聚力时，即 $c=0$。所得结果与库仑理论的结果相同。

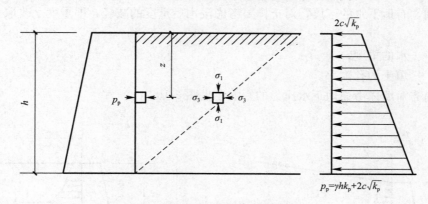

图 2-6 朗肯理论被动土压力计算简图

五、库仑理论对特殊情况的处理

1. 黏性土的库仑土压力

库仑土压力公式没有考虑土的黏聚力，对于黏性土可将公式中的内摩擦角 φ 以等效内摩擦角 φ' 代替，也即以在指定的法向应力 σ 下两者的抗剪切强度相等为条件，见图 2-7。对于墙高 $h \leqslant 5m$，地下水位以上的一般黏性土或粉土可取 $\varphi'=30°\sim35°$；地下水位以下的一般黏性土或粉土可取 $\varphi'=25°\sim30°$。

2. 地面连续均布荷载的影响

土压力计算时，可将地面连续均布荷载 q 折算为高度 $h_0=\dfrac{q}{\gamma}$ 的虚墙和虚土（图 2-8），按公式（2-1）计算高度为 h_0+h 的墙体土压力 E_a'，扣除虚墙上的土压力 E_{a0}' 后即得 E_a。

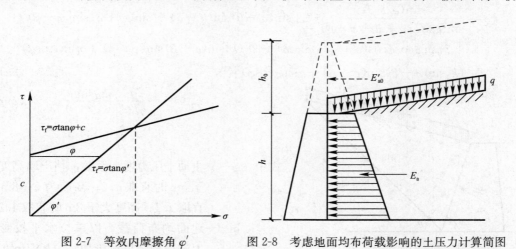

图 2-7 等效内摩擦角 φ' 图 2-8 考虑地面均布荷载影响的土压力计算简图

3. 不同土层的情况

若土层的力学参数不同，可自上而下分层计算，上层计算与前述方法相同，下层计算时可将上层土体看成荷载后处理，见图 2-9。

4. 有地下水的情况

当有地下水时，可将地下水位以上和以下分成两层，没有地下水的上层计算与前述方法没有区别，有地下水的下层，对土体要考虑浸水后重度的减轻，即重度 γ 改取 γ'。

$$\gamma' = \gamma - \gamma_w(1-n) \tag{2-17}$$

式中　　γ_w——水的重度；

　　　　n——填土的孔隙率。

另外尚需对墙体考虑地下水压力的影响，见图 2-10。

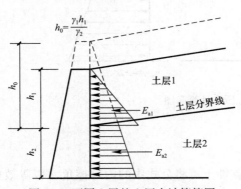

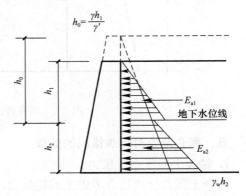

图 2-9　不同土层的土压力计算简图　　　　　图 2-10　有地下水的挡土墙土压力计算简图

六、按规范计算主动和被动土压力标准值

1. 《建筑地基基础设计规范》GB 50007—2011 在库仑土压力理论的基础上，附加考虑滑裂面上的黏聚力 c 和地面均布荷载 q 的影响，导出适用于土质边坡，重力式挡土墙的主动土压力系数，此时主动土压力标准值 E_a（kN/m）的一般计算公式如下（图 2-11）：

$$E_a = \psi \frac{1}{2}\gamma h^2 k_a \tag{2-18}$$

$$
\begin{aligned}
k_a = \frac{\sin(\alpha+\beta)}{\sin^2\alpha\sin^2(\alpha+\beta-\varphi-\delta)} & \{k_q[\sin(\alpha+\beta)\sin(\alpha-\delta) + \sin(\varphi+\delta)\sin(\varphi-\beta)] \\
& + 2\eta\sin\alpha\cos\varphi\cos(\alpha+\beta-\varphi-\delta) - 2[(k_q\sin(\alpha+\beta)\sin(\varphi-\beta) + \eta\sin\alpha\cos\varphi) \\
& (k_q\sin(\alpha-\delta)\sin(\varphi+\delta) + \eta\sin\alpha\cos\varphi)]^{\frac{1}{2}}\}
\end{aligned}
\tag{2-19}
$$

$$k_q = 1 + \frac{2q}{\gamma h}\frac{\sin\alpha\sin\beta}{\sin(\alpha+\beta)} \tag{2-20}$$

$$\eta = \frac{2c}{\gamma h} \tag{2-21}$$

图 2-11　按 GB 50007—2011
计算土压力简图

式中　　ψ——主动土压力增大系数，挡土墙高度小于 5m 时宜取 1.0；高度为 5～8m 时宜取 1.1；高度大于 8m 时宜取 1.2；

　　　　q——地面均布荷载，以单位水平投影面上的荷载强度标准值计（kN/m²）。

为便于确定主动土压力系数 k_a，上述规范规定，对于高度小于或等于 5m 的挡土墙，当墙后的填土质量符合下列设计要求并有良好的排水措施时，其主动土压力系数 k_a 可按图 2-12 确定；当地下水丰富时，尚应考虑地下水压力的影响：

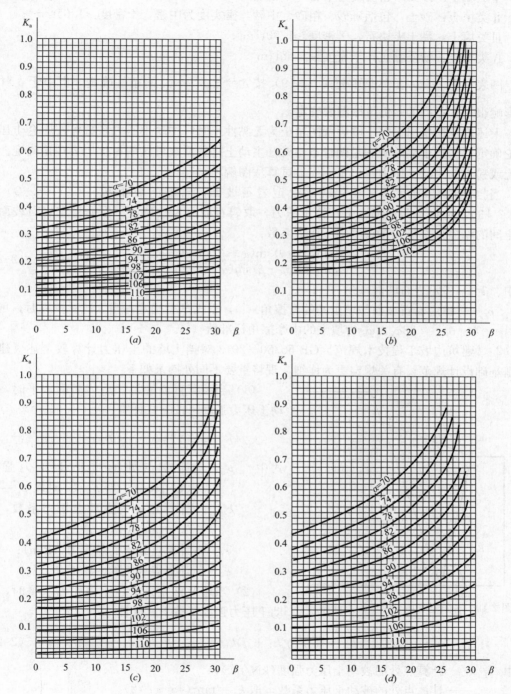

图 2-12 土压力系数 k_a

(a) Ⅰ类填土主动土压力系数 $\left(\delta=\dfrac{1}{2}\varphi,\ q=0\right)$；(b) Ⅱ类填土主动土压力系数 $\left(\delta=\dfrac{1}{2}\varphi,\ q=0\right)$；

(c) Ⅲ类填土主动土压力系数 $\left(\delta=\dfrac{1}{2}\varphi,\ q=0,\ h=5\mathrm{m}\right)$；(d) Ⅳ类填土主动土压力系数 $\left(\delta=\dfrac{1}{2}\varphi,\ q=0,\ h=5\mathrm{m}\right)$

Ⅰ类填土：碎石，密实度为中密，干密度≥2.0t/m³；

Ⅱ类填土：砂土，包括砾砂、粗砂、中砂，密实度为中密，干密度≥1.65t/m³；

Ⅲ类填土：黏土夹块石，干密度≥1.90t/m³；

Ⅳ类填土：粉质黏土，干密度≥1.65t/m³。

图表（图 2-12）虽然是由公式（2-19）按 $\delta = \frac{1}{2}\varphi$，$q=0$ 的条件确定，但由于 δ 对 k_a 的影响很小，不同的 δ 仍可按图表确定 k_a。

上述规范还指出当挡土墙后背的填土为无黏性土时，主动土压力系数可按库仑土压力理论确定。当挡土墙结构满足朗肯条件时，主动土压力系数可按朗肯土压力理论确定。黏性土或粉土的主动土压力也可采用楔体试算法图解求得。

当挡土墙结构后缘有较陡峻的稳定岩石坡面，岩坡的坡角 $\theta > (45° + \varphi/2)$ 时（图 2-13），应按有限范围填土计算土压力，取岩石坡面为破裂面。根据稳定岩石坡面与填土间的摩擦角按下式计算主动土压力系数：

$$k_a = \frac{\sin(\alpha + \theta)\sin(\alpha + \beta)\sin(\theta - \delta_r)}{\sin^2\alpha \sin(\theta - \beta)\sin(\alpha - \delta + \theta - \delta_r)} \qquad (2\text{-}22)$$

式中　θ——稳定岩石坡面倾角（°）；

δ_r——稳定岩石坡面与填土间的摩擦角（°），根据试验确定，当无试验资料时，可取 $\delta_r = 0.33\varphi_k$，φ_k 为填土的内摩擦角标准值（°）。

2.《建筑边坡工程技术规范》GB 50330—2013 对挡土墙的土压力计算较上述《建筑地基基础设计规范》有关规定更为详细，现将重要不同处摘录如下：

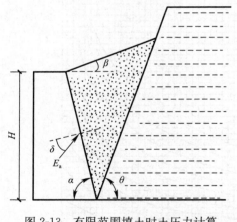

图 2-13　有限范围填土时土压力计算

（1）当墙背直立光滑、土体表面水平时，主动土压力强度可按下式计算：

$$p_{ai} = \left(\sum_{j=1}^{i} \gamma_j h_j + q\right) k_{ai} - 2c_i \sqrt{k_{ai}} \qquad (2\text{-}23)$$

式中　p_{ai}——计算点处的主动土压力强度（kN/m²）；当 $p_{ai} < 0$ 时取 $p_{ai} = 0$；

k_{ai}——计算点处的主动土压力系数，取 $k_{ai} = \tan^2(45° - \varphi_i/2)$；

c_i——计算点处土的黏聚力（kPa）；

φ_i——计算点处土的内摩擦角（°）。

（2）当墙背直立光滑，土体表面水平时，被动土压力强度可按下式计算：

$$p_{pi} = \left(\sum_{j=1}^{i} \gamma_j h_j + q\right) k_{pi} + 2c_i \sqrt{k_{pi}} \qquad (2\text{-}24)$$

式中　p_{pi}——计算点处的被动土压力强度（kN/m²）；

k_{pi}——计算点处的被动土压力系数，取 $k_{pi} = \tan^2(45° + \varphi/2)$。

（3）边坡坡体中有地下水但未形成渗流时，作用于挡土墙结构上的倒压力可按下列规定计算：

① 对砂土和粉土应按水土分算原则计算；

② 对黏性土宜根据工程经验按水土分算或水土合算原则计算；

③ 按水土分算原则计算时，作用在挡土墙结构上的侧压力等于土压力和静止水压力之和，地下水位以下的土压力采用浮重度（γ'）和有效应力抗剪强度指标（c'、φ'）计算；

④ 按水土合算原则计算时，地下水位以下的土压力采用饱和重度（γ_{sat}）和总应力抗剪强度指标（c、φ）计算。

（4）边坡坡体中地下水形成渗流时，作用于挡土墙结构上的侧压力，除按上述第（3）款计算外，尚应按国家现行有关标准的规定计算渗透力。

（5）考虑地震作用时，作用于挡土墙结构上的地震主动土压力可按公式（2-18）计算，其中主动土压力系数应按下式计算：

$$k_{\text{a}} = \frac{\sin(\alpha+\beta)}{\cos\rho\sin^2\alpha\sin^2(\alpha+\beta-\varphi-\delta)}\{k_{\text{q}}[\sin(\alpha+\beta)\sin(\alpha-\delta-\rho)+\sin(\varphi+\delta)\sin(\varphi-\rho-\beta)]$$
$$+2\eta\sin\alpha\cos\varphi\cos\rho\cos(\alpha+\beta-\varphi-\delta)-2[(k_{\text{q}}\sin(\alpha+\beta)\sin(\varphi-\rho-\beta)+\eta\sin\alpha\cos\varphi\cos\rho)}{}$$
$$(k_{\text{q}}\sin(\alpha-\delta-\rho)\sin(\varphi+\delta)+\eta\sin\alpha\cos\varphi\cos\rho)]^{0.5}\} \tag{2-25}$$

式中　ρ——地震角（°），可按表 2-5 取值。其余符号含义详见该规范。

类别	地震角 ρ				表 2-5
	7 度		8 度		9 度
	0.10g	0.15g	0.20g	0.30g	0.40g
水上	1.5°	2.3°	3.0°	4.5°	6.0°
水下	2.5°	3.8°	5.0°	7.5°	10.0°

【例题 2-2】 某地下车库钢筋混凝土外墙，其顶部与地下车库的现浇钢筋混凝土顶板整体相连、底部与地下车库的钢筋混凝土筏形基础整体相连。外墙净高 4.0m，车库顶板上部有填土，填土表面至外墙上端的距离为 3.7m（图 2-14）。填土（墙外侧及车库顶部）为黏性土，其重度 $\gamma=18.5\text{kN/m}^3$，要求计算不考虑地面活荷载影响情况下的地下车库单位长度外墙在净高范围内的静止土压力强度标准值。

【解】 地下车库外墙在净高范围内的土压力由于墙顶部与顶板整体相连，墙顶部的位移可认为等于零，因此土压力应按静止土压力计算。取外墙长度方向单位长度计算土压力强度标准值：墙的净高上端处静止土压力强度标准值可按公式（2-1）计算，并取 $k_0=0.6$，$p_{0\text{t}}=k_0\gamma z_{\text{t}}=0.6\times18.5\times3.7=41.1\text{kN/m}^2$ 墙的净高下端处静止土压力强度标准值同上计算可得：$p_{0\text{b}}=k_0\gamma z_{\text{b}}=0.6\times18.5\times7.7=85.5\text{kN/m}^2$

【例题 2-3】 图 2-15 所示挡土墙高 $h=5\text{m}$，用毛石砌筑，墙背垂直（$\alpha=90°$），土对墙背的摩擦角 $\delta=10°$，排水条件良好，填土地表倾角 $\beta=14°$，不考虑地面均布活荷载，填土为粉质黏土，重度 $\gamma=19\text{kN/m}^3$，干密度 $\rho_{\text{d}}=1.67\text{t/m}^3$，内摩擦角 $\varphi=15°$，黏聚力 $c=19\text{kN/m}^2$，试用不同方法计算挡土墙单位长度上的主动土压力标准值 E_{a}。

【解】 （1）按库仑主动土压力公式计算

按深度为 2/3 高度处土的垂直应力 $\sigma=\frac{2}{3}h\gamma=\frac{2}{3}\times5\times19=63.3\text{kN/m}^2$ 确定等效内摩擦角，$\varphi'=\tan^{-1}\left(\frac{\sigma\tan\varphi+c}{\sigma}\right)=\tan^{-1}\left(\frac{633\tan15°+19}{63.3}\right)=29.6°\approx30°$，按公式（2-2）及公式（2-3）得：

$$k_a = \frac{\sin^2(30° + 90°)}{\left[1 + \sqrt{\dfrac{\sin(30° + 10°)\sin(30° - 14°)}{\sin(90° - 10°)\sin(90° + 14°)}}\,\right]^2 \sin(90° - 10°)\sin^2 90°} = 0.372$$

$$E_a = \frac{1}{2}\gamma h^2 k_a = 88.5\text{kN/m}$$

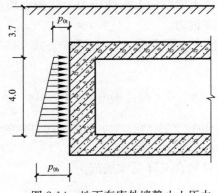

图 2-14　地下车库外墙静止土压力　　　　　图 2-15　挡土墙简图

（2）按朗肯主动土压力公式计算

按公式（2-12）、公式（2-13）及公式（2-11）得：

$$z_0 = \frac{2 \times 19}{19\tan\left(45° - \dfrac{15°}{2}\right)} = 2.606\text{m}$$

式中　$\tan\left(45° - \dfrac{15°}{2}\right) = 0.767$

$$E_a = \frac{1}{2} \times (5 - 2.606) \times (19 \times 5 \times 0.767^2 - 2 \times 19 \times 0.767) = 32.05\text{kN/m}$$

（3）按规范公式查表计算主动土压力

填土属Ⅳ类，由于 $q = 0$，$h = 5$m，$\delta = 10°$ 与 $\dfrac{1}{2}\varphi = 7.5°$ 接近，故可查图 2-12(d) 曲线，由 $\beta = 14°$，$\alpha = 90°$，查得 $k_a = 0.285$，$\psi = 1.1$（墙高为 5m）

$$E_a = 1.1 \times \frac{1}{2} \times 19 \times 5^2 \times 0.285 = 74.4\text{kN/m}$$

可见不同计算公式会得出不同的结果，应由有经验的工程师作出设计取值判断。

【例题 2-4】　某挡土墙外形如图 2-16(a) 所示，墙后填土为砂土，其自重 $\gamma = 18\text{kN/m}^3$，内摩擦角 $\varphi = 30°$，填土与墙面的摩擦角 $\delta = 0°$。试按库仑理论确定该挡土墙的主动土压力：（1）情况一：墙后填土无地下水时的主动土压力；（2）情况二：因排水不良和地下水位上升，但未形成渗流，其水面距墙底 2m 处时。此时填土的饱和重度 $\gamma' = 20\text{kN/m}^3$，内摩擦面 $\varphi \approx 30°$，该情况挡土墙的总侧压力。

【解】　（1）情况一：墙后填土无地下水时

主动土压力按公式（2-2）及公式（2-8）计算：

$$E_a = \frac{1}{2}\gamma h^2 \tan^2\left(45° - \frac{\varphi}{2}\right) = \frac{1}{2} \times 18 \times 5^2 \times \tan^2\left(45° - \frac{30°}{2}\right)$$

$$= 75.0\text{kN/m}$$

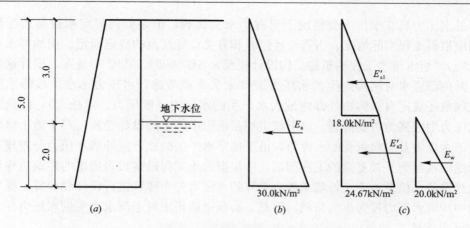

图 2-16　挡土墙主动土压力及水压力

(*a*) 挡土墙外形（单位 m）；(*b*) 无地下水时主动土压力；(*c*) 有地下水时总侧压力

（2）情况二：墙后填土有地下水时

在地下水位以上部位，主动土压力强度不变。在地下水位顶面处的主动土压力强度 p_{a3}，其值应按下式计算：

$$p_{a3} = \gamma z \tan^2 \left(45° - \frac{\varphi}{2}\right) = 18 \times 3 \tan^2 \left(45° - \frac{30°}{2}\right) = 18.0 \text{kN/m}^2$$

在挡土墙底面处，因土浸在水中，应考虑水对土的减重影响，故该处主动土压力强度 p_{a5} 应按下式计算：

$$p_{a5} = [18 \times 3 + (20 - 10) \times 2] \tan^2 \left(45° - \frac{30°}{2}\right) = (54 + 20) \times \frac{1}{3} = 24.67 \text{kN/m}^2$$

主动土压力强度分布图如图 2-16(*c*) 所示。主动土压力 E_a' 等于三角形与梯形土压力面积之和，即：

$$E_a' = E_{a1}' + E_{a2}' = \frac{1}{2} \times 3 \times 18 + \frac{1}{2} \times (18 + 24.67) \times 2 = 69.7 \text{kN/m}$$

作用在墙背上的水压力 E_w 等于水压力三角形分布图形的面积，即：

$$E_w = \frac{1}{2} \times 20 \times 2 = 20 \text{kN/m}$$

因此作用在墙背上的总侧压力 E 等于有地下水时的主动土压力与水压力之和，即：

$$E = E_a' + E_w = 69.7 + 20 = 89.7 \text{kN/m}$$

可见，当墙后填土有水时，主动土压力部分将减小（$E_a' < E_a$），但计入水压力后总侧压力将增大（$E > E_a$），而且水位越高，总侧压力越大，因此为保证挡土墙的安全，必须做好挡土墙后填土的排水措施。

第三节　水压力标准值

在建筑结构设计中，有时会遇到受水压力作用的情况，如水池、水箱等储水构筑物，以及地下室外墙受地下水压力及底板受水浮力等。现行荷载规范在第 3.1.1 条说明中指出："对水位不变的水压力可按永久荷载考虑，而水位变化的水压力应按可变荷载考虑。"

由此可见水压力只在水位不变情况下可视为永久荷载，但是如何界定水位是否变化的问题，则应根据工程实际情况、工程设计经验和有关设计规范的规定而定。例如对水池等储水构筑物，《给水排水工程构筑物结构设计规范》GB 50069—2002[16]规定，设计这类构筑物时，其内部盛水对结构产生的水压力应按永久荷载考虑，水压力标准值按静水压力确定。该规范还规定对结构物外部由地表水产生的水压力（侧压力、浮托力），以及流水产生的水压力则应视为可变荷载。以上规定均是根据多年来的设计经验。对于地下室外墙所受的地下水压力及底板承受的水浮力，由于地下水产生的地下室外墙水压力分布规律及地下室承受的水浮力是较复杂的工程问题，应根据岩土工程勘察报告提出的建筑抗渗设防水位、抗浮设防水位及地下室外墙承载力验算的水压力分布建议进行设计和验算，通常在这类设计中均将水压力视为永久荷载，但是，必须强调指出对于流水产生的水压力在设计中应视为可变荷载。

第四节   预应力作用的代表值

预应力作用（荷载）施加于结构构件后的不同工作阶段，其值由于各种不同原因会引起预应力值损失而变化，但变化较缓慢，因而工程界认为可将其视为一种永久荷载，但其有自身的特殊性，不同于一般的永久荷载，它没有通常永久荷载标准值的概念，而是在不同的设计状况中采用不同的有关代表值。例如在进行承载能力极限状态的短暂设计状况设计时，对后张法有粘结或无粘结的预应力混凝土构件，验算或计算其端部张拉端锚固区的局部受压承载力，此情况的预应力代表值应取张拉控制应力与预应力筋截面的乘积；而在持久设计状况计算轴心受拉对称配筋的预应力混凝土构件承载力时，则应考虑预应力在构件破坏时将消失的客观情况，其代表值应为零。又如在进行正常使用极限状态设计的标准组合中，预应力代表值则应取张拉控制应力扣除相应阶段全部损失后的预应力值与预应力筋截面面积的乘积。总之预应力作用的有关代表值应根据设计状况与预应力作用于构件的时间关系确定。

【例题 2-5】   某 24m 跨度后张有粘结预应力混凝土屋架下弦杆，截面尺寸为 280mm×160mm（$b×h$）；混凝土强度等级为 C60；预应力筋为 2 束 1×7 直径为 15.2mm 的高强低松弛钢绞线，其极限强度标准值 $f_{ptk} = 1860N/mm^2$，截面面积每束为 150mm²；锚具采用柳州建筑机械公司生产的 OVM15-2 型；预应力筋孔道成型方式采用预埋金属波纹管，其内径为 55mm；预加应力采用两端同时张拉，端部锚固区配有 4 片间距 $a = 50mm$ 的方格 $\phi8$ 焊接钢筋网片；张拉端钢垫板尺寸为 280mm×180mm×20mm。要求确定该屋架下弦杆在预应力张拉阶段（张拉控制应力为 $0.7f_{ptk}$）短暂设计状况局部受压承载力验算时，由预应力作用有关代表值产生的局部压力设计值 F_l。

【解】   该屋架下弦杆在预应力张拉阶段端部锚固区验算其短暂设计状况局部受压承载力时，由预应力作用有关代表值应取最不利情况的预压力，即预应力张拉控制应力与预应力筋截面面积的乘积，此局部压力设计值 F_l 应计算如下：

$$F_l = \gamma_p \sigma_{con} A_p = 1.3 × 0.7 f_{ptk} A_p = 1.3 × 0.7 × 1860 × 2 × 150 = 507.8kN$$

第三章　楼面和屋面活荷载

第一节　楼面和屋面活荷载的取值原则

一、楼面活荷载标准值

虽然现行荷载规范对一般民用建筑和某些类别的工业建筑有明确的楼面活荷载取值规定，但设计中有时会遇到要求确定某种规范中未明确的楼面活荷载情况，此时可按以下方法确定其标准值。

1. 对该种楼面活荷载的观测值进行统计，当有足够资料并能对其统计分布作出合理估计时，则在房屋设计基准期（50 年）最大值的分布上，根据协定的百分位取其某分位值作为该种楼面活荷载的标准值。

所谓协定的某分位值，原则上可取荷载最大值分布上能表征其集中趋势的统计特征值，例如均值、中值或众值（概率密度最大值），当认为数据的代表性不够充分或统计方法不够完善而没有把握时，也可取更安全的分位值。

2. 对不能取得充分资料进行统计的楼面活荷载，可根据已有的工程实践经验，通过分析判断后，协定一个可能出现的最大值作为该类楼面活荷载的标准值。

对民用建筑楼面可根据在楼面上活动的人和设备的不同分类状况，参考表 3-1 取值：

楼面活荷载标准值取值参考　　　　　　　表 3-1

项次	分类状况	楼面活荷载标准值（kN/m²）	项次	分类状况	楼面活荷载标准值（kN/m²）
1	活动的人较少	2.0	5	活动的性质比较剧烈	4.0
2	活动的人较多且有设备	2.5			
3	活动的人很多且有较重的设备	3.0	6	储存物品的仓库	5.0
4	活动的人很集中、有时很挤或较重的设备	3.5	7	有大型的机械设备	6～7.5

3. 对房屋内部设施比较固定的情况，设计时可直接按给定布置图式或按对结构安全产生最不利效应的荷载布置图式，对结构进行计算。

4. 对使用性质类同的房屋，如内部配置的设施大致相同，一般可对其进行合理分类，在同一类别的房屋中，选取各种可能的荷载布置图式，经分析研究后选出最不利的布置作为该类房屋楼面活荷载标准值的确定依据，采用等效均布荷载方法求出楼面活荷载标准值。

二、楼面活荷载准永久值

对现行荷载规范未明确的楼面活荷载准永久值可按下列原则确定：

1. 按可变荷载准永久值的定义，取在设计基准期内被超越的总时间占设计基准期的比率较大的荷载值，可通过准永久值系数（$\psi_q<1$）对可变荷载标准值的折减来确定。

2. 对有可能将可变荷载划分为持久性和临时性两类荷载时，可直接引用持久性荷载分布中的规定分位值为该可变荷载的准永久值。

3. 当缺乏系统的观测资料时，可根据楼面使用性质的类同性，参照现行荷载规范中给出的楼面活荷载准永久值系数经分析比较后确定。

三、楼面活荷载频遇值

对现行荷载规范未明确的楼面活荷载频遇值可按下列原则确定：

1. 按可变荷载频遇值的定义，取在设计基准期内被超越的总时间占设计基准期的比率较小的荷载值；或被超越的频率限制在规定频率内的荷载值。可通过频遇值系数（$\psi_f<1$）对可变荷载标准值的折减来确定。

2. 当缺乏系统的观测资料时，可根据楼面使用性质的类同性，参照现行荷载规范中给出的楼面活荷载频遇值系数经分析比较后确定。

四、楼面活荷载组合值

可变荷载的组合值按其定义是指该荷载与主导荷载组合后取值的超越概率与该荷载单独出现时取值的超越概率趋于一致的原则确定。但由于楼面活荷载参与组合的统计资料尚不够完善，现行荷载规范在大量数据分析的基础上，结合我国工程实践经验，认为对民用建筑的楼面活荷载的组合值除少数类型楼面活荷载变异性较小者取 0.9 外，一般情况可取 0.7。

五、楼面活荷载的动力系数

楼面在荷载作用下的动力响应来源于其作用的活动状态，大致可分为两大类：一种是在正常活动下发生的楼面稳态振动，例如机械设备的运行、车辆的行驶、竞技运动场上观众的持续欢腾、跳舞和走步等；另一种是偶尔发生的楼面瞬态振动，例如重物坠落、人自高处跳下等。前一种作用在结构上可以是周期性的，也可以是非周期性的，后一种是冲击荷载，引起的振动都将因结构阻尼而消逝。

楼面设计时，对一般结构的动力荷载效应可不经过结构动力分析，而直接对楼面上的静力荷载乘以动力系数后，作为楼面活荷载，按静力分析确定结构的荷载效应。

在很多情况下，由于荷载效应中的动力部分占比重不大，在设计中往往可以忽略，或直接包含在标准值的取值中。对冲击荷载，由于影响比较明显，在设计中应予考虑。现行荷载规范明确规定，对搬运和装卸重物以及车辆启动和刹车时的动力系数可取 1.1～1.3；对屋面上直升机的活荷载也应考虑动力系数，具有液压轮胎起落架的直升机可取 1.4。此外动力荷载只传至直接承受该荷载的楼板和梁。

第二节　民用建筑楼面均布活荷载

一、民用建筑楼面均布活荷载标准值及其组合值、频遇值和准永久值系数

常用的民用建筑楼面均布活荷载标准值及其组合值、频遇值和准永久值系数见表 3-2。

表中所列数值均属现行荷载规范的强制性条款的规定值，因此对民用建筑楼面均布活荷载标准值及其组合值系数、频遇值系数和准永久值系数的取值是设计中必须遵守的最小值要求。

民用建筑楼面均布活荷载标准值及其组合值、频遇值和准永久值系数 表 3-2

项次	类别		标准值 (kN/m²)	组合值系数 ψ_c	频遇值系数 ψ_f	准永久值系数 ψ_q
1	（1）住宅、宿舍、旅馆、医院病房、托儿所、幼儿园		2.0	0.7	0.5	0.4
	（2）办公楼、教室、医院门诊室		2.5	0.7	0.6	0.5
2	食堂、餐厅、试验室、阅览室、会议室、一般资料档案室		3.0	0.7	0.6	0.5
3	礼堂、剧场、影院、有固定座位的看台、公共洗衣房		3.5	0.7	0.5	0.3
4	（1）商店、展览厅、车站、港口、机场大厅及其旅客等候室		4.0	0.7	0.6	0.5
	（2）无固定座位的看台		4.0	0.7	0.5	0.3
5	（1）健身房、演出舞台		4.5	0.7	0.6	0.5
	（2）运动场、舞厅		4.5	0.7	0.6	0.3
6	（1）书库、档案库、贮藏室（书架高度不超过 2.5m）		6.0	0.9	0.9	0.8
	（2）密集柜书库（书架高度不超过 2.5m）		12.0	0.9	0.9	0.8
7	通风机房、电梯机房		8.0	0.9	0.9	0.8
8	汽车通道及客车停车库	（1）单向板楼盖（板跨 $l \geqslant 2m$） 定员不超过 9 人的小型客车	4.0	0.7	0.7	0.6
		（1）单向板楼盖（板跨 $l \geqslant 2m$） 满载总重不大于 300kN 的消防车	35.0	0.7	0.5	0.0
		（2）双向板楼盖（3m≤板跨短边 l≤6m） 定员不超过 9 人的小型客车	5.5—0.5l（l 以米计）	0.7	0.7	0.6
		（2）双向板楼盖（3m≤板跨短边 l≤6m） 满载总重不大于 300kN 的消防车	50.0—5.0l（l 以米计）	0.7	0.5	0.6
		（3）双向板楼盖（板跨短边 l＞6m）无梁楼盖（柱网不小于 6m×6m） 定员不超过 9 人的小型客车	2.5	0.7	0.7	0.6
		（3）双向板楼盖（板跨短边 l＞6m）无梁楼盖（柱网不小于 6m×6m） 满载总重不大于 300kN 的消防车	20.0	0.7	0.5	0.6
9	厨房	（1）餐厅	4.0	0.7	0.7	0.7
		（2）其他	2.0	0.7	0.6	0.5
10	浴室、卫生间、盥洗室		2.5	0.7	0.6	0.5
11	走廊、门厅	（1）宿舍、旅馆、医院病房、托儿所、幼儿园、住宅	2.0	0.7	0.5	0.4
		（2）办公楼、餐厅、医院门诊部	3.0	0.7	0.6	0.5
		（3）教学楼及其他可能出现人员密集的情况	3.5	0.7	0.5	0.3
12	楼梯	（1）多层住宅	2.0	0.7	0.5	0.4
		（2）其他	3.5	0.7	0.5	0.3

续表

项次	类别		标准值 (kN/m²)	组合值 系数 ψ_c	频遇值 系数 ψ_f	准永久值 系数 ψ_q
13	阳台	(1) 可能出现人员密集的情况	3.5	0.7	0.6	0.5
		(2) 其他	2.5	0.7	0.6	0.5

注：1. 本表所给各项活荷载适用于一般使用条件，当使用荷载较大、情况特殊或有专门要求时，应按实际情况采用；
　　2. 第6项书库活荷载当书架高度大于2m时，书库活荷载尚应按每米书架高度不小于2.5kN/m²确定；
　　3. 第8项中的客车活荷载仅适用于停放载人少于9人的客车；消防车活荷载适用于满载总重为300kN的大型车辆；当不符合本表的要求时，应将车轮的局部荷载按结构效应的等效原则，换算为等效均布荷载。
　　4. 第12项楼梯活荷载，对预制楼梯踏步平板，尚应按1.5kN集中荷载验算；
　　5. 本表各项荷载不包括隔墙自重和二次装修荷载：对固定隔墙的自重应按永久荷载考虑，当隔墙位置可灵活自由布置时，非固定隔墙的自重应取不小于1/3的每延米长墙重（kN/m）作为楼面活荷载标准值的附加值（kN/m²）计入，且附加值不应小于1.0kN/m²。

由于第8项消防车车道活荷载标准值是根据车轮直接作用在楼板上的情况确定，因此当板顶面有覆土时，可考虑覆土对楼面消防车活荷载的影响，对其标准值进行折减，折减系数可按表3-3及表3-4采用。

单向板楼盖楼面消防车活荷载折减系数　　　　　　　　　　表3-3

折算覆土厚度 $\bar{s}$ (m)	楼板跨度（m）		
	2	3	4
0	1.00	1.00	1.00
0.5	0.94	0.94	0.94
1.0	0.88	0.88	0.88
1.5	0.82	0.80	0.81
2.0	0.70	0.70	0.71
2.5	0.56	0.60	0.62
3.0	0.46	0.51	0.54

双向板楼盖楼面消防车活荷载折减系数　　　　　　　　　　表3-4

折算覆土厚度 $\bar{s}$ (m)	楼板跨度（m）			
	3×3	4×4	5×5	6×6
0	1.00	1.00	1.00	1.00
0.5	0.95	0.96	0.99	1.00
1.0	0.88	0.93	0.98	1.00
1.5	0.79	0.83	0.93	1.00
2.0	0.67	0.72	0.81	0.92
2.5	0.57	0.62	0.70	0.81
3.0	0.48	0.54	0.61	0.71

表3-3及表3-4中折算覆土厚度 $\bar{s}$ 可按公式 $\bar{s}=1.43s\tan\theta$ 确定，其中 s 为板顶实际覆土厚度（m），θ 为覆土应力扩散角，取不大于45°。根据《给水排水工程构筑物结构设计规范》GB 50069—2002规定，θ 角取43°[16]。

二、民用建筑楼面活荷载标准值的折减

设计楼面梁、墙、柱及基础时，表3-2中的楼面活荷载标准值在下列情况应乘以不小于下列规定的折减系数：

1. 设计楼面梁时的折减系数

（1）第1（1）项当楼面梁从属面积超过25m²时，不应小于0.9；

（2）第1（2）项～第7项当楼面梁从属面积超过50m²时，不应小于0.9；

（3）第8项对单向板楼盖的次梁和槽形板的纵肋不应小于0.8，对单向板楼盖的主梁不应小于0.6；对双向板楼盖的梁不应小于0.8；

（4）第9项～第13项应采用与所属房屋类别相同的折减系数。

楼面梁的从属面积对支承单向板的梁为梁两侧各延伸二分之一梁间距范围内的面积，对于支承双向板的梁为板剪力零线围成的面积，其余情况应根据楼面荷载实际传递情况确定其从属面积。

2. 设计墙、柱和基础时的折减系数

（1）第1（1）项应按表3-5的规定采用；

楼面活荷载按楼层数的折减系数　　　　　　　　　　　　　　表3-5

墙、柱基础计算截面以上的层数	2～3	4～5	6～8	9～20	>20
计算截面以上各楼层活荷载总和的折减系数	0.85	0.7	0.65	0.60	0.55

（2）第1（2）项～第7项应采用与其楼面梁相同的折减系数；

（3）第8项的客车，对单向板楼盖应取0.5，对双向板楼盖和无梁楼盖应取0.8；

（4）第9项～第13项应采用与所属房屋类别相同的折减系数。

设计墙、柱时表3-2中第8项的消防车活荷载可按实际情况考虑；设计基础时可不考虑消防车活荷载。对支承梁的柱，其从属面积为所支承梁的从属面积的总和；对多层房屋，柱的从属面积为其上部所有柱从属面积的总和。

楼面结构上的局部荷载可根据本章第三节的规定方法换算为等效均布活荷载以便用于设计。

【例题3-1】　拟建于抗震设防烈度为6度地区的某二层砌体结构（设计使用年限为50年）医院病房的简支钢筋混凝土楼面梁，其计算跨度$l_0=7.5$m，梁间距为3.6m，楼板为现浇钢筋混凝土单向板（图3-1），求楼面梁按持久设计状况计算时，该梁承受的楼面均布活荷载标准值在梁上产生的均布线荷载。

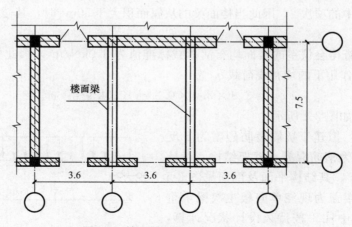

图3-1　楼面梁平面示意（单位：m）

【解】　楼面梁的从属面积 $A=3.6\times7.5=27\mathrm{m}^2>25\mathrm{m}^2$ 医院病房属表 3-2 中的项次 1
(1)，由于楼面梁的从属面积大于 $25\mathrm{m}^2$ 故在计算楼
面梁时楼面活荷载的标准值折减系数取 0.9。此外从
表 3-2 中查得医院病房的楼面活荷载标准值为
$2.0\mathrm{kN/m}^2$。因此楼面梁承受的由楼面均布活荷载标
准值在梁上产生的均布线荷载 q_k（计算简图见图 3-2）。

$$q_\mathrm{k}=2.0\times0.9\times3.6=6.48\mathrm{kN/m}$$

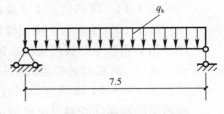

图 3-2　楼面梁计算简图（单位：m）

【例题 3-2】　拟建于抗震设防烈度为 6 度地区的
某框架结构（设计使用年限为 50 年）会议室，其按简支设计的钢筋混凝土楼面次梁，计
算跨度为 15.0m，间距为 7.8m，楼板为现浇钢筋混凝土实心板（图 3-3），求楼面次梁按
持久设计状况计算时在楼面均布活荷载标准值作用下的均布线荷载。

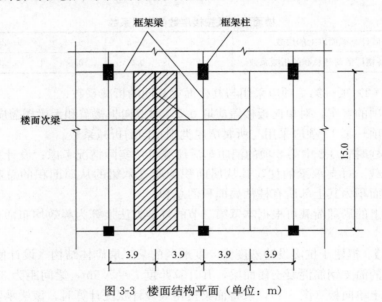

图 3-3　楼面结构平面（单位：m）

【解】　楼面次梁的从属面积（图 3-3 中阴影面积）$A=3.9\times15=58.6\mathrm{m}^2>50\mathrm{m}^2$，而
会议室属表 3-2 中的项次 2，因此当楼面梁的从属面积大于 $50\mathrm{m}^2$ 时，其楼面活荷载标准值
折减系数取 0.9。

从表 3-2 中查得会议室的楼面均布活荷载标准值为 $3.0\mathrm{kN/m}^2$，因此楼面梁在楼面均
布活荷载标准值作用下的均布线荷载 q_k 为：

$$q_\mathrm{k}=3.9\times3.0\times0.9=10.5\mathrm{kN/m}$$

其计算简图如图 3-4 所示。

【例题 3-3】　拟建于抗震设防烈度为 6 度
地区的某教学楼为钢筋混凝土框架结构，设计
使用年限为 50 年，其结构平面及剖面见图 3-5
及图 3-6，教室楼盖为现浇单向板主次梁承重
体系，求教学楼中柱 1 按持久设计状况计算，
在第四层顶柱（1-1 截面）处，当楼面活荷载

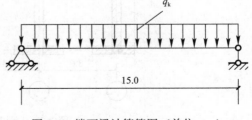

图 3-4　楼面梁计算简图（单位：m）

满布时，由楼面活荷载标准值产生的轴向力。

【解】 教学楼属表 3-2 中的第 1（2）项，当柱承受的楼面梁荷载从属面积大于 $50m^2$ 时，设计柱时楼面活荷载标准值的折减系数应取 0.9。从表 3-2 查得其楼面活荷载标准值为 $2.5kN/m^2$。

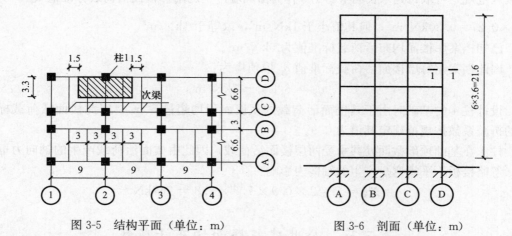

图 3-5　结构平面（单位：m）　　　　　图 3-6　剖面（单位：m）

忽略纵横框架梁在楼面活荷载作用下，由梁两端不平衡弯矩产生的轴向力，柱 1 的 1-1 截面承受着第 5、6 层的楼面活荷载，其柱承受的楼面梁荷载从属面积如图 3-5 中的阴影所示，其值为 $3.3 \times 9 \times 2 = 59.4m^2 > 50m^2$。

故其轴向力标准值 $N_k = 59.4 \times 2.5 \times 0.9 = 133.7kN$

（注意：柱的折减系数取 0.9 必须满足设计截面以上各楼层传来荷载的楼面梁从属面积总和超过 $50m^2$ 的要求。）

【例题 3-4】 某拟建于抗震设防烈度为 6 度地区的乙级档案库（设计使用年限为 50 年），楼层净高 3.3m，其承重结构为现浇钢筋混凝土无梁楼盖板柱-抗震墙体系，柱网尺寸为 7.8m×7.8m，楼板厚度为 0.26m，面层建筑作法为 0.04m 其平面及剖面如图 3-7 及图 3-8 所示，各层楼面上设有设置可灵活布置的轻钢龙骨不保温两层 12mm 纸面石膏板隔墙，楼面均布活荷载标准值为 $6kN/m^2$。求柱 1 设计时在基础顶部截面处由楼面活荷载标准值产生的轴向力。提示：柱 1 每楼层的负荷面积为图 3-7 中的阴影面积。

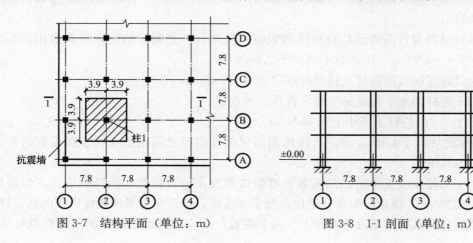

图 3-7　结构平面（单位：m）　　　　　图 3-8　1-1 剖面（单位：m）

【解】   由于隔墙位置可灵活布置，其自重应作为楼面活荷载的附加值计入，此值可求得如下：

查表 2-1 第 11 项可得隔墙自重为 0.27kN/m^2，隔墙高度等于楼层净高 3.3m，按现行荷载规范规定可取每延米长墙重的 1/3 作为由隔墙产生的附加楼面活荷载标准值 $Q_{ak} = \frac{1}{3} \times 3.3 \times 0.27 = 0.30\text{kN/m}^2$，但其值小于 1kN/m^2，取等于 1kN/m^2。

已知档案库楼面均布活荷载标准值为 6kN/m^2。

因此档案馆每层楼面活荷载标准值 q_k 取值应为：

$$q_k = 6 + 1 = 7\text{kN/m}^2$$

设计柱 1 的基础时由于其楼面活荷载的从属面积均超过 50m^2，因此楼面活荷载标准值的折减系数按规范规定其值为 0.9。

柱 1 在基础顶部截面处共承受两层楼面活荷载，因此由楼面活荷载产生的轴向力标准值（忽略楼板不平衡弯矩产生的轴向力影响）。

$$N_k = 7 \times 2 \times 0.9 \times 7.8 \times 7.8 = 767\text{kN}$$

第三节   公共建筑楼面均布活荷载

21 世纪以来，我国一些有关公共建筑设计的国家标准和行业标准中已包括针对这类建筑中的结构荷载特点作出规定，现将部分内容摘录如下。

一、剧场建筑中的舞台结构荷载[30]

1. 舞台结构荷载采用标准值作为代表值。对频遇值和准永久值应按现行国家标准《建筑结构荷载规范》GB 50009—2012 的有关规定采用。

2. 作用在主台和台唇台面上的结构荷载标准值，应符合下列规定：

（1）台面活荷载不应小于 4.0kN/m^2；

（2）当有两层台仓时，在底层的楼板活荷载不应小于 2.0kN/m^2；

（3）舞台面上设置的固定设施，应按实际荷载取用；

（4）主台面上有车载转台等移动设施时，应按实际荷载计算。

3. 升降乐池台面板的活荷载标准值取值：不动时，不应小于 4.0kN/m^2；可动时，不应小于 2.0kN/m^2。

4. 各种机械舞台台面的活荷载标准值取值应按舞台工艺设计的实际荷载取用，不动时均不得小于 4.0kN/m^2，可动时不得小于 2.0kN/m^2。

5. 假台口每层搁板的活荷载标准值不应小于 2.0kN/m^2。

6. 作用于栏杆的水平荷载标准值应符合下列规定：

（1）假台口上的栏杆不应小于 1.0kN/m；

（2）座席地坪高于前排 0.50m 及座席侧面紧邻有高差之纵走道或梯步所设置的栏杆不应小于 1.0kN/m。

7. 主台上部栅顶或工作桥的活荷载标准值按舞台工艺设计的实际荷载取用，但最低不应小于 2.0kN/m^2。栅顶应与舞台结构部分牢固连接，保证在水平荷载作用下的稳定性。

8. 天桥的活荷载标准值及垂直向上、向下荷载，均应根据工艺设计的实际荷载计算，但安装吊杆卷扬机或放置平衡重的天桥活荷载标准值不应小于 $4.0kN/m^2$；其他不安装卷扬机或放置平衡重的各层天桥活荷载标准值不应小于 $2.0kN/m^2$；仅作通行使用的后天桥其活荷载标准值不应小于 $1.5kN/m^2$。

9. 舞台面至第一层天桥，凡有配重块升降的部位，均应设护网，护网承受的水平荷载标准值不应小于 $0.5kN/m^2$。

10. 布景吊杆应有 4 个或 4 个以上的悬挂点，吊杆可按 1.5kN 集中力标准值作用于跨中点验算。

11. 每根景物吊杆的活荷载标准值应按不同台口宽度取用，并应符合下列规定：
台口宽度在 12.00m 以下的吊杆不得小于 3.5kN；
台口宽度在 12.00～14.00m 的吊杆不得小于 4.0kN；
台口宽度在 14.00～16.00m 的吊杆不得小于 5.0kN；
台口宽度在 16.00～18.00m 的吊杆不得小于 6.0kN；
台口宽度在 18.00m 以上的按实际荷载值取用。

12. 每根灯光吊杆的活荷载标准值按不同台口宽度取用；
台口宽度在 12.00m 以下的灯光吊杆不得小于 5.0kN；
台口宽度在 12.00～14.00m 的灯光吊杆不得小于 6.0kN；
台口宽度在 14.00～16.00m 的灯光吊杆不得小于 8.0kN；
台口宽度在 16.00～18.00m 的灯光吊杆不得小于 10.0kN；
台口宽度在 18.00m 以上及安装特殊灯具时应按实际荷载值取用。

13. 面光桥的活荷载标准值不应小于 $2.5kN/m^2$，灯架活荷载标准值不应小于 $1.0kN/m$。

14. 主台上部为安装各种悬吊设备的梁、牛腿、平台的荷载，应按舞台工艺设计所提供的实际荷载取用。

二、博物馆建筑的楼地面使用活荷载标准值[34]

1. 特大型、大型、大中型博物馆建筑及经主管部门确定为重要博物馆建筑的主体结构的设计使用年限宜取为 100 年，其安全等级宜为一级；中型及小型博物馆建筑主体结构的设计使用年限宜取为 50 年，其安全等级宜为二级。

2. 博物馆建筑的楼地面使用活荷载标准值按表 3-6 采用，且不应低于现行荷载规范的要求，凡有特殊情况或有专门要求及现行荷载规范中未规定的楼地面使用活荷载应按照实际情况采用。

博物馆建筑的楼地面使用活荷载标准值要求　　　　　　　　表 3-6

功能空间			使用活荷载标准值（kN/m²）
展厅	主入口层		8.0
	其他楼层	特大型及大型博物馆	5.0
		中、小型博物馆	4.0
库房	一般库房		6.0
	大型的石雕或金属制品库房		10.0
办公室			2.0
多功能会议室			3.5
资料室、档案室			5.0

续表

功能空间	使用活荷载标准值（kN/m²）
密集书柜	12.0
机房	7.0
走廊、门厅、楼梯	3.5
运送藏品的汽车通道	10.0

三、档案馆建筑的楼面均布活荷载标准值[29]

档案库楼面均布活荷载标准值不应小于 6kN/m²，采用密集架时不应小于 12kN/m²。

四、图书馆建筑的楼面均布活荷载标准值[33]

书库荷载值的选择，应根据藏书形式和具体使用要求按现行国家标准《建筑结构荷载规范》GB 50009 确定。

第四节 工业建筑楼面活荷载

工业建筑楼面在生产使用或安装、检修设备时，由大量堆放的原材料或成品、管道、运输工具及可能拆移的隔墙等产生的楼面局部荷载，均应按实际情况考虑，可采用等效均布活荷载代替。一般情况下这些局部荷载由该工业的工艺专业人员提供资料后，经结构专业设计人员确定其楼面等效均布活荷载标准值。由于近年来人工智能技术的迅速发展，各工业行业中的新设备、新工艺、新技术广泛采用，因此结构设计人员应和工艺专业人员密切合作，确定合理的该工业建筑楼面等效均布活荷载，才能适应以上新情况。

一、一些工业建筑的楼面等效均布活荷载

参考文献[74]对三类工业建筑规定的楼面均布活荷载标准值及其组合值、频遇值和准永久值系数不应小于表 3-7 的规定。

工业建筑楼面均布活荷载标准值及其组合值、频遇值及准永久值系数   表 3-7

项次	类别	标准值（kN/m²）	组合值系数 ψ_c	频遇值系数 ψ_f	准永久值系数 ψ_q
1	电子产品加工	4.0	0.8	0.6	0.5
2	轻型机械加工	8.0	0.8	0.6	0.5
3	重型机械加工	12.0	0.8	0.6	0.5

在附录二中列出了电信房屋、仓库、一般金工车间、仪器仪表生产车间、半导体器件车间、棉纺织造车间、轮胎厂准备车间和粮食加工车间的楼面等效均布活荷载供设计人员参考采用。

二、操作荷载及楼梯荷载

工业建筑楼面（包括工作平台）上无设备区域的操作荷载，包括操作人员、一般工具、零星原料和成品的自重，可按均布活荷载考虑，其标准值一般采用 2.0kN/m²。但对堆料较多的车间可取 2.5kN/m²；此外有的车间由于生产的不均衡性，在某个时期的成品或半成品堆放特别严重，则操作荷载的标准值可根据实际情况确定。操作荷载在设备所占的楼面面积内不予考虑。

对机械工业厂房中的机械化运输系统、起重机（吊车）检修平台、锅炉房、煤气站、工艺和公用平台的均布活荷载标准值可按表 3-8 的规定采用[23]。

工作平台均布活荷载标准值（kN/m²）　　　　　　表 3-8

项目		均匀活荷载标准值	备注
机械化运输系统			
混砂机操作平台	允许堆放铺料	10.0	—
	不允许堆放铺料	2.5～5.0	
胶带机走廊（走道）		2.5	—
圆盘给料机操作平台		2.5	平台上不直接安装设备
圆盘给料机支承平台	Φ1000	10.0	平台上直接安装设备
	Φ1500	20.0	
	Φ2000	30.0	
斗式提升机上部检修、操作平台		2.5	—
胶带机头尾平台		2.0～5.0	包括胶带机组合件负荷
悬链冷却廊		10.5	贮存一部分零件时
胶带给料机平台		2.5	上挂斗口压力按实际情况另加
其他单个设备操作平台		2.5	①集中荷载按具体情况定 ②检修时按最大零件重量放在最不利位置考虑
一般设备检修平台		4.0	有较重设备时按实际情况采用
无设备不准存堆物料的操作平台		2.5	—
起重机检修平台			
起重机检修平台		4.0	—
起重机安全走道、休息平台、过道		2.0	工艺无要求的一般操作平台
锅炉房（不包括设备集中荷载）			
操作层楼面		6.0～12.0	根据锅炉型号、安装和检修、操作要求确定
运煤层楼面		3.0	在胶带机头部装置设备部分为 10kN/m²
水箱间和水泵间的楼面或安装水箱水泵设备时的屋面		5.0	水处理间的楼面和屋面如安装设备时，其荷载与楼面相同
煤气站			
操作层		5.0	设备安装时的集中荷载按工艺资料考虑
煤气发生炉煤斗上的运煤通廊		3.0	通廊上堆放煤时按实际加大
运煤走廊栈桥部分		—	胶带头尾架按具体资料考虑
破碎及筛选间楼面		5.0	设备安装及动力影响另行考虑
机器间（当有二层工作面时）		5.0	当设有焦油机时，荷载需按实际情况加大
洗涤塔、电器滤清器等操作平台		2.0	
工艺、公用平台			
通风机平台 （包括设备荷载）	≤6 号风机	6.0	计算主梁时的荷载折减系数采用 0.8；计算梁底砖墙局部承压及基础时，采用 0.6，但不小于 4kN/m²；按此荷载取值时，一般不需按最不利荷载计算梁板
	8 号风机	8.0	
	10 号风机	10.0	

续表

项目		均匀活荷载标准值	备注
冲天炉加料平台	允许堆放物料 （在平台上加料）	20.0	—
	不允许堆放物料 （机械化加料）	5.0	
电炉操作平台（包括电弧炉、平炉）		20.0～30.0	局部荷载，具体荷载应与工艺核定

注：荷载的组合值系数宜取 1.0，频遇值系数宜取 0.95，准永久值系数宜取 0.85。

生产车间的楼梯活荷载标准值可按实际情况采用，但不宜小于 $3.5kN/m^2$，对上下平台的钢梯，其活荷载标准值可按国家标准《固定式钢梯及平台安全要求 第 1 部分 钢直梯 第 2 部分 钢斜梯》GB 4053.1、2—2009 的规定采用。

三、楼面等效均布活荷载的确定方法

工业建筑通常在楼面上因生产工艺要求需设置振动设备，当这类设备的荷载按静力方法确定其楼面等效均布荷载时，应将振动荷载乘以动力系数。由于不同用途的工业建筑，振动设备的动力性质不尽相同，对一般情况，振动荷载的动力系数可取 1.05～1.1；对特殊设备和机器可提高到 1.2～1.3。附录六中收集了在实际工程中常用机械设备的动力系数可供设计人员参考。对某些需要仔细确定该设备的振动荷载效应和动力系数时，可按现行国家标准《建筑振动标准》GB/T 51228—2017[77] 的规定实施。

工业建筑在生产、使用过程中和安装、检修设备时，由原材料或成品大量堆放、设备、管道、运输工具及可能拆移的隔墙在楼面上产生的局部荷载可采用以下方法确定其楼面等效均布活荷载。

1. 楼面（板、次梁及主梁）的等效均布活荷载应在其设计控制部位上，根据需要按内力（弯矩、剪力等）、变形及裂缝的等值要求来确定等效均布活荷载。在一般情况下可仅按内力等值的原则确定。

2. 由于实际工程中生产、检修、安装工艺以及结构布置的不同，楼面活荷载差别可能很大，此情况下应划分区域，分别确定各区域的等效均布活荷载。

3. 多跨连续梁、连续单向板的等效均布活荷载，可按单跨简支梁、简支单向板计算，但计算梁、板的实际内力时仍应按连续结构考虑。确定等效均布活荷载时，可根据弹性体系结构力学方法计算。

4. 简支单向板上局部荷载（包括集中荷载）的等效均布活荷载 q_e 可按下式计算：

$$q_e = \frac{8M_{max}}{bl_0^2} \qquad (3-1)$$

式中 l_0——板的计算跨度；

b——板上局部荷载的有效分布宽度，可按下述规定计算确定；

M_{max}——简支板的绝对最大弯矩，即沿板宽度方向按设备在最不利位置上确定的总弯矩。计算时设备荷载应乘以动力系数，并扣去设备在该板跨度内所占面积上由操作荷载引起的弯矩。动力系数应根据实际情况考虑。

5. 简支单向板上任意位置局部荷载的有效分布宽度 b 可按以下规定计算：

（1）当局部荷载作用面的长边平行于板跨时，简支板上荷载的有效分布宽度 b 按以下两种情况取值（图 3-9a）：

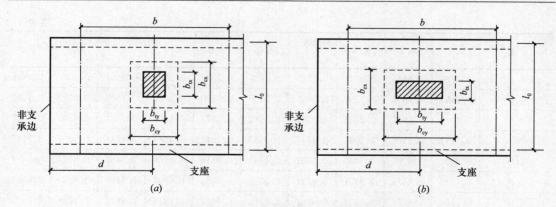

图 3-9　简支板上局部荷载的有效分布宽度

(a) 荷载作用面的长边平行于板跨；(b) 荷载作用面的短边平行于板跨

①当 $b_{cx} \geqslant b_{cy}$，$b_{cy} \leqslant 0.6l_0$，$b_{cx} \leqslant l_0$ 时

$$b = b_{cy} + 0.7l_0 \tag{3-2}$$

②当 $b_{cx} \geqslant b_{cy}$，$0.6l_0 < b_{cy} \leqslant l_0$，$b_{cx} \leqslant l_0$ 时

$$b = 0.6b_{cy} + 0.94l_0 \tag{3-3}$$

（2）当局部荷载作用面的短边平行于板跨时，简支板上荷载的有效分布宽度 b 可按以下两种情况取值（图 3-9b）：

①当 $b_{cx} < b_{cy}$，$b_{cy} \leqslant 2.2l_0$，$b_{cx} \leqslant l_0$ 时

$$b = \frac{2}{3}b_{cy} + 0.73l_0 \tag{3-4}$$

②当 $b_{cx} < b_{cy}$，$b_{cy} > 2.2l_0$，$b_{cx} \leqslant l_0$ 时

$$b = b_{cy} \tag{3-5}$$

式中　l_0——板的计算跨度；

　　　b_{cx}——局部荷载作用面平行于板跨的计算宽度；

　　　b_{cy}——局部荷载作用面垂直于板跨的计算宽度；

又

$$b_{cx} = b_{tx} + 2s + h \tag{3-6}$$

$$b_{cy} = b_{ty} + 2s + h \tag{3-7}$$

式中　b_{tx}——局部荷载作用面平行于板跨的宽度；

　　　b_{ty}——局部荷载作用面垂直于板跨的宽度；

　　　s——垫层厚度；

　　　h——板的厚度。

上述情况也可按简支单向板楼面等效均布荷载系数 θ 表（表 3-9），查系数 θ 后直接确定。

简支单向板等效均布荷载系数 θ　　　　　　　表 3-9

α \ β	0.1	0.2	0.3	0.4	0.5	0.6	0.7	0.8	0.9	1.0
0.1	0.0238	0.0450	0.0638	0.0800	0.0938	0.1050	0.1138	0.1200	0.1238	0.1250
0.2	0.0440	0.0800	0.1133	0.1422	0.1667	0.1867	0.2022	0.2133	0.2200	0.2222
0.3	0.0613	0.1161	0.1530	0.1920	0.2250	0.2520	0.2730	0.2880	0.2970	0.3000

续表

α \ β	0.1	0.2	0.3	0.4	0.5	0.6	0.7	0.8	0.9	1.0
0.4	0.0763	0.1445	0.2047	0.2327	0.2727	0.3055	0.3309	0.3491	0.3600	0.3636
0.5	0.0893	0.1693	0.2398	0.3009	0.3125	0.3500	0.3792	0.4000	0.4125	0.4167
0.6	0.1009	0.1912	0.2708	0.3398	0.3982	0.3877	0.4200	0.4431	0.4569	0.4615
0.7	0.1111	0.2106	0.2983	0.3744	0.4387	0.4914	0.4684	0.4941	0.5096	0.5147
0.8	0.1203	0.2280	0.3230	0.4053	0.4749	0.5319	0.5763	0.5408	0.5577	0.5634
0.9	0.1286	0.2436	0.3451	0.4331	0.5075	0.5684	0.6158	0.6496	0.6020	0.6081
1.0	0.1360	0.2578	0.3652	0.4582	0.5370	0.6014	0.6516	0.6874	0.7088	0.6494
1.1	0.1428	0.2706	0.3834	0.4811	0.5638	0.6314	0.6841	0.7216	0.7442	0.7517
1.2	0.1490	0.2824	0.4000	0.5020	0.5882	0.6588	0.7137	0.7529	0.7765	0.7843
1.3	0.1547	0.2931	0.4152	0.5211	0.6106	0.6839	0.7409	0.7816	0.8061	0.8142
1.4	0.1599	0.3030	0.4293	0.5387	0.6313	0.7070	0.7659	0.8080	0.8333	0.8417
1.5	0.1647	0.3121	0.4422	0.5549	0.6503	0.7283	0.7890	0.8324	0.8584	0.8671
1.6	0.1692	0.3206	0.4542	0.5699	0.6679	0.7481	0.8104	0.8549	0.8816	0.8905
1.7	0.1733	0.3284	0.4653	0.5839	0.6843	0.7664	0.8302	0.8758	0.9032	0.9123
1.8	0.1772	0.3358	0.4756	0.5969	0.6995	0.7834	0.8487	0.8953	0.9233	0.9326
1.9	0.1808	0.3426	0.4853	0.6090	0.7137	0.7993	0.8659	0.9135	0.9421	0.9516
2.0	0.1842	0.3489	0.4943	0.6204	0.7270	0.8142	0.8821	0.9305	0.9596	0.9693
2.1	0.1873	0.3549	0.5028	0.6310	0.7394	0.8282	0.8972	0.9465	0.9761	0.9859
2.2	0.1900	0.3600	0.5100	0.6400	0.7500	0.8400	0.9100	0.9600	0.9900	1.0000

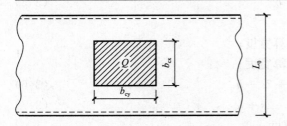

图 3-10   简支板承受跨中位置的局部荷载

表中 $\alpha=\dfrac{b_{cy}}{l_0}$；$\beta=\dfrac{b_{cx}}{l_0}$；单向板等效均布荷载系数 $\theta=\dfrac{q_e}{q}$，其中 q_e 为单向板等效均布荷载；q 为局部均布面荷载，$q=Q/b_{cx}b_{cy}$（Q 为局部荷载）见图 3-10。

使用表 3-9 时，将局部荷载 Q 作用在板跨中部最不利的位置上，荷载作用面的计算宽度分别为 b_{cx} 和 b_{cy}，其中 b_{cx} 是与板跨度平行的计算宽度尺寸，求出系数 α、β 查表 3-9 即可得出 θ，将 θ 乘以 q 便得板的等效均布荷载 q_e。

（3）当局部荷载作用在板的非支承边附近，即当 $d<\dfrac{b}{2}$ 时（参见图 3-9），局部荷载的有效分布宽度应予以折减，可按下式计算：

$$b'=\frac{1}{2}b+d \tag{3-8}$$

式中 b'——折减后的有效分布宽度；

d——局部荷载作用面中心至非支承边的距离。

（4）当两个局部荷载相邻，而 $e<b$ 时（图 3-11），局部荷载的有效分布宽度应予以折减，其值可按下式计算：

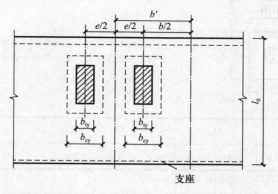

图 3-11　相邻两个局部荷载的有效分布宽度

$$b' = \frac{b}{2} + \frac{e}{2} \tag{3-9}$$

式中　e——相邻两个局部荷载的中心间距。

（5）悬臂板上局部荷载的有效分布宽度（图 3-12）可按下式计算：

$$b = b_{cy} + 2x \tag{3-10}$$

式中　x——局部荷载作用面中心至支座的距离。

6. 四边支承的双向板在局部荷载作用下的等效均布活荷载计算原则与单向板相同，连续多跨双向板的等效均布活荷载可按单跨四边简支双向板计算，并根据在局部荷载作用下板的弯矩与等效均布活荷载产生板的弯矩相等原则确定。然后选择两个方向等效均布活荷载中的较大者作为设计采用的等效设计均布荷载。

局部荷载原则上应布置在可能的最不利位置上，一般情况有多个局部荷载时应至少有一个局部荷载布置在板的中央处。

对同时有若干个局部荷载在板上时，确定其等效均布活荷载方法，除可采用电子计算机程序计算外，手算方法可利用本手册附录四对任意位置处的局部荷载编制的四边简支双向板等效均布活荷载计算表，先分别求出每个局部荷载相应 x 和 y 两个方向的等效均布活荷载。再分别按两个方向将相应的各个等效均布活荷载叠加即可得出有若干个局部荷载情况下的等效均布活荷载。然后在叠加所得两个方向的等效均布活荷载中选其中较大者作为设计采用的等效均布活荷载。

对位于板中央对称位置处的单个矩形局布均布荷载，手算时可利用表 3-10 确定在其作用下板的 x 及 y 方向最大弯矩，再利用四边简支承受满布均布荷载的双向板跨中最

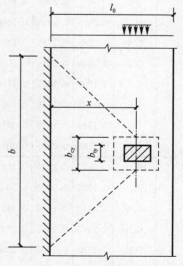

图 3-12　悬臂板上局部荷载的
有效分布宽度

大弯矩系数表（表 3-11），根据相同支承条件下最大弯矩相等的原则即可确定此情况下的双向板楼面等效均布活荷载。

四边简支双向板中央局部均布荷载作用下的最大弯矩系数表 (μ＝0)　　表 3-10

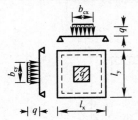

当 q 为面作用时：最大弯矩＝表中系数×b_{cx}×b_{cy}；
当 q 为线作用时：最大弯矩＝表中系数×qb_{cx} 或 qb_{cy}。

$\dfrac{l_y}{l_x}$	$\dfrac{b_{cx}}{l_x}$ / $\dfrac{b_{cy}}{l_x}$	M_x						M_y					
		0.0	0.2	0.4	0.6	0.8	1.0	0.0	0.2	0.4	0.6	0.8	1.0
1.0	0.0	∞	0.1746	0.1213	0.0920	0.0728	0.0592	∞	0.2528	0.1957	0.1602	0.1329	0.1097
	0.2	0.2528	0.1634	0.1176	0.0900	0.0714	0.0581	0.1746	0.1634	0.1434	0.1236	0.1049	0.0872
	0.4	0.1957	0.1434	0.1083	0.0843	0.0674	0.0549	0.1213	0.1176	0.1083	0.0962	0.0831	0.0693
	0.6	0.1602	0.1236	0.0962	0.0762	0.0613	0.0500	0.0920	0.0900	0.0843	0.0762	0.0664	0.0556
	0.8	0.1329	0.1049	0.0831	0.0664	0.0537	0.0439	0.0728	0.0714	0.0674	0.0613	0.0537	0.0451
	1.0	0.1097	0.0872	0.0693	0.0556	0.0451	0.0368	0.0592	0.0581	0.0549	0.0500	0.0439	0.0368
1.2	0.0	∞	0.1936	0.1394	0.1086	0.0874	0.0714	∞	0.2456	0.1889	0.1540	0.1274	0.1051
	0.2	0.2723	0.1826	0.1358	0.1066	0.0861	0.0704	0.1673	0.1563	0.1367	0.1174	0.0995	0.0826
	0.4	0.2156	0.1630	0.1268	0.1013	0.0824	0.0675	0.1143	0.1107	0.1017	0.0903	0.0778	0.0650
	0.6	0.1807	0.1438	0.1154	0.0936	0.0767	0.0629	0.0854	0.0835	0.0782	0.0706	0.0615	0.0515
	0.8	0.1543	0.1259	0.1029	0.0845	0.0696	0.0572	0.0670	0.0657	0.0620	0.0565	0.0495	0.0415
	1.0	0.1322	0.1093	0.0902	0.0745	0.0616	0.0507	0.0544	0.0534	0.0506	0.0463	0.0406	0.0341
	1.2	0.1126	0.0934	0.0773	0.0640	0.0530	0.0436	0.0455	0.0447	0.0424	0.0388	0.0341	0.0286
1.4	0.0	∞	0.2063	0.1515	0.1197	0.0972	0.0796	∞	0.2394	0.1829	0.1485	0.1226	0.1010
	0.2	0.2854	0.1954	0.1480	0.1178	0.0960	0.0787	0.1610	0.1500	0.1308	0.1120	0.0947	0.0786
	0.4	0.2289	0.1761	0.1393	0.1128	0.0925	0.0760	0.1080	0.1045	0.0958	0.0849	0.0731	0.0609
	0.6	0.1946	0.1574	0.1283	0.1055	0.0872	0.0718	0.0792	0.0774	0.0724	0.0653	0.0568	0.0476
	0.8	0.1690	0.1403	0.1166	0.0970	0.0806	0.0665	0.0608	0.0597	0.0563	0.0512	0.0449	0.0377
	1.0	0.1478	0.1246	0.1047	0.0878	0.0733	0.0606	0.0485	0.0476	0.0452	0.0413	0.0362	0.0305
	1.2	0.1294	0.1099	0.0929	0.0783	0.0655	0.0542	0.0400	0.0394	0.0374	0.0342	0.0301	0.0253
	1.4	0.1126	0.0959	0.0813	0.0685	0.0574	0.0475	0.0342	0.0336	0.0319	0.0292	0.0257	0.0216
1.6	0.0	∞	0.2144	0.1592	0.1267	0.1034	0.0849	∞	0.2348	0.1786	0.1445	0.1191	0.0981
	0.2	0.2937	0.2036	0.1558	0.1250	0.1023	0.0840	0.1563	0.1455	0.1264	0.1080	0.0912	0.0756
	0.4	0.2375	0.1845	0.1473	0.1201	0.0989	0.0814	0.1033	0.0998	0.0914	0.0808	0.0695	0.0579
	0.6	0.2035	0.1662	0.1367	0.1132	0.0939	0.0774	0.0744	0.0726	0.0679	0.0612	0.0532	0.0445
	0.8	0.1784	0.1497	0.1255	0.1052	0.0878	0.0725	0.0560	0.0549	0.0518	0.0470	0.0412	0.0346
	1.0	0.1580	0.1346	0.1143	0.0966	0.0810	0.0670	0.0436	0.0428	0.0405	0.0370	0.0325	0.0273
	1.2	0.1405	0.1208	0.1033	0.0878	0.0739	0.0612	0.0351	0.0345	0.0327	0.0299	0.0264	0.0222
	1.4	0.1248	0.1079	0.0926	0.0790	0.0666	0.0552	0.0292	0.0288	0.0273	0.0250	0.0221	0.0185
	1.6	0.1105	0.0956	0.0822	0.0702	0.0592	0.0491	0.0253	0.0249	0.0237	0.0217	0.0191	0.0161

续表

$\frac{l_y}{l_x}$	$\frac{b_{cx}}{l_x}$ $\frac{b_{cy}}{l_x}$	M_x						M_y					
		0.0	0.2	0.4	0.6	0.8	1.0	0.0	0.2	0.4	0.6	0.8	1.0
1.8	0.0	∞	0.2194	0.1639	0.1311	0.1073	0.0881	∞	0.2317	0.1756	0.1418	0.1168	0.0961
	0.2	0.2988	0.2086	0.1605	0.1294	0.1961	0.0872	0.1531	0.1423	0.1234	0.1053	0.0888	0.736
	0.4	0.2427	0.1897	0.1522	0.1246	0.1029	0.0847	0.1000	0.0967	0.0884	0.0781	0.0671	0.0559
	0.6	0.2091	0.1717	0.1419	0.1180	0.0981	0.0810	0.0711	0.0694	0.0648	0.0583	0.0507	0.0424
	0.8	0.1844	0.1555	0.1310	0.1103	0.0923	0.0763	0.0525	0.0515	0.0485	0.0441	0.0386	0.0324
	1.0	0.1645	0.1410	0.1203	0.1021	0.0859	0.0711	0.0400	0.0392	0.0372	0.0339	0.0298	0.0250
	1.2	0.1475	0.1277	0.1099	0.0938	0.0792	0.0657	0.0313	0.0308	0.0292	0.0267	0.0235	0.0198
	1.4	0.1327	0.1156	0.1000	0.0857	0.0725	0.0601	0.0253	0.0249	0.0237	0.0217	0.0191	0.0161
	1.6	0.1193	0.1043	0.0904	0.0777	0.0658	0.0546	0.0213	0.0209	0.0199	0.0183	0.0161	0.0135
	1.8	0.1070	0.0936	0.0812	0.0698	0.0592	0.0491	0.0187	0.0183	0.0174	0.0160	0.0141	0.0119
2.0	0.0	∞	0.2224	0.1668	0.1337	0.1096	0.0901	∞	0.2297	0.1738	0.1401	0.1152	0.0948
	0.2	0.3019	0.2116	0.1634	0.1320	0.1085	0.0892	0.1511	0.1403	0.1215	0.1035	0.0873	0.0723
	0.4	0.2459	0.1928	0.1552	0.1274	0.1053	0.0868	0.0980	0.0946	0.0865	0.0763	0.0655	0.0546
	0.6	0.2124	0.1750	0.1450	0.1209	0.1007	0.0831	0.0689	0.0673	0.0628	0.0565	0.0490	0.0410
	0.8	0.1880	0.1590	0.1344	0.1134	0.0950	0.0786	0.0502	0.0492	0.0464	0.0421	0.0369	0.0309
	1.0	0.1684	0.1448	0.1240	0.1055	0.0889	0.0736	0.0375	0.0369	0.0349	0.0319	0.0280	0.0235
	1.2	0.1519	0.1320	0.1140	0.0976	0.0825	0.0685	0.0287	0.0282	0.0268	0.0245	0.0216	0.0181
	1.4	0.1375	0.1204	0.1045	0.0899	0.0762	0.0632	0.0226	0.0222	0.0211	0.0193	0.0170	0.0143
	1.6	0.1248	0.1097	0.0956	0.0824	0.0700	0.0581	0.0183	0.0180	0.0171	0.0157	0.0138	0.0116
	1.8	0.1132	0.0997	0.0871	0.0752	0.0639	0.0531	0.0155	0.0152	0.0145	0.0133	0.0117	0.0098
	2.0	0.1026	0.0904	0.0790	0.0683	0.0580	0.0482	0.0127	0.0135	0.0128	0.0177	0.0104	0.0087

四边简支双向板在单位均布面荷载作用下跨中最大弯矩系数 表 3-11

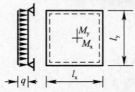

$\mu=0$, $M_{xmax}=\alpha q l_0^2$, $M_{ymax}=\beta q l_0^2$;
式中 l_0 取 l_x 和 l_y 中的较小者；
l_x 为较短边的计算跨度；
l_y 为较长边的计算跨度。

l_x/l_y	0.50	0.55	0.60	0.65	0.70	0.75	0.80	0.85	0.90	0.95	1.00
α	0.0965	0.0892	0.0820	0.0750	0.683	0.0620	0.0561	0.0506	0.0456	0.0410	0.0368
β	0.0174	0.0210	0.0242	0.0271	0.0296	0.0317	0.0334	0.0348	0.0340	0.0364	0.0368

7. 作用在次梁（包括槽形板的纵肋）上的局部荷载，应按下列公式分别计算弯矩和剪力的等效均布活荷载，且取其中较大者。

$$q_{eM} = \frac{8M_{max}}{sl_0^2} \tag{3-11}$$

$$q_{ev} = \frac{2V_{max}}{sl_0} \tag{3-12}$$

式中 q_{eM}——按最大弯矩计算的等效均布活荷载；

q_{ev}——按最大剪力计算的等效均布活荷载；

s——次梁的间距；

l_0——次梁的计算跨度；

M_{max}——简支次梁的绝对最大弯矩，按设备的最不利布置确定；

V_{max}——简支次梁的绝对最大剪力，按设备的最不利布置确定。

按简支梁计算 M_{max} 及 V_{max} 时，除直接传给次梁的局部荷载外，还应考虑邻近板面传来的活荷载（其中设备荷载应乘以动力系数，并扣除设备所占面积上的操作荷载），以及两侧相邻次梁的卸荷作用。

8. 当局部荷载分布比较均匀时，主梁上的等效均布活荷载可由全部局部荷载总和除以全部受荷面积求得。

如果另有设备直接布置在主梁上，尚应增加由这部分设备自重按式（3-11）或式（3-12)计算所得的等效荷载。

9. 柱、基础上的等效均布活荷载在一般情况下可取与主梁相同。

【例题 3-5】 某类型工业建筑（设计使用年限为 50 年）的楼面板为现浇钢筋混凝土单向连续板。板厚度 0.1m。在安装时，各跨内最不利情况的设备位置如图 3-13 所示，设备重 8kN，设备平面尺寸为 0.5m×1.0m，搬运设备时的动力系数为 1.1，设备直接放置在楼面板上，无设备区域的操作荷载为 2kN/m²，求该情况下设备荷载的等效楼面均布活荷载标准值。

【解】 板的计算跨度 $l_0 = l_c = 3$m

设备荷载作用面平行于板跨的计算宽度：

$$b_{cx} = b_{tx} + 2s + h = 1 + 0.1 = 1.1\text{m}$$

设备荷载作用面垂直于板跨的计算宽度：

$$b_{cy} = b_{ty} + 2s + h = 0.5 + 0.1 = 0.6\text{m}$$

符合 $b_{cx} > b_{cy}$（即 $1.1\text{m} > 0.6\text{m}$）；

且由于： $b_{cy} < 0.6l_0$（即 $0.6\text{m} < 0.6 \times 3 = 1.8\text{m}$）

$$b_{cx} < l_0 \quad (\text{即 } 1.1\text{m} < 3\text{m})$$

故设备荷载在板上的有效分布宽度：

$$b = b_{cy} + 0.7l_0 = 0.6 + 0.7 \times 3 = 2.7\text{m}$$

为简化计算，取板的计算简图（按简支单跨板计算）见图 3-14。

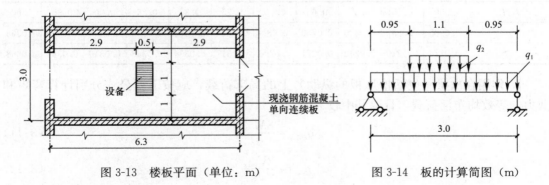

图 3-13   楼板平面（单位：m）   图 3-14   板的计算简图（m）

作用在板上的荷载：

（1）无设备区域的操作荷载在板的有效分布宽度内产生的沿板跨均布线荷载 q_1：

$$q_1 = 2 \times 2.7 = 5.4 \text{kN/m}$$

（2）设备荷载乘以动力系数并扣除设备在板跨内所占面积上的操作荷载后产生的沿板跨均布线荷载 q_2：

$$q_2 = (8 \times 1.1 - 2 \times 0.5 \times 1)/1.1 = 7.09 \text{kN/m}$$

板的绝对最大弯矩 $M_{\max} = \dfrac{1}{8} q_1 l_0^2 + \dfrac{1}{8} q_2 l_0 (2 - b_{cx}/l_0) b_{cx}$

$$= \frac{1}{8} \times 5.4 \times 3^2 + \frac{1}{8} \times 7.09 \times 3 \times (2 - 1.1/3) \times 1.1$$

$$= 10.85 \text{kN} \cdot \text{m}$$

等效楼面均布荷载标准值：

$$q_e = 8 M_{\max}/(b l_0^2) = 8 \times 10.85/(2.7 \times 3^2) = 3.57 \text{kN/m}^2$$

也可直接按本书表 3-9 查系数 θ 确定。

按题意 $\alpha = 1.1/3 = 0.367$，$\beta = 0.6/3 = 0.2$。

由表 3-9 得 $\theta = 0.1351$。

操作荷载 $q_1 = 2 \text{kN/m}^2$，扣除设备在板跨内所占面积上的操作荷载后的剩余局部荷载 $Q = 1.1 \times 8 - 2 \times 0.5 \times 1 = 7.8 \text{kN}$，求得局部均布荷载 $q_2 = Q/(b_c \times b_{cy}) = 7.8/(1.1 \times 0.6) = 11.82 \text{kN/m}^2$。

得等效楼面均布活荷载标准值 $q_e = q_1 + \theta q_2 = 2 + 0.1351 \times 11.82 = 3.60 \text{kN/m}^2$，可见两种方法计算的结果基本一致。

【例题 3-6】 某类型工业建筑（设计使用年限为 50 年）的楼面板，在使用过程中最不利情况设备位置如图 3-15 所示，设备重 8kN，设备平面尺寸为 $0.5\text{m} \times 1.0\text{m}$，设备下有混凝土垫层厚 0.1m，其面积为 $0.7\text{m} \times 1.2\text{m}$。使用过程中设备产生的动力系数为 1.1。楼面板为现浇钢筋混凝土单向连续板，其厚度为 0.1m，无设备产生的操作荷载为 2.0kN/m^2，求此情况下等效楼面均布活荷载标准值。

【解】 板的计算跨度 $l_0 = l_c = 3\text{m}$。

设备荷载作用面平行于板跨的计算跨度：

$$b_{cx} = b_{tx} + 2s + h = 0.5 + 2 \times 0.1 + 0.1 = 0.8\text{m}$$

设备荷载作用面垂直于板跨的计算宽度：

$$b_{cy} = b_{ty} + 2s + h = 1 + 2 \times 0.1 + 0.1 = 1.3\text{m}$$

符合 $b_{cx} < b_{cy}$（即 $0.8\text{m} < 1.3\text{m}$）

由于：$b_{cy} < 2.2 l_0$（即 $1.3\text{m} < 2.2 \times 3 = 6.6\text{m}$）

$b_{cx} < l_0$（即 $0.8\text{m} < 3\text{m}$）

故设备荷载在板上的有效分布宽度：

$$b = \frac{2}{3} b_{cy} + 0.73 l_0 = \frac{2}{3} \times 1.3 + 0.73 \times 3 = 3.06\text{m}$$

为简化计算，取板的计算简图（按简支单跨板计算）见图 3-16。

作用在板上的荷载：

（1）无设备区域的操作荷载在板的有效分布宽度内产生的沿板跨均布线荷载：

$$q_1 = 2 \times 3.06 = 6.12 \text{kN/m}$$

（2）设备荷载乘以动力系数并扣除设备在板跨内所占面积上的操作荷载后产生的沿板

跨均布线荷载 q_2：
$$q_2 = (8 \times 1.1 - 2 \times 0.5 \times 1)/0.8 = 9.75\text{kN/m}$$
板的绝对最大弯矩。
$$M_{\max} = \frac{1}{8} \times 6.12 \times 3^2 + \frac{1}{8} \times 9.75 \times 0.8 \times 3 \times (2 - 0.8/3) = 11.96\text{kN} \cdot \text{m}$$
等效楼面均布活荷载标准值
$$q_e = 8M_{\max}/(bl_0^2) = 8 \times 11.96/(3.06 \times 3^2) = 3.47\text{kN/m}^2$$

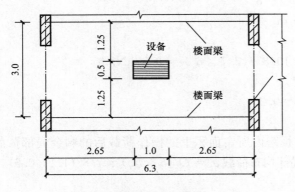
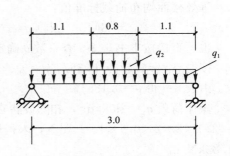

图 3-15   楼板平面（单位：m）   图 3-16   板的计算简图（单位：m）

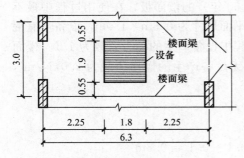

图 3-17   楼板平面（单位：m）

【例题 3-7】 某类型工业建筑（设计使用年限为 50 年）的楼面板，在安装设备时最不利的设备位置如图 3-17 所示，设备重 10kN，设备平面尺寸为 1.8m×1.9m，搬运设备时产生的动力系数为 1.2，设备直接放置在楼面板上，楼面板为现浇钢筋混凝土单向连续板，其厚度 0.1m，无设备区域的操作荷载为 2.0kN/m²，求此情况下设备荷载的等效楼面均布活荷载标准值。

【解】 板的计算跨度 $l_0 = l_c = 3\text{m}$。
设备荷载作用面平行于板跨的计算宽度：
$$b_{cx} = b_{tx} + 2s + h = 1.9 + 0.1 = 2\text{m}$$
设备荷载作用面垂直于板跨的计算宽度：
$$b_{cy} = b_{ty} + 2s + h = 1.8 + 0.1 = 1.9\text{m}$$
符合 $b_{cx} > b_{cy}$（即 2m>1.9m）
由于：$0.6l_0 < b_{cy} < l_0$（即 $0.6 \times 3\text{m} < 1.9\text{m} < 3\text{m}$）
$$b_{cx} < l_0 \quad (\text{即 } 2\text{m} < 3\text{m})$$
故设备荷载在板上的有效分布宽度：
$$b = 0.6b_{cy} + 0.94l_0 = 0.6 \times 1.9 + 0.94 \times 3 = 3.96\text{m}$$
为简化计算，取板的计算简图（按简支单跨板计算）见图 3-18。
作用在板上的荷载：
（1）无设备区域的操作荷载在有效分布宽度内产生的沿板跨的均布线荷载 q_1：
$$q_1 = 2 \times 3.96 = 7.92\text{kN/m}$$

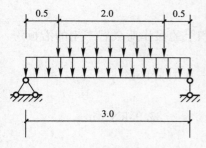

图 3-18　板的计算简图（单位：m）

（2）设备荷载乘以动力系数并扣除设备在板跨内所占面积上的操作荷载后产生的沿板跨的均布线荷载 q_2：

$$q_2 = (10 \times 1.2 - 1.8 \times 1.9 \times 2)/2 = 2.58 \text{kN/m}$$

板的绝对最大弯矩 M_{max}：

$$M_{max} = \frac{1}{8} \times 7.92 \times 3^2 + \frac{1}{8} \times 2.58 \times 2 \times 3 \times \left(2 - \frac{2}{3}\right) = 11.49 \text{kN} \cdot \text{m}$$

等效楼面均布活荷载标准值 q_e：

$$q_e = 8M_{max}/(bl_0^2) = 8 \times 11.49/(3.96 \times 3^2) = 2.58 \text{kN/m}^2$$

【例题 3-8】　某类型工业建筑（设计使用年限为 50 年）的平台楼面板，在生产过程中设备的位置如图 3-19 所示。设备重 4kN，其动力系数为 1.1，平面尺寸为 0.5m×0.8m，设备下有混凝土垫层厚 0.2m。支承设备的楼面板为现浇钢筋混凝土悬臂板，板厚 0.25m，无设备区域的操作荷载 2kN/m²，求此情况下的等效楼面均布活荷载标准值。

【解】　板的计算跨度 $l_0 = 2.5$m。

设备荷载作用面平行于板跨的计算宽度：

$$b_{cx} = b_{tx} + 2s + h = 0.5 + 2 \times 0.2 + 0.25 = 1.15 \text{m}$$

设备荷载作用面垂直于板跨的计算宽度：

$$b_{cy} = b_{ty} + 2s + h = 0.8 + 2 \times 0.2 + 0.25 = 1.45 \text{m}$$

悬臂板上局部荷载的有效分布宽度：

$$b = b_{cy} + 2x = 1.45 + 1.6 \times 2 = 4.65 \text{m}$$

但由于设备荷载作用位置靠近板的非支承边，其设备荷载中心至非支承边的距离 $d = 1.255$m；因此有效分布宽度应予以折减，折减后板的有效分布宽度：

$$b' = \frac{b}{2} + d = \frac{4.65}{2} + 1.225 = 3.55 \text{m}$$

为简化计算，取板的计算简图（按悬臂板计算）见图 3-20。

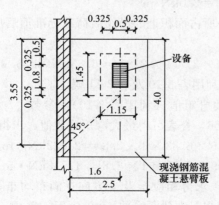

图 3-19　楼板平面（单位：m）

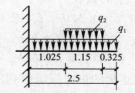

图 3-20　板的计算简图（单位：m）

作用在板上的荷载：

（1）无设备区域的操作荷载在折减后的有效分布宽度 b' 内沿板跨产生的均布线荷载 q_1：

$$q_1 = 2 \times 3.55 = 7.1 \text{kN/m}$$

（2）设备荷载乘以动力系数扣除设备在板跨内所占面积上的操作荷载后产生的沿板跨均布线荷载 q_2：

$$q_2 = (4 \times 1.1 - 0.5 \times 0.8 \times 2)/1.15 = 3.13 \text{kN/m}$$

板的绝对最大弯矩：

$$M_{max} = -1/2 \times 7.1 \times 2.5^2 - 3.13 \times 1.15 \times 1.6 = -27.95 \text{kN} \cdot \text{m}$$

等效楼面均布活荷载标准值：

$$q_e = 2M_{max}/(b'l_0^2) = 2 \times 27.95/(3.55 \times 2.5^2) = 2.52 \text{kN/m}^2$$

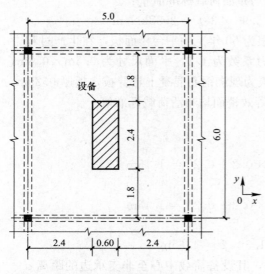

图 3-21   楼板平面（单位：m）

【例题 3-9】某类型工业建筑（设计使用年限为 50 年）的楼面板，在安装设备时最不利的位置如图 3-21 所示，设备重 20kN，其平面尺寸 0.88m×2.4m，安装设备时的动力系数为 1.1，设备下无垫层厚 0.1m，楼面板为现浇多跨双向钢筋混凝土连续板，其厚度 0.2m，无设备区域的操作活荷载标准值 2kN/m²，求此情况下该板的楼面等效均布活荷载标准值。

【解】   按四边简支单跨双向板计算其楼面等效均布活荷载标准值 q_e：

板沿 x 方向的计算跨度 $l_x = 5.0$m，沿 y 方向的计算跨度 $l_y = 6.0$m

设备荷载作用面平行于 x 方向的计算宽度 $b_{cx} = 0.6 + 2 \times 0.1 + 0.2 = 1.0$m

设备荷载作用面平行于 y 方向的计算宽度 $b_{cy} = 2.4 + 2 \times 0.1 + 0.2 = 2.8$m

作用在板面上的活荷载标准值：

（1）无设备区域的操作活荷载标准值 $q_1 = 2.0 \text{kN/m}^2$

（2）设备荷载（乘动力系数）扣除设备所占面积上的操作活荷载标准值后所得作用在板中央处的局部均布面荷载 q_2：

$$q_2 = (20 \times 1.1 - 0.6 \times 2.4 \times 2)/(1 \times 2.8) = 6.83 \text{kN/m}^2$$

由 q_2 产生的楼面等效均布活荷载 q_{2e} 可利用表 3-10 及表 3-11 确定。

先求 q_2 产生的板在 x 及 y 方向的最大弯矩值（利用表 3-10），参数：$l_y/l_x = 6/5 = 1.2$、$b_{cx}/l_x = 1/5 = 0.2$、$b_{cy}/l_x = 2.8/5 = 0.56$，查表可得最大弯矩系数值，求得：

$$M_{x\,max} = 0.1476 \times q_2 b_{cx} b_{cy} = 0.1476 \times 6.83 \times 1 \times 2.8 = 2.822 \text{kN} \cdot \text{m/m}$$

$$M_{y\,max} = 0.0909 \times q_2 b_{cx} b_{cy} = 0.0909 \times 6.83 \times 1 \times 2.8 = 1.738 \text{kN} \cdot \text{m/m}$$

再根据上述板的最大弯矩值利用表 3-11 求得相应 x 及 y 方向在满布均布等效的活荷载标准值，参数：$l_x/l_y = 5/6 = 0.833$，查表得最大弯距系数 $\alpha = 0.0525$，$\beta = 0.0325$，因此

$$q_{2ex} = M_{xmax}/(\alpha l_x^2) = 2.822/(0.0525 \times 5^2) = 2.15 \text{kN/m}^2$$

$$q_{2ey} = M_{ymax}/(\beta l_x^2) = 1.738/(0.0325 \times 5^2) = 2.14 \text{kN/m}^2 \text{，取两者的较大值为 } q_{2e}$$

因此该板的楼面等效均布活荷载 $q_e = q_1 + q_{2e} = 2 + 2.15 = 4.15 \text{kN/m}^2$

【例题 3-10】 某类型工业建筑（设计使用年限为 50 年）的楼面板，在生产过程中设备的最不利位置如图 3-22 所示，每个设备重 10kN，每个设备的平面尺寸为 0.88m×2.4m，生产时设备的动力系数为 1.1，设备下的垫层厚 0.15m，楼面板为现浇钢筋混凝土多跨双向连续板，其厚度 0.2m，无设备区域的操作荷载 2kN/m²，求此情况下的等效楼面均布活荷载标准值。

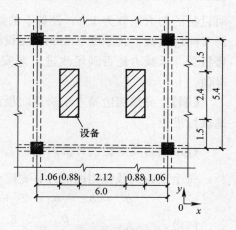

图 3-22 楼板平面图（单位：m）

【解】 按四边简支单跨双向板计算。

板沿长边方向的计算跨度 $l_x = 6$m，板沿短边方向的计算跨度：

$$l_y = 5.4\text{m}$$

由于两个设备荷载作用面的几何尺寸相同，作用位置对称，因此计算其中一个设备荷载的等效荷载后乘以 2 即可得两个设备荷载同时作用下的等效均布荷载。

每个设备荷载作用面的计算宽度分别为：

$$b_{cx} = b_{tx} + 2s + h = 0.88 + 2 \times 0.15 + 0.2 = 1.38\text{m}$$
$$b_{cy} = b_{ty} + 2s + h = 2.40 + 2 \times 0.15 + 0.2 = 2.90\text{m}$$

设备中心距左支承边为 1.5m，距上支承边为 2.7m。

作用在板面上的荷载：

（1）无设备区域的操作荷载，按均布面荷载考虑：

$$q_1 = 2\text{kN/m}^2$$

（2）每个设备荷载乘以动力系数并扣除设备所占面积上的操作荷载后，将其均匀分布在 $b_{cx}b_{cy}$ 范围内，得局部均布面荷载：

$$q_2 = (10 \times 1.1 - 0.88 \times 2.4 \times 2)/(1.38 \times 2.90) = 1.69\text{kN/m}^2$$

求 q_2 产生的等效均布活荷载，利用附录四附表 4-2，已知 $k = \dfrac{6}{5.4} \approx 1.1$；$\alpha = \dfrac{1.38}{5.4} = 0.256$；$\beta = \dfrac{2.9}{5.4} = 0.537$；$\xi = \dfrac{1.5}{5.4} = 0.278$；$\eta = \dfrac{2.7}{5.4} = 0.5$，查表得 $\theta_x = 0.1282$；$\theta_y = 0.2082$。

选择 θ 值中的较大者，故板的等效均布活荷载标准值 q_e 为：

$$q_e = 2\theta_y q_2 + q_1 = 2 \times 0.2082 \times 1.69 + 2 = 2.70\text{kN/m}^2$$

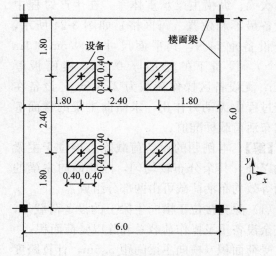

图 3-23 设备位置图（单位：m）

【例题 3-11】 某既有工业建筑中的楼板由于改进工艺需要在原楼板上安装 4 个新设备进行生产。在生产过程中新设备的最不利位置如图 3-23 所示。每个设备重 6.0kN，每个设备的底平面尺寸为 0.8m×0.8m，生产时设备的动力系数为 1.1，设备下的垫层厚 0.11m，楼板为四边与梁整浇的钢筋混凝土多跨双向连续板，其厚度 0.18m。无设备区域的操作活荷载标准值 $2.5kN/m^2$。求在验算原楼板受弯承载力是否满足改进工艺安装新设备进行生产时，该楼板的等效均布活荷载标准值。

【解】 可按四边简支单跨双向板计算，并利用本书附录四附表 4-2 确定其等效均布活荷载标准值：

板沿长边及短边的计算跨度取 $l_x = l_y = 6.0m$，即 $k = \dfrac{l_x}{l_y} = 1$

每个设备荷载作用面的计算宽度分别为：

$$b_{cx} = b_{cy} = b_{tx} + 2s + h = 0.80 + 2 \times 0.11 + 0.18 = 1.2m$$

所以：$\alpha = \beta = \dfrac{b_{cx}}{l_x} = \dfrac{b_{cy}}{l_y} = \dfrac{1.2}{6.0} = 0.2$

作用在板面上的活荷载标准值：

（1）无设备区域的操作活荷载 $q_1 = 2.5kN/m^2$

（2）每个设备荷载乘以动力系数并扣除设备所占面积上操作荷载后，将其均匀分布在 $b_{cx} \times b_{cy}$ 范围内，得局部均布面荷载 q_2：

$$q_2 = (6 \times 1.1 - 0.8 \times 0.8 \times 2.5)/(1.2 \times 1.2) = 3.47kN/m^2$$

由于设备荷载对称布置，因此在确定由 q_2 产生的等效均布活荷载，可简化计算，求出单个设备荷载的局布均布荷载 q_2 产生的等效均布活荷载后乘以 4 即可得全部设备产生的等效均布活荷载。

由前：$k=1$，$\alpha = \beta = 0.2$，而 $\xi = \eta = \dfrac{x}{l_x} = \dfrac{y}{l_y} = \dfrac{1.8}{6} = 0.3$，查附录表得 $\theta_x = \theta_y = 0.0565$

因此，该楼板在安装新设备进行生产情况的等效均布活荷载标准值 q_e 为：

$$q_e = 4 \times 0.0565 \times 3.47 + 2.5 = 3.28kN/m^2$$

【例题 3-12】 某类型工业建筑（设计使用年限为 50 年）的楼面结构为现浇钢筋混凝土板、次梁、纵横主梁承重体系，在生产过程中的设备最不利位置（每区格）如图 3-24 所示，每个设备重 5kN，其平面尺寸为 0.5m×1m（每个），设备下的垫层厚 0.2m，楼面板厚 0.1m，无设备区操作荷载为 $2kN/m^2$，设备在生产过程中无动力作用，求横向主梁的楼面等效均布活荷载标准值。

【解】 本例题的设备荷载除直接位于主梁上的以外，其余分布较均匀，因此横向主梁的楼面等效均布活荷载可由两部分组成：

（1）除直接位于横向主梁上的设备荷载外，将其余设备重及操作荷载总和除以受荷面积；

受荷面积（横向主梁间距 5.5m，计算跨度

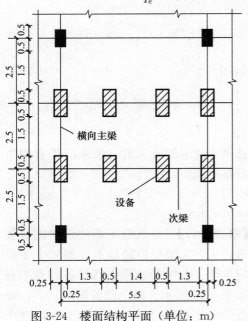

图 3-24　楼面结构平面（单位：m）

7.5m)：$A = 5.5 \times 7.5 = 41.25\text{m}^2$

设备重：$4 \times 5 = 20\text{kN}$

操作荷载（扣除设备所占面积内的操作荷载）：$(41.25 - 6 \times 0.5 \times 1) \times 2 = 76.5\text{kN}$

等效均布活荷载：$q_{el} = \dfrac{20 + 76.5}{41.25} = 2.34\text{kN/m}^2$

（2）直接位于横向主梁上的设备荷载换算而得的等效均布活荷载。
$$b_{cx} = b_{tx} + 2s + h = 1 + 2 \times 0.2 + 0.1 = 1.5\text{m}$$

横向主梁上作用的设备荷载扣除设备所占面积内的操作荷载后，沿横向主梁跨度方向的均布线荷载：

$$q = \frac{5 - 0.5 \times 1 \times 2}{1.5} = 2.67\text{kN/m}$$

横向主梁的计算简图（按简支单跨梁计算）见图 3-25。

横向主梁的绝对最大弯矩：
$M_{max} = 2.67 \times 1.5(3.75 - 1.25) = 10.01\text{kN} \cdot \text{m}$

直接位于横向主梁上的设备荷载换算而得的等效均布活荷载：

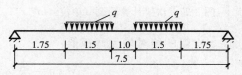

图 3-25　横向主梁的计算简图（单位：m）

$$q_{e2} = \frac{8M_{max}}{sl_0^2} = \frac{8 \times 10.01}{5.5 \times 7.5^2} = 0.26\text{kN/m}^2$$

故横向主梁的楼面等效均布活荷载：
$$q_e = q_{el} + q_{e2} = 2.34 + 0.26 = 2.60\text{kN/m}^2$$

【例题 3-13】　某类型工业建筑（设计使用年限为 50 年）的楼面结构及生产过程中设备的最不利位置如图 3-26 所示，每个设备重 5kN，其平面尺寸（每个）为 0.5m×1m，设备下的垫层厚 0.2m，设备在生产时的动力系数为 1.1。楼面结构为现浇钢筋混凝土连续多跨单向板主次梁体系，楼板厚 0.1m。无设备区域的操作荷载为 2kN/m²，求此情况下次梁的楼面等效均布活荷载标准值。

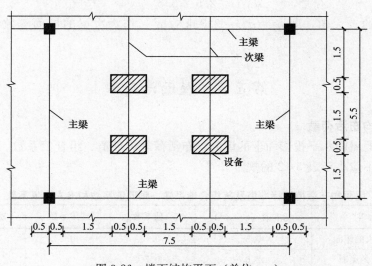

图 3-26　楼面结构平面（单位：m）

【解】　（1）按次梁绝对最大弯矩确定楼面等效均布活荷载标准值：

次梁的计算跨度 $l_0 = 5.5\text{m}$。

作用在次梁上的荷载：

① 无设备区域的操作荷载产生的沿次梁跨度方向的均布线荷载（次梁间距为 2.5m）：

$$q_1 = 2 \times 2.5 = 5\text{kN/m}$$

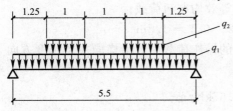

图 3-27　次梁计算简图（单位：m）

② 设备荷载乘以动力系数并扣除设备范围内的操作荷载后，沿次梁跨度方向在设备荷载分布宽度 b_{cx} 范围内的均布线荷载：

$$b_{cx} = b_{tx} + 2s + h = 0.5 + 2 \times 0.2 + 0.1 = 1.0\text{m}$$

$$q_2 = (5 \times 1.1 - 0.5 \times 1 \times 2)/1 = 4.5\text{kN/m}$$

次梁的计算简图（按简支单跨梁计算）见图 3-27。

次梁的绝对最大弯矩值：

$$M_{max} = \frac{1}{8} \times 5 \times 5.5^2 + 4.5 \times 1.75 \times 1$$

$$= 26.78\text{kN} \cdot \text{m}$$

根据 M_{max} 计算的楼面等效均布活荷载标准值：

$$q_{eM} = \frac{8M_{max}}{sl_0^2} = \frac{8 \times 26.78}{2.5 \times 5.5^2} = 2.83\text{kN/m}^2$$

（2）按次梁绝对最大剪力确定楼面等效均布活荷载标准值：

次梁的绝对最大剪力值：

$$V_{max} = \frac{1}{2} \times 5 \times 5.5 + 4.5 \times 1$$

$$= 18.25\text{kN}$$

根据 V_{max} 计算的等效均布活荷载标准值：

$$q_{ev} = \frac{2V_{max}}{sl_0} = \frac{2 \times 18.25}{2.5 \times 5.5} = 2.65\text{kN/m}^2$$

取两者中的较大值，即 $q_e = q_{eM} = 2.83\text{kN/m}^2$，作为次梁的楼面等效均布活荷载标准值。

第五节　屋面活荷载

一、屋面均布活荷载

房屋建筑的屋面水平投影面上的屋面均布活荷载标准值、组合值系数、频遇值系数及准永久值系数不应小于表 3-12 的规定。

屋面均布活荷载标准值及其组合值系数、频遇值系数和准永久值系数　　表 3-12

项次	类别	标准值（kN/m²）	组合值系数 ψ_c	频遇值系数 ψ_f	准永久值系数 ψ_q
1	不上人的屋面	0.5	0.7	0.5	0
2	上人的屋面	2.0	0.7	0.5	0.4

续表

项次	类别	标准值（kN/m²）	组合值系数 ψ_c	频遇值系数 ψ_f	准永久值系数 ψ_q
3	屋顶花园	3.0	0.7	0.6	0.5
4	屋顶运动场地	4.5	0.7	0.6	0.4

注：1. 不上人的屋面，当施工或维修荷载较大时，应按实际情况采用；对不同类型的结构应按有关设计规范的规定，但不得低于 0.3kN/m²；

　　2. 当上人的屋面兼作其他用途时，应按相应楼面均在活荷载标准值及各有关采用；

　　3. 对于因屋面排水不畅、堵塞等引起的积水荷载，应采取构造措施加以防止；必要时，应按积水的可能深度确定屋面活荷载；

　　4. 屋顶花园活荷载不应包括花圃土石等材料自重。

不上人的屋面均布活荷载可不与雪荷载和风荷载同时组合。

二、屋面直升机停机坪活荷载

屋面直升机停机坪活荷载应按局部荷载考虑，或根据局部荷载换算为等效均布荷载考虑。局部荷载标准值应按直升机实际起飞最大重量并乘以动力系数确定，对具有液压轮胎起落架的直升机，动力系数可取 1.4；当没有机型技术资料时，可按表 3-13 的规定选用局部荷载标准值及作用面积。

屋面直升机停机坪局部荷载标准值及作用面积　　　　　　　表 3-13

类型	最大起飞重量（t）	局部荷载标准值（kN）	作用面积
轻型	2	20	0.20m×0.20m
中型	4	40	0.25m×0.25m
重型	6	60	0.30m×0.30m

屋面直升机停机坪的等效均布荷载标准值不应低于 5.0kN/m²，其组合值系数应取 0.7、频遇值系数应取 0.6、准永久值系数应取 0。

第六节　屋面积灰荷载

一、设计生产中有大量排灰的厂房及其邻近建筑时，对于具有一定除尘设施和保证清灰制度的机械、冶金、水泥等的厂房屋面，其水平投影面上的屋面积灰荷载标准值及其组合值系数、频遇值系数和准永久值系数应分别按表 3-14 和表 3-15 采用。

积灰荷载应与雪荷载或不上人的屋面均布活荷载两者中的较大值同时组合。

二、对屋面上易形成灰堆处，当设计屋面板、檩条时，积灰荷载标准值可按下列规定乘以增大系数。

在高低跨处两倍于屋面高差但不大于 6m 的分布宽度内取 2.0（图 3-28）；

在天沟处不大于 3m 的分布宽度内取 1.4（图 3-29）。

屋面积灰荷载标准值及其组合值系数、频遇值系数和准永久值系数   表 3-14

项次	类别	标准值（kN/m²）			组合值系数 ψ_c	频遇值系数 ψ_f	准永久值系数 ψ_q
		屋面无挡风板	屋面有挡风板				
			挡风板内	挡风板外			
1	机械厂铸造车间（冲天炉）	0.50	0.75	0.30			
2	炼钢车间（氧气转炉）	—	0.75	0.30			
3	锰、烙铁合金车间	0.75	1.00	0.30			
4	硅、钨铁合金车间	0.30	0.50	0.30			
5	烧结室、一次混合室	0.50	1.00	0.20	0.9	0.9	0.8
6	烧结厂通廊及其他车间	0.30	—	—			
7	水泥厂有灰源车间（窑房、磨房、联合贮库、烘干房、破碎房）	1.00					
8	水泥厂无灰源车间（空气压缩机站、机修车间、材料库、配电站）	0.50	—	—			

注：1. 表中的积灰均布荷载，仅应用于屋面坡度 α 不大于 25°；当 α 大于 45°时，可不考虑积灰荷载；当 α 在 25°～45°范围内时，可按插值法取值；
2. 清灰设施的荷载另行考虑；
3. 对第 1～4 项的积灰荷载，仅应用于距烟囱中心 20m 半径范围内的屋面；当邻近建筑在该范围内时，其积灰荷载对第 1、3、4 项应按车间屋面无挡风板的采用，对第 2 项应按车间屋面挡风板外的采用。

高炉邻近建筑的屋面积灰荷载标准值及其组合值系数、频遇值系数和准永久值系数   表 3-15

高炉容积（m³）	标准值（kN/m²）			组合值系数 ψ_c	频遇值系数 ψ_f	准永久值系数 ψ_q
	屋面离高炉距离（m）					
	≤50	100	200			
<255	0.50	—	—			
255～620	0.75	0.30	—	1.0	1.0	1.0
>620	1.00	0.50	0.30			

注：1. 表 3-14 中的注 1 和注 2 也适用本表；
2. 当邻近建筑屋面离高炉距离为表内中间值时，可按插人法取值。

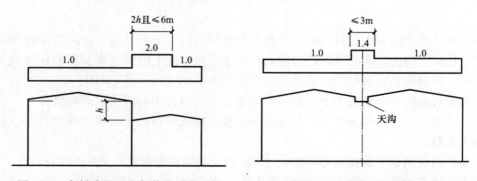

图 3-28   高低跨屋面积灰荷载增大系数   图 3-29   天沟处屋面积灰荷载增大系数

【例题 3-14】   某机械厂铸造车间，设计使用年限为 50 年，设有 1t 冲天炉，车间的剖面图如图 3-30 所示，要求确定设计时位于高低跨交界处低跨屋面板应采用的屋面积灰荷载标准值及增大积灰荷载的范围。

【解】 该车间高低跨处屋面高差为 4m，按本章第六节第二款的规定，在屋面上易形成灰堆处增大积灰荷载的范围 b（屋面宽度）（图 3-30）。

$$b = 2 \times 4 = 8m > 6m, 故应取 b = 6m$$

此范围的屋面积灰荷载标准值 q_{ak}，除按表 3-14 中项次 1 无挡风板情况且屋面坡度 $\alpha < 25°$ 的规定取值外，尚应乘以增大系数 2。

$$q_{ak} = 0.5 \times 2 = 1kN/m^2$$

【例题 3-15】 某水泥厂的机修车间，设计使用年限为 50 年，其剖面如图 3-31 所示，要求确定设计天沟处的钢筋混凝土屋面板时的屋面积灰荷载标准值。

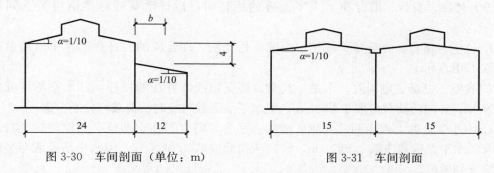

图 3-30　车间剖面（单位：m）　　　　　图 3-31　车间剖面

【解】 查表 3-14 项次 8，该车间属水泥厂无灰源的车间且屋面坡度 $\alpha < 25°$，因此其屋面积灰荷载标准值为 $0.50kN/m^2$，但根据本章第六节第二款规定天沟处的屋面积灰荷载标准值应乘以增大系数 1.4，故该处屋面板的屋面积灰荷载标准值 q_{ak}：

$$q_{ak} = 0.5 \times 1.4 = 0.7kN/m^2$$

第七节　施工和检修荷载及栏杆荷载

一、施工和检修荷载标准值

1. 设计屋面板、檩条、钢筋混凝土挑檐、悬挑雨篷和预制小梁时，应按下列施工或检修集中荷载（人及小工具的自重）标准值出现在最不利位置进行验算：

（1）屋面板、檩条、钢筋混凝土挑檐、悬挑雨篷和预制小梁，取 1.0kN；

（2）对轻型构件或较宽构件，当施工荷载有可能超过上述荷载时，应按实际情况验算，或采用加垫板、支撑等临时设施承受；

（3）当计算挑檐、悬挑雨篷强度时，沿板宽每隔 1m 考虑一个集中荷载；在验算挑檐、悬挑雨篷倾覆时，沿板宽每隔 2.5～3m 考虑一个集中荷载。

当确定上述构件的荷载准永久组合设计值时，可不考虑施工和检修荷载。此外短暂设计状况的承载能力极限状态设计时现行荷载规范对如何进行荷载组合未给予明确规定，但不少设计人员均认为此施工和检修荷载通常可不与屋面均布活荷载同时组合，此外参考文献[17]对此问题已给予明确规定：施工或检修集中荷载不与屋面材料或檩条自重以外的其他荷载同时组合。

2. 由于地下室顶板等部位在建造施工和使用维修时，通常需要运输、堆放大量的建筑材料与施工机具，或施工时堆土高度超过规定值，常会因此施工超载引起建筑物楼板开裂甚至造成破坏，应该引起设计与施工人员的重视。为此在进行地下室顶板设计时，施工活荷载标准值不应小于 5.0kN/m^2，当有临时堆积荷载以及有重型车辆通过时，施工组织设计中尚应按实际荷载验算并采取相应措施。并应在设计文件中给出相应的详细楼面活荷载限值规定。

3. 将动力荷载简化为静力作用施加于楼面和梁时，应将活荷载乘以动力系数，其值不应小于 1.1。

4. 施工和检修荷载的组合值系数应取 0.7，频遇值系数应取 0.5，准永久值系数应取 0。

二、栏杆活荷载标准值

设计楼梯、看台、阳台和上人屋面等的栏杆时，栏杆活荷载标准值应按下列规定采用：

1. 住宅、宿舍、办公楼、旅馆、医院、托儿所、幼儿园的栏杆顶部水平活荷载标准值应取 1.0kN/m；

2. 食堂、剧场、电影院、车站、礼堂、展览馆或体育场的栏杆顶部水平活荷载应取 1.0kN/m、竖向活荷载应取 1.2kN/m，但水平活荷载与竖向活荷载应分别考虑；

3. 中小学校的上人屋面、外廊、楼梯、平台、阳台等临空部位必须设防护栏杆，栏杆顶部的水平活荷载应取 1.5kN/m，竖向活荷载应取 1.2kN/m，但水平活荷载与竖向活荷载应分别考虑。

4. 栏杆活荷载的组合值系数应取 0.7，频遇值系数应取 0.5，准永久值系数应取 0。

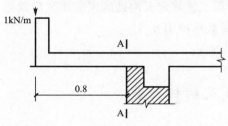

图 3-32　挑檐（单位：m）

【例题 3-16】　某设计使用年限为 50 年的砌体房屋的屋面为带挑檐的现浇钢筋混凝土板（图 3-32）求计算挑檐受弯强度时，由施工或检修集中荷载产生的弯矩标准值。

【解】　取 1m 宽的挑檐板作为计算对象，控制设计的截面位于外墙外缘处的 A—A 截面，按本节第一款规定计算挑檐强度时，沿板宽每隔 1m 考虑一个 1.0kN 集中荷载，因此在计算宽度 1m 范围内只考虑一个 1.0kN 集中荷载，其最不利作用位置在挑檐端部。

由施工或检修集中荷载产生的 A—A 截面弯矩标准值：

$$M = -1.0 \times 0.8 = -0.80 \text{kN} \cdot \text{m/m}（板上表面受拉）$$

【例题 3-17】　某多层砌体结构建筑物的外门处的现浇钢筋混凝土悬挑雨篷（图 3-33），求计算雨篷板的受弯强度时和验算悬挑雨篷倾覆时由施工或检修集中荷载产生的倾覆弯矩标准值。

【解】　（1）计算悬挑雨篷板的受弯强度时，求由施工或检修集中荷载产生的弯矩标准值。

取宽度 1m 的板作为计算对象，此宽度范围内作用一个 1.0kN 的施工或检修集中荷载，其最不利作用位置在板端部，板的强度控制设计的截面位于外墙外缘处的 B—B 截面，此截面由施工或检修集中荷载产生的倾覆弯矩标准值。

$$M = -1.0 \times 1.1 = -1.1 \text{kN} \cdot \text{m}（板上表面受拉）$$

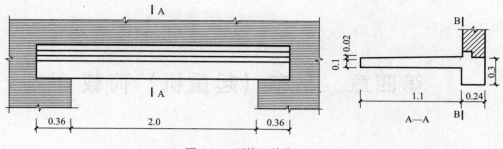

图 3-33　雨篷（单位：m）

（2）验算雨篷倾覆时，求由施工或检修集中荷载产生的倾覆弯矩标准值。

雨篷总宽度为 2.72m，按规定验算倾覆时沿板宽每隔 2.5～3m 考虑一个集中荷载，故本例情况只考虑一个集中荷载，其最不利作用的位置在板端。验算倾覆时，按照《砌体结构设计规范》GB 50003—2011 第 7.4.2 条确定挑梁倾覆点的位置，由于雨篷埋入墙内的深度（即雨篷梁的宽度）小于 2.2 倍的梁高，因此，计算倾覆点离外墙外边缘的距离 x 应为 0.13 倍的雨篷梁宽度，即

$$x = 0.13 \times 0.24 = 0.031 \text{m}$$

因此，由施工荷载或检修荷载产生的倾覆弯矩标准值：

$$M = 1 \times (1.1 + 0.031) \approx 1.13 \text{kN} \cdot \text{m}$$

【例题 3-18】　某设计使用年限为 50 年的中学体育场看台边缘的栏杆柱（钢管）高 1.2m，间距为 1.2m，埋入看台的钢筋混凝土板内（图 3-34），求①确定栏杆柱的截面尺寸时，由栏杆顶部水平活荷载产生的最大弯矩标准值。②确定栏杆顶部的水平构件的截面尺寸时，由栏杆竖向活荷载产生的最大弯矩标准值。

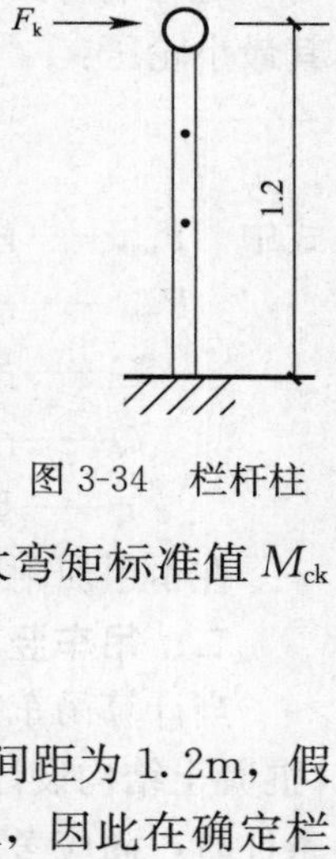

【解】　① 按规定中学体育场看台边缘的栏杆顶部水平活荷载标准值应为 1.5kN/m，而本例体育场看台栏杆柱间距为 1.2m，所以栏杆柱顶部的水平活荷载标准值 $F_k = 1.5 \times 1.2 = 1.8 \text{kN}$，栏杆柱可视为悬臂构件，因此确定栏杆柱截面尺寸时，由栏杆顶部水平活荷载产生的最大弯矩标准值 M_{ck} 可求得如下：

图 3-34　栏杆柱

$$M_{ck} = F_k \times 1.2 = 1.8 \times 1.2 = 2.16 \text{kN} \cdot \text{m}$$

② 栏杆竖向活荷载标准值按现行荷载规范规定取 1.2kN/m，栏杆柱间距为 1.2m，假定栏杆水平构件两端的连接为铰接，取栏杆水平构件的计算跨度为 1.2m，因此在确定栏杆水平构件的截面尺寸时，由栏杆竖向活荷载标准值产生的最大弯矩标准值 M_{vk}：

$$M_{vk} = \frac{1}{8} \times 1.2 \times 1.2^2 = 0.22 \text{kN} \cdot \text{m}$$

但必须指出，确定栏杆顶部的水平构件截面尺寸时，尚需考虑此类水平构件应能承受顶部水平活荷载标准值 1.5kN/m 产生的最大弯矩，但水平荷载与竖向荷载应分别考虑。此情况下由栏杆顶部水平活荷载标准值产生的最大水平向弯矩标准值 M_{hk} 可求得如下：

$$M_{hk} = \frac{1}{8} \times 1.5 \times 1.2^2 = 0.38 \text{kN} \cdot \text{m}$$

第四章　吊车（起重机）荷载

第一节　吊车竖向和水平荷载

一、吊车竖向荷载标准值

在设计中采用的吊车竖向荷载标准值包括吊车的最大轮压和最小轮压。其中最大轮压在吊车生产厂提供的各类型吊车技术规格中已明确给出，但最小轮压则往往需由设计者自行计算，其计算公式如下：

对每端有两个车轮的吊车（如电动单梁起重机、额定起重量不大于 50t 的普通电动吊钩桥式起重机等），其最小轮压：

$$P_{min} = \frac{G+Q}{2}g - P_{max} \tag{4-1}$$

对每端有四个车轮的吊车（如额定起重量超过 50t 的普通电动吊钩桥式起重机等），其最小轮压：

$$P_{min} = \frac{G+Q}{4}g - P_{max} \tag{4-2}$$

式中　P_{min}——吊车的最小轮压（kN）；

$\quad\quad P_{max}$——吊车的最大轮压（kN）；

$\quad\quad G$——吊车总重量（t）；

$\quad\quad Q$——吊车额定起重量（t）；

$\quad\quad g$——重力加速度，取等于 9.81m/s^2。

在本手册附录五中列有国内常用吊车的技术资料，可供设计人员参考。

二、吊车竖向荷载的动力系数

当计算吊车梁及其连接的承载力时，吊车竖向荷载应乘以动力系数。此外，国家标准《混凝土结构设计规范》GB 50010—2010 规定在验算预应力混凝土吊车梁控制不出现裂缝条件时，尚应考虑吊车动力系数。动力系数可按表 4-1 取用。

吊车竖向荷载的动力系数　　　　　　　　　　　　　　　　　　　　表 4-1

悬挂吊车、电动葫芦、工作级别 A1～A5 的吊车	工作级别为 A6～A8 的软钩吊车、硬钩吊车、其他特种吊车
1.05	1.10

注：特种吊车指冶金工厂的冶金专用吊车等。

应该指出，当对吊车梁进行疲劳验算时，现行国家标准关于吊车竖向荷载标准值是否乘以动力系数的规定不尽相同，《混凝土结构设计规范》GB 50010—2010 规定应乘，而《钢结构设计标准》GB 50017—2017 规定不乘。因此设计人员在设计时，应根据工程的实际情况，按相关规范的规定执行。

三、吊车水平荷载标准值

1. 吊车纵向水平荷载标准值

吊车纵向水平荷载标准值应按作用在吊车一端轨道上所有刹车轮的最大轮压之和的10％采用。该项荷载的作用点位于刹车轮与轨道的接触点，其方向与轨道方向一致。其计算公式如下：

$$T_L = \psi 0.1 \sum P_{max} \tag{4-3}$$

式中　T_L——作用在吊车一端轨道上所有刹车轮的最大轮压产生的吊车纵向水平荷载标准值；

　　　ψ——多台吊车的水平荷载折减系数（见表4-2）。

根据对国内吊车生产厂的各类吊车产品情况调查，一般情况下吊车两端的车轮中，每端均有该端总车轮数量的1/2为刹车轮。

2. 吊车横向水平荷载标准值

每台吊车横向水平荷载标准值应按下式计算：

$$H = \alpha_H (Q + G_1) g \tag{4-4}$$

式中　H——每台吊车横向水平荷载标准值；

　　　α_H——系数，对软钩吊车：当额定起重量不大于10t时，应取0.12；当额定起重量为16～50t时，应取0.10；当额定起重量不小于75t时，应取0.08；对硬钩吊车：应取0.20；

　　　G_1——吊车的横行小车重量。

每台吊车横向水平荷载应等分于吊车桥架的两端，分别由每端轨道上的车轮平均传至轨道，其方向与轨道垂直，作用点位于轨道顶部，并考虑正反方向的刹车情况。

3. 悬挂吊车、手动吊车及电动葫芦的水平荷载

悬挂吊车的水平荷载可不计算，由有关支撑系统承受。手动吊车及电动葫芦可不考虑水平荷载。

第二节　多台吊车的组合

一、吊车竖向荷载组合

当排架结构的厂房内安装有多台吊车时，排架计算应按下列原则考虑吊车竖向荷载组合：

1. 对单层吊车的单跨厂房的每个排架，参与组合的吊车台数不宜多于2台；对单层吊车的多跨厂房的每个排架，参与组合的吊车台数不宜多于4台。

2. 对双层吊车的单跨厂房的每个排架，宜按上层和下层吊车分别不多于2台进行组合；对双层吊车的多跨厂房的每个排架，宜按上层和下层吊车分别不多于4台进行组合，且当下层吊车满载时，上层吊车应按空载计算，当上层吊车满载时，下层吊车不应计入。

3. 当情况特殊时，参与组合的吊车台数应按实际情况考虑。

当屋盖结构考虑悬挂起重机和电动葫芦的荷载时，现行《钢结构设计标准》GB 50017—2017明确规定，在同一跨间每条运动线路上的台数，对梁式起重机不宜多于2台，对电动葫芦不宜多于1台。

二、吊车水平荷载组合

计算排架考虑多台吊车横向水平荷载时，对单跨或多跨厂房的每个排架，参与组合的吊车台数不应多于两台。

三、多台吊车荷载的折减

在排架计算时，多台吊车的竖向荷载和水平荷载标准值应乘以表 4-2 中规定的折减系数。

多台吊车竖向和水平荷载折减系数   表 4-2

参与组合的吊车台数	吊车工作级别	
	A1～A5	A6～A8
2	0.9	0.95
3	0.85	0.90
4	0.8	0.85

应该指出：（1）多台吊车的竖向荷载和水平荷载的折减系数应按满载额定起重量的吊车台数确定；（2）上述折减系数是根据我国工业厂房的单层吊车常用柱距情况作出的规定，当情况特殊时尚应根据实际情况考虑和确定；（3）对双层吊车的竖向和水平荷载标准值折减系数可以参考表 4-2 的规定采用。

第三节 吊车荷载的组合值、频遇值及准永久值系数

吊车荷载的组合值、频遇值及准永久值系数可按表 4-3 中的规定采用。

吊车荷载的组合值、频遇值及准永久值系数   表 4-3

吊车工作级别		组合值系数 ψ_c	频遇值系数 ψ_f	准永久值系数 ψ_q
软钩吊车	工作级别 A1～A3	0.7	0.6	0.5
	工作级别 A4、A5	0.7	0.7	0.6
	工作级别 A6、A7	0.7	0.7	0.7
	工作级别 A8	0.95	0.95	0.95
硬钩吊车		0.95	0.95	0.95

现行荷载规范规定：设计厂房的排架结构时，在荷载准永久组合中可不考虑吊车荷载；但在吊车梁按正常使用极限状态设计时，宜采用吊车荷载的准永久值。然而《混凝土结构设计规范》GB 50010—2010 中，除仅对钢筋混凝土吊车梁按正常使用极限状态计算梁的挠度和裂缝宽度时采用吊车荷载的准永久值外，对不允许出现裂缝的预应力混凝土吊车梁，在计算其挠度和裂缝控制时，要求采用吊车荷载的标准值。此外《钢结构设计标准》GB 50017—2017[9] 中对钢吊车梁在计算挠度时，明确规定采用吊车梁自重和起重量最大一台吊车荷载的标准值。

第四节 吊车工作级别

在设有吊车的单层工业厂房设计中，必然涉及吊车的工作级别，而在 2001 年以前的

我国建筑结构荷载规范规定：吊车（起重机）荷载的计算与吊车工作制有关，并将吊车工作制划分为轻级、中级、重级、超重级四个等级。吊车工作制反映了吊车工作的不同繁重程度。而吊车产品也是根据这四个等级进行划分并生产。但是自国家标准《起重机设计规范》GB 3811—83 颁布实施后，吊车分类改按工作级别划分，吊车产品也改按此划分和生产，且吊车荷载与工作级别有关。

根据现行国家标准《起重机设计规范》GB/T 3811—2008 的规定[20]，吊车工作级别按以下方法确定：首先确定吊车的使用等级。吊车的使用等级 U 是指吊车在设计预期寿命期内可能完成的总工作循环次数 C_T，它分为 10 个使用等级（$U_0 \sim U_9$），见表 4-4。

起重机的使用等级 表 4-4

使用等级	起重机总工作循环次数 C_T	起重机使用频繁程度
U_0	$C_T \leqslant 1.60 \leqslant 10^4$	很少使用
U_1	$1.60 \times 10^4 < C_T \leqslant 3.20 \times 10^4$	
U_2	$3.20 \times 10^4 < C_T \leqslant 6.30 \times 10^4$	
U_3	$6.30 \times 10^4 < C_T \leqslant 1.25 \times 10^5$	
U_4	$1.25 \times 10^5 < C_T \leqslant 2.50 \times 10^5$	不频繁使用
U_5	$2.50 \times 10^5 < C_T \leqslant 5.00 \times 10^5$	中等频繁使用
U_6	$5.00 \times 10^5 < C_T \leqslant 1.00 \times 10^6$	轻频繁使用
U_7	$1.00 \times 10^6 < C_T \leqslant 2.00 \times 10^6$	频繁使用
U_8	$2.00 \times 10^6 < C_T \leqslant 4.00 \times 10^6$	特别频繁使用
U_9	$4.00 \times 10^6 < C_T$	

其次确定吊车荷载状态级别。吊车荷载状态级别 Q 反映吊车吊运荷载工作的繁重程度。荷载状态级别按荷载谱系数 K_P 分为 4 级（$Q_1 \sim Q_4$），见表 4-5。

起重机的荷载状态级别及荷载谱系数 表 4-5

荷载状态级别	起重机的荷载谱系数 K_P	说明
Q_1	$K_P \leqslant 0.125$	很少吊运额定荷载，经常吊运较轻荷载
Q_2	$0.125 < K_P \leqslant 0.250$	较少吊运额定荷载，经常吊运中等荷载
Q_3	$0.250 < K_P \leqslant 0.500$	有时吊运额定荷载，较多吊运较重荷载
Q_4	$0.500 < K_P \leqslant 1.000$	经常吊运额定荷载

如果已知起重机各个吊运荷载值的大小及相应的起吊次数的资料，则可用公式（4-5）算出该起重机的荷载谱系数：

$$K_P = \sum_{i=1}^{n} \left[\frac{C_i}{C_T} \left(\frac{P_{Qi}}{P_{Qmax}} \right)^m \right] \tag{4-5}$$

式中 K_P——起重机的荷载谱系数；

C_i——与起重机各个有代表性的吊运荷载相应的工作循环数，$C_i = C_1$，C_2，C_3，…，C_n；

C_T——起重机总工作循环数，$C_T = C_1 + C_2 + C_3 + \cdots C_n$；

P_{Qi}——能表征起重机在预期寿命内工作任务的各个有代表性的吊运荷载，$P_{Qi} =$

$$P_{Q1}, P_{Q2}, P_{Q3}, \cdots, P_{Qn};$$

P_{Qmax}——起重机的额定吊运荷载（额定起重量）；

m——幂指数，为了便于级别的划分，约定取 $m=3$。

展开后，公式（4-5）变为公式（4-6）：

$$K_P = \frac{C_1}{C_T}\left(\frac{P_{Q1}}{P_{Qmax}}\right)^3 + \frac{C_2}{C_T}\left(\frac{P_{Q2}}{P_{Qmax}}\right)^3 + \cdots + \frac{C_n}{C_T}\left(\frac{P_{Qn}}{P_{Qmax}}\right)^3 \tag{4-6}$$

由公式（4-6）算得起重机荷载谱系数的值后，便可按表4-5确定该起重机相应的荷载状态级别。

最后根据起重机的 10 个使用等级和 4 个荷载状态级别，将起重机整机的工作级别划分为 A1～A8 共 8 个级别，见表4-6。

起重机（吊车）整机的工作级别   表 4-6

荷载状态级别	起重机的荷载谱系数 K_P	起重机的工作级别									
		U_0	U_1	U_2	U_3	U_4	U_5	U_6	U_7	U_8	U_9
Q_1	$K_P \leqslant 0.125$	A1	A1	A1	A2	A3	A4	A5	A6	A7	A8
Q_2	$0.125 < K_P \leqslant 0.250$	A1	A1	A2	A3	A4	A5	A6	A7	A8	A8
Q_3	$0.250 < K_P \leqslant 0.500$	A1	A2	A3	A4	A5	A6	A7	A8	A8	A8
Q_4	$0.500 < K_P \leqslant 1.000$	A2	A3	A4	A5	A6	A7	A8	A8	A8	A8

如果不能获得起重机设计预期寿命期内的各个有代表性的吊运荷载值的大小及相应的起吊次数资料，则无法通过上述计算得到吊车的荷载谱系数并确定它的荷载状态级别，进而不能确定吊车工作级别。因此实际工程设计中可采用以下两种办法确定工作级别：

（1）由制造商和用户协商确定适合于实际工程设计中起重机的荷载状态级别及相应的荷载谱系数，再结合对起重机使用等级的判断确定其工作级别，然后选用起重机产品。据此作为设计依据。

（2）由用户根据以往的同类生产车间的使用经验，确定设计选用吊车的产品及其工作级别作为设计依据。

考虑到我国结构设计人员的设计习惯和工程经验，可按表4-7的对应关系确定吊车工作级别。

吊车的工作制等级与工作级别的对应关系   表 4-7

工作制等级	轻级	中级	重级	超重级
工作级别	A1、A2、A3	A4、A5	A6、A7	A8

注：1. 吊车工作制为轻级是指：安装、维修用梁式起重机，电站用桥式起重机；
　　2. 吊车工作制为中级是指：机械加工、冲压、钣金、装配等车间用的软钩桥式起重机；
　　3. 吊车工作制为重级是指：繁重工作车间及仓库用软钩桥式起重机，冶金工厂用的普通软钩起重机及间断工作用磁盘、抓斗桥式起重机；
　　4. 吊车工作制为超重级是指：冶金工厂专用桥式起重机（例如脱锭、夹钳、料耙等起重机）及连续工作的磁盘、抓斗桥式起重机。

对于机械工业厂房，常用吊车的工作级别划分可按表4-8确定[23]。

机械工业厂房常用吊车的工作级别 表 4-8

吊车类型			工作级别
桥式吊车	吊钩式	电站安装及检修用	A1～A3
		车间及仓库用	A3～A5
		繁重工作车间及仓库用	A6、A7
	抓斗式	间断装卸用	A6、A7
		连续装卸用	A8
	冶金专用	吊料箱用	A7、A8
		加料用	A8
		铸造用	A6～A8
		锻造用	A7、A8
		淬火用	A8
		夹钳、脱锭用	A8
		揭盖用	A7、A8
		料耙式	A8
		电磁铁式	A7、A8
门式吊车		一般用途（吊钩式）	A5、A6
		装卸用（抓斗式）	A7、A8
		电站用（吊钩式）	A2、A3
		造船安装用（吊钩式）	A4、A5
		装卸集装箱用	A6～A8
装卸用桥式吊式		料场装卸用（抓斗式）	A7、A8
		港口装卸用（抓斗式）	A8
		港口装卸集装箱用	A6～A8
电动悬挂吊车			A4、A5
手动桥式吊车、手动悬挂吊车			A1～A3

第五节 双层吊车空载时的竖向荷载

在设有双层吊车的单跨和多跨单层工业厂房排架计算时，按现行荷载规范及《机械工业厂房结构设计规范》GB 50906—2013[23]规定，在吊车竖向荷载组合中，需要考虑当下层吊车满载时，上层吊车应按空载的吊车工作状况。此时在设计中的空载吊车的最大轮压值及相应的最小轮压值可按下列公式确定：

$$P_{max}^0 = P_{max} - \frac{G(l_c - l_h)}{nl_c}g \qquad (4-7)$$

$$P_{min}^0 = P_{min} - \frac{Gl_h}{nl_c}g \qquad (4-8)$$

式中 P_{max}^0——吊车空载时的最大轮压（kN）；

P_{min}^0——吊车空载时的最小轮压（kN）；

P_{max}——吊车技术参数提供的最大轮压（kN）；

P_{min}——吊车技术参数提供的最小轮压（kN）；

G——吊车总重量（t）；

g——重力加速度，取等于 9.81m/s^2；

l_c——吊车桥架跨度（m）；

l_h——吊车主钩至轨道中心线的最小距离（m）；

n——吊车每端轨道上的车轮数。

关于参数 l_h 值在本手册附录五中有部分吊车的技术资料中未予列入，待设计者需要时可在确定吊车产品型号后向生产厂家索取其资料。

【例题 4-1】 设计使用年限为 50 年、跨度为 6m 的简支钢筋混凝土吊车梁，其钢筋为 HRB400 级，混凝土强度等级为 C30、计算跨度 $L_0 = 5.8\text{m}$，承受大连重工起重集团公司生产的 DHQD08 型通用软钩桥式吊车两台，吊车工作级别为 A5 级，吊车跨度 $S_c = 16.5\text{m}$，吊车额定起重量为 5t，求计算持久设计状况的吊车梁正截面受弯承载力时，由两台吊车竖向最大轮压产生的跨中最大弯矩设计值（考虑吊车动力系数 1.05）。

吊车主要技术数据见表 4-9。

吊车主要技术数据　　　　　　　　　　　　　表 4-9

吊车额定起重量（t）	吊车最大轮压 P_{max}（kN）	吊车桥架最大宽度 B（m）	吊车轮距 W（m）
5	69.2	5.72	3.6

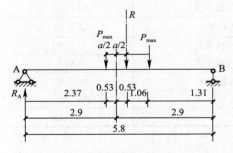

图 4-1　两台 5t 吊车产生跨中最大弯矩
的吊车最大轮压位置

【解】 根据结构力学原理，跨中最大弯矩截面位置在离跨中 $x_0 = a/2$ 距离的最大轮压作用点下方处，其中 a 为两台吊车的最大轮压合力位置与较近最大轮压作用点间的距离。经试算表明，计算吊车梁正截面受弯承载力时的吊车竖向力标准值的位置如图 4-1 所示。

今吊车最大轮压设计值（考虑吊车动力系数 1.05 及可变荷载分项系数 1.5）$P_{max} = 69.2 \times 1.05 \times 1.5 = 108.99\text{kN}$；两台吊车的最大轮压合力 $R = 2P_{max}$，其位置在两轮压的中央。此合力位置与较近的吊车最大轮压距离 $a = 0.5 \times (5.72 - 3.6) = 1.06\text{m}$。

跨中最大弯矩位置在距跨中 x_0 截面处：$x_0 = a/2 = 1.06/2 = 0.53\text{m}$

A 支座反力设计值 $R_A = 2.37 \times 2P_{max}/5.8 = 2.37 \times 2 \times 108.99/5.8 = 89.07\text{kN}$

因此计算吊车梁正截面受弯承载力时由两台吊车最大轮压产生的跨中最大弯矩设计值 M_{max}；

$$M_{max} = 2.37R_A = 2.37 \times 89.07 = 211.09\text{kN} \cdot \text{m}$$

【例题 4-2】 某金工车间为单层单跨钢筋混凝土柱排架结构房屋，设计使用年限为 50 年，车间跨度为 18m，车间总长为 60m，柱间距为 6m，车间内安装有 2 台额定起重量 10t，工作级别为 A5 级由大连重工起重集团公司生产的 DHQD08 通用软钩桥式吊车，吊车跨度 $S_c = 16.5\text{m}$。车间的平剖面如图 4-2 所示。牛腿处尺寸见图 4-3。吊车梁为简支钢筋混凝土梁。吊车主要技术数据见表 4-10。

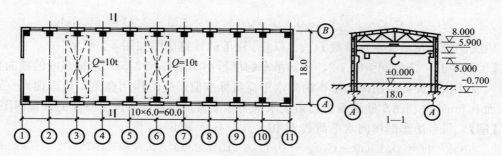

图 4-2　车间平面及剖面（单位：m）

吊车主要技术数据				表 4-10
吊车额定起重量 $Q(t)$	吊车最大轮压标准值 $P_{max}(kN)$	吊车最小轮压标准值 $P_{min}(kN)$	吊车桥架最大宽度 $B(m)$	吊车轮距 $W(m)$
10	102.7	54.9	6.0	4.0

求：（1）横向排架按持久设计状况设计时轴线⑥排架柱 A 支承吊车梁的牛腿处由 2 台吊车最大轮压产生的最大垂直力标准值 D_{max}；

（2）横向排架按持久设计状况设计时轴线⑥排架柱 B 支承吊车梁的牛腿处由 2 台吊车相应最小轮压产生的最小垂直力标准值 D_{min}。

（3）绘出轴线⑥排架在 D_{max} 及 D_{min} 作用下的计算简图。

【解】　计算轴线⑥横向排架时，由两台吊车的最大轮压经吊车梁传至排架柱 A 牛腿（图 4-3）处的最大垂直力标准值 D_{max} 可根据结构力学的简支梁影响线理论求得，见图 4-4，并考虑两台吊车参与组合的折减系数取 0.9。

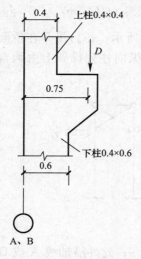

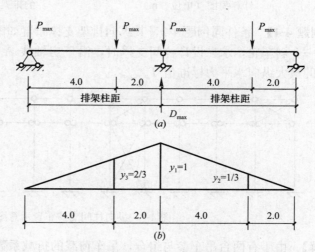

图 4-3　柱牛腿处
尺寸（单位：m）

图 4-4　两台吊车最大轮压产生的轴线⑥排架柱 A 牛腿
支承吊车梁处最大垂直力 D_{max}

（a）两台吊车产生 D_{max} 时的位置；（b）牛腿处最大垂直力 D_{max} 的影响线

$$D_{max} = 0.9P_{max} \sum y_i = 0.9 \times 102.7 \times (1 + 1/3 + 2/3) = 184.9 kN$$

对作用在柱 B 牛腿处的 D_{min} 可参照求 D_{max} 的方法确定如下：

$$D_{\min} = 0.9P_{\min}\sum y_i = 0.9 \times 54.9 \times (1 + 1/3 + 2/3) = 98.8\text{kN}$$

轴线⑥排架在吊车垂直荷载 $D_{\max}$、$D_{\min}$ 作用下的计算简图如图4-5所示。

【例题 4-3】　条件同例题4-2，已知吊车的横行小车重 $G_1=2.5\text{t}$。求轴线⑥的横向排架按持久设计状况设计时由两台吊车横向水平荷载标准值产生的作用在吊车轨道顶面（距牛腿顶面0.9m）并与吊车轨道垂直的最大水平力标准值及绘制该工况下排架的计算简图。

【解】　每台吊车的横向水平荷载 H 按公式（4-4）确定：

$$H = 0.12(Q+G_1)g = 0.12 \times (10+2.5) \times 9.8 = 14.7\text{kN}$$

作用在每个车轮上的横向水平荷载标准值 $T_H = 1/4 \times 14.7 = 3.68\text{kN}$

利用例题4-2中确定 $D_{\max}$ 的影响线；考虑两台吊车参与组合，因此作用在排架柱A及柱B上的由两台吊车横向水平荷载标准值产生的最大水平力标准值 F 可求得如下：

$$F = 0.9 \times T_H \times \sum y_i = 0.9 \times 3.68 \times (1 + 1/3 + 2/3) = 6.6\text{kN}(\leftrightarrows)$$

轴线⑥横向排架在两台吊车横向水平荷载作用下的计算简图如图4-6所示。

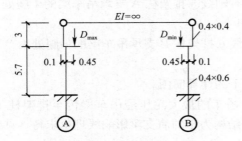

图 4-5　吊车垂直荷载作用下的排架　　　　图 4-6　吊车横向水平荷载作用下
计算简图（单位：m）　　　　　　　　　的排架计算简图（单位：m）

【例题 4-4】　条件同例题4-2，其纵向排架支撑布置如图4-7所示，每台吊车在桥架两端各有一个刹车轮，求在设计柱间支撑时，沿厂房轴线A或B纵向柱列排架上由两台吊车产生的最大纵向水平力标准值 $T_{l,\max}$。

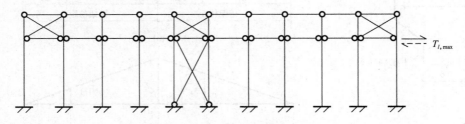

图 4-7　纵向柱间支撑布置示意图

【解】　由于有两台吊车参与组合，吊车荷载的折减系数为0.9；此外沿轴线A或B柱列作用在一边轨道上全部的刹车轮共2个，因此作用在纵向排架上的由两台吊车产生的纵向最大水平力标准值 $T_{l,\max}$ 根据公式（4-3）可求得如下：

由表4-10知吊车最大轮压 $P_{\max}=102.7\text{kN}$，

$$T_{l,\max} = 0.9 \times 0.1 \times \sum P_{\max} = 0.9 \times 0.1 \times 2 \times 102.7 = 18.5\text{kN}(\leftrightarrows)$$

【例题 4-5】　某设计使用年限为50年的机械装配车间为两跨等高单层钢筋混凝土排架

结构房屋，两跨跨度均为 18m，柱距 6m，车间长 66m。吊车梁为简支钢筋混凝土构件，其跨度与柱距相同。车间内每跨安装有一台额定起重量为 10t 及一台额定起重量 5t，工作级别为 A6 级 DHQD08 型的电动吊钩桥式吊车，吊车跨度为 16.5m，吊车由大连重工起重集团生产。车间的平面图及剖面图见图 4-8。

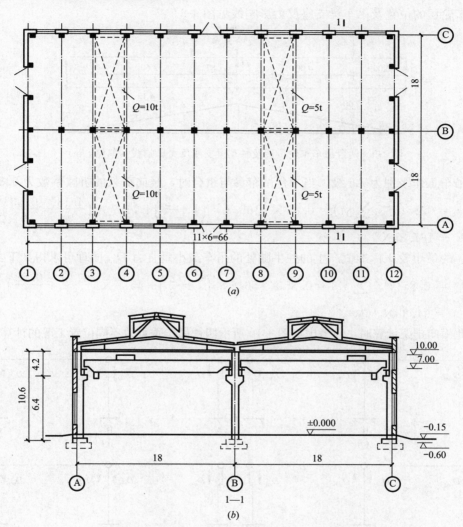

图 4-8 车间的平面图及剖面图（单位：m）
(*a*) 车间平面；(*b*) 车间剖面

吊车的主要技术数据见表 4-11。

吊车主要技术数据 　　　　表 4-11

吊车额定起重量 Q(t)	最大轮压标准值 P_{max}(t)	最小轮压标准值 P_{min}(t)	吊车最大宽度 B(m)	吊车轮距 W(m)	小车重量 G_1(t)
5	71.7	45.7	5.30	3.60	1.8
10	106.3	56.6	6.04	4.00	3.0

求：轴线③~⑩的横向排架按持久设计状况设计时，由四台吊车参与组合的横向排架柱应考虑承受吊车的几种不利垂直力标准值工况的计算简图。

【解】　在排架计算时，考虑四台吊车参与组合则需要求出每一跨度内有两台吊车同时参与组合对排架柱产生的吊车最大垂直力标准值 D_{max} 及最小垂直力标准值 D_{min}。

吊车轮压的位置及吊车梁支座反力影响线见图 4-9。

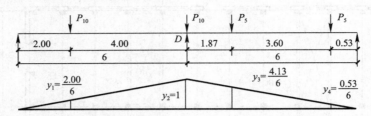

图 4-9　两台吊车车轮位置及吊车梁支座反力影响线（单位：m）

对吊车工作级别为 A6 级，当 4 台吊车参与组合时，竖向荷载的折减系数为 0.85。

$$D_{max} = 0.85\left(P_{max}\sum y_i\right) = 0.85 \times \left[106.3 \times \left(1 + \frac{2}{6}\right) + 71.7 \times \left(\frac{4.13}{6} + \frac{0.53}{6}\right)\right]$$

$$= 167.8\text{kN}$$

相应的最小轮压标准值产生的柱牛腿处的吊车最小垂直力 D_{min} 同理可求得如下：

$$D_{min} = 0.85\left(P_{min}\sum y_i\right) = 0.85 \times \left[56.6 \times \left(1 + \frac{2}{6}\right) + 45.7 \times \left(\frac{4.13}{6} + \frac{0.53}{6}\right)\right]$$

$$= 94.3\text{kN}$$

因此横向排架计算时，应考虑如图 4-10 所示四种吊车垂直力不同位置工况的计算简图。

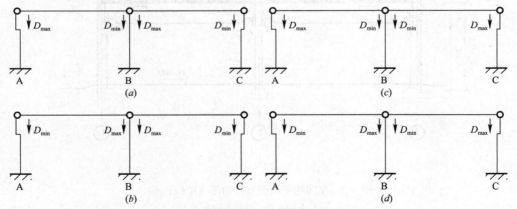

图 4-10　四台吊车垂直荷载组合情况

$(D_{max} = 167.8\text{kN}、D_{min} = 94.3\text{kN})$

(a) 工况一；(b) 工况二；(c) 工况三；(d) 工况四

【例题 4-6】　条件同例题 4-5。求轴线③~⑩的横向排架按持久设计状况设计时，由吊车横向水平荷载产生作用在排架柱上的水平荷载应考虑的几种不同工况计算简图。

【解】　计算横向排架时，虽然该车间内设有四台吊车，但现行荷载规范规定由吊车横向水平荷载产生作用在排架柱上的水平荷载只考虑两台吊车参与组合。因此经判断分析有下列 3 种工况可能在排架柱效应组合中起控制作用：

工况 1：相邻两跨每跨内各有一台额定起重量较大的吊车（10t 吊车）同时在同一水平方向横向刹车。

此工况每台吊车的横向水平荷载平均作用在吊车每端的两个车轮上，每个车轮上的横向水平力标准值 T_H 可根据公式（4-4）求得如下：

$$T_{10} = \frac{1}{4}\alpha_H(Q+G_1) = \frac{1}{4} \times 0.12(10+3.0) \times 9.81 = 3.83\text{kN}$$

吊车车轮在吊车梁上的最不利横向刹车时的位置如图 4-11 所示，此时作用在排架柱上最大的横向水平力 H_1 可求得如下：

$$H_1 = 0.95T_{10}\sum y_i$$

$$= 0.95 \times 3.83\left(1+\frac{2.0}{6}\right) = 4.85\text{kN}(\rightleftharpoons)$$

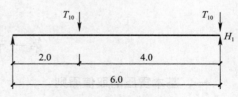

图 4-11　每跨一台 10t 吊车最不利刹车位置

因此工况 1 的计算简图如图 4-12(a) 所示。

工况 2 及工况 3：同一跨内一台起重量为 10t 的吊车与另一台起重量为 5t 的吊车同时在同一方向刹车。但工况 2 的吊车位于 AB 跨内，工况 3 的吊车位于 BC 跨内。

起重量为 10t 的吊车每个车轮的横向水平荷载标准值已经求得；起重量为 5t 的吊车每个车轮的横向水平荷载标准值可求得如下：

$$T_5 = \frac{1}{4}\alpha_H(Q+G_1)g = \frac{1}{4} \times 0.12(5+1.8) \times 9.81 = 2.00\text{kN}$$

两台吊车车轮在吊车梁上的最不利位置及吊车梁支座处最大水平反力的影响线如图 4-9 所示，因此由吊车横向水平荷载标准值作用在排架柱上的水平荷载 H_2 可求得如下：

$$H_2 = 0.95\left(T_{10}\sum y_i + T_5\sum y_i\right)$$

$$= 0.95\left[3.83\left(1+\frac{2}{6}\right) + 2\left(\frac{4.13}{6}+\frac{0.53}{6}\right)\right] = 6.33\text{kN}(\rightleftharpoons)$$

此情况下的 H_2 可能由 AB 跨内的两台吊车同时刹车产生，即工况 2（图 4-12b），也可能由 BC 跨内的两台吊车同时刹车产生，即工况 3（图 4-12c）。

吊车水平荷载在排架上的作用位置在吊车轨顶处。

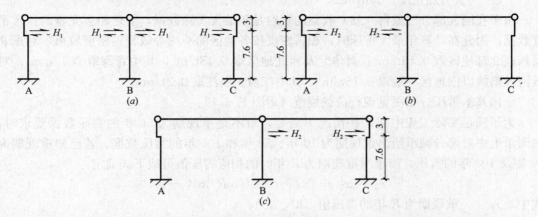

图 4-12　吊车横向水平荷载作用下的排架计算简图（单位：m，$H_1 = 4.85\text{kN}$，$H_2 = 6.33\text{kN}$）

(a) 工况一；(b) 工况二；(c) 工况三

第五章 雪 荷 载

第一节 基 本 雪 压

一、基本雪压的取值原则

现行荷载规范规定基本雪压应采用 50 年重现期的雪压值，对雪荷载敏感的结构（如大跨度、轻质屋盖结构及门式刚架轻型房屋钢结构[17]等）应采用 100 年重现期的雪压。前者沿用以往的荷载规范规定，并使基本雪压的确定方法符合《建筑结构可靠性设计统一标准》GB 50068—2018 规定的基本原则，后者是考虑到近年来极端气候及灾难性天气不断出现，造成一些对雪荷载敏感结构的倒塌或破坏，因而有必要在设计上采取措施提高其安全度，避免工程事故发生。

根据现行荷载规范规定，基本雪压应在符合下列要求的场地条件下，观察并收集该场地每年的最大雪压（年最大雪压）资料，经统计确定得出 50 年一遇（50 年重现期）的最大雪压即为基本雪压。场地的条件如下：

1. 观察及收集雪压的场地应空旷平坦；

2. 场地内的积雪分布应保持均匀。

年最大雪压计算值 S（单位为 kN/m^2）按下式确定：

$$S = \rho_e g h \tag{5-1}$$

式中　h——年最大积雪深观测值（m），按积雪表面至地面的垂直深度计算，以每年 7 月份至次年 6 月份间的最大积雪深度确定；

　　　ρ_e——地区平均等效积雪密度（t/m^3），即年最大雪压观测值/年最大雪深观测值；

　　　g——重力加速度，其值取 9.8m/s^2。

由于我国大部分气象台（站）收集的资料是年最大雪深数据，缺乏相应完整的积雪密度数据，因此在计算年最大雪压时，积雪密度按各地区的平均等效积雪密度取值，对东北及新疆北部地区取 0.15t/m^3；对华北及西北地区取 0.13t/m^3，其中青海取 0.12t/m^3；对淮河及秦岭以南地区一般取 0.15t/m^3，其中江西、浙江取 0.2t/m^3。

全国基本雪压分布图见现行荷载规范（附图 E.6.1）。

为了满足实际工程中在某些情况下需要，对不是重现期为 50 年的雪压数据要求时，在附录七中对部分城市给出重现期为 10 年、50 年和 100 年的雪压数据。若已知重现期为 10 年及 100 年的雪压，需求当重现期为 R 年时的相应雪压值可按下式确定：

$$x_R = x_{10} + (x_{100} - x_{10})(\ln R / \ln 10 - 1) \tag{5-2}$$

式中　x_R——重现期为 R 年的雪压值（kN/m^2）；

　　　x_{10}——重现期为 10 年的雪压值（kN/m^2）；

　　　x_{100}——重现期为 100 年的雪压值（kN/m^2）。

二、基本雪压的确定

1. 当城市或建设地点的基本雪压在全国基本雪压分布图中或附录七的附表 7-1 中没有明确数值时，可按下列方法确定。

(1) 当地有 10 年或 10 年以上的年最大雪压观测资料时，可通过资料的统计分析确定其基本雪压。统计分析时，雪压的年最大值采用极值 I 型的概率分布，其分布函数为：

$$F(x) = \exp\{-\exp[-\alpha(x-u)]\} \tag{5-3}$$

$$\alpha = \frac{1.28255}{\sigma} \tag{5-4}$$

$$u = \mu - \frac{0.57722}{\alpha} \tag{5-5}$$

式中　x——年最大雪压样本；

α——分布的尺度参数；

u——分布的位置参数；

σ——样本的标准差；

μ——样本的平均值。

当由有限样本数量 n 的均值 $\bar{x}$ 和标准差 σ_1 作为 μ 和 σ 的近似估计时，取

$$\alpha = \frac{C_1}{\sigma_1} \tag{5-6}$$

$$u = \bar{x} - \frac{C_2}{\alpha} \tag{5-7}$$

式中系数 C_1 和 C_2 见表 5-1。

系数 C_1 和 C_2　　　　　　　　表 5-1

n	c_1	c_2	n	c_1	c_2	n	c_1	c_2
10	0.9497	0.4952	24	1.0864	0.5296	38	1.1363	0.5424
11	0.9672	0.4996	25	1.0915	0.5309	39	1.1388	0.543
12	0.9833	0.5035	26	1.0991	0.532	40	1.1413	0.5436
13	0.9972	0.507	27	1.1004	0.5332	41	1.1436	0.5442
14	1.0095	0.51	28	1.1047	0.5343	42	1.1458	0.5448
15	1.0206	0.5128	29	1.086	0.5353	43	1.143	0.5453
16	1.0316	0.5157	30	1.1124	0.5362	44	1.1499	0.5458
17	1.0411	0.5181	31	1.1159	0.5371	45	1.1519	0.5463
18	1.0493	0.5205	32	1.1193	0.538	46	1.1538	0.5468
19	1.0566	0.522	33	1.1226	0.5388	47	1.1557	0.5473
20	1.0628	0.5236	34	1.1255	0.5396	48	1.1574	0.5477
21	1.0696	0.5252	35	1.1285	0.5403	49	1.159	0.5481
22	1.0754	0.5268	36	1.1313	0.5418	50	1.1607	0.5485
23	1.0811	0.5283	37	1.1339	0.5424	∞	1.2826	0.5772

若求重现期为 R 年的最大雪压 x_R，可按下式确定：

$$x_R = u - \frac{1}{\alpha}\ln\left(\ln\frac{R}{R-1}\right) \tag{5-8}$$

因此重现期为 50 年的基本雪压 S_0 可求得如下：

$$S_0 = u - \frac{1}{\alpha}\ln\left(\ln\frac{50}{50-1}\right) = u + \frac{3.902}{\alpha} \tag{5-9}$$

（2）当地的年最大雪压观测资料不足 10 年时，可通过与有长期观测资料或已有规定基本雪压的附近地区进行对比分析确定其基本雪压。

（3）当地没有雪压观测资料时，可通过对气象和地形条件的分析，并参照现行荷载规范附图 E.6.1 的等压线用插入法确定其基本雪压。

2. 山区基本雪压的确定

山区的基本雪压应通过实际调查后确定，无实测资料时，可按当地空旷平坦地面的基本雪压值乘以系数 1.2 采用。但对于积雪局部变异特别大的地区，以及高原地形的山区，应予以专门调查和特殊处理。

3. 雪荷载敏感结构雪压的取值

现行荷载规范规定对雪荷载敏感结构应采用 100 年重现期的雪压。由于这类结构的雪荷载经常是控制荷载，极端雪荷载作用下容易造成结构整体破坏，后果特别严重，因此应引起设计人员的足够重视，防止发生设计质量事故。

第二节 雪荷载标准值、组合值系数、频遇值系数及准永久值系数

一、雪荷载标准值

屋面水平投影面上的雪荷载标准值应按下式计算：

$$s_k = \mu_r s_0 \tag{5-10}$$

式中 s_k——雪荷载标准值（kN/m²）；

μ_r——屋面积雪分布系数；

s_0——基本雪压（kN/m²），全国基本雪压分布图见现行荷载规范，也可查阅附录七。

二、雪荷载的组合值系数、频遇值系数及准永久值系数

雪荷载的组合值系数应取 0.7。

雪荷载的频遇值系数应取 0.6。

雪荷载的准永久值系数分区见现行荷载规范附图 E.6.2，对其中的Ⅰ、Ⅱ和Ⅲ分区，该系数分别取值为 0.5、0.2 和 0；部分城市的准永久值系数分区也可按附录七中附表 7-1 查出。

第三节 屋面积雪分布系数

一、不同类别的屋面积雪分布

不同类别的屋面，其屋面积雪分布系数应按表 5-2 采用。

屋面积雪分布系数 μ_r 表 5-2

项次	类别	屋面形式及积雪分布系数 μ_r	备注
1	单跨单坡屋面	 <table><tr><td>α</td><td>≤25°</td><td>30°</td><td>35°</td><td>40°</td><td>45°</td><td>50°</td><td>55°</td><td>≥60°</td></tr><tr><td>μ_r</td><td>1.0</td><td>0.85</td><td>0.7</td><td>0.55</td><td>0.4</td><td>0.25</td><td>0.1</td><td>0</td></tr></table>	

续表

项次	类别	屋面形式及积雪分布系数 μ_r	备注
2	单跨双坡屋面	均匀分布的情况 —— μ_r 不均匀分布的情况 $0.75\mu_r$ —— $1.25\mu_r$ （双坡屋面剖面，坡角 α）	μ_r 按第 1 项规定采用
3	拱形屋面	均匀分布的情况 —— μ_r 不均匀分布的情况 $0.5\mu_{r,m}$、$\mu_{r,m}$ $l_e/4$ $l_e/4$ $l_e/4$ $l_e/4$ ；l_e $\mu_r=l/(8f)$ $(0.4\leqslant\mu_r\leqslant1.0)$ （拱形，60°，f，l） $\mu_{r,m}=0.2+10f/l\,(\mu_{r,m}\leqslant2.0)$	l_e 为屋面坡度≤60°范围内的水平投影长度
4	带天窗的坡屋面	均匀分布的情况 1.0 不均匀分布的情况 1.1 0.8 1.1 （带天窗坡屋面剖面，坡角 α）	—
5	带天窗有挡风板的坡屋面	均匀分布的情况 1.0 不均匀分布的情况 1.0 1.4 0.8 1.4 1.0 （带挡风板坡屋面剖面，坡角 α）	—
6	多跨单坡屋面（锯齿形屋面）	均匀分布的情况 1.0 不均匀分布的情况1 0.6 1.4 0.6 1.4 0.6 1.4 $l/2$ $l/2$ 不均匀分布的情况2 2.0 μ_r 2.0 μ_r 2.0 $l/2$ $l/2$ （锯齿形剖面，坡角 α，l、l）	μ_r 按第 1 项规定采用

项次	类别	屋面形式及积雪分布系数 μ_r	备注
7	双跨双坡或拱形屋面	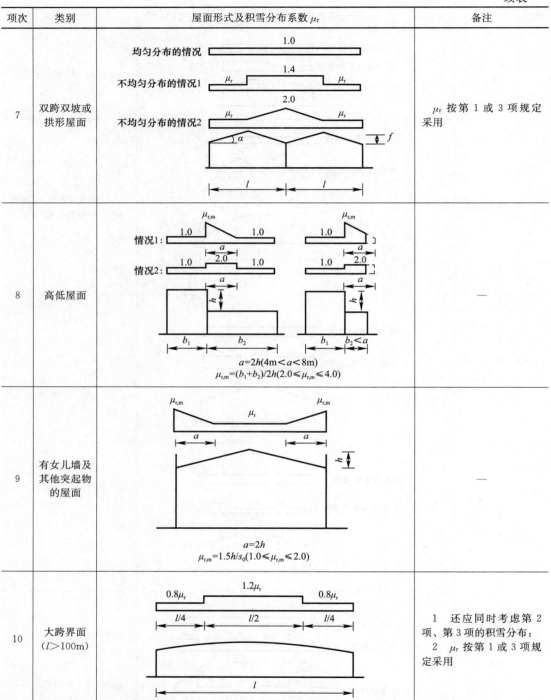	μ_r 按第 1 或 3 项规定采用
8	高低屋面		—
9	有女儿墙及其他突起物的屋面		—
10	大跨界面 ($l>100\mathrm{m}$)		1　还应同时考虑第 2 项、第 3 项的积雪分布； 2　μ_r 按第 1 或 3 项规定采用

注：1. 第 2 项单跨双坡屋面仅当坡度 α 在 20°～30°范围时，可采用不均匀分布情况；
　　2. 第 4、5 项只适用于坡度 α 不大于 25°的一般工业厂房屋面；
　　3. 第 7 项双跨双坡或拱形屋面，当 α 不大于 25°或 f/l 不大于 0.1 时，只采用均匀分布情况；
　　4. 多跨屋面的积雪分布系数，可参照第 7 项的规定采用；
　　5. 当考虑周边环境对屋面积雪的有利影响而对积雪分布系数进行调整时，调整系数不应低于 0.9。

二、建筑结构设计考虑积雪分布的原则

1. 屋面板和檩条按积雪不均匀分布的最不利情况采用。

2. 屋架或拱、壳应分别按全跨积雪的均匀分布的情况、不均匀分布的情况和半跨积雪均匀分布的情况中最不利情况采用。

3. 框架和柱可按积雪全跨均匀分布的情况采用。

三、确定屋面积雪荷载时应注意的一些事项

由于现行荷载规范关于屋面积雪荷载问题较以往增加了一些新的规定内容，因此结构设计人员对以下事项应引起重视。

1. 屋面板和檩条的雪荷载应按现行荷载规范新规定的屋面最不利积雪不均匀分布系数确定。与原荷载规范相比较，对拱形屋面、多跨单坡屋面（锯齿形屋面）、高低屋面、有女儿墙及其他突起物的屋面，以及大跨屋面的屋面板和檩条构件，由于这些类别的屋面积雪不均匀分布系数增大，因而屋面板和檩条构件的雪荷载均比以往有所增加。

2. 由于屋面不均匀积雪分布的情况比原规范增多，因而设计屋架和拱壳时应分别按积雪全跨均匀分布情况、不均匀分布情况和半跨均匀分布的情况，选择构件各设计截面的最不利雪荷载效应与作用在屋架和拱壳上的其他荷载进行效应组合。设计人员应注意现行荷载规范还规定（见规范的表 7.2.1 注）：对单跨双坡屋面仅当坡度在 20°～30°范围内可采用不均匀分布情况；对双跨双坡或拱形屋面，当坡度 $\alpha \leqslant 25°$ 或 f/l 不大于 0.1 时，只采用均匀分布情况。此外根据我国工程设计的经验和习惯，设计屋架和拱架时应考虑半跨均匀分布积雪的情况，此经验和习惯设计人员必须重视。

3. 对不上人的屋面且屋面无积灰荷载时，不上人的屋面均布活荷载可不与雪荷载和风荷载同时组合，对上人屋面则应考虑屋面活荷载与雪荷载同时参与组合。

4. 现行荷载规范未考虑屋面温度对积雪的影响，因而对冬季采暖房屋的屋面积雪一般比非采暖房屋小，原因是采暖房屋的屋面散热后使积雪融化，也使雪滑移更易发生。对冬季采暖的坡屋面房屋，在其檐口处通常无采暖措施，会导致融化后的雪水常会在檐口处冻结为冰棱及冰坝，使屋面排水堵塞，出现外溢现象，或产生对结构不利的荷载。为防止此类情况发生，结构设计人员应与建筑专业相配合，增大屋面冬季的排水能力。

【例题 5-1】 某工程（设计使用年限为 50 年）所在地为全国雪压分布图和附录七中未明确基本雪压的新城市，但该地区的气象站已观测有 10 年的年最大雪压数据，并计算出其均值 $\bar{x}$ 为 $0.45\mathrm{kN/m^2}$、标准差 σ_1 为 $0.11\mathrm{kN/m^2}$，要求利用以上数据估算确定该地区的基本雪压。

【解】 查表 5-1，当有限样本数量为 10 时，参数 $C_1=0.9497$，$C_2=0.4952$

据公式（5-6）、公式（5-7）求得：

$$\alpha = \frac{C_1}{\sigma_1} = \frac{0.9497}{0.11} = 8.6336$$

$$u = \bar{x} - \frac{C_2}{\alpha} = 0.45 - \frac{0.4952}{8.6336} = 0.3926$$

代入公式（5-9）可估算求得基本雪压 $s_0 = u - \frac{1}{\alpha}\ln\left[\ln\left(\frac{50}{50-1}\right)\right] = 0.3926 + \frac{2.5278}{8.6336} = 0.69\mathrm{kN/m^2}$

【例题 5-2】 某工程（设计使用年限为 50 年）为双跨双坡屋面，屋面坡度 α 为 $26°34'$

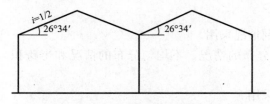

图 5-1　双跨双坡屋面房屋示意图

（图 5-1），檩条计算跨度 3.9m，檩条沿屋面布置，其水平方向的间距为 1.5m，该地区基本雪压 0.45kN/m²，求设计檩条时，作用在檩条上由屋面积雪荷载产生的沿檩条跨度的最大均布线荷载标准值。

【解】 查表 5-2 项次 7，檩条的积雪荷载应按不均匀分布的情况 2 考虑。最不利不均匀分布系数应取 2.0。

计算檩条时屋面水平投影面上最大的雪荷载标准值 s_k；

$$s_k = 2s_0 = 2 \times 0.45 = 0.9\text{kN/m}^2$$

檩条水平方向的间距为 1.5m，因此沿檩条跨度由雪荷载产生的最大均布线荷载标准值 q_{ks}：

$$q_{ks} = 1.5 \times 0.9 = 1.35\text{kN/m}$$

【例题 5-3】 某带女儿墙的单跨门式刚架轻型钢结构房屋（图 5-2），其屋面为轻质板材，檩条为冷弯薄壁 C 型钢，设计时采用当地 100 年重现期的雪压 $s_0 = 0.8$kN/m²，试按表 5-2 对屋面积雪分布系数取值的规定确定在女儿墙下端处的屋面最大不均匀积雪荷载标准值及此情况下屋面雪荷载标准值的分布。提示：屋面积雪分布系数按表 5-2 取值。

【解】 查表 5-2 项次 9，女儿墙下端处的屋面最大不均匀积雪荷载标准值 $s_{ks,m}$：

$$\mu_{r,m} = 1.5h/s_0 = 1.5 \times 3/0.8 = 5.625 > 2 \text{ 因此取 } 2$$

$$s_{ks,m} = \mu_{r,m}s_0 = 2 \times s_0 = 2 \times 0.8 = 1.6\text{kN/m}^2$$

$$\text{其范围：} a = 2h = 2 \times 3 = 6\text{m}$$

由于屋面坡度为 1/5，因此均匀积雪范围内的雪荷载标准值 $s_k = \mu_r s_0 = 1 \times 0.8 = 0.8$kN/m²，屋面雪荷载标准值的分布如图 5-3 所示。

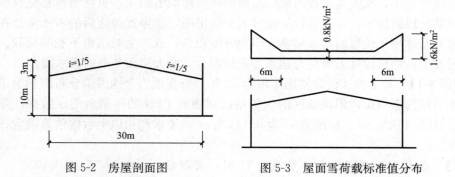

图 5-2　房屋剖面图　　　　图 5-3　屋面雪荷载标准值分布

【例题 5-4】 某高低屋面房屋（设计使用年限 50 年），其屋面承重结构为现浇钢筋混凝土双向板。房屋的平面图及剖面图见图 5-4，当地的基本雪压为 0.45kN/m²，求设计高跨及低跨钢筋混凝土屋面板时应考虑的雪荷载标准值。

【解】 本例的屋面形式类别属表 5-2 中的项次 8。

设计高跨钢筋混凝土屋面板时应考虑的雪荷载标准值：

$$s_k = \mu_r s_0 = 1.0 \times 0.45 = 0.45\text{kN/m}^2$$

设计低跨钢筋混凝土屋面板时应考虑两种分布情况的雪荷载标准值：

情况 1（见表 5-2）：

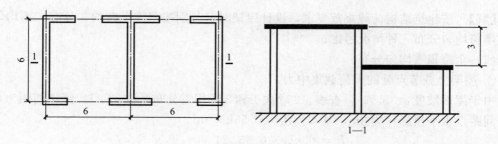

图 5-4　房屋平面及剖面图（单位：m）

不均匀积雪的分布范围 $a=2h=2\times3=6m$ 在本例已覆盖低跨全部屋面板范围。

最大积雪分布系数 $\mu_{r,m}=(b_1+b_2)/2h=(6+6)/(2\times3)=2.0$ 应取等于 2.0

最小积雪分布系数 $\mu_r=1.0$

因此低跨屋面板承受的最大雪荷载标准值 $s_{max}=2s_0=2\times0.45=0.9kN/m^2$

最小雪荷载标准值 $s_{min}=\mu_r s_0=1\times0.45=0.45kN/m^2$，此情况下设计该房屋屋面板应考虑的雪荷载标准值如图 5-5 所示。

情况 2（见表 5-2）：

低跨屋面板承受的雪荷载标准值 $s_k=\mu_r s_0=2.0\times0.45=0.9kN/m^2$，此情况下设计该房屋屋面板应考虑的雪荷载标准值如图 5-6 所示。

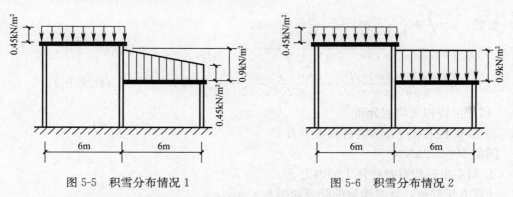

图 5-5　积雪分布情况 1　　　　　图 5-6　积雪分布情况 2

比较情况 1 和情况 2 的雪荷载标准值，可知情况 2 是本例的最不利分布情况。

【例题 5-5】　某单跨无天窗房屋（设计使用年限 50 年）的 24m 钢屋架如图 5-7 所示，屋架间距 6m，两端简支于柱上，上弦铺设 3m×6m 钢筋混凝土大型屋面板并支承在屋架节点上，屋面坡度 $\alpha=5.71°$，当地基本雪压为 $0.55kN/m^2$，求设计屋架时所需由雪荷载产生的杆件 1 内力标准值。

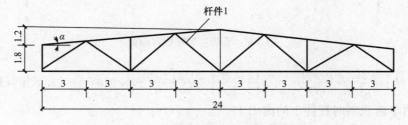

图 5-7　24m 屋架外形尺寸（单位：m）

【解】　按建筑结构荷载规范要求，设计屋架时可分别按积雪全跨均匀分布，不均匀分布和半跨均匀分布三种情况考虑。

（1）全跨积雪均匀分布

① 屋架上弦节点处的雪荷载集中力 P

由于屋面坡度 $\alpha=5.71°$，查表 5-2 项次 1 和 2 得积雪分布系数 $\mu_r=1$，屋架间距为 6m，节点间距（水平投影）为 3m，基本雪压为 0.55kN/m²。

$$P = 6 \times 3 \times 0.55 \times 1 = 9.9\text{kN}$$

② 杆件 1 的内力 F

全跨积雪均匀分布情况下，屋架的受荷如图 5-8 所示。

杆件 1 的内力可根据参考文献［45］中的梯形屋架的内力系数公式计算。

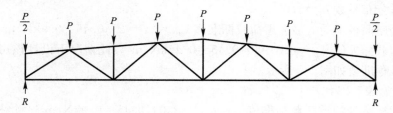

图 5-8　屋架全跨积雪荷载

参数：$n=\dfrac{l}{h_2}=\dfrac{24}{1.2}=20$，$m=\dfrac{l}{h}=\dfrac{24}{3}=8$，

$$k_2 = \sqrt{m^2 n^2 + (8n-2m)^2} = \sqrt{8^2 \times 20^2 + (8 \times 20 - 2 \times 8)^2} = 215.257$$

$$F = \frac{(n-4m)k_2 P}{4n(4n-m)} = \frac{(20-4\times 8)215.257}{4 \times 20(4 \times 20 - 8)} \times 9.9 = -4.44\text{kN（压）}$$

（2）半跨积雪均匀分布

① 屋架上弦节点处的雪荷载集中力 P

同前 $P=9.9$kN。

② 当左半跨积雪时杆件 1 的内力 F

计算方法同前，此时屋架的受荷如图 5-9 所示。

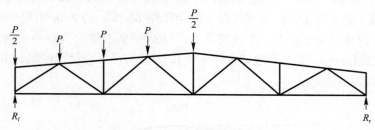

图 5-9　屋架左半跨积雪荷载

$$F = \frac{-(2m+n)k_2 P}{4n(4n-m)} = \frac{-(2\times 8 + 20)215.257}{4 \times 20(4 \times 20 - 8)} \times 9.9 = -13.32\text{kN（压）}$$

③ 当右半跨积雪时杆件 1 的内力 F

计算方法同前。此时屋架的受荷如图 5-10 所示。

$$F = \frac{(n-m)k_2 P}{2n(4n-m)} = \frac{(20-8)215.257}{2 \times 20(4 \times 20-8)} \times 9.9 = 8.88\text{kN(拉)}$$

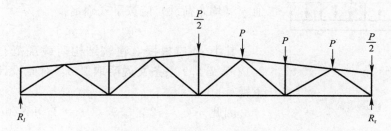

图 5-10 屋架右半跨积雪荷载

（3）全跨积雪不均匀分布

① 右半跨积雪较多左半跨积雪较少

右半跨的积雪分布系数为 $1.25\mu_r$，因此右半跨的上弦节点雪荷载集中力 $P_r = 1.25 \times 9.9 = 12.375\text{kN}$。

左半跨的积雪分布系数为 $0.75\mu_r$，因此左半跨的上弦节点雪荷载集中力 $P_l = 0.75 \times 9.9 = 7.425\text{kN}$。

屋架的受荷如图 5-11 所示。

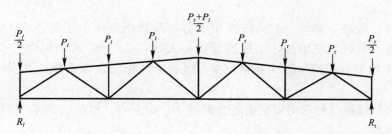

图 5-11 屋架全跨积雪不均匀分布

因此利用上述（1）及（2）的计算结果可求得此情况下杆件 1 的内力 F：
$$F = 0.75 \times (-4.44) + 0.5 \times 8.88 = 1.11\text{kN(拉)}$$

② 左半跨积雪较多右半跨积雪较少

左半跨的积雪分布系数为 $1.25\mu_r$，因此左半跨的上弦节点雪荷载集中力 $P_l = 1.25 \times 9.9 = 12.375\text{kN}$；

右半跨的积雪分布系数为 $0.75\mu_r$，因此右半跨的上弦节点雪荷载集中力 $P_r = 0.75 \times 9.9 = 7.425\text{kN}$。

因此利用上述（1）及（2）的计算结果可求得此情况下杆件 1 的内力 F：
$$F = 0.75 \times (-4.44) + 0.5 \times (-13.32) = -9.99\text{kN(压)}$$

由以上计算可见，杆件 1 的内力值在某些工况下受压，在某些工况下受拉，设计时应考虑按最不利情况下的内力组合。

【例题 5-6】 某新建砌体结构住宅建筑（设计使用年限为 50 年）的楼梯间首层入口处现浇钢筋混凝土雨篷，其宽度为 3.3m，挑出长度 1.8m（图 5-12），建设地点的基本雪压 $s_0 = 0.95\text{kN/m}^2$；试确定雨篷在持久设计状况承载力计算时，作用在雨篷上表面每延米宽

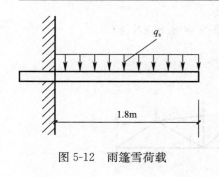

图 5-12 雨篷雪荷载

度的雪荷载标准值 q_s （kN/m）。

【解】 作用在雨篷上表面每延米宽度的雪荷载标准值 q_s （均布荷载）应按下式确定：

$$q_s = \mu_r s_0 \times 1$$

其中 μ_r 应根据《建筑结构荷载规范》GB 50009—2012 第 7.2.1 条条文说明取 2.0，对此设计人员应予以重视。

因此 $q_k = 2 \times 0.95 \times 1 = 1.9 \text{kN/m}$

第四节 门式刚架轻型钢结构房屋的雪荷载

《门式刚架轻型房屋钢结构技术规范》GB 51022—2015 考虑到门式刚架轻型钢结构房屋的特点及近年来因极端天气降雪量比以往增多而引起不少工程事故发生的经验教训，特别规定这类房屋应按雪荷载敏感的结构进行设计。现将在设计中应特殊注意的事项概括如下：

一、基本雪压 s_0 按现行国家标准《建筑结构荷载规范》GB 50009 规定的 100 年重现期的雪压采用，但应考虑 GB 51022—2015 对不同地区平均等效积雪密度取值不相同的影响。

二、单坡、双坡、多坡房屋的屋面积雪分布系数仍应按本手册表 5-2 中项次 1、2、7 的规定采用。但对双坡屋面，当屋面坡度不大于 1/20 时，其内屋面可不考虑表中项次 7 规定的不均匀分布的情况 1 和情况 2，即表中的积雪分布系数 1.4 及 2.0 均按 1.0 考虑。

三、当高低屋面及相邻房屋屋面高低满足 $(h_r - h_b)/h_b$ 大于 0.2 时，应按下列规定考虑雪堆积和漂移：

1. 高低屋面应考虑低跨屋面雪堆积分布（图 5-13）。

2. 当相邻房屋的间距 s 小于 6m 时，应考虑低屋面雪堆积分布（图 5-14）。

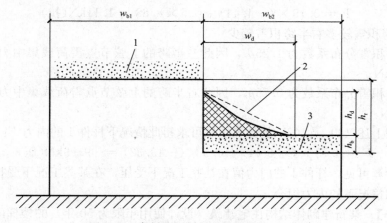

图 5-13 高低屋面低屋面雪堆积分布示意

1—高屋面；2—积雪区；3—低屋面

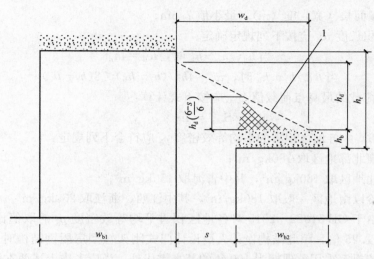

图 5-14　相邻房屋低屋面雪堆积分布示意
1—积雪区

3. 当高屋面坡度 θ 大于 10° 且未采取防止雪下滑的措施时，应考虑高屋面的雪漂移，积雪高度应增加 40%，但最大取 $h_r - h_b$；当相邻房屋的间距大于 h_r 或 6m 时，不考虑高屋面的雪漂移（图 5-15）。

4. 当屋面突出物的水平长度大于 4.5m 时，应考虑屋面雪堆积分布（图 5-16）。

5. 积雪堆积高度 h_d 应按下列公式计算，取两式计算高度的较大值：

$$h_d = 0.416 \sqrt[3]{w_{b1}} \sqrt[4]{S_0 + 0.479} - 0.457 \leqslant h_r - h_b \qquad (5\text{-}11)$$

$$h_d = 0.208 \sqrt[3]{w_{b2}} \sqrt[4]{S_0 + 0.479} - 0.457 \leqslant h_r - h_b \qquad (5\text{-}12)$$

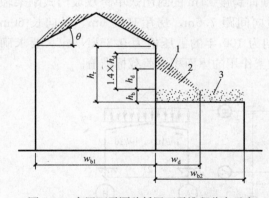

图 5-15　高屋面雪漂移低屋面雪堆积分布示意
1—漂移积雪；2—积雪区；3—屋面雪载

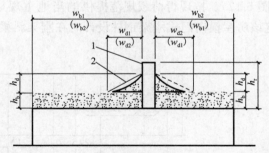

图 5-16　屋面有突出物雪堆积分布示意
1—屋面突出物；2—积雪区

式中　h_d——积雪堆积高度（m）；

　　　h_r——高低屋面的高差（m）；

　　　h_b——按屋面基本雪压确定的雪荷载高度（m），$h_b = \dfrac{100 S_0}{\rho_e}$，$\rho_e$ 为积雪平均等效密度（kg/m³）；

w_{b1}、w_{b2}——屋面长（宽）度（m），最小值 7.5m。

6. 积雪堆积长度 w_d 应按下列规定确定：

$$当 h_d \leqslant h_r - h_b 时，w_d = 4h_d \tag{5-13}$$

$$当 h_d > h_r - h_b 时，w_d = 4h_d^2/(h_r - h_b) \leqslant 8(h_r - h_b) \tag{5-14}$$

7. 堆积雪荷载的最高点荷载值 S_{max} 应按下式计算：

$$S_{max} = h_d \times \rho_e \tag{5-15}$$

公式（5-15）中各地区积雪的平均等效密度 ρ_e 应符合下列规定：

东北及新疆北部地区取 180kg/m³；

华北及西北地区取 160kg/m³，其中青海取 150kg/m³；

淮河、秦岭以南地区一般取 180kg/m³，其中江西、浙江取 230kg/m³。

应该指出由于 GB 51022—2015 对各地区积雪平均等效密度 ρ_e 的取值比 GB 50009—2012 大 1.15～1.25 倍，因此结构设计人员设计门式刚架轻型房屋钢结构时，确定屋面雪荷载标准值除按规定采用重现期为 100 年的基本雪压外，尚应考虑上述两本规范 ρ_e 取值的不同对基本雪压的影响。

四、设计时应按下列规定采用积雪的分布情况：

1. 屋面板和檩条按积雪不均匀分布的最不利情况采用。

2. 刚架斜梁按全跨积雪的均匀分布、不均匀分布和半跨积雪的均匀分布，按最不利情况采用。

3. 刚架柱可按全跨积雪的均匀分布情况采用。

五、为减少雪灾事故，门式刚架轻型钢结构房屋宜采用单坡或双坡屋面的形式；对高低跨屋面，宜采用较小的屋面坡度；减少女儿墙（宜避免采用或降低其高度）、屋面突出物等，以降低积雪危害发生的可能性。

【例题 5-7】 拟建于新疆克拉玛依市的某横向跨度 21m 的封闭式单跨双坡门式刚架轻型钢结构房屋，其屋面坡度 1/10，刚架柱横向间距 7.5m，房屋高度 6m，纵向长 60m（图 5-17）。按现行荷载规范提供的当地重现期为 100 年的雪压值为 0.35kN/m²。要求确定该房屋横向门式刚架钢柱设计时在刚架斜梁上作用的屋面积雪荷载标准值。

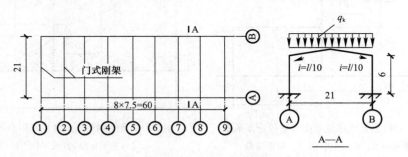

图 5-17   门式刚架轻型钢结构房屋平面（单位：m）

【解】 根据 GB 51022—2015 规范第 4.3.5 条规定：设计刚架钢柱时，屋面积雪可按刚架斜梁全跨积雪的均匀分布情况采用。

由于现行荷载规范提供的当地重现期为 100 年的雪压值是按该地区等效积雪密度 ρ_e 取值为 0.15t/m³ 确定，而 GB 51022—2015 规范要求 ρ_e 应取 0.18t/m³，因而设计时应将

$0.35kN/m^2$ 增大 1.2 倍作为本工程设计时采用的重现期为 100 年的雪压值 s_s。此外，该房屋的屋面坡度 $\alpha=10°$，按规范规定屋面积雪分布系数 $\mu_r=1.0$（均匀分布）。因此设计横向定位轴线②～⑧的刚架钢柱时，作用在刚架斜梁全跨范围内的屋面积雪均布荷载标准值 q_k 可计算如下：

$$q_k = 7.5\mu_r s_s = 7.5 \times 1 \times 1.2 \times 0.35 = 3.15kN/m$$

第六章 风 荷 载

第一节 基 本 风 压

一、基本风压的取值原则

确定建筑物和构筑物上的风荷载时，必须依据当地气象台、站历年来的最大风速记录确定基本风压。现行荷载规范对基本风压是按以下规定的条件（简称标准条件）确定：

1. 测定风速处的地貌要求平坦且空旷（一般应远离城市中心）；通常以当地气象台、站或机场作为观测点；

2. 在距地面 10m 的高度处测定风速；

3. 以时距为 10 分钟的平均风速作为统计的风速基本数据；

4. 在风速基本数据中，取每年的最大风速作为一个统计子样；

5. 最大风速的重现期为 50 年（即 50 年一遇）；

6. 历年最大风速的概率分布曲线采用极值 I 型。

在计算所得 50 年一遇的最大风速后，按下式确定基本风压：

$$w_0 = \frac{1}{2}\rho v_0^2 \qquad\qquad (6\text{-}1)$$

式中　w_0——基本风压（kN/m²）；

　　　ρ——空气密度，理论上与空气温度和气压有关，可根据所在地的海拔高度 z（m）按下式近似估算：

$$\rho = 1.25 e^{-0.0001z}（\text{kg/m}^3）$$

　　　v_0——重现期为 50 年的最大风速（m/s）。

当缺乏资料时，空气密度可假设海拔高度为零米（海平面），从而取 $\rho = 1.25\text{kg/m}^3$，此时公式（6-1）可改为：

$$w_0 = \frac{1}{1600}v_0^2 \qquad\qquad (6\text{-}2)$$

二、基本风压的确定

1. 直接按规范的规定取值

现行荷载规范通过全国基本风压分布图给出了全国基本风压的等压线分布。同时还对部分城市给出有关的风压值，考虑到设计中有可能需要不同重现期的风压设计资料，在附录七中列出了重现期为 10 年、50 年、100 年的风压值。当已知重现期为 10 年、100 年的风压值要求重现期为 R 年的风压值时，也可按公式（5-2）确定。

现行荷载规范规定，在任何情况下对 50 年一遇的基本风压取值不得小于 0.3kN/m²。

对于高层建筑[1]、高耸结构以及对风荷载敏感的其他结构，基本风压应适当提高，并应符合有关的结构设计规范的规定[13,17,27]。

2. 当基本风压值未明确规定时的处理方法

当建设工程所在地的基本风压值未明确规定时，可选择以下方法确定其基本风压值：

(1) 根据当地气象台站年最大风速实测资料，按基本风压的定义，通过统计分析后确定。分析时应考虑样本数量（不得小于 10）的影响。

(2) 若当地没有风速实测资料时，可根据附近地区规定的基本风压或长期资料，通过气象和地形条件的对比分析确定；也可按全国基本风压分布图见现行荷载规范附图 E.6.3 中的建设工程所在位置近似确定。

在分析当地的年最大风速时，往往会遇到其实测风速的条件不符合基本风压规定的标准条件，因而必须将实测的风速资料换算为标准条件的风速资料，然后再进行分析并计算基本风压。

情况一 当实测风速的位置不是 10m 高度时[63]。

原则上应由气象台站根据不同高度风速的对比观测资料，并考虑风速大小的影响，给出非标准高度风速的换算系数以确定标准条件高度的风速资料。当缺乏相应观测资料时，可近似按下列公式进行换算后确定基本风压：

$$v = \alpha v_z \tag{6-3}$$

式中　v——标准条件 10m 高度处时距为 10min 的平均风速（m/s）；

　　　v_z——非标准条件 z 高度（m）处时距为 10min 的平均风速（m/s）；

　　　α——换算系数，可按表 6-1 取值。

实测风速高度换算系数 α　　　　　表 6-1

实测风速高度（m）	4	6	8	10	12	14	16	18	20
α	1.158	1.085	1.036	1	0.971	0.948	0.928	0.910	0.895

情况二 当最大风速资料不是时距 10min 的平均风速时[63]。

虽然世界上不少国家采用基本风压标准条中的风速基本数据为 10min 时距的平均风速，但也有一些国家不是这样。因此在进行某些国外工程需要按我国规范设计时；或需要与国外某些设计资料进行对比时，会遇到非标准时距最大风速的换算问题。实际上时距 10min 的平均风速与其他非标准时距的平均风速的比值是不确定性的。表 6-2 给出的非标准时距平均风速与时距 10min 平均风速的换算系数 β 值是变异性较大的平均值。因此在必要时可按下列公式换算后确定基本风压：

$$v = v_t / \beta \tag{6-4}$$

式中　v——时距 10min 的平均风速（m/s）；

　　　v_t——时距为 t 的平均风速（m/s）；

　　　β——换算系数，按表 6-2 取用。

---

[1] 《高层建筑混凝土结构技术规程》JGJ 3—2010 规定，对风荷载比较敏感的高层建筑，承载力设计时其基本风压应按 1.1 倍采用。

不同时距与 10min 时距风速换算系数 β　　　　　表 6-2

实测风速时距	1h	10min	5min	2min	1min	0.5min	20s	10s	5s	瞬时
β	0.94	1	1.07	1.16	1.20	1.26	1.28	1.35	1.39	1.5

情况三　当已知 10min 时距平均风速年最大值的重现期为 T 年时，其基本风压与重现期为 50 年的基本风压的关系可按以下公式调整[63]：

$$w_0 = w/\gamma \qquad (6-5)$$

式中　w_0——重现期为 50 年的基本风压（kN/m^2）；

　　　w——重现期为 T 年的基本风压（kN/m^2）；

　　　γ——换算系数，按表 6-3 取用。

不同重现期与重现期为 50 年的基本风压比值 γ　　　　　表 6-3

重现期 T（年）	5	10	15	20	30	50	100
γ	0.629	0.736	0.799	0.846	0.914	1.0	1.124

情况四　当历年最大风速的样本数量有限时（不少于 10 年的样本），可按第五章第一节第二款的统计分析方法，对重现期为 50 年的最大风速进行估算。

【例题 6-1】　某建设工程地点位于某新开发地区，该地区气象站实测有近十年的风速记录，据此整理出离地面 10m 高处，时距为 10min 的平均风速年最大值依次为：18.3m/s、25.7m/s、19.7m/s、22.3m/s、24.6m/s、21.8m/s、20.0m/s、17.2m/s、23.6m/s、21.1m/s。试采用第五章第二款的统计分析方法确定该地区的基本风压值。

【解】　求近十年最大风速样本的平均值及标准差：

平均值 $\bar{x}$ = (18.3+25.7+19.7+22.3+24.6+21.8+20.0+17.2+23.6+21.1)/10

　　　　　=21.43m/s

标准差 $\sigma_1 = \sqrt{\sum_{i=1}^{n}(x_i-\bar{x})^2/(n-1)}$

$= \left[\sqrt{(18.3-21.43)^2+(25.7-21.43)^2+(19.7-21.43)^2} \right.$

$\overline{+(22.3-21.43)^2+(24.6-21.43)^2+(21.8-21.43)^2}$

$\left. \overline{+(20.0-21.43)^2+(17.2-21.43)^2+(23.6-21.43)^2+(21.1-21.43)^2} \right]/(10-1)$

$= 2.72m/s$

查表 5-1，当 n=10 时得 C_1=0.9497，C_2=0.4952，因此分布函数的位置参数 u 及尺度参数 α 的近似估计值：

$$\alpha = \frac{C_1}{\sigma_1} = \frac{0.9497}{2.72} = 0.3492 s/m$$

$$u = \bar{x} - \frac{C_2}{\alpha} = 21.43 - \frac{0.4952}{0.3492} = 20.01 m/s$$

代入公式（5-8），可估算求得重现期为 50 年的最大风速 v_0 及基本风压 w_0：

$$v_0 = u - \frac{1}{\alpha} \ln\left[\ln\left(\frac{R}{R-1}\right) \right]$$

$$= 20.01 - \frac{1}{0.3492} \ln\left[\ln\left(\frac{50}{50-1}\right) \right]$$

$$= 31.18 \text{m/s}$$

$$w_0 = \frac{1}{1600} v_0^2 = \frac{31.18^2}{1600} = 0.61 \text{kN/m}^2$$

【**例题 6-2**】　境外某建设工程，按当地气象站近十年的风速资料，得到距地面 5m 高度处的瞬时风速，各年的瞬时最大风速为：28.6m/s、27.5m/s、33.0m/s、38.1m/s、39.1m/s、40.5m/s、42.5m/s、32.3m/s、35.9m/s、40.0m/s，试按我国标准确定该建设工程所在地的基本风压。

【**解**】　由于当地最大风速资料是在非标准条件下测得，且无非标准条件与标准条件最大风速的对比实际资料，因此只能采用表 6-1 及表 6-2 的系数进行换算，将当地气象站的瞬时最大风速数据换算为标准条件下的平均最大风速数据，先将历年瞬时最大风速数据除以系数 1.5 换算为 10min 时距的平均风速年最大值，再乘以高度换算系数 1.12 将 5m 高度处测得的风速换算为 10m 高度处的标准条件风速，然后进行统计分析。

瞬时最大风速换算为标准条件下最大风速的具体结果如表 6-4 所示。

各年最大风速资料换算结果　　　　　　　　　　　　　表 6-4

5m 高度处瞬时风速年最大值（m/s）	28.6	27.5	33.0	38.1	39.1	40.5	42.5	32.3	35.9	40.0
5m 高度处时距 10min 平均风速年最大值（m/s）	19.1	18.3	22.0	25.4	26.1	27.0	28.3	21.5	23.9	26.7
10m 高度处时距 10min 平均风速年最大值（m/s）	21.4	20.5	24.6	28.4	29.2	30.2	31.7	24.1	26.8	29.9

10m 高度处时距 10min 平均风速年最大值的平均值：

$$\bar{x} = \frac{1}{10}(21.4 + 20.5 + 24.6 + 28.4 + 29.2 + 30.2 + 31.7 + 24.1 + 26.8 + 29.9)$$

$$= 26.7 \text{m/s}$$

其标准差：

$$\sigma_1 = \sqrt{\sum_{i=1}^{n}(x_i - \bar{x})^2/(n-1)}$$

$$= \sqrt{\begin{array}{l}[(21.4-26.7)^2 + (20.5-26.7)^2 + (24.6-26.7)^2 + (28.4-26.7)^2 \\ + (29.2-26.7)^2 + (30.2-26.7)^2 + (31.7-26.7)^2 (24.1-26.7)^2 \\ + (26.8-26.7)^2 + (29.9-26.7)^2]/9\end{array}}$$

$$= \sqrt{134.4/9} = 3.86 \text{m/s}$$

查表 5-1，当有限样本数量为 10 时得 $C_1 = 0.9497$，$C_2 = 0.4952$。

分布参数 α 和 u 的估计值：

$$\alpha = \frac{C_1}{\sigma_1} = \frac{0.9497}{3.86} = 0.2460 \text{s/m}$$

$$u = \bar{x} - \frac{C_2}{\alpha} = 26.7 - \frac{0.4952}{0.2460} = 24.69 \text{m/s}$$

代入公式（5-9），可求得重现期为 50 年的最大风速 v_0 及基本风压 w_0：

$$v_0 = 24.69 - \frac{1}{0.2460} \ln\left(\ln\frac{50}{50-1}\right) = 40.55 \text{m/s}$$

$$w_0 = \frac{1}{1600} \times 40.55^2 = 1.03 \text{kN/m}^2$$

第二节 风荷载标准值

一、风荷载标准值计算

垂直于建筑物表面上的风荷载标准值，应按下式计算：

$$w_k = C_d C_t \beta_z \mu_s \mu_z w_0 \tag{6-6}$$

式中 w_k——风荷载标准值（kN/m²）；

C_d——风向影响系数；

C_t——风荷载地形修正系数，以下简称地形修正系数；

β_z——风荷载放大系数；

μ_s——风荷载体型系数；

μ_z——风压高度变化系数；

w_0——基本风压（kN/m²）。

二、风向影响系数

当设计需要确定处于某一特定方向的结构构件所受风荷载与基本风压的相互关系时，应考虑该方向的风向影响系数。此系数确定时必须根据具有 15 年以上符合观测要求且可靠的气象资料、按照极值理论统计方法计算，方可求得不同风向对基本风向的影响系数。该系数的最大值不应小于 1.0，最小值不应小于 0.8。对无此项统计的情况，其风向影响系数应取 1.0。

据笔者所知，目前我国具有此项统计资料的地区甚少，因此在通常情况下设计中此系数多取等于 1.0。

三、风压高度变化系数

风压随高度的不同而变化，其变化规律与地面粗糙程度有关，并应根据建设地点的地面粗糙度确定。地面粗糙度应以距房屋中心一定距离范围内的地面植被特征和房屋的高度及密集程度等参数确定，需考虑最远距离不应小于房屋高度的 20 倍且不小于 2km。其风向应以该地区最大风向为准。现行荷载规范规定，地面粗糙度可分为 A、B、C、D 四类：

A 类指近海海面和海岛、海岸、湖岸及沙漠地区；

B 类指田野、乡村、丛林、丘陵以及房屋比较稀疏的乡镇和城市郊区；

C 类指有密集建筑群的城市市区；

D 类指有密集建筑群且房屋较高的城市市区。

风压高度变化系数应按地面粗糙度指数 α 和假设的梯度风高度经计算确定。对四类地面粗糙度地区的地面粗糙度指数分别为 0.12、0.15、0.22 和 0.3，相应梯度风高度取 300m、350m、450m 和 550m，在此高度以上风压不发生变化。根据地面粗糙度指数及梯度风高度，四类地区的风压高度变化系数按下列公式计算：

A 类： $\mu_z^A = 1.284\ (z/10)^{0.24}$ （6-7）

B 类： $\mu_z^B = 1.000\ (z/10)^{0.30}$ （6-8）

C 类： $\mu_z^C = 0.544\ (z/10)^{0.44}$ （6-9）

D 类： $\mu_z^D = 1.262\ (z/10)^{0.60}$ （6-10）

式中 z——离地面或海平面高度（m）。

针对四类地貌,风压高度变化系数分别规定了各自的截断高度,对应 A、B、C、D 类分别取为 5m、10m、15m 和 30m,即高度变化系数取值分别不小于 1.09、1.00、0.65 和 0.51。

在确定城市市区的地面粗糙度类别时,若无 α 的实测资料,可按下述原则近似确定:

1. 以拟建房屋为中心,2km 为半径的迎风半圆影响范围内的房屋高度和密集度来区分粗糙度类别,风向原则上应以该地区最大风的风向为准,但也可取该地的主导风向;

2. 以迎风半圆影响范围内建筑物的平均高度 $\bar{h}$ 来划分地面粗糙度类别,当 $\bar{h} \geqslant 18m$,为 D 类;$9m < \bar{h} < 18m$,为 C 类;$\bar{h} < 9m$,为 B 类;

3. 影响范围内不同高度的面域可用以下方法确定:每座房屋向外延伸距离为其高度的面域均为该高度,当不同高度的面域相交时,交叠部分的高度取大者;

4. 建筑物的平均高度 $\bar{h}$ 取各面域面积为权数计算。

为方便设计现行荷载规范按公式 (6-7)~公式 (6-10) 给出其计算结果,对四类地面粗糙度不同高度的风压高度变化系数 μ_z 可按表 6-5 确定。

风压高度变化系数 μ_z 表 6-5

离地面或海平面高度 (m)	地面粗糙度类别			
	A	B	C	D
5	1.09	1.00	0.65	0.51
10	1.28	1.00	0.65	0.51
15	1.42	1.13	0.65	0.51
20	1.52	1.23	0.74	0.51
30	1.67	1.39	0.88	0.51
40	1.79	1.52	1.00	0.60
50	1.89	1.62	1.10	0.69
60	1.97	1.71	1.20	0.77
70	2.05	1.79	1.28	0.84
80	2.12	1.87	1.36	0.91
90	2.18	1.93	1.43	0.98
100	2.23	2.00	1.50	1.04
150	2.46	2.25	1.79	1.33
200	2.64	2.46	2.03	1.58
250	2.78	2.63	2.24	1.81
300	2.91	2.77	2.43	2.02
350	2.91	2.91	2.60	2.22
400	2.91	2.91	2.76	2.40
450	2.91	2.91	2.91	2.58
500	2.91	2.91	2.91	2.74
≥550	2.91	2.91	2.91	2.91

四、地形修正系数

由于风压高度变化系数是根据平坦空旷陆地情况确定的,因而不适用于山区的建筑物。为此对于山区的建筑物,其风压高度变化系数除按平坦地面的粗糙类别查表 6-5 确定外,尚应乘以地形修正系数。地形修正系数应按下列规定采用:

1. 对于山峰和山坡，其顶部 B 处（图 6-1）的地形修正系数可按下述公式确定：

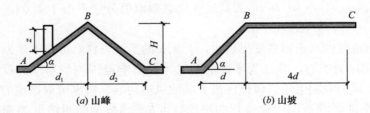

图 6-1   山峰和山坡的示意

$$\alpha_t^B = \left[1 + k\tan\alpha \left(1 - \frac{z}{2.5H} \right) \right]^2 \qquad (6\text{-}11)$$

式中 α_t^B——山峰（山坡）顶部 B 处的地形修正系数；

α——山峰或山坡在迎风面一侧的坡度；当 $\tan\alpha > 0.3$ 时（即 $\alpha > 16.7°$时），取 $\tan\alpha = 0.3$；

k——系数，对山峰取 2.2，对山坡取 1.4；

H——山顶或山坡全高（m）；

z——建筑物计算位置处离建筑物地面的高度（m）；当 $z > 2.5H$ 时，取 $z = 2.5H$。

2. 对于山峰和山坡的其他部位，可按图 6-1 所示，取 A、C 处的地形修正系数 α_t^A 及 α_t^C 为 1，AB 间和 BC 间的地形修正系数按线性插值法确定。

3. 山区盆地、谷地等闭塞地形修正系数不应小于 0.75；与风向一致的谷口、山口地形修正系数不应小于 1.2。

4. 其他情况应取 1.0。

应该指出：上述关于山区建筑物风压高度变化系数的地形修正系数规定是针对简单的山区地形条件给出，由于地形对风荷载的影响是较为复杂的问题，因而设计人员在实际工程中当进行山区建筑物风荷载计算时，应注意公式的适用条件，对比上述规定更为复杂的地形情况，可专门研究地形修正系数的取值或根据相关的资料确定取值。

五、风荷载体型系数

1. 房屋和构筑物的风荷载体型系数

（1）当房屋和构筑物与表 6-6 中的体型类同时，可按表 6-6 的规定采用。

风荷载体型系数   表 6-6

项次	类别	体型及体型系数 μ_s
1	封闭式落地双坡屋面	μ_s α -0.5 	α	μ_s	 0° | 0 30° | +0.2 ≥60° | +0.8 中间值按线性插值法计算

续表

项次	类别	体型及体型系数 μ_s		
2	封闭式 双坡屋面		α $\leqslant 15°$ $30°$ $\geqslant 60°$	μ_s -0.6 0.0 $+0.8$
			1. 中间值按线性插值法计算； 2. μ_s 的绝对值不小于 0.1	
3	封闭式落地 拱形屋面		f/l 0.1 0.2 0.5	μ_s $+0.1$ $+0.2$ $+0.6$
			中间值按线性插值法计算	
4	封闭式拱形屋面		f/l 0.1 0.2 0.5	μ_s -0.8 0 $+0.6$
			1. 中间值按线性插值法计算； 2. μ_s 的绝对值不小于 0.1	
5	封闭式单坡屋面	 迎风坡面的 μ_s 按第 2 项采用		
6	封闭式高低双坡屋面	 迎风坡面的 μ_s 按第 2 项采用		

续表

项次	类别	体型及体型系数 μ_s
7	封闭式带天窗双坡屋面	带天窗的拱形屋面可按本图采用
8	封闭式双跨双坡屋面	迎风坡面的 μ_s 按第 2 项采用
9	封闭式不等高不等跨的双跨双坡屋面	迎风坡面的 μ_s 按第 2 项采用
10	封闭式不等高不等跨的三跨双坡屋面	迎风坡面的 μ_s 按第 2 项采用 中跨上部迎风墙面的 μ_{s1} 按下式采用： $\mu_{s1}=0.6\ (1-2h_1/h)$ 但当 $h_1=h$ 时，取 $\mu_{s1}=-0.6$
11	封闭式带天窗带坡的双坡屋面	
12	封闭式带天窗带双坡的双坡屋面	

续表

项次	类别	体型及体型系数 μ_s
13	封闭式 不等高不等跨且 中跨带天窗的三 跨双坡屋面	迎风坡面的 μ_s 按第 2 项采用 中跨上部迎风墙面的 μ_{s1} 按下式采用: $\mu_{s1}=0.6\,(1-2h_1/h)$ 但当 $h_1=h$ 时,取 $\mu_{s1}=-0.6$
14	封闭式 带天窗的双跨 双坡屋面	迎风面第 2 跨的天窗面的 μ_s 按下列采用: 当 $a\leqslant 4h$ 时,取 $\mu_s=0.2$ 当 $a>4h$ 时,取 $\mu_s=0.6$
15	封闭式 带女儿墙的 双坡屋面	当屋面坡度不大于 15° 时,屋面上的体型系数 可按无女儿墙的屋面采用
16	封闭式 带雨篷的 双坡屋面	迎风坡面的 μ_s 按第 2 项采用
17	封闭式对立 两个带雨篷的 双坡屋面	本图适用于 s 为 8~20m;迎风坡面的 μ_s 按第 2 项采用
18	封闭式 带下沉天窗的 双坡屋面 或拱形屋面	

项次	类别	体型及体型系数 μ_s
19	封闭式带下沉天窗的双跨双坡或拱形屋面	
20	封闭式带天窗挡风板的屋面	
21	封闭式带天窗挡风板的双跨屋面	
22	封闭式锯齿形屋面	 迎风坡面的 μ_s 按第2项采用 齿面增多或减少时，可均匀地在（1）、（2）、（3）三个区段内调节
23	封闭式复杂多跨屋面	 天窗面的 μ_s 按下列采用： 当 $a \leqslant 4h$ 时，取 $\mu_s = 0.2$ 当 $a > 4h$ 时，取 $\mu_s = 0.6$

项次	类别	体型及体型系数 μ_s

(a)

本图适用于 $H_m/H \geqslant 2$ 及 $s/H=0.2\sim0.4$ 的情况

体型系数 μ_s:

β	α	A	B	C	D	E
30°	15°	+0.9	−0.4	0	+0.2	−0.2
	30°	+0.9	+0.2	−0.2	−0.2	−0.3
	60°	+1.0	+0.7	−0.4	−0.2	−0.5
60°	15°	+1.0	+0.3	+0.4	+0.5	+0.4
	30°	+1.0	+0.4	+0.3	+0.4	+0.2
	60°	+1.0	+0.8	−0.3	0	−0.5
90°	15°	+1.0	+0.5	+0.7	+0.8	+0.6
	30°	+1.0	+0.6	+0.8	+0.9	+0.7
	60°	+1.0	+0.9	+0.2	−0.2	−0.4

(b)

体型系数 μ_s:

β	$ABCD$	E	$A'B'C'D'$	F
15°	−0.8	+0.9	−0.2	−0.2
30°	−0.9	+0.9	−0.2	−0.2
60°	−0.9	+0.9	−0.2	−0.2

24 靠山封闭式双坡屋面

25 靠山封闭式带天窗的双坡屋面

本图适用于 $H_m/H \geqslant 2$ 及 $s/H=0.2\sim0.4$ 的情况

体型系数 μ_s:

β	A	B	C	D	D'	C'	B'	A'	E
30°	+0.9	+0.2	−0.6	−0.4	−0.3	−0.3	−0.3	−0.2	−0.5
60°	+0.9	+0.6	+0.1	+0.1	+0.2	+0.2	+0.2	+0.4	+0.1
90°	+1.0	+0.8	+0.6	+0.2	+0.6	+0.6	+0.6	+0.8	+0.6

续表

项次	类别	体型及体型系数 μ_s
26	单面开敞式双坡屋面	 (a)开口迎风　　　(b)开口背风 迎风坡面的 μ_s 按第 2 项采用
27	双面开敞及四面开敞式双坡屋面	 (a)两端有山墙　　　(b)四面开敞 体型系数 μ_s： {table below} 注 1　中间值按线性插值法计算； 注 2　本图屋面对风有过敏反应，风压时正时负，设计时应考虑 μ_s 值变号的情况； 注 3　纵向风荷载对屋面所引起的总水平力： 　　　当 $\alpha \geqslant 30°$时，为 $0.05Aw_h$ 　　　当 $\alpha < 30°$时，为 $0.10Aw_h$ 　　　A 为屋面的水平投影面积，w_h 为屋面高度 h 处的风压； 注 4　当室内堆放物品或房屋处于山坡时，屋面吸力应增大，可按第 26 项 (a) 采用
28	前后纵墙半开敞双坡屋面	 迎风坡面的 μ_s 按第 2 项采用； 本图适用于墙的上部集中开敞面积≥10％且<50％的房屋； 当开敞面积达 50％时，背风墙面的系数改为 -1.1

体型系数 μ_s：

α	μ_{s1}	μ_{s2}
$\leqslant 10°$	-1.3	-0.7
$30°$	$+1.6$	$+0.4$

续表

项次	类别	体型及体型系数 μ_s

项次 29 — 单坡及双坡顶盖

(a)

α	μ_{s1}	μ_{s2}	μ_{s3}	μ_{s4}
≤10°	−1.3	−0.5	+1.3	+0.5
30°	−1.4	−0.6	+1.4	+0.6

中间值按线性插值法计算 体型系数按第 27 项采用

(b)   (c)

α	μ_{s1}	μ_{s2}
≤10°	+1.0	+0.7
30°	−1.6	−0.4

中间值按线性插值法计算

注：(b)、(c) 应考虑第 27 项注 1 和注 2

项次 30 — 封闭式房屋和构筑物

(a)正多边形(包括矩形)平面

(b)Y形平面

(c)L形平面   (d)Ⅱ形平面

(e)十字形平面   (f)截角三边形平面

续表

<table>
<tr><th>项次</th><th>类别</th><th>体型及体型系数 μ_s</th></tr>
<tr><td>31</td><td>高度超过 45m
的矩形截面
高层建筑</td><td>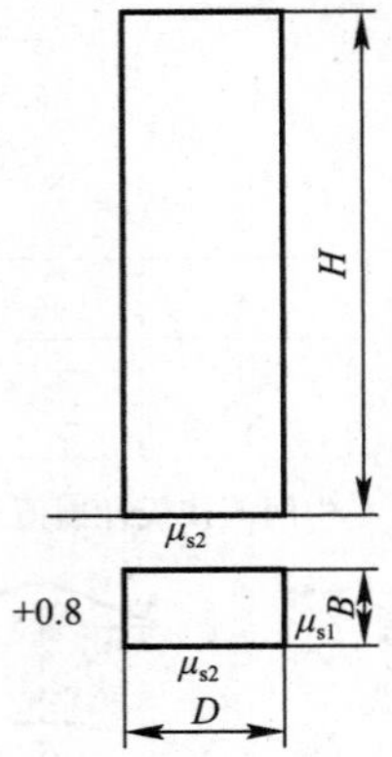

<table><tr><td>D/B</td><td>≤1</td><td>1.2</td><td>2</td><td>≥4</td></tr><tr><td>μ_{s1}</td><td>−0.6</td><td>−0.5</td><td>−0.4</td><td>−0.3</td></tr><tr><td>μ_{s2}</td><td colspan="4">−0.7</td></tr></table></td></tr>
<tr><td>32</td><td>各种截面
的杆件</td><td>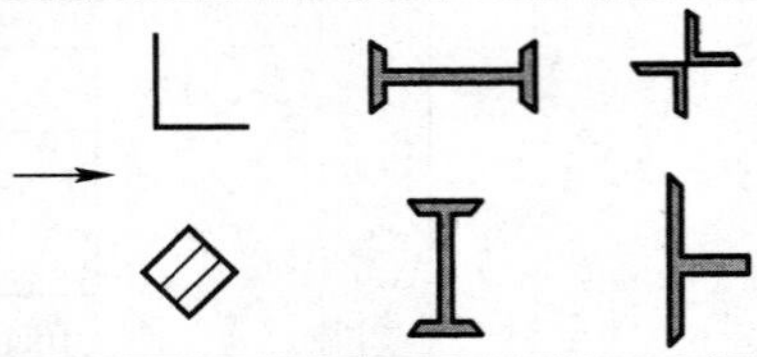
$\mu_s=+1.3$</td></tr>
<tr><td>33</td><td>桁架</td><td>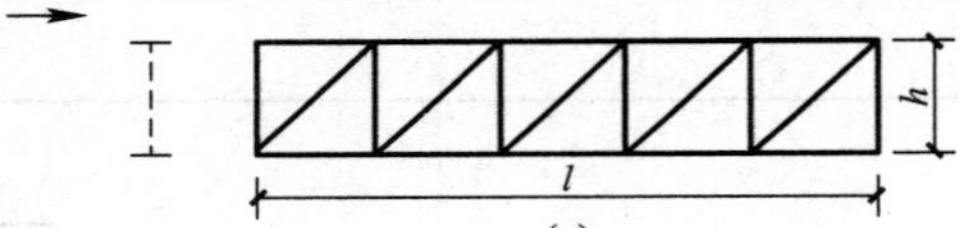

(a)
单榀桁架的体型系数 $\mu_{st}=\phi\mu_s$
μ_s 为桁架构件的体型系数，对型钢杆件按第 32 项采用，对圆管杆件按第 37（b）项采用；
$\phi=A_n/A$ 为桁架的挡风系数；
A_n 为桁架杆件和节点挡风的净投影面积；
$A=hl$ 为桁架的轮廓面积
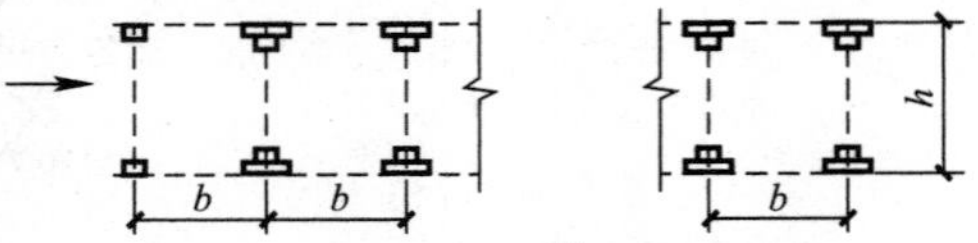

(b)
n 榀平行桁架的整体体型系数
$$\mu_{stw}=\mu_{st}\frac{1-\eta^n}{1-\eta}$$
μ_{st} 为单榀桁架的体型系数，η 按下表采用
<table><tr><td>ϕ \ b/h</td><td>≤1</td><td>2</td><td>4</td><td>6</td></tr><tr><td>≤0.1</td><td>1.00</td><td>1.00</td><td>1.00</td><td>1.00</td></tr><tr><td>0.2</td><td>0.85</td><td>0.90</td><td>0.93</td><td>0.97</td></tr><tr><td>0.3</td><td>0.66</td><td>0.75</td><td>0.80</td><td>0.85</td></tr><tr><td>0.4</td><td>0.50</td><td>0.60</td><td>0.67</td><td>0.73</td></tr><tr><td>0.5</td><td>0.33</td><td>0.45</td><td>0.53</td><td>0.62</td></tr><tr><td>0.6</td><td>0.15</td><td>0.30</td><td>0.40</td><td>0.50</td></tr></table></td></tr>
</table>

项次	类别	体型及体型系数 μ_s
34	独立墙壁及围墙	+1.3
35	塔架	
36	旋转壳顶	

(a)角钢塔架整体计算时的体型系数μ_s

挡风系数 ϕ	方形			三角形 风向 ③④⑤
	风向①	风向②		
		单角钢	组合角钢	
≤0.1	2.6	2.9	3.1	2.4
0.2	2.4	2.7	2.9	2.2
0.3	2.2	2.4	2.7	2.0
0.4	2.0	2.2	2.4	1.8
0.5	1.9	1.9	2.0	1.6

(b) 管子及圆钢塔架整体计算时的体型系数 μ_s

当 $\mu_z w_0 d^2 \leqslant 0.002$ 时，μ_s 按角钢塔架的 μ_s 值乘以 0.8 采用；

当 $\mu_z w_0 d^2 \geqslant 0.015$ 时，μ_s 按角钢塔架的 μ_s 值乘以 0.6 采用；

中间值按线性插值法计算

$$\mu_s = -\cos^2\phi$$

(b) $f/l \leqslant \frac{1}{4}$

$$\mu_s = 0.5\sin^2\phi\sin\Psi - \cos^2\phi$$　式中：Ψ 为平面角，ϕ 为仰角。

(a) $f/l > \frac{1}{4}$

项次	类别	体型及体型系数 μ_s
37	圆截面构筑物（包括烟囱、塔桅等）	

(a)局部计算时表面分布的体型系数 μ_s

α	$H/d \geqslant 25$	$H/d=7$	$H/d=1$
0°	+1.0	+1.0	+1.0
15°	+0.8	+0.8	+0.8
30°	+0.1	+0.1	+0.1
45°	−0.9	−0.8	−0.7
60°	−1.9	−1.7	−1.2
75°	−2.5	−2.2	−1.5
90°	−2.6	−2.2	−1.7
105°	−1.9	−1.7	−1.2
120°	−0.9	−0.8	−0.7
135°	−0.7	−0.6	−0.5
150°	−0.6	−0.5	−0.4
165°	−0.6	−0.5	−0.4
180°	−0.6	−0.5	−0.4

表中数值适用于 $\mu_z w_0 d^2 \geqslant 0.015$ 的表面光滑情况，其中 w_0 以 kN/m² 计，d 以 m 计

(b)整体计算时的体型系数 μ_s

$\mu_z w_0 d^2$	表面情况	$H/d \geqslant 25$	$H/d=7$	$H/d=1$
$\geqslant 0.015$	$\Delta \approx 0$	0.6	0.5	0.5
	$\Delta = 0.02d$	0.9	0.8	0.7
	$\Delta = 0.08d$	1.2	1.0	0.8
$\leqslant 0.002$		1.2	0.8	0.7

中间值按线性插值法计算；Δ 为表面凸出高度

38	架空管道	

本图适用于 $\mu_z w_0 d^2 \geqslant 0.015$ 的情况

(a)上下双管

s/d	$\leqslant 0.25$	0.5	0.75	1.0	1.5	2.0	$\geqslant 3.0$
μ_s	+1.2	+0.9	+0.75	+0.7	+0.65	+0.63	+0.6

续表

项次	类别	体型及体型系数 μ_s

(b)前后双管

s/d	≤0.25	0.5	1.5	3.0	4.0	6.0	8.0	≥10.0
μ_s	+0.68	+0.86	+0.94	+0.99	+1.08	+1.11	+1.14	+1.20

表列 μ_s 值为前后二管之和，其中前管为 0.6

(c)密排多管

$\mu_s = +1.4$（μ_s 值为各管之总和）

38 架空管道

---

39 拉索

风荷载水平分量 w_x 的体型系数 μ_{sx} 及垂直分量 w_y 的体型系数 μ_{sy}：

α	μ_{sx}	μ_{sy}	α	μ_{sx}	μ_{sy}
0°	0	0	50°	0.60	0.40
10°	0.05	0.05	60°	0.85	0.40
20°	0.10	0.10	70°	1.10	0.30
30°	0.20	0.25	80°	1.20	0.20
40°	0.35	0.40	90°	1.25	0

---

40 架空线、悬索、管材等

结构(线索、管)

当 $\mu_z w_0 d^2 \leqslant 0.003$，$\mu_{sn} = 1.2\sin^2\theta$；

当 $\mu_z w_0 d^2 \geqslant 0.02$，$\mu_{sn} = 0.7\sin^2\theta$；

当 $0.003 < \mu_z w_0 d^2 < 0.02$ 时，μ_{sn} 按线性插值法计算。

注：μ_{sn} 为作用于结构的垂直风向分量 w_n 的体型系数；作用于结构的平行风向分量 w_p 的体型系数 μ_{sp} 影响较小，可不计。

项次	类别	体型及体型系数 μ_s
41	倒锥形水塔的水箱，绝缘子	 (a)倒锥形水塔的水箱　　(b)绝缘子
42	微波天线	微波天线平面图： (a)　　　(b)　　　(c) (d) 整体体型系数 μ_s 值

类别	水平角 θ	0°	30°	50°	90°	120°	150°	180°
a	垂直于天线面的分量 μ_{sn}	1.3	1.4	1.7	0.15	0.35	0.6	0.8
	平行于天线面的分量 μ_{sp}	0.01	0.05	0.06	0.19	0.22	0.17	0.06
b	垂直于天线面的分量 μ_{sn}	0.80	0.84	0.90	0	0.20	0.40	0.60
	平行于天线面的分量 μ_{sp}	0	0.40	0.55	0.41	0.29	0.14	0
c	垂直于天线面的分量 μ_{sn}	1.1	1.2	1.3	0	0.24	0.48	0.70
	平行于天线面的分量 μ_{sp}	0	0.31	0.60	0.44	0.31	0.16	0
d	垂直于天线面的分量 μ_{sn}	1.3	1.4	1.7	0.15	0.35	0.6	0.8
	平行于天线面的分量 μ_{sp}	0.01	0.05	0.06	0.19	0.22	0.17	0.06

续表

项次	类别	体型及体型系数 μ_s
43	球状结构	 1) 光滑球： 当 $\mu_z w_0 d^2 \geqslant 0.02$，$\mu_s=0.4$；当 $\mu_z w_0 d^2 < 0.02$，$\mu_s=0.6$。 2) 多面球： $\mu_s=0.7$。

项次 44 石油化工塔型设备

整体体型系数 μ_s 值

平台类型	塔型设备直径（m）						
	≤0.6	1.0	2.0	3.0	4.0	5.0	≥6.0
独立平台（带直梯）	1.13	1.04	0.96	0.92	0.91	0.90	0.89
独立平台 联合平台（不带斜梯）	1.34	1.17	1.03	0.97	0.94	0.92	0.91
独立平台 联合平台（带斜梯）	1.60	1.34	1.13	1.04.	1.00	0.97	0.94

注：表中 μ_s 值适用于包括平台、扶梯等影响的单个塔型设备，计算风荷载时其挡风面积可仅取塔型设备的直径

项次 45 格构式横梁

（a）矩形横梁：

$$\phi = \frac{横梁正面投影面积}{横梁正面轮廓面积}$$

①当风向垂直于横梁（$\theta=90°$）时，横梁的整体体型系数 μ_s 值；

ϕ	b/h			
	≤1	2	4	≥6
≤0.1	2.6	2.6	2.6	2.6
0.2	2.4	2.5	2.6	2.6
0.3	2.2	2.3	2.3	2.4
0.4	2.0	2.1	2.2	2.3
≥0.5	1.8	1.9	2.0	2.1

②当风向不与横梁垂直时，横梁的整体体型系数 μ_s 值：

θ	μ_{sn}	μ_{sp}
90°	$1.0\mu_s$	0
45°	$0.5\mu_s$	$0.21\mu_s$
0°	0	$0.40\mu_s$

注：1 μ_{sn}、μ_{sp} 分别为垂直和平行于横梁的体型系数分重。

2 μ_s 为风向垂直于横梁时的整体体型系数。

3 计算 μ_{sn} 及 μ_{sp} 时，均以横梁正面面积为准。

（b）三角形横梁的整体体型系数可按矩形横梁的值乘以 0.9 采用。

（c）管子及圆钢组成的横梁，可参照项次 37 中（b）的方法计算整体体型系数 μ_s 的值。

续表

项次	类别	体型及体型系数 μ_s
46	封闭塔楼和 设备平台	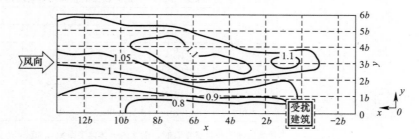 (a)封闭塔楼　　　　　(b)设备平台 当 $D/d \leqslant 3$ 时，$\mu_s = 0.7$； 当 $D/d > 3$ 时，$\mu_s = 0.9$。

（2）当房屋和构筑物与表 6-6 中的体型不同时，可按有关资料采用；当无资料时，宜由风洞试验确定。

（3）对于重要且体型复杂以及对风荷载敏感的房屋和构筑物（例如自振周期较长，风荷载是控制荷载等），应由风洞试验确定。

（4）当多个建筑物，特别是群集的高层建筑，相互间距较近时，宜考虑风力相互干扰的群体效应；一般可将单独建筑物的体型系数 μ_s 乘以相互干扰系数。相互干扰可按下列规定确定：

对矩形平面高层建筑，当单个施扰建筑与受扰高度建筑相近时，根据施扰建筑位置，对顺风向风荷载可在 1.00～1.10 范围内选取（图 6-2），对横风向风荷载可在 1.00～1.20 范围内选取（图 6-3）；图中假定风向是左向右吹，b 为受扰建筑的迎风面宽度，x 和 y 分别为施扰建筑离受扰建筑的纵向和横向距离。

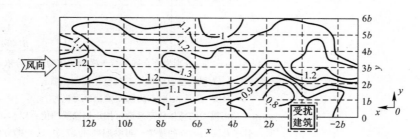

图 6-2　单个施扰建筑作用的顺风向风荷载相互干扰系数

图 6-3　单个施扰建筑作用的横风向风荷载相互干扰系数

　　当建筑高度相同的两个施扰建筑的顺风向荷载联合作用时，对高度相近的受扰建筑最不利情况相互干扰系数可按图 6-4 选取。图中 l 为两个施扰建筑 A 和 B 的中心连线，取值时 l 不能和 l_1 及 l_2 相交，其中 l_1 及 l_2 为风洞模型试验时施扰建筑位置的边界条件范围线。当两个施扰建筑都不在图中所示的区域时，应按单个施扰建筑情况处理，并按图选取较大的数值。

　　应该指出，群集高层建筑在风荷载作用下的相互干扰是一个复杂问题，尚需深入研究。图 6-3～图 6-5 仅是较简单的情况。因此对其他情况可比照类似条件的风洞试验资料确定其相互干扰系数，必要时宜通过风洞试验确定。

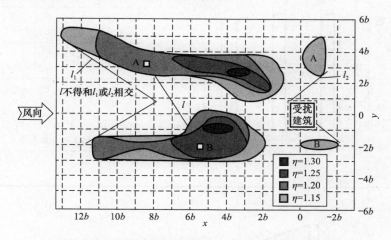

图 6-4　两个施扰建筑作用的顺风向荷载相互干扰系数

　　2. 房屋围护构件及其连接的风荷载局部体型系数 μ_{sl}

　　(1) 封闭式矩形平面房屋的墙面及屋面可采用表 6-7 的规定。

封闭式矩形平面房屋的局部体型系数 μ_{sl}　　　　表 6-7

项次	类别	体型及局部体型系数	备注
1	封闭式矩形平面房屋的墙面	<table><tr><td>迎风面</td><td></td><td>1.0</td></tr><tr><td rowspan="2">侧面</td><td>S_a</td><td>−1.4</td></tr><tr><td>S_b</td><td>−1.0</td></tr><tr><td>背风面</td><td></td><td>−0.6</td></tr></table>	E 应取 $2H$ 和迎风宽度 B 中较小者

续表

项次	类别	体型及局部体型系数	备注
2	封闭式矩形平面房屋的双坡屋面	（见图示及下表）	1. E 应取 2H 和迎风宽度 B 中较小者; 2. 中间值可按线性插值法计算（应对相同符号项插值）; 3. 同时给出两个值的区域应分别考虑正负风压作用; 4. 风沿纵轴吹来时，靠近山墙的屋面可参照表中 $\alpha \leqslant 5°$ 时的 R_a 和 R_b 取值

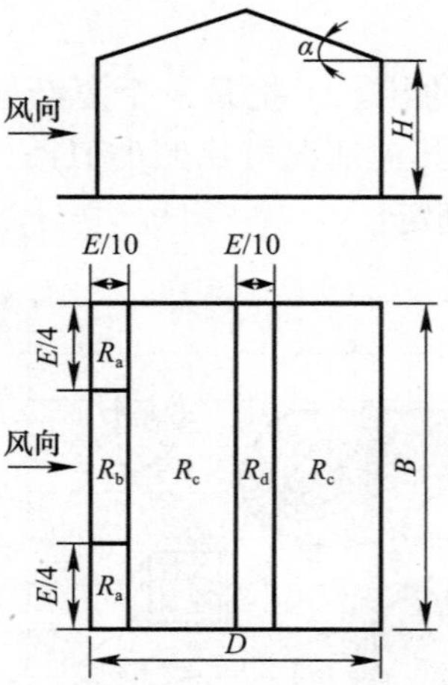

双坡屋面局部体型系数表：

α		≤5°	15°	30°	≥45°
R_a	$H/D \leqslant 0.5$	−1.8 0.0	−1.5 +0.2	−1.5 +0.7	0.0 +0.7
	$H/D \geqslant 1.0$	−2.0 0.0	−2.0 +0.2		
R_b		−1.8 0.0	−1.5 +0.2	−1.5 +0.7	0.0 +0.7
R_c		−1.2 0.0	−0.6 +0.2	−0.3 +0.4	0.0 +0.6
R_d		−0.6 +0.2	−1.5 0.0	−0.5 0.0	−0.3 0.0
R_e		−0.6 0.0	−0.4 0.0	−0.4 0.0	−0.2 0.0

项次	类别	体型及局部体型系数	备注
3	封闭式矩形平面房屋的单坡屋面	（见图示及下表）	1. E 应取 2H 和迎风宽度 B 的较小者; 2. 中间值可按线性插值法计算; 3. 迎风坡面可参考第 2 项取值

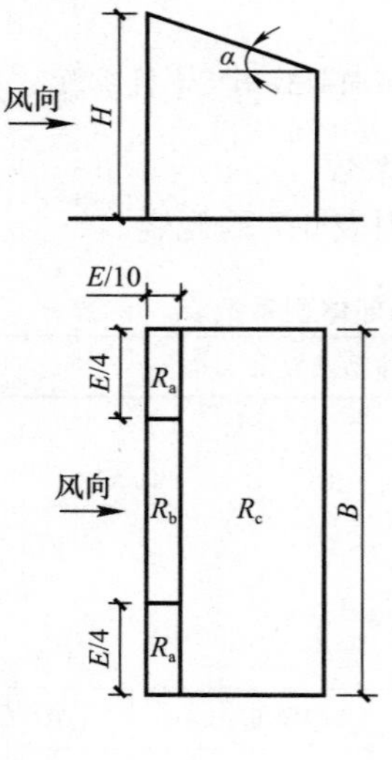

单坡屋面局部体型系数表：

α	≤5°	15°	30°	≥45°
R_a	−2.0	−2.5	−2.3	−1.2
R_b	−2.0	−2.0	−1.5	−0.5
R_c	−1.2	−1.2	−0.8	−0.5

（2）檐口、雨篷、遮阳板、边棱处的装饰条等突出构件，取−2.0。[footnote ●]

（3）其他房屋和构筑物围护构件的风荷载局部体型系数 μ_{sl} 可按表 6-6 规定体型系数的 1.25 倍取值。

（4）计算非直接承受风荷载的围护构件风荷载时，局部体型系数 μ_{sl} 可按构件的从属

● 我国现行荷载规范对这类构件的局部正风压体型系数未作规定，根据参考资料［64］的建议其值可取＋1.0。

面积折减，折减系数按下列规定采用：

①　当从属面积不大于 $1m^2$ 时，折减系数取 1.0；

②　当从属面积大于或等于 $25m^2$ 时，对墙面折减系数取 0.8；对局部体型系数大于 1.0 的屋面区域折减系数取 0.6，对其他屋面区域折减系数取 1.0；

③　当从属面积大于 $1m^2$ 小于 $25m^2$ 时，墙面和绝对值大于 1.0 的屋面局部体型系数可采用对数插值，即按公式（6-12）计算局部体型系数：

$$\mu_{sl}(A) = \mu_{sl}(1) + [\mu_{sl}(25) - \mu_{sl}(1)]\lg A/1.4 \tag{6-12}$$

式中　$\mu_{sl}(A)$——从属面积为 $A(m^2)$ 时的非直接承受风荷载围护构件局部体型系数；

$\mu_{sl}(1)$——从属面积为 $1m^2$ 时的上述构件局部体型系数；

$\mu_{sl}(25)$——从属面积为 $25m^2$ 时的上述构件局部体型系数。

（5）计算围护构件风荷载时，应考虑房屋内部压力的局部体型系数的影响。房屋内部压力的局部体型系数可按下列规定采用：

①　封闭式房屋，按其外表面风压的正负情况取 -0.2 或 0.2。

②　仅一面墙有主导洞口的房屋，按开洞率（单个主导洞口面积与该墙面全部面积之比值）的不同确定其取值：

当开洞率不大于 0.02 且小于或等于 0.10 时，取 $0.4\mu_{sl}$；当开洞率大于 0.10 且小于或等于 0.30 时，取 $0.6\mu_{sl}$；当开洞率大于 0.30 时，取 $0.8\mu_{sl}$；其中 μ_{sl} 应取主导洞口对应位置的值。

③　其他情况，应按敞开式房屋的 μ_{sl} 取值。

④　对更为复杂情况的房屋应通过风洞试验确定其内部压力局部体型系数。

六、风荷载放大系数

《工程结构通用规范》GB 55001—2021[74] 为在建筑结构的风荷载计算公式中，对主要受力结构和围护结构的风荷载计算公式进行统一表达，采用通过风荷载放大系数的不同取值方法来反映其区别。

1. 主要受力结构因顺风向风振产生的风荷载放大系数 β_z

上述规范规定：此系数应根据地形特征、脉动风特性、结构周期、阻尼比等参数确定。

由于风压（或风荷载）的脉动对结构产生顺风向的振动，而且结构的振动在一定情况下与风压（或风荷载）之间还会产生相互耦合作用，因此应考虑风压脉动对结构顺风向风振的影响。但当结构振动幅度不大且处于线弹性范围时，结构和风压（或风荷载）之间的耦合作用可以忽略不计，此时可将风荷载对结构的作用视为一种理想的动力荷载作用。为了解决风荷载对处于线弹性范围的结构在上述情况下对结构的影响问题，现行荷载规范考虑到由于风荷载具有复杂的随机性，以及实际工程中建筑结构的多样性和复杂性，因而顺风向风振影响问题较复杂，由于随机振动力作用下随机振动问题，目前仅能对一些较简单情况采用解析方法、简化计算模型及近似手段求解其影响。解决的方法是在计算主要受力结构时，采用本章公式（6-6）计算垂直于建筑物表面上的顺风向风荷载标准值。其中高度 z 处的风荷载放大系数即反映风压脉动对结构顺风向振动的影响，此系数可表征作用在结构上总的风荷载与平均风荷载的比值，也即主要受力结构的风荷载放大系数 β_z。此外现行荷载规范还规定应考虑风压脉动对结构发生顺风向振动影响的范围为：

（1）高度大于 30m 且高宽比大于 1.5 的高层建筑；

（2）基本周期大于 0.25s 的各种高耸结构；

（3）对风荷载敏感或跨度大于 36m 的柔性屋盖结构（包括质量轻、刚度小的索膜结构）。

对上述第 1 和第 2 项的范围是根据风的卓越周期一般在 20s 左右，当结构自振周期愈接近风的卓越周期时，风振对结构的影响就会越显著的原理，对各种建筑结构的实际情况而作出的规定。大部分电视塔、烟囱、输电塔等高耸结构的自振周期在 1～20s 之间，因此顺风向风振的影响最显著，而高层建筑的自振周期常在 0.5～10s 之间，风振的影响次之，高度在 5 层左右的住宅建筑其自振周期大都在 0.1～0.5s 之间，风振的影响已很微弱。此外根据理论分析，对第 1、2 项范围内的建筑结构，其顺风向的风振影响可只考虑第 1 振型的影响。

对上述第 3 项范围内的屋盖结构规范规定宜依据风洞试验结果按随机振动理论计算确定风压脉动对结构产生风振的影响。这项规定是现行荷载规范新增加的内容，但没有给出具体的一般性计算方法。由于屋盖结构的风振响应和其等效静力风荷载计算是很复杂的问题，目前比较一致的观点是，屋盖结构不宜采用与高层建筑和高耸结构相同的风振系数方法，原因是高层建筑和高耸结构风振系数的计算模型不能直接用于计算屋盖结构。屋盖结构的脉动风压除和风速脉动有关外，还和流动分离、再附、旋涡脱落等复杂流动现象有关，此外屋盖结构多阶模态和模态耦合效应比较明显，难以简单采用风振系数方法来解决风振影响问题。

现行荷载规范对计算高度大于 30m 且高宽比大于 1.5 的高层建筑、基本周期大于 0.25s 的各种高耸结构的主要受力结构时，垂直于建筑物表面上的顺风向的风荷载标准值所采用的因风振产生的风荷载放大系数按公式（6-13）确定。对其他建筑的主要受力结构的风荷载放大系数，其值不应小于 1.2。

$$\beta_z = 1 + 2gI_{10}B_z\sqrt{1+R^2} \tag{6-13}$$

式中 β_z——建筑物或高耸结构距地面距离 z(m) 高度处的风振产生的风荷载放大系数，其值不应小于 1.2；

g——峰值因子，可取 2.5；

I_{10}——距地面 10m 高度处的名义湍流强度，对应于 A、B、C 和 D 类地面粗糙度，可分别取 0.12、0.14、0.23 和 0.39；

R——脉动风荷载的共振分量因子；

B_z——脉动风荷载的背景分量因子。

公式（6-13）中脉动风荷载的共振分量因子可按下列公式计算：

$$R = \sqrt{\frac{\pi}{6\zeta_1}\frac{x_1^2}{(1+x_1^2)^{4/3}}} \tag{6-14}$$

$$x_1 = \frac{30f_1}{\sqrt{k_w w_0}}, x_1 > 5 \tag{6-15}$$

式中 f_1——结构第一振型的自振频率（Hz）；

k_w——地面粗糙度修正系数，对 A 类、B 类、C 类和 D 类地面粗糙度分别取 1.28、1.0、0.54 和 0.26；

ζ_1——结构阻尼比，对钢结构可取 0.01，对有填充墙的钢结构房屋可取 0.02，对钢筋混凝土及砌体结构可取 0.05，对其他结构可根据工程经验确定。

公式（6-13）中脉动风荷载的背景分量因子可按下列规定确定：

（1）对体型和质量沿高度均匀分布的高层建筑和高耸结构，可按下式计算：

$$B_z = kH^{a_1} \rho_x \rho_z \frac{\phi_1(z)}{\mu_z} \tag{6-16}$$

式中　$\phi_1(z)$——结构第 1 阶振型系数；

　　　H——结构总高度（m），对 A、B、C 和 D 类地面粗糙度，H 的取值分别不应大于 300m、350m、450m 和 550m；

　　　ρ_x——脉动风荷载水平方向相关系数；

　　　ρ_z——脉动风荷载竖直方向相关系数；

　　k 及 a_1——系数，按表 6-8 取值。

系数 k 及 a_1　　　　表 6-8

粗糙度类别		A	B	C	D
高层建筑	k	0.944	0.670	0.295	0.112
	a_1	0.155	0.187	0.261	0.346
高耸结构	k	1.276	0.910	0.404	0.155
	a_1	0.186	0.218	0.292	0.376

（2）对迎风面和侧风面的宽度沿高度按直线或接近直线变化，而质量沿高度按连接规律变化的高耸结构，公式（6-16）计算的脉动风荷载的背景分量因子 B_z 应乘以修正系数 θ_B 和 θ_v，θ_B 为高耸结构在 z 高度处的迎风面宽度 $B(z)$ 与底部宽度 $B(0)$ 的比值；θ_v 可按表 6-9 确定，表中 $B(H)$ 高耸结构顶部高度处的迎风面宽度。

修正系数 θ_v　　　　表 6-9

$B(H)/B(0)$	1	0.9	0.8	0.7	0.6	0.5	0.4	0.3	0.2	$\leqslant 0.1$
θ_v	1.00	1.10	1.20	1.32	1.50	1.75	2.08	2.53	3.30	5.60

公式（6-16）中脉动风荷载的空间相关系数可按下列规定确定：

对脉动风荷载竖直方向的相关系数可按下式计算：

$$\rho_z = \frac{10\sqrt{H + 60e^{-\frac{H}{60}} - 60}}{H} \tag{6-17}$$

式中　H——结构总高度（m），对 A、B、C 和 D 类地面粗糙度，取值分别不应大于 300m、350m、450m 和 550m。

为便于设计，ρ_z 可按表 6-10 确定。

脉动风荷载竖直方向的相关系数 ρ_z　　　　表 6-10

H(m)	30	40	50	60	70	80	90	100	150
ρ_z	0.8426	0.8218	0.8019	0.7830	0.7649	0.7481	0.7319	0.7165	0.6495

对脉动风荷载水平方向相关系数可按下式计算：

$$\rho_z = \frac{10\sqrt{B + 50e^{-\frac{B}{50}} - 50}}{B} \tag{6-18}$$

式中　B——结构迎风面宽度（m），且 $B \leqslant 2H$；对迎风面宽度较小的高耸结构，水平方向相关系数可取 1.0。

为便于设计，ρ_x 可按表 6-11 确定。

脉动风荷载水平方向的相关系数 ρ_x　　　　表 6-11

B(m)	15	20	25	30	35	40	50	60	70
ρ_x	0.9522	0.9374	0.9230	0.9092	0.8958	0.8826	0.8578	0.8343	0.8123

公式（6-16）中的振型系数应根据结构动力学计算确定。对迎风面宽度较大的高层建筑，当剪力墙和框架均起主要作用时，其振型系数可按表 6-12 采用。对迎风面宽度远小于其高度的高耸结构，其振型系数可按表 6-13 采用。对截面沿高度规律变化的高耸结构，其第 1 振型系数 $\phi_1(z)$ 可根据相对高度 z/H 及结构顶部和底部宽度的比值按表 6-14 确定。

迎风面较大的高层建筑的振型系数　　　　表 6-12

相对高度 z/H	振型序号			
	1	2	3	4
0.1	0.02	−0.09	0.22	−0.38
0.2	0.08	−0.30	0.58	−0.73
0.3	0.17	−0.50	0.70	−0.40
0.4	0.27	−0.68	0.46	0.33
0.5	0.38	−0.63	−0.03	0.68
0.6	0.45	−0.48	−0.49	0.29
0.7	0.67	−0.18	−0.63	−0.47
0.8	0.74	0.17	−0.34	−0.62
0.9	0.86	0.58	0.27	−0.02
1.0	1.00	1.00	1.00	1.00

迎风面宽度远小于高度的高耸结构的振型系数　　　　表 6-13

相对高度 z/H	振型序号			
	1	2	3	4
0.1	0.02	−0.09	0.23	−0.39
0.2	0.06	−0.30	0.61	−0.75
0.3	0.14	−0.53	0.76	−0.43
0.4	0.23	−0.68	0.53	0.32
0.5	0.34	−0.71	0.02	0.71
0.6	0.46	−0.59	−0.48	0.33
0.7	0.59	−0.32	−0.66	−0.40
0.8	0.79	0.07	−0.40	−0.64
0.9	0.86	0.52	0.23	−0.05
1.0	1.00	1.00	1.00	1.00

截面沿高度规律变化的高耸结构第 1 振型系数 表 6-14

相对高度 z/H	高耸结构				
	$B_H/B_0=1.0$	0.8	0.6	0.4	0.2
0.1	0.02	0.02	0.01	0.01	0.01
0.2	0.06	0.06	0.05	0.04	0.03
0.3	0.14	0.12	0.11	0.09	0.07
0.4	0.23	0.21	0.19	0.16	0.13
0.5	0.34	0.32	0.29	0.26	0.21
0.6	0.46	0.44	0.41	0.37	0.31
0.7	0.59	0.57	0.55	0.51	0.45
0.8	0.79	0.71	0.69	0.66	0.61
0.9	0.86	0.86	0.85	0.83	0.80
1.0	1.00	1.00	1.00	1.00	1.00

注：表中 B_H、B_0 分别为结构顶部和底部的宽度。

2. 围护结构因风压脉动产生的风荷载放大系数 β_z

电于风的脉动性，因此作用在建筑物表面围护结构构件上的风压同样具有脉动性。图 6-5 给出一段典型的作用在某不大面积上风压的时程曲线。依据此时程曲线可得出风压的平均值、最大值、最小值，其中平均值与当地基本风压的比值即相当于规范中的体型系数。采用体型系数直接计算出的风压是平均风压，但是将它直接作为计算作用在围护结构上的风压标准值显然不合适，因为它没有采用具有一定保证率的极值风压，使围护结构的风压偏小，造成不够安全。此极值风压可表达如下：

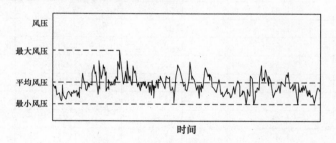

图 6-5 典型的风压时程曲线

$$\hat{p} = \beta_z \bar{p} \tag{6-19}$$

式中 $\hat{p}$——作用在围护结构构件上的极值风压（最大压）；

$\bar{p}$——作用在围护结构构件上的平均风压；

β_z——围护结构的风荷载放大系数，其值尚应不小于 $\left(1+\dfrac{0.7}{\sqrt{\mu_z}}\right)$。

为了确定围护结构的风荷载放大系数，应考虑到由于围护结构构件一般情况下刚性较大，因而在结构效应中可不计算风荷载的共振分量。由此通常假定作用在围护结构构件上风压与来流风的风压同步脉动，即认为风荷载体型系教不随时间变化。进而应用液体力学原理推导出公式（6-20）：

$$\beta_z = \frac{\hat{p}}{\bar{p}} = 1 + 2g_t I_u(z) \tag{6-20}$$

g_t——峰值因子，其值取决于预定风压的保证率，取值越大则保证率越高，现行荷载规范综合考虑我国荷载规范的历史经验和工程建设的实际情况，将其取为 2.5；

$I_u(z)$——围护结构构件不同高度处的湍流度（它被定义为风速的均方根与平均风速的比值，可反映空气流动紊乱的程度），其值与地貌、高度、风速大小、风气候类型等因素有关。

现行荷载规范对沿围护结构构件不同高度处的湍流度取值为 $I_u(z) = I_{10}\left(\dfrac{z}{10}\right)^{-a}$，式中 α 为不同地貌类别情况的地面粗糙度指数，对应于 A、B、C、D 地貌，其值为 0.12、0.15、0.22、0.30；I_{10} 为不同地貌距地面 10m 高度处的名义湍流度，对应于 A、B、C、D 四类地貌其值分别取 0.12、0.14、0.23、0.39。由于近地面风的不确定性较高，湍流度沿高度的变化也和风压高度变化系数一样，也规定相同的截止高度，对四类地貌截止高度分别为 5m、10m、15m、30m，也即围护结构风荷载放大系数分别不大于 1.65、1.70、2.05 和 2.40。

按公式（6-20）计算不同地貌情况的围护结构风荷载放大系数 β_z 结果见表 6-15。

围护结构风荷载放大系数 β_z 表 6-15

离地面高度 (m)	地面粗糙度类别			
	A	B	C	D
5	1.65	1.70	2.05	2.40
10	1.60	1.70	2.05	2.40
15	1.57	1.66	2.05	2.40
20	1.55	1.63	1.99	2.40
30	1.53	1.59	1.90	2.40
40	1.51	1.57	1.85	2.29
50	1.49	1.55	1.81	2.20
60	1.48	1.54	1.78	2.14
70	1.48	1.52	1.75	2.09
80	1.47	1.51	1.73	2.04
90	1.46	1.50	1.71	2.01
100	1.46	1.50	1.69	1.98
150	1.43	1.47	1.63	1.87
200	1.42	1.45	1.59	1.79
250	1.41	1.43	1.57	1.74
300	1.40	1.42	1.54	1.70
350	1.40	1.41	1.53	1.67
400	1.40	1.41	1.51	1.64
450	1.40	1.41	1.50	1.62
500	1.40	1.41	1.50	1.60
550	1.40	1.41	1.50	1.59

【例题 6-3】某地区一幢拟建设计使用年限为 50 年的房屋位于山坡台地图 6-6，该地区的基本风压为 0.45kN/m²，山坡坡度 $\alpha=20°$，山坡顶与平地的高差 $H=20m$，房屋高度为

30m，地面粗糙度为 C 类，试求该房屋距台地地面 25m D 位置处的地形修正系数 C_t^D。

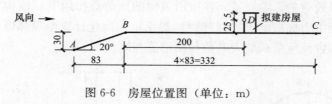

图 6-6　房屋位置图（单位：m）

【解】　根据本手册公式（6-11），假想该房屋位于山坡顶部 B 处，公式中各计算参数：$k=1.4$；$\tan 20°=0.36>0.3$ 取 0.3；$H=30\text{m}$，$z=25\text{m}$ 代入公式（6-11）求得 B 及相应高度 25m 处的地形修正系数 C_t^B：

$$C_t^B=\left[1+k\tan\alpha\left(1-\frac{z}{2.5H}\right)\right]^2=\left[1+1.4\times0.3\times\left(1-\frac{25}{2.5\times30}\right)\right]^2=1.638$$

而 C 处的地形修正系数 $C_t^C=1$，因此 D 位置处的地形修正系数应按插入法求得：

$$C_t^D=1+\frac{0.638}{332}\times132=1.254$$

【例题 6-4】　条件完全同上，但拟建的房屋位置变更位于山坡面 AB 的中点处，试求该房屋距 AB 中点高度 25mD 位置处的风压高度变化系数的地形修正系数 C_t^D。

【解】　根据例题 6-3 的计算，得知位置 B 处的该房屋在距 B 的高度为 25m 处，其地形修正系数 $C_t^B=1.638$，而 A 处的地形修正系数 $C_t^A=1.0$，因此位于山坡面 AB 中点的房屋在 D 处高度处的地形修正系数可用插值法求得：

$$C_t^D=\frac{C_t^A+C_t^B}{2}=\frac{1.638+1}{2}=1.319$$

【例题 6-5】　某房屋修建于地面粗糙度为 B 类的山间盆地内，其屋檐距地面 15m，试求经地形修正后屋檐处的风压高度变化系数。

【解】　根据对山区建筑物风压高度变化系数需要按地形条件乘以地形修正系数的规定，此地形地貌修正系数取 0.85（大于 0.75）。

查表 6-5，B 类地面粗糙度距地面 15m 高度处的风压高度变化系数为 1.14。

因此，经地形修正后屋檐处的风压高度变化系数：$\mu_z=1.14\times0.85=0.97$

【例题 6-6】　某拟建房屋工程所在城区的地面粗糙度类别如下：该城区最大风的风向为西偏北 45°，以拟建房屋为中心 2km 为半径的迎风半圆影响范围内，将既有房屋划为面积均等的 4 区域（图 6-7），各区域考虑既有房屋高度和密集度影响的房屋平均高度 h：1 区 h_1 为 21m；2 区 h_2 为 18m；3 区 h_3 为 8m；4 区 h_4 为 9m。该城区尚无地面粗糙度资料，试近似确定拟建房屋所在地的地面粗糙类别。

【解】　根据本章第二节第三款的规定，应按半圆影响范围内建筑物的平均高度 $\bar{h}$ 来划分地面粗糙度。由于 1～4 各区的面域相同，因而该工程半圆影响范围内建筑物的平均高度：

$$\bar{h}=\frac{1}{4}(h_1+h_2+h_3+h_4)=\frac{1}{4}(21+18+8+9)=14\text{m}$$

因此该工程所在地的地面粗糙度可近似确定为 C 类。

【例题 6-7】　某拟建正六边形封闭式构筑物，其平面及立面如图 6-8 所示，建设地点的地面粗糙程度为 B 类，基本风压 w_0 为 0.5kN/m²。已知该构筑物在所示风向情况风向

影响系数 $C_d=1.0$、地形修正系数 $C_t=1.0$。顶部处的顺风向风荷放大系数 $\beta_z=2.0$，且可不计算横风向风振效应的影响。试问在所示风向的风荷载作用下，该构筑物顶部 1m 高度范围内的风荷载集中力标准值 F_{tk} 为何值？（提示：为简化计算取顶部以下 1m 至顶部间范围内的风压高度系数及风荷载放大系数与顶部值相同。）

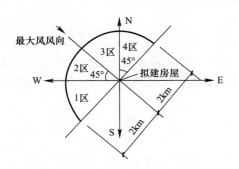

图 6-7   某工程所在地 2km
半径范围内房屋区域划分

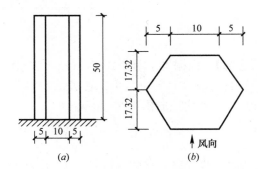

图 6-8   封闭式构筑物平面及立面图（单位：m）
(a) 立面图；(b) 平面图

【解】   根据本章第二节公式（6-6），F_{tk} 应按下式计算确定：

$$F_{tk} = C_d C_t \beta_z \mu_z \sum \mu_{si} A_i w_0$$

已知 $\beta_z=2.0$；$w_0=0.5\mathrm{kN/m^2}$，$C_d=1.0$ 及 $C_t=1.0$

μ_z：查表 6-5 可得 B 类地面粗糙程度、构筑物顶部（离地 50m 高度处）的风压高度变化系数 $\mu_z=1.62$。

μ_{si} 及 A_i：按表 6-6 项次 30(a) 中正多边形平面的封闭式构筑物各迎风面和背风面面积及相应的风荷载体型系数取值。

因此：$F_{tk} = 1 \times 1 \times 2.0 \times 1.62 \times [(0.8+0.5) \times 1 \times 10 + (0.5+0.5) \times 1 \times 5] \times 0.5 = 29.2\mathrm{kN}$

【例题 6-8】   某位于抗震设防烈度为 6 度，设计基本地震加速度为 $0.05g$，设计地震分组为第一组地区，抗震设防分类为丙类的封闭式双坡屋面仓库，其屋面结构为石棉水泥瓦、钢檩条、轻钢屋架，屋面坡度为 1∶2.5（$\alpha=21.8°$），砖壁柱承重（壁柱 $EI=18.1 \times 10^3 \mathrm{kN \cdot m^2}$），柱距及屋架间距均为 6m，仓库平面及剖面见图 6-9，当地基本风压为 $0.35\mathrm{kN/m^2}$，地面粗糙度为 B 类，该房屋的设计使用年限为 50 年；计算风荷载时的风向影响系数 $C_a=1$，地形修正系数 $C_t=1.0$，风荷载放大系数 $\beta_z=1.2$。求当砖壁柱按持久状况承载力计算时所需的在所示风向情况下，作用在轴线 2～7 沿轴线 A 及 B 的各砖壁柱底部截面由于风荷载产生的弯矩标准值。

【解】   按《建筑抗震设计规范》GB 50011—2010 规定可不进行抗震计算，但由于该仓库为石棉瓦轻钢屋盖，按《砌体结构设计规范》GB 50003—2011 第 4.2.1 条规定，其空间工作性能为弹性方案，因此在风荷载作用下其结构应采用排架计算简图。

以横向一个柱距作为分析风力的计算单元，其计算简图如图 6-10 所示，因此作用在轴线 A 砖壁柱底部截面由于风力产生的弯矩可分为三部分计算：

（1）作用于排架柱顶部由屋盖水平风力 F 产生的弯矩：

屋盖的风荷载体型系数 μ_s 应按表 6-6 项次 2 封闭式双坡屋面情况采用：

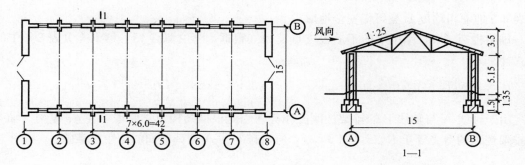

图 6-9 仓库平面（单位：m）

屋盖迎风面：$\mu_{s1} = -0.6 \times \dfrac{30 - 21.8}{15} = -0.328$（吸）；

屋盖背风面：$\mu_{s2} = -0.5$（吸）；

屋盖迎风面或背风面在与风向垂直平面内的投影面积（柱间 S 距为 6m，屋盖高度 3.5m）：

$$A = 6 \times 3.5 = 21\text{m}^2$$

风压高度变化系数根据地面粗糙度 B 类及表 6-5 取 $\mu_z = 1$；

风荷载放大系数 $\beta_z = 1.2$；风向影响系数 $C_d = 1$；地形修正系数 $C_t = 1$；

基本风压 $w_0 = 0.35\text{kN/m}^2$。

作用于排架柱顶部的屋盖水平风力 F：

$$F = A C_d C_t \beta_z (\mu_{s1} + \mu_{s2}) \mu_z w_0 = 21 \times 1 \times 1 \times 1.2 \times (-0.328 + 0.5) 1 \times 0.35$$
$$= 1.52\text{kN}(\rightarrow)$$

由于轴线 A 与轴线 B 的排架柱刚度相等，因此根据结构力学原理，排架两柱顶的剪力相等且其值为 $F/2$（图 6-11），所以排架柱 A（即轴线 A 砖壁柱）底部截面的弯矩标准值：

$$M_1 = \frac{F}{2} \times 6.5 = \frac{1.52}{2} \times 6.5 = 4.94\text{kN} \cdot \text{m}(\curvearrowright)$$

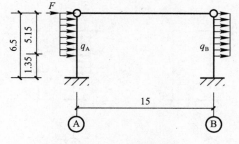

图 6-10 排架计算简图

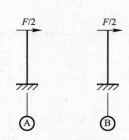

图 6-11 屋盖风力作用下的柱顶剪力

（2）作用于排架柱 A 侧面的均布风荷 q_A 载产生的弯矩，按计算简图 6-12 计算：

排架柱 A 所受的均布风荷载

$$q_A = S C_d C_t \beta_z \mu_s \mu_z w_p = 6 \times 1 \times 1 \times 1.2 \times 0.8 \times 1 \times 0.35 = 2.02\text{kN/m}（压）$$

（其中排架柱间距 $s = 6$m，μ_s 按表 6-6 项次 2 取 $\mu_s = 0.8$（压），风压高度变化系数根据表 6-5 地面粗糙度 B 类可偏安全地取 $\mu_z=1$。)

排架柱 A 在 q_A 作用下的不动铰支点反力（根据参考文献［45］第 104 页表 2-4 中的公式计算）：

$$R_A = \frac{q_A}{8}a(8-6\alpha+\alpha^3) = \frac{2.02}{8}\times5.15\left[8-6\times\frac{5.15}{6.5}+\left(\frac{5.15}{6.5}\right)^3\right] = 4.86\text{kN}(\leftarrow)$$

由于轴线 A 与轴线 B 的排架柱刚度相等，因此根据结构力学原理，在 q_A 作用下轴线 A 排架柱顶的剪力等于 $R_A/2$（图 6-13），所以排架柱 A 底部截面的弯矩标准值：

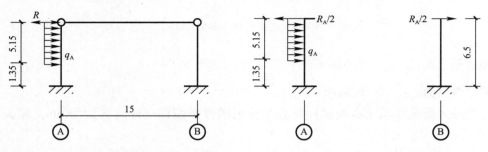

图 6-12　q_A 作用下的排架计算简图　　　　图 6-13　q_A 产生的柱顶剪力

$$M_2 = -\frac{4.86}{2}\times6.5+5.15\times2.02\left(\frac{5.15}{2}+1.35\right) = 25.04\text{kN}\cdot\text{m}(\curvearrowright)$$

（3）作用于排架柱 B 侧面的均布风荷载 q_B 产生的弯矩，同理可按计算简图 6-14 计算：

排架柱 B 承受的均布风荷载：

$$q_B = SC_dC_t\beta_z\mu_s\mu_zw_0 = 6\times1\times1\times1.2\times0.5\times1\times0.35 = 1.26\text{kN/m}(\text{吸})$$

排架柱 B 在 q_B 作用下的不动铰支点反力：

$$R_B = \frac{q_B}{8}a(8-6\alpha+\alpha^3) = \frac{1.26}{8}\times5.15\left[8-6\times\frac{5.15}{6.5}+\left(\frac{5.15}{6.5}\right)^3\right] = 3.04\text{kN}(\leftarrow)$$

由图 6-15 知排架柱 A 底部截面的弯矩标准值：

$$M_3 = \frac{3.04}{2}\times6.5 = 9.88\text{kN}\cdot\text{m}(\curvearrowright)$$

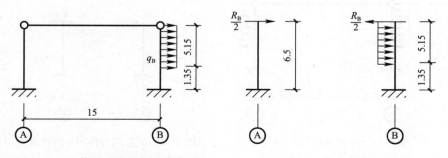

图 6-14　q_B 作用下的排架计算简图　　　　图 6-15　q_B 产生的柱顶剪力

以上三部分弯矩值的总和即为轴线 2～7 沿轴线 A 砖壁柱底部截面由风力产生的弯矩标准值。

$$M = 4.94+25.04+9.88 = 39.86\text{kN}\cdot\text{m}(\curvearrowright)$$

【例题 6-9】　某修建于抗震设防为 6 度区的 10 层现浇钢筋混凝土-剪力墙结构高层办公建筑，其平面及剖面如图 6-16 所示，横向框架梁截面尺寸为 $0.25\text{m}\times0.65\text{m}$（$b\times h$）；柱截面尺寸首层及二层为 $0.55\text{m}\times0.55\text{m}$，三层和四层为 $0.5\text{m}\times0.5\text{m}$，五至十层为 $0.45\text{m}\times0.45\text{m}$；剪力墙厚度首层为 0.3m，二层为 0.23m，三层至十层为 0.18m；混凝土强度等级：首层至六层为 C30，七层至十层为 C25，各层楼面荷载及质量、侧移刚度沿高度变化比较均匀。当地基本风压为 0.7kN/m^2，地面粗糙度为 C 类，风向影响系数 $C_d=1$，地形修正系数 $C_t=1$，该房屋的使用寿命为 50 年。

求在图 6-16 所示横向风作用下，建筑物横向各楼层的风力标准值，在计算时不考虑周围建筑物的影响，且结构基本自振周期可采用经验公式计算。

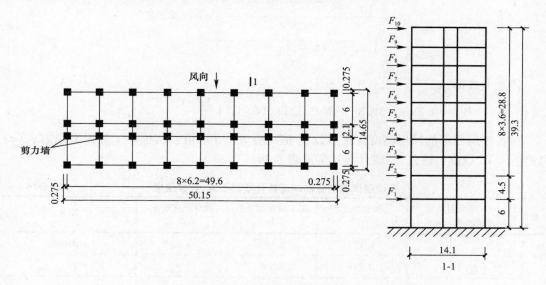

图 6-16　房屋平面及剖面

【解】　该房屋高度大于 30m，且高宽比大于 1.5（高宽比 = 39.3/14.65 = 2.68 > 1.5），按现行规范规定应考虑在图 6-16 所示风向作用下风压脉动对结构产生顺风向风振的影响。为此必须确定各楼层顶部风荷载放大系数 β_z。

（1）确定各楼层顶部处的风荷载放大系数 β_z：

① 采用经验公式计算房屋第 1 阶基本自振周期 T_1 及第 1 阶频率 f_1：

$$T_1 = (0.05 \sim 0.10)n = (0.05 \sim 0.10) \times 10 = 0.5 \sim 1.0\text{s}$$

取 $T_1 = 0.6\text{s}$，因此 $f_1 = \dfrac{1}{T_1} = 1.66\text{Hz}$

② 计算脉动风荷载的共振分量因子 R [按公式（6-14）计算]：

先计算参数 x_1 [按公式（6-15）计算]

$$x_1 = \frac{30f_1}{\sqrt{k_w w_0}}\quad 今 f_1 = 1.66、k_w = 0.54（C 类地面粗糙度）、w_0 = 0.7\text{kN/m}^2 代入得：$$

$$x_1 = 30 \times 1.66 / \sqrt{0.54 \times 0.7} = 81$$

按公式（6-14）计算 R：

$$R = \sqrt{\frac{\pi}{6\zeta_1} \times \frac{x_1^2}{(1+x_1^2)^{4/3}}}, \quad 今 \zeta = 0.05（该房屋为钢筋混凝土结构）及 x_1 = 81 代入得：$$

$$R = \sqrt{\frac{\pi}{6 \times 0.05} \times \frac{81^2}{(1+81^2)^{4/3}}} = 0.748$$

③计算脉动风荷载的背景分量因子 B_z：

由于该高层建筑的体型和质量沿高度均匀分布，B_z 可按公式（6-16）计算：

$$B_z = kH^{\alpha_1} \rho_x \rho_z \frac{\phi_1(z)}{\mu_z}$$

其中参数 $k = 0.295$，$\alpha_1 = 0.261$（查表 6-8）；$H = 39.3\text{m}$，$B = 50.15\text{m}$

$$\rho_z = \frac{10\sqrt{39.3 + 60e^{-39.3/60} - 60}}{39.3} = 0.8232$$

$$\rho_x = \frac{10\sqrt{50.15 + 50e^{-50.15/50} - 50}}{50.15} = 0.8574$$

代入上式得：

$$B_z = 0.295 \times 39.3^{0.261} \times 0.8232 \times 0.8574 \frac{\phi_1(z)}{\mu_z} = 0.5428 \frac{\phi_1(z)}{\mu_z}$$

对各楼层顶部的风压高度变化系数 μ_z 值可查表 6-5 取值，结构第 1 阶振型系数 $\phi_1(z)$ 可查表 6-12 取值，因此 B_z 值计算结果见表 6-16。

各楼层顶部的脉动风荷载背景因子 B_z 计算结果　　　　　　　　表 6-16

楼层号	楼面距地面高度 z(m)	相对高度 z/H	第 1 阶振型系数 $\phi_1(z)$	风压高度变化系数 μ_z	$B_z = 0.5428 \times \frac{\phi_1(z)}{\mu_z}$
1	6	0.153	0.052	0.65	0.0434
2	10.5	0.267	0.140	0.65	0.117
3	14.1	0.359	0.229	0.65	0.191
4	17.7	0.450	0.325	0.70	0.252
5	21.3	0.542	0.409	0.76	0.292
6	24.9	0.634	0.525	0.81	0.352
7	28.5	0.725	0.688	0.86	0.434
8	32.1	0.817	0.760	0.91	0.453
9	35.7	0.908	0.871	0.95	0.498
10	39.3	1.000	1.000	0.99	0.548

④ 计算各楼层顶部处的顺风向风振系数 β_z [按公式（6-13）]：

$$\beta_z = 1 + 2gI_{10}B_z\sqrt{1+R^2}$$

其中参数 g 可取 2.5；I_0 对 C 类地面粗糙度可取 0.23；据以上计算所得 $R = 0.748$ 代入上式得：

$\beta_z = 1 + 2 \times 2.5 \times 0.23 \times \sqrt{1+0.748^2}B_z = 1 + 1.436B_z$，将表 6-16 中的 B_z 计算结果代入可得各楼层顶部处的顺风向风荷载放大系数 β_z（表 6-17）。

各楼层顶部处的顺风向风荷载放大系数 β_z 计算结果　　　　表 6-17

楼层号	1	2	3	4	5	6	7	8	9	10
β_z	1.062	1.168	1.274	1.362	1.420	1.506	1.624	1.651	1.716	1.787

由于 1、2 层的 β_z 值小于 1.2，因此应在表 6-17 中取 $\beta_z=1.2$。

(2) 计算该房屋各楼层在所示横向风作用下的风力标准值，其值按下式计算：

$$F_{ik} = C_d C_t \beta_{zi} \mu_{si} \mu_{zi} w_0 A_i$$

式中　F_{ik}——i 楼层顶部处风力标准值（kN）；

$\quad\quad\ A_i$——i 楼层受风面积（m²），$A_i = \dfrac{h_i + h_{i+1}}{z} \times 50.15$（其中 h_i、h_{i+1} 为 h_i、h_{i+1} 层层高）；

$\quad\quad\ C_d$——风向影响系数，其值等于 1；

$\quad\quad\ C_t$——地形修正系数，其值等于 1；

$\quad\quad\ \beta_{zi}$——i 楼层顺风向风荷载放大系数；

$\quad\quad\ \mu_s$——i 楼层风荷载体型系数；

$\quad\quad\ \mu_{zi}$——i 楼层风压高度变化系数；

$\quad\quad\ w_0$——基本风压（kN/m²）。

按上式计算各楼层顶部处风力标准值的结果见表 6-18。

各楼层顶部处风力标准值计算结果　　　　表 6-18

楼层号	A_i(m²)	C_d	C_t	β_{zi}	μ_s	μ_{zi}	w_0(kN/m²)	$F_{ik} = C_d C_t \beta_{zi} \mu_{si} \mu_{zi} w_0 A_i$(kN)
1	50.15×5.25=263.29	1.0	1.0	1.2	1.3	0.65	0.70	198.4
2	50.15×4.05=203.11	1.0	1.0	1.2	1.3	0.65	0.70	168.4
3	50.15×3.6=180.54	1.0	1.0	1.274	1.3	0.65	0.70	136.0
4	50.15×3.6=180.54	1.0	1.0	1.362	1.3	0.70	0.70	156.6
5	50.15×3.6=180.54	1.0	1.0	1.420	1.3	0.76	0.70	177.3
6	50.15×3.6=180.54	1.0	1.0	1.506	1.3	0.81	0.70	200.4
7	50.15×3.6=180.54	1.0	1.0	1.624	1.3	0.86	0.70	229.5
8	50.15×3.6=180.54	1.0	1.0	1.651	1.3	0.91	0.70	246.8
9	50.15×3.6=180.54	1.0	1.0	1.716	1.3	0.95	0.70	267.8
10	50.15×1.8=90.27	1.0	1.0	1.787	1.3	0.99	0.70	145.3

【例题 6-10】　某封闭式矩形平面房屋的屋顶平面和山墙立面见图 6-17，该房屋的墙面由装配式钢筋混凝土墙板组成，试问在何种风向情况下，山墙的墙板上风荷载局部体型系数最大值（绝对值）为何值？其范围如何？

【解】　查表 6-7 项次 1，侧面墙中局部体型系数在 S_a 区域的最大值（绝对值）为 1.4，因此当山墙视为侧面墙情况时，此时风向为垂直于该房屋的纵向并平行于山墙平面。S_a 区域的宽度为 $E/5$（距山墙外边缘的宽度），在本例情况下按现行荷载规范规定 $E/5 = 2H/5 = 3.6$m（见图 6-18）。

当考虑内部压力影响后，山墙墙板的风荷载局部体型系数最大值（绝对值）$\mu_{sl} = 1.4 + 0.2 = 1.6$。

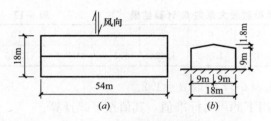
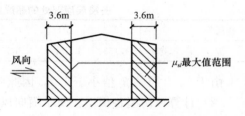

图 6-17　封闭式房屋屋顶平面及山墙立面图　　　　图 6-18　山墙局部体型系数最大值范围
(a) 屋顶平面；(b) 山墙立面

第三节　横风向风振和扭转风振

一、横风向风振

　　风对结构的动力效应，除顺风向风振外，对一些高层建筑和高耸结构尚应考虑横风向引起的风振效应，以免遭受风荷载引起的破坏。造成横风向风振的主要原因之一是旋涡脱落。旋涡形成的机理一般认为是由于气流中的层间速度不连续性造成，在具有不同流速的气流层之间，由于其黏性而使空气质点发生旋转，形成一个涡卷薄层，但它本身并不稳定，进而又发展成为旋涡，如图 6-19 所示。

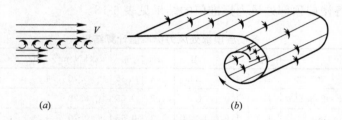

图 6-19　旋涡形成示意图
(a) 速度不同的气流层；(b) 涡卷薄层示意

　　根据对圆柱体的流体试验结果表明，流经圆柱体的液体随雷诺数（Re）增大经历三个不同阶段。雷诺数是液体的惯性力与黏性力之比值，当 $Re < 3 \times 10^5$ 时，旋涡形成很有规则，并作周期性旋涡脱落运动；当 $3 \times 10^5 \leqslant Re < 3 \times 10^6$ 时，旋涡形成极不规则，而当 $Re \geqslant 3 \times 10^6$ 时，旋涡又逐步变为有规律。据此现行荷载规范对工程中在风力作用下的圆柱形结构根据上述三个阶段划分为三个临界范围：

　　1. 亚临界范围，通常取 $3 \times 10^2 < Re < 3.5 \times 10^5$，由于受到旋涡周期性形成脱落影响，将产生周期性的确定性振动。

　　2. 超临界范围，通常取 $3 \times 10^5 \leqslant Re < 3.5 \times 10^6$，由于旋涡脱落不规则，将产生不规则的随机振动。

　　3. 跨临界范围，通常取 $Re \geqslant 3 \times 10^6$，在此跨临界范围，将又出现周期性的确定性振动。

　　由于雷诺数与风速大小成比例，因而跨临界范围的验算成为工程中最注意的范围，特别是旋涡周期性脱落的频率与结构自振率一致时，将产生比静力作用大数十倍的共振响应。当结构处于亚临界范围时，虽然也可能发生共振，但由于风速较小，对结构的响应不如临界范围严重，通常可用构造方法加以处理。当结构处于超临界范围时，由于不能产生增大数十倍的共振响应且此范围的风速也不大，工程上常不作进一步处理。

从矩形截面构件的流体试验也看出发生类似于圆柱体构件旋涡脱落的结论。

现行荷载规范根据以上情况规定对细长圆柱截面的高层建筑构筑物及圆柱形结构，应按下列规定对不同的雷诺数 Re 的情况进行横风向风振（旋涡脱落）的校核：

1. 当 $Re < 3 \times 10^5$ 且结构顶部风速 v_H 大于 v_{cr} 时，可发生亚临界的微风共振。此时，可在构造上采取防振措施，或控制结构的临界风速 v_{cr} 不小于 15m/s。

雷诺数 Re、临界风速 v_{cr} 及顶部风速 v_H 可按下式计算：

$$Re = 69000vD \tag{6-21}$$

$$v_{cr} = D/(T_i St) \tag{6-22}$$

$$v_H = \sqrt{2000\mu_H w_0/\rho} \tag{6-23}$$

式中　v——计算所用风速（m/s），可取临界风速值 v_{cr}；

　　　D——圆柱形结构截面的直径（m），当结构的截面沿高度缩小时（倾斜度不大于0.02），可以近似取 2/3 结构高度处的直径；

　　　T_i——结构第 i 振型的自振周期；验算亚临界的微风共振时，取基本自振周期 T_1；

　　　St——斯脱罗哈数，对圆截面结构取 0.2；

　　　μ_H——结构顶部风压高度变化系数（见表 6-5）；

　　　w_0——基本风压（kN/m²）；

　　　ρ——空气密度（kg/m³），一般情况可取 1.25kg/m³。

应该指出，亚临界的微风共振时，结构会发生共振声响，但一般不会对结构产生破坏。当临界风速不满足规范要求时可采用调整结构布置改变其刚度使结构基本自振周期 T_1 变更，并控制结构的临界风速 v_{cr1}（结构自振周期 T_1 时的临界风速）不小于 15m/s，以降低微风共振的发生率。

2. 当 $Re \geqslant 3.5 \times 10^6$ 且结构顶部风速 v_H 的 1.2 倍大于 v_{cr} 时，可发生跨临界的强风共振，此时应考虑横风向风振的等效风荷载。

等效风荷载标准值 w_{Lkj}（kN/m²）可按下式计算：

$$w_{Lkj} = |\lambda_j| v_{cr}^2 \phi_i(z)/12800\zeta_j \tag{6-24}$$

式中　λ_j——计算系数，可按表 6-19 采用；

λ_j 计算用表　　　　　　　　　　　　　　　　表 6-19

结构类型	振型序号	H_1/H										
		0	0.1	0.2	0.3	0.4	0.5	0.6	0.7	0.8	0.9	1.0
高耸结构	1	1.56	1.55	1.54	1.49	1.42	1.31	1.15	0.94	0.68	0.37	0
	2	0.83	0.82	0.76	0.60	0.37	0.09	−0.16	−0.33	−0.38	−0.27	0
	3	0.52	0.48	0.32	0.06	−0.19	−0.30	−0.21	0.00	0.20	0.23	0
	4	0.30	0.33	0.02	−0.20	−0.23	0.03	0.16	0.15	−0.05	−0.18	0
高层建筑	1	1.56	1.56	1.54	1.49	1.41	1.28	1.12	0.91	0.65	0.35	0
	2	0.73	0.72	0.63	0.45	0.19	−0.11	−0.36	−0.52	−0.53	−0.36	0

　　　v_{cr}——临界风速，按公式（6-22）计算，各振型的临界风速应分别计算，对强风共振应取第 1 至第 4 振型的振型系数进行计算。但对一般悬臂型结构，可只取第 1 或第 1 及第 2 振型；

　　　$\phi_i(z)$——结构的第 i 振型系数，由计算确定或按表 6-12～表 6-14 确定；

ζ_i——结构第 j 振型的阻尼比，对第 1 振型，钢结构取 0.01，房屋钢结构取 0.02，混凝土结构取 0.05，其他高阶振型的阻尼比，若无相关资料，可近似按第 1 振型的值取用。

此外，临界风速起始点高度 H_1(m) 可按下式计算：

$$H_1 = H \times \left(\frac{v_{cr}}{1.2 v_H} \right)^{1/\alpha} \tag{6-25}$$

式中　α——地面粗糙度指数，对 A、B、C 和 D 类地面粗糙度分别取 0.12、0.15、0.22 和 0.30；

v_H——结构顶部风速（m/s），按公式（6-23）计算。

上述跨临界强风共振验算时的规定是考虑到结构强风共振的严重性及试验资料的局限性，因此提高验算的要求，将结构顶部风速增大 1.2 倍以扩大验算范围。当临界风速起始点在结构顶部时，不会发生跨临界的强风共振，因此可不必验算横风向风振的等效风荷载；当临界风速的起始点在结构底部时，结构整个高度均发生共振它引起的效应最严重。应该指出在临界风速计算时的公式（6-22）中，对不同的振型 v_{cr} 也不同，因而所得的临界风速的起始点高度也不同。但现行荷载规范未明确在按公式（6-24）计算等效风荷载标准值 w_{Lkj} 时，如何考虑多振型的组合影响。对此，本书作者建议可采用现行建筑抗震设计规范对振型分解法确定地震效应的相同方法来处理。

3. 当雷诺数为 $3 \times 10^5 \leqslant Re < 3.5 \times 10^6$ 时，则发生超临界范围的风振，可不作处理。

除圆形截面结构外，试验表明某些矩形截面及凹角或削角矩形截面的高层建筑和高耸结构也会发生横风向风振的影响，因此现行荷载规范规定对横风向风振作用效应明显的高层建筑宜考虑横风向风振的影响。此外《工程结构通用规范》GB 55001—2021[74] 还明确规定，当高层建筑和高耸结构符合下列情况之一时，应计算顺风向与横风向荷载同时作用的荷载效应：

1. 结构外形高宽比大于 8；
2. 结构高度大于 150m 且结构高宽比大于 6；
3. 其他横风向效应显著的情况。

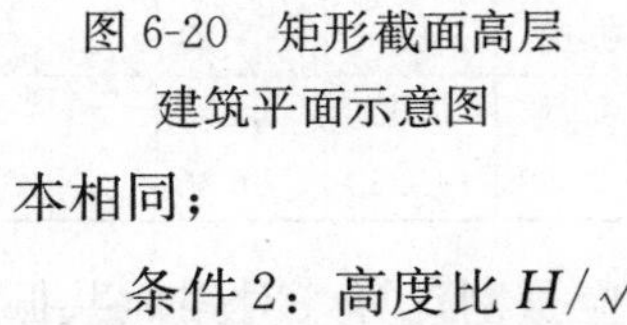

图 6-20　矩形截面高层
建筑平面示意图

横风向风振的等效风荷载可按下列方法确定：

1. 对平面或立面体型较复杂的高层建筑和高耸结构，其横风向风振的等效风荷载 w_{Lk} 宜通过风洞试验确定，也可比照有关资料确定。

2. 对矩形截面（图 6-20）及凹角或削角矩形截面（图 6-22）的高层建筑，其横风向风振的等效风荷载 w_{Lk}，当同时符合以下条件时可按公式（6-26）确定。

条件 1：高层建筑的平面形状和质量在整个高度范围内基本相同；

条件 2：高度比 $H/\sqrt{BD}$ 在 4～8 之间，深度比 D/B 在 0.5～2 之间，其中 B 为结构的迎风面宽度，D 为结构平面的进深（顺风向尺寸），H 为建筑高度；

条件 3：$v_H T_{L1}/\sqrt{BD} \leqslant 10$，其中 T_{L1} 为结构横风向第 1 自振周期，v_H 为结构顶部风速。

$$w_{Lk} = g w_0 \mu_z C'_L \sqrt{1 + R_L^2} \qquad (6\text{-}26)$$

式中　w_{Lk}——横风向风振等效风荷载标准值（kN/m^2），计算横风向风力时应乘以迎风面的面积；

　　　g——峰值因子，可取 2.5；

　　　C'_L——横风向风力系数，按公式（6-27）及公式（6-28）计算；

　　　R_L——横风向共振因子，按公式（6-29）～公式（6-32）计算。

　　横风向风力系数可按下列公式计算：

$$C'_L = (2 + 2\alpha) C_m \gamma_{CM} \qquad (6\text{-}27)$$

$$\gamma_{CM} = C_R - 0.019 \left(\frac{D}{B} \right)^{-2.54} \qquad (6\text{-}28)$$

式中　C_m——横风向风力角沿修正系数；

　　　α——风速剖面指数，对应 A、B、C 和 D 类粗糙度分别取 0.12、0.15、0.22 和 0.30；

　　　γ_{CM}——计算系数；

　　　C_R——地面粗糙度系数，对应 A、B、C 和 D 类粗糙度分别取 0.236、0.211、0.202 和 0.197。

　　横风向共振因子可按下列规定确定：

　　（1）横风向共振因子 R_L 可按下列公式计算：

$$R_L = K_L \sqrt{\frac{\pi S_{FL} C_{sm} / \gamma_{CM}^2}{4(\zeta_1 + \zeta_{a1})}} \qquad (6\text{-}29)$$

$$K_L = \frac{1.4}{(\alpha + 0.95) C_m} \cdot \left(\frac{z}{H} \right)^{-2\alpha + 0.9} \qquad (6\text{-}30)$$

$$\zeta_{a1} = \frac{0.0025(1 - T_{L1}^{*2}) T_{L1}^* + 0.000125 T_{L1}^{*2})}{(1 - T_{L1}^{*2})^2 + 0.0291 T_{L1}^{*2}} \qquad (6\text{-}31)$$

$$T_{L1}^* = \frac{v_H T_{L1}}{9.8B} \qquad (6\text{-}32)$$

式中　S_{FL}——无量纲横风向广义风力功率谱；

　C_m、C_{sm}——横风向风力功率谱的角沿修正系数；

　　　ζ_1——结构第 1 振型阻尼比；

　　　K_L——振型修正系数；

　　　ζ_{a1}——结构横风向第 1 振型气动阻尼比；

　　　T_{L1}^*——折算周期。

　　（2）无量纲横风向广义风力功率谱 S_{FL}，可根据深度比 D/B 和折算频率 f_{L1}^* 按图 6-21 确定。折算频率 f_{L1}^* 按下式计算：

$$f_{L1}^* = f_{L1} B / v_H \qquad (6\text{-}33)$$

式中　f_{L1}——结构横风向第 1 振型的频率（Hz）。

　　（3）横风向风力角沿修正系数 C_m 可按下列规定确定：

　　① 对于横截面为标准方形或矩形的高层建筑，C_m 和 C_{sm} 取 1.0；

　　② 对于图的削角或凹角矩形截面，横风向风力功率谱的角沿修正系数 C_m 可按下式计算：

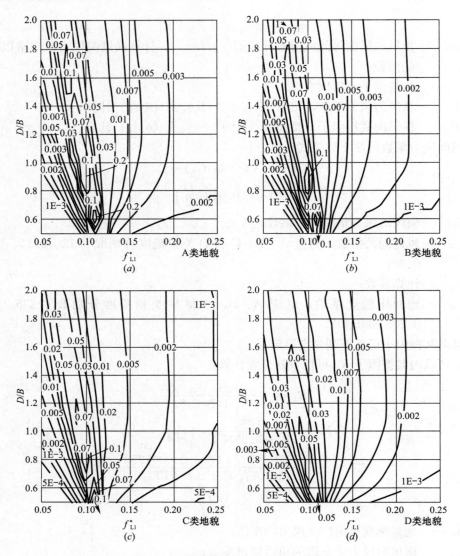

图 6-21   无量纲横风向广义风力功率谱

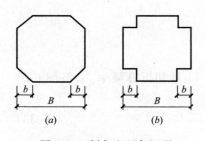

图 6-22   削角和凹角矩形
截面高层建筑示意图
(a) 削角；(b) 凹角

$$C_{\mathrm{m}} = \begin{cases} 1.00 - 81.6\left(\dfrac{b}{B}\right)^{1.5} + 301\left(\dfrac{b}{B}\right)^{2} - 290\left(\dfrac{b}{B}\right)^{2.5} \\ 0.05 \leqslant b/B \leqslant 0.2 \quad 凹角 \\ 1.00 - 2.05\left(\dfrac{b}{B}\right)^{0.5} + 24\left(\dfrac{b}{B}\right)^{1.5} - 36.8\left(\dfrac{b}{B}\right)^{2} \\ 0.05 \leqslant b/B \leqslant 0.2 \quad 削角 \end{cases}$$

$$(6\text{-}34)$$

式中 b——削角或凹角修正尺寸（m）（图 6-22）。

③对于图 6-22 所示的削角或凹角矩形截面，横风向
广义风力功率谱的角沿修正系数 C_{sm} 可按表 6-20 取值。

横风向广义风力功率谱的角沿修正系数 C_{sm} 表 6-20

角沿情况	地面粗糙度类别	b/B	折减频率（f_{T1}^*）						
			0.100	0.125	0.150	0.175	0.200	0.225	0.250
削角	B类	5%	0.183	0.905	1.2	1.2	1.2	1.2	1.1
		10%	0.070	0.349	0.568	0.653	0.984	0.670	0.653
		20%	0.106	0.502	0.953	0.819	0.743	0.667	0.626
	D类	5%	0.368	0.749	0.922	0.955	0.943	0.917	0.897
		10%	0.256	0.504	0.659	0.706	0.713	0.697	0.686
		20%	0.339	0.974	0.977	0.894	0.841	0.805	0.790
凹角	B类	5%	0.106	0.595	0.980	1.0	1.0	1.0	1.0
		10%	0.033	0.228	0.450	0.565	0.610	0.604	0.594
		20%	0.042	0.842	0.563	0.451	0.421	0.400	0.400
	D类	5%	0.267	0.586	0.839	0.955	0.987	0.991	0.984
		10%	0.091	0.261	0.452	0.567	0.613	0.633	0.628
		20%	0.169	0.954	0.659	0.527	0.475	0.447	0.453

注：1. A类地面粗糙度的 C_{sm} 可按 B 类取值；
   2. C类地面粗糙度的 C_{sm} 可按 B 类和 D 类插值取用。

二、扭转风振

当结构的截面刚度中心与质量中心不重合时，在风荷载作用下结构将产生平动和扭转的耦合振动。现行荷载规范为防止这类情况下的结构由于风荷载引起的破坏，并考虑到情况的复杂性，根据现有的科研试验成果，对满足下列条件的矩形截面高层建筑结构可按现行荷载规范的新规定进行扭转风振计算：

1. 结构平面的形状在整个高度范围内基本相同；

2. 刚度中心与质量中心的偏心率（即偏心距/回转半径）小于 0.2；

3. $H/\sqrt{BD} \leqslant 6$，D/B 在 1.5～5 范围内，$T_{T1} v_H/\sqrt{BD} \leqslant 10$，其中 H 为结构总高度；B 为结构迎风面宽度；D 为结构平面的进深（顺风向尺寸）；T_{T1} 为结构第 1 阶扭转振型的周期（s），应按结构动力计算确定；v_H 为结构顶部的风速，按公式（6-23）确定。

满足以上条件的矩形截面高层建筑结构，可按以下公式确定在结构上的扭转风振等效风荷载标准值：

$$w_{Tk} = 1.8 g w_0 \mu_H C_T' \left(\frac{z}{H}\right)^{0.9} \sqrt{1 + R_T^2} \tag{6-35}$$

式中　w_{Tk}——扭转风振等效风荷载标准值（kN/m^2），扭矩计算应乘以迎风面面积和宽度；

　μ_H——结构顶部风压高度变化系数（见表 6-5）；

　g——峰值因子，可取 2.5；

　C_T'——风致扭矩系数，按公式 $C_T' = [0.0066 + 0.015(D/B)^2]^{0.78}$ 确定；

　R_T——扭转共振因子。

扭转共振因子可按下列公式计算：

$$R_T = K_T \sqrt{\pi F_T/(4\zeta_1)} \tag{6-36}$$

$$K_T = \frac{(B^2 + D^2)}{20r^2} \times \left(\frac{z}{H}\right)^{-0.1} \tag{6-37}$$

式中 F_T——扭矩谱能量因子；

$\quad\quad K_T$——扭转振型修正系数；

$\quad\quad r$——结构的回转半径（m）。

扭矩谱能量因子 F_T 可根据深宽比 D/B 和扭转折算频率 f_{T1}^* 按图 6-23 确定，其中 f_{T1}^* 按下式计算：

$$f_{T1}^* = f_{T1} \sqrt{BD}/v_H \tag{6-38}$$

式中 f_{T1}——结构第 1 阶扭转自振频率（Hz）。

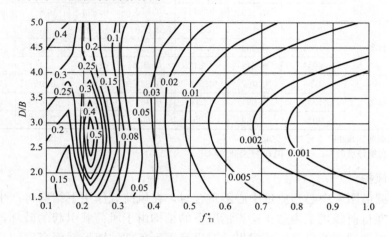

图 6-23 扭矩谱能量因子

对于体型较复杂以及质量或刚度有显著偏心的高层建筑，其扭转风振等效风荷载 w_{TK} 宜通过风洞试验确定，也可比照有关资料确定。

三、风荷载效应的组合工况

结构在顺风向风振、横风向风振及扭转风振等效风荷载作用下，其风荷载的效应组合宜按表 6-21 考虑。

	风荷载组合工况		表 6-21
工况	顺风向风荷载	横风向风振等效风荷载	扭转风振等效风荷载
1	F_{Ck}	—	—
2	$0.6F_{Ck}$	F_{Lk}	—
3			T_{Tk}

表 6-21 中的单位高度风力 F_{Dk}、F_{Lk} 及扭矩 T_{Tk} 标准值应按下列公式计算：

$$F_{Dk} = (W_{k1} - W_{k2})B \tag{6-39}$$

$$F_{Lk} = W_{Lk}B \tag{6-40}$$

$$T_{Tk} = W_{Tk}B^2 \tag{6-41}$$

式中 F_{Dk}——顺风向单位高度风力标准值（kN/m）；

$\quad\quad F_{Lk}$——横风向单位高度风力标准值（kN/m）；

$\quad\quad T_{Tk}$——单位高度风致扭矩标准值（kN·m/m）；

W_{k1}、W_{k2}——迎风面、背风面风荷载标准值（kN/m²）；

W_{Lk}、W_{Tk}——横风向风振和扭转风振等效风荷载标准值（kN/m²）；

　　　　B——迎风面宽度（m）。

【例题 6-11】　某环形截面构筑物，其高度为 100m，外径为 5m（图 6-24），基本自振周期 $T_1=2.5s$，修建地区的基本风压 $w_0=0.6$kN/m²，风向影响系数 $C_d=1.0$，地形修正系数 $C_t=1.0$，地面粗糙度为 B 类，该构筑物为对风荷载敏感结构。试问是否需要对该构筑物进行横风向风振校核。

【解】　（1）按公式（6-22）计算临界风速 v_{cr}

$v_{cr}=D/(T_1 S_t)$，今 $D=5m$，$T_1=2.5s$，$S_t=0.2$ 代入得：

$$v_{cr}=5/(2.5\times0.2)=10\text{m/s}$$

　　（2）按公式（6-22）计算雷诺数 Re：

$$Re=69000v_{cr}D=69000\times10\times5=3.45\times10^6$$

此值小于 3.5×10^6，大于 3×10^5，故知该构筑物在风荷载作用下会处于超临界范围，工程上通常可不作进一步处理，不需要进行横风向风振校核。

【例题 6-12】　某圆形平面现浇钢筋混凝土剪力墙结构高层建筑，外径 15m，房屋高度为 60m，其竖向刚度和质量变化均匀，外形如图 6-25 所示。该建筑修建在地面粗糙度为 C 类地区，风向影响系数 $C_d=1.0$，地形修正系数 $C_t=1.0$，基本风压 $w_0=0.6$kN/m²，但不属于对风荷载敏感建筑，其基本自振周期 $T_1=2.7s$，试问该建筑是否需要进行横风向风振校核，若需要校核，则要求计算其横风向风振等效风荷载标准值 w_{Lk}。

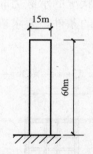

图 6-24　环形截面构筑物　　图 6-25　圆形平面高层剪力墙建筑立面

【解】　（1）确定是否需要进行横风向风振计算

① 按公式（6-22）计算临界风速 v_{cr}

$v_{cr}=D/(T_1 S_t)$。今 $D=15m$，$T_1=2.7s$，$S_t=0.2$ 代入得：

$$v_{cr}=15/(2.7\times0.2)=27.8\text{m/s}$$

② 按公式（6-21）计算雷诺数 Re

$$Re=69000v_{cr}D=69000\times27.8\times15=2.87\times10^7>3.5\times10^6$$

③ 按公式（6-23）计算结构顶部风速 v_H

$v_H=\sqrt{2000\mu_H w_0/\rho}$，今 $\mu_H=1.20$（查表 6-5，C 类场地，顶部高度 60m 处的风压高度变化系数），$w_0=0.6$kN/m²，$\rho=1.25$kg/m³

$$v_H=\sqrt{2000\times1.2\times0.6/1.25}=33.9\text{m/s}>1.2v_{cr}=33.4\text{m/s}$$

故知符合雷诺数$>3.5\times10^6$且$v_{\mathrm{H}}>1.2v_{\mathrm{cr}}$情况，该建筑在风荷载作用下会发生跨临界的强风共振，应进行横风向风振的等效风荷载计算。

（2）计算跨临界强风共振引起在临界风速起始点高度H_1处第1振型的等效风荷载标准值w_{Lk1}：

① 按公式（6-25）计算H_1：

$H_1 = H\left(\dfrac{v_{\mathrm{cr}}}{1.2v_{\mathrm{H}}}\right)^{1/\alpha}$，今$H=60\mathrm{m}$，$v_{\mathrm{cr}}=27.8\mathrm{m/s}$，$v_{\mathrm{H}}=33.9\mathrm{m/s}$，$\alpha=0.22$代入得：

$$H_1 = 60\times\left(\frac{27.8}{1.2\times33.9}\right)^{1/0.22} = 10.6\mathrm{m}$$

② 按公式（6-24）计算距地面高度H_1处的横风向风振等效风荷载标准值w_{Lk1}：

$w_{\mathrm{Lk1}} = |\lambda_j|\ v_{\mathrm{cr}}^2\phi_j(z)/(12800\zeta_j)$ 今$j=1$，$z=10.6\mathrm{m}$，$\zeta=0.05$（钢筋混凝土结构），$v_{\mathrm{cr}}=27.8\mathrm{m/s}$，$\phi_1(10.6)=0.068$（查表6-13，参数$z/H=10.6/60=0.18$，第1振型）。

$\lambda_1=1.54$（查表6-19，参数$H_1/H=0.18$，第1振型，高层建筑），代入得：

$$w_{\mathrm{Lk1}} = 1.54\times27.8^2\times0.068/(12800\times0.05) = 0.126\mathrm{kN/m^2}$$

此w_{Lk1}值可认为自强风共振临界风速起始点至结构顶部区间均匀分布于结构上[63]。

【**例题 6-13**】 某现浇钢筋混凝土框架-核心筒高层建筑，修建于抗震设防烈度7度、设计基本地震加速度$0.1g$地区，其标准层平面如图6-26所示，该建筑高度135m（室外地面至主要屋面板板顶高度），平面形状和质量在整个高度范围内基本相同，在所示风向的横风向第1阶自振周期T_{L1}为3.4s。该地区的基本风压$w_0=0.5\mathrm{kN/m^2}$，地面粗糙度类别为C类，风向影响系数$C_d=1.0$，地形修正系数$C_t=1.0$。试确定该高层建筑在计算风荷载作用下持久设计状况的承载力时，是否符合现行荷载规范规定的条件考虑横风向风振的影响；若符合规定的条件，要求确定该建筑顶点处（主要屋面板板顶面）横风向等效风荷载标准值。

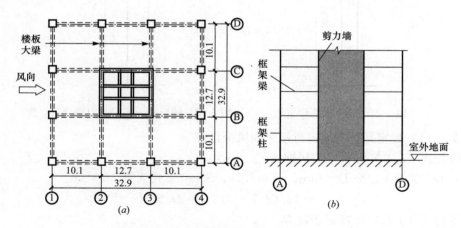

图 6-26   有梁板体系的框架-核心筒

(a) 结构平面（m）；(b) 轴线②、③结构立面

【**解**】 （1）确定该高层建筑是否符合现行荷载规范规定计算横风向风振的条件

条件1：已知该高层建筑在整个高度范围内平面形状和质量基本相同（符合规定）

条件2：该建筑的高宽比$H/\sqrt{BD}=135/\sqrt{32.9\times32.9}=4.1$（要求此值在4~8之

间，符合规定）

该建筑的深宽比 $D/B=32.9/32.9=1$（要求此值在 $0.5\sim2$ 之间，符合规定）

条件 3：确定 $v_H T_{L1}/\sqrt{BD}$ 值

式中 v_H 为结构顶部风速，按公式 $v_H=v_{10}\left(\dfrac{H}{10}\right)^\alpha$ 计算，其中 $\alpha=0.22$，$H=135\text{m}$，v_{10} 为 10m 高度处的风速，根据基本风压定义 $w_0=\dfrac{v_{10}^2}{1600}$，因此可求得 $v_{10}=\sqrt{1600w_0}$，由于该高层建筑属对风荷载敏感，因而计算承载力时的基本风压应乘以 1.1。

$$v_H=\sqrt{1600\times1.1\times0.5}\times\left(\frac{135}{10}\right)^{0.22}=52.5\text{m/s}$$

今 $T_{L1}=3.4\text{s}$，由此得 $v_H T_{L1}/\sqrt{BD}=52.5\times3.4/\sqrt{32.9\times32.9}=5.43$（要求其值 $\leqslant10$，符合规定）

因而三条件均符合规定，因此可按现行荷载规范规定的方法计算横风向风振的等效风荷载标准值。

（2）确定该高层建筑顶点处的横风向风振等效风荷载标准值 w_{Lk}：

1）应按公式（6-26）计算 w_{Lk}：$w_{Lk}=gw_0\mu_z C_L'\sqrt{1+R_L^2}$

上式中首先能确定的参数为：$g=2.5$，$w_0=1.1\times0.5=0.55\text{kN/m}^2$，$\mu_z=1.70$（查表 6-5，$z=135\text{m}$）

因此 $w_{Lk}=2.5\times0.55\times1.7\times C_L'\sqrt{1+R_L^2}=2.338\times C_L'\sqrt{1+R_L^2}$

2）按公式（6-27）计算参数 C_L'：$C_L'=(2+2\alpha)C_m\gamma_{CM}$

而 γ_{CM} 应按公式（6-28）计算：$\gamma_{CM}=C_R-0.019\left(\dfrac{D}{B}\right)^{-2.54}$

今 $C_R=0.202$（C 类场地），$D/B=32.9/32.9=1$，代入上式得 $\gamma_{CM}=0.202-0.019=0.183$

此外 $C_M=1$，$\alpha=0.22$；因此 $C_L'=(2+2\times0.22)\times1\times0.183=0.447$

3）按公式（6-29）计算参数 R_L：$R_L=K_L\sqrt{\dfrac{\pi S_{FL}(C_{sm}/\gamma_{CM}^2)}{4(\zeta_1+\zeta_{a1})}}$

① 按公式（6-31）计算 ζ_{a1}：$\zeta_{a1}=\dfrac{0.0025(1-T_{L1}^{*2})T_{L1}^*+0.00125T_{L1}^{*2}}{(1-T_{L1}^{*2})^2+0.0291T_{L1}^{*2}}$

而 T_{L1}^* 应按公式（6-32）计算：$T_{L1}^*=v_H T_{L1}/(9.8B)$，今 $v_H=52.5\text{m/s}$，$T_{L1}=3.4\text{s}$，$B=32.9\text{m}$

代入得：$T_{L1}^*=52.5\times3.4/(9.8\times32.9)=0.554$

因此 $\zeta_{a1}=\dfrac{0.0025\times(1-0.554^2)\times0.554+0.00125\times0.554^2}{(1-0.554^2)^2+0.0291\times0.554^2}=2.04\times10^{-3}$

② 按公式（6-30）计算 K_L：$K_L=\dfrac{1.4}{(\alpha+0.95)C_M}\times\left(\dfrac{z}{H}\right)^{-2\alpha+0.9}$

今 $z=135\text{m}$，$H=135\text{m}$，$C_M=1$，$\alpha=0.22$，代入得 $K_L=\dfrac{1.4}{(0.22+0.95)\times1}\times\left(\dfrac{135}{135}\right)^{-2\times0.22+0.9}=1.197$

③ 按图 6-21 查 S_{FL} 值：

参数 $D/B=32.9/32.9=1$，折算频率 $f'_L = f_{L1}B/v_H = \dfrac{1}{3.4} \times 32.9/52.5 = 0.18$，因此 $S_{FL}=0.002$

④ ζ_1 值：由于该高层建筑为钢筋混凝土结构，可取 $\zeta_1=0.05$

⑤ C_{SM} 值：由于该高层建筑平面为矩形，$C_{SM}=1$

将以上各参数代入公式（6-29）得：

$$R_L = 1.197 \times \sqrt{\frac{\pi \times 0.002 \times 1/0.183^2}{4 \times (0.05 + 2.04 \times 10^{-3})}} = 1.136$$

4）C'_L 及 R_L 代入公式（6-26）得：$w_{Lk}=2.338 \times 0.447 \times \sqrt{1+1.136^2}=1.58\text{kN/m}^2$

（3）在计算风荷载作用下持久设计状况的承载力时，除确定该建筑顶点处的横风向风振等效风荷载外，尚需按照以上计算方法确定沿房屋高度各楼层的 w_{Lk}，以确定作用在各楼层上的等效风力。

第四节　高层建筑顺风向和横风向风振加速度计算

现行行业标准《高层民用建筑钢结构技术规程》JGJ 99—2015 及《高层建筑混凝土结构技术规程》JGJ 3—2010 要求房屋高度不小于 150m 的高层混凝土建筑结构应满足风振舒适度要求。JGJ 3—2010 并规定在 10 年一遇的风荷载标准值作用下，结构顶点的顺风向和横风向振动最大加速度计算值不应超过表 6-22 的限值。

高层混凝土建筑（高度不小于 150m）结构顶点风振加速度限值 a_{lim}   表 6-22

使用功能	$a_{lim}(\text{m/s}^2)$
住宅、公寓	0.15
办公、旅馆	0.25

现行荷载规范考虑到我国相关规范的要求，在规范中新增加了结构顺风向和横风向风振加速度计算的规定，以适应工程设计的需要。

一、高层建筑顺风向风振加速度计算

与高层建筑顺风向风振计算的规定适用范围相同，对体型和质量沿高度均匀分布的高层建筑，根据结构随机振动理论和动力学原理，其顺风向风振加速度可按下式计算：

$$a_{D,z} = 2gI_{10}w_R\mu_s\mu_z B_z \eta_a B/m \tag{6-42}$$

式中　$a_{D,z}$——高层建筑 z 高度顺风向风振加速度（m/s^2）；

g——峰值因子，可取 2.5；

I_{10}——10m 高度名义湍流度，对应 A、B、C 和 D 类地面粗糙度，可分别取 0.12、0.14、0.23 和 0.39；

w_R——重现期为 R 年的风压（kN/m^2）可按公式（5-2）计算，R 值按各相关结构设计规范规定取值；

B——迎风面宽度（m）；

m——高层建筑单位高度质量（t/m）；

μ_z——风压高度变化系数；

μ_s——风荷载体型系数；

B_z——脉动风荷载的背景分量因子，按公式（6-16）计算；

η_a——顺风向风振加速度的脉动系数，可根据结构阻尼比 ζ_1 和系数 x_1 作为参数
并查表 6-23 确定，其中 x_1 应按公式（6-15）计算。

顺风向风振加速度的脉动系数 η_a　　　　　　　　　　表 6-23

x_1	$\zeta_1=0.01$	$\zeta_1=0.02$	$\zeta_1=0.03$	$\zeta_1=0.04$	$\zeta_1=0.05$
5	4.14	2.94	2.41	2.10	1.88
6	3.93	2.79	2.28	1.99	1.78
7	3.75	2.66	2.18	0.90	1.70
8	3.59	2.55	2.09	1.82	1.63
9	3.46	2.46	2.02	1.75	1.57
10	3.35	2.38	1.95	1.69	1.52
20	2.67	1.90	1.55	1.35	1.21
30	2.34	1.66	1.36	1.18	1.06
40	2.12	1.51	1.23	1.07	0.96
50	1.97	1.40	1.15	1.00	0.89
60	1.86	1.32	1.08	0.94	0.84
70	1.76	1.25	1.03	0.89	0.80
80	1.69	1.20	0.98	0.85	0.76
90	1.62	1.15	0.94	0.82	0.74
100	1.56	1.11	0.91	0.79	0.71
120	1.47	1.05	0.86	0.74	0.67
140	1.40	0.99	0.81	0.71	0.63
160	1.34	0.95	0.78	0.68	0.61
180	1.29	0.91	0.75	0.65	0.58
200	1.24	0.88	0.72	0.63	0.56
220	1.20	0.85	0.70	0.61	0.55
240	1.17	0.83	0.68	0.59	0.53
260	1.14	0.81	0.66	0.58	0.52
280	1.11	0.79	0.65	0.56	0.50
300	1.09	0.77	0.63	0.55	0.49

二、高层建筑横风向风振加速度计算

对体型和质量沿高度均匀分布的矩形截面高层建筑，横风向风振加速度可按下式计算：

$$a_{L,z} = 2.8 g w_R \mu_H B \phi_{L1}(z) \sqrt{\frac{\pi S_{FL} C_{sm}}{4(\zeta_1 + \zeta_{a1})}}/m \tag{6-43}$$

式中　$a_{L,z}$——高层建筑 z 高度横风向风振加速度（m/s^2）；

　　　　g——峰值因子，可取 2.5；

　　　　w_R——重现期为 R 年的风压（kN/m^2），应根据相关的结构设计规范的要求确定重
现期 R 年；

　　　　B——迎风面宽度（m）；

m——结构单位高度质量（t/m）；

μ_H——结构顶部风压高度变化系数；

S_{FL}——无量纲广义风力功率谱，可按本手册横向风风振计算中 S_{FL} 的规定内容确定；

C_{sm}——横风向风力谱的角沿修正系数，可按本手册横向风风振计算中 C_m 的规定内容确定；

$\phi_{L1}(z)$——结构横风向第 1 振型系数，可根据结构动力学计算或查表 6-13～表 6-15 确定；

ζ_1——结构横风向第 1 振型阻尼比；

ζ_{a1}——结构横风向第 1 振型气动阻尼比，可按本手册公式（6-32）计算确定。

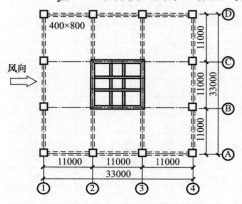

图 6-27　标准层平面图（单位：mm）

【例题 6-14】 某钢筋混凝土框架-核心筒结构高层办公房屋，其结构平面如图 6-27 所示，自室外地面至房屋主要屋面板板顶面高度为 190m，共 55 层，标准层层高 3.4m，其体型和质量沿高度均匀分布，房屋单位高度质量 $m=545t/m$，顺风向及横风向的第一阶自振周期 $T=6.65s$，结构阻尼比 $\zeta_1=0.05$。该房屋修建于地震设防烈度 6 度、设计基本地震加速度 $0.05g$、设计地震分组为第二组地区。建筑场地类别为 II 类，当地 10 年一遇的风压值 $w_{10}=0.2kN/m^2$，地面粗糙度类别为 D 类。试求该房屋的结构顶点（主要屋面板板顶面处）顺风向和横风向风振加速度，并判定是否满足表 1-15 对办公房屋舒适度要求。

【解】 由于该房屋高度超过 150m，按《高层建筑混凝土结构技术规程》JGJ 3—2010 规定需验算结构顶点的风振加速度并要求判定是否满足表 1-15 的限值要求。

（1）验算结构顶点的顺风向加速度按公式（6-42）计算：

$$a_{D,z}=\frac{2gI_{10}w_R\mu_s\mu_z B_z\eta_a B}{m}$$

确定其中各参数：

g 可取 2.5；$I_{10}=0.39$；$w_R=w_{10}=0.2kN/m^2$，$\mu_s=1.4$（查表 6-6 第 31 项）；$\mu_z=1.53$（查表 6-5，距地面 190m、D 类地面粗糙度）；$B=33m$

① 计算参数 B_z：

按公式（6-16）计算　　$B_z=kH^{a_1}\rho_x\rho_z\frac{\phi_1(z)}{\mu_z}$

其中按表 6-8，对高层建筑、D 类粗糙度取 $k=0.112$，$a_1=0.346$；$B=33m$，$H=190m$；$\phi_1(z)=\phi_1(190)=1.00$

$$\rho_x=\frac{10\sqrt{B+50e^{-B/50}-50}}{B}=\frac{10\sqrt{33+50e^{-33/50}-50}}{33}=0.901$$

$$\rho_z=\frac{10\sqrt{H+60e^{-H/60}-60}}{H}=\frac{10\sqrt{190+60e^{-190/60}-60}}{190}=0.606$$

代入上式得 $B_z = 0.112 \times 190^{0.346} \times 0.901 \times 0.606 \times 1/1.53 = 0.246$

② 计算参数 η_a：

η_a 应根据参数 x_1 及 ζ_1 查表 6-23 确定。

$$x_1 = 30f_1 / \sqrt{k_w w_{10}} = 30 \times \frac{1}{6.65} / \sqrt{0.26 \times 0.20} = 19.783 > 5$$

$\zeta_1 = 0.05$ 所以 $\eta_a = 1.22$

将以上参数代入 $a_{D,z}$ 计算公式（6-42）得：

$$a_{D,z} = a_{D,190} = 2 \times 2.5 \times 0.39 \times 0.20 \times 1.4 \times 1.53 \times 0.246 \times 1.22 \times 33/545$$
$$= 0.0152 \text{m/s}^2 < 0.28 \text{m/s}^2 \text{（满足表 1-15 对办公房屋舒适度要求）}$$

（2）验算结构顶点的横风向加速度

横风向加速度可按下列公式计算［即公式（6-43）］：

$$a_{L,z} = \frac{2.8 g w_R \mu_H B}{m} \phi_{L1}(z) \sqrt{\frac{\pi S_{FL} C_{sm}}{4(\zeta_1 + \zeta_{a1})}}$$

确定其中各参数：

g 可取 2.5；$w_R = w_{10} = 0.2 \text{kN/m}^2$；$\mu_H = 1.53$；$B = 33\text{m}$；$m = 545\text{t/m}$；$C_{sm} = 1$；$\phi_{L1}(z) = \phi_{L1}(190) = 1$；$\zeta_1 = 0.05$。

① 计算参数 S_{FL}：

S_{FL} 应根据参数 D/B 及 f_{L1}^* 查图 6-21 确定其值，今参数 $D/B = 33/33 = 1$，而另一参数 $f_{L1}^* = f_{L1} B / v_H$；其中 $f_{L1} = \frac{1}{T_{L1}} = \frac{1}{6.65}$；$B = 33\text{m}$；

$$v_H = \left(\frac{H}{10}\right)^\alpha \sqrt{10} = \left(\frac{190}{10}\right)^{0.3} \sqrt{\frac{2 \times 9.8 \times 0.2}{0.0125}} = 42.8 \text{m/s} \text{ 代入得}$$

$$f_{L1}^* = \frac{1}{6.65} \times 33/42.8 = 0.116$$

因此查图 6-21 得 $S_{FL} = 0.035$。

② 计算参数 ζ_{a1}：

$$\zeta_{a1} = \frac{0.0025(1 - T_{L1}^{*2})T_{L1}^* + 0.000125 T_{L1}^{*2}}{(1 - T_{L1}^{*2})^2 + 0.0291 T_{L1}^{*2}}, \text{ 其中 } T_{L1}^* = \frac{v_H T_{L1}}{9.8B} = \frac{42.8 \times 6.65}{9.8 \times 33} = 0.88$$

代入，得：

$$\zeta_{a1} = \frac{0.0025 \times (1 - 0.88^2) \times 0.88 + 0.000125 \times 0.88^2}{(1 - 0.88^2)^2 + 0.0291 \times 0.88^2} = 0.00808$$

将各参数代入 $a_{L,z}$ 得：

$$a_{L,z} = \frac{2.8 \times 2.5 \times 0.2 \times 1.53 \times 33}{545} \times 1 \times \sqrt{\frac{\pi \times 0.035 \times 1}{4 \times (0.05 + 0.00808)}}$$
$$= 0.089 \text{m/s} < 0.28 \text{m/s} \text{（满足表 1-15 的办公房屋舒适度要求）}$$

第五节 结构基本自振周期的经验公式

一、高耸结构

1. 一般高耸结构的基本自振周期 $T_1(\text{s})$，钢结构可取下式计算的较大值，钢筋混凝土结构可取下式的较小值：

$$T_1 = (0.007 \sim 0.013)H \qquad (6\text{-}44)$$

式中　H——结构的高度（m）。

2. 烟囱和塔架等结构的基本自振周期可按下列规定采用：

（1）烟囱的基本自振周期可按下列规定计算：

① 高度不超过 60m 的砖烟囱的基本自振周期按下式计算：

$$T_1 = 0.23 + 0.22 \times 10^{-2} \frac{H^2}{d} \qquad (6\text{-}45)$$

② 高度不超过 150m 的钢筋混凝土烟囱的基本自振周期按下式计算：

$$T_1 = 0.41 + 0.10 \times 10^{-2} \frac{H^2}{d} \qquad (6\text{-}46)$$

③ 高度超过 150m，但低于 210m 的钢筋混凝土烟囱的基本自振周期按下式计算：

$$T_1 = 0.53 + 0.08 \times 10^{-2} \frac{H^2}{d} \qquad (6\text{-}47)$$

式中　H——烟囱高度（m）；

d——烟囱 1/2 高度处的外径（m）。

（2）石油化工塔架（图 6-28）的基本自振周期可按下列规定计算：

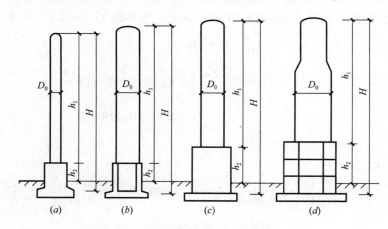

图 6-28　设备塔架的基础形式

（a）圆柱基础塔；（b）圆筒基础塔；（c）方形（板式）框架基础塔；（d）环形框架基础塔

① 圆柱或圆筒（壁厚不大于 30mm）基础塔的基本自振周期按下列公式计算：

当 $H^2/D_0 < 700$ 时

$$T_1 = 0.35 + 0.85 \times 10^{-3} \frac{H^2}{D_0} \qquad (6\text{-}48)$$

当 $H^2/D_0 \geqslant 700$ 时

$$T_1 = 0.25 + 0.99 \times 10^{-3} \frac{H^2}{D_0} \qquad (6\text{-}49)$$

式中　H——从基础底板或柱基顶面至设备塔顶面的总高度（m）；

D_0——设备塔的外径（m），对变直径塔，可按各段高度为权，取外径的加权平均值。

② 框架基础塔（塔壁厚不大于 30mm）：

$$T_1 = 0.56 + 0.40 \times 10^{-3} \frac{H^2}{D_0} \tag{6-50}$$

③ 塔壁厚大于 30mm 的各类设备塔架的基本自振周期应按有关理论公式计算。

④ 当若干塔由平台连成一排时，垂直于排列方向的各塔基本自振周期 T_1 可采用主塔（即周期最大的塔）的基本自振周期值；平行于排列方向的各塔基本自振周期 T_1 可采用主塔基本自振周期乘以折减系数 0.9。

二、高层建筑

1. 一般情况下，高层建筑的基本自振周期可根据建筑总层数近似地按下列规定采用：

(1) 钢结构的基本自振周期按下式计算：

$$T_1 = (0.10 \sim 0.15)n \tag{6-51}$$

(2) 钢筋混凝土结构的基本自振周期按下式计算：

$$T_1 = (0.05 \sim 0.10)n \tag{6-52}$$

式中　n——建筑总层数。

2. 钢筋混凝土框架、框架-剪力墙和剪力墙结构的基本自振周期可按下列规定采用：

(1) 钢筋混凝土框架和框架-剪力墙结构的基本自振周期按下式计算：

$$T_1 = 0.25 + 0.53 \times 10^{-3} \frac{H^2}{\sqrt[3]{B}} \tag{6-53}$$

(2) 钢筋混凝土剪力墙结构的基本自振周期按下式计算：

$$T_1 = 0.03 + 0.03 \frac{H^2}{\sqrt[3]{B}} \tag{6-54}$$

式中　H——房屋总高度（m）；

　　　B——房屋宽度（m）。

第六节　门式刚架轻型钢结构房屋的风荷载

《门式刚架轻型房屋钢结构技术规范》GB 51022—2015 根据我国对门式刚架轻型钢结构房屋的工程经验，借鉴 1976 年以来由美国、加拿大进行的大量低矮房屋模型的试验资料及在其基础上编制的美国金属房屋制造商协会 MBMA《金属房屋系统手册》（2006）中的风荷载有关规定，提出了适合我国国情并针对门式刚架轻型钢结构房屋设计中的风荷载计算规定。这些规定反映出房屋高度不大于 18m、房屋高宽比小于 1、承重结构为单跨或多跨实腹门式刚架、具有轻型屋盖的单层钢结构房屋（即通常所称的低矮房屋）在风荷载作用下其受力有许多不同于其他类型房屋的特点。与现行荷载规范相比较，其特点主要是主体结构所受风力较小、而围护结构构件的风吸力较大。此外结构构件受风力与其所在房屋中的区域划分位置有密切关系。现摘录其主要内容如下：

一、门式刚架轻型钢结构房屋的风荷载标准值

门式刚架轻型房屋钢结构计算时，风荷载作用面积应取垂直于风向的最大投影面积，垂直于建筑物表面的单位面积风荷载标准值应按下式计算：

$$w_k = \beta \mu_w \mu_z w_0 \tag{6-55}$$

式中 w_k——风荷载标准值（kN/m²）；

   w_0——基本风压（kN/m²）；

   μ_z——风压高度变化系数，当高度小于 10m 时，应按 10m 高度处的数值采用；见本手册表 6-5；

   μ_w——风荷载系数，考虑内、外风压最大值的组合，按本节第二款的规定采用；

   β——系数，计算主刚架时取 $\beta=1.1$；计算檩条、墙梁、屋面板和墙面板及其连接时，取 $\beta=1.5$。

二、门式刚架轻型钢结构房屋的风荷载系数

1. 主刚架的风荷载系数 μ_w

对门式刚架轻型钢结构房屋，当房屋高度不大于 18m、房屋高度与宽度之比小于 1 时，主刚架的风荷载系数 μ_w 应按下列规定采用：

（1）主刚架的横向风荷载系数

应按图 6-29 所示的区域划分及表 6-24 的规定采用。

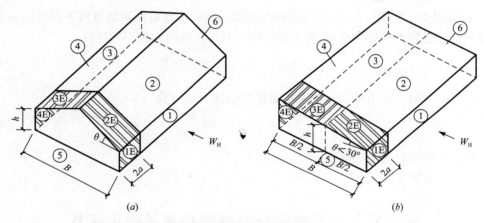

(a)   *(b)*

图 6-29 主刚架的横向风荷载系数分区

（a）双坡屋面横向；（b）单坡屋面横向

θ—屋面坡度角，为屋面与水平的夹角；B—房屋宽度；h—屋顶至室外地面的平均高度；双坡屋面可近似取檐口高度，单坡屋面可取跨中高度；a—计算围护结构构件时的房屋边缘带宽度，取房屋最小水平尺寸的 10％或 0.4h 之中较小值，但不得小于房屋最小尺寸的 4％或 1m。图中①、②、③、④、⑤、⑥、①E、②E、③E、④E为分区编号；W_H 为横风向来风

主刚架横向风荷载系数   表 6-24

房屋类型	屋面坡度角 θ	荷载工况	端区系数				中间区系数				山墙
			1E	2E	3E	4E	1	2	3	4	5 和 6
封闭式	$0°\leqslant\theta\leqslant5°$	（+i）	+0.43	−1.25	−0.71	−0.60	+0.22	−0.87	−0.55	−0.47	−0.63
		（−i）	+0.79	−0.89	−0.35	−0.25	+0.58	−0.51	−0.19	−0.11	−0.27
	$\theta=10.5°$	（+i）	+0.49	−1.25	−0.76	−0.67	+0.26	−0.87	−0.58	−0.51	−0.63
		（−i）	+0.85	−0.89	−0.40	−0.31	+0.62	−0.51	−0.22	−0.15	−0.27
	$\theta=15.6°$	（+i）	+0.54	−1.25	−0.81	−0.74	+0.30	−0.87	−0.62	−0.55	−0.63
		（−i）	+0.90	−0.89	−0.45	−0.38	+0.66	−0.51	−0.26	−0.19	−0.27

续表

房屋类型	屋面坡度角 θ	荷载工况	端区系数				中间区系数				山墙
			1E	2E	3E	4E	1	2	3	4	5 和 6
封闭式	θ=20°	(+i)	+0.62	−1.25	−0.87	−0.82	+0.35	−0.87	−0.66	−0.61	−0.63
		(−i)	+0.98	−0.89	−0.51	−0.46	+0.71	−0.51	−0.30	−0.25	−0.27
	30°≤θ≤45°	(+i)	+0.51	+0.09	−0.71	−0.66	+0.38	+0.03	−0.61	−0.55	−0.63
		(−i)	+0.87	+0.45	−0.35	−0.30	+0.74	+0.39	−0.25	−0.19	−0.27
部分封闭式	0°≤θ≤5°	(+i)	+0.06	−1.62	−1.08	−0.98	−0.15	−1.24	−0.92	−0.84	−1.00
		(−i)	+1.16	−0.52	+0.02	+0.12	+0.95	−0.14	+0.18	+0.26	+0.10
	θ=10.5°	(+i)	+0.12	−1.62	−1.13	−1.04	−0.11	−1.24	−0.95	−0.88	−1.00
		(−i)	+1.22	−0.52	−0.03	+0.06	+0.99	−0.14	+0.15	+0.22	+0.10
	θ=15.6°	(+i)	+0.17	−1.62	−1.20	−1.11	+0.07	−1.24	−0.99	−0.92	−1.00
		(−i)	+1.27	−0.52	−0.10	−0.01	+1.03	−0.14	+0.11	+0.18	+0.10
	θ=20°	(+i)	+0.25	−1.62	−1.24	−1.19	−0.02	−1.24	−1.03	−0.98	−1.00
		(−i)	+1.35	−0.52	−0.14	−0.09	+1.08	−0.14	+0.07	+0.12	+0.10
	30°≤θ≤45°	(+i)	+0.14	−0.28	−1.08	−1.00		−0.34	−0.98	−0.94	−1.00
		(−i)	+1.24	+0.82	+0.02	+0.07	+1.11	+0.76	+0.12	+0.14	+0.10
敞开式	0°≤θ≤10°	平衡	+0.75	−0.50	−0.50	−0.75	+0.75	−0.50	−0.50	−0.75	−0.75
		不平衡	+0.75	−0.20	−0.60	−0.75	+0.75	−0.20	−0.60	−0.75	−0.75
	10°≤θ=25°	平衡	+0.75	−0.50	−0.50	−0.75	+0.75	−0.50	−0.50	−0.75	−0.75
		不平衡	+0.75	+0.50	−0.50	−0.75	+0.75	+0.50	−0.50	−0.75	−0.75
		不平衡	+0.75	+0.15	−0.65	−0.75	+0.75	+0.15	−0.65	−0.75	−0.75
	25°≤θ≤45°	平衡	+0.75	−0.50	−0.50	−0.75	+0.75	−0.50	−0.50	−0.75	−0.75
		不平衡	+0.75	+1.40	+0.20	−0.75	+0.75	+1.40	−0.20	−0.75	−0.75

注：1. 封闭式和部分封闭式房屋荷载工况中的（+i）表示内压为压力，（−i）表示内压为吸力。敞开式房屋荷载工况中的平衡表示 2 和 3 区、2E 和 3E 区风荷载情况相同，不平衡表示不相同；
　　2. 表中正号和负号分别表示风力朝向板面和离开板面；
　　3. 未给出的 θ 值系数可用线性插值；
　　4. 当 2 区的屋面压力系数为负时，该值适用于 2 区从屋面边缘算起垂直于檐口方向延伸宽度为房屋最小水平尺寸 0.5 倍或 2.5h 的范围，取二者中的较小值。2 区的其余面积，直到屋脊线，应采用 3 区的系数。

　　应该指出表 6-24 中的房屋类别按 GB 51022—2015 的规定，其含义是：敞开式房屋是指各外墙面都至少有 80% 面积为孔口的房屋，所谓孔口则是指在房屋外包面（墙面和屋面）上未设置永久性有效封闭装置的部分。部分封闭式房屋是指受外部正风压力的墙面上孔口总面积超过该房屋其余外包面（墙面和屋面）上孔口面积的总和，并超过该墙毛面积的 10%，且其余外包面的开孔率不超过 20% 的房屋。封闭式房屋是指在所封闭的空间中无符合部分封闭式房屋或敞开式房屋定义类型孔口的房屋。

　　（2）主刚架的纵向风荷载系数

　　应按图 6-30 所示的区域划分及表 6-25 的规定采用。

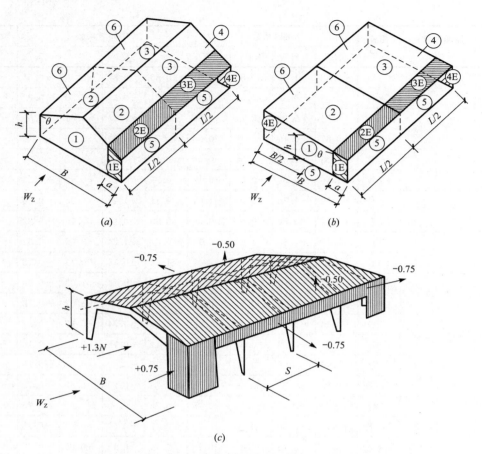

图 6-30　主刚架的纵向风荷载系数分区

(a) 双坡屋面纵向；(b) 单坡屋面纵向；(c) 敞开式房屋纵向

图中①、②、③、④、⑤、⑥、①E、②E、③E、④E为分区编号；W_z 为纵风向来风

主刚架纵向风荷载系数（各种坡度角 θ）　　　　　　表 6-25

房屋类型	荷载工况	端区系数				中间区系数				侧墙
		1E	2E	3E	4E	1	2	3	4	5 和 6
封闭式	(+i)	+0.43	−1.25	−0.71	−0.61	+0.22	−0.87	−0.55	−0.47	−0.63
	(−i)	+0.79	−0.89	−0.35	−0.25	+0.58	−0.51	−0.19	−0.11	−0.27
部分封闭式	(+i)	+0.06	−1.62	−1.08	−0.98	−0.15	−1.24	−0.92	−0.84	−1.00
	(−i)	+1.16	−0.52	+0.02	+0.12	+0.95	−0.14	+0.18	+0.26	+0.10
敞开式		按图 6-31(c) 取值								

注：1. 敞开式房屋中的 0.75 风荷载系数适用于房屋表面的任何覆盖面；

　　2. 敞开式屋面在垂直于屋脊的平面上，刚架实腹区投影最大面积应乘以 1.3N 系数，采用该风压系数时，应满足下列条件：$0.1 \leqslant \varphi \leqslant 0.3$，$1/6 \leqslant h/B \leqslant 6$，$S/B \leqslant 0.5$。其中，$\varphi$ 是刚架实腹部分与山墙毛面积的比值；N 是横向刚架的数量。

2. 外墙的风荷载系数

应按图 6-31 所示的区域划分及表 6-26、表 6-27 采用。

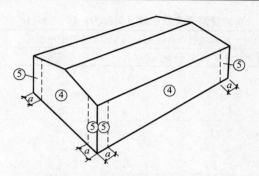

图 6-31　外墙风荷载系数分区

表 6-26

外墙风荷载系数（风吸力）

外墙风吸力系数 μ_w，用于围护构件和外墙板

分区	有效风荷载面积 $A(m^2)$	封闭式房屋	部分封闭式房屋
角部（5）	$A\leqslant1$	-1.58	-1.95
	$1<A<50$	$+0.353\lg A-1.58$	$+0.353\lg A-1.95$
	$A\geqslant50$	-0.98	-1.35
中间区（4）	$A\leqslant1$	-1.28	-1.65
	$1<A<50$	$+0.176\lg A-1.28$	$+0.176\lg A-1.65$
	$A\geqslant50$	-0.98	-1.35

表 6-27

外墙风荷载系数（风压力）

外墙风压力系数 μ_w，用于围护构件和外墙板

分区	有效风荷载面积 $A(m^2)$	封闭式房屋	部分封闭式房屋
各区	$A\leqslant1$	$+1.18$	$+1.55$
	$1<A<50$	$-0.176\lg A+1.18$	$-0.176\lg A+1.55$
	$A\geqslant50$	$+0.88$	$+1.25$

3. 双坡屋面和挑檐的风荷载系数

（1）当屋面坡度为 $0°\sim10°$ 时应按图 6-32 的区域划分，其风荷载系数按表 6-28a、表 6-28b、表 6-28c 的规定采用。

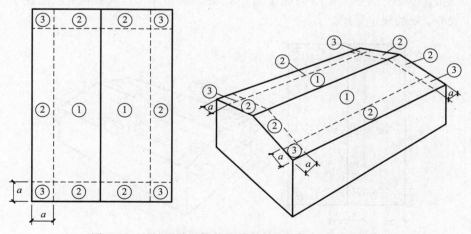

图 6-32　双坡屋面和挑檐风荷载系数分区（$0°\leqslant\theta\leqslant10°$）

双坡屋面风荷载系数（风吸力）($0°\leqslant\theta\leqslant10°$）　　　表 6-28a

分区	有效风荷载面积 A(m²)	封闭式房屋	部分封闭式房屋
屋面风吸力系数 μ_w，用于围护构件和屋面板			
角部（3）	$A\leqslant1$	-2.98	-3.35
	$1<A<10$	$+1.70\lg A-2.98$	$+1.70\lg A-3.35$
	$A\geqslant10$	-1.28	-1.65
边区（2）	$A\leqslant1$	-1.98	-2.35
	$1<A<10$	$+0.70\lg A-1.98$	$+0.70\lg A-2.35$
	$A\geqslant10$	-1.28	-1.65
中间区（1）	$A\leqslant1$	-1.18	-1.55
	$1<A<10$	$+0.10\lg A-1.18$	$+0.10\lg A-1.55$
	$A\geqslant10$	-1.08	-1.45

双坡屋面风荷载系数（风压力）($0°\leqslant\theta\leqslant10°$）　　　表 6-28b

分区	有效风荷载面积 A(m²)	封闭式房屋	部分封闭式房屋
屋面风压力系数 μ_w，用于围护构件和屋面板			
各区	$A\leqslant1$	$+0.48$	$+0.85$
	$1<A<10$	$-0.10\lg A+0.48$	$-0.10\lg A+0.85$
	$A\geqslant10$	0.38	$+0.75$

挑檐风荷载系数（风吸力）($0°\leqslant\theta\leqslant10°$）　　　表 6-28c

分区	有效风荷载面积 A(m²)	封闭或部分封闭式房屋
挑檐风吸力系数 μ_w，用于围护构件和屋面板		
角部（3）	$A\leqslant1$	-2.80
	$1<A<10$	$+2.00\lg A-2.80$
	$A\geqslant10$	-0.80
边区（2）中间区（1）	$A\leqslant1$	-1.70
	$1<A\leqslant10$	$+0.10\lg A-1.70$
	$10<A<50$	$+0.715\lg A-2.32$
	$A\geqslant50$	-1.10

（2）当屋面坡度 $10°\leqslant\theta\leqslant30°$ 时应按图 6-33 的区域划分，其风荷载系数按表 6-29a、表 6-29b、表 6-29c 的规定采用。

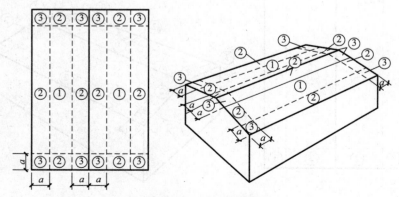

图 6-33　双坡屋面和挑檐风荷载系数分区（$10°\leqslant\theta\leqslant30°$）

双坡屋面风荷载系数（风吸力）（10°≤θ≤30°）　　　表 6-29a

屋面风吸力系数 μ_{w}，用于围护构件和屋面板

分区	有效风荷载面积 $A(\mathrm{m}^2)$	封闭式房屋	部分封闭式房屋
角部（3） 边区（2）	$A\leqslant1$	-2.28	-2.65
	$1<A<10$	$+0.70\lg A-2.28$	$+0.70\lg A-2.65$
	$A\geqslant10$	-1.58	-1.95
中间区（1）	$A\leqslant1$	-1.08	-1.45
	$1<A<10$	$+0.10\lg A-1.08$	$+0.10\lg A-1.45$
	$A\geqslant10$	-0.98	-1.35

双坡屋面风荷载系数（风压力）（10°≤θ≤30°）　　　表 6-29b

屋顶风压力系数 μ_{w}，用于围护构件和屋面板

分区	有效风荷载面积 $A(\mathrm{m}^2)$	封闭式房屋	部分封闭式房屋
各区	$A\leqslant1$	$+0.68$	$+1.05$
	$1<A<10$	$-0.20\lg A+0.68$	$-0.20\lg A+1.05$
	$A\geqslant10$	$+0.48$	$+0.85$

挑檐风荷载系数（风吸力）（10°≤θ≤30°）　　　表 6-29c

挑檐风吸力系数 μ_{w}，用于围护构件和屋面板

分区	有效风荷载面积 $A(\mathrm{m}^2)$	封闭或部分封闭房屋
角部（3）	$A\leqslant1$	-3.70
	$1<A<10$	$+1.20\lg A-3.70$
	$A\geqslant10$	-2.50
边区（2）	全部面积	-2.20

（3）当屋面坡度 $30°\leqslant\theta\leqslant45°$ 时应按图 6-34 的区域划分，其风荷载系数按表 6-30a、表 6-30b、表 6-30c 的规定采用。

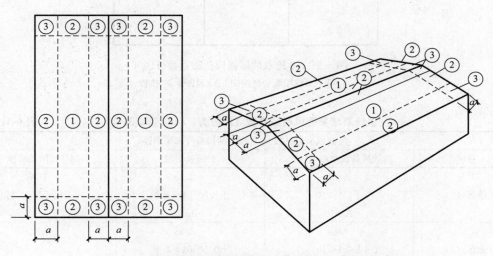

图 6-34　双坡屋面和挑檐风荷载系数分区（30°≤θ≤45°）

双坡屋面风荷载系数（风吸力）（30°≤θ≤45°）　　　　　　表 6-30a

屋面风吸力系数 μ_w，用于围护构件和屋面板

分区	有效风荷载面积 $A(m^2)$	封闭式房屋	部分封闭式房屋
角部（3） 边区（2）	$A \leqslant 1$	-1.38	-1.75
	$1 < A < 10$	$+0.20\lg A - 1.38$	$+0.20\lg A - 1.75$
	$A \geqslant 10$	-1.18	-1.55
中间区（1）	$A \leqslant 1$	-1.18	-1.55
	$1 < A < 10$	$+0.20\lg A - 1.18$	$+0.20\lg A - 1.55$
	$A \geqslant 10$	-0.98	-1.35

双坡屋面风荷载系数（风压力）（30°≤θ≤45°）　　　　　　表 6-30b

屋面风压力系数 μ_w，用于围护构件和屋面板

分区	有效风荷载面积 $A(m^2)$	封闭式房屋	部分封闭式房屋
各区	$A \leqslant 1$	$+1.08$	$+1.45$
	$1 < A < 10$	$-0.10\lg A + 1.08$	$-0.10\lg A + 1.45$
	$A \geqslant 10$	$+0.98$	$+1.35$

挑檐风荷载系数（风吸力）（30°≤θ≤45°）　　　　　　表 6-30c

挑檐风吸力系数 μ_w，用于围护构件和屋面板

分区	有效风荷载面积 $A(m^2)$	封闭或部分封闭式房屋
角部（3） 边区（2）	$A \leqslant 1$	-2.00
	$1 < A < 10$	$+0.20\lg A - 2.00$
	$A \geqslant 10$	-1.80

（4）多跨双坡屋面和挑檐的风荷载系数

当屋面坡度 $10° < \theta \leqslant 45°$ 时应按图 6-35 的区域划分，其风荷载系数按表 6-31a、表 6-31b、表 6-31c 及表 6-31d 的规定采用。

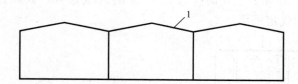

图 6-35　多跨双坡屋面风荷载系数分区

1—每个双坡屋面分区按图 6-33 及图 6-34 执行

多跨双坡屋面风荷载系数（风吸力）（10°≤θ≤30°）　　　　　　表 6-31a

屋面风吸力系数 μ_w，用于围护构件和屋面板

分区	有效风荷载面积 $A(m^2)$	封闭式房屋	部分封闭式房屋
角部（3）	$A \leqslant 1$	-2.88	-3.25
	$1 < A < 10$	$+1.00\lg A - 2.88$	$+1.00\lg A - 3.25$
	$A \geqslant 10$	-1.88	-2.25
边区（2）	$A \leqslant 1$	-2.38	-2.75
	$1 < A < 10$	$+0.50\lg A - 2.38$	$+0.50\lg A - 2.75$
	$A \geqslant 10$	-1.88	-2.25

续表

	屋面风吸力系数 μ_w，用于围护构件和屋面板		
分区	有效风荷载面积 $A(\text{m}^2)$	封闭式房屋	部分封闭式房屋
中间区（1）	$A \leqslant 1$	-1.78	-2.15
	$1 < A < 10$	$+0.20\lg A - 1.78$	$+0.20\lg A - 2.15$
	$A \geqslant 10$	-1.58	-1.95

多跨双坡屋面风荷载系数（风压力）（$10° \leqslant \theta \leqslant 30°$）　　　　表 6-31b

	屋面风压力系数 μ_w，用于围护构件和屋面板		
分区	有效风荷载面积 $A(\text{m}^2)$	封闭式房屋	部分封闭式房屋
各区	$A \leqslant 1$	$+0.78$	$+1.15$
	$1 < A < 10$	$-0.20\lg A + 0.78$	$-0.20\lg A + 1.15$
	$A \geqslant 10$	$+0.58$	$+0.95$

多跨双坡屋面风荷载系数（风吸力）（$30° \leqslant \theta \leqslant 45°$）　　　　表 6-31c

	屋面风吸力系数 μ_w，用于围护构件和屋面板		
分区	有效风荷载面积 $A(\text{m}^2)$	封闭式房屋	部分封闭式房屋
角部（3）	$A \leqslant 1$	-2.78	-3.15
	$1 < A < 10$	$+0.90\lg A - 2.78$	$+0.90\lg A - 3.15$
	$A \geqslant 10$	-1.88	-2.25
边区（2）	$A \leqslant 1$	-2.68	-3.05
	$1 < A < 10$	$+0.80\lg A - 2.68$	$+0.80\lg A - 3.05$
	$A \geqslant 10$	-1.88	-2.25
中间区（1）	$A \leqslant 1$	-2.18	-2.55
	$1 < A < 10$	$+0.90\lg A - 2.18$	$+0.90\lg A - 2.55$
	$A \geqslant 10$	-1.28	-1.65

多跨双坡屋面风荷载系数（风压力）（$30° \leqslant \theta \leqslant 45°$）　　　　表 6-31d

	屋面风压力系数 μ_w，用于围护构件和屋面板		
分区	有效风荷载面积 $A(\text{m}^2)$	封闭式房屋	部分封闭式房屋
各区	$A \leqslant 1$	$+1.18$	$+1.55$
	$1 < A < 10$	$-0.20\lg A + 1.18$	$-0.20\lg A + 1.55$
	$A \geqslant 10$	$+0.98$	$+1.35$

4. 单坡屋面的风荷载系数

（1）当屋面坡度 $3° < \theta \leqslant 10°$ 时，应按图 6-36 的区域划分，其风荷载系数按表 6-32a 及表 6-32b 的规定采用。

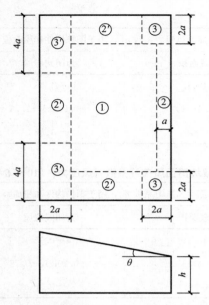

图 6-36 单坡屋面风荷载系数分区（3°＜θ≤10°）

单坡屋面风荷载系数（风吸力）（3°≤θ≤10°）　　　　　　　表 6-32a

分区	有效风荷载面积 A(m²)	封闭式房屋	部分封闭式房屋
屋面风吸力系数 μ_w，用于围护构件和屋面板			
高区 角部（3′）	A≤1	-2.78	-3.15
	1＜A＜10	$+1.0\lg A-2.78$	$+1.0\lg A-3.15$
	A≥10	-1.78	-2.15
低区 角部（3）	A≤1	-1.98	-2.35
	1＜A＜10	$+0.60\lg A-1.98$	$+0.60\lg A-2.35$
	A≥10	-1.38	-1.75
高区 边区（2′）	A≤1	-1.78	-2.15
	1＜A＜10	$+0.10\lg A-1.78$	$+0.10\lg A-2.15$
	A≥10	-1.68	-2.05
低区 边区（2）	A≤1	-1.48	-1.85
	1＜A＜10	$+0.10\lg A-1.48$	$+0.10\lg A-1.85$
	A≥10	-1.38	-1.75
中间区（1）	全部面积	-1.28	-1.65

单坡屋面风荷载系数（风压力）（3°≤θ≤10°）　　　　　　　表 6-32b

分区	有效风荷载面积 A(m²)	封闭式房屋	部分封闭式房屋
屋面风压力系数 μ_w，用于围护构件和屋面板			
各区	A≤1	$+0.48$	$+0.85$
	1＜A＜10	$-0.10\lg A+0.48$	$-0.10\lg A+0.85$
	A≥10	$+0.38$	$+0.75$

（2）当屋面坡度 10°＜θ≤30°时应按图 6-37 的区域划分，其风荷载系数应按表 6-33a 及表 6-33b 的规定采用。

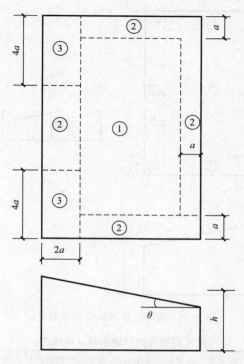

图 6-37　单坡屋面风荷载系数分区（$10°<\theta\leqslant30°$）

单坡屋面风荷载系数（风吸力）（$10°\leqslant\theta\leqslant30°$）　表 6-33a

屋面风吸力系数 μ_w，用于围护构件和屋面板

分区	有效风荷载面积 $A(\text{m}^2)$	封闭式房屋	部分封闭式房屋
高区 角部（3）	$A\leqslant1$	-3.08	-3.45
	$1<A<10$	$+0.90\lg A-3.08$	$+0.90\lg A-3.45$
	$A\geqslant10$	-2.18	-2.55
边区（2）	$A\leqslant1$	-1.78	-2.15
	$1<A<10$	$+0.40\lg A-1.78$	$+0.40\lg A-2.15$
	$A\geqslant10$	-1.38	-1.75
中间区（1）	$A\leqslant1$	-1.48	-1.85
	$1<A<10$	$+0.20\lg A-1.48$	$+0.20\lg A-1.85$
	$A\geqslant10$	-1.28	-1.65

单坡屋面风荷载系数（风压力）（$10°\leqslant\theta\leqslant30°$）　表 6-33b

屋面风压力系数 μ_w，用于围护构件和屋面板

分区	有效风荷载面积 $A(\text{m}^2)$	封闭式房屋	部分封闭式房屋
各区	$A\leqslant1$	$+0.58$	$+0.95$
	$1<A<10$	$-0.10\lg A+0.58$	$-0.10\lg A+0.95$
	$A\geqslant10$	$+0.48$	$+0.85$

5. 锯齿形屋面的风荷载系数

应按图 6-38 所示的区域划分，其风荷载系数按表 6-34a 及表 6-34b 的规定采用。

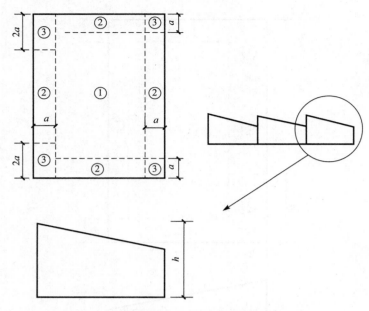

图 6-38 锯齿形屋面风荷载系数分区

锯齿形屋面风荷载系数（风吸力） 表 6-34a

分区	有效风荷载面积 $A(\text{m}^2)$	封闭式房屋	部分封闭式房屋
	锯齿形屋面风吸力系数 μ_{w}，用于围护构件和屋面板		
第1跨角部（3）	$A\leqslant 1$	-4.28	-4.65
	$1<A\leqslant 10$	$+0.40\lg A-4.28$	$+0.40\lg A-4.65$
	$10<A<50$	$+2.289\lg A-6.169$	$+2.289\lg A-6.539$
	$A\geqslant 50$	-2.28	-2.65
第2、3、4跨角部（3）	$A\leqslant 10$	-2.78	-3.15
	$10<A<50$	$+1.001\lg A-3.781$	$+1.001\lg A-4.151$
	$A\geqslant 50$	-2.08	-2.45
边区（2）	$A\leqslant 1$	-3.38	-3.75
	$1<A<50$	$+0.942\lg A-3.38$	$+0.942\lg A-3.75$
	$A\geqslant 50$	-1.78	-2.15
中间区（1）	$A\leqslant 1$	-2.38	-2.75
	$1<A<50$	$+0.647\lg A-2.38$	$+0.647\lg A-2.75$
	$A\geqslant 50$	-1.28	-1.65

锯齿形屋面风荷载系数（风压力） 表 6-34b

分区	有效风荷载面积 $A(\text{m}^2)$	封闭式房屋	部分封闭式房屋
	锯齿形屋面风压力系数 μ_{w}，用于围护构件和屋面板		
角部（3）	$A\leqslant 1$	$+0.98$	$+1.35$
	$1<A<10$	$-0.10\lg A+0.98$	$-0.10\lg A+1.35$
	$A\geqslant 10$	$+0.88$	$+1.25$
边区（2）	$A\leqslant 1$	$+1.28$	$+1.65$
	$1<A<10$	$-0.30\lg A+1.28$	$-0.30\lg A+1.65$
	$A\geqslant 10$	$+0.98$	$+1.35$

续表

锯齿形屋面风压力系数 μ_w，用于围护构件和屋面板			
分区	有效风荷载面积 $A(\mathrm{m}^2)$	封闭式房屋	部分封闭式房屋
中间区（1）	$A \leqslant 1$	+0.88	+1.25
	$1 < A < 50$	$-0.177\lg A + 0.88$	$-0.177\lg A + 1.25$
	$A \geqslant 50$	+0.58	+0.95

三、门式刚架轻型钢结构房屋构件的有效风荷载面积

门式刚架轻型钢结构房屋构件的有效风荷载面积（A）可按下式计算：

$$A = lc \tag{6-56}$$

式中　l——所考虑构件的跨度（m）；

　　　c——所考虑构件的受风宽度（m），应大于 $(a+b)/2$ 或 $l/3$；a、b 分别为所考虑构件（墙架柱、墙梁、檩条等）在左、右侧或上、下侧与相邻构件间的距离；无确定宽度的外墙和其他板式构件采用 $c = l/3$。

【例题 6-15】　某门式刚架轻型房屋钢结构单层单跨双坡屋面封闭式厂房，其平面及剖面见图 6-39，拟修建于抗震设防烈度 7 度设计基本地震加速度 0.10g 地区，该厂房抗震设防分类为丙类，设计使用年限 50 年，当地地势平坦，地面粗糙度类别为 C 类，基本风压 $w_0 = 0.5\mathrm{kN/m^2}$，试问该厂房按《门式刚架轻型房屋钢结构技术规范》GB 51022—2015 确定中间区横向主刚架在所示横向风作用下所受的均布风荷载标准值。

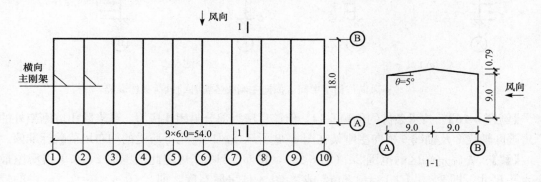

图 6-39　厂房平面及剖面（m）

【解】　首先检查该厂房是否符合采用 GB 51022 计算风荷载的条件：由于房屋高度不大于 18m，房屋高度与宽度之比 $= \dfrac{9}{18} = 0.5 < 1$，因此符合该规范的适用范围。

横向主刚架的右柱（柱 B）、右梁、左梁、左柱（柱 A）在横风向风作用下所受的均布风荷载标准值应按下列公式计算：

$$q_{ik} = \beta \mu_w \mu_s w_0 A_i$$

式中　q_{ik}——刚架柱，梁上的均布风荷载标准值（kN/m）；

　　　β——系数，按 GB 51022 规定应取 1.1；

　　　μ_w——风荷载系数，应考虑内压为压力及内压为吸力两种工况，查表 6-24 房屋屋面坡 $\alpha = 5°$ 时得：内压为压力情况，右柱 $\mu_{w1} = 0.22$，右梁 $\mu_{w2} = -0.87$，左梁 $\mu_{w3} = -0.55$，左柱 $\mu_{w4} = -0.47$；内压为吸力情况，右柱 $\mu_{w1} = 0.58$，右

梁 $\mu_{w2} = -0.51$，左梁 $\mu_{w3} = -0.19$，左柱 $\mu_{w4} = -0.11$；

　　μ_s——风压高度变化系数，查表 6-5（C 类粗糙度，10m 高度）得 $\mu_s = 0.65$；

　　w_0——基本风压，$w_0 = 0.5\text{kN/m}^2$；

　　A_i——构件单位高度或长度的迎风面积（m^2/m），对主刚架梁柱均等于 6m。

　　因此横向主刚架各构件在所示横向风作用下的均布风荷载标准值的计算及其结果见表 6-35，各构件的风荷载分布见图 6-40。

中间区横向主刚架梁柱的均布风荷载标准值　　　　　　　表 6-35

主刚架构件	风荷载工况一（内压为压力时）	风荷载工况二（内压为吸力时）
右柱	$q_{1k} = 1.1 \times 0.22 \times 0.65 \times 0.5 \times 6 = 0.47\text{kN/m}$	$q_{1k} = 1.1 \times 0.58 \times 0.65 \times 0.5 \times 6 = 1.24\text{kN/m}$
右梁	$q_{2k} = 1.1 \times (-0.87) \times 0.65 \times 0.5 \times 6 = -1.87\text{kN/m}$	$q_{2k} = 1.1 \times (-0.51) \times 0.65 \times 0.5 \times 6 = -1.09\text{kN/m}$
左梁	$q_{3k} = 1.1 \times (-0.55) \times 0.65 \times 0.5 \times 6 = -1.18\text{kN/m}$	$q_{3k} = 1.1 \times (-0.19) \times 0.65 \times 0.5 \times 6 = -0.41\text{kN/m}$
左柱	$q_{4k} = 1.1 \times (-0.47) \times 0.65 \times 0.5 \times 6 = -1.01\text{kN/m}$	$q_{4k} = 1.1 \times (-0.11) \times 0.65 \times 0.5 \times 6 = -0.24\text{kN/m}$

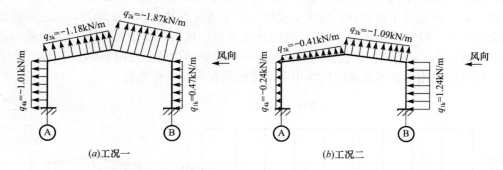

图 6-40　横风向作用下中间区横向主刚架各构件的风荷载标准值

　　【例题 6-16】　技术条件同例题 6-14，但该厂房为部分封闭式房屋，试求除山墙刚架外的厂房端区轴线 2 及轴线 9 横向主刚架在图 6-39 所示横风向作用下所受的均布风荷载标准值。

　　【解】　先确定端区的范围 $2a$（图 6-29），按 GB 51022 规定此范围取 2×0.1 倍房屋最小水平尺寸，即 $2 \times 0.1 \times 18 = 3.6\text{m}$，或 2×0.4 倍房屋高度，即 $2 \times 0.4 \times 9 = 7.2\text{m}$ 中的较小者，因此端区范围应取 3.6m。

　　由于轴线 2 或轴线 9 的横向主刚架位于端区边缘带宽度以外，由墙面围护结构构件传至主刚架的风荷载，其系数可偏安全地取等于表 6-24 中部分封闭式房屋的端区系数与中间区系数的平均值。

　　因此 μ_w：对内压为压力情况，右柱 $\mu_{w1} = (0.06 - 0.15)/2 = -0.05$

右梁 $\mu_{w2} = (-1.62 - 1.24)/2 = -1.43$

左梁 $\mu_{w3} = (-1.08 - 0.92)/2 = -1.00$

左柱 $\mu_{w4} = (-0.98 - 0.84)/2 = -0.91$

对内压为吸力情况，右柱 $\mu_{w1} = (1.16 + 0.95)/2 = 1.06$

右梁 $\mu_{w2} = (-0.52 - 0.14)/2 = -0.33$

左梁 $\mu_{w3} = (0.02 + 0.18)/2 = 0.10$

左柱 $\mu_{w4} = (0.12 + 0.26)/2 = 0.19$

其余系数 β、风压高度系数 μ_s、基本风压 w_0、构件单位高度或长度的迎风面积 A_i 的值均与例题 6-15 完全相同，因此位于轴线 2 或轴线 9 的横向主刚架各构件在图 6-39 所示横风向风荷载作用下的均布风荷载标准值计算结果见表 6-36，各构件的风荷载标准值分布见图 6-41。

轴线 2 或轴线 9 横向主刚架梁柱的均布风荷载标准值 表 6-36

主刚架构件	风荷载工况一（内压为压力时）	风荷载工况二（内压为吸力时）
右柱	$q_{1k}=1.1\times(-0.05)\times0.65\times0.5\times6=-0.11kN/m$	$q_{1k}=1.1\times1.06\times0.65\times0.5\times6=2.27kN/m$
右梁	$q_{2k}=1.1\times(-1.43)\times0.65\times0.5\times6=-3.07kN/m$	$q_{2k}=1.1\times(-0.33)\times0.65\times0.5\times6=-0.71kN/m$
左梁	$q_{3k}=1.1\times(-1.00)\times0.65\times0.5\times6=-2.15kN/m$	$q_{3k}=1.1\times0.10\times0.65\times0.5\times6=0.21kN/m$
左柱	$q_{4k}=1.1\times(-0.91)\times0.65\times0.5\times6=-1.95kN/m$	$q_{4k}=1.1\times0.19\times0.65\times0.5\times6=0.41kN/m$

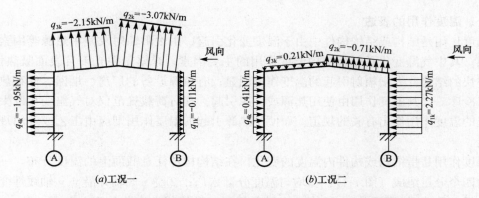

图 6-41 横风向作用下轴线 2 或轴线 9 横向主刚架各构件的风荷载标准值

第七章 温度作用

近年来由于国民经济的快速发展，国内超长、超大建筑工程不断出现，结构设计中考虑温度作用日显重要，因而现行荷载规范根据实际工程设计需要新增加温度作用的有关规定。

第一节 温度作用的表达及其代表值作用分项系数

一、温度作用的表达

温度作用是结构或结构构件中由于温度变化引起、由太阳辐射及使用热源等因素引起的作用。其中气温变化是引起结构温度作用的主要因素；暴露于阳光下且表面吸热性好、热传递快的结构，太阳辐射引起的温度作用明显；有热源设备的厂房、烟囱、储存热物的筒仓、冷库等，其温度作用由使用热源或冷源引起。现行荷载规范仅对气温变化及太阳辐射引起的温度作用作出有关的规定。而使用热源引起的温度作用则应由工艺或专门规范作出规定。

温度作用是指结构或构件内温度的变化。在结构构件任意截面上的温度分布，一般认为可由四个分量组成（图 7-1）：①均匀温度分量 ΔT_u；②绕 z-z 轴并沿 y-y 轴线性变化的温差分量 ΔT_{My}（梯度温差）；③绕 y-y 轴并沿 z-z 轴线线性变化的温差分量 ΔT_{Mz}（梯度温差）；④自平衡非线性温差分量 ΔT_E。在以上 4 个分量中，①分量一般情况下可主导结构的变形，并可能控制整体结构变形，使结构产生温度作用效应。④分量会引起系统自平衡应力，对整个结构或构件不产生温度作用效应。②、③分量对大体积结构可产生对整个温度场变化的影响，对此种分量的温度作用，一般采用截面边缘与内部的温度差表示。对超大型结构、由不同材料部件组成的结构等特殊情况尚需考虑不同结构部件之间的温度变化及相互影响。对大体积结构尚需考虑整个温度场的变化。但限于目前的技术条件和经验，现行荷载规范仅对均匀温度作用作出相关的规定，而对实际工程中其他情况的温度作用可由设计人员参考有关文献或根据设计经验酌情处理。

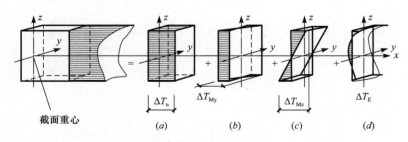

图 7-1 构件截面上的温度分布

（a）均匀分布的温度；（b）绕 z-z 轴线性分布的温度；（c）绕 y-y 轴线性分布的温度；（d）自平衡非线性分布的温度

在结构或构件上的温度作用应采用其温度变化来表达。

二、温度作用的分项系数及组合值系数、频遇值系数，准永久值系数

温度作用属于可变的间接作用，现行荷载规范考虑到结构可靠指标及设计表达式的统一，其作用分项系数取值与其他可变荷载相同，取 1.5。温度作用应根据结构施工和正常使用期间与其他可能同时出现的荷载进行最不利的荷载效应组合，因而现行荷载规范根据设计经验及参照欧洲规范 EN 1991-1-5：2003 规定，温度作用的组合值系数、频遇值系数和准永久值系数分别取 0.6、0.5、0.4。

计算结构的温度作用效应时，应采用材料的线膨胀系数 α_T，常用材料的线膨胀系数按现行荷载规范规定可按表 7-1 采用。

常用材料的线膨胀系数 α_T 表 7-1

材料	线膨胀系数 $\alpha_T(\times 10^{-6}/℃)$	材料	线膨胀系数 $\alpha_T(\times 10^{-6}/℃)$
轻骨料混凝土	7	钢、铸铁、锻铁	12
普通混凝土	10	不锈钢	16
砌体	6～10	铝、铝合金	24

温度作用产生的效应对结构或构件产生的不利影响，通常在设计中首先是采取结构构造措施来减少或消除温度作用效应，如设置抵抗温度作用的构造钢筋；主体结构设置温度缝；采用隔热保温措施；对结构或构件设置活动支座减少约束性等。其次是对在温度作用和其他可能参与组合的荷载共同作用下，结构构件施工和正常使用期间的最不利效应组合可能超过承载力或正常使用极限状态的限值时，设计人员才需在设计中计算温度作用效应。但由于结构类别的多样性和复杂性、气温变化难准确预测等因素的影响，因此具体什么结构或构件需要和如何考虑温度作用，应由各类材料的结构设计规范规定。现行荷载规范仅对某些温度作用有关的设计参数作出统一规定。

此外现行荷载规范在第 9.1.3 条条文说明中指出，混凝土结构在进行温度作用效应分析时，可考虑混凝土开裂等因素引起的结构刚度降低。混凝土材料的徐变和收缩效应可根据经验将其等效为温度作用。

第二节 基 本 气 温

基本气温是气温的基准值，也是确定温度作用所需最主要的气象参数。基本气温是以气象台站记录所得的该地区某时间段内各年极值气温数据为样本，经统计得到的具有一定超越概率的最高和最低气温。采用什么气温参数作为年极值气温数据样本，国际和国内尚无统一的模式。例如欧洲规范极值气温是采用各年的小时最高和最低气温值，并按极值 I 型概率分布曲线统计样本所得超越概率为 2% 的气温值作为基本气温；我国公路行业标准《公路桥涵设计通用规范》JTG D60—2015[36] 规定采用有效温度作为基本气温，并将全国划分为严寒、寒冷和温热三个气候区，分别规定各气候区的最高和最低基本温度；我国铁路行业标准《铁路桥涵设计基本规范》TB 10002—2017[38] 采用建设工程所在地七月份和一月份的平均气温作为基本气温；而我国建筑行业以往在结构设计中尚无基本气温的统一规定。为提高和保证考虑温度作用的安全性和经济性，现行荷载规范根据国内建筑行业设计的现状并参考国外规范，将基本气温定义为 50 年一遇的月平均最高气温和月平均最低气温，分别根据全国各地 600 多个基本气象台站近 30 年来历年最高温度月的月平均最高温度和最低温度月的月平均最低温度作为统计样本，并假定其服从极值 I 型分布，经统计确定基本气温值。各城市基本气温的最高和最低温度分布图见现行荷载规范；也可查阅本手册的附录七。

　　建筑结构中热传导速率较慢且体积较大的混凝土结构和砌体结构，其内部平均温度接近当地月平均气温，因而现行荷载规范规定以月平均最高和月平均最低气温作为基本气温在一般情况是合适的；但对于热传导速率较快的金属结构和体积较小的混凝土结构，由于它们对气温变化较敏感，需要考虑昼夜气温变化的影响，采用现行荷载规范规定的基本气温可能偏不安全，因而必要时应对基本气温进行修正。基本气温修正的幅度大小与地理位置、建筑结构类型及朝向等因素有关，再考虑工程设计经验和当地极值气温与基本气温的差值，然后酌情对基本气温 T_{max} 和 T_{min} 作适当增加或降低。

第三节　均匀温度作用

一、均匀温度作用标准值

1. 对结构最大温升的工况，均匀温度作用的标准值按下式计算：

$$\Delta T_k = T_{s,max} - T_{0,min} \tag{7-1}$$

式中　ΔT_k——均匀温度作用标准值（℃）；

　　$T_{s,max}$——结构最高平均温度（℃）；

　　$T_{0,min}$——结构最低初始平均温度（℃）。

2. 对结构最大温降的工况，均匀温度作用的标准值按下式计算：

$$\Delta T_k = T_{s,min} - T_{0,max} \tag{7-2}$$

式中　$T_{s,min}$——结构最低平均温度（℃）；

　　$T_{0,max}$——结构最高初始平均温度（℃）。

二、结构最高平均温度和最低平均温度确定

　　结构最高平均温度和最低平均温度宜分别根据基本气温 T_{max} 和 T_{min} 按热工学原理确定。对暴露于环境气温情况下的露天结构，其最高平均温度和最低平均温度一般可采用当地的基本气温 T_{max} 和 T_{min} 为基础，并结合工程实际情况进行调整。对有围护墙及屋面的室内结构，结构最高平均温度和最低平均温度一般可依据室内和室外的环境温度按热工学原理确定。确定时应考虑气温选项、室内外温差、太阳辐射、建筑物外装修的颜色、地上结构或地下结构、结构尺寸等因素的影响。

　　根据热工学原理，结构温度的取值和材料传导速率有关。热传导速率可用下式表示：

$$\frac{\Delta Q}{\Delta t} = KA \frac{\Delta T}{h} \tag{7-3}$$

式中　ΔQ——传导的总热能；

　　Δt——热传导所需时间；

　　K——热传导系数（导热系数），对混凝土结构可取 1.5W/（m·℃），钢结构可取 54W/（m·℃）；

　　A——传导所经过的截面面积（m²）；

　　h——截面厚度（m）；

　　ΔT——温差（℃）。

对上式进行变换后，可导出结构内部的温度与单位体积内吸收（或放出）的总热能相关公式：

$$\frac{\Delta Q}{Ah} = K\frac{\Delta T}{h^2}\Delta t \tag{7-4}$$

由上列公式可看出：

1. 构件尺寸（厚度）越大，单位体积吸收的热量越小。

2. 由于钢结构热传导速度比混凝土快 36 倍，因此在确定结构最高平均温度和最低温度时，宜根据热传导性能的不同，对不同结构区别对待。

3. 露天结构与室内结构也应区别对待，后者由于有围护结构的保温隔热影响，其热传导引起的结构最高和最低温度变化滞后于气温变化。

关于如何确定结构最高、最低平均温度，现行荷载规范虽然在条文中只有原则性规定，但在条文说明中给出了一些具体规定，现归纳整理如下供设计人员采用：

1. 影响结构最高或最低平均温度的因素较多，应根据工程施工期间和正常使用期间的设计具体情况确定。

2. 暴露于环境气温下的室外结构，其最高平均温度和最低平均温度一般可根据基本气温 T_{max} 和 T_{min} 确定。对温度敏感的金属结构尚应根据结构表面的颜色深浅、当地纬度及朝向等因素考虑太阳辐射的影响，对结构表面温度予以增大（绝对值）。

3. 有围护的室内结构，其最高平均温度和最低平均温度一般可依据室内和室外的环境温度按热工学原理确定，当为单一材料的结构（包括钢筋混凝土结构）且室内外环境温度相近时，结构最高和最低平均温度可近似取室内外最高和最低环境温度的平均值。室内环境温度应根据建筑设计资料的规定采用，当无规定时，应考虑夏季空调条件和冬季采暖条件下可能出现的最低温度和最高温度的不利情况。室外环境温度一般可取基本气温，但应考虑围护结构材料热工性能及其色调、当地纬度、结构方位的影响。表 7-2 给出了考虑太阳辐射的围护结构表面温度增加值，在无可靠资料时，可参考该表确定。

考虑太阳辐射的围护结构表面温度增加　　　　表 7-2

朝向	表面颜色	温度增加值（℃）
平屋面	浅亮	6
	浅色	11
	深暗	15
东向、南向和西向的垂直墙面	浅亮	3
	浅色	5
	深暗	7
北向、东北向和西北向的垂直墙面	浅亮	2
	浅色	4
	深暗	6

4. 对地下室与地下结构的室外温度，一般应考虑离地表面的深度影响。当离地表面深度超过 10m 时，土体基本为恒温，等于年平均气温。

三、结构最高初始平均温度和最低初始平均温度确定

结构初始温度是指结构形成整体（合拢或形成约束）时的温度，由于实际工程结构形成整体的时间往往不能准确确定，因此应考虑这一特性，对不同的结构采取不同的初始平均温度。对超长混凝土结构往往设有后浇带，从后浇带封闭并达到一定的弹性模量和强度需要半个月至一个月左右，因而结构初始平均温度可取后浇带封闭时的当月平均气温。而钢结构形成整体的时间通常较短，其形成整体的温度一般可取合拢时的当日平均温度，但当在日照下合拢时应考虑日照的影响。

结构设计时，往往不能准确确定施工工期，因此结构形成整体的时间也不能准确确定，为解决温度作用计算需要，在设计时应考虑施工的可行性和工期的不可预见性，根据施工时结构形成整体可能出现的结构最低和最高初始温度按不利情况确定。

在实际设计中往往取合拢温度为 10～25℃，以保证在一年中的大部分时间均可以使合拢具备施工的可行性。

第四节　计算温度作用效应时应注意的一些问题

1. 对混凝土结构可考虑混凝土开裂等因素引起结构刚度的降低，由于计算均匀温度作用引起的效应时会涉及结构的刚度，当混凝土结构的构件出现裂缝后，截面的抗弯刚度会显著下降，因而分析温度效应时必须考虑混凝土的这一特性，否则会引起分析结果的较大误差。现行荷载规范没有规定统一的刚度折减方法，具体方法可参考有关资料和文献。

2. 对混凝土结构可考虑混凝土材料的徐变和收缩效应影响，混凝土结构的收缩和徐变与温度变化是相互独立的作用，按《建筑结构可靠性设计统一标准》GB 50068—2018 对作用的分类；混凝土收缩和徐变属永久作用而温度变化属可变作用。对收缩和徐变引起的对分析温度作用效应的影响，通常在其他行业的设计规范中是将收缩和徐变作为等效温度作用考虑，此工程经验值得建筑行业借鉴和参考，例如《水工混凝土结构设计规范》SL 191—2008[37] 中规定，初估混凝土干缩变形时，可将其折算为 10～15℃ 的降温。在《铁路桥涵设计基本规范》[38] 中规定混凝土收缩的影响可按降低温度的方法来计算，对整体浇筑的混凝土和钢筋混凝土结构分别相当于降低温度 20℃ 和 15℃。在《公路桥涵设计基本规范》JTG D60—2015 中规定，计算圬工拱圈考虑徐变影响引起的温差作用效应时，计算的温差效应应乘以 0.7 的折减系数。在《公路钢筋混凝土及预应力混凝土桥涵设计规范》JTG 3362—2018 中对混凝土收缩应变和徐变系数的定量计算也有明确规定，这些内容可供参考。但是对房屋建筑中的混凝土结构，在设计时尚应考虑自身特性，它有别于桥梁和水工结构。例如房屋中的超长混凝土结构，其长度超过温度伸缩缝限值时一般均设有后浇带，封闭后浇带通常的时间往往比两侧混凝土完成浇筑的时间滞后许多，而封闭后浇带时两侧混凝土的收缩变形大部分已经完成，因而其等效降温值比以上其他行业的规定值会少许多。此外房屋超长混凝土结构在温度作用下产生的内力常处于循环往复（如拉、压变化等），不同于单向加载，因而徐变变形很难定量计算。

3. 计算温度作用效应时应满足两类极限状态的要求，有一些结构设计人员把温度作用效应考虑的重点仅放在正常使用极限状态，如仅重视控制现浇钢筋混凝土梁、板的裂缝问题，这是不全面的做法。对房屋中的超长结构，温度作用对结构危害最大的是首层竖向构件，由于基础或地下室顶板的约束较大，二层及以上各层水平构件（梁、板）热胀冷缩时，将对建筑物长向两端的首层边柱、首层剪力墙产生较大的附加弯矩和剪力。例如超长框架结构中的首层边柱，在温度作用下的附加弯矩与竖向荷载作用下产生的同号弯矩叠加，会显著增大边柱内的弯矩，当该柱的钢筋或柱截面尺寸不足时，其偏心受压的承载力将不能满足承载力极限状态要求，严重时将会引起房屋整体倒塌，这已是我国工程中曾经发生过的事故教训。因此，结构设计人员除关注超大结构温度作用的正常使用极限状态设计问题外，尚应关注承载力极限状态设计问题。

4. 关于均匀温度作用下引起的结构效应可根据结构力学原理进行计算。

第五节　单层工业厂房排架结构房屋纵向柱列温度应力的计算

在实际工程设计中经常会遇到单层工业厂房排架结构房屋，其纵向单元长度超过有关结构设计规范规定的温度伸缩缝长度较多的情况，因而纵向柱列的温度应力应在设计中考虑并进行计算。当厂房纵向温度应力由柱列承受时，柱的温度应力计算可按下列方法进行[23]：

1. 纵向柱列在温度作用下的计算，可假定纵向柱列在中部柱间支撑处为温度位移的不动支点，并可按下列公式计算由于温度变化在柱顶与吊车梁顶面标高处产生的水平位移（图7-2）：

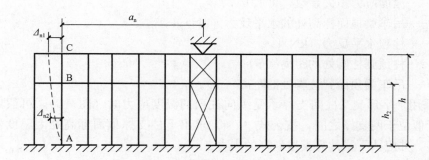

图 7-2　温度作用下纵向柱列的计算

$$\Delta_{n1} = \zeta_1 \alpha_T \cdot a_n \cdot \Delta t \tag{7-5}$$

$$\Delta_{n2} = \zeta_2 \alpha_T \cdot a_n \cdot \Delta t \tag{7-6}$$

式中　Δ_{n1}——由于温度变化在柱顶处产生的水平位移（mm）；

　　　Δ_{n2}——由于温度变化在吊车梁顶面处产生的水平位移（mm）；

　　ζ_1、ζ_2——位移损失系数，ζ_1 可取 1.0，ζ_2 可取 0.6；

　　　α_T——线膨胀系数，钢结构取 12×10^{-6}（1/℃），混凝土结构取 10×10^{-6}（1/℃）；

　　　a_n——不动点至所计算柱之间的距离，宜取柱间支撑中心到端部第二根柱的距离（mm）；❶

---

❶ 通常端部第一根柱承受的荷载较第二根柱少，承载能力较富裕，因而该规范规定宜对第二根柱进行温度作用验算。

Δt——计算温度差，可按表 7-3 采用。

计算温度差　　　　　　　　　　　表 7-3

车间类型及所处地区		计算温度差值（℃）
采暖车间		25～35
非采暖地区	北方地区	35～45
	中部地区（长江中、下游及陇海铁路之间）	25～35
	南方地区（含四川盆地）	20～25
热加工车间		40
露天结构	北方地区	55～60
	南方地区	45～55

注：表中计算温度差值系指结构最大温升工况或最大温降工况的均匀温度作用的标准值。

柱顶和吊车梁顶面标高处由温度变化引起的水平反力，可根据该两处的水平位移值，按一般排架分析的方法求得。

柱脚处因温度作用引起的弯矩和剪力，可按下列公式计算：

$$M_A = \eta(R_B h_2 + R_C h) \tag{7-7}$$

$$V_A = \eta(R_B + R_C) \tag{7-8}$$

式中　M_A——柱脚处因温度作用引起的弯矩（kN·m）；

　　　V_A——柱脚处因温度作用引起的剪力（kN）；

　　　η——温度应力损失系数，可取 0.7；

　　　R_B——吊车梁顶面标高处的水平反力（kN）；

　　　R_C——柱顶水平反力（kN）；

　　　h——柱顶到柱脚处的距离（m）；

　　　h_2——吊车梁顶面到柱脚处的距离（m）。

2. 当采用十字形交叉柱间支撑承受纵向柱列的温度应力时（图 7-3），可假定温度位移不动点近似位于两支撑之间，按公式（7-6）求出下柱支撑顶面标高处因温度作用产生的水平位移，并应按下式计算支撑斜杆的内力：

$$N_1 = \frac{\Delta_{n2} E}{\dfrac{l}{A_1 \cos^2\theta} + \dfrac{a_n' \cos\theta}{A_2}} \tag{7-9}$$

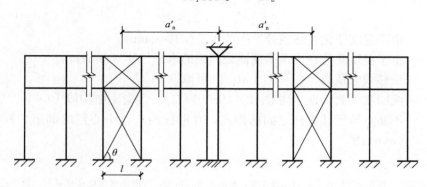

图 7-3　采用支撑承受温度应力

式中　N_1——因温度作用引起下柱支撑斜杆的内力（kN）；

　　　θ——下柱支撑斜杆与水平线之间的夹角；

　　　A_1——下柱支撑斜杆的截面面积（mm²）；

　　　A_2——吊车梁或其他纵向杆件的截面面积（mm²）；

　　　E——支撑的弹性模量（kN/mm²）；

　　　l——设有下柱支撑处的柱间距离（m）❶；

　　　a'_n——不动点至支撑之间距离（m）。

【例题 7-1】　某钢筋混凝土框架结构房屋，其纵向为相等柱间距的单层框架（图 7-4），当均匀温度升高变化时，框架梁、柱由温度作用将产生温度效应，试问下列说法中何项为正确选项？（提示：各框架柱、梁的截面均相同。）

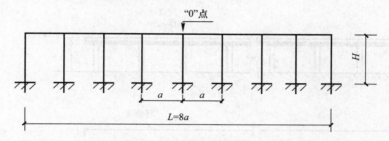

图 7-4　某纵向框架（等柱距）结构

说法一：两端部的框架柱在均匀温升情况下，由温度作用产生的柱底截面温度弯矩比中部框架柱柱底截面的温度弯矩大；

说法二：两端部的框架柱在均匀温升情况下，由温度作用产生的柱底截面温度弯矩比中部框架柱柱底截面的温度弯矩小；

说法三：均匀温升情况下，端部框架梁内由温度作用产生的轴向压力比中部框架梁内由温度作用产生的轴向压力大；

说法四：均匀温升情况下，端部框架梁内由温度作用产生的轴向压力比中部框架梁内由温度作用产生的轴向压力小。

【解】　在均匀温升情况下，钢筋混凝土框架梁、柱会向房屋两端向外膨胀变形，而在房屋中部"0"点为不动点；且各框架柱的顶点向房屋两端膨胀变形值不相同，其值由不动点向房屋两端逐渐加大，因此框架柱顶端截面由温度作用产生的剪力，以最外框架柱最大，且与各柱顶距不动点"0"的距离成正比而增大，因而框架柱柱底截面由柱顶剪力产生的温度作用弯矩以房屋两端框架柱为最大，中部框架柱的相应温度作用弯矩将随距不动点"0"的距离减小而减少。因此，说法一是正确选项，说法二错误。

根据柱顶截面由温度作用产生的剪力变化规律可知，各框架梁中将产生不同的轴向压力，而其轴向压力值的变化规律是房屋中部的框架梁比端部框架梁大，因此说法三错误，而说法四为正确选项。

【例题 7-2】　某城市的铁路旅客站露天钢筋混凝土站台雨篷工程设计项目，已知该雨篷共设两个温度区段，每个温度区段的结构构件：柱为预制预应力离心混凝土空心管桩

---

❶　参考资料［23］对 l 的说明似有错，本手册已将其更正。

（外径尺寸为 $\phi800\mathrm{mm}$，厚度为 $110\mathrm{mm}$，C60 混凝土），雨篷顶盖为现浇钢筋混凝土梁板构件（板厚 $200\mathrm{mm}$，梁截面尺寸宽为 $500\mathrm{mm}$，高为 $700\mathrm{mm}$，C30 混凝土），柱上端与顶盖刚性连接，下端固接于阶形钢筋混凝土基础顶面。每个温度区段顶盖平面尺寸为 $14\mathrm{m}\times140\mathrm{m}$（图 7-5），设横向后浇带共三处，将顶盖分为 4 个施工区段，后浇带封闭时的温度变化范围按 $10\sim25℃$ 考虑。设计该站台雨篷时需进行结构均匀温度作用效应验算，试问进行温度作用验算时，如何确定结构最大温升工况的均匀温度作用标准值及结构最大降温工况的均匀温度作用标准值。（提示：此情况可考虑混凝土结构设置后浇带后，混凝土收缩等效降温可取 $-4℃$，该城市的基本气温最高为 $36℃$，最低 $-13℃$。）

【解】   （1）已知气象资料

基本气温：最高 $36℃$，最低 $-13℃$。

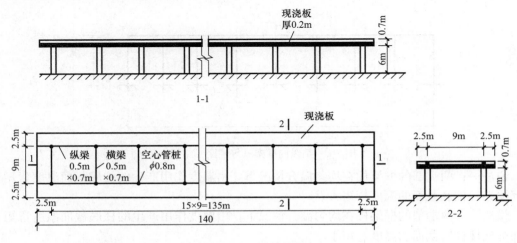

图 7-5   站台雨篷顶平面

（2）已知后浇带封闭时的温度 $10\sim25℃$，考虑混凝土收缩影响的等效降温 $-4℃$。

（3）确定结构最大温升工况的均匀温度作用标准值 ΔT_k：

按公式（7-1）计算。

结构最高平均温度 $T_\mathrm{s,max}$：由于本工程为露天结构，暴露于室外，宜依据结构的表面吸热性质考虑太阳辐射的影响，雨篷顶板的防水层颜色为深暗色（黑色），可参考现行荷载规范第 9.3.2 条条文说明表 7 取结构表面温度增加值 $15℃$，因此 $T_\mathrm{s,max}$ 计算如下：

$$T_\mathrm{s,max} = 基本气温 + 太阳辐射影响升温 = 36 + 15 = 51℃$$

结构最低初始平均温度 $T_\mathrm{0,min}$：取后浇带封闭时的最低温度 $10℃$。

将 $T_\mathrm{s,max}$，$T_\mathrm{0,min}$ 代入公式（7-1）得：

$$\Delta T_\mathrm{k} = T_\mathrm{s,max} - T_\mathrm{0,min} = 51 - 10 = 41℃$$

（4）确定结构最大温降工况的均匀温度作用标准值 ΔT_k：

按公式（7-2）计算。

结构最低平均温度 $T_\mathrm{s,min}$：取基本气温的最低值并考收混凝土收缩的影响，可计算如下：

$$T_\mathrm{s,min} = 基本气温 + 收缩影响 = -13 - 4 = -17℃$$

结构最高初始平均温度 $T_\mathrm{0,max}$：取后浇带封闭时的最高温度 $25℃$。

将 $T_\mathrm{s,min}$、$T_\mathrm{0,max}$ 代入公式（7-2）得：

$$\Delta T_{\mathrm{k}} = T_{\mathrm{s,min}} - T_{0,\mathrm{max}} = -17 - 25 = -42℃$$

【例题 7-3】 某位于北京地区的露天单跨门式刚架轻型钢棚架仓库结构（无围护墙），跨度 36m，柱顶高度 7m，棚架平面尺寸为 30m×150m（图 7-6），其屋盖为 C 形钢檩条上铺压型钢板瓦（浅色），钢材均为 Q235B，设计要求钢结构合拢温度控制在 20～30℃ 之间。试问当计算温度作用效应时，结构最大温升工况及最低温降工况采用的均匀温度作用标准值应如何确定。

【解】（1）收集气象资料

基本气温：最高 36℃，最低 -13℃。

历年极端气温：最高 41.9℃，最低 -17℃。

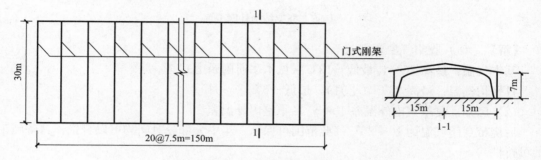

图 7-6　门式刚架钢棚架平面

（2）棚架合拢温度 20～30℃。

（3）确定结构最大温升工况的均匀温度作用标准值 ΔT_{k}：

按公式（7-1）计算。

结构最高平均温度 $T_{\mathrm{s,max}}$：由于钢棚架对气温变化较敏感，根据现行荷载规范规定宜考虑极端气温的影响，并考虑太阳辐射的影响，故 $T_{\mathrm{s,max}}$ 按下式计算：

$T_{\mathrm{s,max}}$＝历年极端最高气温＋太阳辐射升温＝41.9＋11＝52.9℃，取 53℃。

结构最低初始平均温度 $T_{0,\mathrm{min}}$：取合拢时的最低温度 20℃。

因此 $\Delta T_{\mathrm{k}} = T_{\mathrm{s,max}} - T_{0,\mathrm{min}} = 53 - 20 = 33℃$

（4）确定结构最大温降工况的均匀温度作用标准值 ΔT_{k}：

按公式（7-2）计算。

结构最低平均温度 $T_{\mathrm{s,min}}$：取等于极端气温最低值 -17℃。

结构最高平均温度 $T_{0,\mathrm{max}}$：取等于合拢时最高温度 30℃。

因此 $\Delta T_{\mathrm{k}} = T_{\mathrm{s,min}} - T_{0,\mathrm{max}} = -17 - 30 = -47℃$

【例题 7-4】 北京市某现浇钢筋混凝土四层框架结构工业房屋工程，平面尺寸 36m×75m（图 7-7），各层层高均为 5m，柱截面尺寸为 800mm×800mm，纵向梁截面尺寸为 400mm×700mm，横向框架梁截面尺寸为 450mm×800mm，屋面及楼面均为现浇混凝土空心板，板厚 250mm。混凝土强度等级为 C30，外围护墙为有性能良好的外保温，隔热层的混凝土小型砌块砌体墙，屋顶有性能良好的保温隔热层，经热工计算，夏季室内外温差取 10℃，冬季室内外温差取 15℃，不考虑热工制冷或供暖的影响。房屋在纵向中部设有一道后浇带，浇筑完毕气温范围为 10～25℃，要求确定结构最大温升及温降工况的均匀温度作用标准值。

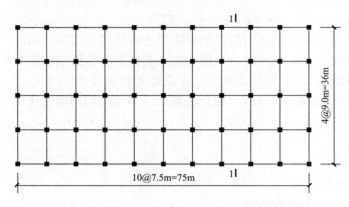 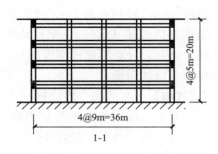

图 7-7　框架结构柱网平面

【解】　（1）收集气象资料

基本气温：最高 36℃，最低 -13℃（见本手册附录七）。

月平均气温：最高 26℃（七月），最低 -6℃（一月）。

（2）已知：夏季室内外温差 10℃，冬季室内外温差 15℃。

后浇带封闭气温为 10~25℃（此范围可保证一年中大部分时间均可以合拢，具备施工的可行性）。

（3）确定结构最大温升工况的均匀温度作用标准值 ΔT_k：

由于该工业房屋的围护结构保温隔热性能良好，会导致室内外热传导速率明显降低。根据现行荷载规范第 9.3.2 条的规定，结构平均气温应考虑室内外温差的影响。另据该条条文说明，结构平均温度可近似取室内外环境的平均值，因此结构平均最高温度

$$T_{s,max} = [最高基本气温（偏安全取值）+室内环境温度（取夏季最高月$$
$$平均气温与室内外温差的差值）]/2$$
$$= [36+(26-10)]/2 = 26℃$$

结构最低初始平均温度 $T_{0,min}$：取后浇带浇筑完毕最低温度 10℃。

结构最大温升工况的均匀温度作用标准值应按公式（7-1）确定：

$$\Delta T_k = T_{s,max} - T_{0,min} = 26 - 10 = 16℃$$

（4）确定结构最大温降的均匀温度作用标准值 ΔT_k：

理由同上，但室内环境温度取冬季最低月平均气温与室内外温差的差值。

$$T_{s,min} = [-13+(-6+15)]/2 = -2℃$$

另再考虑混凝土收缩的等效降温 -4℃。

结构最高初始平均温度 $T_{0,max}$：取后浇带浇筑完毕最高温度 25℃，将以上结果代入公式（7-2）得：

$$\Delta T_k = -2 - 4 - 25 = -31℃$$

【例题 7-5】　北京市某大型各类装修建筑材料销售超市的采暖房屋，主体结构为地上三层的钢结构框架（钢材为 Q235B），平面尺寸 150m×150m（图 7-8），各层层高 7m，框架柱为焊接空心方形钢柱，框架梁为焊接 I 字型截面钢梁与现浇混凝土楼板组成的钢—混凝土组合梁，外围护墙为加气混凝土板材（厚度 250mm），经热工计算室内外温差：夏季为 8℃，冬季为 15℃，不考虑人工制冷或采暖。钢结构合拢温度范围为 10~25℃。要求确

定结构最大温升及温降的均匀温度作用标准值 ΔT_k。

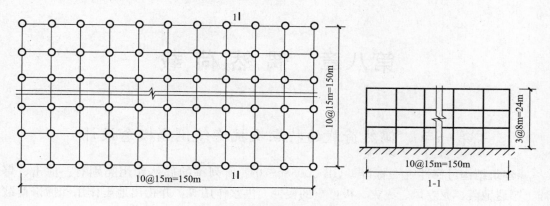

图 7-8　框架结构平面示意

【解】　（1）收集气象资料

基本气温：最高 36℃，最低－13℃（见本手册附录七）。

历年极端气温：最高 41.9℃，最低－17℃。

（2）已知结构合拢温度 10～25℃。

室内外温差：夏季为 8℃，冬季为 15℃，不考虑人工制冷或采暖。

（3）确定结构最大温升工况的均匀温度作用标准值 ΔT_k：

由于围护结构为单层材料，根据现行荷载规范第 9.3.2 条的条文说明，当仅考虑单层结构材料且室内外环境温度类似时，结构平均温度可近似取室内外环境温度的平均值；室外环境温度对温度敏感的金属结构尚应予以增大的要求，因此室外最高气温取基本气温与极端气温的平均值，今基本气温最高为 36℃，历年极端最高气温 41.9℃（取为 42℃），故室外环境温度＝(36＋42)/2＝39℃。

室内环境温度：考虑到室内外夏季温度差 8℃，因此偏安全地可取为基本气温的最高温度与室内外夏季温差的差值，即 36－8＝28℃。

$$结构最高平均温度\ T_{s,max}＝（室外环境温度＋室内环境温度）/2$$
$$＝(39＋28)/2＝33.5℃$$

最低结构初始平均温度取合拢最低温度，即 $T_{0,min}＝10℃$

按公式（7-1）计算 ΔT_k：

$$\Delta T_k = T_{s,max} - T_{0,min} = 33.5 - 10 = 23.5℃\ 取\ 24℃$$

（4）确定结构最大温降工况的均匀温度作用标准值 ΔT_k：

理由同上，室外环境温度平均值取最低基本气温与历年极端最低气温的平均值，即 $(-13-17)/2＝-15℃$。

室内环境温度取基本气温最低温度与室内外冬季温差的差值，即 $-13-15＝-28℃$

故结构最低温度的平均值 $T_{s,min} = (-15-28)/2 = -21.5℃$

结构最高初始平均温度取合拢最高温度，即 $T_{0,max}＝25℃$

按公式（7-2）计算 ΔT_k：

$$\Delta T_k = T_{s,min} - T_{0,max} = -21.5 - 25 = -46.5℃\ 取 -47℃$$

第八章 偶然荷载

第一节 偶然荷载的特点及抗连续倒塌概念设计

《建筑结构可靠性统一标准》GB 50068—2018 所列举的偶然作用类别有：撞击、爆炸、罕遇地震、龙卷风、火灾、极严重的侵蚀、洪水作用等，并指出地震作用和撞击荷载可以认为是规定条件下的可变作用（荷载）或认为是偶然作用（荷载）。

考虑到上述的偶然作用有的已由专门设计规范作出规定（例如地震作用等）或现阶段技术水平尚不能给予明确规定，因而现行荷载规范根据建筑结构的特点仅对爆炸和撞击两类偶然荷载给出原则性的设计规定，以便设计应用。

一、偶然荷载的特点

随着我国国民经济的迅速增长，人们的生活水平不断提高，建筑结构设计也面临一些新情况、新问题，需要考虑和解决，而爆炸荷载和撞击荷载就是其中之一。恐怖分子经常会采用爆炸手段对一些重要建筑进行袭击；在生活中使用燃气已日益普遍，但当使用不当时可能会发生爆炸；人们使用电梯、汽车、直升机等先进的设施和交通工具的比例正迅速提高，但当非正常行驶时会发生撞击。因而有必要在现行荷载规范中增加爆炸和撞击两种偶然荷载的有关规定，以便减小其对建筑结构的不利影响或保证使用和人员安全。

偶然荷载具有以下特点：

1. 偶然荷载出现的概率较低，但它一旦出现其量值较大，造成的破坏作用和危害可能巨大。偶然荷载的取值目前还无法通过概率统计方法确定，主要靠经验及权威部门对其作出规定。因此在计算荷载偶然组合的效应设计值 S_d 时，不采用荷载分项系数方法（见公式（1-3）及公式（1-4），需直接采用规定的偶然荷载标准值作为设计值。

2. 偶然荷载作用的设计状况有其特殊性，由于考虑到偶然事件本身属于小概率事件，因此设计时不必同时考虑两种或两种以上的偶然荷载参与组合。

3. 由于偶然荷载量值的不确定性，所以实际情况的偶然荷载值有可能超过设计值，也即按偶然作用设计状况承载力极限状态计算的效应设计值满足公式（1-3）的要求，也仍然存在结构构件局部破坏的可能性，设计人员必须知晓这一情况并应力求减少破坏范围。

4. 为了保障人员的生命安全，对需要抗爆和抗撞击事件的建筑结构，除满足公式（1-3）要求外，尚需满足公式（1-4）的要求，防止事件发生后局部结构受损，引起对原结构其他剩余部分连锁性破坏（即抗连续倒塌设计）。

二、抗连续倒塌的建筑结构概念设计

目前我国在设计规范中尚缺少对何类建筑结构需要抗连续倒塌设计的明确规定，但国内外的部分设计单位已对某些重要建筑进行过抗连续倒塌设计，积累了一些概念设计的经

验，因此在一些设计规范中对抗连续倒塌的概念设计作出了规定。例如在国家标准《混凝土结构设计规范》GB 50010—2010[8]第3.6.1条中规定：混凝土结构防连续倒塌设计宜符合下列要求：

1. 采取减小偶然作用效应的措施。
2. 采取使重要构件及关键传力部位避免直接遭受偶然作用的措施。
3. 在结构容易遭受偶然作用影响的区域增加冗余约束，布置备用的传力途径。
4. 增强疏散通道、避难空间等重要结构构件及关键传力部位的承载力和变形性能。
5. 配置贯通水平、竖向构件的钢筋，并与周边构件可靠地锚固。
6. 设置结构缝，控制可能发生连续倒塌的范围。

在行业标准《高层建筑混凝土结构技术规程》JGJ 3—2010[27]第3.12.1条中规定：安全等级为一级的高层建筑，应满足抗连续倒塌概念设计要求。并在第3.12.2条中规定：抗连续倒塌概念设计应符合下列要求：

1. 应采取必要的结构连接措施，增强结构的整体性。
2. 主体结构宜采用多跨规则的超静定结构。
3. 结构构件应具有适宜的延性，避免剪切破坏、压溃破坏、锚固破坏、节点先于构件破坏。
4. 结构构件应具有一定的反向承载能力。
5. 周边及边跨框架的柱距不宜过大。
6. 转换结构应具有整体多重传递重力荷载途径。
7. 钢筋混凝土结构梁柱宜刚接，梁板顶、底钢筋在支座处宜按受拉要求连续贯通。
8. 钢结构框架梁柱宜刚接。
9. 独立基础之间宜采用拉梁连接。

以上规定对需要考虑偶然荷载的建筑结构设计项目值得参考并重视。此外，应当强调指出：当以偶然作用作为结构设计的主导作用时，应考虑偶然作用发生时和偶然作用发生后两种工况。在允许结构出现局部破坏的情况下，应保证结构不致因局部破坏引起连续倒塌。

第二节 爆炸荷载

由炸药、燃气、粉尘等引起的爆炸荷载宜按等效静力荷载采用。现行荷载规范仅对常规炸药及燃气两种爆炸荷载的设计值（标准值）给予规定，而对粉尘引起的爆炸荷载应由其他有关规范规定。

一、常规炸药爆炸荷载

在常规炸药地面爆炸的空气冲击波作用下，结构构件的等效均布静力荷载标准值，可按下式计算：

$$q_{ce} = K_{de} P_c \tag{8-1}$$

式中 q_{ce}——作用在结构构件上的等效均布静力荷载标准值（kN/m²）；

P_c——作用在结构构件的均布动荷载最大压力 kN/m²，可按国家标准《人民防空地下室设计规范》GB 50038—2005[18]第4.3.2条和第4.3.3条的有关规定采用；

K_{de}——动力系数，根据构件在均布动荷载作用下的动力分析结果，按最大内力与静力计算内力等效的原则确定。

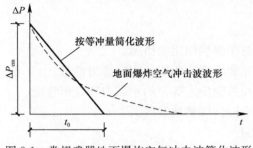

图 8-1　常规武器地面爆炸空气冲击波简化波形

根据上述规定，确定等效均布静力荷载的基本步骤如下：

1. 确定爆炸冲击波波形参数，也即确定等效动荷载

《人民防空地下室设计规范》GB 50038—2005 第 4.3.2 条规定：在结构计算中，常规武器地面爆炸空气冲击波波形可取按等冲量简化的无升压时间的三角形（图 8-1）。

图中　ΔP_{cm}——常规武器地面爆炸空气冲击波最大超压（N/mm^2）；

t_0——地面爆炸空气冲击波按等冲量简化的作用时间（s）。

常规武器地面爆炸冲击波最大超压 ΔP_{cm} 可按下式计算：

$$\Delta P_{cm} = 1.316 \left(\frac{\sqrt[3]{C}}{R} \right)^3 + 0.369 \Big/ \left(\frac{\sqrt[3]{C}}{R} \right)^{1.5} \tag{8-2}$$

式中　C——等效 TNT 装药量（kg），应按国家现行有关规定取值；

R——爆炸至作用点的距离（m），爆心至外墙外侧水平距离应按国家现行有关规定取值。

地面爆炸空气冲击波按等冲量简化的等效作用时间 t_0（s）可按下式计算：

$$T_0 = 4.0 \times 10^{-4} (\Delta P_{cm})^{-0.5} \sqrt[3]{C} \tag{8-3}$$

2. 按单自由度体系强迫振动的方法分析确定结构构件的内力

从结构设计所需精度和尽可能简化计算的角度考虑，在常规炸药爆炸动荷载作用下，结构动力分析一般采用等效静力荷载法。研究表明，在动荷载作用下，结构构件振型与相应静荷载作用下的挠曲线很相近，且动荷载作用下结构构件破坏规律与相应静荷载作用下的破坏规律基本一致，因而在动力分析时，可将结构构件简化为单自由度体系，运用结构动力学中对单自由度集中质量等效体系分析的结果，可获得相应的动力系数。

等效静力荷载法一般适用于单个构件，而实际的建筑结构通常是由多个构件（如墙、梁、柱、楼板等）组成的体系。承受爆炸荷载时，荷载作用的时间有先后，且动荷载变化的规律也不一致，因而对建筑结构中的各构件进行精确分析其爆炸荷载产生的内力比较困难。为此采用近似、简化分析方法，将结构拆成单个构件，对每一个构件按单独的等效体系进行动力分析，但各构件的支座条件应按实际支承情况选取。对通道或其他简单、规则的结构也可近似作为一个整体构件按等效静力荷载进行动力计算。

对特殊结构也可按有限自由度体系采用结构动力学方法直接求出结构内力。

3. 按最大内力（弯矩、剪力、轴力等）等效的原则确定均布静力荷载

等效静力荷载法规定：结构构件在等效静力荷载作用下的各项内力与动荷载作用下相应内力最大值相等，即可将动荷载视为静荷载。

4. 应该指出，对非常规炸药引起的爆炸，可根据其等效 TNT 装药量参考以上方法确定等效均布静力荷载。

二、燃气爆炸荷载

对于具有通口板（一般指窗口的平板玻璃）的房屋结构，当通口板面积 A_v 与爆炸空间体积 V 之比在 $0.05 \sim 0.15$ 之间，且体积 V 小于 $1000\mathrm{m}^3$ 时，燃气爆炸的等效均布静力荷载标准值 p_k 可按下列两公式计算并取其中的较大值：

$$p_k = 3 + p_v \tag{8-4}$$

$$p_k = 3 + 0.5p_v + 0.04 \left/ \left(\frac{A_v}{V}\right)^2 \right. \tag{8-5} \text{❶}$$

式中 p_v——通口板的额定破坏压力（$\mathrm{kN/m}^2$）；

$\quad\quad A_v$——通口板的面积（m^2）；

$\quad\quad V$——爆炸空间的体积（m^3）。

以上规定主要参照欧洲规范《由撞击和爆炸引起的偶然作用》EN 1991-1-7 中的有关规定。其设计思想是通过通口板破坏后的泄压过程，提供爆炸空间内的等效静力荷载公式，以此确定作用在关键构件上由燃气爆炸引起的偶然荷载。

由于爆炸过程十分短暂，其持续时间可近似取 $\Delta t = 0.2\mathrm{s}$，可考虑构件抗爆设计抗力的提高。EN 1991-1-7 给出的抗力提高系数按以下公式计算，可供结构设计人员参考。

$$\varphi_d = 1 + \sqrt{\frac{P_{sw}}{P_{Rd}}} \sqrt{\frac{2u_{max}}{g(\Delta t)^2}} \tag{8-6}$$

式中 φ_d——抗力提高系数；

$\quad\quad P_{sw}$——关键构件的自重；

$\quad\quad P_{Rd}$——关键构件在正常情况下的抗力设计值；

$\quad\quad u_{max}$——关键构件破坏时的最大位移；

$\quad\quad g$——重力加速度。

由于以往在我国的设计规范中缺少对燃气爆炸荷载量值的规定，因此在一些专用建筑设计规范中对燃气爆炸的抗爆设计只能采取构造措施的方法，必须指出，除按上述规定计算外，工程经验表明这些措施也是在设计中应遵循的有效规定。例如在国家标准《锅炉房设计标准》GB 50041—2020[25] 第 15.1.2 条中规定：锅炉房的外墙、楼地面或屋面应有相应的防爆措施，并应有相当于锅炉间占地面积 10% 的泄压面积，泄压方向不得朝向人员聚集的场所，房间和人行通道泄压处也不得与这些地方相邻。地下锅炉房采用竖井泄爆方式时，竖井的净横断面积应满足泄压面积的要求。再如《城镇燃气设计规范》GB 50028—2006（2020 年版）[67] 在第 10.2 节中规定有许多有关在建筑中应采取的泄压设计措施等。

第三节　撞击荷载

现行荷载规范对建筑结构中的电梯下坠撞击底坑、汽车撞击建筑结构、直升机非正常着陆撞击屋顶结构的撞击荷载给予规定。

---

❶ 公式（8-5）右端第三项现行荷载规范规定为 $0.04 \times \left(\frac{A_v}{V}\right)^2$ 似有误，经查阅参考文献 [51] 应为 $0.04 \left/ \left(\frac{A_v}{A}\right)^2 \right.$，故本手册采用后者表达。

一、电梯竖向撞击荷载

根据对一些电梯厂家的电梯进行电梯撞击底坑时的撞击力最大值情况计算结果，归纳整理后可得出不同的电梯品牌、类型的撞击力与电梯总重力荷载的比值见表 8-1[59]。

撞击力与电梯总重力荷载比值计算结果　　　　　表 8-1

电梯类型		品牌 1	品牌 2	品牌 3
无机房	低速客梯	3.7~4.4	4.1~5.0	3.7~4.7
有机房	低速客梯	3.7~3.8	4.1~4.3	4.0~4.8
	低速观光梯	3.7	4.9~5.6	4.9~5.4
	低速医梯	4.2~4.7	5.2	4.0~4.5
	低速货梯	3.5~4.1	3.9~7.4	3.6~5.2
	高速客梯	4.7~5.4	5.9~7.0	6.5~7.1

现行荷载规范根据表 8-1 的结果，并参考美国 IBC96 规范以及我国《电梯制造与安装安全规范》GB 7588—2003[19] 规定：电梯竖向撞击荷载标准值可在电梯总重力荷载标准值的 4~6 倍范围内选取。

现行荷载规范的以上规定值仅适用于电力驱动的拽引式或强制式乘客电梯、病床电梯及载货电梯，不适用于杂物电梯和液压电梯。电梯总重力荷载标准值取电梯额定载重和轿厢自重标准值之和，并忽略电梯装饰荷载的影响。对高速电梯（额定速度不小于 2.5m/s）宜取上限值；对额定速度较大的电梯，相应的撞击荷载也应取较大值。

二、汽车撞击荷载

汽车撞击荷载可按下列规定采用：

1. 顺车辆行驶方向的汽车撞击力标准值 P_k(kN) 可按下式计算：

$$P_k = mv/t \tag{8-7}$$

式中　m——汽车质量（t），包括车自重和载重；

　　　v——汽车行驶速度（m/s）；

　　　t——撞击时间（s）。

2. 撞击力计算参数 m、v、t 和荷载作用点位置宜按照实际情况采用。当无数据时，汽车质量可取 15t，汽车行驶速度可取 22.2m/s（相当于车速为 80km/h），撞击时间可取 1.0s，小型车和大型车的撞击力荷载作用点位置可分别取位于路面以上 0.5m 和 1.5m 处。

3. 垂直于车辆行驶方向的撞击力标准值可取顺车辆行驶方向撞击力标准值的 0.5 倍，二者可不考虑同时作用。

现行荷载规范的以上规定是借鉴《公路桥涵设计通用规范》JTG D60—2015[36] 和《城市人行天桥与人行地道技术规范》CJJ 69—95 的有关规定。公式（8-7）是基于动量定理关于撞击力的一般公式，按此公式计算的撞击力，与欧洲规范相当。

建筑结构可能遭受汽车撞击的处所主要包括地下车库及汽车通道两侧的构件、路边建筑物等。由于所处的环境不同，车辆质量和车速等变化较大，因此设计人员在必要时，可根据实际工程情况进行撞击力调整。

三、直升机非正常着陆撞击荷载

直升机非正常着陆产生的撞击荷载可按下列规定采用：

1. 竖向等效静力撞击力标准值 P_k(kN) 可按下式计算：

$$P_k = C\sqrt{m} \tag{8-8}$$

式中　C——系数，取等于 3kN·kg$^{-0.5}$；

　　　m——直升机的质量（kg）。

2. 竖向撞击力的作用范围宜包括停机坪内任何区域以及停机坪边缘线 7m 之内的屋顶结构。

3. 竖向撞击力的作用区域宜取 2m×2m。

现行荷载规范的以上规定主要参考欧洲规范 EN 1991-1-7 的有关内容而规定。

【例题 8-1】　某住宅中使用燃气做饭的厨房间，其平面尺寸为 1.8m×4.5m，净高为 2.5m。通口板（泄爆窗）面积为 2.4m^2，其上安装有 5mm 厚的普通玻璃，玻璃的额定破坏压力 p_v 为 3.5kN/m^2。试求发生燃气爆炸事件时，由燃气爆炸产生的等效均布静力荷载 p_k 值。

【解】　按现行荷载规范规定：通口板面积 A_v 与爆炸空间体积 V 之比在 0.05～0.15 之间且体积 V 小于 1000m^3 时，燃气爆炸的等效均布静力荷载 P_k 应从公式（8-4）及公式（8-5）中取其较大值。

今 $A_v = 2.4$m^2，$V = 1.8×4.5×2.5 = 20.25$m^3，$A_v/V = 2.4/20.25 = 0.119$ 完全符合上述规定的条件，由公式（8-4）：$p_k = 3 + p_v = 3 + 3.5 = 6.5$kN/m^2

由公式（8-5）：

$$p_k = 3 + 0.5p_v + 0.04 \Big/ \left(\frac{A_v}{V}\right)^2$$
$$= 3 + 0.5×3.5 + 0.04/(0.119)^2$$
$$= 7.57\text{kN/m}^2$$

应取 $p_k = 7.57$kN/m^2。

根据以上计算可看出燃气爆炸事件产生的偶然荷载量值较大。爆炸时将产生向上、向下及四周的爆炸荷载可能导致厨房间四周墙体和楼板、顶板的破坏。

【例题 8-2】　某钢筋混凝土剪力墙结构住宅中的有机房拽引式乘客电梯，其额定载重量为 1.35t，轿厢重 1.5t，额定行驶速度为 1.75m/s。试确定电梯发生不正常行驶事故（坠落）时，在电梯底坑中的轿厢缓冲器上的竖向撞击荷载标准值 P_k。

【解】　电梯竖向撞击荷载标准值 P_k 应按本章第三节第一款的规定确定。考虑到该电梯的行驶速度为 1.75m/s。不属于高速电梯，故竖向撞击荷载可取 4 倍电梯重力荷载。

今电梯总重力荷载 $G = $（额定载重量＋轿厢自重）$g = (1.35 + 1.5)×9.81 = 28$kN

故竖向撞击荷载 $P_k = 4G = 4×28 = 118$kN

注：依据《电梯制造及安装安全规范》GB 7588—2003 第 5.3.2 条第 2 款规定：轿厢缓冲器支座下的底坑地面应能承受满载轿厢 4 倍的作用力。因此可见其规定与现行荷载规范的有关规定基本相同。

【例题 8-3】　某高层建筑的梁板式钢筋混凝土屋盖，其部分面积可作为直升机停机坪，专供停泊国产直升机 Z-11 使用。已知 Z-11 最大起飞重量为 2200kg，试问该停机坪在直升机非正常着陆时产生的撞击竖向等效静力撞击力标准值为何值？

【解】　直升机在非正常着陆时，竖向等效静力撞击力标准值 P_k 应按公式（8-8）计算，今 $C = 3$kN·kg$^{-0.5}$，$m = 2200$kg，代入公式（8-8）得：

$$P_k = C\sqrt{m} = 3 \times \sqrt{2200} = 140.7 \text{kN}$$

该撞击力的作用范围包括停机坪内任何区域以内以及停机坪边缘线 7m 之内的屋顶结构。此外，该撞击力的作用区域可取 2m×2m。其局部均布荷载标准值 $q_k = 140.7/(2 \times 2) = 35.2 \text{kN/m}^2$。

第九章　地　震　作　用

第一节　地震作用基本规定

一、建筑抗震设防依据和分类

1. 建筑抗震设防分类[22]

为了有效地减轻地震灾害的影响，并考虑到我国现有的技术经济条件的实际情况，国家标准《建筑工程抗震设防分类标准》GB 50223—2008 规定我国的新建、改建、扩建的建筑工程均应确定其抗震设防类别及抗震设防标准，并且其抗震类别及抗震设防标准不应低于该标准的规定。现将该标准的要点摘录如下：

建筑工程抗震设防类别的划分应根据下列因素综合确定：

(1) 建筑破坏造成的人员伤亡、直接和间接经济损失及社会影响的大小。

(2) 城市的大小和地位、行业的特点、工矿企业的规模。

(3) 建筑使用功能失效后、对全局的影响范围大小、抗震救灾影响及恢复的难易程度。

(4) 建筑各区段的重要性有显著不同时，可按区段划分抗震设防类别。但下部区段的类别不应低于上部区段。

(5) 不同行业的相同建筑，当所处地位及地震破坏所产生的后果和影响不同时，其抗震设防类别可不相同。

其中区段是指由防震缝分开的单元，平面内使用功能不同的部分或上下使用功能不同的部分。

建筑工程应分为以下四个抗震设防类别：

(1) 特殊设防类：指使用上有特殊设施，涉及国家公共安全的重大建筑工程和地震时可能发生严重次生灾害等特别重大灾害后果，需要进行特殊设防的建筑。简称甲类。

(2) 重点设防类：指地震时使用功能不能中断或需尽快恢复的生命线相关建筑，以及地震时可能导致大量人员伤亡等重大灾害后果，需要提高设防标准的建筑。简称乙类。

(3) 标准设防类：指大量的除 (1)、(2)、(4) 款以外按标准要求进行设防的建筑。简称丙类。

(4) 适度设防类：指使用上人员稀少且震损不致产生次生灾害，允许在一定条件下适度降低要求的建筑。简称丁类。

2. 各抗震设防类别建筑工程的抗震设防标准

(1) 特殊设防类，应按高于本地区抗震设防烈度提高一度的要求加强其抗震措施；但抗震设防烈度为 9 度时应按比 9 度更高的要求采取抗震措施。同时，应按批准的地震安全性评价的结果且高于本地区抗震设防烈度的要求确定其地震作用。

（2）重点设防类，应按高于本地区抗震设防烈度一度的要求加强其抗震措施；但抗震设防烈度为 9 度时应按比 9 度更高的要求采取抗震措施；地基基础的抗震措施，应符合有关规定。同时，应按本地区抗震设防烈度确定其地震作用。

（3）标准设防类，应按本地区抗震设防烈度确定其抗震措施和地震作用，达到在遭遇高于当地抗震设防烈度的预估罕遇地震影响时不致倒塌或发生危及生命安全的严重破坏的抗震设防目标。

（4）适度设防类，允许比本地区抗震设防烈度的要求适当降低其抗震措施，但抗震设防烈度为 6 度时不应降低。一般情况下，仍应按本地区抗震设防烈度确定其地震作用。

此外，对于划为重点设防类而规模很小的工业建筑，当选用抗震性能较好的材料且符合抗震设计规范对结构体系的要求时，允许按标准设防类抗震设防。

3. 不同用途建筑的抗震设防类别示例[22]

本手册仅列出特殊设防类及重点设防类别示例，实际工程可按示例结合其具体情况划分其抗震设防类别，对未列出的建筑宜划为标准设防类。

（1）防灾救灾建筑

1）医疗建筑的抗震设防类别：

① 三级医院中承担特别重要医疗任务的门诊、医技、住院用房，抗震设防类别应划为特殊设防类。

② 二、三级医院的门诊、医技、住院用房，具有外科手术室或急诊科的乡镇卫生院的医疗用房，县级及以上急救中心的指挥、通信、运输系统的重要建筑，县级及以上的独立采、供血机构的建筑，抗震设防类别应划为重点设防类。

③ 工矿企业的医疗建筑可比照城市的医疗建筑示例确定其抗震设防类别。

2）消防车库及其值班用房的抗震设防类别应划为重点设防类。

3）20 万人口以上的城镇和县及县级市防灾应急指挥中心的主要建筑，抗震设防类别不应低于重点设防类。工矿企业的防灾应急指挥系统建筑，可比照城市防灾应急指挥系统建筑示例确定其抗震设防类别。

4）疾病预防与控制中心建筑的抗震设防类别应符合下列规定：

① 承担研究、中试和存放剧毒的高危传染病病毒任务的疾病与控制中心的建筑或其区段，抗震设防类别应划为特殊设防类。

② 不属于①款的县、县级市及以上的疾病预防与控制中心的主要建筑，抗震设防类别应划为重点设防类。

（2）基础设施建筑

1）城镇给水、排水、燃气、热力建筑

本手册仅列出城镇的给水、排水、燃气、热力建筑工程抗震设防类别示例，对工矿企业的此类建筑工程可分别比照城镇的给水、排水、燃气、热力建筑工程确定其抗震设防分类。

① 城镇和工矿企业的给水、排水、燃气、热力建筑，应根据其使用功能、规模、修复难易程度和社会影响等划分抗震设防类别。其配套的供电建筑，应与主要建筑的抗震设防类别相同。

② 给水建筑工程中，20 万人口以上城镇、抗震设防烈度为 7 度及以上的县及县级市的主要取水设施和输水管线、水质净化处理厂的主要水处理建（构）筑物、配水井、送水

系房、中控室、化验室等，抗震设防类别应划为重点设防类。

③ 排水建筑工程中，20 万人口以上城镇、抗震设防烈度为 7 度及以上的县及县级市的污水干管（含合流），主要污水处理厂的主要水处理建（构）筑物、进水泵房、中控室、化验室，以及城市排涝泵站、城镇主干道立交处的雨水泵房，抗震设防类别应划为重点设防类。

④ 燃气建筑中，20 万人口以上城镇、县及县级市的主要燃气厂的主厂房、贮气罐、加压泵房和压缩间、调度楼及相应的超高压和高压调压间、高压和次高压输配气管道等主要设施，抗震设防类别应划为重点设防类。

⑤ 热力建筑中，50 万人口以上城镇的主要热力厂主厂房、调度楼、中继泵站及相应的主要设施用房，抗震设防类别应划为重点设防类。

2）电力建筑

本手册仅列出电力生产建筑和城镇供电设施的抗震设防类别示例。

① 电力建筑应根据其直接影响的城市和企业的范围及地震破坏造成的直接和间接经济损失划分抗震设防类别。

② 电力调度建筑的抗震设防类别，应符合下列规定：

A. 国家和区域的电力调度中心，抗震设防类别应划为特殊设防类。

B. 省、自治区、直辖市的电力调度中心，抗震设防类别宜划为重点设防类。

③ 火力发电厂（含核电厂的常规岛）、变电所的生产建筑中，下列建筑的抗震设防类别应划为重点设防类：

A. 单机容量为 300MW 及以上或规划容量为 800MW 及以上的火力发电厂和地震时必须维持正常供电的重要电力设施的主厂房、电气综合楼、网控楼、调度通信楼、配电装置楼、烟囱、烟道、碎煤机室、输煤转运站和输煤栈桥、燃油和燃气机组电厂的燃料供应设施。

B. 330kV 及以上的变电所和 220kV 及以下枢纽变电所的主控通信楼、配电装置楼、就地继电器室；330kV 及以上的换流站工程中的主控通信楼、阀厅和就地继电器室。

C. 供应 20 万人口以上规模的城镇集中供热的热电站的主要发配电控制室及其供电、供热设施。

D. 不应中断通信设施的通信调度建筑。

3）交通运输建筑

本手册仅列出铁路、公路、水运和空运系统建筑和城镇交通设施的抗震设防类别示例。此类建筑应根据其在交通运输线路中的地位、修复难易程度和对抢险救灾、恢复生产所起的作用划分抗震设防类别。

① 铁路建筑中，高速铁路、客运专线（含城际铁路）、客货共线Ⅰ、Ⅱ级干线和货运专线的铁路枢纽的行车调度、运转、通信、信号、供电、供水建筑，以及特大型站和最高聚集人数很多的大型站的客运候车楼，抗震设防类别应划为重点设防类。

② 公路建筑中，高速公路、一级公路、一级汽车客运站和位于抗震设防烈度为 7 度及以上地区的公路监控室，一级长途汽车站客运候车楼，抗震设防类别应划为重点设防类。

③ 水运建筑中，50 万人口以上城市、位于抗震设防烈度为 7 度及以上地区的水运通

信和导航等重要设施的建筑，国家重要客运站，海难救助打捞等部门的重要建筑，抗震设防类别应划为重点设防类。

④ 空运建筑中，国际或国内主要干线机场中的航空站楼、大型机库，以及通信、供电、供热、供水、供气、供油的建筑，抗震设防类别应划为重点设防类。

航管楼的设防标准应高于重点设防类。

⑤ 城镇交通设施的抗震设防类别，应符合下列规定：

A. 在交通网络中占关键地位、承担交通量大的大跨度桥应划为特殊设防类；处于交通枢纽的其余桥梁应划为重点设防类。

B. 城市轨道交通的地下隧道、枢纽建筑及其供电、通风设施，抗震设防类别应划为重点设防类。

4）邮电通信、广播电视建筑

① 邮电通信、广播电视建筑，应根据其在整个信息网络中的地位和保证信息网络通畅的作用划分抗震设防类别。其配套的供电、供水建筑，应与主体建筑的抗震设防类别相同；当特殊设防类的供电、供水建筑为单独建筑时，可划为重点设防类。

② 邮电通信建筑的抗震设防类别，应符合下列规定：

A. 国际出入口局，国际无线电台，国家卫星通信地球站，国际海缆登陆站，抗震设防类别应划为特殊设防类。

B. 省中心及省中心以上通信枢纽楼、长途传输一级干线枢纽站、国内卫星通信地球站、本地网通枢纽楼及通信生产楼、应急通信用房，抗震设防类别应划为重点设防类。

C. 大区中心和省中心的邮政枢纽，抗震设防类别应划为重点设防类。

③ 广播电视建筑的抗震设防类别，应符合下列规定：

A. 国家级、省级的电视调频广播发射塔建筑，当混凝土结构塔的高度大于 250m 或钢结构塔的高度大于 300m 时，抗震设防类别应划为特殊设防类；国家级、省级的其余发射塔建筑，抗震设防类别应划为重点设防类。国家级卫星地球站上行站，抗震设防类别应划为特殊设防类。

B. 国家级、省级广播中心、电视中心和电视调频广播发射台的主体建筑，发射总功率不小于 200kW 的中波和短波广播发射台，广播电视卫星地球站、国家级和省级广播电视监测台与节目传送台的机房建筑和天线支承物，抗震设防类别应划为重点设防类。

（3）公共建筑和居住建筑

本手册仅列出体育建筑、影剧院、博物馆、档案馆、商场、展览馆、会展中心、教育建筑、旅馆、办公建筑、科学实验建筑等公共建筑和住宅、宿舍、公寓等居住建筑的抗震设防类别示例。

① 公共建筑，应根据其人员密集程度、使用功能、规模、地震破坏所造成的社会影响和直接经济损失的大小划分抗震设防类别。

② 体育建筑中，规模分级为特大型的体育场，大型、观众席容量很多的中型体育场和体育馆（含游泳馆），抗震设防类别应划为重点设防类。

③ 文化娱乐建筑中，大型的电影院、剧场、礼堂、图书馆的视听室和报告厅、文化馆的观演厅和展览厅、娱乐中心建筑，抗震设防类别应划为重点设防类。

④ 商业建筑中，人流密集的大型的多层商场抗震设防类别应划为重点设防类。当商

业建筑与其他建筑合建时应分别判断，并按区段确定其抗震设防类别。

⑤ 博物馆和档案馆中，大型博物馆，存放国家一级文物的博物馆，特级、甲级档案馆，抗震设防类别应划为重点设防类。

⑥ 会展建筑中，大型展览馆、会展中心，抗震设防类别应划为重点设防类。

⑦ 教育建筑中，幼儿园、小学、中学的教学用房以及学生宿舍和食堂，抗震设防类别应不低于重点设防类。

⑧ 科学实验建筑中，研究、中试生产和存放具有高放射性物品以及剧毒的生物制品、化学制品、天然和人工细菌、病毒（如鼠疫、霍乱、伤寒和新发高危险传染病等）的建筑，抗震设防类别应划为特殊设防类。

⑨ 电子信息中心的建筑中，省部级编制和贮存重要信息的建筑，抗震设防类别应划为重点设防类。

⑩ 国家级信息中心建筑的抗震设防标准应高于重点设防类。

⑪ 高层建筑中，当结构单元内经常使用人数超过 8000 人时，抗震设防类别宜划为重点设防类。

⑫ 居住建筑的抗震设防类别不应低于标准设防类。

（4）工业建筑

1）采煤、采油和矿山生产建筑

① 采煤、采油和天然气、采矿的生产建筑，应根据其直接影响的城市和企业的范围及地震破坏所造成的直接和间接经济损失划分抗震设防类别。

② 采煤生产建筑中，矿井的提升、通风、供电、供水、通信和瓦斯排放系统，抗震设防类别应划为重点设防类。

③ 采油和天然气生产建筑中，下列建筑的抗震设防类别应划为重点设防类：

A. 大型油、气田的联合站、压缩机房、加压气站泵房、阀组间、加热炉建筑。

B. 大型计算机房和信息贮存库。

C. 油品储运系统液化气站，轻油泵房及氮气站、长输管道首末站、中间加压泵站。

D. 油、气田主要供电、供水建筑。

④ 采矿生产建筑中，下列建筑的抗震设防类别应划为重点设防类：

A. 大型冶金矿山的风机室、排水泵房、变电室、配电室等。

B. 大型非金属矿山的提升、供水、排水、供电、通风等系统的建筑。

2）原材料生产建筑

① 冶金、化工、石油化工、建材、轻工业的原材料生产建筑，主要以其规模、修复难易程度和停产后相关企业的直接和间接经济损失划分抗震设防类别。

② 冶金工业、建材工业企业的生产建筑中，下列建筑的抗震设防类别应划为重点设防类：

A. 大中型冶金企业的动力系统建筑，油库及油泵房，全厂性生产管制中心、通信中心的主要建筑。

B. 大型和不容许中断生产的中型建材工业企业的动力系统建筑。

③ 化工和石油化工生产建筑中，下列建筑的抗震设防类别应划为重点设防类：

A. 特大型、大型和中型企业的主要生产建筑以及对正常运行起关键作用的建筑。

B. 特大型、大型和中型企业的供热、供电、供气和供水建筑。

C. 特大型、大型和中型企业的通信、生产指挥中心建筑。

④ 轻工原材料生产建筑中，大型浆板厂和洗涤剂原料厂等大型原材料生产企业中的主要装置及其控制系统和动力系统建筑，抗震设防类别应划为重点设防类。

⑤ 冶金、化工、石油化工、建材、轻工业原料生产建筑中，使用或生产过程中具有剧毒、易燃、易爆物质的厂房，当具有泄毒、爆炸或火灾危险性时，其抗震设防类别应划为重点设防类。

3）加工制造业生产建筑

本手册仅列出机械、船舶、航空、航天、电子（信息）、纺织、轻工、医药等工业生产建筑的抗震设防类别示例。此类工业生产建筑应根据建筑规模和地震破坏所造成的直接和间接损失的大小划分抗震设防类别。

① 航空工业生产建筑中，下列建筑的抗震设防类别应划为重点设防类：

A. 部级及部级以上的计量基准所在的建筑，记录和贮存航空主要产品（如飞机、发动机等）或关键产品的信息贮存所在的建筑。

B. 对航空工业发展有重要影响的整机或系统性能试验设施、关键设备所在建筑（如大型风洞及其测试间，发动机高空试车台及其动力装置及测试间，全机电磁兼容试验建筑）。

C. 存放国内少有或仅有的重要精密设备的建筑。

D. 大中型企业主要的动力系统建筑。

② 航天工业生产建筑中，下列建筑的抗震设防类别应划为重点设防类：

A. 重要的航天工业科研楼、生产厂房和试验设施、动力系统的建筑。

B. 重要的演示、通信、计量、培训中心的建筑。

③ 电子信息工业生产建筑中，下列建筑的抗震设防类别应划为重点设防类：

A. 大型彩管、玻壳生产厂房及其动力系统。

B. 大型的集成电路、平板显示器和其他电子类生产厂房。

C. 重点的科研中心、测试中心、试验中心的主要建筑。

④ 纺织工业的化纤生产建筑中，具有化工性质的生产建筑，其抗震设防类别宜按本手册化工生产建筑划分抗震设防类别。

⑤ 大型医药生产建筑中，具有生物制品性质的厂房及其控制系统，其抗震设防类别宜按本节第3款（3）公共建筑中的科学试验建筑物划分。

⑥ 加工制造工业建筑中，生产或使用具有剧毒、易燃、易爆物质且具有火灾危险性的厂房及其控制系统的建筑，抗震设防类别应划为重点设防类。

⑦ 大型的机械、船舶、纺织、轻工、医药等工业企业的动力系统建筑应划为重点设点类。

⑧ 机械、船舶工业的生产厂房，电子、纺织、轻工、医药等工业的其他生产厂房，宜划为标准设防类。

（5）工业与民用仓库类建筑[66]

1）仓库类建筑，应根据其存放物品的经济价值和地震破坏所产生的次生灾害划分抗震设防类别。

2）仓库类建筑的抗震设防类别，尚应符合下列规定：

① 储存放射性物质或剧毒物品的仓库不应低于重点设防类，存放贵重物品的仓库以及储存易燃、易爆物质等具有火灾危险性的危险品仓库应划为重点设防类。

② 一般的储存物品的价值低、人员活动少、无次生灾害的单层仓库等可划为适度设防类。

③ 重要的大型、超大型仓库以及存放抗震救灾物资的仓库，宜划分为重点设防类。

4. 建筑工程抗震设防烈度

国家标准《建筑抗震设计规范》GB 50011—2010（2016 年版）规定，建筑工程所在地区遭受的地震影响应采用相应于抗震设防烈度的设计基本地震加速度（见附录八）和特征周期表征。设计基本地震加速度是 50 年设计基准期超越概率 10％的地震加速度的设计取值。此外，国家标准《中国地震动参数区划图》GB 18306—2015 也给出了各主要城镇的抗震设防烈度的设计地震加速度和特征周期供设计人员采用。

抗震设防烈度和设计基本地震加速度取值的对应关系应符合表 9-1 的规定。

抗震设防烈度和设计基本地震加速度值的对应关系 表 9-1

抗震设防烈度	6	7	8	9
设计基本地震加速度值	0.05g	0.10（0.15）g	0.20（0.30）g	0.40g

注：1. g 为重力加速度；

2. 设计基本地震加速度为 0.15g 和 0.30g 地区内的建筑，除另有规定外，应分别按抗震设防烈度 7 度和 8 度的要求进行抗震设计。

地震影响的特征周期是地震反应谱中的主要特征。它与建筑工程所在地的设计地震分组和场地类别有关（见表 9-2），其中设计地震分组可反映震中距对建筑工程所在地的地震影响。

特征周期值（S） 表 9-2

设计地震公组	场地类别				
	I_0	I_1	II	III	IV
第一组	0.20	0.25	0.35	0.45	0.65
第二组	0.25	0.30	0.40	0.55	0.75
第三组	0.30	0.35	0.45	0.65	0.90

注：计算罕遇地震作用时，特征周期应在表 9-2 规定的基础上增加 0.05s。

根据《中国地震动参数区划图》GB 18306—2015 的规定，全国各地均为抗震设防烈度为 6 度及以上地区。因而新建、改建、扩建的建筑工程必须进行抗震设计。此外，《建筑抗震设计规范》GB 50011—2010（2016 年版）还规定，抗震设防烈度为 6 度时的建筑（不规则建筑及建造于 IV 类场地上较高的高层建筑除外），以及生土房屋和木结构房屋等，应符合有关的抗震措施的要求，但应允许不进行截面抗震验算。而对抗震设防烈度为 6 度时的不规则建筑、建造于 IV 类场地上较高的高层建筑、7 度和 7 度以上的建筑结构（生土房屋和木结构房屋等除外），应进行多遇地震作用下的截面抗震验算。并且对采用隔震设计的建筑结构其抗震验算应符合有关规定。而按照《高层建筑混凝土结构技术规程》JGJ 3—2010 规定，高层建筑均应进行地震作用计算并采取抗震措施以保证结构抗震安全。

二、建筑场地类别

建筑场地的类别划分应根据土层等效剪切波速和场地覆盖层厚度按表 9-3 划分为四类，其中 I 类又分为 I_0 和 I_1 两个亚类，当有可靠的剪切波速和覆盖层厚度且其值处于表 9-3 所列场地类别的分界线附近时，应允许按插值方法确定地震力计算所用的设计特征周期。

各类建筑场地的覆盖层厚度（m）　　　　　　　表 9-3

岩石的剪切波速或土的等效剪切波速（m/s）	场地类别				
	I_0	I_1	II	III	IV
$v_s > 800$	0				
$800 \geqslant v_s > 500$		0			
$500 \geqslant v_{se} > 250$		<5	$\geqslant 5$		
$250 \geqslant v_{se} > 150$		<3	$3 \sim 50$	>50	
$v_{se} \leqslant 150$		<3	$3 \sim 15$	$15 \sim 80$	>80

注：表中 v_s 系岩石的剪切波速。

1. 建筑场地覆盖层厚度

建筑场地覆盖层厚度的确定应符合下列要求：

（1）一般情况下，应按地面至剪切波速大于 500m/s 的土层顶面的距离确定。

（2）当地面 5m 以下存在剪切波速大于相邻土层土剪切波速 2.5 倍的土层，且其下卧层岩土的剪切波速均不小于 400m/s 时，可按地面至该土层顶面的距离确定。

（3）剪切波速大于 500m/s 的孤石、透镜体，应视同周围土层。

（4）土层中的火山岩硬夹层，应视为刚体，其厚度应从覆盖层中扣除。

2. 土层的等效剪切波速

土层的等效剪切波速应按下列公式计算：

$$v_{se} = d_0 / t \tag{9-1}$$

$$t = \sum_{i=1}^{n} (d_i / v_{si}) \tag{9-2}$$

式中　v_{se}——土层等效剪切波速（m/s）；

　　　d_0——计算深度（m），取覆盖层厚度和 20m 二者的较小值；

　　　t——剪切波在地面至计算深度之间的传播时间；

　　　d_i——计算深度范围内第 i 土层的厚度（m）；

　　　v_{si}——计算深度范围内第 i 土层的剪切波速（m/s）；

　　　n——计算深度范围内土层的分层数。

3. 按土的类型和经验估算各土层的剪切波速

对抗震设防分类为丁类建筑和丙类建筑中层数不超过 10 层、高度不超过 24m 的多层建筑，当无实测剪切波速时，可根据岩土名称和性状，按表 9-4 划分土的类型，再利用当地经验在表 9-4 的土层剪切波速范围内估算各土层的剪切波速。

按土的类型划分和剪切波速范围　　　　　　　表 9-4

土的类型	岩土名称和性状	土层剪切波速范围（m/s）
岩石	坚硬、较硬且完整的岩石	$v_s > 800$
坚硬土或软质岩石	破碎和较破碎的岩石或软和较软的岩石，密实的碎石土	$800 \geqslant v_s > 500$

续表

土的类型	岩土名称和性状	土层剪切波速范围（m/s）
中硬土	中密、稍密的碎石土，密实、中密的砾、粗、中砂，$f_{ak}>150kPa$ 的黏性土和粉土，坚硬黄土	$500 \geqslant v_s > 250$
中软土	稍密的砾，粗、中砂，除松散外的细、粉砂，$f_{ak} \leqslant 150kPa$ 的黏性土和粉土，$f_{ak}>130kPa$ 的填土，可塑新黄土	$250 \geqslant v_s > 150$
软弱土	淤泥和淤泥质土，松散的砂，新近沉积的黏性土和粉土，$f_{ak} \leqslant 130kPa$ 的填土，流塑黄土	$v_s \leqslant 150$

注：f_{ak} 为由载荷试验等方法得到的地基承载力特征值（kPa）；v_s 为岩土剪切波速。

三、地震作用下的建筑结构分析原则

1. 各类建筑结构应进行多遇地震作用下的内力及变形分析，此时可假定结构与构件处于弹性工作状态，内力和变形分析可采用线性静力方法或线性动力方法。

2. 对不规则且具有明显薄弱部位可能导致重大地震破坏的建筑应进行罕遇地震作用下的弹塑性变形分析。此时可根据结构特点采用静力弹塑性分析或弹塑性时程分析方法。

3. 结构抗震分析时，应按照楼、屋盖在平面内变形情况确定为刚性、分块刚性、半刚性、局部弹性和柔性的横隔板，再按抗侧力系统的布置确定抗侧力构件间的共同工作，并进行各构件间的地震内力分析。

4. 当结构在地震作用下的任一楼层以上全部重力荷载与该楼层地震平均层间位移的乘积（重力附加弯矩）大于该楼层地震剪力与楼层层高的乘积（初始弯矩）的10%时，应计入重力二阶效应的影响。

5. 对质量和侧向刚度分布接近对称且楼、屋盖可视为刚性横隔板的建筑结构可采用平面结构计算模型进行抗震分析，其他情况应采用空间结构计算模型进行抗震分析。

对采用隔震或消能减震设计的建筑结构，其地震作用下的计算原则另见有关规定。

四、地震作用的计算方法

各类建筑结构考虑地震作用时，应符合下列规定：

1. 一般情况下，应至少在建筑结构的两个主轴方向分别计算水平地震作用，各方向的水平地震作用应由该方向抗侧力构件承担。

2. 有斜交抗侧力构件的结构，当相交角度大于15°时，应分别计算各抗侧力构件方向的水平地震作用。

3. 计算各抗侧力构件的水平地震作用效应时，应计入扭转效应的影响。

4. 抗震设防烈度为8度和9度时的大跨度和长悬臂结构及9度时的高层建筑，应计算竖向地震作用。

5. 各类建筑结构在多遇地震下水平地震作用的计算方法及适用范围应符合表9-5的规定。

水平地震作用的计算方法及适用范围　　　　　表 9-5

计算方法	适用范围
（1）底部剪力法	高度不超过40m，以剪切变形为主且质量和刚度沿高度分布比较均匀的结构，以及近似于单质点体系的结构
（2）振型分解反应谱法	除方法（1）和方法（3）规定的适用范围以外的建筑结构
（3）时程分析法进行补充计算	特别不规则的建筑、甲类建筑和抗震设防为8度Ⅰ、Ⅱ类场地和7度的高度大于100m建筑、8度Ⅲ、Ⅳ类场地的高度大于80m建筑、9度高度大于60m建筑

6. 采用隔震和消能减震设计的建筑结构，应按有关规定计算水平和竖向地震作用，本手册未涉及此内容。

五、重力荷载代表值

计算地震作用时，建筑的重力荷载代表值应取结构和构配件自重标准值和各可变荷载组合值之和。各可变荷载的组合值为可变荷载标准值乘以表 9-6 规定的组合值系数。

组合值系数		表 9-6
可变荷载种类		组合值系数
雪荷载		0.5
屋面积灰荷载		0.5
屋面活荷载		不计入
按实际情况计算的楼面活荷载		1.0
按等效均布荷载计算的楼面活荷载	藏书库、档案库	0.8
	其他民用建筑	0.5
吊车（起重机）悬吊物重力	硬钩吊车	0.3
	软钩吊车	不计入

注：硬钩吊车的吊重较大时，组合值系数应按实际情况采用。

第二节　地震影响系数曲线

采用弹性反应谱理论确定地震作用是建筑结构抗震设计的基本理论。现行抗震设计规范所采用的设计反应谱以地震影响系数曲线的形式（图 9-1）给出。❶ 建筑结构的地震影响系数应根据地震设防烈度、场地类别、设计地震分组和结构自振周期以及阻尼比确定。该曲线的阻尼调整和形状参数应符合下列要求。

一、直线上升段

即图 9-1 中结构自振周期 $T<0.1s$ 的区段，该区段的地震影响系数自 $0.45\alpha_{max}$ 变化到 $\eta_2\alpha_{max}$，其中 α_{max} 为水平地震影响系数最大值，应按表 9-7 取用；η_2 为阻尼调整系数，当阻尼比为 0.05 时，η_2 按 1.0 采用，当阻尼比为其他值时 η_2 应按公式（9-3）计算确定。

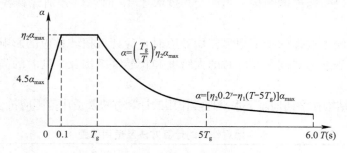

图 9-1　地震影响系数曲线

α—地震影响系数；α_{max}—地震影响系数最大值；η_1—直线下降段的下降斜率调整系数；γ—衰减指数；

T_g—特征周期；η_2—阻尼调整系数；T—结构自振周期

---

❶ 对预应力混凝土结构的地震影响系数曲线应根据《预应力混凝土结构抗震设计规程》JGJ 140—2019 另行确定。本手册未将其内容纳入。

水平地震影响系数最大值 $\alpha_{\max}$　　　　　　表 9-7

地震影响	6 度	7 度	8 度	9 度
多遇地震	0.04	0.08 (0.12)	0.16 (0.24)	0.32
设防地震	0.12	0.23 (0.34)	0.45 (0.68)	0.90
罕遇地震	0.28	0.50 (0.72)	0.90 (1.20)	1.40

注：括号中数值分别用于设计基本地震加速度为 $0.15g$ 和 $0.30g$ 的地区。

$$\eta_2 = 1 + \frac{0.05 - \zeta}{0.06 + 1.7\zeta} \tag{9-3}$$

式中　η_2——阻尼调整系数，当小于 0.55 时应取 0.55；

　　　ζ——阻尼比，除有专门规定外，建筑结构的阻尼比应取 0.05。《高层建筑混凝土结构技术规程》JGJ 3—2010 规定，对由钢框架或型钢混凝土框架与钢筋混凝土筒体或剪力墙所组成的共同承受竖向和水平作用的高层建筑，在多遇地震下的阻尼比可取 0.04；此外《高层民用建筑钢结构技术规程》JGJ 99—2015 规定对高层民用钢结构阻尼比取 0.02。

二、水平段

即图 9-1 中结构自振周期自 0.1s 至特征周期 T_g 区段。该区段的地震影响系数为 $\eta_2 \alpha_{\max}$，当阻尼比为 0.05 时，地震影响系数为 $\alpha_{\max}$，当阻尼比不等于 0.05 时应进行调整。特征周期在计算 8、9 度罕遇地震作用时应比表 9-8 中的数值增加 0.05s。

三、曲线下降段

即图 9-1 中结构自振周期为 T_g 至 $5T_g$ 的区段，该区段的地震影响系数 α 按公式（9-4）及（9-5）确定：

$$\alpha = \left(\frac{T_g}{T}\right)^{\gamma} \eta_2 \alpha_{\max} \tag{9-4}$$

$$\gamma = 0.9 + \frac{0.05 - \zeta}{0.5 + 5\zeta} \tag{9-5}$$

式中　γ——曲线下降段的衰减指数，当阻尼比为 0.05 时，$\gamma = 0.9$。

四、直线下降段

即图 9-1 中结构自振周期自 $5T_g$ 至 6.0s 的区段，该区段的地震影响系数 α 按公式（9-6）及（9-7）确定：

$$\alpha = [\eta_2 0.2^{\gamma} - \eta_1 (T - 5T_g)]\alpha_{\max} \tag{9-6}$$

$$\eta_1 = 0.02 + \frac{(0.05 - \zeta)}{8} \tag{9-7}$$

式中　η_1——直线下降段的下降斜率调整系数。对阻尼比为 0.05 的建筑结构，η_1 应取 0.02。

周期大于 6.0s 的建筑结构所采用的地震影响系数应专门研究。计算罕遇地震作用时，特征周期应增加 0.05s。

第三节　水平地震作用计算

一、底部剪力法

1. 底部剪力法计算水平地震作用（图 9-2）

各楼层在计算方向可仅考虑一个自由度。结构总水平地震作用标准值应按公式（9-8）

计算：

$$F_{Ek} = \alpha_1 G_{eq} \tag{9-8}$$

式中　F_{Ek}——结构总水平地震作用标准值；

　　　α_1——相应于结构基本自振周期 T_1 的水平地震影响系数，应按本章第二节的规定确定；对多层砌体房屋、底部框架-抗震墙砌体房屋，单层空旷房屋，宜取水平地震影响系数最大值；

　　　G_{eq}——结构等效总重力荷载，单质点应取总重力荷载代表值，多质点可取总重力荷载代表值的 85%。

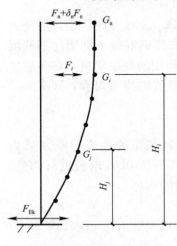

图 9-2　底部剪力法水平地震作用计算简图

质点 i 的水平地震作用标准值可按公式（9-9）及公式（9-10）计算：

$$F_i = \frac{G_i H_i}{\sum\limits_{j=1}^{n} G_j H_j} F_{Ek}(1-\delta_n) \quad (i=1,2,\cdots n) \tag{9-9}$$

$$\Delta F_n = \delta_n F_{Ek} \tag{9-10}$$

式中　F_i——质点 i 的水平地震作用标准值；

　G_i、G_j——分别为集中于质点 i，j 的重力荷载代表值，应按本章第一节规定计算；

　H_i，H_j——分别为质点 i，j 的计算高度；

　　　δ_n——顶部附加地震作用系数，多层钢筋混凝土和钢结构房屋可按表 9-8 采用，其他房屋可采用 0.0；

　　ΔF_n——顶部附加水平地震作用标准值。

顶部附加水震作用系数 δ_n　　　　　　　　　　　　　　表 9-8

$T_g(s)$	$T_1 > 1.4 T_g$	$T_1 \leqslant 1.4 T_g$
$\leqslant 0.35$	$0.08 T_1 + 0.07$	
$0.35 \sim 0.55$	$0.08 T_1 + 0.01$	0.0
> 0.55	$0.08 T_1 - 0.02$	

注：1. T_1 为结构基本自振周期，以秒计；
　　2. T_g 为特征周期值，以秒计。

2. 结构基本自振周期的计算方法

对适合采用基底剪力法计算地震作用的结构（见表 9-5），除多层砌体结构房屋、底部框架-抗震墙砌体房屋及单层空旷房屋外，在采用基底剪力法时均需计算结构的基本自振周期 T_1。对一般的结构可采用以下方法进行基本自振周期计算。

（1）理论方法

理论方法即求解结构运动方程的频率方程，可得沿某一方向的最大自振周期即该方向的基本自振周期 T_1。求解可采用多种方法，详见有关振动理论的书籍。以下仅列举三种可供手算的计算公式。

① 单质点体系结构的基本自振周期 T_1 计算公式（9-11）；

$$T_1 = 2\pi \psi_T \sqrt{G_{eq}/(gK)} \tag{9-11}$$

式中　T_1——基本自振周期（s）；

G_{eq}——质点等效重力荷载（kN），包括质点处的重力荷载代表值 G_E 和折算的支承结构自重，其详细计算方法可查阅参考文献 [71]；

g——重力加速度（m/s²）；

K——支承结构的侧移刚度，取施加于质点上的水平力与它产生的侧移之比（kN/m）；

ψ_T——周期的经验折减系数，单层厂房在计算横向平面排架地震作用时，对由钢筋混凝土屋架或钢屋架与钢筋混凝土柱组成的排架，有纵墙时取 0.8，无纵墙时取 0.9；对由钢筋混凝土屋架或钢屋架与砖柱组成的排架取 0.9；对由木屋架、钢木屋架、钢木屋架或轻钢屋架与砖柱组成的排架取 1.0。

② 多层建筑按能量法计算基本自振周期 T_1 的公式（9-12）（适用于水平力作用下结构变形容易计算的情况）：

$$T_1 = 2\psi_T \sqrt{\sum G_i u_i^2 / (\sum G_i u_i)} \qquad (9\text{-}12)$$

式中 G_i——集中于质点 i 的重力荷载代表值（kN）；

u_i——各质点承受相当于其重力荷载代表值的水平力 G_{Ej} 时，质点 i 的侧移（m），

当只考虑剪切变形时：$u_i = u_{i-1} + (\sum_i^n G_{Ej})\mu h_i / GA_i$；当考虑弯剪变形时：

$u_i = u_{i-1} + (\sum_i^n G_{Ej})h_i^3(1+2\gamma_i)/(12EI_i)$，其中 $\gamma_i = 6\mu EI_i/(G\Delta_i h_i^2)$

h_i——i 质点至 $i-1$ 质点的距离；

A_i——i 质点支承结构总截面面积；

I_i——i 质点支承结构的总截面惯性矩；

E、G——材料弹性模量和剪切变形模量；

ψ_T——周期的经验折减系数，主要考虑非结构构件的影响。当非承重墙体为砌体结构时，对钢筋混凝土抗震墙结构可取 0.8～1.0；钢筋混凝土框架-抗震墙结构可取 0.7～0.8、钢筋混凝土框架-核心筒结构可取 0.8～0.9、钢筋混凝土民用框架结构可取 0.6～0.7、钢筋混凝土工业框架结构可取 0.8～0.9。对于其他结构体系或采用其他非承重墙体时，可根据工程情况确定周期折减系数。

③ 对于质量和刚度沿高度分部比较均匀的高层钢筋混凝土框架结构、框架-剪力墙结构和剪力墙结构，其基本自振周期可按公式（9-13）计算：

$$T_1 = 1.7\psi_T \sqrt{u_T} \qquad (9\text{-}13)$$

式中 u_T——假想的结构顶点水平位移（m），即假想把集中在各楼层处的重力荷载代表值 G_i 作为该楼层水平荷载，并按《高层建筑混凝土结构技术规程》JGJ 3—2010 第 5.1 节的有关规定计算的结构顶点弹性水平位移；

ψ_T——周期的经验折减系数，与上述②多层建筑取值相同。

（2）按实测统计的基本自振周期经验公式

不少文献提出过各类建筑及构筑物经实测统计的基本自振周期 T_1 经验公式[6]，但它们有较大的局限性，与实测对象有密切的关系，选用时应注意经验公式的适用条件和应用范围。

本手册第六章第五节列出的结构基本自振周期经验公式也可用于采用底部剪力法估算结构的水平地震作用标准值。

3. 采用底部剪力法计算水平地震作用标准值应注意的问题

在实际结构中常遇到顶部有突出物，根据震害观察到这些突出物易发生较大的震害，说明其由于水平地震作用产生的地震作用效应也较大，因而有必要将按底部剪力法计算所得的该部位地震作用效应增大。为此，《建筑抗震设计规范》GB 50011—2010（2016 年版）规定：采用底部剪力法时，突出屋面的屋顶间、女儿墙、烟囱等的水平地震作用效应，宜乘以增大系数 3，此增大部分不应往下传递，但与该突出部分相连的构件应予计入。单层厂房突出屋面天窗架的地震作用效应的增大系数应按《建筑抗震设计规范》GB 50011—2010（2016 年版）第 9 章的有关规定采用。此外，《高层建筑混凝土结构技术规程》JGJ 3—2010 也规定：高层建筑采用底部剪力法计算水平地震作用时，突出屋面房屋（楼梯间、电梯间、水箱间等）宜作为一个质点参加计算，计算求得的水平地震作用标准值应增大，增大系数 β_n 可按表 9-9 采用。增大后的地震作用仅用于突出屋面房屋自身以及与其直接连接的主体结构构件的设计。

突出屋面房屋地震作用增大系数 β_n 表 9-9

结构基本自振周期 T_1(s)	G_n/G ＼ K_n/K	0.001	0.010	0.050	0.100
0.25	0.01	2.0	1.6	1.5	1.5
	0.05	1.9	1.8	1.6	1.6
	0.10	1.9	1.8	1.6	1.5
0.50	0.01	2.6	1.9	1.7	1.7
	0.05	2.1	2.4	1.8	1.8
	0.10	2.2	2.4	2.0	1.8
0.75	0.01	3.6	2.3	2.2	2.2
	0.05	2.7	3.4	2.5	2.3
	0.10	2.2	3.3	2.5	2.3
1.00	0.01	4.8	2.9	2.7	2.7
	0.05	3.6	4.3	2.9	2.7
	0.10	2.4	4.1	3.2	3.0
1.50	0.01	6.6	3.9	3.5	3.5
	0.05	3.7	5.8	3.8	3.6
	0.10	2.4	5.6	4.2	3.7

注：1. K_n、G_n 分别为突出屋面房屋的侧向刚度和重力荷载代表值；K、G 分别为主体结构层侧向刚度和重力荷载代表值，可取各层的平均值；

2. 楼层侧向刚度可由楼层剪力除以楼层层间位移计算。

二、振型分解反应谱法

根据结构动力学原理，描述结构在某个方向的运动，只需事先了解结构固有的 n 个自振周期的相应振型，结构任一点的地震反应是 n 个等效自由度体系地震反映和相应振型的线性组合。确定每个振型的水平地震作用的标准值后，就可按弹性力学方法求得每个振型对应的地震作用效应，然后按规范[12]规定的方法加以组合得到地震作用效应的计算值。这就是振型分解反应谱法的核心内容。此种方法也是我国抗震设计中计算水平地震作用所采用的基本方法。

1. 不进行扭转耦联计算的振型分解反应谱法

（1）结构 j 振型 i 质点的水平地震作用标准值，应按下列公式确定：

$$F_{ji} = \alpha_j \gamma_j X_{ji} G_i \quad (i = 1, 2, \cdots, n; j = 1, 2, \cdots, m) \tag{9-14}$$

$$\gamma_j = \frac{\sum\limits_{i=1}^{n} X_{ji} G_i}{\sum\limits_{i=1}^{n} X_{ji}^2 G_i} \tag{9-15}$$

式中　F_{ji}——j 振型 i 层（i 质点）的水平地震力标准值；

$\quad\quad \alpha_j$——相应于 j 振型自振周期的地震影响系数，按本章第二节确定；

$\quad\quad X_{ji}$——j 振型 i 层（i 质点）的水平相对位移；

$\quad\quad \gamma_j$——j 振型的参与系数。

（2）水平地震作用引起的效应（弯矩、剪力、轴向力和变形）应按公式（9-16）确定：

$$S_{Ek} = \sqrt{\sum S_j^2} \tag{9-16}$$

式中　S_{Ek}——水平地震作用标准值的效应；

$\quad\quad S_j$——j 振型水平地震作用标准值的效应，可只取前 2～3 个振型，当基本自振周期大于 1.5s 或房屋高宽比大于 5 时，振型个数应适当增加。

2. 考虑扭转耦联的振型分解反应谱法

（1）各楼层水平地震作用标准值

按扭转耦联振型分解法计算时，各楼层可取两个正交的水平位移和一个转角共三个自由度，并应按下列公式计算结构各楼层水平地震作用标准值：

j 振型 i 层水平地震作用标准值，应按下列公式确定：

$$\left. \begin{aligned} F_{xji} &= \alpha_j \gamma_{tj} X_{ji} G_i \\ F_{yji} &= \alpha_j \gamma_{tj} Y_{ji} G_i \\ F_{tji} &= \alpha_j \gamma_{tj} r_i^2 \varphi_{ji} G_i \end{aligned} \right\} (i = 1, 2, \cdots, n; j = 1, 2, \cdots, m)$$

$$\tag{9-17}$$
$$\tag{9-18}$$
$$\tag{9-19}$$

式中　F_{xji}、F_{yji}、F_{tji}——分别为 j 振型 i 层的 x 方向、y 方向和转角方向的地震作用标准值；

$\quad\quad X_{ji}$、Y_{ji}——分别为 j 振型 i 层质心在 x、y 方向的水平相对位移；

$\quad\quad \varphi_{ji}$——j 振型 i 层的相对扭转角；

$\quad\quad r_i$——i 层转动半径，可取 i 层绕质心的转动惯量除以该层质量的商的正二次方根；

$\quad\quad \gamma_{tj}$——计入扭转的 j 振型的参与系数，可按下列公式确定；

当仅取 x 方向地震作用时：

$$\gamma_{tj} = \sum_{i=1}^{n} X_{ji} G_i / \sum_{i=1}^{n} (X_{ji}^2 + Y_{ji}^2 + \varphi_{ji}^2 r_i^2) G_i \tag{9-20}$$

当仅取 y 方向地震作用时：

$$\gamma_{tj} = \sum_{i=1}^{n} Y_{ji} G_i / \sum_{i=1}^{n} (X_{ji}^2 + Y_{ji}^2 + \varphi_{ji}^2 r_i^2) G_i \tag{9-21}$$

当取与 x 方向斜交的地震作用时：

$$\gamma_{tj} = \gamma_{xj} \cos\theta + \gamma_{yj} \sin\theta \tag{9-22}$$

式中　γ_{xj}、γ_{yj}——分别为由式（9-20）、式（9-21）求得的参与系数；

$\quad\quad \theta$——地震作用方向与 x 方向的夹角。

（2）单向水平地震作用下，考虑扭转的地震作用效应，可按下列公式确定

$$S_{Ek} = \sqrt{\sum_{j=1}^{m} \sum_{k=1}^{m} \rho_{jk} S_j S_k} \qquad (9-23)$$

$$\rho_{jk} = \frac{8\sqrt{\zeta_j \zeta_k}(\zeta_j + \lambda_T \zeta_k)\lambda_T^{1.5}}{(1-\lambda_T^2)^2 + 4\zeta_j\zeta_k(1+\lambda_T)^2\lambda_T + 4(\zeta_j^2 + \zeta_k^2)\lambda_T^2} \qquad (9-24)$$

式中　S_{Ek}——考虑扭转的地震作用标准值的效应；

　　S_j、S_k——分别为 j、k 振型地震作用标准值的效应，可取前 9～15 个振型；

　　ρ_{jk}——j 振型与 k 振型的耦联系数；

　　λ_T——k 振型与 j 振型的自振周期比；

　　ζ_j、ζ_k——分别为 j、k 振型的阻尼比。

（3）考虑双向水平地震作用下的扭转耦联效应，可按下列公式中的较大值确定：

$$S_{Ek} = \sqrt{S_x^2 + (0.85S_y)^2} \qquad (9-25)$$

或 $$S_{Ek} = \sqrt{S_y^2 + (0.85S_x)^2} \qquad (9-26)$$

式中　S_x、S_y——分别为 x 向、y 向单向水平地震作用标准值按公式（9-23）计算的扭转耦联效应。

（4）考虑扭转耦联影响的简化计算

当规则结构不进行扭转耦联计算时，平行于地震作用方向的两个边榀各构件，其地震作用标准值的效应应乘以增大系数。一般情况下，短边可按 1.15 采用，长边可按 1.05 采用；当扭转刚度较小时，周边各构件宜按不小于 1.3 采用。角部构件宜同时乘以两个方向各自的增大系数。

三、时程分析法

时程分析法是一种直接动力计算方法，在结构的基础部位作用一个地面运动［加速度时程 $\ddot{x}_0(t)$］，用动力方法直接计算出结构随时间而变化的地震反应。通过计算可以得到输入地震波时段长度内结构地震反应的全过程，包括每一时刻的构件变形和内力，每一时刻的结构位移、速度和加速度，以及这些反应的最大值。时程分析法可用于弹性结构，也可用于弹塑性结构，后者在计算中还可得到杆件屈服的位置、塑性变形等。由于此种方法既考虑了地面震动的振幅、频率和持续时间三个要素，又考虑了结构的动力特性，因此是一种较先进的直接动力计算方法，但由于计算较复杂，因此《建筑抗震设计规范》GB 50011—2010（2016 年版）规定仅在特别不规则的建筑、甲类建筑及本手册表 9-5 第（3）种计算方法中所列高度范围的高层建筑等情况应采用弹性时程分析法进行多遇地震下的补充计算，以解决采用反应谱法对较高房屋（经计算表明房屋高度在 90m 以上时）的地震反应低于弹性时程分析法的可能性，可对结构构件的设计予以加强，并提高房屋的抗震能力。该规范还规定，对不规则且具有明显薄弱部位可能导致地震引起重大破坏（倒塌）的建筑结构：表 9-5 第（3）种计算方法中所列高度范围且属不规则的高层建筑等情况，为防止遭受罕遇时地震倒塌；以及某些建筑结构采用性能化设计需要对重要楼层控制其在遭受罕遇地震时的弹塑性层间位移角时，应采用弹塑性时程分析法。此外《高层建筑混凝土结构技术规程》JGJ 3—2010 还规定：当房屋高度超过 200m 应采用弹塑性时程分析法，验算罕遇地震时的弹塑性层间位移角是否满足要求。《高层民用建筑钢结构技术规程》JGJ 99—2015 也规定，高层民用建筑高度超过 150m 时应采用弹塑性时程分析法。

1. 弹性时程分析法

(1) 动力方程及其解法

时程分析法建立在动力方程的基础上，多自由度体系的动力方程为：

$$[M]\{\ddot{x}\}+[C]\{\dot{x}\}+[K]\{x\}=-[M]\{\ddot{x}_0(t)\} \tag{9-27}$$

式中　$[M]$、$[C]$、$[K]$——分别为结构的质量矩阵、阻尼矩阵、刚度矩阵；

$\{x\}$、$\{\dot{x}\}$、$\{\ddot{x}\}$——分别为结构的位移、速度、加速度反应向量都是时间 t 的函数；

$\{\ddot{x}_0(t)\}$——地面加速度向量为时间 t 的函数。

由于地面运动向量是随机函数，动力方程不能得到解析解，一般是采用逐步积分法，在已知初始值情况下，并在微小时间区段 Δt 范围内积分求解。当得到第 i 步的结果后，将其作为第 $i+1$ 步的初始值，再取微小时间区段 Δt 积分，如此逐步积分得到所有时间区段的数值解。通常对建筑结构抗震设计在上述公式（9-27）中的地面加速度向量即指输入地震地面运动强震加速度波。

(2) 输入地震地面运动加速度波的选用

对新建的建筑工程通常均缺少该建设地点的地震运动的强震加速度波，因而要在现有的不同地区地震地面运动加速度波中选用适合该工程场地的强震地震波，即要求选用强震地震波的场地类别及特征周期要接近工程场地的数据。具体要求如下：

① 应按建筑物的场地类别（Ⅰ～Ⅳ类）和设计地震分组的组号（一～三组）选用特性基本相符的地震波；由于时程分析程序中常提供各组地震波的场地类别，故实际工程中常以此作判别。在选用的地震波中，实际强震记录的数量不应少于总数的 2/3，其余可为人工模拟的地震加速度时程曲线。

② 对上述时程波的计算应进行数值核查。数值核查应针对两个方面，一方面应核查这些波的平均地震影响系数曲线应与振型分解反应谱法所采用的地震影响系数曲线在统计意义上是否相符：统计意义上相符是指对这两条曲线作数值比较，除水平段外需核查在各周期点上的地震影响系数值相差应不大于 20%（图 9-3）；另一方面应当核查每条

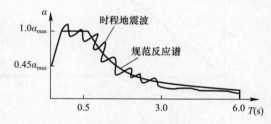

图 9-3　时程地震波与振型分解反应
谱法的地震影响系数曲线数值比较

时程曲线计算所得的结构底部剪力不应小于振型分解反应谱法计算结果的 65%，多条时程曲线计算所得的结构底部剪力的平均值不应小于振型分解反应谱法计算结果的 80%。

③ 时程曲线的持续时间，一般宜不小于结构基本周期的 5 倍和 15s，地震波的时间间距为 0.01s 或 0.02s。

(3) 地震加速度最大值

时程分析法采用的地震加速度最大值应符合表 9-10 中规定的数值。对于实际强震记录和人工模拟波的最大加速度值大于表中数值时，需作相应调整。

时程分析法所用地震加速度的最大值（cm/s²）　　　　表 9-10

地震影响	6 度	7 度	8 度	9 度
多遇地震	18	35（55）	70（110）	140
设防地震	50	100（150）	200（300）	400

续表

地震影响	6 度	7 度	8 度	9 度
罕遇地震	125	220（310）	400（510）	620

注：1. 括号内数值分别用于设计基本地震加速度为 $0.15g$ 和 $0.30g$ 的地区；
　　2. 表中罕遇地震加速度值最大仅用于弹塑性时程分析法。

（4）时程分析法计算结果的取用

时程分析法输出结果，主要有水平位移、层间位移角、倾覆力矩和水平剪力 4 种包络图（图 9-4），其中以层间位移角和水平剪力包络图更具有比较意义，也便于应用。从层间位移角包络图中，常可判别是否存在结构薄弱层和侧向刚度突变层，以及它的层位，相应地可考虑对这些层位采取改进方案及抗震措施。在水平地震剪办包络图中，如某些层位的弹性时程分析七条波的平均值大于振型分解反应谱法的水平剪力，则对后者宜予以增大。一般情况下，高层建筑结构由于高振型的影响，弹性时程分析时项部区域的水平地震剪力常大于振型分解反应谱法的剪力（图 9-4c），这也是振型分解反应谱法未能反映高振型鞭鞘效应的常遇问题，也是采用弹性时程分析法的主要目的之一。因此需对顶部区域的地震剪力予以增大。对此，可利用程序（如 SATWE）中"顶部塔楼地震力放大系数"进行处理。

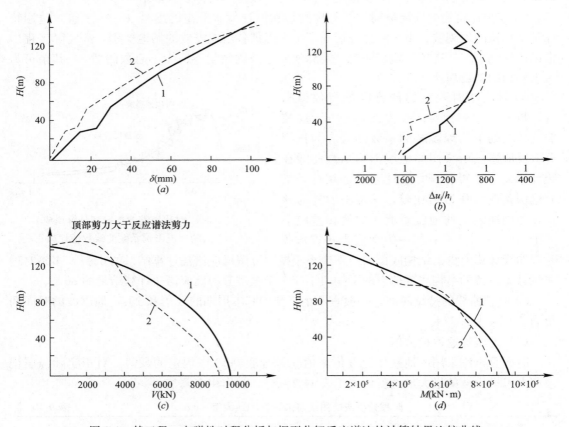

图 9-4　某工程 x 向弹性时程分析与振型分解反应谱法的计算结果比较曲线

1—振型分解反应谱法计算值；2—弹性时程分析法七条地震波的平均值

（a）水平位移 δ_i（mm）；（b）层间位移角 $\Delta u_i/h_i$；（c）楼层剪力 V_i（kN）；（d）楼层弯矩 M_i（kN·m）

2. 弹塑性时程分析法

（1）弹塑性时程分析的动力方程及其解法

① 弹塑性时程分析的动力方程与弹性时程分析的动力方程相同，即如式（9-27）所示，可采用逐步积分方法在已知初始值情况下，在微小时间区段 Δt 范围内积分求解，直至得到所有时间区段的数值解。但是在各时刻积分求解时，要处理罕遇地震作用下的结构非线性计算，它涉及构件材料的非线性应力应变、结构在大变形和大位移下的几何非线性问题。

② 计算模型与弹性时程分析法不同，由于构件的刚度随地震作用的增大会开裂、屈服而改变，每一步求解都需要重新建立变化了的刚度矩阵，因此计算费时多，输出数据大，通常为便于计算，将结构的计算模型简化，把整个结构视为一根悬臂杆，每个楼层的质量集中为一个质点，并将每个楼层的刚度凝集在各楼层质点的相应位置处，此模型称为层模型。可根据结构的变形特点和简化假定，将层模型分为剪切型模型、弯曲型模型、弯剪型模型和等效剪切型模型等，它们的刚度矩阵分别包括了剪切刚度 GA（G 为剪切变形模量，A 为构件截面面积）和弯曲刚度 EI（E 为构件的弹性模量，I 为构件的截面惯性矩）等，使每个楼层的层刚度都综合考虑了全部构件的轴向、弯曲和剪切变形。

③ 需要有恢复力模型。进行弹塑性时程分析时，需要在荷载反复循环作用下的构件刚度，以反映构件开裂、屈服、荷载反向作用时刚度的变化。通常根据大量试验的结果，在此基础上，归纳形成在不同受力条件不同构件的力和位移的关系图（滞回曲线），并将滞回曲线模型化，使其可用于数值计算的反复循环力与变形的非线性关系，即恢复力模型。图 9-5 为钢筋混凝土构件和钢构件的恢复力模型示意。为求得层刚度，先要通过整体结构采用静力弹塑性分析法得到楼层的 V_i-δ_i 关系曲线（V_i、δ_i 分别是第 i 层的层剪力和层位移，第 i 层的等效剪切层刚度 $k_i = \dfrac{V_i}{\delta_i}$）。关于静力弹塑性分法读者可查阅参考文献[53,56]，本书不再赘述。根据 V_i-δ_i 关系曲线，将其作为层模型骨架线，计算得到的一般是曲线，通常以折线拟合曲线以便进行逐步积分，图 9-6 所示为某高层建筑中的层模型骨架图。

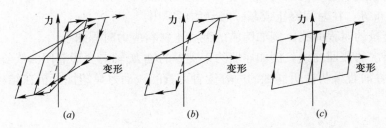

图 9-5　滞回模型

（a）钢筋混凝土压弯构件；（b）剪切变形较大的钢筋混凝土构件；（c）钢构件

④ 质量矩阵与阻尼矩阵

通常为了简化计算，均采用假定质量集中在每个楼层，因此质量矩阵在弹塑性时程分析时是对角矩阵。

常用的结构阻尼矩阵见下式：

$$[c] = \alpha_1 [M] + \alpha_2 [K] \tag{9-28}$$

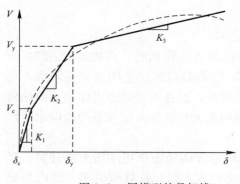

图 9-6　层模型的骨架线

$$\alpha_1 = \frac{2(\lambda_i\omega_j - \lambda_j\omega_j)}{(\omega_j + \omega_i)(\omega_j - \omega_i)}\omega_j\omega_i \quad (9-29)$$

$$\alpha_2 = \frac{2(\lambda_j\omega_j - \lambda_i\omega_i)}{(\omega_j + \omega_i)(\omega_j - \omega_i)} \quad (9-30)$$

式中　λ_i、λ_j——分别为第 i、第 j 振型的阻尼比；

ω_i、ω_j——分别为第 i、第 j 振型的频率。

阻尼比 λ_i、λ_j 应该由实测确定，但对结构高振型的阻尼比工程界尚无一致结论，为简化计算在弹塑性时程分析法中的阻尼比取值与振型分解法中的取值相同，对钢筋混凝土结构取 5%，对钢结构取 2%，而且不考虑振型不同的影响。

⑤ 输入地震波

选用的地震波仍要求场地的卓越周期和类别尽可能与建设地点的实际情况相近，且在进行弹塑性时程分析所用的地震波加速度峰值应调整为建设地点当地罕遇地震相应的加速度峰值（见表 9-11）。应注意的是输入地震波是否合理对计算结果影响较大。

（2）弹塑性时程分析法的应用

由于社会需求的提升与工程实践的发展，出现了越来越多的"超限"建筑，基于性能化的抗震设计逐渐发展为重要方法和途径。而弹塑性时程分析是性能化抗震设计方法中的一个重要组成部分，在设防烈度地震和罕遇震作用下的结构受力性能已由弹性转变为弹塑性，出现强度退化和刚度退化甚至破坏，而且由侧移引起的几何非线性效应可能更加显著，因此采用弹塑性时程分析方法是解决性能化抗震设计较好的手段。但由于此方法涉及的理论知识、技术方法以及软件应用等均不同于传统的静力弹性分析方法，使处于设计工作一线的工程师通常不够熟悉和了解掌握，因而此方法尚需进一步普及和推广应用。

目前已有一些软件如 ABAQUS 等可较好地用于建筑结构性能化设计，其分析结果主要由以下内容组成：

① 各类由地震引起的对结构响应分布图，例如结构变形（塑性转角等）响应、内力响应和损伤分布等，在时程终止或某一时刻均可输出。

② 状态变量的时程曲线，例如墙肢的混凝土材料应力时程曲线。

③ 不同层次的滞回曲线，例如屈曲约束支撑的轴力-轴向变形滞回曲线等。

关于弹塑性时程分析法更详细的内容读者可查阅《动力弹塑性分析在结构设计中的理解与应用》[65]。

第四节　竖向地震作用计算

对需要考虑竖向地震作用效应的结构，应采用整体结构模型进行计算分析。对需要考虑竖向地震作用效应的构件，应采用子结构模型或整体结构模型进行计算；子结构模型应包括需要考虑竖向地震作用的构件，并考虑相邻构件的刚度影响。竖向地震作用计算应根据结构构件的实际情况和设计需要可采用简化方法。振型分解反应谱法、时程分析法或其他更精确的方法。

一、高层建筑的竖向地震作用计算

对抗震设防烈度为 9 度的高层建筑,其竖向地震作用标准值应按下列公式确定(图 9-7)。竖向地震作用的方向为可向上、可向下。各楼层结构构件承担的竖向地震作用效应应按各构件承担的重力荷载代表值的比例分配,并应考虑地震作用分布的不均匀性进行放大调整,乘以增大系数 1.5。

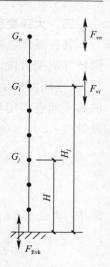

$$F_{Evk} = \alpha_{vmax} G_{eq} \tag{9-31}$$

$$F_{vi} = \frac{G_i H_i}{\sum\limits_{j=1}^{n} G_j H_j} F_{Evk} \tag{9-32}$$

式中　F_{Evk}——结构总竖向地震作用标准值;

$\quad\quad F_{vi}$——质点 i 的竖向地震作用标准值;

$\quad\quad \alpha_{vmax}$——竖向地震影响系数最大值,取水平地震影响系数最大值的 65%;

图 9-7　结构竖向地震作用计算简图

$\quad\quad G_{eq}$——结构等效总重力荷载,取不小于重力荷载代表值的 75%。

二、平板型网架屋盖和跨度大于 18m 屋架的竖向地震作用计算

对抗震设防烈度为 8 度及 9 度跨度不大于 120m、长度不大于 300m 且规则的平板型网架屋盖和跨度大于 18m 的屋架、屋盖横梁及托架的竖向地震作用标准值,取其重力荷载代表值和竖向地震作用系数的乘积,即按公式(9-33)计算:

$$F_{Evk} = \zeta_v G_E \tag{9-33}$$

式中　G_E——重力荷载代表值;

$\quad\quad \zeta_v$——竖向地震作用系数,按不小于表 9-11 采用。

竖向地震作用系数　　　　　　　　　　　　　　　　表 9-11

结构类型	抗震设防烈度	场地类别		
		I	II	III、IV
平板型网架	8 度	不需计算	0.08	0.10
	8 度(0.30g)	0.10	0.12	0.15
	9 度	0.15	0.15	0.20
钢屋架、屋盖钢横梁及钢托架	8 度	不需计算	0.08	0.10
	8 度(0.30g)	0.10	0.12	0.15
	9 度	0.15	0.15	0.20
混凝土屋架、屋盖混凝土横梁及混凝土托架	8 度	0.10	0.13	0.13
	8 度(0.30g)	0.15	0.19	0.19
	9 度	0.20	0.25	0.25

三、长悬臂和其他大跨度结构的竖向地震作用计算

对抗震设防烈度 8 度和 8 度(0.3g)时,悬臂长度不少于 2m 的悬臂结构或构件;抗震设防烈度 9 度时,悬臂长度不少于 1.5m 的悬臂结构或构件;除上述第二款以外的其他大跨度结构,其竖向地震作用标准值分别不应低于其重力荷载代表值的 10%(8 度时)、15%(8 度 0.3g 时)、20%(9 度时)。

四、大跨度空间结构的竖向地震作用，按竖向振型分解反应谱方法计算[55]

其各振型竖向地震影响系数可取图 9-1 规定的水平地震影响系数曲线所得值的 65%，但特征周期可按设计第一组及相应的场地类别确定。

《空间网格结构技术规程》JGJ 7—2010[69] 中列举了空间网格结构第 j 振型在节点 i 上的水平地震作用和竖向地震作用标准值的如下算式，式中不考虑水平地震作用下的扭转耦联效应：

$$F_{Exji} = \alpha_j \gamma_j X_{ji} G_i \tag{9-34}$$

$$F_{Eyji} = \alpha_j \gamma_j Y_{ji} G_i \tag{9-35}$$

$$F_{Ezji} = \alpha_j \gamma_j Z_{ji} G_i \tag{9-36}$$

式中　F_{Exji}、F_{Eyji}、F_{Ezji}——第 j 振型在节点 i 上分别沿 x、y、z 方向的水平地震作用标准值和竖向地震作用标准值；

　　　　　α_j——相应于第 j 振型自振周期的水平地震影响系数，当仅 z 方向竖向地震作用时，竖向地震影响系数 $\alpha_{vj} = 0.65 \alpha_j$；

　　X_{ji}、Y_{ji}、Z_{ji}——分别为第 j 振型在节点 i 上沿 x、y、z 方向的相对位移；

　　　　　G_i——空间网格结构第 i 节点的重力荷载代表值，其中永久荷载取标准值，可变荷载取标准值和相应的组合系数为 0.5；

　　　　　γ_j——第 j 振型的参与系数。

当仅 x 方向水平地震作用时的第 j 振型参与系数为：

$$\gamma_j = \sum_{i=1}^{n} X_{ji} G_i / \sum_{i=1}^{n} (X_{ji}^2 + Y_{ji}^2 + Z_{ji}^2) G_i \tag{9-37}$$

当仅 y 方向水平地震作用时的第 j 振型参与系数为：

$$\gamma_j = \sum_{i=1}^{n} Y_{ji} G_i / \sum_{i=1}^{n} (X_{ji}^2 + Y_{ji}^2 + Z_{ji}^2) G_i \tag{9-38}$$

当仅 z 方向水平地震作用时的第 j 振型参与系数为：

$$\gamma_j = \sum_{i=1}^{n} Z_{ji} G_i / \sum_{i=1}^{n} (X_{ji}^2 + Y_{ji}^2 + Z_{ji}^2) G_i \tag{9-39}$$

网架结构杆件地震作用效应可按下式确定：

$$S_{Ek} = \sqrt{\sum_{j=1}^{m} S_j^2} \tag{9-40}$$

式中　S_{Ek}——杆件地震作用标准值的效应；

　　　S_j——第 j 振型地震作用标准值的效应；

　　　m——计算中考虑的振型数。

需注意的是上述公式（9-34）～公式（9-36）是采用将重力荷载作用于桁架节点 i 上的计算模型，即不取用将重力荷载作用在楼层质心处的层模型作为计算模型（一般多层及高层建筑考虑扭转耦联振型分解法时采用层模型）。

在一些软件中如 ETABS，它不能进行仅含竖向振动分量的计算，但可分别计算 X、Y、Z 三向振动和仅计算 X、Y 双向水平振动。因此可对上述两者进行计算并对结果比较分析，从中可显示竖向振动分量的动力特性（如竖向振动周期、振型位移等）。此外，由于悬臂桁架和连体桁架的第一阶竖向振动周期值远小于第一阶水平向振动周期值，因此需计算较多的模态，以核定竖向振动中振型质量参与系数是否符合要求。

在进行抗震分析时，应考虑支承体系对网格结构受力的影响，相应地宜采用下列两种计算模型：

（1）将网格结构与支承体系共同考虑，即按整体分析模型进行计算；

（2）将支承体系简化为网格结构的弹性支座进行计算。

上述《空间网格结构技术规程》中的计算公式及计算模型的取用，也适用于大跨桁架、连体桁架及大跨梁式构件等采用竖向振型反应谱法计算竖向地震作用。对于这些桁架及梁式构件如采用简化的计算模型，又突出竖向地震作用按公式（9-36）为主算得的结果，则将具有更清晰的杆件内力值，再与用竖向地震作用系数法（简化法）作比较，由此可便于对两种方法的计算结果进行包络设计。

在采用竖向地震振型分解反应谱法的一些实例计算中，表明悬臂桁架沿上弦杆节点上的竖向地震作用的分布图形，在悬臂端的竖向地震作用数值最大，而接近固定端则较小，即接近梯形分布图形，它类似沿竖向刚度变化不大的抗侧力结构在水平地震作用下，其水平地震作用分布图形为倒三角分布图形。悬臂桁架如采用抗震规范竖向地震作用系数法计算时，则竖向地震作用的分布图形常是均匀分布的矩形图形；相应地，用该法算得的端部固端弯矩或弦杆轴力有可能偏小。对于支承于两端竖向结构的连体桁架，其跨中节点上的竖向地震作用与重力荷载的比例系数较大，而靠近支座端部则较小，也即连体桁架的支座处和跨中杆件的轴力将有所增大。

五、其他要求计算和考虑竖向地震作用影响的结构构件

1. 《高层建筑混凝土结构技术规程》JG 3—2010 的规定

（1）7 度（$0.15g$）和 8 度抗震设计时，连体结构的连接体应考虑竖向地震作用。

（2）7 度（$0.15g$）和 8 度、9 度抗震设计时，悬挑结构应考虑竖向地震的影响；6 度、7 度抗震设计时，悬臂结构宜考虑竖向地震的影响。

（3）高层建筑中跨度大于 24m 的楼盖结构、跨度大于 8m 的转换结构（9 度抗震设防时不允许采用）悬挑长度大于 2m 的悬挑结构 7 度（$0.15g$）和 8 度、9 度抗震设计时应计入竖向地震作用。

2. 《高层民用建筑钢结构技术规程》JGJ 99—2015 的规定

（1）高层民用建筑中的大跨度、长悬臂结构，7 度（$0.15g$）、8 度抗震设计时应计入竖向地震作用。

（2）跨度大于 24m 的楼盖结构、跨度大于 12m 的转换结构和连体结构，悬挑长度大于 5m 的悬挑结构，结构竖向地震作用效应标准值宜采用时程分析法或振型分解反应谱法进行计算。时程分析计算时输入的地震加速度最大值可按规定的水平输入最大值的 65％采用，反应谱分析时结构竖向地震影响系数最大值可按水平地震影响系数最大值的 65％采用，设计地震分组可按第一组采用。

（3）高层民用建筑中，大跨度结构、悬挑结构、转换结构、连体结构的连接体的竖向地震作用标准值，不宜小于结构或构件承受的重力荷载代表值与表 9-12 规定的竖向地震作用系数的乘积。

竖向地震作用系数				表 9-12
设防烈度	7 度	8 度		9 度
设计基本地震加速度	0.15g	0.20g	0.30g	0.40g
竖向地震作用系数	0.08	0.10	0.15	0.20

注：g 为重力加速度。

3. 《烟囱工程技术标准》GB/T 50051—2021[72] 的规定

(1) 烟囱竖向地震作用标准值可按下列公式计算：

① 烟囱根部的竖向地震作用可按下式计算：

$$F_{Ev0} = \pm 0.75 \alpha_{vmax} G_E \tag{9-41}$$

② 其余各截面可按下列公式计算：

$$F_{Evik} = \pm \eta \left(G_{iE} - \frac{G_{iE}^2}{G_E} \right) \tag{9-42}$$

$$\eta = 4(1+C)\mathscr{K}_v \tag{9-43}$$

式中　F_{Evik}——计算截面 i 的竖向地震作用标准值（kN），对于烟囱根部截面，当 $F_{Evik} <$
　　　　　　F_{Ev0} 时，取 $F_{Evik} = F_{Ev0}$；

　　　　G_{iE}——计算截面 i 以上的烟囱重力荷载代表值（kN）。取截面 i 以上的重力荷载
　　　　　　标准值与平台活荷载组合值之和，活荷载组合值系数按该规范表 3.1.9 条
　　　　　　的规定采用，套筒或多筒式烟囱。当采用自承重式内筒时，G_{iE} 不包括内筒
　　　　　　重量；当采用平台支承内筒时，平台及内筒重量通过平台传给外承重筒，
　　　　　　在 G_{iE} 计入平台及内筒重量；

　　　　G_E——基础顶面以上的烟囱总重力荷载代表值（kN），取烟囱总重力荷载标准值
　　　　　　与各层平台活荷载组合值之和。活荷载组合值系数按该规范衰 3.1.9 条的
　　　　　　规定采用；套筒或多筒式烟囱，当采用自承重式内筒时。G_E 不包括内筒
　　　　　　重量；当采用平台支承排烟筒时，平台及内筒重量通过平台传给外承重
　　　　　　筒，在 G_E 中计入平台及内筒重量；

　　　　C——结构材料的弹性恢复系数，砖烟囱取 $C = 0.6$；钢筋混凝土烟囱与纤维增
　　　　　　强塑料内筒取 $C = 0.7$；钢烟囱取 $C = 0.8$；

　　　　$\mathscr{K}_v$——竖向地震系数。按现行国家标准《建筑抗震设计规范》GB 50011 规定的
　　　　　　设计基本地震加速度与重力加速度比值的 65% 采用，即设计基本地震加速
　　　　　　度 7 度 0.1g 时取 $\mathscr{K}_v = 0.065$，0.15g 时取 $\mathscr{K}_v = 0.1$；8 度 0.2g 时取 $\mathscr{K}_v =$
　　　　　　0.13，0.3g 时取 $\mathscr{K}_v = 0.2$；9 度时取 $\mathscr{K}_v = 0.26$；

　　　　α_{vmax}——竖向地震影响系数最大值，按现行国家标准《建筑抗震设计规范》GB
　　　　　　50011 的规定，取水平地震影响系数最大值的 65%。

(2) 悬挂式和分段支承式内筒竖向地震力计算时，可将悬挂或支承平台作为内筒根
部、内筒自由端作为顶部按该规范第 5.5.4 条的规定计算，并应根据悬挂或支承平台的高
度位置，对计算结果乘以竖向地震效应增大系数，增大系数可按下列公式进行计算：

$$\beta = \zeta \beta_{vi} \tag{9-44}$$

$$\beta_{vi} = 4(1+C)\left(1 - \frac{G_{iE}}{G_E}\right) \tag{9-45}$$

$$\zeta = \frac{1}{1 + \dfrac{G_{vE}L^3}{47EIT_{vg}^2}} \tag{9-46}$$

式中 β——竖向地震效应增大系数；

　　β_{vi}——修正前第 i 层悬挂（或支承）平台竖向地震效应增大系数；

　　ζ——平台刚度对竖向地震效应的折减系数；

　　G_{vE}——悬挂（或支承）平台一根主梁所承受的总重力荷载（包括主梁自重荷载）代表值（kN）；

　　L——主梁跨度（m）；

　　E——主梁材料的弹性模量（kN/m^2）；

　　I——主梁截面惯性矩（m^4）；

　　T_{vg}——竖向地震场地特征周期（s），可取设计第一组水平地震特征周期的65%。

【**例题 9-1**】 某三层现浇钢筋混凝土框架民用房屋，修建于Ⅱ类场地土上。混凝土强度等级为C30。其抗震设防烈度为 8 度，设计基本地震加速度为 $0.2g$，设计地震分组为第一组。由于该房屋各榀横向框架的侧向刚度相同，竖向变化基本均匀（图 9-8），且承受的荷载也基本相同（图 9-9 及图 9-10），因而确定该房屋横向框架在多遇地震情况下的水平地震力时可按平面横向框架计算。考虑梁翼缘的影响，梁刚度增大系数取 2.0。房屋的围护墙及隔墙均为轻质混凝土墙体。要求采用底部剪力法让算多遇地震各楼层的水平地震力标准值。提示：图 9-10 中的楼面活荷载为按等效均布活荷载计算所得。自振周期折减系数取 0.6。

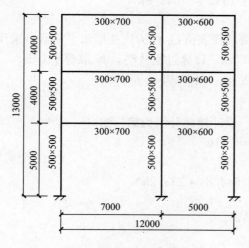

图 9-8 横向框架梁柱尺寸

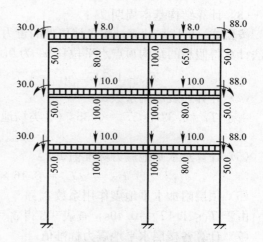

图 9-9 横向框架的永久荷载标准值

注：图中均布荷载单位为 kN/m，
集中力为 kN，弯矩为 kN·m。

【**解**】 （1）计算各楼层重力荷载代表值（图 9-11）：

首层楼板处的重力荷载代表值：

$G_1 = 10 \times 12 + 2 \times 100 + 2 \times 50 + 80 + 0.5 \times (5 \times 12 + 100 + 3 \times 60) = 670\text{kN}$

二层楼板处的重力荷载代表值：

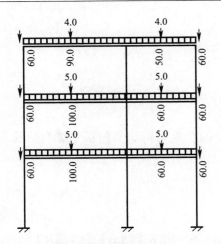

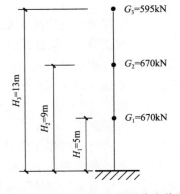

图 9-10   横向框架的楼面活荷载和屋面雪荷载标准值
注：图中均布荷载单位为 kN/m，集中力为 kN。

图 9-11   各楼层重力荷载代表值

$$G_2 = G_1 = 670\text{kN}$$

屋顶处的重力荷载代表值：

$$G_3 = 8 \times 12 + 80 + 65 + 2 \times 50 + 100 + 0.5 \times (4 \times 12 + 90 + 50 + 2 \times 60) = 595\text{kN}$$

（2）计算总重力荷载代表值 G_E 及等效总重力荷载代表值 G_{eq}：

$$G_E = \sum_{i=1}^{n} G_i = 670 + 670 + 595 = 1935\text{kN}$$

$$G_{eq} = 0.85 G_E = 0.85 \times 1935 = 1644.8\text{kN}$$

（3）计算结构基本周期 T_1：

按公式（9-13）计算，将各楼层处的重力荷载代表值 G_i 作为该楼层水平荷载，采用 D 值法计算得假想的结构顶点水平位移 u_T 为 0.103m，计算过程从略，ψ_T 取等于 0.6。

$$T_1 = 1.7 \psi_T \sqrt{u_T} = 1.7 \times 0.6 \times \sqrt{0.103} = 0.327\text{s}$$

（4）计算地震影响系数 α：

由于 $T_1 = 0.327\text{s} < T_g = 0.35\text{s}$（Ⅱ类场地、设计地震分组为第一组）

$$\alpha = \alpha_{max} = 0.16$$

（5）计算总水平地震力标准值 F_{Ek}：

$$F_{Ek} = \alpha G_{eq} = 0.16 \times 1644.8 = 263.2\text{kN}$$

（6）顶层附加水平地震作用系数 δ_n：

由于 $T_1 < 1.4 T_g = 0.49\text{s}$，查表 9-8 得 $\delta_n = 0$。

（7）计算各楼层水平地震力标准值：

由公式（9-9）得：

$$F_1 = \frac{G_i H_i}{\sum_{i=1}^{n} G_j H_j} F_{Ek}(1 - \delta_n) = \frac{5 \times 670}{5 \times 670 + 9 \times 670 + 13 \times 595} \times 263.2$$

$$= \frac{5 \times 670}{17115} \times 263.2 = 51.5\text{kN}$$

$$F_2 = \frac{9 \times 670}{17115} \times 263.2 = 92.7\text{kN}$$

$$F_3 = \frac{13 \times 595}{17115} \times 263.2 = 119.0\text{kN}$$

计算结果见图 9-12。

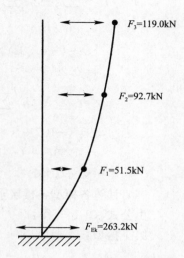

图 9-12 各楼层水平地震力

【**例题 9-2**】 计算条件完全同例题 9-1，用振型分解反应谱法求第 1～第 3 振型的水平地震力。

【**解**】 （1）计算各楼层重力荷载代表值：同例题 9-1，见图 9-11。

（2）采用中国建筑科学研究院编制的 PK 软件计算三个振型的周期及质点特征向量值（图 9-13），求得 $T_1 = 0.348\text{s}$，$T_2 = 0.111\text{s}$，$T_3 = 0.068\text{s}$（考虑框架填充墙影响的自振周期折减系数取 0.6，阻尼比为 0.05）。

（3）计算各振型的地震影响系数：

第 1 振型：$T_1 < T_g = 0.35\text{s}$

$$\alpha_1 = \alpha_{\max} = 0.16$$

第 2 振型：$T_2 < T_g = 0.35\text{s}$ 且 $> 0.1\text{s}$

$$\alpha_2 = \alpha_{\max} = 0.16$$

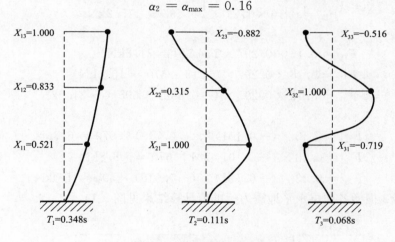

图 9-13 各振型相对位移

第 3 振型：$T_3 < 0.1\text{s}$，采用插入法求 α_3

$$\alpha_3 = \left(0.45 + \frac{0.55}{0.10} \times 0.068\right) \times 0.16 = 0.13$$

（4）计算各振型参与系数：

由公式（9-15）得

$$\gamma_1 = \sum_{i=1}^{3} X_{1i}G_i \Big/ \sum_{i=1}^{3} X_{1i}^2 G_i$$
$$= (0.521 \times 670 + 0.833 \times 670 + 1 \times 595)/$$
$$(0.521^2 \times 670 + 0.833^2 \times 670 + 1^2 \times 595)$$
$$= 1.21$$

$$\gamma_2 = \sum_{i=1}^{3} X_{2i} G_i \Big/ \sum_{i=1}^{3} X_{2i}^2 G_i$$

$$= (1 \times 670 + 0.315 \times 670 - 0.882 \times 595) / [1^2 \times 670 + 0.315^2 \times 670$$
$$+ (-0.882)^2 \times 595]$$

$$= 0.297$$

$$\gamma_3 = \sum_{i=1}^{3} X_{3i} G_i \Big/ \sum_{i=1}^{3} X_{3i}^2 G_i$$

$$= (-0.719 \times 670 + 1 \times 670 - 0.516 \times 595) / [(-0.719)^2 \times 670 + 1^2$$
$$\times 670 + (-0.516)^2 \times 595]$$

$$= -0.101$$

（5）计算各振型各楼层水平地震力标准值：

由公式（9-14）得：

第 1 振型：

$$F_{11} = 0.16 \times 1.21 \times 0.521 \times 670 = 67.6\text{kN}$$

$$F_{12} = 0.16 \times 1.21 \times 0.833 \times 670 = 108.0\text{kN}$$

$$F_{13} = 0.16 \times 1.21 \times 1 \times 595 = 115.2\text{kN}$$

第 2 振型

$$F_{21} = 0.16 \times 0.297 \times 1 \times 670 = 31.8\text{kN}$$

$$F_{22} = 0.16 \times 0.297 \times 0.315 \times 670 = 10.0\text{kN}$$

$$F_{23} = 0.16 \times 0.297 \times (-0.882) \times 595 = -24.9\text{kN}$$

第 3 振型

$$F_{31} = 0.13 \times (-0.101) \times (-0.719) \times 670 = 6.3\text{kN}$$

$$F_{32} = 0.13 \times (-0.101) \times 1 \times 670 = -8.8\text{kN}$$

$$F_{33} = 0.13 \times (-0.101) \times (-0.516) \times 595 = 4.0\text{kN}$$

第 1～第 3 振型各楼层水平地震力标准值计算结果见图 9-14。

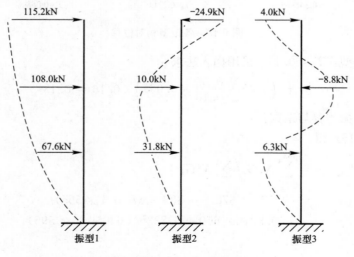

图 9-14   各振型水平地震力

【例题 9-3】[①]　某 5 层现浇钢筋混凝土框架-剪力墙结构办公楼，其平面布置及楼面荷载和剖面如图 9-15 所示（未表示围护墙）。该办公楼位于抗震设防烈度为 8 度地区，设计基本地震加速度为 $0.2g$，设计地震分组为第一组，Ⅱ类场地。建筑物设计使用年限为 50 年，结构安全等级为二级，抗震设防分类为丙类。混凝土强度等级为 C35。要求按考虑扭转耦联振型分解反应谱方法计算多遇地震设计状况该办公楼在 X 及 Y 方向的水平地震时各层的地震力标准值。振型数取前 9 个。

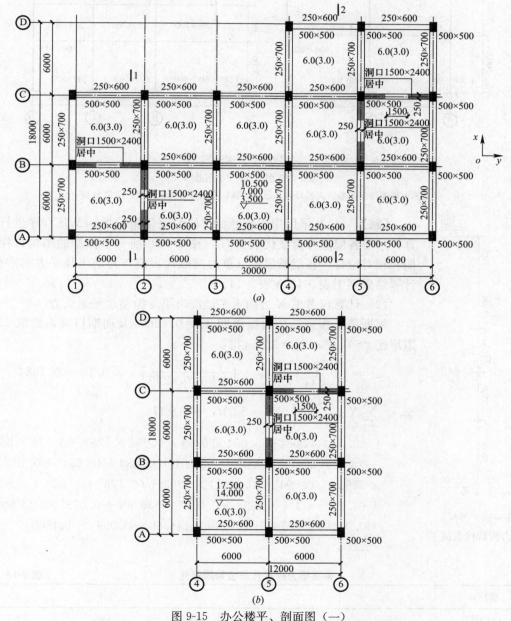

图 9-15　办公楼平、剖面图（一）

(a) 一至三层平面图及楼面荷载；(b) 四层及五层平面图及楼面荷载

---

❶　本例题计算结果由中国建筑科学研究院程绍革研究员提供。

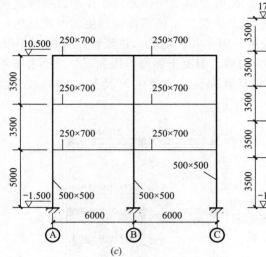
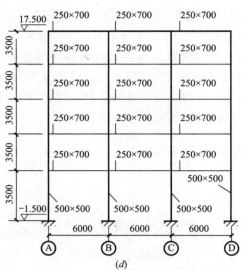

图 9-15 办公楼平、剖面图（二）

(c) 1-1 剖面图；(d) 2-2 剖面图

注：平面图中楼面荷载标准值无括号者为永久荷载，有括号者为活荷载，单位为 kN/m²。

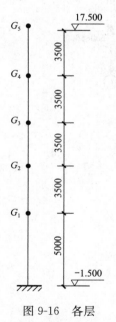

图 9-16 各层重力荷载代表值

【解】 （1）采用中国建筑科学研究院编制的 SATWE 程序进行计算，求得各层重力荷载代表值 G_i（图 9-16）前 9 个振型的结构自振周期和相对位移、各层质量矩（重力荷载代表值与转动半径平方的乘积）计算结果列于表 9-13 和表 9-14。

（2）计算仅考虑 X 方向水平地震时第 1 振型水平地震力

根据第 1 振型结构自振周期 $T_1 = 0.4286$s 及周期折减系数取 0.9，阻尼比 $\zeta = 0.05$；$T_g = 0.25$s 得：

$$\alpha_1 = \left(\frac{T_g}{0.9T_1}\right)^{0.9} \alpha_{\max} = \left(\frac{0.25}{0.9 \times 0.4286}\right)^{0.9} \times 0.16 = 0.1084$$

$$\gamma_{t1} = \sum_{i=1}^{5} X_{1i} G_i \Big/ \left[\sum_{i=1}^{5} (X_{1i}^2 + Y_{1i}^2) G_i + \varphi_{1i}^2 \gamma_i^2 G_i\right]$$

$$= (-0.020 \times 5684 - 0.054 \times 5263 - 0.094 \times 5263 - 0.176 \times 2697$$
$$- 0.207 \times 2697)/[(0.020^2 + 0.091^2) \times 5684 + (0.054^2 + 0.196^2)$$
$$\times 5263 + (0.094^2 + 0.309^2) \times 5263 + (0.176^2 + 0.829^2) \times 2697$$
$$+ (0.207^2 + 1^2) \times 2697 + 0.012^2 \times 680909 + 0.026^2 \times 622790$$
$$+ 0.041^2 \times 622790 + 0.074^2 \times 144360 + 0.099^2 \times 144360]$$
$$= -0.206$$

各层重力荷载代表值和质量矩　　　　　　表 9-13

楼层号	1	2	3	4	5
G_i(kN)	5684	5263	5263	2697	2697
$G_i\gamma_i^2$(kN·m²)	680909	622790	622790	144360	144360

各振型周期及相对位移　表 9-14

楼层号	振型 1 ($T_1=0.4286s$)			振型 2 ($T_2=0.3603s$)			振型 3 ($T_3=0.2901s$)		
	X	Y	φ	X	Y	φ	X	Y	φ
5	−0.207	1.000	0.099	1.000	−0.190	0.108	−0.751	−1.000	0.224
4	−0.176	0.829	0.074	0.708	−0.136	0.058	−0.784	−0.835	0.124
3	−0.094	0.309	0.041	0.376	−0.078	0.000	−0.763	−0.735	0.015
2	−0.054	0.196	0.026	0.236	−0.047	0.000	−0.499	−0.484	0.008
1	−0.020	0.091	0.012	0.110	−0.021	0.001	−0.236	−0.234	0.003

楼层号	振型 4 ($T_4=0.2004s$)			振型 5 ($T_5=0.1216s$)			振型 6 ($T_6=0.1137s$)		
	X	Y	φ	X	Y	φ	X	Y	φ
5	−0.305	−0.132	−0.144	−0.729	1.000	0.042	1.000	0.723	−0.044
4	0.120	−0.066	0.008	−0.079	0.130	0.007	0.217	0.238	−0.037
3	0.640	−1.000	0.130	0.424	−0.441	−0.033	−0.451	−0.354	0.006
2	0.494	−0.689	0.099	0.464	−0.617	−0.057	−0.620	−0.464	−0.006
1	0.277	−0.346	0.054	0.291	−0.444	−0.044	−0.453	−0.338	−0.010

楼层号	振型 7 ($T_7=0.0964s$)			振型 8 ($T_8=0.0690s$)			振型 9 ($T_9=0.0624s$)		
	X	Y	φ	X	Y	φ	X	Y	φ
5	−0.483	−0.124	−0.175	−0.483	1.000	−0.034	−0.305	0.727	0.018
4	1.000	0.005	0.328	1.000	−0.518	0.077	0.286	−0.591	−0.021
3	−0.074	0.068	−0.003	−0.074	−0.056	−0.147	0.387	−0.781	−0.012
2	−0.253	0.051	−0.027	−0.253	−0.348	0.055	−0.207	0.344	−0.003
1	−0.229	0.021	−0.027	−0.229	−0.203	0.179	−0.507	1.000	0.015

由公式（9-17）得耦联地震力在 X 方向各层的分量：

第一层地震力 F_{xx1}：

$$F_{xx1} = \alpha_1 \gamma_{t1} X_{11} G_1 = 0.1084 \times 0.206 \times 0.020 \times 5684 = 2.54\text{kN}$$

第二层地震力 F_{xx2}：

$$F_{xx2} = \alpha_1 \gamma_{t1} X_{12} G_2 = 0.1084 \times 0.206 \times 0.054 \times 5263 = 6.35\text{kN}$$

第三层地震力 F_{xx3}：

$$F_{xx3} = 0.1084 \times 0.206 \times 0.094 \times 5263 = 11.05\text{kN}$$

第四层地震力 F_{xx4}：

$$F_{xx4} = 0.1084 \times 0.206 \times 0.176 \times 2697 = 10.60\text{kN}$$

第五层地震力 F_{xx5}：

$$F_{xx5} = 0.1084 \times 0.206 \times 0.207 \times 2697 = 12.47\text{kN}$$

由公式（9-17）得耦联地震力在 Y 方向各层的分量：

第一层地震力 F_{xy1}：

$$F_{xy1} = \alpha_1 \gamma_{t1} Y_{11} G_1 = 0.1084 \times 0.206 \times 0.091 \times 5684 = -11.55\text{kN}$$

第二层地震力 F_{xy2}：

$$F_{xy2} = -0.1084 \times 0.206 \times 0.196 \times 5263 = -23.03\text{kN}$$

第三层地震力 F_{xy3}：

$$F_{xy3} = -0.1084 \times 0.206 \times 0.309 \times 5263 = -36.32\text{kN}$$

第四层地震力 F_{xy4}：

$$F_{xy4} = -0.1084 \times 0.206 \times 0.829 \times 2697 = -49.93\text{kN}$$

第五层地震力 F_{xy5}：

$$F_{xy5} = -0.1084 \times 0.206 \times 1 \times 2697 = -60.22\text{kN}$$

由公式（9-17）得 X 方向的耦联地震力的扭矩：

第一层扭矩 F_{xt1}：

$$\begin{aligned}F_{xt1} &= \alpha_1 \gamma_{t1} \varphi_{11} \gamma_1^2 G_1\\ &= -0.1084 \times 0.206 \times 0.012 \times 680909\\ &= -182.5\text{kN} \cdot \text{m}\end{aligned}$$

第二层扭矩 F_{xt2}：

$$\begin{aligned}F_{xt2} &= \alpha_1 \gamma_{t1} \varphi_{12} \gamma_2^2 G_2\\ &= -0.1084 \times 0.206 \times 0.026 \times 622790\\ &= -361.6\text{kN} \cdot \text{m}\end{aligned}$$

第三层扭矩 F_{xt3}：

$$\begin{aligned}F_{xt3} &= \alpha_1 \gamma_{t1} \varphi_{13} \gamma_3^2 G_3\\ &= -0.1084 \times 0.206 \times 0.041 \times 622790\\ &= -570.2\text{kN} \cdot \text{m}\end{aligned}$$

第四层扭矩 F_{xt4}：

$$\begin{aligned}F_{xt4} &= \alpha_1 \gamma_{t1} \varphi_{14} \gamma_4^2 G_4\\ &= -0.1084 \times 0.206 \times 0.074 \times 144360\\ &= -238.5\text{kN} \cdot \text{m}\end{aligned}$$

第五层扭矩 F_{xt5}：

$$\begin{aligned}F_{xt5} &= \alpha_1 \gamma_{t1} \varphi_{15} \gamma_5^2 G_5\\ &= -0.1084 \times 0.206 \times 0.099 \times 144360\\ &= -319.1\text{kN} \cdot \text{m}\end{aligned}$$

（3）计算仅考虑 Y 方向水平地震时第 1 振型水平地震力

$$\alpha_1 = 0.1084（据以上计算）$$

$$\gamma_{t1} = \sum_{i=1}^{5} Y_{1i} G_i \Big/ \Big[\sum_{i=1}^{5} (X_{1i}^2 + Y_{1i}^2) G_i + \varphi_{1i}^2 \gamma_i^2 G_i \Big]$$

$$\begin{aligned}&= (0.091 \times 5684 + 0.196 \times 5263 + 0.309 \times 5263 + 0.829 \times 2697\\ &\quad + 1 \times 2697)/[(0.020^2 + 0.091^2) \times 5684 + (0.054^2 + 0.196^2) \times 5263\\ &\quad + (0.094^2 + 0.309^2) \times 5263 + (0.176^2 + 0.829^2) \times 2697\\ &\quad + (0.207^2 + 1) \times 2697 + 0.012^2 \times 68090) + 0.026^2 \times 622790\\ &\quad + 0.041^2 \times 622790 + 0.074^2 \times 144360 \times 0.099^2 \times 144360]\\ &= 0.8684\end{aligned}$$

由公式（9-17）得耦联地震力在 X 方向各层的分量：

$$F_{yx1} = \alpha_1 \gamma_{t1} X_{11} G_1 = 0.1084 \times 0.8684 \times (-0.020) \times 5684 = -10.70\text{kN}$$

$$F_{yx2} = \alpha_1 \gamma_{t1} X_{12} G_2 = 0.1084 \times 0.8684 \times (-0.054) \times 5263 = -26.75\text{kN}$$

$$F_{yx3} = \alpha_1 \gamma_{t1} X_{13} G_3 = 0.1084 \times 0.8684 \times (-0.094) \times 5263 = -46.57\text{kN}$$

$$F_{yx4} = \alpha_1 \gamma_{t1} X_{14} G_4 = 0.1084 \times 0.8684 \times (-0.176) \times 2697 = -44.68\text{kN}$$

$$F_{yx5} = \alpha_1 \gamma_{t1} X_{15} G_5 = 0.1084 \times 0.8684 \times (-0.207) \times 2697 = -52.55\text{kN}$$

由公式（9-17）得耦联地震力在 Y 方向各层的分量：

$$F_{yy1} = \alpha_1 \gamma_{t1} Y_{11} G_1 = 0.1084 \times 0.8684 \times 0.091 \times 5684 = 48.69\text{kN}$$

$$F_{yy2} = \alpha_1 \gamma_{t1} Y_{12} G_2 = 0.1084 \times 0.8684 \times 0.196 \times 5263 = 97.10\text{kN}$$

$$F_{yy3} = \alpha_1 \gamma_{t1} Y_{13} G_3 = 0.1084 \times 0.8684 \times 0.309 \times 5263 = 153.09\text{kN}$$

$$F_{yy4} = \alpha_1 \gamma_{t1} Y_{14} G_4 = 0.1084 \times 0.8684 \times 0.829 \times 2697 = 210.47\text{kN}$$

$$F_{yy5} = \alpha_1 \gamma_{t1} Y_{15} G_5 = 0.1084 \times 0.8684 \times 1 \times 2697 = 253.88\text{kN}$$

由公式（9-17）得 Y 方向的耦联地震力的扭矩：

$$F_{yt1} = \alpha_1 \gamma_{t1} \varphi 11 r_1^2 G_1 = 0.1084 \times 0.8684 \times 0.012 \times 680909 = 769.2\text{kN} \cdot \text{m}$$

$$F_{yt2} = \alpha_1 \gamma_{t1} \varphi 12 r_2^2 G_2 = 0.1084 \times 0.8684 \times 0.026 \times 622790 = 1524.3\text{kN} \cdot \text{m}$$

$$F_{yt3} = \alpha_1 \gamma_{t3} \varphi 13 r_3^3 G_3 = 0.1084 \times 0.8684 \times 0.041 \times 622790 = 2403.7\text{kN} \cdot \text{m}$$

$$F_{yt4} = \alpha_1 \gamma_{t1} \varphi 14 r_4^2 G_4 = 0.1084 \times 0.8684 \times 0.074 \times 144360 = 1005.6\text{kN} \cdot \text{m}$$

$$F_{yt5} = \alpha_1 \gamma_{t1} \varphi 15 r_5^2 G_5 = 0.1084 \times 0.8684 \times 0.099 \times 144360 = 1345.3\text{kN} \cdot \text{m}$$

（4）按以上相同方法可求得仅 X 方向地震作用时扭转耦联产生的第 2～第 9 振型各层的地震力的计算结果见表 9-15；仅考虑 Y 方向地震作用时扭转耦联产生的第 2～第 9 振型各层的地震力的计算结果见表 9-16。

仅考虑 X 向地震作用时的地震力 ［单位：力（kN），扭矩（kN·m）］　表 9-15

楼层号	振型 2			振型 3			振型 4			振型 5		
	F_{xx}	F_{xy}	F_{xt}	F_{xx}	F_{xy}	F_{xt}	F_{xx}	F_{xy}	F_{xt}	F_{xx}	F_{xy}	F_{xt}
5	383.52	−72.68	2224.5	142.74	190.13	−2277.3	−27.02	−11.70	−682.7	−85.62	117.51	261.2
4	271.60	−52.17	1187.6	149.07	158.77	−1258.7	10.68	−5.87	39.3	−9.32	15.27	43.0
3	281.51	−58.28	−34.4	282.90	272.73	−644.7	110.70	−173.01	2662.6	97.26	−101.06	−900.7
2	176.87	−35.46	15.9	185.08	179.59	−348.5	85.51	−119.15	2029.9	106.27	−141.44	−1559.4
1	88.95	−17.07	61.7	94.44	93.58	−138.6	51.84	−64.74	1208.5	72.07	−110.03	−1312.0
楼层号	振型 6			振型 7			振型 8			振型 9		
	F_{xx}	F_{xy}	F_{xt}	F_{xx}	F_{xy}	F_{xt}	F_{xx}	F_{xy}	F_{xt}	F_{xx}	F_{xy}	F_{xt}
5	−182.17	−131.63	433.8	12.62	3.23	244.9	−0.19	18.6	−33.5	13.05	−31.14	−42.2
4	−39.47	−43.38	357.3	−26.11	−0.13	−457.7	6.39	−9.64	76.6	−12.27	25.31	47.4
3	160.26	125.97	−268.3	3.78	−3.49	19.6	−26.00	−2.05	−631.0	−32.29	65.29	119.4
2	220.45	165.09	245.9	12.86	−2.57	164.3	7.09	−12.62	234.1	17.27	−28.74	32.5
1	174.05	129.95	441.9	12.62	−1.15	178.8	31.22	−7.94	840.4	45.77	−90.24	−157.8

注：表中 F_{xx} 表示 X 方向的耦联地震力在 X 方向的分量；F_{xy} 表示 X 方向的耦联地震力在 Y 方向的分量；F_{xt} 表示 X 方向的耦联地震力的扭矩。

仅考虑 Y 向地震作用时的地震力 ［单位：力（kN），扭矩（kN·m）］　表 9-16

楼层号	振型 2			振型 3			振型 4			振型 5		
	F_{yx}	F_{yy}	F_{yt}	F_{yx}	F_{yy}	F_{yt}	F_{yx}	F_{yy}	F_{yt}	F_{yx}	F_{yy}	F_{yt}
5	−75.16	14.24	−436.0	149.52	199.16	−2385.5	43.66	18.91	1103.3	104.14	−142.93	−317.7
4	−53.23	10.23	−232.8	156.15	166.31	−1318.5	−17.26	9.49	−63.51	11.34	−18.58	−52.3
3	−55.17	11.42	6.7	296.34	285.69	−675.3	−178.90	279.60	−4303.06	−118.30	122.93	1095.6

续表

楼层号	振型 2			振型 3			振型 4			振型 5		
	F_{yx}	F_{yy}	F_{yt}	F_{yx}	F_{yy}	F_{yt}	F_{yx}	F_{yy}	F_{yt}	F_{yx}	F_{yy}	F_{yt}
2	−34.66	6.95	−3.1	193.87	188.13	−363.1	−138.20	192.56	−3280.5	−129.27	172.04	1896.8
1	−17.43	3.35	−12.1	98.92	98.03	−145.2	−83.78	104.62	−1953.2	−87.66	133.84	1595.8

楼层号	振型 6			振型 7			振型 8			振型 9		
	F_{yx}	F_{yy}	F_{yt}	F_{yx}	F_{yy}	F_{yt}	F_{yx}	F_{yy}	F_{yt}	F_{yx}	F_{yy}	F_{yt}
5	−134.54	−97.21	320.3	−3.29	−0.84	−63.8	0.14	−13.72	24.7	−24.64	58.78	79.7
4	−29.15	−32.03	263.8	6.80	0.03	119.3	−4.71	7.11	−56.5	23.15	−47.77	−89.4
3	118.35	93.03	−198.1	−0.98	0.91	−5.1	19.18	1.51	465.6	60.95	−123.23	−225.3
2	162.80	121.92	181.6	−3.35	0.67	−42.8	−5.23	9.31	−172.7	−32.59	54.24	−61.3
1	128.5	95.97	326.3	−3.29	0.30	−46.6	−23.03	5.86	−620.1	−86.40	170.33	297.8

注：表中 F_{yx} 表示 Y 方向的耦联地震力在 X 方向的分量；F_{yy} 表示 Y 方向的耦联地震力在 Y 方向的分量；F_{yt} 表示 Y 方向的耦联地震力的扭矩。

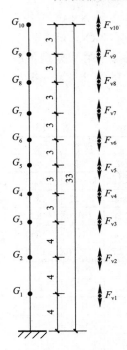

图 9-17　竖向地震力
算简图（单位：m）

【例题 9-4】　某 10 层钢筋混凝土框架-剪力墙结构房屋，其一、二、三层的重力荷载代表值为 7500kN，层高 4m，其余各层的重力荷载代表值为 6200kN，层高为 3m，修建于设防烈度为 9 度地区，该房屋为丙类建筑，设计基本地震加速度值为 0.4g，设计地震分组为第一组。该房屋设计使用年限为 50 年。求在多遇地震情况各层的竖向地震力标准值。

【解】　竖向地震力计算简图见图 9-17。

（1）计算结构等效总重力荷载：
$$G_{eq} = 0.75 \times (3 \times 7500 + 7 \times 6200) = 49425 \text{kN}$$

（2）求结构总竖向地震力标准值（向上或向下）：
$$F_{Evk} = \alpha_{vmax} G_{eq} = 0.65 \alpha_{max} G_{eq}$$
$$= 0.65 \times 0.32 \times 49425 = 10280.4 \text{kN}(\Updownarrow)$$

（3）计算各层竖向地震力标准值（向上或向下）：
由公式（7-21）：
$$\sum_{j=1}^{n} G_j H_j = (4 + 8 + 12) \times 7500 + (15 + 18 + 21 + 24$$
$$+ 27 + 30 + 33) \times 6200$$
$$= 1221600 \text{kN} \cdot \text{m}$$

首层楼板处竖向地震力标准值：
$$F_{v1} = \frac{G_1 H_1}{\sum_{j=1}^{n} G_j H_j} F_{Evk} = \frac{7500 \times 4}{1221600} \times 10280.4 = 252.5 \text{kN}(\Updownarrow)$$

二层楼板处竖向地震力标准值：
$$F_{v2} = \frac{G_2 H_2}{\sum_{j=1}^{n} G_j H_j} F_{Evk} = \frac{7500 \times 8}{1221600} \times 10280.4 = 504.9 \text{kN}(\Updownarrow)$$

同理可求得各层楼板处竖向地震力标准值：

三层竖向地震力标准值 $F_{v3} = 758.0kN$ (↓)

四层竖向地震力标准值 $F_{v4} = 782.6kN$ (↓)

五层竖向地震力标准值 $F_{v5} = 939.2kN$ (↓)

六层竖向地震力标准值 $F_{v6} = 1095.7kN$ (↓)

七层竖向地震力标准值 $F_{v7} = 1252.2kN$ (↓)

八层竖向地震力标准值 $F_{v8} = 1408.7kN$ (↓)

九层竖向地震力标准值 $F_{v9} = 1565.3kN$ (↓)

十层竖向地震力标准值 $F_{v10} = 1721.8kN$ (↓)

（4）确定各楼层竖向构件的竖向地震作用产生的最大轴向力标准值后（按各构件承受的重力荷载代表值的比例分配），尚应根据《建筑抗震设计规范》GB 50011—2010（2016年版）规定乘以增大系数 1.5。

第十章 结构内力计算例题

【例题 10-1】 钢筋混凝土屋面梁

已知：某抗震设防烈度为 6 度地区的水泥厂，其砌体结构配电站中单跨等截面简支现浇钢筋混凝土屋面梁（图 10-1），梁的计算跨度 $l_0 = 8.4 \text{m}$，梁间距 $s = 3.6 \text{m}$，梁截面尺寸为 $250 \text{mm} \times 800 \text{mm}$（$b \times h$），屋面建筑做法（防水层、保温层、找坡层等）永久荷载标准值为 2.5kN/m^2，屋面板为预制预应力混凝土短向空心板，其自重永久荷载标准值为 1.3kN/m^2，屋面均布活荷载按不上人情况考虑，但该房屋屋面的维修荷载较大，因此屋面均布活荷载标准值按实际情况取 0.7kN/m^2，屋面积灰荷载标准值为 0.50kN/m^2，当地基本雪压 0.45kN/m^2（雪荷载准永久值系数为 0.5），屋面梁的设计使用年限为 50 年，结构重要性系数 $\gamma_0 = 1.0$。

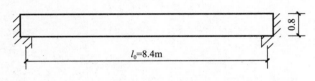

图 10-1　屋面梁

求：1. 该屋面梁按持久设计状况正常使用极限状态验算挠度和计算正截面受弯裂缝宽度时，所需的跨中正截面荷载准永久组合的最大弯矩设计值 M_{qmax}；

2. 该屋面梁按持久设计状况承载能力极限状态设计计算时，所需的跨中正截面荷载基本组合的最大弯矩设计值。

【解】　一、作用于屋面梁上的均布线荷载标准值

1. 永久荷载 G_k

（1）屋面建筑做法 G_{k1}

$$G_{k1} = 2.5 \times 3.6 = 9.00 \text{kN/m}$$

（2）屋面板自重 G_{k2}

$$G_{k2} = 1.3 \times 3.6 = 4.68 \text{kN/m}$$

（3）屋面梁自重 G_{k3}

$$G_{k3} = 0.25 \times 0.8 \times 25 = 5.00 \text{kN/m}$$

$$G_k = G_{k1} + G_{k2} + G_{k3} = 9 + 4.68 + 5 = 18.68 \text{kN/m}$$

2. 可变荷载 Q_k

（1）雪荷载 Q_{1k}

由于屋面坡度 $\leqslant 25°$，根据表 5-2 屋面积雪分布系数 $\mu_r = 1.0$

$$Q_{1k} = \mu_r S_0 \times 3.6 = 1 \times 0.45 \times 3.6 = 1.62 \text{kN/m}$$

（2）屋面均布活荷载 Q_{2k}

$$Q_{2k} = 0.7 \times 3.6 = 2.52 \text{kN/m}$$

（3）屋面积灰荷载 Q_{3k}

$$Q_{3k} = 0.5 \times 3.6 = 1.8 \text{kN/m}$$

二、屋面梁跨中正截面荷载准永久组合的最大弯矩设计值 M_{qmax}

由于屋面梁上作用有三种可变荷载，其中雪荷载不应与屋面均布活荷载同时参与组合，因此可变荷载参与组合有两种情况，即①雪荷载准永久值＋屋面积灰荷载准永久值＋全部永久荷载标准值；②屋面均布活荷载准永久值＋屋面积灰荷载准永久值＋全部永久荷载标准值。但屋面均布活荷载准永久值系数 ψ_q 按规范规定对不上人屋面情况应取等于0、屋面积灰荷载的 $\psi_q = 0.5$，因而在实际计算（手算）中可只考虑第①种组合情况即为所求的跨中正截面准永久组合的最大弯矩设计值 M_{qmax}（图10-2）：

$$M_{qmax} = \frac{1}{8}(G_k + \psi_{q1}Q_{1k} + \psi_{q3}Q_{3k})l_0^2$$

$$= \frac{1}{8} \times (18.68 + 0.5 \times 1.62 + 0.5 \times 1.8) \times 8.4^2$$

$$= 179.8 \text{kN} \cdot \text{m}$$

三、屋面梁跨中正截面持久设计状况荷载效应基本组合的最大弯矩设计值 M_{max}

根据以上第二款的分析，仅考虑以下两种组合情况（图10-3）：

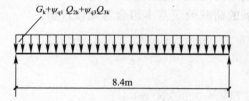

$G_k + \psi_{q1}Q_{2k} + \psi_{q3}Q_{3k}$　　　　$\gamma_G G_k + \gamma_{Q2}Q_{2k} + \gamma_{G2}\psi_{c3}Q_{3k}$
　　　　　　　　　　　　　　　　或 $\gamma_G G_k + \gamma_{Q3}Q_{3k} + \gamma_{G2}\psi_{c2}Q_{2k}$

8.4m　　　　　　　　　　　　　　8.4m

图10-2　荷载效应准永久组合计算简图　　　图10-3　荷载效应基本组合计算简图

组合（1）：以屋面均布活荷载为第一种活荷载，根据公式（1-2）其中屋面积灰荷载的组合值系数 ψ_{c3} 为0.9：

$$M_1 = \gamma_0 \times \frac{1}{8} \times (\gamma_G G_k + \gamma_{Q2}Q_{2k} + \gamma_{Q3}\psi_{c3}Q_{3k})l_0^2$$

$$= 1 \times \frac{1}{8} \times (1.3 \times 18.68 + 1.5 \times 2.52 + 1.5 \times 0.9 \times 1.8) \times 8.4^2$$

$$= 269.0 \text{kN} \cdot \text{m}$$

组合（2）：以屋面积灰荷载为第一种活荷载，按公式（1-2），其中屋面均布活荷载的组合值系数 ψ_{c2} 为0.7：

$$M_2 = \gamma_0 \times \frac{1}{8} \times (\gamma_G G_k + \gamma_{Q3}Q_{3k} + \gamma_{Q2}\psi_{c2}Q_{2k})l_0^2$$

$$= 1 \times \frac{1}{8} \times (1.3 \times 18.68 + 1.5 \times 1.8 + 1.5 \times 0.7 \times 2.52) \times 8.4^2$$

$$= 261.3 \text{kN} \cdot \text{m}$$

根据以上计算结果可知，应以组合（1）作为最大弯矩设计值 M_{max}。

【例题 10-2】　薄壁型钢檩条

已知：某15m跨度封闭式单跨双坡屋面门式刚架轻钢结构房屋，设计使用年限为50年，其柱间距6m，屋脊距地面高度为7.5m，修建于抗震设防烈度为7度（0.1g）地区。

该房屋的屋面为金属夹心（保温隔热）屋面板，其自重标准值为 0.2kN/m²，支承于直卷边槽形冷弯薄壁型钢檩条上。檩条材质为 Q235，按水平间距 1.5m 布置，并在跨度中央设有钢拉条。檩条与拉条自重标准值为 0.1kN/m；檩条沿跨度方向的计算跨度 $l_{01}=5.96m$，沿屋面坡度方向的计算跨度 $l_{02}=2.98m$（此时檩条按两跨连续梁计算）。屋面坡度 $i=1/10$（$\alpha=5.71°$），见图 10-4。屋面板与檩条的连接能阻止檩条侧向位移和扭转。当地重现期为 100 年的雪压为 0.35kN/m²，基本风压为 0.50kN/m²，风向影响系数 $C_d=1$，地形修正系数 $C_t=1$，系数 $\beta=1.5$，地面粗糙度分类为 B 类，屋面均布活荷载标准值为 0.5kN/m²（不上人屋面）。檩条施工或检修集中荷载标准值为 1.0kN。檩条按设计使用年限为 50 年考虑，结构重要性系数 $\gamma_0=1$。提示：檩条弯矩 Y 平面内以下翼缘受拉为正、X 平面内以腹板受拉为正。雪压已考虑该地区积雪平均密度的取值符合 GB 51022—2015 的规定。

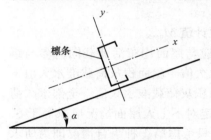

图 10-4 直卷边槽形冷弯薄壁型钢檩条

要求：按《门式刚架轻型房屋钢结构技术规范》GB 51022—2015 设计该檩条；确定处于屋盖边区的檩条在持久设计状况，跨中截面的荷载效应基本组合弯矩设计值和短暂设计状况跨中截面在施工或检修集中荷载作用下的荷载效应基本组合弯矩设计值。

【解】 一、作用在檩条上的荷载标准值

1. 永久荷载

（1）屋面板自重

$$G_{1k} = 0.2 \times 1.5/\cos5.71° = 0.30kN/m(\downarrow)$$

（2）压型钢板夹心屋面板及拉条自重

$$G_{2k} = 0.10kN/m(\downarrow)$$

2. 可变荷载

（1）雪荷载

根据本手册第五章表 5-2，应取积雪最不利不均匀分布的积雪分布系数 1.25，檩条水平间距为 1.5m

$$Q_{1k} = 1.25\mu_r s_0 \times 1.5 = 1.25 \times 1 \times 0.35 \times 1.5 = 0.66kN/m(\downarrow)$$

（2）风荷载

① 风吸力

檩条的有效受风面积 $A=6\times1.5/\cos5.71°=9.04m^2$，檩条所处的位置为屋面的边区，查本手册表 6-28a，风荷载系数 $\mu_w=0.7lgA-2.28=0.7lg9.04-2.28=-1.61$，风压高度变化系数 $\mu_z=1$（查表 6-5），系数 $\beta=1.5$，基本风压 $w_0=0.50kN/m^2$，檩条水平间距 $s=1.5m$，因此按《门式刚架轻型房屋钢结构技术规范》GB 51022—2015 规定，檩条上承受的均布风吸力标准值 $Q_{2k} = C_d C_t \beta\mu_w\mu_z w_0 s = 1\times1\times1.5\times(-1.61)\times1\times0.5\times1.5/\cos5.71°=-1.82kN/m(\searrow)$

② 风压力

根据①，查本手册表 6-28b，风荷载系数 $\mu_w = 0.1lgA + 0.48 = -0.1\times lg9.04 + 0.48 = 0.38$

因此檩条上承受的均布风压力标准值 $Q_{3k} = C_d C_t \beta \mu_w \mu_z w_0 s = 1 \times 1 \times 1.5 \times 0.38 \times 1 \times$

$0.5 \times 1.5 / \cos 5.71° = 0.43 \text{kN}(\searrow)$

（3）屋面均布活荷载

$$Q_{4k} = 0.5 \times 1.5 = 0.75 \text{kN/m}(\downarrow)$$

（4）施工或维修集中活荷载

$$Q_{5k} = 1 \text{kN}(\downarrow)$$

二、持久设计状况檩条跨中截面的荷载效应基本组合弯矩设计值计算

由于本例题为轻型面檩条，按 GB 51022—2015 规定应考虑以下几种荷载组合：

1. 组合 1

$$s_d = 1.3 \times 全部永久荷载 + 1.5 \times 雪荷载 + 0.6 \times 1.5 \times 风压力$$

2. 组合 2

$$s_d = 1.3 \times 全部永久荷载 + 1.5 \times 风压力 + 0.7 \times 1.5 \times 雪荷载$$

3. 组合 3

$$s_d = 1.3 \times 全部永久荷载 + 1.5 \times 屋面活荷载$$

4. 组合 4

$$s_d = 1.0 \times 全部永久荷载 - 1.5 \times 风吸力$$

持久设计状况的计算简图见图 10-5，具体计算如下：

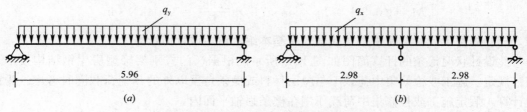

图 10-5 持久设计状况檩条计算简图

(a) M_y 计算简图；(b) M_x 计算简图

组合 1：

檩条强轴平面（y-y 平面）内：

$$M_y = [1.3 \times (0.3 + 0.1) \times \cos 5.71° + 1.5 \times 0.66 \times \cos 5.71°$$

$$+ 0.6 \times 1.5 \times 0.43] \times \frac{5.96^2}{8}$$

$$= 8.39 \text{kN} \cdot \text{m}$$

檩条弱轴平面（x-x 平面）内：

$$M_x = [1.3 \times (0.3 + 0.1) \times \sin 5.71° + 1.5 \times 0.66 \times \sin 5.71°] \times \frac{2.98^2}{8}$$

$$= 0.17 \text{kN} \cdot \text{m}$$

组合 2：

檩条强轴平面（y-y 平面）内：

$$M_y = [1.3 \times (0.3 + 0.1) \times \cos 5.71° + 1.5 \times 0.43 + 0.7 \times \cos 5.71° \times 1.5 \times 0.66] \times \frac{5.96^2}{8}$$

$$= 8.22 \text{kN} \cdot \text{m}$$

檩条弱轴平面（x-x 平面）内：

$$M_x = [1.3 \times (0.3 + 0.1) \times \sin5.71° + 0.7 \times 1.5 \times 0.66 \times \sin5.71°] \times \frac{2.98^2}{8}$$

$$= 0.13 \text{kN} \cdot \text{m}$$

组合 3：

檩条强轴平面（y-y 平面）内：

$$M_y = [1.3 \times (0.3 + 0.1) \times \cos5.71° + 1.5 \times 0.75 \times \cos5.71°] \times \frac{5.96^2}{8}$$

$$= 7.26 \text{kN} \cdot \text{m}$$

檩条弱轴平面（x-x 平面）内：

$$M_x = [1.3 \times (0.3 + 0.1) \times \sin5.71° + 1.5 \times 0.75 \times \sin5.71°] \times \frac{2.98^2}{8}$$

$$= 0.18 \text{kN} \cdot \text{m}$$

组合 4：

檩条强轴平面（y-y 平面）内：

$$M_y = [(0.3 + 0.1) \times \cos5.71° - 1.5 \times 1.82] \times \frac{5.96^2}{8} = -10.35 \text{kN} \cdot \text{m}$$

檩条弱轴平面（x-x 平面）内：

$$M_x = (0.3 + 0.1) \times \sin5.71° \times \frac{2.98^2}{8} = 0.04 \text{kN} \cdot \text{m}$$

三、短暂设计状况跨中截面荷载效应基本组合弯矩设计值计算

此设计状况檩条的计算简图如图 10-6 所示。根据《门式刚架轻型房屋钢结构技术规范》规定，施工或检修集中荷载不与屋面材料或檩条自重以外的其他荷载同时考虑。为简化计算，假定施工或检修集中荷载作用在檩条强轴平面内。

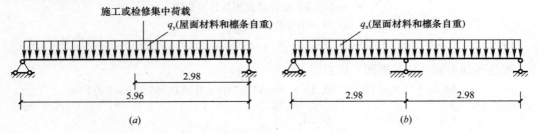

图 10-6　短暂设计状况檩条计算简图
（a）M_y 计算简图；（b）M_x 计算简图

因此，檩条强轴平面（y-y 平面）：

$$M_y = 1.3 \times (0.3 + 0.1) \times \cos5.71° \times \frac{5.96^2}{8} + 1.5 \times 1 \times \frac{1}{4} \times 5.96 = 4.53 \text{kN} \cdot \text{m}$$

檩条弱轴平面（x-x 平面）：

$$M_x = 1.3 \times (0.3 + 0.1) \times \sin5.71° \times \frac{2.98^2}{8} = 0.06 \text{kN} \cdot \text{m}$$

验算檩条受弯承载力时，应分别按持久设计状况的四种荷载基本组合和短暂设计状况基本组合进行计算，均应满足现行《钢结构设计标准》的规定。

【例题 10-3】　单层单跨封闭式双坡屋面现浇钢筋混凝土结构民用门式框架房屋

已知：某单层单跨封闭式双坡屋面现浇钢筋混凝土民用门式框架房屋，修建于地震设防烈度为 6 度地区，该房屋的平面及横剖面图见图 10-7。横向框架柱截面尺寸为 0.4m× 0.6m（$b \times h$），横向框架梁截面尺寸为 0.30m×1.0m（$b \times h$），混凝土强度等级为 C30，纵向受力钢筋为 HRB400。当地基本风压 0.47kN/m²，风向影响系数 $C_d = 1$，地形修正系数 $C_t = 1$，风荷载放大系数 $\beta_z = 1.2$，地面粗糙度为 B 类；基本雪压 0.30kN/m²；屋面为不上人情况，其屋面均布活荷载 0.5kN/m²。该房屋的设计使用年限为 50 年，结构重要性系数为 1.0。作用在横向框架梁上的屋面永久荷载（包括屋面防水层、找平层、保温层、隔气层、预制预应力混凝土空心屋面板自重等）标准值 $G_{1k} = 12.2$kN/m；纵向框架梁传来集中荷载标准值 30kN（包括梁、挑檐自重等），此荷载传力位置在框架柱顶部；纵向连系梁传来集中荷载标准值 51.8kN（包括梁自重、窗及窗间墙自重等），传力位置在距基础顶面 3.15m 处的框架柱上。基础顶面至主框架梁底的最低处距离为 5.95m。

求：在图 10-7 所示两种风向情况下，确定横向框架柱柱顶 1-1 截面和柱底 A-A 截面纵向受力钢筋对称配筋时的持久设计状况荷载效应基本组合中 M_{max} 及相应的 N、$-M_{max}$ 及相应的 N、N_{max} 及相应的 M、N_{max} 及相应的 $-M$、N_{min} 及相应的 $\pm M$ 设计值，采用手算方法进行荷载效应组合。

提示：框架柱轴力以压力为正值，弯矩以柱内侧表面受拉为正值。

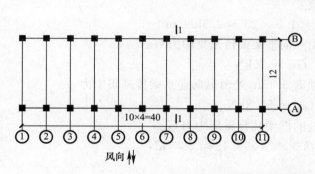
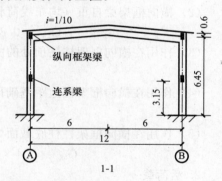

图 10-7　房屋平面及剖面（单位：m）

【解】　一、横向框架的计算简图（图 10-8）和计算参数

框架梁的计算跨度取两横向框架柱中心间的距离：$l = 12$m；

框架柱的计算高度取基础顶面至横向框架梁端部二分之一截面高度间的距离：$h = 5.95 + 0.5 = 6.45$m；

框架梁的倾斜高度 $f = \dfrac{l}{20} = \dfrac{12}{20} = 0.6$m；

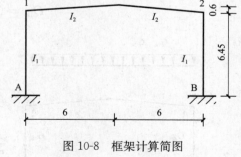

图 10-8　框架计算简图

斜长 $s = \sqrt{\left(\dfrac{l}{2}\right)^2 + f^2} = \sqrt{6^2 + 0.6^2} = 6.03$m

采用《建筑结构静力计算手册》[45]的第八章刚架内力计算公式进行内力计算，各公式见该书表 8-8，各计算参数计算如下：

框架柱的截面惯性矩：$I_1 = \dfrac{1}{12} \times 0.4 \times 0.6^3 = 0.0072\text{m}^4$

框架梁的截面惯性矩：$I_2 = \dfrac{1}{12} \times 0.3 \times 1^3 = 0.025\text{m}^4$

$$\lambda = l/h = \frac{12}{0.6} = 20; \psi = f/h = \frac{0.6}{6.45} = 0.093$$

$$K = \frac{h}{s} \times \frac{I_2}{I_1} = 6.45 \times 0.025/(6.03 \times 0.0072) = 3.714$$

$$\mu_1 = 4(1+K) - 2\mu_2(K-\psi) = 4 \times (1+3.714) - 2 \times 1.459 \times (3.714-0.093) = 8.290$$

$$\mu_2 = \frac{3(K-\psi)}{2(K+\psi^2)} = 3 \times (3.714-0.093)/[2 \times (3.714+0.093^2)] = 1.459$$

$$\mu_3 = 2+6K = 2+6 \times 3.714 = 24.284$$

$$C_1 = 2(1+K)/(K-\psi) = 2 \times (1+3.714)/(3.714-0.093) = 2.604$$

$$C_2 = (C_1-1)\mu_2 = (2.604-1) \times 1.459 = 2.340$$

二、作用在横向框架上的各种荷载标准值

1. 永久荷载（图 10-9）

（1）作用在横向框架梁上的屋面永久荷载

$$G_{1k} = 12.2\text{kN/m}$$

（2）横向框架梁自重（均布线荷载）

$$G_{2k} = 0.3 \times 1.0 \times 25 = 7.5\text{kN/m}$$

（3）作用在横向框架柱柱顶处的由纵向框架梁传来集中力 G_{3k}

$$G_{3k} = 30\text{kN}$$

（4）作用在横向框架柱上距基础顶面 3.15m 处由纵向连系梁传来集中力 G_{4k}

$$G_{4k} = 51.8\text{kN}$$

（5）作用在横向框架柱柱底截面处的框架柱自重集中力 G_{5k}

$$G_{5k} = 0.4 \times 0.6 \times 25 \times 6.45 = 38.7\text{kN}$$

2. 活荷载

（1）屋面均布活荷载（均布线荷载）（图 10-10）

$$Q_{1k} = 0.5 \times 4 = 2.0\text{kN/m}$$

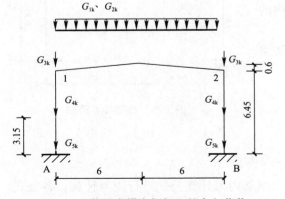

图 10-9　作用在横向框架上的永久荷载

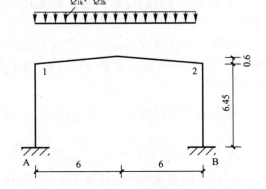

图 10-10　作用在横向框架上的屋面活荷载及雪荷载

（2）屋面积雪荷载（均布线荷载）（图 10-10）

基本雪压 $s_0 = 0.3\mathrm{kN/m^2}$，屋面积雪分布系数 $\mu_r = 1.0$（查表 5-2 项次 2）

$$Q_{2k} = 1 \times 0.3 \times 4 = 1.2\mathrm{kN/m}$$

（3）风荷载（图 10-11 及图 10-12）

根据表 6-6 项次 2 的风荷载体型系数，为简化计算可忽略屋面高度范围内的风荷载影响。

① 风荷载情况一（风自柱 A 向柱 B 吹）

风向影响系数 $C_d = 1$，地形修正系数 $C_t = 1$，基本风压 $w_0 = 0.47\mathrm{kN/m^2}$，风荷载放大系数 $\beta_z = 1.2$，风压高度变化系数（檐口处标高小于 10m）$\mu_z = 1.0$，风荷载体型系数查表 6-6 项次 2：$\mu_{s1} = 0.8$（压力）、$\mu_{s2} = -0.5$（吸力）

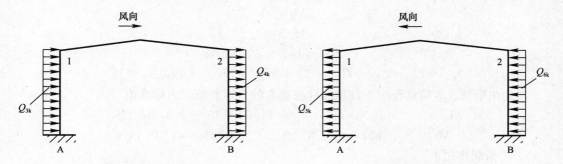

图 10-11　风荷载情况一　　　　　图 10-12　风荷载情况二

作用在柱 A 上的均布线荷载（图 10-11），为简化计算未扣除室外地面以下至基础高面高度范围内的风荷载：

$$Q_{3k} = C_d C_t \beta_z \mu_{s1} \mu_z w_0 4 = 1 \times 1 \times 1.2 \times 0.8 \times 1 \times 0.47 \times 4 = 1.80\mathrm{kN/m}（压）$$

同理，作用在柱 B 上的均布线荷载（图 10-11）：

$$Q_{4k} = C_d C_t \beta_z \mu_{s2} \mu_z w_0 4 = 1 \times 1 \times 1.2 \times (-0.5) \times 1 \times 0.47 \times 4 = -1.13\mathrm{kN/m}（吸）$$

② 风荷载情况二（风自柱 B 向柱 A 吹）

据以上计算，$Q_{5k} = -1.13\mathrm{kN/m}$（吸），$Q_{6k} = 1.80\mathrm{kN/m}$（压）（图 10-12）

三、各种荷载作用下产生的横向框架柱柱顶（1-1）截面及柱底（A-A）截面的弯矩及轴向力标准值

1. 全部永久荷载作用下

（1）框架梁自重及屋面永久荷载标准值产生的弯矩（图 10-13）

根据图 10-8 及图 10-9，查参考文献 [45] 第 356 页表 8-8 公式进行计算，可得此两种均布荷载作用下柱顶（1-1）截面和柱底（A-A）

截面的弯矩和轴力：

$$M_1 = \frac{-(G_{1k} + G_{2k})}{24\mu_1}(5\psi\mu_2 + 8)l^2$$

$$= -\frac{1}{24} \times (12.2 + 7.5) \times (5 \times 0.093$$

$$\times 1.459 + 8) \times 12^2 / 8.290$$

$$= -123.7\mathrm{kN \cdot m}$$

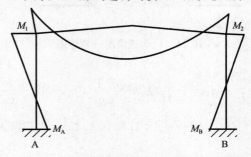

图 10-13　框架梁自重及屋面永久荷载弯矩图

$$M_A = \frac{1}{24\mu_1}(G_{1k} + G_{2k})[5\psi C_2 + 8(\mu_2 - 1)]$$

$$= \frac{1}{24} \times (12.2 + 7.5) \times [5 \times 0.093 \times 2.340 + 8 \times (1.459 - 1)] \times 12^2/8.290$$

$$= 67.9\text{kN} \cdot \text{m}$$

$$N_1 = \frac{1}{2}(G_{1k} + G_{2k})l = \frac{1}{2}(12.2 + 7.5) \times 12 = 118.2\text{kN}(\text{压})$$

$$N_A = N_1 = 118.2\text{kN}(\text{压})$$

（2）纵向框架梁及连系梁传来集中力、柱自重标准值产生的柱顶（1-1）和柱底（A-A）截面的弯矩和轴力：

$$M_1 = 0$$
$$M_A = 0$$
$$N_1 = G_{3k} = 30\text{kN}$$
$$N_A = G_{3k} + G_{4k} + G_{5k} = 30 + 51.8 + 38.7 = 120.5\text{kN}(\text{压})$$

因此在全部永久荷载作用下柱顶和柱底截面的弯矩和轴向力标准值

$$M_1 = -123.7\text{kN} \cdot \text{m}; \quad N_1 = 118.2 + 30 = 148.2\text{kN}(\text{压})$$
$$M_A = 67.9\text{kN} \cdot \text{m}; \quad N_A = 118.2 + 120.5 = 238.7\text{kN}$$

2. 活荷载作用下

（1）屋面均布活荷载标准值 Q_{1k} 产生的内力

据三、1.（1）的计算：

$$M_1 = -123.7 \times \frac{Q_{1k}}{G_{1k} + G_{2k}} = -123.7 \times \frac{2.0}{12.2 + 7.5} = -12.6\text{kN} \cdot \text{m}$$

$$M_A = 67.9 \times \frac{Q_{1k}}{G_{1k} + G_{2k}} = 67.9 \times \frac{2.0}{(12.2 + 7.5)} = 6.9\text{kN} \cdot \text{m}$$

$$N_1 = N_A = \frac{1}{2}Q_{1k}l = \frac{1}{2} \times 2 \times 12 = 12.0\text{kN}(\text{压})$$

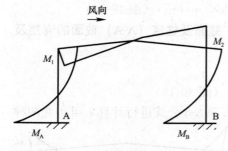

图 10-14　风荷载情况一弯矩图

（2）屋面积雪荷载 Q_{2k} 标准值产生的内力

同上，得：

$$M_1 = -123.7 \times \frac{1.2}{12.2 + 7.5} = -7.5\text{kN} \cdot \text{m}$$

$$M_A = 67.9 \times \frac{1.2}{12.2 + 7.5} = 4.1\text{kN} \cdot \text{m}$$

$$N_1 = N_A = \frac{1}{2}Q_{2k}l = \frac{1}{2} \times 1.2 \times 12 = 7.2\text{kN}(\text{压})$$

（3）风荷载情况一，由 Q_{3k} 及 Q_{4k} 标准值产生的内力（图 10-14）查参考资料 [45] 第 357 页表 8-8：

$$M_1 = -\frac{1}{12}Q_{3k}h^2K\left[\frac{1}{\mu_1}(3\mu_2 - 4) - \frac{6}{\mu_3}\right] + \frac{1}{12}Q_{4k}h^2K\left[\frac{1}{\mu_1}(3\mu_2 - 4) + \frac{6}{\mu_3}\right]$$

$$= -\frac{1}{12} \times 1.80 \times 6.45^2 \times 3.714 \times \left[\frac{1}{8.29} \times (3 \times 1.459 - 4) - \frac{6}{24.284}\right]$$

$$+ \frac{1}{12} \times 1.13 \times 6.45^2 \times 3.714 \times \left[\frac{1}{8.29} \times (3 \times 1.459 - 4) + \frac{6}{24.284}\right]$$

$$= 4.70 + 4.30 = 9.0 \text{kN} \cdot \text{m}$$

$$M_A = \frac{1}{12} Q_{3k} \left\{ \frac{K}{\mu_1} [3C_2 - 4(\mu_2 - 1)] - 6 + \frac{6K}{\mu_3} \right\} h^2$$

$$- \frac{1}{12} Q_{4k} \left\{ \frac{K}{\mu_1} [3C_2 - 4(\mu_2 - 1)] - \frac{6K}{\mu_3} \right\} h^2$$

$$= \frac{1}{12} \times 1.80 \times \left\{ \frac{3.714}{8.29} \times [3 \times 2.34 - 4 \times (1.459 - 1)] - 6 + \frac{6 \times 3.714}{24.284} \right\} \times 6.45^2$$

$$- \frac{1}{12} \times 1.13 \times \left\{ \frac{3.714}{8.29} \times [3 \times 2.34 - 4 \times (1.459 - 1)] - \frac{6 \times 3.714}{24.284} \right\} \times 6.45^2$$

$$= -17.34 - 5.56 = -22.9 \text{kN} \cdot \text{m}$$

为了求 N_A 尚需求出 M_B

$$M_B = \frac{1}{12} Q_{3k} \left\{ \frac{K}{\mu_1} [3C_2 - 4(\mu_2 - 1)] - \frac{6K}{\mu_3} \right\} h^2 - \frac{1}{12} Q_{4k} \left\{ \frac{K}{\mu_1} [3C_2 - 4(\mu_2 - 1)] - 6 + \frac{6K}{\mu_3} \right\} h^2$$

$$= \frac{1}{12} \times 1.80 \times \left\{ \frac{3.714}{8.29} \times [3 \times 2.34 - 4 \times (1.459 - 1)] - \frac{6 \times 3.714}{24.284} \right\} \times 6.45^2$$

$$- \frac{1}{12} \times 1.13 \times \left\{ \frac{3.714}{8.29} \times [3 \times 2.34 - 4 \times (1.459 - 1)] - 6 + \frac{6 \times 3.714}{24.284} \right\} \times 6.45^2$$

$$= 8.82 + 10.91 = 19.7 \text{kN} \cdot \text{m}$$

$$N_A = \left[-\frac{1}{2} h^2 (Q_{3k} + Q_{4k}) + M_A + M_B \right] / l$$

$$= \left[-\frac{1}{2} \times 6.45^2 (1.80 + 1.13) + 22.9 + 19.7 \right] / 12 = -1.5 \text{kN(拉)}$$

（4）风荷载情况二，由 Q_{5k} 及 Q_{6k} 标准值产生的内力（与图 10-14 反向）

同上，得：

$$M_1 = \frac{1}{12} Q_{5k} h^2 K \left[\frac{1}{\mu_1} (3\mu_2 - 4) - \frac{6}{\mu_3} \right] - \frac{1}{12} Q_{6k} h^2 K \left[\frac{1}{\mu_1} (3\mu_2 - 4) + \frac{6}{\mu_3} \right]$$

$$= \frac{1}{12} \times 1.13 \times 6.45^2 \times 3.714 \times \left[\frac{1}{8.29} \times (3 \times 1.459 - 4) - \frac{6}{24.284} \right]$$

$$- \frac{1}{12} \times 1.80 \times 6.45^2 \times 3.714 \times \left[\frac{1}{8.29} \times (3 \times 1.459 - 4) + \frac{6}{24.284} \right]$$

$$= -2.96 - 6.83 = -9.8 \text{kN} \cdot \text{m}$$

$$M_A = \frac{-Q_{5k}}{12} h^2 \left\{ \frac{K}{\mu_1} [3C_2 - 4(\mu_2 - 1)] - 6 + \frac{6K}{\mu_3} \right\}$$

$$+ \frac{Q_{6k}}{12} h^2 \left\{ \frac{K}{\mu_1} [3C_2 - 4(\mu_2 - 1) - \frac{6K}{\mu_3}] \right\}$$

$$= -\frac{1.13}{12} \times 6.45^2 \left\{ \frac{3.714}{8.29} \times [3 \times 2.34 - 4 \times (1.459 - 1)] - 6 + \frac{6 \times 3.714}{24.284} \right\}$$

$$+ \frac{1.80}{12} \times 6.45^2 \left\{ \frac{3.714}{8.29} \times [3 \times 2.34 - 4 \times (1.459 - 1)] - \frac{6 \times 3.714}{24.284} \right\}$$

$$= 10.91 + 8.82 = 19.7 \text{kN} \cdot \text{m}$$

$$N_A = \left[\frac{1}{2} h^2 (Q_{5k} + Q_{6k}) - M_A - M_B \right] / l$$

$$= \left[\frac{1}{2} \times 6.45^2 \times (1.13 + 1.80) - 19.7 - 22.9 \right] / 12 = 1.5 \text{kN(压)}$$

四、确定横向框架柱纵向配筋时持久设计状况的基本组合

1. 各种荷载作用下产生的横向框架柱柱顶截面和柱底截面弯矩和轴向力标准值汇总（表 10-1）

柱顶和柱底截面弯矩和轴力标准值　　　　　　　　　　表 10-1

项次	荷载名称	柱顶截面		柱底截面	
		$M_1(kN \cdot m)$	$N_1(kN)$	$M_A(kN \cdot m)$	$N_A(kN)$
1	永久荷载	−123.7	148.2	67.9	238.7
2	屋面均布活荷载	−12.6	12.0	6.9	12.0
3	屋面积雪荷载	−7.5	7.2	4.1	7.2
4	风荷载（风自柱 A 向柱 B 吹）情况一	9.0	−1.5	−22.9	−1.5
5	风荷载（风自柱 B 向柱 A 吹）情况二	−9.8	1.5	19.7	1.5

2. 按公式（1-2）进行荷载基本组合

（1）柱顶截面 1-1

1）$|-M|_{max}$ 及相应 N

参与组合的荷载为表 10-1 中的项次 1、2、5。主导可变荷载为项次 2。

A. 永久荷载的荷载分项系数取 1.3，得：

$$|-M|_{max} = -1.3 \times 123.7 - 1.5 \times 12.6 - 1.5 \times 9.8 \times 0.6$$
$$= -188.5 kN \cdot m$$
$$N = 1.3 \times 148.2 + 1.5 \times 12.0 + 1.5 \times 1.5 \times 0.6 = 212.0 kN(压)$$

B. 永久荷载的荷载分项系数取 1.0，得：

$$|-M|_{max} = -1.0 \times 123.7 - 1.5 \times 12.6 - 1.5 \times 9.8 \times 0.6 = -151.4 kN \cdot m$$
$$N = 1.0 \times 148.2 + 1.5 \times 12.0 + 1.5 \times 1.5 \times 0.6 = 167.6 kN(压)$$

2）M_{max} 及相应 N

由表 10-1 知可不考虑此种组合。

3）N_{max} 及相应 $|-M|_{max}$

由表 10-1 知其效应组合与 $-M_{max}$ 及相应 N 情况完全相同，因此可不进行计算。

4）N_{max} 及相应 M_{max}

由表 10-1 知可不考虑此种组合。

5）N_{min} 及相应的 $|M|_{max}$

参与组合的荷载为表 10-1 中的项次 1、4。

$$N_{min} = 1 \times 148.2 - 1.5 \times 1.5 = 146.0 kN$$
$$|M|_{max} = -1 \times 123.7 + 1.5 \times 9 = -110.2 kN \cdot m$$

（2）柱底截面 A-A

1）$-M_{max}$ 及相应 N

由表 10-1 知可不考虑此种组合。

2）M_{max} 及相应 N

参与组合的荷载为表 10-1 中的项次 1、2、5。主导可变荷载为项次 5。

A. 永久荷载的荷载分项系数取 1.3：

$$M_{max} = 1.3 \times 67.9 + 1.5 \times 19.7 + 1.5 \times 6.9 \times 0.7 = 125.1 kN \cdot m$$

$$N = 1.3 \times 238.7 + 1.5 \times 1.5 + 1.5 \times 12 \times 0.7 = 325.2 \text{kN(E)}$$

B. 永久荷载的荷载分项系数取 1.0：

$$M_{\max} = 1.0 \times 67.9 + 1.5 \times 19.7 + 1.5 \times 6.9 \times 0.7 = 104.7 \text{kN} \cdot \text{m}$$

$$N = 1.0 \times 238.7 + 1.5 \times 1.5 + 1.5 \times 12 \times 0.7 = 253.6 \text{kN(E)}$$

3）$N_{\max}$ 及相应 $-M$

由表 10-1 知可不考虑此种组合。

4）$N_{\max}$ 及相应 M

由表 10-1 知其效应组合与 1）$M_{\max}$ 及相应 N 情况 A 完全相同，可不再进行计算。

5）$N_{\min}$ 及相应的 M

参与组合的荷载为表 10-1 中的项次 1-4。

$$N_{\min} = 1 \times 238.7 - 1.5 \times 1.5 = 236.5 \text{kN(E)}$$

$$M = 1 \times 67.9 - 1.5 \times 22.9 = 33.6 \text{kN} \cdot \text{m}$$

【例题 10-4】 单层双跨等高钢筋混凝土排架工业房屋

已知：某工厂机械加工车间为封闭式
单层双跨等高钢筋混凝土排架结构，修
建于抗震设防烈度 6 度地区，地震设计
分组为第一组，设计基本地震加速度为
$0.05g$，建筑场地类别为Ⅱ类。其平、剖
面如图 10-15 及图 10-16 所示。该车间每
跨内安装有某公司生产的工作级别为 A5
级、起重量为 16/3.2t 及 32/5t，吊车跨
度为 22.5m 的桥式吊车各一台，吊车的
主要技术参数见表 10-2。横向排架柱截
面尺寸：边柱（柱 A 及柱 C）上柱为

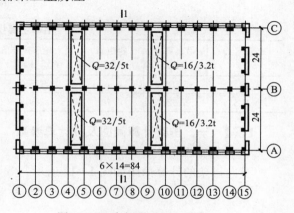

图 10-15 车间平面图（单位：m）

$400\text{mm} \times 500\text{mm}$（$b \times h$）、下柱为 $400\text{mm} \times 800\text{mm}$（$b \times h$）；中柱（柱 B）上柱为
$400\text{mm} \times 600\text{mm}$、下柱为 $400\text{mm} \times 800\text{mm}$。排架柱的混凝土强度等级为 C30，纵向受
力钢筋采用 HRB400。屋盖结构构件采用国家标准图集：屋面板—图集 04G410-1
（$1.5\text{m} \times 6.0\text{m}$ 预应力混凝土屋面板）、天窗架—图集 05G512（钢天窗架）、屋架—图集
04G415-1（24m 跨预应力混凝土折线形屋架）。吊车梁采用国家标准图集 04G426（6m
后张法预应力混凝土吊车梁）、吊车轨道联结采用 04G325。屋面为卷材防水保温屋面，
其自重标准值为 2.74kN/m^2（包括屋面防水层、水泥砂浆找平层、保温层、隔气层、预
应力混凝土屋面板等的自重）。基本风压为 0.45kN/m^2，地面粗糙度为 B 类，风向影响
系数 $C_d = 1$，地形修正系数 $C_t = 1$，风荷载放大系数 $\beta_z = 1.2$。基本雪压为 0.30kN/m^2，
屋面均布活荷载标准值 0.50kN/m^2。设计使用年限为 50 年，结构重要性系数为 1.0。
车间外墙为自承重保温混凝土砌块砌体墙。

要求：采用手算方法确定位于车间中部的横向排架柱 A，其上柱底部截面（1-1）、下
柱顶部（2-2）和底部截面（3-3），按持久设计状况承载力极限状态设计所需纵向受力钢筋
时（采用对称配筋）应考虑的效应 M 及相应 N 设计值，并要求按荷载基本组合的效应设
计值公式（1-2）和采用手算简化法进行计算（见第一章第二节二.4.（3）款）。

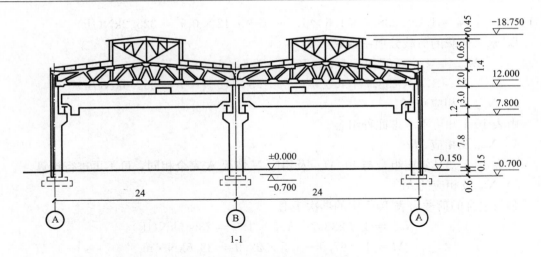

图 10-16 车间剖面（单位：m）

吊车主要技术参数						表 10-2
起重量 Q (t)	吊车宽 B (m)	轮距 K (m)	最大轮压标准值 P_{max}(kN)	最小轮压 P_{min}(kN)	吊车总质量标准值 G(t)	小车质量标准值 g(t)
16/3.2	5.944	4.10	175	57.7	28.81	6.227
32/5	6.620	4.70	289	75.9	39.844	10.877

【解】 一、排架计算简图及柱计算参数

1. 计算简图

横向排架的计算简图如图 10-17 所示。

$$H_u = 4.2\text{m}, \quad H_l = 8.5\text{m}, \quad H = 12.7\text{m}$$

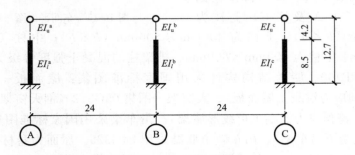

图 10-17 排架计算简图

2. 柱的计算参数

柱的各部尺寸如图 10-18 所示，柱宽 $b = 400\text{mm}$，计算参数见表 10-3。

柱计算参数						表 10-3
参数	边柱（A、C）	中柱（B）	参数	边柱（A、C）	中柱（B）	
上柱截面面积 A_u(m²)	0.2	0.24	上柱相对高度 $\lambda = H_u/H$	0.3307	0.3307	
上柱截面惯性矩 I_u(m⁴)	0.004167	0.0072	上下柱截面惯性矩之比 $n = I_u/I_l$	0.2441	0.4218	

续表

参数	边柱（A、C）	中柱（B）	参数	边柱（A、C）	中柱（B）
下柱截面面积 A_l（m²）	0.32	0.32	柱的柔度 $1/\delta_i$ （$i=a$, b, c）（kN/m）	$0.001317E$	$0.00139E$
下柱截面惯性矩 I_l（m⁴）	0.01707	0.01707	柱顶剪力分配系数 $\eta=1/\delta_i/\sum(1/\delta_i)$	0.3269	0.3462

二、荷载标准值计算

1. 永久荷载

（1）屋盖荷载（图 10-19）

① 屋面自重：2.74kN/m^2

② 屋架自重及支撑重 120kN/榀（根据 04G415-1）

③ 9m 钢天窗架自重、天窗上下挡、窗扇重、天窗
侧板、支撑重等传至每榀屋架上的荷载标准值 53kN
（计算过程从略）

柱 A、柱 C 由屋盖传来永久荷载标准值

$$P_{1A} = P_{1C} = 2.74 \times 6 \times 12 + 120/2 + 53/2 = 283.8\text{kN}$$

柱 B 由屋盖传来的永久荷载标准值：

$$P_{1B} = P_{1A} + P_{1C} = 283.8 \times 2 = 577.6\text{kN}$$

P_{1A} 对柱 A 上柱顶部截面重心的偏心弯矩标准值：

$$M_{1A}^u = P_{1A}e_{1A} = 283.8 \times 0.05 = 14.2\text{kN} \cdot \text{m}(\curvearrowright)$$

P_{1A} 作用于柱 A 上柱顶部截面重心轴时对下柱顶部
截面重心的偏心弯矩标准值：

$$M_{1A}^l = P_{1A}e_{2A} = 283.8 \times 0.15 = 42.6\text{kN} \cdot \text{m}(\curvearrowleft)$$

同理，P_{1C} 对柱 C 上柱顶部截面重心的偏心弯矩标准值：

$$M_{1C}^u = 14.2\text{kN} \cdot \text{m}(\curvearrowleft)$$

P_{1C} 作用于柱 C 上柱顶部截面重心轴时对下柱顶部截面重心的偏心弯矩标准值：

$$M_{1C}^l = 42.6\text{kN} \cdot \text{m}(\curvearrowleft)$$

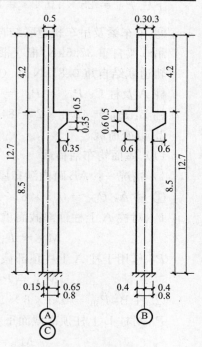

图 10-18　柱各部尺寸

（2）柱及吊车梁、吊车轨道联结自重（图 10-20）

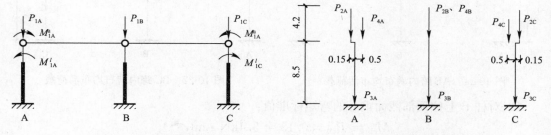

图 10-19　屋盖荷载　　　　　　　　图 10-20　柱及吊车梁自重

① 柱自重

柱 A 或柱 C：

上柱 $P_{2A} = P_{2C} = 0.4 \times 0.5 \times 4.2 \times 25 = 21kN$

下柱 $P_{3A} = P_{3C} = 25 \times \left(0.4 \times 0.8 \times 8.5 + 0.35 \times 0.4 \times \dfrac{0.5 + 0.85}{2}\right) = 70.4kN$

柱 B：

上柱 $P_{2B} = 0.4 \times 0.6 \times 4.2 \times 25 = 25.2kN$

下柱 $P_{3B} = 25 \times \left(0.4 \times 0.8 \times 8.5 + 0.6 \times 0.4 \times \dfrac{0.5 + 1.1}{2} \times 2\right) = 77.6kN$

② 吊车梁及吊车轨道联结自重

吊车梁自重 37.5kN/根（根据图集 04G426）

轨道联结自重 0.81kN/m（根据图集 04G325）

柱 A 及柱 C：$P_{4A} = P_{4C} = 0.81 \times 6 + 37.5 = 42.4kN$

柱 B：$P_{4B} = 42.4 \times 2 = 84.8kN$

2. 可变荷载

(1) 屋面均布活荷载

1) 情况一：AB 跨内满布屋面均布活荷载（图 10-21）

① 柱 A：$P_{5A} = 0.5 \times 6 \times 12 = 36kN$

P_{5A} 对柱 A 上柱顶部截面重心的弯矩标准值：
$$M^{u}_{5A} = P_{5A} e_{1A} = 36 \times 0.05 = 1.8kN \cdot m (\curvearrowleft)$$

P_{5A} 作用于柱 A 上柱顶部截面重心轴时对下柱顶部截面重心的弯矩标准值：
$$M^{l}_{5A} = P_{5A} e_2 = 36 \times 0.15 = 5.4kN \cdot m (\curvearrowleft)$$

② 柱 B：$P_{5B} = 0.5 \times 6 \times 12 = 36kN$

P_{5B} 对柱 B 上柱顶部截面重心的弯矩标准值：
$$M^{u}_{5B} = P_{5B} \times 0.15 = 5.4kN \cdot m (\curvearrowleft)$$

2) 情况二：BC 跨内满布屋面均布活荷载（图 10-22）

① 柱 B：$P_{6B} = 0.5 \times 6 \times 12 = 36kN$

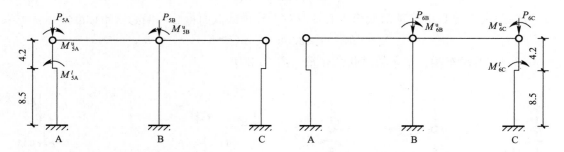

图 10-21 AB 跨内满布均布活荷载　　　　　图 10-22 BC 跨内满布均布活荷载

P_{6B} 对柱 B 上柱顶部截面重心的弯矩标准值：
$$M^{u}_{6B} = P_{6B} \times 0.15 = 5.4kN \cdot m (\curvearrowleft)$$

② 柱 C：$P_{6C} = 0.5 \times 6 \times 12 = 36kN$

P_{6C} 对柱 C 上柱顶部截面重心的弯矩标准值：
$$M^{u}_{6C} = P_{6C} \times 0.05 = 36 \times 0.05 = 1.8kN \cdot m (\curvearrowleft)$$

P_{6C}作用于柱 C 上柱顶部截面重心轴时对下柱顶部截面重心的弯矩标准值：
$$M_{6C}^l = P_{6C} \times 0.15 = 36 \times 0.15 = 5.4 \text{kN} \cdot \text{m} (\curvearrowright)$$

3）情况三：AB、BC 两跨内均满布屋面均布活荷载（图 10-23）

① 柱 A：$P_{7A} = 0.5 \times 6 \times 12 = 36 \text{kN}$

P_{7C}对柱 A 上柱顶部截面重心的弯矩：
$$M_{7A}^u = 36 \times 0.05 = 1.8 \text{kN} \cdot \text{m} (\curvearrowright)$$

P_{7C}作用于柱 A 上柱顶部截面重心轴时对下柱顶部截面重心的弯矩：
$$M_{7A}^l = 36 \times 0.15 = 5.4 \text{kN} \cdot \text{m} (\curvearrowleft)$$

② 柱 B：$P_{7B} = 0.5 \times 6 \times 24 = 72 \text{kN}$

③ 柱 C：$P_{7C} = 0.5 \times 6 \times 12 = 36 \text{kN}$

同柱 A，$M_{7C}^u = 1.8 \text{kN} \cdot \text{m} (\curvearrowleft)$，$M_{7C}^l = 5.4 \text{kN} \cdot \text{m} (\curvearrowright)$

（2）屋面雪荷载（图 10-24）

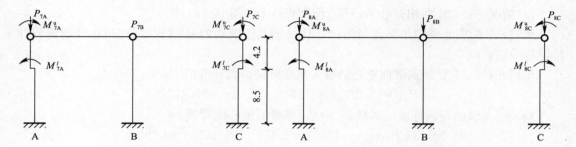

图 10-23　AB 及 BC 跨均满布均布活荷载　　　　图 10-24　屋面雪荷载

基本雪压 $s_0 = 0.3 \text{kN/m}^2$，屋面积雪分布系数 $\mu_r = 1$（根据本手册表 5-2 类别 7）。

雪荷载标准值：$s_k = \mu_r s_0 = 1 \times 0.3 = 0.3 \text{kN/m}^2$

屋面雪荷载满布 AB、BC 跨度内：

① 柱 A：$P_{8A} = 0.3 \times 6 \times 12 = 21.6 \text{kN}$

P_{8A}对柱 A 上柱截面重心的弯矩：
$$M_{8A}^u = 21.6 \times 0.05 = 1.1 \text{kN} \cdot \text{m} (\curvearrowright)$$

P_{8A}作用于柱 A 上柱顶部截面重心轴时对下柱顶部截面重心的弯矩：
$$M_{8A}^l = 21.6 \times 0.15 = 3.2 \text{kN} \cdot \text{m} (\curvearrowright)$$

② 柱 B：$P_{8B} = 0.3 \times 6 \times 24 = 43.2 \text{kN}$

③ 柱 C：$P_{8C} = 21.6 \text{kN}$，$M_{8C}^u = 1.1 \text{kN} \cdot \text{m} (\curvearrowleft)$，$M_{8C}^l = 3.2 \text{kN} \cdot \text{m} (\curvearrowright)$

（3）吊车竖向荷载

A5 级、吊车起重量为 16/3.2t 和 32/5t、吊车跨度为 22.5m 的主要技术参数见表 10-2。据此可确定最大轮压在吊车梁上产生的牛腿顶面处最大吊车竖向荷载 D_{max} 的作用位置。此时，AB 跨或 BC 跨内一台 16/3.2t 和一台 32/5t 的吊车最大轮压位置如图 10-25 所示。

作用在牛腿处的最大吊车竖向荷载标准值 D_{max} 可按下式计算：
$$D_{max} = 289 \times \left(1 + \frac{1.3}{6}\right) + 175 \times \left(\frac{4.118}{6} + \frac{0.018}{6}\right) = 472.3 \text{kN}$$

同理作用在牛腿处的最小吊车竖向荷载标准值 D_{min} 可按下式计算：

$$D_{\min} = 75.9 \times \left(1 + \frac{1.3}{6}\right) + 57.7 \times \left(\frac{4.118}{6} + \frac{0.018}{6}\right) = 132.1 \text{kN}$$

此时 AB 跨 BC 跨内一台 16/3.2t 和一台 32/5t 吊车最小轮压位置与图 10-25 相同。

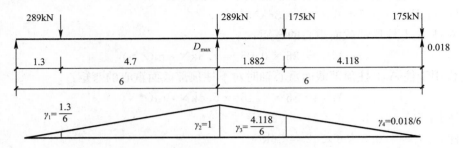

图 10-25　吊车最大轮压位置

在排架计算时，吊车竖向荷载应考虑以下八种不同的情况：

1) 情况一：$D_{\max}$ 作用在柱 A，$D_{\min}$ 作用在柱 B（图 10-26）

此时 AB 跨内有两台吊车参与组合，且吊车工作级别为 A5 级，因此吊车竖向荷载标准值应乘以折减系数 0.9。

作用在柱 A 下柱顶部截面重心的最大吊车竖向荷载标准值 P_{9A}：

$$P_{9A} = 0.9D_{\max} = 0.9 \times 472.3 = 425.1 \text{kN}$$

最大吊车竖向荷载标准值对柱 A 下柱顶部截面重心的弯矩 M_{9A}^l：

$$M_{9A}^l = P_{9A}e_{3A} = 425.1 \times 0.5 = 212.5 \text{kN} \cdot \text{m}(\curvearrowright)$$

作用在柱 B 下柱顶部截面重心的最小吊车竖向荷载标准值 P_{9B}：

$$P_{9B} = 0.9D_{\min} = 0.9 \times 132.1 = 118.9 \text{kN}$$

最小吊车竖向荷载标准值对柱 B 下柱顶部截面重心的弯矩 M_{9B}^l：

$$M_{9B}^l = P_{9B}e_{3B} = 118.9 \times 0.75 = 89.2 \text{kN} \cdot \text{m}(\curvearrowright)$$

2) 情况二：$D_{\min}$ 作用在柱 A，$D_{\max}$ 作用在柱 B（图 10-27）

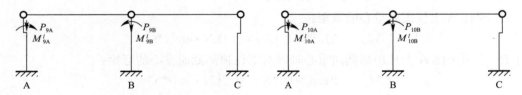

图 10-26　情况一　　　　　　　　　　　图 10-27　情况二

同情况一，吊车竖向荷载标准值应乘以折减系数 0.9。

作用在柱 A 下柱顶部截面重心的最小吊车竖向荷载标准值 P_{10A}：

$$P_{10A} = 0.9D_{\min} = 0.9 \times 132.1 = 118.9 \text{kN}$$

最小吊车竖向荷载标准值对柱 A 下柱顶部截面重心的弯矩 M_{10A}^l：

$$M_{10A}^l = P_{10A}e_{3A} = 118.9 \times 0.5 = 59.5 \text{kN} \cdot \text{m}(\curvearrowright)$$

作用在柱 B 下柱顶部截面重心的最大吊车竖向荷载标准值 P_{10B}：

$$P_{10B} = 0.9D_{\max} = 0.9 \times 472.3 = 425.1 \text{kN}$$

最大吊车竖向荷载标准值对柱 B 下柱顶部截面重心的弯矩 M_{10B}^l：

$$M_{10B}^l = P_{10B}e_{3B} = 425.1 \times 0.75 = 318.8 \text{kN} \cdot \text{m} \quad (\curvearrowleft)$$

3）情况三：D_{max} 作用在柱 B，D_{min} 作用在柱 C（图 10-28），与情况二相反

$$P_{11B} = 425.1 \text{kN}, \quad M_{11B}^l = 318.8 \text{kN} \cdot \text{m} \quad (\curvearrowright)$$

$$P_{11C} = 118.9 \text{kN}, \quad M_{11C}^l = 59.5 \text{kN} \cdot \text{m} \quad (\curvearrowleft)$$

4）情况四：D_{min} 作用在柱 B，D_{max} 作用在柱 C（图 10-29），与情况一相反

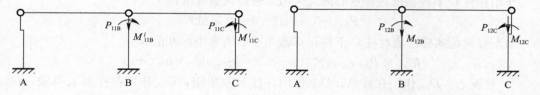

图 10-28 情况三   图 10-29 情况四

$$P_{12B} = 118.9 \text{kN}, \quad M_{12B}^l = 89.2 \text{kN} \cdot \text{m} \quad (\curvearrowright)$$

$$P_{12C} = 425.1 \text{kN}, \quad M_{12C}^l = 212.5 \text{kN} \cdot \text{m} \quad (\curvearrowright)$$

5）情况五：D_{max} 作用在柱 A，D_{min} 作用在柱 B 左牛腿，D_{max} 作用在柱 B 右牛腿，D_{min} 作用在柱 C（图 10-30）

此时 AB 跨及 BC 跨各有两台吊车参与组合，且吊车工作级别为 A5 级，因此吊车竖向荷载标准值应乘以折减系数 0.8。

作用在柱 A 下柱顶部截面重心的最大吊车竖向荷载标准值 P_{13A}：

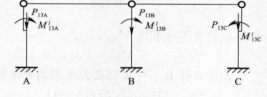

图 10-30 情况五

$$P_{13A} = 0.8D_{max} = 0.8 \times 472.3 = 377.8 \text{kN}$$

最大吊车竖向荷载标准值对柱 A 下柱顶部截面重心的弯矩 M_{13A}^l：

$$M_{13A}^l = P_{13A}^l e_{3A} = 377.8 \times 0.5 = 188.9 \text{kN} \cdot \text{m} \quad (\curvearrowright)$$

作用在柱 B 下柱顶部截面重心的吊车竖向荷载标准值 P_{13B}：

$$P_{13B} = 0.8(D_{max} + D_{min}) = 0.8 \times (472.3 + 132.1) = 483.5 \text{kN}$$

吊车竖向荷载标准值对柱 B 下柱顶部截面重心的弯矩 M_{13B}^l：

$$M_{13B}^l = 0.8(D_{max} - D_{min})e_{3B} = 0.8 \times (472.3 - 132.1) \times 0.75 = 204.1 \text{kN} \cdot \text{m} \quad (\curvearrowright)$$

作用在柱 C 下柱顶部截面重心的最小吊车竖向荷载标准值 P_{13C}：

$$P_{13C} = 0.8D_{min} = 0.8 \times 132.1 = 105.7 \text{kN}$$

吊车竖向荷载标准值对柱 C 下柱顶部截面重心的弯矩 M_{13C}^l：

$$M_{13C}^l = P_{13C}e_{3C} = 105.7 \times 0.5 = 52.8 \text{kN} \cdot \text{m} \quad (\curvearrowright)$$

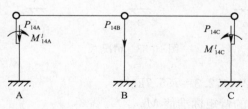

图 10-31 情况六

6）情况六：D_{max} 作用在柱 A，D_{min} 作用在柱 B 的左、右牛腿，D_{max} 作用在柱 C（图 10-31）

此时 AB 跨及 BC 跨各有两台吊车参与组合，吊车竖向荷载标准值的折减系数为 0.8。

作用在柱 A 下柱顶部截面重心的吊车竖向荷载标准值 P_{14A} 及弯矩标准值 M_{14A}^l 计算同情况五柱 A：

$$P_{14A}=377.8\text{kN};\quad M^l_{14A}=188.9\text{kN}\cdot\text{m}\;(\curvearrowright)$$

作用在柱 B 下柱顶部截面重心的吊车竖向荷载标准值 P_{14B}：

$$P_{14B}=0.8(D_{min}+D_{min})=0.8(132.1+132.1)=211.4\text{kN}$$

吊车竖向荷载标准值对柱 B 下柱顶部截面重心的弯矩标准值：

$$M^l_{14B}=0$$

作用在柱 C 下柱顶部截面重心的最大吊车竖向荷载标准值 P_{14C}：

$$P_{14C}=0.8\times472.3=377.8\text{kN}$$

吊车竖向荷载标准值对柱 C 下柱顶部截面重心的弯矩标准值 M^l_{14C}

$$M^l_{14C}=P_{14C}e_{3C}=377.8\times0.5=188.9\text{kN}\cdot\text{m}\;(\curvearrowleft)$$

7）情况七：D_{min} 作用在柱 A，D_{max} 作用在柱 B 左牛腿，D_{min} 作用在柱 B 右牛腿，D_{max} 作用在柱 C（图 10-32）

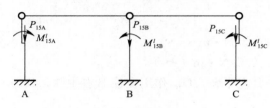

图 10-32　情况七

此时有四台吊车参与组合，吊车竖向荷载标准值折减系数为 0.8。

作用在柱 A 下柱顶部截面重心的吊车竖向荷载标准值 P_{15A}：

$$P_{15A}=0.8D_{min}=0.8\times132.1=105.7\text{kN}$$

吊车竖向荷载标准值对柱 A 下柱顶部截面重心的变矩标准值 M^l_{15A}：

$$M^l_{15A}=P_{15A}e_{3A}=105.7\times0.5=52.8\text{kN}\cdot\text{m}\;(\curvearrowright)$$

作用在柱 B 下柱顶部截面重心的吊车竖向荷载标准值 P_{15B}：

$$P_{15B}=0.8(D_{min}+D_{max})=0.8\times(132.1+472.3)=483.5\text{kN}$$

吊车竖向荷载标准值对柱 B 下柱顶部截面重心的弯矩标准值 M^l_{15B}：

$$M^l_{15B}=0.8(D_{max}-D_{min})e_{3B}=0.8\times(472.3-132.1)\times0.75=204.1\text{kN}\cdot\text{m}\;(\curvearrowright)$$

作用在柱 C 下柱顶部截面重心的吊车竖向荷载标准值 P_{15C}：

$$P_{15C}=0.8D_{max}=0.8\times472.3=377.8\text{kN}\cdot\text{m}$$

吊车竖向荷载标准值对柱 C 下柱顶部截面重心的弯矩标准值 M^l_{15C}：

$$M^l_{15C}=P_{15C}e_{3C}=377.8\times0.5=188.9\text{kN}\cdot\text{m}\;(\curvearrowleft)$$

8）情况八：D_{min} 作用在柱 A，D_{max} 作用在柱 B 左、右牛腿，D_{min} 作用在柱 C（图 10-33）

此时有四台吊车参与组合，吊车竖向荷载标准值折减系数为 0.8。

作用在柱 A 下柱上端截面重心的吊车竖向荷载标准值 P_{16A} 及弯矩值 M_{16A} 同情况七的柱 A：

$$P_{16A}=105.7\text{kN};\quad M^l_{16A}=52.8\text{kN}\cdot\text{m}\;(\curvearrowright)$$

作用在柱 B 下柱顶部截面重心的吊车竖向荷载标准值 P_{16B}：

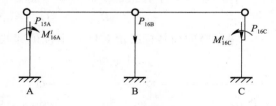

图 10-33　情况八

$$P_{16B}=0.8(D_{max}+D_{max})=0.8\times2\times472.3=755.7\text{kN}$$

吊车竖向荷载标准值对柱 B 下柱顶部截面重心的弯矩标准值 M^l_{16B}：

$$M^l_{16B}=0$$

作用在柱 C 下柱顶部截面重心的吊车竖向荷载标准值 P_{16C} 及弯矩标准值 M^l_{16C} 同情况五柱 C。

$$P_{16C}=105.7\text{kN}, \quad M^l_{16C}=52.8\text{kN}\cdot\text{m}\ (\curvearrowleft)$$

（4）吊车水平荷载

现行荷载规范规定考虑多台吊车水平荷载时，对多跨厂房的每个排架参与组合的吊车台数不应多于 2 台。因此吊车的水平荷载应考虑以下三种情况，并与相应的吊车垂直情况进行组合。

1）情况一：AB 跨内的两台吊车同时在同一水平方向刹车（图 10-34）

一台 32/5t 吊车每个车轮的横向水平荷载标准值：

$$T_1=\frac{1}{4}(\text{额定起重量}+\text{横行小车重量})\times g\times 0.1$$

$$=\frac{1}{4}(32+10.877)\times 9.81\times 0.1=10.52\text{kN}$$

一台 16/3.2t 吊车每个车轮的横向水平荷载标准值：

$$T_2=\frac{1}{4}(16+6.227)\times 9.81\times 0.1=5.45\text{kN}$$

故作用在柱 A 及柱 B 上的最大吊车横向水平荷载 H_1 可采用下列方法求得：吊车车轮的最不利位置见图 10-25，此时由于有两台吊车参与组合，其标准值应乘以折减系数 0.9。

$$H_1=0.9\times\left[10.52\left(1+\frac{1.3}{6}\right)+5.45\left(\frac{4.118}{6}+\frac{0.018}{6}\right)\right]$$

$$=14.9\text{kN}(\rightleftharpoons)$$

2）情况二：BC 跨内的两台吊车同时在同一水平方向刹车（图 10-35）

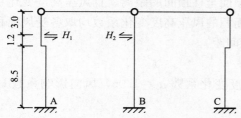 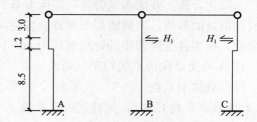

图 10-34 H_1 作用在 A 柱及 B 柱　　　　图 10-35 H_1 作用在 B 柱及 C 柱

此时作用在柱 B 及柱 C 上的最大吊车横向水平荷载 H 可采用与情况一相同的方法求得。

$$H=H_1=14.9\text{kN}\ (\rightleftharpoons)$$

3）情况三：AB 跨及 BC 跨内各有一台 32/5t 吊车同时在同一水平方向刹车（图 10-36）

此时作用在 A 柱及柱 C 上的最大吊车横向水平荷载 H_2 可求得如下：

$$H_2=0.9\times 10.52\left(1+\frac{1.3}{6}\right)=11.5\text{kN}\ (\rightleftharpoons)$$

作用在柱 B 上的最大吊车横向水平荷载 $2H_2$：

$$2H_2=2\times 11.5=23\text{kN}\ (\rightleftharpoons)$$

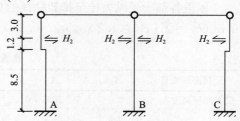

图 10-36 H_2 作用在各柱

（5）风荷载

1）情况一：风向为自柱 A 吹向柱 C

已知：基本风压 $w_0 = 0.35 \text{kN/m}^2$，风向影响系数 $C_d = 1$，地形修正系数 $C_t = 1$，风荷载放大系数 $\beta_z = 1.2$。横向排架各部分的风荷载体型系数 μ_s 见本手册表 6-6 项次 14，不同高度处的风压高度变化系数 μ_z 查表 6-6 后其结果见表 10-4。受风面积及风力编号见图 10-37。

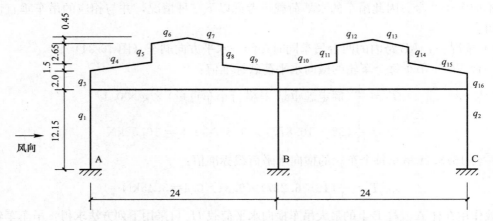

图 10-37 受风面积及风力编号（受风面积编号与相应风力编号相同）

排架各计算高度处的风压高度变化系数 μ_z 表 10-4

风压计算位置处离地面高度（m）	12.15	14.15	15.65	18.3	18.75
μ_{zi}	1.06	1.11	1.14	1.20	1.21

为简化计算，外墙面风力受风高度取基础顶面至柱顶间的距离，且风压高度变化系数均取柱顶处的数值；屋架底部至屋脊间各受风面积的风压高度变化系数均取各受风面积的最大值。排架各受风面积的计算宽度为 6m（柱间距）。

柱 A 所受墙面传来的均布风荷载 q_1：

风荷载体型系数 $\mu_s = 0.8$（压力），风压高度变化系数 $\mu_z = 1.06$，风向影响系数 $C_d = 1$，地形修正系数 $C_t = 1$，风荷载放大系数 $\beta_z = 1.2$

$$q_1 = C_d C_t \beta_z \mu_s \mu_z w_0 6 = 1 \times 1 \times 1.2 \times 0.8 \times 1.06 \times 0.35 \times 6 = 2.14 \text{kN/m} \ (\rightarrow)$$

柱 C 所受墙面传来的均布风荷载 q_2：

风荷载体型系数 $\mu_s = -0.4$（吸力），μ_z 同柱 A

$$q_2 = 1 \times 1 \times 1.2 \times 0.4 \times 1.06 \times 0.35 \times 6 = 1.07 \text{kN/m} \ (\rightarrow)$$

屋盖各部所受风力传至排架柱顶的总和风力 $H = \sum H_i = \sum C_d C_t \beta_z \mu_{si} \mu_{zi} w_0 A_i = \sum C_d C_t \beta_z \mu_{si} \mu_{zi} w_0 6 h_i = \sum 1 \times 1 \times 1.2 \times \mu_{si} \mu_{zi} \times 0.35 \times 6 \times h_i = \sum 2.52 \mu_{si} \mu_{zi} h_i$，其计算结果见表 10-5。

屋盖传至排架的风力 H 表 10-5

受风面积编号 A_i	A_3	A_4	A_5	A_6	A_7	A_8	A_9	A_{10}	A_{11}	A_{12}	A_{13}	A_{14}	A_{15}	A_{16}
受风面积高度 h_i（m）	2.0	1.5	2.65	0.45	0.45	2.65	1.5	1.5	2.65	0.45	0.45	2.65	1.5	2.0
μ_{si}	0.8	−0.2	0.6	−0.7	−0.7	−0.6	−0.5	−0.5	0.6	−0.6	−0.6	−0.5	−0.4	−0.4
μ_{zi}	1.11	1.14	1.20	1.21	1.21	1.20	1.14	1.14	1.20	1.21	1.21	1.20	1.14	1.11
$H_i = 2.52 \mu_{si} \mu_{zi} h_i$（kN）	4.48	−0.86	4.81	−0.96	0.96	4.81	−2.15	2.15	4.81	−0.82	0.82	4.01	1.72	2.24
方向	→	←	→	←	→	→	←	→	→	←	→	→	→	→
$H = \sum H_i$（kN）	26.02 (→)													

在图 10-37 所示风向情况下，排架的荷载简图如图 10-38 所示。

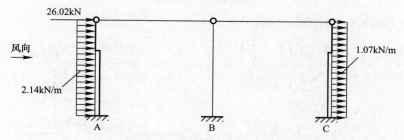

图 10-38　风从柱 A 向柱 C 吹

2）情况二：当风向为由柱 C 吹向柱 A

据以上计算结果但方向相反，排架所受风荷载如图 10-39 所示。

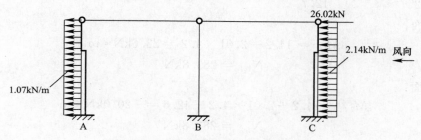

图 10-39　风从柱 C 向柱 A 吹

三、排架柱 A 的内力计算

内力计算采用的计算公式引自参考文献 [47] 的表 3-4。

内力的正负号方向如图 10-40 所示。

柱 A 上柱底部截面编号为 1-1，下柱顶部截面编号为 2-2，下柱底部截面编号为 3-3。

各种荷载作用下的柱 A 内力计算如下。

1. 永久荷载

（1）屋盖荷载

由于排架承受对称荷载且结构对称，因此柱 A 的内力按上端为不动铰支承情况计算，作用在柱 A 上的屋盖荷载见图 10-41。

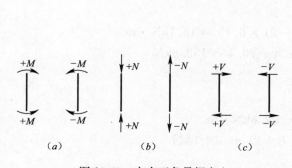

图 10-40　内力正负号规定
（a）弯矩；（b）轴向力；（c）剪力

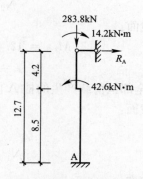

图 10-41　柱 A 在屋盖荷载下的内力

$$R_{a} = \frac{M_{1A}^{u} C_{1A}}{H} - \frac{M_{1A}^{l} C_{2A}}{H}$$

今 $M_{1A}^{u} = 14.2 \text{kN} \cdot \text{m}$，$M_{1A}^{l} = 42.6 \text{kN} \cdot \text{m}$

$$C_{1A} = \frac{3}{2} \times \frac{1 - \lambda^{2}\left(1 - \dfrac{1}{n}\right)}{1 + \lambda^{3}\left(\dfrac{1}{n} - 1\right)} = \frac{3}{2} \times \frac{1 - 0.3307^{2} \times \left(1 - \dfrac{1}{0.2441}\right)}{1 + 0.3307^{3} \times \left(\dfrac{1}{0.2441} - 1\right)}$$

$$= 1.8058$$

$$C_{2A} = \frac{3}{2} \times \frac{1 - \lambda^{2}}{1 + \lambda^{3}\left(\dfrac{1}{n} - 1\right)} = \frac{3}{2} \times \frac{1 - 0.3307^{2}}{1 + 0.3307^{3} \times \left(\dfrac{1}{0.2441} - 1\right)}$$

$$= 1.2014$$

所以 $R_{a} = \dfrac{14.2}{12.7} \times 1.8057 - \dfrac{42.6}{12.7} \times 1.2014 = -2.01 \text{kN}$ （→）

1-1 截面：

$$M_{1\text{-}1} = 14.2 + 2.01 \times 4.2 = 22.6 \text{kN} \cdot \text{m}$$
$$N_{1\text{-}1} = 283.8 \text{kN}$$

2-2 截面：

$$M_{2\text{-}2} = 14.2 + 2.01 \times 4.2 - 42.6 = -20.0 \text{kN} \cdot \text{m}$$
$$N_{2\text{-}2} = 283.8 \text{kN}$$

3-3 截面：

$$M_{3\text{-}3} = 14.2 + 2.01 \times 12.7 - 42.6 = -3.0 \text{kN} \cdot \text{m}$$
$$N_{3\text{-}3} = 283.8 \text{kN}$$

（2）柱及吊车梁、吊车轨道联结自重

此时柱 A 内力按悬臂柱计算（图 10-20）

1-1 截面：

$$M_{1\text{-}1} = 0$$
$$N_{1\text{-}1} = 21 \text{kN}$$

2-2 截面：

$$M_{2\text{-}2} = 42.4 \times 0.5 - 21 \times 0.15 = 18.1 \text{kN} \cdot \text{m}$$
$$N_{2\text{-}2} = 21 + 42.4 = 63.4 \text{kN}$$

3-3 截面：

$$M_{3\text{-}3} = 42.4 \times 0.5 - 21 \times 0.15 = 18.1 \text{kN} \cdot \text{m}$$
$$N_{3\text{-}3} = 21 + 42.4 + 70.4 = 133.8 \text{kN}$$

（3）全部恒荷载产生的柱 A 内力

1-1 截面：

$$M_{1\text{-}1} = 22.6 \text{kN} \cdot \text{m}$$
$$N_{1\text{-}1} = 283.8 + 21 = 304.8 \text{kN}$$

2-2 截面：

$$M_{2\text{-}2} = -20.0 + 18.1 = -1.9 \text{kN} \cdot \text{m}$$

$$N_{2\text{-}2} = 283.8 + 63.4 = 347.2\text{kN}$$

3-3 截面：

$$M_{3\text{-}3} = -3.0 + 18.1 = 15.1\text{kN} \cdot \text{m}$$
$$N_{3\text{-}3} = 283.8 + 133.8 = 417.6\text{kN}$$

2. 活荷载

（1）屋面均布活荷载

1）情况一：AB 跨内满布均布荷载

为求出在此情况下柱 A 上端的剪力 V_A 应先求出柱 A 及柱 B 上端的不动铰支承反力 R_A 及 R_B（图 10-42）。

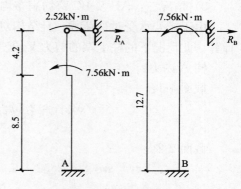

图 10-42　情况一柱 A、B
上端不动铰反力

根据以上计算柱 A：$R_A = \dfrac{M_{5A}^u}{H}C_{1A} - \dfrac{M_{5A}^l}{H}C_{2A} =$

$\dfrac{2.52}{12.7} \times 1.805 - \dfrac{7.56}{12.7} \times 1.2014 = -0.36\text{kN}$ （→）

柱 B：$C_{1B} = \dfrac{3}{2} \times \dfrac{1 - 0.3307^2 \times \left(1 - \dfrac{1}{0.4218}\right)}{1 + 0.3307^3 \times \left(\dfrac{1}{0.42} - 1\right)}$

$= 1.6434$

$$R_B = \frac{-M_{5B}^u}{H}C_{1B} = -\frac{7.56}{12.7} \times 1.6434 = -0.98\text{kN} \ (\rightarrow)$$

所以柱 A 上端的剪力 V_A：

$$V_A = 0.36 - (0.36 + 0.98) \times 0.3269 = -0.08\text{kN}(\leftarrow)$$

柱 A 内力

1-1 截面：

$$M_{1\text{-}1} = 2.52 - 0.08 \times 4.2 = 2.2\text{kN} \cdot \text{m}$$
$$N_{1\text{-}1} = 50.4\text{kN}$$

2-2 截面：

$$M_{2\text{-}2} = 2.52 - 7.56 - 0.08 \times 12.7 = -5.4\text{kN} \cdot \text{m}$$
$$N_{2\text{-}2} = 50.4\text{kN}$$

3-3 截面：

$$M_{3\text{-}3} = 2.52 - 7.56 - 0.08 \times 12.7 = -6.1\text{kN} \cdot \text{m}$$
$$N_{3\text{-}3} = 50.4\text{kN}$$

2）情况二：BC 跨内满布均布活荷载

据情况一的计算结果，由于 C 柱与 A 柱对称，A 柱上端的剪力 V_A 可计算如下：

$$V_A = 0.3269 \times (0.36 + 0.98) = 0.44\text{kN}(\rightarrow)$$

柱 A 内力：

1-1 截面：

$$M_{1\text{-}1} = 0.44 \times 4.2 = 1.8\text{kN} \cdot \text{m}$$

$$N_{1\text{-}1} = 0$$

2-2 截面:

$$M_{2\text{-}2} = 0.44 \times 4.2 = 1.8 \text{kN} \cdot \text{m}$$
$$N_{2\text{-}2} = 0$$

3-3 截面:

$$M_{3\text{-}3} = 0.44 \times 12.7 = 5.6 \text{kN} \cdot \text{m}$$
$$N_{3\text{-}3} = 0$$

3) 情况三: AB 及 BC 跨均满布均布活荷载

由于排架承受对称荷载,且结构对称,因此柱 A 的内力应按其上端为不动铰支承情况计算。此情况下的柱上端的剪力 V_A 已由情况一求得,$V_A = R_A = 0.36 \text{kN}$ (→)

柱 A 内力:

截面 1-1:

$$M_{1\text{-}1} = 2.52 + 0.36 \times 4.2 = 4.0 \text{kN} \cdot \text{m}$$
$$N_{1\text{-}1} = 50.4 \text{kN}$$

截面 2-2:

$$M_{2\text{-}2} = 2.52 - 7.56 + 0.36 \times 4.2 = -3.5 \text{kN} \cdot \text{m}$$
$$N_{2\text{-}2} = 50.4 \text{kN}$$

截面 3-3:

$$M_{3\text{-}3} = 2.52 - 7.56 + 0.36 \times 12.7 = -0.5 \text{kN} \cdot \text{m}$$
$$N_{3\text{-}3} = 50.4 \text{kN}$$

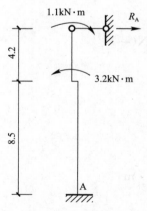

图 10-43　柱 A 上
端不动铰反力

（2）屋面雪荷载

由于荷载及结构均对称,柱 A 内力可按柱上端为不动铰支承情况求得（图 10-43）,柱上端的剪力 $V_A = R_A$,据屋面均布荷载情况一的计算: $C_{1A} = 1.8058$, $C_{2A} = 1.2014$, $V_A = R_A = \dfrac{M_{8A}^u}{H} C_{1A} - \dfrac{M_{8A}^t}{H} C_{2A} = \dfrac{1.1}{12.7} \times 1.8058 - \dfrac{3.2}{12.7} \times 1.2014 = -0.15 \text{kN}$ (→)

柱 A 内力:

1-1 截面:

$$M_{1\text{-}1} = 1.1 + 0.15 \times 4.2 = 1.6 \text{kN} \cdot \text{m}$$
$$N_{1\text{-}1} = 21.6 \text{kN}$$

2-2 截面:

$$M_{2\text{-}2} = 1.1 - 3.2 + 0.15 \times 4.2 = -1.5 \text{kN} \cdot \text{m}$$
$$N_{2\text{-}2} = 21.6 \text{kN}$$

3-3 截面:

$$M_{3\text{-}3} = 1.1 - 3.2 + 0.15 \times 12.7 = -0.2 \text{kN} \cdot \text{m}$$

（3）吊车垂直荷载

1) 情况一（图 10-44 及图 10-26）

为求得柱 A 内力,先求出排架无侧移情况下柱 A 及柱 B 上端在吊车垂直荷载作用下

的不动铰反力 R_A 及 R_B。

$$R_A = \frac{M_{9A}^l}{H}C_{2A} = \frac{212.5}{12.7} \times 1.2014 = 20.1\text{kN}(\leftarrow)$$

$$R_B = \frac{M_{9B}^l}{H}C_{2B} = \frac{89.2}{12.7} \times \left[\frac{3}{2} \times \frac{1-0.3307^2}{1+0.3307^3\left(\frac{1}{0.4218}-1\right)}\right] = \frac{89.2}{12.7} \times 1.2729$$

$$= 8.9\text{kN}(\rightarrow)$$

作用在柱 A 上端的剪力 V_A：

$$V_A = -R_A + (R_A - R_B) \times 0.3269 = -20.3 + (20.3 - 8.9) \times 0.3269$$

$$= -16.6\text{kN}(\leftarrow)$$

柱 A 内力：

1-1 截面：

$$M_{1-1} = -16.6 \times 4.2 = -69.7\text{kN} \cdot \text{m}$$

$$N_{1-1} = 0$$

2-2 截面：

$$M_{2-2} = 212.5 - 16.6 \times 4.2 = 142.8\text{kN} \cdot \text{m}$$

$$N_{2-2} = 425.1\text{kN}$$

3-3 截面：

$$M_{3-3} = 212.5 - 16.6 \times 12.7 = 1.68\text{kN} \cdot \text{m}$$

$$N_{3-3} = 425.1\text{kN}$$

2）情况二（图 10-45 及图 10-27）

采用与情况一相同的方法求出柱 A 上端的剪力 V_A：

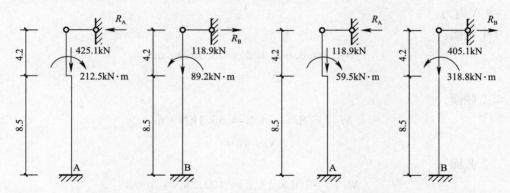

图 10-44　情况一柱 A、B 上端不动铰反力　　　图 10-45　情况二柱 A、B 上端不动铰反力

柱 A 上端的不动铰反力 R_A：

$$R_A = \frac{M_{10A}^l C_{2A}}{H} = \frac{-59.5 \times 1.2014}{12.7} = -5.6\text{kN}(\leftarrow)$$

柱 B 上端的不动铰反力 R_B：

$$R_B = \frac{M_{10B}^l}{H}C_{2B} = \frac{318.8}{12.7} \times 1.2729 = 32.0\text{kN}(\rightarrow)$$

柱 A 上端的剪力 V_A：

$$V_A = -5.6 + (5.6 - 32.0) \times 0.3269 = -14.2 \text{kN} (\leftarrow)$$

柱 A 内力：

1-1 截面：

$$M_{1\text{-}1} = -14.2 \times 4.2 = -59.6 \text{kN} \cdot \text{m}$$
$$N_{1\text{-}1} = 0$$

2-2 截面：

$$M_{2\text{-}2} = 59.5 - 14.2 \times 4.2 = -0.1 \text{kN} \cdot \text{m}$$
$$N_{2\text{-}2} = 118.9 \text{kN}$$

3-3 截面：

$$M_{3\text{-}3} = 59.5 - 14.2 \times 12.7 = -120.8 \text{kN} \cdot \text{m}$$
$$N_{3\text{-}3} = 118.9 \text{kN}$$

3）情况三（图 10-46 及图 10-28）

求柱 A 上端的剪力 V_A，必须先求出柱 B、柱 C 的上端不动铰反力 R_B 及 R_C，由于柱 C 与柱 A 对称，内力系数 $C_{2A} = C_{2C} = 1.2014$，柱 B 内力系数已在情况一中求得 $C_{2B} = 1.2729$。

$$R_b = \frac{M_{11B}^l}{H} C_{2B} = \frac{318.8}{12.7} \times 1.2729 = 32.0 \text{kN} (\leftarrow)$$

$$R_c = \frac{M_{11C}^l}{H} C_{2C} = \frac{59.5}{12.7} \times 1.2014 = 5.6 \text{kN} (\rightarrow)$$

柱 A 上端剪力 V_A：

$$V_A = 0.3269 \times (R_b - R_c) = 0.3269 \times (32.0 - 5.6) = 8.6 \text{kN} (\rightarrow)$$

柱 A 内力：

1-1 截面：

$$M_{1\text{-}1} = 8.6 \times 4.2 = 36.1 \text{kN} \cdot \text{m}$$
$$N_{1\text{-}1} = 0$$

2-2 截面：

$$M_{2\text{-}2} = 8.6 \times 4.2 = 36.1 \text{kN} \cdot \text{m}$$
$$N_{2\text{-}2} = 0$$

3-3 截面：

$$M_{3\text{-}3} = 8.6 \times 12.7 = 109.2 \text{kN} \cdot \text{m}$$
$$N_{3\text{-}3} = 0$$

4）情况四（图 10-47 及图 10-29）

与情况三相同，为求柱 A 上端的剪力 V_A 应先求出柱 B、柱 C 上端的不动铰反力 R_B 及 R_C，反力系数 C_{2B} 及 C_{2C} 同情况三。

$$R_B = \frac{M_{12B}}{H} C_{2B} = \frac{89.2}{12.7} \times 1.2729 = 8.9 \text{kN} (\leftarrow)$$

$$R_C = \frac{M_{12C}}{H} C_{2C} = \frac{212.5}{12.7} \times 1.2014 = 20.1 \text{kN} (\rightarrow)$$

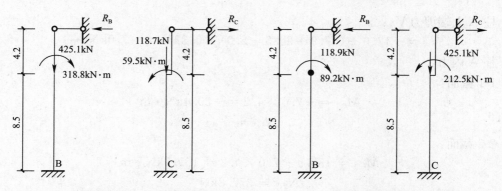

图 10-46 情况三柱 B、C 上端不动铰反力　　　图 10-47 情况四柱 B、C 上端不动铰反力

柱 A 上端剪力 V_A：

$$V_A = 0.3269 \times (8.9 - 20.1) = -3.7\text{kN}(\leftarrow)$$

柱 A 内力：

1-1 截面：

$$M_{1\text{-}1} = -3.7 \times 4.2 = -15.5\text{kN} \cdot \text{m}$$
$$N_{1\text{-}1} = 0$$

2-2 截面：

$$M_{2\text{-}2} = -3.7 \times 4.2 = -15.5\text{kN} \cdot \text{m}$$
$$N_{2\text{-}2} = 0$$

3-3 截面：

$$M_{3\text{-}3} = -3.7 \times 12.7 = -47.0\text{kN} \cdot \text{m}$$
$$N_{3\text{-}3} = 0$$

5）情况五（图 10-48 及图 10-30）

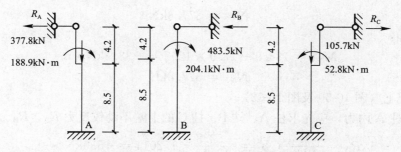

图 10-48 情况五柱 A、B、C 上端不动铰反力

为求得柱 A 上端的剪力应先求出柱 A、柱 B、柱 C 上端的不动铰反力 R_A、R_B、R_C。

$$R_A = \frac{-M_{13A}^l}{H} C_{2A} = \frac{-188.9}{12.7} \times 1.2014 = -17.9\text{kN}(\leftarrow)$$

$$R_B = \frac{-M_{13B}^l}{H} C_{2B} = \frac{-204.1}{12.7} \times 1.2729 = -20.5\text{kN}(\leftarrow)$$

$$R_C = \frac{M_{13C}^l}{H} C_{2C} = \frac{52.8}{12.7} \times 1.2014 = 5.0\text{kN}(\rightarrow)$$

柱 A 上端剪力 V_A：

$$V_A = -17.9 + (17.9 + 20.5 - 5.0) \times 0.3269 = -7.0\text{kN}(\leftarrow)$$

柱 A 内力：

1-1 截面：

$$M_{1\text{-}1} = -7.0 \times 4.2 = -29.4\text{kN} \cdot \text{m}$$
$$N_{1\text{-}1} = 0$$

2-2 截面：

$$M_{2\text{-}2} = 188.9 - 7.0 \times 4.2 = 159.5\text{kN} \cdot \text{m}$$
$$N_{2\text{-}2} = 377.8\text{kN}$$

3-3 截面：

$$M_{3\text{-}3} = 188.9 - 7.0 \times 12.7 = 100.0\text{kN} \cdot \text{m}$$
$$N_{3\text{-}3} = 377.8\text{kN}$$

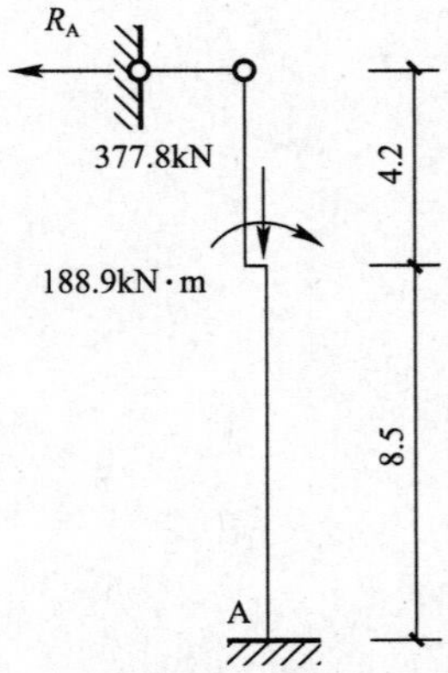

6）情况六（图 10-49 及图 10-31）

由于荷载及结构均对称，柱 A 内力可按柱上端为不动铰情况求得。

柱 A 上端的不动铰反力 R_A 完全同情况五。

$$R_A = \frac{-M_{14A}^l}{H}C_{2A} = -17.9\text{kN}(\leftarrow)$$

柱 A 内力：

1-1 截面：

$$M_{1\text{-}1} = -17.9 \times 4.2 = -75.2\text{kN} \cdot \text{m}$$
$$N_{1\text{-}1} = 0$$

2-2 截面：

$$M_{2\text{-}2} = 188.9 - 17.9 \times 4.2 = 113.7\text{kN} \cdot \text{m}$$
$$N_{2\text{-}2} = 377.8\text{kN}$$

图 10-49 情况六柱 A 上端不动铰反力

3-3 截面：

$$M_{3\text{-}3} = 188.9 - 17.9 \times 12.7 = -38.4\text{kN} \cdot \text{m}$$
$$N_{3\text{-}3} = 377.8\text{kN}$$

7）情况七（图 10-50 及图 10-32）

为求得柱 A 内力，应先求柱 A、柱 B、柱 C 的上端不动铰反力 R_A、R_B、R_C。

$$R_A = \frac{-M_{15A}^l}{H}C_{2A} = \frac{-52.8}{12.7} \times 1.2014 = -5.0\text{kN}(\leftarrow)$$

$$R_B = \frac{M_{15B}^l}{H}C_{2B} = \frac{204.1}{12.7} \times 1.2729 = 20.5\text{kN}(\rightarrow)$$

$$R_C = \frac{M_{15C}^l}{H}C_{2C} = \frac{188.9}{12.7} \times 1.2014 = 17.9\text{kN}(\rightarrow)$$

柱 A 上端剪力 V_A：

$$V_A = -5.0 + (5.0 - 20.5 - 17.9) \times 0.3269 = -15.9\text{kN}(\leftarrow)$$

柱 A 内力：

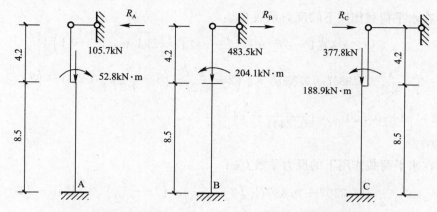

图 10-50 情况七柱 A、B、C 上端不动铰反力

1-1 截面：

$$M_{1-1} = -15.9 \times 4.2 = -66.8 \text{kN} \cdot \text{m}$$
$$N_{1-1} = 0$$

2-2 截面：

$$M_{2-2} = 52.8 - 15.9 \times 4.2 = -14.0 \text{kN} \cdot \text{m}$$
$$N_{2-2} = 105.7 \text{kN}$$

3-3 截面：

$$M_{3-3} = 52.8 - 15.9 \times 12.7 = -149.1 \text{kN} \cdot \text{m}$$
$$N_{3-3} = 105.7 \text{kN}$$

8）情况八（图 10-51 及图 10-29）

由于荷载及结构对称，柱 A 内力可按柱 A 上端为不动铰情况求得。

柱 A 上端的不动铰反力 R_A：

$$R_A = \frac{-M_{16}}{H} C_{2A} = \frac{-52.8}{12.7} \times 1.2014 = -5.0 \text{kN} (\leftarrow)$$

柱 A 内力：

1-1 截面：

$$M_{1-1} = -5.0 \times 4.2 = -21.0 \text{kN} \cdot \text{m}$$
$$N_{1-1} = 0$$

2-2 截面：

$$M_{2-2} = 52.8 - 5.0 \times 4.2 = 31.8 \text{kN} \cdot \text{m}$$
$$N_{2-2} = 105.7 \text{kN}$$

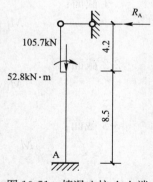

图 10-51 情况八柱 A 上端
不动铰反力

3-3 截面：

$$M_{3-3} = 52.8 - 5.0 \times 12.7 = -10.7 \text{kN} \cdot \text{m}$$
$$N_{3-3} = 105.7 \text{kN}$$

（4）吊车水平荷载

1）情况一（图 10-52 及图 10-34）

为求柱 A 内力，应先求出柱 A 及柱 B 上端的不动铰反力 R_A 及 R_B。

柱 A 在水平荷载作用下的反力系数 C_{5A}：

$$C_{5A} = \{2 - 3\alpha\lambda + \lambda^3[(2+\alpha)(1-\alpha)^2/n - (2-3\alpha)]\}\Big/\Big\{2\Big[1 + \lambda^3\Big(\frac{1}{n} - 1\Big)\Big]\Big\}$$

$$= \Big\{2 - 3 \times \frac{3}{4.2} \times 0.3307 + 0.3307^3 \times \Big[\Big(2 + \frac{3}{4.2}\Big) \times \Big(1 - \frac{3}{4.2}\Big)^2 \Big/ 0.2441 - \Big(2 - 3 \times \frac{3}{4.2}\Big)\Big]\Big\}$$

$$\Big/\Big\{2 \times \Big[1 + 0.3307^3 \times \Big(\frac{1}{0.2441} - 1\Big)\Big]\Big\}$$

$$= 0.5977$$

柱 B 在水平荷载作用下的反力系数 C_{5B}：

$$C_{5B} = \Big\{2 - 3 \times \frac{3}{4.2} \times 0.3307 + 0.3307^3\Big[\Big(2 + \frac{3}{4.2}\Big) \times \Big(1 - \frac{3}{4.2}\Big)^2 \Big/ 0.4218 - \Big(2 - \frac{3 \times 3}{4.2}\Big)\Big]\Big\}$$

$$\Big/\Big\{2 \times \Big[1 + 0.3307^3 \times \Big(\frac{1}{0.4218} - 1\Big)\Big]\Big\}$$

$$= 0.6267$$

柱 A 上端不动铰反力 R_A：

$$R_A = H_1 C_{5A} = \pm 14.9 \times 0.5977 = \pm 8.9\text{kN}(\rightleftharpoons)$$

柱 B 上端不动铰反力 R_B：

$$R_B = H_1 C_{5B} = \pm 14.9 \times 0.6267 = \pm 9.3\text{kN}(\rightleftharpoons)$$

柱 A 上端的剪力 V_A：

$$V_A = \pm 8.9 \mp (\pm 8.9 \pm 9.3) \times 0.3269 = \pm 3.0\text{kN}(\rightleftharpoons)$$

柱 A 内力：

1-1 截面：

$$M_{1\text{-}1} = \pm 3.0 \times 4.2 \mp 14.9 \times 1.2 = \mp 5.3\text{kN} \cdot \text{m}$$
$$N_{1\text{-}1} = 0$$

2-2 截面：

$$M_{1\text{-}1} = \pm 3.0 \times 4.2 \mp 14.9 \times 1.2 = \mp 5.3\text{kN} \cdot \text{m}$$
$$N_{2\text{-}2} = 0$$

3-3 截面：

$$M_{3\text{-}3} = \pm 3.0 \times 12.7 \mp 14.9 \times 9.7 = \mp 106.4\text{kN} \cdot \text{m}$$
$$N_{3\text{-}3} = 0$$

2）情况二（图 10-53 及图 10-35）

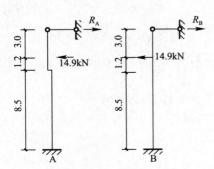
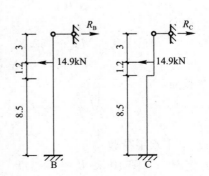
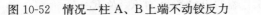

图 10-52　情况一柱 A、B 上端不动铰反力　　　图 10-53　情况二柱 B、C 上端不动铰反力

为求柱 A 内力应先求出柱 B 及柱 C 的上端的不动铰反力 R_B 及 R_C。

柱 C 在水平荷载作用下的反力系数 $C_{5C} = C_{5A}$

$$R_B = H_2 C_{5B} = \pm 14.9 \times 0.6267 = \pm 9.3 \text{kN}(\rightleftharpoons)$$
$$R_C = H_2 C_{5C} = \pm 14.9 \times 0.5977 = \pm 8.9 \text{kN}(\rightleftharpoons)$$

柱 A 上端剪力 V：

$$V = \mp(\pm 9.3 \pm 8.9) \times 0.3269 = \mp 5.9 \text{kN}(\rightleftharpoons)$$

柱 A 内力：

1-1 截面：

$$M_{1\text{-}1} = \mp 5.9 \times 4.2 = \mp 24.8 \text{kN} \cdot \text{m}$$
$$N_{1\text{-}1} = 0$$

2-2 截面：

$$M_{2\text{-}2} = \mp 5.9 \times 4.2 = \mp 24.8 \text{kN} \cdot \text{m}$$
$$N_{2\text{-}2} = 0$$

3-3 截面：

$$M_{3\text{-}3} = \mp 5.9 \times 12.7 = \mp 74.9 \text{kN} \cdot \text{m}$$
$$N_{3\text{-}3} = 0$$

3）情况三（图 10-54 及图 10-36）

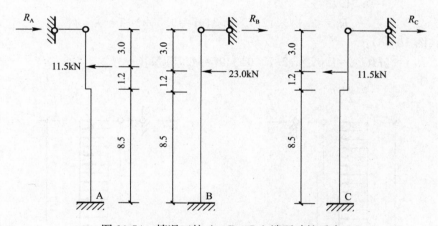

图 10-54　情况三柱 A、B、C 上端不动铰反力

为求柱 A 内力应先求出柱 A、柱 B 及柱 C 上端的不动铰内力。在水平荷载作用下的反力系数 C_{5A}、C_{5B} 及 C_{5C} 已在情况一中求得。

$$R_A = H_3 C_{5A} = \pm 11.5 \times 0.5977 = \pm 6.9 \text{kN}(\rightleftharpoons)$$
$$R_B = H_4 C_{5B} = \pm 23.0 \times 0.6267 = \pm 14.4 \text{kN}(\rightleftharpoons)$$
$$R_C = H_3 C_{5C} = \pm 11.5 \times 0.5977 = \pm 6.9 \text{kN}(\rightleftharpoons)$$

柱 A 上端剪力 V_A：

$$V_A = \pm 6.9 \mp (\pm 6.9 \pm 14.4 \pm 6.9) \times 0.3269 = \mp 2.4 \text{kN}(\rightleftarrows)$$

柱 A 内力：

1-1 截面：

$$M_{1\text{-}1} = \mp 2.4 \times 4.2 \mp 11.5 \times 1.2 = \mp 23.9 \text{kN} \cdot \text{m}$$

$$N_{1\text{-}1} = 0$$

2-2 截面：

$$M_{2\text{-}2} = \mp 2.4 \times 4.2 \mp 11.5 \times 1.2 = \mp 23.9 \text{kN} \cdot \text{m}$$

$$N_{2\text{-}2} = 0$$

3-3 截面：

$$M_{3\text{-}3} = \mp 2.4 \times 12.7 \mp 11.5 \times 9.7 = \mp 142.0 \text{kN} \cdot \text{m}$$

$$N_{3\text{-}3} = 0$$

（5）风荷载

1）情况一：风向为由柱 A 吹向柱 C（图 10-37）

此时各排架柱上端支承反力按可移动铰支承计算。为求出此情况下的支承反力先求出柱 A 及柱 C 在均布风荷载作用下的上端为不动铰时的反力 R_A 及 R_C：

柱 A（图 10-55）：

根据参考文献[47]，$R_A = q_1 H C_{6A}$，

$$C_{6A} = \frac{3}{8} \times \frac{\left[1 + \lambda^4 \left(\dfrac{1}{n} - 1\right)\right]}{1 + \lambda^3 \left(\dfrac{1}{n} - 1\right)} = \frac{3}{8} \times \frac{1 + 0.3307^4 \times \left(\dfrac{1}{0.2441} - 1\right)}{1 + 0.3307^3 \times \left(\dfrac{1}{0.2441} - 1\right)}$$

$$= 0.3497$$

$$R_A = 2.14 \times 12.7 \times 0.3497 = 9.50 \text{kN} \ (\leftarrow)$$

柱 C（图 10-56）：

同理，$R_C = q_2 H C_{6C} = 1.07 \times 12.7 \times 0.3497 = 4.75 \text{kN} \ (\leftarrow)$

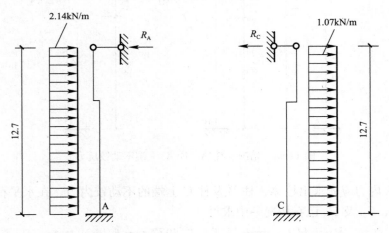

图 10-55　柱 A 上端不动铰反力　　　　图 10-56　柱 C 上端不动铰反力

因此柱 A 上端的剪力 V_A：

$$V_A = -9.50 + 0.3269 \times (9.50 + 4.75 + 26.02) = 3.66 \text{kN}(\rightarrow)$$

柱 A 内力：

1-1 截面：

$$M_{1\text{-}1} = 3.66 \times 4.2 + 2.14 \times \frac{4.2^2}{2} = 34.2 \text{kN} \cdot \text{m}$$

$$N_{1\text{-}1} = 0$$

2-2 截面：

$$M_{2\text{-}2} = 3.66 \times 4.2 + 2.14 \times \frac{4.2^2}{2} = 34.2 \text{kN} \cdot \text{m}$$

$$N_{2\text{-}2} = 0$$

3-3 截面：

$$M_{3\text{-}3} = 3.66 \times 12.7 + 2.14 \times \frac{12.7^2}{2} = 219.1 \text{kN} \cdot \text{m}$$

$$N_{3\text{-}3} = 0$$

2）情况二：风向为由柱 C 吹向柱 A（图 10-39）

同情况一，因风向相反，柱 A 上端不动铰反力（图 10-57），柱 C 上端不动铰反力（图 10-58），因此柱 A 上端的剪力 V_A：

$$V_A = 4.75 - 0.3269 \times (4.75 + 9.50 + 26.02) = -8.41 \text{kN}(\leftarrow)$$

柱 A 内力：

1-1 截面：

$$M_{1\text{-}1} = -8.41 \times 4.2 - 1.07 \times \frac{4.2^2}{2} = -44.8 \text{kN} \cdot \text{m}$$

$$N_{1\text{-}1} = 0$$

2-2 截面：

$$M_{2\text{-}2} = -8.41 \times 4.2 - 1.07 \times \frac{4.2^2}{2} = -44.8 \text{kN} \cdot \text{m}$$

$$N_{2\text{-}2} = 0$$

3-3 截面：

$$M_{3\text{-}3} = -8.41 \times 12.7 - 1.07 \times \frac{12.7^2}{2} = -193.1 \text{kN} \cdot \text{m}$$

$$N_{3\text{-}3} = 0$$

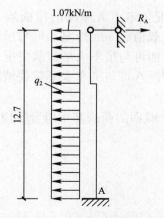
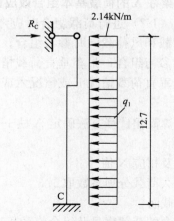

图 10-57　柱 A 上端不动铰反力　　　　图 10-58　柱 C 上端不动铰反力

3. 柱 A 内力标准值汇总表见表 10-6。

柱 A 内力标准值汇总表　表 10-6

荷载类别及情况		序号	1-1 截面		2-2 截面		3-3 截面	
			$M(kN \cdot m)$	$N(kN)$	$M(kN \cdot m)$	$N(kN)$	$M(kN \cdot m)$	$N(kN)$
全部永久荷载		1	22.6	304.8	−1.9	347.2	15.1	417.6
不上人屋面均布活荷载	情况一	2	2.2	50.4	−5.4	50.4	−6.1	50.4
	情况二	3	1.8	0	1.8	0	5.6	0
	情况三	4	4.0	50.4	−3.5	50.4	−0.5	50.4
屋面雪荷载		5	1.6	21.6	−1.5	21.6	−0.2	21.6
吊车垂直荷载	情况一	6	−69.7	0	142.8	425.1	4.7	425.1
	情况二	7	−59.6	0	−0.1	118.9	−120.8	118.9
	情况三	8	36.1	0	36.1	0	109.2	0
	情况四	9	−15.5	0	−15.5	0	−47	0
	情况五	10	−29.4	0	159.5	377.8	100.0	377.8
	情况六	11	−75.2	0	113.7	377.8	−38.4	377.8
	情况七	12	−66.8	0	−14.0	105.9	−149.1	105.7
	情况八	13	−21.0	0	31.8	105.9	−10.7	105.7
吊车水平荷载	情况一	14	∓5.3	0	∓5.3	0	∓106.4	0
	情况二	15	∓24.8	0	∓24.8	0	∓74.9	0
	情况三	16	∓23.9	0	∓23.9	0	∓142.0	0
风向为自柱 A 向柱 C 吹		17	34.2	0	34.2	0	219.1	0
风向为自柱 C 向柱 A 吹		18	−44.8	0	−44.8	0	−193.1	0

四、排架柱 A 的荷载基本组合效应设计值计算

按公式（1-2）进行荷载组合时应考虑以下情况：不上人屋面的屋面均布活荷载不与屋面雪荷载和风荷载同时参与组合；吊车垂直荷载情况一或情况二可与吊车水平荷载情况一同时参与组合；吊车垂直荷载情况三或情况四可与吊车水平荷载情况二同时参与组合；吊车垂直荷载情况五或情况六或情况七或情况八可与吊车水平荷载情况三同时参与组合。

采用手算简化计算方法确定 A 柱 1-1、2-2、3-3 截面的荷载基本组合效应设计值，其结果如下：

1. M_{max} 及相应 N 值

（1）永久荷载分项系数取 1.3

① 1-1 截面

参与组合的荷载序号及组合值系数为（1）+（8）+（15）+（5）×0.7+（17）×0.6，其中荷载序号为（8）及（15）的可变荷载为主导可变荷载。

$$M_{1\text{-}1}=1.3 \times 22.6+1.5 \times 36.1+1.5 \times 24.8+1.5 \times 0.7 \times 1.6+1.5 \times 0.6 \times 34.2$$
$$=153.2 kN \cdot m$$

$$N_{1-1} = 1.3 \times 304.8 + 1.5 \times 0.7 \times 21.6 = 418.9 \text{kN}$$

② 2-2 截面

参与组合的荷载类别序号为(1)+(10)+(16)+(17)×0.6，其中荷载序号为（10）及（16）的可变荷载为主导可变荷载。

$$M_{2-2} = 1.3 \times (-1.9) + 1.5 \times 159.5 + 1.5 \times 23.9 + 1.5 \times 0.6 \times 34.2 = 303.4 \text{kN} \cdot \text{m}$$

$$N_{2-2} = 1.3 \times 347.2 + 1.5 \times 377.8 = 1018.1 \text{kN}$$

③ 3-3 截面：

参与组合的荷载类别序号及组合值系数为(1)+(17)+(8)×0.7+(15)×0.7，其中荷载序号为（17）的可变荷载为主导可变荷载。

$$\begin{aligned} M_{3-3} &= 1.3 \times 15.1 + 1.5 \times 219.1 + 1.5 \times 0.7 \times 109.2 + 1.5 \times 0.7 \times 74.9 \\ &= 541.6 \text{kN} \cdot \text{m} \end{aligned}$$

$$N_{3-3} = 1.3 \times 417.6 = 542.9 \text{kN}$$

（2）永久荷载分项系数取 1.0

各截面参与组合的荷载类别序号及组合值系数同上。

① 1-1 截面：

$$\begin{aligned} M_{1-1} &= 1.0 \times 22.6 + 1.5 \times 36.1 + 1.5 \times 24.8 + 1.5 \times 0.7 \times 1.6 \\ &\quad + 1.5 \times 0.6 \times 34.2 \\ &= 146.4 \text{kN} \cdot \text{m} \end{aligned}$$

$$N_{1-1} = 1.0 \times 304.8 + 1.5 \times 0.7 \times 21.6 = 327.5 \text{kN}$$

② 2-2 截面：

$$\begin{aligned} M_{2-2} &= 1.0 \times (-1.9) + 1.5 \times 159.5 + 1.5 \times 23.9 + 1.5 \times 0.6 \times 34.2 \\ &= 304.0 \text{kN} \cdot \text{m} \end{aligned}$$

$$N_{2-2} = 1.0 \times 347.2 + 1.5 \times 377.8 = 913.9 \text{kN}$$

③ 3-3 截面：

$$\begin{aligned} M_{3-3} &= 1.0 \times 15.1 + 1.5 \times 219.1 + 1.5 \times 0.7 \times 109.2 + 1.5 \times 0.7 \times 74.9 \\ &= 537.1 \text{kN} \cdot \text{m} \end{aligned}$$

$$N_{3-3} = 1.0 \times 417.6 = 417.6 \text{kN}$$

2. $-M_{\max}$ 及相应 N 值

（1）永久荷载分项系数取 1.3

① 1-1 截面：

参与组合的荷载类别序号及组合值系数为(1)+(11)+(16)+(18)×0.6，其中荷载序号为（11）及（16）的可变荷载为主导可变荷载。

$$\begin{aligned} M_{1-1} &= 1.3 \times 22.6 - 1.5 \times 75.2 - 1.5 \times 23.9 - 1.5 \times 0.6 \times 44.8 \\ &= -159.6 \text{kN} \cdot \text{m} \end{aligned}$$

$$N_{1-1} = 1.3 \times 304.8 = 396.2 \text{kN}$$

② 2-2 截面：

参与组合的荷载类别序号及组合值系数为(1)+(18)+(9)×0.7+(15)×0.7，其中荷载序号为（18）的可变荷载为主导可变荷载。

$$M_{2-2} = 1.3 \times (-1.9) - 1.5 \times 37.3 - 1.5 \times 0.7 \times 15.5 - 1.5 \times 0.7 \times 24.8$$

$$=-112.0\mathrm{kN \cdot m}$$
$$N_{2\text{-}2}=1.3\times347.2=451.4\mathrm{kN}$$

③ 3-3 截面：

参与组合的荷载类别序号及组合值系数为(1)+(18)+(5)×0.7+(12)×0.7+(16)×0.7，其中荷载序号为（18）的可变荷载为主导可变荷载。

$$M_{3\text{-}3}=1.3\times15.1-1.5\times193.1-1.5\times0.7\times0.2$$
$$-1.5\times0.7\times149.1-1.5\times0.7\times142.0$$
$$=-575.9\mathrm{kN \cdot m}$$
$$N_{3\text{-}3}=1.3\times417.6+1.5\times0.7\times21.6+1.5\times0.7\times105.7=676.5\mathrm{kN}$$

（2）永久荷载分项系数取 1.0

各截面参与组合的荷载类别序号及组合值系数同上。

① 1-1 截面：

$$M_{1\text{-}1}=1.0\times22.6-1.5\times75.2-1.5\times23.9-1.5\times0.6\times44.8$$
$$=-166.4\mathrm{kN \cdot m}$$
$$N_{1\text{-}1}=1.0\times304.8=304.8\mathrm{kN}$$

② 2-2 截面：

$$M_{1\text{-}1}=-1.0\times1.9-1.5\times44.8-1.5\times0.7\times15.5-1.5\times0.7\times24.8$$
$$=-111.4\mathrm{kN \cdot m}$$
$$N_{2\text{-}2}=1.0\times347.2=347.2\mathrm{kN}$$

③ 3-3 截面：

$$M_{3\text{-}3}=1.0\times15.1-1.5\times193.1-1.5\times0.7\times0.2$$
$$-1.5\times0.7\times149.1-1.5\times0.7\times142.0$$
$$=-580.4\mathrm{kN \cdot m}$$
$$N_{3\text{-}3}=1.0\times417.6+1.5\times0.7\times21.6+1.5\times0.7\times105.7=551.3\mathrm{kN}$$

3. $N_{\max}$ 及相应 M

永久荷载分项系数取 1.3

① 1-1 截面：

参与组合的荷载类别序号及组合值系数为(1)+(5)+(8)×0.7+(15)×0.7+(17)×0.6，其中荷载序号为（5）的可变荷载为主导可变荷载。

$$M_{1\text{-}1}=1.3\times22.6+1.5\times1.6+1.5\times0.7\times36.1+1.5\times0.7\times24.8$$
$$+1.5\times0.6\times34.2$$
$$=126.5\mathrm{kN \cdot m}$$
$$N_{1\text{-}1}=1.3\times304.8+1.5\times21.6=428.6\mathrm{kN}$$

② 2-2 截面：

参与组合的荷载类别序号及组合值系数为(1)+(6)+(14)+(17)×0.6，其中荷载序号为（6）及（14）的可变荷载为主导可变荷载。

$$M_{2\text{-}2}=1.3\times(-1.9)+1.5\times142.8+1.5\times5.3+1.5\times0.6\times34.2$$
$$=250.5\mathrm{kN \cdot m}$$
$$N_{2\text{-}2}=1.3\times347.2+1.5\times425.1=1089\mathrm{kN}$$

③ 3-3 截面：

参与组合的荷载类别序号及组合值系数为(1)＋(6)＋(14)＋(5)×0.7＋(17)×0.6，其中荷载序号为（6）及（14）的可变荷载为主导可变荷载。

$$M_{3\text{-}3} = 1.3 \times 15.1 + 1.5 \times 4.7 + 1.5 \times 106.4 + 1.5 \times 0.6$$
$$\times 219.1 + 1.5 \times 0.7 \times (-0.2)$$
$$= 383.3 \text{kN} \cdot \text{m}$$
$$N_{3\text{-}3} = 1.3 \times 417.6 + 1.5 \times 425.1 + 1.5 \times 0.7 \times 21.6$$
$$= 1203.2 \text{kN}$$

4. N_{max} 及相应 $-M$ 值

永久荷载分项系数取 1.3

① 1-1 截面：

参与组合的荷载类别序号及组合值系数为(1)＋(5)＋(11)×0.7＋(16)×0.7＋(18)×0.6，其中荷载序号为（5）的可变荷载为主导可变荷载。

$$M_{1\text{-}1} = 1.3 \times 22.6 + 1.5 \times 1.6 - 1.5 \times 0.7 \times 75.2 - 1.5 \times 0.7 \times 23.9$$
$$- 1.5 \times 0.6 \times 44.8$$
$$= -112.6 \text{kN} \cdot \text{m}$$
$$N_{1\text{-}1} = 1.3 \times 304.8 + 1.5 \times 21.6 = 428.6 \text{kN}$$

② 2-2 截面：

参与组合的荷载类别序号及组合值系数为(1)＋(6)＋(14)＋(5)×0.7＋(18)×0.6，其中荷载序号为（6）及（14）的可变荷载为主导可变荷载。

$$M_{2\text{-}2} = 1.3 \times (-1.9) + 1.5 \times 142.8 - 1.5 \times 5.3 - 1.5 \times 0.7 \times 1.5$$
$$- 1.5 \times 0.6 \times 44.8$$
$$= 135.0 \text{kN} \cdot \text{m}（即无 N_{max} 及相应 -M 情况）$$
$$N_{2\text{-}2} = 1.3 \times 347.2 + 1.5 \times 425.1 + 1.5 \times 0.7 \times 21.6 = 1111.7 \text{kN}$$

③ 3-3 截面：

参与组合的荷载类别序号及组合值系数为(1)＋(6)＋(14)＋(5)×0.7＋(18)×0.6，其中荷载序号为（6）及（14）的可变荷载为主导可变荷载。

$$M_{3\text{-}3} = 1.3 \times 15.1 + 1.5 \times 4.7 - 1.5 \times 106.4 - 1.5 \times 0.7 \times 0.2 - 1.5 \times 0.6 \times 193.1$$
$$= -215.5 \text{kN} \cdot \text{m}$$
$$N_{3\text{-}3} = 1.3 \times 417.6 + 1.5 \times 425.1 + 1.5 \times 0.7 \times 21.6 = 1203.2 \text{kN}$$

5. N_{min} 及相应 M_{max} 值

永久荷载分项系数取 1.0

① 1-1 截面

参与组合的荷载类别序号及组合值系为(1)＋(8)＋(15)＋(17)×0.6，其中荷载序号为（8）及（15）的可变荷载为主导荷载。

$$M_{1\text{-}1} = 22.6 + 1.5 \times 36.1 + 1.5 \times 24.8 + 1.5 \times 0.6 \times 34.2 = 144.7 \text{kN} \cdot \text{m}$$
$$N_{1\text{-}1} = 304.8 \text{kN}$$

② 2-2 截面

参与组合的荷载类别序号及组合值系数为(1)＋(8)＋(15)＋(17)×0.6，其中荷载序号为（8）及（15）的可变荷载为主导荷载。

$$M_{2\text{-}2} = -1.9 + 1.5 \times 36.1 + 1.5 \times 24.8 + 1.5 \times 0.6 \times 34.2 = 120.2 \text{kN} \cdot \text{m}$$

$$N_{2\text{-}2} = 347.2 \text{kN}$$

③ 3-3 截面

参与组合的荷载类别序号及组合值系数为(1)＋(8)＋(15)＋(17)×0.6，其中荷载序号为（8）及（15）的可变荷载为主导荷载。

$$M_{3\text{-}3} = 15.1 + 1.5 \times 109.2 + 1.5 \times 74.9 + 1.5 \times 0.6 \times 219.1 = 488.4 \text{kN} \cdot \text{m}$$

$$N_{3\text{-}3} = 417.6 \text{kN}$$

6. N_{min} 及相应 $-M_{max}$ 值

永久荷载分项系数取 1.0

① 1-1 截面

参与组合的荷载类别序号及组合值系数为(1)＋(11)＋(16)＋(18)×0.6，其中荷载序号为（11）及（16）的可变荷载为主导荷载。

$$M_{1\text{-}1} = 22.6 - 1.5 \times 75.2 - 1.5 \times 23.9 - 1.5 \times 0.6 \times 44.8 = -166.4 \text{kN} \cdot \text{m}$$

$$N_{1\text{-}1} = 304.8 \text{kN}$$

② 2-2 截面

参与组合的荷载序号及组合值系数为(1)＋(9)＋(15)＋(18)×0.6，其中荷载序号为(9)及（15）的可变荷载为主导荷载。

$$M_{2\text{-}2} = -1.9 - 1.5 \times 15.5 - 1.5 \times 24.8 - 1.5 \times 0.6 \times 44.8 = -102.7 \text{kN} \cdot \text{m}$$

$$N_{2\text{-}2} = 347.2 \text{kN}$$

③ 3-3 截面

参与组合的荷载序号及组合值系数为(1)＋(9)＋(15)＋(18)×0.6，其中荷载序号为(9)及（15）的可变荷载为主导荷载。

$$M_{3\text{-}3} = 15.1 - 1.5 \times 47 - 1.5 \times 74.9 - 1.5 \times 0.6 \times 193.1 = -341.5 \text{kN} \cdot \text{m}$$

$$N_{3\text{-}3} = 417.6 \text{kN}$$

【例题 10-5】 钢筋混凝土框架结构多层办公楼

已知：某五层现浇钢筋混凝土框架办公楼，其平面及剖面见图 10-59 及图 10-60，从室外地面至屋面板顶面的总高度为 19.2m，各层框架梁、柱、板的截面尺寸及混凝土截面尺寸及混凝土强度等级见表 10-7，建筑结构的安全等级为二级，设计使用年限为 50 年，抗震设防烈度为七度、设计基本地震加速度为 0.15g，设计地震分组为第一组，建筑场地类别为 Ⅱ 类，建筑抗震设防类别为丙类。建筑结构的阻尼比为 0.05，框架结构的抗震等级为三级。建筑地点的基本雪压为 0.3kN/m²，基本风压为 0.45kN/m²，风向影响系数 $C_d = 1$，地形修正系数 $C_t = 1$，风荷载放大系数 $\beta_z = 1.2$，地面粗糙度类别为 C 类。屋面按不上人情况设计，屋面均布活荷载取 0.5kN/m²。建筑物四周外围护墙为 0.3m 厚加气混凝土砌体，其体积密度级别 B05，双面水泥砂浆抹灰厚度 0.03m；外围护墙面永久荷载标准值为 1.3kN/m²（已考虑墙体内外抹灰，门窗洞口的影响）。建筑物内部沿走道两侧的轻质固定隔墙（即沿轴线 B、C 的隔墙）及各横向轴线的轻质固定隔墙（即轴线 2～9 但扣除走道宽度后的隔墙），按墙面面积计算的永久荷载标准值为 0.63kN/m²。本工程楼面均布活荷载均按标准值 3.5kN/m²设计（包括非固定隔墙自重

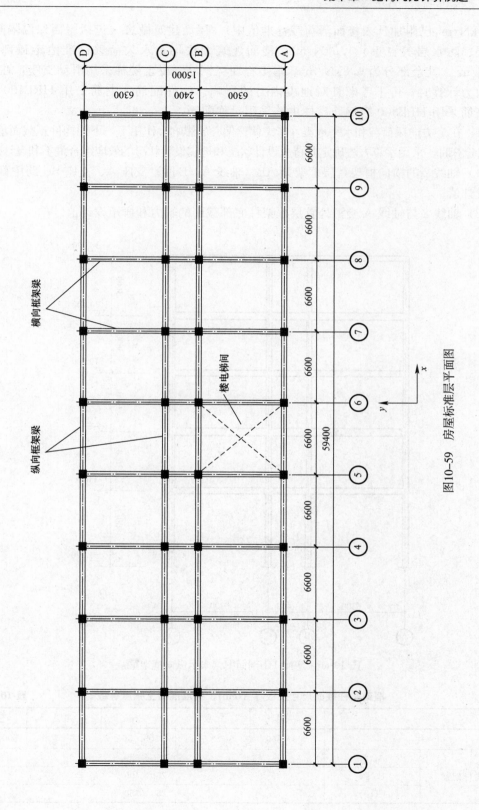

图10-59 房屋标准层平面图

取 1.0kN/m^2 已附加计入楼面活荷载标准值中）。屋面建筑做法（包括屋面保温隔热层、找平层、防水层等自重）1.5kN/m^2，楼面建筑做法均布永久荷载标准值走道部分为 1.1kN/m^2，其余部分为 0.8kN/m^2。本工程现浇钢筋混凝土楼梯采用滑动支座，在结构整体内力计算时，可不考虑其对地震内力的影响。构件配筋：主筋采用 HRB400 级钢筋，箍筋采用 HPB300 级钢筋。柱主筋采用对称配筋。

求：在 Y 方向风荷载和水平地震（考虑偶然偏心的影响）作用下，下列构件正截面承载力计算或验算时，采用手算方法确定其持久设计状况和地震设计状况的效应组合最不利设计值：

（1）轴线 2 的横向框架首层框架梁 AB（轴线 A—B 间）支座 A、支座 B、跨中截面的弯矩设计值。

（2）轴线 2 与轴线 A 交汇处首层框架柱底部截面的轴力和弯矩设计值。

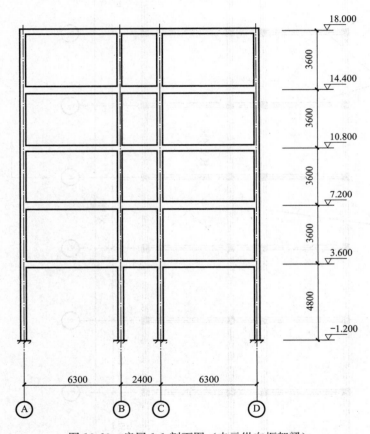

图 10-60　房屋 1-1 剖面图（未示纵向框架梁）

框架梁柱截面尺寸及板厚（mm）、各层混凝土强度等级　　　　　　表 10-7

		一层	二层	三层	四层	五层
柱		500×500	500×500	500×500	500×500	500×500
横向框架梁	AB跨	250×550				
	BC跨	250×400				
	CD跨	250×550				

续表

		一层	二层	三层	四层	五层
纵向框架梁	沿 A 轴	300×500				
	沿 B 轴	250×500				
	沿 C 轴	250×500				
	沿 D 轴	300×500				
楼、屋面板厚度		160（A-B、C-D 轴）、120（B-C 轴）				
混凝土强度		C35		C30		

【解】　本工程采用盈建科软件公司的《YJK 建筑结构计算软件 18.1.0》版本计算，现将有关计算结果摘录于表 10-8、表 10-9。

轴线 2 首层横向框架梁 AB 弯矩标准值（kN·m）　　　　表 10-8

荷载状况	支座 A 截面	支座 B 截面	跨中截面
永久荷载	−60.1	−67.6	70.6
满布楼面活荷载	−39.2	−38.7	34.0
Y 向风荷载	±57.6	∓52.4	±2.6
Y 向地震作用	±286.7	∓260.8	±13.0

注：梁截面底部受拉 M 为正号，顶部受拉 M 为负号。

轴线 2 与轴线 A 交汇处框架柱底部截面轴向力和弯矩标准值　　　　表 10-9

荷载状况	N（kN）	M_x（kN·m）	M_y（kN·m）
永久荷载	995.4	22.2	0
满布楼面活荷载	305.6	6.9	0
Y 向风荷载	∓51.6	±58.3	0
Y 向地震作用	∓267.4	∓278.4	±14.5

注：柱底截面内力 N 和 M 正号，见图 10-61。

1. 轴线 2 首层横向框架梁 AB

（1）支座 A 截面

① 持久设计状况承载力计算时荷载基本组合的可能最不利组合弯矩设计：

组合 1：1.3×永久荷载弯矩标准值＋1.5×满布楼面活载弯矩标准值＋0.6×1.5×Y 向风荷载负弯矩标准值

$M_A = -1.3×60.1 - 1.5×39.2 - 0.6×1.5×57.6$
$= -188.8 \text{kN·m}$

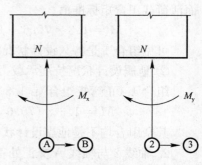

图 10-61　柱底截面内力 N、M 正号

组合 2：1.3×永久荷载弯矩标准值＋1.5×风荷载弯负矩标准值＋0.7×1.5×满布楼面活荷载弯矩标准值

$M_A = -1.3×60.2 - 1.5×57.6 - 0.7×1.5×39.2 = -205.7 \text{kN·m}$

可见组合 2 是持久设计状况的最不利组合弯矩设计值。

② 地震设计状况抗震承载力验算时荷载组合的可能最不利组合弯矩设计值

组合 1（负弯矩组合）：1.3×重力荷载弯矩标准值＋1.4×Y 向地震作用负弯矩标准值

$M_A = -1.3×(60.1 + 0.5×39.2) - 1.4×286.7 = -505.0 \text{kN·m}$

组合 2（正弯矩组合）：−1.0×重力荷载弯矩标准值＋1.4×Y 向地震作用正弯矩标准值

$$M_A = -1.0 \times (60.1 + 0.5 \times 39.2) + 1.4 \times 286.7 = 321.7 \text{kN} \cdot \text{m}$$

以上两组合为地震设计状况的最不利组合正负弯矩设计值。

（2）支座 B 截面

① 持久设计状况承载力计算时荷载基本组合的可能最不利组合弯矩设计值

组合 1：$1.3 \times$ 永久荷载弯矩标准值 $+1.5 \times$ 满布楼面活载弯矩标准值 $+0.6 \times 1.5 \times Y$ 向风荷载负弯矩标准值

$$M_B = -1.3 \times 67.6 - 1.5 \times 38.7 - 0.6 \times 1.5 \times 52.4 = -193.1 \text{kN} \cdot \text{m}$$

组合 2：$1.3 \times$ 永久荷载标准值 $+1.5 \times Y$ 向风荷载负弯矩标准值 $+0.7 \times 1.5 \times Y$ 满布楼面活荷载标准值

$$M_B = -1.3 \times 67.6 - 1.5 \times 52.4 - 0.7 \times 1.5 \times 38.7 = -207.1 \text{kN} \cdot \text{m}$$

可见组合 2 是持久设计状况的最不利组合弯矩设计值。

② 地震设计状况抗震承载力验算时荷载组合可能的最不利组合弯矩设计值

组合 1（负弯矩组合）：$1.3 \times$ 重力荷载弯矩标准值 $+1.4 \times Y$ 向地震作用负弯矩标准值

$$M_B = -1.3 \times (67.6 + 0.5 \times 38.7) - 1.4 \times 260.8 = -478.2 \text{kN} \cdot \text{m}$$

组合 2（正弯矩组合）：$-1.0 \times$ 重力荷载弯矩标准值 $+1.4 \times Y$ 向地震作用正弯矩标准值

$$M_B = -1.0 \times (67.6 + 0.5 \times 38.7) + 1.4 \times 260.8 = 278.2 \text{kN} \cdot \text{m}$$

以上两组合为地震设计状况的最不利组合正负弯矩设计值。

（3）跨中截面

① 持久设计状况承载力计算时荷载基本组合的可能最不利组合弯矩设计值：

组合 1：$1.3 \times$ 永久荷载弯矩标准值 $+1.5 \times$ 满布楼面活载弯矩标准值 $+0.6 \times 1.5 \times Y$ 向风荷载正弯矩标准值

$$M = 1.3 \times 70.6 + 1.5 \times 34.0 + 0.6 \times 1.5 \times 2.6 = 145.3 \text{kN} \cdot \text{m}$$

组合 2：$1.3 \times$ 永久荷载标准值 $+1.5 \times Y$ 向风荷载正弯矩标准值 $+0.7 \times 1.5 \times$ 满布楼面活荷载正弯矩标准值

$$M = 1.3 \times 70.6 + 1.5 \times 2.6 + 0.7 \times 1.5 \times 34.0 = 131.4 \text{kN} \cdot \text{m}$$

可见组合 1 是持久设计状况的最不利组合弯矩设计值。

② 地震设计状况抗震承载力验算时荷载组合的可能最不利组合弯矩设计值

组合 1（正弯矩组合）：$1.3 \times$ 重力荷载弯矩标准值 $+1.4 \times Y$ 向地震作用正弯矩标准值

$$M = 1.3 \times (70.6 + 0.5 \times 34.0) + 1.4 \times 13.0 = 132.1 \text{kN} \cdot \text{m}$$

其余组合均不是地震设计状况的最不利组合弯矩设计值，因此可不必计算。

2. 轴线 2 与轴线 A 交汇处首层框架柱底部截面

① 持久设计状况承载力计算时荷载基本组合的可能最不利组合轴力

组合 1（M_{max} 相应的 N）：$1.3 \times$ 永久荷载弯矩标准值 $+1.5 \times Y$ 向风荷载正弯矩标准值 $+0.7 \times 1.5 \times$ 满布楼面活载弯矩标准值，相应荷载的轴力

$$M_{max} = 1.3 \times 22.2 + 1.5 \times 58.3 + 0.7 \times 1.5 \times 6.9 = 123.6 \text{kN} \cdot \text{m}$$

$$N = 1.3 \times 995.4 + 1.5 \times 51.6 + 0.7 \times 1.5 \times 305.6 = 1692.3 \text{kN}$$

组合 2（$-M_{max}$ 相应的 N）：1.0 永久荷载弯矩标准值 $+1.5 \times Y$ 向风荷载负弯矩标准值及相应荷载的轴力。

$$-M_{max} = 1.0 \times 22.2 - 1.5 \times 58.3 = -65.3 \text{kN} \cdot \text{m}$$

$$N = 1.0 \times 995.4 - 1.5 \times 51.6 = 918.0\text{kN}$$

组合 3（$N_{\max}$ 相应的 M）：$1.3 \times$ 永久荷载轴力标准值 $+1.5 \times$ 满布楼面活荷载轴力标准值 $+0.6 \times 1.5 \times Y$ 向风荷载轴力标准值及相应荷载正弯矩标准值。

$$N_{\max} = 1.3 \times 995.4 + 1.5 \times 305.6 + 0.6 \times 1.5 \times 51.6 = 1798.9\text{kN}$$

$$M = 1.3 \times 22.2 + 1.5 \times 6.9 + 0.6 \times 1.5 \times 58.3 = 91.7\text{kN} \cdot \text{m}$$

组合 4（$N_{\max}$ 相应的 $-M$）：由表 10-9 中的数据可判断此组合不会对配筋数量控制，因此不必进行组合。

组合 5（$N_{\min}$ 相应的 $-M$）：$1.0 \times$ 永久荷载轴力标准值 $-1.5 \times Y$ 向风荷载轴力标准值及相应荷载负弯矩参与组合。此组合与组合 2 完全相同，因此可不计算。

组合 6（$N_{\min}$ 相应的 M）：由表 10-9 中的数据可判断此组合不会对配筋数量控制，因此不必进行组合。

② 地震设计状况荷载组合

根据《建筑抗震设计规范》GB 50011—2010 的规定对钢筋混凝土框架结构底层柱底截面的弯矩设计值，对三级框架应取考虑地震组合的弯矩值乘以增大系数 1.3。

因此其可能最不利的荷载组合有以下组合：

组合 1（$M_{\text{x,max}}$ 相应的 M_y 及 N）：$1.3 \times$（$1.3 \times$ 重力荷载弯矩标准值 $+1.4 \times Y$ 向地震作用正弯矩 M_x 标准值）、$1.3 \times$（$1.4 \times Y$ 向地震作用 M_y 标准值）及相应轴力。

$$M_{\text{x,max}} = 1.3[1.3 \times (22.2 + 0.5 \times 6.9) + 1.4 \times 278.4] = 550.0\text{kN} \cdot \text{m}$$

$$M_\text{y} = +1.3 \times 1.4 \times 14.5 = \pm 26.4\text{kN} \cdot \text{m}$$

$$N = 1.3 \times (995.4 + 0.5 \times 305.6) + 1.4 \times 267.4 = 1867.0\text{kN}$$

组合 2（$-M_{\text{x,max}}$ 相应的 M_y 及 N）：$1.3 \times$（$1.0 \times$ 重力荷载弯矩标准值 $+1.4 \times Y$ 向地震作用及弯矩 M_x 标准值）、$1.3 \times$（$1.4 \times Y$ 向地震作用弯矩 M_y 标准值）及相应轴力。

$$-M_{\text{x,max}} = 1.3[1.0 \times (22.2 + 0.5 \times 6.9) - 1.4 \times 278.4] = -473.3\text{kN} \cdot \text{m}$$

$$M_\text{y} = \pm 1.3 \times 1.4 \times 14.3 = \pm 26.4\text{kN} \cdot \text{m}$$

$$N = 1.0 \times (995.4 + 0.5 \times 305.6) - 1.4 \times 267.4 = 773.8\text{kN}$$

组合 3（$N_{\max}$ 相应的正 M_x、M_y）：完全同组合 1，可不必计算。

组合 4（$N_{\max}$ 相应的负 M_x 及 M_y）：由表 10-9 中的数据可判断，不必进行组合。

组合 5（$N_{\min}$ 相应的正 M_x 及 M_y）：同组合 2，可不必计算。

组合 6（$N_{\min}$ 相应的负 M_x 及 M_y）：由表 10-9 中的数据可判断，不必进行组合。

确定柱底截面配筋时可分别根据以上效应组合设计值进行计算。

【例题 10-6】 某五层砌体结构单身宿舍

已知：该房屋的平剖面见图 10-62 及图 10-63，其屋面板及楼板、楼梯等混凝土构件均为现浇，墙体为蒸压实心灰砂砖（地上部分）MU10 和烧结页岩实心砖 MU15（地下部分），砂浆为 M10（地下部分和首层）及 M7.5（地上其余部分），无地下室。抗震设防烈度为 7 度，设计地震加速度为 $0.1g$，设计地震分组为第一组，场地类别为 II 类。以每一楼层为一质点，包括楼盖自重，上下各半层的所有墙体自重，楼面活荷载等，质点假定集中在楼层标高处，各层重力荷载代表值（图 10-64）为 $G_1 = 6605.9\text{kN}$，$G_2 = 6014.7\text{kN}$，$G_3 = 6014.7\text{kN}$，$G_4 = 6014.7\text{kN}$，$G_5 = 4238.3\text{kN}$，$\Sigma G_i = 28888.3\text{kN}$（计算过程从略）。首层各轴线砌体墙段的层间等效侧向刚度见表 10-10（计算过程从略）。

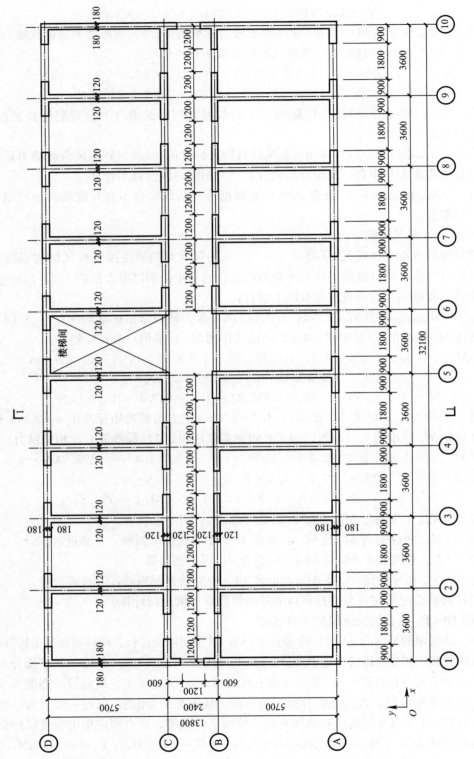

图10-62   标准层平面图(未示构造柱)

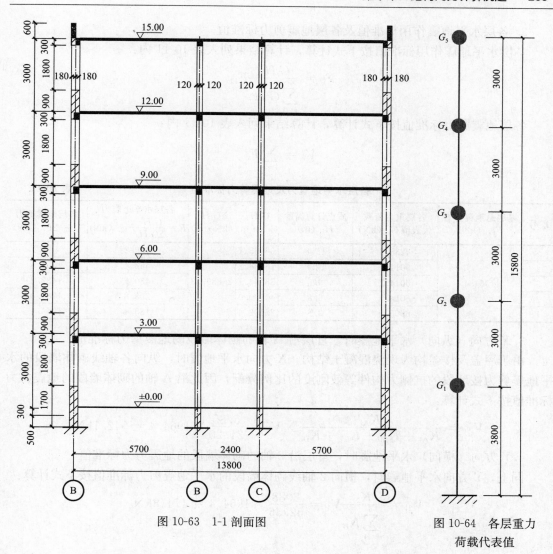

图 10-63 1-1 剖面图

图 10-64 各层重力
荷载代表值

首层各轴线墙段的层间等效相对刚度 K_i　　　　　表 10-10

轴　线　号		每一轴线墙段相对刚度 K_i	相对刚度总和 ΣK_i
横　向	1、10 2~9	4.66 2.88	32.36
纵　向	A、D B、C	5.85 4.75	21.20

求：1. X 方向（纵向）水平地震时，首层沿 A 轴的各砌体墙段的地震剪力标准值。

2. Y 方向（横向）水平地震时，首层沿 2 轴，在轴 A~轴 D 间的各砌体墙段的地震剪力标准值。

【解】 1. 各层总水平地震作用标准值

对多层砌体房屋，总水平地震作用标准值可采用基底剪力法按下式计算：

$$F_{Ek} = \alpha_{max} G_{eq} = 0.08 \times 0.85 \times 28888.3 = 1964.4 \text{kN}$$

2. 各层水平地震作用标准值及各层地震剪力标准值

各层水平地震作用标准值按下式计算，计算结果列入表 10-11 内：

$$F_i = \frac{G_i H_i}{\sum_{j=1}^{n} G_j H_j} F_{Ek}$$

各层地震剪力标准值按下式计算，计算结果列入表 10-11 内：

$$V_i = \sum_{i=1}^{n} F_i$$

各层水平地震力及地震剪力标准值 表 10-11

层号	基底总地震剪力 F_{Ek} (kN)	各层重力荷载代表值 G_i (kN)	质点计算高度 H_i (m)	$G_i H_i$ (kN·m)	$\Sigma G_i H_i$ (kN·m)	各层水平地震力 $F_i = \frac{G_i H_i}{\Sigma G_i H_i} F_{Ek}$ (kN)	各层地震剪力 $V_i = \Sigma F_i$ (kN)
5		4238.3	15.8	66965.1		489.2	489.2
4		6014.7	12.8	76988.2		562.4	1051.6
3	1964.4	6014.7	9.8	58944.1	268899.8	430.6	1482.2
2		6014.7	6.8	40900.0		298.8	1781.0
1		6605.9	3.8	25102.4		183.4	1964.4

3. X 方向（纵向）水平地震时，首层沿 A 轴的砌体墙段的地震剪力标准值

由于屋盖及楼盖均为现浇混凝土结构，X 方向水平地震时，纵向各轴线砌体墙段的水平地震剪力按墙段的抗侧力构件等效刚度的比例分配，因此沿 A 轴的砌体墙段的地震剪力标准值按下式计算：

$$V_{A1} = \frac{K_{A1}}{K_{A1} + K_{B1} + K_{C1} + K_{D1}} \times V_1 = \frac{5.85}{21.20} \times 1964.4 = 542.1 \text{kN}$$

4. Y 方向（横向）水平地震时，首层沿 2 轴的砌体墙段的地震剪力标准值

同上，Y 方向水平地震时，横向 2 轴线砌体墙段的水平地震剪力标准值按下式计算：

$$V_{21} = \frac{K_{21}}{\sum_{i=1}^{n} K_{i1}} V_1 = \frac{2.88}{32.36} \times 1964.4 = 174.8 \text{kN}$$

附录一 自动扶梯技术资料

本附录收集到国内部分知名厂家的自动扶梯技术资料，其中有许多新产品较以往的产品在智能化、提高使用中的安全性等方面有较大技术改进，可供设计人员参考使用。

一、奥的斯电梯有限公司商用自动扶梯（OTIS LINK 系列）（根据 2017 年样本）

1. 扶梯倾角30°、每端2个或3个水平梯级

自动扶梯侧立面见附图 1-1、平面见附图 1-2、正立面见附图 1-3，各部分主要尺寸及支承反力见附表 1-1、附表 1-2 及附表 1-3。

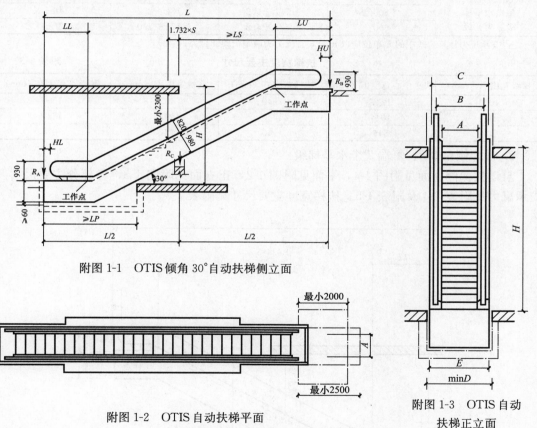

附图 1-1　OTIS 倾角 30°自动扶梯侧立面

附图 1-2　OTIS 自动扶梯平面

附图 1-3　OTIS 自动扶梯正立面

倾角 30°商用自动扶梯主要尺寸　　　　　　　附表 1-1

提升高度 H（mm）	梯级宽度 A（mm）	扶梯跨距 L（mm）	min LP（mm）	LU（mm）	LL（mm）	LS（mm）	HU（mm）	HL（mm）
$H \leqslant 6000$ 每端水平梯级数为二级	1000	$1.732H+4698$	4350	2449	2249	6433	267	267
	800							
	600	$1.732H+5198$		2949		6933	767	

续表

提升高度 H（mm）	梯级宽度 A（mm）	扶梯跨距 L（mm）	min LP（mm）	LU（mm）	LL（mm）	LS（mm）	HU（mm）	HL（mm）
$6000 < H \leqslant 8000$	1000	$1.732H + 5498$		2849		6833	267	
每端水平梯	800		4750		2649			267
级数为三级	600	$1.732H + 5998$		3349		7333	767	

注：表中尺寸 HU 及 HL 仅适用于扶手高度为930mm。当扶手高度为1000mm、1100mm 时，需厂家另行提供其尺寸。

倾角 30°商用自动扶梯支承反力（kN）　　　　　　　附表 1-2

提升高度 H（mm）	梯级宽度 A	R_A	R_B	R_C
$H \leqslant 6000$	1000	$4.96L + 7$	$4.96L + 2.3$	—
每端水平梯	800	$4.31L + 7$	$4.31L + 2.3$	—
级数为二级	600	$3.66L + 7$	$3.66L + 2.3$	—
$6000 < H \leqslant 800$	1000	$2.03L + 5.7$	$2.03L + 2.3$	$6.46L + 1.4$
每端水平梯	800	$1.78L + 5.2$	$1.78L + 2.2$	$5.74L + 1.3$
级数为三级	600	$1.53L + 4.8$	$1.53L + 2.0$	$5.02L + 1.2$

注：支承反力计算公式中的 L 单位应以 m 计，且反力为两钢桁架的合力。

扶梯宽度主要尺寸　　　　　　　　　　附表 1-3

梯级宽度 A（mm）	扶手中心宽度 B（mm）	扶梯宽度 C（mm）	底坑宽度 D（mm）	钢桁架宽度 E（mm）
1000	1247	1540	1620	1500
800	1044	1340	1420	1297
600	841	1140	1220	1094

2. 扶梯倾角 35°、每端 2 个水平梯级

自动扶梯侧立面见附图 1-4，平面见附图 1-2，正立面见附图 1-3，各部分主要尺寸及支承反力见附表 1-4 及附表 1-5。扶梯宽度主要尺寸见附表 1-3。

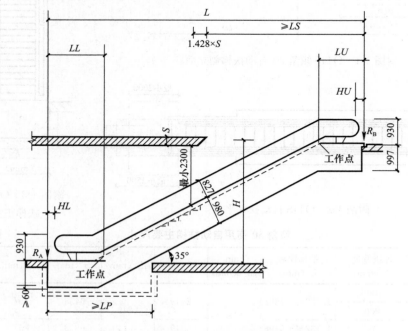

附图 1-4　OTIS 倾角 35°自动扶梯侧立面

倾角 35°商用自动扶梯主要尺寸（mm）　　　　　　　　　附表 1-4

提升高度 H（mm）	梯级宽度 A（mm）	扶梯跨距 L（mm）	min LP（mm）	LU（mm）	LL（mm）	LS（mm）	HU（mm）	HL（mm）
H≤6000 每端水平梯 级数为二级	1000	1.426H+4793	4200	2447	2316	5761	267	267
	800							
	600	1.428H+5293		2977		6261	767	767

注：表中 HU 及 HL 仅适用于扶手高度为 930mm。当扶手高度为 1000mm、1100mm 时，需厂家另行提供其尺寸。

倾角 35°商用自动扶梯支承反力　　　　　　　　　　　附表 1-5

提升高度 H （mm）	梯级宽度 （mm）	支承反力（kN）	
		R_A	R_B
≤6000	1000	5.11L+7	5.11L+2.3
	800	4.41L+7	4.41L+2.3
	600	3.76L+7	3.76L+2.3

注：计算支承反力时，L 值以 m 为单位代入。

二、上海三菱电梯有限公司自动扶梯（第二代 K 系列智能自动扶梯 Smart K-Ⅱ）（根据 2018 年 12 月样本）

1. 第二代 K 系列智能自动扶梯 Smart K-Ⅱ适用范围

可用于室内环境、半室外环境或室外环境。但本附录仅列入有关用于室内环境的技术数据。

扶梯共有三种倾角（与水平面间的夹角）：30°、35°、27.3°可供选用。

扶梯以其名义宽度（mm）作为型号，共有三种：1200 型、1000 型、800 型可供选用。

扶梯上端和下端的水平梯级共有三种：二级、三级、四级可供选用。

2. 自动扶梯侧立面、平面、正立面见附图 1-5，主要尺寸 TJ、TK 见附表 1-6，桁架长度 TG 的计算公式见附表 1-7，中间支承距离取值范围见附表 1-8，支承反力计算公式及相关系数见附表 1-9 及附表 1-10，扶梯宽度尺寸 $W_1 \sim W_4$ 见附表 1-11。

当扶梯桁架长度 TG 超过下列尺寸时，应在桁架跨度中部设置支承，对 1200 型扶梯为 16m；对 1000 型扶梯为 17m；对 800 型扶梯为 18m。中间支承数量对倾角为 30°及 27.3°扶梯最多不应超过 2 个；对倾角为 35°扶梯只可设 1 个。

自动扶梯主要尺寸 TJ、TK（mm）　　　　　　　　　　　附表 1-6

扶梯型号			1000 型、1200 型			800 型		
每端水平梯极数			2	3	4	2	3	4
扶梯倾角	30°	TJ	2435~3185	2840~3590	3435~3995	2935~3685	3340~4090	3935~4495
		TK	2178~2484	2583~2889	3063~3294	2178~2484	2583~2889	3063~3294
	35°	TJ	2495~2795	2900~3200	—	2995~3295	3400~3700	—
		TK	2213	2618	—	2213	2618	—
	27.3°	TJ	2501~3110	2906~3515	3620~3920	3001~3610	3406~4015	3886~4420
		TK	2161~2442	2566~2641	2847~3252	2161~2442	2566~2641	2847~3252

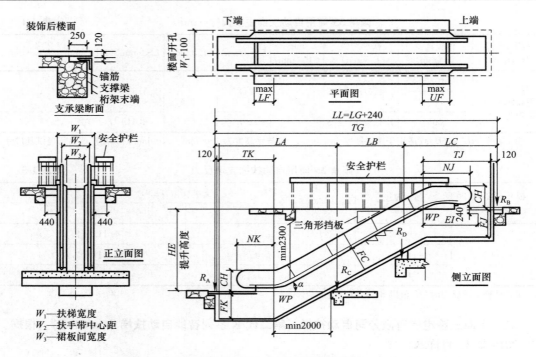

附图 1-5   上海三菱第二代 K 系列智能自动扶梯 Smart K-Ⅱ

扶梯桁架长度 *TG* 及端部支承点间尺寸 *LL* 计算公式（mm）   附表 1-7

扶梯倾角	提升高度	桁架长度 *TG*	端部支承点间尺寸 *LL*
30°		$TG=1.732HE$	$LL=1.732HE+240$
35°	HE	$TG=1.428HE$	$LL=1.428HE+240$
27.3°		$TG=1.937HE$	$LL=1.937HE+240$

中间支承点间距离取值范围（mm）   附表 1-8

扶梯倾角	*LA*	*LB*	*LC*
30°	$(TK+459)\sim16000$	$(TJ+1013)\sim16000$	$500\sim16000$
35°	$(TK+538)\sim16000$	$(TJ+855)\sim16000$	$500\sim16000$
27.3°	$(TK+416)\sim16000$	$(TJ+1095)\sim16000$	$500\sim16000$

扶梯支承反力计算公式（N）   附表 1-9

支承反力	无中间支承	中间一个支承	中间二个支承
R_A	$\alpha\times LL+\beta(TJ-\gamma)/LL$	$\alpha\times LA$	$\alpha\times LA$
R_B	$\alpha\times LL+\beta-\beta(TJ-\gamma)/LL$	$\alpha\times LB+\beta-\beta(TJ-\gamma)/LB$	$\alpha\times LB+\beta-\beta(TJ-\gamma)/LB$
R_C	—	$\alpha\times LL+\beta(TJ-\gamma)/LB$	$\alpha(LA+LC)$
R_D	—	—	$\alpha(LB+LC)+\beta(TJ-\gamma)/LB$

注：表中支承反力当扶梯为双钢桁架时，应将其乘以 1.2 增大系数，并且其值为双钢桁架各相应支承处的
合力。

扶梯支承反力相关系数　　　　　　　　　　　　　　附表 1-10

扶梯型号	扶梯提升高度 HE（mm）	水平梯级数	α（N/mm）	β（N）	γ（mm）
1200 型	$HE \leqslant 7000$	2	5.32	8820	1150
		3			1555
		4			1960
	$7000 < HE \leqslant 10000$	3		10800	1555
		4			1960
	$10000 < HE \leqslant 13000$	3		13800	1555
		4			1960
1000 型	$HE \leqslant 8500$	2	4.62	8820	1150
		3			1555
		4			1960
	$8500 < HE \leqslant 12000$	3		10800	1555
		4			1960
	$12000 < HE \leqslant 13000$	3		13800	1550
		4			1960
800 型	$HE \leqslant 10000$	2	3.93	8820	1150
		3			1550
		4			1960
	$10000 < HE \leqslant 13000$	3		10800	1555
		4			1960

自动扶梯宽度尺寸 $W_1 \sim W_4$（mm）　　　　　　　　　　附表 1-11

扶梯型号	扶梯提升高度 HE	扶梯宽度 W_1	扶梯带中心距 W_2	裙板间宽度 W_3	扶梯桁架间宽度 W_4	名义宽度
1200 型	$HE \leqslant 10000$	1671	1219	1631/1633	1631（1633）	1200
	$10000 < HE \leqslant 13000$	1721		1671/1673	1671（1673）	
1000 型	$HE \leqslant 10000$	1471	1021	1473/1475	1473（1475）	1000
	$10000 < HE \leqslant 13000$	1523		1523/1525	1523（1525）	
800 型	$HE \leqslant 10000$	1275	823	1275/1277	1275（1277）	800
	$10000 < HE \leqslant 13000$	1325		1325/1327	1325（1327）	

注：1. 表中 $W_1 \sim W_4$ 适用于扶梯为钢桁架时（两侧各设 1 个桁架）；
　　2. W_4 括号中尺寸分别对应于钢桁架弦材为∟100×80×10 和∟140×90×12 时。

三、广州日立（HITACHI）电梯有限公司 TX 系列自动扶梯（根据 2019 年样本）

1. 扶梯倾角 30°，提升高度（楼层高度）$H \leqslant 6000$mm

自动扶梯侧立面、平面、正立面见附图 1-6，各部分主要尺寸见附表 1-12，支承反力见附表 1-13。

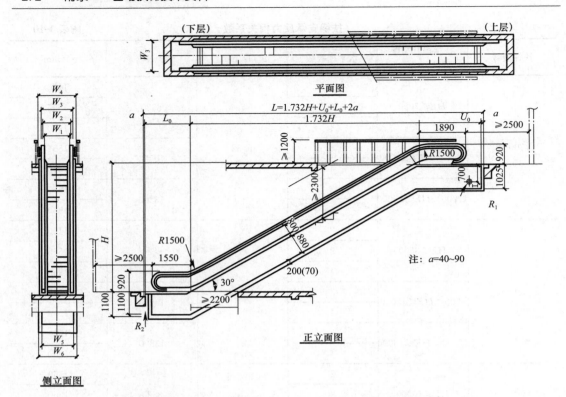

附图 1-6   日立倾角 30°、$H \leqslant 6000$mm TX 系列自动扶梯

倾角 30° 自动扶梯 $H \leqslant 6000$mm 各部分主要尺寸（mm）　　　　　　附表 1-12

扶梯型号		1200 型	1000 型	备注
长度尺寸 （外至外）	U_0	2430	2430	表中：W——护壁板内侧宽度； W_1——踏板宽度； W_2——扶手带装置间距离； W_3——楼层板宽度； W_4——扶梯桁架宽度； W_5——扶梯总宽度； W_6——扶梯下端地坑最小宽度。
	L_0	2180	2180	
宽度尺寸 （外至外）	W_1	1004	802	
	W_2	1236	1036	
	W_3	1360	1160	
	W_4	1510	1310	
	W_5	1550	1350	
	W_6	1590	1390	
	W	1226	1025	

倾角 30° 自动扶梯 $H \leqslant 6000$mm 支承反力　　　　　　附表 1-13

扶梯型号		1200 型	1000 型
反力	R_1(N)	$9.2H + 35000$	$8.4H + 33000$
	R_2(N)	$9.2H + 28000$	$8.4H + 26000$

注：1. 表中 H 以 mm 计，H 的范围为 2500~6000mm；
　　2. 支承反力 R_1、R_2 为扶梯上、下端两侧钢桁架反力的合力。

2. 扶梯倾角 30°，提升高度（楼层高度）6000mm < $H \leqslant$ 9500mm
　自动扶梯侧立面、平面、正立面见附图 1-7，各部分主要尺寸见附表 1-14，支承反力见附表 1-15。

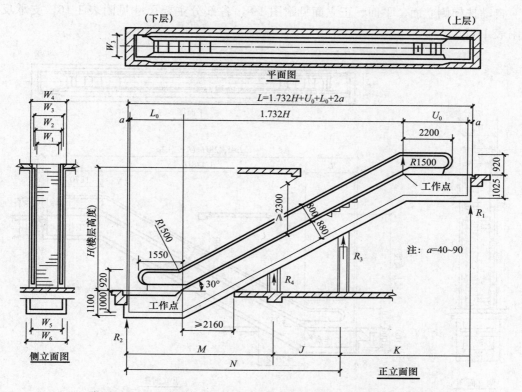

附图 1-7 日立倾角 30°、6000mm＜H≤9500mmTX 系列自动扶梯

倾角 30°自动扶梯 6000mm＜H≤9500mm 各部分主要尺寸（mm）　　附表 1-14

扶梯型号		1200 型	1000 型	备注
6000＜H≤7500	U_0	2830	2830	W 及 $W_1 \sim W_6$ 的说明同附表 1-11
6000＜H≤7500	L_0	2500	2580	W 及 $W_1 \sim W_6$ 的说明同附表 1-11
7500＜H≤9500	U_0	2930	2930	W 及 $W_1 \sim W_6$ 的说明同附表 1-11
7500＜H≤9500	L_0	2580	2580	W 及 $W_1 \sim W_6$ 的说明同附表 1-11
W 及 $W_1 \sim W_6$		完全与附表 1-11 相同		

倾角 30°自动扶梯 6000mm＜H≤9500mm 支承反力　　附表 1-15

扶梯型号		1200 型		1000 型	
支承数量		3	4	3	4
反力	R_1(N)	$5.2K+14000$	$5.2K+14000$	$4.6K+14000$	$4.6K+14000$
反力	R_2(N)	$5.2N+4000$	$5.2M+4000$	$4.6N+4000$	$4.6M+4000$
反力	R_3(N)	$5.2(K+N)+5000$	$5.2(K+J)+5000$	$4.6(K+N)+5000$	$4.6(K+J)+5000$
反力	R_4(N)	—	$5.2(M+J)+2000$	—	$4.6(M+J)+2000$

注：1. 表中 K、J、M、N 以 mm 计；其值不应超过 12000mm；
　　2. 支承反力 $R_1 \sim R_4$ 为扶梯两侧钢桁架反力的合力。

3. 扶梯倾角 $35°$，提升（楼层）高度 $H \leqslant 6000\text{mm}$

自动扶梯侧立面、平面、正立面见附图1-8，各部分主要尺寸见附表1-16，支承反力见附表1-17。

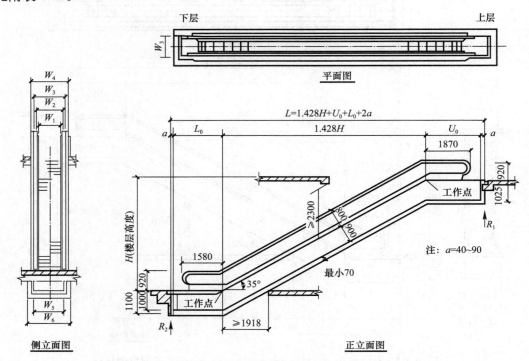

附图1-8　日立倾角 $35°$、$H \leqslant 6000\text{mm}$ TX 系列自动扶梯

倾角 $35°$ 自动扶梯 $H \leqslant 6000\text{mm}$ 各部分主要尺寸（mm）　　　附表 1-16

扶梯型号		1200 型	1000 型	备注
长度尺寸（外至外）	U_0	2500	2500	
	L_0	2210	2210	
宽度尺寸（外至外）	W_1	1004	802	同附表1-11
	W_2	1236	1036	
	W_3	1360	1160	
	W_4	1510	1350	
	W_5	1550	1350	
	W_6	1590	1390	
	W	1226	1025	

倾角 $35°$ 自动扶梯 $H \leqslant 6000\text{mm}$ 支承反力　　　附表 1-17

扶梯型号		1200 型	1000 型
反力	R_1(N)	$8.2H + 36000$	$7.5H + 33000$
	R_2(N)	$8.2H + 28000$	$7.5H + 26000$

注：1. 表中 H 以 mm 计；
　　2. 支承反力 R_1、R_2 为扶梯上、下端两侧桁架反力的合力。

四、通力（KONE）电梯有限公司商用型自动扶梯（根据 2020 年样本）

1. 扶梯倾角 35°，楼层高度 $H \leqslant 6000mm$，每端 2 个或 3 个水平梯级

自动扶梯主要尺寸见附图 1-9，支承反力见附表 1-18。

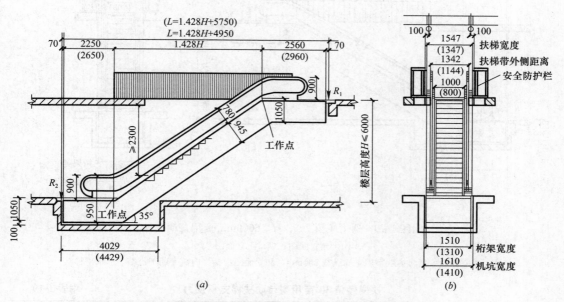

附图 1-9　通力倾角 35°、$H \leqslant 6000mm$ 商用自动扶梯

（*a*）侧立面图；（*b*）正立面图

（侧立面图中括号内数字用于每端 3 个水平梯级，正立面图中括号内数字用于梯级宽 800mm）

扶梯倾角 35°商用型自动扶梯支承反力　　　　　　　　　附表 1-18

梯级宽度（mm）	楼层高度 H(mm)	支承反力（kN）				梯级宽度（mm）	楼层高度 H(mm)	支承反力（kN）			
		每端 2 个水平梯级		每端 3 个水平梯级				每端 2 个水平梯级		每端 3 个水平梯级	
		R_1	R_2	R_1	R_2			R_1	R_2	R_1	R_2
1000	3000	57.47	48.47	61.47	52.47	800	3000	50.92	42.92	54.52	42.92
	3500	61.04	52.04	65.04	56.04		3500	54.14	46.14	57.74	56.14
	4000	64.61	55.61	68.61	59.61		4000	57.35	49.35	60.95	49.35
	4500	68.18	59.18	72.18	63.18		4500	60.56	52.56	64.16	52.56
	5000	71.76	62.76	75.76	66.76		5000	63.78	55.78	67.38	55.78
	5500	75.33	66.33	79.33	70.33		5500	66.99	58.99	70.59	58.99
	6000	78.90	69.90	82.90	73.90		6000	70.21	62.21	73.81	62.21

注：1. 600mm 梯级宽度扶梯通力电梯有限公司也可生产，但未提供样本，本手册未予摘录；

2. 支承反力 R_1、R_2 为扶梯上、下端两侧桁架支承的合力，且仅适用于扶手高度为 900mm 时；

3. 扶手高度除附图 1-10 所示外，尚有 1000mm 及 1100mm 两种。

2. 扶梯倾角 30°，楼层高度 $H \leqslant 6000mm$，每端 2 个或 3 个水平梯级

自动扶梯主要尺寸见附图 1-10，支承反力见附表 1-19。

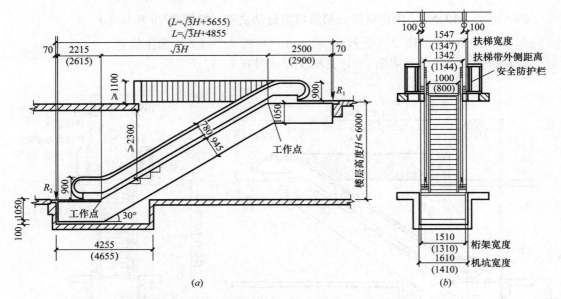

附图 1-10　通力倾角 30°、H≤6000mm 商用自动扶梯

(a) 侧立面图；(b) 正立面图

（注：正立面图中括号内数字用于梯级宽 800mm，侧立面图中括号内数字用于每端 3 个水平梯级）

扶梯倾角 30°商用型自动扶梯支承反力　　　　　　　　　　　附表 1-19

梯级宽度(mm)	楼层高度 H(mm)	支承反力（kN）				梯级宽度(mm)	楼层高度 H(mm)	支承反力（kN）			
		每端 2 个水平梯级		每端 3 个水平梯级				每端 2 个水平梯级		每端 3 个水平梯级	
		R_1	R_2	R_1	R_2			R_1	R_2	R_1	R_2
1000	3000	61.56	52.56	66.22	57.23	800	3000	54.60	46.60	58.80	50.80
	3500	65.88	56.89	70.56	61.56		3500	58.50	50.50	62.70	54.70
	4000	70.22	61.22	74.88	65.88		4000	62.39	54.39	66.60	58.60
	4500	74.55	65.55	79.22	70.22		4500	66.29	58.29	70.49	62.49
	5000	78.88	69.88	83.55	74.55		5000	70.19	62.19	74.40	66.40
	5500	83.21	74.21	87.88	78.88		5500	74.09	66.09	78.29	70.29
	6000	87.54	78.54	92.21	83.21		6000	77.99	69.99	82.19	74.19

注：1. 600mm 梯级宽度扶梯通力电梯有限公司也可生产，但未提供样本，本手册未予摘录；

　　2. 支承反力 R_1、R_2 为扶梯上、下端两侧桁架支承的合力，且仅适用于扶手高度为 900mm 时；

　　3. 扶手高度除附图 1-11 所示外，尚有 1000mm 及 1100mm 两种。

附录二　部分工业建筑及专用建筑楼面等效均布活荷载标准值

一、金工车间楼面均布活荷载（摘自现行荷载规范）

金工车间楼面均布活荷载见附表 2-1。

金工车间楼面均布活荷载 　　　　　　　　　　　　　　　　　　　附表 2-1

| 序号 | 项目 | 活荷载标准值（kN/m²） | | | | | 组合值系数 ψ_c | 频遇值系数 ψ_f | 准永久值系数 ψ_q | 代表性机床型号 |
| | | 板 | | 次梁（肋） | | 主梁 | | | | |
		板跨≥1.2m	板跨≥2.0m	梁间距≥1.2m	梁间距≥2.0m					
1	一类金工	22.0	14.0	14.0	11.0	9.0	1.0	0.95	0.85	CW6180、X53K、X63W、B690、M1080、Z35A
2	二类金工	18.0	12.0	12.0	9.0	8.0	1.0	0.95	0.85	C6163、X52K、X62W、B6090、M1050A、Z3040
3	三类金工	15.0	10.0	10.0	8.0	7.0	1.0	0.95	0.85	C6140、X51K、X61W、B6050、M1040、Z3025
4	四类金工	12.0	8.0	8.0	6.0	5.0	1.0	0.95	0.85	C6132、X50A、X60W、B635-1、M1010、Z32K

注：1. 表列荷载适用于单向支承的现浇梁板及预制槽形板等楼面结构；对于槽形板，表列板跨系指槽形板纵肋间距；
　　2. 表列荷载不包括隔墙和吊顶自重；
　　3. 表列荷载考虑了安装检修和正常使用情况下的设备（包括动力影响）和操作荷载；
　　4. 设计墙、柱、基础时，表列楼面活荷载可采用与设计主梁相同的荷载。

二、仪器仪表生产车间楼面均布活荷载（摘自现行荷载规范）

仪器仪表生产车间楼面均布活荷载见附表 2-2。

仪器仪表生产车间楼面均布活荷载 　　　　　　　　　　　　　　　附表 2-2

| 序号 | 车间名称 | | 活荷载标准值（kN/m²） | | | | 组合值系数 ψ_c | 频遇值系数 ψ_f | 准永久值系数 ψ_q | 附注 |
| | | | 板 | | 次梁（肋） | 主梁 | | | | |
			板跨≥1.2m	板跨≥2.0m						
1	光学车间	光学加工	7.0	5.0	5.0	4.0	0.8	0.8	0.7	代表性设备：H015 研磨机、ZD-450 型及 GZD300 型镀膜机、Q8312 型透镜抛光机
2		较大型光学仪器装配	7.0	5.0	5.0	4.0	0.8	0.8	0.7	代表性设备：C0520A 精整车床，万能工具显微镜
3		一般光学仪器装配	4.0	4.0	4.0	3.0	0.7	0.7	0.6	产品在装配桌上装配

续表

序号	车间名称		活荷载标准值（kN/m²）				组合值系数 ψ_c	频遇值系数 ψ_f	准永久值系数 ψ_q	附注
			板		次梁（肋）	主梁				
			板跨≥1.2m	板跨≥2.0m						
4	较大型光学仪器装配		7.0	5.0	5.0	4.0	0.8	0.8	0.7	产品在楼面上装配
5	一般光学仪器装配		4.0	4.0	4.0	3.0	0.7	0.7	0.6	产品在装配桌上装配
6	小模数齿轮加工，晶体元件（宝石）加工		7.0	5.0	5.0	4.0	0.8	0.8	0.7	代表性设备：YM3608 滚齿机，宝石平面磨床
7	车间仓库	一般仪器仓库	4.0	4.0	4.0	3.0	1.0	0.95	0.85	
8		较大型仪器仓库	7.0	7.0	7.0	6.0	1.0	0.95	0.85	

注：同附表 2-1 注。

三、半导体器件车间楼面均布活荷载（摘自现行荷载规范）

半导体器件车间楼面均布活荷载见附表 2-3。

半导体器件车间楼面均布活荷载　　　　　　　　　　　　　附表 2-3

序号	车间名称	活荷载标准值（kN/m²）					组合值系数 ψ_c	频遇值系数 ψ_f	准永久值系数 ψ_q	代表性设备单件自重（kN）
		板		次梁（肋）		主梁				
		板跨≥1.2m	板跨≥2.0m	梁间距≥1.2m	梁间距≥2.0m					
1	半导体器件车间	10.0	8.0	8.0	6.0	5.0	1.0	0.95	0.85	14.0～18.0
2		8.0	6.0	6.0	5.0	4.0	1.0	0.95	0.85	9.0～12.0
3		6.0	5.0	5.0	4.0	3.0	1.0	0.95	0.85	4.0～8.0
4		4.0	4.0	3.0	3.0	3.0	1.0	0.95	0.85	≤3.0

注：同附表 2-1 注。

四、棉纺织造车间楼面均布活荷载（摘自现行荷载规范）

棉纺织造车间楼面均布活荷载见附表 2-4。

棉纺织造车间楼面均布活荷载　　　　　　　　　　　　　附表 2-4

序号	车间名称	活荷载标准值（kN/m²）					组合值系数 ψ_c	频遇值系数 ψ_f	准永久值系数 ψ_q	代表性设备
		板跨≥1.2m		板跨		主梁				
		板跨≥1.2m	板跨≥2.0m	间距≥1.2m	间距≥2.0m					
1	梳棉间	12.0	8.0	10.0	7.0	5.0				FA201、203
		15.0	10.0	12.0	8.0					FA221A
2	粗纱间	8.0（15.0）	6.0（10.0）	6.0（8.0）	5.0	4.0	0.8	0.8	0.7	FA401、415A、421 TJFA458A
3	细砂间络筒间	60（10.0）	5.0	5.0	5.0	4.0				FA705、506、507A GA013、015 ESPERO

续表

序号	车间名称		活荷载标准值（kN/m²）				主梁	组合值系数 ψ_c	频遇值系数 ψ_f	准永久值系数 ψ_q	代表性设备
			板跨≥1.2m		板跨						
			板跨≥1.2m	板跨≥2.0m	间距≥1.2m	间距≥2.0m					
4	捻线间整经间		8.0	6.0	6.0	5.0	4.0				FA705、721、762 ZC-L-180 D3-1000-180
5	织布间	有梭织机	12.5	6.5	6.5	5.5	4.4	0.8	0.8	0.7	CA615-150 CA615-180
		剑杆织机	18.0	9.0	10.0	6.0	4.5				GA731-190、733-190 TP600-200 SOMET-190

注：括号内的数值仅用于粗纱机机头部位局部楼面。

五、轮胎厂准备车间楼面均布活荷载（摘自现行荷载规范）

轮胎厂准备车间楼面均布活荷载见附表 2-5。

轮胎厂准备车间楼面均布活荷载 附表 2-5

序号	车间名称	活荷载标准值（kN/m²）		主梁	次梁（肋）	组合值系数 ψ_c	频遇值系数 ψ_f	准永久值系数 ψ_q	代表性工段
		板							
		板跨≥1.2m	板跨≥2.0m						
1	准备车间	14.0	14.0	12.0	10.0	1.0	0.95	0.8	炭黑加工投料
2		10.0	8.0	8.0	6.0	1.0	0.95	0.85	化工原料加工配合，密炼机炼胶

注：1. 密炼机检修用的电动葫芦荷载未计入，设计时应另行考虑；
　　2. 炭黑加工投料活荷载系考虑兼炭黑仓库使用的情况，若不兼作仓库时，上述荷载应予降低；
　　3. 同附表 2-1 注。

六、粮食加工车间楼面均布活荷载（摘自现行荷载规范）

粮食加工车间楼面均布活荷载见附表 2-6。

粮食加工车间楼面均布活荷载 附表 2-6

序号	车间名称		活荷载标准值（kN/m²）						主梁	组合值系数 ψ_c	频遇值系数 ψ_f	准永久值系数 ψ_q	代表性设备
			板			次梁							
			板跨≥2.0m	板跨≥2.5m	板跨≥3.0m	梁间距≥2.0m	梁间距≥2.5m	梁间距≥3.0m					
1	面粉厂	拉丝车间	14.0	12.0	12.0	12.0	12.0	12.0	12.0				JMN10 拉丝机
2		磨子间	12.0	10.0	9.0	10.0	9.0	8.0	9.0				MF011 磨粉机
3		麦间及制粉车间	5.0	5.0	4.0	5.0	4.0	4.0	4.0	1.0	0.95	0.85	SX011 振动筛 GF031 擦麦机 GF011 打麦机
4		吊平筛的顶层	2.0	2.0	2.0	6.0	6.0	6.0	6.0				SL011 平筛
5		洗麦车间	14.0	12.0	10.0	10.0	9.0	9.0	9.0				洗麦机

续表

序号	车间名称		活荷载标准值（kN/m²）							组合值系数 ψ_c	频遇值系数 ψ_f	准永久值系数 ψ_q	代表性设备
			板			次梁			主梁				
			板跨 ≥2.0m	板跨 ≥2.5m	板跨 ≥3.0m	梁间距 ≥2.0m	梁间距 ≥2.5m	梁间距 ≥3.0m					
6	米厂	砻谷机及碾米车间	7.0	6.0	5.0	5.0	4.0	4.0	4.0	1.0	0.95	0.85	LG09 胶辊砻谷机
7		清理车间	4.0	3.0	3.0	4.0	3.0	3.0	3.0				组合清理筛

注：1. 当拉丝车间不可能满布磨辊时，主梁活荷载可按 10kN/m² 采用；
　　2. 吊平筛的顶层荷载系按设备重量吊在梁上考虑的；
　　3. 米厂的清理车间采用 SX011 振动筛时，等效均布活荷载可按面粉厂麦子间的规定采用；
　　4. 同附表 2-1 注。

七、电子信息系统机房楼面均布活荷载（摘自《电子信息系统机房设计规范》GB 50174—2008[14]）

电子信息系统机房楼面均布活荷载见附表 2-7。

电子信息系统机房楼面均布活荷载（kN/m²）　　　　　　　附表 2-7

序号	用房类别	均布活荷载标准值	备注
1	主机房	8~10	应根据机柜的摆放密度确定荷载值
2	主机房吊挂荷载	1.2	—
3	不间断电源系统室	8~10	—
4	电池室	16	蓄电池组双列 4 层摆放
5	监控中心	6	—
6	钢瓶间	8	—
7	电磁屏蔽室	8~10	—

附注：1. 表中各用房楼面均布活荷载标准值与电子信息系统机房的所属级别无关；
　　　2. 表中均布活荷载标准值的组合值系数、频遇值系数、准永久值系数分别为 0.9、0.9、0.8。

八、锅炉房楼面、地面和屋面均布活荷载（摘自《锅炉房设计规范》GB 50041—2020[25]）

锅炉房楼面、地面和屋面均布活荷载应根据工艺设备安装和检修的荷载要求确定，也可按附表 2-8 的规定确定。

楼面、地面和屋面的均布活荷载　　　　　　　附表 2-8

序号	名称	均布活荷载标准值（kN/m²）
1	锅炉间楼面	6~12
2	辅助间楼面	4~8
3	运煤层楼面	4
4	除氧层楼面	4
5	锅炉间及辅助间屋面	0.5~1
6	锅炉间地面	10

注：1. 表中未列的其他荷载应按现行国家标准《建筑结构荷载设计规范》GB 50009 的规定选用；
　　2. 表中不包括设备的集中荷载；
　　3. 运煤层楼面有皮带头部装置的部分应由工艺提供荷载或可按 10kN/m² 计算；
　　4. 锅炉间地面设有运输通道时，通道部分的地坪和地沟盖板可按 20kN/m² 计算。

九、冷库库房楼面和地面均布活荷载标准值（摘自《冷库设计规范》GB 50072—2010[26]）

1. 冷库库房楼面和地面等效均布活荷载标准值见附表 2-9。

冷库库房楼面和地面结构均布活荷载　　　　　　　　　　　　　　附表 2-9

序号	房间名称	活荷载标准值（kN/m²）	准永久值系数
1	人行楼梯间	3.5	0.3
2	冷却间、冻结间	15.0	0.6
3	运货穿堂、站台、收发货间	15.0	0.4
4	冷却物冷藏间	15.0	0.8
5	冻结物冷藏间	20.0	0.8
6	制冰池	20.0	0.8
7	冰库	$9 \times h$	0.8
8	专用于装隔热材料的阁楼	1.5	0.8
9	电梯机房	7.0	0.8

注：1. 本表第 2～7 项为等效均布活荷载标准值；
　　2. 本表第 2～5 项适用于堆货高度不超过 5m 的库房，并已包括 1000kg 叉车运行荷载在内，贮存冰蛋、桶装油脂及冻分割肉等密度大的货物时，其楼面和地面活荷载应按实际情况确定；
　　3. h 为堆冰高度（m）。

2. 对单层库房冻结物冷藏间堆货高度达 6m 时，地面均布活荷载标准值可采用 30kN/m²。对单层高货架库房，可根据货架平面布置和货架层数按实际情况确定。

冷库吊运轨道结构计算的活荷载标准值及准永久系数应按附表 2-10 的规定采用。

冷库吊运轨道活荷载　　　　　　　　　　　　　　　　　　　附表 2-10

序号	房间名称	活荷载标准值（kN/m²）	准永久值系数
1	猪、羊白条肉	4.5	0.6
2	冻鱼（每盘 15kg）	6.0	0.75
3	冻鱼（每盘 20kg）	7.5	0.75
4	牛两分胴体轨道	7.5	0.6
5	牛四分胴体轨道	5.0	0.6

注：本表数值包括滑轮和吊具重量。

3. 当吊运轨道直接吊在楼板下，设计现浇或预制梁板时，应按吊点负荷面积将本表数值折算成集中荷载；设计现浇板柱-剪力墙时，可折算成均布荷载。

4. 四层及四层以上的冷库及穿堂，其梁、柱和基础活荷载的折减系数宜按附表 2-11 的规定采用。

冷库和穿堂梁、柱和基础活荷载折减系数　　　　　　　　　　　附表 2-11

序号	项目	结构部位		
		梁	柱	基础
1	穿堂	0.7	0.7	0.5
2	库房	1.0	0.8	0.8

5. 制冷机房操作平台无设备区域的操作荷载（包括操作人员及一般检修工具的重量）可按均布活荷载考虑，采用 2kN/m²。设备按实际荷载确定。

　　6. 制冷机房设于楼面时，设备荷载应按实际重量考虑，楼面均布活荷载标准值可按 $8kN/m^2$。压缩机等振动设备动力系数取 1.3。

　　十、服装工厂生产厂房楼面均布活荷载标准值（摘自《服装工厂设计规范》GB 50705—2012[68]）

　　1. 服装工厂生产厂房当设计为楼房时，应根据实际使用荷载进行结构计算。当无实际资料时生产厂房楼面均布活荷载标准值应符合附表 2-12 的规定。

附表 2-12

生产厂房楼面均布活荷载标准值（kN/m^2）

名称	楼面均布活荷载	备注
裁剪车间	3	注1
缝制车间	3	注2
整烫车间	3	注3
成品检验	3	—
包装车间	3	—
原料、辅料库房	5.5	注4
成品库房	3.5	—

　　注：1. 裁剪车间未包括预缩机、自动裁剪机、粘合机等较大型的设备的荷载，以上设备的安装位置应根据设备实际情况另行确定楼面均布活荷载；
　　　　2. 缝制车间未包括各类绣花机的荷载；
　　　　3. 整烫车间未包括大型西服整烫机等的荷载；
　　　　4. 楼面荷载按人工堆垛取值，采用单梁悬挂式吊车作运输工具堆垛时，楼面荷载应取 $7.5kN/m^2$。

　　2. 多层及高层服装工厂厂房应设置垂直运输电梯，电梯选型应根据厂房层数、建筑高度与员工人数计算选择，载货梯宜选择额定载重量 1～2t、额定速度 1.0～1.75m/s 的电梯。高层厂房消防电梯的设置应符合现行国家标准《建筑设计防火规范》GB 50016 的有关规定。客梯与货梯可合用，并应根据上、下班人数确定速度与载重量。高层服装厂房货梯可根据运输频繁程度及物流量大小分低、高区设置。

　　十一、水泥工厂楼（屋）面均布活荷载（摘自《水泥工厂设计规范》GB 50295—2008[24]）

　　1. 水泥工厂建（构）筑物楼面和屋面均布活荷载应按附表 2-13 采用。

附表 2-13

建（构）筑物楼面和屋面均布活荷载

序号	类别		活荷载标准值（kN/m^2）	组合值系数	频遇值系数	准永久值系数
1	楼面	生产车间平台、楼梯、转送机转运站	4	0.7	0.7	0.6
2		胶带、绞刀、斜槽输送机走廊、一般走道	2	0.7	0.7	0.6
3		地坑、站台、窑、磨等基础的走道	10	1.0	0.8	0.6
4		窑头看火平台（预热器塔梁平台）耐火砖的部分 计算平台板和梁	20(15)	1.0	0.8	0.6
5		计算框架梁和柱	15(10)	0.7	0.7	0.6
6	屋面	压型钢板等轻屋面	0.5(0.3)	0.7	0.5	0
7		不上人的平屋面	0.5	0.7	0.5	0
8		上人的平屋面	2.0	0.7	0.5	0.4

　　注：1. 表中楼面内的括号适用于预热器塔架平台，屋面内的括号适用于不同结构设计规范的取值，屋面均布活载系指水平投影面积上的荷载；
　　　　2. 屋面兼作楼面时其活荷载标准值应取楼面活荷载值；
　　　　3. 不上人的屋面活荷载不与雪荷载同时考虑。

2. 水泥工厂建（构）筑物屋面水平投影面上的积灰荷载标准值及其组合值、频遇值、准永久值系数应按附表 2-14 采用。

建（构）筑物屋面水平投影面上的积灰荷载　　　　　　附表 2-14

序号	类别	标准值（kN/m²）	组合值系数	频遇值系数	准永久值系数
1	一、有灰源的车间及与其相连的建筑物	1(0.5)	0.9	0.9	0.8
2	二、除一、三项以外的建（构）筑物	0.5	0.9	0.9	0.8
3	三、水源地、码头、居住区等建筑物	0	—	—	—

注：1. 有灰源的车间包括破碎车间，石灰石、煤及辅助原料均化库，卸车坑，磨房，调配站，窑头厂房，喂料楼，熟料库，烘干车间，包装车间等；
　　2. 在使用中有较严格的收尘、清灰措施保证时，对于轻型屋面积灰荷载也可采用括号内数值，但应在设计文件中注明设计条件及使用要求；
　　3. 积灰荷载仅适用于屋面坡度不大于 25°；屋面坡度为 25°～45°时，其积灰荷载按插入法取值。屋面坡度为 45°及以上时，不考虑积灰荷载；
　　4. 屋面板和檩条的设计，应符合现行国家标准《建筑结构荷载规范》GB 50009 的有关规定；
　　5. 带括号的数值适用于不同结构规范的取值。

3. 建（构）筑物的设备荷载标准值，应根据工艺要求的数值采用。计算时应将其分解为永久荷载和可变荷载。准永久值系数应采用 0.8。

十二、邮件处理中心生产用房楼面和梁下吊挂的均布活荷载（摘自中国邮政集团公司企业标准《邮件处理中心工程设计规范》Q/YZ 005—2016[39]）

1. 邮件处理中心生产用房的楼面荷载应根据工艺选定的设备重量、外形尺寸和支承情况，邮件运输、贮存方式和重量以及建筑结构的实际情况计算确定。

2. 生产用房楼面和梁下吊挂的等效均布活荷载标准值应按附表 2-15 确定。荷载计算应同时考虑楼面与梁下等效均布活荷载的需求。若条件改变，荷载应另行计算。

生产用房楼面和梁下吊挂的等效均布活荷载标准值　　附表 2-15

序号	荷载类型	生产用房名称	活荷载标准值（kN/m²）	备注
1	楼面活荷载	包件、报刊生产用房	10	
		信函、扁平件生产用房	8	
2	梁下吊挂荷载	有梁下吊挂工艺设备的生产用房	2.5	单层胶带系统

注：1. 同一楼层安排多种邮件处理时，可按荷载最大的一种确定该楼层荷载，二层及以上楼层，同一楼层可分区域提出荷载要求；
　　2. 楼面层部集中荷载（如双层分拣机龙门架、螺旋滑梯、升降机等）超出本表荷载标准值时，应根据实际情况对该区域另行计算，并确保楼面物理力学指标及结构性能符合相关规范要求；
　　3. 梁下吊挂荷载是指工艺设备吊挂区域的等效均布活荷载，应将其转换成梁下线荷载或集中荷载。

3. 若使用叉车和电动搬运车，该部分生产场地的楼面等效均布活荷载应另行计算。

4. 当某部分生产场地兼作物流仓储使用时，该部分生产场地的楼面等效均布活荷载应根据货架及贮存货物的实际荷重另行计算。

5. 国际邮件、账单及商函等生产用房楼面和梁下吊挂的等效均布活荷载标准值参照附表 2-11 采用。

6. 其余不同用途的房屋楼面活荷载应参照现行荷载规范取值。

十三、物流建筑结构的活荷载（摘自《物流建筑设计规范》GB 51157—2016[66]）

1. 物流建筑各种荷载和作用的取值应符合现行国家标准《建筑结构荷载规范》GB 50009 的规定，并应符合下列规定：

（1）物品堆放对结构构件的作用，应按不同堆放高度、单侧堆放时与其他各种荷载的不利组合进行取值；

（2）应按不均匀堆载、运输车辆等对结构构件产生的不利组合进行取值；

（3）应计入输送设施吊挂荷载及机电设备、管线对结构构件的作用；

（4）不同类型的物流建筑楼面荷载及作用应根据工艺使用要求，采用等效均布荷载和不利组合。

2. 物流建筑结构设计应计算地面堆载对地基基础产生的不利影响。

3. 物流建筑结构设计应采用各种运输车辆的竖向轮压作为地面运输荷载，其数值可按运输设备的资料和规定进行取值，其准永久值系数可取 0.5。

4. 物流建筑结构设计的动力计算，可将重物、搬运车辆自重乘以动力系数后作为静力进行设计。搬运和装卸的重物及搬运车辆轮压的动力系数可采用 1.1～1.3。载重车辆的轮压动力系数，可根据覆土厚度按附表 2-16 采用。

载重车辆的轮压动力系数   附表 2-16

覆土厚度（m）	≤0.25	0.3	0.4	0.5	0.6	≥0.7
动力系数	1.30	1.25	1.20	1.15	1.05	1.00

5. 对于外围墙体门多且门洞尺寸大的物流建筑，其轻型屋盖外挑雨篷、围护结构及内部分区隔墙等宜计算正风及风吸作用，并应按半开敞式计算。对檐口、雨篷、遮阳板等外挑构件，局部向上风荷载体型系数宜取 2.0，其外挑部分的永久荷载的分项系数宜取 0.8。

6. 当高架库货架顶与屋盖相连、利用屋盖作为水平支撑时，主体结构计算时应计入货架传递的荷载及地震作用。

7. 物流建筑结构设计应计算外围围护结构及内部隔墙所传递给主体结构的风荷载及地震作用。

8. 跨度大于 24m 和悬臂大于 4m 的结构构件，应按现行国家标准《建筑抗震设计规范》GB 50011 的规定计算竖向地震作用。

十四、医院建筑中布置有医疗设备房间的楼面等效均布活荷载（摘自《全国民用建筑工程设计技术措施》2009 年版结构分册结构体系篇[42]）（附表 2-17）

有医疗设备的楼（地）面均布活荷载   附表 2-17

项次	类别	标准值（kN/m²）	准永久值系数 ψ_q	组合值系数 ψ_c
1	X 光室： 1.30MA 移动式 X 光机 2.200MA 诊断 X 光机 3.200kV 治疗机 4. X 光存片室	2.5 4.0 3.0 5.0	0.5 0.5 0.5 0.8	0.7
2	口腔科： 1.201 型治疗台及电动脚踏升降椅 2.205 型、206 型治疗台及 3704 型椅 3.2616 型治疗台及 3704 型椅	3.0 4.0 5.0	0.5 0.5 0.8	0.7

项次	类别	标准值（kN/m²）	准永久值系数 ψ_q	组合值系数 ψ_c
3	消毒室： 1602 型消毒柜	6.0	0.8	0.7
4	手术室： 3000 型、3008 型万能手术床及 3001 型骨科手术台	3.0	0.5	0.7
5	产房： 设 3009 型产床	2.5	0.5	0.7
6	血库： 设 D-101 型冰箱	5.0	0.8	0.7
7	药库	5.0	0.8	0.7

附录三　汽车活荷载标准值

　　建筑结构设计中的汽车活荷载可根据设计需要按城-A 级车辆荷载或城-B 级车辆荷载的标准载重汽车确定（摘自《公路桥涵设计通用规范》JTG D60—2015[36]《城市桥梁设计规范》CJJ 11—2011)[35]，其技术数据应符合下列规定：

　　1. 城-A 级标准载重汽车应采用五轴式货车加载，总重 700kN，前后轴距为 3.6m＋1.2m＋6m＋7.2m，车辆横向宽度为 2.5m（附图 3-1）。

车轴编号	1	2	3	4	5
轴重(kN)	60	140	140	200	160
轮重(kN)	30	70	70	100	80

总重(700kN)

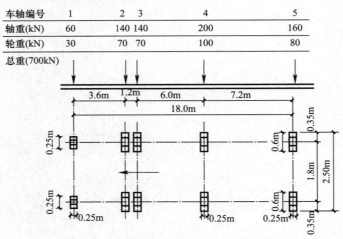

附图 3-1　城-A 级标准车辆纵向和平面布置

　　2. 城-B 级标准载重汽车应采用五轴式货车加载，总重 550kN，前后轴距为 3m＋1.4m＋7m＋1.4m，车辆横向宽度为 2.5m（附图 3-2）。

车轴编号	1	2	3	4	5
轴重(kN)	30	120	120	140	140
轮重(kN)	15	60	60	70	70

总重(550kN)

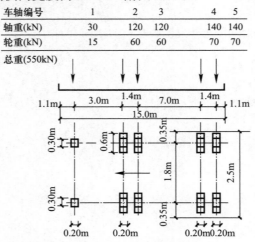

附图 3-2　城-B 级标准车辆纵向和平面布置

　　3. 城-A 级或城-B 级标准车辆横向布置时，两车的相邻车轮纵向轴间距为 1.3m。

附录四　双向板楼面等效均布荷载计算表

局部荷载 Q 可以作用在板面上任何可能的位置上，但等效均布荷载仍按中心处两个方向弯矩等效的原则确定。荷载作用面的计算宽度分别为 b_{cx} 和 b_{cy}，其中 b_{cx} 是与板长跨 l_x 平行的宽度尺寸，b_{cy} 是与板短跨 l_y 平行的宽度尺寸；荷载作用面中心距左边缘和上边缘分别为 x 和 y（附图 4-1）。

局部均布荷载　$q=Q/b_{cx}b_{cy}$

等效均布荷载在两个方向分别为：

$$q_{ex}=\theta_x q$$
$$q_{ey}=\theta_y q$$

式中，系数 q_x 和 q_y 可由本附录查附表 4-2 得出，表中：

$$k=l_x/l_y,$$
$$\alpha=b_{cx}/l_y, \quad \beta=b_{cy}/l_y,$$
$$\xi=x/l_y, \quad \eta=y/l_y。$$

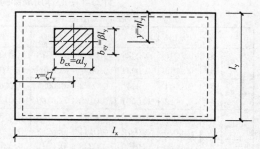

附图 4-1　简支双向板局部荷载的布置

局部荷载原则上应布置在可能的最不利位置上，一般至少有一个荷载布置在板的中心处。

当有若干个局部荷载时，可分别求出相应两个方向的等效均布荷载，并分别按两个方向各自叠加得出。

两个方向的等效均布活荷载，可选其中较大值作为设计采用的等效均布活荷载。

当局部作用面积较小，α 和 β 小于 0.1，但不小于 0.01 时，对中心作用的荷载可直接按附表 4-1 的系数计算确定。对非中心作用的荷载，可假设 $\alpha=\beta=0.1$，由附表 4-2 查系数并按 $q=Q/0.01l_y^2$ 计算确定。

计算中心作用局部荷载的等效均布荷载用表 （$\mu=0$）　　　　　　　　　附表 4-1

k	$\alpha=\beta$	0.01	0.02	0.03	0.04	0.05	0.06	0.07	0.08	0.09
1.0	θ_x	0.0011	0.0038	0.0077	0.0128	0.0188	0.0256	0.0332	0.0416	0.0505
	θ_y	0.0011	0.0038	0.0077	0.0128	0.0188	0.0256	0.0332	0.0416	0.0505
1.1	θ_x	0.0011	0.0038	0.0079	0.0129	0.0190	0.0259	0.0336	0.0420	0.0503
	θ_y	0.0009	0.0032	0.0066	0.0109	0.0161	0.0220	0.0285	0.0357	0.0429
1.2	θ_x	0.0011	0.0040	0.0081	0.0134	0.0196	0.0267	0.0342	0.0426	0.0517
	θ_y	0.0008	0.0028	0.0058	0.0096	0.0141	0.0193	0.0249	0.0312	0.0380
1.3	θ_x	0.0012	0.0042	0.0085	0.0140	0.0205	0.0279	0.0357	0.0445	0.0540
	θ_y	0.0007	0.0025	0.0052	0.0086	0.0127	0.0174	0.0224	0.0282	0.0344
1.4	θ_x	0.0013	0.0044	0.0090	0.0148	0.0217	0.0295	0.0378	0.0470	0.0570
	θ_y	0.0007	0.0023	0.0047	0.0078	0.0116	0.0158	0.0206	0.0258	0.0316
1.5	θ_x	0.0014	0.0047	0.0096	0.0159	0.0232	0.0316	0.0408	0.0504	0.0609
	θ_y	0.0006	0.0021	0.0044	0.0073	0.0107	0.0147	0.0191	0.0240	0.0294

续表

k	α=β	0.01	0.02	0.03	0.04	0.05	0.06	0.07	0.08	0.09
1.6	θ_x	0.0015	0.0051	0.0104	0.0171	0.0251	0.0341	0.0441	0.0549	0.0665
	θ_y	0.0006	0.0020	0.0041	0.0068	0.0100	0.0138	0.0179	0.0225	0.0276
1.7	θ_x	0.0016	0.0056	0.0113	0.0186	0.0273	0.0371	0.0479	0.0597	0.0723
	θ_y	0.0005	0.0019	0.0039	0.0064	0.0095	0.0130	0.0170	0.0214	0.0261
1.8	θ_x	0.0017	0.0061	0.0124	0.0204	0.0299	0.0405	0.0524	0.0653	0.0791
	θ_y	0.0005	0.0018	0.0037	0.0061	0.0090	0.0124	0.0162	0.0204	0.0249
1.9	θ_x	0.0019	0.0067	0.0137	0.0224	0.0328	0.0446	0.0576	0.0717	0.0868
	θ_y	0.0005	0.0017	0.0035	0.0059	0.0087	0.0119	0.0155	0.0196	0.0239
2.0	θ_x	0.0021	0.0073	0.0151	0.0248	0.0363	0.0493	0.0637	0.0793	0.0960
	θ_y	0.0005	0.0016	0.0034	0.0056	0.0083	0.0115	0.0150	0.0189	0.0231

计算非中心作用局部荷载的等效均布荷载用表 （μ＝0）　　　　附表 4-2

k=1　α=0.1　β=0.1

ξ	η	0.10	0.20	0.30	0.40	0.50
0.10	θ_x	0.0015	0.0026	0.0030	0.0028	0.0026
	θ_y	0.0015	0.0034	0.0057	0.0080	0.0090
0.20	θ_x	0.0034	0.0061	0.0072	0.0054	0.0065
	θ_y	0.0026	0.0061	0.0108	0.0160	0.0186
0.30	θ_x	0.0057	0.0108	0.0141	0.0143	0.0131
	θ_y	0.0030	0.0072	0.0141	0.0238	0.0296
0.40	θ_x	0.0080	0.0160	0.0238	0.0315	0.0276
	θ_y	0.0028	0.0054	0.0143	0.0315	0.0447
0.50	θ_x	0.0090	0.0186	0.0296	0.0447	0.0592
	θ_y	0.0026	0.0065	0.0131	0.0276	0.0592

k=1　α=0.1　β=0.2

ξ	η	0.10	0.20	0.30	0.40	0.50
0.10	θ_x	0.0029	0.0050	0.0057	0.0055	0.0052
	θ_y	0.0031	0.0069	0.0115	0.0157	0.0175
0.20	θ_x	0.0066	0.0116	0.0140	0.0110	0.0132
	θ_y	0.0054	0.0126	0.0218	0.0313	0.0358
0.30	θ_x	0.0113	0.0212	0.0274	0.0281	0.0271
	θ_y	0.0062	0.0151	0.0290	0.0467	0.0559
0.40	θ_x	0.0161	0.0321	0.0471	0.0620	0.0571
	θ_y	0.0058	0.0127	0.0302	0.0611	0.0786
0.50	θ_x	0.0182	0.0375	0.0602	0.0909	0.1085
	θ_y	0.0054	0.0130	0.0279	0.0654	0.0930

k=1　α=0.1　β=0.3

ξ	η	0.10	0.20	0.30	0.40	0.50
0.10	θ_x	0.0040	0.0070	0.0083	0.0082	0.0081
	θ_y	0.0048	0.0106	0.0171	0.0228	0.0251
0.20	θ_x	0.0094	0.0162	0.0201	0.0167	0.0203
	θ_y	0.0086	0.0197	0.0328	0.0452	0.0507
0.30	θ_x	0.0165	0.0307	0.0392	0.0415	0.0417
	θ_y	0.0102	0.0243	0.0451	0.0675	0.0772
0.40	θ_x	0.0241	0.0482	0.0688	0.0904	0.0854
	θ_y	0.0096	0.0232	0.0501	0.0870	0.1025
0.50	θ_x	0.0276	0.0573	0.0929	0.1337	0.1487
	θ_y	0.0089	0.0223	0.0472	0.1004	0.1153

k=1　α=0.1　β=0.4

ξ	η	0.10	0.20	0.30	0.40	0.50
0.10	θ_x		0.0086	0.0104	0.0110	0.0110
	θ_y		0.0145	0.0226	0.0290	0.0315
0.20	θ_x		0.0196	0.0226	0.0224	0.0219
	θ_y		0.0274	0.0438	0.0573	0.0625
0.30	θ_x		0.0387	0.0493	0.0543	0.0562
	θ_y		0.0352	0.0618	0.0849	0.0934
0.40	θ_x		0.0643	0.0941	0.1159	0.1240
	θ_y		0.0373	0.0738	0.1081	0.1222
0.50	θ_x		0.0784	0.1285	0.1693	0.1818
	θ_y		0.0332	0.0787	0.1209	0.1308

k=1　α=0.1　β=0.5

ξ	η	0.10	0.20	0.30	0.40	0.50
0.10	θ_x		0.0098	0.0123	0.0136	0.0140
	θ_y		0.0186	0.0277	0.0342	0.0366
0.20	θ_x		0.0217	0.0300	0.0282	0.0347
	θ_y		0.0356	0.0540	0.0672	0.0723
0.30	θ_x		0.0449	0.0579	0.0666	0.0699
	θ_y		0.0480	0.0777	0.0985	0.1054
0.40	θ_x		0.0798	0.1043	0.1379	0.1330
	θ_y		0.0547	0.0975	0.1240	0.1311
0.50	θ_x		0.1019	0.1619	0.1975	0.2082
	θ_y		0.0499	0.1096	0.1346	0.1416

k=1　α=0.1　β=0.6

ξ	η	0.10	0.20	0.30	0.40	0.50
0.10	θ_x			0.0138	0.0159	0.0166
	θ_y			0.0321	0.0383	0.0405
0.20	θ_x			0.0337	0.0336	0.0412
	θ_y			0.0629	0.0751	0.0794
0.30	θ_x			0.0657	0.0774	0.0818
	θ_y			0.0911	0.1085	0.1139
0.40	θ_x			0.1200	0.1561	0.1510
	θ_y			0.1148	0.1349	0.1394
0.50	θ_x			0.1876	0.2195	0.2297
	θ_y			0.1262	0.1441	0.1491

$k=1\quad \alpha=0.1\quad \beta=0.7$

ξ	η	0.10	0.20	0.30	0.40	0.50
0.10	θ_x			0.0151	0.0180	0.0191
	θ_y			0.0357	0.0414	0.0433
0.20	θ_x			0.0368	0.0383	0.0467
	θ_y			0.0701	0.0808	0.0843
0.30	θ_x			0.0723	0.0864	0.0915
	θ_y			0.1014	0.1155	0.1198
0.40	θ_x			0.1333	0.1702	0.1650
	θ_y			0.1265	0.1417	0.1449
0.50	θ_x			0.2065	0.2362	0.2457
	θ_y			0.1372	0.1503	0.1540

$k=1\quad \alpha=0.1\quad \beta=0.8$

ξ	η	0.10	0.20	0.30	0.40	0.50
0.10	θ_x				0.0196	0.0209
	θ_y				0.0436	0.0452
0.20	θ_x				0.0420	0.0452
	θ_y				0.0847	0.0876
0.30	θ_x				0.0931	0.0986
	θ_y				0.1201	0.1236
0.40	θ_x				0.1802	0.1882
	θ_y				0.1454	0.1476
0.50	θ_x				0.2478	0.2569
	θ_y				0.1544	0.1573

$k=1\quad \alpha=0.1\quad \beta=0.9$

ξ	η	0.10	0.20	0.30	0.40	0.50
0.10	θ_x				0.0205	0.0220
	θ_y				0.0448	0.0463
0.20	θ_x				0.0444	0.0534
	θ_y				0.0869	0.0895
0.30	θ_x				0.0972	0.1029
	θ_y				0.1227	0.1257
0.40	θ_x				0.1862	0.1811
	θ_y				0.1471	0.1504
0.50	θ_x				0.2548	0.2636
	θ_y				0.1567	0.1591

$k=1\quad \alpha=0.1\quad \beta=1.0$

ξ	η	0.10	0.20	0.30	0.40	0.50
0.10	θ_x					0.0224
	θ_y					0.0466
0.20	θ_x					0.0543
	θ_y					0.0900
0.30	θ_x					0.1043
	θ_y					0.1264
0.40	θ_x					0.1831
	θ_y					0.1510
0.50	θ_x					0.2656
	θ_y					0.1599

$k=1\quad \alpha=0.2\quad \beta=0.1$

ξ	η	0.10	0.20	0.30	0.40	0.50
0.10	θ_x	0.0031	0.0054	0.0062	0.0058	0.0054
	θ_y	0.0029	0.0066	0.0113	0.0161	0.0182
0.20	θ_x	0.0069	0.0126	0.0151	0.0127	0.0130
	θ_y	0.0050	0.0116	0.0212	0.0321	0.0375
0.30	θ_x	0.0115	0.0218	0.0290	0.0302	0.0279
	θ_y	0.0057	0.0140	0.0274	0.0471	0.0602
0.40	θ_x	0.0157	0.0313	0.0467	0.0611	0.0654
	θ_y	0.0055	0.0110	0.0281	0.0620	0.0909
0.50	θ_x	0.0175	0.0358	0.0559	0.0786	0.0930
	θ_y	0.0052	0.0132	0.0271	0.0571	0.1085

$k=1\quad \alpha=0.2\quad \beta=0.2$

ξ	η	0.10	0.20	0.30	0.40	0.50
0.10	θ_x	0.0059	0.0103	0.0121	0.0117	0.0111
	θ_y	0.0059	0.0134	0.0227	0.0315	0.0353
0.20	θ_x	0.0134	0.0241	0.0293	0.0255	0.0271
	θ_y	0.0103	0.0241	0.0427	0.0626	0.0721
0.30	θ_x	0.0227	0.0427	0.0565	0.0596	0.0580
	θ_y	0.0121	0.0293	0.0565	0.0929	0.1126
0.40	θ_x	0.0315	0.0626	0.0929	0.1201	0.1276
	θ_y	0.0117	0.0255	0.0596	0.1201	0.1555
0.50	θ_x	0.0353	0.0721	0.1126	0.1555	0.1768
	θ_y	0.0111	0.0271	0.0580	0.1276	0.1768

$k=1\quad \alpha=0.2\quad \beta=0.3$

ξ	η	0.10	0.20	0.30	0.40	0.50
0.10	θ_x	0.0084	0.0147	0.0174	0.0175	0.0171
	θ_y	0.0094	0.0207	0.0339	0.0456	0.0503
0.20	θ_x	0.0192	0.0340	0.0419	0.0384	0.0420
	θ_y	0.0166	0.0381	0.0649	0.0904	0.1017
0.30	θ_x	0.0332	0.0624	0.0810	0.0876	0.0889
	θ_y	0.0197	0.0470	0.0885	0.1346	0.1542
0.40	θ_x	0.0472	0.0941	0.1379	0.1752	0.1845
	θ_y	0.0191	0.0462	0.0977	0.1711	0.2023
0.50	θ_x	0.0534	0.1093	0.1703	0.2270	0.2496
	θ_y	0.0182	0.0457	0.0971	0.1934	0.2238

$k=1\quad \alpha=0.2\quad \beta=0.4$

ξ	η	0.10	0.20	0.30	0.40	0.50
0.10	θ_x		0.0181	0.0220	0.0232	0.0233
	θ_y		0.0286	0.0449	0.0579	0.0629
0.20	θ_x		0.0415	0.0496	0.0512	0.0510
	θ_y		0.0536	0.0868	0.1144	0.1253
0.30	θ_x		0.0792	0.1024	0.1146	0.1192
	θ_y		0.0686	0.1222	0.1691	0.1858
0.40	θ_x		0.1253	0.1828	0.2247	0.2403
	θ_y		0.0741	0.1456	0.2127	0.2403
0.50	θ_x		0.1478	0.2277	0.2895	0.3110
	θ_y		0.0686	0.1551	0.2350	0.2551

k=1　α=0.2　β=0.5

ξ	η	0.10	0.20	0.30	0.40	0.50
0.10	θ_x		0.0205	0.0259	0.0286	0.0295
	θ_y		0.0368	0.0550	0.0682	0.0730
0.20	θ_x		0.0467	0.0618	0.0637	0.0722
	θ_y		0.0702	0.1073	0.1341	0.1440
0.30	θ_x		0.0924	0.1208	0.1397	0.1469
	θ_y		0.0942	0.1544	0.1956	0.2090
0.40	θ_x		0.1552	0.2187	0.2676	0.2779
	θ_y		0.1082	0.1940	0.2441	0.2585
0.50	θ_x		0.1879	0.2804	0.3414	0.3615
	θ_y		0.1026	0.2115	0.2635	0.2776

k=1　α=0.2　β=0.6

ξ	η	0.10	0.20	0.30	0.40	0.50
0.10	θ_x			0.0291	0.0337	0.0353
	θ_y			0.0639	0.0763	0.0806
0.20	θ_x			0.0697	0.0751	0.0856
	θ_y			0.1252	0.1494	0.1577
0.30	θ_x			0.1371	0.1619	0.1710
	θ_y			0.1812	0.2151	0.2256
0.40	θ_x			0.2518	0.3029	0.3133
	θ_y			0.2267	0.2658	0.2745
0.50	θ_x			0.3248	0.3831	0.4023
	θ_y			0.2461	0.2827	0.2931

k=1　α=0.2　β=0.7

ξ	η	0.10	0.20	0.30	0.40	0.50
0.10	θ_x			0.0317	0.0380	0.0403
	θ_y			0.0711	0.0824	0.0861
0.20	θ_x			0.0763	0.0851	0.0969
	θ_y			0.1394	0.1606	0.1673
0.30	θ_x			0.1511	0.1803	0.1906
	θ_y			0.2014	0.2288	0.2370
0.40	θ_x			0.2784	0.3304	0.3410
	θ_y			0.2496	0.2793	0.2856
0.50	θ_x			0.3590	0.4151	0.4334
	θ_y			0.2687	0.2957	0.3034

k=1　α=0.2　β=0.8

ξ	η	0.10	0.20	0.30	0.40	0.50
0.10	θ_x				0.0413	0.0441
	θ_y				0.0865	0.0897
0.20	θ_x				0.0927	0.0993
	θ_y				0.1680	0.1736
0.30	θ_x				0.1938	0.2048
	θ_y				0.2377	0.2444
0.40	θ_x				0.3500	0.3656
	θ_y				0.2868	0.2913
0.50	θ_x				0.4376	0.4554
	θ_y				0.3041	0.3102

k=1　α=0.2　β=0.9

ξ	η	0.10	0.20	0.30	0.40	0.50
0.10	θ_x				0.0413	0.0441
	θ_y				0.0865	0.0897
0.20	θ_x				0.0927	0.0993
	θ_y				0.1680	0.1736
0.30	θ_x				0.1938	0.2048
	θ_y				0.2377	0.2444
0.40	θ_x				0.3500	0.3656
	θ_y				0.2868	0.2913
0.50	θ_x				0.4376	0.4554
	θ_y				0.3041	0.3102

k=1　α=0.2　β=1.0

ξ	η	0.10	0.20	0.30	0.40	0.50
0.10	θ_x					0.0472
	θ_y					0.0925
0.20	θ_x					0.1124
	θ_y					0.1783
0.30	θ_x					0.2164
	θ_y					0.2498
0.40	θ_x					0.3762
	θ_y					0.2979
0.50	θ_x					0.4728
	θ_y					0.3150

k=1　α=0.3　β=0.1

ξ	η	0.10	0.20	0.30	0.40	0.50
0.10	θ_x	0.0048	0.0086	0.0102	0.0096	0.0089
	θ_y	0.0040	0.0094	0.0165	0.0241	0.0276
0.20	θ_x	0.0106	0.0197	0.0243	0.0232	0.0223
	θ_y	0.0070	0.0162	0.0307	0.0482	0.0573
0.30	θ_x	0.0171	0.0328	0.0451	0.0501	0.0472
	θ_y	0.0083	0.0201	0.0392	0.0688	0.0929
0.40	θ_x	0.0228	0.0452	0.0675	0.0870	0.1004
	θ_y	0.0082	0.0167	0.0415	0.0904	0.1337
0.50	θ_x	0.0251	0.0507	0.0772	0.1025	0.1153
	θ_y	0.0081	0.0203	0.0417	0.0854	0.1487

k=1　α=0.3　β=0.2

ξ	η	0.10	0.20	0.30	0.40	0.50
0.10	θ_x	0.0094	0.0166	0.0197	0.0191	0.0182
	θ_y	0.0084	0.0192	0.0332	0.0472	0.0534
0.20	θ_x	0.0207	0.0381	0.0470	0.0462	0.0457
	θ_y	0.0147	0.0340	0.0624	0.0941	0.1093
0.30	θ_x	0.0339	0.0649	0.0885	0.0977	0.0971
	θ_y	0.0174	0.0419	0.0810	0.1379	0.1703
0.40	θ_x	0.0456	0.0904	0.1346	0.1711	0.1934
	θ_y	0.0175	0.0384	0.0876	0.1752	0.2270
0.50	θ_x	0.0503	0.1017	0.1542	0.2023	0.2238
	θ_y	0.0171	0.0420	0.0889	0.1845	0.2496

$k=1 \quad \alpha=0.3 \quad \beta=0.3$

ξ	η	0.10	0.20	0.30	0.40	0.50
0.10	θ_x	0.0134	0.0236	0.0283	0.0286	0.0281
	θ_y	0.0134	0.0299	0.0500	0.0683	0.0758
0.20	θ_x	0.0299	0.0543	0.0676	0.0690	0.0702
	θ_y	0.0236	0.0543	0.0951	0.1356	0.1530
0.30	θ_x	0.0500	0.0951	0.1289	0.1430	0.1481
	θ_y	0.0283	0.0676	0.1289	0.2009	0.2303
0.40	θ_x	0.0683	0.1356	0.2009	0.2496	0.2760
	θ_y	0.0286	0.0690	0.1430	0.2496	0.2938
0.50	θ_x	0.0758	0.1530	0.2303	0.2938	0.3191
	θ_y	0.0281	0.0702	0.1481	0.2760	0.3191

$k=1 \quad \alpha=0.3 \quad \beta=0.4$

ξ	η	0.10	0.20	0.30	0.40	0.50
0.10	θ_x		0.0292	0.0357	0.0378	0.0383
	θ_y		0.0417	0.0664	0.0866	0.0943
0.20	θ_x		0.0674	0.0843	0.0910	0.0924
	θ_y		0.0773	0.1281	0.1712	0.1882
0.30	θ_x		0.1224	0.1626	0.1863	0.1955
	θ_y		0.0983	0.1798	0.2515	0.2757
0.40	θ_x		0.1800	0.2615	0.3204	0.3422
	θ_y		0.1098	0.2136	0.3106	0.3504
0.50	θ_x		0.2046	0.3039	0.3781	0.4046
	θ_y		0.1055	0.2272	0.3385	0.3690

$k=1 \quad \alpha=0.3 \quad \beta=0.5$

ξ	η	0.10	0.20	0.30	0.40	0.50
0.10	θ_x		0.0332	0.0420	0.0468	0.0484
	θ_y		0.0541	0.0817	0.1017	0.1089
0.20	θ_x		0.0774	0.1005	0.1118	0.1188
	θ_y		0.1025	0.1594	0.2001	0.2143
0.30	θ_x		0.1452	0.1930	0.2260	0.2382
	θ_y		0.1363	0.2292	0.2897	0.3089
0.40	θ_x		0.2226	0.3245	0.3818	0.4118
	θ_y		0.1594	0.2847	0.3567	0.3783
0.50	θ_x		0.2555	0.3710	0.4486	0.4751
	θ_y		0.1557	0.3046	0.3824	0.4041

$k=1 \quad \alpha=0.3 \quad \beta=0.6$

ξ	η	0.10	0.20	0.30	0.40	0.50
0.10	θ_x			0.0473	0.0548	0.0576
	θ_y			0.0950	0.1136	0.1198
0.20	θ_x			0.1135	0.1305	0.1399
	θ_y			0.1862	0.2222	0.2338
0.30	θ_x			0.2202	0.2604	0.2747
	θ_y			0.2690	0.3177	0.3325
0.40	θ_x			0.3732	0.4326	0.4626
	θ_y			0.3331	0.3888	0.4024
0.50	θ_x			0.4268	0.5046	0.5323
	θ_y			0.3568	0.4120	0.4274

$k=1 \quad \alpha=0.3 \quad \beta=0.7$

ξ	η	0.10	0.20	0.30	0.40	0.50
0.10	θ_x			0.0516	0.0617	0.0654
	θ_y			0.1058	0.1223	0.1276
0.20	θ_x			0.1245	0.1464	0.1575
	θ_y			0.2072	0.2381	0.2474
0.30	θ_x			0.2432	0.2882	0.3039
	θ_y			0.2979	0.3372	0.3491
0.40	θ_x			0.4125	0.4722	0.5025
	θ_y			0.3654	0.4090	0.4186
0.50	θ_x			0.4738	0.5507	0.5764
	θ_y			0.3905	0.4318	0.4437

$k=1 \quad \alpha=0.3 \quad \beta=0.8$

ξ	η	0.10	0.20	0.30	0.40	0.50
0.10	θ_x				0.0670	0.0714
	θ_y				0.1283	0.1328
0.20	θ_x				0.1585	0.1686
	θ_y				0.2485	0.2562
0.30	θ_x				0.3086	0.3253
	θ_y				0.3500	0.3596
0.40	θ_x				0.5005	0.5230
	θ_y				0.4203	0.4272
0.50	θ_x				0.5825	0.6078
	θ_y				0.4448	0.4543

$k=1 \quad \alpha=0.3 \quad \beta=0.9$

ξ	η	0.10	0.20	0.30	0.40	0.50
0.10	θ_x				0.0703	0.0752
	θ_y				0.1317	0.1357
0.20	θ_x				0.1660	0.1787
	θ_y				0.2543	0.2614
0.30	θ_x				0.3211	0.3382
	θ_y				0.3573	0.3655
0.40	θ_x				0.5174	0.5481
	θ_y				0.4257	0.4351
0.50	θ_x				0.6000	0.6266
	θ_y				0.4520	0.4598

$k=1 \quad \alpha=0.3 \quad \beta=1.0$

ξ	η	0.10	0.20	0.30	0.40	0.50
0.10	θ_x					0.0752
	θ_y					0.1357
0.20	θ_x					0.1787
	θ_y					0.2614
0.30	θ_x					0.3382
	θ_y					0.3655
0.40	θ_x					0.5481
	θ_y					0.4351
0.50	θ_x					0.6266
	θ_y					0.4598

$k=1$　　$\alpha=0.4$　　$\beta=0.1$

ξ	η	0.10	0.20	0.30	0.40	0.50
0.20	θ_x	0.0145	0.0274	0.0352	0.0373	0.0332
	θ_y	0.0086	0.0196	0.0387	0.0643	0.0784
0.30	θ_x	0.0226	0.0438	0.0618	0.0738	0.0787
	θ_y	0.0104	0.0226	0.0493	0.0941	0.1285
0.40	θ_x	0.0290	0.0573	0.0849	0.1081	0.1209
	θ_y	0.0110	0.0224	0.0543	0.1159	0.1693
0.50	θ_x	0.0315	0.0625	0.0934	0.1222	0.1308
	θ_y	0.0110	0.0219	0.0562	0.1240	0.1818

$k=1$　　$\alpha=0.4$　　$\beta=0.2$

ξ	η	0.10	0.20	0.30	0.40	0.50
0.20	θ_x	0.0286	0.0536	0.0686	0.0741	0.0686
	θ_y	0.0181	0.0415	0.0792	0.1253	0.1478
0.30	θ_x	0.0449	0.0868	0.1222	0.1456	0.1551
	θ_y	0.0220	0.0496	0.1024	0.1828	0.2277
0.40	θ_x	0.0579	0.1144	0.1691	0.2127	0.2350
	θ_y	0.0232	0.0512	0.1146	0.2247	0.2895
0.50	θ_x	0.0629	0.1253	0.1858	0.2403	0.2551
	θ_y	0.0233	0.0510	0.1192	0.2403	0.3110

$k=1$　　$\alpha=0.4$　　$\beta=0.3$

ξ	η	0.10	0.20	0.30	0.40	0.50
0.20	θ_x	0.0417	0.0773	0.0983	0.1098	0.1055
	θ_y	0.0292	0.0674	0.1224	0.1800	0.2046
0.30	θ_x	0.0664	0.1281	0.1798	0.2136	0.2272
	θ_y	0.0357	0.0843	0.1626	0.2615	0.3039
0.40	θ_x	0.0866	0.1712	0.2515	0.3106	0.3385
	θ_y	0.0378	0.0910	0.1863	0.3204	0.3781
0.50	θ_x	0.0943	0.1882	0.2757	0.3504	0.3690
	θ_y	0.0383	0.0924	0.1955	0.3422	0.4046

$k=1$　　$\alpha=0.4$　　$\beta=0.4$

ξ	η	0.10	0.20	0.30	0.40	0.50
0.20	θ_x		0.0978	0.1277	0.1435	0.1483
	θ_y		0.0978	0.1668	0.2266	0.2505
0.30	θ_x		0.1668	0.2324	0.2760	0.2913
	θ_y		0.1277	0.2324	0.3271	0.3656
0.40	θ_x		0.2266	0.3271	0.3990	0.4253
	θ_y		0.1435	0.2760	0.3990	0.4495
0.50	θ_x		0.2505	0.3656	0.4495	0.4805
	θ_y		0.1483	0.2913	0.4253	0.4805

$k=1$　　$\alpha=0.4$　　$\beta=0.5$

ξ	η	0.10	0.20	0.30	0.40	0.50
0.20	θ_x		0.1147	0.1462	0.1745	0.1760
	θ_y		0.1317	0.2093	0.2639	0.2820
0.30	θ_x		0.2019	0.2812	0.3312	0.3506
	θ_y		0.1784	0.3012	0.3782	0.4021
0.40	θ_x		0.2792	0.4013	0.4759	0.5083
	θ_y		0.2069	0.3658	0.4588	0.4868
0.50	θ_x		0.3105	0.4374	0.5351	0.5559
	θ_y		0.2165	0.3879	0.4881	0.5171

$k=1$　　$\alpha=0.4$　　$\beta=0.6$

ξ	η	0.10	0.20	0.30	0.40	0.50
0.20	θ_x			0.1462	0.1745	0.1760
	θ_y			0.2093	0.2639	0.2820
0.30	θ_x			0.2812	0.3312	0.3506
	θ_y			0.3012	0.3782	0.4021
0.40	θ_x			0.4013	0.4759	0.5083
	θ_y			0.3658	0.4588	0.4868
0.50	θ_x			0.4374	0.5351	0.5559
	θ_y			0.3879	0.4881	0.5171

$k=1$　　$\alpha=0.4$　　$\beta=0.7$

ξ	η	0.10	0.20	0.30	0.40	0.50
0.20	θ_x			0.1824	0.2244	0.2302
	θ_y			0.2724	0.3118	0.3231
0.30	θ_x			0.3552	0.4155	0.4382
	θ_y			0.3888	0.4399	0.4530
0.40	θ_x			0.5103	0.5898	0.6238
	θ_y			0.4700	0.5274	0.5403
0.50	θ_x			0.5568	0.6609	0.6819
	θ_y			0.4992	0.5586	0.5712

$k=1$　　$\alpha=0.4$　　$\beta=0.8$

ξ	η	0.10	0.20	0.30	0.40	0.50
0.20	θ_x				0.2414	0.2554
	θ_y				0.3244	0.3336
0.30	θ_x				0.4428	0.4649
	θ_y				0.4548	0.4649
0.40	θ_x				0.6256	0.6542
	θ_y				0.5425	0.5519
0.50	θ_x				0.7000	0.7311
	θ_y				0.5736	0.5826

$k=1\quad\alpha=0.4\quad\beta=0.9$

ξ	η	0.10	0.20	0.30	0.40	0.50
0.20	θ_x				0.2519	0.2593
	θ_y				0.3314	0.3403
0.30	θ_x				0.4593	0.4834
	θ_y				0.4625	0.4737
0.40	θ_x				0.6471	0.6815
	θ_y				0.5498	0.5626
0.50	θ_x				0.7234	0.7446
	θ_y				0.5806	0.5937

$k=1\quad\alpha=0.4\quad\beta=1.0$

ξ	η	0.10	0.20	0.30	0.40	0.50
0.20	θ_x	0.0686	0.1483	0.2058	0.2554	0.2630
	θ_y	0.1478	0.2505	0.3062	0.3336	0.3423
0.30	θ_x	0.1551	0.2913	0.3996	0.4649	0.4893
	θ_y	0.2277	0.3656	0.4324	0.4649	0.4765
0.40	θ_x	0.2350	0.4253	0.5732	0.6542	0.6888
	θ_y	0.2895	0.4495	0.5187	0.5519	0.5647
0.50	θ_x	0.2551	0.4805	0.6266	0.7311	0.7524
	θ_y	0.3110	0.4805	0.5491	0.5825	0.5958

$k=1\quad\alpha=0.5\quad\beta=0.1$

ξ	η	0.10	0.20	0.30	0.40	0.50
0.20	θ_x	0.0186	0.0356	0.0480	0.0547	0.0499
	θ_y	0.0098	0.0217	0.0449	0.0798	0.1019
0.30	θ_x	0.0277	0.0540	0.0777	0.0975	0.1096
	θ_y	0.0123	0.0300	0.0579	0.1043	0.1619
0.40	θ_x	0.0342	0.0672	0.0985	0.1240	0.1346
	θ_y	0.0136	0.0282	0.0666	0.1379	0.1975
0.50	θ_x	0.0366	0.0723	0.1054	0.1311	0.1416
	θ_y	0.0140	0.0347	0.0699	0.1330	0.2082

$k=1\quad\alpha=0.5\quad\beta=0.2$

ξ	η	0.10	0.20	0.30	0.40	0.50
0.20	θ_x	0.0368	0.0702	0.0942	0.1082	0.1026
	θ_y	0.0205	0.0467	0.0924	0.1552	0.1879
0.30	θ_x	0.0550	0.1073	0.1544	0.1940	0.2115
	θ_y	0.0259	0.0618	0.1208	0.2187	0.2804
0.40	θ_x	0.0682	0.1341	0.1956	0.2441	0.2635
	θ_y	0.0286	0.0637	0.1397	0.2676	0.3414
0.50	θ_x	0.0730	0.1440	0.2090	0.2585	0.2776
	θ_y	0.0295	0.0722	0.1469	0.2779	0.3615

$k=1\quad\alpha=0.5\quad\beta=0.3$

ξ	η	0.10	0.20	0.30	0.40	0.50
0.20	θ_x	0.0541	0.1025	0.1363	0.1594	0.1557
	θ_y	0.0332	0.0774	0.1452	0.2226	0.2555
0.30	θ_x	0.0817	0.1594	0.2292	0.2847	0.3046
	θ_y	0.0420	0.1005	0.1930	0.3245	0.3710
0.40	θ_x	0.1017	0.2001	0.2897	0.3567	0.3824
	θ_y	0.0468	0.1118	0.2260	0.3818	0.4486
0.50	θ_x	0.1089	0.2143	0.3089	0.3783	0.4041
	θ_y	0.0484	0.1188	0.2382	0.4118	0.4751

$k=1\quad\alpha=0.5\quad\beta=0.4$

ξ	η	0.10	0.20	0.30	0.40	0.50
0.20	θ_x		0.1317	0.1784	0.2069	0.2165
	θ_y		0.1147	0.2019	0.2792	0.3105
0.30	θ_x		0.2093	0.3012	0.3658	0.3879
	θ_y		0.1462	0.2812	0.4013	0.4374
0.40	θ_x		0.2639	0.3782	0.4588	0.4881
	θ_y		0.1745	0.3312	0.4759	0.5351
0.50	θ_x		0.2820	0.4021	0.4868	0.5171
	θ_y		0.1760	0.3506	0.5083	0.5559

$k=1\quad\alpha=0.5\quad\beta=0.5$

ξ	η	0.10	0.20	0.30	0.40	0.50
0.20	θ_x		0.1572	0.2048	0.2497	0.2517
	θ_y		0.1572	0.2569	0.3240	0.3454
0.30	θ_x		0.2569	0.3658	0.4362	0.4598
	θ_y		0.2048	0.3658	0.4586	0.4868
0.40	θ_x		0.3240	0.4586	0.5479	0.5790
	θ_y		0.2497	0.4362	0.5479	0.5814
0.50	θ_x		0.3454	0.4868	0.5814	0.6145
	θ_y		0.2517	0.4598	0.5790	0.6145

$k=1\quad\alpha=0.5\quad\beta=0.6$

ξ	η	0.10	0.20	0.30	0.40	0.50
0.20	θ_x			0.2336	0.2866	0.2909
	θ_y			0.3010	0.3571	0.3731
0.30	θ_x			0.4203	0.4944	0.5196
	θ_y			0.4281	0.5002	0.5215
0.40	θ_x			0.5273	0.6223	0.6547
	θ_y			0.5100	0.5988	0.6211
0.50	θ_x			0.5595	0.6608	0.6955
	θ_y			0.5382	0.6289	0.6556

$k=1$　$\alpha=0.5$　$\beta=0.7$

ξ	η	0.10	0.20	0.30	0.40	0.50
0.20	θ_x			0.2577	0.3166	0.3225
	θ_y			0.3337	0.3798	0.3923
0.30	θ_x			0.4632	0.5415	0.5679
	θ_y			0.4702	0.5288	0.5462
0.40	θ_x			0.5823	0.6808	0.7141
	θ_y			0.5616	0.6315	0.6477
0.50	θ_x			0.6180	0.7234	0.7591
	θ_y			0.5930	0.6628	0.6832

$k=1$　$\alpha=0.5$　$\beta=0.8$

ξ	η	0.10	0.20	0.30	0.40	0.50
0.20	θ_x				0.3387	0.3568
	θ_y				0.3939	0.4038
0.30	θ_x				0.5746	0.6024
	θ_y				0.5479	0.5624
0.40	θ_x				0.7227	0.7564
	θ_y				0.6504	0.6624
0.50	θ_x				0.7680	0.8043
	θ_y				0.6850	0.7012

$k=1$　$\alpha=0.5$　$\beta=0.9$

ξ	η	0.10	0.20	0.30	0.40	0.50
0.20	θ_x				0.3387	0.3568
	θ_y				0.3939	0.4038
0.30	θ_x				0.5746	0.6024
	θ_y				0.5479	0.5624
0.40	θ_x				0.7227	0.7564
	θ_y				0.6504	0.6624
0.50	θ_x				0.7680	0.8043
	θ_y				0.6850	0.7012

$k=1$　$\alpha=0.5$　$\beta=1.0$

ξ	η	0.10	0.20	0.30	0.40	0.50
0.20	θ_x					0.3645
	θ_y					0.4140
0.30	θ_x					0.6305
	θ_y					0.5736
0.40	θ_x					0.7914
	θ_y					0.6780
0.50	θ_x					0.8414
	θ_y					0.7148

$k=1$　$\alpha=0.6$　$\beta=0.1$

ξ	η	0.10	0.20	0.30	0.40	0.50
0.30	θ_x	0.0321	0.0629	0.0911	0.1148	0.1262
	θ_y	0.0138	0.0337	0.0657	0.1200	0.1876
0.40	θ_x	0.0383	0.0751	0.1085	0.1349	0.1441
	θ_y	0.0159	0.0336	0.0774	0.1561	0.2195
0.50	θ_x	0.0405	0.0794	0.1139	0.1394	0.1491
	θ_y	0.0166	0.0412	0.0818	0.1510	0.2297

$k=1$　$\alpha=0.6$　$\beta=0.2$

ξ	η	0.10	0.20	0.30	0.40	0.50
0.30	θ_x	0.0639	0.1252	0.1812	0.2267	0.2461
	θ_y	0.0291	0.0697	0.1371	0.2518	0.3248
0.40	θ_x	0.0763	0.1494	0.2151	0.2658	0.2827
	θ_y	0.0337	0.0751	0.1619	0.3029	0.3831
0.50	θ_x	0.0806	0.1577	0.2256	0.2745	0.2931
	θ_y	0.0353	0.0856	0.1710	0.3133	0.4023

$k=1$　$\alpha=0.6$　$\beta=0.3$

ξ	η	0.10	0.20	0.30	0.40	0.50
0.30	θ_x	0.0950	0.1862	0.2690	0.3331	0.3568
	θ_y	0.0473	0.1135	0.2202	0.3732	0.4268
0.40	θ_x	0.1136	0.2222	0.3177	0.3888	0.4120
	θ_y	0.0548	0.1305	0.2604	0.4326	0.5046
0.50	θ_x	0.1198	0.2338	0.3325	0.4024	0.4274
	θ_y	0.0576	0.1399	0.2747	0.4626	0.5323

$k=1$　$\alpha=0.6$　$\beta=0.4$

ξ	η	0.10	0.20	0.30	0.40	0.50
0.30	θ_x		0.2451	0.3520	0.4274	0.4533
	θ_y		0.1658	0.3223	0.4621	0.5037
0.40	θ_x		0.2920	0.4152	0.5007	0.5315
	θ_y		0.2019	0.3781	0.5398	0.6058
0.50	θ_x		0.3062	0.4324	0.5187	0.5491
	θ_y		0.2058	0.3996	0.5732	0.6266

$k=1$　$\alpha=0.6$　$\beta=0.5$

ξ	η	0.10	0.20	0.30	0.40	0.50
0.30	θ_x		0.3010	0.4281	0.5100	0.5382
	θ_y		0.2336	0.4203	0.5273	0.5595
0.40	θ_x		0.3571	0.5002	0.5988	0.6289
	θ_y		0.2866	0.4944	0.6223	0.6608
0.50	θ_x		0.3731	0.5215	0.6211	0.6556
	θ_y		0.2909	0.5196	0.6547	0.6955

$k=1$　$\alpha=0.6$　$\beta=0.6$

ξ	η	0.10	0.20	0.30	0.40	0.50
0.30	θ_x			0.4922	0.5798	0.6095
	θ_y			0.4922	0.5744	0.5985
0.40	θ_x			0.5744	0.6810	0.7132
	θ_y			0.5798	0.6810	0.7063
0.50	θ_x			0.5985	0.7063	0.7435
	θ_y			0.6095	0.7132	0.7435

$k=1 \quad \alpha=0.6 \quad \beta=0.7$

ξ	η	0.10	0.20	0.30	0.40	0.50
0.30	θ_x			0.5430	0.6332	0.6641
	θ_y			0.5403	0.6067	0.6263
0.40	θ_x			0.6341	0.7459	0.7795
	θ_y			0.6374	0.7192	0.7386
0.50	θ_x			0.6607	0.7755	0.8143
	θ_y			0.6706	0.7531	0.7773

$k=1 \quad \alpha=0.6 \quad \beta=0.8$

ξ	η	0.10	0.20	0.30	0.40	0.50
0.30	θ_x				0.6734	0.7041
	θ_y				0.6283	0.6445
0.40	θ_x				0.7928	0.8304
	θ_y				0.7416	0.7561
0.50	θ_x				0.8241	0.8648
	θ_y				0.7794	0.7992

$k=1 \quad \alpha=0.6 \quad \beta=0.9$

ξ	η	0.10	0.20	0.30	0.40	0.50
0.30	θ_x				0.6971	0.7282
	θ_y				0.6405	0.6539
0.40	θ_x				0.8210	0.8562
	θ_y				0.7528	0.7703
0.50	θ_x				0.8540	0.8945
	θ_y				0.7943	0.8105

$k=1 \quad \alpha=0.6 \quad \beta=1.0$

ξ	η	0.10	0.20	0.30	0.40	0.50
0.30	θ_x					0.7360
	θ_y					0.6572
0.40	θ_x					0.8657
	θ_y					0.7746
0.50	θ_x					0.9055
	θ_y					0.8151

$k=1 \quad \alpha=0.7 \quad \beta=0.1$

ξ	η	0.10	0.20	0.30	0.40	0.50
0.30	θ_x	0.0357	0.0701	0.1014	0.1265	0.1372
	θ_y	0.0151	0.0368	0.0723	0.1333	0.2065
0.40	θ_x	0.0414	0.0808	0.1155	0.1417	0.1503
	θ_y	0.0180	0.0383	0.0864	0.1702	0.2362
0.50	θ_x	0.0433	0.0843	0.1198	0.1449	0.1540
	θ_y	0.0191	0.0467	0.0915	0.1650	0.2457

$k=1 \quad \alpha=0.7 \quad \beta=0.2$

ξ	η	0.10	0.20	0.30	0.40	0.50
0.30	θ_x	0.0711	0.1394	0.2014	0.2496	0.2687
	θ_y	0.0317	0.0763	0.1511	0.2784	0.3590
0.40	θ_x	0.0824	0.1606	0.2288	0.2793	0.2957
	θ_y	0.0380	0.0851	0.1803	0.3304	0.4151
0.50	θ_x	0.0861	0.1673	0.2370	0.2856	0.3034
	θ_y	0.0403	0.0969	0.1906	0.3410	0.4334

$k=1 \quad \alpha=0.7 \quad \beta=0.3$

ξ	η	0.10	0.20	0.30	0.40	0.50
0.30	θ_x	0.1058	0.2072	0.2979	0.3654	0.3905
	θ_y	0.0516	0.1245	0.2432	0.4125	0.4738
0.40	θ_x	0.1223	0.2381	0.3372	0.4090	0.4318
	θ_y	0.0617	0.1464	0.2882	0.4722	0.5507
0.50	θ_x	0.1276	0.2474	0.3491	0.4186	0.4437
	θ_y	0.0654	0.1575	0.3039	0.5025	0.5764

$k=1 \quad \alpha=0.7 \quad \beta=0.4$

ξ	η	0.10	0.20	0.30	0.40	0.50
0.30	θ_x		0.2724	0.3888	0.4700	0.4992
	θ_y		0.1824	0.3552	0.5103	0.5568
0.40	θ_x		0.3118	0.4399	0.5274	0.5586
	θ_y		0.2244	0.4155	0.5898	0.6609
0.50	θ_x		0.3231	0.4530	0.5403	0.5712
	θ_y		0.2302	0.4382	0.6238	0.6819

$k=1 \quad \alpha=0.7 \quad \beta=0.5$

ξ	η	0.10	0.20	0.30	0.40	0.50
0.30	θ_x		0.3337	0.4702	0.5616	0.5930
	θ_y		0.2577	0.4632	0.5823	0.6180
0.40	θ_x		0.3798	0.5288	0.6315	0.6628
	θ_y		0.3166	0.5415	0.6808	0.7234
0.50	θ_x		0.3923	0.5462	0.6477	0.6832
	θ_y		0.3225	0.5679	0.7141	0.7591

$k=1 \quad \alpha=0.7 \quad \beta=0.6$

ξ	η	0.10	0.20	0.30	0.40	0.50
0.30	θ_x			0.5403	0.6374	0.6706
	θ_y			0.5430	0.6341	0.6607
0.40	θ_x			0.6067	0.7192	0.7531
	θ_y			0.6332	0.7459	0.7755
0.50	θ_x			0.6263	0.7386	0.7773
	θ_y			0.6641	0.7795	0.8143

$k=1 \quad \alpha=0.7 \quad \beta=0.7$

ξ	η	0.10	0.20	0.30	0.40	0.50
0.30	θ_x			0.5965	0.6987	0.7331
	θ_y			0.5965	0.6695	0.6910
0.40	θ_x			0.6695	0.7888	0.8246
	θ_y			0.6987	0.7888	0.8109
0.50	θ_x			0.6910	0.8109	0.8520
	θ_y			0.7331	0.8246	0.8520

$k=1 \quad \alpha=0.7 \quad \beta=0.8$

ξ	η	0.10	0.20	0.30	0.40	0.50
0.30	θ_x				0.7417	0.7776
	θ_y				0.6931	0.7104
0.40	θ_x				0.8392	0.8798
	θ_y				0.8143	0.8310
0.50	θ_x				0.8634	0.9059
	θ_y				0.8544	0.8764

$k=1$　$\alpha=0.7$　$\beta=0.9$

ξ	η	0.10	0.20	0.30	0.40	0.50
0.30	θ_x				0.7681	0.8038
	θ_y				0.7064	0.7210
0.40	θ_x				0.8696	0.9075
	θ_y				0.8271	0.8474
0.50	θ_x				0.8953	0.9386
	θ_y				0.8713	0.8906

$k=1$　$\alpha=0.7$　$\beta=1.0$

ξ	η	0.10	0.20	0.30	0.40	0.50
0.30	θ_x					0.8135
	θ_y					0.7251
0.40	θ_x					0.9178
	θ_y					0.8515
0.50	θ_x					0.9494
	θ_y					0.8949

$k=1$　$\alpha=0.8$　$\beta=0.1$

ξ	η	0.10	0.20	0.30	0.40	0.50
0.40	θ_x	0.0436	0.0847	0.1201	0.1454	0.1544
	θ_y	0.0196	0.0420	0.0931	0.1802	0.2478
0.50	θ_x	0.0452	0.0876	0.1236	0.1476	0.1573
	θ_y	0.0209	0.0452	0.0986	0.1882	0.2569

$k=1$　$\alpha=0.8$　$\beta=0.2$

ξ	η	0.10	0.20	0.30	0.40	0.50
0.40	θ_x	0.0865	0.1680	0.2377	0.2868	0.3041
	θ_y	0.0413	0.0927	0.1938	0.3500	0.4376
0.50	θ_x	0.0897	0.1736	0.2444	0.2913	0.3102
	θ_y	0.0441	0.0993	0.2048	0.3656	0.4554

$k=1$　$\alpha=0.8$　$\beta=0.3$

ξ	η	0.10	0.20	0.30	0.40	0.50
0.40	θ_x	0.1283	0.2485	0.3500	0.4203	0.4448
	θ_y	0.0670	0.1585	0.3086	0.5005	0.5825
0.50	θ_x	0.1328	0.2562	0.3596	0.4272	0.4543
	θ_y	0.0714	0.1686	0.3253	0.5230	0.6078

$k=1$　$\alpha=0.8$　$\beta=0.4$

ξ	η	0.10	0.20	0.30	0.40	0.50
0.40	θ_x		0.3244	0.4548	0.5425	0.5736
	θ_y		0.2414	0.4428	0.6256	0.7000
0.50	θ_x		0.3336	0.4649	0.5519	0.5825
	θ_y		0.2554	0.4649	0.6542	0.7311

$k=1$　$\alpha=0.8$　$\beta=0.5$

ξ	η	0.10	0.20	0.30	0.40	0.50
0.40	θ_x		0.3939	0.5479	0.6504	0.6850
	θ_y		0.3387	0.5746	0.7227	0.7680
0.50	θ_x		0.4038	0.5624	0.6624	0.7012
	θ_y		0.3568	0.6024	0.7564	0.8043

$k=1$　$\alpha=0.8$　$\beta=0.6$

ξ	η	0.10	0.20	0.30	0.40	0.50
0.40	θ_x			0.6283	0.7416	0.7794
	θ_y			0.6734	0.7928	0.8241
0.50	θ_x			0.6445	0.7561	0.7992
	θ_y			0.7041	0.8304	0.8648

$k=1$　$\alpha=0.8$　$\beta=0.7$

ξ	η	0.10	0.20	0.30	0.40	0.50
0.40	θ_x			0.6931	0.8143	0.8544
	θ_y			0.7417	0.8392	0.8634
0.50	θ_x			0.7104	0.8310	0.8764
	θ_y			0.7776	0.8798	0.9059

$k=1$　$\alpha=0.8$　$\beta=0.8$

ξ	η	0.10	0.20	0.30	0.40	0.50
0.40	θ_x				0.8670	0.9096
	θ_y				0.8670	0.8855
0.50	θ_x				0.8855	0.9297
	θ_y				0.9096	0.9297

$k=1$　$\alpha=0.8$　$\beta=0.9$

ξ	η	0.10	0.20	0.30	0.40	0.50
0.40	θ_x				0.8989	0.9415
	θ_y				0.8812	0.9023
0.50	θ_x				0.9186	0.9668
	θ_y				0.9250	0.9475

$k=1$　$\alpha=0.8$　$\beta=1.0$

ξ	η	0.10	0.20	0.30	0.40	0.50
0.40	θ_x					0.9527
	θ_y					0.9075
0.50	θ_x					0.9786
	θ_y					0.9530

$k=1$　$\alpha=0.9$　$\beta=0.1$

ξ	η	0.10	0.20	0.30	0.40	0.50
0.40	θ_x	0.0448	0.0869	0.1227	0.1471	0.1567
	θ_y	0.0205	0.0444	0.0972	0.1862	0.2548
0.50	θ_x	0.0463	0.0895	0.1257	0.1504	0.1591
	θ_y	0.0220	0.0534	0.1029	0.1811	0.2636

$k=1$　$\alpha=0.9$　$\beta=0.2$

ξ	η	0.10	0.20	0.30	0.40	0.50
0.40	θ_x	0.0889	0.1722	0.2427	0.2903	0.3087
	θ_y	0.0439	0.0976	0.2020	0.3617	0.4509
0.50	θ_x	0.0918	0.1772	0.2485	0.2968	0.3140
	θ_y	0.0464	0.1106	0.2135	0.3723	0.4685

$k=1$　$\alpha=0.9$　$\beta=0.3$

ξ	η	0.10	0.20	0.30	0.40	0.50
0.40	θ_x	0.1317	0.2543	0.3573	0.4257	0.4520
	θ_y	0.0703	0.1660	0.3211	0.5174	0.6000
0.50	θ_x	0.1357	0.2614	0.3655	0.4351	0.4598
	θ_y	0.0752	0.1787	0.3382	0.5481	0.6266

$k=1$　$\alpha=0.9$　$\beta=0.4$

ξ	η	0.10	0.20	0.30	0.40	0.50
0.40	θ_x		0.3314	0.4625	0.5498	0.5806
	θ_y		0.2519	0.4593	0.6471	0.7234
0.50	θ_x		0.3403	0.4737	0.5626	0.5937
	θ_y		0.2593	0.4834	0.6815	0.7446

$k=1$　$\alpha=0.9$　$\beta=0.5$

ξ	η	0.10	0.20	0.30	0.40	0.50
0.40	θ_x		0.4015	0.5588	0.6597	0.6975
	θ_y		0.3522	0.5950	0.7480	0.7952
0.50	θ_x		0.4118	0.5712	0.6748	0.7110
	θ_y		0.3598	0.6235	0.7825	0.8323

$k=1$　$\alpha=0.9$　$\beta=0.6$

ξ	η	0.10	0.20	0.30	0.40	0.50
0.40	θ_x			0.6405	0.7528	0.7943
	θ_y			0.6971	0.8210	0.8540
0.50	θ_x			0.6539	0.7703	0.8105
	θ_y			0.7282	0.8562	0.8945

$k=1$　$\alpha=0.9$　$\beta=0.7$

ξ	η	0.10	0.20	0.30	0.40	0.50
0.40	θ_x			0.7064	0.8271	0.8713
	θ_y			0.7681	0.8696	0.8953
0.50	θ_x			0.7210	0.8474	0.8906
	θ_y			0.8038	0.9075	0.9386

$k=1$　$\alpha=0.9$　$\beta=0.8$

ξ	η	0.10	0.20	0.30	0.40	0.50
0.40	θ_x				0.8812	0.9250
	θ_y				0.8989	0.9186
0.50	θ_x				0.9023	0.9475
	θ_y				0.9415	0.9668

$k=1$　$\alpha=0.9$　$\beta=0.9$

ξ	η	0.10	0.20	0.30	0.40	0.50
0.40	θ_x				0.9140	0.9608
	θ_y				0.9140	0.9364
0.50	θ_x				0.9364	0.9827
	θ_y				0.9608	0.9827

$k=1$　$\alpha=0.9$　$\beta=1.0$

ξ	η	0.10	0.20	0.30	0.40	0.50
0.40	θ_x					0.9718
	θ_y					0.9416
0.50	θ_x					0.9942
	θ_y					0.9882

$k=1$　$\alpha=1.0$　$\beta=0.1$

ξ	η	0.10	0.20	0.30	0.40	0.50
0.50	θ_x	0.0466	0.0900	0.1264	0.1510	0.1599
	θ_y	0.0224	0.0543	0.1043	0.1831	0.2656

$k=1$　$\alpha=1.0$　$\beta=0.2$

ξ	η	0.10	0.20	0.30	0.40	0.50
0.50	θ_x	0.0925	0.1783	0.2498	0.2979	0.3150
	θ_y	0.0472	0.1124	0.2164	0.3762	0.4728

$k=1$　$\alpha=1.0$　$\beta=0.3$

ξ	η	0.10	0.20	0.30	0.40	0.50
0.50	θ_x	0.1367	0.2631	0.3675	0.4373	0.4620
	θ_y	0.0765	0.1814	0.3425	0.5539	0.6328

$k=1$　$\alpha=1.0$　$\beta=0.4$

ξ	η	0.10	0.20	0.30	0.40	0.50
0.50	θ_x		0.3423	0.4765	0.5647	0.5958
	θ_y		0.2630	0.4893	0.6888	0.7524

$k=1$　$\alpha=1.0$　$\beta=0.5$

ξ	η	0.10	0.20	0.30	0.40	0.50
0.50	θ_x		0.4140	0.5736	0.6780	0.7148
	θ_y		0.3645	0.6305	0.7914	0.8414

$k=1$　$\alpha=1.0$　$\beta=0.6$

ξ	η	0.10	0.20	0.30	0.40	0.50
0.50	θ_x			0.6572	0.7746	0.8151
	θ_y			0.7360	0.8657	0.9055

$k=1$　$\alpha=1.0$　$\beta=0.7$

ξ	η	0.10	0.20	0.30	0.40	0.50
0.50	θ_x			0.7251	0.8515	0.8949
	θ_y			0.8135	0.9178	0.9494

$k=1$　$\alpha=1.0$　$\beta=0.8$

ξ	η	0.10	0.20	0.30	0.40	0.50
0.50	θ_x				0.9075	0.9530
	θ_y				0.9527	0.9786

$k=1$　$\alpha=1.0$　$\beta=0.9$

ξ	η	0.10	0.20	0.30	0.40	0.50
0.50	θ_x				0.9416	0.9882
	θ_y				0.9718	0.9942

$k=1$　$\alpha=1.0$　$\beta=1.0$

ξ	η	0.10	0.20	0.30	0.40	0.50
0.50	θ_x					1.0000
	θ_y					1.0000

$k=1.1$　$\alpha=0.1$　$\beta=0.1$

ξ	η	0.10	0.20	0.30	0.40	0.50
0.10	θ_x	0.0010	0.0017	0.0019	0.0016	0.0015
	θ_y	0.0014	0.0030	0.0047	0.0063	0.0069
0.20	θ_x	0.0024	0.0042	0.0048	0.0044	0.0039
	θ_y	0.0025	0.0055	0.0091	0.0126	0.0142
0.30	θ_x	0.0044	0.0081	0.0100	0.0096	0.0088
	θ_y	0.0031	0.0071	0.0126	0.0190	0.0223
0.40	θ_x	0.0069	0.0134	0.0185	0.0201	0.0183
	θ_y	0.0031	0.0073	0.0140	0.0246	0.0324
0.50	θ_x	0.0087	0.0178	0.0279	0.0394	0.0468
	θ_y	0.0029	0.0068	0.0130	0.0258	0.0471
0.55	θ_x	0.0090	0.0185	0.0296	0.0449	0.0607
	θ_y	0.0028	0.0067	0.0127	0.0250	0.0519

$k=1.1$　$\alpha=0.1$　$\beta=0.2$

ξ	η	0.10	0.20	0.30	0.40	0.50
0.10	θ_x	0.0019	0.0032	0.0036	0.0035	0.0031
	θ_y	0.0028	0.0060	0.0094	0.0124	0.0135
0.20	θ_x	0.0047	0.0080	0.0092	0.0082	0.0081
	θ_y	0.0052	0.0112	0.0183	0.0248	0.0275
0.30	θ_x	0.0087	0.0158	0.0194	0.0198	0.0195
	θ_y	0.0064	0.0146	0.0254	0.0372	0.0428
0.40	θ_x	0.0137	0.0264	0.0361	0.0391	0.0383
	θ_y	0.0065	0.0153	0.0291	0.0489	0.0601
0.50	θ_x	0.0175	0.0358	0.0562	0.0778	0.0887
	θ_y	0.0060	0.0139	0.0275	0.0570	0.0776
0.55	θ_x	0.0181	0.0373	0.0602	0.0915	0.1094
	θ_y	0.0059	0.0135	0.0267	0.0583	0.0812

$k=1.1$　$\alpha=0.1$　$\beta=0.3$

ξ	η	0.10	0.20	0.30	0.40	0.50
0.10	θ_x	0.0027	0.0045	0.0052	0.0050	0.0048
	θ_y	0.0044	0.0091	0.0140	0.0180	0.0195
0.20	θ_x	0.0066	0.0113	0.0133	0.0130	0.0126
	θ_y	0.0080	0.0172	0.0273	0.0360	0.0395
0.30	θ_x	0.0125	0.0225	0.0277	0.0283	0.0279
	θ_y	0.0102	0.0228	0.0386	0.0538	0.0602
0.40	θ_x	0.0203	0.0388	0.0520	0.0571	0.0587
	θ_y	0.0104	0.0245	0.0459	0.0710	0.0816
0.50	θ_x	0.0265	0.0544	0.0850	0.1136	0.1251
	θ_y	0.0096	0.0228	0.0455	0.0862	0.0990
0.55	θ_x	0.0275	0.0571	0.0930	0.1350	0.1501
	θ_y	0.0094	0.0224	0.0444	0.0894	0.1016

$k=1.1$　$\alpha=0.1$　$\beta=0.4$

ξ	η	0.10	0.20	0.30	0.40	0.50
0.10	θ_x		0.0055	0.0068	0.0071	0.0070
	θ_y		0.0123	0.0184	0.0230	0.0247
0.20	θ_x		0.0139	0.0163	0.0165	0.0165
	θ_y		0.0235	0.0360	0.0458	0.0496
0.30	θ_x		0.0281	0.0356	0.0389	0.0396
	θ_y		0.0318	0.0518	0.0682	0.0744
0.40	θ_x		0.0498	0.0655	0.0744	0.0782
	θ_y		0.0356	0.0641	0.0891	0.0977
0.50	θ_x		0.0737	0.1137	0.1449	0.1557
	θ_y		0.0334	0.0710	0.1052	0.1140
0.55	θ_x		0.0782	0.1289	0.1702	0.1829
	θ_y		0.0325	0.0719	0.1080	0.1166

$k=1.1$　$\alpha=0.1$　$\beta=0.5$

ξ	η	0.10	0.20	0.30	0.40	0.50
0.10	θ_x		0.0063	0.0080	0.0087	0.0089
	θ_y		0.0154	0.0224	0.0272	0.0290
0.20	θ_x		0.0155	0.0189	0.0206	0.0212
	θ_y		0.0299	0.0439	0.0541	0.0577
0.30	θ_x		0.0324	0.0421	0.0475	0.0494
	θ_y		0.0417	0.0641	0.0799	0.0854
0.40	θ_x		0.0588	0.0774	0.0906	0.0957
	θ_y		0.0490	0.0815	0.1029	0.1096
0.50	θ_x		0.0938	0.1401	0.1708	0.1809
	θ_y		0.0485	0.0957	0.1187	0.1250
0.55	θ_x		0.1019	0.1625	0.1984	0.2093
	θ_y		0.0471	0.0989	0.1210	0.1272

$k=1.1$　$\alpha=0.1$　$\beta=0.6$

ξ	η	0.10	0.20	0.30	0.40	0.50
0.10	θ_x			0.0090	0.0103	0.0107
	θ_y			0.0258	0.0307	0.0324
0.20	θ_x			0.0211	0.0245	0.0257
	θ_y			0.0509	0.0608	0.0641
0.30	θ_x			0.0475	0.0554	0.0582
	θ_y			0.0747	0.0890	0.0936
0.40	θ_x			0.0881	0.1046	0.1106
	θ_y			0.0956	0.1130	0.1182
0.50	θ_x			0.1624	0.1915	0.2010
	θ_y			0.1112	0.1281	0.1329
0.55	θ_x			0.1884	0.2204	0.2305
	θ_y			0.1138	0.1302	0.1350

$k=1.1 \quad \alpha=0.1 \quad \beta=0.7$

ξ	η	0.10	0.20	0.30	0.40	0.50
0.10	θ_x			0.0097	0.0116	0.0123
	θ_y			0.0286	0.0334	0.0350
0.20	θ_x			0.0230	0.0278	0.0296
	θ_y			0.0566	0.0658	0.0688
0.30	θ_x			0.0520	0.0620	0.0656
	θ_y			0.0830	0.0956	0.0996
0.40	θ_x			0.0947	0.1132	0.1198
	θ_y			0.1060	0.1200	0.1242
0.50	θ_x			0.1795	0.2074	0.2165
	θ_y			0.1216	0.1346	0.1384
0.55	θ_x			0.2074	0.2370	0.2465
	θ_y			0.1239	0.1365	0.1403

$k=1.1 \quad \alpha=0.1 \quad \beta=0.8$

ξ	η	0.10	0.20	0.30	0.40	0.50
0.10	θ_x				0.0126	0.0135
	θ_y				0.0353	0.0367
0.20	θ_x				0.0304	0.0325
	θ_y				0.0693	0.0719
0.30	θ_x				0.0669	0.0711
	θ_y				0.1001	0.1035
0.40	θ_x				0.1243	0.1310
	θ_y				0.1247	0.1282
0.50	θ_x				0.2185	0.2274
	θ_y				0.1389	0.1421
0.55	θ_x				0.2486	0.2578
	θ_y				0.1408	0.1439

$k=1.1 \quad \alpha=0.1 \quad \beta=0.9$

ξ	η	0.10	0.20	0.30	0.40	0.50
0.10	θ_x				0.0133	0.0143
	θ_y				0.0364	0.0378
0.20	θ_x				0.0320	0.0344
	θ_y				0.0713	0.0738
0.30	θ_x				0.0700	0.0745
	θ_y				0.1027	0.1058
0.40	θ_x				0.1266	0.1335
	θ_y				0.1274	0.1305
0.50	θ_x				0.2252	0.2339
	θ_y				0.1413	0.1442
0.55	θ_x				0.2555	0.2643
	θ_y				0.1432	0.1459

$k=1.1 \quad \alpha=0.1 \quad \beta=1.0$

ξ	η	0.10	0.20	0.30	0.40	0.50
0.10	θ_x					0.0146
	θ_y					0.0381
0.20	θ_x					0.0350
	θ_y					0.0744
0.30	θ_x					0.0756
	θ_y					0.1065
0.40	θ_x					0.1380
	θ_y					0.1312
0.50	θ_x					0.2361
	θ_y					0.1448
0.55	θ_x					0.2664
	θ_y					0.1466

$k=1.1 \quad \alpha=0.2 \quad \beta=0.1$

ξ	η	0.10	0.20	0.30	0.40	0.50
0.10	θ_x	0.0021	0.0036	0.0040	0.0035	0.0032
	θ_y	0.0027	0.0058	0.0094	0.0126	0.0139
0.20	θ_x	0.0048	0.0087	0.0101	0.0094	0.0086
	θ_y	0.0048	0.0108	0.0181	0.0253	0.0286
0.30	θ_x	0.0090	0.0166	0.0208	0.0204	0.0186
	θ_y	0.0061	0.0138	0.0247	0.0378	0.0450
0.40	θ_x	0.0136	0.0266	0.0374	0.0427	0.0402
	θ_y	0.0062	0.0144	0.0273	0.0481	0.0662
0.50	θ_x	0.0169	0.0344	0.0532	0.0735	0.0876
	θ_y	0.0058	0.0138	0.0264	0.0511	0.0904
0.55	θ_x	0.0174	0.0356	0.0558	0.0787	0.0936
	θ_y	0.0057	0.0136	0.0261	0.0516	0.0942

$k=1.1 \quad \alpha=0.2 \quad \beta=0.2$

ξ	η	0.10	0.20	0.30	0.40	0.50
0.10	θ_x	0.0041	0.0069	0.0077	0.0071	0.0066
	θ_y	0.0055	0.0118	0.0187	0.0247	0.0272
0.20	θ_x	0.0096	0.0168	0.0196	0.0187	0.0176
	θ_y	0.0100	0.0219	0.0361	0.0496	0.0554
0.30	θ_x	0.0177	0.0323	0.0404	0.0401	0.0378
	θ_y	0.0126	0.0285	0.0501	0.0742	0.0859
0.40	θ_x	0.0271	0.0527	0.0735	0.0825	0.0827
	θ_y	0.0129	0.0299	0.0567	0.0969	0.1205
0.50	θ_x	0.0340	0.0692	0.1069	0.1468	0.1670
	θ_y	0.0121	0.0281	0.0556	0.1119	0.1504
0.55	θ_x	0.0350	0.0717	0.1123	0.1557	0.1774
	θ_y	0.0119	0.0277	0.0551	0.1140	0.1551

$k=1.1 \quad \alpha=0.2 \quad \beta=0.3$

ξ	η	0.10	0.20	0.30	0.40	0.50
0.10	θ_x	0.0057	0.0096	0.0111	0.0107	0.0102
	θ_y	0.0086	0.0180	0.0279	0.0360	0.0392
0.20	θ_x	0.0137	0.0238	0.0282	0.0280	0.0273
	θ_y	0.0157	0.0337	0.0541	0.0719	0.0791
0.30	θ_x	0.0256	0.0464	0.0577	0.0594	0.0589
	θ_y	0.0199	0.0446	0.0763	0.1075	0.1206
0.40	θ_x	0.0402	0.0776	0.1067	0.1200	0.1252
	θ_y	0.0206	0.0480	0.0899	0.1416	0.1624
0.50	θ_x	0.0514	0.1046	0.1611	0.2150	0.2354
	θ_y	0.0194	0.0462	0.0918	0.1686	0.1934
0.55	θ_x	0.0530	0.1088	0.1701	0.2273	0.2502
	θ_y	0.0191	0.0456	0.0911	0.1724	0.1980

$k=1.1 \quad \alpha=0.2 \quad \beta=0.4$

ξ	η	0.10	0.20	0.30	0.40	0.50
0.10	θ_x		0.0118	0.0139	0.0143	0.0142
	θ_y		0.0243	0.0365	0.0459	0.0495
0.20	θ_x		0.0293	0.0355	0.0372	0.0374
	θ_y		0.0462	0.0715	0.0915	0.0991
0.30	θ_x		0.0581	0.0724	0.0782	0.0802
	θ_y		0.0626	0.1027	0.1360	0.1484
0.40	θ_x		0.1006	0.1351	0.1563	0.1650
	θ_y		0.0695	0.1269	0.1772	0.1938
0.50	θ_x		0.1409	0.2159	0.2739	0.2935
	θ_y		0.0676	0.1403	0.2062	0.2237
0.55	θ_x		0.1473	0.2274	0.2898	0.3114
	θ_y		0.0669	0.1421	0.2105	0.2280

$k=1.1 \quad \alpha=0.2 \quad \beta=0.5$

ξ	η	0.10	0.20	0.30	0.40	0.50
0.10	θ_x		0.0132	0.0163	0.0178	0.0182
	θ_y		0.0306	0.0445	0.0544	0.0580
0.20	θ_x		0.0331	0.0417	0.0461	0.0475
	θ_y		0.0590	0.0876	0.1080	0.1153
0.30	θ_x		0.0667	0.0849	0.0962	0.1005
	θ_y		0.0824	0.1274	0.1591	0.1700
0.40	θ_x		0.1204	0.1602	0.1893	0.2001
	θ_y		0.0960	0.1622	0.2041	0.2171
0.50	θ_x		0.1781	0.2664	0.3231	0.3419
	θ_y		0.0972	0.1879	0.2333	0.2460
0.55	θ_x		0.1876	0.2803	0.3416	0.3617
	θ_y		0.0395	0.0970	0.2374	0.2500

$k=1.1 \quad \alpha=0.2 \quad \beta=0.6$

ξ	η	0.10	0.20	0.30	0.40	0.50
0.10	θ_x			0.0183	0.0210	0.0220
	θ_y			0.0515	0.0613	0.0647
0.20	θ_x			0.0469	0.0542	0.0569
	θ_y			0.1016	0.1211	0.1277
0.30	θ_x			0.0959	0.1125	0.1186
	θ_y			0.1486	0.1769	0.1861
0.40	θ_x			0.1834	0.2176	0.2298
	θ_y			0.1901	0.2237	0.2339
0.50	θ_x			0.3061	0.3609	0.3808
	θ_y			0.2191	0.2524	0.2621
0.55	θ_x			0.3248	0.3831	0.4021
	θ_y			0.2225	0.2561	0.2658

$k=1.1 \quad \alpha=0.2 \quad \beta=0.7$

ξ	η	0.10	0.20	0.30	0.40	0.50
0.10	θ_x			0.0199	0.0238	0.0253
	θ_y			0.0571	0.0665	0.0697
0.20	θ_x			0.0511	0.0612	0.0649
	θ_y			0.1129	0.1309	0.1368
0.30	θ_x			0.1052	0.1261	0.1336
	θ_y			0.1652	0.1899	0.1976
0.40	θ_x			0.2052	0.2426	0.2556
	θ_y			0.2103	0.2377	0.2457
0.50	θ_x			0.3400	0.3932	0.4107
	θ_y			0.2391	0.2654	0.2732
0.55	θ_x			0.3590	0.4148	0.4330
	θ_y			0.2431	0.2691	0.2768

$k=1.1 \quad \alpha=0.2 \quad \beta=0.8$

ξ	η	0.10	0.20	0.30	0.40	0.50
0.10	θ_x				0.0260	0.0279
	θ_y				0.0702	0.0731
0.20	θ_x				0.0665	0.0710
	θ_y				0.1377	0.1430
0.30	θ_x				0.1363	0.1448
	θ_y				0.1986	0.2053
0.40	θ_x				0.2569	0.2703
	θ_y				0.2468	0.2537
0.50	θ_x				0.4148	0.4318
	θ_y				0.2742	0.2806
0.55	θ_x				0.4371	0.4549
	θ_y				0.2778	0.2842

$k=1.1 \quad \alpha=0.2 \quad \beta=0.9$

ξ	η	0.10	0.20	0.30	0.40	0.50
0.10	θ_x				0.0274	0.0295
	θ_y				0.0724	0.0751
0.20	θ_x				0.0699	0.0748
	θ_y				0.1417	0.1466
0.30	θ_x				0.1426	0.1516
	θ_y				0.2037	0.2098
0.40	θ_x				0.2692	0.2828
	θ_y				0.2520	0.2583
0.50	θ_x				0.4255	0.4424
	θ_y				0.2789	0.2851
0.55	θ_x				0.4505	0.4679
	θ_y				0.2778	0.2884

$k=1.1 \quad \alpha=0.2 \quad \beta=1.0$

ξ	η	0.10	0.20	0.30	0.40	0.50
0.10	θ_x					0.0301
	θ_y					0.0757
0.20	θ_x					0.0761
	θ_y					0.1478
0.30	θ_x					0.1540
	θ_y					0.2112
0.40	θ_x					0.2840
	θ_y					0.2597
0.50	θ_x					0.4487
	θ_y					0.2861
0.55	θ_x					0.4772
	θ_y					0.2896

$k=1.1 \quad \alpha=0.3 \quad \beta=0.1$

ξ	η	0.10	0.20	0.30	0.40	0.50
0.10	θ_x	0.0034	0.0058	0.0066	0.0060	0.0054
	θ_y	0.0039	0.0085	0.0139	0.0189	0.0211
0.20	θ_x	0.0079	0.0139	0.0166	0.0156	0.0142
	θ_y	0.0070	0.0156	0.0265	0.0379	0.0434
0.30	θ_x	0.0137	0.0256	0.0333	0.0339	0.0310
	θ_y	0.0087	0.0199	0.0358	0.0562	0.0689
0.40	θ_x	0.0200	0.0393	0.0564	0.0690	0.0739
	θ_y	0.0091	0.0212	0.0396	0.0693	0.1020
0.50	θ_x	0.0243	0.0490	0.0743	0.0989	0.1118
	θ_y	0.0089	0.0210	0.0400	0.0759	0.1268
0.55	θ_x	0.0249	0.0504	0.0768	0.1023	0.1151
	θ_y	0.0088	0.0208	0.0401	0.0772	0.1297

$k=1.1 \quad \alpha=0.3 \quad \beta=0.2$

ξ	η	0.10	0.20	0.30	0.40	0.50
0.10	θ_x	0.0066	0.0113	0.0128	0.0118	0.0107
	θ_y	0.0080	0.0172	0.0277	0.0371	0.0410
0.20	θ_x	0.0153	0.0270	0.0322	0.0316	0.0302
	θ_y	0.0144	0.0318	0.0531	0.0743	0.0839
0.30	θ_x	0.0270	0.0502	0.0648	0.0658	0.0623
	θ_y	0.0181	0.0410	0.0729	0.1108	0.1303
0.40	θ_x	0.0399	0.0780	0.1117	0.1359	0.1451
	θ_y	0.0189	0.0437	0.0822	0.1432	0.1804
0.50	θ_x	0.0487	0.0981	0.1485	0.1954	0.2157
	θ_y	0.0185	0.0430	0.0844	0.1632	0.2152
0.55	θ_x	0.0499	0.1010	0.1536	0.2012	0.2238
	θ_y	0.0183	0.0428	0.0847	0.1658	0.2198

$k=1.1 \quad \alpha=0.3 \quad \beta=0.3$

ξ	η	0.10	0.20	0.30	0.40	0.50
0.10	θ_x	0.0093	0.0159	0.0184	0.0176	0.0169
	θ_y	0.0124	0.0263	0.0413	0.0539	0.0590
0.20	θ_x	0.0218	0.0384	0.0463	0.0472	0.0463
	θ_y	0.0226	0.0491	0.0799	0.1078	0.1192
0.30	θ_x	0.0394	0.0726	0.0928	0.0977	0.0983
	θ_y	0.0287	0.0644	0.1119	0.1608	0.1812
0.40	θ_x	0.0593	0.1157	0.1646	0.1990	0.2118
	θ_y	0.0302	0.0701	0.1304	0.2109	0.2409
0.50	θ_x	0.0733	0.1476	0.2222	0.2856	0.3088
	θ_y	0.0296	0.0701	0.1376	0.2431	0.2796
0.55	θ_x	0.0752	0.1521	0.2294	0.2935	0.3205
	θ_y	0.0294	0.0699	0.1387	0.2471	0.2849

$k=1.1 \quad \alpha=0.3 \quad \beta=0.4$

ξ	η	0.10	0.20	0.30	0.40	0.50
0.10	θ_x		0.0194	0.0230	0.0236	0.0235
	θ_y		0.0357	0.0543	0.0688	0.0743
0.20	θ_x		0.0475	0.0586	0.0624	0.0631
	θ_y		0.0676	0.1061	0.1370	0.1486
0.30	θ_x		0.0918	0.1159	0.1271	0.1316
	θ_y		0.0909	0.1519	0.2031	0.2216
0.40	θ_x		0.1515	0.2139	0.2566	0.2718
	θ_y		0.1009	0.1869	0.2627	0.2864
0.50	θ_x		0.1972	0.2935	0.3655	0.3908
	θ_y		0.1024	0.2061	0.3000	0.3263
0.55	θ_x		0.2035	0.3022	0.3759	0.4025
	θ_y		0.1026	0.2086	0.3049	0.3317

$k=1.1$　$\alpha=0.3$　$\beta=0.5$

ξ	η	0.10	0.20	0.30	0.40	0.50
0.10	θ_x		0.0218	0.0269	0.0294	0.0302
	θ_y		0.0452	0.0663	0.0814	0.0868
0.20	θ_x		0.0541	0.0690	0.0769	0.0796
	θ_y		0.0869	0.1304	0.1612	0.1722
0.30	θ_x		0.1063	0.1360	0.1560	0.1636
	θ_y		0.1207	0.1894	0.2369	0.2527
0.40	θ_x		0.1846	0.2585	0.3072	0.3243
	θ_y		0.1393	0.2413	0.3013	0.3198
0.50	θ_x		0.2464	0.3576	0.4334	0.4574
	θ_y		0.1460	0.2730	0.3400	0.3596
0.55	θ_x		0.2544	0.3701	0.4461	0.4741
	θ_y		0.1471	0.2770	0.3452	0.3649

$k=1.1$　$\alpha=0.3$　$\beta=0.6$

ξ	η	0.10	0.20	0.30	0.40	0.50
0.10	θ_x			0.0301	0.0348	0.0364
	θ_y			0.0768	0.0915	0.0965
0.20	θ_x			0.0777	0.0901	0.0947
	θ_y			0.1514	0.1804	0.1902
0.30	θ_x			0.1541	0.1817	0.1918
	θ_y			0.2212	0.2627	0.2760
0.40	θ_x			0.2967	0.3498	0.3685
	θ_y			0.2814	0.3301	0.3446
0.50	θ_x			0.4143	0.4890	0.5126
	θ_y			0.3190	0.3693	0.3840
0.55	θ_x			0.4273	0.5035	0.5310
	θ_y			0.3229	0.3745	0.3892

$k=1.1$　$\alpha=0.3$　$\beta=0.7$

ξ	η	0.10	0.20	0.30	0.40	0.50
0.10	θ_x			0.0328	0.0394	0.0418
	θ_y			0.0853	0.0992	0.1037
0.20	θ_x			0.0848	0.1014	0.1074
	θ_y			0.1683	0.1948	0.2033
0.30	θ_x			0.1697	0.2030	0.2149
	θ_y			0.2457	0.2814	0.2926
0.40	θ_x			0.3273	0.3836	0.4029
	θ_y			0.3105	0.3502	0.3622
0.50	θ_x			0.4564	0.5320	0.5556
	θ_y			0.3491	0.3891	0.4013
0.55	θ_x			0.4726	0.5478	0.5748
	θ_y			0.3543	0.3943	0.4061

$k=1.1$　$\alpha=0.3$　$\beta=0.8$

ξ	η	0.10	0.20	0.30	0.40	0.50
0.10	θ_x				0.0430	0.0460
	θ_y				0.1045	0.1087
0.20	θ_x				0.1099	0.1171
	θ_y				0.2046	0.2122
0.30	θ_x				0.2189	0.2319
	θ_y				0.2940	0.3037
0.40	θ_x				0.4081	0.4279
	θ_y				0.3637	0.3738
0.50	θ_x				0.5626	0.5871
	θ_y				0.4024	0.4123
0.55	θ_x				0.5793	0.6045
	θ_y				0.4075	0.4173

$k=1.1$　$\alpha=0.3$　$\beta=0.9$

ξ	η	0.10	0.20	0.30	0.40	0.50
0.10	θ_x				0.0453	0.0487
	θ_y				0.1076	0.1115
0.20	θ_x				0.1153	0.1232
	θ_y				0.2103	0.2173
0.30	θ_x				0.2286	0.2423
	θ_y				0.3013	0.3101
0.40	θ_x				0.4237	0.4437
	θ_y				0.3712	0.3806
0.50	θ_x				0.5807	0.6050
	θ_y				0.4097	0.4191
0.55	θ_x				0.5982	0.6244
	θ_y				0.4151	0.4240

$k=1.1$　$\alpha=0.3$　$\beta=1.0$

ξ	η	0.10	0.20	0.30	0.40	0.50
0.10	θ_x					0.0496
	θ_y					0.1125
0.20	θ_x					0.1252
	θ_y					0.2190
0.30	θ_x					0.2459
	θ_y					0.3121
0.40	θ_x					0.4484
	θ_y					0.3827
0.50	θ_x					0.6102
	θ_y					0.4207
0.55	θ_x					0.6306
	θ_y					0.4257

$k=1.1 \quad \alpha=0.4 \quad \beta=0.1$

ξ	η	0.10	0.20	0.30	0.40	0.50
0.20	θ_x	0.0111	0.0201	0.0248	0.0240	0.0218
	θ_y	0.0088	0.0197	0.0341	0.0504	0.0590
0.30	θ_x	0.0186	0.0352	0.0476	0.0520	0.0486
	θ_y	0.0111	0.0252	0.0454	0.0734	0.0947
0.40	θ_x	0.0259	0.0510	0.0740	0.0940	0.1064
	θ_y	0.0119	0.0276	0.0510	0.0890	0.1358
0.50	θ_x	0.0305	0.0610	0.0907	0.1162	0.1277
	θ_y	0.0120	0.0282	0.0537	0.0992	0.1568
0.55	θ_x	0.0312	0.0623	0.0928	0.1189	0.1303
	θ_y	0.0120	0.0283	0.0540	0.1005	0.1593

$k=1.1 \quad \alpha=0.4 \quad \beta=0.2$

ξ	η	0.10	0.20	0.30	0.40	0.50
0.20	θ_x	0.0217	0.0391	0.0481	0.0472	0.0444
	θ_y	0.0181	0.0403	0.0688	0.0990	0.1131
0.30	θ_x	0.0367	0.0695	0.0931	0.1024	0.1024
	θ_y	0.0229	0.0519	0.0929	0.1464	0.1763
0.40	θ_x	0.0517	0.1014	0.1473	0.1870	0.2050
	θ_y	0.0247	0.0566	0.1058	0.1860	0.2363
0.50	θ_x	0.0611	0.1218	0.1804	0.2293	0.2498
	θ_y	0.0250	0.0581	0.1125	0.2087	0.2709
0.55	θ_x	0.0624	0.1245	0.1846	0.2338	0.2540
	θ_y	0.0250	0.0582	0.1134	0.2117	0.2752

$k=1.1 \quad \alpha=0.4 \quad \beta=0.3$

ξ	η	0.10	0.20	0.30	0.40	0.50
0.20	θ_x	0.0312	0.0560	0.0687	0.0700	0.0691
	θ_y	0.0285	0.0625	0.1042	0.1434	0.1598
0.30	θ_x	0.0539	0.1014	0.1348	0.1479	0.1523
	θ_y	0.0362	0.0817	0.1440	0.2135	0.2415
0.40	θ_x	0.0769	0.1510	0.2190	0.2745	0.2945
	θ_y	0.0393	0.0907	0.1681	0.2762	0.3142
0.50	θ_x	0.0915	0.1822	0.2679	0.3352	0.3608
	θ_y	0.0400	0.0941	0.1817	0.3102	0.3558
0.55	θ_x	0.0935	0.1863	0.2740	0.3415	0.3675
	θ_y	0.0400	0.0945	0.1827	0.3144	0.3612

$k=1.1 \quad \alpha=0.4 \quad \beta=0.4$

ξ	η	0.10	0.20	0.30	0.40	0.50
0.20	θ_x		0.0698	0.0863	0.0925	0.0944
	θ_y		0.0869	0.1392	0.1819	0.1979
0.30	θ_x		0.1299	0.1718	0.1957	0.2047
	θ_y		0.1157	0.1984	0.2690	0.2928
0.40	θ_x		0.1989	0.2884	0.3521	0.3739
	θ_y		0.1301	0.2431	0.3423	0.3720
0.50	θ_x		0.2415	0.3506	0.4295	0.4586
	θ_y		0.1371	0.2671	0.3835	0.4175
0.55	θ_x		0.2470	0.3588	0.4394	0.4676
	θ_y		0.1380	0.2704	0.3888	0.4234

$k=1.1 \quad \alpha=0.4 \quad \beta=0.5$

ξ	η	0.10	0.20	0.30	0.40	0.50
0.20	θ_x		0.0799	0.1013	0.1140	0.1187
	θ_y		0.1130	0.1719	0.2135	0.2279
0.30	θ_x		0.1534	0.2040	0.2377	0.2499
	θ_y		0.1550	0.2498	0.3120	0.3325
0.40	θ_x		0.2450	0.3512	0.4193	0.4424
	θ_y		0.1796	0.3152	0.3924	0.4160
0.50	θ_x		0.2984	0.4262	0.5116	0.5413
	θ_y		0.1933	0.3495	0.4373	0.4630
0.55	θ_x		0.3052	0.4358	0.5235	0.5540
	θ_y		0.1951	0.3544	0.4432	0.4691

$k=1.1 \quad \alpha=0.4 \quad \beta=0.6$

ξ	η	0.10	0.20	0.30	0.40	0.50
0.20	θ_x			0.1142	0.1335	0.1406
	θ_y			0.2000	0.2382	0.2508
0.30	θ_x			0.2324	0.2741	0.2890
	θ_y			0.2918	0.3448	0.3616
0.40	θ_x			0.4038	0.4752	0.4995
	θ_y			0.3670	0.4292	0.4482
0.50	θ_x			0.4905	0.5800	0.6102
	θ_y			0.4086	0.4762	0.4954
0.55	θ_x			0.5018	0.5931	0.6241
	θ_y			0.4138	0.4822	0.5023

$k=1.1 \quad \alpha=0.4 \quad \beta=0.7$

ξ	η	0.10	0.20	0.30	0.40	0.50
0.20	θ_x			0.1251	0.1499	0.1589
	θ_y			0.2223	0.2564	0.2673
0.30	θ_x			0.2562	0.3038	0.3205
	θ_y			0.3231	0.3687	0.3825
0.40	θ_x			0.4453	0.5193	0.5443
	θ_y			0.4042	0.4552	0.4707
0.50	θ_x			0.5425	0.6327	0.6633
	θ_y			0.4487	0.5030	0.5189
0.55	θ_x			0.5547	0.6475	0.6787
	θ_y			0.4551	0.5091	0.5252

$k=1.1 \quad \alpha=0.4 \quad \beta=0.8$

ξ	η	0.10	0.20	0.30	0.40	0.50
0.20	θ_x				0.1623	0.1726
	θ_y				0.2688	0.2784
0.30	θ_x				0.3257	0.3435
	θ_y				0.3845	0.3969
0.40	θ_x				0.5511	0.5767
	θ_y				0.4730	0.4862
0.50	θ_x				0.6713	0.7013
	θ_y				0.5209	0.5343
0.55	θ_x				0.6864	0.7176
	θ_y				0.5274	0.5409

$k=1.1$　$\alpha=0.4$　$\beta=0.9$

ξ	η	0.10	0.20	0.30	0.40	0.50
0.10	θ_x					
	θ_y					
0.20	θ_x				0.1700	0.1811
	θ_y				0.2761	0.2848
0.30	θ_x				0.3391	0.3576
	θ_y				0.3937	0.4048
0.40	θ_x				0.5681	0.5941
	θ_y				0.4826	0.4949
0.50	θ_x				0.6947	0.7252
	θ_y				0.5309	0.5434
0.55	θ_x				0.7073	0.7385
	θ_y				0.5371	0.5496

$k=1.1$　$\alpha=0.4$　$\beta=1.0$

ξ	η	0.10	0.20	0.30	0.40	0.50
0.10	θ_x					
	θ_y					
0.20	θ_x					0.1840
	θ_y					0.2869
0.30	θ_x					0.3604
	θ_y					0.4074
0.40	θ_x					0.6029
	θ_y					0.4973
0.50	θ_x					0.7326
	θ_y					0.5457
0.55	θ_x					0.7482
	θ_y					0.5520

$k=1.1$　$\alpha=0.5$　$\beta=0.1$

ξ	η	0.10	0.20	0.30	0.40	0.50
0.20	θ_x	0.0147	0.0273	0.0351	0.0356	0.0326
	θ_y	0.0101	0.0229	0.0405	0.0625	0.0758
0.30	θ_x	0.0234	0.0451	0.0630	0.0750	0.0792
	θ_y	0.0130	0.0297	0.0535	0.0882	0.1230
0.40	θ_x	0.0311	0.0612	0.0890	0.1127	0.1243
	θ_y	0.0145	0.0335	0.0618	0.1078	0.1635
0.50	θ_x	0.0356	0.0704	0.1028	0.1284	0.1389
	θ_y	0.0151	0.0354	0.0667	0.1195	0.1816
0.55	θ_x	0.0362	0.0716	0.1045	0.1302	0.1404
	θ_y	0.0152	0.0356	0.0673	0.1213	0.1838

$k=1.1$　$\alpha=0.5$　$\beta=0.2$

ξ	η	0.10	0.20	0.30	0.40	0.50
0.20	θ_x	0.0290	0.0534	0.0684	0.0693	0.0658
	θ_y	0.0209	0.0470	0.0823	0.1232	0.1438
0.30	θ_x	0.0464	0.0893	0.1245	0.1481	0.1562
	θ_y	0.0269	0.0609	0.1099	0.1801	0.2216
0.40	θ_x	0.0620	0.1219	0.1771	0.2226	0.2421
	θ_y	0.0301	0.0688	0.1281	0.2247	0.2854
0.50	θ_x	0.0710	0.1403	0.2040	0.2530	0.2722
	θ_y	0.0315	0.0728	0.1389	0.2488	0.3182
0.55	θ_x	0.0722	0.1427	0.2073	0.2566	0.2757
	θ_y	0.0316	0.0734	0.1404	0.2520	0.3222

$k=1.1$　$\alpha=0.5$　$\beta=0.3$

ξ	η	0.10	0.20	0.30	0.40	0.50
0.20	θ_x	0.0421	0.0771	0.0978	0.1031	0.1036
	θ_y	0.0330	0.0735	0.1260	0.1788	0.2008
0.30	θ_x	0.0686	0.1316	0.1831	0.2173	0.2293
	θ_y	0.0426	0.0963	0.1717	0.2649	0.2997
0.40	θ_x	0.0924	0.1814	0.2632	0.3274	0.3512
	θ_y	0.0478	0.1100	0.2035	0.3329	0.3780
0.50	θ_x	0.1061	0.2088	0.3016	0.3697	0.3952
	θ_y	0.0502	0.1173	0.2222	0.3679	0.4201
0.55	θ_x	0.1078	0.2123	0.3064	0.3761	0.4019
	θ_y	0.0505	0.1183	0.2246	0.3724	0.4254

$k=1.1$　$\alpha=0.5$　$\beta=0.4$

ξ	η	0.10	0.20	0.30	0.40	0.50
0.20	θ_x		0.0973	0.1227	0.1342	0.1386
	θ_y		0.1032	0.1702	0.2261	0.2464
0.30	θ_x		0.1710	0.2372	0.2807	0.2961
	θ_y		0.1366	0.2412	0.3314	0.3603
0.40	θ_x		0.2391	0.3446	0.4193	0.4453
	θ_y		0.1578	0.2941	0.4137	0.4494
0.50	θ_x		0.2750	0.3934	0.4767	0.5060
	θ_y		0.1699	0.3220	0.4570	0.4976
0.55	θ_x		0.2795	0.3989	0.4823	0.5133
	θ_y		0.1716	0.3258	0.4625	0.5039

$k=1.1$　$\alpha=0.5$　$\beta=0.5$

ξ	η	0.10	0.20	0.30	0.40	0.50
0.20	θ_x		0.1125	0.1441	0.1648	0.1725
	θ_y		0.1361	0.2117	0.2642	0.2818
0.30	θ_x		0.2066	0.2856	0.3371	0.3554
	θ_y		0.1845	0.3073	0.3827	0.4065
0.40	θ_x		0.2941	0.4198	0.5001	0.5279
	θ_y		0.2176	0.3805	0.4742	0.5027
0.50	θ_x		0.3373	0.4757	0.5694	0.6017
	θ_y		0.2369	0.4179	0.5230	0.5545
0.55	θ_x		0.3425	0.4839	0.5764	0.6093
	θ_y		0.2394	0.4227	0.5293	0.5612

$k=1.1$　$\alpha=0.5$　$\beta=0.6$

ξ	η	0.10	0.20	0.30	0.40	0.50
0.20	θ_x			0.1631	0.1920	0.2025
	θ_y			0.2470	0.2934	0.3084
0.30	θ_x			0.3271	0.3851	0.4052
	θ_y			0.3587	0.4216	0.4410
0.40	θ_x			0.4828	0.5687	0.5978
	θ_y			0.4446	0.5190	0.5412
0.50	θ_x			0.5468	0.6458	0.6797
	θ_y			0.4892	0.5712	0.5953
0.55	θ_x			0.5561	0.6567	0.6911
	θ_y			0.4949	0.5779	0.6022

$k=1.1$　$\alpha=0.5$　$\beta=0.7$

ξ	η	0.10	0.20	0.30	0.40	0.50
0.20	θ_x			0.1795	0.2146	0.2272
	θ_y			0.2743	0.3148	0.3275
0.30	θ_x			0.3606	0.4236	0.4456
	θ_y			0.3955	0.4493	0.4660
0.40	θ_x			0.5326	0.6203	0.6504
	θ_y			0.4881	0.5504	0.5693
0.50	θ_x			0.6040	0.7075	0.7423
	θ_y			0.5375	0.6048	0.6248
0.55	θ_x			0.6142	0.7171	0.7525
	θ_y			0.5437	0.6117	0.6319

$k=1.1$　$\alpha=0.5$　$\beta=0.8$

ξ	η	0.10	0.20	0.30	0.40	0.50
0.20	θ_x				0.2315	0.2454
	θ_y				0.3293	0.3404
0.30	θ_x				0.4516	0.4744
	θ_y				0.4682	0.4825
0.40	θ_x				0.6599	0.6892
	θ_y				0.5718	0.5881
0.50	θ_x				0.7508	0.7868
	θ_y				0.6272	0.6440
0.55	θ_x				0.7634	0.7977
	θ_y				0.6473	0.6621

$k=1.1$　$\alpha=0.5$　$\beta=0.9$

ξ	η	0.10	0.20	0.30	0.40	0.50
0.20	θ_x				0.2419	0.2566
	θ_y				0.3377	0.3478
0.30	θ_x				0.4689	0.4924
	θ_y				0.4789	0.4921
0.40	θ_x				0.6827	0.7138
	θ_y				0.5837	0.5984
0.50	θ_x				0.7773	0.8130
	θ_y				0.6401	0.6551
0.55	θ_x				0.7903	0.8265
	θ_y				0.6473	0.6621

$k=1.1$　$\alpha=0.5$　$\beta=1.0$

ξ	η	0.10	0.20	0.30	0.40	0.50
0.20	θ_x					0.2605
	θ_y					0.3502
0.30	θ_x					0.4984
	θ_y					0.4949
0.40	θ_x					0.7205
	θ_y					0.6021
0.50	θ_x					0.8228
	θ_y					0.6589
0.55	θ_x					0.8340
	θ_y					0.6662

$k=1.1$　$\alpha=0.6$　$\beta=0.1$

ξ	η	0.10	0.20	0.30	0.40	0.50
0.30	θ_x	0.0280	0.0546	0.0780	0.0975	0.1097
	θ_y	0.0146	0.0335	0.0604	0.1015	0.1498
0.40	θ_x	0.0355	0.0697	0.1008	0.1256	0.1363
	θ_y	0.0168	0.0390	0.0718	0.1244	0.1858
0.50	θ_x	0.0396	0.0775	0.1115	0.1367	0.1463
	θ_y	0.0180	0.0420	0.0784	0.1369	0.2020
0.55	θ_x	0.0401	0.0785	0.1128	0.1379	0.1477
	θ_y	0.0182	0.0424	0.0793	0.1385	0.2040

$k=1.1$　$\alpha=0.6$　$\beta=0.2$

ξ	η	0.10	0.20	0.30	0.40	0.50
0.30	θ_x	0.0557	0.1083	0.1550	0.1938	0.2115
	θ_y	0.0303	0.0684	0.1246	0.2111	0.2635
0.40	θ_x	0.0707	0.1386	0.2000	0.2475	0.2669
	θ_y	0.0350	0.0800	0.1487	0.2586	0.3262
0.50	θ_x	0.0787	0.1541	0.2208	0.2696	0.2878
	θ_y	0.0376	0.0865	0.1626	0.2833	0.3571
0.55	θ_x	0.0797	0.1560	0.2233	0.2718	0.2902
	θ_y	0.0379	0.0874	0.1645	0.2864	0.3609

$k=1.1$　$\alpha=0.6$　$\beta=0.3$

ξ	η	0.10	0.20	0.30	0.40	0.50
0.30	θ_x	0.0826	0.1606	0.2301	0.2846	0.3047
	θ_y	0.0478	0.1087	0.1953	0.3116	0.3533
0.40	θ_x	0.1052	0.2060	0.2959	0.3622	0.3875
	θ_y	0.0556	0.1278	0.2358	0.3816	0.4350
0.50	θ_x	0.1171	0.2286	0.3258	0.3948	0.4197
	θ_y	0.0599	0.1387	0.2580	0.4173	0.4765
0.55	θ_x	0.1186	0.2314	0.3292	0.3980	0.4236
	θ_y	0.0604	0.1401	0.2609	0.4217	0.4817

$k=1.1$　$\alpha=0.6$　$\beta=0.4$

ξ	η	0.10	0.20	0.30	0.40	0.50
0.30	θ_x		0.2107	0.3021	0.3661	0.3876
	θ_y		0.1544	0.2795	0.3885	0.4222
0.40	θ_x		0.2708	0.3861	0.4664	0.4950
	θ_y		0.1833	0.3386	0.4754	0.5172
0.50	θ_x		0.2996	0.4237	0.5089	0.5392
	θ_y		0.1997	0.3698	0.5199	0.5665
0.55	θ_x		0.3031	0.4279	0.5131	0.5436
	θ_y		0.2018	0.3738	0.5255	0.5728

$k=1.1$　$\alpha=0.6$　$\beta=0.5$

ξ	η	0.10	0.20	0.30	0.40	0.50
0.30	θ_x		0.2581	0.3678	0.4367	0.4608
	θ_y		0.2102	0.3600	0.4465	0.4742
0.40	θ_x		0.3315	0.4678	0.5574	0.5890
	θ_y		0.2523	0.4376	0.5451	0.5783
0.50	θ_x		0.3653	0.5121	0.6093	0.6430
	θ_y		0.2756	0.4770	0.5962	0.6326
0.55	θ_x		0.3693	0.5170	0.6144	0.6487
	θ_y		0.2787	0.4827	0.6027	0.6395

$k=1.1$　$\alpha=0.6$　$\beta=0.6$

ξ	η	0.10	0.20	0.30	0.40	0.50
0.30	θ_x			0.4223	0.4959	0.5216
	θ_y			0.4182	0.4906	0.5126
0.40	θ_x			0.5376	0.6336	0.6669
	θ_y			0.5101	0.5973	0.6238
0.50	θ_x			0.5878	0.6935	0.7299
	θ_y			0.5580	0.6531	0.6815
0.55	θ_x			0.5933	0.6997	0.7369
	θ_y			0.5628	0.6602	0.6893

$k=1.1$　$\alpha=0.6$　$\beta=0.7$

ξ	η	0.10	0.20	0.30	0.40	0.50
0.30	θ_x			0.4653	0.5428	0.5693
	θ_y			0.4616	0.5218	0.5405
0.40	θ_x			0.5934	0.6937	0.7279
	θ_y			0.5621	0.6339	0.6559
0.50	θ_x			0.6488	0.7601	0.7981
	θ_y			0.6138	0.6929	0.7167
0.55	θ_x			0.6545	0.7673	0.8057
	θ_y			0.6211	0.7004	0.7244

$k=1.1$　$\alpha=0.6$　$\beta=0.8$

ξ	η	0.10	0.20	0.30	0.40	0.50
0.30	θ_x				0.5768	0.6042
	θ_y				0.5430	0.5590
0.40	θ_x				0.7372	0.7722
	θ_y				0.6587	0.6773
0.50	θ_x				0.8086	0.8474
	θ_y				0.7196	0.7396
0.55	θ_x				0.8162	0.8557
	θ_y				0.7273	0.7476

$k=1.1$　$\alpha=0.6$　$\beta=0.9$

ξ	η	0.10	0.20	0.30	0.40	0.50
0.30	θ_x				0.5955	0.6236
	θ_y				0.5549	0.5700
0.40	θ_x				0.7645	0.8001
	θ_y				0.6726	0.6900
0.50	θ_x				0.8373	0.8769
	θ_y				0.7346	0.7531
0.55	θ_x				0.8474	0.8875
	θ_y				0.7425	0.7612

$k=1.1$　$\alpha=0.6$　$\beta=1.0$

ξ	η	0.10	0.20	0.30	0.40	0.50
0.30	θ_x					0.6330
	θ_y					0.5730
0.40	θ_x					0.8083
	θ_y					0.6939
0.50	θ_x					0.8866
	θ_y					0.7574
0.55	θ_x					0.8968
	θ_y					0.7654

$k=1.1$　$\alpha=0.7$　$\beta=0.1$

ξ	η	0.10	0.20	0.30	0.40	0.50
0.30	θ_x	0.0321	0.0629	0.0909	0.1144	0.1258
	θ_y	0.0158	0.0365	0.0665	0.1139	0.1707
0.40	θ_x	0.0390	0.0763	0.1094	0.1344	0.1444
	θ_y	0.0190	0.0438	0.0806	0.1384	0.2031
0.50	θ_x	0.0425	0.0827	0.1175	0.1423	0.1516
	θ_y	0.0207	0.0480	0.0883	0.1512	0.2185
0.55	θ_x	0.0429	0.0835	0.1185	0.1433	0.1522
	θ_y	0.0209	0.0485	0.0894	0.1527	0.2203

$k=1.1$　$\alpha=0.7$　$\beta=0.2$

ξ	η	0.10	0.20	0.30	0.40	0.50
0.30	θ_x	0.0639	0.1251	0.1807	0.2263	0.2452
	θ_y	0.0329	0.0748	0.1375	0.2375	0.2989
0.40	θ_x	0.0776	0.1515	0.2168	0.2651	0.2835
	θ_y	0.0394	0.0900	0.1667	0.2861	0.3590
0.50	θ_x	0.0844	0.1641	0.2326	0.2805	0.2985
	θ_y	0.0430	0.0986	0.1827	0.3112	0.3881
0.55	θ_x	0.0852	0.1656	0.2344	0.2824	0.2999
	θ_y	0.0435	0.0997	0.1848	0.3139	0.3917

$k=1.1$　$\alpha=0.7$　$\beta=0.3$

ξ	η	0.10	0.20	0.30	0.40	0.50
0.30	θ_x	0.0951	0.1860	0.2683	0.3317	0.3545
	θ_y	0.0521	0.1191	0.2176	0.3509	0.3989
0.40	θ_x	0.1153	0.2247	0.3200	0.3882	0.4132
	θ_y	0.0626	0.1436	0.2635	0.4224	0.4805
0.50	θ_x	0.1252	0.2427	0.3426	0.4114	0.4362
	θ_y	0.0684	0.1573	0.2881	0.4577	0.5198
0.55	θ_x	0.1264	0.2449	0.3451	0.4139	0.4386
	θ_y	0.0692	0.1591	0.2913	0.4627	0.5262

$k=1.1$　$\alpha=0.7$　$\beta=0.4$

ξ	η	0.10	0.20	0.30	0.40	0.50
0.30	θ_x		0.2446	0.3514	0.4266	0.4526
	θ_y		0.1700	0.3122	0.4370	0.4750
0.40	θ_x		0.2945	0.4168	0.5004	0.5301
	θ_y		0.2056	0.3764	0.5258	0.5721
0.50	θ_x		0.3170	0.4448	0.5305	0.5610
	θ_y		0.2253	0.4098	0.5713	0.6223
0.55	θ_x		0.3197	0.4480	0.5343	0.5649
	θ_y		0.2278	0.4140	0.5764	0.6278

$k=1.1$　$\alpha=0.7$　$\beta=0.5$

ξ	η	0.10	0.20	0.30	0.40	0.50
0.30	θ_x		0.3004	0.4261	0.5090	0.5363
	θ_y		0.2330	0.4035	0.5013	0.5320
0.40	θ_x		0.3592	0.5035	0.5989	0.6320
	θ_y		0.2821	0.4847	0.6044	0.6413
0.50	θ_x		0.3850	0.5366	0.6364	0.6708
	θ_y		0.3085	0.5259	0.6568	0.6973
0.55	θ_x		0.3882	0.5403	0.6406	0.6756
	θ_y		0.3118	0.5319	0.6640	0.7051

$k=1.1$　$\alpha=0.7$　$\beta=0.6$

ξ	η	0.10	0.20	0.30	0.40	0.50
0.30	θ_x			0.4898	0.5778	0.6066
	θ_y			0.4693	0.5497	0.5740
0.40	θ_x			0.5780	0.6813	0.7168
	θ_y			0.5652	0.6627	0.6918
0.50	θ_x			0.6153	0.7255	0.7635
	θ_y			0.6148	0.7209	0.7530
0.55	θ_x			0.6195	0.7304	0.7687
	θ_y			0.6199	0.7278	0.7611

$k=1.1$　$\alpha=0.7$　$\beta=0.7$

ξ	η	0.10	0.20	0.30	0.40	0.50
0.30	θ_x			0.5404	0.6320	0.6621
	θ_y			0.5176	0.5839	0.6046
0.40	θ_x			0.6375	0.7473	0.7846
	θ_y			0.6227	0.7039	0.7285
0.50	θ_x			0.6789	0.7964	0.8362
	θ_y			0.6771	0.7661	0.7932
0.55	θ_x			0.6835	0.8020	0.8426
	θ_y			0.6849	0.7743	0.8017

$k=1.1$　$\alpha=0.7$　$\beta=0.8$

ξ	η	0.10	0.20	0.30	0.40	0.50
0.30	θ_x				0.6712	0.7029
	θ_y				0.6070	0.6245
0.40	θ_x				0.7945	0.8337
	θ_y				0.7317	0.7527
0.50	θ_x				0.8479	0.8896
	θ_y				0.7966	0.8195
0.55	θ_x				0.8539	0.8959
	θ_y				0.8048	0.8280

$k=1.1$　$\alpha=0.7$　$\beta=0.9$

ξ	η	0.10	0.20	0.30	0.40	0.50
0.30	θ_x				0.6960	0.7282
	θ_y				0.6201	0.6364
0.40	θ_x				0.8226	0.8616
	θ_y				0.7474	0.7669
0.50	θ_x				0.8794	0.9218
	θ_y				0.8141	0.8346
0.55	θ_x				0.8854	0.9283
	θ_y				0.8225	0.8430

$k=1.1$　$\alpha=0.7$　$\beta=1.0$

ξ	η	0.10	0.20	0.30	0.40	0.50
0.30	θ_x					0.7345
	θ_y					0.6398
0.40	θ_x					0.8725
	θ_y					0.7714
0.50	θ_x					0.9325
	θ_y					0.8398
0.55	θ_x					0.9391
	θ_y					0.8485

$k=1.1$　　$\alpha=0.8$　　$\beta=0.1$

ξ	η	0.10	0.20	0.30	0.40	0.50
0.40	θ_x	0.0417	0.0811	0.1155	0.1402	0.1495
	θ_y	0.0062	0.0144	0.0273	0.0481	0.0662
0.50	θ_x	0.0445	0.0862	0.1216	0.1460	0.1547
	θ_y	0.0062	0.0144	0.0273	0.0481	0.0662
0.55	θ_x	0.0499	0.0868	0.1223	0.1466	0.1556
	θ_y	0.0232	0.0535	0.0975	0.1638	0.2327

$k=1.1$　　$\alpha=0.8$　　$\beta=0.2$

ξ	η	0.10	0.20	0.30	0.40	0.50
0.40	θ_x	0.0828	0.1610	0.2286	0.2766	0.2943
	θ_y	0.0431	0.0983	0.1814	0.3077	0.3840
0.50	θ_x	0.0884	0.1709	0.2405	0.2881	0.3050
	θ_y	0.0476	0.1085	0.1988	0.3326	0.4122
0.55	θ_x	0.0890	0.1721	0.2418	0.2894	0.3067
	θ_y	0.0482	0.1098	0.2010	0.3357	0.4157

$k=1.1$　　$\alpha=0.8$　　$\beta=0.3$

ξ	η	0.10	0.20	0.30	0.40	0.50
0.40	θ_x	0.1228	0.2382	0.3369	0.4052	0.4300
	θ_y	0.0684	0.1567	0.2858	0.4535	0.5157
0.50	θ_x	0.1308	0.2524	0.3538	0.4222	0.4465
	θ_y	0.0755	0.1724	0.3121	0.4891	0.5543
0.55	θ_x	0.1317	0.2540	0.3559	0.4246	0.4490
	θ_y	0.0765	0.1744	0.3154	0.4942	0.5606

$k=1.1$　　$\alpha=0.8$　　$\beta=0.4$

ξ	η	0.10	0.20	0.30	0.40	0.50
0.40	θ_x		0.3113	0.4375	0.5229	0.5531
	θ_y		0.2240	0.4065	0.5655	0.6155
0.50	θ_x		0.3288	0.4588	0.5457	0.5762
	θ_y		0.2459	0.4413	0.6111	0.6651
0.55	θ_x		0.3309	0.4615	0.5483	0.5788
	θ_y		0.2487	0.4459	0.6168	0.6713

$k=1.1$　　$\alpha=0.8$　　$\beta=0.5$

ξ	η	0.10	0.20	0.30	0.40	0.50
0.40	θ_x		0.3784	0.5280	0.6266	0.6609
	θ_y		0.3062	0.5219	0.6509	0.6910
0.50	θ_x		0.3984	0.5529	0.6544	0.6904
	θ_y		0.3346	0.5645	0.7042	0.7478
0.55	θ_x		0.4007	0.5562	0.6580	0.6934
	θ_y		0.3383	0.5704	0.7112	0.7554

$k=1.1$　　$\alpha=0.8$　　$\beta=0.6$

ξ	η	0.10	0.20	0.30	0.40	0.50
0.40	θ_x			0.6057	0.7141	0.7514
	θ_y			0.6086	0.7143	0.7469
0.50	θ_x			0.6337	0.7467	0.7858
	θ_y			0.6595	0.7741	0.8092
0.55	θ_x			0.6374	0.7509	0.7902
	θ_y			0.6650	0.7816	0.8178

$k=1.1$　　$\alpha=0.8$　　$\beta=0.7$

ξ	η	0.10	0.20	0.30	0.40	0.50
0.40	θ_x			0.6683	0.7837	0.8232
	θ_y			0.6716	0.7593	0.7862
0.50	θ_x			0.6989	0.8205	0.8629
	θ_y			0.7267	0.8238	0.8535
0.55	θ_x			0.7029	0.8252	0.8671
	θ_y			0.7344	0.8318	0.8619

$k=1.1$　　$\alpha=0.8$　　$\beta=0.8$

ξ	η	0.10	0.20	0.30	0.40	0.50
0.40	θ_x				0.8342	0.8751
	θ_y				0.7900	0.8131
0.50	θ_x				0.8742	0.9177
	θ_y				0.8573	0.8826
0.55	θ_x				0.8792	0.9230
	θ_y				0.8660	0.8918

$k=1.1$　　$\alpha=0.8$　　$\beta=0.9$

ξ	η	0.10	0.20	0.30	0.40	0.50
0.40	θ_x				0.8647	0.9064
	θ_y				0.8069	0.8282
0.50	θ_x				0.9072	0.9517
	θ_y				0.8763	0.8997
0.55	θ_x				0.9113	0.9562
	θ_y				0.8850	0.9088

$k=1.1$　　$\alpha=0.8$　　$\beta=1.0$

ξ	η	0.10	0.20	0.30	0.40	0.50
0.40	θ_x					0.9170
	θ_y					0.8331
0.50	θ_x					0.9632
	θ_y					0.9045
0.55	θ_x					0.9683
	θ_y					0.9142

$k=1.1 \quad \alpha=0.9 \quad \beta=0.1$

ξ	η	0.10	0.20	0.30	0.40	0.50
0.40	θ_x	0.0435	0.0844	0.1194	0.1440	0.1531
	θ_y	0.0221	0.0509	0.0931	0.1574	0.2254
0.50	θ_x	0.0459	0.0885	0.1242	0.1483	0.1569
	θ_y	0.0246	0.0564	0.1022	0.1701	0.2391
0.55	θ_x	0.0462	0.0890	0.1247	0.1488	0.1574
	θ_y	0.0249	0.0572	0.1034	0.1717	0.2409

$k=1.1 \quad \alpha=0.9 \quad \beta=0.2$

ξ	η	0.10	0.20	0.30	0.40	0.50
0.40	θ_x	0.0863	0.1673	0.2362	0.2840	0.3016
	θ_y	0.0458	0.1046	0.1922	0.3235	0.4017
0.50	θ_x	0.0910	0.1753	0.2454	0.2927	0.3095
	θ_y	0.0510	0.1158	0.2104	0.3483	0.4297
0.55	θ_x	0.0915	0.1763	0.2465	0.2937	0.3105
	θ_y	0.0517	0.1172	0.2128	0.3514	0.4331

$k=1.1 \quad \alpha=0.9 \quad \beta=0.3$

ξ	η	0.10	0.20	0.30	0.40	0.50
0.40	θ_x	0.1278	0.2472	0.3477	0.4164	0.4411
	θ_y	0.0728	0.1664	0.3022	0.4760	0.5407
0.50	θ_x	0.1344	0.2586	0.3610	0.4296	0.4534
	θ_y	0.0808	0.1836	0.3294	0.5116	0.5800
0.55	θ_x	0.1352	0.2599	0.3625	0.4311	0.4552
	θ_y	0.0819	0.1858	0.3329	0.5165	0.5849

$k=1.1 \quad \alpha=0.9 \quad \beta=0.4$

ξ	η	0.10	0.20	0.30	0.40	0.50
0.40	θ_x		0.3225	0.4513	0.5376	0.5680
	θ_y		0.2375	0.4281	0.5943	0.6470
0.50	θ_x		0.3364	0.4682	0.5549	0.5854
	θ_y		0.2610	0.4641	0.6401	0.6966
0.55	θ_x		0.3380	0.4700	0.5570	0.5874
	θ_y		0.2639	0.4686	0.6459	0.7028

$k=1.1 \quad \alpha=0.9 \quad \beta=0.5$

ξ	η	0.10	0.20	0.30	0.40	0.50
0.40	θ_x		0.3912	0.5443	0.6447	0.6797
	θ_y		0.3238	0.5488	0.6840	0.7263
0.50	θ_x		0.4069	0.5640	0.6665	0.7018
	θ_y		0.3536	0.5923	0.7382	0.7840
0.55	θ_x		0.4087	0.5662	0.6688	0.7044
	θ_y		0.3574	0.5983	0.7450	0.7913

$k=1.1 \quad \alpha=0.9 \quad \beta=0.6$

ξ	η	0.10	0.20	0.30	0.40	0.50
0.40	θ_x			0.6239	0.7353	0.7738
	θ_y			0.6399	0.7516	0.7861
0.50	θ_x			0.6462	0.7610	0.8006
	θ_y			0.6916	0.8124	0.8496
0.55	θ_x			0.6486	0.7637	0.8035
	θ_y			0.6972	0.8200	0.8585

$k=1.1 \quad \alpha=0.9 \quad \beta=0.7$

ξ	η	0.10	0.20	0.30	0.40	0.50
0.40	θ_x			0.6882	0.8075	0.8484
	θ_y			0.7063	0.7995	0.8282
0.50	θ_x			0.7124	0.8365	0.8789
	θ_y			0.7624	0.8653	0.8969
0.55	θ_x			0.7149	0.8396	0.8825
	θ_y			0.7701	0.8736	0.9056

$k=1.1 \quad \alpha=0.9 \quad \beta=0.8$

ξ	η	0.10	0.20	0.30	0.40	0.50
0.40	θ_x				0.8601	0.9026
	θ_y				0.8318	0.8562
0.50	θ_x				0.8916	0.9363
	θ_y				0.9011	0.9282
0.55	θ_x				0.8950	0.9399
	θ_y				0.9098	0.9373

$k=1.1 \quad \alpha=0.9 \quad \beta=0.9$

ξ	η	0.10	0.20	0.30	0.40	0.50
0.40	θ_x				0.8926	0.9361
	θ_y				0.8501	0.8727
0.50	θ_x				0.9246	0.9705
	θ_y				0.9214	0.9465
0.55	θ_x				0.9287	0.9748
	θ_y				0.9307	0.9558

$k=1.1 \quad \alpha=0.9 \quad \beta=1.0$

ξ	η	0.10	0.20	0.30	0.40	0.50
0.40	θ_x					0.9464
	θ_y					0.8773
0.50	θ_x					0.9823
	θ_y					0.9517
0.55	θ_x					0.9865
	θ_y					0.9611

$k=1.1$　$\alpha=1.0$　$\beta=0.1$

ξ	η	0.10	0.20	0.30	0.40	0.50
0.50	θ_x	0.0466	0.0898	0.1256	0.1495	0.1580
	θ_y	0.0256	0.0587	0.1058	0.1748	0.2444
0.55	θ_x	0.0469	0.0902	0.1260	0.1500	0.1584
	θ_y	0.0260	0.0594	0.1070	0.1764	0.2460

$k=1.1$　$\alpha=1.0$　$\beta=0.2$

ξ	η	0.10	0.20	0.30	0.40	0.50
0.50	θ_x	0.0924	0.1778	0.2482	0.2951	0.3119
	θ_y	0.0531	0.1203	0.2175	0.3576	0.4398
0.55	θ_x	0.0929	0.1786	0.2490	0.2961	0.3125
	θ_y	0.0538	0.1218	0.2199	0.3603	0.4432

$k=1.1$　$\alpha=1.0$　$\beta=0.3$

ξ	η	0.10	0.20	0.30	0.40	0.50
0.50	θ_x	0.1365	0.2620	0.3650	0.4333	0.4573
	θ_y	0.0841	0.1904	0.3399	0.5251	0.5934
0.55	θ_x	0.1371	0.2631	0.3661	0.4345	0.4585
	θ_y	0.0852	0.1927	0.3435	0.5299	0.5993

$k=1.1$　$\alpha=1.0$　$\beta=0.4$

ξ	η	0.10	0.20	0.30	0.40	0.50
0.50	θ_x		0.3406	0.4731	0.5598	0.5902
	θ_y		0.2701	0.4779	0.6574	0.7151
0.55	θ_x		0.3419	0.4744	0.5614	0.5923
	θ_y		0.2732	0.4825	0.6627	0.7205

$k=1.1$　$\alpha=1.0$　$\beta=0.5$

ξ	η	0.10	0.20	0.30	0.40	0.50
0.50	θ_x		0.4115	0.5698	0.6727	0.7081
	θ_y		0.3652	0.6090	0.7586	0.8058
0.55	θ_x		0.4131	0.5712	0.6742	0.7107
	θ_y		0.3690	0.6146	0.7654	0.8131

$k=1.1$　$\alpha=1.0$　$\beta=0.6$

ξ	η	0.10	0.20	0.30	0.40	0.50
0.50	θ_x			0.6526	0.7684	0.8083
	θ_y			0.7110	0.8354	0.8739
0.55	θ_x			0.6542	0.7702	0.8103
	θ_y			0.7174	0.8431	0.8820

$k=1.1$　$\alpha=1.0$　$\beta=0.7$

ξ	η	0.10	0.20	0.30	0.40	0.50
0.50	θ_x			0.7194	0.8449	0.8877
	θ_y			0.7838	0.8903	0.9231
0.55	θ_x			0.7211	0.8471	0.8912
	θ_y			0.7910	0.8987	0.9319

$k=1.1$　$\alpha=1.0$　$\beta=0.8$

ξ	η	0.10	0.20	0.30	0.40	0.50
0.50	θ_x				0.9008	0.9461
	θ_y				0.9275	0.9557
0.55	θ_x				0.9032	0.9488
	θ_y				0.9363	0.9649

$k=1.1$　$\alpha=1.0$　$\beta=0.9$

ξ	η	0.10	0.20	0.30	0.40	0.50
0.50	θ_x				0.9346	0.9812
	θ_y				0.9490	0.9745
0.55	θ_x				0.9379	0.9848
	θ_y				0.9577	0.9843

$k=1.1$　$\alpha=1.0$　$\beta=1.0$

ξ	η	0.10	0.20	0.30	0.40	0.50
0.50	θ_x					0.9928
	θ_y					0.9803
0.55	θ_x					0.9968
	θ_y					0.9898

$k=1.1$　$\alpha=1.1$　$\beta=0.1$

ξ	η	0.10	0.20	0.30	0.40	0.50
0.50	θ_x	0.0469	0.0902	0.1260	0.1500	0.1584
	θ_y	0.0260	0.0594	0.1070	0.1764	0.2460
0.55	θ_x	0.0471	0.0906	0.1264	0.1503	0.1587
	θ_y	0.0264	0.0602	0.1082	0.1780	0.2476

$k=1.1$　$\alpha=1.1$　$\beta=0.2$

ξ	η	0.10	0.20	0.30	0.40	0.50
0.50	θ_x	0.0929	0.1786	0.2490	0.2961	0.3125
	θ_y	0.0538	0.1218	0.2199	0.3603	0.4432
0.55	θ_x	0.0933	0.1793	0.2499	0.2968	0.3134
	θ_y	0.0546	0.1233	0.2223	0.3634	0.4466

$k=1.1$　$\alpha=1.1$　$\beta=0.3$

ξ	η	0.10	0.20	0.30	0.40	0.50
0.50	θ_x	0.1371	0.2631	0.3661	0.4345	0.4585
	θ_y	0.0852	0.1927	0.3435	0.5299	0.5993
0.55	θ_x	0.1377	0.2641	0.3675	0.4354	0.4593
	θ_y	0.0863	0.1950	0.3470	0.5344	0.6042

$k=1.1$　$\alpha=1.1$　$\beta=0.4$

ξ	η	0.10	0.20	0.30	0.40	0.50
0.50	θ_x		0.3419	0.4744	0.5614	0.5923
	θ_y		0.2732	0.4825	0.6627	0.7205
0.55	θ_x		0.3432	0.4762	0.5633	0.5937
	θ_y		0.2763	0.4873	0.6685	0.7269

$k=1.1$　$\alpha=1.1$　$\beta=0.5$

ξ	η	0.10	0.20	0.30	0.40	0.50
0.50	θ_x		0.4131	0.5712	0.6742	0.7107
	θ_y		0.3690	0.6146	0.7654	0.8131
0.55	θ_x		0.4144	0.5734	0.6762	0.7120
	θ_y		0.3730	0.6208	0.7728	0.8210

$k=1.1$　$\alpha=1.1$　$\beta=0.6$

ξ	η	0.10	0.20	0.30	0.40	0.50
0.50	θ_x			0.6542	0.7702	0.8103
	θ_y			0.7174	0.8431	0.8820
0.55	θ_x			0.6562	0.7725	0.8127
	θ_y			0.7229	0.8504	0.8905

$k=1.1$　$\alpha=1.1$　$\beta=0.7$

ξ	η	0.10	0.20	0.30	0.40	0.50
0.50	θ_x			0.7211	0.8471	0.8912
	θ_y			0.7910	0.8987	0.9319
0.55	θ_x			0.7233	0.8497	0.8938
	θ_y			0.7991	0.9074	0.9406

$k=1.1$　$\alpha=1.1$　$\beta=0.8$

ξ	η	0.10	0.20	0.30	0.40	0.50
0.50	θ_x				0.9032	0.9488
	θ_y				0.9363	0.9649
0.55	θ_x				0.9067	0.9524
	θ_y				0.9454	0.9745

$k=1.1$　$\alpha=1.1$　$\beta=0.9$

ξ	η	0.10	0.20	0.30	0.40	0.50
0.50	θ_x				0.9379	0.9848
	θ_y				0.9577	0.9843
0.55	θ_x				0.9409	0.9880
	θ_y				0.9669	0.9933

$k=1.1$　$\alpha=1.1$　$\beta=1.0$

ξ	η	0.10	0.20	0.30	0.40	0.50
0.50	θ_x					0.9968
	θ_y					0.9898
0.55	θ_x					1.0000
	θ_y					1.0000

$k=1.2$　$\alpha=0.1$　$\beta=0.1$

ξ	η	0.10	0.20	0.30	0.40	0.50
0.10	θ_x	0.0006	0.0010	0.0010	0.0008	0.0006
	θ_y	0.0013	0.0026	0.0040	0.0051	0.0055
0.20	θ_x	0.0016	0.0027	0.0029	0.0024	0.0021
	θ_y	0.0023	0.0049	0.0077	0.0102	0.0112
0.30	θ_x	0.0033	0.0058	0.0067	0.0061	0.0054
	θ_y	0.0031	0.0066	0.0110	0.0154	0.0174
0.40	θ_x	0.0056	0.0106	0.0137	0.0137	0.0130
	θ_y	0.0033	0.0074	0.0131	0.0204	0.0249
0.50	θ_x	0.0080	0.0160	0.0239	0.0291	0.0280
	θ_y	0.0031	0.0070	0.0131	0.0239	0.0352
0.60	θ_x	0.0091	0.0188	0.0301	0.0459	0.0614
	θ_y	0.0029	0.0067	0.0122	0.0229	0.0453

$k=1.2$　$\alpha=0.1$　$\beta=0.2$

ξ	η	0.10	0.20	0.30	0.40	0.50
0.10	θ_x	0.0012	0.0019	0.0019	0.0016	0.0014
	θ_y	0.0025	0.0052	0.0078	0.0099	0.0108
0.20	θ_x	0.0031	0.0051	0.0056	0.0049	0.0044
	θ_y	0.0047	0.0099	0.0154	0.0200	0.0219
0.30	θ_x	0.0064	0.0111	0.0130	0.0121	0.0112
	θ_y	0.0062	0.0135	0.0221	0.0302	0.0338
0.40	θ_x	0.0111	0.0207	0.0266	0.0273	0.0264
	θ_y	0.0067	0.0151	0.0267	0.0403	0.0472
0.50	θ_x	0.0160	0.0321	0.0472	0.0558	0.0573
	θ_y	0.0064	0.0145	0.0273	0.0490	0.0627
0.60	θ_x	0.0183	0.0378	0.0612	0.0937	0.1123
	θ_y	0.0060	0.0134	0.0255	0.0529	0.0727

$k=1.2$　$\alpha=0.1$　$\beta=0.3$

ξ	η	0.10	0.20	0.30	0.40	0.50
0.10	θ_x	0.0016	0.0026	0.0028	0.0024	0.0022
	θ_y	0.0038	0.0078	0.0116	0.0145	0.0156
0.20	θ_x	0.0043	0.0072	0.0080	0.0074	0.0069
	θ_y	0.0073	0.0150	0.0228	0.0291	0.0316
0.30	θ_x	0.0090	0.0157	0.0185	0.0181	0.0175
	θ_y	0.0097	0.0207	0.0331	0.0438	0.0482
0.40	θ_x	0.0162	0.0299	0.0380	0.0405	0.0405
	θ_y	0.0106	0.0237	0.0409	0.0585	0.0658
0.50	θ_x	0.0241	0.0479	0.0690	0.0807	0.0859
	θ_y	0.0101	0.0232	0.0440	0.0722	0.0831
0.60	θ_x	0.0278	0.0579	0.0947	0.1383	0.1540
	θ_y	0.0095	0.0220	0.0418	0.0810	0.0917

$k=1.2$　$\alpha=0.1$　$\beta=0.4$

ξ	η	0.10	0.20	0.30	0.40	0.50
0.10	θ_x		0.0031	0.0035	0.0033	0.0032
	θ_y		0.0104	0.0151	0.0186	0.0199
0.20	θ_x		0.0087	0.0100	0.0100	0.0098
	θ_y		0.0201	0.0299	0.0373	0.0400
0.30	θ_x		0.0193	0.0232	0.0241	0.0242
	θ_y		0.0283	0.0437	0.0558	0.0604
0.40	θ_x		0.0377	0.0480	0.0530	0.0546
	θ_y		0.0334	0.0554	0.0739	0.0806
0.50	θ_x		0.0632	0.0878	0.1045	0.1116
	θ_y		0.0337	0.0636	0.0901	0.0981
0.60	θ_x		0.0794	0.1316	0.1743	0.1874
	θ_y		0.0315	0.0665	0.0982	0.1059

$k=1.2$　$\alpha=0.1$　$\beta=0.5$

ξ	η	0.10	0.20	0.30	0.40	0.50
0.10	θ_x		0.0034	0.0040	0.0042	0.0042
	θ_y		0.0129	0.0184	0.0222	0.0235
0.20	θ_x		0.0096	0.0117	0.0125	0.0127
	θ_y		0.0252	0.0364	0.0442	0.0470
0.30	θ_x		0.0218	0.0272	0.0299	0.0309
	θ_y		0.0361	0.0535	0.0659	0.0702
0.40	θ_x		0.0436	0.0567	0.0648	0.0679
	θ_y		0.0442	0.0691	0.0863	0.0920
0.50	θ_x		0.0770	0.1045	0.1256	0.1334
	θ_y		0.0471	0.0823	0.1032	0.1092
0.60	θ_x		0.1038	0.1661	0.2030	0.2143
	θ_y		0.0447	0.0906	0.1105	0.1162

$k=1.2$　$\alpha=0.1$　$\beta=0.6$

ξ	η	0.10	0.20	0.30	0.40	0.50
0.10	θ_x		0.0034	0.0040	0.0042	0.0042
	θ_y		0.0129	0.0184	0.0222	0.0235
0.20	θ_x		0.0096	0.0117	0.0125	0.0127
	θ_y		0.0252	0.0364	0.0442	0.0470
0.30	θ_x		0.0218	0.0272	0.0299	0.0309
	θ_y		0.0361	0.0535	0.0659	0.0702
0.40	θ_x		0.0436	0.0567	0.0648	0.0679
	θ_y		0.0442	0.0691	0.0863	0.0920
0.50	θ_x		0.0770	0.1045	0.1256	0.1334
	θ_y		0.0471	0.0823	0.1032	0.1092
0.60	θ_x		0.1038	0.1661	0.2030	0.2143
	θ_y		0.0447	0.0906	0.1105	0.1162

$k=1.2$　$\alpha=0.1$　$\beta=0.7$

ξ	η	0.10	0.20	0.30	0.40	0.50
0.10	θ_x		0.0034	0.0040	0.0042	0.0042
	θ_y		0.0129	0.0184	0.0222	0.0235
0.20	θ_x		0.0096	0.0117	0.0125	0.0127
	θ_y		0.0252	0.0364	0.0442	0.0470
0.30	θ_x		0.0218	0.0272	0.0299	0.0309
	θ_y		0.0361	0.0535	0.0659	0.0702
0.40	θ_x		0.0436	0.0567	0.0648	0.0679
	θ_y		0.0442	0.0691	0.0863	0.0920
0.50	θ_x		0.0770	0.1045	0.1256	0.1334
	θ_y		0.0471	0.0823	0.1032	0.1092
0.60	θ_x		0.1038	0.1661	0.2030	0.2143
	θ_y		0.0447	0.0906	0.1105	0.1162

$k=1.2$　$\alpha=0.1$　$\beta=0.8$

ξ	η	0.10	0.20	0.30	0.40	0.50
0.10	θ_x				0.0064	0.0069
	θ_y				0.0290	0.0303
0.20	θ_x				0.0186	0.0200
	θ_y				0.0574	0.0598
0.30	θ_x				0.0434	0.0464
	θ_y				0.0841	0.0874
0.40	θ_x				0.0906	0.0960
	θ_y				0.1073	0.1109
0.50	θ_x				0.1675	0.1755
	θ_y				0.1238	0.1271
0.60	θ_x				0.2539	0.2631
	θ_y				0.1299	0.1330

$k=1.2$　$\alpha=0.1$　$\beta=0.9$

ξ	η	0.10	0.20	0.30	0.40	0.50
0.10	θ_x				0.0064	0.0069
	θ_y				0.0290	0.0303
0.20	θ_x				0.0186	0.0200
	θ_y				0.0574	0.0598
0.30	θ_x				0.0434	0.0464
	θ_y				0.0841	0.0874
0.40	θ_x				0.0906	0.0960
	θ_y				0.1073	0.1109
0.50	θ_x				0.1675	0.1755
	θ_y				0.1238	0.1271
0.60	θ_x				0.2539	0.2631
	θ_y				0.1299	0.1330

$k=1.2$　$\alpha=0.1$　$\beta=1.0$

ξ	η	0.10	0.20	0.30	0.40	0.50
0.10	θ_x					0.0076
	θ_y					0.0315
0.20	θ_x					0.0217
	θ_y					0.0621
0.30	θ_x					0.0498
	θ_y					0.0904
0.40	θ_x					0.1017
	θ_y					0.1140
0.50	θ_x					0.1835
	θ_y					0.1301
0.60	θ_x					0.2720
	θ_y					0.1358

$k=1.2$　$\alpha=0.2$　$\beta=0.1$

ξ	η	0.10	0.20	0.30	0.40	0.50
0.10	θ_x	0.0013	0.0022	0.0022	0.0018	0.0015
	θ_y	0.0025	0.0051	0.0079	0.0101	0.0110
0.20	θ_x	0.0034	0.0057	0.0062	0.0053	0.0046
	θ_y	0.0046	0.0097	0.0153	0.0204	0.0225
0.30	θ_x	0.0067	0.0120	0.0142	0.0131	0.0116
	θ_y	0.0060	0.0130	0.0217	0.0308	0.0351
0.40	θ_x	0.0113	0.0214	0.0283	0.0290	0.0254
	θ_y	0.0064	0.0144	0.0256	0.0407	0.0502
0.50	θ_x	0.0157	0.0314	0.0469	0.0602	0.0661
	θ_y	0.0062	0.0141	0.0259	0.0463	0.0714
0.60	θ_x	0.0176	0.0360	0.0566	0.0803	0.0957
	θ_y	0.0059	0.0136	0.0250	0.0473	0.0837

$k=1.2$　$\alpha=0.2$　$\beta=0.2$

ξ	η	0.10	0.20	0.30	0.40	0.50
0.10	θ_x	0.0025	0.0041	0.0043	0.0036	0.0031
	θ_y	0.0050	0.0103	0.0156	0.0199	0.0216
0.20	θ_x	0.0065	0.0110	0.0121	0.0107	0.0097
	θ_y	0.0093	0.0195	0.0306	0.0400	0.0439
0.30	θ_x	0.0131	0.0232	0.0275	0.0260	0.0241
	θ_y	0.0122	0.0265	0.0436	0.0604	0.0679
0.40	θ_x	0.0223	0.0419	0.0550	0.0564	0.0536
	θ_y	0.0132	0.0297	0.0524	0.0803	0.0950
0.50	θ_x	0.0314	0.0628	0.0933	0.1186	0.1287
	θ_y	0.0128	0.0288	0.0539	0.0968	0.1244
0.60	θ_x	0.0353	0.0725	0.1141	0.1588	0.1820
	θ_y	0.0122	0.0276	0.0526	0.1038	0.1396

$k=1.2$　$\alpha=0.2$　$\beta=0.3$

ξ	η	0.10	0.20	0.30	0.40	0.50
0.10	θ_x	0.0035	0.0057	0.0061	0.0055	0.0050
	θ_y	0.0076	0.0155	0.0231	0.0290	0.0313
0.20	θ_x	0.0091	0.0153	0.0173	0.0162	0.0153
	θ_y	0.0143	0.0296	0.0454	0.0583	0.0633
0.30	θ_x	0.0187	0.0329	0.0392	0.0389	0.0378
	θ_y	0.0190	0.0407	0.0655	0.0876	0.0967
0.40	θ_x	0.0327	0.0609	0.0787	0.0827	0.0835
	θ_y	0.0208	0.0465	0.0808	0.1166	0.1317
0.50	θ_x	0.0471	0.0939	0.1383	0.1728	0.1861
	θ_y	0.0201	0.0462	0.0864	0.1437	0.1641
0.60	θ_x	0.0536	0.1102	0.1733	0.2318	0.2556
	θ_y	0.0193	0.0447	0.0861	0.1564	0.1786

$k=1.2$　$\alpha=0.2$　$\beta=0.4$

ξ	η	0.10	0.20	0.30	0.40	0.50
0.10	θ_x		0.0068	0.0077	0.0074	0.0072
	θ_y		0.0206	0.0302	0.0372	0.0399
0.20	θ_x		0.0186	0.0217	0.0218	0.0214
	θ_y		0.0399	0.0596	0.0745	0.0801
0.30	θ_x		0.0406	0.0492	0.0516	0.0520
	θ_y		0.0558	0.0869	0.1115	0.1208
0.40	θ_x		0.0773	0.0984	0.1086	0.1128
	θ_y		0.0656	0.1100	0.1473	0.1606
0.50	θ_x		0.1246	0.1814	0.2223	0.2371
	θ_y		0.0665	0.1259	0.1782	0.1936
0.60	θ_x		0.1494	0.2314	0.2954	0.3176
	θ_y		0.0645	0.1316	0.1919	0.2075

$k=1.2$　$\alpha=0.2$　$\beta=0.5$

ξ	η	0.10	0.20	0.30	0.40	0.50
0.10	θ_x		0.0075	0.0090	0.0094	0.0095
	θ_y		0.0256	0.0366	0.0443	0.0471
0.20	θ_x		0.0207	0.0253	0.0272	0.0278
	θ_y		0.0500	0.0725	0.0884	0.0940
0.30	θ_x		0.0459	0.0576	0.0640	0.0663
	θ_y		0.0715	0.1066	0.1315	0.1402
0.40	θ_x		0.0899	0.1154	0.1331	0.1400
	θ_y		0.0872	0.1374	0.1717	0.1830
0.50	θ_x		0.1541	0.2203	0.2648	0.2804
	θ_y		0.0924	0.1640	0.2041	0.2158
0.60	θ_x		0.1907	0.2854	0.3481	0.3687
	θ_y		0.0917	0.1759	0.2171	0.2286

$k=1.2$　$\alpha=0.2$　$\beta=0.6$

ξ	η	0.10	0.20	0.30	0.40	0.50
0.10	θ_x			0.0100	0.0113	0.0117
	θ_y			0.0422	0.0501	0.0529
0.20	θ_x			0.0283	0.0324	0.0339
	θ_y			0.0838	0.0996	0.1051
0.30	θ_x			0.0648	0.0753	0.0792
	θ_y			0.1238	0.1473	0.1552
0.40	θ_x			0.1309	0.1548	0.1636
	θ_y			0.1606	0.1903	0.1997
0.50	θ_x			0.2537	0.3001	0.3158
	θ_y			0.1909	0.2228	0.2322
0.60	θ_x			0.3308	0.3902	0.4095
	θ_y			0.2040	0.2353	0.2445

$k=1.2$　$\alpha=0.2$　$\beta=0.7$

ξ	η	0.10	0.20	0.30	0.40	0.50
0.10	θ_x			0.0107	0.0130	0.0138
	θ_y			0.0468	0.0546	0.0573
0.20	θ_x			0.0306	0.0369	0.0392
	θ_y			0.0929	0.1083	0.1134
0.30	θ_x			0.0708	0.0849	0.0901
	θ_y			0.1374	0.1592	0.1662
0.40	θ_x			0.1440	0.1723	0.1824
	θ_y			0.1782	0.2038	0.2118
0.50	θ_x			0.2806	0.3275	0.3432
	θ_y			0.2101	0.2360	0.2438
0.60	θ_x			0.3657	0.4224	0.4408
	θ_y			0.2231	0.2480	0.2555

$k=1.2$　$\alpha=0.2$　$\beta=0.8$

ξ	η	0.10	0.20	0.30	0.40	0.50
0.10	θ_x				0.0143	0.0154
	θ_y				0.0578	0.0604
0.20	θ_x				0.0404	0.0433
	θ_y				0.1144	0.1192
0.30	θ_x				0.0923	0.0984
	θ_y				0.1674	0.1738
0.40	θ_x				0.1859	0.1968
	θ_y				0.2129	0.2199
0.50	θ_x				0.3471	0.3628
	θ_y				0.2450	0.2518
0.60	θ_x				0.4450	0.4628
	θ_y				0.2567	0.2632

$k=1.2$　$\alpha=0.2$　$\beta=0.9$

ξ	η	0.10	0.20	0.30	0.40	0.50
0.10	θ_x				0.0151	0.0164
	θ_y				0.0598	0.0622
0.20	θ_x				0.0426	0.0461
	θ_y				0.1180	0.1225
0.30	θ_x				0.0969	0.1036
	θ_y				0.1722	0.1782
0.40	θ_x				0.1937	0.2050
	θ_y				0.2182	0.2246
0.50	θ_x				0.3589	0.3746
	θ_y				0.2499	0.2561
0.60	θ_x				0.4584	0.4759
	θ_y				0.2614	0.2673

$k=1.2$　$\alpha=0.2$　$\beta=1.0$

ξ	η	0.10	0.20	0.30	0.40	0.50
0.10	θ_x					0.0168
	θ_y					0.0628
0.20	θ_x					0.0470
	θ_y					0.1237
0.30	θ_x					0.1054
	θ_y					0.1796
0.40	θ_x					0.2082
	θ_y					0.2262
0.50	θ_x					0.3785
	θ_y					0.2578
0.60	θ_x					0.4803
	θ_y					0.2690

$k=1.2$　$\alpha=0.3$　$\beta=0.1$

ξ	η	0.10	0.20	0.30	0.40	0.50
0.10	θ_x	0.0022	0.0037	0.0039	0.0032	0.0027
	θ_y	0.0036	0.0075	0.0117	0.0152	0.0167
0.20	θ_x	0.0055	0.0094	0.0106	0.0093	0.0081
	θ_y	0.0066	0.0142	0.0227	0.0306	0.0341
0.30	θ_x	0.0105	0.0190	0.0232	0.0221	0.0197
	θ_y	0.0086	0.0189	0.0318	0.0461	0.0535
0.40	θ_x	0.0169	0.0324	0.0442	0.0489	0.0459
	θ_y	0.0094	0.0210	0.0372	0.0598	0.0775
0.50	θ_x	0.0227	0.0454	0.0676	0.0886	0.1019
	θ_y	0.0093	0.0211	0.0383	0.0673	0.1056
0.60	θ_x	0.0251	0.0508	0.0778	0.1040	0.1171
	θ_y	0.0091	0.0208	0.0383	0.0708	0.1158

$k=1.2$　$\alpha=0.3$　$\beta=0.2$

ξ	η	0.10	0.20	0.30	0.40	0.50
0.10	θ_x	0.0043	0.0070	0.0075	0.0065	0.0058
	θ_y	0.0073	0.0151	0.0232	0.0300	0.0326
0.20	θ_x	0.0106	0.0181	0.0205	0.0186	0.0169
	θ_y	0.0135	0.0286	0.0453	0.0602	0.0664
0.30	θ_x	0.0205	0.0369	0.0451	0.0438	0.0410
	θ_y	0.0177	0.0385	0.0641	0.0905	0.1028
0.40	θ_x	0.0335	0.0639	0.0867	0.0950	0.0946
	θ_y	0.0193	0.0431	0.0761	0.1196	0.1437
0.50	θ_x	0.0454	0.0906	0.1350	0.1760	0.1952
	θ_y	0.0191	0.0431	0.0798	0.1421	0.1822
0.60	θ_x	0.0503	0.1020	0.1556	0.2053	0.2278
	θ_y	0.0187	0.0424	0.0804	0.1510	0.1980

$k=1.2$　$\alpha=0.3$　$\beta=0.3$

ξ	η	0.10	0.20	0.30	0.40	0.50
0.10	θ_x	0.0059	0.0098	0.0107	0.0098	0.0092
	θ_y	0.0111	0.0228	0.0344	0.0436	0.0472
0.20	θ_x	0.0149	0.0255	0.0292	0.0279	0.0266
	θ_y	0.0208	0.0435	0.0675	0.0875	0.0954
0.30	θ_x	0.0295	0.0528	0.0644	0.0651	0.0639
	θ_y	0.0276	0.0594	0.0968	0.1314	0.1456
0.40	θ_x	0.0493	0.0935	0.1255	0.1390	0.1436
	θ_y	0.0304	0.0676	0.1180	0.1745	0.1971
0.50	θ_x	0.0681	0.1357	0.2016	0.2580	0.2789
	θ_y	0.0302	0.0689	0.1267	0.2118	0.2409
0.60	θ_x	0.0759	0.1537	0.2327	0.2997	0.3260
	θ_y	0.0297	0.0683	0.1298	0.2254	0.2579

$k=1.2$　$\alpha=0.3$　$\beta=0.4$

ξ	η	0.10	0.20	0.30	0.40	0.50
0.10	θ_x		0.0118	0.0135	0.0133	0.0129
	θ_y		0.0305	0.0451	0.0559	0.0599
0.20	θ_x		0.0311	0.0366	0.0374	0.0371
	θ_y		0.0588	0.0887	0.1117	0.1203
0.30	θ_x		0.0656	0.0807	0.0861	0.0876
	θ_y		0.0818	0.1290	0.1670	0.1810
0.40	θ_x		0.1202	0.1589	0.1813	0.1901
	θ_y		0.0954	0.1627	0.2198	0.2392
0.50	θ_x		0.1803	0.2666	0.3300	0.3520
	θ_y		0.0985	0.1855	0.2621	0.2842
0.60	θ_x		0.2059	0.3064	0.3834	0.4106
	θ_y		0.0988	0.1936	0.2784	0.3021

$k=1.2$　$\alpha=0.3$　$\beta=0.5$

ξ	η	0.10	0.20	0.30	0.40	0.50
0.10	θ_x		0.0130	0.0157	0.0167	0.0169
	θ_y		0.0380	0.0547	0.0664	0.0706
0.20	θ_x		0.0348	0.0429	0.0466	0.0478
	θ_y		0.0741	0.1083	0.1323	0.1408
0.30	θ_x		0.0749	0.0944	0.1059	0.1102
	θ_y		0.1055	0.1589	0.1964	0.2093
0.40	θ_x		0.1424	0.1883	0.2202	0.2321
	θ_y		0.1274	0.2049	0.2553	0.2715
0.50	θ_x		0.2243	0.3258	0.3917	0.4142
	θ_y		0.1362	0.2418	0.3000	0.3176
0.60	θ_x		0.2576	0.3756	0.4532	0.4816
	θ_y		0.1391	0.2552	0.3169	0.3345

$k=1.2$　$\alpha=0.3$　$\beta=0.6$

ξ	η	0.10	0.20	0.30	0.40	0.50
0.10	θ_x			0.0175	0.0199	0.0208
	θ_y			0.0631	0.0750	0.0791
0.20	θ_x			0.0480	0.0552	0.0579
	θ_y			0.1252	0.1489	0.1570
0.30	θ_x			0.1064	0.1244	0.1310
	θ_y			0.1847	0.2195	0.2311
0.40	θ_x			0.2148	0.2540	0.2680
	θ_y			0.2391	0.2823	0.2959
0.50	θ_x			0.3754	0.4425	0.4650
	θ_y			0.2813	0.3279	0.3419
0.60	θ_x			0.4323	0.5112	0.5375
	θ_y			0.2971	0.3447	0.3588

$k=1.2$　$\alpha=0.3$　$\beta=0.7$

ξ	η	0.10	0.20	0.30	0.40	0.50
0.10	θ_x			0.0189	0.0228	0.0242
	θ_y			0.0700	0.0817	0.0856
0.20	θ_x			0.0521	0.0627	0.0666
	θ_y			0.1389	0.1616	0.1691
0.30	θ_x			0.1165	0.1398	0.1483
	θ_y			0.2050	0.2369	0.2471
0.40	θ_x			0.2371	0.2814	0.2968
	θ_y			0.2647	0.3019	0.3135
0.50	θ_x			0.4144	0.4821	0.5047
	θ_y			0.3092	0.3476	0.3592
0.60	θ_x			0.4782	0.5560	0.5818
	θ_y			0.3259	0.3642	0.3757

$k=1.2$　$\alpha=0.3$　$\beta=0.8$

ξ	η	0.10	0.20	0.30	0.40	0.50
0.10	θ_x				0.0250	0.0269
	θ_y				0.0864	0.0901
0.20	θ_x				0.0684	0.0733
	θ_y				0.1705	0.1775
0.30	θ_x				0.1515	0.1613
	θ_y				0.2488	0.2581
0.40	θ_x				0.3015	0.3179
	θ_y				0.3152	0.3254
0.50	θ_x				0.5105	0.5331
	θ_y				0.3609	0.3710
0.60	θ_x				0.5879	0.6128
	θ_y				0.3776	0.3873

$k=1.2$　$\alpha=0.3$　$\beta=0.9$

ξ	η	0.10	0.20	0.30	0.40	0.50
0.10	θ_x				0.0264	0.0287
	θ_y				0.0892	0.0928
0.20	θ_x				0.0720	0.0775
	θ_y				0.1758	0.1824
0.30	θ_x				0.1588	0.1693
	θ_y				0.2558	0.2644
0.40	θ_x				0.3190	0.3359
	θ_y				0.3229	0.3323
0.50	θ_x				0.5275	0.5503
	θ_y				0.3687	0.3780
0.60	θ_x				0.6069	0.6332
	θ_y				0.3847	0.3939

$k=1.2$　$\alpha=0.3$　$\beta=1.0$

ξ	η	0.10	0.20	0.30	0.40	0.50
0.10	θ_x					0.0293
	θ_y					0.0936
0.20	θ_x					0.0790
	θ_y					0.1840
0.30	θ_x					0.1721
	θ_y					0.2665
0.40	θ_x					0.3350
	θ_y					0.3345
0.50	θ_x					0.5559
	θ_y					0.3799
0.60	θ_x					0.6395
	θ_y					0.3963

$k=1.2$　$\alpha=0.4$　$\beta=0.1$

ξ	η	0.10	0.20	0.30	0.40	0.50
0.20	θ_x	0.0081	0.0141	0.0164	0.0148	0.0131
	θ_y	0.0084	0.0181	0.0296	0.0409	0.0462
0.30	θ_x	0.0147	0.0271	0.0345	0.0345	0.0310
	θ_y	0.0110	0.0241	0.0410	0.0610	0.0729
0.40	θ_x	0.0224	0.0434	0.0611	0.0732	0.0777
	θ_y	0.0121	0.0271	0.0476	0.0770	0.1068
0.50	θ_x	0.0288	0.0574	0.0849	0.1095	0.1221
	θ_y	0.0124	0.0280	0.0506	0.0879	0.1348
0.60	θ_x	0.0313	0.0628	0.0937	0.1204	0.1321
	θ_y	0.0123	0.0281	0.0517	0.0926	0.1429

$k=1.2$　$\alpha=0.4$　$\beta=0.2$

ξ	η	0.10	0.20	0.30	0.40	0.50
0.20	θ_x	0.0156	0.0273	0.0318	0.0296	0.0273
	θ_y	0.0172	0.0368	0.0592	0.0803	0.0895
0.30	θ_x	0.0288	0.0529	0.0671	0.0680	0.0645
	θ_y	0.0225	0.0492	0.0830	0.1204	0.1389
0.40	θ_x	0.0445	0.0859	0.1207	0.1446	0.1530
	θ_y	0.0250	0.0553	0.0976	0.1574	0.1922
0.50	θ_x	0.0576	0.1145	0.1691	0.2163	0.2370
	θ_y	0.0255	0.0572	0.1049	0.1839	0.2340
0.60	θ_x	0.0627	0.1255	0.1865	0.2371	0.2574
	θ_y	0.0255	0.0577	0.1078	0.1936	0.2488

$k=1.2$　$\alpha=0.4$　$\beta=0.3$

ξ	η	0.10	0.20	0.30	0.40	0.50
0.20	θ_x	0.0222	0.0386	0.0453	0.0443	0.0428
	θ_y	0.0266	0.0562	0.0887	0.1167	0.1280
0.30	θ_x	0.0418	0.0763	0.0960	0.1001	0.1001
	θ_y	0.0351	0.0761	0.1262	0.1749	0.1950
0.40	θ_x	0.0658	0.1268	0.1776	0.2121	0.2242
	θ_y	0.0391	0.0869	0.1516	0.2312	0.2606
0.50	θ_x	0.0862	0.1711	0.2520	0.3164	0.3410
	θ_y	0.0401	0.0912	0.1669	0.2733	0.3107
0.60	θ_x	0.0942	0.1879	0.2766	0.3456	0.3722
	θ_y	0.0402	0.0924	0.1729	0.2874	0.3282

$k=1.2$　$\alpha=0.4$　$\beta=0.4$

ξ	η	0.10	0.20	0.30	0.40	0.50
0.20	θ_x		0.0475	0.0569	0.0590	0.0591
	θ_y		0.0764	0.1171	0.1488	0.1606
0.30	θ_x		0.0959	0.1208	0.1320	0.1359
	θ_y		0.1055	0.1695	0.2218	0.2407
0.40	θ_x		0.1652	0.2305	0.2739	0.2891
	θ_y		0.1223	0.2127	0.2900	0.3148
0.50	θ_x		0.2267	0.3308	0.4062	0.4326
	θ_y		0.1301	0.2416	0.3392	0.3678
0.60	θ_x		0.2492	0.3628	0.4446	0.4743
	θ_y		0.1330	0.2518	0.3564	0.3872

$k=1.2$　$\alpha=0.4$　$\beta=0.5$

ξ	η	0.10	0.20	0.30	0.40	0.50
0.20	θ_x		0.0534	0.0665	0.0732	0.0755
	θ_y		0.0971	0.1433	0.1758	0.1872
0.30	θ_x		0.1105	0.1421	0.1619	0.1693
	θ_y		0.1372	0.2100	0.2601	0.2770
0.40	θ_x		0.2001	0.2778	0.3287	0.3464
	θ_y		0.1639	0.2706	0.3353	0.3558
0.50	θ_x		0.2806	0.4027	0.4834	0.5109
	θ_y		0.1789	0.3133	0.3889	0.4116
0.60	θ_x		0.3082	0.4406	0.5296	0.5609
	θ_y		0.1848	0.3279	0.4082	0.4317

$k=1.2$　$\alpha=0.4$　$\beta=0.6$

ξ	η	0.10	0.20	0.30	0.40	0.50
0.20	θ_x			0.0746	0.0864	0.0910
	θ_y			0.1660	0.1974	0.2080
0.30	θ_x			0.1607	0.1887	0.1990
	θ_y			0.2444	0.2899	0.3048
0.40	θ_x			0.3183	0.3751	0.3947
	θ_y			0.3148	0.3701	0.3875
0.50	θ_x			0.4638	0.5472	0.5753
	θ_y			0.3647	0.4256	0.4442
0.60	θ_x			0.5074	0.6002	0.6315
	θ_y			0.3819	0.4455	0.4645

$k=1.2$ $\alpha=0.4$ $\beta=0.7$

ξ	η	0.10	0.20	0.30	0.40	0.50
0.20	θ_x			0.0813	0.0979	0.1040
	θ_y			0.1842	0.2138	0.2235
0.30	θ_x			0.1765	0.2111	0.2234
	θ_y			0.2711	0.3121	0.3252
0.40	θ_x			0.3511	0.4121	0.4331
	θ_y			0.3475	0.3951	0.4100
0.50	θ_x			0.5122	0.5971	0.6256
	θ_y			0.4012	0.4518	0.4672
0.60	θ_x			0.5613	0.6550	0.6865
	θ_y			0.4203	0.4719	0.4876

$k=1.2$ $\alpha=0.4$ $\beta=0.8$

ξ	η	0.10	0.20	0.30	0.40	0.50
0.20	θ_x				0.1066	0.1138
	θ_y				0.2252	0.2342
0.30	θ_x				0.2278	0.2416
	θ_y				0.3273	0.3391
0.40	θ_x				0.4391	0.4610
	θ_y				0.4123	0.4254
0.50	θ_x				0.6330	0.6617
	θ_y				0.4697	0.4832
0.60	θ_x				0.6943	0.7257
	θ_y				0.4900	0.5036

$k=1.2$ $\alpha=0.4$ $\beta=0.9$

ξ	η	0.10	0.20	0.30	0.40	0.50
0.20	θ_x				0.1120	0.1201
	θ_y				0.2319	0.2404
0.30	θ_x				0.2381	0.2528
	θ_y				0.3362	0.3472
0.40	θ_x				0.4562	0.4786
	θ_y				0.4222	0.4343
0.50	θ_x				0.6545	0.6833
	θ_y				0.4796	0.4919
0.60	θ_x				0.7178	0.7492
	θ_y				0.4999	0.5122

$k=1.2$ $\alpha=0.4$ $\beta=1.0$

ξ	η	0.10	0.20	0.30	0.40	0.50
0.20	θ_x					0.1222
	θ_y					0.2424
0.30	θ_x					0.2566
	θ_y					0.3498
0.40	θ_x					0.4836
	θ_y					0.4371
0.50	θ_x					0.6905
	θ_y					0.4949
0.60	θ_x					0.7570
	θ_y					0.5155

$k=1.2$ $\alpha=0.5$ $\beta=0.1$

ξ	η	0.10	0.20	0.30	0.40	0.50
0.20	θ_x	0.0111	0.0200	0.0242	0.0229	0.0204
	θ_y	0.0099	0.0215	0.0358	0.0511	0.0590
0.30	θ_x	0.0192	0.0360	0.0481	0.0520	0.0480
	θ_y	0.0130	0.0285	0.0489	0.0751	0.0941
0.40	θ_x	0.0276	0.0538	0.0772	0.0969	0.1095
	θ_y	0.0146	0.0327	0.0571	0.0929	0.1346
0.50	θ_x	0.0340	0.0672	0.0982	0.1237	0.1347
	θ_y	0.0154	0.0348	0.0624	0.1066	0.1586
0.60	θ_x	0.0363	0.0720	0.1052	0.1314	0.1414
	θ_y	0.0156	0.0355	0.0645	0.1117	0.1660

$k=1.2$ $\alpha=0.5$ $\beta=0.2$

ξ	η	0.10	0.20	0.30	0.40	0.50
0.20	θ_x	0.0111	0.0200	0.0242	0.0229	0.0204
	θ_y	0.0099	0.0215	0.0358	0.0511	0.0590
0.30	θ_x	0.0192	0.0360	0.0481	0.0520	0.0480
	θ_y	0.0130	0.0285	0.0489	0.0751	0.0941
0.40	θ_x	0.0276	0.0538	0.0772	0.0969	0.1095
	θ_y	0.0146	0.0327	0.0571	0.0929	0.1346
0.50	θ_x	0.0340	0.0672	0.0982	0.1237	0.1347
	θ_y	0.0154	0.0348	0.0624	0.1066	0.1586
0.60	θ_x	0.0363	0.0720	0.1052	0.1314	0.1414
	θ_y	0.0156	0.0355	0.0645	0.1117	0.1660

$k=1.2$ $\alpha=0.5$ $\beta=0.3$

ξ	η	0.10	0.20	0.30	0.40	0.50
0.20	θ_x	0.0311	0.0554	0.0672	0.0677	0.0664
	θ_y	0.0314	0.0672	0.1084	0.1459	0.1612
0.30	θ_x	0.0552	0.1033	0.1362	0.1482	0.1520
	θ_y	0.0415	0.0904	0.1524	0.2181	0.2443
0.40	θ_x	0.0814	0.1586	0.2281	0.2828	0.3036
	θ_y	0.0471	0.1046	0.1826	0.2843	0.3207
0.50	θ_x	0.1011	0.1990	0.2891	0.3566	0.3821
	θ_y	0.0499	0.1114	0.2037	0.3277	0.3722
0.60	θ_x	0.1083	0.2135	0.3084	0.3778	0.4039
	θ_y	0.0509	0.1158	0.2116	0.3424	0.3898

$k=1.2$ $\alpha=0.5$ $\beta=0.4$

ξ	η	0.10	0.20	0.30	0.40	0.50
0.20	θ_x		0.0687	0.0843	0.0896	0.0910
	θ_y		0.0922	0.1442	0.1856	0.2009
0.30	θ_x		0.1321	0.1721	0.1939	0.2024
	θ_y		0.1257	0.2077	0.2756	0.2990
0.40	θ_x		0.2083	0.2995	0.3636	0.3852
	θ_y		0.1470	0.2591	0.3555	0.3853
0.50	θ_x		0.2629	0.3775	0.4585	0.4874
	θ_y		0.1605	0.2928	0.4083	0.4434
0.60	θ_x		0.2812	0.4024	0.4863	0.5168
	θ_y		0.1656	0.3045	0.4259	0.4630

$k=1.2$ $\alpha=0.5$ $\beta=0.5$

ξ	η	0.10	0.20	0.30	0.40	0.50
0.20	θ_x		0.0783	0.0989	0.1106	0.1149
	θ_y		0.1183	0.1773	0.2185	0.2328
0.30	θ_x		0.1554	0.2034	0.2362	0.2483
	θ_y		0.1654	0.2596	0.3217	0.3421
0.40	θ_x		0.2556	0.3651	0.4335	0.4580
	θ_y		0.1975	0.3319	0.4099	0.4349
0.50	θ_x		0.3230	0.4578	0.5473	0.5786
	θ_y		0.2194	0.3776	0.4688	0.4969
0.60	θ_x		0.3449	0.4861	0.5811	0.6143
	θ_y		0.2275	0.3933	0.4896	0.5189

$k=1.2$ $\alpha=0.5$ $\beta=0.6$

ξ	η	0.10	0.20	0.30	0.40	0.50
0.20	θ_x			0.1113	0.1298	0.1366
	θ_y			0.2058	0.2446	0.2576
0.30	θ_x			0.2317	0.2733	0.2881
	θ_y			0.3022	0.3573	0.3750
0.40	θ_x			0.4194	0.4921	0.5180
	θ_y			0.3851	0.4517	0.4722
0.50	θ_x			0.5265	0.6212	0.6538
	θ_y			0.4398	0.5145	0.5372
0.60	θ_x			0.5588	0.6614	0.6950
	θ_y			0.4581	0.5363	0.5596

$k=1.2$ $\alpha=0.5$ $\beta=0.7$

ξ	η	0.10	0.20	0.30	0.40	0.50
0.20	θ_x			0.1218	0.1460	0.1549
	θ_y			0.2284	0.2642	0.2758
0.30	θ_x			0.2554	0.3035	0.3204
	θ_y			0.3347	0.3836	0.3991
0.40	θ_x			0.4622	0.5383	0.5645
	θ_y			0.4250	0.4818	0.4997
0.50	θ_x			0.5815	0.6794	0.7126
	θ_y			0.4844	0.5468	0.5660
0.60	θ_x			0.6174	0.7238	0.7594
	θ_y			0.5052	0.5695	0.5892

$k=1.2$ $\alpha=0.5$ $\beta=0.8$

ξ	η	0.10	0.20	0.30	0.40	0.50
0.20	θ_x				0.1583	0.1686
	θ_y				0.2778	0.2884
0.30	θ_x				0.3259	0.3442
	θ_y				0.4016	0.4155
0.40	θ_x				0.5718	0.5989
	θ_y				0.5024	0.5182
0.50	θ_x				0.7213	0.7550
	θ_y				0.5688	0.5855
0.60	θ_x				0.7687	0.8048
	θ_y				0.5920	0.6090

$k=1.2$ $\alpha=0.5$ $\beta=0.9$

ξ	η	0.10	0.20	0.30	0.40	0.50
0.20	θ_x				0.1660	0.1772
	θ_y				0.2857	0.2956
0.30	θ_x				0.3395	0.3587
	θ_y				0.4121	0.4251
0.40	θ_x				0.5877	0.6152
	θ_y				0.5144	0.5290
0.50	θ_x				0.7466	0.7806
	θ_y				0.5816	0.5971
0.60	θ_x				0.7958	0.8321
	θ_y				0.6050	0.6207

$k=1.2$ $\alpha=0.5$ $\beta=1.0$

ξ	η	0.10	0.20	0.30	0.40	0.50
0.20	θ_x					0.1801
	θ_y					0.2980
0.30	θ_x					0.3636
	θ_y					0.4282
0.40	θ_x					0.6277
	θ_y					0.5324
0.50	θ_x					0.7894
	θ_y					0.6008
0.60	θ_x					0.8400
	θ_y					0.6241

$k=1.2$　$\alpha=0.6$　$\beta=0.1$

ξ	η	0.10	0.20	0.30	0.40	0.50
0.30	θ_x	0.0237	0.0455	0.0633	0.0750	0.0791
	θ_y	0.0146	0.0322	0.0554	0.0872	0.1175
0.40	θ_x	0.0322	0.0631	0.0911	0.1149	0.1264
	θ_y	0.0169	0.0377	0.0660	0.1081	0.1572
0.50	θ_x	0.0381	0.0748	0.1079	0.1334	0.1438
	θ_y	0.0183	0.0412	0.0734	0.1232	0.1785
0.60	θ_x	0.0401	0.0787	0.1132	0.1386	0.1482
	θ_y	0.0188	0.0424	0.0762	0.1286	0.1846

$k=1.2$　$\alpha=0.6$　$\beta=0.2$

ξ	η	0.10	0.20	0.30	0.40	0.50
0.30	θ_x	0.0470	0.0900	0.1250	0.1481	0.1560
	θ_y	0.0299	0.0656	0.1128	0.1772	0.2141
0.40	θ_x	0.0641	0.1254	0.1812	0.2274	0.2464
	θ_y	0.0348	0.0767	0.1356	0.2243	0.2781
0.50	θ_x	0.0758	0.1487	0.2140	0.2630	0.2821
	θ_y	0.0377	0.0841	0.1515	0.2541	0.3165
0.60	θ_x	0.0799	0.1565	0.2241	0.2733	0.2917
	θ_y	0.0387	0.0869	0.1574	0.2643	0.3294

$k=1.2$　$\alpha=0.6$　$\beta=0.3$

ξ	η	0.10	0.20	0.30	0.40	0.50
0.30	θ_x	0.0693	0.1325	0.1838	0.2173	0.2290
	θ_y	0.0467	0.1024	0.1747	0.2604	0.2921
0.40	θ_x	0.0953	0.1865	0.2691	0.3334	0.3560
	θ_y	0.0544	0.1208	0.2123	0.3312	0.3739
0.50	θ_x	0.1129	0.2208	0.3160	0.3850	0.4106
	θ_y	0.0593	0.1331	0.2384	0.3751	0.4252
0.60	θ_x	0.1189	0.2320	0.3306	0.4002	0.4256
	θ_y	0.0610	0.1376	0.2476	0.3899	0.4422

$k=1.2$　$\alpha=0.6$　$\beta=0.4$

ξ	η	0.10	0.20	0.30	0.40	0.50
0.30	θ_x		0.1720	0.2380	0.2810	0.2962
	θ_y		0.1429	0.2429	0.3271	0.3543
0.40	θ_x		0.2453	0.3529	0.4287	0.4549
	θ_y		0.1699	0.3011	0.4140	0.4486
0.50	θ_x		0.2898	0.4118	0.4960	0.5260
	θ_y		0.1888	0.3385	0.4681	0.5082
0.60	θ_x		0.3040	0.4297	0.5159	0.5466
	θ_y		0.1957	0.3516	0.4865	0.5286

$k=1.2$　$\alpha=0.6$　$\beta=0.5$

ξ	η	0.10	0.20	0.30	0.40	0.50
0.30	θ_x		0.2075	0.2867	0.3380	0.3557
	θ_y		0.1895	0.3072	0.3798	0.4031
0.40	θ_x		0.3014	0.4277	0.5114	0.5383
	θ_y		0.2289	0.3859	0.4770	0.5059
0.50	θ_x		0.3542	0.4979	0.5932	0.6263
	θ_y		0.2563	0.4344	0.5394	0.5719
0.60	θ_x		0.3706	0.5194	0.6180	0.6524
	θ_y		0.2661	0.4510	0.5608	0.5948

$k=1.2$　$\alpha=0.6$　$\beta=0.6$

ξ	η	0.10	0.20	0.30	0.40	0.50
0.30	θ_x			0.3283	0.3863	0.4060
	θ_y			0.3570	0.4201	0.4401
0.40	θ_x			0.4917	0.5803	0.6088
	θ_y			0.4483	0.5254	0.5490
0.50	θ_x			0.5718	0.6747	0.7099
	θ_y			0.5059	0.5928	0.6196
0.60	θ_x			0.5962	0.7035	0.7404
	θ_y			0.5250	0.6156	0.6436

$k=1.2$　$\alpha=0.6$　$\beta=0.7$

ξ	η	0.10	0.20	0.30	0.40	0.50
0.30	θ_x			0.3617	0.4247	0.4465
	θ_y			0.3944	0.4499	0.4674
0.40	θ_x			0.5425	0.6347	0.6656
	θ_y			0.4944	0.5601	0.5807
0.50	θ_x			0.6313	0.7392	0.7759
	θ_y			0.5577	0.6311	0.6538
0.60	θ_x			0.6581	0.7713	0.8093
	θ_y			0.5796	0.6559	0.6790

$k=1.2$　$\alpha=0.6$　$\beta=0.8$

ξ	η	0.10	0.20	0.30	0.40	0.50
0.30	θ_x				0.4530	0.4760
	θ_y				0.4701	0.4858
0.40	θ_x				0.6741	0.7058
	θ_y				0.5839	0.6021
0.50	θ_x				0.7858	0.8236
	θ_y				0.6574	0.6770
0.60	θ_x				0.8198	0.8594
	θ_y				0.6826	0.7032

$k=1.2$　$\alpha=0.6$　$\beta=0.9$

ξ	η	0.10	0.20	0.30	0.40	0.50
0.30	θ_x				0.4702	0.4940
	θ_y				0.4820	0.4966
0.40	θ_x				0.6968	0.7291
	θ_y				0.5978	0.6146
0.50	θ_x				0.8141	0.8522
	θ_y				0.6723	0.6908
0.60	θ_x				0.8494	0.8896
	θ_y				0.6978	0.7165

$k=1.2$　$\alpha=0.6$　$\beta=1.0$

ξ	η	0.10	0.20	0.30	0.40	0.50
0.30	θ_x					0.5000
	θ_y					0.5000
0.40	θ_x					0.7375
	θ_y					0.6189
0.50	θ_x					0.8616
	θ_y					0.6951
0.60	θ_x					0.8997
	θ_y					0.7214

$k=1.2$　$\alpha=0.7$　$\beta=0.1$

ξ	η	0.10	0.20	0.30	0.40	0.50
0.30	θ_x	0.0282	0.0548	0.0782	0.0979	0.1102
	θ_y	0.0159	0.0353	0.0610	0.0981	0.1398
0.40	θ_x	0.0362	0.0708	0.1021	0.1269	0.1377
	θ_y	0.0190	0.0423	0.0741	0.1219	0.1753
0.50	θ_x	0.0412	0.0804	0.1148	0.1398	0.1492
	θ_y	0.0210	0.0470	0.0832	0.1373	0.1946
0.60	θ_x	0.0429	0.0835	0.1186	0.1435	0.1524
	θ_y	0.0217	0.0488	0.0865	0.1426	0.2005

$k=1.2$　$\alpha=0.7$　$\beta=0.2$

ξ	η	0.10	0.20	0.30	0.40	0.50
0.30	θ_x	0.0560	0.1087	0.1554	0.1947	0.2124
	θ_y	0.0326	0.0716	0.1251	0.2023	0.2487
0.40	θ_x	0.0720	0.1408	0.2026	0.2502	0.2697
	θ_y	0.0390	0.0862	0.1524	0.2517	0.3114
0.50	θ_x	0.0820	0.1596	0.2272	0.2756	0.2934
	θ_y	0.0432	0.0961	0.1713	0.2818	0.3478
0.60	θ_x	0.0852	0.1656	0.2346	0.2831	0.3003
	θ_y	0.0447	0.0997	0.1779	0.2920	0.3597

$k=1.2$　$\alpha=0.7$　$\beta=0.3$

ξ	η	0.10	0.20	0.30	0.40	0.50
0.30	θ_x	0.0830	0.1612	0.2307	0.2858	0.3058
	θ_y	0.0510	0.1124	0.1948	0.2991	0.3362
0.40	θ_x	0.1070	0.2091	0.2998	0.3662	0.3916
	θ_y	0.0611	0.1356	0.2388	0.3710	0.4193
0.50	θ_x	0.1216	0.2364	0.3351	0.4038	0.4286
	θ_y	0.0678	0.1515	0.2681	0.4153	0.4696
0.60	θ_x	0.1264	0.2450	0.3453	0.4150	0.4393
	θ_y	0.0703	0.1572	0.2784	0.4300	0.4862

$k=1.2$　$\alpha=0.7$　$\beta=0.4$

ξ	η	0.10	0.20	0.30	0.40	0.50
0.30	θ_x		0.2114	0.3032	0.3674	0.3893
	θ_y		0.1573	0.2744	0.3738	0.4047
0.40	θ_x		0.2747	0.3910	0.4717	0.5003
	θ_y		0.1910	0.3378	0.4642	0.5033
0.50	θ_x		0.3092	0.4353	0.5209	0.5512
	θ_y		0.2141	0.3782	0.5192	0.5636
0.60	θ_x		0.3198	0.4487	0.5355	0.5662
	θ_y		0.2222	0.3920	0.5377	0.5840

$k=1.2$　$\alpha=0.7$　$\beta=0.5$

ξ	η	0.10	0.20	0.30	0.40	0.50
0.30	θ_x		0.2590	0.3687	0.4384	0.4618
	θ_y		0.2103	0.3500	0.4322	0.4582
0.40	θ_x		0.3360	0.4732	0.5640	0.5952
	θ_y		0.2574	0.4323	0.5352	0.5671
0.50	θ_x		0.3762	0.5254	0.6240	0.6583
	θ_y		0.2888	0.4830	0.5995	0.6359
0.60	θ_x		0.3884	0.5413	0.6419	0.6770
	θ_y		0.2997	0.5002	0.6212	0.6591

$k=1.2$　$\alpha=0.7$　$\beta=0.6$

ξ	η	0.10	0.20	0.30	0.40	0.50
0.30	θ_x			0.4234	0.4977	0.5229
	θ_y			0.4065	0.4767	0.4989
0.40	θ_x			0.5436	0.6412	0.6742
	θ_y			0.5029	0.5895	0.6163
0.50	θ_x			0.6028	0.7109	0.7481
	θ_y			0.5624	0.6600	0.6904
0.60	θ_x			0.6207	0.7318	0.7701
	θ_y			0.5825	0.6840	0.7157

$k=1.2$ $\alpha=0.7$ $\beta=0.7$

ξ	η	0.10	0.20	0.30	0.40	0.50
0.30	θ_x			0.4666	0.5448	0.5713
	θ_y			0.4481	0.5091	0.5283
0.40	θ_x			0.6002	0.7022	0.7369
	θ_y			0.5543	0.6285	0.6516
0.50	θ_x			0.6652	0.7800	0.8192
	θ_y			0.6205	0.7037	0.7295
0.60	θ_x			0.6848	0.8034	0.8440
	θ_y			0.6428	0.7293	0.7562

$k=1.2$ $\alpha=0.7$ $\beta=0.8$

ξ	η	0.10	0.20	0.30	0.40	0.50
0.30	θ_x				0.5789	0.6065
	θ_y				0.5316	0.5487
0.40	θ_x				0.7464	0.7820
	θ_y				0.6552	0.6756
0.50	θ_x				0.8300	0.8705
	θ_y				0.7337	0.7565
0.60	θ_x				0.8554	0.8974
	θ_y				0.7604	0.7841

$k=1.2$ $\alpha=0.7$ $\beta=0.9$

ξ	η	0.10	0.20	0.30	0.40	0.50
0.30	θ_x				0.5995	0.6277
	θ_y				0.5442	0.5601
0.40	θ_x				0.7765	0.8127
	θ_y				0.6707	0.6896
0.50	θ_x				0.8604	0.9016
	θ_y				0.7505	0.7715
0.60	θ_x				0.8869	0.9298
	θ_y				0.7779	0.7996

$k=1.2$ $\alpha=0.7$ $\beta=1.0$

ξ	η	0.10	0.20	0.30	0.40	0.50
0.30	θ_x					0.6349
	θ_y					0.5643
0.40	θ_x					0.8183
	θ_y					0.6944
0.50	θ_x					0.9120
	θ_y					0.7769
0.60	θ_x					0.9406
	θ_y					0.8052

$k=1.2$ $\alpha=0.8$ $\beta=0.1$

ξ	η	0.10	0.20	0.30	0.40	0.50
0.40	θ_x	0.0394	0.0769	0.1101	0.1351	0.1451
	θ_y	0.0208	0.0463	0.0813	0.1334	0.1894
0.50	θ_x	0.0435	0.0844	0.1194	0.1439	0.1531
	θ_y	0.0233	0.0521	0.0916	0.1488	0.2077
0.60	θ_x	0.0448	0.0867	0.1221	0.1465	0.1553
	θ_y	0.0243	0.0542	0.0951	0.1540	0.2135

$k=1.2$ $\alpha=0.8$ $\beta=0.2$

ξ	η	0.10	0.20	0.30	0.40	0.50
0.40	θ_x	0.0784	0.1528	0.2183	0.2664	0.2850
	θ_y	0.0427	0.0944	0.1671	0.2743	0.3382
0.50	θ_x	0.0864	0.1674	0.2362	0.2839	0.3015
	θ_y	0.0480	0.1064	0.1879	0.3046	0.3730
0.60	θ_x	0.0889	0.1719	0.2415	0.2891	0.3061
	θ_y	0.0499	0.1106	0.1951	0.3148	0.3845

$k=1.2$ $\alpha=0.8$ $\beta=0.3$

ξ	η	0.10	0.20	0.30	0.40	0.50
0.40	θ_x	0.1163	0.2265	0.3222	0.3902	0.4154
	θ_y	0.0669	0.1486	0.2615	0.4039	0.4564
0.50	θ_x	0.1280	0.2474	0.3478	0.4161	0.4409
	θ_y	0.0753	0.1673	0.2924	0.4478	0.5055
0.60	θ_x	0.1316	0.2537	0.3552	0.4241	0.4485
	θ_y	0.0783	0.1738	0.3033	0.4625	0.5212

$k=1.2$ $\alpha=0.8$ $\beta=0.4$

ξ	η	0.10	0.20	0.30	0.40	0.50
0.40	θ_x		0.2966	0.4192	0.5031	0.5328
	θ_y		0.2094	0.3687	0.5056	0.5486
0.50	θ_x		0.3226	0.4513	0.5373	0.5677
	θ_y		0.2355	0.4110	0.5613	0.6092
0.60	θ_x		0.3304	0.4610	0.5478	0.5783
	θ_y		0.2446	0.4254	0.5799	0.6295

$k=1.2$ $\alpha=0.8$ $\beta=0.5$

ξ	η	0.10	0.20	0.30	0.40	0.50
0.40	θ_x		0.3616	0.5067	0.6022	0.6354
	θ_y		0.2819	0.4710	0.5835	0.6186
0.50	θ_x		0.3913	0.5441	0.6445	0.6795
	θ_y		0.3161	0.5234	0.6487	0.6882
0.60	θ_x		0.4002	0.5557	0.6573	0.6927
	θ_y		0.3278	0.5411	0.6707	0.7117

$k=1.2$ $\alpha=0.8$ $\beta=0.6$

ξ	η	0.10	0.20	0.30	0.40	0.50
0.40	θ_x			0.5817	0.6856	0.7216
	θ_y			0.5480	0.6430	0.6722
0.50	θ_x			0.6240	0.7351	0.7735
	θ_y			0.6091	0.7156	0.7491
0.60	θ_x			0.6365	0.7501	0.7893
	θ_y			0.6295	0.7401	0.7749

$k=1.2$　$\alpha=0.8$　$\beta=0.7$

ξ	η	0.10	0.20	0.30	0.40	0.50
0.40	θ_x			0.6417	0.7518	0.7893
	θ_y			0.6044	0.6858	0.7111
0.50	θ_x			0.6880	0.8074	0.8483
	θ_y			0.6722	0.7639	0.7925
0.60	θ_x			0.7022	0.8243	0.8662
	θ_y			0.6951	0.7903	0.8201

$k=1.2$　$\alpha=0.8$　$\beta=0.8$

ξ	η	0.10	0.20	0.30	0.40	0.50
0.40	θ_x				0.7997	0.8384
	θ_y				0.7150	0.7374
0.50	θ_x				0.8600	0.9025
	θ_y				0.7968	0.8220
0.60	θ_x				0.8782	0.9220
	θ_y				0.8246	0.8508

$k=1.2$　$\alpha=0.8$　$\beta=0.9$

ξ	η	0.10	0.20	0.30	0.40	0.50
0.40	θ_x				0.8299	0.8693
	θ_y				0.7320	0.7527
0.50	θ_x				0.8905	0.9340
	θ_y				0.8160	0.8392
0.60	θ_x				0.9124	0.9572
	θ_y				0.8445	0.8686

$k=1.2$　$\alpha=0.8$　$\beta=1.0$

ξ	η	0.10	0.20	0.30	0.40	0.50
0.40	θ_x					0.8781
	θ_y					0.7574
0.50	θ_x					0.9464
	θ_y					0.8446
0.60	θ_x					0.9672
	θ_y					0.8742

$k=1.2$　$\alpha=0.9$　$\beta=0.1$

ξ	η	0.10	0.20	0.30	0.40	0.50
0.40	θ_x	0.0418	0.0814	0.1158	0.1406	0.1498
	θ_y	0.0222	0.0496	0.0872	0.1423	0.2001
0.50	θ_x	0.0451	0.0872	0.1225	0.1466	0.1553
	θ_y	0.0253	0.0563	0.0982	0.1577	0.2176
0.60	θ_x	0.0461	0.0888	0.1243	0.1483	0.1568
	θ_y	0.0264	0.0586	0.1020	0.1630	0.2229

$k=1.2$　$\alpha=0.9$　$\beta=0.2$

ξ	η	0.10	0.20	0.30	0.40	0.50
0.40	θ_x	0.0831	0.1615	0.2292	0.2775	0.2949
	θ_y	0.0457	0.1013	0.1791	0.2920	0.3585
0.50	θ_x	0.0895	0.1726	0.2421	0.2893	0.3062
	θ_y	0.0520	0.1148	0.2012	0.3219	0.3923
0.60	θ_x	0.0914	0.1759	0.2458	0.2926	0.3092
	θ_y	0.0542	0.1195	0.2087	0.3319	0.4034

$k=1.2$　$\alpha=0.9$　$\beta=0.3$

ξ	η	0.10	0.20	0.30	0.40	0.50
0.40	θ_x	0.1233	0.2390	0.3378	0.4067	0.4309
	θ_y	0.0717	0.1593	0.2797	0.4295	0.4852
0.50	θ_x	0.1323	0.2547	0.3561	0.4244	0.4486
	θ_y	0.0814	0.1800	0.3128	0.4736	0.5333
0.60	θ_x	0.1350	0.2593	0.3616	0.4294	0.4533
	θ_y	0.0848	0.1872	0.3240	0.4884	0.5494

$k=1.2$　$\alpha=0.9$　$\beta=0.4$

ξ	η	0.10	0.20	0.30	0.40	0.50
0.40	θ_x		0.3123	0.4390	0.5247	0.5550
	θ_y		0.2244	0.3932	0.5381	0.5839
0.50	θ_x		0.3316	0.4616	0.5484	0.5787
	θ_y		0.2527	0.4369	0.5936	0.6439
0.60	θ_x		0.3372	0.4685	0.5550	0.5853
	θ_y		0.2625	0.4517	0.6120	0.6638

$k=1.2$　$\alpha=0.9$　$\beta=0.5$

ξ	η	0.10	0.20	0.30	0.40	0.50
0.40	θ_x		0.3796	0.5294	0.6287	0.6631
	θ_y		0.3016	0.5016	0.6215	0.6591
0.50	θ_x		0.4014	0.5567	0.6582	0.6935
	θ_y		0.3377	0.5549	0.6875	0.7297
0.60	θ_x		0.4075	0.5643	0.6665	0.7020
	θ_y		0.3501	0.5731	0.7098	0.7535

$k=1.2$　$\alpha=0.9$　$\beta=0.6$

ξ	η	0.10	0.20	0.30	0.40	0.50
0.40	θ_x			0.6072	0.7165	0.7533
	θ_y			0.5833	0.6852	0.7166
0.50	θ_x			0.6379	0.7513	0.7905
	θ_y			0.6456	0.7590	0.7948
0.60	θ_x			0.6464	0.7612	0.8008
	θ_y			0.6662	0.7836	0.8207

$k=1.2\quad \alpha=0.9\quad \beta=0.7$

ξ	η	0.10	0.20	0.30	0.40	0.50
0.40	θ_x			0.6706	0.7863	0.8259
	θ_y			0.6439	0.7311	0.7583
0.50	θ_x			0.7033	0.8258	0.8678
	θ_y			0.7128	0.8110	0.8418
0.60	θ_x			0.7126	0.8369	0.8797
	θ_y			0.7362	0.8382	0.8703

$k=1.2\quad \alpha=0.9\quad \beta=0.8$

ξ	η	0.10	0.20	0.30	0.40	0.50
0.40	θ_x				0.8370	0.8780
	θ_y				0.7625	0.7865
0.50	θ_x				0.8800	0.9232
	θ_y				0.8468	0.8739
0.60	θ_x				0.8922	0.9371
	θ_y				0.8748	0.9033

$k=1.2\quad \alpha=0.9\quad \beta=0.9$

ξ	η	0.10	0.20	0.30	0.40	0.50
0.40	θ_x				0.8656	0.9074
	θ_y				0.7807	0.8028
0.50	θ_x				0.9122	0.9573
	θ_y				0.8673	0.8923
0.60	θ_x				0.9258	0.9727
	θ_y				0.8966	0.9226

$k=1.2\quad \alpha=0.9\quad \beta=1.0$

ξ	η	0.10	0.20	0.30	0.40	0.50
0.40	θ_x					0.9201
	θ_y					0.8079
0.50	θ_x					0.9695
	θ_y					0.8988
0.60	θ_x					0.9836
	θ_y					0.9290

$k=1.2\quad \alpha=1.0\quad \beta=0.1$

ξ	η	0.10	0.20	0.30	0.40	0.50
0.50	θ_x	0.0462	0.0889	0.1243	0.1482	0.1566
	θ_y	0.0267	0.0593	0.1030	0.1641	0.2246
0.60	θ_x	0.0469	0.0901	0.1257	0.1493	0.1576
	θ_y	0.0279	0.0618	0.1069	0.1692	0.2297

$k=1.2\quad \alpha=1.0\quad \beta=0.2$

ξ	η	0.10	0.20	0.30	0.40	0.50
0.50	θ_x	0.0915	0.1760	0.2458	0.2925	0.3090
	θ_y	0.0549	0.1209	0.2099	0.3344	0.4061
0.60	θ_x	0.0929	0.1784	0.2483	0.2947	0.3111
	θ_y	0.0573	0.1259	0.2185	0.3444	0.4170

$k=1.2\quad \alpha=1.0\quad \beta=0.3$

ξ	η	0.10	0.20	0.30	0.40	0.50
0.50	θ_x	0.1351	0.2594	0.3614	0.4292	0.4531
	θ_y	0.0859	0.1893	0.3264	0.4918	0.5531
0.60	θ_x	0.1371	0.2627	0.3651	0.4326	0.4562
	θ_y	0.0896	0.1969	0.3378	0.5064	0.5688

$k=1.2\quad \alpha=1.0\quad \beta=0.4$

ξ	η	0.10	0.20	0.30	0.40	0.50
0.50	θ_x		0.3372	0.4684	0.5548	0.5850
	θ_y		0.2653	0.4556	0.6169	0.6689
0.60	θ_x		0.3413	0.4731	0.5594	0.5895
	θ_y		0.2754	0.4707	0.6355	0.6889

$k=1.2\quad \alpha=1.0\quad \beta=0.5$

ξ	η	0.10	0.20	0.30	0.40	0.50
0.50	θ_x		0.4076	0.5642	0.6663	0.7017
	θ_y		0.3534	0.5776	0.7152	0.7591
0.60	θ_x		0.4120	0.5697	0.6720	0.7075
	θ_y		0.3661	0.5959	0.7373	0.7826

$k=1.2\quad \alpha=1.0\quad \beta=0.6$

ξ	η	0.10	0.20	0.30	0.40	0.50
0.50	θ_x			0.6463	0.7610	0.8005
	θ_y			0.6718	0.7902	0.8278
0.60	θ_x			0.6523	0.7678	0.8077
	θ_y			0.6929	0.8152	0.8540

$k=1.2\quad \alpha=1.0\quad \beta=0.7$

ξ	η	0.10	0.20	0.30	0.40	0.50
0.50	θ_x			0.7124	0.8367	0.8794
	θ_y			0.7419	0.8449	0.8774
0.60	θ_x			0.7189	0.8446	0.8878
	θ_y			0.7652	0.8721	0.9058

$k=1.2\quad \alpha=1.0\quad \beta=0.8$

ξ	η	0.10	0.20	0.30	0.40	0.50
0.50	θ_x				0.8920	0.9369
	θ_y				0.8824	0.9112
0.60	θ_x				0.9006	0.9462
	θ_y				0.9114	0.9415

$k=1.2$　　$\alpha=1.0$　　$\beta=0.9$

ξ	η	0.10	0.20	0.30	0.40	0.50
0.50	θ_x				0.9256	0.9717
	θ_y				0.9043	0.9312
0.60	θ_x				0.9347	0.9817
	θ_y				0.9337	0.9616

$k=1.2$　　$\alpha=1.0$　　$\beta=1.0$

ξ	η	0.10	0.20	0.30	0.40	0.50
0.50	θ_x					0.9834
	θ_y					0.9370
0.60	θ_x					0.9936
	θ_y					0.9687

$k=1.2$　　$\alpha=1.1$　　$\beta=0.1$

ξ	η	0.10	0.20	0.30	0.40	0.50
0.50	θ_x	0.0467	0.0898	0.1253	0.1490	0.1575
	θ_y	0.0276	0.0612	0.1059	0.1679	0.2288
0.60	θ_x	0.0474	0.0908	0.1263	0.1499	0.1581
	θ_y	0.0289	0.0638	0.1099	0.1730	0.2337

$k=1.2$　　$\alpha=1.1$　　$\beta=0.2$

ξ	η	0.10	0.20	0.30	0.40	0.50
0.50	θ_x	0.0926	0.1778	0.2477	0.2941	0.3106
	θ_y	0.0567	0.1247	0.2166	0.3422	0.4143
0.60	θ_x	0.0937	0.1797	0.2496	0.2957	0.3121
	θ_y	0.0592	0.1299	0.2244	0.3519	0.4254

$k=1.2$　　$\alpha=1.1$　　$\beta=0.3$

ξ	η	0.10	0.20	0.30	0.40	0.50
0.50	θ_x	0.1366	0.2619	0.3642	0.4320	0.4557
	θ_y	0.0886	0.1950	0.3356	0.5024	0.5639
0.60	θ_x	0.1382	0.2645	0.3669	0.4340	0.4574
	θ_y	0.0925	0.2028	0.3472	0.5169	0.5795

$k=1.2$　　$\alpha=1.1$　　$\beta=0.4$

ξ	η	0.10	0.20	0.30	0.40	0.50
0.50	θ_x		0.3403	0.4721	0.5585	0.5882
	θ_y		0.2729	0.4668	0.6311	0.6843
0.60	θ_x		0.3434	0.4753	0.5613	0.5913
	θ_y		0.2832	0.4820	0.6497	0.7037

$k=1.2$　　$\alpha=1.1$　　$\beta=0.5$

ξ	η	0.10	0.20	0.30	0.40	0.50
0.50	θ_x		0.4109	0.5686	0.6709	0.7060
	θ_y		0.3629	0.5909	0.7316	0.7764
0.60	θ_x		0.4144	0.5722	0.6746	0.7101
	θ_y		0.3757	0.6092	0.7537	0.8004

$k=1.2$　　$\alpha=1.1$　　$\beta=0.6$

ξ	η	0.10	0.20	0.30	0.40	0.50
0.50	θ_x			0.6511	0.7664	0.8063
	θ_y			0.6883	0.8090	0.8468
0.60	θ_x			0.6551	0.7710	0.8110
	θ_y			0.7094	0.8341	0.8733

$k=1.2$　　$\alpha=1.1$　　$\beta=0.7$

ξ	η	0.10	0.20	0.30	0.40	0.50
0.50	θ_x			0.7173	0.8427	0.8858
	θ_y			0.7592	0.8660	0.8981
0.60	θ_x			0.7222	0.8486	0.8920
	θ_y			0.7826	0.8934	0.9269

$k=1.2$　　$\alpha=1.1$　　$\beta=0.8$

ξ	η	0.10	0.20	0.30	0.40	0.50
0.50	θ_x				0.8988	0.9442
	θ_y				0.9040	0.9337
0.60	θ_x				0.9047	0.9506
	θ_y				0.9330	0.9640

$k=1.2$　　$\alpha=1.1$　　$\beta=0.9$

ξ	η	0.10	0.20	0.30	0.40	0.50
0.50	θ_x				0.9325	0.9792
	θ_y				0.9262	0.9543
0.60	θ_x				0.9394	0.9868
	θ_y				0.9562	0.9855

$k=1.2$　　$\alpha=1.1$　　$\beta=1.0$

ξ	η	0.10	0.20	0.30	0.40	0.50
0.50	θ_x					0.9910
	θ_y					0.9604
0.60	θ_x					0.9991
	θ_y					0.9919

$k=1.2$　　$\alpha=1.2$　　$\beta=0.1$

ξ	η	0.10	0.20	0.30	0.40	0.50
0.60	θ_x	0.0475	0.0910	0.1265	0.1500	0.1582
	θ_y	0.0292	0.0644	0.1109	0.1744	0.2351

$k=1.2$　　$\alpha=1.2$　　$\beta=0.2$

ξ	η	0.10	0.20	0.30	0.40	0.50
0.60	θ_x	0.0940	0.1801	0.2501	0.2962	0.3121
	θ_y	0.0599	0.1312	0.2255	0.3543	0.4281

$k=1.2$　　$\alpha=1.2$　　$\beta=0.3$

ξ	η	0.10	0.20	0.30	0.40	0.50
0.60	θ_x	0.1385	0.2651	0.3676	0.4345	0.4579
	θ_y	0.0934	0.2047	0.3495	0.5208	0.5842

$k=1.2$　　$\alpha=1.2$　　$\beta=0.4$

ξ	η	0.10	0.20	0.30	0.40	0.50
0.60	θ_x		0.3440	0.4760	0.5621	0.5925
	θ_y		0.2859	0.4858	0.6542	0.7087

k=1.2　α=1.2　β=0.5

ξ	η	0.10	0.20	0.30	0.40	0.50
0.60	θ_x		0.4150	0.5735	0.6760	0.7115
	θ_y		0.3790	0.6143	0.7595	0.8062

k=1.2　α=1.2　β=0.6

ξ	η	0.10	0.20	0.30	0.40	0.50
0.60	θ_x			0.6565	0.7725	0.8120
	θ_y			0.7140	0.8402	0.8802

k=1.2　α=1.2　β=0.7

ξ	η	0.10	0.20	0.30	0.40	0.50
0.60	θ_x			0.7234	0.8494	0.8930
	θ_y			0.7887	0.8998	0.9349

k=1.2　α=1.2　β=0.8

ξ	η	0.10	0.20	0.30	0.40	0.50
0.60	θ_x				0.9060	0.9520
	θ_y				0.9401	0.9715

k=1.2　α=1.2　β=0.9

ξ	η	0.10	0.20	0.30	0.40	0.50
0.60	θ_x				0.9404	0.9879
	θ_y				0.9641	0.9933

k=1.2　α=1.2　β=1.0

ξ	η	0.10	0.20	0.30	0.40	0.50
0.60	θ_x					1.0000
	θ_y					1.0000

k=1.3　α=0.1　β=0.1

ξ	η	0.10	0.20	0.30	0.40	0.50
0.10	θ_x	0.0003	0.0004	0.0003	0.0001	−0.0001
	θ_y	0.0011	0.0022	0.0033	0.0041	0.0045
0.20	θ_x	0.0009	0.0015	0.0014	0.0009	0.0006
	θ_y	0.0021	0.0043	0.0066	0.0084	0.0091
0.30	θ_x	0.0022	0.0038	0.0040	0.0033	0.0027
	θ_y	0.0029	0.0060	0.0095	0.0127	0.0140
0.40	θ_x	0.0044	0.0079	0.0096	0.0088	0.0078
	θ_y	0.0032	0.0071	0.0119	0.0171	0.0197
0.50	θ_x	0.0070	0.0136	0.0188	0.0202	0.0181
	θ_y	0.0032	0.0071	0.0128	0.0211	0.0271
0.60	θ_x	0.0090	0.0185	0.0292	0.0416	0.0497
	θ_y	0.0030	0.0067	0.0119	0.0219	0.0380
0.65	θ_x	0.0093	0.0193	0.0311	0.0476	0.0640
	θ_y	0.0030	0.0067	0.0119	0.0219	0.0380

k=1.3　α=0.1　β=0.2

ξ	η	0.10	0.20	0.30	0.40	0.50
0.10	θ_x	0.0006	0.0008	0.0006	0.0002	−0.0000
	θ_y	0.0022	0.0045	0.0066	0.0082	0.0088
0.20	θ_x	0.0018	0.0028	0.0026	0.0018	0.0014
	θ_y	0.0043	0.0087	0.0130	0.0164	0.0178
0.30	θ_x	0.0043	0.0072	0.0078	0.0067	0.0058
	θ_y	0.0058	0.0122	0.0190	0.0249	0.0273
0.40	θ_x	0.0085	0.0153	0.0185	0.0184	0.0159
	θ_y	0.0066	0.0144	0.0239	0.0336	0.0380
0.50	θ_x	0.0139	0.0269	0.0367	0.0394	0.0383
	θ_y	0.0066	0.0147	0.0263	0.0419	0.0506
0.60	θ_x	0.0181	0.0372	0.0588	0.0822	0.0941
	θ_y	0.0061	0.0135	0.0250	0.0478	0.0636
0.65	$\theta_x·$	0.0187	0.0389	0.0632	0.0974	0.1177
	θ_y	0.0061	0.0135	0.0250	0.0478	0.0636

k=1.3　α=0.1　β=0.3

ξ	η	0.10	0.20	0.30	0.40	0.50
0.10	θ_x	0.0007	0.0011	0.0008	0.0003	0.0001
	θ_y	0.0034	0.0067	0.0097	0.0119	0.0127
0.20	θ_x	0.0024	0.0038	0.0039	0.0035	0.0031
	θ_y	0.0064	0.0130	0.0192	0.0240	0.0258
0.30	θ_x	0.0060	0.0100	0.0109	0.0091	0.0082
	θ_y	0.0089	0.0185	0.0283	0.0362	0.0394
0.40	θ_x	0.0122	0.0218	0.0265	0.0276	0.0271
	θ_y	0.0103	0.0222	0.0360	0.0488	0.0539
0.50	θ_x	0.0206	0.0394	0.0522	0.0549	0.0559
	θ_y	0.0103	0.0231	0.0411	0.0609	0.0693
0.60	θ_x	0.0275	0.0566	0.0894	0.1218	0.1344
	θ_y	0.0096	0.0217	0.0406	0.0720	0.0816
0.65	θ_x	0.0285	0.0596	0.0979	0.1437	0.1603
	θ_y	0.0096	0.0217	0.0406	0.0720	0.0816

k=1.3　α=0.1　β=0.4

ξ	η	0.10	0.20	0.30	0.40	0.50
0.10	θ_x		0.0012	0.0010	0.0006	0.0004
	θ_y		0.0088	0.0126	0.0153	0.0163
0.20	θ_x		0.0044	0.0050	0.0040	0.0037
	θ_y		0.0173	0.0251	0.0308	0.0329
0.30	θ_x		0.0121	0.0132	0.0125	0.0134
	θ_y		0.0248	0.0371	0.0463	0.0498
0.40	θ_x		0.0269	0.0337	0.0363	0.0368
	θ_y		0.0305	0.0480	0.0620	0.0672
0.50	θ_x		0.0506	0.0647	0.0720	0.0787
	θ_y		0.0328	0.0566	0.0768	0.0838
0.60	θ_x		0.0769	0.1195	0.1528	0.1644
	θ_y		0.0310	0.0614	0.0885	0.0956
0.65	θ_x		0.0819	0.1362	0.1811	0.1947
	θ_y		0.0310	0.0614	0.0885	0.0956

$k=1.3$　　$\alpha=0.1$　　$\beta=0.5$

ξ	η	0.10	0.20	0.30	0.40	0.50
0.10	θ_x		0.0011	0.0011	0.0009	0.0007
	θ_y		0.0108	0.0153	0.0183	0.0194
0.20	θ_x		0.0047	0.0059	0.0059	0.0051
	θ_y		0.0214	0.0305	0.0367	0.0389
0.30	θ_x		0.0131	0.0151	0.0159	0.0162
	θ_y		0.0312	0.0451	0.0550	0.0585
0.40	θ_x		0.0309	0.0398	0.0446	0.0462
	θ_y		0.0392	0.0591	0.0729	0.0777
0.50	θ_x		0.0597	0.0755	0.0883	0.0935
	θ_y		0.0442	0.0712	0.0892	0.0948
0.60	θ_x		0.0983	0.1474	0.1816	0.1907
	θ_y		0.0434	0.0816	0.1004	0.1058
0.65	θ_x		0.1072	0.1722	0.2105	0.2224
	θ_y		0.0434	0.0816	0.1004	0.1058

$k=1.3$　　$\alpha=0.1$　　$\beta=0.6$

ξ	η	0.10	0.20	0.30	0.40	0.50
0.10	θ_x			0.0008	0.0012	0.0012
	θ_y			0.0175	0.0208	0.0219
0.20	θ_x			0.0065	0.0072	0.0074
	θ_y			0.0350	0.0415	0.0438
0.30	θ_x			0.0167	0.0193	0.0202
	θ_y			0.0522	0.0620	0.0654
0.40	θ_x			0.0448	0.0521	0.0548
	θ_y			0.0686	0.0816	0.0858
0.50	θ_x			0.0859	0.1026	0.1087
	θ_y			0.0834	0.0984	0.1031
0.60	θ_x			0.1730	0.2037	0.2117
	θ_y			0.0950	0.1093	0.1135
0.65	θ_x			0.1997	0.2336	0.2443
	θ_y			0.0950	0.1093	0.1135

$k=1.3$　　$\alpha=0.1$　　$\beta=0.7$

ξ	η	0.10	0.20	0.30	0.40	0.50
0.10	θ_x			0.0012	0.0015	0.0016
	θ_y			0.0194	0.0227	0.0239
0.20	θ_x			0.0069	0.0083	0.0081
	θ_y			0.0388	0.0453	0.0475
0.30	θ_x			0.0182	0.0222	0.0237
	θ_y			0.0579	0.0674	0.0706
0.40	θ_x			0.0489	0.0585	0.0620
	θ_y			0.0761	0.0880	0.0919
0.50	θ_x			0.0954	0.1141	0.1207
	θ_y			0.0924	0.1051	0.1091
0.60	θ_x			0.1890	0.2182	0.2277
	θ_y			0.1035	0.1154	0.1190
0.65	θ_x			0.2198	0.2509	0.2608
	θ_y			0.1035	0.1154	0.1190

$k=1.3$　　$\alpha=0.1$　　$\beta=0.8$

ξ	η	0.10	0.20	0.30	0.40	0.50
0.10	θ_x				0.0018	0.0020
	θ_y				0.0241	0.0253
0.20	θ_x				0.0092	0.0099
	θ_y				0.0480	0.0502
0.30	θ_x				0.0245	0.0265
	θ_y				0.0712	0.0742
0.40	θ_x				0.0633	0.0674
	θ_y				0.0925	0.0959
0.50	θ_x				0.1226	0.1295
	θ_y				0.1097	0.1131
0.60	θ_x				0.2298	0.2389
	θ_y				0.1196	0.1228
0.65	θ_x				0.2630	0.2725
	θ_y				0.1196	0.1228

$k=1.3$　　$\alpha=0.1$　　$\beta=0.9$

ξ	η	0.10	0.20	0.30	0.40	0.50
0.10	θ_x				0.0016	0.0023
	θ_y				0.0250	0.0261
0.20	θ_x				0.0097	0.0107
	θ_y				0.0497	0.0518
0.30	θ_x				0.0260	0.0282
	θ_y				0.0735	0.0763
0.40	θ_x				0.0663	0.0707
	θ_y				0.0951	0.0983
0.50	θ_x				0.1277	0.1348
	θ_y				0.1123	0.1155
0.60	θ_x				0.2366	0.2456
	θ_y				0.1220	0.1250
0.65	θ_x				0.2701	0.2794
	θ_y				0.1220	0.1250

$k=1.3$　　$\alpha=0.1$　　$\beta=1.0$

ξ	η	0.10	0.20	0.30	0.40	0.50
0.10	θ_x					0.0023
	θ_y					0.0264
0.20	θ_x					0.0094
	θ_y					0.0523
0.30	θ_x					0.0288
	θ_y					0.0770
0.40	θ_x					0.0718
	θ_y					0.0991
0.50	θ_x					0.1365
	θ_y					0.1162
0.60	θ_x					0.2479
	θ_y					0.1257
0.65	θ_x					0.2817
	θ_y					0.1257

$k=1.3 \quad \alpha=0.2 \quad \beta=0.1$

ξ	η	0.10	0.20	0.30	0.40	0.50
0.10	θ_x	0.0007	0.0010	0.0008	0.0003	0.0001
	θ_y	0.0022	0.0044	0.0066	0.0083	0.0090
0.20	θ_x	0.0021	0.0033	0.0031	0.0021	0.0015
	θ_y	0.0042	0.0086	0.0131	0.0167	0.0182
0.30	θ_x	0.0047	0.0080	0.0088	0.0074	0.0063
	θ_y	0.0057	0.0119	0.0189	0.0254	0.0283
0.40	θ_x	0.0089	0.0162	0.0200	0.0189	0.0164
	θ_y	0.0064	0.0139	0.0234	0.0342	0.0398
0.50	θ_x	0.0138	0.0270	0.0382	0.0433	0.0404
	θ_y	0.0063	0.0141	0.0250	0.0414	0.0552
0.60	θ_x	0.0174	0.0357	0.0555	0.0773	0.0928
	θ_y	0.0060	0.0135	0.0241	0.0435	0.0731
0.65	θ_x	0.0180	0.0370	0.0583	0.0831	0.0993
	θ_y	0.0060	0.0135	0.0241	0.0435	0.0731

$k=1.3 \quad \alpha=0.2 \quad \beta=0.2$

ξ	η	0.10	0.20	0.30	0.40	0.50
0.10	θ_x	0.0013	0.0019	0.0016	0.0008	0.0003
	θ_y	0.0044	0.0089	0.0131	0.0163	0.0176
0.20	θ_x	0.0039	0.0062	0.0060	0.0044	0.0034
	θ_y	0.0084	0.0172	0.0259	0.0329	0.0357
0.30	θ_x	0.0090	0.0153	0.0170	0.0149	0.0132
	θ_y	0.0115	0.0241	0.0378	0.0499	0.0550
0.40	θ_x	0.0174	0.0315	0.0388	0.0373	0.0344
	θ_y	0.0130	0.0283	0.0472	0.0671	0.0765
0.50	θ_x	0.0275	0.0536	0.0750	0.0849	0.0835
	θ_y	0.0130	0.0289	0.0514	0.0832	0.1015
0.60	θ_x	0.0351	0.0717	0.1116	0.1535	0.1765
	θ_y	0.0123	0.0273	0.0504	0.0942	0.1238
0.65	θ_x	0.0362	0.0745	0.1176	0.1644	0.1881
	θ_y	0.0123	0.0273	0.0504	0.0942	0.1238

$k=1.3 \quad \alpha=0.2 \quad \beta=0.3$

ξ	η	0.10	0.20	0.30	0.40	0.50
0.10	θ_x	0.0017	0.0025	0.0022	0.0013	0.0008
	θ_y	0.0066	0.0133	0.0194	0.0239	0.0256
0.20	θ_x	0.0053	0.0085	0.0085	0.0068	0.0058
	θ_y	0.0127	0.0258	0.0384	0.0480	0.0517
0.30	θ_x	0.0127	0.0215	0.0242	0.0225	0.0211
	θ_y	0.0176	0.0365	0.0562	0.0726	0.0790
0.40	θ_x	0.0251	0.0451	0.0551	0.0553	0.0541
	θ_y	0.0203	0.0437	0.0714	0.0974	0.1081
0.50	θ_x	0.0409	0.0790	0.1088	0.1238	0.1293
	θ_y	0.0204	0.0455	0.0805	0.1218	0.1380
0.60	θ_x	0.0531	0.1086	0.1684	0.2242	0.2459
	θ_y	0.0193	0.0438	0.0815	0.1409	0.1599
0.65	θ_x	0.0549	0.1133	0.1789	0.2436	0.2688
	θ_y	0.0193	0.0438	0.0815	0.1409	0.1599

$k=1.3 \quad \alpha=0.2 \quad \beta=0.4$

ξ	η	0.10	0.20	0.30	0.40	0.50
0.10	θ_x		0.0029	0.0027	0.0019	0.0015
	θ_y		0.0175	0.0252	0.0307	0.0327
0.20	θ_x		0.0099	0.0105	0.0094	0.0087
	θ_y		0.0343	0.0501	0.0616	0.0658
0.30	θ_x		0.0260	0.0302	0.0302	0.0298
	θ_y		0.0492	0.0739	0.0927	0.0998
0.40	θ_x		0.0561	0.0688	0.0732	0.0745
	θ_y		0.0602	0.0954	0.1237	0.1342
0.50	θ_x		0.1026	0.1385	0.1608	0.1697
	θ_y		0.0643	0.1122	0.1530	0.1665
0.60	θ_x		0.1466	0.2252	0.2860	0.3070
	θ_y		0.0625	0.1215	0.1741	0.1884
0.65	θ_x		0.1538	0.2389	0.3056	0.3288
	θ_y		0.0625	0.1215	0.1741	0.1884

$k=1.3 \quad \alpha=0.2 \quad \beta=0.5$

ξ	η	0.10	0.20	0.30	0.40	0.50
0.10	θ_x		0.0029	0.0030	0.0026	0.0024
	θ_y		0.0216	0.0305	0.0366	0.0388
0.20	θ_x		0.0106	0.0121	0.0122	0.0121
	θ_y		0.0425	0.0607	0.0733	0.0778
0.30	θ_x		0.0289	0.0352	0.0379	0.0387
	θ_y		0.0619	0.0902	0.1099	0.1169
0.40	θ_x		0.0640	0.0804	0.0904	0.0942
	θ_y		0.0778	0.1176	0.1454	0.1549
0.50	θ_x		0.1226	0.1647	0.1945	0.2056
	θ_y		0.0868	0.1422	0.1772	0.1882
0.60	θ_x		0.1859	0.2795	0.3373	0.3593
	θ_y		0.0872	0.1605	0.1979	0.2087
0.65	θ_x		0.1967	0.2948	0.3600	0.3814
	θ_y		0.0872	0.1605	0.1979	0.2087

$k=1.3 \quad \alpha=0.2 \quad \beta=0.6$

ξ	η	0.10	0.20	0.30	0.40	0.50
0.10	θ_x			0.0032	0.0034	0.0035
	θ_y			0.0351	0.0416	0.0438
0.20	θ_x			0.0133	0.0149	0.0155
	θ_y			0.0700	0.0830	0.0875
0.30	θ_x			0.0393	0.0451	0.0472
	θ_y			0.1042	0.1238	0.1305
0.40	θ_x			0.0905	0.1061	0.1119
	θ_y			0.1368	0.1625	0.1709
0.50	θ_x			0.1883	0.2233	0.2358
	θ_y			0.1661	0.1954	0.2044
0.60	θ_x			0.3209	0.3784	0.3996
	θ_y			0.1868	0.2158	0.2244
0.65	θ_x			0.3460	0.4075	0.4233
	θ_y			0.1868	0.2158	0.2244

$k=1.3\quad \alpha=0.2\quad \beta=0.7$

ξ	η	0.10	0.20	0.30	0.40	0.50
0.10	θ_x			0.0033	0.0042	0.0045
	θ_y			0.0388	0.0454	0.0477
0.20	θ_x			0.0142	0.0174	0.0186
	θ_y			0.0775	0.0905	0.0949
0.30	θ_x			0.0426	0.0514	0.0547
	θ_y			0.1155	0.1345	0.1408
0.40	θ_x			0.0992	0.1193	0.1266
	θ_y			0.1518	0.1752	0.1827
0.50	θ_x			0.2083	0.2465	0.2596
	θ_y			0.1835	0.2086	0.2164
0.60	θ_x			0.3569	0.4103	0.4306
	θ_y			0.2041	0.2282	0.2355
0.65	θ_x			0.3780	0.4364	0.4553
	θ_y			0.2041	0.2282	0.2355

$k=1.3\quad \alpha=0.2\quad \beta=0.8$

ξ	η	0.10	0.20	0.30	0.40	0.50
0.10	θ_x				0.0048	0.0053
	θ_y				0.0482	0.0504
0.20	θ_x				0.0194	0.0211
	θ_y				0.0959	0.1002
0.30	θ_x				0.0563	0.0604
	θ_y				0.1420	0.1479
0.40	θ_x				0.1293	0.1376
	θ_y				0.1840	0.1908
0.50	θ_x				0.2633	0.2769
	θ_y				0.2175	0.2243
0.60	θ_x				0.4326	0.4503
	θ_y				0.2367	0.2431
0.65	θ_x				0.4595	0.4779
	θ_y				0.2367	0.2431

$k=1.3\quad \alpha=0.2\quad \beta=0.9$

ξ	η	0.10	0.20	0.30	0.40	0.50
0.10	θ_x				0.0052	0.0059
	θ_y				0.0499	0.0521
0.20	θ_x				0.0206	0.0227
	θ_y				0.0991	0.1033
0.30	θ_x				0.0594	0.0641
	θ_y				0.1464	0.1521
0.40	θ_x				0.1355	0.1444
	θ_y				0.1891	0.1955
0.50	θ_x				0.2735	0.2874
	θ_y				0.2227	0.2290
0.60	θ_x				0.4457	0.4655
	θ_y				0.2416	0.2477
0.65	θ_x				0.4733	0.4913
	θ_y				0.2416	0.2477

$k=1.3\quad \alpha=0.2\quad \beta=1.0$

ξ	η	0.10	0.20	0.30	0.40	0.50
0.10	θ_x					0.0061
	θ_y					0.0526
0.20	θ_x					0.0233
	θ_y					0.1043
0.30	θ_x					0.0653
	θ_y					0.1534
0.40	θ_x					0.1466
	θ_y					0.1970
0.50	θ_x					0.2908
	θ_y					0.2306
0.60	θ_x					0.4698
	θ_y					0.2490
0.65	θ_x					0.4957
	θ_y					0.2490

$k=1.3\quad \alpha=0.3\quad \beta=0.1$

ξ	η	0.10	0.20	0.30	0.40	0.50
0.10	θ_x	0.0013	0.0019	0.0017	0.0010	0.0006
	θ_y	0.0032	0.0066	0.0099	0.0125	0.0135
0.20	θ_x	0.0035	0.0057	0.0057	0.0043	0.0033
	θ_y	0.0061	0.0126	0.0194	0.0252	0.0276
0.30	θ_x	0.0075	0.0131	0.0150	0.0124	0.0110
	θ_y	0.0082	0.0174	0.0280	0.0382	0.0428
0.40	θ_x	0.0136	0.0252	0.0324	0.0322	0.0287
	θ_y	0.0093	0.0202	0.0342	0.0509	0.0609
0.50	θ_x	0.0203	0.0400	0.0575	0.0706	0.0756
	θ_y	0.0094	0.0209	0.0366	0.0601	0.0849
0.60	θ_x	0.0250	0.0506	0.0772	0.1034	0.1171
	θ_y	0.0091	0.0205	0.0366	0.0647	0.1033
0.65	θ_x	0.0256	0.0521	0.0799	0.1073	0.1210
	θ_y	0.0091	0.0205	0.0366	0.0647	0.1033

$k=1.3\quad \alpha=0.3\quad \beta=0.2$

ξ	η	0.10	0.20	0.30	0.40	0.50
0.10	θ_x	0.0024	0.0036	0.0033	0.0020	0.0014
	θ_y	0.0065	0.0131	0.0196	0.0246	0.0265
0.20	θ_x	0.0066	0.0108	0.0110	0.0082	0.0071
	θ_y	0.0123	0.0253	0.0386	0.0495	0.0539
0.30	θ_x	0.0146	0.0252	0.0289	0.0266	0.0246
	θ_y	0.0167	0.0353	0.0559	0.0749	0.0832
0.40	θ_x	0.0267	0.0494	0.0629	0.0623	0.0603
	θ_y	0.0190	0.0413	0.0692	0.1004	0.1160
0.50	θ_x	0.0405	0.0794	0.1139	0.1389	0.1484
	θ_y	0.0193	0.0426	0.0752	0.1233	0.1522
0.60	θ_x	0.0501	0.1014	0.1543	0.2045	0.2263
	θ_y	0.0188	0.0417	0.0763	0.1377	0.1778
0.65	θ_x	0.0514	0.1045	0.1599	0.2118	0.2352
	θ_y	0.0188	0.0417	0.0763	0.1377	0.1778

$k=1.3$　$\alpha=0.3$　$\beta=0.3$

ξ	η	0.10	0.20	0.30	0.40	0.50
0.10	θ_x	0.0032	0.0049	0.0046	0.0035	0.0029
	θ_y	0.0098	0.0197	0.0289	0.0359	0.0385
0.20	θ_x	0.0092	0.0149	0.0155	0.0126	0.0110
	θ_y	0.0187	0.0381	0.0573	0.0721	0.0779
0.30	θ_x	0.0206	0.0356	0.0404	0.0401	0.0384
	θ_y	0.0257	0.0537	0.0837	0.1090	0.1191
0.40	θ_x	0.0389	0.0712	0.0896	0.0916	0.0912
	θ_y	0.0296	0.0637	0.1054	0.1459	0.1627
0.50	θ_x	0.0603	0.1178	0.1682	0.2043	0.2174
	θ_y	0.0302	0.0669	0.1177	0.1816	0.2048
0.60	θ_x	0.0755	0.1527	0.2311	0.2985	0.3247
	θ_y	0.0295	0.0664	0.1223	0.2048	0.2324
0.65	θ_x	0.0777	0.1576	0.2393	0.3090	0.3364
	θ_y	0.0295	0.0664	0.1223	0.2048	0.2324

$k=1.3$　$\alpha=0.3$　$\beta=0.4$

ξ	η	0.10	0.20	0.30	0.40	0.50
0.10	θ_x		0.0056	0.0058	0.0050	0.0040
	θ_y		0.0261	0.0377	0.0461	0.0492
0.20	θ_x		0.0177	0.0190	0.0174	0.0165
	θ_y		0.0509	0.0748	0.0925	0.0990
0.30	θ_x		0.0435	0.0519	0.0535	0.0533
	θ_y		0.0726	0.1102	0.1391	0.1499
0.40	θ_x		0.0896	0.1117	0.1208	0.1245
	θ_y		0.0882	0.1416	0.1851	0.2007
0.50	θ_x		0.1545	0.2189	0.2621	0.2778
	θ_y		0.0943	0.1659	0.2273	0.2465
0.60	θ_x		0.2044	0.3059	0.3821	0.4090
	θ_y		0.0948	0.1793	0.2541	0.2753
0.65	θ_x		0.2114	0.3153	0.3933	0.4235
	θ_y		0.0948	0.1793	0.2541	0.2753

$k=1.3$　$\alpha=0.3$　$\beta=0.5$

ξ	η	0.10	0.20	0.30	0.40	0.50
0.10	θ_x		0.0059	0.0067	0.0065	0.0063
	θ_y		0.0321	0.0457	0.0550	0.0583
0.20	θ_x		0.0190	0.0218	0.0224	0.0225
	θ_y		0.0634	0.0908	0.1100	0.1168
0.30	θ_x		0.0479	0.0608	0.0664	0.0683
	θ_y		0.0919	0.1347	0.1646	0.1751
0.40	θ_x		0.1040	0.1304	0.1488	0.1560
	θ_y		0.1146	0.1754	0.2171	0.2310
0.50	θ_x		0.1884	0.2646	0.3149	0.3314
	θ_y		0.1270	0.2117	0.2625	0.2783
0.60	θ_x		0.2561	0.3740	0.4528	0.4791
	θ_y		0.1311	0.2341	0.2900	0.3067
0.65	θ_x		0.2648	0.3849	0.4665	0.4944
	θ_y		0.1311	0.2341	0.2900	0.3067

$k=1.3$　$\alpha=0.3$　$\beta=0.6$

ξ	η	0.10	0.20	0.30	0.40	0.50
0.10	θ_x			0.0073	0.0080	0.0082
	θ_y			0.0526	0.0623	0.0657
0.20	θ_x			0.0241	0.0273	0.0284
	θ_y			0.1048	0.1243	0.1311
0.30	θ_x			0.0681	0.0785	0.0824
	θ_y			0.1558	0.1851	0.1950
0.40	θ_x			0.1475	0.1739	0.1837
	θ_y			0.2041	0.2420	0.2543
0.50	θ_x			0.3037	0.3584	0.3772
	θ_y			0.2469	0.2893	0.3022
0.60	θ_x			0.4319	0.5100	0.5361
	θ_y			0.2733	0.3170	0.3297
0.65	θ_x			0.4448	0.5261	0.5532
	θ_y			0.2733	0.3170	0.3297

$k=1.3$　$\alpha=0.3$　$\beta=0.7$

ξ	η	0.10	0.20	0.30	0.40	0.50
0.10	θ_x			0.0077	0.0094	0.0101
	θ_y			0.0582	0.0681	0.0714
0.20	θ_x			0.0259	0.0316	0.0338
	θ_y			0.1161	0.1355	0.1420
0.30	θ_x			0.0740	0.0889	0.0945
	θ_y			0.1728	0.2008	0.2100
0.40	θ_x			0.1624	0.1948	0.2064
	θ_y			0.2264	0.2606	0.2715
0.50	θ_x			0.3353	0.3928	0.4113
	θ_y			0.2717	0.3085	0.3199
0.60	θ_x			0.4774	0.5549	0.5806
	θ_y			0.2988	0.3359	0.3470
0.65	θ_x			0.4921	0.5721	0.5985
	θ_y			0.2988	0.3359	0.3470

$k=1.3$　$\alpha=0.3$　$\beta=0.8$

ξ	η	0.10	0.20	0.30	0.40	0.50
0.10	θ_x				0.0106	0.0116
	θ_y				0.0722	0.0755
0.20	θ_x				0.0351	0.0381
	θ_y				0.1434	0.1497
0.30	θ_x				0.0970	0.1038
	θ_y				0.2117	0.2204
0.40	θ_x				0.2104	0.2233
	θ_y				0.2733	0.2833
0.50	θ_x				0.4177	0.4378
	θ_y				0.3217	0.3318
0.60	θ_x				0.5862	0.6118
	θ_y				0.3489	0.3587
0.65	θ_x				0.6047	0.6306
	θ_y				0.3489	0.3587

$k=1.3$　$\alpha=0.3$　$\beta=0.9$

ξ	η	0.10	0.20	0.30	0.40	0.50
0.10	θ_x				0.0113	0.0126
	θ_y				0.0746	0.0779
0.20	θ_x				0.0373	0.0408
	θ_y				0.1481	0.1542
0.30	θ_x				0.1021	0.1096
	θ_y				0.2182	0.2264
0.40	θ_x				0.2201	0.2337
	θ_y				0.2808	0.2901
0.50	θ_x				0.4328	0.4531
	θ_y				0.3294	0.3387
0.60	θ_x				0.6051	0.6301
	θ_y				0.3564	0.3656
0.65	θ_x				0.6242	0.6503
	θ_y				0.3564	0.3656

$k=1.3$　$\alpha=0.3$　$\beta=1.0$

ξ	η	0.10	0.20	0.30	0.40	0.50
0.10	θ_x					0.0129
	θ_y					0.0787
0.20	θ_x					0.0417
	θ_y					0.1557
0.30	θ_x					0.1116
	θ_y					0.2285
0.40	θ_x					0.2371
	θ_y					0.2924
0.50	θ_x					0.4571
	θ_y					0.3412
0.60	θ_x					0.6364
	θ_y					0.3675
0.65	θ_x					0.6567
	θ_y					0.3675

$k=1.3$　$\alpha=0.4$　$\beta=0.1$

ξ	η	0.10	0.20	0.30	0.40	0.50
0.20	θ_x	0.0054	0.0090	0.0096	0.0077	0.0064
	θ_y	0.0078	0.0164	0.0256	0.0337	0.0372
0.30	θ_x	0.0109	0.0194	0.0232	0.0210	0.0179
	θ_y	0.0106	0.0225	0.0364	0.0509	0.0580
0.40	θ_x	0.0185	0.0350	0.0470	0.0507	0.0464
	θ_y	0.0120	0.0260	0.0440	0.0668	0.0835
0.50	θ_x	0.0263	0.0519	0.0756	0.0965	0.1096
	θ_y	0.0124	0.0274	0.0475	0.0777	0.1135
0.60	θ_x	0.0313	0.0627	0.0937	0.1208	0.1326
	θ_y	0.0123	0.0276	0.0492	0.0848	0.1289
0.65	θ_x	0.0320	0.0642	0.0960	0.1237	0.1359
	θ_y	0.0123	0.0276	0.0492	0.0848	0.1289

$k=1.3$　$\alpha=0.4$　$\beta=0.2$

ξ	η	0.10	0.20	0.30	0.40	0.50
0.20	θ_x	0.0103	0.0172	0.0186	0.0156	0.0136
	θ_y	0.0159	0.0329	0.0509	0.0662	0.0726
0.30	θ_x	0.0213	0.0376	0.0448	0.0416	0.0378
	θ_y	0.0214	0.0455	0.0731	0.1000	0.1122
0.40	θ_x	0.0366	0.0689	0.0920	0.0997	0.0991
	θ_y	0.0245	0.0530	0.0891	0.1331	0.1567
0.50	θ_x	0.0524	0.1032	0.1504	0.1919	0.2110
	θ_y	0.0254	0.0556	0.0977	0.1610	0.1999
0.60	θ_x	0.0626	0.1253	0.1865	0.2380	0.2590
	θ_y	0.0254	0.0563	0.1019	0.1775	0.2249
0.65	θ_x	0.0640	0.1283	0.1911	0.2437	0.2658
	θ_y	0.0254	0.0563	0.1019	0.1775	0.2249

$k=1.3$　$\alpha=0.4$　$\beta=0.3$

ξ	η	0.10	0.20	0.30	0.40	0.50
0.20	θ_x	0.0144	0.0240	0.0264	0.0238	0.0219
	θ_y	0.0242	0.0498	0.0756	0.0965	0.1046
0.30	θ_x	0.0304	0.0536	0.0636	0.0621	0.0599
	θ_y	0.0330	0.0695	0.1098	0.1454	0.1598
0.40	θ_x	0.0536	0.1005	0.1330	0.1463	0.1504
	θ_y	0.0380	0.0820	0.1368	0.1943	0.2170
0.50	θ_x	0.0782	0.1537	0.2236	0.2795	0.3001
	θ_y	0.0396	0.0874	0.1529	0.2383	0.2680
0.60	θ_x	0.0940	0.1876	0.2772	0.3480	0.3753
	θ_y	0.0401	0.0893	0.1620	0.2627	0.2978
0.65	θ_x	0.0961	0.1921	0.2834	0.3534	0.3806
	θ_y	0.0401	0.0893	0.1620	0.2627	0.2978

$k=1.3$　$\alpha=0.4$　$\beta=0.4$

ξ	η	0.10	0.20	0.30	0.40	0.50
0.20	θ_x		0.0289	0.0329	0.0321	0.0313
	θ_y		0.0667	0.0992	0.1234	0.1324
0.30	θ_x		0.0661	0.0793	0.0826	0.0833
	θ_y		0.0946	0.1455	0.1853	0.2000
0.40	θ_x		0.1285	0.1687	0.1910	0.1995
	θ_y		0.1137	0.1861	0.2458	0.2663
0.50	θ_x		0.2028	0.2951	0.3614	0.3838
	θ_y		0.1228	0.2169	0.2975	0.3220
0.60	θ_x		0.2491	0.3633	0.4462	0.4761
	θ_y		0.1270	0.2337	0.3272	0.3549
0.65	θ_x		0.2550	0.3720	0.4569	0.4875
	θ_y		0.1270	0.2337	0.3272	0.3549

$k=1.3\quad \alpha=0.4\quad \beta=0.5$

ξ	η	0.10	0.20	0.30	0.40	0.50
0.20	θ_x		0.0318	0.0382	0.0405	0.0411
	θ_y		0.0835	0.1207	0.1465	0.1557
0.30	θ_x		0.0746	0.0925	0.1026	0.1063
	θ_y		0.1204	0.1784	0.2187	0.2327
0.40	θ_x		0.1515	0.1999	0.2324	0.2443
	θ_y		0.1487	0.2323	0.2871	0.3051
0.50	θ_x		0.2500	0.3576	0.4275	0.4538
	θ_y		0.1650	0.2778	0.3433	0.3639
0.60	θ_x		0.3085	0.4420	0.5312	0.5614
	θ_y		0.1741	0.3023	0.3751	0.3972
0.65	θ_x		0.3156	0.4495	0.5439	0.5757
	θ_y		0.1741	0.3023	0.3751	0.3972

$k=1.3\quad \alpha=0.4\quad \beta=0.6$

ξ	η	0.10	0.20	0.30	0.40	0.50
0.20	θ_x			0.0425	0.0485	0.0507
	θ_y			0.1393	0.1654	0.1743
0.30	θ_x			0.1038	0.1210	0.1274
	θ_y			0.2067	0.2455	0.2584
0.40	θ_x			0.2276	0.2684	0.2830
	θ_y			0.2703	0.3192	0.3349
0.50	θ_x			0.4114	0.4845	0.5092
	θ_y			0.3236	0.3782	0.3949
0.60	θ_x			0.5092	0.6018	0.6331
	θ_y			0.3530	0.4112	0.4284
0.65	θ_x			0.5178	0.6126	0.6448
	θ_y			0.3530	0.4112	0.4284

$k=1.3\quad \alpha=0.4\quad \beta=0.7$

ξ	η	0.10	0.20	0.30	0.40	0.50
0.20	θ_x			0.0459	0.0555	0.0591
	θ_y			0.1544	0.1799	0.1884
0.30	θ_x			0.1135	0.1367	0.1452
	θ_y			0.2293	0.2657	0.2776
0.40	θ_x			0.2509	0.2979	0.3143
	θ_y			0.2990	0.3431	0.3571
0.50	θ_x			0.4538	0.5319	0.5575
	θ_y			0.3554	0.4036	0.4184
0.60	θ_x			0.5629	0.6562	0.6870
	θ_y			0.3871	0.4367	0.4518
0.65	θ_x			0.5727	0.6719	0.7041
	θ_y			0.3871	0.4367	0.4518

$k=1.3\quad \alpha=0.4\quad \beta=0.8$

ξ	η	0.10	0.20	0.30	0.40	0.50
0.20	θ_x				0.0610	0.0657
	θ_y				0.1902	0.1983
0.30	θ_x				0.1486	0.1587
	θ_y				0.2799	0.2909
0.40	θ_x				0.3196	0.3374
	θ_y				0.3595	0.3722
0.50	θ_x				0.5617	0.5903
	θ_y				0.4206	0.4338
0.60	θ_x				0.6957	0.7267
	θ_y				0.4542	0.4674
0.65	θ_x				0.7088	0.7440
	θ_y				0.4542	0.4674

$k=1.3\quad \alpha=0.4\quad \beta=0.9$

ξ	η	0.10	0.20	0.30	0.40	0.50
0.20	θ_x				0.0645	0.0699
	θ_y				0.1963	0.2041
0.30	θ_x				0.1561	0.1671
	θ_y				0.2882	0.2987
0.40	θ_x				0.3329	0.3514
	θ_y				0.3691	0.3810
0.50	θ_x				0.5812	0.6075
	θ_y				0.4307	0.4428
0.60	θ_x				0.7192	0.7505
	θ_y				0.4643	0.4764
0.65	θ_x				0.7329	0.7648
	θ_y				0.4643	0.4764

$k=1.3\quad \alpha=0.4\quad \beta=1.0$

ξ	η	0.10	0.20	0.30	0.40	0.50
0.20	θ_x					0.0714
	θ_y					0.2061
0.30	θ_x					0.1699
	θ_y					0.3013
0.40	θ_x					0.3561
	θ_y					0.3840
0.50	θ_x					0.6167
	θ_y					0.4459
0.60	θ_x					0.7573
	θ_y					0.4798
0.65	θ_x					0.7760
	θ_y					0.4798

$k=1.3 \quad \alpha=0.5 \quad \beta=0.1$

ξ	η	0.10	0.20	0.30	0.40	0.50
0.20	θ_x	0.0079	0.0135	0.0153	0.0132	0.0111
	θ_y	0.0094	0.0197	0.0313	0.0422	0.0473
0.30	θ_x	0.0149	0.0271	0.0341	0.0332	0.0294
	θ_y	0.0125	0.0268	0.0441	0.0634	0.0744
0.40	θ_x	0.0235	0.0452	0.0629	0.0747	0.0789
	θ_y	0.0144	0.0312	0.0527	0.0811	0.1082
0.50	θ_x	0.0316	0.0617	0.0907	0.1156	0.1279
	θ_y	0.0152	0.0309	0.0580	0.0945	0.1374
0.60	θ_x	0.0363	0.0720	0.1055	0.1323	0.1438
	θ_y	0.0156	0.0347	0.0613	0.1030	0.1505
0.65	θ_x	0.0370	0.0733	0.1074	0.1345	0.1448
	θ_y	0.0156	0.0347	0.0613	0.1030	0.1505

$k=1.3 \quad \alpha=0.5 \quad \beta=0.2$

ξ	η	0.10	0.20	0.30	0.40	0.50
0.20	θ_x	0.0152	0.0261	0.0295	0.0266	0.0242
	θ_y	0.0189	0.0397	0.0625	0.0831	0.0919
0.30	θ_x	0.0291	0.0530	0.0662	0.0645	0.0613
	θ_y	0.0255	0.0544	0.0888	0.1250	0.1425
0.40	θ_x	0.0466	0.0894	0.1244	0.1476	0.1557
	θ_y	0.0294	0.0634	0.1072	0.1646	0.1972
0.50	θ_x	0.0629	0.1229	0.1806	0.2281	0.2488
	θ_y	0.0313	0.0654	0.1193	0.1959	0.2429
0.60	θ_x	0.0725	0.1436	0.2095	0.2605	0.2814
	θ_y	0.0320	0.0707	0.1265	0.2131	0.2661
0.65	θ_x	0.0738	0.1461	0.2130	0.2643	0.2842
	θ_y	0.0320	0.0707	0.1265	0.2131	0.2661

$k=1.3 \quad \alpha=0.5 \quad \beta=0.3$

ξ	η	0.10	0.20	0.30	0.40	0.50
0.20	θ_x	0.0214	0.0367	0.0420	0.0402	0.0381
	θ_y	0.0290	0.0603	0.0932	0.1209	0.1319
0.30	θ_x	0.0420	0.0761	0.0943	0.0951	0.0941
	θ_y	0.0394	0.0834	0.1343	0.1818	0.2012
0.40	θ_x	0.0687	0.1317	0.1829	0.2168	0.2287
	θ_y	0.0456	0.0984	0.1652	0.2418	0.2700
0.50	θ_x	0.0938	0.1845	0.2685	0.3352	0.3600
	θ_y	0.0487	0.1071	0.1866	0.2898	0.3258
0.60	θ_x	0.1084	0.2139	0.3099	0.3810	0.4078
	θ_y	0.0501	0.1117	0.1994	0.3144	0.3557
0.65	θ_x	0.1103	0.2176	0.3150	0.3864	0.4133
	θ_y	0.0501	0.1117	0.1994	0.3144	0.3557

$k=1.3 \quad \alpha=0.5 \quad \beta=0.4$

ξ	η	0.10	0.20	0.30	0.40	0.50
0.20	θ_x		0.0447	0.0527	0.0537	0.0533
	θ_y		0.0814	0.1228	0.1544	0.1662
0.30	θ_x		0.0953	0.1174	0.1258	0.1290
	θ_y		0.1143	0.1794	0.2312	0.2499
0.40	θ_x		0.1710	0.2371	0.2804	0.2951
	θ_y		0.1365	0.2281	0.3045	0.3292
0.50	θ_x		0.2435	0.3529	0.4293	0.4563
	θ_y		0.1501	0.2644	0.3621	0.3919
0.60	θ_x		0.2820	0.4040	0.4900	0.5210
	θ_y		0.1581	0.2839	0.3929	0.4263
0.65	θ_x		0.2868	0.4113	0.4972	0.5286
	θ_y		0.1581	0.2839	0.3929	0.4263

$k=1.3 \quad \alpha=0.5 \quad \beta=0.5$

ξ	η	0.10	0.20	0.30	0.40	0.50
0.20	θ_x		0.0499	0.0616	0.0670	0.0687
	θ_y		0.1026	0.1500	0.1829	0.1945
0.30	θ_x		0.1091	0.1371	0.1553	0.1622
	θ_y		0.1469	0.2211	0.2720	0.2893
0.40	θ_x		0.2064	0.2855	0.3368	0.3546
	θ_y		0.1795	0.2873	0.3541	0.3758
0.50	θ_x		0.3001	0.4289	0.5129	0.5402
	θ_y		0.2015	0.3383	0.4179	0.4427
0.60	θ_x		0.3462	0.4893	0.5853	0.6186
	θ_y		0.2146	0.3644	0.4521	0.4787
0.65	θ_x		0.3521	0.4966	0.5939	0.6280
	θ_y		0.2146	0.3644	0.4521	0.4787

$k=1.3 \quad \alpha=0.5 \quad \beta=0.6$

ξ	η	0.10	0.20	0.30	0.40	0.50
0.20	θ_x			0.0689	0.0794	0.0832
	θ_y			0.1734	0.2059	0.2169
0.30	θ_x			0.1548	0.1819	0.1919
	θ_y			0.2567	0.3043	0.3200
0.40	θ_x			0.3270	0.3848	0.4048
	θ_y			0.3341	0.3928	0.4114
0.50	θ_x			0.4935	0.5814	0.6111
	θ_y			0.3941	0.4606	0.4809
0.60	θ_x			0.5626	0.6647	0.6996
	θ_y			0.4252	0.4970	0.5186
0.65	θ_x			0.5710	0.6747	0.7102
	θ_y			0.4252	0.4970	0.5186

$k=1.3 \quad \alpha=0.5 \quad \beta=0.7$

ξ	η	0.10	0.20	0.30	0.40	0.50
0.20	θ_x			0.0748	0.0901	0.0958
	θ_y			0.1922	0.2235	0.2338
0.30	θ_x			0.1702	0.2042	0.2165
	θ_y			0.2846	0.3286	0.3429
0.40	θ_x			0.3603	0.4233	0.4446
	θ_y			0.3684	0.4213	0.4382
0.50	θ_x			0.5445	0.6357	0.6663
	θ_y			0.4328	0.4914	0.5095
0.60	θ_x			0.6216	0.7270	0.7627
	θ_y			0.4673	0.5291	0.5480
0.65	θ_x			0.6309	0.7400	0.7764
	θ_y			0.4673	0.5291	0.5480

$k=1.3 \quad \alpha=0.5 \quad \beta=0.8$

ξ	η	0.10	0.20	0.30	0.40	0.50
0.20	θ_x				0.0984	0.1054
	θ_y				0.2359	0.2456
0.30	θ_x				0.2210	0.2349
	θ_y				0.3455	0.3587
0.40	θ_x				0.4514	0.4742
	θ_y				0.4410	0.4562
0.50	θ_x				0.6740	0.7057
	θ_y				0.5126	0.5288
0.60	θ_x				0.7721	0.8081
	θ_y				0.5510	0.5677
0.65	θ_x				0.7858	0.8226
	θ_y				0.5510	0.5677

$k=1.3 \quad \alpha=0.5 \quad \beta=0.9$

ξ	η	0.10	0.20	0.30	0.40	0.50
0.20	θ_x				0.1036	0.1115
	θ_y				0.2432	0.2525
0.30	θ_x				0.2314	0.2462
	θ_y				0.3554	0.3680
0.40	θ_x				0.4685	0.4920
	θ_y				0.4525	0.4668
0.50	θ_x				0.6974	0.7290
	θ_y				0.5250	0.5399
0.60	θ_x				0.7992	0.8355
	θ_y				0.5635	0.5795
0.65	θ_x				0.8134	0.8503
	θ_y				0.5635	0.5795

$k=1.3 \quad \alpha=0.5 \quad \beta=1.0$

ξ	η	0.10	0.20	0.30	0.40	0.50
0.20	θ_x					0.1136
	θ_y					0.2548
0.30	θ_x					0.2500
	θ_y					0.3710
0.40	θ_x					0.4976
	θ_y					0.4703
0.50	θ_x					0.7357
	θ_y					0.5437
0.60	θ_x					0.8449
	θ_y					0.5832
0.65	θ_x					0.8578
	θ_y					0.5832

$k=1.3 \quad \alpha=0.6 \quad \beta=0.1$

ξ	η	0.10	0.20	0.30	0.40	0.50
0.30	θ_x	0.0192	0.0360	0.0477	0.0511	0.0471
	θ_y	0.0142	0.0305	0.0506	0.0751	0.0925
0.40	θ_x	0.0284	0.0551	0.0787	0.0986	0.1113
	θ_y	0.0166	0.0359	0.0605	0.0944	0.1317
0.50	θ_x	0.0360	0.0707	0.1024	0.1281	0.1393
	θ_y	0.0180	0.0395	0.0680	0.1104	0.1571
0.60	θ_x	0.0402	0.0789	0.1137	0.1399	0.1499
	θ_y	0.0187	0.0415	0.0725	0.1189	0.1683
0.65	θ_x	0.0407	0.0799	0.1151	0.1411	0.1512
	θ_y	0.0187	0.0415	0.0725	0.1189	0.1683

$k=1.3 \quad \alpha=0.6 \quad \beta=0.2$

ξ	η	0.10	0.20	0.30	0.40	0.50
0.30	θ_x	0.0379	0.0708	0.0936	0.1005	0.0994
	θ_y	0.0289	0.0619	0.1022	0.1495	0.1742
0.40	θ_x	0.0563	0.1094	0.1564	0.1960	0.2145
	θ_y	0.0338	0.0728	0.1236	0.1940	0.2358
0.50	θ_x	0.0716	0.1406	0.2034	0.2523	0.2726
	θ_y	0.0369	0.0803	0.1397	0.2271	0.2799
0.60	θ_x	0.0800	0.1568	0.2253	0.2757	0.2942
	θ_y	0.0382	0.0846	0.1492	0.2445	0.3015
0.65	θ_x	0.0810	0.1588	0.2279	0.2778	0.2968
	θ_y	0.0382	0.0846	0.1492	0.2445	0.3015

$k=1.3$　$\alpha=0.6$　$\beta=0.3$

ξ	η	0.10	0.20	0.30	0.40	0.50
0.30	θ_x	0.0553	0.1030	0.1352	0.1476	0.1512
	θ_y	0.0446	0.0953	0.1561	0.2182	0.2426
0.40	θ_x	0.0835	0.1622	0.2321	0.2863	0.3059
	θ_y	0.0524	0.1132	0.1913	0.2863	0.3197
0.50	θ_x	0.1067	0.2091	0.3014	0.3705	0.3964
	θ_y	0.0574	0.1258	0.2182	0.3353	0.3769
0.60	θ_x	0.1190	0.2327	0.3324	0.4033	0.4294
	θ_y	0.0601	0.1329	0.2334	0.3600	0.4060
0.65	θ_x	0.1206	0.2357	0.3364	0.4086	0.4349
	θ_y	0.0601	0.1329	0.2334	0.3600	0.4060

$k=1.3$　$\alpha=0.6$　$\beta=0.4$

ξ	η	0.10	0.20	0.30	0.40	0.50
0.30	θ_x		0.1313	0.1713	0.1930	0.2010
	θ_y		0.1312	0.2113	0.2765	0.2989
0.40	θ_x		0.2127	0.3044	0.3703	0.3921
	θ_y		0.1571	0.2670	0.3592	0.3881
0.50	θ_x		0.2751	0.3937	0.4753	0.5046
	θ_y		0.1762	0.3077	0.4197	0.4542
0.60	θ_x		0.3053	0.4323	0.5202	0.5515
	θ_y		0.1872	0.3291	0.4509	0.4891
0.65	θ_x		0.3089	0.4378	0.5242	0.5556
	θ_y		0.1872	0.3291	0.4509	0.4891

$k=1.3$　$\alpha=0.6$　$\beta=0.5$

ξ	η	0.10	0.20	0.30	0.40	0.50
0.30	θ_x		0.1544	0.2029	0.2350	0.2467
	θ_y		0.1703	0.2628	0.3237	0.3439
0.40	θ_x		0.2608	0.3698	0.4397	0.4653
	θ_y		0.2073	0.3385	0.4166	0.4415
0.50	θ_x		0.3372	0.4772	0.5695	0.5996
	θ_y		0.2360	0.3925	0.4850	0.5139
0.60	θ_x		0.3726	0.5224	0.6220	0.6573
	θ_y		0.2518	0.4200	0.5205	0.5516
0.65	θ_x		0.3767	0.5292	0.6299	0.6627
	θ_y		0.2518	0.4200	0.5205	0.5516

$k=1.3$　$\alpha=0.6$　$\beta=0.6$

ξ	η	0.10	0.20	0.30	0.40	0.50
0.30	θ_x			0.2308	0.2718	0.2865
	θ_y			0.3054	0.3608	0.3787
0.40	θ_x			0.4247	0.4994	0.5247
	θ_y			0.3936	0.4612	0.4824
0.50	θ_x			0.5485	0.6469	0.6803
	θ_y			0.4572	0.5350	0.5589
0.60	θ_x			0.5997	0.7078	0.7450
	θ_y			0.4897	0.5736	0.5993
0.65	θ_x			0.6075	0.7168	0.7544
	θ_y			0.4897	0.5736	0.5993

$k=1.3$　$\alpha=0.6$　$\beta=0.7$

ξ	η	0.10	0.20	0.30	0.40	0.50
0.30	θ_x			0.2543	0.3020	0.3188
	θ_y			0.3378	0.3885	0.4048
0.40	θ_x			0.4680	0.5467	0.5755
	θ_y			0.4329	0.4939	0.5131
0.50	θ_x			0.6055	0.7063	0.7410
	θ_y			0.5026	0.5712	0.5925
0.60	θ_x			0.6621	0.7758	0.8150
	θ_y			0.5389	0.6119	0.6345
0.65	θ_x			0.6705	0.7856	0.8225
	θ_y			0.5389	0.6119	0.6345

$k=1.3$　$\alpha=0.6$　$\beta=0.8$

ξ	η	0.10	0.20	0.30	0.40	0.50
0.30	θ_x				0.3243	0.3427
	θ_y				0.4077	0.4226
0.40	θ_x				0.5811	0.6088
	θ_y				0.5165	0.5340
0.50	θ_x				0.7520	0.7875
	θ_y				0.5961	0.6153
0.60	θ_x				0.8250	0.8647
	θ_y				0.6381	0.6582
0.65	θ_x				0.8354	0.8756
	θ_y				0.6381	0.6582

$k=1.3$　$\alpha=0.6$　$\beta=0.9$

ξ	η	0.10	0.20	0.30	0.40	0.50
0.30	θ_x				0.3380	0.3573
	θ_y				0.4190	0.4331
0.40	θ_x				0.6018	0.6302
	θ_y				0.5298	0.5461
0.50	θ_x				0.7786	0.8146
	θ_y				0.6107	0.6284
0.60	θ_x				0.8547	0.8949
	θ_y				0.6534	0.6718
0.65	θ_x				0.8655	0.9062
	θ_y				0.6534	0.6718

$k=1.3$　$\alpha=0.6$　$\beta=1.0$

ξ	η	0.10	0.20	0.30	0.40	0.50
0.30	θ_x					0.3622
	θ_y					0.4366
0.40	θ_x					0.6395
	θ_y					0.5505
0.50	θ_x					0.8220
	θ_y					0.6332
0.60	θ_x					0.9054
	θ_y					0.6763
0.65	θ_x					0.9142
	θ_y					0.6763

$k=1.3$　$\alpha=0.7$　$\beta=0.1$

ξ	η	0.10	0.20	0.30	0.40	0.50
0.30	θ_x	0.0238	0.0456	0.0633	0.0749	0.0789
	θ_y	0.0156	0.0335	0.0560	0.0852	0.1124
0.40	θ_x	0.0328	0.0641	0.0924	0.1166	0.1288
	θ_y	0.0185	0.0402	0.0679	0.1070	0.1509
0.50	θ_x	0.0395	0.0773	0.1109	0.1364	0.1469
	θ_y	0.0206	0.0450	0.0773	0.1240	0.1736
0.60	θ_x	0.0429	0.0837	0.1191	0.1445	0.1540
	θ_y	0.0217	0.0478	0.0826	0.1327	0.1838
0.65	θ_x	0.0434	0.0844	0.1201	0.1452	0.1545
	θ_y	0.0217	0.0478	0.0826	0.1327	0.1838

$k=1.3$　$\alpha=0.7$　$\beta=0.2$

ξ	η	0.10	0.20	0.30	0.40	0.50
0.30	θ_x	0.0472	0.0902	0.1250	0.1478	0.1557
	θ_y	0.0316	0.0679	0.1138	0.1729	0.2061
0.40	θ_x	0.0653	0.1274	0.1838	0.2309	0.2504
	θ_y	0.0378	0.0814	0.1388	0.2207	0.2693
0.50	θ_x	0.0786	0.1535	0.2199	0.2689	0.2885
	θ_y	0.0421	0.0916	0.1585	0.2545	0.3111
0.60	θ_x	0.0853	0.1660	0.2357	0.2850	0.3028
	θ_y	0.0445	0.0973	0.1694	0.2716	0.3314
0.65	θ_x	0.0862	0.1676	0.2376	0.2863	0.3046
	θ_y	0.0445	0.0973	0.1694	0.2716	0.3314

$k=1.3$　$\alpha=0.7$　$\beta=0.3$

ξ	η	0.10	0.20	0.30	0.40	0.50
0.30	θ_x	0.0695	0.1327	0.1837	0.2169	0.2285
	θ_y	0.0489	0.1051	0.1749	0.2537	0.2827
0.40	θ_x	0.0969	0.1893	0.2731	0.3387	0.3628
	θ_y	0.0585	0.1267	0.2155	0.3257	0.3643
0.50	θ_x	0.1168	0.2277	0.3246	0.3935	0.4190
	θ_y	0.0655	0.1432	0.2469	0.3747	0.4208
0.60	θ_x	0.1266	0.2457	0.3473	0.4177	0.4430
	θ_y	0.0693	0.1523	0.2637	0.3994	0.4490
0.65	θ_x	0.1278	0.2479	0.3499	0.4195	0.4447
	θ_y	0.0693	0.1523	0.2637	0.3994	0.4490

$k=1.3$　$\alpha=0.7$　$\beta=0.4$

ξ	η	0.10	0.20	0.30	0.40	0.50
0.30	θ_x		0.1722	0.2379	0.2806	0.2957
	θ_y		0.1453	0.2407	0.3199	0.3457
0.40	θ_x		0.2491	0.3584	0.4353	0.4617
	θ_y		0.1762	0.3021	0.4085	0.4415
0.50	θ_x		0.2985	0.4223	0.5074	0.5378
	θ_y		0.2003	0.3461	0.4700	0.5090
0.60	θ_x		0.3210	0.4510	0.5388	0.5700
	θ_y		0.2135	0.3689	0.5012	0.5433
0.65	θ_x		0.3237	0.4538	0.5415	0.5726
	θ_y		0.2135	0.3689	0.5012	0.5433

$k=1.3$　$\alpha=0.7$　$\beta=0.5$

ξ	η	0.10	0.20	0.30	0.40	0.50
0.30	θ_x		0.2076	0.2864	0.3373	0.3550
	θ_y		0.1903	0.3026	0.3724	0.3952
0.40	θ_x		0.3059	0.4356	0.5194	0.5475
	θ_y		0.2337	0.3841	0.4728	0.5006
0.50	θ_x		0.3642	0.5103	0.6072	0.6410
	θ_y		0.2672	0.4400	0.5437	0.5761
0.60	θ_x		0.3902	0.5442	0.6458	0.6812
	θ_y		0.2851	0.4686	0.5800	0.6149
0.65	θ_x		0.3931	0.5473	0.6492	0.6848
	θ_y		0.2851	0.4686	0.5800	0.6149

$k=1.3$　$\alpha=0.7$　$\beta=0.6$

ξ	η	0.10	0.20	0.30	0.40	0.50
0.30	θ_x			0.3278	0.3857	0.4056
	θ_y			0.3517	0.4136	0.4333
0.40	θ_x			0.5008	0.5894	0.6193
	θ_y			0.4467	0.5229	0.5466
0.50	θ_x			0.5859	0.6911	0.7272
	θ_y			0.5125	0.6005	0.6278
0.60	θ_x			0.6242	0.7360	0.7746
	θ_y			0.5460	0.6406	0.6698
0.65	θ_x			0.6286	0.7401	0.7790
	θ_y			0.5460	0.6406	0.6698

$k=1.3$　$\alpha=0.7$　$\beta=0.7$

ξ	η	0.10	0.20	0.30	0.40	0.50
0.30	θ_x			0.3612	0.4244	0.4465
	θ_y			0.3878	0.4440	0.4619
0.40	θ_x			0.5522	0.6444	0.6757
	θ_y			0.4910	0.5594	0.5810
0.50	θ_x			0.6467	0.7577	0.7956
	θ_y			0.5640	0.6418	0.6662
0.60	θ_x			0.6887	0.8078	0.8485
	θ_y			0.6017	0.6845	0.7105
0.65	θ_x			0.6953	0.8126	0.8537
	θ_y			0.6017	0.6845	0.7105

$k=1.3$　$\alpha=0.7$　$\beta=0.8$

ξ	η	0.10	0.20	0.30	0.40	0.50
0.30	θ_x				0.4528	0.4759
	θ_y				0.4651	0.4815
0.40	θ_x				0.6846	0.7168
	θ_y				0.5847	0.6043
0.50	θ_x				0.8058	0.8447
	θ_y				0.6703	0.6921
0.60	θ_x				0.8599	0.9021
	θ_y				0.7147	0.7379
0.65	θ_x				0.8652	0.9077
	θ_y				0.7147	0.7379

$k=1.3$　$\alpha=0.7$　$\beta=0.9$

ξ	η	0.10	0.20	0.30	0.40	0.50
0.30	θ_x				0.4701	0.4939
	θ_y				0.4775	0.4929
0.40	θ_x				0.7087	0.7416
	θ_y				0.5993	0.6182
0.50	θ_x				0.8349	0.8744
	θ_y				0.6866	0.7076
0.60	θ_x				0.8915	0.9344
	θ_y				0.7320	0.7541
0.65	θ_x				0.8998	0.9432
	θ_y				0.7320	0.7541

$k=1.3$　$\alpha=0.7$　$\beta=1.0$

ξ	η	0.10	0.20	0.30	0.40	0.50
0.30	θ_x					0.5000
	θ_y					0.4970
0.40	θ_x					0.7486
	θ_y					0.6224
0.50	θ_x					0.8845
	θ_y					0.7121
0.60	θ_x					0.9452
	θ_y					0.7589
0.65	θ_x					0.9513
	θ_y					0.7589

$k=1.3$　$\alpha=0.8$　$\beta=0.1$

ξ	η	0.10	0.20	0.30	0.40	0.50
0.40	θ_x	0.0367	0.0717	0.1033	0.1285	0.1395
	θ_y	0.0202	0.0440	0.0747	0.1186	0.1660
0.50	θ_x	0.0422	0.0821	0.1169	0.1419	0.1514
	θ_y	0.0229	0.0501	0.0856	0.1359	0.1870
0.60	θ_x	0.0448	0.0869	0.1225	0.1471	0.1560
	θ_y	0.0244	0.0534	0.0914	0.1444	0.1969
0.65	θ_x	0.0452	0.0874	0.1232	0.1477	0.1567
	θ_y	0.0244	0.0534	0.0914	0.1444	0.1969

$k=1.3$　$\alpha=0.8$　$\beta=0.2$

ξ	η	0.10	0.20	0.30	0.40	0.50
0.40	θ_x	0.0729	0.1425	0.2050	0.2532	0.2724
	θ_y	0.0413	0.0892	0.1529	0.2434	0.2974
0.50	θ_x	0.0839	0.1630	0.2313	0.2799	0.2980
	θ_y	0.0466	0.1017	0.1751	0.2772	0.3371
0.60	θ_x	0.0890	0.1722	0.2423	0.2902	0.3080
	θ_y	0.0496	0.1086	0.1869	0.2944	0.3564
0.65	θ_x	0.0896	0.1732	0.2435	0.2913	0.3089
	θ_y	0.0496	0.1086	0.1869	0.2944	0.3564

$k=1.3$　$\alpha=0.8$　$\beta=0.3$

ξ	η	0.10	0.20	0.30	0.40	0.50
0.40	θ_x	0.1084	0.2116	0.3036	0.3718	0.3972
	θ_y	0.0640	0.1390	0.2376	0.3591	0.4024
0.50	θ_x	0.1243	0.2412	0.3409	0.4101	0.4352
	θ_y	0.0728	0.1587	0.2718	0.4081	0.4577
0.60	θ_x	0.1317	0.2542	0.3565	0.4258	0.4505
	θ_y	0.0775	0.1694	0.2897	0.4326	0.4850
0.65	θ_x	0.1326	0.2557	0.3581	0.4267	0.4512
	θ_y	0.0775	0.1694	0.2897	0.4326	0.4850

$k=1.3$　$\alpha=0.8$　$\beta=0.4$

ξ	η	0.10	0.20	0.30	0.40	0.50
0.40	θ_x		0.2779	0.3964	0.4775	0.5064
	θ_y		0.1938	0.3329	0.4502	0.4867
0.50	θ_x		0.3152	0.4429	0.5291	0.5597
	θ_y		0.2215	0.3792	0.5121	0.5543
0.60	θ_x		0.3313	0.4625	0.5496	0.5803
	θ_y		0.2365	0.4030	0.5436	0.5888
0.65	θ_x		0.3332	0.4643	0.5513	0.5826
	θ_y		0.2365	0.4030	0.5436	0.5888

$k=1.3$　$\alpha=0.8$　$\beta=0.5$

ξ	η	0.10	0.20	0.30	0.40	0.50
0.40	θ_x		0.3400	0.4802	0.5721	0.6026
	θ_y		0.2576	0.4230	0.5216	0.5526
0.50	θ_x		0.3833	0.5345	0.6342	0.6688
	θ_y		0.2944	0.4807	0.5938	0.6299
0.60	θ_x		0.4013	0.5575	0.6599	0.6951
	θ_y		0.3138	0.5101	0.6304	0.6685
0.65	θ_x		0.4036	0.5593	0.6617	0.6980
	θ_y		0.3138	0.5101	0.6304	0.6685

$k=1.3$　$\alpha=0.8$　$\beta=0.6$

ξ	η	0.10	0.20	0.30	0.40	0.50
0.40	θ_x			0.5517	0.6503	0.6838
	θ_y			0.4923	0.5765	0.6027
0.50	θ_x			0.6130	0.7227	0.7605
	θ_y			0.5597	0.6566	0.6868
0.60	θ_x			0.6390	0.7529	0.7923
	θ_y			0.5939	0.6975	0.7298
0.65	θ_x			0.6410	0.7553	0.7948
	θ_y			0.5939	0.6975	0.7298

k=1.3 α=0.8 β=0.7

ξ	η	0.10	0.20	0.30	0.40	0.50
0.40	θ_x			0.6088	0.7121	0.7460
	θ_y			0.5415	0.6166	0.6402
0.50	θ_x			0.6764	0.7932	0.8331
	θ_y			0.6164	0.7025	0.7297
0.60	θ_x			0.7047	0.8272	0.8688
	θ_y			0.6544	0.7464	0.7753
0.65	θ_x			0.7069	0.8301	0.8728
	θ_y			0.6544	0.7464	0.7753

k=1.3 α=0.8 β=0.8

ξ	η	0.10	0.20	0.30	0.40	0.50
0.40	θ_x				0.7568	0.7928
	θ_y				0.6444	0.6657
0.50	θ_x				0.8444	0.8857
	θ_y				0.7340	0.7584
0.60	θ_x				0.8813	0.9251
	θ_y				0.7801	0.8061
0.65	θ_x				0.8844	0.9286
	θ_y				0.7801	0.8061

k=1.3 α=0.8 β=0.9

ξ	η	0.10	0.20	0.30	0.40	0.50
0.40	θ_x				0.7838	0.8204
	θ_y				0.6606	0.6805
0.50	θ_x				0.8754	0.9176
	θ_y				0.7525	0.7751
0.60	θ_x				0.9141	0.9589
	θ_y				0.7998	0.8239
0.65	θ_x				0.9175	0.9627
	θ_y				0.7998	0.8239

k=1.3 α=0.8 β=1.0

ξ	η	0.10	0.20	0.30	0.40	0.50
0.40	θ_x					0.8286
	θ_y					0.6858
0.50	θ_x					0.9286
	θ_y					0.7811
0.60	θ_x					0.9698
	θ_y					0.8298
0.65	θ_x					0.9750
	θ_y					0.8298

k=1.3 α=0.9 β=0.1

ξ	η	0.10	0.20	0.30	0.40	0.50
0.40	θ_x	0.0398	0.0777	0.1113	0.1366	0.1467
	θ_y	0.0217	0.0473	0.0806	0.1282	0.1779
0.50	θ_x	0.0442	0.0856	0.1208	0.1454	0.1545
	θ_y	0.0249	0.0544	0.0925	0.1452	0.1977
0.60	θ_x	0.0461	0.0889	0.1245	0.1486	0.1574
	θ_y	0.0267	0.0582	0.0987	0.1538	0.2072
0.65	θ_x	0.0463	0.0893	0.1249	0.1489	0.1574
	θ_y	0.0267	0.0582	0.0987	0.1538	0.2072

k=1.3 α=0.9 β=0.2

ξ	η	0.10	0.20	0.30	0.40	0.50
0.40	θ_x	0.0792	0.1543	0.2205	0.2695	0.2882
	θ_y	0.0443	0.0961	0.1651	0.2624	0.3201
0.50	θ_x	0.0877	0.1696	0.2389	0.2866	0.3043
	θ_y	0.0510	0.1105	0.1890	0.2960	0.3580
0.60	θ_x	0.0914	0.1760	0.2462	0.2934	0.3104
	θ_y	0.0546	0.1182	0.2015	0.3130	0.3766
0.65	θ_x	0.0918	0.1767	0.2470	0.2938	0.3106
	θ_y	0.0546	0.1182	0.2015	0.3130	0.3766

k=1.3 α=0.9 β=0.3

ξ	η	0.10	0.20	0.30	0.40	0.50
0.40	θ_x	0.1175	0.2288	0.3254	0.3936	0.4188
	θ_y	0.0688	0.1498	0.2566	0.3866	0.4336
0.50	θ_x	0.1298	0.2506	0.3519	0.4212	0.4459
	θ_y	0.0791	0.1720	0.2926	0.4354	0.4875
0.60	θ_x	0.1350	0.2595	0.3620	0.4302	0.4543
	θ_y	0.0847	0.1838	0.3112	0.4597	0.5142
0.65	θ_x	0.1356	0.2606	0.3631	0.4310	0.4553
	θ_y	0.0847	0.1838	0.3112	0.4597	0.5142

k=1.3 α=0.9 β=0.4

ξ	η	0.10	0.20	0.30	0.40	0.50
0.40	θ_x		0.2997	0.4231	0.5089	0.5390
	θ_y		0.2091	0.3587	0.4851	0.5249
0.50	θ_x		0.3266	0.4568	0.5427	0.5732
	θ_y		0.2396	0.4067	0.5470	0.5920
0.60	θ_x		0.3376	0.4692	0.5561	0.5867
	θ_y		0.2556	0.4311	0.5783	0.6259
0.65	θ_x		0.3388	0.4705	0.5572	0.5876
	θ_y		0.2556	0.4311	0.5783	0.6259

$k=1.3 \quad \alpha=0.9 \quad \beta=0.5$

ξ	η	0.10	0.20	0.30	0.40	0.50
0.40	θ_x		0.3654	0.5111	0.6077	0.6427
	θ_y		0.2780	0.4552	0.5620	0.5958
0.50	θ_x		0.3960	0.5509	0.6523	0.6863
	θ_y		0.3172	0.5143	0.6349	0.6735
0.60	θ_x		0.4082	0.5652	0.6677	0.7033
	θ_y		0.3376	0.5442	0.6716	0.7127
0.65	θ_x		0.4095	0.5666	0.6692	0.7049
	θ_y		0.3376	0.5442	0.6716	0.7127

$k=1.3 \quad \alpha=0.9 \quad \beta=0.6$

ξ	η	0.10	0.20	0.30	0.40	0.50
0.40	θ_x			0.5867	0.6920	0.7280
	θ_y			0.5300	0.6213	0.6497
0.50	θ_x			0.6315	0.7440	0.7828
	θ_y			0.5986	0.7029	0.7355
0.60	θ_x			0.6475	0.7625	0.8022
	θ_y			0.6332	0.7441	0.7790
0.65	θ_x			0.6490	0.7643	0.8042
	θ_y			0.6332	0.7441	0.7790

$k=1.3 \quad \alpha=0.9 \quad \beta=0.7$

ξ	η	0.10	0.20	0.30	0.40	0.50
0.40	θ_x			0.6475	0.7588	0.7980
	θ_y			0.5834	0.6646	0.6900
0.50	θ_x			0.6965	0.8173	0.8579
	θ_y			0.6595	0.7526	0.7819
0.60	θ_x			0.7138	0.8383	0.8811
	θ_y			0.6983	0.7978	0.8281
0.65	θ_x			0.7155	0.8405	0.8834
	θ_y			0.6983	0.7978	0.8281

$k=1.3 \quad \alpha=0.9 \quad \beta=0.8$

ξ	η	0.10	0.20	0.30	0.40	0.50
0.40	θ_x				0.8072	0.8463
	θ_y				0.6944	0.7174
0.50	θ_x				0.8705	0.9137
	θ_y				0.7869	0.8133
0.60	θ_x				0.8936	0.9385
	θ_y				0.8340	0.8623
0.65	θ_x				0.8960	0.9411
	θ_y				0.8340	0.8623

$k=1.3 \quad \alpha=0.9 \quad \beta=0.9$

ξ	η	0.10	0.20	0.30	0.40	0.50
0.40	θ_x				0.8365	0.8763
	θ_y				0.7118	0.7332
0.50	θ_x				0.9028	0.9470
	θ_y				0.8069	0.8316
0.60	θ_x				0.9272	0.9733
	θ_y				0.8552	0.8823
0.65	θ_x				0.9298	0.9761
	θ_y				0.8552	0.8823

$k=1.3 \quad \alpha=0.9 \quad \beta=1.0$

ξ	η	0.10	0.20	0.30	0.40	0.50
0.40	θ_x					0.8877
	θ_y					0.7389
0.50	θ_x					0.9574
	θ_y					0.8376
0.60	θ_x					0.9853
	θ_y					0.8883
0.65	θ_x					0.9878
	θ_y					0.8883

$k=1.3 \quad \alpha=1.0 \quad \beta=0.1$

ξ	η	0.10	0.20	0.30	0.40	0.50
0.50	θ_x	0.0455	0.0879	0.1233	0.1474	0.1562
	θ_y	0.0266	0.0578	0.0981	0.1527	0.2060
0.60	θ_x	0.0469	0.0901	0.1256	0.1493	0.1577
	θ_y	0.0286	0.0620	0.1050	0.1611	0.2152
0.65	θ_x	0.0471	0.0904	0.1259	0.1495	0.1578
	θ_y	0.0286	0.0620	0.1050	0.1611	0.2152

$k=1.3 \quad \alpha=1.0 \quad \beta=0.2$

ξ	η	0.10	0.20	0.30	0.40	0.50
0.50	θ_x	0.0903	0.1741	0.2438	0.2911	0.3079
	θ_y	0.0541	0.1175	0.2000	0.3105	0.3740
0.60	θ_x	0.0929	0.1783	0.2483	0.2948	0.3112
	θ_y	0.0580	0.1258	0.2121	0.3273	0.3921
0.65	θ_x	0.0932	0.1788	0.2488	0.2951	0.3114
	θ_y	0.0580	0.1258	0.2121	0.3273	0.3921

$k=1.3 \quad \alpha=1.0 \quad \beta=0.3$

ξ	η	0.10	0.20	0.30	0.40	0.50
0.50	θ_x	0.1334	0.2567	0.3587	0.4271	0.4513
	θ_y	0.0841	0.1827	0.3091	0.4565	0.5106
0.60	θ_x	0.1370	0.2627	0.3661	0.4326	0.4563
	θ_y	0.0902	0.1952	0.3312	0.4806	0.5367
0.65	θ_x	0.1374	0.2633	0.3659	0.4337	0.4574
	θ_y	0.0902	0.1952	0.3312	0.4806	0.5367

$k=1.3 \quad \alpha=1.0 \quad \beta=0.4$

ξ	η	0.10	0.20	0.30	0.40	0.50
0.50	θ_x		0.3341	0.4652	0.5519	0.5821
	θ_y		0.2540	0.4282	0.5743	0.6211
0.60	θ_x		0.3412	0.4731	0.5594	0.5898
	θ_y		0.2708	0.4531	0.6052	0.6547
0.65	θ_x		0.3420	0.4742	0.5608	0.5903
	θ_y		0.2708	0.4531	0.6052	0.6547

$k=1.3$　$\alpha=1.0$　$\beta=0.5$

ξ	η	0.10	0.20	0.30	0.40	0.50
0.50	θ_x		0.4041	0.5605	0.6625	0.6979
	θ_y		0.3354	0.5406	0.6670	0.7077
0.60	θ_x		0.4120	0.5696	0.6721	0.7076
	θ_y		0.3563	0.5709	0.7037	0.7467
0.65	θ_x		0.4127	0.5711	0.6736	0.7092
	θ_y		0.3563	0.5709	0.7037	0.7467

$k=1.3$　$\alpha=1.0$　$\beta=0.6$

ξ	η	0.10	0.20	0.30	0.40	0.50
0.50	θ_x			0.6422	0.7563	0.7957
	θ_y			0.6290	0.7390	0.7736
0.60	θ_x			0.6523	0.7678	0.8077
	θ_y			0.6639	0.7805	0.8173
0.65	θ_x			0.6540	0.7696	0.8096
	θ_y			0.6639	0.7805	0.8173

$k=1.3$　$\alpha=1.0$　$\beta=0.7$

ξ	η	0.10	0.20	0.30	0.40	0.50
0.50	θ_x			0.7081	0.8314	0.8735
	θ_y			0.6933	0.7918	0.8232
0.60	θ_x			0.7190	0.8446	0.8878
	θ_y			0.7319	0.8375	0.8697
0.65	θ_x			0.7207	0.8466	0.8891
	θ_y			0.7319	0.8375	0.8697

$k=1.3$　$\alpha=1.0$　$\beta=0.8$

ξ	η	0.10	0.20	0.30	0.40	0.50
0.50	θ_x				0.8860	0.9304
	θ_y				0.8283	0.8565
0.60	θ_x				0.9006	0.9462
	θ_y				0.8760	0.9062
0.65	θ_x				0.9028	0.9484
	θ_y				0.8760	0.9062

$k=1.3$　$\alpha=1.0$　$\beta=0.9$

ξ	η	0.10	0.20	0.30	0.40	0.50
0.50	θ_x				0.9193	0.9648
	θ_y				0.8497	0.8759
0.60	θ_x				0.9347	0.9816
	θ_y				0.8987	0.9276
0.65	θ_x				0.9370	0.9840
	θ_y				0.8987	0.9276

$k=1.3$　$\alpha=1.0$　$\beta=1.0$

ξ	η	0.10	0.20	0.30	0.40	0.50
0.50	θ_x					0.9755
	θ_y					0.8824
0.60	θ_x					0.9938
	θ_y					0.9341
0.65	θ_x					0.9952
	θ_y					0.9341

$k=1.3$　$\alpha=1.1$　$\beta=0.1$

ξ	η	0.10	0.20	0.30	0.40	0.50
0.50	θ_x	0.0464	0.0893	0.1248	0.1487	0.1571
	θ_y	0.0278	0.0604	0.1021	0.1580	0.2118
0.60	θ_x	0.0474	0.0908	0.1262	0.1496	0.1578
	θ_y	0.0299	0.0647	0.1086	0.1663	0.2209
0.65	θ_x	0.0475	0.0910	0.1263	0.1496	0.1578
	θ_y	0.0299	0.0647	0.1086	0.1663	0.2209

$k=1.3$　$\alpha=1.1$　$\beta=0.2$

ξ	η	0.10	0.20	0.30	0.40	0.50
0.50	θ_x	0.0920	0.1768	0.2468	0.2935	0.3100
	θ_y	0.0568	0.1226	0.2080	0.3208	0.3853
0.60	θ_x	0.0938	0.1796	0.2494	0.2952	0.3115
	θ_y	0.0610	0.1313	0.2210	0.3376	0.4030
0.65	θ_x	0.0940	0.1799	0.2497	0.2955	0.3115
	θ_y	0.0610	0.1313	0.2210	0.3376	0.4030

$k=1.3$　$\alpha=1.1$　$\beta=0.3$

ξ	η	0.10	0.20	0.30	0.40	0.50
0.50	θ_x	0.1358	0.2606	0.3628	0.4303	0.4541
	θ_y	0.0881	0.1905	0.3209	0.4716	0.5269
0.60	θ_x	0.1382	0.2644	0.3666	0.4337	0.4571
	θ_y	0.0945	0.2035	0.3401	0.4956	0.5527
0.65	θ_x	0.1384	0.2648	0.3669	0.4338	0.4571
	θ_y	0.0945	0.2035	0.3401	0.4956	0.5527

$k=1.3$　$\alpha=1.1$　$\beta=0.4$

ξ	η	0.10	0.20	0.30	0.40	0.50
0.50	θ_x		0.3388	0.4701	0.5563	0.5870
	θ_y		0.2644	0.4438	0.5936	0.6417
0.60	θ_x		0.3431	0.4750	0.5610	0.5905
	θ_y		0.2817	0.4689	0.6244	0.6751
0.65	θ_x		0.3436	0.4753	0.5611	0.5909
	θ_y		0.2817	0.4689	0.6244	0.6751

$k=1.3$ $\alpha=1.1$ $\beta=0.5$

ξ	η	0.10	0.20	0.30	0.40	0.50
0.50	θ_x		0.4094	0.5660	0.6682	0.7037
	θ_y		0.3484	0.5595	0.6899	0.7321
0.60	θ_x		0.4139	0.5719	0.6742	0.7096
	θ_y		0.3698	0.5899	0.7266	0.7710
0.65	θ_x		0.4145	0.5722	0.6744	0.7098
	θ_y		0.3698	0.5899	0.7266	0.7710

$k=1.3$ $\alpha=1.0$ $\beta=0.6$

ξ	η	0.10	0.20	0.30	0.40	0.50
0.50	θ_x			0.6483	0.7633	0.8030
	θ_y			0.6508	0.7649	0.8009
0.60	θ_x			0.6548	0.7705	0.8104
	θ_y			0.6858	0.8064	0.8447
0.65	θ_x			0.6551	0.7708	0.8107
	θ_y			0.6858	0.8064	0.8447

$k=1.3$ $\alpha=1.1$ $\beta=0.7$

ξ	η	0.10	0.20	0.30	0.40	0.50
0.50	θ_x			0.7146	0.8395	0.8828
	θ_y			0.7174	0.8200	0.8524
0.60	θ_x			0.7215	0.8477	0.8907
	θ_y			0.7562	0.8653	0.9000
0.65	θ_x			0.7219	0.8481	0.8916
	θ_y			0.7562	0.8653	0.9000

$k=1.3$ $\alpha=1.1$ $\beta=0.8$

ξ	η	0.10	0.20	0.30	0.40	0.50
0.50	θ_x				0.8950	0.9401
	θ_y				0.8581	0.8875
0.60	θ_x				0.9042	0.9501
	θ_y				0.9061	0.9377
0.65	θ_x				0.9046	0.9506
	θ_y				0.9061	0.9377

$k=1.3$ $\alpha=1.1$ $\beta=0.9$

ξ	η	0.10	0.20	0.30	0.40	0.50
0.50	θ_x				0.9288	0.9752
	θ_y				0.8804	0.9079
0.60	θ_x				0.9385	0.9859
	θ_y				0.9301	0.9597
0.65	θ_x				0.9390	0.9865
	θ_y				0.9301	0.9597

$k=1.3$ $\alpha=1.1$ $\beta=1.0$

ξ	η	0.10	0.20	0.30	0.40	0.50
0.50	θ_x					0.9874
	θ_y					0.9151
0.60	θ_x					0.9975
	θ_y					0.9669
0.65	θ_x					0.9986
	θ_y					0.9669

$k=1.3$ $\alpha=1.2$ $\beta=0.1$

ξ	η	0.10	0.20	0.30	0.40	0.50
0.60	θ_x	0.0476	0.0911	0.1265	0.1497	0.1578
	θ_y	0.0304	0.0664	0.1116	0.1694	0.2235
0.65	θ_x	0.0477	0.0912	0.1265	0.1497	0.1577
	θ_y	0.0304	0.0664	0.1116	0.1694	0.2235

$k=1.3$ $\alpha=1.2$ $\beta=0.2$

ξ	η	0.10	0.20	0.30	0.40	0.50
0.60	θ_x	0.0942	0.1802	0.2499	0.2955	0.3115
	θ_y	0.0625	0.1347	0.2252	0.3437	0.4107
0.65	θ_x	0.0943	0.1804	0.2500	0.2957	0.3113
	θ_y	0.0625	0.1347	0.2252	0.3437	0.4107

$k=1.3$ $\alpha=1.2$ $\beta=0.3$

ξ	η	0.10	0.20	0.30	0.40	0.50
0.60	θ_x	0.1387	0.2652	0.3673	0.4339	0.4571
	θ_y	0.0969	0.2085	0.3474	0.5045	0.5623
0.65	θ_x	0.1389	0.2654	0.3674	0.4338	0.4569
	θ_y	0.0969	0.2085	0.3474	0.5045	0.5623

$k=1.3$ $\alpha=1.2$ $\beta=0.4$

ξ	η	0.10	0.20	0.30	0.40	0.50
0.60	θ_x		0.3441	0.4757	0.5613	0.5910
	θ_y		0.2883	0.4783	0.6359	0.6874
0.65	θ_x		0.3443	0.4759	0.5613	0.5914
	θ_y		0.2883	0.4783	0.6359	0.6874

$k=1.3$ $\alpha=1.2$ $\beta=0.5$

ξ	η	0.10	0.20	0.30	0.40	0.50
0.60	θ_x		0.4149	0.5726	0.6747	0.7100
	θ_y		0.3779	0.6014	0.7403	0.7855
0.65	θ_x		0.4152	0.5727	0.6747	0.7100
	θ_y		0.3779	0.6014	0.7403	0.7855

$k=1.3$ $\alpha=1.2$ $\beta=0.6$

ξ	η	0.10	0.20	0.30	0.40	0.50
0.60	θ_x			0.6555	0.7713	0.8112
	θ_y			0.6990	0.8220	0.8611
0.65	θ_x			0.6556	0.7713	0.8113
	θ_y			0.6990	0.8220	0.8611

$k=1.3 \quad \alpha=1.2 \quad \beta=0.7$

ξ	η	0.10	0.20	0.30	0.40	0.50
0.60	θ_x			0.7223	0.8488	0.8923
	θ_y			0.7710	0.8829	0.9174
0.65	θ_x			0.7224	0.8489	0.8929
	θ_y			0.7710	0.8829	0.9174

$k=1.3 \quad \alpha=1.2 \quad \beta=0.8$

ξ	η	0.10	0.20	0.30	0.40	0.50
0.60	θ_x				0.9054	0.9515
	θ_y				0.9242	0.9567
0.65	θ_x				0.9056	0.9517
	θ_y				0.9242	0.9567

$k=1.3 \quad \alpha=1.2 \quad \beta=0.9$

ξ	η	0.10	0.20	0.30	0.40	0.50
0.60	θ_x				0.9399	0.9875
	θ_y				0.9485	0.9797
0.65	θ_x				0.9401	0.9878
	θ_y				0.9485	0.9797

$k=1.3 \quad \alpha=1.2 \quad \beta=1.0$

ξ	η	0.10	0.20	0.30	0.40	0.50
0.60	θ_x					0.9996
	θ_y					0.9873
0.65	θ_x					0.9999
	θ_y					0.9873

$k=1.3 \quad \alpha=1.3 \quad \beta=0.1$

ξ	η	0.10	0.20	0.30	0.40	0.50
0.60	θ_x	0.0477	0.0912	0.1265	0.1497	0.1577
	θ_y	0.0310	0.0670	0.1119	0.1704	0.2248
0.65	θ_x	0.0477	0.0913	0.1266	0.1496	0.1576
	θ_y	0.0310	0.0670	0.1119	0.1704	0.2248

$k=1.3 \quad \alpha=1.3 \quad \beta=0.2$

ξ	η	0.10	0.20	0.30	0.40	0.50
0.60	θ_x	0.0943	0.1804	0.2500	0.2957	0.3113
	θ_y	0.0633	0.1358	0.2276	0.3457	0.4122
0.65	θ_x	0.0944	0.1806	0.2501	0.2954	0.3115
	θ_y	0.0633	0.1358	0.2276	0.3457	0.4122

$k=1.3 \quad \alpha=1.3 \quad \beta=0.3$

ξ	η	0.10	0.20	0.30	0.40	0.50
0.60	θ_x	0.1389	0.2654	0.3674	0.4338	0.4569
	θ_y	0.0978	0.2102	0.3499	0.5075	0.5654
0.65	θ_x	0.1391	0.2656	0.3676	0.4341	0.4572
	θ_y	0.0978	0.2102	0.3499	0.5075	0.5654

$k=1.3 \quad \alpha=1.3 \quad \beta=0.4$

ξ	η	0.10	0.20	0.30	0.40	0.50
0.60	θ_x		0.3443	0.4759	0.5613	0.5914
	θ_y		0.2905	0.4815	0.6397	0.6914
0.65	θ_x		0.3445	0.4762	0.5612	0.5908
	θ_y		0.2905	0.4815	0.6397	0.6914

$k=1.3 \quad \alpha=1.3 \quad \beta=0.5$

ξ	η	0.10	0.20	0.30	0.40	0.50
0.60	θ_x		0.4152	0.5727	0.6747	0.7100
	θ_y		0.3806	0.6052	0.7449	0.7904
0.65	θ_x		0.4152	0.5728	0.6747	0.7099
	θ_y		0.3806	0.6052	0.7449	0.7904

$k=1.3 \quad \alpha=1.3 \quad \beta=0.6$

ξ	η	0.10	0.20	0.30	0.40	0.50
0.60	θ_x			0.6556	0.7713	0.8113
	θ_y			0.7034	0.8272	0.8666
0.65	θ_x			0.6556	0.7719	0.8118
	θ_y			0.7034	0.8272	0.8666

$k=1.3 \quad \alpha=1.3 \quad \beta=0.7$

ξ	η	0.10	0.20	0.30	0.40	0.50
0.60	θ_x			0.7224	0.8489	0.8929
	θ_y			0.7756	0.8881	0.9239
0.65	θ_x			0.7224	0.8495	0.8931
	θ_y			0.7756	0.8881	0.9239

$k=1.3 \quad \alpha=1.3 \quad \beta=0.8$

ξ	η	0.10	0.20	0.30	0.40	0.50
0.60	θ_x				0.9056	0.9517
	θ_y				0.9303	0.9630
0.65	θ_x				0.9063	0.9525
	θ_y				0.9303	0.9630

$k=1.3 \quad \alpha=1.3 \quad \beta=0.9$

ξ	η	0.10	0.20	0.30	0.40	0.50
0.60	θ_x				0.9401	0.9878
	θ_y				0.9550	0.9858
0.65	θ_x				0.9409	0.9879
	θ_y				0.9550	0.9858

$k=1.3 \quad \alpha=1.3 \quad \beta=1.0$

ξ	η	0.10	0.20	0.30	0.40	0.50
0.60	θ_x					0.9999
	θ_y					0.9939
0.65	θ_x					1.0000
	θ_y					0.9939

$k=1.4$　$\alpha=0.1$　$\beta=0.1$

ξ	η	0.10	0.20	0.30	0.40	0.50
0.10	θ_x	0.0001	−0.0000	−0.0002	−0.0005	−0.0006
	θ_y	0.0010	0.0019	0.0028	0.0034	0.0037
0.20	θ_x	0.0004	0.0005	0.0001	−0.0004	−0.0008
	θ_y	0.0019	0.0038	0.0056	0.0070	0.0075
0.30	θ_x	0.0013	0.0021	0.0019	0.0011	0.0006
	θ_y	0.0026	0.0054	0.0083	0.0106	0.0115
0.40	θ_x	0.0031	0.0054	0.0060	0.0050	0.0044
	θ_y	0.0031	0.0066	0.0106	0.0144	0.0161
0.50	θ_x	0.0058	0.0108	0.0139	0.0135	0.0117
	θ_y	0.0032	0.0070	0.0120	0.0182	0.0217
0.60	θ_x	0.0084	0.0170	0.0254	0.0310	0.0290
	θ_y	0.0030	0.0067	0.0119	0.0208	0.0297
0.70	θ_x	0.0096	0.0200	0.0325	0.0501	0.0676
	θ_y	0.0029	0.0064	0.0112	0.0199	0.0377

$k=1.4$　$\alpha=0.1$　$\beta=0.2$

ξ	η	0.10	0.20	0.30	0.40	0.50
0.10	θ_x	0.0001	−0.0001	−0.0005	−0.0010	−0.0011
	θ_y	0.0019	0.0038	0.0055	0.0068	0.0072
0.20	θ_x	0.0007	0.0008	0.0002	−0.0008	−0.0013
	θ_y	0.0038	0.0075	0.0111	0.0137	0.0147
0.30	θ_x	0.0025	0.0039	0.0036	0.0022	0.0015
	θ_y	0.0053	0.0109	0.0164	0.0208	0.0226
0.40	θ_x	0.0061	0.0104	0.0116	0.0102	0.0091
	θ_y	0.0063	0.0134	0.0211	0.0282	0.0313
0.50	θ_x	0.0114	0.0211	0.0269	0.0265	0.0246
	θ_y	0.0066	0.0144	0.0244	0.0358	0.0414
0.60	θ_x	0.0169	0.0340	0.0502	0.0592	0.0606
	θ_y	0.0062	0.0137	0.0247	0.0424	0.0533
0.70	θ_x	0.0194	0.0405	0.0661	0.1024	0.1242
	θ_y	0.0059	0.0128	0.0232	0.0453	0.0612

$k=1.4$　$\alpha=0.1$　$\beta=0.3$

ξ	η	0.10	0.20	0.30	0.40	0.50
0.10	θ_x	0.0000	−0.0002	−0.0007	−0.0013	−0.0016
	θ_y	0.0029	0.0057	0.0082	0.0099	0.0106
0.20	θ_x	0.0009	0.0010	0.0002	−0.0010	−0.0016
	θ_y	0.0057	0.0113	0.0163	0.0200	0.0214
0.30	θ_x	0.0034	0.0053	0.0050	0.0036	0.0027
	θ_y	0.0081	0.0163	0.0243	0.0304	0.0327
0.40	θ_x	0.0085	0.0146	0.0164	0.0155	0.0145
	θ_y	0.0097	0.0203	0.0316	0.0411	0.0449
0.50	θ_x	0.0166	0.0304	0.0382	0.0391	0.0387
	θ_y	0.0103	0.0223	0.0373	0.0519	0.0580
0.60	θ_x	0.0254	0.0508	0.0734	0.0854	0.0911
	θ_y	0.0097	0.0217	0.0394	0.0624	0.0712
0.70	θ_x	0.0297	0.0621	0.1025	0.1512	0.1688
	θ_y	0.0092	0.0206	0.0374	0.0691	0.0778

$k=1.4$　$\alpha=0.1$　$\beta=0.4$

ξ	η	0.10	0.20	0.30	0.40	0.50
0.10	θ_x		−0.0004	−0.0010	−0.0017	−0.0019
	θ_y		0.0075	0.0106	0.0128	0.0136
0.20	θ_x		0.0009	0.0002	−0.0011	−0.0016
	θ_y		0.0148	0.0212	0.0257	0.0274
0.30	θ_x		0.0061	0.0061	0.0050	0.0045
	θ_y		0.0217	0.0317	0.0390	0.0416
0.40	θ_x		0.0176	0.0206	0.0207	0.0204
	θ_y		0.0275	0.0416	0.0524	0.0565
0.50	θ_x		0.0382	0.0476	0.0515	0.0529
	θ_y		0.0310	0.0501	0.0658	0.0715
0.60	θ_x		0.0671	0.0932	0.1108	0.1184
	θ_y		0.0309	0.0561	0.0781	0.0848
0.70	θ_x		0.0856	0.1429	0.1903	0.2047
	θ_y		0.0292	0.0583	0.0843	0.0907

$k=1.4$　$\alpha=0.1$　$\beta=0.5$

ξ	η	0.10	0.20	0.30	0.40	0.50
0.10	θ_x		−0.0007	−0.0013	−0.0019	−0.0021
	θ_y		0.0091	0.0128	0.0153	0.0162
0.20	θ_x		0.0006	0.0000	−0.0010	−0.0013
	θ_y		0.0182	0.0257	0.0307	0.0325
0.30	θ_x		0.0064	0.0069	0.0067	0.0065
	θ_y		0.0269	0.0384	0.0464	0.0492
0.40	θ_x		0.0196	0.0240	0.0259	0.0265
	θ_y		0.0347	0.0508	0.0620	0.0660
0.50	θ_x		0.0441	0.0556	0.0633	0.0664
	θ_y		0.0404	0.0622	0.0771	0.0821
0.60	θ_x		0.0818	0.1109	0.1334	0.1418
	θ_y		0.0424	0.0721	0.0898	0.0950
0.70	θ_x		0.1122	0.1808	0.2212	0.2336
	θ_y		0.0404	0.0783	0.0954	0.1003

$k=1.4$　$\alpha=0.1$　$\beta=0.6$

ξ	η	0.10	0.20	0.30	0.40	0.50
0.10	θ_x			−0.0015	−0.0020	−0.0021
	θ_y			0.0147	0.0174	0.0183
0.20	θ_x			−0.0003	−0.0006	−0.0007
	θ_y			0.0295	0.0349	0.0368
0.30	θ_x			0.0076	0.0084	0.0086
	θ_y			0.0443	0.0525	0.0553
0.40	θ_x			0.0268	0.0308	0.0323
	θ_y			0.0588	0.0698	0.0736
0.50	θ_x			0.0628	0.0741	0.0783
	θ_y			0.0724	0.0859	0.0902
0.60	θ_x			0.1277	0.1524	0.1610
	θ_y			0.0843	0.0985	0.1028
0.70	θ_x			0.2098	0.2452	0.2565
	θ_y			0.0903	0.1036	0.1076

$k=1.4 \quad \alpha=0.1 \quad \beta=0.7$

ξ	η	0.10	0.20	0.30	0.40	0.50
0.10	θ_x			−0.0018	−0.0020	−0.0021
	θ_y			0.0163	0.0191	0.0200
0.20	θ_x			−0.0004	−0.0003	−0.0002
	θ_y			0.0326	0.0382	0.0401
0.30	θ_x			0.0080	0.0098	0.0106
	θ_y			0.0490	0.0573	0.0601
0.40	θ_x			0.0290	0.0351	0.0373
	θ_y			0.0652	0.0758	0.0792
0.50	θ_x			0.0691	0.0830	0.0880
	θ_y			0.0803	0.0924	0.0962
0.60	θ_x			0.1419	0.1673	0.1758
	θ_y			0.0928	0.1048	0.1084
0.70	θ_x			0.2308	0.2633	0.2737
	θ_y			0.0983	0.1095	0.1130

$k=1.4 \quad \alpha=0.1 \quad \beta=0.8$

ξ	η	0.10	0.20	0.30	0.40	0.50
0.10	θ_x				−0.0021	−0.0021
	θ_y				0.0203	0.0212
0.20	θ_x				−0.0000	0.0002
	θ_y				0.0406	0.0425
0.30	θ_x				0.0111	0.0122
	θ_y				0.0607	0.0634
0.40	θ_x				0.0384	0.0412
	θ_y				0.0799	0.0832
0.50	θ_x				0.0897	0.0952
	θ_y				0.0968	0.1003
0.60	θ_x				0.1779	0.1864
	θ_y				0.1090	0.1123
0.70	θ_x				0.2759	0.2858
	θ_y				0.1135	0.1166

$k=1.4 \quad \alpha=0.1 \quad \beta=0.9$

ξ	η	0.10	0.20	0.30	0.40	0.50
0.10	θ_x				−0.0021	−0.0020
	θ_y				0.0210	0.0220
0.20	θ_x				0.0002	0.0006
	θ_y				0.0420	0.0439
0.30	θ_x				0.0119	0.0132
	θ_y				0.0627	0.0653
0.40	θ_x				0.0405	0.0436
	θ_y				0.0824	0.0855
0.50	θ_x				0.0937	0.0996
	θ_y				0.0994	0.1026
0.60	θ_x				0.1843	0.1927
	θ_y				0.1114	0.1145
0.70	θ_x				0.2833	0.2929
	θ_y				0.1159	0.1187

$k=1.4 \quad \alpha=0.1 \quad \beta=1.0$

ξ	η	0.10	0.20	0.30	0.40	0.50
0.10	θ_x					−0.0025
	θ_y					0.0222
0.20	θ_x					0.0007
	θ_y					0.0443
0.30	θ_x					0.0137
	θ_y					0.0660
0.40	θ_x					0.0444
	θ_y					0.0862
0.50	θ_x					0.1010
	θ_y					0.1034
0.60	θ_x					0.1948
	θ_y					0.1152
0.70	θ_x					0.2953
	θ_y					0.1194

$k=1.4 \quad \alpha=0.2 \quad \beta=0.1$

ξ	η	0.10	0.20	0.30	0.40	0.50
0.10	θ_x	0.0002	0.0001	−0.0003	−0.0008	−0.0011
	θ_y	0.0019	0.0038	0.0056	0.0069	0.0074
0.20	θ_x	0.0009	0.0012	0.0006	−0.0004	−0.0008
	θ_y	0.0037	0.0075	0.0111	0.0139	0.0150
0.30	θ_x	0.0029	0.0046	0.0043	0.0027	0.0017
	θ_y	0.0052	0.0107	0.0164	0.0212	0.0232
0.40	θ_x	0.0065	0.0113	0.0130	0.0110	0.0088
	θ_y	0.0062	0.0130	0.0209	0.0288	0.0324
0.50	θ_x	0.0116	0.0218	0.0288	0.0292	0.0258
	θ_y	0.0064	0.0139	0.0237	0.0361	0.0440
0.60	θ_x	0.0165	0.0332	0.0498	0.0643	0.0710
	θ_y	0.0061	0.0134	0.0236	0.0403	0.0605
0.70	θ_x	0.0186	0.0384	0.0608	0.0875	0.1044
	θ_y	0.0059	0.0130	0.0228	0.0407	0.0699

$k=1.4 \quad \alpha=0.2 \quad \beta=0.2$

ξ	η	0.10	0.20	0.30	0.40	0.50
0.10	θ_x	0.0003	0.0001	−0.0007	−0.0016	−0.0020
	θ_y	0.0039	0.0077	0.0111	0.0136	0.0145
0.20	θ_x	0.0017	0.0022	0.0011	−0.0006	−0.0014
	θ_y	0.0075	0.0150	0.0221	0.0274	0.0295
0.30	θ_x	0.0055	0.0086	0.0083	0.0057	0.0040
	θ_y	0.0105	0.0215	0.0326	0.0417	0.0453
0.40	θ_x	0.0126	0.0219	0.0250	0.0219	0.0190
	θ_y	0.0125	0.0263	0.0419	0.0565	0.0629
0.50	θ_x	0.0228	0.0428	0.0559	0.0572	0.0545
	θ_y	0.0130	0.0283	0.0481	0.0713	0.0833
0.60	θ_x	0.0331	0.0664	0.0991	0.1268	0.1384
	θ_y	0.0125	0.0273	0.0489	0.0838	0.1059
0.70	θ_x	0.0375	0.0774	0.1228	0.1724	0.1974
	θ_y	0.0120	0.0262	0.0477	0.0891	0.1177

$k=1.4$　$\alpha=0.2$　$\beta=0.3$

ξ	η	0.10	0.20	0.30	0.40	0.50
0.10	θ_x	0.0003	−0.0001	−0.0011	−0.0023	−0.0028
	θ_y	0.0058	0.0114	0.0163	0.0199	0.0212
0.20	θ_x	0.0022	0.0028	0.0014	−0.0008	−0.0016
	θ_y	0.0113	0.0224	0.0326	0.0401	0.0429
0.30	θ_x	0.0075	0.0118	0.0117	0.0089	0.0073
	θ_y	0.0160	0.0324	0.0484	0.0608	0.0656
0.40	θ_x	0.0178	0.0308	0.0323	0.0328	0.0309
	θ_y	0.0192	0.0401	0.0630	0.0821	0.0900
0.50	θ_x	0.0334	0.0622	0.0797	0.0841	0.0845
	θ_y	0.0202	0.0439	0.0737	0.1037	0.1162
0.60	θ_x	0.0497	0.0995	0.1473	0.1852	0.1997
	θ_y	0.0194	0.0432	0.0772	0.1243	0.1410
0.70	θ_x	0.0570	0.1179	0.1869	0.2514	0.2777
	θ_y	0.0187	0.0419	0.0770	0.1340	0.1520

$k=1.4$　$\alpha=0.2$　$\beta=0.4$

ξ	η	0.10	0.20	0.30	0.40	0.50
0.10	θ_x		−0.0004	−0.0015	−0.0027	−0.0032
	θ_y		0.0150	0.0212	0.0256	0.0272
0.20	θ_x		0.0028	0.0016	−0.0005	−0.0013
	θ_y		0.0296	0.0424	0.0515	0.0549
0.30	θ_x		0.0138	0.0143	0.0124	0.0113
	θ_y		0.0432	0.0632	0.0780	0.0834
0.40	θ_x		0.0376	0.0437	0.0440	0.0438
	θ_y		0.0544	0.0828	0.1048	0.1130
0.50	θ_x		0.0787	0.1001	0.1104	0.1144
	θ_y		0.0611	0.0996	0.1314	0.1427
0.60	θ_x		0.1322	0.1932	0.2375	0.2535
	θ_y		0.0612	0.1113	0.1547	0.1676
0.70	θ_x		0.1604	0.2498	0.3202	0.3447
	θ_y		0.0594	0.1155	0.1652	0.1782

$k=1.4$　$\alpha=0.2$　$\beta=0.5$

ξ	η	0.10	0.20	0.30	0.40	0.50
0.10	θ_x		−0.0009	−0.0020	−0.0030	−0.0034
	θ_y		0.0183	0.0257	0.0306	0.0324
0.20	θ_x		0.0024	0.0016	−0.0000	−0.0006
	θ_y		0.0363	0.0513	0.0615	0.0651
0.30	θ_x		0.0145	0.0163	0.0161	0.0159
	θ_y		0.0536	0.0768	0.0928	0.0985
0.40	θ_x		0.0419	0.0506	0.0552	0.0568
	θ_y		0.0689	0.1013	0.1240	0.1319
0.50	θ_x		0.0912	0.1175	0.1352	0.1421
	θ_y		0.0800	0.1240	0.1537	0.1635
0.60	θ_x		0.1636	0.2348	0.2827	0.2993
	θ_y		0.0834	0.1437	0.1779	0.1882
0.70	θ_x		0.2054	0.3086	0.3770	0.3995
	θ_y		0.0826	0.1527	0.1878	0.1978

$k=1.4$　$\alpha=0.2$　$\beta=0.6$

ξ	η	0.10	0.20	0.30	0.40	0.50
0.10	θ_x			−0.0024	−0.0031	−0.0035
	θ_y			0.0295	0.0348	0.0367
0.20	θ_x			0.0014	0.0008	0.0006
	θ_y			0.0590	0.0699	0.0736
0.30	θ_x			0.0178	0.0199	0.0207
	θ_y			0.0885	0.1050	0.1106
0.40	θ_x			0.0566	0.0656	0.0690
	θ_y			0.1173	0.1394	0.1468
0.50	θ_x			0.1332	0.1573	0.1663
	θ_y			0.1444	0.1710	0.1795
0.60	θ_x			0.2706	0.3199	0.3367
	θ_y			0.1672	0.1951	0.2036
0.70	θ_x			0.3578	0.4222	0.4431
	θ_y			0.1772	0.2046	0.2127

$k=1.4$　$\alpha=0.2$　$\beta=0.7$

ξ	η	0.10	0.20	0.30	0.40	0.50
0.10	θ_x			−0.0028	−0.0031	−0.0032
	θ_y			0.0326	0.0382	0.0401
0.20	θ_x			0.0010	0.0017	0.0020
	θ_y			0.0653	0.0764	0.0802
0.30	θ_x			0.0191	0.0234	0.0251
	θ_y			0.0980	0.1144	0.1199
0.40	θ_x			0.0617	0.0746	0.0806
	θ_y			0.1301	0.1511	0.1579
0.50	θ_x			0.1467	0.1755	0.1858
	θ_y			0.1601	0.1837	0.1912
0.60	θ_x			0.2992	0.3490	0.3657
	θ_y			0.1840	0.2076	0.2149
0.70	θ_x			0.3957	0.4565	0.4763
	θ_y			0.1937	0.2166	0.2237

$k=1.4$　$\alpha=0.2$　$\beta=0.8$

ξ	η	0.10	0.20	0.30	0.40	0.50
0.10	θ_x				−0.0033	−0.0030
	θ_y				0.0406	0.0425
0.20	θ_x				0.0026	0.0032
	θ_y				0.0811	0.0849
0.30	θ_x				0.0263	0.0286
	θ_y				0.1211	0.1265
0.40	θ_x				0.0816	0.0875
	θ_y				0.1592	0.1657
0.50	θ_x				0.1891	0.2002
	θ_y				0.1925	0.1993
0.60	θ_x				0.3697	0.3863
	θ_y				0.2161	0.2226
0.70	θ_x				0.4806	0.4996
	θ_y				0.2247	0.2310

$k=1.4$　$\alpha=0.2$　$\beta=0.9$

ξ	η	0.10	0.20	0.30	0.40	0.50
0.10	θ_x				−0.0030	−0.0028
	θ_y				0.0420	0.0439
0.20	θ_x				0.0030	0.0039
	θ_y				0.0839	0.0877
0.30	θ_x				0.0279	0.0309
	θ_y				0.1251	0.1304
0.40	θ_x				0.0860	0.0925
	θ_y				0.1641	0.1702
0.50	θ_x				0.1974	0.2090
	θ_y				0.1976	0.2040
0.60	θ_x				0.3822	0.3987
	θ_y				0.2209	0.2270
0.70	θ_x				0.4949	0.5135
	θ_y				0.2295	0.2353

$k=1.4$　$\alpha=0.2$　$\beta=1.0$

ξ	η	0.10	0.20	0.30	0.40	0.50
0.10	θ_x					−0.0033
	θ_y					0.0444
0.20	θ_x					0.0042
	θ_y					0.0886
0.30	θ_x					0.0316
	θ_y					0.1317
0.40	θ_x					0.0942
	θ_y					0.1717
0.50	θ_x					0.2119
	θ_y					0.2055
0.60	θ_x					0.4028
	θ_y					0.2286
0.70	θ_x					0.5182
	θ_y					0.2368

$k=1.4$　$\alpha=0.3$　$\beta=0.1$

ξ	η	0.10	0.20	0.30	0.40	0.50
0.10	θ_x	0.0004	0.0005	−0.0001	−0.0009	−0.0013
	θ_y	0.0029	0.0057	0.0084	0.0104	0.0112
0.20	θ_x	0.0018	0.0025	0.0018	0.0002	−0.0008
	θ_y	0.0055	0.0111	0.0166	0.0210	0.0227
0.30	θ_x	0.0049	0.0079	0.0080	0.0056	0.0041
	θ_y	0.0077	0.0158	0.0244	0.0319	0.0351
0.40	θ_x	0.0102	0.0183	0.0218	0.0196	0.0170
	θ_y	0.0090	0.0191	0.0309	0.0431	0.0494
0.50	θ_x	0.0173	0.0332	0.0453	0.0496	0.0450
	θ_y	0.0094	0.0203	0.0345	0.0533	0.0675
0.60	θ_x	0.0238	0.0478	0.0717	0.0945	0.1091
	θ_y	0.0092	0.0202	0.0351	0.0589	0.0896
0.70	θ_x	0.0265	0.0540	0.0832	0.1120	0.1257
	θ_y	0.0090	0.0198	0.0350	0.0615	0.0975

$k=1.4$　$\alpha=0.3$　$\beta=0.2$

ξ	η	0.10	0.20	0.30	0.40	0.50
0.10	θ_x	0.0008	0.0008	−0.0003	−0.0016	−0.0023
	θ_y	0.0057	0.0114	0.0166	0.0205	0.0219
0.20	θ_x	0.0033	0.0047	0.0033	0.0005	−0.0010
	θ_y	0.0110	0.0223	0.0330	0.0413	0.0445
0.30	θ_x	0.0093	0.0151	0.0154	0.0115	0.0091
	θ_y	0.0154	0.0138	0.0486	0.0627	0.0685
0.40	θ_x	0.0199	0.0354	0.0420	0.0391	0.0356
	θ_y	0.0183	0.0386	0.0620	0.0848	0.0952
0.50	θ_x	0.0343	0.0655	0.0890	0.0963	0.0951
	θ_y	0.0192	0.0414	0.0700	0.1064	0.1260
0.60	θ_x	0.0477	0.0956	0.1432	0.1879	0.2090
	θ_y	0.0187	0.0409	0.0725	0.1234	0.1555
0.70	θ_x	0.0533	0.1085	0.1665	0.2202	0.2442
	θ_y	0.0184	0.0403	0.0728	0.1300	0.1675

$k=1.4$　$\alpha=0.3$　$\beta=0.3$

ξ	η	0.10	0.20	0.30	0.40	0.50
0.10	θ_x	0.0009	0.0008	−0.0005	−0.0022	−0.0030
	θ_y	0.0086	0.0170	0.0245	0.0299	0.0319
0.20	θ_x	0.0043	0.0061	0.0052	0.0011	−0.0003
	θ_y	0.0166	0.0333	0.0487	0.0603	0.0646
0.30	θ_x	0.0128	0.0208	0.0216	0.0178	0.0154
	θ_y	0.0235	0.0479	0.0722	0.0914	0.0989
0.40	θ_x	0.0285	0.0503	0.0586	0.0584	0.0563
	θ_y	0.0281	0.0589	0.0932	0.1234	0.1356
0.50	θ_x	0.0505	0.0958	0.1281	0.1407	0.1450
	θ_y	0.0297	0.0643	0.1081	0.1554	0.1741
0.60	θ_x	0.0717	0.1434	0.2141	0.2753	0.2981
	θ_y	0.0292	0.0646	0.1141	0.1836	0.2074
0.70	θ_x	0.0805	0.1637	0.2492	0.3209	0.3497
	θ_y	0.0287	0.0639	0.1161	0.1940	0.2206

$k=1.4$　$\alpha=0.3$　$\beta=0.4$

ξ	η	0.10	0.20	0.30	0.40	0.50
0.10	θ_x		0.0005	−0.0009	−0.0026	−0.0033
	θ_y		0.0223	0.0319	0.0385	0.0409
0.20	θ_x		0.0066	0.0051	0.0023	0.0010
	θ_y		0.0440	0.0635	0.0775	0.0826
0.30	θ_x		0.0247	0.0265	0.0249	0.0231
	θ_y		0.0640	0.0945	0.1171	0.1255
0.40	θ_x		0.0619	0.0745	0.0776	0.0782
	θ_y		0.0802	0.1234	0.1572	0.1696
0.50	θ_x		0.1230	0.1618	0.1839	0.1927
	θ_y		0.0894	0.1479	0.1963	0.2128
0.60	θ_x		0.1909	0.2835	0.3522	0.3757
	θ_y		0.0910	0.1645	0.2280	0.2467
0.70	θ_x		0.2198	0.3287	0.4107	0.4404
	θ_y		0.0909	0.1705	0.2403	0.2599

$k=1.4 \quad \alpha=0.3 \quad \beta=0.5$

ξ	η	0.10	0.20	0.30	0.40	0.50
0.10	θ_x		−0.0001	−0.0013	−0.0027	−0.0032
	θ_y		0.0274	0.0385	0.0460	0.0487
0.20	θ_x		0.0062	0.0054	0.0038	0.0031
	θ_y		0.0543	0.0769	0.0924	0.0979
0.30	θ_x		0.0265	0.0304	0.0312	0.0313
	θ_y		0.0798	0.1149	0.1392	0.1478
0.40	θ_x		0.0699	0.0869	0.0963	0.0998
	θ_y		0.1021	0.1514	0.1855	0.1974
0.50	θ_x		0.1464	0.1913	0.2236	0.2357
	θ_y		0.1174	0.1851	0.2290	0.2432
0.60	θ_x		0.2379	0.3470	0.4177	0.4415
	θ_y		0.1232	0.2128	0.2626	0.2776
0.70	θ_x		0.2757	0.4014	0.4869	0.5161
	θ_y		0.1252	0.2227	0.2752	0.2905

$k=1.4 \quad \alpha=0.3 \quad \beta=0.6$

ξ	η	0.10	0.20	0.30	0.40	0.50
0.10	θ_x			−0.0018	−0.0025	−0.0028
	θ_y			0.0442	0.0523	0.0551
0.20	θ_x			0.0056	0.0056	0.0056
	θ_y			0.0885	0.1048	0.1105
0.30	θ_x			0.0335	0.0380	0.0397
	θ_y			0.1326	0.1572	0.1657
0.40	θ_x			0.0937	0.1136	0.1196
	θ_y			0.1753	0.2082	0.2191
0.50	θ_x			0.2182	0.2582	0.2725
	θ_y			0.2155	0.2542	0.2666
0.60	θ_x			0.3999	0.4713	0.4953
	θ_y			0.2468	0.2879	0.3005
0.70	θ_x			0.4640	0.5489	0.5772
	θ_y			0.2586	0.3005	0.3130

$k=1.4 \quad \alpha=0.3 \quad \beta=0.7$

ξ	η	0.10	0.20	0.30	0.40	0.50
0.10	θ_x			−0.0023	−0.0023	−0.0024
	θ_y			0.0489	0.0573	0.0601
0.20	θ_x			0.0056	0.0074	0.0081
	θ_y			0.0979	0.1146	0.1202
0.30	θ_x			0.0360	0.0441	0.0472
	θ_y			0.01468	0.1712	0.1794
0.40	θ_x			0.1065	0.1283	0.1363
	θ_y			0.1945	0.2254	0.2355
0.50	θ_x			0.2409	0.2862	0.3021
	θ_y			0.2384	0.2729	0.2838
0.60	θ_x			0.4415	0.5132	0.5372
	θ_y			0.2717	0.3068	0.3177
0.70	θ_x			0.5134	0.5966	0.6241
	θ_y			0.2842	0.3192	0.3299

$k=1.4 \quad \alpha=0.3 \quad \beta=0.8$

ξ	η	0.10	0.20	0.30	0.40	0.50
0.10	θ_x				−0.0021	−0.0018
	θ_y				0.0608	0.0637
0.20	θ_x				0.0089	0.0103
	θ_y				0.1215	0.1271
0.30	θ_x				0.0489	0.0531
	θ_y				0.1811	0.1890
0.40	θ_x				0.1395	0.1490
	θ_y				0.2374	0.2468
0.50	θ_x				0.3068	0.3236
	θ_y				0.2857	0.2957
0.60	θ_x				0.5431	0.5670
	θ_y				0.3192	0.3290
0.70	θ_x				0.6305	0.6574
	θ_y				0.3314	0.3410

$k=1.4 \quad \alpha=0.3 \quad \beta=0.9$

ξ	η	0.10	0.20	0.30	0.40	0.50
0.10	θ_x				−0.0022	−0.0015
	θ_y				0.0630	0.0659
0.20	θ_x				0.0099	0.0117
	θ_y				0.1257	0.1312
0.30	θ_x				0.0520	0.0569
	θ_y				0.1870	0.1947
0.40	θ_x				0.1466	0.1568
	θ_y				0.2445	0.2535
0.50	θ_x				0.3194	0.3368
	θ_y				0.2932	0.3026
0.60	θ_x				0.5610	0.5758
	θ_y				0.3268	0.3359
0.70	θ_x				0.6507	0.6772
	θ_y				0.3389	0.3478

$k=1.4 \quad \alpha=0.3 \quad \beta=1.0$

ξ	η	0.10	0.20	0.30	0.40	0.50
0.10	θ_x					−0.0014
	θ_y					0.0666
0.20	θ_x					0.0122
	θ_y					0.1326
0.30	θ_x					0.0582
	θ_y					0.1966
0.40	θ_x					0.1595
	θ_y					0.2557
0.50	θ_x					0.3411
	θ_y					0.3049
0.60	θ_x					0.5908
	θ_y					0.3380
0.70	θ_x					0.6838
	θ_y					0.3498

$k=1.4 \quad \alpha=0.4 \quad \beta=0.1$

ξ	η	0.10	0.20	0.30	0.40	0.50
0.20	θ_x	0.0031	0.0047	0.0040	0.0019	0.0007
	θ_y	0.0071	0.0146	0.0220	0.0281	0.0306
0.30	θ_x	0.0074	0.0126	0.0136	0.0106	0.0080
	θ_y	0.0099	0.0205	0.0321	0.0427	0.0474
0.40	θ_x	0.0144	0.0264	0.0331	0.0319	0.0273
	θ_y	0.0116	0.0246	0.0401	0.0573	0.0671
0.50	θ_x	0.0230	0.0445	0.0628	0.0754	0.0798
	θ_y	0.0122	0.0265	0.0445	0.0690	0.0929
0.60	θ_x	0.0302	0.0603	0.0896	0.1163	0.1303
	θ_y	0.0122	0.0269	0.0465	0.0771	0.1144
0.70	θ_x	0.0330	0.0664	0.0996	0.1286	0.1421
	θ_y	0.0122	0.0269	0.0472	0.0805	0.1209

$k=1.4 \quad \alpha=0.4 \quad \beta=0.2$

ξ	η	0.10	0.20	0.30	0.40	0.50
0.20	θ_x	0.0057	0.0087	0.0077	0.0041	0.0021
	θ_y	0.0144	0.0292	0.0437	0.0553	0.0599
0.30	θ_x	0.0143	0.0241	0.0261	0.0212	0.0176
	θ_y	0.0200	0.0413	0.0640	0.0839	0.0924
0.40	θ_x	0.0283	0.0516	0.0643	0.0625	0.0579
	θ_y	0.0235	0.0498	0.0807	0.1130	0.1286
0.50	θ_x	0.0456	0.0882	0.1242	0.1486	0.1574
	θ_y	0.0250	0.0537	0.0908	0.1403	0.1688
0.60	θ_x	0.0604	0.1203	0.1787	0.2299	0.2526
	θ_y	0.0251	0.0545	0.0957	0.1603	0.2006
0.70	θ_x	0.0661	0.1328	0.1983	0.2535	0.2767
	θ_y	0.0250	0.0547	0.0978	0.1676	0.2117

$k=1.4 \quad \alpha=0.4 \quad \beta=0.3$

ξ	η	0.10	0.20	0.30	0.40	0.50
0.20	θ_x	0.0077	0.0115	0.0099	0.0053	0.0045
	θ_y	0.0217	0.0438	0.0648	0.0806	0.0868
0.30	θ_x	0.0200	0.0336	0.0351	0.0322	0.0292
	θ_y	0.0304	0.0625	0.0955	0.1222	0.1329
0.40	θ_x	0.0409	0.0740	0.0939	0.0991	0.0990
	θ_y	0.0362	0.0763	0.1220	0.1646	0.1825
0.50	θ_x	0.0675	0.1303	0.1816	0.2179	0.2305
	θ_y	0.0386	0.0833	0.1418	0.2065	0.2310
0.60	θ_x	0.0905	0.1801	0.2663	0.3363	0.3630
	θ_y	0.0389	0.0857	0.1502	0.2378	0.2684
0.70	θ_x	0.0994	0.1990	0.2946	0.3703	0.3993
	θ_y	0.0389	0.0864	0.1545	0.2486	0.2820

$k=1.4 \quad \alpha=0.4 \quad \beta=0.4$

ξ	η	0.10	0.20	0.30	0.40	0.50
0.20	θ_x		0.0134	0.0128	0.0097	0.0081
	θ_y		0.0581	0.0845	0.1036	0.1106
0.30	θ_x		0.0404	0.0453	0.0437	0.0425
	θ_y		0.0840	0.1253	0.1564	0.1679
0.40	θ_x		0.0925	0.1141	0.1221	0.1251
	θ_y		0.1043	0.1629	0.2094	0.2261
0.50	θ_x		0.1698	0.2372	0.2815	0.2973
	θ_y		0.1156	0.1942	0.2596	0.2807
0.60	θ_x		0.2391	0.3502	0.4313	0.4598
	θ_y		0.1205	0.2151	0.2963	0.3206
0.70	θ_x		0.2644	0.3863	0.4750	0.5071
	θ_y		0.1224	0.2226	0.3095	0.3353

$k=1.4 \quad \alpha=0.4 \quad \beta=0.5$

ξ	η	0.10	0.20	0.30	0.40	0.50
0.20	θ_x		0.0137	0.0129	0.0132	0.0126
	θ_y		0.0719	0.1024	0.1234	0.1308
0.30	θ_x		0.0442	0.0522	0.0554	0.0564
	θ_y		0.1052	0.1527	0.1855	0.1970
0.40	θ_x		0.1059	0.1400	0.1507	0.1574
	θ_y		0.1336	0.2008	0.2465	0.2620
0.50	θ_x		0.2057	0.2855	0.3378	0.3561
	θ_y		0.1523	0.2451	0.3019	0.3200
0.60	θ_x		0.2967	0.4267	0.5129	0.5422
	θ_y		0.1626	0.2769	0.3417	0.3615
0.70	θ_x		0.3273	0.4697	0.5653	0.5985
	θ_y		0.1669	0.2875	0.3558	0.3763

$k=1.4 \quad \alpha=0.4 \quad \beta=0.6$

ξ	η	0.10	0.20	0.30	0.40	0.50
0.20	θ_x			0.0137	0.0148	0.0153
	θ_y			0.1179	0.1397	0.1473
0.30	θ_x			0.0533	0.0666	0.0698
	θ_y			0.1762	0.2092	0.2204
0.40	θ_x			0.1584	0.1855	0.1956
	θ_y			0.2331	0.2761	0.2900
0.50	θ_x			0.3243	0.3861	0.4063
	θ_y			0.2843	0.3345	0.3504
0.60	θ_x			0.4916	0.5801	0.6100
	θ_y			0.3214	0.3754	0.3920
0.70	θ_x			0.5411	0.6398	0.6733
	θ_y			0.3344	0.3903	0.4072

$k=1.4$　$\alpha=0.4$　$\beta=0.7$

ξ	η	0.10	0.20	0.30	0.40	0.50
0.20	θ_x			0.0143	0.0203	0.0219
	θ_y			0.1305	0.1526	0.1600
0.30	θ_x			0.0628	0.0764	0.0815
	θ_y			0.1954	0.2275	0.2381
0.40	θ_x			0.1652	0.1983	0.2103
	θ_y			0.2581	0.2981	0.3111
0.50	θ_x			0.3608	0.4242	0.4458
	θ_y			0.3141	0.3586	0.3728
0.60	θ_x			0.5431	0.6327	0.6627
	θ_y			0.3540	0.4005	0.4149
0.70	θ_x			0.5983	0.6979	0.7313
	θ_y			0.3680	0.4152	0.4297

$k=1.4$　$\alpha=0.4$　$\beta=0.8$

ξ	η	0.10	0.20	0.30	0.40	0.50
0.20	θ_x				0.0210	0.0256
	θ_y				0.1617	0.1690
0.30	θ_x				0.0841	0.0906
	θ_y				0.2403	0.2505
0.40	θ_x				0.2239	0.2281
	θ_y				0.3134	0.3257
0.50	θ_x				0.4519	0.4744
	θ_y				0.3754	0.3883
0.60	θ_x				0.6703	0.7005
	θ_y				0.4171	0.4302
0.70	θ_x				0.7394	0.7726
	θ_y				0.4322	0.4452

$k=1.4$　$\alpha=0.4$　$\beta=0.9$

ξ	η	0.10	0.20	0.30	0.40	0.50
0.20	θ_x				0.0228	0.0259
	θ_y				0.1671	0.1743
0.30	θ_x				0.0890	0.0964
	θ_y				0.2480	0.2579
0.40	θ_x				0.2340	0.2392
	θ_y				0.3228	0.3343
0.50	θ_x				0.4687	0.4917
	θ_y				0.3850	0.3972
0.60	θ_x				0.6929	0.7231
	θ_y				0.4272	0.4394
0.70	θ_x				0.7643	0.7973
	θ_y				0.4419	0.4540

$k=1.4$　$\alpha=0.4$　$\beta=1.0$

ξ	η	0.10	0.20	0.30	0.40	0.50
0.20	θ_x					0.0289
	θ_y					0.1761
0.30	θ_x					0.0983
	θ_y					0.2603
0.40	θ_x					0.2429
	θ_y					0.3371
0.50	θ_x					0.4975
	θ_y					0.4003
0.60	θ_x					0.7307
	θ_y					0.4421
0.70	θ_x					0.8056
	θ_y					0.4572

$k=1.4$　$\alpha=0.5$　$\beta=0.1$

ξ	η	0.10	0.20	0.30	0.40	0.50
0.20	θ_x	0.0049	0.0079	0.0078	0.0052	0.0036
	θ_y	0.0086	0.0177	0.0272	0.0354	0.0388
0.30	θ_x	0.0107	0.0187	0.0217	0.0187	0.0154
	θ_y	0.0119	0.0248	0.0393	0.0535	0.0605
0.40	θ_x	0.0191	0.0357	0.0473	0.0503	0.0453
	θ_y	0.0139	0.0295	0.0484	0.0708	0.0865
0.50	θ_x	0.0283	0.0553	0.0796	0.1006	0.1142
	θ_y	0.0149	0.0322	0.0539	0.0839	0.1170
0.60	θ_x	0.0354	0.0702	0.1031	0.1306	0.1425
	θ_y	0.0153	0.0335	0.0576	0.0941	0.1353
0.70	θ_x	0.0381	0.0756	0.1110	0.1391	0.1503
	θ_y	0.0154	0.0339	0.0590	0.0978	0.1405

$k=1.4$　$\alpha=0.5$　$\beta=0.2$

ξ	η	0.10	0.20	0.30	0.40	0.50
0.20	θ_x	0.0093	0.0151	0.0149	0.0107	0.0081
	θ_y	0.0174	0.0356	0.0541	0.0695	0.0758
0.30	θ_x	0.0207	0.0361	0.0418	0.0372	0.0327
	θ_y	0.0240	0.0500	0.0786	0.1053	0.1172
0.40	θ_x	0.0375	0.0702	0.0928	0.0981	0.0959
	θ_y	0.0283	0.0600	0.0975	0.1409	0.1633
0.50	θ_x	0.0563	0.1099	0.1583	0.1997	0.2196
	θ_y	0.0304	0.0651	0.1101	0.1725	0.2096
0.60	θ_x	0.0707	0.1400	0.2050	0.2570	0.2787
	θ_y	0.0313	0.0680	0.1184	0.1940	0.2402
0.70	θ_x	0.0760	0.1507	0.2203	0.2745	0.2946
	θ_y	0.0316	0.0690	0.1217	0.2016	0.2505

$k=1.4$　$\alpha=0.5$　$\beta=0.3$

ξ	η	0.10	0.20	0.30	0.40	0.50
0.20	θ_x	0.0128	0.0207	0.0191	0.0166	0.0140
	θ_y	0.0264	0.0536	0.0805	0.1014	0.1095
0.30	θ_x	0.0294	0.0510	0.0591	0.0558	0.0528
	θ_y	0.0366	0.0759	0.1175	0.1533	0.1675
0.40	θ_x	0.0548	0.1021	0.1370	0.1551	0.1469
	θ_y	0.0434	0.0918	0.1490	0.2053	0.2282
0.50	θ_x	0.0836	0.1632	0.2354	0.2933	0.3154
	θ_y	0.0470	0.1012	0.1698	0.2549	0.2847
0.60	θ_x	0.1056	0.2087	0.3038	0.3758	0.4037
	θ_y	0.0486	0.1065	0.1849	0.2869	0.3234
0.70	θ_x	0.1137	0.2247	0.3258	0.4015	0.4283
	θ_y	0.0492	0.1085	0.1905	0.2978	0.3364

$k=1.4$　$\alpha=0.5$　$\beta=0.4$

ξ	η	0.10	0.20	0.30	0.40	0.50
0.20	θ_x		0.0242	0.0257	0.0230	0.0214
	θ_y		0.0715	0.1051	0.1299	0.1390
0.30	θ_x		0.0625	0.0734	0.0746	0.0744
	θ_y		0.1025	0.1553	0.1957	0.2106
0.40	θ_x		0.1303	0.1683	0.1884	0.1962
	θ_y		0.1257	0.2008	0.2610	0.2818
0.50	θ_x		0.2146	0.3096	0.3768	0.3994
	θ_y		0.1402	0.2379	0.3195	0.3450
0.60	θ_x		0.2757	0.3970	0.4832	0.5141
	θ_y		0.1494	0.2624	0.3586	0.3881
0.70	θ_x		0.2963	0.4253	0.5164	0.5491
	θ_y		0.1529	0.2709	0.3720	0.4031

$k=1.4$　$\alpha=0.5$　$\beta=0.5$

ξ	η	0.10	0.20	0.30	0.40	0.50
0.20	θ_x		0.0257	0.0294	0.0297	0.0296
	θ_y		0.0890	0.1277	0.1545	0.1639
0.30	θ_x		0.0698	0.0852	0.0932	0.0962
	θ_y		0.1294	0.1899	0.2316	0.2461
0.40	θ_x		0.1532	0.1986	0.2341	0.2415
	θ_y		0.1626	0.2492	0.3060	0.3249
0.50	θ_x		0.2638	0.3769	0.4491	0.4734
	θ_y		0.1848	0.3018	0.3708	0.3927
0.60	θ_x		0.3393	0.4814	0.5765	0.6094
	θ_y		0.2003	0.3355	0.4142	0.4385
0.70	θ_x		0.3639	0.5152	0.6164	0.6518
	θ_y		0.2062	0.3469	0.4293	0.4546

$k=1.4$　$\alpha=0.5$　$\beta=0.6$

ξ	η	0.10	0.20	0.30	0.40	0.50
0.20	θ_x			0.0271	0.0364	0.0379
	θ_y			0.1471	0.1746	0.1840
0.30	θ_x			0.0953	0.1106	0.1164
	θ_y			0.2197	0.2605	0.2743
0.40	θ_x			0.2394	0.2811	0.2851
	θ_y			0.2895	0.3420	0.3587
0.50	θ_x			0.4331	0.5093	0.5351
	θ_y			0.3500	0.4104	0.4296
0.60	θ_x			0.5539	0.6541	0.6881
	θ_y			0.3900	0.4564	0.4770
0.70	θ_x			0.5924	0.6998	0.7366
	θ_y			0.4036	0.4725	0.4937

$k=1.4$　$\alpha=0.5$　$\beta=0.7$

ξ	η	0.10	0.20	0.30	0.40	0.50
0.20	θ_x			0.0346	0.0424	0.0455
	θ_y			0.1631	0.1903	0.1994
0.30	θ_x			0.1039	0.1256	0.1336
	θ_y			0.2434	0.2827	0.2956
0.40	θ_x			0.2532	0.2963	0.3172
	θ_y			0.3200	0.3684	0.3839
0.50	θ_x			0.4774	0.5570	0.5839
	θ_y			0.3857	0.4396	0.4568
0.60	θ_x			0.6119	0.7150	0.7498
	θ_y			0.4295	0.4871	0.5051
0.70	θ_x			0.6544	0.7654	0.8030
	θ_y			0.4447	0.5037	0.5220

$k=1.4$　$\alpha=0.5$　$\beta=0.8$

ξ	η	0.10	0.20	0.30	0.40	0.50
0.20	θ_x				0.0473	0.0514
	θ_y				0.2014	0.2103
0.30	θ_x				0.1371	0.1468
	θ_y				0.2982	0.3105
0.40	θ_x				0.3227	0.3366
	θ_y				0.3869	0.4015
0.50	θ_x				0.5914	0.6192
	θ_y				0.4600	0.4758
0.60	θ_x				0.7588	0.7940
	θ_y				0.5084	0.5247
0.70	θ_x				0.8126	0.8505
	θ_y				0.5253	0.5418

$k=1.4$　　$\alpha=0.5$　　$\beta=0.9$

ξ	η	0.10	0.20	0.30	0.40	0.50
0.20	θ_x				0.0504	0.0553
	θ_y				0.2081	0.2167
0.30	θ_x				0.1443	0.1550
	θ_y				0.3075	0.3193
0.40	θ_x				0.3363	0.3553
	θ_y				0.3979	0.4119
0.50	θ_x				0.6075	0.6358
	θ_y				0.4717	0.4869
0.60	θ_x				0.7902	0.8257
	θ_y				0.5204	0.5361
0.70	θ_x				0.8359	0.8740
	θ_y				0.5374	0.5532

$k=1.4$　　$\alpha=0.5$　　$\beta=1.0$

ξ	η	0.10	0.20	0.30	0.40	0.50
0.20	θ_x					0.0566
	θ_y					0.2188
0.30	θ_x					0.1578
	θ_y					0.3222
0.40	θ_x					0.3602
	θ_y					0.4151
0.50	θ_x					0.6477
	θ_y					0.4905
0.60	θ_x					0.8295
	θ_y					0.5397
0.70	θ_x					0.8886
	θ_y					0.5569

$k=1.4$　　$\alpha=0.6$　　$\beta=0.1$

ξ	η	0.10	0.20	0.30	0.40	0.50
0.30	θ_x	0.0146	0.0265	0.0328	0.0310	0.0267
	θ_y	0.0135	0.0284	0.0457	0.0642	0.0745
0.40	θ_x	0.0239	0.0458	0.0634	0.0749	0.0790
	θ_y	0.0160	0.0340	0.0557	0.0830	0.1079
0.50	θ_x	0.0331	0.0648	0.0940	0.1192	0.1325
	θ_y	0.0175	0.0376	0.0629	0.0983	0.1376
0.60	θ_x	0.0395	0.0777	0.1126	0.1397	0.1508
	θ_y	0.0183	0.0399	0.0681	0.1093	0.1534
0.70	θ_x	0.0418	0.0821	0.1184	0.1454	0.1563
	θ_y	0.0190	0.0407	0.0701	0.1132	0.1583

$k=1.4$　　$\alpha=0.6$　　$\beta=0.2$

ξ	η	0.10	0.20	0.30	0.40	0.50
0.30	θ_x	0.0286	0.0516	0.0639	0.0607	0.0553
	θ_y	0.0274	0.0575	0.0917	0.1266	0.1432
0.40	θ_x	0.0473	0.0905	0.1253	0.1480	0.1559
	θ_y	0.0324	0.0687	0.1129	0.1677	0.1982
0.50	θ_x	0.0658	0.1290	0.1870	0.2359	0.2572
	θ_y	0.0356	0.0761	0.1284	0.2021	0.2459
0.60	θ_x	0.0787	0.1546	0.2233	0.2754	0.2957
	θ_y	0.0374	0.0810	0.1397	0.2241	0.2746
0.70	θ_x	0.0832	0.1632	0.2346	0.2865	0.3059
	θ_y	0.0381	0.0828	0.1439	0.2316	0.2839

$k=1.4$　　$\alpha=0.6$　　$\beta=0.3$

ξ	η	0.10	0.20	0.30	0.40	0.50
0.30	θ_x	0.0412	0.0739	0.0903	0.0897	0.0879
	θ_y	0.0420	0.0876	0.1384	0.1844	0.2030
0.40	θ_x	0.0697	0.1331	0.1844	0.2173	0.2289
	θ_y	0.0499	0.1057	0.1742	0.2465	0.2738
0.50	θ_x	0.0979	0.1919	0.2780	0.3458	0.3708
	θ_y	0.0549	0.1181	0.1985	0.2987	0.3342
0.60	θ_x	0.1172	0.2298	0.3300	0.4031	0.4302
	θ_y	0.0581	0.1265	0.2171	0.3309	0.3720
0.70	θ_x	0.1239	0.2423	0.3459	0.4193	0.4463
	θ_y	0.0591	0.1296	0.2238	0.3416	0.3847

$k=1.4$　　$\alpha=0.6$　　$\beta=0.4$

ξ	η	0.10	0.20	0.30	0.40	0.50
0.30	θ_x		0.0925	0.1123	0.1189	0.1213
	θ_y		0.1191	0.1841	0.2350	0.2533
0.40	θ_x		0.1726	0.2385	0.2812	0.2960
	θ_y		0.1452	0.2365	0.3111	0.3355
0.50	θ_x		0.2528	0.3649	0.4444	0.4718
	θ_y		0.1637	0.2785	0.3744	0.4042
0.60	θ_x		0.3020	0.4300	0.5191	0.5508
	θ_y		0.1768	0.3054	0.4142	0.4482
0.70	θ_x		0.3178	0.4497	0.5404	0.5730
	θ_y		0.1816	0.3147	0.4277	0.4632

$k=1.4$　　$\alpha=0.6$　　$\beta=0.5$

ξ	η	0.10	0.20	0.30	0.40	0.50
0.30	θ_x		0.1050	0.1308	0.1472	0.1535
	θ_y		0.1519	0.2264	0.2771	0.2943
0.40	θ_x		0.2081	0.2870	0.3380	0.3557
	θ_y		0.1886	0.2965	0.3635	0.3853
0.50	θ_x		0.3111	0.4437	0.5298	0.5589
	θ_y		0.2162	0.3535	0.4343	0.4598
0.60	θ_x		0.3693	0.5203	0.6205	0.6554
	θ_y		0.2357	0.3889	0.4799	0.5084
0.70	θ_x		0.3879	0.5432	0.6468	0.6832
	θ_y		0.2426	0.4008	0.4954	0.5250

$k=1.4$　　$\alpha=0.6$　　$\beta=0.6$

ξ	η	0.10	0.20	0.30	0.40	0.50
0.30	θ_x			0.1474	0.1730	0.1824
	θ_y			0.2624	0.3108	0.3268
0.40	θ_x			0.3294	0.3865	0.4065
	θ_y			0.3435	0.4043	0.4239
0.50	θ_x			0.5102	0.6008	0.6314
	θ_y			0.4100	0.4805	0.5029
0.60	θ_x			0.5977	0.7055	0.7424
	θ_y			0.4516	0.5294	0.5538
0.70	θ_x			0.6236	0.7362	0.7750
	θ_y			0.4658	0.5463	0.5715

$k=1.4 \quad \alpha=0.6 \quad \beta=0.7$

ξ	η	0.10	0.20	0.30	0.40	0.50
0.30	θ_x			0.1618	0.1946	0.2065
	θ_y			0.2906	0.3363	0.3512
0.40	θ_x			0.3620	0.4254	0.4472
	θ_y			0.3794	0.4351	0.4531
0.50	θ_x			0.5628	0.6568	0.6886
	θ_y			0.4518	0.5146	0.5346
0.60	θ_x			0.6600	0.7726	0.8108
	θ_y			0.4983	0.5664	0.5878
0.70	θ_x			0.6886	0.8070	0.8474
	θ_y			0.5140	0.5842	0.6061

$k=1.4 \quad \alpha=0.6 \quad \beta=0.8$

ξ	η	0.10	0.20	0.30	0.40	0.50
0.30	θ_x				0.2110	0.2246
	θ_y				0.3542	0.3682
0.40	θ_x				0.4538	0.4769
	θ_y				0.4563	0.4731
0.50	θ_x				0.6972	0.7298
	θ_y				0.5385	0.5569
0.60	θ_x				0.8211	0.8601
	θ_y				0.5912	0.6107
0.70	θ_x				0.8582	0.8995
	θ_y				0.6096	0.6294

$k=1.4 \quad \alpha=0.6 \quad \beta=0.9$

ξ	η	0.10	0.20	0.30	0.40	0.50
0.30	θ_x				0.2211	0.2358
	θ_y				0.3647	0.3783
0.40	θ_x				0.4711	0.4951
	θ_y				0.4690	0.4850
0.50	θ_x				0.7216	0.7547
	θ_y				0.5521	0.5695
0.60	θ_x				0.8503	0.8898
	θ_y				0.6062	0.6245
0.70	θ_x				0.8891	0.9309
	θ_y				0.6248	0.6434

$k=1.4 \quad \alpha=0.6 \quad \beta=1.0$

ξ	η	0.10	0.20	0.30	0.40	0.50
0.30	θ_x					0.2395
	θ_y					0.3816
0.40	θ_x					0.5011
	θ_y					0.4888
0.50	θ_x					0.7631
	θ_y					0.5741
0.60	θ_x					0.8997
	θ_y					0.6287
0.70	θ_x					0.9414
	θ_y					0.6476

$k=1.4 \quad \alpha=0.7 \quad \beta=0.1$

ξ	η	0.10	0.20	0.30	0.40	0.50
0.30	θ_x	0.0191	0.0357	0.0470	0.0498	0.0445
	θ_y	0.0149	0.0315	0.0512	0.0743	0.0902
0.40	θ_x	0.0288	0.0558	0.0795	0.0996	0.1127
	θ_y	0.0178	0.0379	0.0623	0.0943	0.1283
0.50	θ_x	0.0371	0.0727	0.1051	0.1313	0.1428
	θ_y	0.0198	0.0427	0.0714	0.1116	0.1542
0.60	θ_x	0.0425	0.0831	0.1189	0.1452	0.1551
	θ_y	0.0212	0.0459	0.0778	0.1228	0.1686
0.70	θ_x	0.0443	0.0864	0.1230	0.1492	0.1587
	θ_y	0.0217	0.0471	0.0802	0.1266	0.1727

$k=1.4 \quad \alpha=0.7 \quad \beta=0.2$

ξ	η	0.10	0.20	0.30	0.40	0.50
0.30	θ_x	0.0376	0.0702	0.0920	0.0968	0.0936
	θ_y	0.0302	0.0637	0.1033	0.1477	0.1705
0.40	θ_x	0.0571	0.1106	0.1581	0.1985	0.2171
	θ_y	0.0361	0.0765	0.1267	0.1929	0.2314
0.50	θ_x	0.0739	0.1447	0.2088	0.2588	0.2794
	θ_y	0.0404	0.0864	0.1458	0.2285	0.2777
0.60	θ_x	0.0846	0.1650	0.2354	0.2862	0.3051
	θ_y	0.0432	0.0932	0.1585	0.2505	0.3042
0.70	θ_x	0.0881	0.1715	0.2434	0.2938	0.3128
	θ_y	0.0443	0.0957	0.1640	0.2581	0.3132

$k=1.4 \quad \alpha=0.7 \quad \beta=0.3$

ξ	η	0.10	0.20	0.30	0.40	0.50
0.30	θ_x	0.0549	0.1019	0.1325	0.1414	0.1440
	θ_y	0.0463	0.0976	0.1569	0.2156	0.2388
0.40	θ_x	0.0845	0.1640	0.2317	0.2919	0.3121
	θ_y	0.0556	0.1182	0.1974	0.2849	0.3168
0.50	θ_x	0.1099	0.2150	0.3091	0.3788	0.4053
	θ_y	0.0624	0.1341	0.2255	0.3373	0.3773
0.60	θ_x	0.1256	0.2445	0.3471	0.4191	0.4454
	θ_y	0.0670	0.1452	0.2464	0.3693	0.4142
0.70	θ_x	0.1307	0.2538	0.3585	0.4308	0.4569
	θ_y	0.0686	0.1491	0.2537	0.3798	0.4261

$k=1.4 \quad \alpha=0.7 \quad \beta=0.4$

ξ	η	0.10	0.20	0.30	0.40	0.50
0.30	θ_x		0.1296	0.1669	0.1861	0.1936
	θ_y		0.1334	0.2114	0.2738	0.2953
0.40	θ_x		0.2151	0.3088	0.3752	0.3971
	θ_y		0.1625	0.2698	0.3580	0.3859
0.50	θ_x		0.2827	0.4035	0.4877	0.5176
	θ_y		0.1859	0.3153	0.4233	0.4571
0.60	θ_x		0.3200	0.4512	0.5406	0.5723
	θ_y		0.2021	0.3440	0.4633	0.5011
0.70	θ_x		0.3315	0.4659	0.5555	0.5876
	θ_y		0.2079	0.3539	0.4769	0.5162

$k=1.4 \quad \alpha=0.7 \quad \beta=0.5$

ξ	η	0.10	0.20	0.30	0.40	0.50
0.30	θ_x		0.1517	0.1967	0.2273	0.2387
	θ_y		0.1718	0.2620	0.3214	0.3411
0.40	θ_x		0.2636	0.3764	0.4474	0.4711
	θ_y		0.2123	0.3404	0.4169	0.4414
0.50	θ_x		0.3462	0.4887	0.5828	0.6152
	θ_y		0.2456	0.3996	0.4914	0.5202
0.60	θ_x		0.3898	0.5447	0.6474	0.6832
	θ_y		0.2678	0.4363	0.5379	0.5700
0.70	θ_x		0.4026	0.5612	0.6664	0.7030
	θ_y		0.2756	0.4486	0.5534	0.5867

$k=1.4 \quad \alpha=0.7 \quad \beta=0.6$

ξ	η	0.10	0.20	0.30	0.40	0.50
0.30	θ_x			0.2237	0.2637	0.2780
	θ_y			0.3040	0.3590	0.3770
0.40	θ_x			0.4190	0.5078	0.5324
	θ_y			0.3937	0.4627	0.4847
0.50	θ_x			0.5616	0.6623	0.6965
	θ_y			0.4638	0.5438	0.5692
0.60	θ_x			0.6251	0.7373	0.7760
	θ_y			0.5065	0.5946	0.6224
0.70	θ_x			0.6441	0.7596	0.7994
	θ_y			0.5211	0.6121	0.6408

$k=1.4 \quad \alpha=0.7 \quad \beta=0.7$

ξ	η	0.10	0.20	0.30	0.40	0.50
0.30	θ_x			0.2464	0.2935	0.3101
	θ_y			0.3363	0.3875	0.4040
0.40	θ_x			0.4761	0.5548	0.5818
	θ_y			0.4347	0.4969	0.5169
0.50	θ_x			0.6199	0.7251	0.7607
	θ_y			0.5112	0.5826	0.6053
0.60	θ_x			0.6899	0.8088	0.8493
	θ_y			0.5591	0.6370	0.6616
0.70	θ_x			0.7107	0.8337	0.8765
	θ_y			0.5751	0.6553	0.6808

$k=1.4 \quad \alpha=0.7 \quad \beta=0.8$

ξ	η	0.10	0.20	0.30	0.40	0.50
0.30	θ_x				0.3157	0.3338
	θ_y				0.4072	0.4228
0.40	θ_x				0.5895	0.6176
	θ_y				0.5209	0.5395
0.50	θ_x				0.7704	0.8070
	θ_y				0.6096	0.6305
0.60	θ_x				0.8605	0.9023
	θ_y				0.6656	0.6881
0.70	θ_x				0.8882	0.9317
	θ_y				0.6849	0.7079

$k=1.4 \quad \alpha=0.7 \quad \beta=0.9$

ξ	η	0.10	0.20	0.30	0.40	0.50
0.30	θ_x				0.3292	0.3484
	θ_y				0.4189	0.4338
0.40	θ_x				0.6105	0.6393
	θ_y				0.5347	0.5524
0.50	θ_x				0.7978	0.8350
	θ_y				0.6251	0.6449
0.60	θ_x				0.8918	0.9344
	θ_y				0.6828	0.7040
0.70	θ_x				0.9208	0.9651
	θ_y				0.7024	0.7241

$k=1.4 \quad \alpha=0.7 \quad \beta=1.0$

ξ	η	0.10	0.20	0.30	0.40	0.50
0.30	θ_x					0.3533
	θ_y					0.4374
0.40	θ_x					0.6466
	θ_y					0.5571
0.50	θ_x					0.8443
	θ_y					0.6501
0.60	θ_x					0.9455
	θ_y					0.7091
0.70	θ_x					0.9763
	θ_y					0.7291

$k=1.4 \quad \alpha=0.8 \quad \beta=0.1$

ξ	η	0.10	0.20	0.30	0.40	0.50
0.40	θ_x	0.0333	0.0649	0.0937	0.1184	0.1310
	θ_y	0.0194	0.0414	0.0685	0.1051	0.1449
0.50	θ_x	0.0404	0.0789	0.1132	0.1392	0.1500
	θ_y	0.0221	0.0474	0.0793	0.1232	0.1684
0.60	θ_x	0.0446	0.0867	0.1228	0.1482	0.1576
	θ_y	0.0238	0.0515	0.0865	0.1344	0.1815
0.70	θ_x	0.0460	0.0891	0.1256	0.1509	0.1596
	θ_y	0.0245	0.0529	0.0891	0.1380	0.1857

$k=1.4 \quad \alpha=0.8 \quad \beta=0.2$

ξ	η	0.10	0.20	0.30	0.40	0.50
0.40	θ_x	0.0661	0.1291	0.1864	0.2345	0.2547
	θ_y	0.0394	0.0837	0.1395	0.2157	0.2605
0.50	θ_x	0.0804	0.1569	0.2244	0.2744	0.2943
	θ_y	0.0449	0.0960	0.1618	0.2516	0.3041
0.60	θ_x	0.0886	0.1719	0.2430	0.2922	0.3105
	θ_y	0.0486	0.1044	0.1758	0.2734	0.3293
0.65	θ_x	0.0913	0.1765	0.2483	0.2973	0.3148
	θ_y	0.0499	0.1073	0.1816	0.2807	0.3375

$k=1.4\quad \alpha=0.8\quad \beta=0.3$

ξ	η	0.10	0.20	0.30	0.40	0.50
0.40	θ_x	0.0982	0.1918	0.2770	0.3439	0.3675
	θ_y	0.0607	0.1295	0.2148	0.3186	0.3552
0.50	θ_x	0.1194	0.2326	0.3313	0.4018	0.4278
	θ_y	0.0693	0.1489	0.2497	0.3708	0.4148
0.60	θ_x	0.1313	0.2541	0.3583	0.4286	0.4541
	θ_y	0.0751	0.1620	0.2756	0.4024	0.4502
0.70	θ_x	0.1350	0.2606	0.3632	0.4359	0.4611
	θ_y	0.0772	0.1666	0.2835	0.4129	0.4619

$k=1.4\quad \alpha=0.8\quad \beta=0.4$

ξ	η	0.10	0.20	0.30	0.40	0.50
0.40	θ_x		0.2524	0.3636	0.4421	0.4691
	θ_y		0.1786	0.2997	0.4001	0.4313
0.50	θ_x		0.3048	0.4313	0.5180	0.5488
	θ_y		0.2064	0.3479	0.4659	0.5032
0.60	θ_x		0.3316	0.4641	0.5534	0.5843
	θ_y		0.2248	0.3781	0.5057	0.5468
0.70	θ_x		0.3396	0.4744	0.5631	0.5946
	θ_y		0.2312	0.3883	0.5191	0.5613

$k=1.4\quad \alpha=0.8\quad \beta=0.5$

ξ	η	0.10	0.20	0.30	0.40	0.50
0.40	θ_x		0.3102	0.4421	0.5272	0.5560
	θ_y		0.2345	0.3792	0.4650	0.4921
0.50	θ_x		0.3717	0.5212	0.6200	0.6542
	θ_y		0.2720	0.4401	0.5413	0.5733
0.60	θ_x		0.4024	0.5595	0.6631	0.6992
	θ_y		0.2963	0.4774	0.5880	0.6233
0.70	θ_x		0.4114	0.5709	0.6757	0.7122
	θ_y		0.3046	0.4901	0.6038	0.6401

$k=1.4\quad \alpha=0.8\quad \beta=0.6$

ξ	η	0.10	0.20	0.30	0.40	0.50
0.40	θ_x			0.5082	0.5982	0.6285
	θ_y			0.4395	0.5154	0.5396
0.50	θ_x			0.5984	0.7057	0.7424
	θ_y			0.5108	0.5995	0.6277
0.60	θ_x			0.6434	0.7562	0.7958
	θ_y			0.5542	0.6515	0.6823
0.70	θ_x			0.6485	0.7723	0.8126
	θ_y			0.5685	0.6690	0.7008

$k=1.4\quad \alpha=0.8\quad \beta=0.7$

ξ	η	0.10	0.20	0.30	0.40	0.50
0.40	θ_x			0.5605	0.6541	0.6858
	θ_y			0.4843	0.5528	0.5747
0.50	θ_x			0.6611	0.7744	0.8129
	θ_y			0.5632	0.6431	0.6674
0.60	θ_x			0.7077	0.8305	0.8725
	θ_y			0.6118	0.6984	0.7258
0.70	θ_x			0.7217	0.8484	0.8915
	θ_y			0.6282	0.7172	0.7455

$k=1.4\quad \alpha=0.8\quad \beta=0.8$

ξ	η	0.10	0.20	0.30	0.40	0.50
0.40	θ_x				0.6946	0.7273
	θ_y				0.5790	0.5994
0.50	θ_x				0.8228	0.8625
	θ_y				0.6726	0.6958
0.60	θ_x				0.8844	0.9281
	θ_y				0.7310	0.7562
0.70	θ_x				0.9038	0.9488
	θ_y				0.7508	0.7767

$k=1.4\quad \alpha=0.8\quad \beta=0.9$

ξ	η	0.10	0.20	0.30	0.40	0.50
0.40	θ_x				0.7191	0.7523
	θ_y				0.5941	0.6134
0.50	θ_x				0.8533	0.8938
	θ_y				0.6898	0.7122
0.60	θ_x				0.9171	0.9618
	θ_y				0.7496	0.7735
0.70	θ_x				0.9375	0.9835
	θ_y				0.7700	0.7944

$k=1.4\quad \alpha=0.8\quad \beta=1.0$

ξ	η	0.10	0.20	0.30	0.40	0.50
0.40	θ_x					0.7607
	θ_y					0.6185
0.50	θ_x					0.9032
	θ_y					0.7175
0.60	θ_x					0.9731
	θ_y					0.7796
0.70	θ_x					0.9951
	θ_y					0.8007

$k=1.4 \quad \alpha=0.9 \quad \beta=0.1$

ξ	η	0.10	0.20	0.30	0.40	0.50
0.40	θ_x	0.0372	0.0727	0.1049	0.1307	0.1417
	θ_y	0.0208	0.0446	0.0742	0.1150	0.1580
0.50	θ_x	0.0430	0.0835	0.1188	0.1443	0.1539
	θ_y	0.0240	0.0517	0.0862	0.1331	0.1796
0.60	θ_x	0.0460	0.0889	0.1250	0.1498	0.1588
	θ_y	0.0262	0.0563	0.0940	0.1441	0.1922
0.70	θ_x	0.0470	0.0905	0.1268	0.1512	0.1598
	θ_y	0.0269	0.0580	0.0967	0.1478	0.1961

$k=1.4 \quad \alpha=0.9 \quad \beta=0.2$

ξ	η	0.10	0.20	0.30	0.40	0.50
0.40	θ_x	0.0740	0.1446	0.2083	0.2578	0.2777
	θ_y	0.0424	0.0903	0.1514	0.2352	0.2847
0.50	θ_x	0.0853	0.1658	0.2351	0.2848	0.3031
	θ_y	0.0490	0.1046	0.1751	0.2711	0.3260
0.60	θ_x	0.0913	0.1762	0.2472	0.2956	0.3130
	θ_y	0.0534	0.1141	0.1914	0.2925	0.3501
0.70	θ_x	0.0931	0.1793	0.2506	0.2984	0.3153
	θ_y	0.0549	0.1175	0.1961	0.2996	0.3583

$k=1.4 \quad \alpha=0.9 \quad \beta=0.3$

ξ	η	0.10	0.20	0.30	0.40	0.50
0.40	θ_x	0.1099	0.2148	0.3083	0.3773	0.4032
	θ_y	0.0653	0.1398	0.2337	0.3473	0.3881
0.50	θ_x	0.1265	0.2453	0.3466	0.4174	0.4429
	θ_y	0.0755	0.1621	0.2709	0.3991	0.4460
0.60	θ_x	0.1350	0.2600	0.3635	0.4336	0.4583
	θ_y	0.0824	0.1767	0.2977	0.4304	0.4805
0.70	θ_x	0.1375	0.2643	0.3685	0.4378	0.4622
	θ_y	0.0848	0.1818	0.3022	0.4407	0.4918

$k=1.4 \quad \alpha=0.9 \quad \beta=0.4$

ξ	η	0.10	0.20	0.30	0.40	0.50
0.40	θ_x		0.2823	0.4022	0.4860	0.5155
	θ_y		0.1934	0.3259	0.4360	0.4705
0.50	θ_x		0.3205	0.4505	0.5385	0.5695
	θ_y		0.2244	0.3760	0.5019	0.5422
0.60	θ_x		0.3385	0.4718	0.5602	0.5912
	θ_y		0.2444	0.4069	0.5414	0.5849
0.70	θ_x		0.3437	0.4776	0.5659	0.5968
	θ_y		0.2513	0.4173	0.5546	0.5992

$k=1.4 \quad \alpha=0.9 \quad \beta=0.5$

ξ	η	0.10	0.20	0.30	0.40	0.50
0.40	θ_x		0.3456	0.4873	0.5808	0.6130
	θ_y		0.2547	0.4126	0.5068	0.5366
0.50	θ_x		0.3897	0.5439	0.6452	0.6805
	θ_y		0.2951	0.4746	0.5838	0.6185
0.60	θ_x		0.4096	0.5686	0.6723	0.7084
	θ_y		0.3207	0.5128	0.6307	0.6686
0.70	θ_x		0.4157	0.5753	0.6795	0.7157
	θ_y		0.3294	0.5255	0.6463	0.6852

$k=1.4 \quad \alpha=0.9 \quad \beta=0.6$

ξ	η	0.10	0.20	0.30	0.40	0.50
0.40	θ_x			0.5599	0.6602	0.6942
	θ_y			0.4783	0.5610	0.5873
0.50	θ_x			0.6238	0.7353	0.7736
	θ_y			0.5509	0.6471	0.6777
0.60	θ_x			0.6505	0.7674	0.8074
	θ_y			0.5946	0.6993	0.7327
0.70	θ_x			0.6590	0.7760	0.8165
	θ_y			0.6095	0.7169	0.7513

$k=1.4 \quad \alpha=0.9 \quad \beta=0.7$

ξ	η	0.10	0.20	0.30	0.40	0.50
0.40	θ_x			0.6180	0.7229	0.7580
	θ_y			0.5276	0.6019	0.6253
0.50	θ_x			0.6882	0.8070	0.8475
	θ_y			0.6078	0.6940	0.7215
0.60	θ_x			0.7184	0.8434	0.8863
	θ_y			0.6569	0.7509	0.7809
0.70	θ_x			0.7265	0.8533	0.8968
	θ_y			0.6733	0.7700	0.8009

$k=1.4 \quad \alpha=0.9 \quad \beta=0.8$

ξ	η	0.10	0.20	0.30	0.40	0.50
0.40	θ_x				0.7678	0.8044
	θ_y				0.6299	0.6518
0.50	θ_x				0.8590	0.9011
	θ_y				0.7267	0.7521
0.60	θ_x				0.8987	0.9436
	θ_y				0.7861	0.8137
0.70	θ_x				0.9096	0.9553
	θ_y				0.8062	0.8346

$k=1.4$　　$\alpha=0.9$　　$\beta=0.9$

ξ	η	0.10	0.20	0.30	0.40	0.50
0.40	θ_x				0.7952	0.8324
	θ_y				0.6461	0.6669
0.50	θ_x				0.8905	0.9335
	θ_y				0.7455	0.7695
0.60	θ_x				0.9324	0.9784
	θ_y				0.8071	0.8333
0.70	θ_x				0.9438	0.9908
	θ_y				0.8278	0.8548

$k=1.4$　　$\alpha=0.9$　　$\beta=1.0$

ξ	η	0.10	0.20	0.30	0.40	0.50
0.40	θ_x					0.8418
	θ_y					0.6723
0.50	θ_x					0.9443
	θ_y					0.7757
0.60	θ_x					0.9900
	θ_y					0.8395
0.70	θ_x					1.0027
	θ_y					0.8611

$k=1.4$　　$\alpha=1.0$　　$\beta=0.1$

ξ	η	0.10	0.20	0.30	0.40	0.50
0.50	θ_x	0.0448	0.0868	0.1225	0.1474	0.1565
	θ_y	0.0258	0.0553	0.0921	0.1413	0.1889
0.60	θ_x	0.0469	0.0903	0.1262	0.1503	0.1588
	θ_y	0.0282	0.0604	0.1002	0.1520	0.2008
0.70	θ_x	0.0475	0.0912	0.1271	0.1510	0.1596
	θ_y	0.0288	0.0622	0.1030	0.1556	0.2045

$k=1.4$　　$\alpha=1.0$　　$\beta=0.2$

ξ	η	0.10	0.20	0.30	0.40	0.50
0.50	θ_x	0.0889	0.1720	0.2423	0.2908	0.3084
	θ_y	0.0525	0.1120	0.1869	0.2870	0.3438
0.60	θ_x	0.0930	0.1787	0.2494	0.2968	0.3137
	θ_y	0.0574	0.1223	0.2037	0.3081	0.3670
0.70	θ_x	0.0941	0.1805	0.2513	0.2980	0.3147
	θ_y	0.0591	0.1259	0.2084	0.3151	0.3749

$k=1.4$　　$\alpha=1.0$　　$\beta=0.3$

ξ	η	0.10	0.20	0.30	0.40	0.50
0.50	θ_x	0.1316	0.2541	0.3566	0.4263	0.4513
	θ_y	0.0809	0.1734	0.2885	0.4222	0.4714
0.60	θ_x	0.1372	0.2634	0.3660	0.4356	0.4597
	θ_y	0.0888	0.1890	0.3160	0.4530	0.5048
0.70	θ_x	0.1388	0.2659	0.3693	0.4373	0.4612
	θ_y	0.0911	0.1944	0.3206	0.4632	0.5158

$k=1.4$　　$\alpha=1.0$　　$\beta=0.4$

ξ	η	0.10	0.20	0.30	0.40	0.50
0.50	θ_x		0.3312	0.4628	0.5506	0.5816
	θ_y		0.2397	0.3993	0.5314	0.5740
0.60	θ_x		0.3424	0.4755	0.5631	0.5936
	θ_y		0.2608	0.4308	0.5707	0.6162
0.70	θ_x		0.3453	0.4785	0.5656	0.5960
	θ_y		0.2679	0.4413	0.5838	0.6302

$k=1.4$　　$\alpha=1.0$　　$\beta=0.5$

ξ	η	0.10	0.20	0.30	0.40	0.50
0.50	θ_x		0.4014	0.5579	0.6605	0.6962
	θ_y		0.3145	0.5031	0.6186	0.6556
0.60	θ_x		0.4138	0.5728	0.6762	0.7121
	θ_y		0.3409	0.5414	0.6652	0.7052
0.70	θ_x		0.4168	0.5761	0.6795	0.7154
	θ_y		0.3499	0.5542	0.6808	0.7217

$k=1.4$　　$\alpha=1.0$　　$\beta=0.6$

ξ	η	0.10	0.20	0.30	0.40	0.50
0.50	θ_x			0.6395	0.7536	0.7929
	θ_y			0.5839	0.6863	0.7190
0.60	θ_x			0.6537	0.7723	0.8125
	θ_y			0.6277	0.7389	0.7744
0.70	θ_x			0.6597	0.7765	0.8168
	θ_y			0.6429	0.7564	0.7930

$k=1.4$　　$\alpha=1.0$　　$\beta=0.7$

ξ	η	0.10	0.20	0.30	0.40	0.50
0.50	θ_x			0.7042	0.8266	0.8686
	θ_y			0.6442	0.7371	0.7655
0.60	θ_x			0.7231	0.8493	0.8927
	θ_y			0.6934	0.7936	0.8257
0.70	θ_x			0.7271	0.8542	0.8979
	θ_y			0.7098	0.8128	0.8458

$k=1.4$　　$\alpha=1.0$　　$\beta=0.8$

ξ	η	0.10	0.20	0.30	0.40	0.50
0.50	θ_x				0.8818	0.9255
	θ_y				0.7715	0.7987
0.60	θ_x				0.9055	0.9511
	θ_y				0.8318	0.8615
0.70	θ_x				0.9109	0.9570
	θ_y				0.8521	0.8826

$k=1.4 \quad \alpha=1.0 \quad \beta=0.9$

ξ	η	0.10	0.20	0.30	0.40	0.50
0.50	θ_x				0.9134	0.9582
	θ_y				0.7916	0.8177
0.60	θ_x				0.9396	0.9865
	θ_y				0.8539	0.8821
0.70	θ_x				0.9454	0.9930
	θ_y				0.8748	0.9038

$k=1.4 \quad \alpha=1.0 \quad \beta=1.0$

ξ	η	0.10	0.20	0.30	0.40	0.50
0.50	θ_x					0.9707
	θ_y					0.8240
0.60	θ_x					0.9984
	θ_y					0.8893
0.70	θ_x					1.0050
	θ_y					0.9112

$k=1.4 \quad \alpha=1.1 \quad \beta=0.1$

ξ	η	0.10	0.20	0.30	0.40	0.50
0.50	θ_x	0.0461	0.0889	0.1248	0.1492	0.1580
	θ_y	0.0272	0.0583	0.0968	0.1475	0.1958
0.60	θ_x	0.0474	0.0910	0.1267	0.1504	0.1587
	θ_y	0.0298	0.0637	0.1051	0.1580	0.2074
0.70	θ_x	0.0478	0.0915	0.1270	0.1503	0.1587
	θ_y	0.0307	0.0655	0.1078	0.1616	0.2111

$k=1.4 \quad \alpha=1.1 \quad \beta=0.2$

ξ	η	0.10	0.20	0.30	0.40	0.50
0.50	θ_x	0.0914	0.1761	0.2467	0.2945	0.3115
	θ_y	0.0553	0.1180	0.1970	0.2993	0.3574
0.60	θ_x	0.0939	0.1800	0.2503	0.2969	0.3132
	θ_y	0.0606	0.1288	0.2127	0.3201	0.3800
0.70	θ_x	0.0945	0.1809	0.2511	0.2971	0.3132
	θ_y	0.0625	0.1326	0.2188	0.3271	0.3875

$k=1.4 \quad \alpha=1.1 \quad \beta=0.3$

ξ	η	0.10	0.20	0.30	0.40	0.50
0.50	θ_x	0.1350	0.2598	0.3630	0.4319	0.4564
	θ_y	0.0853	0.1824	0.3030	0.4402	0.4909
0.60	θ_x	0.1384	0.2651	0.3673	0.4358	0.4594
	θ_y	0.0933	0.1987	0.3302	0.4706	0.5236
0.70	θ_x	0.1393	0.2663	0.3690	0.4362	0.4596
	θ_y	0.0961	0.2043	0.3354	0.4806	0.5343

$k=1.4 \quad \alpha=1.1 \quad \beta=0.4$

ξ	η	0.10	0.20	0.30	0.40	0.50
0.50	θ_x		0.3381	0.4704	0.5582	0.5889
	θ_y		0.2519	0.4175	0.5544	0.5987
0.60	θ_x		0.3442	0.4772	0.5635	0.5937
	θ_y		0.2736	0.4492	0.5932	0.6401
0.70	θ_x		0.3455	0.4777	0.5643	0.5942
	θ_y		0.2810	0.4598	0.6063	0.6542

$k=1.4 \quad \alpha=1.1 \quad \beta=0.5$

ξ	η	0.10	0.20	0.30	0.40	0.50
0.50	θ_x		0.4090	0.5670	0.6701	0.7060
	θ_y		0.3299	0.5254	0.6458	0.6845
0.60	θ_x		0.4155	0.5742	0.6771	0.7128
	θ_y		0.3567	0.5640	0.6924	0.7340
0.70	θ_x		0.4166	0.5755	0.6782	0.7138
	θ_y		0.3658	0.5768	0.7077	0.7502

$k=1.4 \quad \alpha=1.1 \quad \beta=0.6$

ξ	η	0.10	0.20	0.30	0.40	0.50
0.50	θ_x			0.6496	0.7648	0.8046
	θ_y			0.6097	0.7170	0.7514
0.60	θ_x			0.6556	0.7737	0.8145
	θ_y			0.6536	0.7692	0.8068
0.70	θ_x			0.6589	0.7752	0.8154
	θ_y			0.6687	0.7869	0.8251

$k=1.4 \quad \alpha=1.1 \quad \beta=0.7$

ξ	η	0.10	0.20	0.30	0.40	0.50
0.50	θ_x			0.7162	0.8407	0.8835
	θ_y			0.6730	0.7698	0.8008
0.60	θ_x			0.7245	0.8518	0.8954
	θ_y			0.7222	0.8271	0.8608
0.70	θ_x			0.7260	0.8522	0.8959
	θ_y			0.7384	0.8462	0.8809

$k=1.4 \quad \alpha=1.1 \quad \beta=0.8$

ξ	η	0.10	0.20	0.30	0.40	0.50
0.50	θ_x				0.8960	0.9409
	θ_y				0.8065	0.8350
0.60	θ_x				0.9084	0.9544
	θ_y				0.8672	0.8984
0.70	θ_x				0.9091	0.9553
	θ_y				0.8875	0.9196

$k=1.4$　$\alpha=1.1$　$\beta=0.9$

ξ	η	0.10	0.20	0.30	0.40	0.50
0.50	θ_x				0.9296	0.9757
	θ_y				0.8281	0.8554
0.60	θ_x				0.9428	0.9902
	θ_y				0.8908	0.9207
0.70	θ_x				0.9437	0.9915
	θ_y				0.9118	0.9426

$k=1.4$　$\alpha=1.1$　$\beta=1.0$

ξ	η	0.10	0.20	0.30	0.40	0.50
0.50	θ_x					0.9874
	θ_y					0.8616
0.60	θ_x					1.0023
	θ_y					0.9276
0.70	θ_x					1.0036
	θ_y					0.9497

$k=1.4$　$\alpha=1.2$　$\beta=0.1$

ξ	η	0.10	0.20	0.30	0.40	0.50
0.60	θ_x	0.0477	0.0913	0.1268	0.1502	0.1583
	θ_y	0.0310	0.0660	0.1086	0.1625	0.2121
0.70	θ_x	0.0479	0.0915	0.1268	0.1499	0.1580
	θ_y	0.0319	0.0679	0.1114	0.1660	0.2158

$k=1.4$　$\alpha=1.2$　$\beta=0.2$

ξ	η	0.10	0.20	0.30	0.40	0.50
0.60	θ_x	0.0944	0.1806	0.2506	0.2965	0.3125
	θ_y	0.0630	0.1336	0.2195	0.3286	0.3891
0.70	θ_x	0.0947	0.1809	0.2505	0.2960	0.3119
	θ_y	0.0649	0.1373	0.2258	0.3355	0.3965

$k=1.4$　$\alpha=1.2$　$\beta=0.3$

ξ	η	0.10	0.20	0.30	0.40	0.50
0.60	θ_x	0.1390	0.2659	0.3682	0.4353	0.4586
	θ_y	0.0969	0.2058	0.3404	0.4832	0.5371
0.70	θ_x	0.1394	0.2661	0.3689	0.4347	0.4578
	θ_y	0.0997	0.2114	0.3485	0.4931	0.5477

$k=1.4$　$\alpha=1.2$　$\beta=0.4$

ξ	η	0.10	0.20	0.30	0.40	0.50
0.60	θ_x		0.3449	0.4771	0.5631	0.5930
	θ_y		0.2829	0.4624	0.6093	0.6573
0.70	θ_x		0.3452	0.4769	0.5624	0.5920
	θ_y		0.2903	0.4731	0.6221	0.6709

$k=1.4$　$\alpha=1.2$　$\beta=0.5$

ξ	η	0.10	0.20	0.30	0.40	0.50
0.60	θ_x		0.4159	0.5743	0.6768	0.7123
	θ_y		0.3682	0.5801	0.7116	0.7543
0.70	θ_x		0.4162	0.5741	0.6761	0.7114
	θ_y		0.3772	0.5929	0.7270	0.7705

$k=1.4$　$\alpha=1.2$　$\beta=0.6$

ξ	η	0.10	0.20	0.30	0.40	0.50
0.60	θ_x			0.6572	0.7736	0.8137
	θ_y			0.6721	0.7911	0.8294
0.70	θ_x			0.6589	0.7730	0.8129
	θ_y			0.6869	0.8085	0.8478

$k=1.4$　$\alpha=1.2$　$\beta=0.7$

ξ	η	0.10	0.20	0.30	0.40	0.50
0.60	θ_x			0.7245	0.8513	0.8949
	θ_y			0.7426	0.8512	0.8861
0.70	θ_x			0.7239	0.8507	0.8944
	θ_y			0.7589	0.8703	0.9061

$k=1.4$　$\alpha=1.2$　$\beta=0.8$

ξ	η	0.10	0.20	0.30	0.40	0.50
0.60	θ_x				0.9081	0.9542
	θ_y				0.8924	0.9249
0.70	θ_x				0.9076	0.9539
	θ_y				0.9127	0.9461

$k=1.4$　$\alpha=1.2$　$\beta=0.9$

ξ	η	0.10	0.20	0.30	0.40	0.50
0.60	θ_x				0.9426	0.9903
	θ_y				0.9171	0.9480
0.70	θ_x				0.9422	0.9901
	θ_y				0.9381	0.9700

$k=1.4$　$\alpha=1.2$　$\beta=1.0$

ξ	η	0.10	0.20	0.30	0.40	0.50
0.60	θ_x					1.0024
	θ_y					0.9554
0.70	θ_x					1.0023
	θ_y					0.9776

$k=1.4$　$\alpha=1.3$　$\beta=0.1$

ξ	η	0.10	0.20	0.30	0.40	0.50
0.60	θ_x	0.0478	0.0915	0.1268	0.1499	0.1580
	θ_y	0.0317	0.0675	0.1106	0.1650	0.2148
0.70	θ_x	0.0479	0.0915	0.1266	0.1495	0.1575
	θ_y	0.0327	0.0694	0.1135	0.1684	0.2181

$k=1.4$　$\alpha=1.3$　$\beta=0.2$

ξ	η	0.10	0.20	0.30	0.40	0.50
0.60	θ_x	0.0946	0.1809	0.2506	0.2960	0.3119
	θ_y	0.0644	0.1364	0.2244	0.3340	0.3946
0.70	θ_x	0.0947	0.1808	0.2501	0.2953	0.3109
	θ_y	0.0663	0.1402	0.2293	0.3408	0.4022

$k{=}1.4\quad\alpha{=}1.3\quad\beta{=}0.3$

ξ	η	0.10	0.20	0.30	0.40	0.50
0.60	θ_x	0.1393	0.2661	0.3687	0.4348	0.4580
	θ_y	0.0990	0.2100	0.3464	0.4903	0.5442
0.70	θ_x	0.1393	0.2659	0.3675	0.4334	0.4563
	θ_y	0.1019	0.2157	0.3517	0.5003	0.5547

$k{=}1.4\quad\alpha{=}1.3\quad\beta{=}0.4$

ξ	η	0.10	0.20	0.30	0.40	0.50
0.60	θ_x		0.3451	0.4770	0.5626	0.5920
	θ_y		0.2885	0.4704	0.6193	0.6680
0.70	θ_x		0.3448	0.4759	0.5609	0.5906
	θ_y		0.2960	0.4810	0.6321	0.6816

$k{=}1.4\quad\alpha{=}1.3\quad\beta{=}0.5$

ξ	η	0.10	0.20	0.30	0.40	0.50
0.60	θ_x		0.4160	0.5741	0.6763	0.7116
	θ_y		0.3750	0.5892	0.7228	0.7664
0.70	θ_x		0.4154	0.5728	0.6743	0.7095
	θ_y		0.3841	0.6020	0.7381	0.7826

$k{=}1.4\quad\alpha{=}1.3\quad\beta{=}0.6$

ξ	η	0.10	0.20	0.30	0.40	0.50
0.60	θ_x			0.6584	0.7731	0.8131
	θ_y			0.6832	0.8044	0.8430
0.70	θ_x			0.6555	0.7711	0.8109
	θ_y			0.6987	0.8218	0.8613

$k{=}1.4\quad\alpha{=}1.3\quad\beta{=}0.7$

ξ	η	0.10	0.20	0.30	0.40	0.50
0.60	θ_x			0.7241	0.8509	0.8946
	θ_y			0.7542	0.8653	0.9013
0.70	θ_x			0.7222	0.8488	0.8924
	θ_y			0.7705	0.8844	0.9214

$k{=}1.4\quad\alpha{=}1.3\quad\beta{=}0.8$

ξ	η	0.10	0.20	0.30	0.40	0.50
0.60	θ_x				0.9077	0.9540
	θ_y				0.9077	0.9408
0.70	θ_x				0.9056	0.9519
	θ_y				0.9280	0.9621

$k{=}1.4\quad\alpha{=}1.3\quad\beta{=}0.9$

ξ	η	0.10	0.20	0.30	0.40	0.50
0.60	θ_x				0.9424	0.9902
	θ_y				0.9328	0.9642
0.70	θ_x				0.9402	0.9881
	θ_y				0.9538	0.9862

$k{=}1.4\quad\alpha{=}1.3\quad\beta{=}1.0$

ξ	η	0.10	0.20	0.30	0.40	0.50
0.60	θ_x					1.0023
	θ_y					0.9725
0.70	θ_x					1.0003
	θ_y					0.9947

$k{=}1.4\quad\alpha{=}1.4\quad\beta{=}0.1$

ξ	η	0.10	0.20	0.30	0.40	0.50
0.70	θ_x	0.0479	0.0914	0.1265	0.1493	0.1573
	θ_y	0.0329	0.0699	0.1142	0.1694	0.2190

$k{=}1.4\quad\alpha{=}1.4\quad\beta{=}0.2$

ξ	η	0.10	0.20	0.30	0.40	0.50
0.70	θ_x	0.0947	0.1807	0.2500	0.2950	0.3104
	θ_y	0.0668	0.1412	0.2306	0.3424	0.4040

$k{=}1.4\quad\alpha{=}1.4\quad\beta{=}0.3$

ξ	η	0.10	0.20	0.30	0.40	0.50
0.70	θ_x	0.1393	0.2658	0.3673	0.4329	0.4557
	θ_y	0.1025	0.2171	0.3532	0.5029	0.5580

$k{=}1.4\quad\alpha{=}1.4\quad\beta{=}0.4$

ξ	η	0.10	0.20	0.30	0.40	0.50
0.70	θ_x		0.3445	0.4758	0.5606	0.5900
	θ_y		0.2978	0.4838	0.6351	0.6847

$k{=}1.4\quad\alpha{=}1.4\quad\beta{=}0.5$

ξ	η	0.10	0.20	0.30	0.40	0.50
0.70	θ_x		0.4152	0.5726	0.6740	0.7085
	θ_y		0.3861	0.6056	0.7420	0.7864

$k{=}1.4\quad\alpha{=}1.4\quad\beta{=}0.6$

ξ	η	0.10	0.20	0.30	0.40	0.50
0.70	θ_x			0.6553	0.7702	0.8100
	θ_y			0.7019	0.8261	0.8663

$k{=}1.4\quad\alpha{=}1.4\quad\beta{=}0.7$

ξ	η	0.10	0.20	0.30	0.40	0.50
0.70	θ_x			0.7214	0.8478	0.8914
	θ_y			0.7750	0.8892	0.9260

$k{=}1.4\quad\alpha{=}1.4\quad\beta{=}0.8$

ξ	η	0.10	0.20	0.30	0.40	0.50
0.70	θ_x				0.9053	0.9516
	θ_y				0.9331	0.9676

$k{=}1.4\quad\alpha{=}1.4\quad\beta{=}0.9$

ξ	η	0.10	0.20	0.30	0.40	0.50
0.70	θ_x				0.9400	0.9878
	θ_y				0.9589	0.9918

$k{=}1.4\quad\alpha{=}1.4\quad\beta{=}1.0$

ξ	η	0.10	0.20	0.30	0.40	0.50
0.70	θ_x					1.0000
	θ_y					1.0000

$k=1.5$　　$\alpha=0.1$　　$\beta=0.1$

ξ	η	0.10	0.20	0.30	0.40	0.50
0.10	θ_x	−0.0002	−0.0004	−0.0007	−0.0009	−0.0011
	θ_y	0.0009	0.0017	0.0024	0.0029	0.0031
0.20	θ_x	−0.0001	−0.0004	−0.0009	−0.0016	−0.0017
	θ_y	0.0017	0.0033	0.0048	0.0059	0.0062
0.30	θ_x	0.0005	0.0003	0.0001	−0.0033	−0.0013
	θ_y	0.0024	0.0050	0.0071	0.0088	0.0096
0.40	θ_x	0.0020	0.0032	0.0031	0.0017	0.0011
	θ_y	0.0029	0.0061	0.0093	0.0122	0.0134
0.50	θ_x	0.0044	0.0080	0.0094	0.0086	0.0064
	θ_y	0.0032	0.0068	0.0111	0.0155	0.0178
0.60	θ_x	0.0075	0.0150	0.0202	0.0279	0.0195
	θ_y	0.0031	0.0061	0.0117	0.0195	0.0238
0.70	θ_x	0.0098	0.0202	0.0322	0.0465	0.0551
	θ_y	0.0029	0.0063	0.0109	0.0192	0.0326
0.75	θ_x	0.0101	0.0211	0.0344	0.0533	0.0722
	θ_y	0.0029	0.0063	0.0109	0.0192	0.0326

$k=1.5$　　$\alpha=0.1$　　$\beta=0.2$

ξ	η	0.10	0.20	0.30	0.40	0.50
0.10	θ_x	−0.0002	−0.0004	−0.0007	−0.0009	−0.0011
	θ_y	0.0009	0.0017	0.0024	0.0029	0.0031
0.20	θ_x	−0.0001	−0.0004	−0.0009	−0.0016	−0.0017
	θ_y	0.0017	0.0033	0.0048	0.0059	0.0062
0.30	θ_x	0.0005	0.003	0.0001	−0.0033	−0.0013
	θ_y	0.0024	0.0050	0.0071	0.0088	0.0096
0.40	θ_x	0.0020	0.0032	0.0031	0.0017	0.0011
	θ_y	0.0029	0.0061	0.0093	0.0122	0.0134
0.50	θ_x	0.0044	0.0080	0.0094	0.0086	0.0064
	θ_y	0.0032	0.0068	0.0111	0.0155	0.0178
0.60	θ_x	0.0075	0.0150	0.0202	0.0279	0.0195
	θ_y	0.0031	0.0061	0.0117	0.0195	0.0238
0.70	θ_x	0.0098	0.0202	0.0322	0.0465	0.0551
	θ_y	0.0029	0.0063	0.0109	0.0192	0.0326
0.75	θ_x	0.0101	0.0211	0.0344	0.0533	0.0722
	θ_y	0.0029	0.0063	0.0109	0.0192	0.0326

$k=1.5$　　$\alpha=0.1$　　$\beta=0.3$

ξ	η	0.10	0.20	0.30	0.40	0.50
0.10	θ_x	−0.0005	−0.0012	−0.0020	−0.0025	−0.0028
	θ_y	0.0025	0.0049	0.0069	0.0084	0.0089
0.20	θ_x	−0.0004	−0.0013	−0.0027	−0.0046	−0.0052
	θ_y	0.0050	0.0097	0.0139	0.0169	0.0179
0.30	θ_x	0.0012	−0.0004	−0.0001	−0.0088	−0.0029
	θ_y	0.0072	0.0147	0.0209	0.0253	0.0275
0.40	θ_x	0.0052	0.0083	0.0082	0.0049	0.0050
	θ_y	0.0090	0.0183	0.0276	0.0349	0.0378
0.50	θ_x	0.0124	0.0218	0.0260	0.0265	0.0257
	θ_y	0.0099	0.0210	0.0334	0.0446	0.0490
0.60	θ_x	0.0221	0.0448	0.0559	0.0803	0.0589
	θ_y	0.0098	0.0208	0.0372	0.0546	0.0612
0.70	θ_x	0.0300	0.0622	0.0987	0.1356	0.1476
	θ_y	0.0091	0.0202	0.0365	0.0630	0.0713
0.75	θ_x	0.0313	0.0657	0.1088	0.1610	0.1799
	θ_y	0.0091	0.0202	0.0365	0.0630	0.0713

$k=1.5$　　$\alpha=0.1$　　$\beta=0.4$

ξ	η	0.10	0.20	0.30	0.40	0.50
0.10	θ_x		−0.0017	−0.0026	−0.0032	−0.0035
	θ_y		0.0064	0.0090	0.0108	0.0114
0.20	θ_x		−0.0020	−0.0039	−0.0057	−0.0063
	θ_y		0.0128	0.0181	0.0217	0.0230
0.30	θ_x		−0.0017	−0.0061	−0.0107	−0.0127
	θ_y		0.0192	0.0272	0.0326	0.0346
0.40	θ_x		0.0096	0.0092	0.0072	0.0064
	θ_y		0.0245	0.0361	0.0447	0.0479
0.50	θ_x		0.0269	0.0330	0.0350	0.0352
	θ_y		0.0287	0.0444	0.0567	0.0613
0.60	θ_x		0.0591	0.0850	0.1033	0.1100
	θ_y		0.0300	0.0508	0.0688	0.0759
0.70	θ_x		0.0848	0.1336	0.1723	0.1855
	θ_y		0.0285	0.0547	0.0778	0.0839
0.75	θ_x		0.0906	0.1518	0.2026	0.2181
	θ_y		0.0285	0.0547	0.0778	0.0839

$k=1.5$　　$\alpha=0.1$　　$\beta=0.5$

ξ	η	0.10	0.20	0.30	0.40	0.50
0.10	θ_x		−0.0022	−0.0031	−0.0039	−0.0042
	θ_y		0.0078	0.0109	0.0129	0.0136
0.20	θ_x		−0.0029	−0.0050	−0.0065	−0.0070
	θ_y		0.0156	0.0218	0.0260	0.0275
0.30	θ_x		−0.0037	−0.0009	−0.0118	−0.0028
	θ_y		0.0235	0.0329	0.0391	0.0418
0.40	θ_x		0.0099	0.0101	0.0098	0.0111
	θ_y		0.0306	0.0439	0.0532	0.0565
0.50	θ_x		0.0305	0.0389	0.0431	0.0446
	θ_y		0.0365	0.0545	0.0669	0.0712
0.60	θ_x		0.0727	0.0801	0.1233	0.0993
	θ_y		0.0403	0.0638	0.0802	0.0846
0.70	θ_x		0.1087	0.1636	0.2024	0.2120
	θ_y		0.0394	0.0721	0.0885	0.0933
0.75	θ_x		0.1189	0.1922	0.2354	0.2487
	θ_y		0.0394	0.0721	0.0885	0.0933

$k=1.5$　　$\alpha=0.1$　　$\beta=0.6$

ξ	η	0.10	0.20	0.30	0.40	0.50
0.10	θ_x			−0.0036	−0.0043	−0.0046
	θ_y			0.0125	0.0147	0.0155
0.20	θ_x			−0.0059	−0.0071	−0.0075
	θ_y			0.0251	0.0296	0.0312
0.30	θ_x			−0.0013	−0.0124	−0.0022
	θ_y			0.0378	0.0445	0.0472
0.40	θ_x			0.0125	0.0124	0.0145
	θ_y			0.0507	0.0601	0.0633
0.50	θ_x			0.0436	0.0506	0.0532
	θ_y			0.0632	0.0750	0.0790
0.60	θ_x			0.0912	0.1400	0.1156
	θ_y			0.0747	0.0888	0.0923
0.70	θ_x			0.1898	0.2263	0.2350
	θ_y			0.0836	0.0966	0.1005
0.75	θ_x			0.2231	0.2609	0.2727
	θ_y			0.0836	0.0966	0.1005

$k=1.5$　　$\alpha=0.1$　　$\beta=0.7$

ξ	η	0.10	0.20	0.30	0.40	0.50
0.10	θ_x			−0.0040	−0.0047	−0.0049
	θ_y			0.0138	0.0161	0.0170
0.20	θ_x			−0.0066	−0.0075	−0.0077
	θ_y			0.0277	0.0325	0.0341
0.30	θ_x			−0.0017	−0.0125	−0.0015
	θ_y			0.0418	0.0488	0.0514
0.40	θ_x			0.0118	0.0148	0.0160
	θ_y			0.0561	0.0655	0.0686
0.50	θ_x			0.0475	0.0570	0.0605
	θ_y			0.0701	0.0811	0.0847
0.60	θ_x			0.1012	0.1530	0.1285
	θ_y			0.0827	0.0949	0.0980
0.70	θ_x			0.2098	0.2444	0.2524
	θ_y			0.0914	0.1024	0.1057
0.75	θ_x			0.2455	0.2799	0.2909
	θ_y			0.0914	0.1024	0.1057

$k=1.5$　　$\alpha=0.1$　　$\beta=0.8$

ξ	η	0.10	0.20	0.30	0.40	0.50
0.10	θ_x				−0.0050	−0.0051
	θ_y				0.0172	0.0180
0.20	θ_x				−0.0077	−0.0078
	θ_y				0.0345	0.0362
0.30	θ_x				−0.0124	−0.0121
	θ_y				0.0519	0.0544
0.40	θ_x				0.0168	0.0185
	θ_y				0.0693	0.0723
0.50	θ_x				0.0619	0.0660
	θ_y				0.0854	0.0887
0.60	θ_x				0.1624	0.1699
	θ_y				0.0988	0.1016
0.70	θ_x				0.2571	0.2671
	θ_y				0.1063	0.1094
0.75	θ_x				0.2930	0.3036
	θ_y				0.1063	0.1094

$k=1.5$　　$\alpha=0.1$　　$\beta=0.9$

ξ	η	0.10	0.20	0.30	0.40	0.50
0.10	θ_x				−0.0070	−0.0052
	θ_y				0.0178	0.0187
0.20	θ_x				−0.0078	−0.0079
	θ_y				0.0358	0.0374
0.30	θ_x				−0.0122	−0.0003
	θ_y				0.0538	0.0562
0.40	θ_x				0.0180	0.0200
	θ_y				0.0715	0.0745
0.50	θ_x				0.0548	0.0592
	θ_y				0.0879	0.0911
0.60	θ_x				0.1681	0.1435
	θ_y				0.1010	0.1042
0.70	θ_x				0.2646	0.2720
	θ_y				0.1087	0.1115
0.75	θ_x				0.3010	0.3112
	θ_y				0.1087	0.1115

$k=1.5$　　$\alpha=0.1$　　$\beta=1.0$

ξ	η	0.10	0.20	0.30	0.40	0.50
0.10	θ_x					−0.0053
	θ_y					0.0189
0.20	θ_x					−0.0079
	θ_y					0.0378
0.30	θ_x					−0.0002
	θ_y					0.0568
0.40	θ_x					0.0206
	θ_y					0.0752
0.50	θ_x					0.0705
	θ_y					0.0918
0.60	θ_x					0.1454
	θ_y					0.1049
0.70	θ_x					0.2745
	θ_y					0.1122
0.75	θ_x					0.3137
	θ_y					0.1122

$k=1.5$　　$\alpha=0.2$　　$\beta=0.1$

ξ	η	0.10	0.20	0.30	0.40	0.50
0.10	θ_x	−0.0003	−0.0007	−0.0013	−0.0018	−0.0021
	θ_y	0.0017	0.0033	0.0048	0.0058	0.0062
0.20	θ_x	−0.0000	−0.0005	−0.0015	−0.0026	−0.0031
	θ_y	0.0033	0.0066	0.0095	0.0117	0.0126
0.30	θ_x	0.0013	0.0012	0.0007	−0.0053	−0.0020
	θ_y	0.0047	0.0098	0.0142	0.0177	0.0193
0.40	θ_x	0.0042	0.0070	0.0070	0.0048	0.0033
	θ_y	0.0058	0.0120	0.0186	0.0244	0.0270
0.50	θ_x	0.0090	0.0164	0.0200	0.0181	0.0150
	θ_y	0.0063	0.0133	0.0219	0.0312	0.0360
0.60	θ_x	0.0148	0.0295	0.0410	0.0548	0.0424
	θ_y	0.0061	0.0122	0.0230	0.0386	0.0483
0.70	θ_x	0.0190	0.0390	0.0611	0.0857	0.1041
	θ_y	0.0058	0.0128	0.0221	0.0384	0.0629
0.75	θ_x	0.0196	0.0405	0.0643	0.0930	0.1102
	θ_y	0.0058	0.0128	0.0221	0.0384	0.0629

$k=1.5$　　$\alpha=0.2$　　$\beta=0.2$

ξ	η	0.10	0.20	0.30	0.40	0.50
0.10	θ_x	−0.0006	−0.0014	−0.0025	−0.0036	−0.0041
	θ_y	0.0034	0.0066	0.0094	0.0114	0.0122
0.20	θ_x	−0.0001	−0.0011	−0.0030	−0.0051	−0.0060
	θ_y	0.0066	0.0131	0.0189	0.0231	0.0247
0.30	θ_x	0.0024	0.0017	0.0011	−0.0101	−0.0036
	θ_y	0.0095	0.0196	0.0282	0.0348	0.0380
0.40	θ_x	0.0081	0.0132	0.0134	0.0098	0.0075
	θ_y	0.0117	0.0241	0.0370	0.0480	0.0526
0.50	θ_x	0.0177	0.0319	0.0385	0.0357	0.0319
	θ_y	0.0127	0.0271	0.0440	0.0613	0.0693
0.60	θ_x	0.0295	0.0589	0.0804	0.1078	0.0916
	θ_y	0.0125	0.0257	0.0470	0.0753	0.0893
0.70	θ_x	0.0382	0.0785	0.1229	0.1702	0.1967
	θ_y	0.0119	0.0258	0.0460	0.0827	0.1072
0.75	θ_x	0.0395	0.0817	0.1299	0.1855	0.2100
	θ_y	0.0119	0.0258	0.0460	0.0827	0.1072

$k=1.5 \quad \alpha=0.2 \quad \beta=0.3$

ξ	η	0.10	0.20	0.30	0.40	0.50
0.10	θ_x	−0.0009	−0.0022	−0.0038	−0.0052	−0.0058
	θ_y	0.0050	0.0098	0.0139	0.0167	0.0178
0.20	θ_x	−0.0005	−0.0020	−0.0046	−0.0072	−0.0083
	θ_y	0.0099	0.0194	0.0278	0.0338	0.0360
0.30	θ_x	0.0030	0.0011	0.0012	−0.0139	−0.0042
	θ_y	0.0143	0.0291	0.0417	0.0509	0.0552
0.40	θ_x	0.0112	0.0182	0.0188	0.0151	0.0129
	θ_y	0.0178	0.0364	0.0550	0.0700	0.0758
0.50	θ_x	0.0255	0.0455	0.0545	0.0530	0.0511
	θ_y	0.0196	0.0415	0.0664	0.0890	0.0983
0.60	θ_x	0.0438	0.0879	0.1167	0.1575	0.1382
	θ_y	0.0195	0.0414	0.0731	0.1083	0.1220
0.70	θ_x	0.0580	0.1191	0.1858	0.2488	0.2762
	θ_y	0.0184	0.0408	0.0736	0.1235	0.1400
0.75	θ_x	0.0601	0.1245	0.1975	0.2713	0.2951
	θ_y	0.0184	0.0408	0.0736	0.1235	0.1400

$k=1.5 \quad \alpha=0.2 \quad \beta=0.4$

ξ	η	0.10	0.20	0.30	0.40	0.50
0.10	θ_x		−0.0031	−0.0050	−0.0066	−0.0072
	θ_y		0.0128	0.0180	0.0216	0.0229
0.20	θ_x		−0.0031	−0.0062	−0.0090	−0.0101
	θ_y		0.0255	0.0362	0.0436	0.0462
0.30	θ_x		−0.0009	−0.0084	−0.0166	−0.0201
	θ_y		0.0382	0.0544	0.0655	0.0696
0.40	θ_x		0.0215	0.0230	0.0209	0.0196
	θ_y		0.0487	0.0721	0.0896	0.0960
0.50	θ_x		0.0562	0.0675	0.0704	0.0713
	θ_y		0.0567	0.0883	0.1133	0.1225
0.60	θ_x		0.1161	0.1667	0.2026	0.2156
	θ_y		0.0598	0.1009	0.1364	0.1506
0.70	θ_x		0.1611	0.2487	0.3169	0.3404
	θ_y		0.0576	0.1084	0.1531	0.1653
0.75	θ_x		0.1695	0.2671	0.3447	0.3709
	θ_y		0.0576	0.1084	0.1531	0.1653

$k=1.5 \quad \alpha=0.2 \quad \beta=0.5$

ξ	η	0.10	0.20	0.30	0.40	0.50
0.10	θ_x		−0.0040	−0.0061	−0.0077	−0.0083
	θ_y		0.0156	0.0218	0.0259	0.0273
0.20	θ_x		−0.0046	−0.0077	−0.0103	−0.0113
	θ_y		0.0312	0.0437	0.0521	0.0551
0.30	θ_x		−0.0042	0.0005	−0.0180	−0.0029
	θ_y		0.0468	0.0658	0.0784	0.0837
0.40	θ_x		0.0230	0.0263	0.0269	0.0269
	θ_y		0.0608	0.0877	0.1064	0.1130
0.50	θ_x		0.0635	0.0785	0.0875	0.0911
	θ_y		0.0726	0.1086	0.1335	0.1421
0.60	θ_x		0.1427	0.1762	0.2418	0.2202
	θ_y		0.0801	0.1277	0.1591	0.1679
0.70	θ_x		0.2048	0.3069	0.3735	0.3983
	θ_y		0.0792	0.1421	0.1746	0.1843
0.75	θ_x		0.2175	0.3272	0.4048	0.4239
	θ_y		0.0792	0.1421	0.1746	0.1843

$k=1.5 \quad \alpha=0.2 \quad \beta=0.6$

ξ	η	0.10	0.20	0.30	0.40	0.50
0.10	θ_x			−0.0072	−0.0086	−0.0091
	θ_y			0.0250	0.0295	0.0310
0.20	θ_x			−0.0091	−0.0112	−0.0120
	θ_y			0.0502	0.0593	0.0625
0.30	θ_x			0.0000	−0.0184	−0.0013
	θ_y			0.0757	0.0891	0.0944
0.40	θ_x			0.0290	0.0328	0.0343
	θ_y			0.1013	0.1201	0.1266
0.50	θ_x			0.0881	0.1032	0.1090
	θ_y			0.1261	0.1496	0.1574
0.60	θ_x			0.2016	0.2746	0.2525
	θ_y			0.1488	0.1762	0.1833
0.70	θ_x			0.3553	0.4189	0.4400
	θ_y			0.1648	0.1911	0.1989
0.75	θ_x			0.3795	0.4526	0.4699
	θ_y			0.1648	0.1911	0.1989

$k=1.5 \quad \alpha=0.2 \quad \beta=0.7$

ξ	η	0.10	0.20	0.30	0.40	0.50
0.10	θ_x			−0.0080	−0.0093	−0.0097
	θ_y			0.0276	0.0323	0.0340
0.20	θ_x			−0.0103	−0.0118	−0.0123
	θ_y			0.0554	0.0650	0.0682
0.30	θ_x			−0.0006	−0.0181	0.0004
	θ_y			0.0837	0.0976	0.1028
0.40	θ_x			0.0311	0.0381	0.0408
	θ_y			0.1122	0.1307	0.1369
0.50	θ_x			0.0965	0.1165	0.1239
	θ_y			0.1398	0.1617	0.1688
0.60	θ_x			0.2230	0.3003	0.2782
	θ_y			0.1645	0.1883	0.1946
0.70	θ_x			0.3927	0.4536	0.4737
	θ_y			0.1806	0.2027	0.2095
0.75	θ_x			0.4197	0.4888	0.5049
	θ_y			0.1806	0.2027	0.2095

$k=1.5 \quad \alpha=0.2 \quad \beta=0.8$

ξ	η	0.10	0.20	0.30	0.40	0.50
0.10	θ_x				−0.0097	−0.0100
	θ_y				0.0344	0.0361
0.20	θ_x				−0.0121	−0.0123
	θ_y				0.0691	0.0724
0.30	θ_x				−0.0175	−0.0167
	θ_y				0.1038	0.1087
0.40	θ_x				0.0424	0.0460
	θ_y				0.1383	0.1442
0.50	θ_x				0.1267	0.1351
	θ_y				0.1701	0.1766
0.60	θ_x				0.3187	0.3335
	θ_y				0.1962	0.2019
0.70	θ_x				0.4780	0.4974
	θ_y				0.2107	0.2168
0.75	θ_x				0.5142	0.5342
	θ_y				0.2107	0.2168

$k=1.5$ $\quad\alpha=0.2$ $\quad\beta=0.9$

ξ	η	0.10	0.20	0.30	0.40	0.50
0.10	θ_x				−0.0099	−0.0102
	θ_y				0.0357	0.0374
0.20	θ_x				−0.0123	−0.0123
	θ_y				0.0715	0.0749
0.30	θ_x				−0.0169	0.0030
	θ_y				0.1075	0.1123
0.40	θ_x				0.0451	0.0493
	θ_y				0.1427	0.1485
0.50	θ_x				0.1263	0.1353
	θ_y				0.1750	0.1813
0.60	θ_x				0.3298	0.3078
	θ_y				0.2005	0.2069
0.70	θ_x				0.4926	0.5139
	θ_y				0.2154	0.2212
0.75	θ_x				0.5293	0.5441
	θ_y				0.2154	0.2212

$k=1.5$ $\quad\alpha=0.2$ $\quad\beta=1.0$

ξ	η	0.10	0.20	0.30	0.40	0.50
0.10	θ_x					−0.0102
	θ_y					0.0378
0.20	θ_x					−0.0122
	θ_y					0.0757
0.30	θ_x					0.0034
	θ_y					0.1134
0.40	θ_x					0.0505
	θ_y					0.1499
0.50	θ_x					0.1443
	θ_y					0.1828
0.60	θ_x					0.3115
	θ_y					0.2084
0.70	θ_x					0.5186
	θ_y					0.2227
0.75	θ_x					0.5489
	θ_y					0.2227

$k=1.5$ $\quad\alpha=0.3$ $\quad\beta=0.1$

ξ	η	0.10	0.20	0.30	0.40	0.50
0.10	θ_x	−0.0002	−0.0007	−0.0016	−0.0025	−0.0030
	θ_y	0.0025	0.0050	0.0072	0.0088	0.0093
0.20	θ_x	0.0003	−0.0001	−0.0015	−0.0031	−0.0040
	θ_y	0.0049	0.0098	0.0143	0.0177	0.0190
0.30	θ_x	0.0025	0.0031	0.0023	−0.0047	−0.0020
	θ_y	0.0070	0.0144	0.0213	0.0267	0.0293
0.40	θ_x	0.0070	0.0118	0.0125	0.0097	0.0070
	θ_y	0.0085	0.0176	0.0276	0.0367	0.0409
0.50	θ_x	0.0139	0.0257	0.0327	0.0314	0.0267
	θ_y	0.0092	0.0195	0.0321	0.0466	0.0549
0.60	θ_x	0.0217	0.0430	0.0618	0.0795	0.0817
	θ_y	0.0091	0.0182	0.0337	0.0571	0.0743
0.70	θ_x	0.0271	0.0551	0.0846	0.1141	0.1295
	θ_y	0.0088	0.0194	0.0336	0.0572	0.0890
0.75	θ_x	0.0279	0.0568	0.0878	0.1185	0.1350
	θ_y	0.0088	0.0194	0.0336	0.0572	0.0890

$k=1.5$ $\quad\alpha=0.3$ $\quad\beta=0.2$

ξ	η	0.10	0.20	0.30	0.40	0.50
0.10	θ_x	−0.0005	−0.0016	−0.0032	−0.0049	−0.0057
	θ_y	0.0050	0.0099	0.0142	0.0172	0.0183
0.20	θ_x	0.0004	−0.0005	−0.0031	−0.0059	−0.0070
	θ_y	0.0098	0.0195	0.0283	0.0348	0.0373
0.30	θ_x	0.0046	0.0053	0.0042	−0.0088	−0.0030
	θ_y	0.0140	0.0288	0.0422	0.0526	0.0573
0.40	θ_x	0.0134	0.0225	0.0242	0.0198	0.0152
	θ_y	0.0172	0.0355	0.0550	0.0722	0.0795
0.50	θ_x	0.0274	0.0503	0.0633	0.0608	0.0551
	θ_y	0.0187	0.0397	0.0648	0.0918	0.1050
0.60	θ_x	0.0433	0.0859	0.1225	0.1565	0.1605
	θ_y	0.0186	0.0383	0.0690	0.1113	0.1339
0.70	θ_x	0.0544	0.1105	0.1693	0.2255	0.2522
	θ_y	0.0181	0.0392	0.0695	0.1211	0.1541
0.75	θ_x	0.0560	0.1142	0.1758	0.2330	0.2607
	θ_y	0.0181	0.0392	0.0695	0.1211	0.1541

$k=1.5$ $\quad\alpha=0.3$ $\quad\beta=0.3$

ξ	η	0.10	0.20	0.30	0.40	0.50
0.10	θ_x	−0.0010	−0.0026	−0.0048	−0.0071	−0.0080
	θ_y	0.0075	0.0146	0.0209	0.0252	0.0268
0.20	θ_x	0.0002	−0.0013	−0.0047	−0.0082	−0.0098
	θ_y	0.0147	0.0290	0.0417	0.0509	0.0543
0.30	θ_x	0.0059	0.0058	0.0054	−0.0118	−0.0026
	θ_y	0.0212	0.0430	0.0624	0.0769	0.0832
0.40	θ_x	0.0188	0.0313	0.0341	0.0303	0.0274
	θ_y	0.0261	0.0537	0.0819	0.1052	0.1143
0.50	θ_x	0.0397	0.0724	0.0898	0.0895	0.0881
	θ_y	0.0287	0.0608	0.0983	0.1335	0.1480
0.60	θ_x	0.0645	0.1281	0.1807	0.2287	0.2339
	θ_y	0.0289	0.0618	0.1070	0.1601	0.1815
0.70	θ_x	0.0822	0.1668	0.2538	0.3293	0.3594
	θ_y	0.0280	0.0619	0.1105	0.1800	0.2041
0.75	θ_x	0.0847	0.1725	0.2632	0.3398	0.3705
	θ_y	0.0280	0.0619	0.1105	0.1800	0.2041

$k=1.5$ $\quad\alpha=0.3$ $\quad\beta=0.4$

ξ	η	0.10	0.20	0.30	0.40	0.50
0.10	θ_x		−0.0037	−0.0065	−0.0089	−0.0098
	θ_y		0.0192	0.0271	0.0325	0.0345
0.20	θ_x		−0.0026	−0.0063	−0.0101	−0.0117
	θ_y		0.0381	0.0543	0.0656	0.0696
0.30	θ_x		0.0044	−0.0036	−0.0133	−0.0177
	θ_y		0.0567	0.0814	0.0989	0.1053
0.40	θ_x		0.0376	0.0424	0.0410	0.0397
	θ_y		0.0721	0.1077	0.1345	0.1444
0.50	θ_x		0.0907	0.1111	0.1185	0.1217
	θ_y		0.0835	0.1314	0.1698	0.1836
0.60	θ_x		0.1690	0.2423	0.2941	0.3130
	θ_y		0.0889	0.1496	0.2018	0.2226
0.70	θ_x		0.2237	0.3360	0.4210	0.4510
	θ_y		0.0873	0.1603	0.2239	0.2422
0.75	θ_x		0.2318	0.3472	0.4347	0.4660
	θ_y		0.0873	0.1603	0.2239	0.2422

$k=1.5 \quad \alpha=0.3 \quad \beta=0.5$

ξ	η	0.10	0.20	0.30	0.40	0.50
0.10	θ_x		−0.0051	−0.0081	−0.0103	−0.0112
	θ_y		0.0234	0.0327	0.0389	0.0411
0.20	θ_x		−0.0044	−0.0080	−0.0114	−0.0128
	θ_y		0.0466	0.0656	0.0784	0.0829
0.30	θ_x		0.0011	0.0059	−0.0134	0.0019
	θ_y		0.0697	0.0987	0.1181	0.1257
0.40	θ_x		0.0410	0.0491	0.0518	0.0526
	θ_y		0.0904	0.1314	0.1595	0.1694
0.50	θ_x		0.1037	0.1291	0.1466	0.1536
	θ_y		0.1074	0.1622	0.1997	0.2122
0.60	θ_x		0.2076	0.2841	0.3512	0.3582
	θ_y		0.1189	0.1905	0.2354	0.2489
0.70	θ_x		0.2809	0.4118	0.4985	0.5284
	θ_y		0.1191	0.2082	0.2565	0.2710
0.75	θ_x		0.2910	0.4241	0.5148	0.5458
	θ_y		0.1191	0.2082	0.2565	0.2710

$k=1.5 \quad \alpha=0.3 \quad \beta=0.6$

ξ	η	0.10	0.20	0.30	0.40	0.50
0.10	θ_x			−0.0094	−0.0114	−0.0121
	θ_y			0.0375	0.0443	0.0467
0.20	θ_x			−0.0096	−0.0122	−0.0131
	θ_y			0.0754	0.0891	0.0939
0.30	θ_x			0.0058	−0.0124	0.0054
	θ_y			0.1136	0.1340	0.1417
0.40	θ_x			0.0544	0.0622	0.0652
	θ_y			0.1517	0.1799	0.1895
0.50	θ_x			0.1458	0.1720	0.1818
	θ_y			0.1885	0.2232	0.2346
0.60	θ_x			0.3259	0.3988	0.4061
	θ_y			0.2214	0.2609	0.2718
0.70	θ_x			0.4757	0.5616	0.5906
	θ_y			0.2418	0.2814	0.2933
0.75	θ_x			0.4903	0.5802	0.6101
	θ_y			0.2418	0.2814	0.2933

$k=1.5 \quad \alpha=0.3 \quad \beta=0.7$

ξ	η	0.10	0.20	0.30	0.40	0.50
0.10	θ_x			−0.0106	−0.0122	−0.0127
	θ_y			0.0414	0.0486	0.0511
0.20	θ_x			−0.0111	−0.0126	−0.0130
	θ_y			0.0833	0.0976	0.1025
0.30	θ_x			0.0056	−0.0107	0.0080
	θ_y			0.1257	0.1466	0.1541
0.40	θ_x			0.0588	0.0714	0.0762
	θ_y			0.1680	0.1956	0.2047
0.50	θ_x			0.1657	0.1986	0.2104
	θ_y			0.2089	0.2410	0.2513
0.60	θ_x			0.3609	0.4363	0.4438
	θ_y			0.2442	0.2790	0.2885
0.70	θ_x			0.5260	0.6102	0.6385
	θ_y			0.2655	0.2991	0.3094
0.75	θ_x			0.5427	0.6305	0.6594
	θ_y			0.2655	0.2991	0.3094

$k=1.5 \quad \alpha=0.3 \quad \beta=0.8$

ξ	η	0.10	0.20	0.30	0.40	0.50
0.10	θ_x				−0.0126	−0.0130
	θ_y				0.0517	0.0542
0.20	θ_x				−0.0127	−0.0127
	θ_y				0.1037	0.1086
0.30	θ_x				−0.0089	−0.0071
	θ_y				0.1556	0.1628
0.40	θ_x				0.0786	0.0847
	θ_y				0.2066	0.2154
0.50	θ_x				0.2091	0.2223
	θ_y				0.2533	0.2629
0.60	θ_x				0.4631	0.4847
	θ_y				0.2907	0.2992
0.70	θ_x				0.6447	0.6721
	θ_y				0.3113	0.3206
0.75	θ_x				0.6661	0.6944
	θ_y				0.3113	0.3206

$k=1.5 \quad \alpha=0.3 \quad \beta=0.9$

ξ	η	0.10	0.20	0.30	0.40	0.50
0.10	θ_x				−0.0129	−0.0131
	θ_y				0.0536	0.0561
0.20	θ_x				−0.0127	−0.0124
	θ_y				0.1074	0.1123
0.30	θ_x				−0.0076	0.0129
	θ_y				0.1610	0.1681
0.40	θ_x				0.0832	0.0902
	θ_y				0.2132	0.2217
0.50	θ_x				0.2243	0.2383
	θ_y				0.2605	0.2697
0.60	θ_x				0.4793	0.4873
	θ_y				0.2972	0.3069
0.70	θ_x				0.6653	0.6927
	θ_y				0.3184	0.3271
0.75	θ_x				0.6873	0.7151
	θ_y				0.3184	0.3271

$k=1.5 \quad \alpha=0.3 \quad \beta=1.0$

ξ	η	0.10	0.20	0.30	0.40	0.50
0.10	θ_x					−0.0132
	θ_y					0.0567
0.20	θ_x					−0.0123
	θ_y					0.1135
0.30	θ_x					0.0136
	θ_y					0.1698
0.40	θ_x					0.0920
	θ_y					0.2238
0.50	θ_x					0.2365
	θ_y					0.2719
0.60	θ_x					0.4927
	θ_y					0.3089
0.70	θ_x					0.6996
	θ_y					0.3293
0.75	θ_x					0.7221
	θ_y					0.3293

$k=1.5$　$\alpha=0.4$　$\beta=0.1$

ξ	η	0.10	0.20	0.30	0.40	0.50
0.20	θ_x	0.0010	0.0010	−0.0006	−0.0029	−0.0041
	θ_y	0.0064	0.0129	0.0190	0.0237	0.0255
0.30	θ_x	0.0042	0.0065	0.0055	−0.0008	0.0000
	θ_y	0.0091	0.0187	0.0281	0.0361	0.0395
0.40	θ_x	0.0103	0.0180	0.0206	0.0170	0.0129
	θ_y	0.0110	0.0229	0.0361	0.0491	0.0553
0.50	θ_x	0.0190	0.0359	0.0480	0.0516	0.0480
	θ_y	0.0119	0.0253	0.0415	0.0612	0.0754
0.60	θ_x	0.0280	0.0552	0.0811	0.1012	0.1190
	θ_y	0.0121	0.0241	0.0440	0.0746	0.0992
0.70	θ_x	0.0338	0.0680	0.1021	0.1325	0.1458
	θ_y	0.0119	0.0261	0.0451	0.0751	0.1115
0.75	θ_x	0.0346	0.0697	0.1048	0.1352	0.1499
	θ_y	0.0119	0.0261	0.0451	0.0751	0.1115

$k=1.5$　$\alpha=0.4$　$\beta=0.2$

ξ	η	0.10	0.20	0.30	0.40	0.50
0.20	θ_x	0.0018	0.0016	−0.0014	−0.0056	−0.0076
	θ_y	0.0129	0.0257	0.0377	0.0467	0.0501
0.30	θ_x	0.0080	0.0118	0.0104	−0.0009	0.0015
	θ_y	0.0183	0.0374	0.0559	0.0709	0.0773
0.40	θ_x	0.0201	0.0348	0.0396	0.0337	0.0284
	θ_y	0.0222	0.0461	0.0723	0.0965	0.1073
0.50	θ_x	0.0376	0.0707	0.0939	0.1006	0.0991
	θ_y	0.0242	0.0513	0.0840	0.1220	0.1419
0.60	θ_x	0.0559	0.1100	0.1615	0.1993	0.2286
	θ_y	0.0246	0.0507	0.0900	0.1455	0.1763
0.70	θ_x	0.0677	0.1360	0.2034	0.2610	0.2845
	θ_y	0.0244	0.0530	0.0931	0.1566	0.1962
0.75	θ_x	0.0693	0.1394	0.2086	0.2656	0.2920
	θ_y	0.0244	0.0530	0.0931	0.1566	0.1962

$k=1.5$　$\alpha=0.4$　$\beta=0.3$

ξ	η	0.10	0.20	0.30	0.40	0.50
0.20	θ_x	0.0020	0.0014	−0.0026	−0.0077	−0.0100
	θ_y	0.0193	0.0383	0.0556	0.0682	0.0730
0.30	θ_x	0.0107	0.0151	0.0142	0.0001	0.0046
	θ_y	0.0277	0.0561	0.0828	0.1035	0.1118
0.40	θ_x	0.0285	0.0490	0.0557	0.0505	0.0468
	θ_y	0.0339	0.0700	0.1081	0.1405	0.1535
0.50	θ_x	0.0550	0.1030	0.1355	0.1476	0.1511
	θ_y	0.0372	0.0788	0.1281	0.1782	0.1978
0.60	θ_x	0.0834	0.1640	0.2404	0.2914	0.3274
	θ_y	0.0380	0.0816	0.1395	0.2094	0.2383
0.70	θ_x	0.1018	0.2038	0.3025	0.3812	0.4103
	θ_y	0.0379	0.0833	0.1467	0.2317	0.2621
0.75	θ_x	0.1043	0.2090	0.3101	0.3874	0.4213
	θ_y	0.0379	0.0833	0.1467	0.2317	0.2621

$k=1.5$　$\alpha=0.4$　$\beta=0.4$

ξ	η	0.10	0.20	0.30	0.40	0.50
0.20	θ_x		0.0004	−0.0040	−0.0091	−0.0112
	θ_y		0.0506	0.0724	0.0878	0.0934
0.30	θ_x		0.0160	0.0109	0.0023	−0.0018
	θ_y		0.0745	0.1083	0.1328	0.1418
0.40	θ_x		0.0597	0.0685	0.0680	0.0673
	θ_y		0.0945	0.1427	0.1795	0.1931
0.50	θ_x		0.1314	0.1713	0.1929	0.2012
	θ_y		0.1082	0.1733	0.2259	0.2439
0.60	θ_x		0.2162	0.3093	0.3748	0.3986
	θ_y		0.1171	0.1962	0.2640	0.2910
0.70	θ_x		0.2711	0.3970	0.4890	0.5221
	θ_y		0.1172	0.2096	0.2894	0.3132
0.75	θ_x		0.2779	0.4050	0.4973	0.5311
	θ_y		0.1172	0.2096	0.2894	0.3132

$k=1.5$　$\alpha=0.4$　$\beta=0.5$

ξ	η	0.10	0.20	0.30	0.40	0.50
0.20	θ_x		−0.0015	−0.0057	−0.0097	−0.0113
	θ_y		0.0621	0.0876	0.1049	0.1110
0.30	θ_x		0.0144	0.0186	0.0058	0.0156
	θ_y		0.0921	0.1314	0.1582	0.1681
0.40	θ_x		0.0660	0.0790	0.0856	0.0881
	θ_y		0.1191	0.1744	0.2125	0.2257
0.50	θ_x		0.1545	0.2025	0.2351	0.2471
	θ_y		0.1400	0.2154	0.2647	0.2809
0.60	θ_x		0.2652	0.3877	0.4478	0.4866
	θ_y		0.1562	0.2509	0.3081	0.3261
0.70	θ_x		0.3363	0.4827	0.5817	0.6155
	θ_y		0.1584	0.2698	0.3329	0.3522
0.75	θ_x		0.3442	0.4947	0.5922	0.6309
	θ_y		0.1584	0.2698	0.3329	0.3522

$k=1.5$　$\alpha=0.4$　$\beta=0.6$

ξ	η	0.10	0.20	0.30	0.40	0.50
0.20	θ_x			−0.0072	−0.0096	−0.0105
	θ_y			0.1007	0.1191	0.1255
0.30	θ_x			0.0199	0.0100	0.0223
	θ_y			0.1514	0.1792	0.1890
0.40	θ_x			0.0880	0.1022	0.1076
	θ_y			0.2018	0.2392	0.2518
0.50	θ_x			0.2305	0.2719	0.2868
	θ_y			0.2501	0.2953	0.3099
0.60	θ_x			0.4460	0.5086	0.5516
	θ_y			0.2908	0.3417	0.3563
0.70	θ_x			0.5564	0.6580	0.6920
	θ_y			0.3136	0.3662	0.3822
0.75	θ_x			0.5700	0.6705	0.7096
	θ_y			0.3136	0.3662	0.3822

$k=1.5$　$\alpha=0.4$　$\beta=0.7$

ξ	η	0.10	0.20	0.30	0.40	0.50
0.20	θ_x			−0.0086	−0.0092	−0.0093
	θ_y			0.1113	0.1303	0.1368
0.30	θ_x			0.0208	0.0144	0.0286
	θ_y			0.1676	0.1956	0.2052
0.40	θ_x			0.0959	0.1166	0.1243
	θ_y			0.2235	0.2596	0.2715
0.50	θ_x			0.2635	0.3118	0.3287
	θ_y			0.2768	0.3181	0.3316
0.60	θ_x			0.4890	0.5566	0.5975
	θ_y			0.3204	0.3656	0.3783
0.70	θ_x			0.6151	0.7175	0.7517
	θ_y			0.3450	0.3901	0.4041
0.75	θ_x			0.6303	0.7316	0.7667
	θ_y			0.3450	0.3901	0.4041

$k=1.5$　$\alpha=0.4$　$\beta=0.8$

ξ	η	0.10	0.20	0.30	0.40	0.50
0.20	θ_x				−0.0087	−0.0081
	θ_y				0.1383	0.1448
0.30	θ_x				0.0183	0.0218
	θ_y				0.2073	0.2166
0.40	θ_x				0.1277	0.1370
	θ_y				0.2740	0.2854
0.50	θ_x				0.3244	0.3427
	θ_y				0.3341	0.3466
0.60	θ_x				0.5910	0.6187
	θ_y				0.3811	0.3925
0.70	θ_x				0.7600	0.7940
	θ_y				0.4066	0.4192
0.75	θ_x				0.7752	0.8100
	θ_y				0.4066	0.4192

$k=1.5$　$\alpha=0.4$　$\beta=0.9$

ξ	η	0.10	0.20	0.30	0.40	0.50
0.20	θ_x				−0.0083	−0.0072
	θ_y				0.1432	0.1496
0.30	θ_x				0.0209	0.0370
	θ_y				0.2143	0.2234
0.40	θ_x				0.1346	0.1450
	θ_y				0.2825	0.2935
0.50	θ_x				0.3478	0.3668
	θ_y				0.3435	0.3554
0.60	θ_x				0.6117	0.6536
	θ_y				0.3897	0.4026
0.70	θ_x				0.7855	0.8193
	θ_y				0.4162	0.4279
0.75	θ_x				0.8013	0.8358
	θ_y				0.4162	0.4279

$k=1.5$　$\alpha=0.4$　$\beta=1.0$

ξ	η	0.10	0.20	0.30	0.40	0.50
0.20	θ_x					−0.0069
	θ_y					0.1512
0.30	θ_x					0.0382
	θ_y					0.2256
0.40	θ_x					0.1477
	θ_y					0.2962
0.50	θ_x					0.3620
	θ_y					0.3583
0.60	θ_x					0.6636
	θ_y					0.4055
0.70	θ_x					0.8274
	θ_y					0.4311
0.75	θ_x					0.8482
	θ_y					0.4311

$k=1.5$　$\alpha=0.5$　$\beta=0.1$

ξ	η	0.10	0.20	0.30	0.40	0.50
0.20	θ_x	0.0023	0.0031	0.0016	−0.0014	−0.0029
	θ_y	0.0078	0.0158	0.0236	0.0299	0.0323
0.30	θ_x	0.0067	0.0115	0.0110	0.0072	0.0039
	θ_y	0.0110	0.0225	0.0347	0.0456	0.0502
0.40	θ_x	0.0144	0.0260	0.0319	0.0292	0.0243
	θ_y	0.0132	0.0277	0.0440	0.0614	0.0709
0.50	θ_x	0.0243	0.0466	0.0650	0.0773	0.0816
	θ_y	0.0145	0.0307	0.0502	0.0747	0.0974
0.60	θ_x	0.0335	0.0656	0.0971	0.1194	0.1381
	θ_y	0.0149	0.0300	0.0540	0.0909	0.1204
0.70	θ_x	0.0390	0.0776	0.1142	0.1438	0.1563
	θ_y	0.0151	0.0328	0.0563	0.0916	0.1305
0.75	θ_x	0.0398	0.0791	0.1163	0.1462	0.1584
	θ_y	0.0151	0.0328	0.0563	0.0916	0.1305

$k=1.5$　$\alpha=0.5$　$\beta=0.2$

ξ	η	0.10	0.20	0.30	0.40	0.50
0.20	θ_x	0.0042	0.0056	0.0028	−0.0027	−0.0049
	θ_y	0.0157	0.0317	0.0469	0.0588	0.0634
0.30	θ_x	0.0128	0.0217	0.0210	0.0149	0.0096
	θ_y	0.0222	0.0452	0.0691	0.0896	0.0979
0.40	θ_x	0.0281	0.0506	0.0616	0.0567	0.0500
	θ_y	0.0268	0.0558	0.0884	0.1209	0.1362
0.50	θ_x	0.0481	0.0922	0.1284	0.1526	0.1610
	θ_y	0.0294	0.0620	0.1017	0.1513	0.1788
0.60	θ_x	0.0668	0.1308	0.1934	0.2352	0.2684
	θ_y	0.0304	0.0629	0.1104	0.1773	0.2149
0.70	θ_x	0.0780	0.1548	0.2268	0.2832	0.3056
	θ_y	0.0308	0.0667	0.1157	0.1889	0.2330
0.75	θ_x	0.0794	0.1577	0.2309	0.2874	0.3104
	θ_y	0.0308	0.0667	0.1157	0.1889	0.2330

$k=1.5$ $\alpha=0.5$ $\beta=0.3$

ξ	η	0.10	0.20	0.30	0.40	0.50
0.20	θ_x	0.0054	0.0070	0.0034	−0.0033	−0.0063
	θ_y	0.0237	0.0473	0.0694	0.0858	0.0921
0.30	θ_x	0.0178	0.0297	0.0292	0.0232	0.0194
	θ_y	0.0336	0.0682	0.1027	0.1305	0.1411
0.40	θ_x	−0.0404	0.0724	0.0871	0.0838	0.0811
	θ_y	0.0409	0.0849	0.1331	0.1761	0.1935
0.50	θ_x	0.0709	0.1359	0.1887	0.2240	0.2363
	θ_y	0.0450	0.0954	0.1555	0.222	0.2467
0.60	θ_x	0.0998	0.1947	0.2878	0.3439	0.3867
	θ_y	0.0470	0.1007	0.1710	0.2553	0.2907
0.70	θ_x	0.1166	0.2309	0.3356	0.4139	0.4436
	θ_y	0.0478	0.1044	0.1811	0.2786	0.3143
0.75	θ_x	0.1189	0.2352	0.3417	0.4200	0.4497
	θ_y	0.0478	0.1044	0.1811	0.2786	0.3143

$k=1.5$ $\alpha=0.5$ $\beta=0.4$

ξ	η	0.10	0.20	0.30	0.40	0.50
0.20	θ_x		0.0070	0.0029	−0.0029	−0.0054
	θ_y		0.0626	0.0904	0.1103	0.1176
0.30	θ_x		0.0348	0.0366	0.0324	0.0297
	θ_y		0.0913	0.1348	0.1672	0.1792
0.40	θ_x		0.0897	0.1074	0.1116	0.1135
	θ_y		0.1152	0.1767	0.2246	0.2418
0.50	θ_x		0.1765	0.2449	0.2897	0.3052
	θ_y		0.1309	0.2133	0.2807	0.3027
0.60	θ_x		0.2564	0.3659	0.4426	0.4703
	θ_y		0.1441	0.2402	0.3221	0.3547
0.70	θ_x		0.3048	0.4380	0.5323	0.5663
	θ_y		0.1463	0.2556	0.3490	0.3778
0.75	θ_x		0.3103	0.4459	0.5403	0.5748
	θ_y		0.1463	0.2556	0.3490	0.3778

$k=1.5$ $\alpha=0.5$ $\beta=0.5$

ξ	η	0.10	0.20	0.30	0.40	0.50
0.20	θ_x		0.0055	0.0028	−0.0016	−0.0023
	θ_y		0.0772	0.1095	0.1316	0.1394
0.30	θ_x		0.0369	0.0410	0.0420	0.0414
	θ_y		0.1138	0.1640	0.1986	0.2106
0.40	θ_x		0.1015	0.1242	0.1390	0.1449
	θ_y		0.1463	0.2170	0.2651	0.2815
0.50	θ_x		0.2131	0.2949	0.3479	0.3663
	θ_y		0.1701	0.2674	0.3276	0.3471
0.60	θ_x		0.3141	0.4592	0.5289	0.5822
	θ_y		0.1917	0.3066	0.3762	0.3984
0.70	θ_x		0.3747	0.5305	0.6353	0.6719
	θ_y		0.1960	0.3263	0.4030	0.4265
0.75	θ_x		0.3814	0.5388	0.6451	0.6824
	θ_y		0.1960	0.3263	0.4030	0.4265

$k=1.5$ $\alpha=0.5$ $\beta=0.6$

ξ	η	0.10	0.20	0.30	0.40	0.50
0.20	θ_x			0.0021	0.0002	0.0007
	θ_y			0.1260	0.1492	0.1572
0.30	θ_x			0.0450	0.0515	0.0531
	θ_y			0.1892	0.2244	0.2362
0.40	θ_x			0.1398	0.1641	0.1733
	θ_y			0.2514	0.2976	0.3130
0.50	θ_x			0.3377	0.3975	0.4181
	θ_y			0.3099	0.3647	0.3824
0.60	θ_x			0.5286	0.6011	0.6571
	θ_y			0.3556	0.4175	0.4356
0.70	θ_x			0.6102	0.7211	0.7591
	θ_y			0.3802	0.4445	0.4642
0.75	θ_x			0.6197	0.7325	0.7727
	θ_y			0.3802	0.4445	0.4642

$k=1.5$ $\alpha=0.5$ $\beta=0.7$

ξ	η	0.10	0.20	0.30	0.40	0.50
0.20	θ_x			0.0015	0.0023	0.0039
	θ_y			0.1394	0.1631	0.1711
0.30	θ_x			0.0482	0.0601	0.0635
	θ_y			0.2095	0.2444	0.2558
0.40	θ_x			0.1534	0.1853	0.1970
	θ_y			0.2784	0.3224	0.3368
0.50	θ_x			0.3722	0.4372	0.4595
	θ_y			0.3421	0.3923	0.4085
0.60	θ_x			0.5849	0.6580	0.7147
	θ_y			0.3917	0.4470	0.4628
0.70	θ_x			0.6743	0.7886	0.8271
	θ_y			0.4179	0.4746	0.4922
0.75	θ_x			0.6849	0.8028	0.8421
	θ_y			0.4179	0.4746	0.4922

$k=1.5$ $\alpha=0.5$ $\beta=0.8$

ξ	η	0.10	0.20	0.30	0.40	0.50
0.20	θ_x				0.0041	0.0058
	θ_y				0.1730	0.1809
0.30	θ_x				0.0671	0.0732
	θ_y				0.2584	0.2696
0.40	θ_x				0.2014	0.2148
	θ_y				0.3398	0.3535
0.50	θ_x				0.4662	0.4897
	θ_y				0.4116	0.4267
0.60	θ_x				0.6989	0.7318
	θ_y				0.4663	0.4804
0.70	θ_x				0.8370	0.8759
	θ_y				0.4953	0.5112
0.75	θ_x				0.8521	0.8918
	θ_y				0.4953	0.5112

$k=1.5$ $\alpha=0.5$ $\beta=0.9$

ξ	η	0.10	0.20	0.30	0.40	0.50
0.20	θ_x				0.0053	0.0077
	θ_y				0.1789	0.1867
0.30	θ_x				0.0716	0.0770
	θ_y				0.2668	0.2778
0.40	θ_x				0.2114	0.2257
	θ_y				0.3501	0.3633
0.50	θ_x				0.4851	0.5094
	θ_y				0.4230	0.4374
0.60	θ_x				0.7236	0.7818
	θ_y				0.4770	0.4929
0.70	θ_x				0.8662	0.9052
	θ_y				0.5074	0.5223
0.75	θ_x				0.8819	0.9216
	θ_y				0.5074	0.5223

$k=1.5$ $\alpha=0.5$ $\beta=1.0$

ξ	η	0.10	0.20	0.30	0.40	0.50
0.20	θ_x					0.0083
	θ_y					0.1887
0.30	θ_x					0.0788
	θ_y					0.2805
0.40	θ_x					0.2295
	θ_y					0.3666
0.50	θ_x					0.5142
	θ_y					0.4408
0.60	θ_x					0.7908
	θ_y					0.4965
0.70	θ_x					0.9150
	θ_y					0.5259
0.75	θ_x					0.9316
	θ_y					0.5259

$k=1.5$ $\alpha=0.6$ $\beta=0.1$

ξ	η	0.10	0.20	0.30	0.40	0.50
0.30	θ_x	0.0101	0.0182	0.0194	0.0193	0.0108
	θ_y	0.0127	0.0258	0.0409	0.0553	0.0615
0.40	θ_x	0.0190	0.0360	0.0465	0.0540	0.0449
	θ_y	0.0152	0.0308	0.0511	0.0747	0.0880
0.50	θ_x	0.0293	0.0563	0.0817	0.0959	0.1167
	θ_y	0.0168	0.0340	0.0582	0.0923	0.1186
0.60	θ_x	0.0380	0.0742	0.1091	0.1337	0.1494
	θ_y	0.0177	0.0356	0.0636	0.1058	0.1384
0.70	θ_x	0.0429	0.0847	0.1221	0.1560	0.1614
	θ_y	0.0182	0.0363	0.0669	0.1132	0.1475
0.75	θ_x	0.0435	0.0861	0.1236	0.1590	0.1635
	θ_y	0.0182	0.0363	0.0669	0.1132	0.1475

$k=1.5$ $\alpha=0.6$ $\beta=0.2$

ξ	η	0.10	0.20	0.30	0.40	0.50
0.30	θ_x	0.0195	0.0352	0.0371	0.0387	0.0243
	θ_y	0.0256	0.0521	0.0817	0.1086	0.1194
0.40	θ_x	0.0375	0.0707	0.0912	0.1069	0.0931
	θ_y	0.0308	0.0630	0.1027	0.1462	0.1665
0.50	θ_x	0.0583	0.1117	0.1626	0.1893	0.2246
	θ_y	0.0341	0.0703	0.1182	0.1803	0.2142
0.60	θ_x	0.0758	0.1478	0.2167	0.2633	0.2922
	θ_y	0.0361	0.0745	0.1301	0.2065	0.2489
0.70	θ_x	0.0854	0.1689	0.2419	0.3071	0.3173
	θ_y	0.0371	0.0764	0.1371	0.2208	0.2657
0.75	θ_x	0.0866	0.1717	0.2449	0.3130	0.3210
	θ_y	0.0371	0.0764	0.1371	0.2208	0.2657

$k=1.5$ $\alpha=0.6$ $\beta=0.3$

ξ	η	0.10	0.20	0.30	0.40	0.50
0.30	θ_x	0.0275	0.0496	0.0519	0.0581	0.0411
	θ_y	0.0389	0.0792	0.1220	0.1579	0.1713
0.40	θ_x	0.0545	0.1031	0.1309	0.1576	0.1428
	θ_y	0.0471	0.0975	0.1559	0.2117	0.2338
0.50	θ_x	0.0864	0.1651	0.2419	0.2775	0.3228
	θ_y	0.0523	0.1107	0.1813	0.2603	0.2936
0.60	θ_x	0.1130	0.2198	0.3211	0.3852	0.4236
	θ_y	0.0557	0.1190	0.2012	0.2974	0.3377
0.70	θ_x	0.1272	0.2519	0.3570	0.4489	0.4631
	θ_y	0.0575	0.1230	0.2131	0.3177	0.3604
0.75	θ_x	0.1290	0.2562	0.3613	0.4574	0.4678
	θ_y	0.0575	0.1230	0.2131	0.3177	0.3604

$k=1.5$ $\alpha=0.6$ $\beta=0.4$

ξ	η	0.10	0.20	0.30	0.40	0.50
0.30	θ_x		0.0610	0.0738	0.0772	0.0773
	θ_y		0.1070	0.1607	0.2017	0.2172
0.40	θ_x		0.1321	0.1776	0.2049	0.2138
	θ_y		0.1342	0.2092	0.2692	0.2924
0.50	θ_x		0.2152	0.3010	0.3583	0.3785
	θ_y		0.1553	0.2506	0.3295	0.3605
0.60	θ_x		0.2890	0.4111	0.4960	0.5267
	θ_y		0.1697	0.2810	0.3755	0.4129
0.70	θ_x		0.3323	0.4761	0.5774	0.6143
	θ_y		0.1769	0.2972	0.4004	0.4415
0.75	θ_x		0.3380	0.4847	0.5882	0.6259
	θ_y		0.1769	0.2972	0.4004	0.4415

$k=1.5$　$\alpha=0.6$　$\beta=0.5$

ξ	η	0.10	0.20	0.30	0.40	0.50
0.30	θ_x		0.0689	0.0728	0.0956	0.0798
	θ_y		0.1346	0.1962	0.2390	0.2531
0.40	θ_x		0.1571	0.1949	0.2476	0.2358
	θ_y		0.1722	0.2591	0.3172	0.3360
0.50	θ_x		0.2610	0.3878	0.4298	0.4837
	θ_y		0.2030	0.3166	0.3865	0.4097
0.60	θ_x		0.3535	0.5086	0.5931	0.6427
	θ_y		0.2249	0.3576	0.4389	0.4649
0.70	θ_x		0.4079	0.5615	0.6896	0.7069
	θ_y		0.2363	0.3785	0.4672	0.4940
0.75	θ_x		0.4151	0.5683	0.7024	0.7165
	θ_y		0.2363	0.3785	0.4672	0.4940

$k=1.5$　$\alpha=0.6$　$\beta=0.6$

ξ	η	0.10	0.20	0.30	0.40	0.50
0.30	θ_x			0.0809	0.1125	0.0985
	θ_y			0.2267	0.2693	0.2828
0.40	θ_x			0.2214	0.2846	0.2748
	θ_y			0.3003	0.3554	0.3724
0.50	θ_x			0.4456	0.4902	0.5474
	θ_y			0.3666	0.4309	0.4508
0.60	θ_x			0.5848	0.6745	0.7252
	θ_y			0.4148	0.4875	0.5087
0.70	θ_x			0.6452	0.7832	0.8013
	θ_y			0.4397	0.5179	0.5397
0.75	θ_x			0.6517	0.7976	0.8123
	θ_y			0.4397	0.5179	0.5397

$k=1.5$　$\alpha=0.6$　$\beta=0.7$

ξ	η	0.10	0.20	0.30	0.40	0.50
0.30	θ_x			0.0879	0.1270	0.1146
	θ_y			0.2511	0.2924	0.3055
0.40	θ_x			0.2438	0.3147	0.3067
	θ_y			0.3320	0.3839	0.3998
0.50	θ_x			0.4884	0.5385	0.5978
	θ_y			0.4041	0.4632	0.4811
0.60	θ_x			0.6466	0.7387	0.7925
	θ_y			0.4572	0.5223	0.5411
0.70	θ_x			0.7120	0.8568	0.8756
	θ_y			0.4848	0.5539	0.5729
0.75	θ_x			0.7219	0.8725	0.8876
	θ_y			0.4848	0.5539	0.5729

$k=1.5$　$\alpha=0.6$　$\beta=0.8$

ξ	η	0.10	0.20	0.30	0.40	0.50
0.30	θ_x				0.1382	0.1477
	θ_y				0.3086	0.3214
0.40	θ_x				0.3370	0.3553
	θ_y				0.4034	0.4184
0.50	θ_x				0.5735	0.6019
	θ_y				0.4849	0.5012
0.60	θ_x				0.7850	0.8223
	θ_y				0.5451	0.5620
0.70	θ_x				0.9097	0.9521
	θ_y				0.5773	0.5943
0.75	θ_x				0.9263	0.9694
	θ_y				0.5773	0.5943

$k=1.5$　$\alpha=0.6$　$\beta=0.9$

ξ	η	0.10	0.20	0.30	0.40	0.50
0.30	θ_x				0.1452	0.1348
	θ_y				0.3182	0.3309
0.40	θ_x				0.3507	0.3448
	θ_y				0.4147	0.4303
0.50	θ_x				0.5948	0.6487
	θ_y				0.4972	0.5147
0.60	θ_x				0.8129	0.8686
	θ_y				0.5579	0.5768
0.70	θ_x				0.9415	0.9613
	θ_y				0.5902	0.6092
0.75	θ_x				0.9586	0.9746
	θ_y				0.5902	0.6092

$k=1.5$　$\alpha=0.6$　$\beta=1.0$

ξ	η	0.10	0.20	0.30	0.40	0.50
0.30	θ_x					0.1375
	θ_y					0.3340
0.40	θ_x					0.3497
	θ_y					0.4340
0.50	θ_x					0.6639
	θ_y					0.5187
0.60	θ_x					0.8782
	θ_y					0.5807
0.70	θ_x					0.9721
	θ_y					0.6136
0.75	θ_x					0.9855
	θ_y					0.6136

$k=1.5$　$\alpha=0.7$　$\beta=0.1$

ξ	η	0.10	0.20	0.30	0.40	0.50
0.30	θ_x	0.0142	0.0265	0.0312	0.0352	0.0233
	θ_y	0.0141	0.0285	0.0464	0.0651	0.0739
0.40	θ_x	0.0240	0.0459	0.0634	0.0748	0.0787
	θ_y	0.0170	0.0356	0.0573	0.0835	0.1065
0.50	θ_x	0.0340	0.0665	0.0963	0.1222	0.1358
	θ_y	0.0190	0.0403	0.0659	0.0998	0.1365
0.60	θ_x	0.0416	0.0809	0.1174	0.1440	0.1554
	θ_y	0.0204	0.0410	0.0728	0.1192	0.1538
0.70	θ_x	0.0455	0.0888	0.1267	0.1541	0.1639
	θ_y	0.0212	0.0457	0.0767	0.1194	0.1621
0.75	θ_x	0.0459	0.0897	0.1278	0.1549	0.1644
	θ_y	0.0212	0.0457	0.0767	0.1194	0.1621

$k=1.5$　$\alpha=0.7$　$\beta=0.2$

ξ	η	0.10	0.20	0.30	0.40	0.50
0.30	θ_x	0.0278	0.0517	0.0603	0.0699	0.0482
	θ_y	0.0285	0.0580	0.0931	0.1276	0.1423
0.40	θ_x	0.0475	0.0907	0.1252	0.1477	0.1554
	θ_y	0.0344	0.0719	0.1156	0.1686	0.1973
0.50	θ_x	0.0676	0.1323	0.1916	0.2422	0.2636
	θ_y	0.0386	0.0813	0.1340	0.2048	0.2460
0.60	θ_x	0.0827	0.1610	0.2327	0.2838	0.3067
	θ_y	0.0415	0.0856	0.1485	0.2326	0.2783
0.70	θ_x	0.0904	0.1762	0.2508	0.3039	0.3236
	θ_y	0.0432	0.0926	0.1566	0.2435	0.2937
0.75	θ_x	0.0914	0.1780	0.2529	0.3053	0.3242
	θ_y	0.0432	0.0926	0.1566	0.2435	0.2937

$k=1.5$　$\alpha=0.7$　$\beta=0.3$

ξ	η	0.10	0.20	0.30	0.40	0.50
0.30	θ_x	0.0399	0.0744	0.0851	0.1036	0.0783
	θ_y	0.0434	0.0890	0.1400	0.1851	0.2023
0.40	θ_x	0.0699	0.1333	0.1840	0.2169	0.2283
	θ_y	0.0525	0.1100	0.1766	0.2474	0.2735
0.50	θ_x	0.1005	0.1968	0.2850	0.3551	0.3800
	θ_y	0.0589	0.1253	0.2064	0.3020	0.3363
0.60	θ_x	0.1230	0.2391	0.3437	0.4154	0.4452
	θ_y	0.0640	0.1362	0.2296	0.3353	0.3788
0.70	θ_x	0.1342	0.2610	0.3696	0.4453	0.4727
	θ_y	0.0667	0.1437	0.2422	0.3581	0.4003
0.75	θ_x	0.1356	0.2635	0.3730	0.4498	0.4774
	θ_y	0.0667	0.1437	0.2422	0.3581	0.4003

$k=1.5$　$\alpha=0.7$　$\beta=0.4$

ξ	η	0.10	0.20	0.30	0.40	0.50
0.30	θ_x		0.0939	0.1216	0.1357	0.1397
	θ_y		0.1213	0.1856	0.2359	0.2552
0.40	θ_x		0.1728	0.2384	0.2807	0.2954
	θ_y		0.1501	0.2404	0.3132	0.3371
0.50	θ_x		0.2592	0.3745	0.4563	0.4844
	θ_y		0.1723	0.2861	0.3802	0.4096
0.60	θ_x		0.3138	0.4448	0.5352	0.5676
	θ_y		0.1934	0.3182	0.4235	0.4652
0.70	θ_x		0.3412	0.4802	0.5744	0.6079
	θ_y		0.1995	0.3361	0.4505	0.4870
0.75	θ_x		0.3443	0.4849	0.5771	0.6105
	θ_y		0.1995	0.3361	0.4505	0.4870

$k=1.5$　$\alpha=0.7$　$\beta=0.5$

ξ	η	0.10	0.20	0.30	0.40	0.50
0.30	θ_x		0.1096	0.1212	0.1653	0.1408
	θ_y		0.1541	0.2279	0.2788	0.2951
0.40	θ_x		0.2081	0.2868	0.3376	0.3551
	θ_y		0.1935	0.3001	0.3665	0.3882
0.50	θ_x		0.3190	0.4556	0.5438	0.5736
	θ_y		0.2251	0.3611	0.4421	0.4677
0.60	θ_x		0.3832	0.5407	0.6403	0.6800
	θ_y		0.2554	0.4031	0.4955	0.5248
0.70	θ_x		0.4151	0.5795	0.6882	0.7261
	θ_y		0.2631	0.4247	0.5231	0.5542
0.75	θ_x		0.4184	0.5854	0.6950	0.7299
	θ_y		0.2631	0.4247	0.5231	0.5542

$k=1.5$　$\alpha=0.7$　$\beta=0.6$

ξ	η	0.10	0.20	0.30	0.40	0.50
0.30	θ_x			0.1362	0.1914	0.1686
	θ_y			0.2639	0.3132	0.3285
0.40	θ_x			0.3283	0.3861	0.4060
	θ_y			0.3474	0.4090	0.4290
0.50	θ_x			0.5240	0.6167	0.6479
	θ_y			0.4191	0.4909	0.5136
0.60	θ_x			0.6210	0.7287	0.7710
	θ_y			0.4687	0.5508	0.5747
0.70	θ_x			0.6648	0.7841	0.8252
	θ_y			0.4940	0.5796	0.6064
0.75	θ_x			0.6716	0.7918	0.8333
	θ_y			0.4940	0.5796	0.6064

$k=1.5 \quad \alpha=0.7 \quad \beta=0.7$

ξ	η	0.10	0.20	0.30	0.40	0.50
0.30	θ_x			0.1494	0.2132	0.1920
	θ_y			0.2921	0.3392	0.3538
0.40	θ_x			0.3616	0.4250	0.4469
	θ_y			0.3836	0.4409	0.4595
0.50	θ_x			0.5778	0.6741	0.7066
	θ_y			0.4608	0.5271	0.5483
0.60	θ_x			0.6856	0.7985	0.8429
	θ_y			0.5158	0.5907	0.6122
0.70	θ_x			0.7336	0.8604	0.9037
	θ_y			0.5440	0.6212	0.6455
0.75	θ_x			0.7409	0.8688	0.9092
	θ_y			0.5440	0.6212	0.6455

$k=1.5 \quad \alpha=0.7 \quad \beta=0.8$

ξ	η	0.10	0.20	0.30	0.40	0.50
0.30	θ_x				0.2295	0.2432
	θ_y				0.3572	0.3712
0.40	θ_x				0.4535	0.4767
	θ_y				0.4633	0.4809
0.50	θ_x				0.7156	0.7490
	θ_y				0.5525	0.5722
0.60	θ_x				0.8490	0.8897
	θ_y				0.6169	0.6364
0.70	θ_x				0.9156	0.9603
	θ_y				0.6500	0.6722
0.75	θ_x				0.9246	0.9698
	θ_y				0.6500	0.6722

$k=1.5 \quad \alpha=0.7 \quad \beta=0.9$

ξ	η	0.10	0.20	0.30	0.40	0.50
0.30	θ_x				0.2397	0.2205
	θ_y				0.3678	0.3820
0.40	θ_x				0.4709	0.4949
	θ_y				0.4766	0.4934
0.50	θ_x				0.7345	0.7684
	θ_y				0.5674	0.5863
0.60	θ_x				0.8795	0.9260
	θ_y				0.6317	0.6529
0.70	θ_x				0.9491	0.9946
	θ_y				0.6668	0.6878
0.75	θ_x				0.9585	1.0044
	θ_y				0.6668	0.6878

$k=1.5 \quad \alpha=0.7 \quad \beta=1.0$

ξ	η	0.10	0.20	0.30	0.40	0.50
0.30	θ_x					0.2242
	θ_y					0.3855
0.40	θ_x					0.5011
	θ_y					0.4978
0.50	θ_x					0.7832
	θ_y					0.5908
0.60	θ_x					0.9365
	θ_y					0.6579
0.70	θ_x					1.0060
	θ_y					0.6929
0.75	θ_x					1.0127
	θ_y					0.6929

$k=1.5 \quad \alpha=0.8 \quad \beta=0.1$

ξ	η	0.10	0.20	0.30	0.40	0.50
0.40	θ_x	0.0291	0.0564	0.0805	0.1008	0.1142
	θ_y	0.0185	0.0390	0.0630	0.0933	0.1248
0.50	θ_x	0.0380	0.0745	0.1076	0.1347	0.1458
	θ_y	0.0211	0.0447	0.0732	0.1113	0.1511
0.60	θ_x	0.0441	0.0859	0.1227	0.1507	0.1596
	θ_y	0.0229	0.0461	0.0812	0.1309	0.1668
0.70	θ_x	0.0471	0.0913	0.1291	0.1553	0.1647
	θ_y	0.0240	0.0514	0.0855	0.1307	0.1746
0.75	θ_x	0.0475	0.0920	0.1298	0.1558	0.1656
	θ_y	0.0240	0.0514	0.0855	0.1307	0.1746

$k=1.5 \quad \alpha=0.8 \quad \beta=0.2$

ξ	η	0.10	0.20	0.30	0.40	0.50
0.40	θ_x	0.0577	0.1119	0.1601	0.2003	0.2201
	θ_y	0.0375	0.0785	0.1277	0.1906	0.2263
0.50	θ_x	0.0757	0.1481	0.2137	0.2658	0.2857
	θ_y	0.0427	0.0901	0.1489	0.2277	0.2733
0.60	θ_x	0.0877	0.1706	0.2430	0.2971	0.3148
	θ_y	0.0467	0.0960	0.1647	0.2555	0.3034
0.70	θ_x	0.0935	0.1811	0.2553	0.3065	0.3247
	θ_y	0.0488	0.1041	0.1741	0.2659	0.3179
0.75	θ_x	0.0942	0.1823	0.2567	0.3071	0.3266
	θ_y	0.0488	0.1041	0.1741	0.2659	0.3179

$k=1.5 \quad \alpha=0.8 \quad \beta=0.3$

ξ	η	0.10	0.20	0.30	0.40	0.50
0.40	θ_x	0.0855	0.1659	0.2380	0.2941	0.3165
	θ_y	0.0574	0.1206	0.1952	0.2808	0.3115
0.50	θ_x	0.1125	0.2201	0.3164	0.3891	0.4147
	θ_y	0.0656	0.1390	0.2291	0.3355	0.3740
0.60	θ_x	0.1302	0.2530	0.3584	0.4350	0.4585
	θ_y	0.0718	0.1521	0.2543	0.3686	0.4153
0.70	θ_x	0.1384	0.2675	0.3758	0.4494	0.4756
	θ_y	0.0751	0.1611	0.2681	0.3907	0.4359
0.75	θ_x	0.1394	0.2692	0.3779	0.4502	0.4762
	θ_y	0.0751	0.1611	0.2681	0.3907	0.4359

$k=1.5 \quad \alpha=0.8 \quad \beta=0.4$

ξ	η	0.10	0.20	0.30	0.40	0.50
0.40	θ_x		0.2177	0.3122	0.3783	0.4005
	θ_y		0.1649	0.2691	0.3542	0.3812
0.50	θ_x		0.2894	0.4139	0.5009	0.5315
	θ_y		0.1914	0.3179	0.4225	0.4555
0.60	θ_x		0.3314	0.4677	0.5609	0.5942
	θ_y		0.2151	0.3515	0.4659	0.5111
0.70	θ_x		0.3488	0.4876	0.5803	0.6130
	θ_y		0.2226	0.3700	0.4923	0.5318
0.75	θ_x		0.3508	0.4894	0.5816	0.1642
	θ_y		0.2226	0.3700	0.4923	0.5318

$k=1.5$　$\alpha=0.8$　$\beta=0.5$

ξ	η	0.10	0.20	0.30	0.40	0.50
0.40	θ_x		0.2668	0.3796	0.4513	0.4754
	θ_y		0.2139	0.3384	0.4130	0.4371
0.50	θ_x		0.3547	0.5016	0.5982	0.6314
	θ_y		0.2503	0.4013	0.4914	0.5200
0.60	θ_x		0.4037	0.5619	0.6716	0.7039
	θ_y		0.2830	0.4443	0.5456	0.5777
0.70	θ_x		0.4229	0.5878	0.6960	0.7338
	θ_y		0.2918	0.4662	0.5728	0.6070
0.75	θ_x		0.4250	0.5896	0.6980	0.7358
	θ_y		0.2918	0.4662	0.5728	0.6070

$k=1.5$　$\alpha=0.8$　$\beta=0.6$

ξ	η	0.10	0.20	0.30	0.40	0.50
0.40	θ_x			0.4379	0.5125	0.5383
	θ_y			0.3914	0.4598	0.4818
0.50	θ_x			0.5751	0.6796	0.7146
	θ_y			0.4649	0.5456	0.5714
0.60	θ_x			0.6456	0.7648	0.8000
	θ_y			0.5152	0.6071	0.6341
0.70	θ_x			0.6738	0.7940	0.8356
	θ_y			0.5409	0.6359	0.6663
0.75	θ_x			0.6758	0.7965	0.8382
	θ_y			0.5409	0.6359	0.6663

$k=1.5$　$\alpha=0.8$　$\beta=0.7$

ξ	η	0.10	0.20	0.30	0.40	0.50
0.40	θ_x			0.4759	0.5562	0.5835
	θ_y			0.4315	0.4950	0.5147
0.50	θ_x			0.6363	0.7439	0.7803
	θ_y			0.5126	0.5858	0.6093
0.60	θ_x			0.7114	0.8387	0.8760
	θ_y			0.5685	0.6516	0.6757
0.70	θ_x			0.7441	0.8732	0.9174
	θ_y			0.5968	0.6830	0.7094
0.75	θ_x			0.7454	0.8752	0.9197
	θ_y			0.5968	0.6830	0.7094

$k=1.5$　$\alpha=0.8$　$\beta=0.8$

ξ	η	0.10	0.20	0.30	0.40	0.50
0.40	θ_x				0.5960	0.6244
	θ_y				0.5191	0.5383
0.50	θ_x				0.7903	0.8277
	θ_y				0.6139	0.6358
0.60	θ_x				0.8922	0.9354
	θ_y				0.6811	0.7030
0.70	θ_x				0.9291	0.9751
	θ_y				0.7149	0.7400
0.75	θ_x				0.9324	0.9788
	θ_y				0.7149	0.7400

$k=1.5$　$\alpha=0.8$　$\beta=0.9$

ξ	η	0.10	0.20	0.30	0.40	0.50
0.40	θ_x				0.6126	0.6417
	θ_y				0.5335	0.5522
0.50	θ_x				0.8210	0.8590
	θ_y				0.6304	0.6514
0.60	θ_x				0.9246	0.9643
	θ_y				0.6977	0.7218
0.70	θ_x				0.9645	1.0116
	θ_y				0.7337	0.7580
0.75	θ_x				0.9672	1.0146
	θ_y				0.7337	0.7580

$k=1.5$　$\alpha=0.8$　$\beta=1.0$

ξ	η	0.10	0.20	0.30	0.40	0.50
0.40	θ_x					0.6537
	θ_y					0.5564
0.50	θ_x					0.8659
	θ_y					0.6564
0.60	θ_x					0.9754
	θ_y					0.7270
0.70	θ_x					1.0225
	θ_y					0.7635
0.75	θ_x					1.0266
	θ_y					0.7635

$k=1.5$　$\alpha=0.9$　$\beta=0.1$

ξ	η	0.10	0.20	0.30	0.40	0.50
0.40	θ_x	0.0338	0.0661	0.0956	0.1213	0.1343
	θ_y	0.0199	0.0420	0.0682	0.1027	0.1394
0.50	θ_x	0.0413	0.0807	0.1158	0.1424	0.1536
	θ_y	0.0229	0.0487	0.0799	0.1215	0.1633
0.60	θ_x	0.0459	0.0892	0.1259	0.1542	0.1615
	θ_y	0.0253	0.0508	0.0886	0.1409	0.1779
0.70	θ_x	0.0480	0.0926	0.1299	0.1552	0.1642
	θ_y	0.0265	0.0565	0.0932	0.1405	0.1851
0.75	θ_x	0.0482	0.0930	0.1303	0.1556	0.1645
	θ_y	0.0265	0.0565	0.0932	0.1405	0.1851

$k=1.5$　$\alpha=0.9$　$\beta=0.2$

ξ	η	0.10	0.20	0.30	0.40	0.50
0.40	θ_x	0.0673	0.1315	0.1902	0.2404	0.2620
	θ_y	0.0403	0.0846	0.1387	0.2105	0.2520
0.50	θ_x	0.0822	0.1604	0.2296	0.2805	0.3014
	θ_y	0.0466	0.0984	0.1627	0.2477	0.2965
0.60	θ_x	0.0912	0.1770	0.2491	0.3041	0.3180
	θ_y	0.0513	0.1054	0.1802	0.2752	0.3250
0.70	θ_x	0.0952	0.1834	0.2568	0.3062	0.3238
	θ_y	0.0539	0.1144	0.1893	0.2851	0.3387
0.75	θ_x	0.0956	0.1842	0.2576	0.3072	0.3249
	θ_y	0.0539	0.1144	0.1893	0.2851	0.3387

$k=1.5$　　$\alpha=0.9$　　$\beta=0.3$

ξ	η	0.10	0.20	0.30	0.40	0.50
0.40	θ_x	0.1000	0.1956	0.2829	0.3526	0.3774
	θ_y	0.0617	0.1302	0.2128	0.3104	0.3452
0.50	θ_x	0.1220	0.2378	0.3389	0.4106	0.4372
	θ_y	0.0715	0.1517	0.2505	0.3644	0.4059
0.60	θ_x	0.1350	0.2620	0.3669	0.4456	0.4657
	θ_y	0.0789	0.1665	0.2770	0.3972	0.4461
0.70	θ_x	0.1406	0.2705	0.3776	0.4491	0.4744
	θ_y	0.0829	0.1764	0.2907	0.4187	0.4656
0.75	θ_x	0.1413	0.2715	0.3785	0.4508	0.4761
	θ_y	0.0829	0.1764	0.2907	0.4187	0.4656

$k=1.5$　　$\alpha=0.9$　　$\beta=0.4$

ξ	η	0.10	0.20	0.30	0.40	0.50
0.40	θ_x		0.2575	0.3719	0.4531	0.4808
	θ_y		0.1787	0.2951	0.3910	0.4210
0.50	θ_x		0.3117	0.4409	0.5294	0.5610
	θ_y		0.2089	0.3461	0.4593	0.4954
0.60	θ_x		0.3424	0.4811	0.5749	0.6082
	θ_y		0.2345	0.3806	0.5025	0.5505
0.70	θ_x		0.3519	0.4896	0.5805	0.6123
	θ_y		0.2429	0.3995	0.5283	0.5701
0.75	θ_x		0.3533	0.4914	0.5826	0.6145
	θ_y		0.2429	0.3995	0.5283	0.5701

$k=1.5$　　$\alpha=0.9$　　$\beta=0.5$

ξ	η	0.10	0.20	0.30	0.40	0.50
0.40	θ_x		0.3168	0.4518	0.5400	0.5694
	θ_y		0.2329	0.3724	0.4550	0.4813
0.50	θ_x		0.3802	0.5327	0.6337	0.6688
	θ_y		0.2732	0.4362	0.5346	0.5659
0.60	θ_x		0.4162	0.5746	0.6890	0.7175
	θ_y		0.3074	0.4798	0.5889	0.6235
0.70	θ_x		0.4256	0.5897	0.6969	0.7342
	θ_y		0.3169	0.5015	0.6157	0.6528
0.75	θ_x		0.4272	0.5921	0.6995	0.7368
	θ_y		0.3169	0.5015	0.6157	0.6528

$k=1.5$　　$\alpha=0.9$　　$\beta=0.6$

ξ	η	0.10	0.20	0.30	0.40	0.50
0.40	θ_x			0.5195	0.6123	0.6424
	θ_y			0.4309	0.5056	0.5293
0.50	θ_x			0.6121	0.7213	0.7589
	θ_y			0.3719	0.5937	0.6219
0.60	θ_x			0.2951	0.7852	0.8167
	θ_y			0.5564	0.6559	0.6854
0.70	θ_x			0.6756	0.7957	0.8372
	θ_y			0.5825	0.6845	0.7170
0.75	θ_x			0.6782	0.7987	0.8403
	θ_y			0.5825	0.6845	0.7170

$k=1.5$　　$\alpha=0.9$　　$\beta=0.7$

ξ	η	0.10	0.20	0.30	0.40	0.50
0.40	θ_x			0.5738	0.6694	0.7017
	θ_y			0.4750	0.5433	0.5653
0.50	θ_x			0.6750	0.7908	0.8302
	θ_y			0.5577	0.6376	0.6633
0.60	θ_x			0.7266	0.8618	0.8956
	θ_y			0.6140	0.7046	0.7310
0.70	θ_x			0.7449	0.8748	0.9194
	θ_y			0.6420	0.7356	0.7655
0.75	θ_x			0.7477	0.8780	0.9228
	θ_y			0.6420	0.7356	0.7655

$k=1.5$　　$\alpha=0.9$　　$\beta=0.8$

ξ	η	0.10	0.20	0.30	0.40	0.50
0.40	θ_x				0.7106	0.7438
	θ_y				0.5696	0.5902
0.50	θ_x				0.8411	0.8817
	θ_y				0.6683	0.6921
0.60	θ_x				0.9173	0.9622
	θ_y				0.7370	0.7613
0.70	θ_x				0.9324	0.9791
	θ_y				0.7712	0.7989
0.75	θ_x				0.9359	0.9829
	θ_y				0.7712	0.7989

$k=1.5$　　$\alpha=0.9$　　$\beta=0.9$

ξ	η	0.10	0.20	0.30	0.40	0.50
0.40	θ_x				0.7355	0.7694
	θ_y				0.5852	0.6052
0.50	θ_x				0.8782	0.9196
	θ_y				0.6863	0.7092
0.60	θ_x				0.9510	0.9875
	θ_y				0.7554	0.7814
0.70	θ_x				0.9674	1.0154
	θ_y				0.7922	0.8184
0.75	θ_x				0.9711	1.0193
	θ_y				0.7922	0.8184

$k=1.5$　　$\alpha=0.9$　　$\beta=1.0$

ξ	η	0.10	0.20	0.30	0.40	0.50
0.40	θ_x					0.7779
	θ_y					0.6097
0.50	θ_x					0.9233
	θ_y					0.7146
0.60	θ_x					0.9991
	θ_y					0.7876
0.70	θ_x					1.0275
	θ_y					0.8254
0.75	θ_x					1.0315
	θ_y					0.8254

$k=1.5 \quad \alpha=1.0 \quad \beta=0.1$

ξ	η	0.10	0.20	0.30	0.40	0.50
0.50	θ_x	0.0439	0.0854	0.1215	0.1476	0.1577
	θ_y	0.0246	0.0523	0.0859	0.1300	0.1732
0.60	θ_x	0.0471	0.0912	0.1276	0.1552	0.1620
	θ_y	0.0273	0.0549	0.0950	0.1493	0.1871
0.70	θ_x	0.0484	0.0930	0.1297	0.1542	0.1629
	θ_y	0.0289	0.0610	0.0998	0.1487	0.1937
0.75	θ_x	0.0485	0.0932	0.1300	0.1545	0.1633
	θ_y	0.0289	0.0610	0.0998	0.1487	0.1937

$k=1.5 \quad \alpha=1.0 \quad \beta=0.2$

ξ	η	0.10	0.20	0.30	0.40	0.50
0.50	θ_x	0.0872	0.1694	0.2405	0.2911	0.3103
	θ_y	0.0500	0.1058	0.1747	0.2646	0.3156
0.60	θ_x	0.0934	0.1807	0.2522	0.3062	0.3192
	θ_y	0.0554	0.1138	0.1930	0.2917	0.3427
0.70	θ_x	0.0958	0.1840	0.2564	0.3045	0.3214
	θ_y	0.0581	0.1232	0.2017	0.3012	0.3563
0.75	θ_x	0.0961	0.1845	0.2568	0.3052	0.3220
	θ_y	0.0581	0.1232	0.2017	0.3012	0.3563

$k=1.5 \quad \alpha=1.0 \quad \beta=0.3$

ξ	η	0.10	0.20	0.30	0.40	0.50
0.50	θ_x	0.1293	0.2507	0.3547	0.4265	0.4527
	θ_y	0.0768	0.1631	0.2682	0.3890	0.4330
0.60	θ_x	0.1380	0.2671	0.3710	0.4490	0.4673
	θ_y	0.0852	0.1791	0.2955	0.4211	0.4719
0.70	θ_x	0.1414	0.2711	0.3770	0.4469	0.4714
	θ_y	0.0898	0.1896	0.3098	0.4422	0.4911
0.75	θ_x	0.1418	0.2717	0.3775	0.4481	0.4726
	θ_y	0.0898	0.1896	0.3098	0.4422	0.4911

$k=1.5 \quad \alpha=1.0 \quad \beta=0.4$

ξ	η	0.10	0.20	0.30	0.40	0.50
0.50	θ_x		0.3277	0.4605	0.5503	0.5822
	θ_y		0.2245	0.3703	0.4905	0.5291
0.60	θ_x		0.3483	0.4870	0.5797	0.6125
	θ_y		0.2514	0.4055	0.5332	0.5834
0.70	θ_x		0.3522	0.4885	0.5778	0.6090
	θ_y		0.2603	0.4244	0.5585	0.6023
0.75	θ_x		0.3530	0.4897	0.5793	0.6105
	θ_y		0.2603	0.4244	0.5585	0.6023

$k=1.5 \quad \alpha=1.0 \quad \beta=0.5$

ξ	η	0.10	0.20	0.30	0.40	0.50
0.50	θ_x		0.3983	0.5558	0.6595	0.6956
	θ_y		0.2931	0.4661	0.5713	0.6050
0.60	θ_x		0.4223	0.5801	0.6954	0.7225
	θ_y		0.3284	0.5099	0.6254	0.6621
0.70	θ_x		0.4254	0.5883	0.6941	0.7308
	θ_y		0.3383	0.5320	0.6518	0.6906
0.75	θ_x		0.4263	0.5899	0.6959	0.7326
	θ_y		0.3383	0.5320	0.6518	0.6906

$k=1.5 \quad \alpha=1.0 \quad \beta=0.6$

ξ	η	0.10	0.20	0.30	0.40	0.50
0.50	θ_x			0.6375	0.7516	0.7908
	θ_y			0.5403	0.6349	0.6652
0.60	θ_x			0.6647	0.7932	0.8236
	θ_y			0.5911	0.6971	0.7287
0.70	θ_x			0.6737	0.7930	0.8342
	θ_y			0.6166	0.7255	0.7607
0.75	θ_x			0.6754	0.7950	0.8362
	θ_y			0.6166	0.7255	0.7607

$k=1.5 \quad \alpha=1.0 \quad \beta=0.7$

ξ	η	0.10	0.20	0.30	0.40	0.50
0.50	θ_x			0.7034	0.8249	0.8663
	θ_y			0.5961	0.6821	0.7096
0.60	θ_x			0.7328	0.8713	0.9042
	θ_y			0.6524	0.7495	0.7780
0.70	θ_x			0.7425	0.8722	0.9168
	θ_y			0.6807	0.7805	0.8130
0.75	θ_x			0.7444	0.8744	0.9191
	θ_y			0.6807	0.7805	0.8130

$k=1.5 \quad \alpha=1.0 \quad \beta=0.8$

ξ	η	0.10	0.20	0.30	0.40	0.50
0.50	θ_x				0.8780	0.9210
	θ_y				0.7150	0.7406
0.60	θ_x				0.9280	0.9739
	θ_y				0.7846	0.8109
0.70	θ_x				0.9301	0.9770
	θ_y				0.8188	0.8488
0.75	θ_x				0.9323	0.9794
	θ_y				0.8188	0.8488

$k=1.5 \quad \alpha=1.0 \quad \beta=0.9$

ξ	η	0.10	0.20	0.30	0.40	0.50
0.50	θ_x				0.9125	0.9564
	θ_y				0.7344	0.7589
0.60	θ_x				0.9624	0.9944
	θ_y				0.8045	0.8327
0.70	θ_x				0.9671	1.0155
	θ_y				0.8414	0.8701
0.75	θ_x				0.9703	1.0188
	θ_y				0.8414	0.8701

$k=1.5 \quad \alpha=1.0 \quad \beta=1.0$

ξ	η	0.10	0.20	0.30	0.40	0.50
0.50	θ_x					0.9652
	θ_y					0.7648
0.60	θ_x					1.0103
	θ_y					0.8392
0.70	θ_x					1.0259
	θ_y					0.8775
0.75	θ_x					1.0284
	θ_y					0.8775

$k=1.5$　$\alpha=1.1$　$\beta=0.1$

ξ	η	0.10	0.20	0.30	0.40	0.50
0.50	θ_x	0.0458	0.0887	0.1252	0.1510	0.1600
	θ_y	0.0261	0.0555	0.0910	0.1370	0.1811
0.60	θ_x	0.0478	0.0921	0.1283	0.1546	0.1618
	θ_y	0.0290	0.0585	0.1003	0.1560	0.1945
0.70	θ_x	0.0485	0.0929	0.1291	0.1530	0.1612
	θ_y	0.0306	0.0647	0.1051	0.1553	0.2010
0.75	θ_x	0.0485	0.0930	0.1291	0.1530	0.1616
	θ_y	0.0306	0.0647	0.1051	0.1553	0.2010

$k=1.5$　$\alpha=1.1$　$\beta=0.2$

ξ	η	0.10	0.20	0.30	0.40	0.50
0.50	θ_x	0.0908	0.1758	0.2477	0.2981	0.3154
	θ_y	0.0530	0.1121	0.1843	0.2783	0.3309
0.60	θ_x	0.0946	0.1825	0.2536	0.3050	0.3189
	θ_y	0.0589	0.1209	0.2035	0.3049	0.3570
0.70	θ_x	0.0959	0.1837	0.2551	0.3021	0.3183
	θ_y	0.0620	0.1306	0.2123	0.3142	0.3699
0.75	θ_x	0.0961	0.1839	0.2553	0.3022	0.3187
	θ_y	0.0620	0.1306	0.2123	0.3142	0.3699

$k=1.5$　$\alpha=1.1$　$\beta=0.3$

ξ	η	0.10	0.20	0.30	0.40	0.50
0.50	θ_x	0.1344	0.2597	0.3647	0.4371	0.4629
	θ_y	0.0814	0.1727	0.2834	0.4090	0.4550
0.60	θ_x	0.1396	0.2692	0.3729	0.4474	0.4664
	θ_y	0.0904	0.1897	0.3110	0.4405	0.4928
0.70	θ_x	0.1414	0.2704	0.3749	0.4435	0.4674
	θ_y	0.0951	0.2005	0.3255	0.4613	0.5114
0.75	θ_x	0.1415	0.2707	0.3751	0.4437	0.4675
	θ_y	0.0951	0.2005	0.3255	0.4613	0.5114

$k=1.5$　$\alpha=1.1$　$\beta=0.4$

ξ	η	0.10	0.20	0.30	0.40	0.50
0.50	θ_x		0.3386	0.4738	0.5644	0.5962
	θ_y		0.2376	0.3904	0.5161	0.5567
0.60	θ_x		0.3503	0.4875	0.5782	0.6100
	θ_y		0.2655	0.4258	0.5581	0.6099
0.70	θ_x		0.3510	0.4858	0.5736	0.6042
	θ_y		0.2747	0.4448	0.5831	0.6284
0.75	θ_x		0.3512	0.4861	0.5739	0.6044
	θ_y		0.2747	0.4448	0.5831	0.6284

$k=1.5$　$\alpha=1.1$　$\beta=0.5$

ξ	η	0.10	0.20	0.30	0.40	0.50
0.50	θ_x		0.4107	0.5716	0.6768	0.7133
	θ_y		0.3097	0.4907	0.6015	0.6371
0.60	θ_x		0.4237	0.5817	0.6941	0.7230
	θ_y		0.3458	0.5346	0.6550	0.6936
0.70	θ_x		0.4234	0.5848	0.6894	0.7255
	θ_y		0.3558	0.5563	0.6812	0.7221
0.75	θ_x		0.4236	0.5852	0.6897	0.7258
	θ_y		0.3558	0.5563	0.6812	0.7221

$k=1.5$　$\alpha=1.1$　$\beta=0.6$

ξ	η	0.10	0.20	0.30	0.40	0.50
0.50	θ_x			0.6552	0.7719	0.8121
	θ_y			0.5689	0.6688	0.7008
0.60	θ_x			0.6662	0.7925	0.8251
	θ_y			0.6195	0.7307	0.7642
0.70	θ_x			0.6696	0.7879	0.8287
	θ_y			0.6454	0.7589	0.7954
0.75	θ_x			0.6700	0.7882	0.8291
	θ_y			0.6454	0.7589	0.7954

$k=1.5$　$\alpha=1.1$　$\beta=0.7$

ξ	η	0.10	0.20	0.30	0.40	0.50
0.50	θ_x			0.7199	0.8450	0.8879
	θ_y			0.6276	0.7192	0.7476
0.60	θ_x			0.7343	0.8712	0.9086
	θ_y			0.6838	0.7862	0.8162
0.70	θ_x			0.7372	0.8662	0.9107
	θ_y			0.7118	0.8175	0.8506
0.75	θ_x			0.7382	0.8657	0.9101
	θ_y			0.7118	0.8175	0.8506

$k=1.5$　$\alpha=1.1$　$\beta=0.8$

ξ	η	0.10	0.20	0.30	0.40	0.50
0.50	θ_x				0.9030	0.9477
	θ_y				0.7536	0.7808
0.60	θ_x				0.9285	0.9750
	θ_y				0.8235	0.8516
0.70	θ_x				0.9246	0.9716
	θ_y				0.8577	0.8895
0.75	θ_x				0.9251	0.9721
	θ_y				0.8577	0.8895

$k=1.5$　$\alpha=1.1$　$\beta=0.9$

ξ	η	0.10	0.20	0.30	0.40	0.50
0.50	θ_x				0.9330	0.9788
	θ_y				0.7742	0.8002
0.60	θ_x				0.9633	1.0041
	θ_y				0.8448	0.8749
0.70	θ_x				0.9591	1.0076
	θ_y				0.8815	0.9124
0.75	θ_x				0.9587	1.0072
	θ_y				0.8815	0.9124

$k=1.5$　$\alpha=1.1$　$\beta=1.0$

ξ	η	0.10	0.20	0.30	0.40	0.50
0.50	θ_x					0.9938
	θ_y					0.8064
0.60	θ_x					1.0144
	θ_y					0.8816
0.70	θ_x					1.0206
	θ_y					0.9201
0.75	θ_x					1.0212
	θ_y					0.9201

$k=1.5 \quad \alpha=1.2 \quad \beta=0.1$

ξ	η	0.10	0.20	0.30	0.40	0.50
0.60	θ_x	0.0481	0.0925	0.1285	0.1530	0.1608
	θ_y	0.0305	0.0614	0.1046	0.1612	0.1999
0.70	θ_x	0.0484	0.0923	0.1282	0.1500	0.1598
	θ_y	0.0322	0.0648	0.1093	0.1669	0.2063
0.75	θ_x	0.0484	0.0923	0.1282	0.1495	0.1595
	θ_y	0.0322	0.0648	0.1093	0.1669	0.2063

$k=1.5 \quad \alpha=1.2 \quad \beta=0.2$

ξ	η	0.10	0.20	0.30	0.40	0.50
0.60	θ_x	0.0953	0.1830	0.2539	0.3020	0.3174
	θ_y	0.0615	0.1266	0.2111	0.3151	0.3684
0.70	θ_x	0.0957	0.1824	0.2534	0.2962	0.3155
	θ_y	0.0647	0.1333	0.2206	0.3265	0.3810
0.75	θ_x	0.0957	0.1823	0.2533	0.2953	0.3150
	θ_y	0.0647	0.1333	0.2206	0.3265	0.3810

$k=1.5 \quad \alpha=1.2 \quad \beta=0.3$

ξ	η	0.10	0.20	0.30	0.40	0.50
0.60	θ_x	0.1405	0.2694	0.3732	0.4433	0.4656
	θ_y	0.0949	0.1982	0.3237	0.4553	0.5088
0.70	θ_x	0.1409	0.2681	0.3724	0.4351	0.4630
	θ_y	0.0997	0.2082	0.3376	0.4720	0.5271
0.75	θ_x	0.1409	0.2678	0.3723	0.4338	0.4622
	θ_y	0.0997	0.2082	0.3376	0.4720	0.5271

$k=1.5 \quad \alpha=1.2 \quad \beta=0.4$

ξ	η	0.10	0.20	0.30	0.40	0.50
0.60	θ_x		0.3499	0.4850	0.5733	0.6040
	θ_y		0.2766	0.4417	0.5772	0.6301
0.70	θ_x		0.3473	0.4786	0.5632	0.5924
	θ_y		0.2896	0.4598	0.5987	0.6529
0.75	θ_x		0.3468	0.4775	0.5616	0.5905
	θ_y		0.2896	0.4598	0.5987	0.6529

$k=1.5 \quad \alpha=1.2 \quad \beta=0.5$

ξ	η	0.10	0.20	0.30	0.40	0.50
0.60	θ_x		0.4224	0.5821	0.6887	0.7225
	θ_y		0.3594	0.5538	0.6779	0.7180
0.70	θ_x		0.4181	0.5806	0.6773	0.7195
	θ_y		0.3751	0.5754	0.7038	0.7461
0.75	θ_x		0.4173	0.5798	0.6755	0.7185
	θ_y		0.3751	0.5754	0.7038	0.7461

$k=1.5 \quad \alpha=1.2 \quad \beta=0.6$

ξ	η	0.10	0.20	0.30	0.40	0.50
0.60	θ_x			0.6665	0.7870	0.8251
	θ_y			0.6416	0.7567	0.7917
0.70	θ_x			0.6646	0.7748	0.8222
	θ_y			0.6673	0.7863	0.8226
0.75	θ_x			0.6637	0.7728	0.8212
	θ_y			0.6673	0.7863	0.8226

$k=1.5 \quad \alpha=1.2 \quad \beta=0.7$

ξ	η	0.10	0.20	0.30	0.40	0.50
0.60	θ_x			0.7345	0.8657	0.9072
	θ_y			0.7083	0.8147	0.8466
0.70	θ_x			0.7322	0.8531	0.9046
	θ_y			0.7358	0.8472	0.8812
0.75	θ_x			0.7313	0.8511	0.9036
	θ_y			0.7358	0.8472	0.8812

$k=1.5 \quad \alpha=1.2 \quad \beta=0.8$

ξ	η	0.10	0.20	0.30	0.40	0.50
0.60	θ_x				0.9232	0.9699
	θ_y				0.8538	0.8833
0.70	θ_x				0.9105	0.9572
	θ_y				0.8883	0.9196
0.75	θ_x				0.9084	0.9551
	θ_y				0.8883	0.9196

$k=1.5 \quad \alpha=1.2 \quad \beta=0.9$

ξ	η	0.10	0.20	0.30	0.40	0.50
0.60	θ_x				0.9582	1.0034
	θ_y				0.8761	0.9077
0.70	θ_x				0.9455	1.0014
	θ_y				0.9119	0.9448
0.75	θ_x				0.9433	1.0004
	θ_y				0.9119	0.9448

$k=1.5 \quad \alpha=1.2 \quad \beta=1.0$

ξ	η	0.10	0.20	0.30	0.40	0.50
0.60	θ_x					1.0157
	θ_y					0.9147
0.70	θ_x					1.0136
	θ_y					0.9532
0.75	θ_x					1.0127
	θ_y					0.9532

$k=1.5 \quad \alpha=1.3 \quad \beta=0.1$

ξ	η	0.10	0.20	0.30	0.40	0.50
0.60	θ_x	0.0483	0.0924	0.1284	0.1512	0.1602
	θ_y	0.0314	0.0635	0.1075	0.1648	0.2040
0.70	θ_x	0.0482	0.0921	0.1275	0.1505	0.1585
	θ_y	0.0331	0.0696	0.1123	0.1640	0.2103
0.75	θ_x	0.0482	0.0921	0.1273	0.1503	0.1582
	θ_y	0.0331	0.0696	0.1123	0.1640	0.2103

$k=1.5 \quad \alpha=1.3 \quad \beta=0.2$

ξ	η	0.10	0.20	0.30	0.40	0.50
0.60	θ_x	0.0956	0.1828	0.2537	0.2987	0.3163
	θ_y	0.0640	0.1308	0.2170	0.3222	0.3760
0.70	θ_x	0.0954	0.1821	0.2519	0.2972	0.3130
	θ_y	0.0671	0.1404	0.2265	0.3314	0.3883
0.75	θ_x	0.0953	0.1820	0.2516	0.2968	0.3124
	θ_y	0.0671	0.1404	0.2265	0.3314	0.3883

$k=1.5$　$\alpha=1.3$　$\beta=0.3$

ξ	η	0.10	0.20	0.30	0.40	0.50
0.60	θ_x	0.1408	0.2688	0.3727	0.4386	0.4646
	θ_y	0.0975	0.2044	0.3319	0.4658	0.5203
0.70	θ_x	0.1404	0.2679	0.3701	0.4364	0.4594
	θ_y	0.1025	0.2152	0.3463	0.4865	0.5382
0.75	θ_x	0.1403	0.2676	0.3696	0.4359	0.4589
	θ_y	0.1025	0.2152	0.3463	0.4865	0.5382

$k=1.5$　$\alpha=1.3$　$\beta=0.4$

ξ	η	0.10	0.20	0.30	0.40	0.50
0.60	θ_x		0.3486	0.4814	0.5675	0.5974
	θ_y		0.2847	0.4530	0.5907	0.6444
0.70	θ_x		0.3473	0.4793	0.5647	0.5943
	θ_y		0.2938	0.4718	0.6156	0.6628
0.75	θ_x		0.3470	0.4788	0.5641	0.5936
	θ_y		0.2938	0.4718	0.6156	0.6628

$k=1.5$　$\alpha=1.3$　$\beta=0.5$

ξ	η	0.10	0.20	0.30	0.40	0.50
0.60	θ_x		0.4201	0.5818	0.6823	0.7214
	θ_y		0.3692	0.5675	0.6941	0.7353
0.70	θ_x		0.4184	0.5768	0.6790	0.7144
	θ_y		0.3792	0.5893	0.7201	0.7628
0.75	θ_x		0.4179	0.5762	0.6783	0.7136
	θ_y		0.3792	0.5893	0.7201	0.7628

$k=1.5$　$\alpha=1.3$　$\beta=0.6$

ξ	η	0.10	0.20	0.30	0.40	0.50
0.60	θ_x			0.6660	0.7801	0.8241
	θ_y			0.6574	0.7752	0.8114
0.70	θ_x			0.6601	0.7765	0.8166
	θ_y			0.6824	0.8033	0.8426
0.75	θ_x			0.6595	0.7756	0.8157
	θ_y			0.6824	0.8033	0.8426

$k=1.5$　$\alpha=1.3$　$\beta=0.7$

ξ	η	0.10	0.20	0.30	0.40	0.50
0.60	θ_x			0.7338	0.8587	0.9064
	θ_y			0.7257	0.8350	0.8680
0.70	θ_x			0.7273	0.8547	0.8986
	θ_y			0.7534	0.8657	0.9025
0.75	θ_x			0.7265	0.8538	0.8977
	θ_y			0.7534	0.8657	0.9025

$k=1.5$　$\alpha=1.3$　$\beta=0.8$

ξ	η	0.10	0.20	0.30	0.40	0.50
0.60	θ_x				0.9161	0.9629
	θ_y				0.8754	0.9060
0.70	θ_x				0.9120	0.9586
	θ_y				0.9094	0.9437
0.75	θ_x				0.9111	0.9576
	θ_y				0.9094	0.9437

$k=1.5$　$\alpha=1.3$　$\beta=0.9$

ξ	η	0.10	0.20	0.30	0.40	0.50
0.60	θ_x				0.9511	1.0030
	θ_y				0.8985	0.9311
0.70	θ_x				0.9469	0.9951
	θ_y				0.9353	0.9682
0.75	θ_x				0.9459	0.9941
	θ_y				0.9353	0.9682

$k=1.5$　$\alpha=1.3$　$\beta=1.0$

ξ	η	0.10	0.20	0.30	0.40	0.50
0.60	θ_x					1.0153
	θ_y					0.9384
0.70	θ_x					1.0074
	θ_y					0.9768
0.75	θ_x					1.0064
	θ_y					0.9768

$k=1.5$　$\alpha=1.4$　$\beta=0.1$

ξ	η	0.10	0.20	0.30	0.40	0.50
0.70	θ_x	0.0481	0.0919	0.1270	0.1498	0.1577
	θ_y	0.0339	0.0709	0.1141	0.1662	0.2125
0.75	θ_x	0.0481	0.0918	0.1268	0.1496	0.1574
	θ_y	0.0339	0.0709	0.1141	0.1662	0.2125

$k=1.5$　$\alpha=1.4$　$\beta=0.2$

ξ	η	0.10	0.20	0.30	0.40	0.50
0.70	θ_x	0.0952	0.1815	0.2508	0.2958	0.3114
	θ_y	0.0681	0.1429	0.2300	0.3357	0.3931
0.75	θ_x	0.0951	0.1813	0.2505	0.2954	0.3107
	θ_y	0.0681	0.1429	0.2300	0.3357	0.3931

$k=1.5$　$\alpha=1.4$　$\beta=0.3$

ξ	η	0.10	0.20	0.30	0.40	0.50
0.70	θ_x	0.1400	0.2670	0.3686	0.4344	0.4573
	θ_y	0.1044	0.2188	0.3515	0.4928	0.5445
0.75	θ_x	0.1398	0.2666	0.3681	0.4339	0.4566
	θ_y	0.1044	0.2188	0.3515	0.4928	0.5445

$k=1.5$　$\alpha=1.4$　$\beta=0.4$

ξ	η	0.10	0.20	0.30	0.40	0.50
0.70	θ_x		0.3460	0.4774	0.5623	0.5916
	θ_y		0.2986	0.4786	0.6237	0.6714
0.75	θ_x		0.3455	0.4767	0.5615	0.5908
	θ_y		0.2986	0.4786	0.6237	0.6714

k=1.5　α=1.4　β=0.5

ξ	η	0.10	0.20	0.30	0.40	0.50
0.70	θ_x		0.4167	0.5744	0.6761	0.7112
	θ_y		0.3850	0.5971	0.7298	0.7734
0.75	θ_x		0.4162	0.5737	0.6752	0.7102
	θ_y		0.3850	0.5971	0.7298	0.7734

k=1.5　α=1.4　β=0.6

ξ	η	0.10	0.20	0.30	0.40	0.50
0.70	θ_x			0.6574	0.7732	0.8131
	θ_y			0.6923	0.8143	0.8537
0.75	θ_x			0.6566	0.7721	0.8120
	θ_y			0.6923	0.8143	0.8537

k=1.5　α=1.4　β=0.7

ξ	η	0.10	0.20	0.30	0.40	0.50
0.70	θ_x			0.7242	0.8512	0.8949
	θ_y			0.7633	0.8778	0.9152
0.75	θ_x			0.7232	0.8500	0.8937
	θ_y			0.7633	0.8778	0.9152

k=1.5　α=1.4　β=0.8

ξ	η	0.10	0.20	0.30	0.40	0.50
0.70	θ_x				0.9082	0.9547
	θ_y				0.9223	0.9572
0.75	θ_x				0.9070	0.9535
	θ_y				0.9223	0.9572

k=1.5　α=1.4　β=0.9

ξ	η	0.10	0.20	0.30	0.40	0.50
0.70	θ_x				0.9430	0.9912
	θ_y				0.9487	0.9822
0.75	θ_x				0.9418	0.9899
	θ_y				0.9487	0.9822

k=1.5　α=1.4　β=1.0

ξ	η	0.10	0.20	0.30	0.40	0.50
0.70	θ_x					1.0034
	θ_y					0.9909
0.75	θ_x					1.0021
	θ_y					0.9909

k=1.5　α=1.5　β=0.1

ξ	η	0.10	0.20	0.30	0.40	0.50
0.70	θ_x	0.0481	0.0918	0.1268	0.1496	0.1574
	θ_y	0.0340	0.0713	0.1146	0.1669	0.2130
0.75	θ_x	0.0480	0.0916	0.1266	0.1493	0.1572
	θ_y	0.0340	0.0713	0.1146	0.1669	0.2130

k=1.5　α=1.5　β=0.2

ξ	η	0.10	0.20	0.30	0.40	0.50
0.70	θ_x	0.0951	0.1813	0.2505	0.2954	0.3107
	θ_y	0.0687	0.1437	0.2312	0.3371	0.3946
0.75	θ_x	0.0950	0.1811	0.2501	0.2947	0.3104
	θ_y	0.0687	0.1437	0.2312	0.3371	0.3946

k=1.5　α=1.5　β=0.3

ξ	η	0.10	0.20	0.30	0.40	0.50
0.70	θ_x	0.1398	0.2666	0.3681	0.4339	0.4566
	θ_y	0.1050	0.2201	0.3533	0.4949	0.5471
0.75	θ_x	0.1397	0.2663	0.3676	0.4331	0.4558
	θ_y	0.1050	0.2201	0.3533	0.4949	0.5471

k=1.5　α=1.5　β=0.4

ξ	η	0.10	0.20	0.30	0.40	0.50
0.70	θ_x		0.3455	0.4767	0.5615	0.5908
	θ_y		0.3002	0.4809	0.6264	0.6742
0.75	θ_x		0.3450	0.4757	0.5601	0.5893
	θ_y		0.3002	0.4809	0.6264	0.6742

k=1.5　α=1.5　β=0.5

ξ	η	0.10	0.20	0.30	0.40	0.50
0.70	θ_x		0.4162	0.5737	0.6752	0.7102
	θ_y		0.3870	0.6002	0.7331	0.7765
0.75	θ_x		0.4156	0.5724	0.6742	0.7091
	θ_y		0.3870	0.6002	0.7331	0.7765

k=1.5　α=1.5　β=0.6

ξ	η	0.10	0.20	0.30	0.40	0.50
0.70	θ_x			0.6566	0.7721	0.8120
	θ_y			0.6949	0.8180	0.8581
0.75	θ_x			0.6551	0.7710	0.8108
	θ_y			0.6949	0.8180	0.8581

k=1.5　α=1.5　β=0.7

ξ	η	0.10	0.20	0.30	0.40	0.50
0.70	θ_x			0.7232	0.8500	0.8937
	θ_y			0.7671	0.8818	0.9190
0.75	θ_x			0.7222	0.8488	0.8917
	θ_y			0.7671	0.8818	0.9190

k=1.5　α=1.5　β=0.8

ξ	η	0.10	0.20	0.30	0.40	0.50
0.70	θ_x				0.9070	0.9535
	θ_y				0.9266	0.9617
0.75	θ_x				0.9050	0.9514
	θ_y				0.9266	0.9617

$k=1.5$　$\alpha=1.5$　$\beta=0.9$

ξ	η	0.10	0.20	0.30	0.40	0.50
0.70	θ_x				0.9418	0.9899
	θ_y				0.9531	0.9868
0.75	θ_x				0.9397	0.9878
	θ_y				0.9531	0.9868

$k=1.5$　$\alpha=1.5$　$\beta=1.0$

ξ	η	0.10	0.20	0.30	0.40	0.50
0.70	θ_x					1.0021
	θ_y					0.9957
0.75	θ_x					1.0000
	θ_y					0.9957

$k=1.6$　$\alpha=0.1$　$\beta=0.1$

ξ	η	0.10	0.20	0.30	0.40	0.50
0.10	θ_x	−0.0003	−0.0007	−0.0011	−0.0014	−0.0015
	θ_y	0.0007	0.0014	0.0020	0.0025	0.0026
0.20	θ_x	−0.0005	−0.0010	−0.0018	−0.0024	−0.0026
	θ_y	0.0015	0.0029	0.0041	0.0050	0.0053
0.30	θ_x	−0.0001	−0.0006	−0.0014	−0.0024	−0.0028
	θ_y	0.0021	0.0043	0.0062	0.0076	0.0081
0.40	θ_x	0.0010	0.0013	0.0006	−0.0007	−0.0013
	θ_y	0.0027	0.0055	0.0082	0.0104	0.0113
0.50	θ_x	0.0031	0.0052	0.0055	0.0040	0.0029
	θ_y	0.0030	0.0064	0.0100	0.0134	0.0149
0.60	θ_x	0.0062	0.0116	0.0148	0.0141	0.0121
	θ_y	0.0031	0.0066	0.0111	0.0165	0.0195
0.75	θ_x	0.0094	0.0189	0.0284	0.0348	0.0327
	θ_y	0.0029	0.0063	0.0110	0.0186	0.0262
0.80	θ_x	0.0108	0.0225	0.0367	0.0572	0.0778
	θ_y	0.0028	0.0061	0.0103	0.0179	0.0330

$k=1.6$　$\alpha=0.1$　$\beta=0.2$

ξ	η	0.10	0.20	0.30	0.40	0.50
0.10	θ_x	−0.0007	−0.0014	−0.0022	−0.0028	−0.0030
	θ_y	0.0015	0.0029	0.0040	0.0048	0.0051
0.20	θ_x	−0.0010	−0.0021	−0.0035	−0.0047	−0.0051
	θ_y	0.0029	0.0057	0.0081	0.0098	0.0104
0.30	θ_x	−0.0004	−0.0013	−0.0029	−0.0046	−0.0054
	θ_y	0.0043	0.0085	0.0122	0.0150	0.0160
0.40	θ_x	0.0017	0.0023	0.0010	−0.0012	−0.0023
	θ_y	0.0054	0.0110	0.0163	0.0205	0.0221
0.50	θ_x	0.0059	0.0100	0.0105	0.0081	0.0067
	θ_y	0.0062	0.0128	0.0200	0.0264	0.0291
0.60	θ_x	0.0122	0.0227	0.0286	0.0276	0.0255
	θ_y	0.0063	0.0135	0.0225	0.0325	0.0373
0.75	θ_x	0.0188	0.0379	0.0562	0.0663	0.0681
	θ_y	0.0059	0.0129	0.0226	0.0379	0.0473
0.80	θ_x	0.0218	0.0456	0.0749	0.1171	0.1426
	θ_y	0.0056	0.0122	0.0213	0.0403	0.0539

$k=1.6$　$\alpha=0.1$　$\beta=0.3$

ξ	η	0.10	0.20	0.30	0.40	0.50
0.10	θ_x	−0.0010	−0.0021	−0.0032	−0.0040	−0.0043
	θ_y	0.0022	0.0042	0.0059	0.0071	0.0075
0.20	θ_x	−0.0015	−0.0033	−0.0052	−0.0067	−0.0074
	θ_y	0.0043	0.0084	0.0119	0.0143	0.0152
0.30	θ_x	−0.0007	−0.0022	−0.0044	−0.0066	−0.0075
	θ_y	0.0064	0.0126	0.0180	0.0219	0.0233
0.40	θ_x	0.0022	0.0028	0.0012	−0.0014	−0.0027
	θ_y	0.0082	0.0164	0.0241	0.0299	0.0321
0.50	θ_x	0.0083	0.0138	0.0148	0.0125	0.0110
	θ_y	0.0094	0.0194	0.0298	0.0384	0.0418
0.60	θ_x	0.0178	0.0326	0.0405	0.0408	0.0401
	θ_y	0.0097	0.0209	0.0343	0.0472	0.0525
0.75	θ_x	0.0283	0.0567	0.0821	0.0956	0.1023
	θ_y	0.0092	0.0202	0.0358	0.0558	0.0634
0.80	θ_x	0.0333	0.0700	0.1164	0.1729	0.1934
	θ_y	0.0088	0.0191	0.0342	0.0614	0.0690

$k=1.6$　$\alpha=0.1$　$\beta=0.4$

ξ	η	0.10	0.20	0.30	0.40	0.50
0.10	θ_x		−0.0028	−0.0041	−0.0052	−0.0055
	θ_y		0.0055	0.0077	0.0092	0.0097
0.20	θ_x		−0.0044	−0.0072	−0.0086	−0.0093
	θ_y		0.0110	0.0155	0.0185	0.0196
0.30	θ_x		−0.0033	−0.0059	−0.0083	−0.0092
	θ_y		0.0165	0.0234	0.0282	0.0300
0.40	θ_x		0.0028	0.0011	−0.0013	−0.0023
	θ_y		0.0217	0.0315	0.0384	0.0410
0.50	θ_x		0.0164	0.0181	0.0169	0.0163
	θ_y		0.0262	0.0392	0.0491	0.0528
0.60	θ_x		0.0409	0.0503	0.0539	0.0553
	θ_y		0.0288	0.0460	0.0599	0.0649
0.75	θ_x		0.0750	0.1041	0.1239	0.1326
	θ_y		0.0286	0.0508	0.0699	0.0758
0.80	θ_x		0.0967	0.1626	0.2175	0.2342
	θ_y		0.0270	0.0526	0.0752	0.0806

$k=1.6$　$\alpha=0.1$　$\beta=0.5$

ξ	η	0.10	0.20	0.30	0.40	0.50
0.10	θ_x		-0.0035	-0.0051	-0.0061	-0.0065
	θ_y		0.0067	0.0093	0.0110	0.0116
0.20	θ_x		-0.0056	-0.0082	-0.0102	-0.0109
	θ_y		0.0134	0.0187	0.0222	0.0234
0.30	θ_x		-0.0045	-0.0073	-0.0096	-0.0104
	θ_y		0.0202	0.0283	0.0338	0.0357
0.40	θ_x		0.0022	0.0008	-0.0008	-0.0014
	θ_y		0.0268	0.0381	0.0458	0.0486
0.50	θ_x		0.0178	0.0207	0.0216	0.0219
	θ_y		0.0329	0.0478	0.0582	0.0618
0.60	θ_x		0.0467	0.0586	0.0665	0.0697
	θ_y		0.0374	0.0569	0.0703	0.0748
0.75	θ_x		0.0915	0.1239	0.1493	0.1587
	θ_y		0.0387	0.0650	0.0807	0.0853
0.80	θ_x		0.1272	0.2061	0.2526	0.2668
	θ_y		0.0370	0.0701	0.0853	0.0896

$k=1.6$　$\alpha=0.1$　$\beta=0.6$

ξ	η	0.10	0.20	0.30	0.40	0.50
0.10	θ_x			-0.0058	-0.0069	-0.0073
	θ_y			0.0106	0.0125	0.0132
0.20	θ_x			-0.0095	-0.0114	-0.0120
	θ_y			0.0214	0.0253	0.0266
0.30	θ_x			-0.0086	-0.0104	-0.0111
	θ_y			0.0325	0.0384	0.0405
0.40	θ_x			0.0006	0.0000	-0.0002
	θ_y			0.0439	0.0520	0.0547
0.50	θ_x			0.0229	0.0262	0.0275
	θ_y			0.0552	0.0656	0.0691
0.60	θ_x			0.0661	0.0779	0.0830
	θ_y			0.0662	0.0784	0.0824
0.75	θ_x			0.1427	0.1704	0.1800
	θ_y			0.0759	0.0887	0.0926
0.80	θ_x			0.2393	0.2798	0.2925
	θ_y			0.0809	0.0928	0.0966

$k=1.6$　$\alpha=0.1$　$\beta=0.7$

ξ	η	0.10	0.20	0.30	0.40	0.50
0.10	θ_x			-0.0065	-0.0075	-0.0079
	θ_y			0.0117	0.0138	0.0145
0.20	θ_x			-0.0106	-0.0124	-0.0130
	θ_y			0.0236	0.0277	0.0292
0.30	θ_x			-0.0096	-0.0112	-0.0116
	θ_y			0.0359	0.0421	0.0442
0.40	θ_x			0.0003	0.0008	0.0010
	θ_y			0.0485	0.0567	0.0595
0.50	θ_x			0.0247	0.0302	0.0323
	θ_y			0.0612	0.0712	0.0746
0.60	θ_x			0.0726	0.0875	0.0929
	θ_y			0.0734	0.0845	0.0881
0.75	θ_x			0.1586	0.1870	0.1965
	θ_y			0.0836	0.0945	0.0979
0.80	θ_x			0.2634	0.3001	0.3117
	θ_y			0.0881	0.0984	0.1016

$k=1.6$　$\alpha=0.1$　$\beta=0.8$

ξ	η	0.10	0.20	0.30	0.40	0.50
0.10	θ_x				-0.0079	-0.0083
	θ_y				0.0147	0.0154
0.20	θ_x				-0.0132	-0.0143
	θ_y				0.0295	0.0310
0.30	θ_x				-0.0115	-0.0118
	θ_y				0.0448	0.0469
0.40	θ_x				0.0018	0.0023
	θ_y				0.0602	0.0629
0.50	θ_x				0.0337	0.0361
	θ_y				0.0752	0.0784
0.60	θ_x				0.0948	0.1006
	θ_y				0.0887	0.0920
0.75	θ_x				0.1988	0.2083
	θ_y				0.0985	0.1016
0.80	θ_x				0.3138	0.3252
	θ_y				0.1022	0.1051

$k=1.6$　$\alpha=0.1$　$\beta=0.9$

ξ	η	0.10	0.20	0.30	0.40	0.50
0.10	θ_x				-0.0082	-0.0086
	θ_y				0.0152	0.0159
0.20	θ_x				-0.0133	-0.0139
	θ_y				0.0306	0.0321
0.30	θ_x				-0.0118	-0.0119
	θ_y				0.0464	0.0485
0.40	θ_x				0.0020	0.0030
	θ_y				0.0622	0.0649
0.50	θ_x				0.0354	0.0385
	θ_y				0.0776	0.0807
0.60	θ_x				0.0991	0.1053
	θ_y				0.0912	0.0942
0.75	θ_x				0.2059	0.2153
	θ_y				0.1008	0.1037
0.80	θ_x				0.3224	0.3332
	θ_y				0.1044	0.1072

$k=1.6$　$\alpha=0.1$　$\beta=1.0$

ξ	η	0.10	0.20	0.30	0.40	0.50
0.10	θ_x					-0.0087
	θ_y					0.0161
0.20	θ_x					-0.0140
	θ_y					0.0325
0.30	θ_x					-0.0118
	θ_y					0.0490
0.40	θ_x					0.0032
	θ_y					0.0656
0.50	θ_x					0.0393
	θ_y					0.0814
0.60	θ_x					0.1069
	θ_y					0.0950
0.75	θ_x					0.2176
	θ_y					0.1044
0.80	θ_x					0.3359
	θ_y					0.1078

$k=1.6\quad \alpha=0.2\quad \beta=0.1$

ξ	η	0.10	0.20	0.30	0.40	0.50
0.10	θ_x	−0.0006	−0.0013	−0.0021	−0.0027	−0.0029
	θ_y	0.0015	0.0029	0.0041	0.0049	0.0052
0.20	θ_x	−0.0008	−0.0019	−0.0033	−0.0045	−0.0050
	θ_y	0.0029	0.0057	0.0082	0.0100	0.0106
0.30	θ_x	−0.0001	−0.0008	−0.0025	−0.0043	−0.0052
	θ_y	0.0043	0.0085	0.0124	0.0153	0.0164
0.40	θ_x	0.0022	0.0031	0.0019	−0.0006	−0.0019
	θ_y	0.0054	0.0109	0.0164	0.0209	0.0227
0.50	θ_x	0.0064	0.0111	0.0121	0.0094	0.0070
	θ_y	0.0060	0.0126	0.0199	0.0269	0.0301
0.60	θ_x	0.0125	0.0235	0.0309	0.0308	0.0266
	θ_y	0.0061	0.0131	0.0219	0.0328	0.0396
0.75	θ_x	0.0183	0.0369	0.0557	0.0722	0.0793
	θ_y	0.0058	0.0126	0.0217	0.0361	0.0532
0.80	θ_x	0.0208	0.0431	0.0687	0.0991	0.1182
	θ_y	0.0056	0.0123	0.0210	0.0366	0.0613

$k=1.6\quad \alpha=0.2\quad \beta=0.2$

ξ	η	0.10	0.20	0.30	0.40	0.50
0.10	θ_x	−0.0013	−0.0027	−0.0041	−0.0053	−0.0058
	θ_y	0.0029	0.0057	0.0081	0.0097	0.0103
0.20	θ_x	−0.0017	−0.0039	−0.0065	−0.0088	−0.0098
	θ_y	0.0058	0.0114	0.0162	0.0196	0.0209
0.30	θ_x	−0.0003	−0.0019	−0.0050	−0.0084	−0.0099
	θ_y	0.0085	0.0169	0.0245	0.0300	0.0321
0.40	θ_x	0.0040	0.0056	0.0034	−0.0009	−0.0032
	θ_y	0.0108	0.0218	0.0325	0.0411	0.0445
0.50	θ_x	0.0124	0.0212	0.0233	0.0188	0.0154
	θ_y	0.0122	0.0253	0.0397	0.0528	0.0585
0.60	θ_x	0.0246	0.0461	0.0598	0.0603	0.0562
	θ_y	0.0124	0.0267	0.0444	0.0648	0.0752
0.75	θ_x	0.0367	0.0739	0.1108	0.1424	0.1555
	θ_y	0.0119	0.0257	0.0449	0.0751	0.0940
0.80	θ_x	0.0420	0.0869	0.1387	0.1960	0.2252
	θ_y	0.0115	0.0247	0.0437	0.0793	0.1038

$k=1.6\quad \alpha=0.2\quad \beta=0.3$

ξ	η	0.10	0.20	0.30	0.40	0.50
0.10	θ_x	−0.0019	−0.0040	−0.0061	−0.0077	−0.0083
	θ_y	0.0044	0.0084	0.0119	0.0142	0.0151
0.20	θ_x	−0.0027	−0.0060	−0.0097	−0.0128	−0.0141
	θ_y	0.0087	0.0169	0.0239	0.0288	0.0305
0.30	θ_x	−0.0009	−0.0034	−0.0076	−0.0119	−0.0138
	θ_y	0.0127	0.0251	0.0361	0.0440	0.0469
0.40	θ_x	0.0052	0.0071	0.0044	−0.0006	−0.0031
	θ_y	0.0162	0.0326	0.0481	0.0600	0.0645
0.50	θ_x	0.0175	0.0297	0.0327	0.0285	0.0258
	θ_y	0.0186	0.0385	0.0593	0.0769	0.0839
0.60	θ_x	0.0360	0.0668	0.0850	0.0885	0.0885
	θ_y	0.0192	0.0412	0.0679	0.0943	0.1052
0.75	θ_x	0.0552	0.1109	0.1646	0.2079	0.2244
	θ_y	0.0184	0.0403	0.0705	0.1112	0.1256
0.80	θ_x	0.0639	0.1326	0.2111	0.2860	0.3164
	θ_y	0.0177	0.0390	0.0697	0.1192	0.1349

$k=1.6\quad \alpha=0.2\quad \beta=0.4$

ξ	η	0.10	0.20	0.30	0.40	0.50
0.10	θ_x		−0.0054	−0.0080	−0.0098	−0.0106
	θ_y		0.0110	0.0154	0.0184	0.0194
0.20	θ_x		−0.0082	−0.0127	−0.0162	−0.0176
	θ_y		0.0220	0.0310	0.0371	0.0393
0.30	θ_x		−0.0053	−0.0103	−0.0148	−0.0168
	θ_y		0.0330	0.0469	0.0566	0.0601
0.40	θ_x		0.0074	0.0047	0.0002	−0.0018
	θ_y		0.0433	0.0629	0.0770	0.0822
0.50	θ_x		0.0357	0.0401	0.0387	0.0377
	θ_y		0.0519	0.0782	0.0982	0.1056
0.60	θ_x		0.0843	0.1064	0.1164	0.1205
	θ_y		0.0569	0.0915	0.1196	0.1296
0.75	θ_x		0.1475	0.2162	0.2665	0.2847
	θ_y		0.0566	0.1008	0.1388	0.1501
0.80	θ_x		0.1808	0.2855	0.3640	0.3921
	θ_y		0.0549	0.1043	0.1474	0.1587

$k=1.6\quad \alpha=0.2\quad \beta=0.5$

ξ	η	0.10	0.20	0.30	0.40	0.50
0.10	θ_x		−0.0067	−0.0096	−0.0117	−0.0125
	θ_y		0.0134	0.0186	0.0220	0.0232
0.20	θ_x		−0.0105	−0.0155	−0.0191	−0.0205
	θ_y		0.0268	0.0374	0.0445	0.0469
0.30	θ_x		−0.0077	−0.0129	−0.0170	−0.0187
	θ_y		0.0403	0.0567	0.0677	0.0716
0.40	θ_x		0.0065	0.0046	0.0018	0.0007
	θ_y		0.0535	0.0762	0.0917	0.0972
0.50	θ_x		0.0391	0.0461	0.0490	0.0501
	θ_y		0.0653	0.0955	0.1163	0.1236
0.60	θ_x		0.0974	0.1246	0.1429	0.1503
	θ_y		0.0740	0.1135	0.1402	0.1490
0.75	θ_x		0.1828	0.2631	0.3170	0.3358
	θ_y		0.0764	0.1296	0.1599	0.1690
0.80	θ_x		0.2323	0.3499	0.4282	0.4538
	θ_y		0.0755	0.1370	0.1681	0.1770

$k=1.6\quad \alpha=0.2\quad \beta=0.6$

ξ	η	0.10	0.20	0.30	0.40	0.50
0.10	θ_x			−0.0111	−0.0132	−0.0140
	θ_y			0.0213	0.0251	0.0264
0.20	θ_x			−0.0180	−0.0215	−0.0228
	θ_y			0.0429	0.0507	0.0533
0.30	θ_x			−0.0152	−0.0187	−0.0198
	θ_y			0.0651	0.0770	0.0811
0.40	θ_x			0.0043	0.0039	0.0037
	θ_y			0.0877	0.1039	0.1095
0.50	θ_x			0.0512	0.0590	0.0620
	θ_y			0.1104	0.1310	0.1379
0.60	θ_x			0.1410	0.1666	0.1762
	θ_y			0.1321	0.1563	0.1641
0.70	θ_x			0.3032	0.3586	0.3774
	θ_y			0.1506	0.1759	0.1836
0.80	θ_x			0.4060	0.4791	0.5027
	θ_y			0.1589	0.1835	0.1910

$k=1.6 \quad \alpha=0.2 \quad \beta=0.7$

ξ	η	0.10	0.20	0.30	0.40	0.50
0.10	θ_x			−0.0123	−0.0146	−0.0151
	θ_y			0.0235	0.0276	0.0290
0.20	θ_x			−0.0199	−0.0233	−0.0244
	θ_y			0.0474	0.0556	0.0584
0.30	θ_x			−0.0174	−0.0197	−0.0205
	θ_y			0.0719	0.0843	0.0885
0.40	θ_x			0.0038	0.0059	0.0067
	θ_y			0.0971	0.1135	0.1190
0.50	θ_x			0.0555	0.0676	0.0723
	θ_y			0.1223	0.1422	0.1488
0.60	θ_x			0.1554	0.1862	0.1973
	θ_y			0.1463	0.1682	0.1752
0.75	θ_x			0.3353	0.3910	0.4096
	θ_y			0.1658	0.1875	0.1943
0.80	θ_x			0.4490	0.5225	0.5447
	θ_y			0.1737	0.1947	0.2012

$k=1.6 \quad \alpha=0.2 \quad \beta=0.8$

ξ	η	0.10	0.20	0.30	0.40	0.50
0.10	θ_x				−0.0152	−0.0160
	θ_y				0.0294	0.0308
0.20	θ_x				−0.0246	−0.0254
	θ_y				0.0592	0.0620
0.30	θ_x				−0.0200	−0.0206
	θ_y				0.0896	0.0938
0.40	θ_x				0.0073	0.0094
	θ_y				0.1203	0.1257
0.50	θ_x				0.0749	0.0802
	θ_y				0.1501	0.1563
0.60	θ_x				0.1994	0.2129
	θ_y				0.1765	0.1829
0.75	θ_x				0.4119	0.4325
	θ_y				0.1954	0.2016
0.80	θ_x				0.5501	0.5709
	θ_y				0.2025	0.2085

$k=1.6 \quad \alpha=0.2 \quad \beta=0.9$

ξ	η	0.10	0.20	0.30	0.40	0.50
0.10	θ_x				−0.0157	−0.0163
	θ_y				0.0305	0.0319
0.20	θ_x				−0.0254	−0.0259
	θ_y				0.0613	0.0642
0.30	θ_x				−0.0205	−0.0205
	θ_y				0.0928	0.0970
0.40	θ_x				0.0089	0.0111
	θ_y				0.1244	0.1297
0.50	θ_x				0.0787	0.0851
	θ_y				0.1548	0.1608
0.60	θ_x				0.2099	0.2223
	θ_y				0.1813	0.1875
0.75	θ_x				0.4279	0.4462
	θ_y				0.2001	0.2059
0.80	θ_x				0.5656	0.5818
	θ_y				0.2068	0.2126

$k=1.6 \quad \alpha=0.2 \quad \beta=1.0$

ξ	η	0.10	0.20	0.30	0.40	0.50
0.10	θ_x					−0.0165
	θ_y					0.0323
0.20	θ_x					−0.0261
	θ_y					0.0650
0.30	θ_x					−0.0211
	θ_y					0.0981
0.40	θ_x					0.0117
	θ_y					0.1310
0.50	θ_x					0.0868
	θ_y					0.1623
0.60	θ_x					0.2255
	θ_y					0.1890
0.75	θ_x					0.4507
	θ_y					0.2073
0.80	θ_x					0.5870
	θ_y					0.2139

$k=1.6 \quad \alpha=0.3 \quad \beta=0.1$

ξ	η	0.10	0.20	0.30	0.40	0.50
0.10	θ_x	−0.0008	−0.0018	−0.0028	−0.0038	−0.0041
	θ_y	0.0022	0.0043	0.0061	0.0074	0.0079
0.20	θ_x	0.0009	−0.0023	−0.0043	−0.0061	−0.0069
	θ_y	0.0043	0.0086	0.0123	0.0150	0.0160
0.30	θ_x	0.0004	−0.0004	−0.0026	−0.0054	−0.0067
	θ_y	0.0063	0.0126	0.0185	0.0230	0.0247
0.40	θ_x	0.0039	0.0059	0.0047	0.0010	−0.0012
	θ_y	0.0079	0.0161	0.0244	0.0314	0.0344
0.50	θ_x	0.0103	0.0181	0.0208	0.0175	0.0136
	θ_y	0.0088	0.0185	0.0294	0.0403	0.0458
0.60	θ_x	0.0187	0.0357	0.0487	0.0530	0.0484
	θ_y	0.0090	0.0193	0.0321	0.0485	0.0608
0.75	θ_x	0.0264	0.0531	0.0799	0.0160	0.1229
	θ_y	0.0088	0.0190	0.0324	0.0530	0.0791
0.80	θ_x	0.0295	0.0604	0.0935	0.1266	0.1424
	θ_y	0.0086	0.0187	0.0322	0.0551	0.0857

$k=1.6 \quad \alpha=0.3 \quad \beta=0.2$

ξ	η	0.10	0.20	0.30	0.40	0.50
0.10	θ_x	−0.0016	−0.0035	−0.0056	−0.0074	−0.0081
	θ_y	0.0044	0.0086	0.0121	0.0146	0.0155
0.20	θ_x	−0.0020	−0.0048	−0.0086	−0.0120	−0.0134
	θ_y	0.0087	0.0170	0.0244	0.0296	0.0315
0.30	θ_x	0.0004	−0.0012	−0.0054	−0.0104	−0.0127
	θ_y	0.0126	0.0251	0.0366	0.0453	0.0485
0.40	θ_x	0.0073	0.0109	0.0086	0.0024	−0.0012
	θ_y	0.0159	0.0322	0.0485	0.0619	0.0672
0.50	θ_x	0.0199	0.0349	0.0402	0.0346	0.0297
	θ_y	0.0179	0.0373	0.0588	0.0793	0.0886
0.60	θ_x	0.0370	0.0705	0.0953	0.1028	0.1009
	θ_y	0.0184	0.0392	0.0652	0.0967	0.1137
0.75	θ_x	0.0528	0.1061	0.1597	0.2108	0.2351
	θ_y	0.0179	0.0385	0.0667	0.1107	0.1382
0.80	θ_x	0.0594	0.1214	0.1873	0.2488	0.2764
	θ_y	0.0175	0.0378	0.0667	0.1161	0.1482

$k=1.6$　$\alpha=0.3$　$\beta=0.3$

ξ	η	0.10	0.20	0.30	0.40	0.50
0.10	θ_x	−0.0025	−0.0054	−0.0084	−0.0107	−0.0117
	θ_y	0.0065	0.0127	0.0179	0.0214	0.0227
0.20	θ_x	−0.0033	−0.0076	−0.0128	−0.0173	−0.0192
	θ_y	0.0129	0.0252	0.0359	0.0434	0.0461
0.30	θ_x	−0.0000	−0.0026	−0.0084	−0.0147	−0.0175
	θ_y	0.0189	0.0374	0.0541	0.0662	0.0707
0.40	θ_x	0.0098	0.0144	0.0115	0.0045	0.0009
	θ_y	0.0240	0.0484	0.0720	0.0902	0.0973
0.50	θ_x	0.0283	0.0492	0.0565	0.0518	0.0483
	θ_y	0.0273	0.0567	0.0882	0.1155	0.1264
0.60	θ_x	0.0545	0.1032	0.1375	0.1501	0.1544
	θ_y	0.0283	0.0605	0.0999	0.1414	0.1577
0.75	θ_x	0.0794	0.1593	0.2390	0.3089	0.3349
	θ_y	0.0276	0.0603	0.1043	0.1644	0.1851
0.80	θ_x	0.0899	0.1835	0.2805	0.3625	0.3956
	θ_y	0.0271	0.0596	0.1058	0.1730	0.1960

$k=1.6$　$\alpha=0.3$　$\beta=0.4$

ξ	η	0.10	0.20	0.30	0.40	0.50
0.10	θ_x		−0.0073	−0.0108	−0.0138	−0.0148
	θ_y		0.0165	0.0232	0.0277	0.0292
0.20	θ_x		−0.0105	−0.0169	−0.0221	−0.0240
	θ_y		0.0330	0.0466	0.0559	0.0592
0.30	θ_x		−0.0049	−0.0116	−0.0182	−0.0208
	θ_y		0.0493	0.0704	0.0852	0.0905
0.40	θ_x		0.0160	0.0133	0.0074	0.0048
	θ_y		0.0644	0.0941	0.1158	0.1237
0.50	θ_x		0.0601	0.0699	0.0696	0.0691
	θ_y		0.0767	0.1166	0.1474	0.1587
0.60	θ_x		0.1323	0.1770	0.1962	0.2056
	θ_y		0.0836	0.1360	0.1789	0.1935
0.75	θ_x		0.2125	0.3170	0.3949	0.4216
	θ_y		0.0845	0.1494	0.2049	0.2213
0.80	θ_x		0.2468	0.3702	0.4637	0.4977
	θ_y		0.0840	0.1542	0.2149	0.2322

$k=1.6$　$\alpha=0.3$　$\beta=0.5$

ξ	η	0.10	0.20	0.30	0.40	0.50
0.10	θ_x		−0.0092	−0.0133	−0.0163	−0.0174
	θ_y		0.0201	0.0280	0.0332	0.0350
0.20	θ_x		−0.0137	−0.0206	−0.0259	−0.0278
	θ_y		0.0403	0.0563	0.0669	0.0707
0.30	θ_x		−0.0080	−0.0148	−0.0206	−0.0228
	θ_y		0.0604	0.0851	0.1018	0.1077
0.40	θ_x		0.0154	0.0142	0.0113	0.0101
	θ_y		0.0799	0.1142	0.1378	0.1461
0.50	θ_x		0.0668	0.0801	0.0873	0.0901
	θ_y		0.0970	0.1428	0.1743	0.1852
0.60	θ_x		0.1562	0.2106	0.2389	0.2519
	θ_y		0.1089	0.1698	0.2091	0.2220
0.75	θ_x		0.2654	0.3883	0.4679	0.4948
	θ_y		0.1131	0.1921	0.2363	0.2498
0.80	θ_x		0.3100	0.4524	0.5495	0.5826
	θ_y		0.1144	0.2001	0.2467	0.2603

$k=1.6$　$\alpha=0.3$　$\beta=0.6$

ξ	η	0.10	0.20	0.30	0.40	0.50
0.10	θ_x			−0.0154	−0.0184	−0.0194
	θ_y			0.0321	0.0378	0.0398
0.20	θ_x			−0.0240	−0.0288	−0.0305
	θ_y			0.0646	0.0762	0.0803
0.30	θ_x			−0.0177	−0.0220	−0.0234
	θ_y			0.0978	0.1157	0.1218
0.40	θ_x			0.0149	0.0157	0.0161
	θ_y			0.1316	0.1560	0.1643
0.50	θ_x			0.0894	0.1040	0.1096
	θ_y			0.1653	0.1960	0.2062
0.60	θ_x			0.2332	0.2835	0.2915
	θ_y			0.1973	0.2327	0.2441
0.75	θ_x			0.4477	0.5277	0.5546
	θ_y			0.2228	0.2600	0.2715
0.80	θ_x			0.5231	0.6190	0.6510
	θ_y			0.2325	0.2702	0.2817

$k=1.6$　$\alpha=0.3$　$\beta=0.7$

ξ	η	0.10	0.20	0.30	0.40	0.50
0.10	θ_x			−0.0171	−0.0199	−0.0209
	θ_y			0.0354	0.0415	0.0436
0.20	θ_x			−0.0269	−0.0310	−0.0325
	θ_y			0.0713	0.0836	0.0878
0.30	θ_x			−0.0201	−0.0227	−0.0233
	θ_y			0.1081	0.1266	0.1329
0.40	θ_x			0.0149	0.0199	0.0219
	θ_y			0.1457	0.1701	0.1783
0.50	θ_x			0.0975	0.1184	0.1263
	θ_y			0.1831	0.2125	0.2222
0.60	θ_x			0.2576	0.3138	0.3234
	θ_y			0.2182	0.2504	0.2605
0.75	θ_x			0.4943	0.5742	0.6009
	θ_y			0.2451	0.2774	0.2875
0.80	θ_x			0.5790	0.6725	0.7034
	θ_y			0.2552	0.2874	0.2974

$k=1.6$　$\alpha=0.3$　$\beta=0.8$

ξ	η	0.10	0.20	0.30	0.40	0.50
0.10	θ_x				−0.0211	−0.0215
	θ_y				0.0442	0.0464
0.20	θ_x				−0.0329	−0.0337
	θ_y				0.0889	0.0932
0.30	θ_x				−0.0229	−0.0231
	θ_y				0.1345	0.1408
0.40	θ_x				0.0240	0.0266
	θ_y				0.1802	0.1882
0.50	θ_x				0.1304	0.1398
	θ_y				0.2241	0.2333
0.60	θ_x				0.3285	0.3541
	θ_y				0.2625	0.2720
0.75	θ_x				0.6074	0.6339
	θ_y				0.2894	0.2987
0.80	θ_x				0.7104	0.7404
	θ_y				0.2992	0.3083

k=1.6 α=0.3 β=0.9

ξ	η	0.10	0.20	0.30	0.40	0.50
0.10	θ_x				−0.0217	−0.0225
	θ_y				0.0458	0.0480
0.20	θ_x				−0.0331	−0.0344
	θ_y				0.0922	0.0965
0.30	θ_x				−0.0231	−0.0228
	θ_y				0.1392	0.1455
0.40	θ_x				0.0258	0.0297
	θ_y				0.1862	0.1941
0.50	θ_x				0.1374	0.1476
	θ_y				0.2310	0.2398
0.60	θ_x				0.3421	0.3682
	θ_y				0.2696	0.2787
0.75	θ_x				0.6171	0.6435
	θ_y				0.2962	0.3052
0.80	θ_x				0.7329	0.7624
	θ_y				0.3060	0.3145

k=1.6 α=0.3 β=1.0

ξ	η	0.10	0.20	0.30	0.40	0.50
0.10	θ_x					−0.0227
	θ_y					0.0486
0.20	θ_x					−0.0342
	θ_y					0.0976
0.30	θ_x					−0.0225
	θ_y					0.1471
0.40	θ_x					0.0308
	θ_y					0.1960
0.50	θ_x					0.1503
	θ_y					0.2420
0.60	θ_x					0.3655
	θ_y					0.2808
0.75	θ_x					0.6602
	θ_y					0.3073
0.80	θ_x					0.7697
	θ_y					0.3168

k=1.6 α=0.4 β=0.1

ξ	η	0.10	0.20	0.30	0.40	0.50
0.20	θ_x	−0.0007	−0.0022	−0.0045	−0.0070	−0.0081
	θ_y	0.0057	0.0113	0.0164	0.0202	0.0216
0.30	θ_x	0.0014	0.0012	−0.0014	−0.0051	−0.0070
	θ_y	0.0083	0.0166	0.0246	0.0308	0.0333
0.40	θ_x	0.0064	0.0102	0.0097	0.0050	0.0018
	θ_y	0.0103	0.0210	0.0322	0.0421	0.0465
0.50	θ_x	0.0146	0.0266	0.0327	0.0301	0.0246
	θ_y	0.0115	0.0240	0.0383	0.0537	0.0623
0.60	θ_x	0.0247	0.0480	0.0678	0.0815	0.0865
	θ_y	0.0118	0.0252	0.0416	0.0630	0.0832
0.75	θ_x	0.0333	0.0666	0.0995	0.1299	0.1459
	θ_y	0.0117	0.0254	0.0430	0.0695	0.1012
0.80	θ_x	0.0366	0.0738	0.1113	0.1445	0.1586
	θ_y	0.0116	0.0253	0.0435	0.0722	0.1063

k=1.6 α=0.4 β=0.2

ξ	η	0.10	0.20	0.30	0.40	0.50
0.20	θ_x	−0.0016	−0.0046	−0.0091	−0.0137	−0.0156
	θ_y	0.0114	0.0226	0.0325	0.0397	0.0424
0.30	θ_x	0.0023	0.0017	−0.0031	−0.0097	−0.0129
	θ_y	0.0166	0.0331	0.0488	0.0607	0.0653
0.40	θ_x	0.0121	0.0193	0.0182	0.0103	0.0055
	θ_y	0.0207	0.0422	0.0642	0.0829	0.0906
0.50	θ_x	0.0286	0.0517	0.0632	0.0594	0.0532
	θ_y	0.0232	0.0484	0.0770	0.1059	0.1196
0.60	θ_x	0.0491	0.0951	0.1341	0.1608	0.1704
	θ_y	0.0241	0.0510	0.0846	0.1279	0.1525
0.75	θ_x	0.0666	0.1331	0.1985	0.2567	0.2827
	θ_y	0.0239	0.0513	0.0882	0.1442	0.1788
0.80	θ_x	0.0734	0.1478	0.2216	0.2847	0.3110
	θ_y	0.0238	0.0513	0.0897	0.1501	0.1880

k=1.6 α=0.4 β=0.3

ξ	η	0.10	0.20	0.30	0.40	0.50
0.20	θ_x	−0.0028	−0.0074	−0.0137	−0.0197	−0.0221
	θ_y	0.0171	0.0335	0.0479	0.0582	0.0619
0.30	θ_x	0.0025	0.0011	−0.0053	−0.0134	−0.0171
	θ_y	0.0249	0.0495	0.0720	0.0887	0.0950
0.40	θ_x	0.0166	0.0263	0.0249	0.0165	0.0118
	θ_y	0.0313	0.0635	0.0954	0.1208	0.1307
0.50	θ_x	0.0412	0.0739	0.0893	0.0881	0.0855
	θ_y	0.0355	0.0738	0.1160	0.1543	0.1696
0.60	θ_x	0.0727	0.1405	0.1973	0.2360	0.2498
	θ_y	0.0370	0.0787	0.1298	0.1880	0.2094
0.75	θ_x	0.0999	0.1994	0.2963	0.3754	0.4058
	θ_y	0.0370	0.0802	0.1375	0.2136	0.2401
0.80	θ_x	0.1104	0.2217	0.3292	0.4157	0.4489
	θ_y	0.0368	0.0805	0.1410	0.2224	0.2512

k=1.6 α=0.4 β=0.4

ξ	η	0.10	0.20	0.30	0.40	0.50
0.20	θ_x		−0.0107	−0.0182	−0.0247	−0.0273
	θ_y		0.0440	0.0623	0.0750	0.0795
0.30	θ_x		−0.0008	−0.0080	−0.0158	−0.0194
	θ_y		0.0653	0.0939	0.1141	0.1215
0.40	θ_x		0.0303	0.0297	0.0238	0.0207
	θ_y		0.0849	0.1251	0.1548	0.1657
0.50	θ_x		0.0918	0.1108	0.1168	0.1189
	θ_y		0.1002	0.1543	0.1966	0.2118
0.60	θ_x		0.1831	0.2560	0.3046	0.3217
	θ_y		0.1085	0.1790	0.2370	0.2558
0.75	θ_x		0.2652	0.3898	0.4812	0.5134
	θ_y		0.1118	0.1957	0.2669	0.2884
0.80	θ_x		0.2950	0.4325	0.5330	0.5694
	θ_y		0.1132	0.2016	0.2776	0.3003

$k=1.6$　$\alpha=0.4$　$\beta=0.5$

ξ	η	0.10	0.20	0.30	0.40	0.50
0.20	θ_x		−0.0144	−0.0225	−0.0287	−0.0312
	θ_y		0.0537	0.0753	0.0897	0.0948
0.30	θ_x		−0.0039	−0.0109	−0.0174	−0.0199
	θ_y		0.0803	0.1136	0.1362	0.1442
0.40	θ_x		0.0313	0.0332	0.0317	0.0313
	θ_y		0.1057	0.1521	0.1840	0.1952
0.50	θ_x		0.1039	0.1293	0.1449	0.1511
	θ_y		0.1275	0.1897	0.2319	0.2462
0.60	θ_x		0.2220	0.3085	0.3653	0.3849
	θ_y		0.1416	0.2250	0.2762	0.2927
0.75	θ_x		0.3298	0.4752	0.5719	0.6048
	θ_y		0.1495	0.2506	0.3083	0.3260
0.80	θ_x		0.3656	0.5262	0.6340	0.6715
	θ_y		0.1528	0.2593	0.3198	0.3381

$k=1.6$　$\alpha=0.4$　$\beta=0.6$

ξ	η	0.10	0.20	0.30	0.40	0.50
0.20	θ_x			−0.0263	−0.0319	−0.0332
	θ_y			0.0864	0.1021	0.1075
0.30	θ_x			−0.0137	−0.0176	−0.0190
	θ_y			0.1307	0.1546	0.1629
0.40	θ_x			0.0358	0.0401	0.0420
	θ_y			0.1755	0.2079	0.2190
0.50	θ_x			0.1454	0.1679	0.1794
	θ_y			0.2198	0.2602	0.2736
0.60	θ_x			0.3537	0.4165	0.4383
	θ_y			0.2611	0.3068	0.3215
0.75	θ_x			0.5478	0.6465	0.6797
	θ_y			0.2908	0.3398	0.3551
0.80	θ_x			0.6064	0.7172	0.7548
	θ_y			0.3013	0.3517	0.3672

$k=1.6$　$\alpha=0.4$　$\beta=0.7$

ξ	η	0.10	0.20	0.30	0.40	0.50
0.20	θ_x			−0.0295	−0.0341	−0.0355
	θ_y			0.0954	0.1119	0.1175
0.30	θ_x			−0.0161	−0.0174	−0.0176
	θ_y			0.1445	0.1691	0.1774
0.40	θ_x			0.0380	0.0479	0.0516
	θ_y			0.1943	0.2265	0.2372
0.50	θ_x			0.1595	0.1916	0.2035
	θ_y			0.2434	0.2817	0.2942
0.60	θ_x			0.3898	0.4576	0.4808
	θ_y			0.2881	0.3297	0.3430
0.75	θ_x			0.6052	0.7047	0.7381
	θ_y			0.3201	0.3630	0.3765
0.80	θ_x			0.6706	0.7819	0.8192
	θ_y			0.3315	0.3750	0.3885

$k=1.6$　$\alpha=0.4$　$\beta=0.8$

ξ	η	0.10	0.20	0.30	0.40	0.50
0.20	θ_x				−0.0352	−0.0364
	θ_y				0.1189	0.1246
0.30	θ_x				−0.0172	−0.0159
	θ_y				0.1794	0.1877
0.40	θ_x				0.0549	0.0594
	θ_y				0.2397	0.2501
0.50	θ_x				0.2068	0.2216
	θ_y				0.2968	0.3086
0.60	θ_x				0.4874	0.5120
	θ_y				0.3455	0.3580
0.75	θ_x				0.7464	0.7797
	θ_y				0.3790	0.3914
0.80	θ_x				0.8281	0.8650
	θ_y				0.3909	0.4032

$k=1.6$　$\alpha=0.4$　$\beta=0.9$

ξ	η	0.10	0.20	0.30	0.40	0.50
0.20	θ_x				−0.0362	−0.0369
	θ_y				0.1232	0.1289
0.30	θ_x				−0.0162	−0.0150
	θ_y				0.1857	0.1939
0.40	θ_x				0.0579	0.0643
	θ_y				0.2475	0.2578
0.50	θ_x				0.2181	0.2326
	θ_y				0.3057	0.3172
0.60	θ_x				0.5059	0.5307
	θ_y				0.3548	0.3667
0.75	θ_x				0.7713	0.8046
	θ_y				0.3882	0.4000
0.80	θ_x				0.8558	0.8924
	θ_y				0.4002	0.4119

$k=1.6$　$\alpha=0.4$　$\beta=1.0$

ξ	η	0.10	0.20	0.30	0.40	0.50
0.20	θ_x					−0.0370
	θ_y					0.1304
0.30	θ_x					−0.0144
	θ_y					0.1960
0.40	θ_x					0.0660
	θ_y					0.2603
0.50	θ_x					0.2364
	θ_y					0.3200
0.60	θ_x					0.5369
	θ_y					0.3696
0.75	θ_x					0.8129
	θ_y					0.4030
0.80	θ_x					0.9015
	θ_y					0.4146

$k=1.6$　$\alpha=0.5$　$\beta=0.1$

ξ	η	0.10	0.20	0.30	0.40	0.50
0.20	θ_x	0.0000	−0.0011	−0.0037	−0.0068	−0.0083
	θ_y	0.0071	0.0140	0.0205	0.0254	0.0273
0.30	θ_x	0.0031	0.0041	0.0018	−0.0028	−0.0053
	θ_y	0.0101	0.0204	0.0306	0.0389	0.0423
0.40	θ_x	0.0097	0.0164	0.0176	0.0127	0.0082
	θ_y	0.0125	0.0256	0.0397	0.0529	0.0592
0.50	θ_x	0.0195	0.0364	0.0479	0.0501	0.0448
	θ_y	0.0139	0.0290	0.0466	0.0665	0.0802
0.60	θ_x	0.0304	0.0595	0.0860	0.1093	0.1237
	θ_y	0.0145	0.0309	0.0506	0.0769	0.1053
0.75	θ_x	0.0388	0.0772	0.1139	0.1448	0.1579
	θ_y	0.0147	0.0317	0.0533	0.0850	0.1203
0.80	θ_x	0.0420	0.0836	0.1232	0.1551	0.1691
	θ_y	0.0148	0.0319	0.0545	0.0881	0.1250

$k=1.6$　$\alpha=0.5$　$\beta=0.2$

ξ	η	0.10	0.20	0.30	0.40	0.50
0.20	θ_x	−0.0002	−0.0026	−0.0075	−0.0132	−0.0157
	θ_y	0.0141	0.0280	0.0407	0.0501	0.0537
0.30	θ_x	0.0057	0.0074	0.0030	−0.0051	−0.0093
	θ_y	0.0203	0.0408	0.0607	0.0765	0.0827
0.40	θ_x	0.0186	0.0315	0.0338	0.0254	0.0192
	θ_y	0.0251	0.0515	0.0792	0.1041	0.1150
0.50	θ_x	0.0384	0.0715	0.0938	0.0997	0.0939
	θ_y	0.0281	0.0586	0.0936	0.1322	0.1518
0.60	θ_x	0.0605	0.1184	0.1713	0.2173	0.2384
	θ_y	0.0295	0.0623	0.1030	0.1575	0.1894
0.75	θ_x	0.0776	0.1540	0.2264	0.2850	0.3090
	θ_y	0.0300	0.0642	0.1093	0.1749	0.2145
0.80	θ_x	0.0838	0.1667	0.2445	0.3059	0.3305
	θ_y	0.0301	0.0649	0.1118	0.1810	0.2228

$k=1.6$　$\alpha=0.5$　$\beta=0.3$

ξ	η	0.10	0.20	0.30	0.40	0.50
0.20	θ_x	−0.0011	−0.0048	−0.0116	−0.0187	−0.0218
	θ_y	0.0211	0.0416	0.0600	0.0733	0.0782
0.30	θ_x	0.0072	0.0091	0.0032	−0.0063	−0.0108
	θ_y	0.0305	0.0611	0.0898	0.1117	0.1200
0.40	θ_x	0.0261	0.0438	0.0469	0.0388	0.0333
	θ_y	0.0381	0.0777	0.1182	0.1517	0.1650
0.50	θ_x	0.0559	0.1039	0.1352	0.1465	0.1495
	θ_y	0.0429	0.0894	0.1420	0.1933	0.2131
0.60	θ_x	0.0899	0.1759	0.2539	0.3147	0.3371
	θ_y	0.0453	0.0961	0.1587	0.2324	0.2584
0.75	θ_x	0.1160	0.2299	0.3369	0.4211	0.4529
	θ_y	0.0463	0.0999	0.1702	0.2585	0.2896
0.80	θ_x	0.1255	0.2487	0.3608	0.4426	0.4794
	θ_y	0.0466	0.1013	0.1749	0.2670	0.3011

$k=1.6$　$\alpha=0.5$　$\beta=0.4$

ξ	η	0.10	0.20	0.30	0.40	0.50
0.20	θ_x		−0.0078	−0.0157	−0.0234	−0.0263
	θ_y		0.0548	0.0781	0.0943	0.1002
0.30	θ_x		0.0087	0.0023	−0.0063	−0.0101
	θ_y		0.0809	0.1173	0.1434	0.1530
0.40	θ_x		0.0524	0.0569	0.0534	0.0509
	θ_y		0.1043	0.1556	0.1941	0.2082
0.50	θ_x		0.1318	0.1712	0.1917	0.1993
	θ_y		0.1218	0.1909	0.2457	0.2645
0.60	θ_x		0.2316	0.3330	0.4096	0.4345
	θ_y		0.1322	0.2199	0.2923	0.3150
0.75	θ_x		0.3041	0.4418	0.5354	0.5700
	θ_y		0.1390	0.2393	0.3238	0.3498
0.80	θ_x		0.3283	0.4697	0.5750	0.6118
	θ_y		0.1417	0.2461	0.3346	0.3619

$k=1.6$　$\alpha=0.5$　$\beta=0.5$

ξ	η	0.10	0.20	0.30	0.40	0.50
0.20	θ_x		−0.0116	−0.0197	−0.0267	−0.0292
	θ_y		0.0671	0.0944	0.1128	0.1192
0.30	θ_x		0.0063	0.0010	−0.0050	−0.0073
	θ_y		0.0999	0.1422	0.1709	0.1811
0.40	θ_x		0.0566	0.0648	0.0675	0.0688
	θ_y		0.1306	0.1898	0.2303	0.2443
0.50	θ_x		0.1547	0.2025	0.2338	0.2453
	θ_y		0.1558	0.2362	0.2887	0.3062
0.60	θ_x		0.2853	0.4046	0.4826	0.5144
	θ_y		0.1728	0.2776	0.3401	0.3603
0.75	θ_x		0.3746	0.5371	0.6440	0.6751
	θ_y		0.1847	0.3047	0.3750	0.3971
0.80	θ_x		0.4039	0.5682	0.6804	0.7257
	θ_y		0.1891	0.3135	0.3871	0.4100

$k=1.6$　$\alpha=0.5$　$\beta=0.6$

ξ	η	0.10	0.20	0.30	0.40	0.50
0.20	θ_x			−0.0235	−0.0290	−0.0309
	θ_y			0.1084	0.1282	0.1350
0.30	θ_x			−0.0005	−0.0027	−0.0032
	θ_y			0.1637	0.1938	0.2041
0.40	θ_x			0.0716	0.0824	0.0867
	θ_y			0.2192	0.2597	0.2733
0.50	θ_x			0.2301	0.2708	0.2855
	θ_y			0.2738	0.3231	0.3392
0.60	θ_x			0.4652	0.5477	0.5756
	θ_y			0.3222	0.3776	0.3951
0.75	θ_x			0.6183	0.7297	0.7674
	θ_y			0.3545	0.4144	0.4328
0.80	θ_x			0.6534	0.7728	0.8137
	θ_y			0.3652	0.4272	0.4462

$k=1.6$　$\alpha=0.5$　$\beta=0.7$

ξ	η	0.10	0.20	0.30	0.40	0.50
0.20	θ_x			−0.0266	−0.0303	−0.0314
	θ_y			0.1198	0.1404	0.1473
0.30	θ_x			−0.0017	0.0001	0.0011
	θ_y			0.1810	0.2116	0.2219
0.40	θ_x			0.0771	0.0949	0.1017
	θ_y			0.2427	0.2824	0.2955
0.50	θ_x			0.2533	0.3013	0.3182
	θ_y			0.3026	0.3491	0.3643
0.60	θ_x			0.5130	0.5990	0.6334
	θ_y			0.3545	0.4054	0.4218
0.75	θ_x			0.6829	0.7911	0.8295
	θ_y			0.3894	0.4433	0.4602
0.80	θ_x			0.7223	0.8454	0.8929
	θ_y			0.4016	0.4564	0.4737

$k=1.6$　$\alpha=0.5$　$\beta=0.8$

ξ	η	0.10	0.20	0.30	0.40	0.50
0.20	θ_x				−0.0313	−0.0315
	θ_y				0.1491	0.1562
0.30	θ_x				0.0027	0.0047
	θ_y				0.2244	0.2346
0.40	θ_x				0.1056	0.1139
	θ_y				0.2984	0.3111
0.50	θ_x				0.3238	0.3424
	θ_y				0.3674	0.3817
0.60	θ_x				0.6361	0.6660
	θ_y				0.4248	0.4399
0.75	θ_x				0.8450	0.8837
	θ_y				0.4631	0.4785
0.80	θ_x				0.8976	0.9395
	θ_y				0.4766	0.4921

$k=1.6$　$\alpha=0.5$　$\beta=0.9$

ξ	η	0.10	0.20	0.30	0.40	0.50
0.20	θ_x				−0.0314	−0.0314
	θ_y				0.1544	0.1615
0.30	θ_x				0.0041	0.0073
	θ_y				0.2320	0.2421
0.40	θ_x				0.1113	0.1210
	θ_y				0.3080	0.3204
0.50	θ_x				0.3377	0.3572
	θ_y				0.3782	0.3920
0.60	θ_x				0.6585	0.6889
	θ_y				0.4362	0.4506
0.75	θ_x				0.8740	0.9128
	θ_y				0.4748	0.4893
0.80	θ_x				0.9290	0.9709
	θ_y				0.4884	0.5029

$k=1.6$　$\alpha=0.5$　$\beta=1.0$

ξ	η	0.10	0.20	0.30	0.40	0.50
0.20	θ_x					−0.0313
	θ_y					0.1632
0.30	θ_x					0.0081
	θ_y					0.2446
0.40	θ_x					0.1235
	θ_y					0.3235
0.50	θ_x					0.3622
	θ_y					0.3955
0.60	θ_x					0.7019
	θ_y					0.4542
0.75	θ_x					0.9169
	θ_y					0.4930
0.80	θ_x					0.9873
	θ_y					0.5066

$k=1.6$　$\alpha=0.6$　$\beta=0.1$

ξ	η	0.10	0.20	0.30	0.40	0.50
0.30	θ_x	0.0057	0.0089	0.0076	0.0023	−0.0011
	θ_y	0.0117	0.0239	0.0363	0.0470	0.0517
0.40	θ_x	0.0138	0.0247	0.0295	0.0256	0.0197
	θ_y	0.0144	0.0297	0.0465	0.0637	0.0729
0.50	θ_x	0.0247	0.0471	0.0653	0.0772	0.0814
	θ_y	0.0161	0.0337	0.0539	0.0783	0.0996
0.60	θ_x	0.0354	0.0697	0.1014	0.1294	0.1447
	θ_y	0.0171	0.0362	0.0593	0.0904	0.1240
0.75	θ_x	0.0430	0.0849	0.1234	0.1538	0.1664
	θ_y	0.0177	0.0379	0.0633	0.0992	0.1368
0.80	θ_x	0.0457	0.0901	0.1304	0.1605	0.1727
	θ_y	0.0179	0.0385	0.0648	0.1023	0.1406

$k=1.6$　$\alpha=0.6$　$\beta=0.2$

ξ	η	0.10	0.20	0.30	0.40	0.50
0.30	θ_x	0.0108	0.0166	0.0141	0.0051	−0.0002
	θ_y	0.0236	0.0479	0.0722	0.0926	0.1009
0.40	θ_x	0.0269	0.0478	0.0567	0.0505	0.0436
	θ_y	0.0290	0.0598	0.0932	0.1255	0.1405
0.50	θ_x	0.0488	0.0932	0.1291	0.1524	0.1606
	θ_y	0.0326	0.0679	0.1087	0.1579	0.1847
0.60	θ_x	0.0706	0.1387	0.2020	0.2563	0.2804
	θ_y	0.0347	0.0731	0.1207	0.1852	0.2231
0.75	θ_x	0.0858	0.1690	0.2449	0.3031	0.3260
	θ_y	0.0359	0.0767	0.1294	0.2029	0.2463
0.80	θ_x	0.0911	0.1792	0.2584	0.3161	0.3377
	θ_y	0.0364	0.0780	0.1327	0.2089	0.2538

$k=1.6 \quad \alpha=0.6 \quad \beta=0.3$

ξ	η	0.10	0.20	0.30	0.40	0.50
0.30	θ_x	0.0146	0.0223	0.0188	0.0088	0.0035
	θ_y	0.0357	0.0720	0.1073	0.1350	0.1458
0.40	θ_x	0.0385	0.0679	0.0797	0.0751	0.0713
	θ_y	0.0441	0.0906	0.1399	0.1830	0.2002
0.50	θ_x	0.0718	0.1372	0.1897	0.2239	0.2358
	θ_y	0.0497	0.1038	0.1659	0.2320	0.2563
0.60	θ_x	0.1051	0.2065	0.3006	0.3755	0.4036
	θ_y	0.0532	0.1128	0.1857	0.2737	0.3047
0.75	θ_x	0.1279	0.2514	0.3619	0.4436	0.4739
	θ_y	0.0554	0.1190	0.2002	0.2993	0.3352
0.80	θ_x	0.1358	0.2662	0.3813	0.4625	0.4926
	θ_y	0.0562	0.1213	0.2054	0.3079	0.3453

$k=1.6 \quad \alpha=0.6 \quad \beta=0.4$

ξ	η	0.10	0.20	0.30	0.40	0.50
0.30	θ_x		0.0249	0.0217	0.0138	0.0102
	θ_y		0.0959	0.1405	0.1732	0.1851
0.40	θ_x		0.0835	0.0977	0.1002	0.1009
	θ_y		0.1222	0.1853	0.2337	0.2510
0.50	θ_x		0.1778	0.2457	0.2895	0.3047
	θ_y		0.1415	0.2258	0.2935	0.3158
0.60	θ_x		0.2726	0.3949	0.4824	0.5125
	θ_y		0.1551	0.2585	0.3439	0.3704
0.75	θ_x		0.3306	0.4722	0.5709	0.6063
	θ_y		0.1651	0.2798	0.3757	0.4058
0.80	θ_x		0.3496	0.4953	0.5960	0.6322
	θ_y		0.1687	0.2872	0.3865	0.4178

$k=1.6 \quad \alpha=0.6 \quad \beta=0.5$

ξ	η	0.10	0.20	0.30	0.40	0.50
0.30	θ_x		0.0246	0.0233	0.0200	0.0187
	θ_y		0.1190	0.1707	0.2060	0.2184
0.40	θ_x		0.0935	0.1135	0.1254	0.1302
	θ_y		0.1543	0.2271	0.2764	0.2932
0.50	θ_x		0.2144	0.2955	0.3480	0.3665
	θ_y		0.1819	0.2817	0.3439	0.3643
0.60	θ_x		0.3360	0.4806	0.5746	0.6064
	θ_y		0.2028	0.3268	0.4001	0.4233
0.75	θ_x		0.4051	0.5715	0.6822	0.7208
	θ_y		0.2180	0.3547	0.4362	0.4618
0.80	θ_x		0.4273	0.5983	0.7131	0.7534
	θ_y		0.2234	0.3641	0.4485	0.4751

$k=1.6 \quad \alpha=0.6 \quad \beta=0.6$

ξ	η	0.10	0.20	0.30	0.40	0.50
0.30	θ_x			0.0244	0.0266	0.0277
	θ_y			0.1968	0.2330	0.2454
0.40	θ_x			0.1271	0.1487	0.1570
	θ_y			0.2627	0.3109	0.3269
0.50	θ_x			0.3382	0.3982	0.4188
	θ_y			0.3261	0.3837	0.4025
0.60	θ_x			0.5529	0.6512	0.6843
	θ_y			0.3786	0.4438	0.4646
0.75	θ_x			0.6567	0.7753	0.8159
	θ_y			0.4116	0.4827	0.5051
0.80	θ_x			0.6871	0.8114	0.8543
	θ_y			0.4229	0.4961	0.5191

$k=1.6 \quad \alpha=0.6 \quad \beta=0.7$

ξ	η	0.10	0.20	0.30	0.40	0.50
0.30	θ_x			0.0256	0.0332	0.0363
	θ_y			0.2178	0.2541	0.2662
0.40	θ_x			0.1392	0.1687	0.1795
	θ_y			0.2908	0.3373	0.3526
0.50	θ_x			0.3729	0.4383	0.4608
	θ_y			0.3601	0.4140	0.4316
0.60	θ_x			0.6101	0.7114	0.7456
	θ_y			0.4172	0.4766	0.4956
0.75	θ_x			0.7253	0.8487	0.8906
	θ_y			0.4538	0.5172	0.5372
0.80	θ_x			0.7588	0.8892	0.9336
	θ_y			0.4664	0.5312	0.5517

$k=1.6 \quad \alpha=0.6 \quad \beta=0.8$

ξ	η	0.10	0.20	0.30	0.40	0.50
0.30	θ_x				0.0397	0.0433
	θ_y				0.2690	0.2810
0.40	θ_x				0.1838	0.1954
	θ_y				0.3559	0.3707
0.50	θ_x				0.4676	0.4914
	θ_y				0.4351	0.4517
0.60	θ_x				0.7548	0.7898
	θ_y				0.4991	0.5169
0.75	θ_x				0.9017	0.9443
	θ_y				0.5410	0.5596
0.80	θ_x				0.9454	0.9906
	θ_y				0.5555	0.5744

$k=1.6$　$\alpha=0.6$　$\beta=0.9$

ξ	η	0.10	0.20	0.30	0.40	0.50
0.30	θ_x				0.0421	0.0478
	θ_y				0.2780	0.2897
0.40	θ_x				0.1934	0.2060
	θ_y				0.3670	0.3814
0.50	θ_x				0.4854	0.5101
	θ_y				0.4477	0.4638
0.60	θ_x				0.7789	0.8144
	θ_y				0.5125	0.5299
0.75	θ_x				0.9336	0.9767
	θ_y				0.5549	0.5725
0.80	θ_x				0.9793	1.0250
	θ_y				0.5696	0.5874

$k=1.6$　$\alpha=0.6$　$\beta=1.0$

ξ	η	0.10	0.20	0.30	0.40	0.50
0.30	θ_x					0.0494
	θ_y					0.2927
0.40	θ_x					0.2096
	θ_y					0.3850
0.50	θ_x					0.5163
	θ_y					0.4676
0.60	θ_x					0.8254
	θ_y					0.5338
0.75	θ_x					0.9875
	θ_y					0.5770
0.80	θ_x					1.0365
	θ_y					0.5919

$k=1.6$　$\alpha=0.7$　$\beta=0.1$

ξ	η	0.10	0.20	0.30	0.40	0.50
0.30	θ_x	0.0093	0.0157	0.0166	0.0114	0.0066
	θ_y	0.0132	0.0270	0.0417	0.0553	0.0618
0.40	θ_x	0.0187	0.0347	0.0451	0.0462	0.0394
	θ_y	0.0161	0.0334	0.0527	0.0739	0.0880
0.50	θ_x	0.0298	0.0579	0.0828	0.1045	0.1191
	θ_y	0.0181	0.0380	0.0609	0.0895	0.1187
0.60	θ_x	0.0397	0.0779	0.1130	0.1418	0.1540
	θ_y	0.0196	0.0414	0.0677	0.1031	0.1396
0.75	θ_x	0.0460	0.0901	0.1293	0.1584	0.1694
	θ_y	0.0205	0.0438	0.0727	0.1119	0.1510
0.80	θ_x	0.0481	0.0940	0.1342	0.1629	0.1742
	θ_y	0.0209	0.0447	0.0745	0.1150	0.1547

$k=1.6$　$\alpha=0.7$　$\beta=0.2$

ξ	η	0.10	0.20	0.30	0.40	0.50
0.30	θ_x	0.0179	0.0301	0.0316	0.0227	0.0163
	θ_y	0.0266	0.0543	0.0832	0.1089	0.1201
0.40	θ_x	0.0367	0.0680	0.0878	0.0893	0.0846
	θ_y	0.0324	0.0672	0.1059	0.1468	0.1674
0.50	θ_x	0.0592	0.1149	0.1648	0.2079	0.2277
	θ_y	0.0367	0.0764	0.1233	0.1823	0.2158
0.60	θ_x	0.0789	0.1550	0.2245	0.2796	0.3016
	θ_y	0.0397	0.0836	0.1378	0.2104	0.2528
0.75	θ_x	0.0915	0.1789	0.2561	0.3121	0.3332
	θ_y	0.0417	0.0886	0.1481	0.2280	0.2742
0.80	θ_x	0.0957	0.1866	0.2658	0.3217	0.3425
	θ_y	0.0424	0.0905	0.1512	0.2338	0.2811

$k=1.6$　$\alpha=0.7$　$\beta=0.3$

ξ	η	0.10	0.20	0.30	0.40	0.50
0.30	θ_x	0.0251	0.0417	0.0438	0.0347	0.0293
	θ_y	0.0403	0.0819	0.1241	0.1588	0.1725
0.40	θ_x	0.0534	0.0985	0.1260	0.1309	0.1320
	θ_y	0.0494	0.1021	0.1599	0.2146	0.2359
0.50	θ_x	0.0877	0.1705	0.2445	0.3055	0.3272
	θ_y	0.0560	0.1171	0.1886	0.2690	0.2976
0.60	θ_x	0.1175	0.2306	0.3335	0.4091	0.4380
	θ_y	0.0609	0.1288	0.2123	0.3105	0.3458
0.75	θ_x	0.1361	0.2652	0.3778	0.4570	0.4861
	θ_y	0.0642	0.1371	0.2282	0.3356	0.3748
0.80	θ_x	0.1421	0.2764	0.3910	0.4714	0.5003
	θ_y	0.0654	0.1402	0.2340	0.3441	0.3845

$k=1.6$　$\alpha=0.7$　$\beta=0.4$

ξ	η	0.10	0.20	0.30	0.40	0.50
0.30	θ_x		0.0495	0.0532	0.0479	0.0454
	θ_y		0.1098	0.1633	0.2033	0.2179
0.40	θ_x		0.1245	0.1573	0.1724	0.1787
	θ_y		0.1383	0.2141	0.2732	0.2937
0.50	θ_x		0.2239	0.3207	0.3925	0.4158
	θ_y		0.1598	0.2589	0.3390	0.3645
0.60	θ_x		0.3036	0.4346	0.5265	0.5592
	θ_y		0.1772	0.2942	0.3905	0.4207
0.75	θ_x		0.3475	0.4914	0.5892	0.6242
	θ_y		0.1896	0.3167	0.4223	0.4559
0.80	θ_x		0.3613	0.5077	0.6081	0.6434
	θ_y		0.1940	0.3244	0.4329	0.4677

$k=1.6$　$\alpha=0.7$　$\beta=0.5$

ξ	η	0.10	0.20	0.30	0.40	0.50
0.30	θ_x		0.0531	0.0598	0.0618	0.0627
	θ_y		0.1373	0.1991	0.2412	0.2559
0.40	θ_x		0.1447	0.1842	0.2117	0.2221
	θ_y		0.1760	0.2641	0.3219	0.3412
0.50	θ_x		0.2750	0.3932	0.4679	0.4928
	θ_y		0.2063	0.3250	0.3964	0.4194
0.60	θ_x		0.3723	0.5266	0.6288	0.6640
	θ_y		0.2316	0.3714	0.4549	0.4813
0.75	θ_x		0.4237	0.5931	0.7054	0.7453
	θ_y		0.2488	0.3999	0.4912	0.5204
0.80	θ_x		0.4391	0.6136	0.7285	0.7687
	θ_y		0.2548	0.4096	0.5036	0.5335

$k=1.6$　$\alpha=0.7$　$\beta=0.6$

ξ	η	0.10	0.20	0.30	0.40	0.50
0.30	θ_x			0.0658	0.0755	0.0795
	θ_y			0.2299	0.2722	0.2865
0.40	θ_x			0.2091	0.2466	0.2602
	θ_y			0.3057	0.3609	0.3791
0.50	θ_x			0.4517	0.5307	0.5531
	θ_y			0.3757	0.4411	0.4622
0.60	θ_x			0.6055	0.7142	0.7511
	θ_y			0.4302	0.5045	0.5283
0.75	θ_x			0.6807	0.8038	0.8460
	θ_y			0.4639	0.5445	0.5702
0.80	θ_x			0.7038	0.8301	0.8736
	θ_y			0.4753	0.5583	0.5847

$k=1.6$　$\alpha=0.7$　$\beta=0.7$

ξ	η	0.10	0.20	0.30	0.40	0.50
0.30	θ_x			0.0711	0.0885	0.0949
	θ_y			0.2544	0.2961	0.3100
0.40	θ_x			0.2304	0.2754	0.2914
	θ_y			0.3380	0.3906	0.4079
0.50	θ_x			0.4977	0.5762	0.6086
	θ_y			0.4145	0.4752	0.4951
0.60	θ_x			0.6685	0.7815	0.8197
	θ_y			0.4744	0.5422	0.5639
0.75	θ_x			0.7521	0.8814	0.9254
	θ_y			0.5119	0.5846	0.6078
0.80	θ_x			0.7766	0.9096	0.9555
	θ_y			0.5245	0.5991	0.6228

$k=1.6$　$\alpha=0.7$　$\beta=0.8$

ξ	η	0.10	0.20	0.30	0.40	0.50
0.30	θ_x				0.0981	0.1063
	θ_y				0.3131	0.3265
0.40	θ_x				0.2969	0.3146
	θ_y				0.4116	0.4281
0.50	θ_x				0.6123	0.6414
	θ_y				0.4991	0.5178
0.60	θ_x				0.8300	0.8691
	θ_y				0.5679	0.5883
0.75	θ_x				0.9375	0.9828
	θ_y				0.6119	0.6334
0.80	θ_x				0.9681	1.0155
	θ_y				0.6270	0.6489

$k=1.6$　$\alpha=0.7$　$\beta=0.9$

ξ	η	0.10	0.20	0.30	0.40	0.50
0.30	θ_x				0.1035	0.1136
	θ_y				0.3232	0.3364
0.40	θ_x				0.3101	0.3288
	θ_y				0.4240	0.4401
0.50	θ_x				0.6341	0.6639
	θ_y				0.5132	0.5311
0.60	θ_x				0.8593	0.8990
	θ_y				0.5835	0.6030
0.75	θ_x				0.9747	1.0207
	θ_y				0.6282	0.6486
0.80	θ_x				1.0036	1.0517
	θ_y				0.6436	0.6645

$k=1.6$　$\alpha=0.7$　$\beta=1.0$

ξ	η	0.10	0.20	0.30	0.40	0.50
0.30	θ_x					0.1160
	θ_y					0.3396
0.40	θ_x					0.3336
	θ_y					0.4440
0.50	θ_x					0.6757
	θ_y					0.5357
0.60	θ_x					0.9090
	θ_y					0.6076
0.75	θ_x					1.0290
	θ_y					0.6536
0.80	θ_x					1.0639
	θ_y					0.6694

$k=1.6$　$\alpha=0.8$　$\beta=0.1$

ξ	η	0.10	0.20	0.30	0.40	0.50
0.40	θ_x	0.0240	0.0458	0.0633	0.0745	0.0784
	θ_y	0.0176	0.0366	0.0580	0.0832	0.1048
0.50	θ_x	0.0346	0.0678	0.0982	0.1250	0.1384
	θ_y	0.0200	0.0420	0.0675	0.1003	0.1343
0.60	θ_x	0.0430	0.0841	0.1210	0.1493	0.1609
	θ_y	0.0219	0.0463	0.0757	0.1145	0.1529
0.75	θ_x	0.0479	0.0932	0.1323	0.1600	0.1703
	θ_y	0.0232	0.0494	0.0812	0.1232	0.1635
0.80	θ_x	0.0495	0.0960	0.1356	0.1631	0.1731
	θ_y	0.0237	0.0504	0.0832	0.1261	0.1665

$k=1.6$　$\alpha=0.8$　$\beta=0.2$

ξ	η	0.10	0.20	0.30	0.40	0.50
0.40	θ_x	0.0475	0.0906	0.1250	0.1472	0.1548
	θ_y	0.0355	0.0736	0.1171	0.1676	0.1949
0.50	θ_x	0.0689	0.1348	0.1955	0.2477	0.2712
	θ_y	0.0405	0.0845	0.1370	0.2048	0.2440
0.60	θ_x	0.0855	0.1671	0.2399	0.2944	0.3158
	θ_y	0.0444	0.0936	0.1539	0.2329	0.2787
0.75	θ_x	0.0951	0.1848	0.2618	0.3156	0.3354
	θ_y	0.0471	0.0998	0.1652	0.2500	0.2984
0.80	θ_x	0.0982	0.1902	0.2681	0.3217	0.3407
	θ_y	0.0481	0.1020	0.1691	0.2558	0.3051

$k=1.6$　$\alpha=0.8$　$\beta=0.3$

ξ	η	0.10	0.20	0.30	0.40	0.50
0.40	θ_x	0.0699	0.1332	0.1835	0.2161	0.2274
	θ_y	0.0540	0.1122	0.1778	0.2461	0.2714
0.50	θ_x	0.1024	0.2005	0.2907	0.3632	0.3901
	θ_y	0.0619	0.1297	0.2101	0.3025	0.3353
0.60	θ_x	0.1270	0.2480	0.3543	0.4314	0.4598
	θ_y	0.0681	0.1441	0.2363	0.3432	0.3820
0.75	θ_x	0.1410	0.2733	0.3856	0.4627	0.4905
	θ_y	0.0724	0.1540	0.2536	0.3678	0.4097
0.80	θ_x	0.1455	0.2811	0.3946	0.4721	0.4996
	θ_y	0.0740	0.1575	0.2595	0.3761	0.4188

$k=1.6$　$\alpha=0.8$　$\beta=0.4$

ξ	η	0.10	0.20	0.30	0.40	0.50
0.40	θ_x		0.1724	0.2378	0.2799	0.2945
	θ_y		0.1525	0.2413	0.3120	0.3352
0.50	θ_x		0.2644	0.3825	0.4666	0.4954
	θ_y		0.1772	0.2895	0.3809	0.4096
0.60	θ_x		0.3253	0.4615	0.5554	0.5888
	θ_y		0.1981	0.3266	0.4322	0.4657
0.75	θ_x		0.3570	0.5004	0.5970	0.6313
	θ_y		0.2120	0.3500	0.4635	0.5000
0.80	θ_x		0.3663	0.5120	0.6091	0.6434
	θ_y		0.2170	0.3580	0.4740	0.5115

$k=1.6$　$\alpha=0.8$　$\beta=0.5$

ξ	η	0.10	0.20	0.30	0.40	0.50
0.40	θ_x		0.2076	0.2862	0.3364	0.3538
	θ_y		0.1953	0.3003	0.3659	0.3875
0.50	θ_x		0.3255	0.4656	0.5560	0.5864
	θ_y		0.2296	0.3644	0.4447	0.4703
0.60	θ_x		0.3974	0.5581	0.6645	0.7014
	θ_y		0.2583	0.4114	0.5040	0.5335
0.75	θ_x		0.4335	0.6036	0.7158	0.7549
	θ_y		0.2768	0.4403	0.5403	0.5723
0.80	θ_x		0.4441	0.6171	0.7307	0.7697
	θ_y		0.2832	0.4501	0.5525	0.5853

$k=1.6$　$\alpha=0.8$　$\beta=0.6$

ξ	η	0.10	0.20	0.30	0.40	0.50
0.40	θ_x			0.3272	0.3848	0.4046
	θ_y			0.3475	0.4089	0.4290
0.50	θ_x			0.5355	0.6302	0.6621
	θ_y			0.4214	0.4943	0.5178
0.60	θ_x			0.6409	0.7560	0.7953
	θ_y			0.4766	0.5595	0.5860
0.75	θ_x			0.6922	0.8161	0.8588
	θ_y			0.5106	0.6000	0.6286
0.80	θ_x			0.7073	0.8330	0.8767
	θ_y			0.5221	0.6137	0.6431

$k=1.6 \quad \alpha=0.8 \quad \beta=0.7$

ξ	η	0.10	0.20	0.30	0.40	0.50
0.40	θ_x			0.3604	0.4240	0.4458
	θ_y			0.3835	0.4415	0.4605
0.50	θ_x			0.5906	0.6888	0.7219
	θ_y			0.4647	0.5322	0.5540
0.60	θ_x			0.7074	0.8284	0.8695
	θ_y			0.5259	0.6016	0.6259
0.75	θ_x			0.7637	0.8959	0.9412
	θ_y			0.5635	0.6447	0.6707
0.80	θ_x			0.7796	0.9152	0.9617
	θ_y			0.5762	0.6594	0.6860

$k=1.6 \quad \alpha=0.8 \quad \beta=0.8$

ξ	η	0.10	0.20	0.30	0.40	0.50
0.40	θ_x				0.4525	0.4757
	θ_y				0.4645	0.4826
0.50	θ_x				0.7310	0.7650
	θ_y				0.5583	0.5790
0.60	θ_x				0.8808	0.9231
	θ_y				0.6305	0.6533
0.75	θ_x				0.9539	1.0009
	θ_y				0.6758	0.7001
0.80	θ_x				0.9749	1.0240
	θ_y				0.6911	0.7159

$k=1.6 \quad \alpha=0.8 \quad \beta=0.9$

ξ	η	0.10	0.20	0.30	0.40	0.50
0.40	θ_x				0.4698	0.4939
	θ_y				0.4781	0.4956
0.50	θ_x				0.7565	0.7911
	θ_y				0.5741	0.5941
0.60	θ_x				0.9125	0.9554
	θ_y				0.6478	0.6697
0.75	θ_x				0.9891	1.0370
	θ_y				0.6939	0.7171
0.80	θ_x				1.0119	1.0614
	θ_y				0.7097	0.7333

$k=1.6 \quad \alpha=0.8 \quad \beta=1.0$

ξ	η	0.10	0.20	0.30	0.40	0.50
0.40	θ_x					0.5000
	θ_y					0.5000
0.50	θ_x					0.7999
	θ_y					0.5988
0.60	θ_x					0.9663
	θ_y					0.6749
0.75	θ_x					1.0491
	θ_y					0.7229
0.80	θ_x					1.0739
	θ_y					0.7393

$k=1.6 \quad \alpha=0.9 \quad \beta=0.1$

ξ	η	0.10	0.20	0.30	0.40	0.50
0.40	θ_x	0.0295	0.0572	0.0817	0.1032	0.1178
	θ_y	0.0189	0.0394	0.0629	0.0919	0.1212
0.50	θ_x	0.0389	0.0761	0.1102	0.1380	0.1502
	θ_y	0.0218	0.0457	0.0739	0.1105	0.1474
0.60	θ_x	0.0454	0.0884	0.1261	0.1536	0.1645
	θ_y	0.0241	0.0509	0.0829	0.1245	0.1646
0.75	θ_x	0.0490	0.0947	0.1333	0.1600	0.1698
	θ_y	0.0257	0.0544	0.0889	0.1329	0.1742
0.80	θ_x	0.0500	0.0965	0.1354	0.1616	0.1713
	θ_y	0.0263	0.0556	0.0909	0.1358	0.1772

$k=1.6 \quad \alpha=0.9 \quad \beta=0.2$

ξ	η	0.10	0.20	0.30	0.40	0.50
0.40	θ_x	0.0585	0.1135	0.1627	0.2055	0.2262
	θ_y	0.0382	0.0793	0.1273	0.1871	0.2212
0.50	θ_x	0.0773	0.1514	0.2189	0.2721	0.2939
	θ_y	0.0441	0.0921	0.1500	0.2250	0.2685
0.60	θ_x	0.0902	0.1755	0.2497	0.3031	0.3233
	θ_y	0.0489	0.1028	0.1685	0.2527	0.3005
0.75	θ_x	0.0971	0.1876	0.2636	0.3158	0.3346
	θ_y	0.0521	0.1099	0.1804	0.2692	0.3192
0.80	θ_x	0.0992	0.1912	0.2677	0.3188	0.3377
	θ_y	0.0533	0.1124	0.1844	0.2748	0.3255

$k=1.6 \quad \alpha=0.9 \quad \beta=0.3$

ξ	η	0.10	0.20	0.30	0.40	0.50
0.40	θ_x	0.0867	0.1684	0.2419	0.3022	0.3236
	θ_y	0.0582	0.1213	0.1941	0.2761	0.3050
0.50	θ_x	0.1150	0.2252	0.3250	0.3982	0.4260
	θ_y	0.0674	0.1415	0.2302	0.3319	0.3685
0.60	θ_x	0.1338	0.2598	0.3682	0.4442	0.4718
	θ_y	0.0749	0.1582	0.2582	0.3720	0.4135
0.75	θ_x	0.1436	0.2770	0.3881	0.4632	0.4899
	θ_y	0.0800	0.1691	0.2790	0.3960	0.4401
0.80	θ_x	0.1466	0.2819	0.3938	0.4675	0.4938
	θ_y	0.0818	0.1730	0.2821	0.4040	0.4488

$k=1.6 \quad \alpha=0.9 \quad \beta=0.4$

ξ	η	0.10	0.20	0.30	0.40	0.50
0.40	θ_x		0.2211	0.3191	0.3882	0.4111
	θ_y		0.1653	0.2666	0.3483	0.3743
0.50	θ_x		0.2963	0.4235	0.5126	0.5442
	θ_y		0.1938	0.3173	0.4181	0.4500
0.60	θ_x		0.3398	0.4786	0.5729	0.6063
	θ_y		0.2171	0.3556	0.4690	0.5053
0.75	θ_x		0.3608	0.5034	0.5983	0.6316
	θ_y		0.2322	0.3794	0.4995	0.5385
0.80	θ_x		0.3668	0.5099	0.6044	0.6375
	θ_y		0.2375	0.3874	0.5097	0.5495

$k=1.6$　$\alpha=0.9$　$\beta=0.5$

ξ	η	0.10	0.20	0.30	0.40	0.50
0.40	θ_x		0.2716	0.3888	0.4626	0.4872
	θ_y		0.2130	0.3342	0.4072	0.4309
0.50	θ_x		0.3632	0.5131	0.6123	0.6463
	θ_y		0.2516	0.3993	0.4880	0.5163
0.60	θ_x		0.4136	0.5779	0.6861	0.7238
	θ_y		0.2823	0.4470	0.5473	0.5795
0.75	θ_x		0.4367	0.6068	0.7179	0.7565
	θ_y		0.3018	0.4760	0.5832	0.6178
0.80	θ_x		0.4439	0.6141	0.7257	0.7645
	θ_y		0.3084	0.4858	0.5953	0.6307

$k=1.6$　$\alpha=0.9$　$\beta=0.6$

ξ	η	0.10	0.20	0.30	0.40	0.50
0.40	θ_x			0.4467	0.5247	0.5509
	θ_y			0.3865	0.4538	0.4756
0.50	θ_x			0.5899	0.6956	0.7315
	θ_y			0.4622	0.5423	0.5681
0.60	θ_x			0.6630	0.7817	0.8224
	θ_y			0.5178	0.6082	0.6373
0.75	θ_x			0.6952	0.8192	0.8620
	θ_y			0.5515	0.6487	0.6799
0.80	θ_x			0.7036	0.8287	0.8719
	θ_y			0.5630	0.6622	0.6942

$k=1.6$　$\alpha=0.9$　$\beta=0.7$

ξ	η	0.10	0.20	0.30	0.40	0.50
0.40	θ_x			0.4921	0.5738	0.6015
	θ_y			0.4261	0.4890	0.5094
0.50	θ_x			0.6512	0.7613	0.7986
	θ_y			0.5098	0.5837	0.6075
0.60	θ_x			0.7315	0.8576	0.9006
	θ_y			0.5715	0.6544	0.6811
0.75	θ_x			0.7668	0.9002	0.9459
	θ_y			0.6089	0.6978	0.7264
0.80	θ_x			0.7757	0.9111	0.9576
	θ_y			0.6215	0.7124	0.7417

$k=1.6$　$\alpha=0.9$　$\beta=0.8$

ξ	η	0.10	0.20	0.30	0.40	0.50
0.40	θ_x				0.6094	0.6382
	θ_y				0.5138	0.5333
0.50	θ_x				0.8088	0.8470
	θ_y				0.6121	0.6347
0.60	θ_x				0.9127	0.9572
	θ_y				0.6862	0.7113
0.75	θ_x				0.9591	1.0068
	θ_y				0.7320	0.7588
0.80	θ_x				0.9712	1.0199
	θ_y				0.7475	0.7749

$k=1.6$　$\alpha=0.9$　$\beta=0.9$

ξ	η	0.10	0.20	0.30	0.40	0.50
0.40	θ_x				0.6310	0.6605
	θ_y				0.5283	0.5472
0.50	θ_x				0.8374	0.8763
	θ_y				0.6293	0.6511
0.60	θ_x				0.9460	0.9914
	θ_y				0.7052	0.7294
0.75	θ_x				0.9948	1.0438
	θ_y				0.7521	0.7778
0.80	θ_x				1.0076	1.0577
	θ_y				0.7680	0.7942

$k=1.6$　$\alpha=0.9$　$\beta=1.0$

ξ	η	0.10	0.20	0.30	0.40	0.50
0.40	θ_x					0.6679
	θ_y					0.5520
0.50	θ_x					0.8861
	θ_y					0.6562
0.60	θ_x					1.0029
	θ_y					0.7351
0.75	θ_x					1.0562
	θ_y					0.7842
0.80	θ_x					1.0704
	θ_y					0.8008

$k=1.6$　$\alpha=1.0$　$\beta=0.1$

ξ	η	0.10	0.20	0.30	0.40	0.50
0.50	θ_x	0.0423	0.0827	0.1189	0.1466	0.1575
	θ_y	0.0234	0.0492	0.0797	0.1194	0.1583
0.60	θ_x	0.0471	0.0913	0.1290	0.1556	0.1653
	θ_y	0.0261	0.0551	0.0894	0.1131	0.1742
0.75	θ_x	0.0494	0.0951	0.1331	0.1588	0.1678
	θ_y	0.0279	0.0589	0.0955	0.1413	0.1832
0.80	θ_x	0.0501	0.0962	0.1342	0.1594	0.1685
	θ_y	0.0286	0.0602	0.0976	0.1441	0.1860

$k=1.6$　$\alpha=1.0$　$\beta=0.2$

ξ	η	0.10	0.20	0.30	0.40	0.50
0.50	θ_x	0.0842	0.1645	0.2358	0.2889	0.3094
	θ_y	0.0474	0.0993	0.1620	0.2426	0.2886
0.60	θ_x	0.0934	0.1809	0.2552	0.3069	0.3256
	θ_y	0.0530	0.1112	0.1809	0.2696	0.3191
0.75	θ_x	0.0979	0.1883	0.2631	0.3136	0.3317
	θ_y	0.0566	0.1189	0.1936	0.2857	0.3369
0.80	θ_x	0.0992	0.1904	0.2651	0.3145	0.3325
	θ_y	0.0579	0.1216	0.1972	0.2910	0.3430

$k=1.6\quad \alpha=1.0\quad \beta=0.3$

ξ	η	0.10	0.20	0.30	0.40	0.50
0.50	θ_x	0.1251	0.2440	0.3485	0.4236	0.4515
	θ_y	0.0725	0.1525	0.2486	0.3572	0.3964
0.60	θ_x	0.1383	0.2673	0.3756	0.4493	0.4757
	θ_y	0.0811	0.1708	0.2779	0.3964	0.4396
0.75	θ_x	0.1445	0.2777	0.3873	0.4602	0.4859
	θ_y	0.0866	0.1825	0.2960	0.4202	0.4659
0.80	θ_x	0.1463	0.2804	0.3896	0.4615	0.4867
	θ_y	0.0886	0.1866	0.3022	0.4279	0.4744

$k=1.6\quad \alpha=1.0\quad \beta=0.4$

ξ	η	0.10	0.20	0.30	0.40	0.50
0.50	θ_x		0.3199	0.4538	0.5459	0.5778
	θ_y		0.2091	0.3421	0.4509	0.4851
0.60	θ_x		0.3488	0.4874	0.5802	0.6137
	θ_y		0.2341	0.3810	0.5008	0.5392
0.75	θ_x		0.3609	0.5023	0.5948	0.6272
	θ_y		0.2500	0.4048	0.5304	0.5714
0.80	θ_x		0.3644	0.5049	0.5968	0.6290
	θ_y		0.2553	0.4128	0.5403	0.5821

$k=1.6\quad \alpha=1.0\quad \beta=0.5$

ξ	η	0.10	0.20	0.30	0.40	0.50
0.50	θ_x		0.3906	0.5487	0.6532	0.6894
	θ_y		0.2717	0.4296	0.5257	0.5566
0.60	θ_x		0.4229	0.5876	0.6959	0.7337
	θ_y		0.3036	0.4774	0.5845	0.6193
0.75	θ_x		0.4364	0.6048	0.7142	0.7522
	θ_y		0.3235	0.5069	0.6203	0.6571
0.80	θ_x		0.4399	0.6077	0.7171	0.7550
	θ_y		0.3303	0.5166	0.6321	0.6697

$k=1.6\quad \alpha=1.0\quad \beta=0.6$

ξ	η	0.10	0.20	0.30	0.40	0.50
0.50	θ_x			0.6301	0.7432	0.7818
	θ_y			0.4986	0.5849	0.6122
0.60	θ_x			0.6736	0.7939	0.8354
	θ_y			0.5540	0.6508	0.6816
0.75	θ_x			0.6927	0.8156	0.8580
	θ_y			0.5870	0.6905	0.7239
0.80	θ_x			0.6960	0.8193	0.8619
	θ_y			0.5982	0.7038	0.7380

$k=1.6\quad \alpha=1.0\quad \beta=0.7$

ξ	η	0.10	0.20	0.30	0.40	0.50
0.50	θ_x			0.6955	0.8145	0.8540
	θ_y			0.5489	0.6290	0.6549
0.60	θ_x			0.7430	0.8720	0.9169
	θ_y			0.6104	0.7003	0.7293
0.75	θ_x			0.7636	0.8967	0.9431
	θ_y			0.6482	0.7438	0.7748
0.80	θ_x			0.7671	0.9013	0.9474
	θ_y			0.6607	0.7583	0.7899

$k=1.6\quad \alpha=1.0\quad \beta=0.8$

ξ	η	0.10	0.20	0.30	0.40	0.50
0.50	θ_x				0.8660	0.9076
	θ_y				0.6599	0.6841
0.60	θ_x				0.9288	0.9748
	θ_y				0.7349	0.7620
0.75	θ_x				0.9565	1.0046
	θ_y				0.7806	0.8096
0.80	θ_x				0.9611	1.0097
	θ_y				0.7959	0.8256

$k=1.6\quad \alpha=1.0\quad \beta=0.9$

ξ	η	0.10	0.20	0.30	0.40	0.50
0.50	θ_x				0.8972	0.9396
	θ_y				0.6782	0.7014
0.60	θ_x				0.9633	1.0103
	θ_y				0.7554	0.7813
0.75	θ_x				0.9925	1.0419
	θ_y				0.8025	0.8302
0.80	θ_x				0.9975	1.0476
	θ_y				0.8184	0.8470

$k=1.6\quad \alpha=1.0\quad \beta=1.0$

ξ	η	0.10	0.20	0.30	0.40	0.50
0.50	θ_x					0.9493
	θ_y					0.7072
0.60	θ_x					1.0222
	θ_y					0.7881
0.75	θ_x					1.0544
	θ_y					0.8376
0.80	θ_x					1.0603
	θ_y					0.8538

$k=1.6\quad \alpha=1.1\quad \beta=0.1$

ξ	η	0.10	0.20	0.30	0.40	0.50
0.50	θ_x	0.0451	0.0877	0.1250	0.1523	0.1625
	θ_y	0.0249	0.0524	0.0850	0.1269	0.1671
0.60	θ_x	0.0482	0.0929	0.1305	0.1562	0.1654
	θ_y	0.0279	0.0587	0.0950	0.1404	0.1819
0.75	θ_x	0.0494	0.0949	0.1322	0.1569	0.1657
	θ_y	0.0299	0.0628	0.1012	0.1483	0.1907
0.80	θ_x	0.0498	0.0954	0.1325	0.1569	0.1654
	θ_y	0.0306	0.0641	0.1033	0.1510	0.1933

$k=1.6\quad \alpha=1.1\quad \beta=0.2$

ξ	η	0.10	0.20	0.30	0.40	0.50
0.50	θ_x	0.0895	0.1741	0.2474	0.3006	0.3197
	θ_y	0.0504	0.1057	0.1720	0.2574	0.3057
0.60	θ_x	0.0955	0.1841	0.2581	0.3083	0.3264
	θ_y	0.0565	0.1185	0.1919	0.2839	0.3347
0.75	θ_x	0.0979	0.1878	0.2613	0.3098	0.3270
	θ_y	0.0605	0.1266	0.2048	0.2995	0.3518
0.80	θ_x	0.0985	0.1886	0.2617	0.3097	0.3263
	θ_y	0.0619	0.1294	0.2089	0.3048	0.3574

$k=1.6$　　$\alpha=1.1$　　$\beta=0.3$

ξ	η	0.10	0.20	0.30	0.40	0.50
0.50	θ_x	0.1328	0.2577	0.3645	0.4405	0.4679
	θ_y	0.0771	0.1624	0.2646	0.3792	0.4211
0.60	θ_x	0.1411	0.2716	0.3795	0.4523	0.4780
	θ_y	0.0865	0.1818	0.2940	0.4174	0.4628
0.75	θ_x	0.1443	0.2765	0.3842	0.4548	0.4796
	θ_y	0.0925	0.1940	0.3121	0.4403	0.4873
0.80	θ_x	0.1451	0.2776	0.3848	0.4546	0.4790
	θ_y	0.0945	0.1981	0.3183	0.4478	0.4954

$k=1.6$　　$\alpha=1.1$　　$\beta=0.4$

ξ	η	0.10	0.20	0.30	0.40	0.50
0.50	θ_x		0.3370	0.4747	0.5682	0.6012
	θ_y		0.2226	0.3633	0.4780	0.5149
0.60	θ_x		0.3535	0.4922	0.5844	0.6167
	θ_y		0.2488	0.4025	0.5272	0.5677
0.75	θ_x		0.3591	0.4976	0.5881	0.6197
	θ_y		0.2650	0.4264	0.5565	0.5991
0.80	θ_x		0.3603	0.4984	0.5881	0.6194
	θ_y		0.2705	0.4343	0.5663	0.6096

$k=1.6$　　$\alpha=1.1$　　$\beta=0.5$

ξ	η	0.10	0.20	0.30	0.40	0.50
0.50	θ_x		0.4098	0.5733	0.6806	0.7178
	θ_y		0.2892	0.4563	0.5583	0.5911
0.60	θ_x		0.4278	0.5934	0.7015	0.7387
	θ_y		0.3220	0.5039	0.6164	0.6529
0.75	θ_x		0.4334	0.5991	0.7066	0.7439
	θ_y		0.3422	0.5328	0.6512	0.6898
0.80	θ_x		0.4346	0.5997	0.7068	0.7440
	θ_y		0.3490	0.5424	0.6628	0.7020

$k=1.6$　　$\alpha=1.1$　　$\beta=0.6$

ξ	η	0.10	0.20	0.30	0.40	0.50
0.50	θ_x			0.6577	0.7753	0.8157
	θ_y			0.5284	0.6208	0.6505
0.60	θ_x			0.6799	0.8004	0.8421
	θ_y			0.5837	0.6863	0.7195
0.75	θ_x			0.6860	0.8074	0.8493
	θ_y			0.6170	0.7259	0.7612
0.80	θ_x			0.6866	0.8080	0.8499
	θ_y			0.6281	0.7391	0.7751

$k=1.6$　　$\alpha=1.1$　　$\beta=0.7$

ξ	η	0.10	0.20	0.30	0.40	0.50
0.50	θ_x			0.7256	0.8506	0.8933
	θ_y			0.5832	0.6682	0.6956
0.60	θ_x			0.7493	0.8798	0.9246
	θ_y			0.6444	0.7394	0.7701
0.75	θ_x			0.7561	0.8882	0.9337
	θ_y			0.6811	0.7823	0.8151
0.80	θ_x			0.7566	0.8894	0.9350
	θ_y			0.6934	0.7966	0.8301

$k=1.6$　　$\alpha=1.1$　　$\beta=0.8$

ξ	η	0.10	0.20	0.30	0.40	0.50
0.50	θ_x				0.9052	0.9494
	θ_y				0.7008	0.7266
0.60	θ_x				0.9376	0.9845
	θ_y				0.7761	0.8050
0.75	θ_x				0.9472	0.9952
	θ_y				0.8218	0.8527
0.80	θ_x				0.9487	0.9969
	θ_y				0.8370	0.8686

$k=1.6$　　$\alpha=1.1$　　$\beta=0.9$

ξ	η	0.10	0.20	0.30	0.40	0.50
0.50	θ_x				0.9383	0.9834
	θ_y				0.7204	0.7453
0.60	θ_x				0.9727	1.0209
	θ_y				0.7981	0.8260
0.75	θ_x				0.9831	1.0321
	θ_y				0.8449	0.8748
0.80	θ_x				0.9848	1.0345
	θ_y				0.8607	0.8912

$k=1.6$　　$\alpha=1.1$　　$\beta=1.0$

ξ	η	0.10	0.20	0.30	0.40	0.50
0.50	θ_x					0.9948
	θ_y					0.7512
0.60	θ_x					1.0331
	θ_y					0.8326
0.75	θ_x					1.0451
	θ_y					0.8823
0.80	θ_x					1.0472
	θ_y					0.8989

$k=1.6$　　$\alpha=1.2$　　$\beta=0.1$

ξ	η	0.10	0.20	0.30	0.40	0.50
0.60	θ_x	0.0488	0.0938	0.1310	0.1561	0.1652
	θ_y	0.0295	0.0618	0.0996	0.1463	0.1885
0.75	θ_x	0.0493	0.0943	0.1309	0.1550	0.1634
	θ_y	0.0315	0.0660	0.1058	0.1540	0.1968
0.80	θ_x	0.0493	0.0943	0.1307	0.1544	0.1627
	θ_y	0.0322	0.0674	0.1079	0.1566	0.1992

$k=1.6$　　$\alpha=1.2$　　$\beta=0.2$

ξ	η	0.10	0.20	0.30	0.40	0.50
0.60	θ_x	0.0966	0.1857	0.2591	0.3081	0.3255
	θ_y	0.0596	0.1246	0.2011	0.2954	0.3471
0.75	θ_x	0.0975	0.1865	0.2586	0.3060	0.3228
	θ_y	0.0637	0.1329	0.2140	0.3107	0.3636
0.80	θ_x	0.0976	0.1864	0.2583	0.3047	0.3212
	θ_y	0.0651	0.1358	0.2174	0.3158	0.3693

$k=1.6$　$\alpha=1.2$　$\beta=0.3$

ξ	η	0.10	0.20	0.30	0.40	0.50
0.60	θ_x	0.1426	0.2737	0.3812	0.4522	0.4772
	θ_y	0.0911	0.1910	0.3079	0.4344	0.4810
0.75	θ_x	0.1436	0.2744	0.3802	0.4495	0.4736
	θ_y	0.0973	0.2034	0.3257	0.4567	0.5048
0.80	θ_x	0.1436	0.2743	0.3794	0.4478	0.4715
	θ_y	0.0993	0.2076	0.3318	0.4640	0.5125

$k=1.6$　$\alpha=1.2$　$\beta=0.4$

ξ	η	0.10	0.20	0.30	0.40	0.50
0.60	θ_x		0.3556	0.4944	0.5845	0.6162
	θ_y		0.2610	0.4202	0.5487	0.5908
0.75	θ_x		0.3562	0.4925	0.5812	0.6120
	θ_y		0.2774	0.4438	0.5775	0.6213
0.80	θ_x		0.3556	0.4914	0.5789	0.6094
	θ_y		0.2829	0.4517	0.5871	0.6316

$k=1.6$　$\alpha=1.2$　$\beta=0.5$

ξ	η	0.10	0.20	0.30	0.40	0.50
0.60	θ_x		0.4298	0.5948	0.7020	0.7393
	θ_y		0.3369	0.5255	0.6423	0.6803
0.75	θ_x		0.4294	0.5928	0.6985	0.7351
	θ_y		0.3571	0.5541	0.6766	0.7166
0.80	θ_x		0.4288	0.5910	0.6960	0.7329
	θ_y		0.3638	0.5635	0.6878	0.7286

$k=1.6$　$\alpha=1.2$　$\beta=0.6$

ξ	η	0.10	0.20	0.30	0.40	0.50
0.60	θ_x			0.6812	0.8019	0.8436
	θ_y			0.6083	0.7156	0.7504
0.75	θ_x			0.6786	0.7985	0.8398
	θ_y			0.6412	0.7545	0.7914
0.80	θ_x			0.6765	0.7964	0.8376
	θ_y			0.6522	0.7674	0.8050

$k=1.6$　$\alpha=1.2$　$\beta=0.7$

ξ	η	0.10	0.20	0.30	0.40	0.50
0.60	θ_x			0.7508	0.8832	0.9282
	θ_y			0.6717	0.7712	0.8038
0.75	θ_x			0.7478	0.8787	0.9237
	θ_y			0.7081	0.8139	0.8483
0.80	θ_x			0.7459	0.8765	0.9215
	θ_y			0.7202	0.8281	0.8631

$k=1.6$　$\alpha=1.2$　$\beta=0.8$

ξ	η	0.10	0.20	0.30	0.40	0.50
0.60	θ_x				0.9415	0.9889
	θ_y				0.8100	0.8404
0.75	θ_x				0.9373	0.9850
	θ_y				0.8551	0.8876
0.80	θ_x				0.9351	0.9828
	θ_y				0.8701	0.9034

$k=1.6$　$\alpha=1.2$　$\beta=0.9$

ξ	η	0.10	0.20	0.30	0.40	0.50
0.60	θ_x				0.9770	1.0258
	θ_y				0.8330	0.8622
0.75	θ_x				0.9730	1.0222
	θ_y				0.8798	0.9112
0.80	θ_x				0.9708	1.0202
	θ_y				0.8953	0.9275

$k=1.6$　$\alpha=1.2$　$\beta=1.0$

ξ	η	0.10	0.20	0.30	0.40	0.50
0.60	θ_x					1.0381
	θ_y					0.8699
0.75	θ_x					1.0348
	θ_y					0.9188
0.80	θ_x					1.0327
	θ_y					0.9352

$k=1.6$　$\alpha=1.3$　$\beta=0.1$

ξ	η	0.10	0.20	0.30	0.40	0.50
0.60	θ_x	0.0491	0.0942	0.1311	0.1556	0.1641
	θ_y	0.0306	0.0642	0.1032	0.1507	0.1932
0.75	θ_x	0.0490	0.0936	0.1296	0.1531	0.1614
	θ_y	0.0328	0.0685	0.1094	0.1584	0.2014
0.80	θ_x	0.0488	0.0933	0.1290	0.1523	0.1604
	θ_y	0.0335	0.0699	0.1115	0.1609	0.2040

$\alpha=1.3$　$\beta=0.2$

ξ	η	0.10	0.20	0.30	0.40	0.50
0.60	θ_x	0.0972	0.1863	0.2591	0.3071	0.3239
	θ_y	0.0620	0.1294	0.2088	0.3043	0.3571
0.75	θ_x	0.0969	0.1851	0.2561	0.3025	0.3186
	θ_y	0.0662	0.1379	0.2211	0.3194	0.3729
0.80	θ_x	0.0966	0.1843	0.2548	0.3006	0.3166
	θ_y	0.0677	0.1408	0.2251	0.3244	0.3784

$k=1.6$　$\alpha=1.3$　$\beta=0.3$

ξ	η	0.10	0.20	0.30	0.40	0.50
0.60	θ_x	0.1433	0.2744	0.3809	0.4508	0.4752
	θ_y	0.0947	0.1982	0.3180	0.4473	0.4947
0.75	θ_x	0.1426	0.2722	0.3764	0.4442	0.4677
	θ_y	0.1010	0.2108	0.3362	0.4692	0.5181
0.80	θ_x	0.1421	0.2711	0.3745	0.4415	0.4647
	θ_y	0.1033	0.2150	0.3421	0.4765	0.5257

$k=1.6$　$\alpha=1.3$　$\beta=0.4$

ξ	η	0.10	0.20	0.30	0.40	0.50
0.60	θ_x		0.3563	0.4937	0.5830	0.6142
	θ_y		0.2705	0.4341	0.5655	0.6086
0.75	θ_x		0.3530	0.4872	0.5747	0.6049
	θ_y		0.2870	0.4575	0.5939	0.6388
0.80	θ_x		0.3514	0.4853	0.5714	0.6012
	θ_y		0.2926	0.4653	0.6033	0.6487

$k=1.6$　$\alpha=1.3$　$\beta=0.5$

ξ	η	0.10	0.20	0.30	0.40	0.50
0.60	θ_x		0.4299	0.5946	0.7011	0.7380
	θ_y		0.3489	0.5420	0.6622	0.7013
0.75	θ_x		0.4254	0.5867	0.6909	0.7270
	θ_y		0.3691	0.5704	0.6959	0.7370
0.80	θ_x		0.4233	0.5836	0.6870	0.7227
	θ_y		0.3758	0.5797	0.7071	0.7489

$k=1.6$　$\alpha=1.3$　$\beta=0.6$

ξ	η	0.10	0.20	0.30	0.40	0.50
0.60	θ_x			0.6808	0.8011	0.8426
	θ_y			0.6276	0.7385	0.7745
0.75	θ_x			0.6716	0.7894	0.8302
	θ_y			0.6601	0.7769	0.8150
0.80	θ_x			0.6679	0.7862	0.8268
	θ_y			0.6710	0.7897	0.8284

$k=1.6$　$\alpha=1.3$　$\beta=0.7$

ξ	η	0.10	0.20	0.30	0.40	0.50
0.60	θ_x			0.7502	0.8813	0.9264
	θ_y			0.6928	0.7960	0.8295
0.75	θ_x			0.7393	0.8689	0.9136
	θ_y			0.7287	0.8381	0.8737
0.80	θ_x			0.7358	0.8654	0.9098
	θ_y			0.7406	0.8521	0.8884

$k=1.6$　$\alpha=1.3$　$\beta=0.8$

ξ	η	0.10	0.20	0.30	0.40	0.50
0.60	θ_x				0.9391	0.9875
	θ_y				0.8364	0.8682
0.75	θ_x				0.9278	0.9744
	θ_y				0.8811	0.9151
0.80	θ_x				0.9226	0.9705
	θ_y				0.8960	0.9307

$k=1.6$　$\alpha=1.3$　$\beta=0.9$

ξ	η	0.10	0.20	0.30	0.40	0.50
0.60	θ_x				0.9755	1.0239
	θ_y				0.8601	0.8910
0.75	θ_x				0.9625	1.0115
	θ_y				0.9064	0.9392
0.80	θ_x				0.9587	1.0075
	θ_y				0.9218	0.9553

$k=1.6$　$\alpha=1.3$　$\beta=1.0$

ξ	η	0.10	0.20	0.30	0.40	0.50
0.60	θ_x					1.0364
	θ_y					0.8981
0.75	θ_x					1.0240
	θ_y					0.9475
0.80	θ_x					1.0199
	θ_y					0.9638

$k=1.6$　$\alpha=1.4$　$\beta=0.1$

ξ	η	0.10	0.20	0.30	0.40	0.50
0.70	θ_x	0.0487	0.0930	0.1286	0.1517	0.1598
	θ_y	0.0337	0.0703	0.1120	0.1615	0.2048
0.80	θ_x	0.0484	0.0924	0.1276	0.1505	0.1585
	θ_y	0.0344	0.0717	0.1140	0.1640	0.2073

$k=1.6$　$\alpha=1.4$　$\beta=0.2$

ξ	η	0.10	0.20	0.30	0.40	0.50
0.70	θ_x	0.0963	0.1838	0.2541	0.2997	0.3155
	θ_y	0.0681	0.1415	0.2261	0.3255	0.3794
0.80	θ_x	0.0958	0.1826	0.2521	0.2972	0.3128
	θ_y	0.0695	0.1443	0.2302	0.3304	0.3846

$k=1.6$　$\alpha=1.4$　$\beta=0.3$

ξ	η	0.10	0.20	0.30	0.40	0.50
0.70	θ_x	0.1417	0.2703	0.3732	0.4401	0.4633
	θ_y	0.1037	0.2161	0.3436	0.4783	0.5278
0.80	θ_x	0.1409	0.2684	0.3706	0.4365	0.4594
	θ_y	0.1060	0.2203	0.3496	0.4853	0.5352

$k=1.6$　$\alpha=1.4$　$\beta=0.4$

ξ	η	0.10	0.20	0.30	0.40	0.50
0.70	θ_x		0.3502	0.4835	0.5696	0.5994
	θ_y		0.2939	0.4672	0.6054	0.6510
0.80	θ_x		0.3480	0.4797	0.5650	0.5944
	θ_y		0.2994	0.4749	0.6147	0.6608

$k=1.6 \quad \alpha=1.4 \quad \beta=0.5$

ξ	η	0.10	0.20	0.30	0.40	0.50
0.70	θ_x		0.4219	0.5818	0.6848	0.7204
	θ_y		0.3773	0.5821	0.7099	0.7517
0.80	θ_x		0.4191	0.5774	0.6794	0.7147
	θ_y		0.3840	0.5914	0.7209	0.7633

$k=1.6 \quad \alpha=1.4 \quad \beta=0.6$

ξ	η	0.10	0.20	0.30	0.40	0.50
0.70	θ_x			0.6659	0.7832	0.8236
	θ_y			0.6735	0.7927	0.8316
0.80	θ_x			0.6607	0.7768	0.8169
	θ_y			0.6842	0.8053	0.8448

$k=1.6 \quad \alpha=1.4 \quad \beta=0.7$

ξ	η	0.10	0.20	0.30	0.40	0.50
0.70	θ_x			0.7335	0.8621	0.9064
	θ_y			0.7435	0.8555	0.8920
0.80	θ_x			0.7279	0.8553	0.8993
	θ_y			0.7553	0.8694	0.9065

$k=1.6 \quad \alpha=1.4 \quad \beta=0.8$

ξ	η	0.10	0.20	0.30	0.40	0.50
0.70	θ_x				0.9199	0.9669
	θ_y				0.8996	0.9344
0.80	θ_x				0.9127	0.9595
	θ_y				0.9144	0.9499

$k=1.6 \quad \alpha=1.4 \quad \beta=0.9$

ξ	η	0.10	0.20	0.30	0.40	0.50
0.70	θ_x				0.9561	1.0048
	θ_y				0.9257	0.9593
0.80	θ_x				0.9477	0.9962
	θ_y				0.9409	0.9753

$k=1.6 \quad \alpha=1.4 \quad \beta=1.0$

ξ	η	0.10	0.20	0.30	0.40	0.50
0.70	θ_x					1.0162
	θ_y					0.9677
0.80	θ_x					1.0085
	θ_y					0.9839

$k=1.6 \quad \alpha=1.5 \quad \beta=0.1$

ξ	η	0.10	0.20	0.30	0.40	0.50
0.70	θ_x	0.0485	0.0926	0.1279	0.1508	0.1588
	θ_y	0.0342	0.0713	0.1135	0.1632	0.2067
0.80	θ_x	0.0482	0.0919	0.1268	0.1494	0.1573
	θ_y	0.0350	0.0728	0.1155	0.1657	0.2090

$k=1.6 \quad \alpha=1.5 \quad \beta=0.2$

ξ	η	0.10	0.20	0.30	0.40	0.50
0.70	θ_x	0.0959	0.1829	0.2526	0.2978	0.3137
	θ_y	0.0692	0.1436	0.2286	0.3293	0.3832
0.80	θ_x	0.0952	0.1815	0.2505	0.2951	0.3103
	θ_y	0.0706	0.1465	0.2326	0.3342	0.3884

$k=1.6 \quad \alpha=1.5 \quad \beta=0.3$

ξ	η	0.10	0.20	0.30	0.40	0.50
0.70	θ_x	0.1411	0.2689	0.3712	0.4374	0.4603
	θ_y	0.1053	0.2192	0.3485	0.4834	0.5331
0.80	θ_x	0.1400	0.2668	0.3681	0.4334	0.4561
	θ_y	0.1075	0.2234	0.3541	0.4905	0.5406

$k=1.6 \quad \alpha=1.5 \quad \beta=0.4$

ξ	η	0.10	0.20	0.30	0.40	0.50
0.70	θ_x		0.3486	0.4808	0.5661	0.5956
	θ_y		0.2981	0.4729	0.6126	0.6586
0.80	θ_x		0.3457	0.4766	0.5610	0.5902
	θ_y		0.3036	0.4806	0.6217	0.6683

$k=1.6 \quad \alpha=1.5 \quad \beta=0.5$

ξ	η	0.10	0.20	0.30	0.40	0.50
0.70	θ_x		0.4198	0.5785	0.6808	0.7161
	θ_y		0.3825	0.5891	0.7180	0.7602
0.80	θ_x		0.4162	0.5735	0.6747	0.7096
	θ_y		0.3891	0.5984	0.7290	0.7718

$k=1.6 \quad \alpha=1.5 \quad \beta=0.6$

ξ	η	0.10	0.20	0.30	0.40	0.50
0.70	θ_x			0.6620	0.7786	0.8188
	θ_y			0.6816	0.8022	0.8417
0.80	θ_x			0.6563	0.7717	0.8115
	θ_y			0.6922	0.8148	0.8549

$k=1.6 \quad \alpha=1.5 \quad \beta=0.7$

ξ	η	0.10	0.20	0.30	0.40	0.50
0.70	θ_x			0.7293	0.8572	0.9012
	θ_y			0.7523	0.8659	0.9029
0.80	θ_x			0.7229	0.8497	0.8934
	θ_y			0.7640	0.8796	0.9173

$k=1.6 \quad \alpha=1.5 \quad \beta=0.8$

ξ	η	0.10	0.20	0.30	0.40	0.50
0.70	θ_x				0.9147	0.9615
	θ_y				0.9106	0.9458
0.80	θ_x				0.9067	0.9532
	θ_y				0.9253	0.9612

$k=1.6$　$\alpha=1.5$　$\beta=0.9$

ξ	η	0.10	0.20	0.30	0.40	0.50
0.70	θ_x				0.9497	0.9982
	θ_y				0.9372	0.9715
0.80	θ_x				0.9415	0.9897
	θ_y				0.9524	0.9875

$k=1.6$　$\alpha=1.5$　$\beta=1.0$

ξ	η	0.10	0.20	0.30	0.40	0.50
0.70	θ_x					1.0106
	θ_y					0.9796
0.80	θ_x					1.0020
	θ_y					0.9957

$k=1.6$　$\alpha=1.6$　$\beta=0.1$

ξ	η	0.10	0.20	0.30	0.40	0.50
0.80	θ_x	0.0481	0.0917	0.1265	0.1490	0.1568
	θ_y	0.0352	0.0731	0.1161	0.1664	0.2096

$k=1.6$　$\alpha=1.6$　$\beta=0.2$

ξ	η	0.10	0.20	0.30	0.40	0.50
0.80	θ_x	0.0950	0.1811	0.2500	0.2945	0.3096
	θ_y	0.0710	0.1472	0.2342	0.3352	0.3898

$k=1.6$　$\alpha=1.6$　$\beta=0.3$

ξ	η	0.10	0.20	0.30	0.40	0.50
0.80	θ_x	0.1398	0.2663	0.3671	0.4322	0.4547
	θ_y	0.1080	0.2245	0.3555	0.4923	0.5427

$k=1.6$　$\alpha=1.6$　$\beta=0.4$

ξ	η	0.10	0.20	0.30	0.40	0.50
0.80	θ_x		0.3449	0.4757	0.5599	0.5890
	θ_y		0.3049	0.4826	0.6240	0.6704

$k=1.6$　$\alpha=1.6$　$\beta=0.5$

ξ	η	0.10	0.20	0.30	0.40	0.50
0.80	θ_x		0.4152	0.5723	0.6728	0.7076
	θ_y		0.3907	0.6005	0.7318	0.7750

$k=1.6$　$\alpha=1.6$　$\beta=0.6$

ξ	η	0.10	0.20	0.30	0.40	0.50
0.80	θ_x			0.6544	0.7696	0.8093
	θ_y			0.6949	0.8178	0.8579

$k=1.6$　$\alpha=1.6$　$\beta=0.7$

ξ	η	0.10	0.20	0.30	0.40	0.50
0.80	θ_x			0.7209	0.8480	0.8916
	θ_y			0.7670	0.8831	0.9210

$k=1.6$　$\alpha=1.6$　$\beta=0.8$

ξ	η	0.10	0.20	0.30	0.40	0.50
0.80	θ_x				0.9050	0.9513
	θ_y				0.9290	0.9651

$k=1.6$　$\alpha=1.6$　$\beta=0.9$

ξ	η	0.10	0.20	0.30	0.40	0.50
0.80	θ_x				0.9397	0.9878
	θ_y				0.9561	0.9913

$k=1.6$　$\alpha=1.6$　$\beta=1.0$

ξ	η	0.10	0.20	0.30	0.40	0.50
0.80	θ_x					1.0000
	θ_y					1.0000

$k=1.7$　$\alpha=0.1$　$\beta=0.1$

ξ	η	0.10	0.20	0.30	0.40	0.50
0.10	θ_x	−0.0005	−0.0010	−0.0014	−0.0018	−0.0021
	θ_y	0.0006	0.0012	0.0018	0.0021	0.0022
0.20	θ_x	−0.0008	−0.0016	−0.0025	−0.0031	−0.0030
	θ_y	0.0013	0.0025	0.0035	0.0042	0.0045
0.30	θ_x	−0.0007	−0.0016	−0.0028	−0.0039	−0.0048
	θ_y	0.0019	0.0037	0.0054	0.0065	0.0069
0.40	θ_x	0.0000	−0.0004	−0.0015	−0.0026	−0.0034
	θ_y	0.0025	0.0049	0.0072	0.0089	0.0096
0.50	θ_x	0.0018	0.0027	0.0021	0.0005	−0.0006
	θ_y	0.0029	0.0059	0.0090	0.0116	0.0127
0.60	θ_x	0.0047	0.0084	0.0098	0.0086	0.0084
	θ_y	0.0030	0.0064	0.0104	0.0144	0.0166
0.75	θ_x	0.0084	0.0164	0.0227	0.0235	0.0215
	θ_y	0.0029	0.0063	0.0108	0.0171	0.0215
0.80	θ_x	0.0112	0.0232	0.0370	0.0536	0.0640
	θ_y	0.0027	0.0059	0.0101	0.0175	0.0291
0.85	θ_x	0.0116	0.0242	0.0397	0.0620	0.0857
	θ_y	0.0027	0.0059	0.0101	0.0175	0.0291

$k=1.7$　$\alpha=0.1$　$\beta=0.2$

ξ	η	0.10	0.20	0.30	0.40	0.50
0.10	θ_x	−0.0010	−0.0019	−0.0028	−0.0036	−0.0040
	θ_y	0.0013	0.0025	0.0035	0.0041	0.0044
0.20	θ_x	−0.0016	−0.0033	−0.0049	−0.0059	−0.0062
	θ_y	0.0026	0.0050	0.0070	0.0084	0.0089
0.30	θ_x	−0.0015	−0.0033	−0.0055	−0.0078	−0.0090
	θ_y	0.0038	0.0074	0.0106	0.0128	0.0137
0.40	θ_x	−0.0001	−0.0010	−0.0031	−0.0049	−0.0067
	θ_y	0.0049	0.0098	0.0143	0.0176	0.0189
0.50	θ_x	0.0034	0.0050	0.0039	0.0012	−0.0005
	θ_y	0.0058	0.0118	0.0179	0.0228	0.0248
0.60	θ_x	0.0092	0.0163	0.0189	0.0177	0.0165
	θ_y	0.0062	0.0130	0.0208	0.0283	0.0318
0.75	θ_x	0.0167	0.0325	0.0441	0.0446	0.0408
	θ_y	0.0060	0.0129	0.0221	0.0339	0.0402
0.80	θ_x	0.0226	0.0468	0.0748	0.1060	0.1220
	θ_y	0.0056	0.0120	0.0210	0.0378	0.0493
0.85	θ_x	0.0234	0.0491	0.0810	0.1269	0.1548
	θ_y	0.0056	0.0120	0.0210	0.0378	0.0493

$k=1.7$　$\alpha=0.1$　$\beta=0.3$

ξ	η	0.10	0.20	0.30	0.40	0.50
0.10	θ_x	−0.0015	−0.0029	−0.0042	−0.0053	−0.0057
	θ_y	0.0019	0.0036	0.0051	0.0060	0.0064
0.20	θ_x	−0.0024	−0.0049	−0.0072	−0.0086	−0.0092
	θ_y	0.0038	0.0073	0.0103	0.0123	0.0130
0.30	θ_x	−0.0024	−0.0051	−0.0083	−0.0115	−0.0126
	θ_y	0.0057	0.0110	0.0156	0.0188	0.0200
0.40	θ_x	−0.0004	−0.0019	−0.0046	−0.0068	−0.0079
	θ_y	0.0074	0.0146	0.0211	0.0258	0.0275
0.50	θ_x	0.0045	0.0066	0.0050	0.0021	0.0004
	θ_y	0.0088	0.0177	0.0265	0.0333	0.0359
0.60	θ_x	0.0132	0.0230	0.0268	0.0268	0.0255
	θ_y	0.0095	0.0198	0.0311	0.0413	0.0453
0.75	θ_x	0.0248	0.0476	0.0627	0.0645	0.0653
	θ_y	0.0093	0.0201	0.0343	0.0492	0.0555
0.80	θ_x	0.0343	0.0714	0.1140	0.1547	0.1712
	θ_y	0.0086	0.0189	0.0335	0.0568	0.0643
0.85	θ_x	0.0358	0.0755	0.1259	0.1874	0.2098
	θ_y	0.0086	0.0189	0.0335	0.0568	0.0643

$k=1.7$　$\alpha=0.1$　$\beta=0.4$

ξ	η	0.10	0.20	0.30	0.40	0.50
0.10	θ_x		−0.0038	−0.0056	−0.0068	−0.0073
	θ_y		0.0047	0.0066	0.0078	0.0083
0.20	θ_x		−0.0065	−0.0092	−0.0111	−0.0119
	θ_y		0.0095	0.0133	0.0159	0.0167
0.30	θ_x		−0.0070	−0.0112	−0.0145	−0.0157
	θ_y		0.0144	0.0203	0.0243	0.0257
0.40	θ_x		−0.0032	−0.0059	−0.0085	−0.0097
	θ_y		0.0192	0.0274	0.0332	0.0353
0.50	θ_x		0.0073	0.0052	0.0037	0.0025
	θ_y		0.0236	0.0346	0.0427	0.0456
0.60	θ_x		0.0281	0.0339	0.0354	0.0353
	θ_y		0.0269	0.0413	0.0526	0.0567
0.75	θ_x		0.0608	0.0770	0.0849	0.0892
	θ_y		0.0281	0.0468	0.0623	0.0677
0.80	θ_x		0.0974	0.1543	0.1968	0.2121
	θ_y		0.0265	0.0499	0.0703	0.0757
0.80	θ_x		0.1044	0.1760	0.2358	0.2539
	θ_y		0.0265	0.0499	0.0703	0.0757

$k=1.7$　$\alpha=0.1$　$\beta=0.5$

ξ	η	0.10	0.20	0.30	0.40	0.50
0.10	θ_x		−0.0047	−0.0068	−0.0081	−0.0086
	θ_y		0.0057	0.0079	0.0094	0.0099
0.20	θ_x		−0.0080	0.0110	−0.0133	−0.0142
	θ_y		0.0115	0.0161	0.0190	0.0201
0.30	θ_x		−0.0090	−0.0138	−0.0170	−0.0181
	θ_y		0.0176	0.0244	0.0291	0.0307
0.40	θ_x		−0.0048	−0.0072	−0.0098	−0.0109
	θ_y		0.0236	0.0332	0.0397	0.0420
0.50	θ_x		0.0071	0.0050	0.0054	0.0047
	θ_y		0.0293	0.0420	0.0508	0.0539
0.60	θ_x		0.0316	0.0399	0.0438	0.0452
	θ_y		0.0342	0.0507	0.0621	0.0660
0.75	θ_x		0.0711	0.0893	0.1044	0.1107
	θ_y		0.0372	0.0585	0.0727	0.0772
0.80	θ_x		0.1251	0.1916	0.2343	0.2453
	θ_y		0.0362	0.0656	0.0803	0.0845
0.85	θ_x		0.1374	0.2232	0.2737	0.2890
	θ_y		0.0362	0.0656	0.0803	0.0845

$k=1.7$　$\alpha=0.1$　$\beta=0.6$

ξ	η	0.10	0.20	0.30	0.40	0.50
0.10	θ_x			−0.0078	0.0092	−0.0097
	θ_y			0.0091	0.0107	0.0113
0.20	θ_x			−0.0127	−0.0151	−0.0160
	θ_y			0.0184	0.0217	0.0228
0.30	θ_x			−0.0160	−0.0190	−0.0200
	θ_y			0.0281	0.0331	0.0349
0.40	θ_x			−0.0086	−0.0108	−0.0116
	θ_y			0.0381	0.0451	0.0475
0.50	θ_x			0.0050	0.0053	0.0055
	θ_y			0.0484	0.0574	0.0605
0.60	θ_x			0.0446	0.0516	0.0543
	θ_y			0.0587	0.0697	0.0733
0.75	θ_x			0.1016	0.1216	0.1290
	θ_y			0.0683	0.0806	0.0845
0.80	θ_x			0.2222	0.2618	0.2745
	θ_y			0.0759	0.0878	0.0914
0.85	θ_x			0.2592	0.3028	0.3166
	θ_y			0.0759	0.0878	0.0914

$k=1.7$　　$\alpha=0.1$　　$\beta=0.7$

ξ	η	0.10	0.20	0.30	0.40	0.50
0.10	θ_x			−0.0086	−0.0100	−0.0105
	θ_y			0.0100	0.0118	0.0124
0.20	θ_x			−0.0141	−0.0166	−0.0174
	θ_y			0.0203	0.0238	0.0251
0.30	θ_x			−0.0177	−0.0205	−0.0214
	θ_y			0.0310	0.0363	0.0382
0.40	θ_x			−0.0098	−0.0113	−0.0118
	θ_y			0.0421	0.0493	0.0518
0.50	θ_x			0.0052	0.0073	0.0082
	θ_y			0.0536	0.0626	0.0656
0.60	θ_x			0.0485	0.0583	0.0620
	θ_y			0.0651	0.0755	0.0788
0.75	θ_x			0.1128	0.1356	0.1436
	θ_y			0.0756	0.0865	0.0899
0.80	θ_x			0.2455	0.2825	0.2945
	θ_y			0.0830	0.0931	0.0963
0.85	θ_x			0.2853	0.3248	0.3374
	θ_y			0.0830	0.0931	0.0963

$k=1.7$　　$\alpha=0.1$　　$\beta=0.8$

ξ	η	0.10	0.20	0.30	0.40	0.50
0.10	θ_x				−0.0106	−0.0111
	θ_y				0.0126	0.0132
0.20	θ_x				−0.0176	−0.0184
	θ_y				0.0254	0.0267
0.30	θ_x				−0.0215	−0.0223
	θ_y				0.0387	0.0406
0.40	θ_x				−0.0116	−0.0118
	θ_y				0.0524	0.0549
0.50	θ_x				0.0089	0.0103
	θ_y				0.0663	0.0692
0.60	θ_x				0.0635	0.0679
	θ_y				0.0795	0.0827
0.75	θ_x				0.1458	0.1540
	θ_y				0.0904	0.0935
0.80	θ_x				0.2971	0.3086
	θ_y				0.0970	0.0999
0.85	θ_x				0.3400	0.3520
	θ_y				0.0970	0.0999

$k=1.7$　　$\alpha=0.1$　　$\beta=0.9$

ξ	η	0.10	0.20	0.30	0.40	0.50
0.10	θ_x				−0.0110	−0.0115
	θ_y				0.0130	0.0137
0.20	θ_x				−0.0182	−0.0190
	θ_y				0.0263	0.0276
0.30	θ_x				−0.0221	−0.0228
	θ_y				0.0401	0.0420
0.40	θ_x				−0.0118	−0.0117
	θ_y				0.0543	0.0567
0.50	θ_x				0.0100	0.0118
	θ_y				0.0685	0.0714
0.60	θ_x				0.0668	0.0715
	θ_y				0.0819	0.0849
0.75	θ_x				0.1520	0.1604
	θ_y				0.0928	0.0957
0.80	θ_x				0.3057	0.3141
	θ_y				0.0990	0.1018
0.85	θ_x				0.3490	0.3606
	θ_y				0.0990	0.1018

$k=1.7$　　$\alpha=0.1$　　$\beta=1.0$

ξ	η	0.10	0.20	0.30	0.40	0.50
0.10	θ_x					−0.0116
	θ_y					0.0138
0.20	θ_x					−0.0192
	θ_y					0.0280
0.30	θ_x					−0.0230
	θ_y					0.0425
0.40	θ_x					−0.0117
	θ_y					0.0573
0.50	θ_x					0.0122
	θ_y					0.0721
0.60	θ_x					0.0728
	θ_y					0.0857
0.75	θ_x					0.1625
	θ_y					0.0964
0.80	θ_x					0.3169
	θ_y					0.1025
0.85	θ_x					0.3635
	θ_y					0.1025

$k=1.7$　$\alpha=0.2$　$\beta=0.1$

ξ	η	0.10	0.20	0.30	0.40	0.50
0.10	θ_x	−0.0009	−0.0019	−0.0028	−0.0034	−0.0037
	θ_y	0.0013	0.0025	0.0035	0.0042	0.0044
0.20	θ_x	−0.0015	−0.0031	−0.0048	−0.0061	−0.0067
	θ_y	0.0026	0.0050	0.0071	0.0085	0.0090
0.30	θ_x	−0.0013	−0.0030	−0.0051	−0.0071	−0.0079
	θ_y	0.0038	0.0075	0.0107	0.0131	0.0139
0.40	θ_x	0.0003	−0.0004	−0.0025	−0.0052	−0.0065
	θ_y	0.0049	0.0098	0.0144	0.0180	0.0193
0.50	θ_x	0.0039	0.0061	0.0053	0.0021	0.0002
	θ_y	0.0057	0.0117	0.0179	0.0232	0.0256
0.60	θ_x	0.0097	0.0175	0.0210	0.0181	0.0143
	θ_y	0.0060	0.0127	0.0205	0.0289	0.0331
0.75	θ_x	0.0166	0.0326	0.0461	0.0525	0.0499
	θ_y	0.0058	0.0126	0.0213	0.0335	0.0438
0.80	θ_x	0.0216	0.0445	0.0702	0.0991	0.1184
	θ_y	0.0055	0.0120	0.0205	0.0348	0.0565
0.85	θ_x	0.0224	0.0464	0.0741	0.1073	0.1281
	θ_y	0.0055	0.0120	0.0205	0.0348	0.0565

$k=1.7$　$\alpha=0.2$　$\beta=0.2$

ξ	η	0.10	0.20	0.30	0.40	0.50
0.10	θ_x	−0.0019	−0.0037	−0.0055	−0.0068	−0.0073
	θ_y	0.0026	0.0049	0.0069	0.0083	0.0088
0.20	θ_x	−0.0030	−0.0063	−0.0095	−0.0121	−0.0131
	θ_y	0.0051	0.0099	0.0140	0.0168	0.0178
0.30	θ_x	−0.0027	−0.0061	−0.0103	−0.0139	−0.0154
	θ_y	0.0076	0.0148	0.0212	0.0258	0.0274
0.40	θ_x	0.0004	−0.0011	−0.0051	−0.0100	−0.0123
	θ_y	0.0098	0.0195	0.0286	0.0354	0.0380
0.50	θ_x	0.0073	0.0114	0.0099	0.0045	0.0014
	θ_y	0.0114	0.0234	0.0355	0.0457	0.0499
0.60	θ_x	0.0189	0.0339	0.0402	0.0358	0.0310
	θ_y	0.0122	0.0256	0.0412	0.0567	0.0639
0.75	θ_x	0.0331	0.0646	0.0905	0.1019	0.1025
	θ_y	0.0119	0.0256	0.0435	0.0674	0.0808
0.80	θ_x	0.0436	0.0897	0.1413	0.1968	0.2249
	θ_y	0.0113	0.0242	0.0425	0.0748	0.0959
0.85	θ_x	0.0451	0.0936	0.1497	0.2121	0.2439
	θ_y	0.0113	0.0242	0.0425	0.0748	0.0959

$k=1.7$　$\alpha=0.2$　$\beta=0.3$

ξ	η	0.10	0.20	0.30	0.40	0.50
0.10	θ_x	−0.0028	−0.0056	−0.0081	−0.0099	−0.0106
	θ_y	0.0038	0.0073	0.0102	0.0122	0.0128
0.20	θ_x	−0.0046	−0.0094	−0.0141	−0.0176	−0.0190
	θ_y	0.0076	0.0146	0.0206	0.0246	0.0261
0.30	θ_x	−0.0043	−0.0094	−0.0153	−0.0202	−0.0222
	θ_y	0.0113	0.0220	0.0313	0.0377	0.0401
0.40	θ_x	−0.0001	−0.0026	−0.0080	−0.0141	−0.0168
	θ_y	0.0147	0.0291	0.0422	0.0517	0.0553
0.50	θ_x	0.0100	0.0152	0.0134	0.0075	0.0043
	θ_y	0.0173	0.0352	0.0528	0.0667	0.0721
0.60	θ_x	0.0272	0.0481	0.0566	0.0533	0.0505
	θ_y	0.0187	0.0392	0.0620	0.0824	0.0908
0.75	θ_x	0.0492	0.0953	0.1312	0.1485	0.1549
	θ_y	0.0184	0.0397	0.0674	0.0986	0.1108
0.80	θ_x	0.0662	0.1364	0.2139	0.2875	0.3166
	θ_y	0.0174	0.0381	0.0673	0.1116	0.1263
0.85	θ_x	0.0687	0.1428	0.2279	0.3094	0.3425
	θ_y	0.0174	0.0381	0.0673	0.1116	0.1263

$k=1.7$　$\alpha=0.2$　$\beta=0.4$

ξ	η	0.10	0.20	0.30	0.40	0.50
0.10	θ_x		−0.0073	−0.0105	−0.0127	−0.0135
	θ_y		0.0095	0.0132	0.0157	0.0166
0.20	θ_x		−0.0125	−0.0183	−0.0226	−0.0242
	θ_y		0.0191	0.0267	0.0318	0.0336
0.30	θ_x		−0.0129	−0.0200	−0.0257	−0.0279
	θ_y		0.0288	0.0406	0.0487	0.0516
0.40	θ_x		−0.0048	−0.0111	−0.0174	−0.0200
	θ_y		0.0383	0.0549	0.0665	0.0708
0.50	θ_x		0.0172	0.0159	0.0113	0.0090
	θ_y		0.0470	0.0691	0.0854	0.0915
0.60	θ_x		0.0591	0.0697	0.0712	0.0716
	θ_y		0.0534	0.0823	0.1051	0.1134
0.75	θ_x		0.1236	0.1665	0.1931	0.2039
	θ_y		0.0554	0.0930	0.1244	0.1347
0.80	θ_x		0.1848	0.2865	0.3661	0.3935
	θ_y		0.0535	0.0990	0.1386	0.1495
0.85	θ_x		0.1949	0.3086	0.3936	0.4242
	θ_y		0.0535	0.0990	0.1386	0.1495

$k=1.7$ $\alpha=0.2$ $\beta=0.5$

ξ	η	0.10	0.20	0.30	0.40	0.50
0.10	θ_x		−0.0090	−0.0127	−0.0152	−0.0161
	θ_y		0.0115	0.0159	0.0189	0.0199
0.20	θ_x		−0.0156	−0.0222	−0.0269	−0.0286
	θ_y		0.0232	0.0322	0.0382	0.0402
0.30	θ_x		−0.0165	−0.0245	−0.0303	−0.0325
	θ_y		0.0351	0.0490	0.0583	0.0616
0.40	θ_x		−0.0077	−0.0142	−0.0197	−0.0218
	θ_y		0.0471	0.0664	0.0795	0.0841
0.50	θ_x		0.0173	0.0175	0.0157	0.0149
	θ_y		0.0585	0.0840	0.1016	0.1078
0.60	θ_x		0.0663	0.0805	0.0890	0.0924
	θ_y		0.0680	0.1011	0.1240	0.1318
0.75	θ_x		0.1479	0.1977	0.2336	0.2472
	θ_y		0.0732	0.1170	0.1447	0.1534
0.80	θ_x		0.2354	0.3537	0.4312	0.4570
	θ_y		0.0730	0.1292	0.1585	0.1673
0.85	θ_x		0.2503	0.3832	0.4686	0.4906
	θ_y		0.0730	0.1292	0.1585	0.1673

$k=1.7$ $\alpha=0.2$ $\beta=0.6$

ξ	η	0.10	0.20	0.30	0.40	0.50
0.10	θ_x			−0.0146	−0.0173	−0.0182
	θ_y			0.0183	0.0215	0.0226
0.20	θ_x			−0.0256	−0.0304	−0.0321
	θ_y			0.0369	0.0435	0.0458
0.30	θ_x			−0.0284	−0.0340	−0.0360
	θ_y			0.0562	0.0664	0.0699
0.40	θ_x			−0.0170	−0.0211	−0.0225
	θ_y			0.0763	0.0903	0.0951
0.50	θ_x			0.0186	0.0204	0.0211
	θ_y			0.0969	0.1149	0.1210
0.60	θ_x			0.0901	0.1055	0.1114
	θ_y			0.1173	0.1391	0.1463
0.75	θ_x			0.2261	0.2685	0.2836
	θ_y			0.1363	0.1603	0.1679
0.80	θ_x			0.4096	0.4833	0.5074
	θ_y			0.1498	0.1737	0.1809
0.80	θ_x			0.4444	0.5235	0.5491
	θ_y			0.1498	0.1737	0.1809

$k=1.7$ $\alpha=0.2$ $\beta=0.7$

ξ	η	0.10	0.20	0.30	0.40	0.50
0.10	θ_x			−0.0161	−0.0189	−0.0198
	θ_y			0.0201	0.0236	0.0249
0.20	θ_x			−0.0284	−0.0332	−0.0348
	θ_y			0.0407	0.0478	0.0502
0.30	θ_x			−0.0316	−0.0367	−0.0384
	θ_y			0.0621	0.0728	0.0765
0.40	θ_x			−0.0194	−0.0219	−0.0226
	θ_y			0.0844	0.0988	0.1037
0.50	θ_x			0.0196	0.0248	0.0270
	θ_y			0.1073	0.1251	0.1311
0.60	θ_x			0.0986	0.1196	0.1274
	θ_y			0.1300	0.1505	0.1571
0.75	θ_x			0.2503	0.2964	0.3124
	θ_y			0.1505	0.1718	0.1785
0.80	θ_x			0.4528	0.5230	0.5459
	θ_y			0.1641	0.1846	0.1909
0.85	θ_x			0.4910	0.5650	0.5890
	θ_y			0.1641	0.1846	0.1909

$k=1.7$ $\alpha=0.2$ $\beta=0.8$

ξ	η	0.10	0.20	0.30	0.40	0.50
0.10	θ_x				−0.0201	−0.0210
	θ_y				0.0252	0.0265
0.20	θ_x				−0.0351	−0.0367
	θ_y				0.0509	0.0534
0.30	θ_x				−0.0386	−0.0401
	θ_y				0.0775	0.0812
0.40	θ_x				−0.0222	−0.0223
	θ_y				0.1049	0.1098
0.50	θ_x				0.0285	0.0317
	θ_y				0.1324	0.1382
0.60	θ_x				0.1304	0.1394
	θ_y				0.1584	0.1647
0.75	θ_x				0.3167	0.3331
	θ_y				0.1798	0.1859
0.80	θ_x				0.5509	0.5730
	θ_y				0.1922	0.1979
0.85	θ_x				0.5942	0.6171
	θ_y				0.1922	0.1979

$k=1.7$　$\alpha=0.2$　$\beta=0.9$

ξ	η	0.10	0.20	0.30	0.40	0.50
0.10	θ_x				−0.0208	−0.0217
	θ_y				0.0261	0.0274
0.20	θ_x				−0.0363	−0.0378
	θ_y				0.0528	0.0554
0.30	θ_x				−0.0397	−0.0410
	θ_y				0.0803	0.0841
0.40	θ_x				−0.0223	−0.0220
	θ_y				0.1086	0.1135
0.50	θ_x				0.0309	0.0348
	θ_y				0.1368	0.1425
0.60	θ_x				0.1371	0.1468
	θ_y				0.1631	0.1692
0.75	θ_x				0.3290	0.3456
	θ_y				0.1844	0.1902
0.80	θ_x				0.5675	0.5893
	θ_y				0.1966	0.2022
0.85	θ_x				0.6114	0.6283
	θ_y				0.1966	0.2022

$k=1.7$　$\alpha=0.2$　$\beta=1.0$

ξ	η	0.10	0.20	0.30	0.40	0.50
0.10	θ_x					−0.0219
	θ_y					0.0278
0.20	θ_x					−0.0381
	θ_y					0.0560
0.30	θ_x					−0.0413
	θ_y					0.0851
0.40	θ_x					−0.0218
	θ_y					0.1147
0.50	θ_x					0.0358
	θ_y					0.1439
0.60	θ_x					0.1493
	θ_y					0.1706
0.75	θ_x					0.3497
	θ_y					0.1917
0.80	θ_x					0.5947
	θ_y					0.2034
0.85	θ_x					0.6338
	θ_y					0.2034

$k=1.7$　$\alpha=0.3$　$\beta=0.1$

ξ	η	0.10	0.20	0.30	0.40	0.50
0.10	θ_x	−0.0013	−0.0026	−0.0039	−0.0049	−0.0051
	θ_y	0.0019	0.0037	0.0053	0.0063	0.0067
0.20	θ_x	−0.0020	−0.0043	−0.0067	−0.0088	−0.0099
	θ_y	0.0038	0.0075	0.0106	0.0129	0.0136
0.30	θ_x	−0.0015	−0.0037	−0.0068	−0.0096	−0.0104
	θ_y	0.0057	0.0112	0.0161	0.0197	0.0211
0.40	θ_x	0.0011	0.0006	−0.0022	−0.0064	−0.0091
	θ_y	0.0072	0.0145	0.0216	0.0271	0.0292
0.50	θ_x	0.0066	0.0107	0.0103	0.0061	0.0024
	θ_y	0.0084	0.0172	0.0266	0.0349	0.0387
0.60	θ_x	0.0149	0.0275	0.0347	0.0323	0.0248
	θ_y	0.0088	0.0186	0.0302	0.0432	0.0504
0.75	θ_x	0.0243	0.0480	0.0696	0.0860	0.0920
	θ_y	0.0087	0.0187	0.0313	0.0490	0.0669
0.80	θ_x	0.0308	0.0628	0.0968	0.1314	0.1512
	θ_y	0.0084	0.0182	0.0311	0.0521	0.0800
0.80	θ_x	0.0317	0.0649	0.1007	0.1366	0.1539
	θ_y	0.0084	0.0182	0.0311	0.0521	0.0800

$k=1.7$　$\alpha=0.3$　$\beta=0.2$

ξ	η	0.10	0.20	0.30	0.40	0.50
0.10	θ_x	−0.0026	−0.0052	−0.0078	−0.0096	−0.0102
	θ_y	0.0038	0.0074	0.0104	0.0125	0.0132
0.20	θ_x	−0.0041	−0.0086	−0.0133	−0.0174	−0.0191
	θ_y	0.0076	0.0149	0.0211	0.0254	0.0269
0.30	θ_x	−0.0032	−0.0077	−0.0135	−0.0186	−0.0205
	θ_y	0.0113	0.0222	0.0319	0.0389	0.0415
0.40	θ_x	0.0018	0.0006	−0.0047	−0.0125	−0.0166
	θ_y	0.0145	0.0290	0.0428	0.0533	0.0574
0.50	θ_x	0.0125	0.0202	0.0197	0.0129	0.0067
	θ_y	0.0169	0.0346	0.0529	0.0688	0.0755
0.60	θ_x	0.0293	0.0538	0.0669	0.0624	0.0551
	θ_y	0.0179	0.0377	0.0608	0.0850	0.0968
0.75	θ_x	0.0485	0.0955	0.1379	0.1697	0.1806
	θ_y	0.0177	0.0379	0.0640	0.1000	0.1212
0.80	θ_x	0.0618	0.1260	0.1939	0.2597	0.2908
	θ_y	0.0172	0.0368	0.0642	0.1095	0.1386
0.85	θ_x	0.0637	0.1304	0.2017	0.2686	0.2987
	θ_y	0.0172	0.0368	0.0642	0.1095	0.1386

$k=1.7$　$\alpha=0.3$　$\beta=0.3$

ξ	η	0.10	0.20	0.30	0.40	0.50
0.10	θ_x	−0.0039	−0.0078	−0.0114	−0.0139	−0.0149
	θ_y	0.0057	0.0110	0.0154	0.0183	0.0194
0.20	θ_x	0.0063	−0.0129	−0.0197	−0.0254	−0.0275
	θ_y	0.0113	0.0220	0.0310	0.0371	0.0394
0.30	θ_x	−0.0052	−0.0120	−0.0201	−0.0268	−0.0296
	θ_y	0.0168	0.0329	0.0470	0.0569	0.0605
0.40	θ_x	0.0017	−0.0004	−0.0079	−0.0177	−0.0219
	θ_y	0.0218	0.0433	0.0632	0.0778	0.0834
0.50	θ_x	0.0173	0.0275	0.0272	0.0205	0.0162
	θ_y	0.0256	0.0522	0.0787	0.1003	0.1087
0.60	θ_x	0.0425	0.0773	0.0945	0.0917	0.0894
	θ_y	0.0275	0.0576	0.0920	0.1237	0.1367
0.75	θ_x	0.0724	0.1419	0.2036	0.2485	0.2649
	θ_y	0.0273	0.0588	0.0989	0.1475	0.1651
0.80	θ_x	0.0935	0.1904	0.2911	0.3793	0.4138
	θ_y	0.0265	0.0578	0.1016	0.1632	0.1842
0.85	θ_x	0.0965	0.1973	0.3022	0.3912	0.4272
	θ_y	0.0265	0.0578	0.1016	0.1632	0.1842

$k=1.7$　$\alpha=0.3$　$\beta=0.4$

ξ	η	0.10	0.20	0.30	0.40	0.50
0.10	θ_x		−0.0103	−0.0148	−0.0179	−0.0191
	θ_y		0.0143	0.0199	0.0237	0.0250
0.20	θ_x		−0.0174	−0.0259	−0.0324	−0.0348
	θ_y		0.0287	0.0402	0.0480	0.0507
0.30	θ_x		−0.0167	−0.0263	−0.0341	−0.0373
	θ_y		0.0432	0.0611	0.0733	0.0777
0.40	θ_x		−0.0029	−0.0119	−0.0213	−0.0251
	θ_y		0.0573	0.0823	0.1001	0.1066
0.50	θ_x		0.0322	0.0332	0.0286	0.0259
	θ_y		0.0698	0.1034	0.1284	0.1376
0.60	θ_x		0.0962	0.1161	0.1220	0.1248
	θ_y		0.0787	0.1227	0.1576	0.1700
0.75	θ_x		0.1864	0.2652	0.3199	0.3394
	θ_y		0.0816	0.1380	0.1852	0.2001
0.80	θ_x		0.2558	0.3856	0.4842	0.5194
	θ_y		0.0812	0.1465	0.2029	0.2189
0.85	θ_x		0.2654	0.3989	0.5003	0.5372
	θ_y		0.0812	0.1465	0.2029	0.2189

$k=1.7$　$\alpha=0.3$　$\beta=0.5$

ξ	η	0.10	0.20	0.30	0.40	0.50
0.10	θ_x		−0.0127	−0.0178	−0.0214	−0.0227
	θ_y		0.0173	0.0240	0.0284	0.0300
0.20	θ_x		−0.0217	−0.0316	−0.0384	−0.0409
	θ_y		0.0348	0.0485	0.0575	0.0607
0.30	θ_x		−0.0216	−0.0320	−0.0402	−0.0432
	θ_y		0.0526	0.0737	0.0878	0.0927
0.40	θ_x		−0.0068	−0.0160	−0.0235	−0.0263
	θ_y		0.0705	0.0996	0.1195	0.1265
0.50	θ_x		0.0338	0.0378	0.0373	0.0370
	θ_y		0.0871	0.1259	0.1525	0.1618
0.60	θ_x		0.1094	0.1342	0.1516	0.1587
	θ_y		0.1008	0.1512	0.1855	0.1971
0.75	θ_x		0.2278	0.3208	0.3825	0.4041
	θ_y		0.1077	0.1748	0.2151	0.2277
0.80	θ_x		0.3217	0.4725	0.5730	0.6071
	θ_y		0.1098	0.1896	0.2333	0.2463
0.85	θ_x		0.3338	0.4878	0.5927	0.6286
	θ_y		0.1098	0.1896	0.2333	0.2463

$k=1.7$　$\alpha=0.3$　$\beta=0.6$

ξ	η	0.10	0.20	0.30	0.40	0.50
0.10	θ_x			−0.0205	−0.0243	−0.0257
	θ_y			0.0275	0.0324	0.0341
0.20	θ_x			−0.0365	−0.0433	−0.0457
	θ_y			0.0556	0.0656	0.0690
0.30	θ_x			−0.0372	−0.0449	−0.0476
	θ_y			0.0846	0.0999	0.1052
0.40	θ_x			−0.0195	−0.0244	−0.0261
	θ_y			0.1146	0.1356	0.1429
0.50	θ_x			0.0411	0.0462	0.0483
	θ_y			0.1453	0.1722	0.1813
0.60	θ_x			0.1513	0.1785	0.1889
	θ_y			0.1755	0.2077	0.2183
0.75	θ_x			0.3685	0.4350	0.4578
	θ_y			0.2029	0.2381	0.2492
0.80	θ_x			0.5460	0.6451	0.6781
	θ_y			0.2201	0.2562	0.2672
0.85	θ_x			0.5641	0.6676	0.7020
	θ_y			0.2201	0.2562	0.2672

$k=1.7 \quad \alpha=0.3 \quad \beta=0.7$

ξ	η	0.10	0.20	0.30	0.40	0.50
0.10	θ_x			−0.0227	−0.0266	−0.0280
	θ_y			0.0304	0.0356	0.0375
0.20	θ_x			−0.0404	−0.0471	−0.0494
	θ_y			0.0613	0.0720	0.0756
0.30	θ_x			−0.0416	−0.0494	−0.0507
	θ_y			0.0934	0.1095	0.1150
0.40	θ_x			−0.0224	−0.0246	−0.0250
	θ_y			0.1268	0.1483	0.1556
0.50	θ_x			0.0439	0.0543	0.0584
	θ_y			0.1609	0.1874	0.1963
0.60	θ_x			0.1665	0.2012	0.2138
	θ_y			0.1944	0.2245	0.2343
0.75	θ_x			0.4068	0.4764	0.5001
	θ_y			0.2238	0.2551	0.2650
0.80	θ_x			0.6038	0.7006	0.7326
	θ_y			0.2417	0.2727	0.2824
0.85	θ_x			0.6244	0.7251	0.7581
	θ_y			0.2417	0.2727	0.2824

$k=1.7 \quad \alpha=0.3 \quad \beta=0.8$

ξ	η	0.10	0.20	0.30	0.40	0.50
0.10	θ_x				−0.0283	−0.0296
	θ_y				0.0380	0.0399
0.20	θ_x				−0.0498	−0.0519
	θ_y				0.0766	0.0804
0.30	θ_x				−0.0508	−0.0526
	θ_y				0.1165	0.1221
0.40	θ_x				−0.0243	−0.0238
	θ_y				0.1574	0.1647
0.50	θ_x				0.0608	0.0664
	θ_y				0.1982	0.2068
0.60	θ_x				0.2182	0.2323
	θ_y				0.2362	0.2454
0.75	θ_x				0.5064	0.5305
	θ_y				0.2669	0.2761
0.80	θ_x				0.7399	0.7712
	θ_y				0.2842	0.2931
0.80	θ_x				0.7657	0.7979
	θ_y				0.2842	0.2931

$k=1.7 \quad \alpha=0.3 \quad \beta=0.9$

ξ	η	0.10	0.20	0.30	0.40	0.50
0.10	θ_x				−0.0292	−0.0305
	θ_y				0.0394	0.0413
0.20	θ_x				−0.0514	−0.0534
	θ_y				0.0795	0.0833
0.30	θ_x				−0.0521	−0.0536
	θ_y				0.1207	0.1264
0.40	θ_x				−0.0239	−0.0228
	θ_y				0.1629	0.1701
0.50	θ_x				0.0650	0.0715
	θ_y				0.2046	0.2130
0.60	θ_x				0.2287	0.2437
	θ_y				0.2432	0.2520
0.75	θ_x				0.5244	0.5488
	θ_y				0.2737	0.2824
0.80	θ_x				0.7652	0.7961
	θ_y				0.2908	0.2995
0.85	θ_x				0.7898	0.8215
	θ_y				0.2908	0.2995

$k=1.7 \quad \alpha=0.3 \quad \beta=1.0$

ξ	η	0.10	0.20	0.30	0.40	0.50
0.10	θ_x					−0.0308
	θ_y					0.0418
0.20	θ_x					−0.0538
	θ_y					0.0843
0.30	θ_x					−0.0540
	θ_y					0.1278
0.40	θ_x					−0.0225
	θ_y					0.1719
0.50	θ_x					0.0733
	θ_y					0.2151
0.60	θ_x					0.2475
	θ_y					0.2542
0.75	θ_x					0.5549
	θ_y					0.2846
0.80	θ_x					0.8021
	θ_y					0.3013
0.85	θ_x					0.8293
	θ_y					0.3013

$k=1.7 \quad \alpha=0.4 \quad \beta=0.1$

ξ	η	0.10	0.20	0.30	0.40	0.50
0.20	θ_x	−0.0022	−0.0049	−0.0079	−0.0106	−0.0116
	θ_y	0.0051	0.0100	0.0142	0.0173	0.0184
0.30	θ_x	−0.0012	−0.0035	−0.0073	−0.0113	−0.0132
	θ_y	0.0075	0.0148	0.0215	0.0265	0.0284
0.40	θ_x	0.0026	0.0031	0.0001	−0.0050	−0.0078
	θ_y	0.0095	0.0191	0.0286	0.0363	0.0395
0.50	θ_x	0.0100	0.0171	0.0185	0.0130	0.0078
	θ_y	0.0109	0.0225	0.0349	0.0468	0.0524
0.60	θ_x	0.0205	0.0386	0.0514	0.0546	0.0500
	θ_y	0.0115	0.0242	0.0392	0.0568	0.0694
0.75	θ_x	0.0313	0.0620	0.0911	0.1177	0.1351
	θ_y	0.0115	0.0247	0.0410	0.0637	0.0896
0.80	θ_x	0.0382	0.0771	0.1163	0.1516	0.1670
	θ_y	0.0114	0.0246	0.0418	0.0684	0.1000
0.85	θ_x	0.0392	0.0791	0.1196	0.1554	0.1723
	θ_y	0.0114	0.0246	0.0418	0.0684	0.1000

$k=1.7 \quad \alpha=0.4 \quad \beta=0.2$

ξ	η	0.10	0.20	0.30	0.40	0.50
0.20	θ_x	−0.0045	−0.0098	−0.0157	−0.0195	−0.0227
	θ_y	0.0101	0.0198	0.0282	0.0341	0.0362
0.30	θ_x	−0.0027	−0.0074	−0.0147	−0.0221	−0.0253
	θ_y	0.0149	0.0294	0.0426	0.0522	0.0558
0.40	θ_x	0.0047	0.0053	−0.0004	−0.0094	−0.0141
	θ_y	0.0190	0.0382	0.0568	0.0715	0.0773
0.50	θ_x	0.0193	0.0327	0.0351	0.0258	0.0187
	θ_y	0.0220	0.0452	0.0698	0.0921	0.1019
0.60	θ_x	0.0404	0.0760	0.1004	0.1064	0.1039
	θ_y	0.0233	0.0490	0.0791	0.1131	0.1307
0.75	θ_x	0.0625	0.1236	0.1815	0.2325	0.2591
	θ_y	0.0235	0.0498	0.0837	0.1313	0.1601
0.80	θ_x	0.0767	0.1544	0.2318	0.2987	0.3270
	θ_y	0.0232	0.0498	0.0860	0.1421	0.1767
0.85	θ_x	0.0786	0.1585	0.2380	0.3041	0.3352
	θ_y	0.0232	0.0498	0.0860	0.1421	0.1767

$k=1.7 \quad \alpha=0.4 \quad \beta=0.3$

ξ	η	0.10	0.20	0.30	0.40	0.50
0.20	θ_x	−0.0070	−0.0150	−0.0233	−0.0301	−0.0327
	θ_y	0.0151	0.0293	0.0415	0.0499	0.0529
0.30	θ_x	−0.0047	−0.0120	−0.0221	−0.0318	−0.0358
	θ_y	0.0222	0.0437	0.0628	0.0763	0.0814
0.40	θ_x	0.0057	0.0058	−0.0018	−0.0127	−0.0178
	θ_y	0.0286	0.0572	0.0840	0.1044	0.1122
0.50	θ_x	0.0271	0.0456	0.0485	0.0392	0.0337
	θ_y	0.0334	0.0683	0.1042	0.1342	0.1461
0.60	θ_x	0.0592	0.1105	0.1447	0.1561	0.1593
	θ_y	0.0357	0.0749	0.1201	0.1653	0.1829
0.75	θ_x	0.0933	0.1845	0.2704	0.3409	0.3705
	θ_y	0.0361	0.0773	0.1293	0.1942	0.2169
0.80	θ_x	0.1154	0.2317	0.3450	0.4361	0.4711
	θ_y	0.0358	0.0779	0.1346	0.2104	0.2372
0.85	θ_x	0.1183	0.2379	0.3536	0.4434	0.4832
	θ_y	0.0358	0.0779	0.1346	0.2104	0.2372

$k=1.7 \quad \alpha=0.4 \quad \beta=0.4$

ξ	η	0.10	0.20	0.30	0.40	0.50
0.20	θ_x		−0.0202	−0.0305	−0.0384	−0.0414
	θ_y		0.0383	0.0539	0.0644	0.0681
0.30	θ_x		−0.0173	−0.0295	−0.0400	−0.0442
	θ_y		0.0575	0.0816	0.0983	0.1044
0.40	θ_x		0.0043	−0.0042	−0.0144	−0.0189
	θ_y		0.0758	0.1097	0.1341	0.1430
0.50	θ_x		0.0544	0.0585	0.0538	0.0516
	θ_y		0.0917	0.1372	0.1716	0.1842
0.60	θ_x		0.1408	0.1824	0.2043	0.2129
	θ_y		0.1024	0.1621	0.2098	0.2262
0.75	θ_x		0.2440	0.3562	0.4373	0.4651
	θ_y		0.1069	0.1814	0.2435	0.2627
0.80	θ_x		0.3085	0.4531	0.5591	0.5974
	θ_y		0.1089	0.1919	0.2630	0.2843
0.85	θ_x		0.3166	0.4626	0.5691	0.6082
	θ_y		0.1089	0.1919	0.2630	0.2843

$k=1.7 \quad \alpha=0.4 \quad \beta=0.5$

ξ	η	0.10	0.20	0.30	0.40	0.50
0.20	θ_x		−0.0255	−0.0371	−0.0455	−0.0486
	θ_y		0.0466	0.0650	0.0771	0.0814
0.30	θ_x		−0.0233	−0.0365	−0.0466	−0.0504
	θ_y		0.0702	0.0986	0.1176	0.1243
0.40	θ_x		0.0008	−0.0070	−0.0146	−0.0176
	θ_y		0.0935	0.1330	0.1599	0.1693
0.50	θ_x		0.0585	0.0663	0.0693	0.0706
	θ_y		0.1151	0.1675	0.2034	0.2159
0.60	θ_x		0.1652	0.2152	0.2493	0.2621
	θ_y		0.1317	0.2010	0.2463	0.2612
0.75	θ_x		0.3018	0.4342	0.5201	0.5492
	θ_y		0.1409	0.2303	0.2826	0.2990
0.80	θ_x		0.3833	0.5514	0.6648	0.7040
	θ_y		0.1462	0.2462	0.3032	0.3206
0.85	θ_x		0.3930	0.5618	0.6775	0.7178
	θ_y		0.1462	0.2462	0.3032	0.3206

$k=1.7 \quad \alpha=0.4 \quad \beta=0.6$

ξ	η	0.10	0.20	0.30	0.40	0.50
0.20	θ_x			−0.0429	−0.0512	−0.0542
	θ_y			0.0745	0.0879	0.0926
0.30	θ_x			−0.0427	−0.0516	−0.0546
	θ_y			0.1132	0.1338	0.1409
0.40	θ_x			−0.0098	−0.0136	−0.0148
	θ_y			0.1531	0.1812	0.1909
0.50	θ_x			0.0731	0.0843	0.0889
	θ_y			0.1936	0.2293	0.2414
0.60	θ_x			0.2447	0.2888	0.3047
	θ_y			0.2331	0.2752	0.2889
0.75	θ_x			0.4998	0.5887	0.6188
	θ_y			0.2670	0.3127	0.3272
0.80	θ_x			0.6358	0.7518	0.7909
	θ_y			0.2860	0.3341	0.3488
0.80	θ_x			0.6477	0.7667	0.8071
	θ_y			0.2860	0.3341	0.3488

$k=1.7 \quad \alpha=0.4 \quad \beta=0.7$

ξ	η	0.10	0.20	0.30	0.40	0.50
0.20	θ_x			−0.0477	−0.0556	−0.0583
	θ_y			0.0822	0.0965	0.1014
0.30	θ_x			−0.0478	−0.0551	−0.0574
	θ_y			0.1251	0.1466	0.1539
0.40	θ_x			−0.0120	−0.0119	−0.0114
	θ_y			0.1694	0.1980	0.2076
0.50	θ_x			0.0793	0.0977	0.1048
	θ_y			0.2143	0.2492	0.2608
0.60	θ_x			0.2698	0.3212	0.3394
	θ_y			0.2578	0.2970	0.3097
0.75	θ_x			0.5515	0.6426	0.6733
	θ_y			0.2941	0.3350	0.3481
0.80	θ_x			0.7031	0.8194	0.8582
	θ_y			0.3147	0.3564	0.3695
0.85	θ_x			0.7166	0.8362	0.8762
	θ_y			0.3147	0.3564	0.3695

$k=1.7 \quad \alpha=0.4 \quad \beta=0.8$

ξ	η	0.10	0.20	0.30	0.40	0.50
0.20	θ_x				−0.0587	−0.0611
	θ_y				0.1027	0.1077
0.30	θ_x				−0.0573	−0.0589
	θ_y				0.1558	0.1632
0.40	θ_x				−0.0101	−0.0083
	θ_y				0.2099	0.2195
0.50	θ_x				0.1082	0.1171
	θ_y				0.2633	0.2745
0.60	θ_x				0.3451	0.3648
	θ_y				0.3122	0.3242
0.75	θ_x				0.6813	0.7124
	θ_y				0.3507	0.3628
0.80	θ_x				0.8676	0.9061
	θ_y				0.3719	0.3839
0.85	θ_x				0.8857	0.9252
	θ_y				0.3719	0.3839

$k=1.7 \quad \alpha=0.4 \quad \beta=0.9$

ξ	η	0.10	0.20	0.30	0.40	0.50
0.20	θ_x				−0.0605	−0.0627
	θ_y				0.1064	0.1115
0.30	θ_x				−0.0586	−0.0597
	θ_y				0.1614	0.1688
0.40	θ_x				−0.0088	−0.0062
	θ_y				0.2171	0.2266
0.50	θ_x				0.1148	0.1248
	θ_y				0.2717	0.2826
0.60	θ_x				0.3599	0.3804
	θ_y				0.3212	0.3327
0.75	θ_x				0.7046	0.7359
	θ_y				0.3596	0.3711
0.80	θ_x				0.8965	0.9347
	θ_y				0.3810	0.3925
0.85	θ_x				0.9153	0.9545
	θ_y				0.3810	0.3925

$k=1.7 \quad \alpha=0.4 \quad \beta=1.0$

ξ	η	0.10	0.20	0.30	0.40	0.50
0.20	θ_x					−0.0632
	θ_y					0.1128
0.30	θ_x					−0.0600
	θ_y					0.1707
0.40	θ_x					−0.0055
	θ_y					0.2289
0.50	θ_x					0.1274
	θ_y					0.2853
0.60	θ_x					0.3856
	θ_y					0.3356
0.75	θ_x					0.7438
	θ_y					0.3742
0.80	θ_x					0.9443
	θ_y					0.3952
0.85	θ_x					0.9643
	θ_y					0.3952

$k=1.7 \quad \alpha=0.5 \quad \beta=0.1$

ξ	η	0.10	0.20	0.30	0.40	0.50
0.20	θ_x	−0.0020	−0.0047	−0.0082	−0.0114	−0.0125
	θ_y	0.0063	0.0124	0.0179	0.0218	0.0233
0.30	θ_x	−0.0002	−0.0020	−0.0061	−0.0113	−0.0143
	θ_y	0.0092	0.0183	0.0268	0.0334	0.0359
0.40	θ_x	0.0050	0.0074	0.0051	−0.0012	−0.0050
	θ_y	0.0116	0.0235	0.0354	0.0458	0.0502
0.50	θ_x	0.0143	0.0255	0.0304	0.0257	0.0174
	θ_y	0.0132	0.0273	0.0427	0.0586	0.0670
0.60	θ_x	0.0262	0.0503	0.0702	0.0835	0.0885
	θ_y	0.0141	0.0295	0.0475	0.0695	0.0895
0.75	θ_x	0.0373	0.0739	0.1087	0.1402	0.1561
	θ_y	0.0143	0.0305	0.0504	0.0781	0.1089
0.80	θ_x	0.0439	0.0876	0.1294	0.1634	0.1772
	θ_y	0.0144	0.0310	0.0522	0.0835	0.1178
0.85	θ_x	0.0448	0.0894	0.1319	0.1664	0.1796
	θ_y	0.0144	0.0310	0.0522	0.0835	0.1178

$k=1.7 \quad \alpha=0.5 \quad \beta=0.2$

ξ	η	0.10	0.20	0.30	0.40	0.50
0.20	θ_x	−0.0041	−0.0096	−0.0164	−0.0223	−0.0245
	θ_y	0.0126	0.0247	0.0353	0.0430	0.0458
0.30	θ_x	−0.0008	−0.0046	−0.0125	−0.0221	−0.0268
	θ_y	0.0184	0.0365	0.0532	0.0658	0.0706
0.40	θ_x	0.0094	0.0136	0.0092	−0.0018	−0.0081
	θ_y	0.0232	0.0470	0.0705	0.0900	0.0980
0.50	θ_x	0.0278	0.0494	0.0583	0.0497	0.0407
	θ_y	0.0267	0.0549	0.0857	0.1155	0.1294
0.60	θ_x	0.0518	0.0995	0.1387	0.1650	0.1744
	θ_y	0.0284	0.0595	0.0961	0.1405	0.1649
0.75	θ_x	0.0744	0.1473	0.2167	0.2774	0.3030
	θ_y	0.0291	0.0616	0.1029	0.1607	0.1955
0.80	θ_x	0.0878	0.1748	0.2569	0.3218	0.3473
	θ_y	0.0293	0.0628	0.1072	0.1719	0.2106
0.85	θ_x	0.0896	0.1783	0.2619	0.3280	0.3523
	θ_y	0.0293	0.0628	0.1072	0.1719	0.2106

$k=1.7 \quad \alpha=0.5 \quad \beta=0.3$

ξ	η	0.10	0.20	0.30	0.40	0.50
0.20	θ_x	−0.0067	−0.0149	−0.0243	−0.0321	−0.0354
	θ_y	0.0187	0.0366	0.0521	0.0630	0.0669
0.30	θ_x	−0.0022	−0.0083	−0.0194	−0.0316	−0.0368
	θ_y	0.0275	0.0543	0.0786	0.0962	0.1028
0.40	θ_x	0.0125	0.0175	0.0117	−0.0011	−0.0074
	θ_y	0.0350	0.0705	0.1046	0.1314	0.1417
0.50	θ_x	0.0398	0.0701	0.0816	0.0735	0.0689
	θ_y	0.0405	0.0832	0.1287	0.1684	0.1842
0.60	θ_x	0.0764	0.1466	0.2040	0.2422	0.2556
	θ_y	0.0435	0.0911	0.1465	0.2065	0.2286
0.75	θ_x	0.1112	0.2200	0.3227	0.4062	0.4379
	θ_y	0.0447	0.0954	0.1589	0.2376	0.2654
0.80	θ_x	0.1315	0.2609	0.3803	0.4702	0.5040
	θ_y	0.0452	0.0977	0.1671	0.2535	0.2851
0.85	θ_x	0.1342	0.2659	0.3877	0.4795	0.5140
	θ_y	0.0452	0.0977	0.1671	0.2535	0.2851

$k=1.7 \quad \alpha=0.5 \quad \beta=0.4$

ξ	η	0.10	0.20	0.30	0.40	0.50
0.20	θ_x		−0.0205	−0.0318	−0.0409	−0.0445
	θ_y		0.0479	0.0677	0.0812	0.0860
0.30	θ_x		−0.0133	−0.0267	−0.0392	−0.0442
	θ_y		0.0716	0.1023	0.1238	0.1316
0.40	θ_x		0.0186	0.0128	0.0012	−0.0035
	θ_y		0.0937	0.1370	0.1685	0.1801
0.50	θ_x		0.0862	0.0991	0.0990	0.0994
	θ_y		0.1123	0.1704	0.2150	0.2310
0.60	θ_x		0.1905	0.2645	0.3131	0.3300
	θ_y		0.1244	0.2001	0.2610	0.2810
0.75	θ_x		0.2911	0.4247	0.5212	0.5547
	θ_y		0.1317	0.2226	0.2981	0.3214
0.80	θ_x		0.3447	0.4963	0.6045	0.6436
	θ_y		0.1362	0.2346	0.3180	0.3438
0.85	θ_x		0.3513	0.5063	0.6163	0.6559
	θ_y		0.1362	0.2346	0.3180	0.3438

$k=1.7 \quad \alpha=0.5 \quad \beta=0.5$

ξ	η	0.10	0.20	0.30	0.40	0.50
0.20	θ_x		−0.0263	−0.0388	−0.0483	−0.0518
	θ_y		0.0584	0.0817	0.0972	0.1026
0.30	θ_x		−0.0195	−0.0338	−0.0449	−0.0490
	θ_y		0.0878	0.1237	0.1479	0.1565
0.40	θ_x		0.0167	0.0129	0.0070	0.0028
	θ_y		0.1162	0.1665	0.2006	0.2126
0.50	θ_x		0.0958	0.1133	0.1247	0.1296
	θ_y		0.1419	0.2089	0.2543	0.2697
0.60	θ_x		0.2301	0.3187	0.3760	0.3959
	θ_y		0.1605	0.2500	0.3055	0.3236
0.75	θ_x		0.3600	0.5174	0.6202	0.6550
	θ_y		0.1734	0.2823	0.3461	0.3661
0.80	θ_x		0.4243	0.6013	0.7207	0.7630
	θ_y		0.1812	0.2986	0.3679	0.3892
0.85	θ_x		0.4325	0.6137	0.7353	0.7778
	θ_y		0.1812	0.2986	0.3679	0.3892

$k=1.7 \quad \alpha=0.5 \quad \beta=0.6$

ξ	η	0.10	0.20	0.30	0.40	0.50
0.20	θ_x			−0.0450	−0.0493	−0.0573
	θ_y			0.0937	0.1107	0.1165
0.30	θ_x			−0.0400	−0.0488	−0.0517
	θ_y			0.1422	0.1681	0.1770
0.40	θ_x			0.0124	0.0120	0.0122
	θ_y			0.1918	0.2270	0.2391
0.50	θ_x			0.1267	0.1488	0.1573
	θ_y			0.2417	0.2859	0.3007
0.60	θ_x			0.3649	0.4295	0.4518
	θ_y			0.2895	0.3406	0.3572
0.75	θ_x			0.5957	0.7020	0.7379
	θ_y			0.3273	0.3833	0.4010
0.80	θ_x			0.6918	0.8178	0.8609
	θ_y			0.3476	0.4065	0.4246
0.85	θ_x			0.7059	0.8342	0.8782
	θ_y			0.3476	0.4065	0.4246

$k=1.7 \quad \alpha=0.5 \quad \beta=0.7$

ξ	η	0.10	0.20	0.30	0.40	0.50
0.20	θ_x			−0.0502	−0.0585	−0.0612
	θ_y			0.1035	0.1213	0.1274
0.30	θ_x			−0.0451	−0.0512	−0.0530
	θ_y			0.1571	0.1839	0.1931
0.40	θ_x			0.0120	0.0172	0.0196
	θ_y			0.2122	0.2476	0.2595
0.50	θ_x			0.1390	0.1693	0.1806
	θ_y			0.2675	0.3102	0.3243
0.60	θ_x			0.4022	0.4724	0.4965
	θ_y			0.3195	0.3670	0.3824
0.75	θ_x			0.6575	0.7662	0.8028
	θ_y			0.3604	0.4108	0.4269
0.80	θ_x			0.7647	0.8940	0.9382
	θ_y			0.3821	0.4347	0.4512
0.85	θ_x			0.7801	0.9120	0.9565
	θ_y			0.3821	0.4347	0.4512

$k=1.7 \quad \alpha=0.5 \quad \beta=0.8$

ξ	η	0.10	0.20	0.30	0.40	0.50
0.20	θ_x				−0.0614	−0.0637
	θ_y				0.1291	0.1353
0.30	θ_x				−0.0525	−0.0534
	θ_y				0.1954	0.2045
0.40	θ_x				0.0216	0.0257
	θ_y				0.2623	0.2740
0.50	θ_x				0.1850	0.1981
	θ_y				0.3273	0.3409
0.60	θ_x				0.5036	0.5290
	θ_y				0.3856	0.4002
0.75	θ_x				0.8124	0.8494
	θ_y				0.4302	0.4451
0.80	θ_x				0.9487	0.9926
	θ_y				0.4542	0.4693
0.85	θ_x				0.9678	1.0125
	θ_y				0.4542	0.4693

$k=1.7 \quad \alpha=0.5 \quad \beta=0.9$

ξ	η	0.10	0.20	0.30	0.40	0.50
0.20	θ_x				−0.0631	−0.0651
	θ_y				0.1337	0.1400
0.30	θ_x				−0.0532	−0.0533
	θ_y				0.2022	0.2114
0.40	θ_x				0.0246	0.0297
	θ_y				0.2711	0.2827
0.50	θ_x				0.1948	0.2091
	θ_y				0.3375	0.3507
0.60	θ_x				0.5226	0.5488
	θ_y				0.3964	0.4105
0.75	θ_x				0.8401	0.8774
	θ_y				0.4412	0.4555
0.80	θ_x				0.9816	1.0255
	θ_y				0.4656	0.4798
0.85	θ_x				1.0013	1.0461
	θ_y				0.4656	0.4798

$k=1.7 \quad \alpha=0.5 \quad \beta=1.0$

ξ	η	0.10	0.20	0.30	0.40	0.50
0.20	θ_x					−0.0656
	θ_y					0.1416
0.30	θ_x					−0.0533
	θ_y					0.2137
0.40	θ_x					0.0311
	θ_y					0.2855
0.50	θ_x					0.2128
	θ_y					0.3540
0.60	θ_x					0.5554
	θ_y					0.4141
0.75	θ_x					0.8868
	θ_y					0.4593
0.80	θ_x					1.0370
	θ_y					0.4833
0.85	θ_x					1.0574
	θ_y					0.4833

$k=1.7 \quad \alpha=0.6 \quad \beta=0.1$

ξ	η	0.10	0.20	0.30	0.40	0.50
0.30	θ_x	0.0017	0.0012	−0.0026	−0.0085	−0.0115
	θ_y	0.0108	0.0216	0.0321	0.0405	0.0440
0.40	θ_x	0.0085	0.0139	0.0136	0.0068	0.0011
	θ_y	0.0135	0.0275	0.0420	0.0553	0.0615
0.50	θ_x	0.0192	0.0356	0.0463	0.0475	0.0421
	θ_y	0.0153	0.0317	0.0499	0.0698	0.0833
0.60	θ_x	0.0316	0.0616	0.0886	0.1121	0.1281
	θ_y	0.0164	0.0345	0.0554	0.0817	0.1090
0.75	θ_x	0.0421	0.0832	0.1216	0.1537	0.1677
	θ_y	0.0171	0.0362	0.0596	0.0917	0.1255
0.80	θ_x	0.0479	0.0946	0.1373	0.1698	0.1824
	θ_y	0.0174	0.0372	0.0623	0.0972	0.1333
0.85	θ_x	0.0487	0.0960	0.1392	0.1720	0.1841
	θ_y	0.0174	0.0372	0.0623	0.0972	0.1333

$k=1.7 \quad \alpha=0.6 \quad \beta=0.2$

ξ	η	0.10	0.20	0.30	0.40	0.50
0.30	θ_x	0.0028	0.0015	−0.0059	−0.0162	−0.0213
	θ_y	0.0216	0.0432	0.0637	0.0798	0.0861
0.40	θ_x	0.0163	0.0265	0.0256	0.0137	0.0056
	θ_y	0.0271	0.0551	0.0837	0.1089	0.1197
0.50	θ_x	0.0378	0.0699	0.0902	0.0925	0.0885
	θ_y	0.0309	0.0639	0.1003	0.1389	0.1582
0.60	θ_x	0.0629	0.1225	0.1764	0.2226	0.2462
	θ_y	0.0333	0.0694	0.1122	0.1667	0.1979
0.75	θ_x	0.0840	0.1657	0.2417	0.3032	0.3268
	θ_y	0.0346	0.0732	0.1216	0.1877	0.2268
0.80	θ_x	0.0956	0.1882	0.2720	0.3345	0.3583
	θ_y	0.0354	0.0754	0.1272	0.1987	0.2407
0.85	θ_x	0.0970	0.1910	0.2758	0.3394	0.3611
	θ_y	0.0354	0.0754	0.1272	0.1987	0.2407

$k=1.7$　$\alpha=0.6$　$\beta=0.3$

ξ	η	0.10	0.20	0.30	0.40	0.50
0.30	θ_x	0.0029	0.0003	−0.0099	−0.0226	−0.0284
	θ_y	0.0324	0.0645	0.0943	0.1166	0.1250
0.40	θ_x	0.0225	0.0360	0.0345	0.0216	0.0147
	θ_y	0.0409	0.0829	0.1248	0.1588	0.1722
0.50	θ_x	0.0549	0.1011	0.1294	0.1359	0.1371
	θ_y	0.0470	0.0969	0.1514	0.2030	0.2230
0.60	θ_x	0.0933	0.1819	0.2623	0.3267	0.3502
	θ_y	0.0508	0.1064	0.1714	0.2460	0.2723
0.75	θ_x	0.1253	0.2469	0.3585	0.4436	0.4737
	θ_y	0.0532	0.1131	0.1874	0.2771	0.3091
0.80	θ_x	0.1425	0.2798	0.4016	0.4894	0.5219
	θ_y	0.0545	0.1170	0.1966	0.2929	0.3279
0.85	θ_x	0.1447	0.2839	0.4072	0.4970	0.5298
	θ_y	0.0545	0.1170	0.1966	0.2929	0.3279

$k=1.7$　$\alpha=0.6$　$\beta=0.4$

ξ	η	0.10	0.20	0.30	0.40	0.50
0.30	θ_x		−0.0030	−0.0147	−0.0272	−0.0324
	θ_y		0.0853	0.1230	0.1498	0.1596
0.40	θ_x		0.0418	0.0402	0.0312	0.0274
	θ_y		0.1108	0.1640	0.2034	0.2178
0.50	θ_x		0.1279	0.1624	0.1786	0.1850
	θ_y		0.1312	0.2027	0.2585	0.2777
0.60	θ_x		0.2393	0.3451	0.4199	0.4451
	θ_y		0.1454	0.2363	0.3101	0.3334
0.75	θ_x		0.3257	0.4689	0.5704	0.6064
	θ_y		0.1559	0.2611	0.3483	0.3754
0.80	θ_x		0.3676	0.5227	0.6303	0.6690
	θ_y		0.1623	0.2743	0.3679	0.3974
0.85	θ_x		0.3728	0.5305	0.6399	0.6789
	θ_y		0.1623	0.2743	0.3679	0.3974

$k=1.7$　$\alpha=0.6$　$\beta=0.5$

ξ	η	0.10	0.20	0.30	0.40	0.50
0.30	θ_x		−0.0082	−0.0197	−0.0298	−0.0337
	θ_y		0.1050	0.1490	0.1787	0.1892
0.40	θ_x		0.0430	0.0441	0.0424	0.0421
	θ_y		0.1383	0.1997	0.2416	0.2561
0.50	θ_x		0.1486	0.1907	0.2190	0.2296
	θ_y		0.1668	0.2501	0.3046	0.3228
0.60	θ_x		0.2939	0.4200	0.5004	0.5274
	θ_y		0.1879	0.2967	0.3620	0.3831
0.75	θ_x		0.4004	0.5689	0.6805	0.7189
	θ_y		0.2046	0.3302	0.4049	0.4284
0.80	θ_x		0.4495	0.6320	0.7538	0.7964
	θ_y		0.2142	0.3474	0.4271	0.4522
0.85	θ_x		0.4556	0.6417	0.7650	0.8082
	θ_y		0.2142	0.3474	0.4271	0.4522

$k=1.7$　$\alpha=0.6$　$\beta=0.6$

ξ	η	0.10	0.20	0.30	0.40	0.50
0.30	θ_x			−0.0243	−0.0309	−0.0330
	θ_y			0.1714	0.2028	0.2135
0.40	θ_x			0.0475	0.0539	0.0568
	θ_y			0.2305	0.2728	0.2872
0.50	θ_x			0.2164	0.2549	0.2688
	θ_y			0.2894	0.3416	0.3588
0.60	θ_x			0.4827	0.5676	0.5963
	θ_y			0.3433	0.4030	0.4223
0.75	θ_x			0.6544	0.7721	0.8121
	θ_y			0.3829	0.4489	0.4698
0.80	θ_x			0.7259	0.8572	0.9024
	θ_y			0.4033	0.4731	0.4952
0.85	θ_x			0.7369	0.8699	0.9157
	θ_y			0.4033	0.4731	0.4952

$k=1.7$　$\alpha=0.6$　$\beta=0.7$

ξ	η	0.10	0.20	0.30	0.40	0.50
0.30	θ_x			−0.0282	−0.0308	−0.0313
	θ_y			0.1895	0.2216	0.2325
0.40	θ_x			0.0509	0.0645	0.0700
	θ_y			0.2551	0.2971	0.3110
0.50	θ_x			0.2382	0.2845	0.3009
	θ_y			0.3199	0.3698	0.3862
0.60	θ_x			0.5321	0.6207	0.6507
	θ_y			0.3785	0.4338	0.4517
0.75	θ_x			0.7226	0.8442	0.8852
	θ_y			0.4219	0.4815	0.5006
0.80	θ_x			0.8017	0.9390	0.9856
	θ_y			0.4446	0.5069	0.5267
0.85	θ_x			0.8137	0.9529	1.0002
	θ_y			0.4446	0.5069	0.5267

$k=1.7$　$\alpha=0.6$　$\beta=0.8$

ξ	η	0.10	0.20	0.30	0.40	0.50
0.30	θ_x				−0.0302	−0.0293
	θ_y				0.2351	0.2459
0.40	θ_x				0.0730	0.0804
	θ_y				0.3142	0.3279
0.50	θ_x				0.3065	0.3247
	θ_y				0.3897	0.4054
0.60	θ_x				0.6591	0.6901
	θ_y				0.4556	0.4726
0.75	θ_x				0.8961	0.9378
	θ_y				0.5045	0.5223
0.80	θ_x				0.9980	1.0455
	θ_y				0.5304	0.5486
0.85	θ_x				1.0127	1.0610
	θ_y				0.5304	0.5486

$k=1.7$　$\alpha=0.6$　$\beta=0.9$

ξ	η	0.10	0.20	0.30	0.40	0.50
0.30	θ_x				−0.0296	−0.0279
	θ_y				0.2432	0.2540
0.40	θ_x				0.0785	0.0870
	θ_y				0.3245	0.3380
0.50	θ_x				0.3201	0.3394
	θ_y				0.4015	0.4168
0.60	θ_x				0.6823	0.7140
	θ_y				0.4682	0.4846
0.75	θ_x				0.9274	0.9695
	θ_y				0.5176	0.5347
0.80	θ_x				1.0336	1.0815
	θ_y				0.5442	0.5616
0.85	θ_x				1.0489	1.0976
	θ_y				0.5442	0.5616

$k=1.7$　$\alpha=0.6$　$\beta=1.0$

ξ	η	0.10	0.20	0.30	0.40	0.50
0.30	θ_x					−0.0274
	θ_y					0.2567
0.40	θ_x					0.0893
	θ_y					0.3413
0.50	θ_x					0.3443
	θ_y					0.4206
0.60	θ_x					0.7220
	θ_y					0.4888
0.75	θ_x					0.9801
	θ_y					0.5391
0.80	θ_x					1.0935
	θ_y					0.5656
0.85	θ_x					1.1098
	θ_y					0.5656

$k=1.7$　$\alpha=0.7$　$\beta=0.1$

ξ	η	0.10	0.20	0.30	0.40	0.50
0.30	θ_x	0.0046	0.0065	0.0037	−0.0029	−0.0059
	θ_y	0.0122	0.0247	0.0372	0.0478	0.0525
0.40	θ_x	0.0130	0.0229	0.0264	0.0208	0.0145
	θ_y	0.0152	0.0310	0.0480	0.0649	0.0739
0.50	θ_x	0.0246	0.0470	0.0649	0.0766	0.0807
	θ_y	0.0172	0.0357	0.0564	0.0803	0.1009
0.60	θ_x	0.0366	0.0718	0.1044	0.1335	0.1482
	θ_y	0.0187	0.0392	0.0630	0.0935	0.1254
0.75	θ_x	0.0457	0.0899	0.1299	0.1610	0.1730
	θ_y	0.0197	0.0418	0.0684	0.1041	0.1401
0.80	θ_x	0.0505	0.0987	0.1413	0.1722	0.1840
	θ_y	0.0203	0.0433	0.0716	0.1095	0.1470
0.85	θ_x	0.0511	0.0998	0.1426	0.1732	0.1845
	θ_y	0.0203	0.0433	0.0716	0.1095	0.1470

$k=1.7$　$\alpha=0.7$　$\beta=0.2$

ξ	η	0.10	0.20	0.30	0.40	0.50
0.30	θ_x	0.0085	0.0117	0.0064	−0.0052	−0.0102
	θ_y	0.0245	0.0494	0.0740	0.0942	0.1024
0.40	θ_x	0.0252	0.0442	0.0505	0.0401	0.0306
	θ_y	0.0305	0.0624	0.0961	0.1280	0.1426
0.50	θ_x	0.0487	0.0929	0.1283	0.1512	0.1593
	θ_y	0.0348	0.0719	0.1137	0.1617	0.1875
0.60	θ_x	0.0729	0.1430	0.2081	0.2647	0.2888
	θ_y	0.0378	0.0789	0.1278	0.1912	0.2280
0.75	θ_x	0.0911	0.1788	0.2577	0.3171	0.3399
	θ_y	0.0400	0.0844	0.1393	0.2122	0.2544
0.80	θ_x	0.1004	0.1961	0.2797	0.3396	0.3618
	θ_y	0.0413	0.0875	0.1453	0.2230	0.2672
0.85	θ_x	0.1016	0.1982	0.2822	0.3412	0.3635
	θ_y	0.0413	0.0875	0.1453	0.2230	0.2672

$k=1.7$　$\alpha=0.7$　$\beta=0.3$

ξ	η	0.10	0.20	0.30	0.40	0.50
0.30	θ_x	0.0110	0.0147	0.0075	−0.0062	−0.0113
	θ_y	0.0369	0.0741	0.1097	0.1374	0.1481
0.40	θ_x	0.0359	0.0623	0.0701	0.0596	0.0540
	θ_y	0.0462	0.0942	0.1440	0.1867	0.2036
0.50	θ_x	0.0716	0.1365	0.1885	0.2222	0.2338
	θ_y	0.0529	0.1095	0.1724	0.2376	0.2615
0.60	θ_x	0.1084	0.2129	0.3098	0.3880	0.4158
	θ_y	0.0578	0.1210	0.1956	0.2823	0.3127
0.75	θ_x	0.1356	0.2655	0.3808	0.4639	0.4950
	θ_y	0.0614	0.1301	0.2142	0.3127	0.3484
0.80	θ_x	0.1492	0.2905	0.4122	0.4975	0.5284
	θ_y	0.0634	0.1353	0.2243	0.3280	0.3658
0.85	θ_x	0.1509	0.2936	0.4156	0.5013	0.5321
	θ_y	0.0634	0.1353	0.2243	0.3280	0.3658

$k=1.7$　$\alpha=0.7$　$\beta=0.4$

ξ	η	0.10	0.20	0.30	0.40	0.50
0.30	θ_x		0.0148	0.0073	−0.0054	−0.0105
	θ_y		0.0985	0.1436	0.1764	0.1883
0.40	θ_x		0.0757	0.0843	0.0811	0.0803
	θ_y		0.1266	0.1904	0.2387	0.2560
0.50	θ_x		0.1770	0.2441	0.2875	0.3025
	θ_y		0.1484	0.2337	0.3012	0.3234
0.60	θ_x		0.2809	0.4076	0.4982	0.5293
	θ_y		0.1654	0.2703	0.3556	0.3824
0.75	θ_x		0.3488	0.4958	0.5977	0.6341
	θ_y		0.1791	0.2967	0.3937	0.4244
0.80	θ_x		0.3801	0.5357	0.6415	0.6792
	θ_y		0.1868	0.3106	0.4132	0.4461
0.85	θ_x		0.3840	0.5393	0.6447	0.6823
	θ_y		0.1868	0.3106	0.4132	0.4461

$k=1.7$　　$\alpha=0.7$　　$\beta=0.5$

ξ	η	0.10	0.20	0.30	0.40	0.50
0.30	θ_x		0.0120	0.0061	−0.0029	−0.0054
	θ_y		0.1219	0.1744	0.2100	0.2225
0.40	θ_x		0.0831	0.0954	0.1033	0.1069
	θ_y		0.1592	0.2329	0.2827	0.2997
0.50	θ_x		0.2131	0.2938	0.3457	0.3636
	θ_y		0.1896	0.2905	0.3536	0.3743
0.60	θ_x		0.3464	0.4964	0.5933	0.6260
	θ_y		0.2145	0.3400	0.4149	0.4388
0.75	θ_x		0.4265	0.5995	0.7148	0.7549
	θ_y		0.2341	0.3741	0.4583	0.4851
0.80	θ_x		0.4627	0.6466	0.7684	0.8109
	θ_y		0.2448	0.3916	0.4807	0.5091
0.85	θ_x		0.4674	0.6505	0.7726	0.8154
	θ_y		0.2448	0.3916	0.4807	0.5091

$k=1.7$　　$\alpha=0.7$　　$\beta=0.6$

ξ	η	0.10	0.20	0.30	0.40	0.50
0.30	θ_x			0.0046	0.0028	0.0010
	θ_y			0.2009	0.2378	0.2504
0.40	θ_x			0.1062	0.1244	0.1316
	θ_y			0.2692	0.3184	0.3348
0.50	θ_x			0.3362	0.3954	0.4158
	θ_y			0.3360	0.3954	0.4149
0.60	θ_x			0.5711	0.6723	0.7063
	θ_y			0.3935	0.4615	0.4834
0.75	θ_x			0.6887	0.8129	0.8554
	θ_y			0.4337	0.5090	0.5331
0.80	θ_x			0.7419	0.8753	0.9212
	θ_y			0.4543	0.5336	0.5589
0.85	θ_x			0.7462	0.8805	0.9269
	θ_y			0.4543	0.5336	0.5589

$k=1.7$　　$\alpha=0.7$　　$\beta=0.7$

ξ	η	0.10	0.20	0.30	0.40	0.50
0.30	θ_x			0.0034	0.0072	0.0090
	θ_y			0.2222	0.2594	0.2719
0.40	θ_x			0.1163	0.1427	0.1526
	θ_y			0.2978	0.3459	0.3618
0.50	θ_x			0.3704	0.4353	0.4576
	θ_y			0.3708	0.4272	0.4456
0.60	θ_x			0.6299	0.7344	0.7696
	θ_y			0.4335	0.4965	0.5169
0.75	θ_x			0.7605	0.8905	0.9346
	θ_y			0.4782	0.5467	0.5686
0.80	θ_x			0.8188	0.9601	1.0084
	θ_y			0.5011	0.5728	0.5956
0.85	θ_x			0.8236	0.9663	1.0150
	θ_y			0.5011	0.5728	0.5956

$k=1.7$　　$\alpha=0.7$　　$\beta=0.8$

ξ	η	0.10	0.20	0.30	0.40	0.50
0.30	θ_x				0.0110	0.0145
	θ_y				0.2749	0.2872
0.40	θ_x				0.1568	0.1686
	θ_y				0.3653	0.3807
0.50	θ_x				0.4645	0.4883
	θ_y				0.4497	0.4674
0.60	θ_x				0.7792	0.8153
	θ_y				0.5213	0.5406
0.75	θ_x				0.9465	0.9916
	θ_y				0.5729	0.5934
0.80	θ_x				1.0216	1.0713
	θ_y				0.6000	0.6212
0.85	θ_x				1.0284	1.0787
	θ_y				0.6000	0.6212

$k=1.7$　　$\alpha=0.7$　　$\beta=0.9$

ξ	η	0.10	0.20	0.30	0.40	0.50
0.30	θ_x				0.0136	0.0182
	θ_y				0.2841	0.2963
0.40	θ_x				0.1656	0.1786
	θ_y				0.3769	0.3921
0.50	θ_x				0.4823	0.5069
	θ_y				0.4629	0.4801
0.60	θ_x				0.8062	0.8428
	θ_y				0.5356	0.5543
0.75	θ_x				0.9803	1.0261
	θ_y				0.5884	0.6082
0.80	θ_x				1.0589	1.1093
	θ_y				0.6160	0.6364
0.85	θ_x				1.0661	1.1171
	θ_y				0.6160	0.6364

$k=1.7$　　$\alpha=0.7$　　$\beta=1.0$

ξ	η	0.10	0.20	0.30	0.40	0.50
0.30	θ_x					0.0194
	θ_y					0.2994
0.40	θ_x					0.1819
	θ_y					0.3958
0.50	θ_x					0.5132
	θ_y					0.4845
0.60	θ_x					0.8521
	θ_y					0.5591
0.75	θ_x					1.0376
	θ_y					0.6127
0.80	θ_x					1.1220
	θ_y					0.6411
0.85	θ_x					1.1300
	θ_y					0.6411

$k=1.7$　$\alpha=0.8$　$\beta=0.1$

ξ	η	0.10	0.20	0.30	0.40	0.50
0.40	θ_x	0.0183	0.0338	0.0436	0.0441	0.0384
	θ_y	0.0166	0.0342	0.0535	0.0740	0.0878
0.50	θ_x	0.0301	0.0585	0.0838	0.1059	0.1210
	θ_y	0.0190	0.0395	0.0624	0.0903	0.1180
0.60	θ_x	0.0409	0.0802	0.1164	0.1466	0.1591
	θ_y	0.0209	0.0437	0.0703	0.1048	0.1395
0.75	θ_x	0.0482	0.0942	0.1348	0.1646	0.1759
	θ_y	0.0223	0.0470	0.0767	0.1153	0.1527
0.80	θ_x	0.0518	0.1007	0.1425	0.1718	0.1826
	θ_y	0.0231	0.0489	0.0801	0.1205	0.1589
0.85	θ_x	0.0523	0.1014	0.1434	0.1724	0.1822
	θ_y	0.0231	0.0489	0.0801	0.1205	0.1589

$k=1.7$　$\alpha=0.8$　$\beta=0.2$

ξ	η	0.10	0.20	0.30	0.40	0.50
0.40	θ_x	0.0359	0.0662	0.0851	0.0880	0.0812
	θ_y	0.0334	0.0688	0.1071	0.1472	0.1669
0.50	θ_x	0.0598	0.1162	0.1669	0.2105	0.2326
	θ_y	0.0384	0.0793	0.1262	0.1835	0.2157
0.60	θ_x	0.0813	0.1596	0.2314	0.2893	0.3113
	θ_y	0.0422	0.0880	0.1428	0.2135	0.2541
0.75	θ_x	0.0959	0.1871	0.2667	0.3245	0.3460
	θ_y	0.0452	0.0950	0.1553	0.2341	0.2787
0.80	θ_x	0.1029	0.1996	0.2819	0.3390	0.3597
	θ_y	0.0468	0.0988	0.1627	0.2444	0.2906
0.85	θ_x	0.1038	0.2011	0.2836	0.3398	0.3596
	θ_y	0.0468	0.0988	0.1627	0.2444	0.2906

$k=1.7$　$\alpha=0.8$　$\beta=0.3$

ξ	η	0.10	0.20	0.30	0.40	0.50
0.40	θ_x	0.0521	0.0957	0.1223	0.1260	0.1265
	θ_y	0.0508	0.1042	0.1616	0.2152	0.2358
0.50	θ_x	0.0887	0.1724	0.2473	0.3091	0.3312
	θ_y	0.0584	0.1210	0.1925	0.2706	0.2984
0.60	θ_x	0.1210	0.2376	0.3440	0.4234	0.4536
	θ_y	0.0645	0.1351	0.2190	0.3148	0.3493
0.75	θ_x	0.1425	0.2772	0.3930	0.4753	0.5051
	θ_y	0.0692	0.1461	0.2393	0.3446	0.3832
0.80	θ_x	0.1525	0.2950	0.4152	0.4976	0.5271
	θ_y	0.0718	0.1522	0.2498	0.3594	0.3993
0.85	θ_x	0.1537	0.2972	0.4182	0.4980	0.5269
	θ_y	0.0718	0.1522	0.2498	0.3594	0.3993

$k=1.7$　$\alpha=0.6$　$\beta=0.4$

ξ	η	0.10	0.20	0.30	0.40	0.50
0.40	θ_x		0.1209	0.1542	0.1659	0.1760
	θ_y		0.1406	0.2159	0.2742	0.2944
0.50	θ_x		0.2268	0.3267	0.3973	0.4209
	θ_y		0.1645	0.2630	0.3419	0.3670
0.60	θ_x		0.3128	0.4489	0.5447	0.5785
	θ_y		0.1847	0.3018	0.3969	0.4270
0.75	θ_x		0.3628	0.5116	0.6129	0.6490
	θ_y		0.2007	0.3293	0.4344	0.4681
0.80	θ_x		0.3848	0.5390	0.6424	0.6780
	θ_y		0.2093	0.3434	0.4535	0.4888
0.85	θ_x		0.3873	0.5408	0.6432	0.6795
	θ_y		0.2093	0.3434	0.4535	0.4888

$k=1.7$　$\alpha=0.8$　$\beta=0.5$

ξ	η	0.10	0.20	0.30	0.40	0.50
0.40	θ_x		0.1406	0.1817	0.2084	0.2135
	θ_y		0.1782	0.2661	0.3234	0.3427
0.50	θ_x		0.2784	0.3978	0.4736	0.4989
	θ_y		0.2110	0.3289	0.4002	0.4233
0.60	θ_x		0.3841	0.5445	0.6502	0.6864
	θ_y		0.2395	0.3793	0.4632	0.4899
0.75	θ_x		0.4418	0.6177	0.7341	0.7746
	θ_y		0.2611	0.4137	0.5067	0.5365
0.80	θ_x		0.4668	0.6501	0.7703	0.8122
	θ_y		0.2727	0.4311	0.5287	0.5603
0.85	θ_x		0.4695	0.6516	0.7718	0.8137
	θ_y		0.2727	0.4311	0.5287	0.5603

$k=1.7$　$\alpha=0.8$　$\beta=0.6$

ξ	η	0.10	0.20	0.30	0.40	0.50
0.40	θ_x			0.2018	0.2422	0.2506
	θ_y			0.3077	0.3631	0.3814
0.50	θ_x			0.4571	0.5372	0.5642
	θ_y			0.3803	0.4465	0.4681
0.60	θ_x			0.6260	0.7381	0.7761
	θ_y			0.4392	0.5153	0.5397
0.75	θ_x			0.7089	0.8361	0.8798
	θ_y			0.4796	0.5633	0.5902
0.80	θ_x			0.7453	0.8784	0.9244
	θ_y			0.5006	0.5880	0.6157
0.85	θ_x			0.7470	0.8806	0.9268
	θ_y			0.5006	0.5880	0.6157

$k=1.7$ $\alpha=0.8$ $\beta=0.7$

ξ	η	0.10	0.20	0.30	0.40	0.50
0.40	θ_x			0.2221	0.2656	0.2857
	θ_y			0.3400	0.3935	0.4111
0.50	θ_x			0.5037	0.5875	0.6159
	θ_y			0.4192	0.4816	0.5020
0.60	θ_x			0.6910	0.8075	0.8468
	θ_y			0.4840	0.5544	0.5771
0.75	θ_x			0.7823	0.9171	0.9631
	θ_y			0.5290	0.6057	0.6303
0.80	θ_x			0.8221	0.9646	1.0126
	θ_y			0.5516	0.6321	0.6578
0.85	θ_x			0.8240	0.9674	1.0166
	θ_y			0.5516	0.6321	0.6578

$k=1.7$ $\alpha=0.8$ $\beta=0.8$

ξ	η	0.10	0.20	0.30	0.40	0.50
0.40	θ_x				0.2911	0.3084
	θ_y				0.4149	0.4319
0.50	θ_x				0.6240	0.6534
	θ_y				0.5065	0.5260
0.60	θ_x				0.8575	0.8978
	θ_y				0.5820	0.6035
0.75	θ_x				0.9758	1.0232
	θ_y				0.6354	0.6585
0.80	θ_x				1.0273	1.0780
	θ_y				0.6628	0.6868
0.85	θ_x				1.0305	1.0817
	θ_y				0.6628	0.6868

$k=1.7$ $\alpha=0.8$ $\beta=0.9$

ξ	η	0.10	0.20	0.30	0.40	0.50
0.40	θ_x				0.3040	0.3224
	θ_y				0.4277	0.4442
0.50	θ_x				0.6460	0.6717
	θ_y				0.5210	0.5399
0.60	θ_x				0.8877	0.9285
	θ_y				0.5979	0.6188
0.75	θ_x				1.0113	1.0595
	θ_y				0.6526	0.6748
0.80	θ_x				1.0653	1.1171
	θ_y				0.6810	0.7038
0.85	θ_x				1.0688	1.1211
	θ_y				0.6810	0.7038

$k=1.7$ $\alpha=0.8$ $\beta=1.0$

ξ	η	0.10	0.20	0.30	0.40	0.50
0.40	θ_x					0.3270
	θ_y					0.4484
0.50	θ_x					0.6838
	θ_y					0.5449
0.60	θ_x					0.9388
	θ_y					0.6242
0.75	θ_x					1.0717
	θ_y					0.6805
0.80	θ_x					1.1302
	θ_y					0.7099
0.85	θ_x					1.1343
	θ_y					0.7099

$k=1.7$ $\alpha=0.9$ $\beta=0.1$

ξ	η	0.10	0.20	0.30	0.40	0.50
0.40	θ_x	0.0242	0.0460	0.0635	0.0747	0.0786
	θ_y	0.0179	0.0370	0.0581	0.0824	0.1031
0.50	θ_x	0.0353	0.0692	0.1005	0.1286	0.1448
	θ_y	0.0206	0.0429	0.0683	0.0998	0.1325
0.60	θ_x	0.0442	0.0866	0.1247	0.1540	0.1652
	θ_y	0.0229	0.0480	0.0773	0.1148	0.1515
0.75	θ_x	0.0498	0.0967	0.1370	0.1656	0.1766
	θ_y	0.0247	0.0519	0.0842	0.1250	0.1636
0.80	θ_x	0.0523	0.1010	0.1419	0.1697	0.1796
	θ_y	0.0256	0.0541	0.0878	0.1301	0.1693
0.85	θ_x	0.0526	0.1015	0.1424	0.1698	0.1808
	θ_y	0.0256	0.0541	0.0878	0.1301	0.1693

$k=1.7$ $\alpha=0.9$ $\beta=0.2$

ξ	η	0.10	0.20	0.30	0.40	0.50
0.40	θ_x	0.0477	0.0909	0.1254	0.1476	0.1553
	θ_y	0.0361	0.0743	0.1169	0.1658	0.1918
0.50	θ_x	0.0703	0.1377	0.2003	0.2551	0.2798
	θ_y	0.0417	0.0863	0.1382	0.2038	0.2410
0.60	θ_x	0.0880	0.1721	0.2473	0.3033	0.3248
	θ_y	0.0464	0.0968	0.1569	0.2336	0.2769
0.75	θ_x	0.0988	0.1917	0.2711	0.3269	0.3475
	θ_y	0.0500	0.1048	0.1707	0.2535	0.2998
0.80	θ_x	0.1037	0.2000	0.2805	0.3349	0.3542
	θ_y	0.0520	0.1091	0.1779	0.2635	0.3109
0.85	θ_x	0.1043	0.2010	0.2816	0.3349	0.3561
	θ_y	0.0520	0.1091	0.1779	0.2635	0.3109

$k=1.7 \quad \alpha=0.9 \quad \beta=0.3$

ξ	η	0.10	0.20	0.30	0.40	0.50
0.40	θ_x	0.0702	0.1337	0.1843	0.2168	0.2281
	θ_y	0.0548	0.1131	0.1775	0.2437	0.2679
0.50	θ_x	0.1045	0.2051	0.2984	0.3741	0.4022
	θ_y	0.0634	0.1320	0.2109	0.3004	0.3322
0.60	θ_x	0.1308	0.2555	0.3653	0.4439	0.4732
	θ_y	0.0708	0.1484	0.2401	0.3436	0.3811
0.75	θ_x	0.1464	0.2834	0.3993	0.4792	0.5079
	θ_y	0.0764	0.1609	0.2610	0.3726	0.4134
0.80	θ_x	0.1533	0.2952	0.4126	0.4912	0.5190
	θ_y	0.0796	0.1676	0.2719	0.3870	0.4293
0.85	θ_x	0.1541	0.2965	0.4143	0.4911	0.5186
	θ_y	0.0796	0.1676	0.2719	0.3870	0.4293

$k=1.7 \quad \alpha=0.9 \quad \beta=0.4$

ξ	η	0.10	0.20	0.30	0.40	0.50
0.40	θ_x		0.1732	0.2386	0.2807	0.2952
	θ_y		0.1531	0.2403	0.3090	0.3317
0.50	θ_x		0.2706	0.3928	0.4803	0.5102
	θ_y		0.1796	0.2901	0.3795	0.4077
0.60	θ_x		0.3353	0.4754	0.5721	0.6066
	θ_y		0.2030	0.3303	0.4340	0.4671
0.75	θ_x		0.3699	0.5186	0.6186	0.6538
	θ_y		0.2204	0.3583	0.4707	0.5071
0.80	θ_x		0.3842	0.5349	0.6347	0.6698
	θ_y		0.2296	0.3726	0.4891	0.5270
0.85	θ_x		0.3857	0.5359	0.6349	0.6698
	θ_y		0.2296	0.3726	0.4891	0.5270

$k=1.7 \quad \alpha=0.9 \quad \beta=0.5$

ξ	η	0.10	0.20	0.30	0.40	0.50
0.40	θ_x		0.2084	0.2870	0.3376	0.3551
	θ_y		0.1955	0.2985	0.3630	0.3842
0.50	θ_x		0.3337	0.4786	0.5719	0.6032
	θ_y		0.2318	0.3641	0.4431	0.4685
0.60	θ_x		0.4095	0.5747	0.6845	0.7226
	θ_y		0.2632	0.4146	0.5064	0.5358
0.75	θ_x		0.4491	0.6257	0.7415	0.7819
	θ_y		0.2859	0.4493	0.5495	0.5818
0.80	θ_x		0.4649	0.6445	0.7619	0.8028
	θ_y		0.2977	0.4668	0.5712	0.6049
0.85	θ_x		0.4663	0.6452	0.7625	0.8034
	θ_y		0.2977	0.4668	0.5712	0.6049

$k=1.7 \quad \alpha=0.9 \quad \beta=0.6$

ξ	η	0.10	0.20	0.30	0.40	0.50
0.40	θ_x			0.3284	0.3862	0.4061
	θ_y			0.3451	0.4061	0.4262
0.50	θ_x			0.5506	0.6480	0.6806
	θ_y			0.4210	0.4940	0.5176
0.60	θ_x			0.6601	0.7787	0.8193
	θ_y			0.4802	0.5639	0.5908
0.75	θ_x			0.7174	0.8455	0.8896
	θ_y			0.5205	0.6118	0.6413
0.80	θ_x			0.7384	0.8698	0.9152
	θ_y			0.5408	0.6361	0.6669
0.85	θ_x			0.7392	0.8708	0.9163
	θ_y			0.5408	0.6361	0.6669

$k=1.7 \quad \alpha=0.9 \quad \beta=0.7$

ξ	η	0.10	0.20	0.30	0.40	0.50
0.40	θ_x			0.3618	0.4253	0.4471
	θ_y			0.3809	0.4390	0.4581
0.50	θ_x			0.6072	0.7078	0.7416
	θ_y			0.4639	0.5322	0.5544
0.60	θ_x			0.7287	0.8534	0.8957
	θ_y			0.5295	0.6068	0.6318
0.75	θ_x			0.7913	0.9283	0.9752
	θ_y			0.5743	0.6585	0.6856
0.80	θ_x			0.8142	0.9561	1.0048
	θ_y			0.5969	0.6847	0.7130
0.85	θ_x			0.8151	0.9575	1.0064
	θ_y			0.5969	0.6847	0.7130

$k=1.7 \quad \alpha=0.9 \quad \beta=0.8$

ξ	η	0.10	0.20	0.30	0.40	0.50
0.40	θ_x				0.4538	0.4771
	θ_y				0.4622	0.4805
0.50	θ_x				0.7509	0.7857
	θ_y				0.5591	0.5803
0.60	θ_x				0.9073	0.9509
	θ_y				0.6370	0.6606
0.75	θ_x				0.9885	1.0372
	θ_y				0.6911	0.7166
0.80	θ_x				1.0189	1.0699
	θ_y				0.7187	0.7453
0.85	θ_x				1.0206	1.0718
	θ_y				0.7187	0.7453

k=1.7　α=0.9　β=0.9

ξ	η	0.10	0.20	0.30	0.40	0.50
0.40	θ_x				0.4713	0.4954
	θ_y				0.4760	0.4940
0.50	θ_x				0.7770	0.8123
	θ_y				0.5751	0.5959
0.60	θ_x				0.9399	0.9842
	θ_y				0.6549	0.6779
0.75	θ_x				1.0250	1.0747
	θ_y				0.7104	0.7352
0.80	θ_x				1.0571	1.1093
	θ_y				0.7388	0.7645
0.85	θ_x				1.0590	1.1115
	θ_y				0.7388	0.7645

k=1.7　α=0.9　β=1.0

ξ	η	0.10	0.20	0.30	0.40	0.50
0.40	θ_x					0.5016
	θ_y					0.4982
0.50	θ_x					0.8212
	θ_y					0.6006
0.60	θ_x					0.9953
	θ_y					0.6832
0.75	θ_x					1.0873
	θ_y					0.7409
0.80	θ_x					1.1226
	θ_y					0.7705
0.85	θ_x					1.1249
	θ_y					0.7705

k=1.7　α=1.0　β=0.1

ξ	η	0.10	0.20	0.30	0.40	0.50
0.50	θ_x	0.0399	0.0783	0.1137	0.1431	0.1567
	θ_y	0.0222	0.0462	0.0739	0.1090	0.1442
0.60	θ_x	0.0467	0.0911	0.1300	0.1584	0.1693
	θ_y	0.0248	0.0520	0.0837	0.1238	0.1617
0.75	θ_x	0.0505	0.0977	0.1374	0.1647	0.1746
	θ_y	0.0269	0.0564	0.0908	0.1336	0.1728
0.80	θ_x	0.0521	0.1003	0.1400	0.1667	0.1761
	θ_y	0.0280	0.0587	0.0945	0.1384	0.1782
0.85	θ_x	0.0523	0.1006	0.1403	0.1671	0.1770
	θ_y	0.0280	0.0587	0.0945	0.1384	0.1782

k=1.7　α=1.0　β=0.2

ξ	η	0.10	0.20	0.30	0.40	0.50
0.50	θ_x	0.0795	0.1559	0.2263	0.2825	0.3060
	θ_y	0.0448	0.0930	0.1491	0.2218	0.2629
0.60	θ_x	0.0929	0.1808	0.2574	0.3124	0.3329
	θ_y	0.0503	0.1049	0.1698	0.2509	0.2965
0.75	θ_x	0.1002	0.1935	0.2717	0.3250	0.3442
	θ_y	0.0544	0.1137	0.1840	0.2702	0.3180
0.80	θ_x	0.1033	0.1985	0.2768	0.3290	0.3474
	θ_y	0.0566	0.1183	0.1913	0.2798	0.3285
0.85	θ_x	0.1036	0.1990	0.2774	0.3300	0.3488
	θ_y	0.0566	0.1183	0.1913	0.2798	0.3285

k=1.7　α=1.0　β=0.3

ξ	η	0.10	0.20	0.30	0.40	0.50
0.50	θ_x	0.1183	0.2320	0.3351	0.4135	0.4430
	θ_y	0.0682	0.1424	0.2289	0.3270	0.3621
0.60	θ_x	0.1378	0.2677	0.3795	0.4577	0.4861
	θ_y	0.0767	0.1608	0.2594	0.3692	0.4093
0.75	θ_x	0.1482	0.2857	0.3998	0.4767	0.5041
	θ_y	0.0830	0.1742	0.2807	0.3973	0.4401
0.80	θ_x	0.1524	0.2924	0.4068	0.4828	0.5094
	θ_y	0.0865	0.1813	0.2920	0.4113	0.4552
0.85	θ_x	0.1529	0.2931	0.4080	0.4844	0.5112
	θ_y	0.0865	0.1813	0.2920	0.4113	0.4552

k=1.7　α=1.0　β=0.4

ξ	η	0.10	0.20	0.30	0.40	0.50
0.50	θ_x		0.3054	0.4384	0.5320	0.5650
	θ_y		0.1945	0.3150	0.4126	0.4436
0.60	θ_x		0.3503	0.4933	0.5903	0.6248
	θ_y		0.2198	0.3560	0.4662	0.5018
0.75	θ_x		0.3719	0.5186	0.6159	0.6501
	θ_y		0.2381	0.3841	0.5020	0.5404
0.80	θ_x		0.3801	0.5275	0.6242	0.6580
	θ_y		0.2477	0.3983	0.5199	0.5596
0.85	θ_x		0.3810	0.5290	0.6262	0.6600
	θ_y		0.2477	0.3983	0.5199	0.5596

$k=1.7\quad \alpha=1.0\quad \beta=0.5$

ξ	η	0.10	0.20	0.30	0.40	0.50
0.50	θ_x		0.3751	0.5318	0.6350	0.6703
	θ_y		0.2510	0.3952	0.4820	0.5098
0.60	θ_x		0.4263	0.5955	0.7072	0.7461
	θ_y		0.2842	0.4459	0.5449	0.5767
0.75	θ_x		0.4503	0.6250	0.7391	0.7788
	θ_y		0.3076	0.4804	0.5871	0.6217
0.80	θ_x		0.4591	0.6352	0.7497	0.7895
	θ_y		0.3198	0.4978	0.6083	0.6443
0.85	θ_x		0.4603	0.6373	0.7521	0.7918
	θ_y		0.3198	0.4978	0.6083	0.6443

$k=1.7\quad \alpha=1.0\quad \beta=0.6$

ξ	η	0.10	0.20	0.30	0.40	0.50
0.50	θ_x			0.6114	0.7209	0.7579
	θ_y			0.4574	0.5368	0.5624
0.60	θ_x			0.6833	0.8057	0.8477
	θ_y			0.5165	0.6069	0.6360
0.75	θ_x			0.7162	0.8436	0.8876
	θ_y			0.5564	0.6543	0.6860
0.80	θ_x			0.7275	0.8565	0.9010
	θ_y			0.5765	0.6782	0.7113
0.85	θ_x			0.7298	0.8590	0.9036
	θ_y			0.5765	0.6782	0.7113

$k=1.7\quad \alpha=1.0\quad \beta=0.7$

ξ	η	0.10	0.20	0.30	0.40	0.50
0.50	θ_x			0.6749	0.7886	0.8270
	θ_y			0.5042	0.5780	0.6019
0.60	θ_x			0.7539	0.8839	0.9283
	θ_y			0.5697	0.6535	0.6805
0.75	θ_x			0.7897	0.9271	0.9742
	θ_y			0.6140	0.7048	0.7342
0.80	θ_x			0.8019	0.9419	0.9901
	θ_y			0.6363	0.7308	0.7614
0.85	θ_x			0.8044	0.9447	0.9930
	θ_y			0.6363	0.7308	0.7614

$k=1.7\quad \alpha=1.0\quad \beta=0.8$

ξ	η	0.10	0.20	0.30	0.40	0.50
0.50	θ_x				0.8374	0.8768
	θ_y				0.6072	0.6300
0.60	θ_x				0.9406	0.9865
	θ_y				0.6863	0.7120
0.75	θ_x				0.9878	1.0371
	θ_y				0.7404	0.7682
0.80	θ_x				1.0043	1.0549
	θ_y				0.7677	0.7966
0.85	θ_x				1.0072	1.0581
	θ_y				0.7677	0.7966

$k=1.7\quad \alpha=1.0\quad \beta=0.9$

ξ	η	0.10	0.20	0.30	0.40	0.50
0.50	θ_x				0.8669	0.9068
	θ_y				0.6241	0.6462
0.60	θ_x				0.9750	1.0218
	θ_y				0.7054	0.7302
0.75	θ_x				1.0247	1.0753
	θ_y				0.7611	0.7879
0.80	θ_x				1.0422	1.0943
	θ_y				0.7895	0.8176
0.85	θ_x				1.0453	1.0976
	θ_y				0.7895	0.8176

$k=1.7\quad \alpha=1.0\quad \beta=1.0$

ξ	η	0.10	0.20	0.30	0.40	0.50
0.50	θ_x					0.9169
	θ_y					0.6519
0.60	θ_x					1.0336
	θ_y					0.7366
0.75	θ_x					1.0881
	θ_y					0.7948
0.80	θ_x					1.1075
	θ_y					0.8241
0.85	θ_x					1.1109
	θ_y					0.8241

$k=1.7\quad \alpha=1.1\quad \beta=0.1$

ξ	η	0.10	0.20	0.30	0.40	0.50
0.50	θ_x	0.0438	0.0856	0.1233	0.1522	0.1631
	θ_y	0.0236	0.0493	0.0791	0.1170	0.1537
0.60	θ_x	0.0485	0.0940	0.1331	0.1608	0.1715
	θ_y	0.0266	0.0557	0.0894	0.1314	0.1703
0.75	θ_x	0.0508	0.0977	0.1366	0.1627	0.1718
	θ_y	0.0288	0.0603	0.0967	0.1409	0.1807
0.80	θ_x	0.0516	0.0989	0.1376	0.1632	0.1722
	θ_y	0.0300	0.0627	0.1003	0.1455	0.1858
0.85	θ_x	0.0517	0.0991	0.1376	0.1631	0.1719
	θ_y	0.0300	0.0627	0.1003	0.1455	0.1858

$k=1.7\quad \alpha=1.1\quad \beta=0.2$

ξ	η	0.10	0.20	0.30	0.40	0.50
0.50	θ_x	0.0870	0.1702	0.2444	0.2997	0.3208
	θ_y	0.0477	0.0992	0.1604	0.2375	0.2813
0.60	θ_x	0.0963	0.1865	0.2633	0.3173	0.3373
	θ_y	0.0538	0.1122	0.1811	0.2659	0.3130
0.75	θ_x	0.1006	0.1934	0.2700	0.3211	0.3391
	θ_y	0.0583	0.1215	0.1955	0.2846	0.3335
0.80	θ_x	0.1021	0.1957	0.2718	0.3222	0.3399
	θ_y	0.0605	0.1264	0.2023	0.2940	0.3435
0.85	θ_x	0.1023	0.1959	0.2720	0.3220	0.3395
	θ_y	0.0605	0.1264	0.2023	0.2940	0.3435

$k=1.7$　$\alpha=1.1$　$\beta=0.3$

ξ	η	0.10	0.20	0.30	0.40	0.50
0.50	θ_x	0.1294	0.2527	0.3610	0.4386	0.4675
	θ_y	0.0727	0.1520	0.2452	0.3498	0.3878
0.60	θ_x	0.1425	0.2756	0.3879	0.4653	0.4930
	θ_y	0.0821	0.1719	0.2764	0.3911	0.4331
0.75	θ_x	0.1485	0.2851	0.3971	0.4711	0.4973
	θ_y	0.0890	0.1860	0.2979	0.4183	0.4625
0.80	θ_x	0.1505	0.2881	0.3996	0.4730	0.4986
	θ_y	0.0925	0.1932	0.3090	0.4316	0.4768
0.85	θ_x	0.1507	0.2884	0.3998	0.4727	0.4982
	θ_y	0.0925	0.1932	0.3090	0.4316	0.4768

$k=1.7$　$\alpha=1.1$　$\beta=0.4$

ξ	η	0.10	0.20	0.30	0.40	0.50
0.50	θ_x		0.3315	0.4699	0.5652	0.5994
	θ_y		0.2078	0.3370	0.4416	0.4751
0.60	θ_x		0.3596	0.5038	0.6006	0.6347
	θ_y		0.2347	0.3783	0.4942	0.5318
0.75	θ_x		0.3706	0.5145	0.6091	0.6422
	θ_y		0.2536	0.4063	0.5290	0.5692
0.80	θ_x		0.3740	0.5179	0.6117	0.6444
	θ_y		0.2633	0.4204	0.5465	0.5880
0.85	θ_x		0.3744	0.5179	0.6115	0.6440
	θ_y		0.2633	0.4204	0.5465	0.5880

$k=1.7$　$\alpha=1.1$　$\beta=0.5$

ξ	η	0.10	0.20	0.30	0.40	0.50
0.50	θ_x		0.4048	0.5679	0.6763	0.7140
	θ_y		0.2688	0.4225	0.5160	0.5459
0.60	θ_x		0.4364	0.6079	0.7201	0.7591
	θ_y		0.3032	0.4732	0.5780	0.6119
0.75	θ_x		0.4478	0.6196	0.7316	0.7705
	θ_y		0.3268	0.5073	0.6194	0.6559
0.80	θ_x		0.4513	0.6235	0.7351	0.7737
	θ_y		0.3388	0.5245	0.6399	0.6776
0.85	θ_x		0.4519	0.6234	0.7349	0.7735
	θ_y		0.3388	0.5245	0.6399	0.6776

$k=1.7$　$\alpha=1.1$　$\beta=0.6$

ξ	η	0.10	0.20	0.30	0.40	0.50
0.50	θ_x			0.6523	0.7696	0.8097
	θ_y			0.4893	0.5745	0.6020
0.60	θ_x			0.6969	0.8212	0.8640
	θ_y			0.5480	0.6442	0.6753
0.75	θ_x			0.7097	0.8357	0.8792
	θ_y			0.5874	0.6909	0.7246
0.80	θ_x			0.7139	0.8400	0.8836
	θ_y			0.6070	0.7144	0.7493
0.85	θ_x			0.7137	0.8399	0.8835
	θ_y			0.6070	0.7144	0.7493

$k=1.7$　$\alpha=1.1$　$\beta=0.7$

ξ	η	0.10	0.20	0.30	0.40	0.50
0.50	θ_x			0.7201	0.8433	0.8852
	θ_y			0.5395	0.6186	0.6442
0.60	θ_x			0.7686	0.9017	0.9472
	θ_y			0.6046	0.6941	0.7230
0.75	θ_x			0.7824	0.9190	0.9659
	θ_y			0.6482	0.7449	0.7762
0.80	θ_x			0.7867	0.9242	0.9716
	θ_y			0.6700	0.7704	0.8030
0.85	θ_x			0.7865	0.9242	0.9716
	θ_y			0.6700	0.7704	0.8030

$k=1.7$　$\alpha=1.1$　$\beta=0.8$

ξ	η	0.10	0.20	0.30	0.40	0.50
0.50	θ_x				0.8967	0.9397
	θ_y				0.6497	0.6740
0.60	θ_x				0.9602	1.0076
	θ_y				0.7292	0.7567
0.75	θ_x				0.9797	1.0291
	θ_y				0.7829	0.8127
0.80	θ_x				0.9857	1.0357
	θ_y				0.8098	0.8407
0.85	θ_x				0.9858	1.0358
	θ_y				0.8098	0.8407

$k=1.7$　$\alpha=1.1$　$\beta=0.9$

ξ	η	0.10	0.20	0.30	0.40	0.50
0.50	θ_x				0.9290	0.9727
	θ_y				0.6677	0.0913
0.60	θ_x				0.9957	1.0442
	θ_y				0.7496	0.7762
0.75	θ_x				1.0167	1.0675
	θ_y				0.8051	0.8339
0.80	θ_x				1.0232	1.0747
	θ_y				0.8332	0.8633
0.85	θ_x				1.0232	1.0749
	θ_y				0.8332	0.8633

$k=1.7$　$\alpha=1.1$　$\beta=1.0$

ξ	η	0.10	0.20	0.30	0.40	0.50
0.50	θ_x					0.9837
	θ_y					0.6973
0.60	θ_x					1.0565
	θ_y					0.7830
0.75	θ_x					1.0803
	θ_y					0.8412
0.80	θ_x					1.0878
	θ_y					0.8703
0.85	θ_x					1.0880
	θ_y					0.8703

$k=1.7$　$\alpha=1.2$　$\beta=0.1$

ξ	η	0.10	0.20	0.30	0.40	0.50
0.60	θ_x	0.0496	0.0958	0.1346	0.1613	0.1710
	θ_y	0.0282	0.0589	0.0944	0.1378	0.1773
0.75	θ_x	0.0506	0.0972	0.1352	0.1605	0.1694
	θ_y	0.0305	0.0637	0.1016	0.1470	0.1873
0.80	θ_x	0.0509	0.0973	0.1349	0.1595	0.1682
	θ_y	0.0318	0.0662	0.1053	0.1515	0.1922
0.85	θ_x	0.0509	0.0973	0.1348	0.1593	0.1675
	θ_y	0.0318	0.0662	0.1053	0.1515	0.1922

$k=1.7$　$\alpha=1.2$　$\beta=0.2$

ξ	η	0.10	0.20	0.30	0.40	0.50
0.60	θ_x	0.0984	0.1898	0.2662	0.3183	0.3370
	θ_y	0.0570	0.1186	0.1909	0.2785	0.3268
0.75	θ_x	0.1002	0.1922	0.2673	0.3169	0.3343
	θ_y	0.0617	0.1283	0.2053	0.2966	0.3464
0.80	θ_x	0.1006	0.1924	0.2666	0.3151	0.3320
	θ_y	0.0642	0.1332	0.2120	0.3056	0.3560
0.85	θ_x	0.1006	0.1923	0.2663	0.3144	0.3309
	θ_y	0.0642	0.1332	0.2120	0.3056	0.3560

$k=1.7$　$\alpha=1.2$　$\beta=0.3$

ξ	η	0.10	0.20	0.30	0.40	0.50
0.60	θ_x	0.1454	0.2801	0.3917	0.4669	0.4935
	θ_y	0.0868	0.1815	0.2909	0.4094	0.4529
0.75	θ_x	0.1478	0.2830	0.3929	0.4652	0.4905
	θ_y	0.0941	0.1960	0.3122	0.4359	0.4813
0.80	θ_x	0.1481	0.2831	0.3917	0.4626	0.4873
	θ_y	0.0977	0.2033	0.3230	0.4490	0.4953
0.85	θ_x	0.1482	0.2831	0.3913	0.4615	0.4860
	θ_y	0.0977	0.2033	0.3230	0.4490	0.4953

$k=1.7$　$\alpha=1.2$　$\beta=0.4$

ξ	η	0.10	0.20	0.30	0.40	0.50
0.60	θ_x		0.3646	0.5081	0.6032	0.6366
	θ_y		0.2476	0.3973	0.5177	0.5570
0.75	θ_x		0.3675	0.5091	0.6016	0.6338
	θ_y		0.2668	0.4251	0.5517	0.5932
0.80	θ_x		0.3671	0.5074	0.5985	0.6301
	θ_y		0.2765	0.4389	0.5685	0.6111
0.85	θ_x		0.3670	0.5067	0.5972	0.6287
	θ_y		0.2765	0.4389	0.5685	0.6111

$k=1.7$　$\alpha=1.2$　$\beta=0.5$

ξ	η	0.10	0.20	0.30	0.40	0.50
0.60	θ_x		0.4413	0.6123	0.7239	0.7627
	θ_y		0.3191	0.4963	0.6060	0.6416
0.75	θ_x		0.4436	0.6130	0.7229	0.7610
	θ_y		0.3429	0.5300	0.6465	0.6845
0.80	θ_x		0.4426	0.6107	0.7194	0.7570
	θ_y		0.3548	0.5469	0.6665	0.7056
0.85	θ_x		0.4422	0.6097	0.7181	0.7556
	θ_y		0.3548	0.5469	0.6665	0.7056

$k=1.7$　$\alpha=1.2$　$\beta=0.6$

ξ	η	0.10	0.20	0.30	0.40	0.50
0.60	θ_x			0.7016	0.8263	0.8694
	θ_y			0.5747	0.6758	0.7086
0.75	θ_x			0.7019	0.8260	0.8689
	θ_y			0.6134	0.7217	0.7570
0.80	θ_x			0.6991	0.8225	0.8650
	θ_y			0.6327	0.7446	0.7812
0.85	θ_x			0.6979	0.8211	0.8636
	θ_y			0.6327	0.7446	0.7812

$k=1.7$　$\alpha=1.2$　$\beta=0.7$

ξ	η	0.10	0.20	0.30	0.40	0.50
0.60	θ_x			0.7736	0.9082	0.9544
	θ_y			0.6341	0.7285	0.7591
0.75	θ_x			0.7735	0.9087	0.9553
	θ_y			0.6770	0.7786	0.8116
0.80	θ_x			0.7703	0.9052	0.9516
	θ_y			0.6984	0.8036	0.8379
0.85	θ_x			0.7689	0.9037	0.9502
	θ_y			0.6984	0.8036	0.8379

$k=1.7$　$\alpha=1.2$　$\beta=0.8$

ξ	η	0.10	0.20	0.30	0.40	0.50
0.60	θ_x				0.9678	1.0161
	θ_y				0.7656	0.7947
0.75	θ_x				0.9691	1.0182
	θ_y				0.8187	0.8502
0.80	θ_x				0.9656	1.0148
	θ_y				0.8452	0.8778
0.85	θ_x				0.9642	1.0134
	θ_y				0.8452	0.8778

$k=1.7$　$\alpha=1.2$　$\beta=0.9$

ξ	η	0.10	0.20	0.30	0.40	0.50
0.60	θ_x				1.0040	1.0536
	θ_y				0.7872	0.8154
0.75	θ_x				1.0059	1.0565
	θ_y				0.8422	0.8727
0.80	θ_x				1.0025	1.0533
	θ_y				0.8698	0.9017
0.85	θ_x				1.0010	1.0519
	θ_y				0.8698	0.9017

$k=1.7$　$\alpha=1.2$　$\beta=1.0$

ξ	η	0.10	0.20	0.30	0.40	0.50
0.60	θ_x					1.0662
	θ_y					0.8226
0.75	θ_x					1.0694
	θ_y					0.8804
0.80	θ_x					1.0662
	θ_y					0.9092
0.85	θ_x					1.0648
	θ_y					0.9092

$k=1.7$　$\alpha=1.3$　$\beta=0.1$

ξ	η	0.10	0.20	0.30	0.40	0.50
0.60	θ_x	0.0503	0.0967	0.1352	0.1609	0.1697
	θ_y	0.0295	0.0616	0.0984	0.1430	0.1829
0.75	θ_x	0.0503	0.0963	0.1337	0.1583	0.1671
	θ_y	0.0319	0.0665	0.1056	0.1520	0.1926
0.80	θ_x	0.0501	0.0956	0.1323	0.1562	0.1644
	θ_y	0.0332	0.0690	0.1092	0.1563	0.1973
0.85	θ_x	0.0500	0.0955	0.1321	0.1559	0.1640
	θ_y	0.0332	0.0690	0.1092	0.1563	0.1973

$k=1.7$　$\alpha=1.3$　$\beta=0.2$

ξ	η	0.10	0.20	0.30	0.40	0.50
0.60	θ_x	0.0996	0.1915	0.2674	0.3175	0.3351
	θ_y	0.0596	0.1240	0.1984	0.2887	0.3378
0.75	θ_x	0.0995	0.1905	0.2640	0.3126	0.3297
	θ_y	0.0645	0.1338	0.2128	0.3063	0.3568
0.80	θ_x	0.0990	0.1891	0.2615	0.3084	0.3247
	θ_y	0.0670	0.1388	0.2199	0.3151	0.3661
0.85	θ_x	0.0989	0.1888	0.2612	0.3078	0.3240
	θ_y	0.0670	0.1388	0.2199	0.3151	0.3661

$k=1.7$　$\alpha=1.3$　$\beta=0.3$

ξ	η	0.10	0.20	0.30	0.40	0.50
0.60	θ_x	0.1470	0.2823	0.3934	0.4658	0.4916
	θ_y	0.0908	0.1896	0.3032	0.4243	0.4689
0.75	θ_x	0.1466	0.2802	0.3879	0.4576	0.4837
	θ_y	0.0982	0.2042	0.3244	0.4499	0.4965
0.80	θ_x	0.1457	0.2780	0.3843	0.4534	0.4774
	θ_y	0.1020	0.2116	0.3349	0.4627	0.5094
0.85	θ_x	0.1456	0.2777	0.3840	0.4521	0.4759
	θ_y	0.1020	0.2116	0.3349	0.4627	0.5094

$k=1.7$　$\alpha=1.3$　$\beta=0.4$

ξ	η	0.10	0.20	0.30	0.40	0.50
0.60	θ_x		0.3668	0.5104	0.6049	0.6350
	θ_y		0.2583	0.4129	0.5371	0.5774
0.75	θ_x		0.3637	0.5022	0.5921	0.6253
	θ_y		0.2775	0.4403	0.5702	0.6127
0.80	θ_x		0.3604	0.4978	0.5867	0.6169
	θ_y		0.2872	0.4540	0.5867	0.6301
0.85	θ_x		0.3599	0.4976	0.5851	0.6157
	θ_y		0.2872	0.4540	0.5867	0.6301

$k=1.7$　$\alpha=1.3$　$\beta=0.5$

ξ	η	0.10	0.20	0.30	0.40	0.50
0.60	θ_x		0.4431	0.6150	0.7262	0.7647
	θ_y		0.3323	0.5150	0.6287	0.6659
0.75	θ_x		0.4386	0.6042	0.7119	0.7492
	θ_y		0.3561	0.5481	0.6683	0.7079
0.80	θ_x		0.4342	0.5991	0.7054	0.7421
	θ_y		0.3679	0.5647	0.6880	0.7287
0.85	θ_x		0.4336	0.5990	0.7053	0.7419
	θ_y		0.3679	0.5647	0.6880	0.7287

$k=1.7$　$\alpha=1.3$　$\beta=0.6$

ξ	η	0.10	0.20	0.30	0.40	0.50
0.60	θ_x			0.7045	0.8292	0.8723
	θ_y			0.5969	0.7017	0.7355
0.75	θ_x			0.6917	0.8139	0.8561
	θ_y			0.6350	0.7468	0.7830
0.80	θ_x			0.6857	0.8065	0.8482
	θ_y			0.6540	0.7692	0.8066
0.85	θ_x			0.6857	0.8063	0.8479
	θ_y			0.6540	0.7692	0.8066

$k=1.7 \quad \alpha=1.3 \quad \beta=0.7$

ξ	η	0.10	0.20	0.30	0.40	0.50
0.60	θ_x			0.7765	0.9117	0.9582
	θ_y			0.6579	0.7567	0.7890
0.75	θ_x			0.7622	0.8958	0.9418
	θ_y			0.7001	0.8061	0.8408
0.80	θ_x			0.7555	0.8878	0.9334
	θ_y			0.7210	0.8306	0.8666
0.85	θ_x			0.7553	0.8875	0.9330
	θ_y			0.7210	0.8306	0.8666

$k=1.7 \quad \alpha=1.3 \quad \beta=0.8$

ξ	η	0.10	0.20	0.30	0.40	0.50
0.60	θ_x				0.9719	1.0207
	θ_y				0.7954	0.8257
0.75	θ_x				0.9556	1.0043
	θ_y				0.8478	0.8806
0.80	θ_x				0.9472	0.9956
	θ_y				0.8739	0.9080
0.85	θ_x				0.9468	0.9952
	θ_y				0.8739	0.9080

$k=1.7 \quad \alpha=1.3 \quad \beta=0.9$

ξ	η	0.10	0.20	0.30	0.40	0.50
0.60	θ_x				1.0085	1.0587
	θ_y				0.8183	0.8475
0.75	θ_x				0.9921	1.0424
	θ_y				0.8725	0.9043
0.80	θ_x				0.9834	1.0335
	θ_y				0.8996	0.9326
0.85	θ_x				0.9830	1.0330
	θ_y				0.8996	0.9326

$k=1.7 \quad \alpha=1.3 \quad \beta=1.0$

ξ	η	0.10	0.20	0.30	0.40	0.50
0.60	θ_x					1.0715
	θ_y					0.8552
0.75	θ_x					1.0552
	θ_y					0.9126
0.80	θ_x					1.0462
	θ_y					0.9412
0.85	θ_x					1.0458
	θ_y					0.9412

$k=1.7 \quad \alpha=1.4 \quad \beta=0.1$

ξ	η	0.10	0.20	0.30	0.40	0.50
0.70	θ_x	0.0499	0.0954	0.1321	0.1561	0.1645
	θ_y	0.0330	0.0687	0.1088	0.1558	0.1966
0.80	θ_x	0.0494	0.0942	0.1301	0.1534	0.1615
	θ_x	0.0343	0.0712	0.1123	0.1600	0.2012
0.85	θ_x	0.0493	0.0940	0.1298	0.1531	0.1614
	θ_y	0.0343	0.0712	0.1123	0.1600	0.2012

$k=1.7 \quad \alpha=1.4 \quad \beta=0.2$

ξ	η	0.10	0.20	0.30	0.40	0.50
0.70	θ_x	0.0988	0.1886	0.2611	0.3083	0.3247
	θ_y	0.0668	0.1381	0.2195	0.3139	0.3648
0.80	θ_x	0.0976	0.1861	0.2570	0.3030	0.3189
	θ_y	0.0693	0.1431	0.2260	0.3225	0.3738
0.85	θ_x	0.0974	0.1858	0.2565	0.3025	0.3185
	θ_y	0.0693	0.1431	0.2260	0.3225	0.3738

$k=1.7 \quad \alpha=1.4 \quad \beta=0.3$

ξ	η	0.10	0.20	0.30	0.40	0.50
0.70	θ_x	0.1454	0.2775	0.3837	0.4527	0.4767
	θ_y	0.1015	0.2106	0.3332	0.4612	0.5082
0.80	θ_x	0.1435	0.2736	0.3777	0.4450	0.4683
	θ_y	0.1053	0.2180	0.3436	0.4735	0.5211
0.85	θ_x	0.1433	0.2730	0.3769	0.4443	0.4676
	θ_y	0.1053	0.2180	0.3436	0.4735	0.5211

$k=1.7 \quad \alpha=1.4 \quad \beta=0.4$

ξ	η	0.10	0.20	0.30	0.40	0.50
0.70	θ_x		0.3598	0.4969	0.5858	0.6166
	θ_y		0.2860	0.4522	0.5842	0.6277
0.80	θ_x		0.3546	0.4891	0.5759	0.6059
	θ_y		0.2956	0.4656	0.6005	0.6451
0.85	θ_x		0.3539	0.4883	0.5750	0.6050
	θ_y		0.2956	0.4656	0.6005	0.6451

$k=1.7\quad \alpha=1.4\quad \beta=0.5$

ξ	η	0.10	0.20	0.30	0.40	0.50
0.70	θ_x		0.4336	0.5981	0.7042	0.7409
	θ_y		0.3663	0.5627	0.6855	0.7257
0.80	θ_x		0.4270	0.5885	0.6926	0.7285
	θ_y		0.3780	0.5791	0.7046	0.7459
0.85	θ_x		0.4262	0.5876	0.6915	0.7273
	θ_y		0.3780	0.5791	0.7046	0.7459

$k=1.7\quad \alpha=1.4\quad \beta=0.6$

ξ	η	0.10	0.20	0.30	0.40	0.50
0.70	θ_x			0.6845	0.8052	0.8468
	θ_y			0.6510	0.7661	0.8037
0.80	θ_x			0.6735	0.7921	0.8329
	θ_y			0.6696	0.7882	0.8270
0.85	θ_x			0.6725	0.7908	0.8315
	θ_y			0.6696	0.7882	0.8270

$k=1.7\quad \alpha=1.4\quad \beta=0.7$

ξ	η	0.10	0.20	0.30	0.40	0.50
0.70	θ_x			0.7542	0.8863	0.9318
	θ_y			0.7185	0.8273	0.8627
0.80	θ_x			0.7419	0.8720	0.9168
	θ_y			0.7391	0.8515	0.8882
0.85	θ_x			0.7407	0.8706	0.9153
	θ_y			0.7391	0.8515	0.8882

$k=1.7\quad \alpha=1.4\quad \beta=0.8$

ξ	η	0.10	0.20	0.30	0.40	0.50
0.70	θ_x				0.9456	0.9938
	θ_y				0.8705	0.9045
0.80	θ_x				0.9305	0.9782
	θ_y				0.8961	0.9313
0.85	θ_x				0.9290	0.9765
	θ_y				0.8961	0.9313

$k=1.7\quad \alpha=1.4\quad \beta=0.9$

ξ	η	0.10	0.20	0.30	0.40	0.50
0.70	θ_x				0.9817	1.0316
	θ_y				0.8958	0.9288
0.80	θ_x				0.9662	1.0155
	θ_y				0.9226	0.9570
0.85	θ_x				0.9646	1.0138
	θ_y				0.9226	0.9570

$k=1.7\quad \alpha=1.4\quad \beta=1.0$

ξ	η	0.10	0.20	0.30	0.40	0.50
0.70	θ_x					1.0443
	θ_y					0.9372
0.80	θ_x					1.0281
	θ_y					0.9652
0.85	θ_x					1.0264
	θ_y					0.9652

$k=1.7\quad \alpha=1.5\quad \beta=0.1$

ξ	η	0.10	0.20	0.30	0.40	0.50
0.70	θ_x	0.0496	0.0947	0.1309	0.1544	0.1623
	θ_y	0.0339	0.0702	0.1110	0.1585	0.1995
0.80	θ_x	0.0488	0.0930	0.1284	0.1513	0.1593
	θ_y	0.0351	0.0727	0.1145	0.1626	0.2040
0.85	θ_x	0.0487	0.0928	0.1281	0.1509	0.1588
	θ_y	0.0351	0.0727	0.1145	0.1626	0.2040

$k=1.7\quad \alpha=1.5\quad \beta=0.2$

ξ	η	0.10	0.20	0.30	0.40	0.50
0.70	θ_x	0.0981	0.1871	0.2586	0.3048	0.3207
	θ_y	0.0683	0.1412	0.2239	0.3192	0.3704
0.80	θ_x	0.0964	0.1838	0.2536	0.2989	0.3146
	θ_y	0.0709	0.1462	0.2304	0.3276	0.3793
0.85	θ_x	0.0962	0.1834	0.2529	0.2981	0.3136
	θ_y	0.0709	0.1462	0.2304	0.3276	0.3793

$k=1.7\quad \alpha=1.5\quad \beta=0.3$

ξ	η	0.10	0.20	0.30	0.40	0.50
0.70	θ_x	0.1443	0.2752	0.3799	0.4476	0.4711
	θ_y	0.1039	0.2152	0.3396	0.4690	0.5165
0.80	θ_x	0.1418	0.2702	0.3727	0.4390	0.4619
	θ_y	0.1076	0.2225	0.3499	0.4813	0.5295
0.85	θ_x	0.1415	0.2695	0.3719	0.4377	0.4605
	θ_y	0.1076	0.2225	0.3499	0.4813	0.5295

$k=1.7\quad \alpha=1.5\quad \beta=0.4$

ξ	η	0.10	0.20	0.30	0.40	0.50
0.70	θ_x		0.3566	0.4919	0.5793	0.6096
	θ_y		0.2920	0.4607	0.5943	0.6384
0.80	θ_x		0.3501	0.4827	0.5682	0.5977
	θ_y		0.3015	0.4739	0.6102	0.6551
0.85	θ_x		0.3493	0.4814	0.5666	0.5961
	θ_y		0.3015	0.4739	0.6102	0.6551

$k=1.7 \quad \alpha=1.5 \quad \beta=0.5$

ξ	η	0.10	0.20	0.30	0.40	0.50
0.70	θ_x		0.4295	0.5919	0.6966	0.7329
	θ_y		0.3734	0.5729	0.6975	0.7385
0.80	θ_x		0.4215	0.5808	0.6833	0.7187
	θ_y		0.3852	0.5890	0.7166	0.7585
0.85	θ_x		0.4205	0.5793	0.6815	0.7168
	θ_y		0.3852	0.5890	0.7166	0.7585

$k=1.7 \quad \alpha=1.5 \quad \beta=0.6$

ξ	η	0.10	0.20	0.30	0.40	0.50
0.70	θ_x			0.6774	0.7967	0.8379
	θ_y			0.6627	0.7799	0.8182
0.80	θ_x			0.6647	0.7816	0.8219
	θ_y			0.6811	0.8016	0.8412
0.85	θ_x			0.6629	0.7795	0.8197
	θ_y			0.6811	0.8016	0.8412

$k=1.7 \quad \alpha=1.5 \quad \beta=0.7$

ξ	η	0.10	0.20	0.30	0.40	0.50
0.70	θ_x			0.7462	0.8771	0.9222
	θ_y			0.7314	0.8424	0.8786
0.80	θ_x			0.7321	0.8605	0.9048
	θ_y			0.7517	0.8663	0.9037
0.85	θ_x			0.7302	0.8583	0.9024
	θ_y			0.7517	0.8663	0.9037

$k=1.7 \quad \alpha=1.5 \quad \beta=0.8$

ξ	η	0.10	0.20	0.30	0.40	0.50
0.70	θ_x				0.9359	0.9838
	θ_y				0.8866	0.9213
0.80	θ_x				0.9183	0.9654
	θ_y				0.9119	0.9478
0.85	θ_x				0.9159	0.9629
	θ_y				0.9119	0.9478

$k=1.7 \quad \alpha=1.5 \quad \beta=0.9$

ξ	η	0.10	0.20	0.30	0.40	0.50
0.70	θ_x				0.9718	1.0214
	θ_y				0.9125	0.9463
0.80	θ_x				0.9536	1.0024
	θ_y				0.9390	0.9742
0.85	θ_x				0.9511	0.9998
	θ_y				0.9390	0.9742

$k=1.7 \quad \alpha=1.5 \quad \beta=1.0$

ξ	η	0.10	0.20	0.30	0.40	0.50
0.70	θ_x					1.0340
	θ_y					0.9549
0.80	θ_x					1.0148
	θ_y					0.9826
0.85	θ_x					1.0121
	θ_y					0.9826

$k=1.7 \quad \alpha=1.6 \quad \beta=0.1$

ξ	η	0.10	0.20	0.30	0.40	0.50
0.80	θ_x	0.0484	0.0923	0.1273	0.1500	0.1578
	θ_y	0.0356	0.0737	0.1158	0.1642	0.2057
0.85	θ_x	0.0483	0.0921	0.1270	0.1495	0.1572
	θ_y	0.0356	0.0737	0.1158	0.1642	0.2057

$k=1.7 \quad \alpha=1.6 \quad \beta=0.2$

ξ	η	0.10	0.20	0.30	0.40	0.50
0.80	θ_x	0.0957	0.1824	0.2516	0.2962	0.3116
	θ_y	0.0719	0.1480	0.2329	0.3308	0.3826
0.85	θ_x	0.0955	0.1819	0.2509	0.2952	0.3106
	θ_y	0.0719	0.1480	0.2329	0.3308	0.3826

$k=1.7 \quad \alpha=1.6 \quad \beta=0.3$

ξ	η	0.10	0.20	0.30	0.40	0.50
0.80	θ_x	0.1407	0.2681	0.3696	0.4351	0.4577
	θ_y	0.1091	0.2253	0.3541	0.4856	0.5339
0.85	θ_x	0.1404	0.2674	0.3685	0.4337	0.4562
	θ_y	0.1091	0.2253	0.3541	0.4856	0.5339

$k=1.7 \quad \alpha=1.6 \quad \beta=0.4$

ξ	η	0.10	0.20	0.30	0.40	0.50
0.80	θ_x		0.3473	0.4787	0.5632	0.5924
	θ_y		0.3051	0.4789	0.6162	0.6616
0.85	θ_x		0.3463	0.4771	0.5614	0.5905
	θ_y		0.3051	0.4789	0.6162	0.6616

$k=1.7 \quad \alpha=1.6 \quad \beta=0.5$

ξ	η	0.10	0.20	0.30	0.40	0.50
0.80	θ_x		0.4180	0.5758	0.6773	0.7124
	θ_y		0.3895	0.5950	0.7235	0.7657
0.85	θ_x		0.4168	0.5740	0.6752	0.7101
	θ_y		0.3895	0.5950	0.7235	0.7657

$k=1.7 \quad \alpha=1.6 \quad \beta=0.6$

ξ	η	0.10	0.20	0.30	0.40	0.50
0.80	θ_x			0.6589	0.7748	0.8147
	θ_y			0.6879	0.8097	0.8496
0.85	θ_x			0.6569	0.7724	0.8122
	θ_y			0.6879	0.8097	0.8496

$k=1.7 \quad \alpha=1.6 \quad \beta=0.7$

ξ	η	0.10	0.20	0.30	0.40	0.50
0.80	θ_x			0.7258	0.8531	0.8970
	θ_y			0.7592	0.8751	0.9130
0.85	θ_x			0.7235	0.8505	0.8942
	θ_y			0.7592	0.8751	0.9130

$k=1.7 \quad \alpha=1.6 \quad \beta=0.8$

ξ	η	0.10	0.20	0.30	0.40	0.50
0.80	θ_x				0.9105	0.9573
	θ_y				0.9213	0.9577
0.85	θ_x				0.9077	0.9543
	θ_y				0.9213	0.9577

$k=1.7 \quad \alpha=1.6 \quad \beta=0.9$

ξ	η	0.10	0.20	0.30	0.40	0.50
0.80	θ_x				0.9456	0.9940
	θ_y				0.9488	0.9842
0.85	θ_x				0.9426	0.9909
	θ_y				0.9488	0.9842

$k=1.7 \quad \alpha=1.6 \quad \beta=1.0$

ξ	η	0.10	0.20	0.30	0.40	0.50
0.80	θ_x					1.0063
	θ_y					0.9934
0.85	θ_x					1.0032
	θ_y					0.9934

$k=1.7 \quad \alpha=1.7 \quad \beta=0.1$

ξ	η	0.10	0.20	0.30	0.40	0.50
0.80	θ_x	0.0483	0.0921	0.1270	0.1495	0.1572
	θ_y	0.0358	0.0740	0.1163	0.1648	0.2062
0.85	θ_x	0.0482	0.0918	0.1266	0.1491	0.1568
	θ_y	0.0358	0.0740	0.1163	0.1648	0.2062

$k=1.7 \quad \alpha=1.7 \quad \beta=0.2$

ξ	η	0.10	0.20	0.30	0.40	0.50
0.80	θ_x	0.0955	0.1819	0.2509	0.2952	0.3106
	θ_y	0.0722	0.1487	0.2338	0.3317	0.3837
0.85	θ_x	0.0952	0.1814	0.2502	0.2943	0.3096
	θ_y	0.0722	0.1487	0.2338	0.3317	0.3837

$k=1.7 \quad \alpha=1.7 \quad \beta=0.3$

ξ	η	0.10	0.20	0.30	0.40	0.50
0.80	θ_x	0.1404	0.2674	0.3685	0.4337	0.4562
	θ_y	0.1095	0.2262	0.3550	0.4873	0.5358
0.85	θ_x	0.1400	0.2665	0.3675	0.4327	0.4551
	θ_y	0.1095	0.2262	0.3550	0.4873	0.5358

$k=1.7 \quad \alpha=1.7 \quad \beta=0.4$

ξ	η	0.10	0.20	0.30	0.40	0.50
0.80	θ_x		0.3463	0.4771	0.5614	0.5905
	θ_y		0.3062	0.4805	0.6180	0.6634
0.85	θ_x		0.3452	0.4756	0.5596	0.5886
	θ_y		0.3062	0.4805	0.6180	0.6634

$k=1.7 \quad \alpha=1.7 \quad \beta=0.5$

ξ	η	0.10	0.20	0.30	0.40	0.50
0.80	θ_x		0.4168	0.5740	0.6752	0.7101
	θ_y		0.3909	0.5969	0.7260	0.7684
0.85	θ_x		0.4155	0.5722	0.6736	0.7084
	θ_y		0.3909	0.5969	0.7260	0.7684

$k=1.7 \quad \alpha=1.7 \quad \beta=0.6$

ξ	η	0.10	0.20	0.30	0.40	0.50
0.80	θ_x			0.6569	0.7724	0.8122
	θ_y			0.6902	0.8123	0.8523
0.85	θ_x			0.6553	0.7705	0.8096
	θ_y			0.6902	0.8123	0.8523

$k=1.7 \quad \alpha=1.7 \quad \beta=0.7$

ξ	η	0.10	0.20	0.30	0.40	0.50
0.80	θ_x			0.7235	0.8505	0.8942
	θ_y			0.7617	0.8780	0.9161
0.85	θ_x			0.7218	0.8477	0.8914
	θ_y			0.7617	0.8780	0.9161

$k=1.7 \quad \alpha=1.7 \quad \beta=0.8$

ξ	η	0.10	0.20	0.30	0.40	0.50
0.80	θ_x				0.9077	0.9543
	θ_y				0.9244	0.9610
0.85	θ_x				0.9048	0.9512
	θ_y				0.9244	0.9610

$k=1.7 \quad \alpha=1.7 \quad \beta=0.9$

ξ	η	0.10	0.20	0.30	0.40	0.50
0.80	θ_x				0.9426	0.9909
	θ_y				0.9520	0.9879
0.85	θ_x				0.9395	0.9877
	θ_y				0.9520	0.9879

$k=1.7 \quad \alpha=1.7 \quad \beta=1.0$

ξ	η	0.10	0.20	0.30	0.40	0.50
0.80	θ_x					1.0032
	θ_y					0.9964
0.85	θ_x					1.0000
	θ_y					0.9964

$k=1.8$　$\alpha=0.1$　$\beta=0.1$

ξ	η	0.10	0.20	0.30	0.40	0.50
0.10	θ_x	−0.0006	−0.0012	−0.0017	−0.0021	−0.0022
	θ_y	0.0006	0.0011	0.0015	0.0018	0.0019
0.20	θ_x	−0.0011	−0.0022	−0.0031	−0.0039	−0.0040
	θ_y	0.0011	0.0022	0.0031	0.0036	0.0039
0.30	θ_x	−0.0012	−0.0025	−0.0039	−0.0050	−0.0054
	θ_y	0.0017	0.0033	0.0047	0.0056	0.0060
0.40	θ_x	−0.0008	−0.0019	−0.0034	−0.0048	−0.0056
	θ_y	0.0022	0.0044	0.0063	0.0077	0.0083
0.50	θ_x	0.0006	0.0004	−0.0008	−0.0026	−0.0034
	θ_y	0.0027	0.0054	0.0080	0.0101	0.0109
0.60	θ_x	0.0032	0.0053	0.0053	0.0040	0.0022
	θ_y	0.0029	0.0061	0.0095	0.0125	0.0140
0.75	θ_x	0.0070	0.0131	0.0166	0.0155	0.0130
	θ_y	0.0029	0.0063	0.0104	0.0153	0.0180
0.80	θ_x	0.0109	0.0220	0.0331	0.0405	0.0376
	θ_y	0.0028	0.0059	0.0102	0.0171	0.0239
0.90	θ_x	0.0126	0.0263	0.0431	0.0677	0.0937
	θ_y	0.0026	0.0057	0.0096	0.0166	0.0298

$k=1.8$　$\alpha=0.1$　$\beta=0.2$

ξ	η	0.10	0.20	0.30	0.40	0.50
0.10	θ_x	−0.0012	−0.0024	−0.0034	−0.0041	−0.0044
	θ_y	0.0011	0.0021	0.0030	0.0035	0.0037
0.20	θ_x	−0.0022	−0.0043	−0.0062	−0.0091	−0.0102
	θ_y	0.0022	0.0043	0.0060	0.0072	0.0075
0.30	θ_x	−0.0025	−0.0051	−0.0077	−0.0098	−0.0105
	θ_y	0.0034	0.0065	0.0092	0.0111	0.0117
0.40	θ_x	−0.0017	−0.0039	−0.0068	−0.0096	−0.0108
	θ_y	0.0044	0.0087	0.0125	0.0153	0.0163
0.50	θ_x	0.0010	0.0006	−0.0018	−0.0049	−0.0065
	θ_y	0.0053	0.0107	0.0159	0.0198	0.0214
0.60	θ_x	0.0061	0.0101	0.0099	0.0087	0.0029
	θ_y	0.0059	0.0122	0.0189	0.0248	0.0273
0.75	θ_x	0.0138	0.0255	0.0320	0.0303	0.0274
	θ_y	0.0060	0.0128	0.0210	0.0300	0.0344
0.80	θ_x	0.0218	0.0440	0.0654	0.0771	0.0787
	θ_y	0.0056	0.0121	0.0210	0.0348	0.0431
0.90	θ_x	0.0254	0.0533	0.0881	0.1385	0.1691
	θ_y	0.0054	0.0115	0.0198	0.0369	0.0489

$k=1.8$　$\alpha=0.1$　$\beta=0.3$

ξ	η	0.10	0.20	0.30	0.40	0.50
0.10	θ_x	−0.0018	−0.0035	−0.0050	−0.0060	−0.0068
	θ_y	0.0016	0.0032	0.0044	0.0052	0.0055
0.20	θ_x	−0.0032	−0.0064	−0.0092	−0.0110	−0.0118
	θ_y	0.0033	0.0064	0.0089	0.0106	0.0112
0.30	θ_x	−0.0038	−0.0077	−0.0114	−0.0142	−0.0154
	θ_y	0.0050	0.0096	0.0136	0.0162	0.0172
0.40	θ_x	−0.0027	−0.0061	−0.0102	−0.0139	−0.0153
	θ_y	0.0066	0.0129	0.0185	0.0223	0.0238
0.50	θ_x	0.0010	0.0002	−0.0029	−0.0069	−0.0086
	θ_y	0.0080	0.0160	0.0234	0.0290	0.0310
0.60	θ_x	0.0085	0.0139	0.0136	0.0137	0.0067
	θ_y	0.0090	0.0185	0.0282	0.0362	0.0392
0.75	θ_x	0.0201	0.0367	0.0454	0.0448	0.0438
	θ_y	0.0092	0.0196	0.0319	0.0436	0.0485
0.80	θ_x	0.0328	0.0659	0.0955	0.1111	0.1186
	θ_y	0.0087	0.0189	0.0332	0.0511	0.0580
0.90	θ_x	0.0388	0.0820	0.1370	0.2045	0.2290
	θ_y	0.0083	0.0179	0.0317	0.0560	0.0630

$k=1.8$　$\alpha=0.1$　$\beta=0.4$

ξ	η	0.10	0.20	0.30	0.40	0.50
0.10	θ_x		−0.0046	−0.0068	−0.0078	−0.0082
	θ_y		0.0041	0.0057	0.0067	0.0071
0.20	θ_x		−0.0084	−0.0135	−0.0170	−0.0181
	θ_y		0.0083	0.0115	0.0136	0.0144
0.30	θ_x		−0.0102	−0.0149	−0.0183	−0.0195
	θ_y		0.0126	0.0176	0.0210	0.0222
0.40	θ_x		−0.0085	−0.0135	−0.0176	−0.0191
	θ_y		0.0170	0.0240	0.0288	0.0305
0.50	θ_x		−0.0008	−0.0043	−0.0082	−0.0098
	θ_y		0.0212	0.0306	0.0372	0.0396
0.60	θ_x		0.0164	0.0188	0.0184	0.0175
	θ_y		0.0248	0.0370	0.0462	0.0496
0.75	θ_x		0.0458	0.0559	0.0593	0.0607
	θ_y		0.0270	0.0428	0.0555	0.0601
0.80	θ_x		0.0872	0.1211	0.1441	0.1543
	θ_y		0.0267	0.0469	0.0642	0.0695
0.90	θ_x		0.1135	0.1917	0.2572	0.2770
	θ_y		0.0253	0.0484	0.0688	0.0738

$k=1.8$　$\alpha=0.1$　$\beta=0.5$

ξ	η	0.10	0.20	0.30	0.40	0.50
0.10	θ_x		−0.0056	−0.0078	−0.0093	−0.0098
	θ_y		0.0049	0.0068	0.0081	0.0085
0.20	θ_x		−0.0102	−0.0166	−0.0201	−0.0212
	θ_y		0.0100	0.0138	0.0163	0.0173
0.30	θ_x		−0.0126	−0.0180	−0.0218	−0.0231
	θ_y		0.0153	0.0212	0.0251	0.0265
0.40	θ_x		−0.0109	−0.0166	−0.0196	−0.0221
	θ_y		0.0207	0.0289	0.0345	0.0364
0.50	θ_x		−0.0024	−0.0059	−0.0090	−0.0103
	θ_y		0.0261	0.0370	0.0444	0.0470
0.60	θ_x		0.0179	0.0222	0.0230	0.0231
	θ_y		0.0310	0.0452	0.0548	0.0582
0.75	θ_x		0.0524	0.0649	0.0734	0.0769
	θ_y		0.0348	0.0529	0.0652	0.0693
0.80	θ_x		0.1064	0.1439	0.1736	0.1847
	θ_y		0.0360	0.0598	0.0741	0.0784
0.90	θ_x		0.1494	0.2433	0.2983	0.3151
	θ_y		0.0344	0.0643	0.0782	0.0821

$k=1.8$　$\alpha=0.1$　$\beta=0.6$

ξ	η	0.10	0.20	0.30	0.40	0.50
0.10	θ_x			−0.0090	−0.0106	−0.0112
	θ_y			0.0078	0.0092	0.0097
0.20	θ_x			−0.0192	−0.0226	−0.0237
	θ_y			0.0158	0.0187	0.0197
0.30	θ_x			−0.0208	−0.0246	−0.0259
	θ_y			0.0243	0.0287	0.0302
0.40	θ_x			−0.0193	−0.0230	−0.0244
	θ_y			0.0332	0.0392	0.0413
0.50	θ_x			−0.0073	−0.0093	−0.0100
	θ_y			0.0426	0.0504	0.0531
0.60	θ_x			0.0245	0.0275	0.0287
	θ_y			0.0522	0.0618	0.0651
0.75	θ_x			0.0731	0.0862	0.0913
	θ_y			0.0614	0.0728	0.0765
0.80	θ_x			0.1658	0.1982	0.2094
	θ_y			0.0698	0.0816	0.0852
0.90	θ_x			0.2824	0.3302	0.3451
	θ_y			0.0742	0.0853	0.0886

$k=1.8$　$\alpha=0.1$　$\beta=0.7$

ξ	η	0.10	0.20	0.30	0.40	0.50
0.10	θ_x			−0.0099	−0.0117	−0.0122
	θ_y			0.0086	0.0102	0.0107
0.20	θ_x			−0.0212	−0.0245	−0.0256
	θ_y			0.0175	0.0206	0.0216
0.30	θ_x			−0.0230	−0.0269	−0.0282
	θ_y			0.0268	0.0315	0.0331
0.40	θ_x			−0.0214	−0.0248	−0.0260
	θ_y			0.0367	0.0430	0.0452
0.50	θ_x			−0.0084	−0.0090	−0.0093
	θ_y			0.0471	0.0551	0.0578
0.60	θ_x			0.0262	0.0316	0.0337
	θ_y			0.0577	0.0672	0.0704
0.75	θ_x			0.0804	0.0970	0.1031
	θ_y			0.0681	0.0785	0.0818
0.80	θ_x			0.1844	0.2175	0.2286
	θ_y			0.0769	0.0871	0.0903
0.90	θ_x			0.3108	0.3540	0.3677
	θ_y			0.0808	0.0904	0.0935

$k=1.8$　$\alpha=0.1$　$\beta=0.8$

ξ	η	0.10	0.20	0.30	0.40	0.50
0.10	θ_x				−0.0124	−0.0130
	θ_y				0.0108	0.0114
0.20	θ_x				−0.0259	−0.0270
	θ_y				0.0219	0.0230
0.30	θ_x				−0.0280	−0.0297
	θ_y				0.0335	0.0352
0.40	θ_x				−0.0260	−0.0270
	θ_y				0.0458	0.0480
0.50	θ_x				−0.0095	−0.0085
	θ_y				0.0584	0.0611
0.60	θ_x				0.0348	0.0376
	θ_y				0.0710	0.0741
0.75	θ_x				0.1051	0.1118
	θ_y				0.0825	0.0856
0.80	θ_x				0.2312	0.2422
	θ_y				0.0909	0.0938
0.90	θ_x				0.3705	0.3835
	θ_y				0.0940	0.0968

$k=1.8 \quad \alpha=0.1 \quad \beta=0.9$

ξ	η	0.10	0.20	0.30	0.40	0.50
0.10	θ_x				−0.0128	−0.0134
	θ_y				0.0112	0.0118
0.20	θ_x				−0.0267	−0.0278
	θ_y				0.0227	0.0239
0.30	θ_x				−0.0294	−0.0307
	θ_y				0.0348	0.0365
0.40	θ_x				−0.0194	−0.0202
	θ_y				0.0474	0.0496
0.50	θ_x				−0.0088	−0.0082
	θ_y				0.0604	0.0631
0.60	θ_x				0.0369	0.0401
	θ_y				0.0733	0.0762
0.75	θ_x				0.1101	0.1171
	θ_y				0.0848	0.0877
0.80	θ_x				0.2634	0.2742
	θ_y				0.0931	0.0958
0.90	θ_x				0.3802	0.3928
	θ_y				0.0961	0.0987

$k=1.8 \quad \alpha=0.1 \quad \beta=1.0$

ξ	η	0.10	0.20	0.30	0.40	0.50
0.10	θ_x					−0.0136
	θ_y					0.0119
0.20	θ_x					−0.0281
	θ_y					0.0242
0.30	θ_x					−0.0309
	θ_y					0.0369
0.40	θ_x					−0.0277
	θ_y					0.0502
0.50	θ_x					−0.0081
	θ_y					0.0638
0.60	θ_x					0.0409
	θ_y					0.0770
0.75	θ_x					0.1189
	θ_y					0.0884
0.80	θ_x					0.2530
	θ_y					0.0965
0.90	θ_x					0.3959
	θ_y					0.0994

$k=1.8 \quad \alpha=0.2 \quad \beta=0.1$

ξ	η	0.10	0.20	0.30	0.40	0.50
0.10	θ_x	−0.0012	−0.0023	−0.0034	−0.0041	−0.0044
	θ_y	0.0011	0.0022	0.0030	0.0036	0.0038
0.20	θ_x	−0.0021	−0.0042	−0.0061	−0.0076	−0.0083
	θ_y	0.0023	0.0044	0.0061	0.0073	0.0077
0.30	θ_x	−0.0023	−0.0048	−0.0075	−0.0096	−0.0105
	θ_y	0.0034	0.0066	0.0093	0.0113	0.0120
0.40	θ_x	−0.0013	−0.0034	−0.0063	−0.0091	−0.0100
	θ_y	0.0044	0.0087	0.0127	0.0155	0.0166
0.50	θ_x	0.0015	0.0015	−0.0007	−0.0043	−0.0061
	θ_y	0.0053	0.0107	0.0160	0.0202	0.0219
0.60	θ_x	0.0067	0.0113	0.0119	0.0082	0.0059
	θ_y	0.0058	0.0120	0.0188	0.0252	0.0283
0.75	θ_x	0.0140	0.0266	0.0346	0.0339	0.0289
	θ_y	0.0058	0.0124	0.0205	0.0304	0.0364
0.80	θ_x	0.0212	0.0428	0.0647	0.0840	0.0934
	θ_y	0.0055	0.0119	0.0202	0.0333	0.0485
0.90	θ_x	0.0242	0.0503	0.0805	0.1167	0.1397
	θ_y	0.0054	0.0116	0.0196	0.0338	0.0555

$k=1.8 \quad \alpha=0.2 \quad \beta=0.2$

ξ	η	0.10	0.20	0.30	0.40	0.50
0.10	θ_x	−0.0024	−0.0047	−0.0067	−0.0081	−0.0086
	θ_y	0.0022	0.0043	0.0060	0.0071	0.0075
0.20	θ_x	−0.0042	−0.0085	−0.0128	−0.0169	−0.0188
	θ_y	0.0045	0.0087	0.0122	0.0144	0.0151
0.30	θ_x	−0.0047	−0.0097	−0.0149	−0.0189	−0.0206
	θ_y	0.0067	0.0130	0.0185	0.0222	0.0236
0.40	θ_x	−0.0029	−0.0070	−0.0126	−0.0176	−0.0196
	θ_y	0.0088	0.0174	0.0251	0.0306	0.0327
0.50	θ_x	0.0026	0.0024	−0.0019	−0.0081	−0.0111
	θ_y	0.0106	0.0213	0.0317	0.0397	0.0429
0.60	θ_x	0.0129	0.0216	0.0226	0.0169	0.0129
	θ_y	0.0117	0.0242	0.0376	0.0497	0.0548
0.75	θ_x	0.0277	0.0520	0.0670	0.0668	0.0620
	θ_y	0.0118	0.0252	0.0415	0.0600	0.0693
0.80	θ_x	0.0424	0.0857	0.1288	0.1661	0.1818
	θ_y	0.0113	0.0242	0.0417	0.0689	0.0858
0.90	θ_x	0.0489	0.1015	0.1627	0.2310	0.2659
	θ_y	0.0109	0.0232	0.0407	0.0726	0.0943

$k=1.8$　　$\alpha=0.2$　　$\beta=0.3$

ξ	η	0.10	0.20	0.30	0.40	0.50
0.10	θ_x	−0.0035	−0.0069	−0.0098	−0.0118	−0.0126
	θ_y	0.0033	0.0063	0.0088	0.0104	0.0110
0.20	θ_x	−0.0063	−0.0124	−0.0179	−0.0220	−0.0234
	θ_y	0.0066	0.0127	0.0178	0.0212	0.0224
0.30	θ_x	−0.0072	−0.0146	−0.0220	−0.0276	−0.0296
	θ_y	0.0099	0.0193	0.0272	0.0326	0.0345
0.40	θ_x	−0.0048	−0.0110	−0.0188	−0.0254	−0.0281
	θ_y	0.0132	0.0258	0.0369	0.0448	0.0477
0.50	θ_x	0.0030	0.0022	−0.0035	−0.0111	−0.0147
	θ_y	0.0160	0.0319	0.0468	0.0580	0.0623
0.60	θ_x	0.0181	0.0299	0.0315	0.0260	0.0224
	θ_y	0.0178	0.0367	0.0561	0.0723	0.0787
0.75	θ_x	0.0406	0.0751	0.0951	0.0983	0.0978
	θ_y	0.0182	0.0387	0.0633	0.0873	0.0971
0.80	θ_x	0.0639	0.1286	0.1914	0.2424	0.2620
	θ_y	0.0174	0.0378	0.0654	0.1020	0.1149
0.90	θ_x	0.0744	0.1550	0.2479	0.3369	0.3731
	θ_y	0.0168	0.0366	0.0646	0.1090	0.1232

$k=1.8$　　$\alpha=0.2$　　$\beta=0.4$

ξ	η	0.10	0.20	0.30	0.40	0.50
0.10	θ_x		−0.0090	−0.0127	−0.0153	−0.0162
	θ_y		0.0082	0.0114	0.0135	0.0142
0.20	θ_x		−0.0170	−0.0254	−0.0317	−0.0338
	θ_y		0.0167	0.0231	0.0273	0.0289
0.30	θ_x		−0.0195	−0.0286	−0.0353	−0.0378
	θ_y		0.0252	0.0353	0.0421	0.0445
0.40	θ_x		−0.0154	−0.0246	−0.0322	−0.0352
	θ_y		0.0339	0.0480	0.0577	0.0612
0.50	θ_x		0.0007	−0.0057	−0.0130	−0.0162
	θ_y		0.0423	0.0611	0.0746	0.0795
0.60	θ_x		0.0355	0.0385	0.0356	0.0338
	θ_y		0.0493	0.0739	0.0925	0.0993
0.75	θ_x		0.0948	0.1175	0.1293	0.1336
	θ_y		0.0534	0.0851	0.1108	0.1199
0.80	θ_x		0.1713	0.2507	0.3108	0.3321
	θ_y		0.0530	0.0931	0.1275	0.1377
0.90	θ_x		0.2115	0.3326	0.4286	0.4619
	θ_y		0.0515	0.0960	0.1349	0.1452

$k=1.8$　　$\alpha=0.2$　　$\beta=0.5$

ξ	η	0.10	0.20	0.30	0.40	0.50
0.10	θ_x		−0.0110	−0.0154	−0.0183	−0.0193
	θ_y		0.0099	0.0137	0.0162	0.0171
0.20	θ_x		−0.0213	−0.0311	−0.0375	−0.0397
	θ_y		0.0201	0.0277	0.0328	0.0346
0.30	θ_x		−0.0243	−0.0347	−0.0420	−0.0446
	θ_y		0.0306	0.0425	0.0504	0.0532
0.40	θ_x		−0.0201	−0.0301	−0.0378	−0.0407
	θ_y		0.0414	0.0580	0.0691	0.0730
0.50	θ_x		−0.0021	−0.0082	−0.0139	−0.0160
	θ_y		0.0521	0.0740	0.0889	0.0942
0.60	θ_x		0.0382	0.0441	0.0456	0.0462
	θ_y		0.0619	0.0902	0.1096	0.1164
0.75	θ_x		0.1092	0.1388	0.1589	0.1671
	θ_y		0.0691	0.1055	0.1300	0.1381
0.80	θ_x		0.2126	0.3064	0.3695	0.3914
	θ_y		0.0709	0.1194	0.1471	0.1555
0.90	θ_x		0.2721	0.4167	0.5098	0.5401
	θ_y		0.0699	0.1261	0.1544	0.1625

$k=1.8$　　$\alpha=0.2$　　$\beta=0.6$

ξ	η	0.10	0.20	0.30	0.40	0.50
0.10	θ_x			−0.0176	−0.0208	−0.0219
	θ_y			0.0157	0.0185	0.0195
0.20	θ_x			−0.0359	−0.0423	−0.0445
	θ_y			0.0318	0.0375	0.0395
0.30	θ_x			−0.0400	−0.0475	−0.0504
	θ_y			0.0488	0.0575	0.0605
0.40	θ_x			−0.0351	−0.0422	−0.0447
	θ_y			0.0666	0.0786	0.0828
0.50	θ_x			−0.0106	−0.0137	−0.0148
	θ_y			0.0852	0.1008	0.1062
0.60	θ_x			0.0485	0.0554	0.0583
	θ_y			0.1042	0.1235	0.1301
0.75	θ_x			0.1570	0.1856	0.1964
	θ_y			0.1227	0.1451	0.1523
0.80	θ_x			0.3532	0.4178	0.4397
	θ_y			0.1387	0.1620	0.1691
0.90	θ_x			0.4774	0.5637	0.5915
	θ_y			0.1458	0.1686	0.1755

$k=1.8$　$\alpha=0.2$　$\beta=0.7$

ξ	η	0.10	0.20	0.30	0.40	0.50
0.10	θ_x			−0.0195	−0.0229	−0.0240
	θ_y			0.0173	0.0204	0.0214
0.20	θ_x			−0.0396	−0.0460	−0.0481
	θ_y			0.0351	0.0413	0.0434
0.30	θ_x			−0.0443	−0.0518	−0.0543
	θ_y			0.0538	0.0631	0.0663
0.40	θ_x			−0.0392	−0.0456	−0.0475
	θ_y			0.0735	0.0862	0.0905
0.50	θ_x			−0.0124	−0.0131	−0.0132
	θ_y			0.0942	0.1102	0.1156
0.60	θ_x			0.0523	0.0642	0.0689
	θ_y			0.1154	0.1342	0.1405
0.75	θ_x			0.1730	0.2077	0.2176
	θ_y			0.1359	0.1564	0.1629
0.80	θ_x			0.3906	0.4554	0.4770
	θ_y			0.1526	0.1729	0.1793
0.90	θ_x			0.5283	0.6088	0.6348
	θ_y			0.1596	0.1792	0.1853

$k=1.8$　$\alpha=0.2$　$\beta=0.8$

ξ	η	0.10	0.20	0.30	0.40	0.50
0.10	θ_x				−0.0243	−0.0255
	θ_y				0.0217	0.0228
0.20	θ_x				−0.0487	−0.0508
	θ_y				0.0440	0.0462
0.30	θ_x				−0.0554	−0.0572
	θ_y				0.0672	0.0705
0.40	θ_x				−0.0476	−0.0493
	θ_y				0.0916	0.0960
0.50	θ_x				−0.0117	−0.0114
	θ_y				0.1168	0.1222
0.60	θ_x				0.0712	0.0771
	θ_y				0.1418	0.1478
0.75	θ_x				0.2215	0.2350
	θ_y				0.1642	0.1703
0.80	θ_x				0.4821	0.5014
	θ_y				0.1804	0.1862
0.90	θ_x				0.6403	0.6652
	θ_y				0.1864	0.1920

$k=1.8$　$\alpha=0.2$　$\beta=0.9$

ξ	η	0.10	0.20	0.30	0.40	0.50
0.10	θ_x				−0.0252	−0.0264
	θ_y				0.0225	0.0237
0.20	θ_x				−0.0502	−0.0523
	θ_y				0.0456	0.0479
0.30	θ_x				−0.0566	−0.0589
	θ_y				0.0697	0.0731
0.40	θ_x				−0.0398	−0.0412
	θ_y				0.0949	0.0993
0.50	θ_x				−0.0117	−0.0102
	θ_y				0.1209	0.1261
0.60	θ_x				0.0577	0.0644
	θ_y				0.1463	0.1521
0.75	θ_x				0.2316	0.2456
	θ_y				0.1688	0.1746
0.80	θ_x				0.5078	0.5290
	θ_y				0.1848	0.1903
0.90	θ_x				0.6652	0.6832
	θ_y				0.1905	0.1960

$k=1.8$　$\alpha=0.2$　$\beta=1.0$

ξ	η	0.10	0.20	0.30	0.40	0.50
0.10	θ_x					−0.0267
	θ_y					0.0239
0.20	θ_x					−0.0529
	θ_y					0.0484
0.30	θ_x					−0.0595
	θ_y					0.0739
0.40	θ_x					−0.0505
	θ_y					0.1005
0.50	θ_x					−0.0098
	θ_y					0.1275
0.60	θ_x					0.0841
	θ_y					0.1535
0.75	θ_x					0.2492
	θ_y					0.1760
0.80	θ_x					0.5224
	θ_y					0.1916
0.90	θ_x					0.6892
	θ_y					0.1973

$k=1.8$　$\alpha=0.3$　$\beta=0.1$

ξ	η	0.10	0.20	0.30	0.40	0.50
0.10	θ_x	−0.0017	−0.0034	−0.0049	−0.0060	−0.0064
	θ_y	0.0017	0.0033	0.0046	0.0054	0.0058
0.20	θ_x	−0.0029	−0.0059	−0.0088	−0.0109	−0.0116
	θ_y	0.0034	0.0065	0.0092	0.0111	0.0117
0.30	θ_x	−0.0031	−0.0066	−0.0104	−0.0137	−0.0149
	θ_y	0.0050	0.0099	0.0140	0.0170	0.0181
0.40	θ_x	−0.0014	−0.0040	−0.0081	−0.0124	−0.0145
	θ_y	0.0066	0.0131	0.0190	0.0234	0.0251
0.50	θ_x	0.0030	0.0038	0.0011	−0.0042	−0.0071
	θ_y	0.0078	0.0158	0.0238	0.0304	0.0332
0.60	θ_x	0.0108	0.0188	0.0210	0.0153	0.0121
	θ_y	0.0085	0.0177	0.0279	0.0380	0.0429
0.75	θ_x	0.0211	0.0403	0.0549	0.0594	0.0524
	θ_y	0.0086	0.0183	0.0301	0.0449	0.0559
0.80	θ_x	0.0304	0.0613	0.0928	0.1236	0.1436
	θ_y	0.0083	0.0179	0.0302	0.0487	0.0719
0.90	θ_x	0.0343	0.0702	0.1092	0.1485	0.1697
	θ_y	0.0082	0.0176	0.0300	0.0506	0.0776

$k=1.8$　$\alpha=0.3$　$\beta=0.2$

ξ	η	0.10	0.20	0.30	0.40	0.50
0.10	θ_x	−0.0034	−0.0067	−0.0096	−0.0117	−0.0125
	θ_y	0.0033	0.0065	0.0090	0.0107	0.0114
0.20	θ_x	−0.0059	−0.0119	−0.0177	−0.0227	−0.0249
	θ_y	0.0067	0.0130	0.0183	0.0218	0.0230
0.30	θ_x	−0.0063	−0.0133	−0.0207	−0.0268	−0.0292
	θ_y	0.0100	0.0196	0.0278	0.0335	0.0356
0.40	θ_x	−0.0032	−0.0085	−0.0163	−0.0216	−0.0237
	θ_y	0.0131	0.0260	0.0376	0.0462	0.0496
0.50	θ_x	0.0054	0.0067	0.0014	−0.0078	−0.0125
	θ_y	0.0157	0.0317	0.0473	0.0599	0.0649
0.60	θ_x	0.0209	0.0361	0.0399	0.0298	0.0265
	θ_y	0.0172	0.0357	0.0559	0.0746	0.0830
0.75	θ_x	0.0417	0.0796	0.1079	0.1150	0.1123
	θ_y	0.0175	0.0371	0.0608	0.0896	0.1048
0.80	θ_x	0.0610	0.1228	0.1854	0.2458	0.2747
	θ_y	0.0170	0.0363	0.0620	0.1017	0.1264
0.90	θ_x	0.0689	0.1412	0.2189	0.2918	0.3249
	θ_y	0.0166	0.0356	0.0620	0.1064	0.1352

$k=1.8$　$\alpha=0.3$　$\beta=0.3$

ξ	η	0.10	0.20	0.30	0.40	0.50
0.10	θ_x	−0.0050	−0.0099	−0.0142	−0.0172	−0.0183
	θ_y	0.0049	0.0095	0.0133	0.0158	0.0166
0.20	θ_x	−0.0089	−0.0178	−0.0263	−0.0332	−0.0358
	θ_y	0.0099	0.0192	0.0269	0.0320	0.0338
0.30	θ_x	−0.0097	−0.0202	−0.0307	−0.0390	−0.0422
	θ_y	0.0149	0.0289	0.0409	0.0491	0.0521
0.40	θ_x	−0.0055	−0.0136	−0.0245	−0.0350	−0.0393
	θ_y	0.0196	0.0386	0.0555	0.0675	0.0720
0.50	θ_x	0.0068	0.0079	0.0007	−0.0102	−0.0154
	θ_y	0.0237	0.0475	0.0701	0.0874	0.0940
0.60	θ_x	0.0296	0.0505	0.0551	0.0448	0.0391
	θ_y	0.0263	0.0542	0.0837	0.1086	0.1187
0.75	θ_x	0.0614	0.1165	0.1564	0.1679	0.1724
	θ_y	0.0269	0.0570	0.0932	0.1309	0.1457
0.80	θ_x	0.0917	0.1844	0.2777	0.3601	0.3909
	θ_y	0.0262	0.0566	0.0968	0.1509	0.1694
0.90	θ_x	0.1045	0.2138	0.3280	0.4250	0.4643
	θ_y	0.0256	0.0559	0.0981	0.1584	0.1789

$k=1.8$　$\alpha=0.3$　$\beta=0.4$

ξ	η	0.10	0.20	0.30	0.40	0.50
0.10	θ_x		−0.0130	−0.0186	−0.0222	−0.0235
	θ_y		0.0124	0.0172	0.0204	0.0215
0.20	θ_x		−0.0236	−0.0346	−0.0426	−0.0454
	θ_y		0.0250	0.0348	0.0413	0.0436
0.30	θ_x		−0.0270	−0.0401	−0.0500	−0.0537
	θ_y		0.0378	0.0531	0.0634	0.0671
0.40	θ_x		−0.0194	−0.0327	−0.0441	−0.0433
	θ_y		0.0507	0.0721	0.0870	0.0923
0.50	θ_x		0.0069	−0.0012	−0.0111	−0.0155
	θ_y		0.0630	0.0916	0.1122	0.1197
0.60	θ_x		0.0608	0.0659	0.0613	0.0596
	θ_y		0.0731	0.1104	0.1388	0.1493
0.75	θ_x		0.1491	0.1946	0.2197	0.2301
	θ_y		0.0785	0.1267	0.1658	0.1792
0.80	θ_x		0.2464	0.3686	0.4602	0.4916
	θ_y		0.0790	0.1380	0.1884	0.2034
0.90	θ_x		0.2878	0.4330	0.5434	0.5836
	θ_y		0.0786	0.1421	0.1971	0.2128

$k=1.8 \quad \alpha=0.3 \quad \beta=0.5$

ξ	η	0.10	0.20	0.30	0.40	0.50
0.10	θ_x		−0.0159	−0.0222	−0.0265	−0.0280
	θ_y		0.0150	0.0207	0.0245	0.0258
0.20	θ_x		−0.0293	−0.0421	−0.0507	−0.0536
	θ_y		0.0303	0.0419	0.0496	0.0523
0.30	θ_x		−0.0338	−0.0488	−0.0593	−0.0631
	θ_y		0.0459	0.0640	0.0760	0.0802
0.40	θ_x		−0.0259	−0.0405	−0.0514	−0.0555
	θ_y		0.0620	0.0872	0.1040	0.1099
0.50	θ_x		0.0037	−0.0034	−0.0108	−0.0132
	θ_y		0.0779	0.1111	0.1337	0.1416
0.60	θ_x		0.0658	0.0743	0.0788	0.0810
	θ_y		0.0922	0.1349	0.1644	0.1745
0.75	θ_x		0.1757	0.2293	0.2677	0.2823
	θ_y		0.1019	0.1578	0.1941	0.2059
0.80	θ_x		0.3081	0.4518	0.5450	0.5765
	θ_y		0.1051	0.1771	0.2175	0.2298
0.90	θ_x		0.3622	0.5294	0.6437	0.6827
	θ_y		0.1062	0.1841	0.2265	0.2389

$k=1.8 \quad \alpha=0.3 \quad \beta=0.6$

ξ	η	0.10	0.20	0.30	0.40	0.50
0.10	θ_x			−0.0255	−0.0302	−0.0318
	θ_y			0.0237	0.0279	0.0294
0.20	θ_x			−0.0485	−0.0573	−0.0603
	θ_y			0.0480	0.0566	0.0596
0.30	θ_x			−0.0563	−0.0668	−0.0705
	θ_y			0.0734	0.0866	0.0912
0.40	θ_x			−0.0473	−0.0570	−0.0604
	θ_y			0.1001	0.1183	0.1246
0.50	θ_x			−0.0055	−0.0089	−0.0095
	θ_y			0.1279	0.1514	0.1595
0.60	θ_x			0.0822	0.0957	0.1012
	θ_y			0.1561	0.1850	0.1947
0.75	θ_x			0.2613	0.3096	0.3270
	θ_y			0.1834	0.2163	0.2268
0.80	θ_x			0.5211	0.6144	0.6456
	θ_y			0.2053	0.2397	0.2504
0.90	θ_x			0.6124	0.7248	0.7622
	θ_y			0.2137	0.2486	0.2592

$k=1.8 \quad \alpha=0.3 \quad \beta=0.7$

ξ	η	0.10	0.20	0.30	0.40	0.50
0.10	θ_x			−0.0282	−0.0331	−0.0343
	θ_y			0.0262	0.0307	0.0323
0.20	θ_x			−0.0536	−0.0625	−0.0655
	θ_y			0.0530	0.0622	0.0654
0.30	θ_x			−0.0624	−0.0729	−0.0764
	θ_y			0.0810	0.0951	0.0999
0.40	θ_x			−0.0476	−0.0554	−0.0580
	θ_y			0.1106	0.1296	0.1361
0.50	θ_x			−0.0077	−0.0065	−0.0056
	θ_y			0.1415	0.1653	0.1733
0.60	θ_x			0.0896	0.1106	0.1186
	θ_y			0.1729	0.2008	0.2100
0.75	θ_x			0.2887	0.3437	0.3719
	θ_y			0.2028	0.2328	0.2426
0.80	θ_x			0.5754	0.6682	0.6991
	θ_y			0.2259	0.2561	0.2656
0.90	θ_x			0.6779	0.7872	0.8231
	θ_y			0.2347	0.2647	0.2740

$k=1.8 \quad \alpha=0.3 \quad \beta=0.8$

ξ	η	0.10	0.20	0.30	0.40	0.50
0.10	θ_x				−0.0355	−0.0368
	θ_y				0.0328	0.0344
0.20	θ_x				−0.0662	−0.0692
	θ_y				0.0663	0.0696
0.30	θ_x				−0.0767	−0.0803
	θ_y				0.1012	0.1062
0.40	θ_x				−0.0636	−0.0655
	θ_y				0.1377	0.1443
0.50	θ_x				−0.0045	−0.0021
	θ_y				0.1752	0.1831
0.60	θ_x				0.1221	0.1319
	θ_y				0.2119	0.2207
0.75	θ_x				0.3776	0.3891
	θ_y				0.2444	0.2534
0.80	θ_x				0.7066	0.7372
	θ_y				0.2673	0.2761
0.90	θ_x				0.8312	0.8661
	θ_y				0.2757	0.2843

$k=1.8$　$\alpha=0.3$　$\beta=0.9$

ξ	η	0.10	0.20	0.30	0.40	0.50
0.10	θ_x				−0.0364	−0.0381
	θ_y				0.0340	0.0357
0.20	θ_x				−0.0684	−0.0713
	θ_y				0.0688	0.0721
0.30	θ_x				−0.0795	−0.0826
	θ_y				0.1049	0.1100
0.40	θ_x				−0.0594	−0.0608
	θ_y				0.1426	0.1492
0.50	θ_x				−0.0029	0.0003
	θ_y				0.1812	0.1890
0.60	θ_x				0.1281	0.1389
	θ_y				0.2185	0.2271
0.75	θ_x				0.3929	0.4050
	θ_y				0.2511	0.2598
0.80	θ_x				0.7177	0.7481
	θ_y				0.2740	0.2822
0.90	θ_x				0.8574	0.8916
	θ_y				0.2822	0.2904

$k=1.8$　$\alpha=0.3$　$\beta=1.0$

ξ	η	0.10	0.20	0.30	0.40	0.50
0.10	θ_x					−0.0385
	θ_y					0.0361
0.20	θ_x					−0.0721
	θ_y					0.0730
0.30	θ_x					−0.0833
	θ_y					0.1112
0.40	θ_x					−0.0667
	θ_y					0.1509
0.50	θ_x					0.0012
	θ_y					0.1909
0.60	θ_x					0.1430
	θ_y					0.2292
0.75	θ_x					0.4193
	θ_y					0.2619
0.80	θ_x					0.7675
	θ_y					0.2843
0.90	θ_x					0.9001
	θ_y					0.2923

$k=1.8$　$\alpha=0.4$　$\beta=0.1$

ξ	η	0.10	0.20	0.30	0.40	0.50
0.20	θ_x	−0.0035	−0.0072	−0.0107	−0.0135	−0.0145
	θ_y	0.0045	0.0087	0.0124	0.0149	0.0158
0.30	θ_x	−0.0034	−0.0076	−0.0124	−0.0167	−0.0183
	θ_y	0.0067	0.0131	0.0188	0.0229	0.0244
0.40	θ_x	−0.0008	−0.0034	−0.0085	−0.0147	−0.0177
	θ_y	0.0087	0.0173	0.0253	0.0315	0.0337
0.50	θ_x	0.0054	0.0079	0.0056	−0.0011	−0.0057
	θ_y	0.0102	0.0208	0.0315	0.0408	0.0448
0.60	θ_x	0.0155	0.0280	0.0339	0.0295	0.0210
	θ_y	0.0111	0.0231	0.0365	0.0506	0.0582
0.75	θ_x	0.0279	0.0541	0.0766	0.0923	0.0977
	θ_y	0.0113	0.0240	0.0391	0.0585	0.0766
0.80	θ_x	0.0382	0.0768	0.1151	0.1509	0.1699
	θ_y	0.0112	0.0240	0.0401	0.0640	0.0922
0.90	θ_x	0.0423	0.0855	0.1294	0.1680	0.1869
	θ_y	0.0111	0.0238	0.0405	0.0665	0.0969

$k=1.8$　$\alpha=0.4$　$\beta=0.2$

ξ	η	0.10	0.20	0.30	0.40	0.50
0.20	θ_x	−0.0070	−0.0143	−0.0213	−0.0265	−0.0285
	θ_y	0.0089	0.0173	0.0244	0.0294	0.0312
0.30	θ_x	−0.0070	−0.0152	−0.0239	−0.0303	−0.0324
	θ_y	0.0133	0.0260	0.0371	0.0451	0.0482
0.40	θ_x	−0.0022	−0.0075	−0.0174	−0.0285	−0.0337
	θ_y	0.0173	0.0344	0.0502	0.0620	0.0663
0.50	θ_x	0.0100	0.0146	0.0100	−0.0018	−0.0087
	θ_y	0.0205	0.0416	0.0627	0.0803	0.0875
0.60	θ_x	0.0303	0.0547	0.0671	0.0570	0.0480
	θ_y	0.0224	0.0465	0.0729	0.0997	0.1122
0.75	θ_x	0.0553	0.1073	0.1514	0.1822	0.1927
	θ_y	0.0230	0.0484	0.0793	0.1185	0.1407
0.80	θ_x	0.0766	0.1535	0.2299	0.2982	0.3290
	θ_y	0.0227	0.0484	0.0822	0.1326	0.1636
0.90	θ_x	0.0849	0.1713	0.2577	0.3321	0.3636
	θ_y	0.0225	0.0483	0.0834	0.1377	0.1717

$k=1.8\quad \alpha=0.4\quad \beta=0.3$

ξ	η	0.10	0.20	0.30	0.40	0.50
0.20	θ_x	−0.0106	−0.0214	−0.0314	−0.0387	−0.0415
	θ_y	0.0132	0.0256	0.0360	0.0431	0.0456
0.30	θ_x	−0.0110	−0.0234	−0.0366	−0.0473	−0.0516
	θ_y	0.0198	0.0386	0.0547	0.0660	0.0701
0.40	θ_x	−0.0043	−0.0128	−0.0266	−0.0409	−0.0470
	θ_y	0.0259	0.0513	0.0741	0.0905	0.0967
0.50	θ_x	0.0133	0.0189	0.0124	−0.0013	−0.0080
	θ_y	0.0310	0.0625	0.0931	0.1171	0.1264
0.60	θ_x	0.0435	0.0774	0.0914	0.0842	0.0798
	θ_y	0.0342	0.0707	0.1101	0.1453	0.1594
0.75	θ_x	0.0820	0.1587	0.2229	0.2671	0.2828
	θ_y	0.0352	0.0744	0.1215	0.1743	0.1937
0.80	θ_x	0.1150	0.2301	0.3433	0.4360	0.4718
	θ_y	0.0350	0.0754	0.1278	0.1964	0.2202
0.90	θ_x	0.1278	0.2573	0.3828	0.4849	0.5240
	θ_y	0.0348	0.0755	0.1307	0.2040	0.2298

$k=1.8\quad \alpha=0.4\quad \beta=0.4$

ξ	η	0.10	0.20	0.30	0.40	0.50
0.20	θ_x		−0.0283	−0.0408	−0.0498	−0.0531
	θ_y		0.0334	0.0467	0.0556	0.0587
0.30	θ_x		−0.0309	−0.0455	−0.0563	−0.0607
	θ_y		0.0504	0.0711	0.0853	0.0902
0.40	θ_x		−0.0195	−0.0361	−0.0511	−0.0571
	θ_y		0.0675	0.0964	0.1165	0.1239
0.50	θ_x		0.0200	0.0128	0.0013	−0.0037
	θ_y		0.0832	0.1219	0.1502	0.1605
0.60	θ_x		0.0975	0.1193	0.1129	0.1140
	θ_y		0.0954	0.1462	0.1854	0.1994
0.75	θ_x		0.2068	0.2895	0.3448	0.3643
	θ_y		0.1023	0.1670	0.2199	0.2371
0.80	θ_x		0.3064	0.4517	0.5587	0.5964
	θ_y		0.1049	0.1811	0.2457	0.2652
0.90	θ_x		0.3426	0.5014	0.6215	0.6643
	θ_y		0.1059	0.1862	0.2549	0.2754

$k=1.8\quad \alpha=0.4\quad \beta=0.5$

ξ	η	0.10	0.20	0.30	0.40	0.50
0.20	θ_x		−0.0349	−0.0494	−0.0594	−0.0630
	θ_y		0.0405	0.0563	0.0667	0.0703
0.30	θ_x		−0.0386	−0.0549	−0.0670	−0.0716
	θ_y		0.0613	0.0859	0.1020	0.1077
0.40	θ_x		−0.0275	−0.0452	−0.0590	−0.0641
	θ_y		0.0827	0.1165	0.1393	0.1474
0.50	θ_x		0.0178	0.0121	0.0056	0.0032
	θ_y		0.1033	0.1481	0.1787	0.1894
0.60	θ_x		0.1110	0.1393	0.1417	0.1476
	θ_y		0.1210	0.1797	0.2190	0.2323
0.75	θ_x		0.2506	0.3491	0.4135	0.4360
	θ_y		0.1328	0.2096	0.2567	0.2719
0.80	θ_x		0.3814	0.5510	0.6636	0.7020
	θ_y		0.1391	0.2314	0.2842	0.3005
0.90	θ_x		0.4253	0.6127	0.7390	0.7829
	θ_y		0.1419	0.2388	0.2941	0.3110

$k=1.8\quad \alpha=0.4\quad \beta=0.6$

ξ	η	0.10	0.20	0.30	0.40	0.50
0.20	θ_x			−0.0568	−0.0673	−0.0710
	θ_y			0.0645	0.0760	0.0800
0.30	θ_x			−0.0633	−0.0758	−0.0802
	θ_y			0.0986	0.1162	0.1223
0.40	θ_x			−0.0532	−0.0646	−0.0685
	θ_y			0.1339	0.1583	0.1667
0.50	θ_x			0.0113	0.0110	0.0112
	θ_y			0.1707	0.2022	0.2129
0.60	θ_x			0.1432	0.1683	0.1780
	θ_y			0.2078	0.2459	0.2586
0.75	θ_x			0.4001	0.4716	0.4963
	θ_y			0.2429	0.2855	0.2992
0.80	θ_x			0.6353	0.7499	0.7884
	θ_y			0.2685	0.3137	0.3278
0.90	θ_x			0.7064	0.8356	0.8794
	θ_y			0.2775	0.3239	0.3382

$k=1.8$　$\alpha=0.4$　$\beta=0.7$

ξ	η	0.10	0.20	0.30	0.40	0.50
0.20	θ_x			−0.0629	−0.0736	−0.0773
	θ_y			0.0712	0.0835	0.0878
0.30	θ_x			−0.0705	−0.0826	−0.0866
	θ_y			0.1087	0.1275	0.1339
0.40	θ_x			−0.0598	−0.0684	−0.0709
	θ_y			0.1480	0.1733	0.1819
0.50	θ_x			0.0109	0.0165	0.0191
	θ_y			0.1889	0.2204	0.2310
0.60	θ_x			0.1720	0.2067	0.2193
	θ_y			0.2302	0.2666	0.2785
0.75	θ_x			0.4414	0.5179	0.5442
	θ_y			0.2680	0.3071	0.3197
0.80	θ_x			0.7019	0.8170	0.8555
	θ_y			0.2954	0.3355	0.3483
0.90	θ_x			0.7813	0.9107	0.9540
	θ_y			0.3052	0.3458	0.3585

$k=1.8$　$\alpha=0.4$　$\beta=0.8$

ξ	η	0.10	0.20	0.30	0.40	0.50
0.20	θ_x				−0.0781	−0.0816
	θ_y				0.0890	0.0934
0.30	θ_x				−0.0873	−0.0910
	θ_y				0.1356	0.1422
0.40	θ_x				−0.0706	−0.0721
	θ_y				0.1841	0.1927
0.50	θ_x				0.0213	0.0256
	θ_y				0.2334	0.2438
0.60	θ_x				0.2240	0.2385
	θ_y				0.2811	0.2924
0.75	θ_x				0.5516	0.5789
	θ_y				0.3222	0.3340
0.80	θ_x				0.8650	0.9033
	θ_y				0.3506	0.3623
0.90	θ_x				0.9642	1.0027
	θ_y				0.3608	0.3723

$k=1.8$　$\alpha=0.4$　$\beta=0.9$

ξ	η	0.10	0.20	0.30	0.40	0.50
0.20	θ_x				−0.0807	−0.0842
	θ_y				0.0923	0.0968
0.30	θ_x				−0.0901	−0.0935
	θ_y				0.1406	0.1472
0.40	θ_x				−0.0718	−0.0726
	θ_y				0.1906	0.1992
0.50	θ_x				0.0245	0.0298
	θ_y				0.2412	0.2514
0.60	θ_x				0.2348	0.2504
	θ_y				0.2896	0.3007
0.75	θ_x				0.5655	0.5934
	θ_y				0.3311	0.3424
0.80	θ_x				0.8830	0.9213
	θ_y				0.3594	0.3706
0.90	θ_x				1.0157	1.0580
	θ_y				0.3696	0.3806

$k=1.8$　$\alpha=0.4$　$\beta=1.0$

ξ	η	0.10	0.20	0.30	0.40	0.50
0.20	θ_x					−0.0851
	θ_y					0.0979
0.30	θ_x					−0.0943
	θ_y					0.1489
0.40	θ_x					−0.0728
	θ_y					0.2014
0.50	θ_x					0.0313
	θ_y					0.2540
0.60	θ_x					0.2543
	θ_y					0.3036
0.75	θ_x					0.6070
	θ_y					0.3451
0.80	θ_x					0.9416
	θ_y					0.3734
0.90	θ_x					1.0449
	θ_y					0.3832

$k=1.8$　$\alpha=0.5$　$\beta=0.1$

ξ	η	0.10	0.20	0.30	0.40	0.50
0.20	θ_x	−0.0037	−0.0078	−0.0122	−0.0157	−0.0173
	θ_y	0.0056	0.0109	0.0156	0.0188	0.0200
0.30	θ_x	−0.0031	−0.0074	−0.0130	−0.0183	−0.0206
	θ_y	0.0083	0.0163	0.0236	0.0289	0.0309
0.40	θ_x	0.0007	−0.0009	−0.0060	−0.0130	−0.0163
	θ_y	0.0106	0.0213	0.0315	0.0397	0.0430
0.50	θ_x	0.0088	0.0143	0.0137	0.0064	0.0005
	θ_y	0.0125	0.0254	0.0389	0.0513	0.0571
0.60	θ_x	0.0208	0.0388	0.0508	0.0531	0.0487
	θ_y	0.0135	0.0281	0.0444	0.0626	0.0753
0.75	θ_x	0.0342	0.0670	0.0972	0.1241	0.1413
	θ_y	0.0139	0.0294	0.0477	0.0715	0.0968
0.80	θ_x	0.0445	0.0886	0.1311	0.1673	0.1834
	θ_y	0.0140	0.0300	0.0499	0.0785	0.1097
0.90	θ_x	0.0483	0.0964	0.1424	0.1800	0.1943
	θ_y	0.0140	0.0301	0.0508	0.0810	0.1136

$k=1.8$　$\alpha=0.5$　$\beta=0.2$

ξ	η	0.10	0.20	0.30	0.40	0.50
0.20	θ_x	−0.0075	−0.0155	−0.0234	−0.0289	−0.0306
	θ_y	0.0111	0.0217	0.0307	0.0371	0.0396
0.30	θ_x	−0.0066	−0.0151	−0.0259	−0.0358	−0.0399
	θ_y	0.0165	0.0324	0.0466	0.0569	0.0607
0.40	θ_x	0.0008	−0.0027	−0.0125	−0.0249	−0.0387
	θ_y	0.0213	0.0425	0.0626	0.0782	0.0838
0.50	θ_x	0.0167	0.0271	0.0257	0.0132	0.0045
	θ_y	0.0250	0.0510	0.0776	0.1010	0.1111
0.60	θ_x	0.0410	0.0762	0.0992	0.1038	0.1009
	θ_y	0.0273	0.0565	0.0893	0.1247	0.1426
0.75	θ_x	0.0680	0.1334	0.1936	0.2469	0.2716
	θ_y	0.0282	0.0592	0.0968	0.1462	0.1749
0.80	θ_x	0.0888	0.1768	0.2608	0.3292	0.5583
	θ_y	0.0285	0.0606	0.1020	0.1612	0.1969
0.90	θ_x	0.0965	0.1923	0.2827	0.3548	0.3811
	θ_y	0.0286	0.0611	0.1042	0.1664	0.2041

$k=1.8$　　$\alpha=0.5$　　$\beta=0.3$

ξ	η	0.10	0.20	0.30	0.40	0.50
0.20	θ_x	−0.0114	−0.0233	−0.0343	−0.0421	−0.0449
	θ_y	0.0165	0.0320	0.0452	0.0544	0.0577
0.30	θ_x	−0.0105	−0.0235	−0.0387	−0.0518	−0.0571
	θ_y	0.0246	0.0481	0.0687	0.0833	0.0886
0.40	θ_x	−0.0002	−0.0062	−0.0198	−0.0352	−0.0422
	θ_y	0.0320	0.0635	0.0925	0.1142	0.1224
0.50	θ_x	0.0231	0.0368	0.0346	0.0210	0.0136
	θ_y	0.0379	0.0767	0.1156	0.1473	0.1597
0.60	θ_x	0.0597	0.1105	0.1427	0.1526	0.1548
	θ_y	0.0415	0.0860	0.1351	0.1823	0.2005
0.75	θ_x	0.1012	0.1984	0.2871	0.3625	0.3894
	θ_y	0.0432	0.0911	0.1489	0.2160	0.2398
0.80	θ_x	0.1330	0.2642	0.3869	0.4810	0.5172
	θ_y	0.0439	0.0940	0.1582	0.2382	0.2668
0.90	θ_x	0.1446	0.2869	0.4187	0.5188	0.5563
	θ_y	0.0441	0.0951	0.1618	0.2458	0.2760

$k=1.8$　　$\alpha=0.5$　　$\beta=0.4$

ξ	η	0.10	0.20	0.30	0.40	0.50
0.20	θ_x		−0.0309	−0.0444	−0.0540	−0.0578
	θ_y		0.0418	0.0588	0.0703	0.0742
0.30	θ_x		−0.0324	−0.0509	−0.0658	−0.0716
	θ_y		0.0631	0.0893	0.1074	0.1138
0.40	θ_x		−0.0117	−0.0277	−0.0434	−0.0499
	θ_y		0.0839	0.1207	0.1468	0.1563
0.50	θ_x		0.0424	0.0403	0.0306	0.0263
	θ_y		0.1026	0.1519	0.1886	0.2020
0.60	θ_x		0.1401	0.1800	0.2000	0.2075
	θ_y		0.1166	0.1812	0.2319	0.2494
0.75	θ_x		0.2613	0.3772	0.4652	0.4938
	θ_y		0.1249	0.2056	0.2717	0.2925
0.80	θ_x		0.3500	0.5060	0.6181	0.6585
	θ_y		0.1303	0.2220	0.2987	0.3223
0.90	θ_x		0.3790	0.5471	0.6667	0.7097
	θ_y		0.1325	0.2277	0.3080	0.3328

$k=1.8$　　$\alpha=0.5$　　$\beta=0.5$

ξ	η	0.10	0.20	0.30	0.40	0.50
0.20	θ_x		−0.0380	−0.0535	−0.0645	−0.0687
	θ_y		0.0508	0.0710	0.0841	0.0887
0.30	θ_x		−0.0418	−0.0623	−0.0775	−0.0832
	θ_y		0.0770	0.1079	0.1285	0.1357
0.40	θ_x		−0.0191	−0.0355	−0.0491	−0.0542
	θ_y		0.1032	0.1462	0.1752	0.1854
0.50	θ_x		0.0433	0.0441	0.0417	0.0412
	θ_y		0.1280	0.1851	0.2240	0.2375
0.60	θ_x		0.1635	0.2122	0.2445	0.2564
	θ_y		0.1486	0.2239	0.2730	0.2893
0.75	θ_x		0.3215	0.4637	0.5537	0.5839
	θ_y		0.1626	0.2592	0.3167	0.3351
0.80	θ_x		0.4326	0.6140	0.7368	0.7794
	θ_y		0.1722	0.2820	0.3465	0.3665
0.90	θ_x		0.4658	0.6634	0.7951	0.8412
	θ_y		0.1762	0.2899	0.3569	0.3776

$k=1.8$　　$\alpha=0.5$　　$\beta=0.6$

ξ	η	0.10	0.20	0.30	0.40	0.50
0.20	θ_x			−0.0615	−0.0733	−0.0774
	θ_y			0.0814	0.0959	0.1009
0.30	θ_x			−0.0724	−0.0867	−0.0917
	θ_y			0.1238	0.1462	0.1540
0.40	θ_x			−0.0426	−0.0526	−0.0559
	θ_y			0.1681	0.1988	0.2094
0.50	θ_x			0.0473	0.0534	0.0563
	θ_y			0.2137	0.2529	0.2662
0.60	θ_x			0.2410	0.2838	0.2992
	θ_y			0.2592	0.3059	0.3213
0.75	θ_x			0.5333	0.6272	0.6589
	θ_y			0.3000	0.3519	0.3686
0.80	θ_x			0.7069	0.8353	0.8789
	θ_y			0.3272	0.3832	0.4007
0.90	θ_x			0.7632	0.9020	0.9495
	θ_y			0.3366	0.3941	0.4121

$k=1.8$　　$\alpha=0.5$　　$\beta=0.7$

ξ	η	0.10	0.20	0.30	0.40	0.50
0.20	θ_x			−0.0682	−0.0801	−0.0841
	θ_y			0.0897	0.1053	0.1106
0.30	θ_x			−0.0806	−0.0936	−0.0978
	θ_y			0.1368	0.1603	0.1683
0.40	θ_x			−0.0589	−0.0656	−0.0673
	θ_y			0.1857	0.2173	0.2280
0.50	θ_x			0.0505	0.0643	0.0699
	θ_y			0.2364	0.2753	0.2883
0.60	θ_x			0.2813	0.3330	0.3512
	θ_y			0.2868	0.3309	0.3455
0.75	θ_x			0.5879	0.6851	0.7180
	θ_y			0.3307	0.3783	0.3937
0.80	θ_x			0.7813	0.9124	0.9565
	θ_y			0.3605	0.4104	0.4262
0.90	θ_x			0.8434	0.9858	1.0339
	θ_y			0.3709	0.4217	0.4377

$k=1.8$　　$\alpha=0.5$　　$\beta=0.8$

ξ	η	0.10	0.20	0.30	0.40	0.50
0.20	θ_x				−0.0849	−0.0888
	θ_y				0.1121	0.1175
0.30	θ_x				−0.0990	−0.1019
	θ_y				0.1705	0.1787
0.40	θ_x				−0.0551	−0.0553
	θ_y				0.2307	0.2414
0.50	θ_x				0.0737	0.0806
	θ_y				0.2912	0.3039
0.60	θ_x				0.3402	0.3600
	θ_y				0.3485	0.3624
0.75	θ_x				0.7269	0.7545
	θ_y				0.3968	0.4112
0.80	θ_x				0.9677	1.0121
	θ_y				0.4293	0.4440
0.90	θ_x				1.0460	1.0943
	θ_y				0.4407	0.4555

$k=1.8 \quad \alpha=0.5 \quad \beta=0.9$

ξ	η	0.10	0.20	0.30	0.40	0.50
0.30	θ_x				−0.1010	−0.1041
	θ_y				−0.1766	0.1849
0.40	θ_x				−0.0666	−0.0660
	θ_y				0.2387	0.2493
0.50	θ_x				0.0786	0.0874
	θ_y				0.3007	0.3132
0.60	θ_x				0.3720	0.3929
	θ_y				0.3590	0.3725
0.75	θ_x				0.7521	0.7863
	θ_y				0.4076	0.4216
0.80	θ_x				1.0006	1.0450
	θ_y				0.4403	0.4543
0.90	θ_x				1.0822	1.1305
	θ_y				0.4517	0.4657

$k=1.8 \quad \alpha=0.5 \quad \beta=1.0$

ξ	η	0.10	0.20	0.30	0.40	0.50
0.30	θ_x					−0.1048
	θ_y					0.1870
0.40	θ_x					−0.0543
	θ_y					0.2520
0.50	θ_x					0.0897
	θ_y					0.3163
0.60	θ_x					0.3812
	θ_y					0.3758
0.75	θ_x					0.7888
	θ_y					0.4249
0.80	θ_x					1.0565
	θ_y					0.4578
0.90	θ_x					1.1425
	θ_y					0.4693

$k=1.8 \quad \alpha=0.6 \quad \beta=0.1$

ξ	η	0.10	0.20	0.30	0.40	0.50
0.30	θ_x	−0.0020	−0.0057	−0.0116	−0.0180	−0.0210
	θ_y	0.0098	0.0194	0.0283	0.0351	0.0377
0.40	θ_x	0.0033	0.0038	−0.0005	−0.0087	−0.0140
	θ_y	0.0125	0.0251	0.0376	0.0481	0.0526
0.50	θ_x	0.0132	0.0231	0.0264	0.0201	0.0124
	θ_y	0.0145	0.0297	0.0458	0.0618	0.0703
0.60	θ_x	0.0265	0.0507	0.0703	0.0833	0.0878
	θ_y	0.0158	0.0327	0.0517	0.0740	0.0934
0.75	θ_x	0.0397	0.0782	0.1144	0.1468	0.1647
	θ_y	0.0165	0.0346	0.0560	0.0841	0.1142
0.80	θ_x	0.0490	0.0969	0.1413	0.1765	0.1912
	θ_y	0.0169	0.0359	0.0593	0.0917	0.1252
0.90	θ_x	0.0523	0.1033	0.1498	0.1848	0.1984
	θ_y	0.0170	0.0364	0.0606	0.0943	0.1284

$k=1.8 \quad \alpha=0.6 \quad \beta=0.2$

ξ	η	0.10	0.20	0.30	0.40	0.50
0.30	θ_x	−0.0045	−0.0120	−0.0233	−0.0352	−0.0402
	θ_y	0.0195	0.0387	0.0561	0.0691	0.0740
0.40	θ_x	0.0058	0.0063	−0.0021	−0.0168	−0.0248
	θ_y	0.0250	0.0503	0.0748	0.0947	0.1028
0.50	θ_x	0.0256	0.0447	0.0503	0.0395	0.0302
	θ_y	0.0292	0.0596	0.0917	0.1219	0.1358
0.60	θ_x	0.0524	0.1003	0.1389	0.1646	0.1732
	θ_y	0.0318	0.0658	0.1044	0.1492	0.1732
0.75	θ_x	0.0791	0.1558	0.2280	0.2907	0.3188
	θ_y	0.0334	0.0698	0.1139	0.1723	0.2065
0.80	θ_x	0.0978	0.1930	0.2803	0.3480	0.3745
	θ_y	0.0343	0.0726	0.1211	0.1874	0.2265
0.90	θ_x	0.1043	0.2054	0.2970	0.3642	0.3906
	θ_y	0.0346	0.0736	0.1237	0.1925	0.2330

$k=1.8 \quad \alpha=0.6 \quad \beta=0.3$

ξ	η	0.10	0.20	0.30	0.40	0.50
0.30	θ_x	−0.0077	−0.0193	−0.0353	−0.0505	−0.0569
	θ_y	0.0292	0.0575	0.0828	0.1011	0.1078
0.40	θ_x	0.0070	0.0065	−0.0055	−0.0232	−0.0314
	θ_y	0.0376	0.0752	0.1109	0.1383	0.1488
0.50	θ_x	0.0364	0.0628	0.0697	0.0593	0.0531
	θ_y	0.0441	0.0900	0.1373	0.1779	0.1939
0.60	θ_x	0.0772	0.1476	0.2043	0.2417	0.2546
	θ_y	0.0484	0.1003	0.1584	0.2190	0.2413
0.75	θ_x	0.1179	0.2322	0.3388	0.4259	0.4583
	θ_y	0.0510	0.073	0.1752	0.2544	0.2825
0.80	θ_x	0.1459	0.2874	0.4141	0.5092	0.5444
	θ_y	0.0526	0.1122	0.1869	0.2763	0.3086
0.90	θ_x	0.1555	0.3053	0.4385	0.5340	0.5693
	θ_y	0.0532	0.1141	0.1911	0.2836	0.3173

$k=1.8 \quad \alpha=0.6 \quad \beta=0.4$

ξ	η	0.10	0.20	0.30	0.40	0.50
0.30	θ_x		−0.0278	−0.0470	−0.0638	−0.0703
	θ_y		0.0757	0.1078	0.1301	0.1382
0.40	θ_x		0.0037	−0.0105	−0.0270	−0.0337
	θ_y		0.0998	0.1450	0.1776	0.1895
0.50	θ_x		0.0760	0.0836	0.0804	0.0791
	θ_y		0.1208	0.1815	0.2274	0.2439
0.60	θ_x		0.1914	0.2648	0.3126	0.3291
	θ_y		0.1361	0.2150	0.2777	0.2984
0.75	θ_x		0.3070	0.4453	0.5467	0.5813
	θ_y		0.1470	0.2422	0.3203	0.3447
0.80	θ_x		0.3781	0.5410	0.6552	0.6960
	θ_y		0.1553	0.2601	0.3474	0.3748
0.90	θ_x		0.4012	0.5693	0.6863	0.7283
	θ_y		0.1583	0.2663	0.3565	0.3851

$k=1.8$　　$\alpha=0.6$　　$\beta=0.5$

ξ	η	0.10	0.20	0.30	0.40	0.50
0.30	θ_x		−0.0372	−0.0582	−0.0743	−0.0802
	θ_y		0.0926	0.1303	0.1556	0.1645
0.40	θ_x		−0.0022	−0.0162	−0.0282	−0.0325
	θ_y		0.1234	0.1759	0.2116	0.2241
0.50	θ_x		0.0829	0.0955	0.1014	0.1058
	θ_y		0.1518	0.2221	0.2694	0.2855
0.60	θ_x		0.2308	0.3189	0.3757	0.3953
	θ_y		0.1742	0.2676	0.3257	0.3448
0.75	θ_x		0.3792	0.5438	0.6509	0.6870
	θ_y		0.1912	0.3055	0.3731	0.3946
0.80	θ_x		0.4632	0.6551	0.7826	0.8270
	θ_y		0.2037	0.3290	0.4038	0.4273
0.90	θ_x		0.4906	0.6883	0.8203	0.8668
	θ_y		0.2082	0.3369	0.4142	0.4386

$k=1.8$　　$\alpha=0.6$　　$\beta=0.6$

ξ	η	0.10	0.20	0.30	0.40	0.50
0.30	θ_x			−0.0683	−0.0820	−0.0868
	θ_y			0.1497	0.1769	0.1863
0.40	θ_x			−0.0211	−0.0274	−0.0291
	θ_y			0.2026	0.2397	0.2524
0.50	θ_x			0.1049	0.1226	0.1297
	θ_y			0.2566	0.3034	0.3191
0.60	θ_x			0.3651	0.4294	0.4516
	θ_y			0.3094	0.3642	0.3821
0.75	θ_x			0.6259	0.7372	0.7746
	θ_y			0.3536	0.4146	0.4342
0.80	θ_x			0.7529	0.8890	0.9356
	θ_y			0.3816	0.4475	0.4684
0.90	θ_x			0.7900	0.9332	0.9825
	θ_y			0.3911	0.4588	0.4803

$k=1.8$　　$\alpha=0.6$　　$\beta=0.7$

ξ	η	0.10	0.20	0.30	0.40	0.50
0.30	θ_x			−0.0760	−0.0885	−0.0916
	θ_y			0.1654	0.1937	0.2033
0.40	θ_x			−0.0249	−0.0254	−0.0249
	θ_y			0.2241	0.2617	0.2744
0.50	θ_x			0.1146	0.1411	0.1510
	θ_y			0.2839	0.3297	0.3448
0.60	θ_x			0.4022	0.4725	0.4967
	θ_y			0.3415	0.3933	0.4102
0.75	θ_x			0.6906	0.8050	0.8435
	θ_y			0.3896	0.4457	0.4638
0.80	θ_x			0.8316	0.9729	1.0208
	θ_y			0.4207	0.4800	0.4989
0.90	θ_x			0.8726	1.0224	1.0733
	θ_y			0.4313	0.4919	0.5111

$k=1.8$　　$\alpha=0.6$　　$\beta=0.8$

ξ	η	0.10	0.20	0.30	0.40	0.50
0.30	θ_x				−0.0909	−0.0943
	θ_y				0.2058	0.2155
0.40	θ_x				−0.0233	−0.0211
	θ_y				0.2774	0.2900
0.50	θ_x				0.1533	0.1673
	θ_y				0.3483	0.3630
0.60	θ_x				0.5040	0.5297
	θ_y				0.4138	0.4300
0.75	θ_x				0.8513	0.8905
	θ_y				0.4674	0.4844
0.80	θ_x				1.0333	1.0820
	θ_y				0.5026	0.5202
0.90	θ_x				1.0868	1.1386
	θ_y				0.5148	0.5326

$k=1.8$　　$\alpha=0.6$　　$\beta=0.9$

ξ	η	0.10	0.20	0.30	0.40	0.50
0.30	θ_x				−0.0937	−0.0956
	θ_y				0.2131	0.2229
0.40	θ_x				−0.0323	−0.0184
	θ_y				0.2868	0.2993
0.50	θ_x				0.1642	0.1774
	θ_y				0.3593	0.3738
0.60	θ_x				0.5257	0.5522
	θ_y				0.4260	0.4417
0.75	θ_x				0.8807	0.9204
	θ_y				0.4803	0.4966
0.80	θ_x				1.0734	1.1224
	θ_y				0.5158	0.5326
0.90	θ_x				1.1256	1.1779
	θ_y				0.5282	0.5452

$k=1.8$　　$\alpha=0.6$　　$\beta=1.0$

ξ	η	0.10	0.20	0.30	0.40	0.50
0.30	θ_x					−0.0960
	θ_y					0.2253
0.40	θ_x					−0.0174
	θ_y					0.3024
0.50	θ_x					0.1809
	θ_y					0.3774
0.60	θ_x					0.5565
	θ_y					0.4455
0.75	θ_x					0.9329
	θ_y					0.5007
0.80	θ_x					1.1311
	θ_y					0.5368
0.90	θ_x					1.1910
	θ_y					0.5493

$k=1.8$　　$\alpha=0.7$　　$\beta=0.1$

ξ	η	0.10	0.20	0.30	0.40	0.50
0.30	θ_x	0.0001	−0.0021	−0.0077	−0.0151	−0.0188
	θ_y	0.0112	0.0224	0.0330	0.0415	0.0449
0.40	θ_x	0.0071	0.0110	0.0089	0.0004	−0.0053
	θ_y	0.0141	0.0287	0.0434	0.0567	0.0629
0.50	θ_x	0.0185	0.0341	0.0438	0.0433	0.0341
	θ_y	0.0163	0.0335	0.0521	0.0720	0.0848
0.60	θ_x	0.0322	0.0626	0.0899	0.1134	0.1300
	θ_y	0.0179	0.0371	0.0587	0.0849	0.1111
0.75	θ_x	0.0442	0.0871	0.1269	0.1609	0.1749
	θ_y	0.0189	0.0397	0.0642	0.0961	0.1288
0.80	θ_x	0.0520	0.1021	0.1469	0.1805	0.1932
	θ_y	0.0196	0.0416	0.0683	0.1037	0.1387
0.90	θ_x	0.0547	0.1070	0.1530	0.1860	0.1982
	θ_y	0.0199	0.0423	0.0698	0.1063	0.1416

$k=1.8$　　$\alpha=0.7$　　$\beta=0.2$

ξ	η	0.10	0.20	0.30	0.40	0.50
0.30	θ_x	−0.0004	−0.0051	−0.0159	−0.0291	−0.0353
	θ_y	0.0224	0.0447	0.0656	0.0817	0.0880
0.40	θ_x	0.0133	0.0204	0.0161	0.0014	−0.0073
	θ_y	0.0284	0.0574	0.0866	0.1117	0.1224
0.50	θ_x	0.0364	0.0669	0.0849	0.0831	0.0762
	θ_y	0.0328	0.0675	0.1046	0.1429	0.1618
0.60	θ_x	0.0639	0.1243	0.1791	0.2250	0.2500
	θ_y	0.0360	0.0745	0.1185	0.1727	0.2029
0.75	θ_x	0.0881	0.1735	0.2523	0.3154	0.3412
	θ_y	0.0383	0.0800	0.1304	0.1963	0.2343
0.80	θ_x	0.1036	0.2029	0.2910	0.3561	0.3798
	θ_y	0.0398	0.0841	0.1389	0.2110	0.2527
0.90	θ_x	0.1088	0.2124	0.3028	0.3665	0.3903
	θ_y	0.0404	0.0856	0.1420	0.2160	0.2586

$k=1.8$　　$\alpha=0.7$　　$\beta=0.3$

ξ	η	0.10	0.20	0.30	0.40	0.50
0.30	θ_x	−0.0020	−0.0097	−0.0248	−0.0413	−0.0487
	θ_y	0.0336	0.0666	0.0969	0.1194	0.1279
0.40	θ_x	0.0181	0.0270	0.0204	0.0042	−0.0043
	θ_y	0.0428	0.0863	0.1288	0.1631	0.1763
0.50	θ_x	0.0527	0.0964	0.1212	0.1217	0.1211
	θ_y	0.0498	0.1020	0.1576	0.2090	0.2289
0.60	θ_x	0.0947	0.1846	0.2668	0.3302	0.3538
	θ_y	0.0547	0.1137	0.1804	0.2543	0.2804
0.75	θ_x	0.1313	0.2583	0.3740	0.4613	0.4944
	θ_y	0.0585	0.1230	0.2000	0.2895	0.3216
0.80	θ_x	0.1541	0.3010	0.4296	0.5215	0.5551
	θ_y	0.0611	0.1297	0.2135	0.3108	0.3463
0.90	θ_x	0.1616	0.3147	0.4458	0.5367	0.5697
	θ_y	0.0621	0.1321	0.2184	0.3179	0.3545

$k=1.8$　　$\alpha=0.7$　　$\beta=0.4$

ξ	η	0.10	0.20	0.30	0.40	0.50
0.30	θ_x		−0.0163	−0.0342	−0.0512	−0.0582
	θ_y		0.0880	0.1264	0.1535	0.1634
0.40	θ_x		0.0294	0.0221	0.0088	0.0027
	θ_y		0.1150	0.1691	0.2090	0.2235
0.50	θ_x		0.1215	0.1506	0.1611	0.1661
	θ_y		0.1375	0.2103	0.2665	0.2859
0.60	θ_x		0.2427	0.3494	0.4246	0.4501
	θ_y		0.1545	0.2472	0.3216	0.3454
0.75	θ_x		0.3407	0.4913	0.5935	0.6307
	θ_y		0.1684	0.2765	0.3647	0.3925
0.80	θ_x		0.3944	0.5590	0.6720	0.7121
	θ_y		0.1786	0.2953	0.3914	0.4220
0.90	θ_x		0.4118	0.5788	0.6924	0.7329
	θ_y		0.1821	0.3018	0.4004	0.4320

$k=1.8$　　$\alpha=0.7$　　$\beta=0.5$

ξ	η	0.10	0.20	0.30	0.40	0.50
0.30	θ_x		−0.0248	−0.0434	−0.0585	−0.0641
	θ_y		0.1081	0.1530	0.1833	0.1939
0.40	θ_x		0.0275	0.0222	0.0156	0.0136
	θ_y		0.1430	0.2059	0.2485	0.2632
0.50	θ_x		0.1397	0.1743	0.1990	0.2085
	θ_y		0.1740	0.2589	0.3145	0.3331
0.60	θ_x		0.2981	0.4250	0.5062	0.5335
	θ_y		0.1986	0.3093	0.3762	0.3978
0.75	θ_x		0.4192	0.5927	0.7084	0.7532
	θ_y		0.2190	0.3480	0.4254	0.4497
0.80	θ_x		0.4806	0.6756	0.8041	0.8489
	θ_y		0.2334	0.3720	0.4561	0.4829
0.90	θ_x		0.5015	0.6983	0.8296	0.8756
	θ_y		0.2382	0.3800	0.4665	0.4940

$k=1.8$　　$\alpha=0.7$　　$\beta=0.6$

ξ	η	0.10	0.20	0.30	0.40	0.50
0.30	θ_x			−0.0517	−0.0633	−0.0671
	θ_y			0.1760	0.2081	0.2191
0.40	θ_x			0.0221	0.0237	0.0249
	θ_y			0.2374	0.2809	0.2956
0.50	θ_x			0.1974	0.2329	0.2459
	θ_y			0.2994	0.3533	0.3711
0.60	θ_x			0.4884	0.5744	0.6034
	θ_y			0.3575	0.4199	0.4402
0.75	θ_x			0.6816	0.8091	0.8507
	θ_y			0.4030	0.4729	0.4953
0.80	θ_x			0.7756	0.9150	0.9630
	θ_y			0.4313	0.5063	0.5303
0.90	θ_x			0.8011	0.9453	0.9951
	θ_y			0.4408	0.5178	0.5423

$k=1.8 \quad \alpha=0.7 \quad \beta=0.7$

ξ	η	0.10	0.20	0.30	0.40	0.50
0.30	θ_x			−0.0584	−0.0661	−0.0683
	θ_y			0.1945	0.2275	0.2387
0.40	θ_x			0.0227	0.0316	0.0355
	θ_y			0.2626	0.3060	0.3206
0.50	θ_x			0.2175	0.2626	0.2782
	θ_y			0.3309	0.3830	0.4002
0.60	θ_x			0.5384	0.6283	0.6587
	θ_y			0.3941	0.4528	0.4720
0.75	θ_x			0.7576	0.8845	0.9274
	θ_y			0.4442	0.5084	0.5291
0.80	θ_x			0.8561	1.0030	1.0530
	θ_y			0.4757	0.5440	0.5658
0.90	θ_x			0.8843	1.0372	1.0895
	θ_y			0.4864	0.5561	0.5784

$k=1.8 \quad \alpha=0.7 \quad \beta=0.8$

ξ	η	0.10	0.20	0.30	0.40	0.50
0.30	θ_x				−0.0679	−0.0684
	θ_y				0.2415	0.2527
0.40	θ_x				0.0382	0.0441
	θ_y				0.3240	0.3383
0.50	θ_x				0.2823	0.3011
	θ_y				0.4040	0.4207
0.60	θ_x				0.6673	0.6987
	θ_y				0.4761	0.4944
0.75	θ_x				0.9389	0.9826
	θ_y				0.5334	0.5529
0.80	θ_x				1.0666	1.1180
	θ_y				0.5702	0.5906
0.90	θ_x				1.1038	1.1577
	θ_y				0.5828	0.6036

$k=1.8 \quad \alpha=0.7 \quad \beta=0.9$

ξ	η	0.10	0.20	0.30	0.40	0.50
0.30	θ_x				−0.0682	−0.0681
	θ_y				0.2499	0.2611
0.40	θ_x				0.0403	0.0473
	θ_y				0.3347	0.3489
0.50	θ_x				0.2967	0.3153
	θ_y				0.4165	0.4329
0.60	θ_x				0.6778	0.7099
	θ_y				0.4899	0.5077
0.75	θ_x				0.9716	1.0159
	θ_y				0.5482	0.5672
0.80	θ_x				1.1092	1.1612
	θ_y				0.5855	0.6051
0.90	θ_x				1.1442	1.1988
	θ_y				0.5983	0.6182

$k=1.8 \quad \alpha=0.7 \quad \beta=1.0$

ξ	η	0.10	0.20	0.30	0.40	0.50
0.30	θ_x					−0.0680
	θ_y					0.2639
0.40	θ_x					0.0516
	θ_y					0.3524
0.50	θ_x					0.3200
	θ_y					0.4369
0.60	θ_x					0.7311
	θ_y					0.5120
0.75	θ_x					1.0270
	θ_y					0.5715
0.80	θ_x					1.1702
	θ_y					0.6100
0.90	θ_x					1.2126
	θ_y					0.6232

$k=1.8 \quad \alpha=0.8 \quad \beta=0.1$

ξ	η	0.10	0.20	0.30	0.40	0.50
0.40	θ_x	0.0120	0.0208	0.0231	0.0161	0.0077
	θ_y	0.0156	0.0318	0.0488	0.0654	0.0741
0.50	θ_x	0.0244	0.0465	0.0642	0.0756	0.0795
	θ_y	0.0180	0.0371	0.0579	0.0813	0.1010
0.60	θ_x	0.0374	0.0734	0.1069	0.1371	0.1546
	θ_y	0.0198	0.0412	0.0654	0.0954	0.1263
0.75	θ_x	0.0477	0.0935	0.1350	0.1673	0.1804
	θ_y	0.0213	0.0446	0.0720	0.1073	0.1418
0.80	θ_x	0.0538	0.1047	0.1491	0.1807	0.1925
	θ_y	0.0223	0.0470	0.0765	0.1145	0.1505
0.90	θ_x	0.0557	0.1082	0.1531	0.1846	0.1954
	θ_y	0.0227	0.0479	0.0782	0.1169	0.1533

$k=1.8 \quad \alpha=0.8 \quad \beta=0.2$

ξ	η	0.10	0.20	0.30	0.40	0.50
0.40	θ_x	0.0233	0.0400	0.0437	0.0312	0.0209
	θ_y	0.0314	0.0639	0.0976	0.1291	0.1433
0.50	θ_x	0.0483	0.0920	0.1267	0.1492	0.1570
	θ_y	0.0363	0.0744	0.1165	0.1636	0.1886
0.60	θ_x	0.0745	0.1461	0.2132	0.2717	0.2988
	θ_y	0.0401	0.0828	0.1324	0.1947	0.2299
0.75	θ_x	0.0949	0.1859	0.2677	0.3298	0.3540
	θ_y	0.0431	0.0899	0.1461	0.2180	0.2590
0.80	θ_x	0.1068	0.2078	0.2951	0.3562	0.3785
	θ_y	0.0452	0.0950	0.1554	0.2323	0.2757
0.90	θ_x	0.1107	0.2146	0.3028	0.3643	0.3855
	θ_y	0.0460	0.0968	0.1587	0.2371	0.2813

$k=1.8$　$\alpha=0.8$　$\beta=0.3$

ξ	η	0.10	0.20	0.30	0.40	0.50
0.40	θ_x	0.0329	0.0559	0.0598	0.0468	0.0398
	θ_y	0.0474	0.0963	0.1461	0.1884	0.2049
0.50	θ_x	0.0710	0.1351	0.1862	0.2192	0.2306
	θ_y	0.0550	0.1130	0.1762	0.2403	0.2637
0.60	θ_x	0.1108	0.2177	0.3175	0.3983	0.4284
	θ_y	0.0609	0.1266	0.2020	0.2869	0.3168
0.75	θ_x	0.1412	0.2763	0.3964	0.4844	0.5171
	θ_y	0.0658	0.1380	0.2241	0.3210	0.3558
0.80	θ_x	0.1585	0.3074	0.4346	0.5219	0.5535
	θ_y	0.0692	0.1460	0.2381	0.3417	0.3796
0.90	θ_x	0.1640	0.3173	0.4458	0.5342	0.5656
	θ_y	0.0705	0.1489	0.2430	0.3486	0.3873

$k=1.8$　$\alpha=0.8$　$\beta=0.4$

ξ	η	0.10	0.20	0.30	0.40	0.50
0.40	θ_x		0.0672	0.0712	0.0646	0.0624
	θ_y		0.1290	0.1929	0.2409	0.2581
0.50	θ_x		0.1750	0.2412	0.2838	0.2985
	θ_y		0.1528	0.2381	0.3051	0.3272
0.60	θ_x		0.2874	0.4178	0.5113	0.5434
	θ_y		0.1722	0.2775	0.3625	0.3893
0.75	θ_x		0.3627	0.5169	0.6238	0.6597
	θ_y		0.1889	0.3081	0.4053	0.4360
0.80	θ_x		0.4018	0.5640	0.6735	0.7124
	θ_y		0.2004	0.3274	0.4311	0.4646
0.90	θ_x		0.4136	0.5789	0.6896	0.7286
	θ_y		0.2046	0.3340	0.4398	0.4741

$k=1.8$　$\alpha=0.8$　$\beta=0.5$

ξ	η	0.10	0.20	0.30	0.40	0.50
0.40	θ_x		0.0718	0.0797	0.0837	0.0860
	θ_y		0.1617	0.2358	0.2856	0.3026
0.50	θ_x		0.2107	0.2902	0.3413	0.3590
	θ_y		0.1942	0.2953	0.3587	0.3796
0.60	θ_x		0.3548	0.5091	0.6087	0.6422
	θ_y		0.2219	0.3480	0.4234	0.4477
0.75	θ_x		0.4433	0.6255	0.7457	0.7873
	θ_y		0.2451	0.3867	0.4727	0.5004
0.80	θ_x		0.4884	0.6804	0.8073	0.8516
	θ_y		0.2604	0.4110	0.5032	0.5328
0.90	θ_x		0.5012	0.6981	0.8270	0.8719
	θ_y		0.2656	0.4191	0.5134	0.5437

$k=1.8$　$\alpha=0.8$　$\beta=0.6$

ξ	η	0.10	0.20	0.30	0.40	0.50
0.40	θ_x			0.0878	0.1024	0.1083
	θ_y			0.2723	0.3220	0.3386
0.50	θ_x			0.3321	0.3904	0.4106
	θ_y			0.3414	0.4017	0.4215
0.60	θ_x			0.5863	0.6895	0.7244
	θ_y			0.4024	0.4722	0.4948
0.75	θ_x			0.7187	0.8478	0.8919
	θ_y			0.4486	0.5262	0.5508
0.80	θ_x			0.7803	0.9202	0.9684
	θ_y			0.4762	0.5597	0.5865
0.90	θ_x			0.8003	0.9432	0.9926
	θ_y			0.4857	0.5710	0.5985

$k=1.8$　$\alpha=0.8$　$\beta=0.7$

ξ	η	0.10	0.20	0.30	0.40	0.50
0.40	θ_x			0.1092	0.1331	0.1420
	θ_y			0.3014	0.3501	0.3663
0.50	θ_x			0.3648	0.4290	0.4511
	θ_y			0.3768	0.4345	0.4536
0.60	θ_x			0.6461	0.7530	0.7890
	θ_y			0.4434	0.5088	0.5301
0.75	θ_x			0.7934	0.9285	0.9720
	θ_y			0.4938	0.5662	0.5894
0.80	θ_x			0.8610	1.0101	1.0610
	θ_y			0.5255	0.6021	0.6267
0.90	θ_x			0.8827	1.0359	1.0884
	θ_y			0.5361	0.6143	0.6394

$k=1.8$　$\alpha=0.8$　$\beta=0.8$

ξ	η	0.10	0.20	0.30	0.40	0.50
0.40	θ_x				0.1316	0.1424
	θ_y				0.3700	0.3858
0.50	θ_x				0.4588	0.4824
	θ_y				0.4578	0.4762
0.60	θ_x				0.7988	0.8356
	θ_y				0.5347	0.5550
0.75	θ_x				0.9867	1.0337
	θ_y				0.5942	0.6161
0.80	θ_x				1.0753	1.1280
	θ_y				0.6316	0.6548
0.90	θ_x				1.1033	1.1578
	θ_y				0.6444	0.6679

$k=1.8$　$\alpha=0.8$　$\beta=0.9$

ξ	η	0.10	0.20	0.30	0.40	0.50
0.40	θ_x				0.1541	0.1661
	θ_y				0.3819	0.3975
0.50	θ_x				0.4755	0.4999
	θ_y				0.4716	0.4896
0.60	θ_x				0.8113	0.8486
	θ_y				0.5500	0.5698
0.75	θ_x				1.0336	1.0812
	θ_y				0.6108	0.6320
0.80	θ_x				1.1179	1.1716
	θ_y				0.6491	0.6713
0.90	θ_x				1.1311	1.1868
	θ_y				0.6621	0.6847

$k=1.8$　$\alpha=0.8$　$\beta=1.0$

ξ	η	0.10	0.20	0.30	0.40	0.50
0.40	θ_x					0.1548
	θ_y					0.4014
0.50	θ_x					0.5071
	θ_y					0.4941
0.60	θ_x					0.8732
	θ_y					0.5745
0.75	θ_x					1.0793
	θ_y					0.6373
0.80	θ_x					1.1821
	θ_y					0.6767
0.90	θ_x					1.2139
	θ_y					0.6903

$k=1.8$　$\alpha=0.9$　$\beta=0.1$

ξ	η	0.10	0.20	0.30	0.40	0.50
0.40	θ_x	0.0179	0.0329	0.0420	0.0410	0.0323
	θ_y	0.0169	0.0346	0.0536	0.0738	0.0868
0.50	θ_x	0.0305	0.0592	0.0851	0.1083	0.1247
	θ_y	0.0195	0.0403	0.0632	0.0903	0.1168
0.60	θ_x	0.0419	0.0824	0.1199	0.1519	0.1650
	θ_y	0.0217	0.0452	0.0719	0.1053	0.1389
0.75	θ_x	0.0500	0.0976	0.1396	0.1706	0.1830
	θ_y	0.0236	0.0493	0.0793	0.1171	0.1530
0.80	θ_x	0.0544	0.1055	0.1488	0.1788	0.1898
	θ_y	0.0248	0.0521	0.0841	0.1241	0.1609
0.90	θ_x	0.0558	0.1078	0.1514	0.1809	0.1916
	θ_y	0.0252	0.0531	0.0858	0.1264	0.1633

$k=1.8$　$\alpha=0.9$　$\beta=0.2$

ξ	η	0.10	0.20	0.30	0.40	0.50
0.40	θ_x	0.0351	0.0644	0.0815	0.0787	0.0714
	θ_y	0.0340	0.0695	0.1076	0.1465	0.1656
0.50	θ_x	0.0605	0.1177	0.1694	0.2165	0.2390
	θ_y	0.0393	0.0809	0.1276	0.1834	0.2145
0.60	θ_x	0.0835	0.1641	0.2384	0.3001	0.3226
	θ_y	0.0439	0.0909	0.1457	0.2147	0.2537
0.75	θ_x	0.0994	0.1939	0.2765	0.3367	0.3595
	θ_y	0.0476	0.0993	0.1602	0.2374	0.2806
0.80	θ_x	0.1080	0.2090	0.2943	0.3528	0.3739
	θ_y	0.0502	0.1050	0.1704	0.2511	0.2962
0.90	θ_x	0.1107	0.2135	0.2992	0.3575	0.3782
	θ_y	0.0511	0.1071	0.1737	0.2557	0.3013

$k=1.8$　$\alpha=0.9$　$\beta=0.3$

ξ	η	0.10	0.20	0.30	0.40	0.50
0.40	θ_x	0.0509	0.0930	0.1160	0.1153	0.1143
	θ_y	0.0515	0.1052	0.1620	0.2142	0.2344
0.50	θ_x	0.0897	0.1747	0.2526	0.3183	0.3417
	θ_y	0.0597	0.1232	0.1937	0.2703	0.2972
0.60	θ_x	0.1243	0.2443	0.3534	0.4394	0.4714
	θ_y	0.0668	0.1390	0.2226	0.3162	0.3496
0.75	θ_x	0.1476	0.2872	0.4076	0.4933	0.5244
	θ_y	0.0727	0.1522	0.2459	0.3493	0.3871
0.80	θ_x	0.1599	0.3086	0.4328	0.5173	0.5474
	θ_y	0.0767	0.1611	0.2602	0.3692	0.4091
0.90	θ_x	0.1636	0.3150	0.4404	0.5241	0.5532
	θ_y	0.0782	0.1642	0.2652	0.3758	0.4165

$k=1.8$　$\alpha=0.9$　$\beta=0.4$

ξ	η	0.10	0.20	0.30	0.40	0.50
0.40	θ_x		0.1166	0.1431	0.1529	0.1575
	θ_y		0.1416	0.2160	0.2732	0.2930
0.50	θ_x		0.2297	0.3342	0.4085	0.4329
	θ_y		0.1668	0.2644	0.3419	0.3668
0.60	θ_x		0.3220	0.4642	0.5649	0.6002
	θ_y		0.1893	0.3056	0.3996	0.4294
0.75	θ_x		0.3757	0.5305	0.6360	0.6734
	θ_y		0.2081	0.3369	0.4412	0.4748
0.80	θ_x		0.4025	0.5620	0.6682	0.7056
	θ_y		0.2203	0.3563	0.4664	0.5023
0.90	θ_x		0.4097	0.5703	0.6772	0.7151
	θ_y		0.2246	0.3629	0.4749	0.5113

$k=1.8 \quad \alpha=0.9 \quad \beta=0.5$

ξ	η	0.10	0.20	0.30	0.40	0.50
0.40	θ_x		0.1339	0.1661	0.1892	0.1982
	θ_y		0.1789	0.2657	0.3226	0.3417
0.50	θ_x		0.2830	0.4080	0.4861	0.5119
	θ_y		0.2133	0.3301	0.4008	0.4238
0.60	θ_x		0.3962	0.5638	0.6737	0.7112
	θ_y		0.2443	0.3832	0.4667	0.4935
0.75	θ_x		0.4580	0.6408	0.7614	0.8034
	θ_y		0.2691	0.4221	0.5157	0.5458
0.80	θ_x		0.4872	0.6775	0.8019	0.8452
	θ_y		0.2850	0.4460	0.5453	0.5774
0.90	θ_x		0.4963	0.6882	0.8134	0.8570
	θ_y		0.2904	0.4540	0.5552	0.5881

$k=1.8 \quad \alpha=0.9 \quad \beta=0.6$

ξ	η	0.10	0.20	0.30	0.40	0.50
0.40	θ_x			0.1880	0.2219	0.2343
	θ_y			0.3072	0.3625	0.3808
0.50	θ_x			0.4690	0.5506	0.5780
	θ_y			0.3814	0.4478	0.4694
0.60	θ_x			0.6445	0.7643	0.8035
	θ_y			0.4433	0.5203	0.5451
0.75	θ_x			0.7353	0.8671	0.9124
	θ_y			0.4888	0.5743	0.6018
0.80	θ_x			0.7765	0.9149	0.9627
	θ_y			0.5166	0.6074	0.6368
0.90	θ_x			0.7884	0.9279	0.9763
	θ_y			0.5260	0.6186	0.6484

$k=1.8 \quad \alpha=0.9 \quad \beta=0.7$

ξ	η	0.10	0.20	0.30	0.40	0.50
0.40	θ_x			0.2278	0.2706	0.2857
	θ_y			0.3397	0.3931	0.4109
0.50	θ_x			0.5165	0.6016	0.6304
	θ_y			0.4203	0.4836	0.5043
0.60	θ_x			0.7156	0.8356	0.8760
	θ_y			0.4886	0.5605	0.5839
0.75	θ_x			0.8114	0.9510	0.9986
	θ_y			0.5392	0.6185	0.6441
0.80	θ_x			0.8563	1.0051	1.0561
	θ_y			0.5701	0.6542	0.6814
0.90	θ_x			0.8693	1.0199	1.0719
	θ_y			0.5804	0.6663	0.6940

$k=1.8 \quad \alpha=0.9 \quad \beta=0.8$

ξ	η	0.10	0.20	0.30	0.40	0.50
0.40	θ_x				0.2695	0.2863
	θ_y				0.4148	0.4320
0.50	θ_x				0.6385	0.6683
	θ_y				0.5088	0.5288
0.60	θ_x				0.8870	0.9283
	θ_y				0.5889	0.6111
0.75	θ_x				1.0118	1.0610
	θ_y				0.6495	0.6738
0.80	θ_x				1.0707	1.1239
	θ_y				0.6869	0.7126
0.90	θ_x				1.0870	1.1405
	θ_y				0.6996	0.7257

$k=1.8 \quad \alpha=0.9 \quad \beta=0.9$

ξ	η	0.10	0.20	0.30	0.40	0.50
0.40	θ_x				0.3036	0.3216
	θ_y				0.4278	0.4446
0.50	θ_x				0.6608	0.6913
	θ_y				0.5239	0.5434
0.60	θ_x				0.9144	0.9564
	θ_y				0.6057	0.6274
0.75	θ_x				1.0486	1.0987
	θ_y				0.6676	0.6912
0.80	θ_x				1.1093	1.1637
	θ_y				0.7062	0.7310
0.90	θ_x				1.1277	1.1826
	θ_y				0.7193	0.7445

$k=1.8 \quad \alpha=0.9 \quad \beta=1.0$

ξ	η	0.10	0.20	0.30	0.40	0.50
0.40	θ_x					0.3046
	θ_y					0.4488
0.50	θ_x					0.6990
	θ_y					0.5483
0.60	θ_x					0.9704
	θ_y					0.6326
0.75	θ_x					1.1095
	θ_y					0.6973
0.80	θ_x					1.1788
	θ_y					0.7370
0.90	θ_x					1.1968
	θ_y					0.7506

$k=1.8$　$\alpha=1.0$　$\beta=0.1$

ξ	η	0.10	0.20	0.30	0.40	0.50
0.50	θ_x	0.0362	0.0711	0.1036	0.1332	0.1495
	θ_y	0.0210	0.0434	0.0684	0.0990	0.1299
0.60	θ_x	0.0456	0.0893	0.1289	0.1598	0.1718
	θ_y	0.0235	0.0490	0.0781	0.1145	0.1496
0.75	θ_x	0.0514	0.0999	0.1416	0.1711	0.1816
	θ_y	0.0257	0.0536	0.0859	0.1258	0.1625
0.80	θ_x	0.0544	0.1048	0.1469	0.1755	0.1855
	θ_y	0.0271	0.0567	0.0908	0.1325	0.1700
0.90	θ_x	0.0552	0.1062	0.1483	0.1763	0.1869
	θ_y	0.0276	0.0577	0.0925	0.1348	0.1725

$k=1.8$　$\alpha=1.0$　$\beta=0.2$

ξ	η	0.10	0.20	0.30	0.40	0.50
0.50	θ_x	0.0721	0.1415	0.2065	0.2634	0.2893
	θ_y	0.0423	0.0871	0.1383	0.2017	0.2377
0.60	θ_x	0.0907	0.1776	0.2556	0.3149	0.3374
	θ_y	0.0476	0.0986	0.1582	0.2326	0.2742
0.75	θ_x	0.1022	0.1981	0.2799	0.3374	0.3581
	θ_y	0.0519	0.1080	0.1734	0.2545	0.2993
0.80	θ_x	0.1078	0.2076	0.2903	0.3461	0.3658
	θ_y	0.0548	0.1142	0.1837	0.2677	0.3140
0.90	θ_x	0.1094	0.2102	0.2932	0.3486	0.3683
	θ_y	0.0558	0.1163	0.1871	0.2720	0.3188

$k=1.8$　$\alpha=1.0$　$\beta=0.3$

ξ	η	0.10	0.20	0.30	0.40	0.50
0.50	θ_x	0.1073	0.2108	0.3077	0.3860	0.4155
	θ_y	0.0642	0.1329	0.2108	0.2975	0.3280
0.60	θ_x	0.1349	0.2638	0.3779	0.4609	0.4918
	θ_y	0.0724	0.1508	0.2416	0.3422	0.3785
0.75	θ_x	0.1513	0.2928	0.4121	0.4945	0.5241
	θ_y	0.0792	0.1653	0.2656	0.3743	0.4143
0.80	θ_x	0.1592	0.3062	0.4271	0.5077	0.5362
	θ_y	0.0835	0.1747	0.2799	0.3934	0.4350
0.90	θ_x	0.1615	0.3097	0.4310	0.5117	0.5399
	θ_y	0.0852	0.1780	0.2849	0.3997	0.4419

$k=1.8$　$\alpha=1.0$　$\beta=0.4$

ξ	η	0.10	0.20	0.30	0.40	0.50
0.50	θ_x		0.2784	0.4056	0.4957	0.5268
	θ_y		0.1804	0.2890	0.3759	0.4034
0.60	θ_x		0.3465	0.4926	0.5937	0.6298
	θ_y		0.2055	0.3312	0.4326	0.4652
0.75	θ_x		0.3822	0.5355	0.6384	0.6748
	θ_y		0.2255	0.3627	0.4731	0.5089
0.80	θ_x		0.3983	0.5542	0.6562	0.6922
	θ_y		0.2383	0.3820	0.4976	0.5354
0.90	θ_x		0.4024	0.5580	0.6615	0.6972
	θ_y		0.2426	0.3885	0.5057	0.5441

$k=1.8$　$\alpha=1.0$　$\beta=0.5$

ξ	η	0.10	0.20	0.30	0.40	0.50
0.50	θ_x		0.3437	0.4945	0.5914	0.6239
	θ_y		0.2319	0.3618	0.4398	0.4650
0.60	θ_x		0.4236	0.5958	0.7100	0.7496
	θ_y		0.2653	0.4148	0.5056	0.5348
0.75	θ_x		0.4639	0.6459	0.7655	0.8072
	θ_y		0.2911	0.4535	0.5536	0.5861
0.80	θ_x		0.4815	0.6669	0.7879	0.8300
	θ_y		0.3070	0.4770	0.5825	0.6168
0.90	θ_x		0.4862	0.6731	0.7944	0.8365
	θ_y		0.3125	0.4850	0.5921	0.6270

$k=1.8$　$\alpha=1.0$　$\beta=0.6$

ξ	η	0.10	0.20	0.30	0.40	0.50
0.50	θ_x			0.5691	0.6697	0.7034
	θ_y			0.4181	0.4906	0.5141
0.60	θ_x			0.6844	0.8075	0.8495
	θ_y			0.4800	0.5637	0.5908
0.75	θ_x			0.7406	0.8729	0.9185
	θ_y			0.5250	0.6172	0.6470
0.80	θ_x			0.7640	0.8997	0.9477
	θ_y			0.5524	0.6497	0.6812
0.90	θ_x			0.7709	0.9074	0.9546
	θ_y			0.5615	0.6605	0.6926

$k=1.8$　$\alpha=1.0$　$\beta=0.7$

ξ	η	0.10	0.20	0.30	0.40	0.50
0.50	θ_x			0.6204	0.7237	0.7584
	θ_y			0.4606	0.5295	0.5512
0.60	θ_x			0.7556	0.8845	0.9283
	θ_y			0.5293	0.6074	0.6328
0.75	θ_x			0.8170	0.9585	1.0070
	θ_y			0.5793	0.6652	0.6930
0.80	θ_x			0.8406	0.9873	1.0378
	θ_y			0.6094	0.7008	0.7295
0.90	θ_x			0.8496	0.9980	1.0489
	θ_y			0.6197	0.7122	0.7423

$k=1.8$　$\alpha=1.0$　$\beta=0.8$

ξ	η	0.10	0.20	0.30	0.40	0.50
0.50	θ_x				0.7755	0.8112
	θ_y				0.5564	0.5779
0.60	θ_x				0.9402	0.9851
	θ_y				0.6382	0.6623
0.75	θ_x				1.0207	1.0711
	θ_y				0.6989	0.7254
0.80	θ_x				1.0554	1.1084
	θ_y				0.7360	0.7640
0.90	θ_x				1.0623	1.1159
	θ_y				0.7485	0.7770

k=1.8　α=1.0　β=0.9

ξ	η	0.10	0.20	0.30	0.40	0.50
0.50	θ_x				0.7946	0.8309
	θ_y				0.5724	0.5936
0.60	θ_x				0.9833	1.0289
	θ_y				0.6564	0.6799
0.75	θ_x				1.0584	1.1099
	θ_y				0.7187	0.7444
0.80	θ_x				1.0913	1.1456
	θ_y				0.7570	0.7841
0.90	θ_x				1.1024	1.1577
	θ_y				0.7698	0.7974

k=1.8　α=1.0　β=1.0

ξ	η	0.10	0.20	0.30	0.40	0.50
0.50	θ_x					0.8476
	θ_y					0.5987
0.60	θ_x					1.0309
	θ_y					0.6855
0.75	θ_x					1.1229
	θ_y					0.7508
0.80	θ_x					1.1632
	θ_y					0.7908
0.90	θ_x					1.1717
	θ_y					0.8043

k=1.8　α=1.1　β=0.1

ξ	η	0.10	0.20	0.30	0.40	0.50
0.50	θ_x	0.0413	0.0812	0.1182	0.1490	0.1624
	θ_y	0.0223	0.0463	0.0734	0.1073	0.1407
0.60	θ_x	0.0483	0.0943	0.1347	0.1641	0.1768
	θ_y	0.0252	0.0525	0.0838	0.1225	0.1588
0.75	θ_x	0.0521	0.1008	0.1417	0.1699	0.1800
	θ_y	0.0276	0.0575	0.0918	0.1334	0.1708
0.80	θ_x	0.0538	0.1033	0.1441	0.1712	0.1806
	θ_y	0.0292	0.0607	0.0967	0.1398	0.1778
0.90	θ_x	0.0542	0.1040	0.1446	0.1714	0.1812
	θ_y	0.0297	0.0618	0.0984	0.1419	0.1802

k=1.8　α=1.1　β=0.2

ξ	η	0.10	0.20	0.30	0.40	0.50
0.50	θ_x	0.0823	0.1617	0.2350	0.2937	0.3178
	θ_y	0.0450	0.0930	0.1487	0.2181	0.2575
0.60	θ_x	0.0961	0.1872	0.2668	0.3233	0.3471
	θ_y	0.0510	0.1058	0.1697	0.2483	0.2918
0.75	θ_x	0.1034	0.1996	0.2802	0.3353	0.3550
	θ_y	0.0558	0.1159	0.1851	0.2694	0.3155
0.80	θ_x	0.1065	0.2045	0.2850	0.3379	0.3565
	θ_y	0.0589	0.1223	0.1949	0.2820	0.3292
0.90	θ_x	0.1073	0.2057	0.2854	0.3386	0.3573
	θ_y	0.0600	0.1245	0.1983	0.2862	0.3337

k=1.8　α=1.1　β=0.3

ξ	η	0.10	0.20	0.30	0.40	0.50
0.50	θ_x	0.1225	0.2408	0.3497	0.4296	0.4605
	θ_y	0.0685	0.1421	0.2271	0.3214	0.3553
0.60	θ_x	0.1426	0.2773	0.3931	0.4735	0.5029
	θ_y	0.0777	0.1618	0.2592	0.3649	0.4036
0.75	θ_x	0.1529	0.2946	0.4123	0.4916	0.5198
	θ_y	0.0849	0.1771	0.2830	0.3959	0.4370
0.80	θ_x	0.1571	0.3013	0.4192	0.4979	0.5255
	θ_y	0.0897	0.1868	0.2975	0.4143	0.4569
0.90	θ_x	0.1582	0.3027	0.4192	0.4972	0.5241
	θ_y	0.0913	0.1901	0.3025	0.4205	0.4640

k=1.8　α=1.1　β=0.4

ξ	η	0.10	0.20	0.30	0.40	0.50
0.50	θ_x		0.3174	0.4587	0.5527	0.5874
	θ_y		0.1934	0.3113	0.4061	0.4363
0.60	θ_x		0.3628	0.5105	0.6108	0.6467
	θ_y		0.2205	0.3540	0.4617	0.4965
0.75	θ_x		0.3839	0.5348	0.6351	0.6705
	θ_y		0.2412	0.3854	0.5012	0.5388
0.80	θ_x		0.3913	0.5437	0.6437	0.6758
	θ_y		0.2544	0.4044	0.5248	0.5641
0.90	θ_x		0.3930	0.5425	0.6430	0.6773
	θ_y		0.2587	0.4108	0.5325	0.5724

k=1.8　α=1.1　β=0.5

ξ	η	0.10	0.20	0.30	0.40	0.50
0.50	θ_x		0.3900	0.5575	0.6598	0.7035
	θ_y		0.2491	0.3898	0.4749	0.5023
0.60	θ_x		0.4414	0.6161	0.7319	0.7723
	θ_y		0.2843	0.4425	0.5400	0.5716
0.75	θ_x		0.4647	0.6445	0.7622	0.8032
	θ_y		0.3102	0.4808	0.5867	0.6213
0.80	θ_x		0.4724	0.6551	0.7730	0.8138
	θ_y		0.3263	0.5040	0.6147	0.6511
0.90	θ_x		0.4742	0.6526	0.7691	0.8096
	θ_y		0.3317	0.5116	0.6240	0.6610

k=1.8　α=1.1　β=0.6

ξ	η	0.10	0.20	0.30	0.40	0.50
0.50	θ_x			0.6350	0.7557	0.7943
	θ_y			0.4511	0.5295	0.5544
0.60	θ_x			0.7069	0.8339	0.8775
	θ_y			0.5129	0.6023	0.6309
0.75	θ_x			0.7385	0.8700	0.9153
	θ_y			0.5572	0.6549	0.6863
0.80	θ_x			0.7502	0.8829	0.9287
	θ_y			0.5840	0.6866	0.7197
0.90	θ_x			0.7471	0.8794	0.9251
	θ_y			0.5928	0.6971	0.7308

$k=1.8 \quad \alpha=1.1 \quad \beta=0.7$

ξ	η	0.10	0.20	0.30	0.40	0.50
0.50	θ_x			0.7077	0.8260	0.8592
	θ_y			0.4969	0.5707	0.5946
0.60	θ_x			0.7802	0.9149	0.9608
	θ_y			0.5650	0.6492	0.6767
0.75	θ_x			0.8144	0.9561	1.0047
	θ_y			0.6141	0.7063	0.7364
0.80	θ_x			0.8268	0.9709	1.0205
	θ_y			0.6437	0.7407	0.7725
0.90	θ_x			0.8234	0.9678	1.0176
	θ_y			0.6535	0.7523	0.7846

$k=1.8 \quad \alpha=1.1 \quad \beta=0.8$

ξ	η	0.10	0.20	0.30	0.40	0.50
0.50	θ_x				0.8766	0.9174
	θ_y				0.5997	0.6225
0.60	θ_x				0.9736	1.0211
	θ_y				0.6822	0.7081
0.75	θ_x				1.0188	1.0696
	θ_y				0.7424	0.7708
0.80	θ_x				1.0352	1.0874
	θ_y				0.7789	0.8088
0.90	θ_x				1.0324	1.0850
	θ_y				0.7911	0.8216

$k=1.8 \quad \alpha=1.1 \quad \beta=0.9$

ξ	η	0.10	0.20	0.30	0.40	0.50
0.50	θ_x				0.9072	0.9485
	θ_y				0.6169	0.6390
0.60	θ_x				1.0213	1.0697
	θ_y				0.7017	0.7269
0.75	θ_x				1.0568	1.1090
	θ_y				0.7638	0.7912
0.80	θ_x				1.0692	1.1230
	θ_y				0.8015	0.8306
0.90	θ_x				1.0718	1.1260
	θ_y				0.8141	0.8436

$k=1.8 \quad \alpha=1.1 \quad \beta=1.0$

ξ	η	0.10	0.20	0.30	0.40	0.50
0.50	θ_x					0.9522
	θ_y					0.6446
0.60	θ_x					1.0697
	θ_y					0.7334
0.75	θ_x					1.1222
	θ_y					0.7984
0.80	θ_x					1.1417
	θ_y					0.8380
0.90	θ_x					1.1398
	θ_y					0.8513

$k=1.8 \quad \alpha=1.2 \quad \beta=0.1$

ξ	η	0.10	0.20	0.30	0.40	0.50
0.60	θ_x	0.0503	0.0976	0.1382	0.1669	0.1774
	θ_y	0.0269	0.0558	0.0890	0.1293	0.1663
0.75	θ_x	0.0523	0.1007	0.1407	0.1681	0.1777
	θ_y	0.0293	0.0610	0.0970	0.1397	0.1779
0.80	θ_x	0.0529	0.1014	0.1407	0.1666	0.1757
	θ_y	0.0309	0.0644	0.1015	0.1473	0.1824
0.90	θ_x	0.0530	0.1014	0.1406	0.1666	0.1756
	θ_y	0.0315	0.0654	0.1035	0.1479	0.1867

$k=1.8 \quad \alpha=1.2 \quad \beta=0.2$

ξ	η	0.10	0.20	0.30	0.40	0.50
0.60	θ_x	0.0998	0.1935	0.2734	0.3291	0.3494
	θ_y	0.0540	0.1123	0.1798	0.2617	0.3070
0.75	θ_x	0.1036	0.1993	0.2784	0.3318	0.3503
	θ_y	0.0593	0.1228	0.1953	0.2822	0.3291
0.80	θ_x	0.1047	0.2004	0.2781	0.3290	0.3468
	θ_y	0.0624	0.1297	0.2052	0.2937	0.3437
0.90	θ_x	0.1049	0.2006	0.2777	0.3291	0.3465
	θ_y	0.0636	0.1316	0.2088	0.2984	0.3465

$k=1.8 \quad \alpha=1.2 \quad \beta=0.3$

ξ	η	0.10	0.20	0.30	0.40	0.50
0.60	θ_x	0.1478	0.2860	0.4026	0.4824	0.5111
	θ_y	0.0824	0.1716	0.2741	0.3846	0.4250
0.75	θ_x	0.1530	0.2938	0.4095	0.4870	0.5142
	θ_y	0.0902	0.1874	0.2980	0.4145	0.4572
0.80	θ_x	0.1543	0.2950	0.4087	0.4831	0.5090
	θ_y	0.0953	0.1968	0.3132	0.4312	0.4770
0.90	θ_x	0.1545	0.2951	0.4087	0.4833	0.5093
	θ_y	0.0967	0.2005	0.3169	0.4381	0.4825

$k=1.8 \quad \alpha=1.2 \quad \beta=0.4$

ξ	η	0.10	0.20	0.30	0.40	0.50
0.60	θ_x		0.3732	0.5226	0.6228	0.6582
	θ_y		0.2338	0.3740	0.4868	0.5235
0.75	θ_x		0.3820	0.5311	0.6294	0.6637
	θ_y		0.2548	0.4050	0.5251	0.5645
0.80	θ_x		0.3828	0.5295	0.6249	0.6581
	θ_y		0.2676	0.4234	0.5488	0.5875
0.90	θ_x		0.3828	0.5297	0.6252	0.6582
	θ_y		0.2721	0.4300	0.5554	0.5968

$k=1.8$　$\alpha=1.2$　$\beta=0.5$

ξ	η	0.10	0.20	0.30	0.40	0.50
0.60	θ_x		0.4528	0.6302	0.7468	0.7874
	θ_y		0.3010	0.4672	0.5697	0.6029
0.75	θ_x		0.4618	0.6399	0.7557	0.7958
	θ_y		0.3272	0.5050	0.6152	0.6512
0.80	θ_x		0.4617	0.6373	0.7511	0.7904
	θ_y		0.3441	0.5265	0.6429	0.6800
0.90	θ_x		0.4617	0.6378	0.7513	0.7906
	θ_y		0.3485	0.5351	0.6514	0.6895

$k=1.8$　$\alpha=1.2$　$\beta=0.6$

ξ	η	0.10	0.20	0.30	0.40	0.50
0.60	θ_x			0.7226	0.8517	0.8962
	θ_y			0.5407	0.6358	0.6666
0.75	θ_x			0.7330	0.8629	0.9078
	θ_y			0.5842	0.6873	0.7209
0.80	θ_x			0.7296	0.8585	0.9030
	θ_y			0.6113	0.7171	0.7540
0.90	θ_x			0.7301	0.8588	0.9032
	θ_y			0.6189	0.7284	0.7642

$k=1.8$　$\alpha=1.2$　$\beta=0.7$

ξ	η	0.10	0.20	0.30	0.40	0.50
0.60	θ_x				0.7971	0.9352	0.9825
	θ_y				0.5966	0.6856	0.7144
0.75	θ_x				0.8080	0.9488	0.9971
	θ_y				0.6447	0.7417	0.7732
0.80	θ_x				0.8040	0.9447	0.9932
	θ_y				0.6738	0.7753	0.8087
0.90	θ_x				0.8044	0.9450	0.9934
	θ_y				0.6831	0.7866	0.8204

$k=1.8$　$\alpha=1.2$　$\beta=0.8$

ξ	η	0.10	0.20	0.30	0.40	0.50
0.60	θ_x				0.9960	1.0451
	θ_y				0.7206	0.7481
0.75	θ_x				1.0114	1.0622
	θ_y				0.7800	0.8101
0.80	θ_x				1.0077	1.0590
	θ_y				0.8164	0.8468
0.90	θ_x				1.0081	1.0594
	θ_y				0.8276	0.8599

$k=1.8$　$\alpha=1.2$　$\beta=0.9$

ξ	η	0.10	0.20	0.30	0.40	0.50
0.60	θ_x				1.0371	1.0874
	θ_y				0.7413	0.7681
0.75	θ_x				1.0410	1.0933
	θ_y				0.8027	0.8320
0.80	θ_x				1.0461	1.0990
	θ_y				0.8396	0.8705
0.90	θ_x				1.0514	1.1045
	θ_y				0.8520	0.8834

$k=1.8$　$\alpha=1.2$　$\beta=1.0$

ξ	η	0.10	0.20	0.30	0.40	0.50
0.60	θ_x					1.0958
	θ_y					0.7745
0.75	θ_x					1.1150
	θ_y					0.8390
0.80	θ_x					1.1124
	θ_y					0.8789
0.90	θ_x					1.1130
	θ_y					0.8910

$k=1.8$　$\alpha=1.3$　$\beta=0.1$

ξ	η	0.10	0.20	0.30	0.40	0.50
0.60	θ_x	0.0515	0.0996	0.1400	0.1682	0.1774
	θ_y	0.0282	0.0586	0.0933	0.1351	0.1727
0.75	θ_x	0.0521	0.1000	0.1392	0.1653	0.1742
	θ_y	0.0308	0.0640	0.1013	0.1452	0.1836
0.80	θ_x	0.0519	0.0993	0.1375	0.1625	0.1712
	θ_y	0.0325	0.0673	0.1061	0.1512	0.1899
0.90	θ_x	0.0518	0.0989	0.1368	0.1615	0.1702
	θ_y	0.0331	0.0684	0.1077	0.1531	0.1920

$k=1.8$　$\alpha=1.3$　$\beta=0.2$

ξ	η	0.10	0.20	0.30	0.40	0.50
0.60	θ_x	0.1022	0.1972	0.2769	0.3321	0.3500
	θ_y	0.0569	0.1180	0.1886	0.2731	0.3191
0.75	θ_x	0.1032	0.1978	0.2752	0.3262	0.3440
	θ_y	0.0623	0.1287	0.2040	0.2928	0.3406
0.80	θ_x	0.1027	0.1963	0.2717	0.3210	0.3394
	θ_y	0.0656	0.1353	0.2140	0.3045	0.3543
0.90	θ_x	0.1024	0.1954	0.2702	0.3190	0.3360
	θ_y	0.0667	0.1375	0.2172	0.3084	0.3573

$k=1.8$ $\quad \alpha=1.3$ $\quad \beta=0.3$

ξ	η	0.10	0.20	0.30	0.40	0.50
0.60	θ_x	0.1511	0.2911	0.4075	0.4872	0.5153
	θ_y	0.0866	0.1802	0.2870	0.4011	0.4428
0.75	θ_x	0.1521	0.2913	0.4047	0.4787	0.5047
	θ_y	0.0946	0.1963	0.3108	0.4302	0.4740
0.80	θ_x	0.1512	0.2886	0.3994	0.4713	0.4963
	θ_y	0.0996	0.2061	0.3245	0.4473	0.4922
0.90	θ_x	0.1507	0.2874	0.3971	0.4685	0.4932
	θ_y	0.1013	0.2094	0.3292	0.4530	0.4983

$k=1.8$ $\quad \alpha=1.3$ $\quad \beta=0.4$

ξ	η	0.10	0.20	0.30	0.40	0.50
0.60	θ_x		0.3792	0.5293	0.6292	0.6642
	θ_y		0.2453	0.3911	0.5079	0.5461
0.75	θ_x		0.3782	0.5241	0.6191	0.6523
	θ_y		0.2665	0.4217	0.5450	0.5856
0.80	θ_x		0.3744	0.5172	0.6098	0.6419
	θ_y		0.2796	0.4399	0.5671	0.6090
0.90	θ_x		0.3726	0.5144	0.6062	0.6380
	θ_y		0.2839	0.4460	0.5744	0.6167

$k=1.8$ $\quad \alpha=1.3$ $\quad \beta=0.5$

ξ	η	0.10	0.20	0.30	0.40	0.50
0.60	θ_x		0.4593	0.6383	0.7549	0.7954
	θ_y		0.3153	0.4880	0.5948	0.6295
0.75	θ_x		0.4565	0.6308	0.7439	0.7831
	θ_y		0.3413	0.5250	0.6393	0.6767
0.80	θ_x		0.4513	0.6225	0.7331	0.7714
	θ_y		0.3570	0.5470	0.6657	0.7047
0.90	θ_x		0.4489	0.6192	0.7289	0.7668
	θ_y		0.3622	0.5543	0.6744	0.7139

$k=1.8$ $\quad \alpha=1.3$ $\quad \beta=0.6$

ξ	η	0.10	0.20	0.30	0.40	0.50
0.60	θ_x			0.7314	0.8614	0.9062
	θ_y			0.5647	0.6641	0.6965
0.75	θ_x			0.7223	0.8501	0.8942
	θ_y			0.6072	0.7144	0.7494
0.80	θ_x			0.7125	0.8382	0.8815
	θ_y			0.6327	0.7444	0.7810
0.90	θ_x			0.7086	0.8334	0.8765
	θ_y			0.6411	0.7544	0.7914

$k=1.8$ $\quad \alpha=1.3$ $\quad \beta=0.7$

ξ	η	0.10	0.20	0.30	0.40	0.50
0.60	θ_x			0.8064	0.9465	0.9945
	θ_y			0.6231	0.7164	0.7468
0.75	θ_x			0.7960	0.9352	0.9857
	θ_y			0.6702	0.7715	0.8042
0.80	θ_x			0.7867	0.9243	0.9716
	θ_y			0.6981	0.8047	0.8387
0.90	θ_x			0.7806	0.9174	0.9645
	θ_y			0.7075	0.8153	0.8506

$k=1.8$ $\quad \alpha=1.3$ $\quad \beta=0.8$

ξ	η	0.10	0.20	0.30	0.40	0.50
0.60	θ_x				1.0084	1.0587
	θ_y				0.7532	0.7821
0.75	θ_x				0.9974	1.0481
	θ_y				0.8116	0.8434
0.80	θ_x				0.9842	1.0344
	θ_y				0.8466	0.8799
0.90	θ_x				0.9789	1.0289
	θ_y				0.8582	0.8920

$k=1.8$ $\quad \alpha=1.3$ $\quad \beta=0.9$

ξ	η	0.10	0.20	0.30	0.40	0.50
0.60	θ_x				1.0408	1.0924
	θ_y				0.7750	0.8031
0.75	θ_x				1.0378	1.0899
	θ_y				0.8353	0.8664
0.80	θ_x				1.0231	1.0750
	θ_y				0.8716	0.9041
0.90	θ_x				1.0163	1.0681
	θ_y				0.8836	0.9167

$k=1.8$ $\quad \alpha=1.3$ $\quad \beta=1.0$

ξ	η	0.10	0.20	0.30	0.40	0.50
0.60	θ_x					1.1106
	θ_y					0.8099
0.75	θ_x					1.1008
	θ_y					0.8739
0.80	θ_x					1.0869
	θ_y					0.9121
0.90	θ_x					1.0812
	θ_y					0.9249

$k=1.8$ $\quad \alpha=1.4$ $\quad \beta=0.1$

ξ	η	0.10	0.20	0.30	0.40	0.50
0.70	θ_x	0.0517	0.0990	0.1375	0.1627	0.1715
	θ_y	0.0321	0.0665	0.1049	0.1496	0.1883
0.80	θ_x	0.0509	0.0973	0.1345	0.1587	0.1669
	θ_y	0.0338	0.0698	0.1096	0.1554	0.1944
0.90	θ_x	0.0506	0.0965	0.1334	0.1572	0.1654
	θ_y	0.0343	0.0709	0.1112	0.1573	0.1962

$k=1.8$ $\quad \alpha=1.4$ $\quad \beta=0.2$

ξ	η	0.10	0.20	0.30	0.40	0.50
0.70	θ_x	0.1024	0.1958	0.2716	0.3213	0.3385
	θ_y	0.0647	0.1336	0.2110	0.3013	0.3498
0.80	θ_x	0.1007	0.1922	0.2656	0.3133	0.3298
	θ_y	0.0681	0.1402	0.2204	0.3128	0.3618
0.90	θ_x	0.1000	0.1908	0.2635	0.3107	0.3272
	θ_y	0.0692	0.1424	0.2235	0.3165	0.3658

$k=1.8$　$\alpha=1.4$　$\beta=0.3$

ξ	η	0.10	0.20	0.30	0.40	0.50
0.70	θ_x	0.1508	0.2882	0.3992	0.4716	0.4968
	θ_y	0.0983	0.2036	0.3212	0.4426	0.4870
0.80	θ_x	0.1482	0.2827	0.3903	0.4601	0.4843
	θ_y	0.1033	0.2133	0.3350	0.4594	0.5051
0.90	θ_x	0.1472	0.2805	0.3871	0.4564	0.4803
	θ_y	0.1050	0.2165	0.3392	0.4649	0.5109

$k=1.8$　$\alpha=1.4$　$\beta=0.4$

ξ	η	0.10	0.20	0.30	0.40	0.50
0.70	θ_x		0.3738	0.5171	0.6101	0.6425
	θ_y		0.2760	0.4351	0.5614	0.6027
0.80	θ_x		0.3666	0.5054	0.5955	0.6266
	θ_y		0.2887	0.4530	0.5827	0.6255
0.90	θ_x		0.3633	0.5015	0.5906	0.6214
	θ_y		0.2930	0.4590	0.5898	0.6330

$k=1.8$　$\alpha=1.4$　$\beta=0.5$

ξ	η	0.10	0.20	0.30	0.40	0.50
0.70	θ_x		0.4506	0.6224	0.7333	0.7717
	θ_y		0.3531	0.5410	0.6586	0.6974
0.80	θ_x		0.4414	0.6083	0.7160	0.7533
	θ_y		0.3684	0.5629	0.6844	0.7244
0.90	θ_x		0.4377	0.6035	0.7102	0.7470
	θ_y		0.3735	0.5701	0.6929	0.7334

$k=1.8$　$\alpha=1.4$　$\beta=0.6$

ξ	η	0.10	0.20	0.30	0.40	0.50
0.70	θ_x			0.7125	0.8383	0.8817
	θ_y			0.6264	0.7366	0.7724
0.80	θ_x			0.6962	0.8189	0.8612
	θ_y			0.6507	0.7658	0.8036
0.90	θ_x			0.6907	0.8122	0.8541
	θ_y			0.6590	0.7755	0.8138

$k=1.8$　$\alpha=1.4$　$\beta=0.7$

ξ	η	0.10	0.20	0.30	0.40	0.50
0.70	θ_x			0.7851	0.9225	0.9698
	θ_y			0.6905	0.7957	0.8303
0.80	θ_x			0.7670	0.9015	0.9480
	θ_y			0.7182	0.8279	0.8637
0.90	θ_x			0.7608	0.8941	0.9401
	θ_y			0.7273	0.8385	0.8749

$k=1.8$　$\alpha=1.4$　$\beta=0.8$

ξ	η	0.10	0.20	0.30	0.40	0.50
0.70	θ_x				0.9841	1.0342
	θ_y				0.8374	0.8703
0.80	θ_x				0.9621	1.0107
	θ_y				0.8716	0.9061
0.90	θ_x				0.9541	1.0030
	θ_y				0.8829	0.9180

$k=1.8$　$\alpha=1.4$　$\beta=0.9$

ξ	η	0.10	0.20	0.30	0.40	0.50
0.70	θ_x				1.0216	1.0733
	θ_y				0.8622	0.8941
0.80	θ_x				1.0012	1.0522
	θ_y				0.8976	0.9313
0.90	θ_x				0.9907	1.0413
	θ_y				0.9093	0.9437

$k=1.8$　$\alpha=1.4$　$\beta=1.0$

ξ	η	0.10	0.20	0.30	0.40	0.50
0.70	θ_x					1.0864
	θ_y					0.9024
0.80	θ_x					1.0623
	θ_y					0.9399
0.90	θ_x					1.0542
	θ_y					0.9521

$k=1.8$　$\alpha=1.5$　$\beta=0.1$

ξ	η	0.10	0.20	0.30	0.40	0.50
0.70	θ_x	0.0501	0.0955	0.1319	0.1556	0.1636
	θ_y	0.0348	0.0717	0.1123	0.1586	0.1977
0.80	θ_x	0.0501	0.0955	0.1319	0.1556	0.1636
	θ_y	0.0348	0.0717	0.1123	0.1586	0.1977
0.90	θ_x	0.0496	0.0946	0.1305	0.1536	0.1619
	θ_y	0.0353	0.0728	0.1138	0.1605	0.1996

$k=1.8$　$\alpha=1.5$　$\beta=0.2$

ξ	η	0.10	0.20	0.30	0.40	0.50
0.70	θ_x	0.1015	0.1939	0.2682	0.3171	0.3342
	θ_y	0.0667	0.1375	0.2165	0.3080	0.3568
0.80	θ_x	0.0990	0.1888	0.2606	0.3071	0.3232
	θ_y	0.0700	0.1440	0.2262	0.3191	0.3687
0.90	θ_x	0.0981	0.1869	0.2578	0.3036	0.3195
	θ_y	0.0712	0.1462	0.2293	0.3227	0.3726

$k=1.8$　$\alpha=1.5$　$\beta=0.3$

ξ	η	0.10	0.20	0.30	0.40	0.50
0.70	θ_x	0.1494	0.2852	0.3941	0.4657	0.4904
	θ_y	0.1012	0.2092	0.3293	0.4525	0.4978
0.80	θ_x	0.1456	0.2776	0.3829	0.4510	0.4746
	θ_y	0.1062	0.2189	0.3424	0.4687	0.5149
0.90	θ_x	0.1442	0.2747	0.3788	0.4460	0.4692
	θ_y	0.1079	0.2221	0.3469	0.4740	0.5206

$k=1.8$　$\alpha=1.5$　$\beta=0.4$

ξ	η	0.10	0.20	0.30	0.40	0.50
0.70	θ_x		0.3699	0.5108	0.6025	0.6342
	θ_y		0.2834	0.4457	0.5738	0.6161
0.80	θ_x		0.3596	0.4962	0.5838	0.6142
	θ_y		0.2960	0.4632	0.5948	0.6382
0.90	θ_x		0.3559	0.4902	0.5773	0.6072
	θ_y		0.3002	0.4690	0.6018	0.6454

$k=1.8$　$\alpha=1.5$　$\beta=0.5$

ξ	η	0.10	0.20	0.30	0.40	0.50
0.70	θ_x		0.4457	0.6142	0.7233	0.7610
	θ_y		0.3619	0.5540	0.6739	0.7133
0.80	θ_x		0.4330	0.5967	0.7021	0.7392
	θ_y		0.3772	0.5751	0.6989	0.7398
0.90	θ_x		0.4284	0.5902	0.6943	0.7300
	θ_y		0.3822	0.5820	0.7072	0.7485

$k=1.8$　$\alpha=1.5$　$\beta=0.6$

ξ	η	0.10	0.20	0.30	0.40	0.50
0.70	θ_x			0.7030	0.8271	0.8698
	θ_y			0.6403	0.7535	0.7906
0.80	θ_x			0.6828	0.8037	0.8451
	θ_y			0.6648	0.7822	0.8208
0.90	θ_x			0.6753	0.7934	0.8344
	θ_y			0.6729	0.7917	0.8308

$k=1.8$　$\alpha=1.5$　$\beta=0.7$

ξ	η	0.10	0.20	0.30	0.40	0.50
0.70	θ_x			0.7746	0.9104	0.9571
	θ_y			0.7070	0.8146	0.8499
0.80	θ_x			0.7529	0.8848	0.9302
	θ_y			0.7338	0.8461	0.8829
0.90	θ_x			0.7432	0.8737	0.9187
	θ_y			0.7427	0.8566	0.8939

$k=1.8$　$\alpha=1.5$　$\beta=0.8$

ξ	η	0.10	0.20	0.30	0.40	0.50
0.70	θ_x				0.9720	1.0216
	θ_y				0.8575	0.8914
0.80	θ_x				0.9441	0.9925
	θ_y				0.8908	0.9264
0.90	θ_x				0.9325	0.9803
	θ_y				0.9019	0.9380

$k=1.8$　$\alpha=1.5$　$\beta=0.9$

ξ	η	0.10	0.20	0.30	0.40	0.50
0.70	θ_x				1.0092	1.0605
	θ_y				0.8827	0.9158
0.80	θ_x				0.9814	1.0315
	θ_y				0.9176	0.9523
0.90	θ_x				0.9683	1.0179
	θ_y				0.9292	0.9645

$k=1.8$　$\alpha=1.5$　$\beta=1.0$

ξ	η	0.10	0.20	0.30	0.40	0.50
0.70	θ_x					1.0735
	θ_y					0.9242
0.80	θ_x					1.0424
	θ_y					0.9611
0.90	θ_x					1.0313
	θ_y					0.9733

$k=1.8$　$\alpha=1.6$　$\beta=0.1$

ξ	η	0.10	0.20	0.30	0.40	0.50
0.80	θ_x	0.0494	0.0942	0.1300	0.1532	0.1612
	θ_y	0.0354	0.0731	0.1139	0.1622	0.1982
0.90	θ_x	0.0489	0.0931	0.1283	0.1512	0.1589
	θ_y	0.0360	0.0741	0.1157	0.1627	0.2020

$k=1.8$　$\alpha=1.6$　$\beta=0.2$

ξ	η	0.10	0.20	0.30	0.40	0.50
0.80	θ_x	0.0977	0.1862	0.2568	0.3025	0.3183
	θ_y	0.0714	0.1470	0.2296	0.3231	0.3748
0.90	θ_x	0.0966	0.1839	0.2535	0.2985	0.3140
	θ_y	0.0726	0.1488	0.2330	0.3272	0.3773

$k=1.8$　$\alpha=1.6$　$\beta=0.3$

ξ	η	0.10	0.20	0.30	0.40	0.50
0.80	θ_x	0.1436	0.2736	0.3774	0.4443	0.4675
	θ_y	0.1085	0.2224	0.3491	0.4742	0.5225
0.90	θ_x	0.1419	0.2702	0.3725	0.4384	0.4612
	θ_y	0.1099	0.2260	0.3525	0.4806	0.5275

$k=1.8$　$\alpha=1.6$　$\beta=0.4$

ξ	η	0.10	0.20	0.30	0.40	0.50
0.80	θ_x		0.3545	0.4887	0.5751	0.6050
	θ_y		0.3010	0.4701	0.6044	0.6462
0.90	θ_x		0.3501	0.4824	0.5675	0.5969
	θ_y		0.3056	0.4762	0.6101	0.6544

k=1.8　α=1.6　β=0.5

ξ	η	0.10	0.20	0.30	0.40	0.50
0.80	θ_x			0.4268	0.5880	0.6917	0.7275
	θ_y			0.3845	0.5827	0.7095	0.7503
0.90	θ_x			0.4214	0.5804	0.6826	0.7179
	θ_y			0.3885	0.5907	0.7173	0.7591

k=1.8　α=1.6　β=0.6

ξ	η	0.10	0.20	0.30	0.40	0.50
0.80	θ_x			0.6728	0.7912	0.8320
	θ_y			0.6758	0.7932	0.8340
0.90	θ_x			0.6641	0.7809	0.8211
	θ_y			0.6827	0.8034	0.8430

k=1.8　α=1.6　β=0.7

ξ	η	0.10	0.20	0.30	0.40	0.50
0.80	θ_x			0.7411	0.8711	0.9159
	θ_y			0.7449	0.8588	0.8965
0.90	θ_x			0.7297	0.8579	0.9021
	θ_y			0.7536	0.8690	0.9073

k=1.8　α=1.6　β=0.8

ξ	η	0.10	0.20	0.30	0.40	0.50
0.80	θ_x				0.9296	0.9773
	θ_y				0.9054	0.9402
0.90	θ_x				0.9177	0.9648
	θ_y				0.9156	0.9523

k=1.8　α=1.6　β=0.9

ξ	η	0.10	0.20	0.30	0.40	0.50
0.80	θ_x				0.9653	1.0148
	θ_y				0.9319	0.9673
0.90	θ_x				0.9510	0.9998
	θ_y				0.9432	0.9792

k=1.8　α=1.6　β=1.0

ξ	η	0.10	0.20	0.30	0.40	0.50
0.80	θ_x				0.9773	1.0273
	θ_y				0.9402	0.9768
0.90	θ_x				0.9648	1.0143
	θ_y				0.9523	0.9882

k=1.8　α=1.7　β=0.1

ξ	η	0.10	0.20	0.30	0.40	0.50
0.80	θ_x	0.0490	0.0934	0.1288	0.1516	0.1596
	θ_y	0.0359	0.0738	0.1154	0.1622	0.2016
0.90	θ_x	0.0484	0.0922	0.1271	0.1495	0.1573
	θ_y	0.0364	0.0749	0.1169	0.1640	0.2033

k=1.8　α=1.7　β=0.2

ξ	η	0.10	0.20	0.30	0.40	0.50
0.80	θ_x	0.0968	0.1845	0.2543	0.2995	0.3151
	θ_y	0.0723	0.1483	0.2318	0.3263	0.3761
0.90	θ_x	0.0956	0.1821	0.2510	0.2954	0.3107
	θ_y	0.0734	0.1504	0.2353	0.3298	0.3799

k=1.8　α=1.7　β=0.3

ξ	η	0.10	0.20	0.30	0.40	0.50
0.80	θ_x	0.1424	0.2711	0.3738	0.4400	0.4628
	θ_y	0.1095	0.2252	0.3514	0.4793	0.5262
0.90	θ_x	0.1406	0.2677	0.3687	0.4339	0.4564
	θ_y	0.1112	0.2284	0.3558	0.4845	0.5317

k=1.8　α=1.7　β=0.4

ξ	η	0.10	0.20	0.30	0.40	0.50
0.80	θ_x		0.3513	0.4840	0.5695	0.5990
	θ_y		0.3043	0.4748	0.6084	0.6526
0.90	θ_x		0.3466	0.4775	0.5617	0.5907
	θ_y		0.3084	0.4805	0.6151	0.6596

k=1.8　α=1.7　β=0.5

ξ	η	0.10	0.20	0.30	0.40	0.50
0.80	θ_x			0.4229	0.5823	0.6850	0.7204
	θ_y			0.3874	0.5889	0.7153	0.7569
0.90	θ_x			0.4171	0.5745	0.6756	0.7105
	θ_y			0.3923	0.5958	0.7234	0.7654

k=1.8　α=1.7　β=0.6

ξ	η	0.10	0.20	0.30	0.40	0.50
0.80	θ_x			0.6664	0.7835	0.8239
	θ_y			0.6807	0.8011	0.8406
0.90	θ_x			0.6573	0.7728	0.8127
	θ_y			0.6885	0.8103	0.8504

k=1.8　α=1.7　β=0.7

ξ	η	0.10	0.20	0.30	0.40	0.50
0.80	θ_x			0.7327	0.8614	0.9057
	θ_y			0.7514	0.8665	0.9046
0.90	θ_x			0.7240	0.8510	0.8948
	θ_y			0.7598	0.8767	0.9151

k=1.8　α=1.7　β=0.8

ξ	η	0.10	0.20	0.30	0.40	0.50
0.80	θ_x				0.9207	0.9680
	θ_y				0.9129	0.9496
0.90	θ_x				0.9083	0.9549
	θ_y				0.9238	0.9610

$k=1.8$ $\alpha=1.7$ $\beta=0.9$

ξ	η	0.10	0.20	0.30	0.40	0.50
0.80	θ_x				0.9547	1.0037
	θ_y				0.9404	0.9762
0.90	θ_x				0.9432	0.9916
	θ_y				0.9515	0.9879

$k=1.8$ $\alpha=1.7$ $\beta=1.0$

ξ	η	0.10	0.20	0.30	0.40	0.50
0.80	θ_x					1.0176
	θ_y					0.9852
0.90	θ_x					1.0039
	θ_y					0.9972

$k=1.8$ $\alpha=1.8$ $\beta=0.1$

ξ	η	0.10	0.20	0.30	0.40	0.50
0.90	θ_x	0.0482	0.0919	0.1266	0.1491	0.1567
	θ_y	0.0366	0.0752	0.1172	0.1645	0.2038

$k=1.8$ $\alpha=1.8$ $\beta=0.2$

ξ	η	0.10	0.20	0.30	0.40	0.50
0.90	θ_x	0.0953	0.1815	0.2501	0.2944	0.3097
	θ_y	0.0737	0.1510	0.2359	0.3307	0.3809

$k=1.8$ $\alpha=1.8$ $\beta=0.3$

ξ	η	0.10	0.20	0.30	0.40	0.50
0.90	θ_x	0.1401	0.2666	0.3676	0.4322	0.4549
	θ_y	0.1116	0.2292	0.3568	0.4857	0.5330

$k=1.8$ $\alpha=1.8$ $\beta=0.4$

ξ	η	0.10	0.20	0.30	0.40	0.50
0.90	θ_x		0.3455	0.4760	0.5600	0.5889
	θ_y		0.3097	0.4818	0.6168	0.6614

$k=1.8$ $\alpha=1.8$ $\beta=0.5$

ξ	η	0.10	0.20	0.30	0.40	0.50
0.90	θ_x		0.4158	0.5727	0.6729	0.7077
	θ_y		0.3934	0.5974	0.7254	0.7676

$k=1.8$ $\alpha=1.8$ $\beta=0.6$

ξ	η	0.10	0.20	0.30	0.40	0.50
0.90	θ_x			0.6547	0.7698	0.8102
	θ_y			0.6905	0.8126	0.8527

$k=1.8$ $\alpha=1.8$ $\beta=0.7$

ξ	η	0.10	0.20	0.30	0.40	0.50
0.90	θ_x			0.7212	0.8484	0.8920
	θ_y			0.7620	0.8793	0.9178

$k=1.8$ $\alpha=1.8$ $\beta=0.8$

ξ	η	0.10	0.20	0.30	0.40	0.50
0.90	θ_x				0.9055	0.9520
	θ_y				0.9264	0.9637

$k=1.8$ $\alpha=1.8$ $\beta=0.9$

ξ	η	0.10	0.20	0.30	0.40	0.50
0.90	θ_x				0.9403	0.9885
	θ_y				0.9544	0.9910

$k=1.8$ $\alpha=1.8$ $\beta=1.0$

ξ	η	0.10	0.20	0.30	0.40	0.50
0.90	θ_x					1.0000
	θ_y					1.0000

$k=1.9$ $\alpha=0.1$ $\beta=0.1$

ξ	η	0.10	0.20	0.30	0.40	0.50
0.10	θ_x	-0.0007	-0.0014	-0.0020	-0.0023	-0.0023
	θ_y	0.0005	0.0009	0.0013	0.0015	0.0016
0.20	θ_x	-0.0013	-0.0026	-0.0037	-0.0046	-0.0052
	θ_y	0.0010	0.0019	0.0027	0.0032	0.0033
0.30	θ_x	-0.0017	-0.0033	-0.0049	-0.0059	-0.0059
	θ_y	0.0015	0.0029	0.0041	0.0048	0.0052
0.40	θ_x	-0.0015	-0.0032	-0.0050	-0.0067	-0.0080
	θ_y	0.0020	0.0039	0.0056	0.0067	0.0071
0.50	θ_x	-0.0005	-0.0016	-0.0034	-0.0050	-0.0049
	θ_y	0.0024	0.0049	0.0071	0.0087	0.0095
0.60	θ_x	0.0017	0.0023	0.0012	-0.0014	-0.0039
	θ_y	0.0028	0.0057	0.0086	0.0111	0.0120
0.75	θ_x	0.0053	0.0094	0.0107	0.0090	0.0087
	θ_y	0.0029	0.0061	0.0098	0.0135	0.0155
0.80	θ_x	0.0098	0.0191	0.0265	0.0273	0.0208
	θ_y	0.0028	0.0060	0.0101	0.0159	0.0197
0.90	θ_x	0.0132	0.0274	0.0440	0.0639	0.0793
	θ_y	0.0026	0.0056	0.0095	0.0163	0.0270
0.95	θ_x	0.0137	0.0287	0.0472	0.0742	0.1029
	θ_y	0.0026	0.0056	0.0095	0.0163	0.0270

$k=1.9$ $\alpha=0.1$ $\beta=0.2$

ξ	η	0.10	0.20	0.30	0.40	0.50
0.10	θ_x	-0.0014	-0.0028	-0.0039	-0.0045	-0.0047
	θ_y	0.0010	0.0019	0.0026	0.0031	0.0032
0.20	θ_x	-0.0026	-0.0052	-0.0074	-0.0091	-0.0099
	θ_y	0.0020	0.0038	0.0052	0.0062	0.0066
0.30	θ_x	-0.0033	-0.0066	-0.0096	-0.0114	-0.0119
	θ_y	0.0030	0.0057	0.0080	0.0096	0.0102
0.40	θ_x	-0.0031	-0.0065	-0.0100	-0.0135	-0.0151
	θ_y	0.0040	0.0077	0.0110	0.0133	0.0141
0.50	θ_x	-0.0012	-0.0034	-0.0067	-0.0093	-0.0101
	θ_y	0.0049	0.0097	0.0140	0.0173	0.0185
0.60	θ_x	0.0031	0.0042	0.0022	-0.0029	-0.0060
	θ_y	0.0056	0.0114	0.0171	0.0217	0.0236
0.75	θ_x	0.0103	0.0181	0.0206	0.0187	0.0172
	θ_y	0.0059	0.0123	0.0196	0.0266	0.0297
0.80	θ_x	0.0195	0.0378	0.0514	0.0516	0.0469
	θ_y	0.0057	0.0122	0.0207	0.0314	0.0372
0.90	θ_x	0.0266	0.0553	0.0889	0.1282	0.1490
	θ_y	0.0053	0.0113	0.0197	0.0350	0.0453
0.95	θ_x	0.0277	0.0582	0.0963	0.1518	0.1856
	θ_y	0.0053	0.0113	0.0197	0.0350	0.0453

$k=1.9$　$\alpha=0.1$　$\beta=0.3$

ξ	η	0.10	0.20	0.30	0.40	0.50
0.10	θ_x	−0.0021	−0.0041	−0.0057	−0.0066	−0.0070
	θ_y	0.0014	0.0027	0.0038	0.0045	0.0047
0.20	θ_x	−0.0039	−0.0076	−0.0109	−0.0135	−0.0143
	θ_y	0.0029	0.0055	0.0077	0.0091	0.0096
0.30	θ_x	−0.0050	−0.0099	−0.0141	−0.0166	−0.0176
	θ_y	0.0044	0.0084	0.0118	0.0141	0.0149
0.40	θ_x	−0.0047	−0.0098	−0.0150	−0.0198	−0.0215
	θ_y	0.0059	0.0114	0.0162	0.0194	0.0206
0.50	θ_x	−0.0021	−0.0055	−0.0099	−0.0132	−0.0148
	θ_y	0.0073	0.0144	0.0207	0.0253	0.0270
0.60	θ_x	0.0040	0.0052	0.0026	−0.0040	−0.0066
	θ_y	0.0084	0.0170	0.0253	0.0317	0.0342
0.75	θ_x	0.0147	0.0254	0.0292	0.0285	0.0268
	θ_y	0.0090	0.0188	0.0293	0.0387	0.0424
0.80	θ_x	0.0289	0.0555	0.0729	0.0746	0.0753
	θ_y	0.0088	0.0189	0.0320	0.0457	0.0515
0.90	θ_x	0.0406	0.0845	0.1356	0.1875	0.2078
	θ_y	0.0082	0.0178	0.0313	0.0527	0.0594
0.95	θ_x	0.0424	0.0895	0.1498	0.2242	0.2512
	θ_y	0.0082	0.0178	0.0313	0.0527	0.0594

$k=1.9$　$\alpha=0.1$　$\beta=0.4$

ξ	η	0.10	0.20	0.30	0.40	0.50
0.10	θ_x		−0.0053	−0.0073	−0.0086	−0.0091
	θ_y		0.0035	0.0049	0.0058	0.0061
0.20	θ_x		−0.0100	−0.0143	−0.0173	−0.0183
	θ_y		0.0072	0.0100	0.0118	0.0124
0.30	θ_x		−0.0130	−0.0181	−0.0215	−0.0229
	θ_y		0.0110	0.0153	0.0182	0.0192
0.40	θ_x		−0.0131	−0.0199	−0.0252	−0.0270
	θ_y		0.0150	0.0210	0.0250	0.0265
0.50	θ_x		−0.0079	−0.0127	−0.0168	−0.0187
	θ_y		0.0189	0.0270	0.0326	0.0346
0.60	θ_x		0.0052	0.0025	−0.0016	−0.0059
	θ_y		0.0227	0.0331	0.0407	0.0435
0.75	θ_x		0.0309	0.0368	0.0378	0.0374
	θ_y		0.0255	0.0389	0.0493	0.0531
0.80	θ_x		0.0709	0.0895	0.0983	0.1032
	θ_y		0.0264	0.0436	0.0580	0.0629
0.90	θ_x		0.1155	0.1819	0.2380	0.2563
	θ_y		0.0250	0.0464	0.0650	0.0699
0.95	θ_x		0.1240	0.2100	0.2818	0.3036
	θ_y		0.0250	0.0464	0.0650	0.0699

$k=1.9$　$\alpha=0.1$　$\beta=0.5$

ξ	η	0.10	0.20	0.30	0.40	0.50
0.10	θ_x		−0.0064	−0.0087	−0.0104	−0.0109
	θ_y		0.0043	0.0059	0.0070	0.0073
0.20	θ_x		−0.0122	−0.0174	−0.0206	−0.0218
	θ_y		0.0087	0.0120	0.0142	0.0149
0.30	θ_x		−0.0158	−0.0216	−0.0258	−0.0274
	θ_y		0.0133	0.0185	0.0218	0.0230
0.40	θ_x		−0.0165	−0.0245	−0.0297	−0.0316
	θ_y		0.0182	0.0253	0.0300	0.0317
0.50	θ_x		−0.0104	−0.0154	−0.0198	−0.0215
	θ_y		0.0231	0.0326	0.0389	0.0412
0.60	θ_x		0.0039	0.0019	−0.0005	−0.0017
	θ_y		0.0281	0.0402	0.0484	0.0514
0.75	θ_x		0.0345	0.0432	0.0469	0.0483
	θ_y		0.0322	0.0477	0.0583	0.0619
0.80	θ_x		0.0827	0.1035	0.1210	0.1284
	θ_y		0.0348	0.0545	0.0676	0.0718
0.90	θ_x		0.1487	0.2250	0.2792	0.2958
	θ_y		0.0339	0.0607	0.0745	0.0784
0.95	θ_x		0.1635	0.2664	0.3269	0.3454
	θ_y		0.0339	0.0607	0.0745	0.0784

$k=1.9$　$\alpha=0.1$　$\beta=0.6$

ξ	η	0.10	0.20	0.30	0.40	0.50
0.10	θ_x			−0.0100	−0.0119	−0.0125
	θ_y			0.0068	0.0080	0.0084
0.20	θ_x			−0.0199	−0.0235	−0.0247
	θ_y			0.0138	0.0162	0.0170
0.30	θ_x			−0.0248	−0.0295	−0.0311
	θ_y			0.0211	0.0249	0.0262
0.40	θ_x			−0.0282	−0.0334	−0.0352
	θ_y			0.0290	0.0342	0.0360
0.50	θ_x			−0.0180	−0.0221	−0.0235
	θ_y			0.0375	0.0443	0.0466
0.60	θ_x			0.0016	0.0009	0.0007
	θ_y			0.0463	0.0548	0.0578
0.75	θ_x			0.0481	0.0555	0.0584
	θ_y			0.0552	0.0655	0.0689
0.80	θ_x			0.1178	0.1411	0.1520
	θ_y			0.0636	0.0751	0.0787
0.90	θ_x			0.2613	0.3083	0.3235
	θ_y			0.0704	0.0814	0.0847
0.95	θ_x			0.3095	0.3618	0.3781
	θ_y			0.0704	0.0814	0.0847

$k=1.9$　$\alpha=0.1$　$\beta=0.7$

ξ	η	0.10	0.20	0.30	0.40	0.50
0.10	θ_x			−0.0111	−0.0130	−0.0137
	θ_y			0.0075	0.0088	0.0092
0.20	θ_x			−0.0220	−0.0257	−0.0270
	θ_y			0.0152	0.0178	0.0187
0.30	θ_x			−0.0275	−0.0324	−0.0341
	θ_y			0.0233	0.0274	0.0288
0.40	θ_x			−0.0312	−0.0363	−0.0380
	θ_y			0.0320	0.0376	0.0395
0.50	θ_x			−0.0203	−0.0237	−0.0247
	θ_y			0.0414	0.0485	0.0509
0.60	θ_x			0.0011	0.0024	0.0030
	θ_y			0.0512	0.0598	0.0627
0.75	θ_x			0.0522	0.0630	0.0670
	θ_y			0.0612	0.0709	0.0741
0.80	θ_x			0.1308	0.1573	0.1666
	θ_y			0.0704	0.0806	0.0838
0.90	θ_x			0.2890	0.3329	0.3471
	θ_y			0.0770	0.0865	0.0895
0.95	θ_x			0.3406	0.3878	0.4027
	θ_y			0.0770	0.0865	0.0895

$k=1.9$　$\alpha=0.1$　$\beta=0.8$

ξ	η	0.10	0.20	0.30	0.40	0.50
0.10	θ_x				−0.0139	−0.0146
	θ_y				0.0094	0.0098
0.20	θ_x				−0.0273	−0.0286
	θ_y				0.0190	0.0200
0.30	θ_x				−0.0345	−0.0361
	θ_y				0.0292	0.0306
0.40	θ_x				−0.0383	−0.0399
	θ_y				0.0400	0.0420
0.50	θ_x				−0.0247	−0.0255
	θ_y				0.0515	0.0539
0.60	θ_x				0.0045	0.0051
	θ_y				0.0633	0.0662
0.75	θ_x				0.0687	0.0736
	θ_y				0.0748	0.0778
0.80	θ_x				0.1692	0.1789
	θ_y				0.0844	0.0873
0.90	θ_x				0.3519	0.3637
	θ_y				0.0900	0.0928
0.95	θ_x				0.4058	0.4199
	θ_y				0.0900	0.0928

$k=1.9$　$\alpha=0.1$　$\beta=0.9$

ξ	η	0.10	0.20	0.30	0.40	0.50
0.10	θ_x				−0.0144	−0.0152
	θ_y				0.0097	0.0102
0.20	θ_x				−0.0283	−0.0296
	θ_y				0.0197	0.0207
0.30	θ_x				−0.0357	−0.0374
	θ_y				0.0303	0.0317
0.40	θ_x				−0.0395	−0.0410
	θ_y				0.0415	0.0435
0.50	θ_x				−0.0253	−0.0258
	θ_y				0.0533	0.0558
0.60	θ_x				0.0047	0.0064
	θ_y				0.0655	0.0683
0.75	θ_x				0.0723	0.0776
	θ_y				0.0770	0.0799
0.80	θ_x				0.1765	0.1863
	θ_y				0.0865	0.0893
0.90	θ_x				0.3603	0.3738
	θ_y				0.0921	0.0947
0.95	θ_x				0.4164	0.4301
	θ_y				0.0921	0.0947

$k=1.9$　$\alpha=0.1$　$\beta=1.0$

ξ	η	0.10	0.20	0.30	0.40	0.50
0.10	θ_x					−0.0153
	θ_y					0.0103
0.20	θ_x					−0.0299
	θ_y					0.0210
0.30	θ_x					−0.0378
	θ_y					0.0321
0.40	θ_x					−0.0414
	θ_y					0.0440
0.50	θ_x					−0.0259
	θ_y					0.0564
0.60	θ_x					0.0067
	θ_y					0.0689
0.75	θ_x					0.0790
	θ_y					0.0806
0.80	θ_x					0.1887
	θ_y					0.0900
0.90	θ_x					0.3770
	θ_y					0.0953
0.95	θ_x					0.4332
	θ_y					0.0953

$k=1.9$ $\alpha=0.2$ $\beta=0.1$

ξ	η	0.10	0.20	0.30	0.40	0.50
0.10	θ_x	−0.0014	−0.0027	−0.0039	−0.0047	−0.0050
	θ_y	0.0010	0.0019	0.0026	0.0031	0.0033
0.20	θ_x	−0.0026	−0.0051	−0.0073	−0.0088	−0.0094
	θ_y	0.0020	0.0038	0.0053	0.0063	0.0067
0.30	θ_x	−0.0032	−0.0065	−0.0095	−0.0118	−0.0127
	θ_y	0.0030	0.0058	0.0081	0.0098	0.0103
0.40	θ_x	−0.0028	−0.0061	−0.0096	−0.0126	−0.0138
	θ_y	0.0040	0.0078	0.0111	0.0135	0.0144
0.50	θ_x	−0.0008	−0.0026	−0.0060	−0.0098	−0.0116
	θ_y	0.0049	0.0097	0.0142	0.0176	0.0189
0.60	θ_x	0.0037	0.0054	0.0037	−0.0006	−0.0031
	θ_y	0.0055	0.0112	0.0171	0.0221	0.0243
0.75	θ_x	0.0109	0.0195	0.0231	0.0192	0.0144
	θ_y	0.0057	0.0121	0.0194	0.0270	0.0309
0.80	θ_x	0.0193	0.0380	0.0539	0.0612	0.0579
	θ_y	0.0056	0.0119	0.0200	0.0312	0.0405
0.90	θ_x	0.0255	0.0526	0.0832	0.1179	0.1412
	θ_y	0.0053	0.0114	0.0192	0.0324	0.0519
0.95	θ_x	0.0264	0.0548	0.0879	0.1278	0.1585
	θ_y	0.0053	0.0114	0.0192	0.0324	0.0519

$k=1.9$ $\alpha=0.2$ $\beta=0.2$

ξ	η	0.10	0.20	0.30	0.40	0.50
0.10	θ_x	−0.0028	−0.0055	−0.0077	−0.0092	−0.0098
	θ_y	0.0019	0.0037	0.0052	0.0061	0.0065
0.20	θ_x	−0.0052	−0.0101	−0.0144	−0.0174	−0.0185
	θ_y	0.0039	0.0075	0.0105	0.0125	0.0132
0.30	θ_x	−0.0064	−0.0129	−0.0188	−0.0233	−0.0250
	θ_y	0.0059	0.0115	0.0161	0.0193	0.0204
0.40	θ_x	−0.0058	−0.0122	−0.0191	−0.0247	−0.0270
	θ_y	0.0079	0.0155	0.0220	0.0266	0.0283
0.50	θ_x	−0.0018	−0.0057	−0.0122	−0.0191	−0.0222
	θ_y	0.0097	0.0193	0.0281	0.0347	0.0372
0.60	θ_x	0.0069	0.0100	0.0067	−0.0007	−0.0048
	θ_y	0.0111	0.0225	0.0340	0.0436	0.0475
0.75	θ_x	0.0212	0.0377	0.0441	0.0379	0.0318
	θ_y	0.0116	0.0244	0.0389	0.0532	0.0597
0.80	θ_x	0.0385	0.0753	0.1056	0.1187	0.1192
	θ_y	0.0113	0.0242	0.0408	0.0626	0.0748
0.90	θ_x	0.0514	0.1060	0.1675	0.2342	0.2680
	θ_y	0.0107	0.0229	0.0397	0.0690	0.0884
0.95	θ_x	0.0532	0.1107	0.1778	0.2563	0.2980
	θ_y	0.0107	0.0229	0.0397	0.0690	0.0884

$k=1.9$ $\alpha=0.2$ $\beta=0.3$

ξ	η	0.10	0.20	0.30	0.40	0.50
0.10	θ_x	−0.0042	−0.0081	−0.0113	−0.0136	−0.0143
	θ_y	0.0029	0.0055	0.0076	0.0090	0.0095
0.20	θ_x	−0.0077	−0.0150	−0.0212	−0.0255	−0.0271
	θ_y	0.0058	0.0111	0.0154	0.0183	0.0193
0.30	θ_x	−0.0097	−0.0192	−0.0278	−0.0341	−0.0364
	θ_y	0.0088	0.0169	0.0237	0.0282	0.0298
0.40	θ_x	−0.0089	−0.0185	−0.0283	−0.0360	−0.0390
	θ_y	0.0118	0.0229	0.0324	0.0390	0.0413
0.50	θ_x	−0.0034	−0.0094	−0.0185	−0.0274	−0.0312
	θ_y	0.0146	0.0287	0.0415	0.0507	0.0541
0.60	θ_x	0.0092	0.0129	0.0086	0.0000	−0.0043
	θ_y	0.0168	0.0339	0.0505	0.0636	0.0686
0.75	θ_x	0.0304	0.0534	0.0618	0.0566	0.0528
	θ_y	0.0178	0.0371	0.0584	0.0773	0.0850
0.80	θ_x	0.0573	0.1112	0.1531	0.1729	0.1803
	θ_y	0.0174	0.0374	0.0630	0.0916	0.1028
0.90	θ_x	0.0781	0.1612	0.2537	0.3423	0.3770
	θ_y	0.0165	0.0359	0.0628	0.1035	0.1167
0.95	θ_x	0.0811	0.1691	0.2711	0.3750	0.4157
	θ_y	0.0165	0.0359	0.0628	0.1035	0.1167

$k=1.9$ $\alpha=0.2$ $\beta=0.4$

ξ	η	0.10	0.20	0.30	0.40	0.50
0.10	θ_x		−0.0105	−0.0147	−0.0175	−0.0185
	θ_y		0.0071	0.0099	0.0117	0.0123
0.20	θ_x		−0.0196	−0.0275	−0.0329	−0.0348
	θ_y		0.0144	0.0200	0.0237	0.0250
0.30	θ_x		−0.0253	−0.0362	−0.0438	−0.0466
	θ_y		0.0220	0.0307	0.0365	0.0385
0.40	θ_x		−0.0248	−0.0369	−0.0460	−0.0495
	θ_y		0.0299	0.0420	0.0503	0.0532
0.50	θ_x		−0.0140	−0.0248	−0.0344	−0.0382
	θ_y		0.0378	0.0540	0.0653	0.0693
0.60	θ_x		0.0137	0.0093	0.0019	−0.0014
	θ_y		0.0451	0.0661	0.0815	0.0871
0.75	θ_x		0.0653	0.0757	0.0759	0.0758
	θ_y		0.0505	0.0775	0.0986	0.1063
0.80	θ_x		0.1442	0.1941	0.2248	0.2375
	θ_y		0.0521	0.0868	0.1156	0.1251
0.90	θ_x		0.2188	0.3402	0.4355	0.4684
	θ_y		0.0503	0.0921	0.1281	0.1380
0.95	θ_x		0.2310	0.3637	0.4759	0.5127
	θ_y		0.0503	0.0921	0.1281	0.1380

$k=1.9$ $\alpha=0.2$ $\beta=0.5$

ξ	η	0.10	0.20	0.30	0.40	0.50
0.10	θ_x		−0.0127	−0.0177	−0.0210	−0.0221
	θ_y		0.0086	0.0119	0.0140	0.0147
0.20	θ_x		−0.0238	−0.0332	−0.0394	−0.0416
	θ_y		0.0174	0.0241	0.0285	0.0300
0.30	θ_x		−0.0310	−0.0437	−0.0523	−0.0554
	θ_y		0.0267	0.0370	0.0438	0.0461
0.40	θ_x		−0.0311	−0.0449	−0.0546	−0.0582
	θ_y		0.0364	0.0507	0.0602	0.0636
0.50	θ_x		−0.0192	−0.0308	−0.0398	−0.0432
	θ_y		0.0463	0.0653	0.0780	0.0825
0.60	θ_x		0.0123	0.0092	0.0049	0.0032
	θ_y		0.0560	0.0803	0.0969	0.1028
0.75	θ_x		0.0726	0.0870	0.0953	0.0989
	θ_y		0.0642	0.0951	0.1164	0.1237
0.80	θ_x		0.1724	0.2303	0.2721	0.2880
	θ_y		0.0686	0.1091	0.1347	0.1428
0.90	θ_x		0.2792	0.4203	0.5128	0.5433
	θ_y		0.0681	0.1199	0.1470	0.1551
0.95	θ_x		0.2975	0.4500	0.5584	0.5915
	θ_y		0.0681	0.1199	0.1470	0.1551

$k=1.9$ $\alpha=0.2$ $\beta=0.6$

ξ	η	0.10	0.20	0.30	0.40	0.50
0.10	θ_x			−0.0203	−0.0239	−0.0252
	θ_y			0.0136	0.0160	0.0168
0.20	θ_x			−0.0381	−0.0449	−0.0473
	θ_y			0.0276	0.0325	0.0342
0.30	θ_x			−0.0502	−0.0595	−0.0627
	θ_y			0.0424	0.0500	0.0526
0.40	θ_x			−0.0518	−0.0617	−0.0651
	θ_y			0.0582	0.0686	0.0723
0.50	θ_x			−0.0362	−0.0439	−0.0465
	θ_y			0.0750	0.0887	0.0934
0.60	θ_x			0.0088	0.0085	0.0087
	θ_y			0.0926	0.1097	0.1155
0.75	θ_x			0.0971	0.1136	0.1201
	θ_y			0.1102	0.1307	0.1375
0.80	θ_x			0.2634	0.3128	0.3305
	θ_y			0.1269	0.1493	0.1564
0.90	θ_x			0.4869	0.5744	0.6030
	θ_y			0.1389	0.1612	0.1679
0.95	θ_x			0.5226	0.6167	0.6471
	θ_y			0.1389	0.1612	0.1679

$k=1.9$ $\alpha=0.2$ $\beta=0.7$

ξ	η	0.10	0.20	0.30	0.40	0.50
0.10	θ_x			−0.0224	−0.0263	−0.0276
	θ_y			0.0150	0.0176	0.0185
0.20	θ_x			−0.0420	−0.0493	−0.0518
	θ_y			0.0304	0.0358	0.0376
0.30	θ_x			−0.0555	−0.0651	−0.0683
	θ_y			0.0468	0.0549	0.0577
0.40	θ_x			−0.0575	−0.0671	−0.0703
	θ_y			0.0642	0.0753	0.0791
0.50	θ_x			−0.0406	−0.0466	−0.0485
	θ_y			0.0829	0.0970	0.1019
0.60	θ_x			0.0086	0.0123	0.0141
	θ_y			0.1025	0.1196	0.1253
0.75	θ_x			0.1062	0.1293	0.1379
	θ_y			0.1222	0.1415	0.1478
0.80	θ_x			0.2915	0.3453	0.3640
	θ_y			0.1403	0.1602	0.1666
0.90	θ_x			0.5382	0.6214	0.6485
	θ_y			0.1522	0.1714	0.1774
0.95	θ_x			0.5780	0.6659	0.6943
	θ_y			0.1522	0.1714	0.1774

$k=1.9$ $\alpha=0.2$ $\beta=0.8$

ξ	η	0.10	0.20	0.30	0.40	0.50
0.10	θ_x				−0.0280	−0.0294
	θ_y				0.0188	0.0197
0.20	θ_x				−0.0525	−0.0550
	θ_y				0.0381	0.0400
0.30	θ_x				−0.0691	−0.0723
	θ_y				0.0585	0.0614
0.40	θ_x				−0.0709	−0.0739
	θ_y				0.0802	0.0841
0.50	θ_x				−0.0483	−0.0495
	θ_y				0.1031	0.1080
0.60	θ_x				0.0156	0.0185
	θ_y				0.1266	0.1322
0.75	θ_x				0.1413	0.1513
	θ_y				0.1491	0.1551
0.80	θ_x				0.3690	0.3881
	θ_y				0.1677	0.1735
0.90	θ_x				0.6544	0.6805
	θ_y				0.1787	0.1842
0.95	θ_x				0.7003	0.7274
	θ_y				0.1787	0.1842

$k=1.9$　$\alpha=0.2$　$\beta=0.9$

ξ	η	0.10	0.20	0.30	0.40	0.50
0.10	θ_x				−0.0290	−0.0305
	θ_y				0.0195	0.0205
0.20	θ_x				−0.0544	−0.0570
	θ_y				0.0396	0.0415
0.30	θ_x				−0.0715	−0.0747
	θ_y				0.0607	0.0637
0.40	θ_x				−0.0731	−0.0759
	θ_y				0.0831	0.0871
0.50	θ_x				−0.0493	−0.0500
	θ_y				0.1067	0.1116
0.60	θ_x				0.0178	0.0215
	θ_y				0.1308	0.1363
0.75	θ_x				0.1488	0.1596
	θ_y				0.1536	0.1593
0.80	θ_x				0.3833	0.4027
	θ_y				0.1721	0.1777
0.90	θ_x				0.6740	0.6995
	θ_y				0.1827	0.1881
0.95	θ_x				0.7207	0.7475
	θ_y				0.1827	0.1881

$k=1.9$　$\alpha=0.2$　$\beta=1.0$

ξ	η	0.10	0.20	0.30	0.40	0.50
0.10	θ_x					−0.0308
	θ_y					0.0207
0.20	θ_x					−0.0576
	θ_y					0.0420
0.30	θ_x					−0.0755
	θ_y					0.0644
0.40	θ_x					−0.0766
	θ_y					0.0881
0.50	θ_x					−0.0501
	θ_y					0.1128
0.60	θ_x					0.0225
	θ_y					0.1377
0.75	θ_x					0.1624
	θ_y					0.1607
0.80	θ_x					0.4075
	θ_y					0.1790
0.90	θ_x					0.7057
	θ_y					0.1892
0.95	θ_x					0.7540
	θ_y					0.1892

$k=1.9$　$\alpha=0.3$　$\beta=0.1$

ξ	η	0.10	0.20	0.30	0.40	0.50
0.10	θ_x	−0.0020	−0.0040	−0.0057	−0.0069	−0.0075
	θ_y	0.0015	0.0028	0.0040	0.0047	0.0050
0.20	θ_x	−0.0037	−0.0073	−0.0106	−0.0128	−0.0134
	θ_y	0.0030	0.0057	0.0080	0.0095	0.0101
0.30	θ_x	−0.0045	−0.0091	−0.0137	−0.0172	−0.0190
	θ_y	0.0045	0.0087	0.0123	0.0147	0.0156
0.40	θ_x	−0.0037	−0.0081	−0.0133	−0.0176	−0.0188
	θ_y	0.0059	0.0116	0.0167	0.0203	0.0218
0.50	θ_x	−0.0004	−0.0025	−0.0071	−0.0131	−0.0168
	θ_y	0.0072	0.0144	0.0212	0.0266	0.0285
0.60	θ_x	0.0064	0.0101	0.0086	0.0027	−0.0018
	θ_y	0.0081	0.0166	0.0255	0.0333	0.0368
0.75	θ_x	0.0168	0.0308	0.0386	0.0349	0.0256
	θ_y	0.0085	0.0177	0.0285	0.0405	0.0471
0.80	θ_x	0.0283	0.0559	0.0812	0.1006	0.1088
	θ_y	0.0083	0.0177	0.0294	0.0456	0.0621
0.90	θ_x	0.0362	0.0739	0.1145	0.1558	0.1793
	θ_y	0.0080	0.0172	0.0291	0.0483	0.0736
0.95	θ_x	0.0373	0.0765	0.1193	0.1623	0.1830
	θ_y	0.0080	0.0172	0.0291	0.0483	0.0736

$k=1.9$　$\alpha=0.3$　$\beta=0.2$

ξ	η	0.10	0.20	0.30	0.40	0.50
0.10	θ_x	−0.0041	−0.0079	−0.0113	−0.0137	−0.0146
	θ_y	0.0029	0.0056	0.0078	0.0093	0.0098
0.20	θ_x	−0.0074	−0.0145	−0.0209	−0.0251	−0.0265
	θ_y	0.0059	0.0113	0.0158	0.0189	0.0199
0.30	θ_x	−0.0091	−0.0183	−0.0271	−0.0341	−0.0369
	θ_y	0.0089	0.0172	0.0243	0.0291	0.0308
0.40	θ_x	−0.0076	−0.0165	−0.0264	−0.0342	−0.0371
	θ_y	0.0118	0.0231	0.0331	0.0401	0.0427
0.50	θ_x	−0.0012	−0.0057	−0.0146	−0.0257	−0.0313
	θ_y	0.0144	0.0288	0.0421	0.0523	0.0562
0.60	θ_x	0.0122	0.0188	0.0160	0.0064	−0.0016
	θ_y	0.0164	0.0334	0.0507	0.0656	0.0718
0.75	θ_x	0.0329	0.0602	0.0741	0.0674	0.0580
	θ_y	0.0171	0.0359	0.0574	0.0797	0.0905
0.80	θ_x	0.0564	0.1113	0.1610	0.1985	0.2131
	θ_y	0.0169	0.0358	0.0600	0.0930	0.1122
0.90	θ_x	0.0727	0.1486	0.2293	0.3080	0.3449
	θ_y	0.0163	0.0348	0.0601	0.1014	0.1278
0.95	θ_x	0.0750	0.1539	0.2389	0.3189	0.3550
	θ_y	0.0163	0.0348	0.0601	0.1014	0.1278

$k=1.9$　$\alpha=0.3$　$\beta=0.3$

ξ	η	0.10	0.20	0.30	0.40	0.50
0.10	θ_x	-0.0060	-0.0117	-0.0166	-0.0201	-0.0213
	θ_y	0.0043	0.0083	0.0115	0.0136	0.0144
0.20	θ_x	-0.0110	-0.0216	-0.0307	-0.0367	-0.0389
	θ_y	0.0087	0.0167	0.0233	0.0277	0.0292
0.30	θ_x	-0.0137	-0.0273	-0.0401	-0.0499	-0.0534
	θ_y	0.0132	0.0254	0.0357	0.0426	0.0451
0.40	θ_x	-0.0119	-0.0251	-0.0390	-0.0496	-0.0539
	θ_y	0.0176	0.0343	0.0487	0.0588	0.0624
0.50	θ_x	-0.0029	-0.0100	-0.0277	-0.0370	-0.0429
	θ_y	0.0217	0.0429	0.0622	0.0764	0.0817
0.60	θ_x	0.0165	0.0250	0.0214	0.0113	0.0054
	θ_y	0.0248	0.0502	0.0754	0.0957	0.1035
0.75	θ_x	0.0477	0.0863	0.1043	0.0991	0.0955
	θ_y	0.0262	0.0547	0.0867	0.1161	0.1280
0.80	θ_x	0.0842	0.1653	0.2365	0.2906	0.3100
	θ_y	0.0260	0.0555	0.0929	0.1371	0.1533
0.90	θ_x	0.1101	0.2246	0.3447	0.4511	0.4928
	θ_y	0.0251	0.0545	0.0949	0.1509	0.1696
0.95	θ_x	0.1138	0.2331	0.3610	0.4645	0.5076
	θ_y	0.0251	0.0545	0.0949	0.1509	0.1696

$k=1.9$　$\alpha=0.3$　$\beta=0.4$

ξ	η	0.10	0.20	0.30	0.40	0.50
0.10	θ_x		-0.0153	-0.0216	-0.0259	-0.0274
	θ_y		0.0107	0.0149	0.0176	0.0186
0.20	θ_x		-0.0283	-0.0397	-0.0474	-0.0502
	θ_y		0.0217	0.0302	0.0358	0.0377
0.30	θ_x		-0.0362	-0.0523	-0.0640	-0.0681
	θ_y		0.0331	0.0463	0.0550	0.0581
0.40	θ_x		-0.0340	-0.0507	-0.0635	-0.0685
	θ_y		0.0449	0.0633	0.0758	0.0802
0.50	θ_x		-0.0159	-0.0314	-0.0459	-0.0515
	θ_y		0.0566	0.0810	0.0983	0.1045
0.60	θ_x		0.0282	0.0253	0.0171	0.0129
	θ_y		0.0671	0.0990	0.1225	0.1312
0.75	θ_x		0.1070	0.1275	0.1322	0.1348
	θ_y		0.0745	0.1156	0.1479	0.1595
0.80	θ_x		0.2174	0.3098	0.3740	0.3970
	θ_y		0.0769	0.1289	0.1722	0.1859
0.90	θ_x		0.3021	0.4565	0.5742	0.6159
	θ_y		0.0762	0.1365	0.1879	0.2027
0.95	θ_x		0.3140	0.4728	0.5938	0.6379
	θ_y		0.0762	0.1365	0.1879	0.2027

$k=1.9$　$\alpha=0.3$　$\beta=0.5$

ξ	η	0.10	0.20	0.30	0.40	0.50
0.10	θ_x		-0.0186	-0.0261	-0.0310	-0.0327
	θ_y		0.0130	0.0179	0.0212	0.0223
0.20	θ_x		-0.0344	-0.0478	-0.0568	-0.0601
	θ_y		0.0263	0.0364	0.0430	0.0453
0.30	θ_x		-0.0446	-0.0635	-0.0762	-0.0807
	θ_y		0.0402	0.0557	0.0660	0.0696
0.40	θ_x		-0.0427	-0.0615	-0.0753	-0.0805
	θ_y		0.0546	0.0764	0.0908	0.0958
0.50	θ_x		-0.0231	-0.0399	-0.0526	-0.0572
	θ_y		0.0695	0.0980	0.1174	0.1242
0.60	θ_x		0.0279	0.0278	0.0241	0.0226
	θ_y		0.0835	0.1205	0.1456	0.1545
0.75	θ_x		0.1226	0.1467	0.1648	0.1725
	θ_y		0.0951	0.1423	0.1743	0.1851
0.80	θ_x		0.2660	0.3748	0.4471	0.4724
	θ_y		0.1010	0.1631	0.2004	0.2121
0.90	θ_x		0.3805	0.5612	0.6794	0.7199
	θ_y		0.1027	0.1759	0.2165	0.2284
0.95	θ_x		0.3954	0.5782	0.7032	0.7459
	θ_y		0.1027	0.1759	0.2165	0.2284

$k=1.9$　$\alpha=0.3$　$\beta=0.6$

ξ	η	0.10	0.20	0.30	0.40	0.50
0.10	θ_x			-0.0300	-0.0353	-0.0372
	θ_y			0.0205	0.0242	0.0254
0.20	θ_x			-0.0548	-0.0648	-0.0683
	θ_y			0.0417	0.0491	0.0516
0.30	θ_x			-0.0730	-0.0864	-0.0910
	θ_y			0.0639	0.0753	0.0793
0.40	θ_x			-0.0711	-0.0850	-0.0898
	θ_y			0.0876	0.1034	0.1088
0.50	θ_x			-0.0471	-0.0572	-0.0605
	θ_y			0.1127	0.1333	0.1404
0.60	θ_x			0.0292	0.0317	0.0330
	θ_y			0.1389	0.1645	0.1733
0.75	θ_x			0.1651	0.1949	0.2063
	θ_y			0.1651	0.1954	0.2053
0.80	θ_x			0.4305	0.5083	0.5350
	θ_y			0.1891	0.2219	0.2322
0.90	θ_x			0.6488	0.7665	0.8055
	θ_y			0.2047	0.2379	0.2478
0.95	θ_x			0.6689	0.7918	0.8326
	θ_y			0.2047	0.2379	0.2478

$k=1.9$　$\alpha=0.3$　$\beta=0.7$

ξ	η	0.10	0.20	0.30	0.40	0.50
0.10	θ_x			−0.0330	−0.0387	−0.0407
	θ_y			0.0226	0.0266	0.0279
0.20	θ_x			−0.0606	−0.0711	−0.0747
	θ_y			0.0459	0.0540	0.0567
0.30	θ_x			−0.0807	−0.0943	−0.0990
	θ_y			0.0705	0.0828	0.0870
0.40	θ_x			−0.0791	−0.0923	−0.0968
	θ_y			0.0967	0.1134	0.1191
0.50	θ_x			−0.0529	−0.0601	−0.0622
	θ_y			0.1246	0.1458	0.1530
0.60	θ_x			0.0305	0.0391	0.0428
	θ_y			0.1538	0.1792	0.1877
0.75	θ_x			0.1816	0.2201	0.2342
	θ_y			0.1828	0.2113	0.2206
0.80	θ_x			0.4754	0.5566	0.5842
	θ_y			0.2087	0.2381	0.2474
0.90	θ_x			0.7174	0.8300	0.8677
	θ_y			0.2241	0.2535	0.2626
0.95	θ_x			0.7405	0.8597	0.8989
	θ_y			0.2241	0.2535	0.2626

$k=1.9$　$\alpha=0.3$　$\beta=0.8$

ξ	η	0.10	0.20	0.30	0.40	0.50
0.10	θ_x				−0.0412	−0.0432
	θ_y				0.0284	0.0298
0.20	θ_x				−0.0757	−0.0794
	θ_y				0.0575	0.0604
0.30	θ_x				−0.1001	−0.1046
	θ_y				0.0882	0.0925
0.40	θ_x				−0.0975	−0.1015
	θ_y				0.1207	0.1265
0.50	θ_x				−0.0618	−0.0628
	θ_y				0.1549	0.1621
0.60	θ_x				0.0452	0.0506
	θ_y				0.1896	0.1979
0.75	θ_x				0.2392	0.2550
	θ_y				0.2225	0.2313
0.80	θ_x				0.5915	0.6195
	θ_y				0.2491	0.2578
0.90	θ_x				0.8783	0.9131
	θ_y				0.2644	0.2729
0.95	θ_x				0.9229	0.9457
	θ_y				0.2644	0.2729

$k=1.9$　$\alpha=0.3$　$\beta=0.9$

ξ	η	0.10	0.20	0.30	0.40	0.50
0.10	θ_x				−0.0427	−0.0448
	θ_y				0.0294	0.0309
0.20	θ_x				−0.0785	−0.0822
	θ_y				0.0597	0.0626
0.30	θ_x				−0.1035	−0.1080
	θ_y				0.0914	0.0959
0.40	θ_x				−0.1005	−0.1042
	θ_y				0.1251	0.1310
0.50	θ_x				−0.0626	−0.0630
	θ_y				0.1603	0.1675
0.60	θ_x				0.0492	0.0557
	θ_y				0.1958	0.2040
0.75	θ_x				0.2510	0.2677
	θ_y				0.2291	0.2375
0.80	θ_x				0.6125	0.6408
	θ_y				0.2557	0.2640
0.90	θ_x				0.9059	0.9400
	θ_y				0.2708	0.2786
0.95	θ_x				0.9514	0.9735
	θ_y				0.2708	0.2786

$k=1.9$　$\alpha=0.3$　$\beta=1.0$

ξ	η	0.10	0.20	0.30	0.40	0.50
0.10	θ_x					−0.0453
	θ_y					0.0313
0.20	θ_x					−0.0831
	θ_y					0.0634
0.30	θ_x					−0.1091
	θ_y					0.0970
0.40	θ_x					−0.1051
	θ_y					0.1325
0.50	θ_x					−0.0630
	θ_y					0.1693
0.60	θ_x					0.0574
	θ_y					0.2060
0.75	θ_x					0.2721
	θ_y					0.2396
0.80	θ_x					0.6479
	θ_y					0.2660
0.90	θ_x					0.9490
	θ_y					0.2806
0.95	θ_x					0.9827
	θ_y					0.2806

$k=1.9$ $\alpha=0.4$ $\beta=0.1$

ξ	η	0.10	0.20	0.30	0.40	0.50
0.20	θ_x	−0.0046	−0.0092	−0.0134	−0.0165	−0.0177
	θ_y	0.0040	0.0077	0.0108	0.0129	0.0136
0.30	θ_x	−0.0054	−0.0111	−0.0169	−0.0214	−0.0232
	θ_y	0.0060	0.0116	0.0164	0.0198	0.0210
0.40	θ_x	−0.0040	−0.0091	−0.0155	−0.0216	−0.0243
	θ_y	0.0079	0.0155	0.0223	0.0274	0.0292
0.50	θ_x	0.0009	−0.0006	−0.0059	−0.0132	−0.0169
	θ_y	0.0095	0.0190	0.0282	0.0356	0.0387
0.60	θ_x	0.0101	0.0169	0.0175	0.0094	0.0028
	θ_y	0.0106	0.0217	0.0335	0.0447	0.0498
0.75	θ_x	0.0230	0.0434	0.0576	0.0606	0.0548
	θ_y	0.0111	0.0231	0.0371	0.0533	0.0648
0.80	θ_x	0.0363	0.0721	0.1062	0.1372	0.1555
	θ_y	0.0110	0.0234	0.0386	0.0594	0.0828
0.90	θ_x	0.0448	0.0906	0.1370	0.1792	0.1990
	θ_y	0.0108	0.0232	0.0392	0.0636	0.0924
0.95	θ_x	0.0460	0.0931	0.1410	0.1831	0.2001
	θ_y	0.0108	0.0232	0.0392	0.0636	0.0924

$k=1.9$ $\alpha=0.4$ $\beta=0.2$

ξ	η	0.10	0.20	0.30	0.40	0.50
0.20	θ_x	−0.0092	−0.0183	−0.0265	−0.0325	−0.0348
	θ_y	0.0079	0.0152	0.0213	0.0254	0.0269
0.30	θ_x	−0.0109	−0.0223	−0.0335	−0.0422	−0.0455
	θ_y	0.0118	0.0230	0.0325	0.0391	0.0415
0.40	θ_x	−0.0082	−0.0185	−0.0310	−0.0424	−0.0472
	θ_y	0.0157	0.0308	0.0442	0.0539	0.0575
0.50	θ_x	0.0012	−0.0022	−0.0123	−0.0255	−0.0318
	θ_y	0.0190	0.0380	0.0560	0.0702	0.0757
0.60	θ_x	0.0194	0.0320	0.0320	0.0188	0.0096
	θ_y	0.0213	0.0437	0.0670	0.0878	0.0969
0.75	θ_x	0.0454	0.0855	0.1124	0.1180	0.1144
	θ_y	0.0224	0.0468	0.0748	0.1061	0.1223
0.80	θ_x	0.0725	0.1437	0.2117	0.2721	0.2998
	θ_y	0.0224	0.0472	0.0786	0.1222	0.1481
0.90	θ_x	0.0899	0.1814	0.2732	0.3529	0.3872
	θ_y	0.0220	0.0470	0.0805	0.1316	0.1632
0.95	θ_x	0.0922	0.1864	0.2808	0.3596	0.3917
	θ_y	0.0220	0.0470	0.0805	0.1316	0.1632

$k=1.9$ $\alpha=0.4$ $\beta=0.3$

ξ	η	0.10	0.20	0.30	0.40	0.50
0.20	θ_x	−0.0138	−0.0272	−0.0391	−0.0476	−0.0507
	θ_y	0.0116	0.0224	0.0313	0.0372	0.0393
0.30	θ_x	−0.0166	−0.0334	−0.0495	−0.0615	−0.0661
	θ_y	0.0175	0.0340	0.0478	0.0573	0.0607
0.40	θ_x	−0.0131	−0.0286	−0.0462	−0.0615	−0.0676
	θ_y	0.0233	0.0456	0.0652	0.0789	0.0840
0.50	θ_x	0.0003	−0.0056	−0.0197	−0.0360	−0.0433
	θ_y	0.0285	0.0567	0.0829	0.1025	0.1099
0.60	θ_x	0.0270	0.0440	0.0433	0.0292	0.0216
	θ_y	0.0323	0.0659	0.0999	0.1280	0.1391
0.75	θ_x	0.0665	0.1241	0.1616	0.1730	0.1760
	θ_y	0.0342	0.0713	0.1135	0.1552	0.1714
0.80	θ_x	0.1084	0.2146	0.3154	0.3989	0.4298
	θ_y	0.0343	0.0731	0.1212	0.1808	0.2017
0.90	θ_x	0.1354	0.2725	0.4067	0.5152	0.5574
	θ_y	0.0340	0.0734	0.1258	0.1950	0.2195
0.95	θ_x	0.1390	0.2801	0.4171	0.5242	0.5663
	θ_y	0.0340	0.0734	0.1258	0.1950	0.2195

$k=1.9$ $\alpha=0.4$ $\beta=0.4$

ξ	η	0.10	0.20	0.30	0.40	0.50
0.20	θ_x		−0.0358	−0.0509	−0.0613	−0.0651
	θ_y		0.0291	0.0406	0.0481	0.0508
0.30	θ_x		−0.0444	−0.0644	−0.0789	−0.0843
	θ_y		0.0443	0.0621	0.0740	0.0782
0.40	θ_x		−0.0392	−0.0609	−0.0782	−0.0848
	θ_y		0.0599	0.0847	0.1017	0.1078
0.50	θ_x		−0.0112	−0.0277	−0.0441	−0.0509
	θ_y		0.0750	0.1081	0.1318	0.1403
0.60	θ_x		0.0514	0.0509	0.0416	0.0376
	θ_y		0.0883	0.1315	0.1639	0.1757
0.75	θ_x		0.1578	0.2033	0.2268	0.2361
	θ_y		0.0972	0.1529	0.1971	0.2123
0.80	θ_x		0.2842	0.4159	0.5114	0.5442
	θ_y		0.1009	0.1695	0.2267	0.2443
0.90	θ_x		0.3631	0.5343	0.6604	0.7059
	θ_y		0.1023	0.1789	0.2438	0.2631
0.95	θ_x		0.3730	0.5460	0.6725	0.7191
	θ_y		0.1023	0.1789	0.2438	0.2631

$k=1.9$　　$\alpha=0.4$　　$\beta=0.5$

ξ	η	0.10	0.20	0.30	0.40	0.50
0.20	θ_x		−0.0437	−0.0614	−0.0733	−0.0775
	θ_y		0.0353	0.0489	0.0578	0.0609
0.30	θ_x		−0.0549	−0.0780	−0.0941	−0.0998
	θ_y		0.0538	0.0748	0.0887	0.0935
0.40	θ_x		−0.0502	−0.0745	−0.0922	−0.0986
	θ_y		0.0730	0.1023	0.1218	0.1286
0.50	θ_x		−0.0188	−0.0357	−0.0498	−0.0550
	θ_y		0.0924	0.1310	0.1572	0.1664
0.60	θ_x		0.0534	0.0562	0.0555	0.0557
	θ_y		0.1105	0.1604	0.1944	0.2062
0.75	θ_x		0.1847	0.2394	0.2770	0.2912
	θ_y		0.1246	0.1894	0.2316	0.2456
0.80	θ_x		0.3518	0.5073	0.6081	0.6422
	θ_y		0.1323	0.2151	0.2635	0.2788
0.90	θ_x		0.4516	0.6506	0.7849	0.8314
	θ_y		0.1367	0.2290	0.2817	0.2977
0.95	θ_x		0.4631	0.6632	0.8003	0.8482
	θ_y		0.1367	0.2290	0.2817	0.2977

$k=1.9$　　$\alpha=0.4$　　$\beta=0.6$

ξ	η	0.10	0.20	0.30	0.40	0.50
0.20	θ_x			−0.0706	−0.0834	−0.0879
	θ_y			0.0560	0.0660	0.0694
0.30	θ_x			−0.0898	−0.1066	−0.1124
	θ_y			0.0858	0.1012	0.1065
0.40	θ_x			−0.0864	−0.1033	−0.1092
	θ_y			0.1174	0.1386	0.1459
0.50	θ_x			−0.0430	−0.0531	−0.0565
	θ_y			0.1507	0.1783	0.1878
0.60	θ_x			0.0609	0.0697	0.0736
	θ_y			0.1852	0.2193	0.2308
0.75	θ_x			0.2722	0.3214	0.3392
	θ_y			0.2195	0.2590	0.2719
0.80	θ_x			0.5840	0.6880	0.7231
	θ_y			0.2490	0.2917	0.3053
0.90	θ_x			0.7502	0.8872	0.9335
	θ_y			0.2659	0.3105	0.3243
0.95	θ_x			0.7648	0.9055	0.9533
	θ_y			0.2659	0.3105	0.3243

$k=1.9$　　$\alpha=0.4$　　$\beta=0.7$

ξ	η	0.10	0.20	0.30	0.40	0.50
0.20	θ_x			−0.0779	−0.0914	−0.0959
	θ_y			0.0617	0.0725	0.0762
0.30	θ_x			−0.0995	−0.1164	−0.1221
	θ_y			0.0946	0.1111	0.1167
0.40	θ_x			−0.0961	−0.1117	−0.1168
	θ_y			0.1296	0.1519	0.1596
0.50	θ_x			−0.0489	−0.0547	−0.0562
	θ_y			0.1667	0.1949	0.2044
0.60	θ_x			0.0656	0.0826	0.0894
	θ_y			0.2050	0.2386	0.2497
0.75	θ_x			0.3001	0.3577	0.3780
	θ_y			0.2427	0.2798	0.2919
0.80	θ_x			0.6445	0.7507	0.7864
	θ_y			0.2745	0.3131	0.3254
0.90	θ_x			0.8297	0.9668	1.0125
	θ_y			0.2925	0.3316	0.3439
0.95	θ_x			0.8463	0.9873	1.0344
	θ_y			0.2925	0.3316	0.3439

$k=1.9$　　$\alpha=0.4$　　$\beta=0.8$

ξ	η	0.10	0.20	0.30	0.40	0.50
0.20	θ_x				−0.0922	−0.1017
	θ_y				0.0773	0.0811
0.30	θ_x				−0.1233	−0.1289
	θ_y				0.1183	0.1241
0.40	θ_x				−0.1174	−0.1219
	θ_y				0.1616	0.1694
0.50	θ_x				−0.0553	−0.0553
	θ_y				0.2068	0.2163
0.60	θ_x				0.0929	0.1018
	θ_y				0.2522	0.2630
0.75	θ_x				0.3846	0.4067
	θ_y				0.2943	0.3058
0.80	θ_x				0.7956	0.8318
	θ_y				0.3276	0.3391
0.90	θ_x				1.0234	1.0686
	θ_y				0.3464	0.3578
0.95	θ_x				1.0455	1.0919
	θ_y				0.3464	0.3578

$k=1.9 \quad \alpha=0.4 \quad \beta=0.9$

ξ	η	0.10	0.20	0.30	0.40	0.50
0.20	θ_x				−0.1006	−0.1052
	θ_y				0.0802	0.0841
0.30	θ_x				−0.1275	−0.1329
	θ_y				0.1227	0.1286
0.40	θ_x				−0.1208	−0.1247
	θ_y				0.1674	0.1753
0.50	θ_x				−0.0554	−0.0545
	θ_y				0.2139	0.2234
0.60	θ_x				0.1035	0.1096
	θ_y				0.2603	0.2709
0.75	θ_x				0.4011	0.4241
	θ_y				0.3029	0.3140
0.80	θ_x				0.8228	0.8591
	θ_y				0.3364	0.3474
0.90	θ_x				1.0573	1.1021
	θ_y				0.3548	0.3656
0.95	θ_x				1.0803	1.1263
	θ_y				0.3548	0.3656

$k=1.9 \quad \alpha=0.4 \quad \beta=1.0$

ξ	η	0.10	0.20	0.30	0.40	0.50
0.20	θ_x					−0.1063
	θ_y					0.0851
0.30	θ_x					−0.1342
	θ_y					0.1301
0.40	θ_x					−0.1257
	θ_y					0.1772
0.50	θ_x					−0.0541
	θ_y					0.2258
0.60	θ_x					0.1123
	θ_y					0.2735
0.75	θ_x					0.4300
	θ_y					0.3167
0.80	θ_x					0.8682
	θ_y					0.3500
0.90	θ_x					1.1133
	θ_y					0.3685
0.95	θ_x					1.1378
	θ_y					0.3685

$k=1.9 \quad \alpha=0.5 \quad \beta=0.1$

ξ	η	0.10	0.20	0.30	0.40	0.50
0.20	θ_x	−0.0052	−0.0105	−0.0156	−0.0195	−0.0213
	θ_y	0.0050	0.0096	0.0136	0.0163	0.0172
0.30	θ_x	−0.0058	−0.0122	−0.0190	−0.0245	−0.0263
	θ_y	0.0074	0.0145	0.0207	0.0250	0.0267
0.40	θ_x	−0.0034	−0.0084	−0.0157	−0.0235	−0.0278
	θ_y	0.0097	0.0192	0.0279	0.0346	0.0370
0.50	θ_x	0.0033	0.0035	−0.0013	−0.0099	−0.0139
	θ_y	0.0116	0.0234	0.0351	0.0449	0.0492
0.60	θ_x	0.0147	0.0260	0.0301	0.0232	0.0127
	θ_y	0.0129	0.0265	0.0412	0.0560	0.0637
0.75	θ_x	0.0294	0.0566	0.0791	0.0943	0.1000
	θ_y	0.0135	0.0282	0.0451	0.0654	0.0836
0.80	θ_x	0.0431	0.0856	0.1264	0.1638	0.1842
	θ_y	0.0137	0.0290	0.0475	0.0727	0.1011
0.90	θ_x	0.0513	0.1024	0.1517	0.1921	0.2088
	θ_y	0.0137	0.0293	0.0490	0.0776	0.1088
0.95	θ_x	0.0524	0.1046	0.1548	0.1943	0.2137
	θ_y	0.0137	0.0293	0.0490	0.0776	0.1088

$k=1.9 \quad \alpha=0.5 \quad \beta=0.2$

ξ	η	0.10	0.20	0.30	0.40	0.50
0.20	θ_x	−0.0105	−0.0210	−0.0309	−0.0386	−0.0416
	θ_y	0.0098	0.0191	0.0268	0.0321	0.0340
0.30	θ_x	−0.0117	−0.0244	−0.0376	−0.0479	−0.0518
	θ_y	0.0147	0.0288	0.0409	0.0494	0.0525
0.40	θ_x	−0.0072	−0.0174	−0.0314	−0.0463	−0.0531
	θ_y	0.0194	0.0382	0.0554	0.0681	0.0729
0.50	θ_x	0.0058	0.0058	−0.0037	−0.0185	−0.0259
	θ_y	0.0233	0.0468	0.0697	0.0884	0.0960
0.60	θ_x	0.0286	0.0503	0.0576	0.0446	0.0328
	θ_y	0.0260	0.0533	0.0824	0.1103	0.1231
0.75	θ_x	0.0583	0.1121	0.1564	0.1862	0.1969
	θ_y	0.0274	0.0569	0.0911	0.1320	0.1543
0.80	θ_x	0.0861	0.1708	0.2520	0.3245	0.3561
	θ_y	0.0278	0.0585	0.0968	0.1499	0.1811
0.90	θ_x	0.1026	0.2045	0.3014	0.3780	0.4089
	θ_y	0.0279	0.0593	0.1005	0.1596	0.1948
0.95	θ_x	0.1047	0.2088	0.3072	0.3818	0.4176
	θ_y	0.0279	0.0593	0.1005	0.1596	0.1948

$k=1.9$　$\alpha=0.5$　$\beta=0.3$

ξ	η	0.10	0.20	0.30	0.40	0.50
0.20	θ_x	−0.0158	−0.0313	−0.0457	−0.0565	−0.0604
	θ_y	0.0146	0.0281	0.0395	0.0471	0.0498
0.30	θ_x	−0.0179	−0.0369	−0.0556	−0.0697	−0.0752
	θ_y	0.0219	0.0426	0.0602	0.0724	0.0768
0.40	θ_x	−0.0118	−0.0275	−0.0477	−0.0671	−0.0749
	θ_y	0.0289	0.0569	0.0817	0.0996	0.1062
0.50	θ_x	0.0068	0.0055	−0.0077	−0.0251	−0.0337
	θ_y	0.0350	0.0701	0.1034	0.1292	0.1390
0.60	θ_x	0.0408	0.0709	0.0794	0.0661	0.0592
	θ_y	0.0394	0.0806	0.1236	0.1608	0.1756
0.75	θ_x	0.0861	0.1651	0.2295	0.2734	0.2885
	θ_y	0.0417	0.0869	0.1388	0.1941	0.2144
0.80	θ_x	0.1288	0.2553	0.3755	0.4753	0.5112
	θ_y	0.0426	0.0903	0.1492	0.2212	0.2468
0.90	θ_x	0.1537	0.3054	0.4463	0.5522	0.5931
	θ_y	0.0429	0.0922	0.1559	0.2353	0.2642
0.95	θ_x	0.1570	0.3117	0.4553	0.5575	0.6053
	θ_y	0.0429	0.0922	0.1559	0.2353	0.2642

$k=1.9$　$\alpha=0.5$　$\beta=0.4$

ξ	η	0.10	0.20	0.30	0.40	0.50
0.2	θ_x		−0.0414	−0.0596	−0.0726	−0.0772
	θ_y		0.0367	0.0512	0.0608	0.0642
0.30	θ_x		−0.0493	−0.0724	−0.0894	−0.0959
	θ_y		0.0556	0.0782	0.0934	0.0988
0.40	θ_x		−0.0386	−0.0638	−0.0847	−0.0926
	θ_y		0.0747	0.1063	0.1283	0.1362
0.50	θ_x		0.0020	−0.0127	−0.0296	−0.0369
	θ_y		0.0930	0.1352	0.1658	0.1769
0.60	θ_x		0.0862	0.0948	0.0902	0.0891
	θ_y		0.1084	0.1636	0.2055	0.2206
0.75	θ_x		0.2145	0.2971	0.3533	0.3724
	θ_y		0.1184	0.1890	0.2455	0.2640
0.80	θ_x		0.3382	0.4954	0.6096	0.6491
	θ_y		0.1243	0.2084	0.2782	0.2997
0.90	θ_x		0.4039	0.5825	0.7098	0.7560
	θ_y		0.1281	0.2189	0.2954	0.3191
0.95	θ_x		0.4117	0.5906	0.7171	0.7636
	θ_y		0.1281	0.2189	0.2954	0.3191

$k=1.9$　$\alpha=0.5$　$\beta=0.5$

ξ	η	0.10	0.20	0.30	0.40	0.50
0.20	θ_x		−0.0509	−0.0722	−0.0866	−0.0916
	θ_y		0.0444	0.0617	0.0730	0.0769
0.30	θ_x		−0.0614	−0.0876	−0.1063	−0.1132
	θ_y		0.0676	0.0943	0.1119	0.1181
0.40	θ_x		−0.0511	−0.0789	−0.0991	−0.1064
	θ_y		0.0915	0.1285	0.1534	0.1621
0.50	θ_x		−0.0044	−0.0183	−0.0315	−0.0363
	θ_y		0.1150	0.1642	0.1975	0.2091
0.60	θ_x		0.0941	0.1068	0.1153	0.1194
	θ_y		0.1365	0.2002	0.2433	0.2579
0.75	θ_x		0.2589	0.3594	0.4243	0.4467
	θ_y		0.1523	0.2358	0.2877	0.3046
0.80	θ_x		0.4190	0.6028	0.7247	0.7655
	θ_y		0.1631	0.2640	0.3230	0.3415
0.90	θ_x		0.4975	0.7064	0.8467	0.8960
	θ_y		0.1698	0.2783	0.3422	0.3619
0.95	θ_x		0.5060	0.7145	0.8564	0.9065
	θ_y		0.1698	0.2783	0.3422	0.3619

$k=1.9$　$\alpha=0.5$　$\beta=0.6$

ξ	η	0.10	0.20	0.30	0.40	0.50
0.20	θ_x			−0.0831	−0.0982	−0.1035
	θ_y			0.0707	0.0833	0.0877
0.30	θ_x			−0.1011	−0.1203	−0.1270
	θ_y			0.1081	0.1276	0.1343
0.40	θ_x			−0.0919	−0.1101	−0.1163
	θ_y			0.1476	0.1744	0.1836
0.50	θ_x			−0.0238	−0.0312	−0.0333
	θ_y			0.1890	0.2237	0.2355
0.60	θ_x			0.1188	0.1394	0.1476
	θ_y			0.2315	0.2739	0.2880
0.75	θ_x			0.4116	0.4845	0.5097
	θ_y			0.2728	0.3209	0.3366
0.80	θ_x			0.6942	0.8199	0.8601
	θ_y			0.3056	0.3582	0.3746
0.90	θ_x			0.8129	0.9605	1.0117
	θ_y			0.3232	0.3785	0.3957
0.95	θ_x			0.8298	0.9724	1.0241
	θ_y			0.3232	0.3785	0.3957

$k=1.9 \quad \alpha=0.5 \quad \beta=0.7$

ξ	η	0.10	0.20	0.30	0.40	0.50
0.20	θ_x			−0.0918	−0.1074	−0.1127
	θ_y			0.0780	0.0915	0.0962
0.30	θ_x			−0.1121	−0.1311	−0.1374
	θ_y			0.1193	0.1400	0.1471
0.40	θ_x			−0.1024	−0.1182	−0.1232
	θ_y			0.1631	0.1910	0.2005
0.50	θ_x			−0.0282	−0.0295	−0.0292
	θ_y			0.2091	0.2442	0.2559
0.60	θ_x			0.1301	0.1602	0.1715
	θ_y			0.2562	0.2974	0.3109
0.75	θ_x			0.4537	0.5328	0.5600
	θ_y			0.3012	0.3463	0.3610
0.80	θ_x			0.7679	0.8943	0.9368
	θ_y			0.3368	0.3843	0.3995
0.90	θ_x			0.8980	1.0497	1.1009
	θ_y			0.3560	0.4051	0.4206
0.95	θ_x			0.9088	1.0635	1.1158
	θ_y			0.3560	0.4051	0.4206

$k=1.9 \quad \alpha=0.5 \quad \beta=0.8$

ξ	η	0.10	0.20	0.30	0.40	0.50
0.20	θ_x				−0.1140	−0.1193
	θ_y				0.0975	0.1024
0.30	θ_x				−0.1387	−0.1447
	θ_y				0.1490	0.1563
0.40	θ_x				−0.1235	−0.1276
	θ_y				0.2030	0.2127
0.50	θ_x				−0.0308	−0.0254
	θ_y				0.2588	0.2705
0.60	θ_x				0.1762	0.1896
	θ_y				0.3140	0.3272
0.75	θ_x				0.5680	0.5942
	θ_y				0.3639	0.3779
0.80	θ_x				0.9478	0.9907
	θ_y				0.4025	0.4167
0.90	θ_x				1.1137	1.1650
	θ_y				0.4235	0.4378
0.95	θ_x				1.1288	1.1812
	θ_y				0.4235	0.4378

$k=1.9 \quad \alpha=0.5 \quad \beta=0.9$

ξ	η	0.10	0.20	0.30	0.40	0.50
0.20	θ_x				−0.1179	−0.1232
	θ_y				0.1011	0.1061
0.30	θ_x				−0.1432	−0.1490
	θ_y				0.1545	0.1619
0.40	θ_x				−0.1266	−0.1300
	θ_y				0.2102	0.2199
0.50	θ_x				−0.0260	−0.0227
	θ_y				0.2676	0.2792
0.60	θ_x				0.1862	0.2009
	θ_y				0.3239	0.3368
0.75	θ_x				0.5894	0.6164
	θ_y				0.3745	0.3881
0.80	θ_x				0.9800	1.0231
	θ_y				0.4133	0.4271
0.90	θ_x				1.1521	1.2034
	θ_y				0.4344	0.4482
0.95	θ_x				1.1681	1.2205
	θ_y				0.4344	0.4482

$k=1.9 \quad \alpha=0.5 \quad \beta=1.0$

ξ	η	0.10	0.20	0.30	0.40	0.50
0.20	θ_x					−0.1245
	θ_y					0.1074
0.30	θ_x					−0.1504
	θ_y					0.1637
0.40	θ_x					−0.1307
	θ_y					0.2224
0.50	θ_x					−0.0217
	θ_y					0.2821
0.60	θ_x					0.2048
	θ_y					0.3400
0.75	θ_x					0.6239
	θ_y					0.3913
0.80	θ_x					1.0339
	θ_y					0.4301
0.90	θ_x					1.2162
	θ_y					0.4512
0.95	θ_x					1.2336
	θ_y					0.4512

$k=1.9$　$\alpha=0.6$　$\beta=0.1$

ξ	η	0.10	0.20	0.30	0.40	0.50
0.30	θ_x	−0.0054	−0.0118	−0.0193	−0.0263	−0.0293
	θ_y	0.0088	0.0174	0.0249	0.0305	0.0325
0.40	θ_x	−0.0017	−0.0057	−0.0131	−0.0220	−0.0263
	θ_y	0.0115	0.0228	0.0335	0.0420	0.0453
0.50	θ_x	0.0069	0.0104	0.0075	−0.0024	−0.0099
	θ_y	0.0136	0.0275	0.0417	0.0544	0.0602
0.60	θ_x	0.0202	0.0374	0.0482	0.0480	0.0410
	θ_y	0.0150	0.0309	0.0482	0.0668	0.0792
0.75	θ_x	0.0356	0.0695	0.1002	0.1273	0.1439
	θ_y	0.0159	0.0331	0.0527	0.0770	0.1017
0.80	θ_x	0.0485	0.0960	0.1407	0.1786	0.1959
	θ_y	0.0163	0.0345	0.0563	0.0857	0.1167
0.90	θ_x	0.0557	0.1101	0.1601	0.1984	0.2134
	θ_y	0.0166	0.0353	0.0585	0.0906	0.1233
0.95	θ_x	0.0566	0.1118	0.1624	0.2012	0.2175
	θ_y	0.0166	0.0353	0.0585	0.0906	0.1233

$k=1.9$　$\alpha=0.6$　$\beta=0.2$

ξ	η	0.10	0.20	0.30	0.40	0.50
0.30	θ_x	−0.0110	−0.0239	−0.0384	−0.0516	−0.0570
	θ_y	0.0176	0.0345	0.0493	0.0601	0.0640
0.40	θ_x	−0.0040	−0.0123	−0.0267	−0.0429	−0.0503
	θ_y	0.0229	0.0455	0.0665	0.0827	0.0889
0.50	θ_x	0.0129	0.0192	0.0131	−0.0045	−0.0154
	θ_y	0.0273	0.0551	0.0831	0.1071	0.1173
0.60	θ_x	0.0397	0.0732	0.0941	0.0933	0.0874
	θ_y	0.0303	0.0622	0.0966	0.1327	0.1505
0.75	θ_x	0.0707	0.1381	0.1987	0.2530	0.2776
	θ_y	0.0321	0.0665	0.1064	0.1568	0.1853
0.80	θ_x	0.0968	0.1914	0.2799	0.3522	0.3824
	θ_y	0.0331	0.0696	0.1146	0.1751	0.2106
0.90	θ_x	0.1111	0.2191	0.3173	0.3909	0.4190
	θ_y	0.0337	0.0714	0.1194	0.1848	0.2229
0.95	θ_x	0.1129	0.2225	0.3220	0.3970	0.4261
	θ_y	0.0337	0.0714	0.1194	0.1848	0.2229

$k=1.9$　$\alpha=0.6$　$\beta=0.3$

ξ	η	0.10	0.20	0.30	0.40	0.50
0.30	θ_x	−0.0172	−0.0365	−0.0576	−0.0750	−0.0819
	θ_y	0.0262	0.0511	0.0728	0.0879	0.0935
0.40	θ_x	−0.0074	−0.0205	−0.0409	−0.0615	−0.0704
	θ_y	0.0343	0.0678	0.0983	0.1209	0.1293
0.50	θ_x	0.0173	0.0248	0.0155	−0.0048	−0.0148
	θ_y	0.0411	0.0828	0.1236	0.1563	0.1690
0.60	θ_x	0.0576	0.1058	0.1334	0.1370	0.1370
	θ_y	0.0459	0.0942	0.1459	0.1942	0.2127
0.75	θ_x	0.1050	0.2050	0.2949	0.3715	0.3986
	θ_y	0.0489	0.1018	0.1632	0.2315	0.2558
0.80	θ_x	0.1445	0.2855	0.4153	0.5152	0.5531
	θ_y	0.0507	0.1072	0.1763	0.2587	0.2881
0.90	θ_x	0.1657	0.3257	0.4679	0.5718	0.6101
	θ_y	0.0518	0.1105	0.1847	0.2723	0.3045
0.95	θ_x	0.1684	0.3305	0.4731	0.5811	0.6199
	θ_y	0.0518	0.1105	0.1847	0.2723	0.3045

$k=1.9$　$\alpha=0.6$　$\beta=0.4$

ξ	η	0.10	0.20	0.30	0.40	0.50
0.30	θ_x		−0.0494	−0.0756	−0.0957	−0.1033
	θ_y		0.0669	0.0945	0.1134	0.1201
0.40	θ_x		−0.0307	−0.0552	−0.0770	−0.0857
	θ_y		0.0894	0.1282	0.1555	0.1653
0.50	θ_x		0.0261	0.0147	−0.0023	−0.0089
	θ_y		0.1103	0.1622	0.2003	0.2142
0.60	θ_x		0.1337	0.1664	0.1807	0.1866
	θ_y		0.1270	0.1949	0.2474	0.2655
0.75	θ_x		0.2702	0.3911	0.4771	0.5060
	θ_y		0.1388	0.2235	0.2919	0.3137
0.80	θ_x		0.3767	0.5436	0.6623	0.7044
	θ_y		0.1477	0.2449	0.3252	0.3503
0.90	θ_x		0.4283	0.6086	0.7363	0.7817
	θ_y		0.1528	0.2563	0.3424	0.3696
0.95	θ_x		0.4348	0.6195	0.7481	0.7939
	θ_y		0.1528	0.2563	0.3424	0.3696

k=1.9　α=0.6　β=0.5

ξ	η	0.10	0.20	0.30	0.40	0.50
0.30	θ_x		−0.0630	−0.0922	−0.1132	−0.1208
	θ_y		0.0816	0.1141	0.1358	0.1434
0.40	θ_x		−0.0426	−0.0689	−0.0892	−0.0966
	θ_y		0.1098	0.1551	0.1856	0.1964
0.50	θ_x		0.0224	0.0125	0.0032	0.0003
	θ_y		0.1372	0.1974	0.2382	0.2523
0.60	θ_x		0.1536	0.1946	0.2224	0.2330
	θ_y		0.1610	0.2401	0.2919	0.3092
0.75	θ_x		0.3326	0.4765	0.5683	0.5990
	θ_y		0.1787	0.2804	0.3415	0.3613
0.80	θ_x		0.4638	0.6598	0.7898	0.8346
	θ_y		0.1926	0.3094	0.3787	0.4007
0.90	θ_x		0.5240	0.7354	0.8776	0.9303
	θ_y		0.2010	0.3238	0.3980	0.4214
0.95	θ_x		0.5321	0.7496	0.8942	0.9448
	θ_y		0.2010	0.3238	0.3980	0.4214

k=1.9　α=0.6　β=0.6

ξ	η	0.10	0.20	0.30	0.40	0.50
0.30	θ_x			−0.1067	−0.1273	−0.1344
	θ_y			0.1310	0.1546	0.1628
0.40	θ_x			−0.0810	−0.0980	−0.1038
	θ_y			0.1784	0.2108	0.2220
0.50	θ_x			0.0107	0.0103	0.0109
	θ_y			0.2276	0.2693	0.2834
0.60	θ_x			0.2204	0.2597	0.2740
	θ_y			0.2777	0.3277	0.3442
0.75	θ_x			0.5478	0.6441	0.6766
	θ_y			0.3240	0.3804	0.3986
0.80	θ_x			0.7591	0.8958	0.9422
	θ_y			0.3583	0.4200	0.4397
0.90	θ_x			0.8448	0.9980	1.0508
	θ_y			0.3764	0.4413	0.4615
0.95	θ_x			0.8610	1.0165	1.0700
	θ_y			0.3764	0.4413	0.4615

k=1.9　α=0.6　β=0.7

ξ	η	0.10	0.20	0.30	0.40	0.50
0.30	θ_x			−0.1186	−0.1380	−0.1444
	θ_y			0.1446	0.1696	0.1781
0.40	θ_x			−0.0909	−0.1040	−0.1080
	θ_y			0.1971	0.2306	0.2420
0.50	θ_x			0.0100	0.0176	0.0211
	θ_y			0.2518	0.2935	0.3074
0.60	θ_x			0.2426	0.2906	0.3077
	θ_y			0.3069	0.3551	0.3710
0.75	θ_x			0.6038	0.7040	0.7379
	θ_y			0.3574	0.4101	0.4273
0.80	θ_x			0.8383	0.9791	1.0265
	θ_y			0.3951	0.4514	0.4694
0.90	θ_x			0.9332	1.0932	1.1504
	θ_y			0.4143	0.4732	0.4918
0.95	θ_x			0.9508	1.1132	1.1684
	θ_y			0.4143	0.4732	0.4918

k=1.9　α=0.6　β=0.8

ξ	η	0.10	0.20	0.30	0.40	0.50
0.30	θ_x				−0.1454	−0.1513
	θ_y				0.1804	0.1891
0.40	θ_x				−0.1078	−0.1104
	θ_y				0.2449	0.2563
0.50	θ_x				0.0238	0.0294
	θ_y				0.3107	0.3244
0.60	θ_x				0.3137	0.3328
	θ_y				0.3745	0.3898
0.75	θ_x				0.7473	0.7822
	θ_y				0.4307	0.4471
0.80	θ_x				1.0390	1.0871
	θ_y				0.4728	0.4898
0.90	θ_x				1.1619	1.2171
	θ_y				0.4954	0.5127
0.95	θ_x				1.1829	1.2391
	θ_y				0.4954	0.5127

$k=1.9$　$\alpha=0.6$　$\beta=0.9$

ξ	η	0.10	0.20	0.30	0.40	0.50
0.30	θ_x				−0.1498	−0.1552
	θ_y				0.1869	0.1957
0.40	θ_x				−0.1097	−0.1114
	θ_y				0.2535	0.2649
0.50	θ_x				0.0280	0.0349
	θ_y				0.3210	0.3346
0.60	θ_x				0.3280	0.3482
	θ_y				0.3860	0.4011
0.75	θ_x				0.7735	0.8091
	θ_y				0.4431	0.4590
0.80	θ_x				1.0751	1.1236
	θ_y				0.4858	0.5021
0.90	θ_x				1.2033	1.2589
	θ_y				0.5085	0.5249
0.95	θ_x				1.2250	1.2816
	θ_y				0.5085	0.5249

$k=1.9$　$\alpha=0.6$　$\beta=1.0$

ξ	η	0.10	0.20	0.30	0.40	0.50
0.30	θ_x					−0.1565
	θ_y					0.1980
0.40	θ_x					−0.1117
	θ_y					0.2678
0.50	θ_x					0.0368
	θ_y					0.3380
0.60	θ_x					0.3534
	θ_y					0.4048
0.75	θ_x					0.8180
	θ_y					0.4628
0.80	θ_x					1.1358
	θ_y					0.5059
0.90	θ_x					1.2757
	θ_y					0.5292
0.95	θ_x					1.2958
	θ_y					0.5292

$k=1.9$　$\alpha=0.7$　$\beta=0.1$

ξ	η	0.10	0.20	0.30	0.40	0.50
0.30	θ_x	−0.0041	−0.0098	−0.0177	−0.0259	−0.0301
	θ_y	0.0102	0.0201	0.0293	0.0361	0.0387
0.40	θ_x	0.0012	−0.0004	−0.0070	−0.0168	−0.0214
	θ_y	0.0131	0.0262	0.0390	0.0496	0.0542
0.50	θ_x	0.0117	0.0201	0.0215	0.0128	0.0039
	θ_y	0.0154	0.0313	0.0479	0.0640	0.0723
0.60	θ_x	0.0263	0.0501	0.0692	0.0816	0.0861
	θ_y	0.0170	0.0350	0.0547	0.0770	0.0958
0.75	θ_x	0.0411	0.0808	0.1180	0.1518	0.1713
	θ_y	0.0181	0.0378	0.0601	0.0884	0.1176
0.80	θ_x	0.0524	0.1032	0.1496	0.1858	0.2000
	θ_y	0.0189	0.0398	0.0647	0.0975	0.1302
0.90	θ_x	0.0583	0.1141	0.1637	0.1998	0.2136
	θ_y	0.0194	0.0411	0.0674	0.1022	0.1362
0.95	θ_x	0.0590	0.1155	0.1654	0.2011	0.2155
	θ_y	0.0194	0.0411	0.0674	0.1022	0.1362

$k=1.9$　$\alpha=0.7$　$\beta=0.2$

ξ	η	0.10	0.20	0.30	0.40	0.50
0.30	θ_x	−0.0086	−0.0202	−0.0355	−0.0509	−0.0578
	θ_y	0.0203	0.0401	0.0580	0.0711	0.0761
0.40	θ_x	0.0017	−0.0022	−0.0149	−0.0322	−0.0406
	θ_y	0.0262	0.0524	0.0776	0.0977	0.1058
0.50	θ_x	0.0227	0.0385	0.0417	0.0240	0.0110
	θ_y	0.0309	0.0628	0.0955	0.1261	0.1398
0.60	θ_x	0.0519	0.0990	0.1367	0.1613	0.1699
	θ_y	0.0343	0.0703	0.1102	0.1548	0.1785
0.75	θ_x	0.0819	0.1610	0.2353	0.3009	0.3308
	θ_y	0.0366	0.0759	0.1219	0.1802	0.2137
0.80	θ_x	0.1044	0.2053	0.2968	0.3660	0.3928
	θ_y	0.0383	0.0804	0.1316	0.1984	0.2368
0.90	θ_x	0.1160	0.2268	0.3240	0.3940	0.4201
	θ_y	0.0393	0.0830	0.1371	0.2077	0.2481
0.95	θ_x	0.1174	0.2294	0.3274	0.3974	0.4236
	θ_y	0.0393	0.0830	0.1371	0.2077	0.2481

$k=1.9$　$\alpha=0.7$　$\beta=0.3$

ξ	η	0.10	0.20	0.30	0.40	0.50
0.30	θ_x	−0.0139	−0.0316	−0.0534	−0.0737	−0.0819
	θ_y	0.0303	0.0596	0.0855	0.1041	0.1109
0.40	θ_x	0.0008	−0.0062	−0.0243	−0.0452	−0.0551
	θ_y	0.0393	0.0784	0.1149	0.1428	0.1533
0.50	θ_x	0.0319	0.0534	0.0572	0.0360	0.0272
	θ_y	0.0467	0.0946	0.1429	0.1840	0.2001
0.60	θ_x	0.0763	0.1455	0.2009	0.2370	0.2494
	θ_y	0.0519	0.1068	0.1667	0.2276	0.2498
0.75	θ_x	0.1219	0.2400	0.3506	0.4411	0.4749
	θ_y	0.0558	0.1162	0.1861	0.2662	0.2944
0.80	θ_x	0.1556	0.3051	0.4386	0.5354	0.5717
	θ_y	0.0587	0.1236	0.2020	0.2925	0.3253
0.90	θ_x	0.1724	0.3360	0.4776	0.5771	0.6133
	θ_y	0.0604	0.1280	0.2106	0.3058	0.3406
0.95	θ_x	0.1745	0.3399	0.4827	0.5823	0.6184
	θ_y	0.0604	0.1280	0.2106	0.3058	0.3406

$k=1.9$　$\alpha=0.7$　$\beta=0.4$

ξ	η	0.10	0.20	0.30	0.40	0.50
0.30	θ_x		−0.0441	−0.0711	−0.0933	−0.1017
	θ_y		0.0783	0.1112	0.1341	0.1423
0.40	θ_x		−0.0132	−0.0343	−0.0555	−0.0643
	θ_y		0.1038	0.1501	0.1834	0.1954
0.50	θ_x		0.0644	0.0624	0.0514	0.0480
	θ_y		0.1264	0.1889	0.2355	0.2522
0.60	θ_x		0.1886	0.2603	0.3066	0.3226
	θ_y		0.1445	0.2252	0.2887	0.3097
0.75	θ_x		0.3171	0.4619	0.5661	0.6018
	θ_y		0.1584	0.2563	0.3355	0.3604
0.80	θ_x		0.4011	0.5713	0.6896	0.7320
	θ_y		0.1697	0.2790	0.3684	0.3968
0.90	θ_x		0.4400	0.6208	0.7442	0.7881
	θ_y		0.1762	0.2910	0.3852	0.4155
0.95	θ_x		0.4446	0.6254	0.7509	0.7949
	θ_y		0.1762	0.2910	0.3852	0.4155

$k=1.9$　$\alpha=0.7$　$\beta=0.5$

ξ	η	0.10	0.20	0.30	0.40	0.50
0.30	θ_x		−0.0575	−0.0876	−0.1094	−0.1173
	θ_y		0.0957	0.1344	0.1603	0.1694
0.40	θ_x		−0.0230	−0.0444	−0.0625	−0.0690
	θ_y		0.1280	0.1821	0.2186	0.2314
0.50	θ_x		0.0661	0.0678	0.0689	0.0703
	θ_y		0.1585	0.2307	0.2793	0.2958
0.60	θ_x		0.2272	0.3133	0.3687	0.3878
	θ_y		0.1837	0.2796	0.3395	0.3593
0.75	θ_x		0.3917	0.5630	0.6737	0.7109
	θ_y		0.2042	0.3219	0.3922	0.4147
0.80	θ_x		0.4910	0.6910	0.8244	0.8709
	θ_y		0.2209	0.3512	0.4298	0.4548
0.90	θ_x		0.5360	0.7495	0.8911	0.9406
	θ_y		0.2302	0.3661	0.4490	0.4754
0.95	θ_x		0.5417	0.7568	0.8992	0.9491
	θ_y		0.2302	0.3661	0.4490	0.4754

$k=1.9$　$\alpha=0.7$　$\beta=0.6$

ξ	η	0.10	0.20	0.30	0.40	0.50
0.30	θ_x			−0.1019	−0.1220	−0.1288
	θ_y			0.1544	0.1824	0.1920
0.40	θ_x			−0.0538	−0.0665	−0.0705
	θ_y			0.2096	0.2478	0.2609
0.50	θ_x			0.0740	0.0864	0.0918
	θ_y			0.2664	0.3150	0.3312
0.60	θ_x			0.3585	0.4216	0.4433
	θ_y			0.3230	0.3801	0.3988
0.75	θ_x			0.6480	0.7628	0.8014
	θ_y			0.3721	0.4365	0.4573
0.80	θ_x			0.7940	0.9373	0.9863
	θ_y			0.4067	0.4775	0.5001
0.90	θ_x			0.8601	1.0148	1.0682
	θ_y			0.4246	0.4987	0.5224
0.95	θ_x			0.8682	1.0243	1.0752
	θ_y			0.4246	0.4987	0.5224

$k=1.9$　$\alpha=0.7$　$\beta=0.7$

ξ	η	0.10	0.20	0.30	0.40	0.50
0.30	θ_x			−0.1135	−0.1312	−0.1369
	θ_y			0.1705	0.1998	0.2098
0.40	θ_x			−0.0613	−0.0682	−0.0699
	θ_y			0.2317	0.2707	0.2839
0.50	θ_x			0.0806	0.1021	0.1105
	θ_y			0.2947	0.3425	0.3584
0.60	θ_x			0.3949	0.4641	0.4880
	θ_y			0.3566	0.4113	0.4292
0.75	θ_x			0.7055	0.8232	0.8628
	θ_y			0.4100	0.4707	0.4895
0.80	θ_x			0.8768	1.0264	1.0772
	θ_y			0.4487	0.5133	0.5341
0.90	θ_x			0.9435	1.1069	1.1628
	θ_y			0.4682	0.5361	0.5571
0.95	θ_x			0.9582	1.1207	1.1772
	θ_y			0.4682	0.5361	0.5571

$k=1.9$　$\alpha=0.7$　$\beta=0.8$

ξ	η	0.10	0.20	0.30	0.40	0.50
0.30	θ_x				−0.1374	−0.1422
	θ_y				0.2124	0.2225
0.40	θ_x				−0.0687	−0.0686
	θ_y				0.2871	0.3003
0.50	θ_x				0.1144	0.1249
	θ_y				0.3621	0.3777
0.60	θ_x				0.4952	0.5206
	θ_y				0.4331	0.4505
0.75	θ_x				0.8832	0.9238
	θ_y				0.4939	0.5126
0.80	θ_x				1.0907	1.1426
	θ_y				0.5385	0.5581
0.90	θ_x				1.1842	1.2416
	θ_y				0.5617	0.5819
0.95	θ_x				1.1926	1.2507
	θ_y				0.5617	0.5819

$k=1.9$　$\alpha=0.7$　$\beta=0.9$

ξ	η	0.10	0.20	0.30	0.40	0.50
0.30	θ_x				−0.1410	−0.1451
	θ_y				0.2199	0.2301
0.40	θ_x				−0.0687	−0.0675
	θ_y				0.2970	0.3101
0.50	θ_x				0.1222	0.1339
	θ_y				0.3738	0.3892
0.60	θ_x				0.5142	0.5405
	θ_y				0.4462	0.4633
0.75	θ_x				0.9039	0.9450
	θ_y				0.5079	0.5263
0.80	θ_x				1.1296	1.1820
	θ_y				0.5530	0.5719
0.90	θ_x				1.2210	1.2793
	θ_y				0.5767	0.5963
0.95	θ_x				1.2361	1.2951
	θ_y				0.5767	0.5963

$k=1.9$　$\alpha=0.7$　$\beta=1.0$

ξ	η	0.10	0.20	0.30	0.40	0.50
0.30	θ_x					−0.1461
	θ_y					0.2327
0.40	θ_x					−0.0670
	θ_y					0.3133
0.50	θ_x					0.1371
	θ_y					0.3931
0.60	θ_x					0.5471
	θ_y					0.4674
0.75	θ_x					0.9651
	θ_y					0.5305
0.80	θ_x					1.1952
	θ_y					0.5768
0.90	θ_x					1.3001
	θ_y					0.6011
0.95	θ_x					1.3100
	θ_y					0.6011

$k=1.9 \quad \alpha=0.8 \quad \beta=0.1$

ξ	η	0.10	0.20	0.30	0.40	0.50
0.40	θ_x	0.0055	0.0076	0.0036	−0.0071	−0.0149
	θ_y	0.0146	0.0294	0.0443	0.0575	0.0635
0.50	θ_x	0.0176	0.0323	0.0408	0.0392	0.0316
	θ_y	0.0170	0.0347	0.0535	0.0731	0.0858
0.60	θ_x	0.0324	0.0630	0.0907	0.1155	0.1312
	θ_y	0.0189	0.0389	0.0609	0.0868	0.1120
0.75	θ_x	0.0457	0.0900	0.1311	0.1660	0.1821
	θ_y	0.0203	0.0423	0.0674	0.0992	0.1310
0.80	θ_x	0.0549	0.1074	0.1541	0.1886	0.2018
	θ_y	0.0214	0.0450	0.0727	0.1082	0.1422
0.90	θ_x	0.0594	0.1155	0.1638	0.1978	0.2103
	θ_y	0.0221	0.0465	0.0756	0.1127	0.1476
0.95	θ_x	0.0599	0.1165	0.1649	0.1985	0.2098
	θ_y	0.0221	0.0465	0.0756	0.1127	0.1476

$k=1.9 \quad \alpha=0.8 \quad \beta=0.2$

ξ	η	0.10	0.20	0.30	0.40	0.50
0.40	θ_x	0.0101	0.0137	0.0054	−0.0137	−0.0252
	θ_y	0.0292	0.0588	0.0882	0.1132	0.1238
0.50	θ_x	0.0346	0.0631	0.0789	0.0759	0.0689
	θ_y	0.0342	0.0697	0.1073	0.1452	0.1637
0.60	θ_x	0.0643	0.1252	0.1807	0.2297	0.2526
	θ_y	0.0380	0.0780	0.1228	0.1761	0.2056
0.75	θ_x	0.0910	0.1792	0.2608	0.3275	0.3554
	θ_y	0.0410	0.0850	0.1366	0.2017	0.2389
0.80	θ_x	0.1092	0.2134	0.3052	0.3718	0.3968
	θ_y	0.0434	0.0907	0.1475	0.2194	0.2601
0.90	θ_x	0.1180	0.2291	0.3241	0.3901	0.4142
	θ_y	0.0447	0.0939	0.1534	0.2284	0.2704
0.95	θ_x	0.1190	0.2310	0.3261	0.3911	0.4141
	θ_y	0.0447	0.0939	0.1534	0.2284	0.2704

$k=1.9 \quad \alpha=0.8 \quad \beta=0.3$

ξ	η	0.10	0.20	0.30	0.40	0.50
0.40	θ_x	0.0131	0.0168	0.0042	−0.0184	−0.0291
	θ_y	0.0440	0.0883	0.1312	0.1653	0.1785
0.50	θ_x	0.0499	0.0907	0.1132	0.1115	0.1100
	θ_y	0.0517	0.1053	0.1613	0.2125	0.2321
0.60	θ_x	0.0953	0.1859	0.2692	0.3374	0.3623
	θ_y	0.0576	0.1187	0.1865	0.2597	0.2856
0.75	θ_x	0.1357	0.2670	0.3871	0.4792	0.5141
	θ_y	0.0625	0.1301	0.2088	0.2976	0.3294
0.80	θ_x	0.1623	0.3163	0.4501	0.5444	0.5789
	θ_y	0.0663	0.1393	0.2258	0.3231	0.3586
0.90	θ_x	0.1749	0.3387	0.4771	0.5719	0.6058
	θ_y	0.0685	0.1444	0.2348	0.3360	0.3731
0.95	θ_x	0.1764	0.3414	0.4798	0.5731	0.6067
	θ_y	0.0685	0.1444	0.2348	0.3360	0.3731

$k=1.9 \quad \alpha=0.8 \quad \beta=0.4$

ξ	η	0.10	0.20	0.30	0.40	0.50
0.40	θ_x		0.0156	0.0007	−0.0198	−0.0274
	θ_y		0.1175	0.1721	0.2120	0.2265
0.50	θ_x		0.1138	0.1389	0.1478	0.1518
	θ_y		0.1415	0.2149	0.2711	0.2904
0.60	θ_x		0.2446	0.3550	0.4333	0.4594
	θ_y		0.1607	0.2542	0.3284	0.3522
0.75	θ_x		0.3521	0.5066	0.6162	0.6550
	θ_y		0.1773	0.2869	0.3754	0.4035
0.80	θ_x		0.4142	0.5852	0.7019	0.7435
	θ_y		0.1907	0.3103	0.4076	0.4388
0.90	θ_x		0.4421	0.6196	0.7382	0.7803
	θ_y		0.1979	0.3224	0.4239	0.4567
0.95	θ_x		0.4455	0.6220	0.7402	0.7822
	θ_y		0.1979	0.3224	0.4239	0.4567

$k=1.9 \quad \alpha=0.8 \quad \beta=0.5$

ξ	η	0.10	0.20	0.30	0.40	0.50
0.40	θ_x		0.0097	−0.0053	−0.0178	−0.0219
	θ_y		0.1458	0.2093	0.2522	0.2671
0.50	θ_x		0.1298	0.1614	0.1830	0.1914
	θ_y		0.1784	0.2642	0.3203	0.3392
0.60	θ_x		0.3016	0.4328	0.5159	0.5436
	θ_y		0.2053	0.3174	0.3853	0.4074
0.75	θ_x		0.4328	0.6149	0.7352	0.7764
	θ_y		0.2291	0.3601	0.4390	0.4642
0.80	θ_x		0.5050	0.7068	0.8404	0.8870
	θ_y		0.2472	0.3895	0.4762	0.5041
0.90	θ_x		0.5366	0.7467	0.8851	0.9335
	θ_y		0.2570	0.4044	0.4950	0.5242
0.95	θ_x		0.5398	0.7495	0.8881	0.9365
	θ_y		0.2570	0.4044	0.4950	0.5242

$k=1.9 \quad \alpha=0.8 \quad \beta=0.6$

ξ	η	0.10	0.20	0.30	0.40	0.50
0.40	θ_x			−0.0096	−0.0137	−0.0143
	θ_y			0.2412	0.2853	0.3002
0.50	θ_x			0.1824	0.2148	0.2267
	θ_y			0.3053	0.3602	0.3784
0.60	θ_x			0.4976	0.5847	0.6139
	θ_y			0.3664	0.4303	0.4512
0.75	θ_x			0.7073	0.8341	0.8771
	θ_y			0.4165	0.4887	0.5120
0.80	θ_x			0.8112	0.9569	1.0071
	θ_y			0.4509	0.5297	0.5550
0.90	θ_x			0.8562	1.0094	1.0623
	θ_y			0.4687	0.5509	0.5773
0.95	θ_x			0.8593	1.0132	1.0664
	θ_y			0.4687	0.5509	0.5773

$k=1.9 \quad \alpha=0.8 \quad \beta=0.7$

ξ	η	0.10	0.20	0.30	0.40	0.50
0.40	θ_x			−0.0124	−0.0087	−0.0065
	θ_y			0.2668	0.3111	0.3259
0.50	θ_x			0.2006	0.2413	0.2559
	θ_y			0.3374	0.3909	0.4086
0.60	θ_x			0.5483	0.6390	0.6696
	θ_y			0.4042	0.4650	0.4850
0.75	θ_x			0.7809	0.9120	0.9562
	θ_y			0.4593	0.5267	0.5486
0.80	θ_x			0.8953	1.0494	1.1019
	θ_y			0.4977	0.5704	0.5938
0.90	θ_x			0.9445	1.1091	1.1652
	θ_y			0.5171	0.5928	0.6171
0.95	θ_x			0.9480	1.1129	1.1694
	θ_y			0.5171	0.5928	0.6171

$k=1.9 \quad \alpha=0.8 \quad \beta=0.8$

ξ	η	0.10	0.20	0.30	0.40	0.50
0.40	θ_x				−0.0042	−0.0014
	θ_y				0.3295	0.3442
0.50	θ_x				0.2613	0.2778
	θ_y				0.4126	0.4299
0.60	θ_x				0.6782	0.7099
	θ_y				0.4892	0.5085
0.75	θ_x				0.9681	1.0133
	θ_y				0.5530	0.5739
0.80	θ_x				1.1163	1.1704
	θ_y				0.5984	0.6206
0.90	θ_x				1.1810	1.2392
	θ_y				0.6220	0.6449
0.95	θ_x				1.1854	1.2441
	θ_y				0.6220	0.6449

$k=1.9 \quad \alpha=0.8 \quad \beta=0.9$

ξ	η	0.10	0.20	0.30	0.40	0.50
0.40	θ_x				−0.0011	0.0044
	θ_y				0.3405	0.3551
0.50	θ_x				0.2736	0.2912
	θ_y				0.4256	0.4426
0.60	θ_x				0.7020	0.7344
	θ_y				0.5038	0.5227
0.75	θ_x				1.0020	1.0477
	θ_y				0.5689	0.5892
0.80	θ_x				1.1568	1.2117
	θ_y				0.6153	0.6367
0.90	θ_x				1.2246	1.2840
	θ_y				0.6393	0.6615
0.95	θ_x				1.2294	1.2893
	θ_y				0.6393	0.6615

$k=1.9 \quad \alpha=0.8 \quad \beta=1.0$

ξ	η	0.10	0.20	0.30	0.40	0.50
0.40	θ_x					0.0059
	θ_y					0.3587
0.50	θ_x					0.2958
	θ_y					0.4468
0.60	θ_x					0.7425
	θ_y					0.5272
0.75	θ_x					1.0592
	θ_y					0.5940
0.80	θ_x					1.2256
	θ_y					0.6418
0.90	θ_x					1.2990
	θ_y					0.6666
0.95	θ_x					1.3044
	θ_y					0.6666

$k=1.9 \quad \alpha=0.9 \quad \beta=0.1$

ξ	η	0.10	0.20	0.30	0.40	0.50
0.40	θ_x	0.0110	0.0187	0.0195	0.0105	0.0014
	θ_y	0.0159	0.0322	0.0492	0.0655	0.0739
0.50	θ_x	0.0242	0.0461	0.0635	0.0747	0.0786
	θ_y	0.0185	0.0379	0.0587	0.0817	0.1008
0.60	θ_x	0.0381	0.0749	0.1094	0.1413	0.1602
	θ_y	0.0206	0.0425	0.0668	0.0963	0.1261
0.75	θ_x	0.0492	0.0966	0.1397	0.1732	0.1862
	θ_y	0.0224	0.0466	0.0743	0.1091	0.1424
0.80	θ_x	0.0562	0.1093	0.1553	0.1881	0.2007
	θ_y	0.0238	0.0498	0.0801	0.1177	0.1527
0.90	θ_x	0.0594	0.1149	0.1616	0.1935	0.2049
	θ_y	0.0246	0.0516	0.0831	0.1221	0.1576
0.95	θ_x	0.0598	0.1155	0.1622	0.1937	0.2066
	θ_y	0.0246	0.0516	0.0831	0.1221	0.1576

$k=1.9 \quad \alpha=0.9 \quad \beta=0.2$

ξ	η	0.10	0.20	0.30	0.40	0.50
0.40	θ_x	0.0212	0.0357	0.0365	0.0195	0.0089
	θ_y	0.0319	0.0646	0.0983	0.1291	0.1431
0.50	θ_x	0.0478	0.0910	0.1254	0.1476	0.1553
	θ_y	0.0372	0.0759	0.1180	0.1641	0.1883
0.60	θ_x	0.0759	0.1492	0.2183	0.2803	0.3090
	θ_y	0.0415	0.0854	0.1351	0.1961	0.2304
0.75	θ_x	0.0980	0.1922	0.2771	0.3411	0.3658
	θ_y	0.0453	0.0938	0.1506	0.2213	0.2611
0.80	θ_x	0.1117	0.2169	0.3068	0.3712	0.3949
	θ_y	0.0482	0.1004	0.1618	0.2383	0.2807
0.90	θ_x	0.1178	0.2275	0.3194	0.3818	0.4040
	θ_y	0.0498	0.1041	0.1683	0.2468	0.2902
0.95	θ_x	0.1186	0.2288	0.3207	0.3820	0.4034
	θ_y	0.0498	0.1041	0.1683	0.2468	0.2902

$k=1.9 \quad \alpha=0.9 \quad \beta=0.3$

ξ	η	0.10	0.20	0.30	0.40	0.50
0.40	θ_x	0.0297	0.0493	0.0487	0.0294	0.0203
	θ_y	0.0481	0.0973	0.1469	0.1885	0.2048
0.50	θ_x	0.0703	0.1338	0.1843	0.2169	0.2281
	θ_y	0.0563	0.1151	0.1782	0.2412	0.2642
0.60	θ_x	0.1130	0.2223	0.3246	0.4110	0.4429
	θ_y	0.0630	0.1302	0.2061	0.2893	0.3188
0.75	θ_x	0.1459	0.2858	0.4095	0.4990	0.5326
	θ_y	0.0689	0.1435	0.2299	0.3259	0.3606
0.80	θ_x	0.1655	0.3206	0.4527	0.5442	0.5770
	θ_y	0.0735	0.1539	0.2475	0.3505	0.3882
0.90	θ_x	0.1743	0.3359	0.4704	0.5599	0.5919
	θ_y	0.0761	0.1594	0.2570	0.3628	0.4017
0.95	θ_x	0.1753	0.3378	0.4715	0.5602	0.5917
	θ_y	0.0761	0.1594	0.2570	0.3628	0.4017

$k=1.9 \quad \alpha=0.9 \quad \beta=0.4$

ξ	η	0.10	0.20	0.30	0.40	0.50
0.40	θ_x		0.0577	0.0551	0.0428	0.0389
	θ_y		0.1302	0.1938	0.2413	0.2583
0.50	θ_x		0.1732	0.2387	0.2807	0.2952
	θ_y		0.1551	0.2402	0.3063	0.3282
0.60	θ_x		0.2942	0.4295	0.5273	0.5607
	θ_y		0.1766	0.2817	0.3656	0.3921
0.75	θ_x		0.3751	0.5333	0.6429	0.6822
	θ_y		0.1958	0.3153	0.4117	0.4426
0.80	θ_x		0.4190	0.5881	0.7022	0.7425
	θ_y		0.2103	0.3389	0.4429	0.4765
0.90	θ_x		0.4373	0.6093	0.7234	0.7636
	θ_y		0.2178	0.3510	0.4585	0.4935
0.95	θ_x		0.4394	0.6108	0.7241	0.7640
	θ_y		0.2178	0.3510	0.4585	0.4935

$k=1.9 \quad \alpha=0.9 \quad \beta=0.5$

ξ	η	0.10	0.20	0.30	0.40	0.50
0.40	θ_x		0.0597	0.0591	0.0585	0.0593
	θ_y		0.1628	0.2366	0.2862	0.3032
0.50	θ_x		0.2085	0.2872	0.3377	0.3551
	θ_y		0.1966	0.2975	0.3607	0.3816
0.60	θ_x		0.3637	0.5240	0.6272	0.6618
	θ_y		0.2262	0.3523	0.4280	0.4525
0.75	θ_x		0.4587	0.6449	0.7689	0.8119
	θ_y		0.2524	0.3948	0.4815	0.5093
0.80	θ_x		0.5090	0.7097	0.8416	0.8876
	θ_y		0.2713	0.4240	0.5179	0.5483
0.90	θ_x		0.5293	0.7342	0.8683	0.9150
	θ_y		0.2813	0.4389	0.5363	0.5679
0.95	θ_x		0.5313	0.7355	0.8694	0.9162
	θ_y		0.2813	0.4389	0.5363	0.5679

$k=1.9 \quad \alpha=0.9 \quad \beta=0.6$

ξ	η	0.10	0.20	0.30	0.40	0.50
0.40	θ_x			0.0640	0.0746	0.0793
	θ_y			0.2732	0.3229	0.3396
0.50	θ_x			0.3286	0.3863	0.4062
	θ_y			0.3435	0.4042	0.4243
0.60	θ_x			0.6032	0.7099	0.7456
	θ_y			0.4071	0.4777	0.5007
0.75	θ_x			0.7409	0.8744	0.9200
	θ_y			0.4570	0.5366	0.5623
0.80	θ_x			0.8139	0.9594	1.0095
	θ_y			0.4911	0.5772	0.6050
0.90	θ_x			0.8412	0.9911	1.0429
	θ_y			0.5083	0.5978	0.6267
0.95	θ_x			0.8426	0.9928	1.0447
	θ_y			0.5083	0.5978	0.6267

$k=1.9 \quad \alpha=0.9 \quad \beta=0.7$

ξ	η	0.10	0.20	0.30	0.40	0.50
0.40	θ_x			0.0695	0.0891	0.0967
	θ_y			0.3021	0.3513	0.3677
0.50	θ_x			0.3619	0.4254	0.4473
	θ_y			0.3792	0.4378	0.4571
0.60	θ_x			0.6653	0.7748	0.8115
	θ_y			0.4486	0.5155	0.5373
0.75	θ_x			0.8181	0.9578	1.0051
	θ_y			0.5039	0.5782	0.6023
0.80	θ_x			0.8978	1.0531	1.1062
	θ_y			0.5418	0.6218	0.6477
0.90	θ_x			0.9277	1.0892	1.1447
	θ_y			0.5609	0.6440	0.6709
0.95	θ_x			0.9292	1.0915	1.1472
	θ_y			0.5609	0.6440	0.6709

$k=1.9 \quad \alpha=0.9 \quad \beta=0.8$

ξ	η	0.10	0.20	0.30	0.40	0.50
0.40	θ_x				0.1005	0.1103
	θ_y				0.3715	0.3876
0.50	θ_x				0.4540	0.4773
	θ_y				0.4616	0.4804
0.60	θ_x				0.8215	0.8591
	θ_y				0.5423	0.5633
0.75	θ_x				1.0180	1.0666
	θ_y				0.6076	0.6307
0.80	θ_x				1.1212	1.1763
	θ_y				0.6532	0.6778
0.90	θ_x				1.1607	1.2186
	θ_y				0.6766	0.7021
0.95	θ_x				1.1633	1.2216
	θ_y				0.6766	0.7021

$k=1.9$ $\alpha=0.9$ $\beta=0.9$

ξ	η	0.10	0.20	0.30	0.40	0.50
0.40	θ_x				0.1078	0.1188
	θ_y				0.3835	0.3994
0.50	θ_x				0.4715	0.4957
	θ_y				0.4756	0.4941
0.60	θ_x				0.8496	0.8877
	θ_y				0.5579	0.5785
0.75	θ_x				1.0544	1.1036
	θ_y				0.6247	0.6471
0.80	θ_x				1.1624	1.2187
	θ_y				0.6715	0.6953
0.90	θ_x				1.2041	1.2635
	θ_y				0.6955	0.7201
0.95	θ_x				1.2070	1.2667
	θ_y				0.6955	0.7201

$k=1.9$ $\alpha=0.9$ $\beta=1.0$

ξ	η	0.10	0.20	0.30	0.40	0.50
0.40	θ_x					0.1217
	θ_y					0.4034
0.50	θ_x					0.5018
	θ_y					0.4988
0.60	θ_x					0.8974
	θ_y					0.5838
0.75	θ_x					1.1160
	θ_y					0.6529
0.80	θ_x					1.2328
	θ_y					0.7014
0.90	θ_x					1.2807
	θ_y					0.7265
0.95	θ_x					1.2818
	θ_y					0.7265

$k=1.9$ $\alpha=1.0$ $\beta=0.1$

ξ	η	0.10	0.20	0.30	0.40	0.50
0.50	θ_x	0.0310	0.0602	0.0868	0.1099	0.1262
	θ_y	0.0198	0.0408	0.0635	0.0899	0.1153
0.60	θ_x	0.0431	0.0849	0.1239	0.1571	0.1727
	θ_y	0.0223	0.0461	0.0727	0.1055	0.1377
0.75	θ_x	0.0517	0.1010	0.1445	0.1768	0.1891
	θ_y	0.0244	0.0508	0.0808	0.1180	0.1525
0.80	θ_x	0.0566	0.1095	0.1542	0.1852	0.1965
	θ_y	0.0261	0.0543	0.0867	0.1262	0.1620
0.90	θ_x	0.0586	0.1129	0.1578	0.1878	0.1987
	θ_y	0.0269	0.0562	0.0898	0.1303	0.1665
0.95	θ_x	0.0589	0.1132	0.1582	0.1885	0.1999
	θ_y	0.0269	0.0562	0.0898	0.1303	0.1665

$k=1.9$ $\alpha=1.0$ $\beta=0.2$

ξ	η	0.10	0.20	0.30	0.40	0.50
0.50	θ_x	0.0615	0.1197	0.1730	0.2181	0.2428
	θ_y	0.0399	0.0817	0.1280	0.1824	0.2121
0.60	θ_x	0.0859	0.1691	0.2464	0.3101	0.3369
	θ_y	0.0449	0.0925	0.1470	0.2142	0.2521
0.75	θ_x	0.1028	0.2005	0.2863	0.3485	0.3718
	θ_y	0.0493	0.1022	0.1636	0.2387	0.2805
0.80	θ_x	0.1122	0.2169	0.3050	0.3654	0.3872
	θ_y	0.0527	0.1094	0.1754	0.2549	0.2987
0.90	θ_x	0.1162	0.2234	0.3119	0.3706	0.3919
	θ_y	0.0545	0.1133	0.1816	0.2632	0.3075
0.95	θ_x	0.1166	0.2241	0.3127	0.3724	0.3939
	θ_y	0.0545	0.1133	0.1816	0.2632	0.3075

$k=1.9$ $\alpha=1.0$ $\beta=0.3$

ξ	η	0.10	0.20	0.30	0.40	0.50
0.50	θ_x	0.0912	0.1779	0.2579	0.3200	0.3432
	θ_y	0.0604	0.1242	0.1941	0.2684	0.2948
0.60	θ_x	0.1280	0.2519	0.3659	0.4537	0.4870
	θ_y	0.0683	0.1412	0.2242	0.3160	0.3487
0.75	θ_x	0.1527	0.2971	0.4223	0.5104	0.5426
	θ_y	0.0751	0.1562	0.2495	0.3514	0.3885
0.80	θ_x	0.1660	0.3203	0.4488	0.5359	0.5668
	θ_y	0.0802	0.1673	0.2672	0.3750	0.4144
0.90	θ_x	0.1715	0.3293	0.4586	0.5438	0.5739
	θ_y	0.0831	0.1731	0.2762	0.3864	0.4268
0.95	θ_x	0.1721	0.3302	0.4590	0.5467	0.5770
	θ_y	0.0831	0.1731	0.2762	0.3864	0.4268

$k=1.9$ $\alpha=1.0$ $\beta=0.4$

ξ	η	0.10	0.20	0.30	0.40	0.50
0.50	θ_x		0.2341	0.3378	0.4113	0.4362
	θ_y		0.1678	0.2641	0.3403	0.3648
0.60	θ_x		0.3326	0.4814	0.5833	0.6201
	θ_y		0.1917	0.3070	0.3991	0.4284
0.75	θ_x		0.3889	0.5490	0.6581	0.6969
	θ_y		0.2127	0.3410	0.4440	0.4773
0.80	θ_x		0.4174	0.5834	0.6922	0.7308
	θ_y		0.2278	0.3645	0.4740	0.5098
0.90	θ_x		0.4280	0.5940	0.7031	0.7413
	θ_y		0.2358	0.3764	0.4893	0.5263
0.95	θ_x		0.4290	0.5942	0.7066	0.7449
	θ_y		0.2358	0.3764	0.4893	0.5263

$k=1.9 \quad \alpha=1.0 \quad \beta=0.5$

ξ	η	0.10	0.20	0.30	0.40	0.50
0.50	θ_x		0.2878	0.4112	0.4902	0.5166
	θ_y		0.2141	0.3291	0.3991	0.4219
0.60	θ_x		0.4099	0.5817	0.6957	0.7347
	θ_y		0.2465	0.3842	0.4674	0.4942
0.75	θ_x		0.4732	0.6630	0.7881	0.8317
	θ_y		0.2741	0.4265	0.5200	0.5502
0.80	θ_x		0.5059	0.7019	0.8305	0.8753
	θ_y		0.2933	0.4552	0.5554	0.5880
0.90	θ_x		0.5171	0.7153	0.8445	0.8894
	θ_y		0.3034	0.4697	0.5729	0.6065
0.95	θ_x		0.5179	0.7188	0.8485	0.8935
	θ_y		0.3034	0.4697	0.5729	0.6065

$k=1.9 \quad \alpha=1.0 \quad \beta=0.6$

ξ	η	0.10	0.20	0.30	0.40	0.50
0.50	θ_x			0.4727	0.5559	0.5839
	θ_y			0.3801	0.4465	0.4682
0.60	θ_x			0.6692	0.7892	0.8298
	θ_y			0.4441	0.5212	0.5462
0.75	θ_x			0.7609	0.8975	0.9444
	θ_y			0.4933	0.5797	0.6076
0.80	θ_x			0.8044	0.9477	0.9995
	θ_y			0.5267	0.6194	0.6497
0.90	θ_x			0.8192	0.9647	1.0149
	θ_y			0.5436	0.6396	0.6708
0.95	θ_x			0.8232	0.9690	1.0194
	θ_y			0.5436	0.6396	0.6708

$k=1.9 \quad \alpha=1.0 \quad \beta=0.7$

ξ	η	0.10	0.20	0.30	0.40	0.50
0.50	θ_x			0.5211	0.6078	0.6371
	θ_y			0.4190	0.4825	0.5034
0.60	θ_x			0.7388	0.8672	0.9089
	θ_y			0.4897	0.5623	0.5860
0.75	θ_x			0.8398	0.9884	1.0377
	θ_y			0.5444	0.6255	0.6510
0.80	θ_x			0.8871	1.0436	1.0965
	θ_y			0.5815	0.6681	0.6962
0.90	θ_x			0.9031	1.0609	1.1151
	θ_y			0.6000	0.6898	0.7190
0.95	θ_x			0.9074	1.0656	1.1200
	θ_y			0.6000	0.6898	0.7190

$k=1.9 \quad \alpha=1.0 \quad \beta=0.8$

ξ	η	0.10	0.20	0.30	0.40	0.50
0.50	θ_x				0.6453	0.6756
	θ_y				0.5081	0.5282
0.60	θ_x				0.9201	0.9627
	θ_y				0.5912	0.6140
0.75	θ_x				1.0472	1.0980
	θ_y				0.6569	0.6820
0.80	θ_x				1.1117	1.1669
	θ_y				0.7022	0.7290
0.90	θ_x				1.1311	1.1881
	θ_y				0.7251	0.7528
0.95	θ_x				1.1360	1.1883
	θ_y				0.7251	0.7528

$k=1.9 \quad \alpha=1.0 \quad \beta=0.9$

ξ	η	0.10	0.20	0.30	0.40	0.50
0.50	θ_x				0.6681	0.6990
	θ_y				0.5233	0.5432
0.60	θ_x				0.9521	0.9952
	θ_y				0.6084	0.6308
0.75	θ_x				1.0894	1.1411
	θ_y				0.6757	0.7004
0.80	θ_x				1.1530	1.2096
	θ_y				0.7224	0.7486
0.90	θ_x				1.1738	1.2324
	θ_y				0.7460	0.7731
0.95	θ_x				1.1788	1.2328
	θ_y				0.7460	0.7731

$k=1.9 \quad \alpha=1.0 \quad \beta=1.0$

ξ	η	0.10	0.20	0.30	0.40	0.50
0.50	θ_x					0.7068
	θ_y					0.5479
0.60	θ_x					1.0060
	θ_y					0.6360
0.75	θ_x					1.1500
	θ_y					0.7062
0.80	θ_x					1.2239
	θ_y					0.7547
0.90	θ_x					1.2472
	θ_y					0.7794
0.95	θ_x					1.2477
	θ_y					0.7794

$k=1.9$　$\alpha=1.1$　$\beta=0.1$

ξ	η	0.10	0.20	0.30	0.40	0.50
0.50	θ_x	0.0374	0.0735	0.1075	0.1390	0.1579
	θ_y	0.0211	0.0435	0.0682	0.0979	0.1278
0.60	θ_x	0.0472	0.0926	0.1340	0.1663	0.1787
	θ_y	0.0239	0.0495	0.0783	0.1138	0.1474
0.75	θ_x	0.0532	0.1034	0.1467	0.1777	0.1897
	θ_y	0.0263	0.0546	0.0868	0.1257	0.1613
0.80	θ_x	0.0562	0.1083	0.1517	0.1809	0.1910
	θ_y	0.0281	0.0584	0.0927	0.1336	0.1699
0.90	θ_x	0.0573	0.1100	0.1532	0.1818	0.1920
	θ_y	0.0291	0.0604	0.0957	0.1375	0.1742
0.95	θ_x	0.0575	0.1102	0.1534	0.1817	0.1921
	θ_y	0.0291	0.0604	0.0957	0.1375	0.1742

$k=1.9$　$\alpha=1.1$　$\beta=0.2$

ξ	η	0.10	0.20	0.30	0.40	0.50
0.50	θ_x	0.0744	0.1464	0.2144	0.2758	0.3043
	θ_y	0.0425	0.0872	0.1377	0.1991	0.2336
0.60	θ_x	0.0939	0.1843	0.2658	0.3274	0.3512
	θ_y	0.0482	0.0994	0.1584	0.2305	0.2708
0.75	θ_x	0.1057	0.2051	0.2903	0.3506	0.3731
	θ_y	0.0531	0.1099	0.1754	0.2540	0.2973
0.80	θ_x	0.1114	0.2145	0.2998	0.3569	0.3770
	θ_y	0.0567	0.1175	0.1873	0.2696	0.3144
0.90	θ_x	0.1135	0.2177	0.3027	0.3590	0.3788
	θ_y	0.0587	0.1215	0.1933	0.2773	0.3228
0.95	θ_x	0.1138	0.2180	0.3031	0.3586	0.3789
	θ_y	0.0587	0.1215	0.1933	0.2773	0.3228

$k=1.9$　$\alpha=1.1$　$\beta=0.3$

ξ	η	0.10	0.20	0.30	0.40	0.50
0.50	θ_x	0.1108	0.2183	0.3199	0.4044	0.4359
	θ_y	0.0644	0.1329	0.2094	0.2939	0.3236
0.60	θ_x	0.1398	0.2740	0.3929	0.4789	0.5112
	θ_y	0.0733	0.1518	0.2414	0.3396	0.3751
0.75	θ_x	0.1566	0.3031	0.4277	0.5141	0.5450
	θ_y	0.0808	0.1679	0.2670	0.3738	0.4128
0.80	θ_x	0.1645	0.3162	0.4437	0.5235	0.5527
	θ_y	0.0863	0.1793	0.2870	0.3963	0.4372
0.90	θ_x	0.1674	0.3205	0.4450	0.5269	0.5556
	θ_y	0.0892	0.1853	0.2935	0.4075	0.4493
0.95	θ_x	0.1677	0.3210	0.4458	0.5273	0.5558
	θ_y	0.0892	0.1853	0.2935	0.4075	0.4493

$k=1.9$　$\alpha=1.1$　$\beta=0.4$

ξ	η	0.10	0.20	0.30	0.40	0.50
0.50	θ_x		0.2887	0.4222	0.5187	0.5516
	θ_y		0.1800	0.2865	0.3713	0.3981
0.60	θ_x		0.3598	0.5117	0.6170	0.6548
	θ_y		0.2066	0.3301	0.4292	0.4610
0.75	θ_x		0.3960	0.5558	0.6634	0.7013
	θ_y		0.2285	0.3642	0.4727	0.5080
0.80	θ_x		0.4112	0.5713	0.6767	0.7137
	θ_y		0.2440	0.3873	0.5017	0.5392
0.90	θ_x		0.4162	0.5767	0.6815	0.7179
	θ_y		0.2517	0.3990	0.5161	0.5546
0.95	θ_x		0.4169	0.5767	0.6809	0.7173
	θ_y		0.2517	0.3990	0.5161	0.5546

$k=1.9$　$\alpha=1.1$　$\beta=0.5$

ξ	η	0.10	0.20	0.30	0.40	0.50
0.50	θ_x		0.3571	0.5152	0.6169	0.6509
	θ_y		0.2307	0.3583	0.4351	0.4599
0.60	θ_x		0.4401	0.6188	0.7379	0.7792
	θ_y		0.2653	0.4128	0.5028	0.5317
0.75	θ_x		0.4810	0.6707	0.7951	0.8384
	θ_y		0.2933	0.4546	0.5541	0.5863
0.80	θ_x		0.4971	0.6881	0.8127	0.8560
	θ_y		0.3127	0.4826	0.5882	0.6226
0.90	θ_x		0.5023	0.6943	0.8188	0.8619
	θ_y		0.3228	0.4968	0.6053	0.6408
0.95	θ_x		0.5033	0.6941	0.8183	0.8614
	θ_y		0.3228	0.4968	0.6053	0.6408

$k=1.9$　$\alpha=1.1$　$\beta=0.6$

ξ	η	0.10	0.20	0.30	0.40	0.50
0.50	θ_x			0.5931	0.6980	0.7331
	θ_y			0.4138	0.4856	0.5089
0.60	θ_x			0.7109	0.8391	0.8828
	θ_y			0.4774	0.5606	0.5876
0.75	θ_x			0.7691	0.9064	0.9537
	θ_y			0.5258	0.6183	0.6483
0.80	θ_x			0.7947	0.9282	0.9765
	θ_y			0.5584	0.6569	0.6890
0.90	θ_x			0.7950	0.9356	0.9842
	θ_y			0.5748	0.6763	0.7094
0.95	θ_x			0.7947	0.9353	0.9838
	θ_y			0.5748	0.6763	0.7094

$k=1.9$ $\alpha=1.1$ $\beta=0.7$

ξ	η	0.10	0.20	0.30	0.40	0.50
0.50	θ_x			0.6543	0.7617	0.7978
	θ_y			0.4562	0.5244	0.5467
0.60	θ_x			0.7850	0.9190	0.9645
	θ_y			0.5267	0.6050	0.6305
0.75	θ_x			0.8483	0.9950	1.0452
	θ_y			0.5804	0.6670	0.6952
0.80	θ_x			0.8689	1.0206	1.0727
	θ_y			0.6163	0.7090	0.7392
0.90	θ_x			0.8761	1.0293	1.0820
	θ_y			0.6343	0.7301	0.7613
0.95	θ_x			0.8758	1.0291	1.0819
	θ_y			0.6343	0.7301	0.7613

$k=1.9$ $\alpha=1.1$ $\beta=0.8$

ξ	η	0.10	0.20	0.30	0.40	0.50
0.50	θ_x				0.8075	0.8444
	θ_y				0.5514	0.5730
0.60	θ_x				0.9768	1.0233
	θ_y				0.6358	0.6603
0.75	θ_x				1.0594	1.1115
	θ_y				0.7014	0.7284
0.80	θ_x				1.0879	1.1426
	θ_y				0.7457	0.7746
0.90	θ_x				1.0977	1.1533
	θ_y				0.7681	0.7980
0.95	θ_x				1.0976	1.1533
	θ_y				0.7681	0.7980

$k=1.9$ $\alpha=1.1$ $\beta=0.9$

ξ	η	0.10	0.20	0.30	0.40	0.50
0.50	θ_x				0.8352	0.8726
	θ_y				0.5678	0.5889
0.60	θ_x				1.0116	1.0588
	θ_y				0.6544	0.6782
0.75	θ_x				1.0984	1.1517
	θ_y				0.7215	0.7478
0.80	θ_x				1.1289	1.1851
	θ_y				0.7672	0.7953
0.90	θ_x				1.1393	1.1967
	θ_y				0.7903	0.8194
0.95	θ_x				1.1393	1.1997
	θ_y				0.7903	0.8194

$k=1.9$ $\alpha=1.1$ $\beta=1.0$

ξ	η	0.10	0.20	0.30	0.40	0.50
0.50	θ_x					0.8820
	θ_y					0.5939
0.60	θ_x					1.0707
	θ_y					0.6840
0.75	θ_x					1.1651
	θ_y					0.7545
0.80	θ_x					1.1993
	θ_y					0.8025
0.90	θ_x					1.2112
	θ_y					0.8268
0.95	θ_x					1.2143
	θ_y					0.8268

$k=1.9$ $\alpha=1.2$ $\beta=0.1$

ξ	η	0.10	0.20	0.30	0.40	0.50
0.60	θ_x	0.0503	0.0982	0.1406	0.1721	0.1841
	θ_y	0.0254	0.0526	0.0835	0.1211	0.1558
0.75	θ_x	0.0540	0.1044	0.1469	0.1763	0.1871
	θ_y	0.0280	0.0581	0.0921	0.1326	0.1686
0.80	θ_x	0.0554	0.1064	0.1483	0.1762	0.1860
	θ_y	0.0299	0.0620	0.0980	0.1401	0.1768
0.90	θ_x	0.0558	0.1068	0.1482	0.1754	0.1849
	θ_y	0.0309	0.0640	0.1009	0.1438	0.1809
0.95	θ_x	0.0558	0.1068	0.1481	0.1750	0.1840
	θ_y	0.0309	0.0640	0.1009	0.1438	0.1809

$k=1.9$ $\alpha=1.2$ $\beta=0.2$

ξ	η	0.10	0.20	0.30	0.40	0.50
0.60	θ_x	0.1000	0.1951	0.2787	0.3392	0.3620
	θ_y	0.0513	0.1059	0.1683	0.2448	0.2869
0.75	θ_x	0.1071	0.2068	0.2903	0.3480	0.3687
	θ_y	0.0566	0.1169	0.1855	0.2674	0.3118
0.80	θ_x	0.1097	0.2105	0.2931	0.3477	0.3670
	θ_y	0.0604	0.1247	0.1976	0.2822	0.3279
0.90	θ_x	0.1104	0.2112	0.2927	0.3463	0.3650
	θ_y	0.0624	0.1287	0.2031	0.2896	0.3358
0.95	θ_x	0.1105	0.2113	0.2927	0.3455	0.3636
	θ_y	0.0624	0.1287	0.2031	0.2896	0.3358

$k=1.9$　$\alpha=1.2$　$\beta=0.3$

ξ	η	0.10	0.20	0.30	0.40	0.50
0.60	θ_x	0.1485	0.2892	0.4110	0.4968	0.5282
	θ_y	0.0779	0.1616	0.2574	0.3604	0.3980
0.75	θ_x	0.1583	0.3052	0.4276	0.5104	0.5398
	θ_y	0.0860	0.1784	0.2827	0.3933	0.4338
0.80	θ_x	0.1618	0.3102	0.4308	0.5104	0.5383
	θ_y	0.0917	0.1900	0.3000	0.4149	0.4571
0.90	θ_x	0.1626	0.3108	0.4304	0.5085	0.5356
	θ_y	0.0947	0.1960	0.3086	0.4257	0.4685
0.95	θ_x	0.1627	0.3107	0.4300	0.5072	0.5341
	θ_y	0.0947	0.1960	0.3086	0.4257	0.4685

$k=1.9$　$\alpha=1.2$　$\beta=0.4$

ξ	η	0.10	0.20	0.30	0.40	0.50
0.60	θ_x		0.3783	0.5343	0.6406	0.6784
	θ_y		0.2199	0.3509	0.4557	0.4896
0.75	θ_x		0.3976	0.5548	0.6593	0.6960
	θ_y		0.2425	0.3845	0.4977	0.5348
0.80	θ_x		0.4028	0.5583	0.6600	0.6955
	θ_y		0.2581	0.4071	0.5255	0.5644
0.90	θ_x		0.4033	0.5575	0.6578	0.6926
	θ_y		0.2657	0.4185	0.5393	0.5791
0.95	θ_x		0.4031	0.5567	0.6563	0.6910
	θ_y		0.2657	0.4185	0.5393	0.5791

$k=1.9$　$\alpha=1.2$　$\beta=0.5$

ξ	η	0.10	0.20	0.30	0.40	0.50
0.60	θ_x		0.4612	0.6453	0.7671	0.8095
	θ_y		0.2825	0.4383	0.5340	0.5649
0.75	θ_x		0.4816	0.6687	0.7911	0.8336
	θ_y		0.3107	0.4793	0.5839	0.6179
0.80	θ_x		0.4863	0.6722	0.7930	0.8348
	θ_y		0.3298	0.5068	0.6169	0.6530
0.90	θ_x		0.4863	0.6711	0.7906	0.8320
	θ_y		0.3397	0.5204	0.6333	0.6703
0.95	θ_x		0.4859	0.6698	0.7891	0.8304
	θ_y		0.3397	0.5204	0.6333	0.6703

$k=1.9$　$\alpha=1.2$　$\beta=0.6$

ξ	η	0.10	0.20	0.30	0.40	0.50
0.60	θ_x			0.7406	0.8735	0.9192
	θ_y			0.5069	0.5957	0.6244
0.75	θ_x			0.7663	0.9028	0.9498
	θ_y			0.5543	0.6519	0.6836
0.80	θ_x			0.7698	0.9060	0.9531
	θ_y			0.5859	0.6893	0.7231
0.90	θ_x			0.7682	0.9038	0.9506
	θ_y			0.6018	0.7082	0.7430
0.95	θ_x			0.7668	0.9022	0.9490
	θ_y			0.6018	0.7082	0.7430

$k=1.9$　$\alpha=1.2$　$\beta=0.7$

ξ	η	0.10	0.20	0.30	0.40	0.50
0.60	θ_x			0.8174	0.9580	1.0060
	θ_y			0.5594	0.6429	0.6700
0.75	θ_x			0.8450	0.9920	1.0424
	θ_y			0.6119	0.7040	0.7340
0.80	θ_x			0.8484	0.9967	1.0476
	θ_y			0.6469	0.7448	0.7768
0.90	θ_x			0.8465	0.9946	1.0457
	θ_y			0.6642	0.7651	0.7981
0.95	θ_x			0.8449	0.9930	1.0440
	θ_y			0.6642	0.7651	0.7981

$k=1.9$　$\alpha=1.2$　$\beta=0.8$

ξ	η	0.10	0.20	0.30	0.40	0.50
0.60	θ_x				1.0192	1.0686
	θ_y				0.6757	0.7017
0.75	θ_x				1.0569	1.1096
	θ_y				0.7402	0.7690
0.80	θ_x				1.0628	1.1166
	θ_y				0.7835	0.8142
0.90	θ_x				1.0610	1.1150
	θ_y				0.8054	0.8371
0.95	θ_x				1.0594	1.1134
	θ_y				0.8054	0.8371

$k=1.9$　$\alpha=1.2$　$\beta=0.9$

ξ	η	0.10	0.20	0.30	0.40	0.50
0.60	θ_x				1.0563	1.1065
	θ_y				0.6954	0.7208
0.75	θ_x				1.0963	1.1503
	θ_y				0.7620	0.7900
0.80	θ_x				1.1031	1.1585
	θ_y				0.8068	0.8367
0.90	θ_x				1.1015	1.1573
	θ_y				0.8290	0.8599
0.95	θ_x				1.0999	1.1557
	θ_y				0.8290	0.8599

$k=1.9$　$\alpha=1.2$　$\beta=1.0$

ξ	η	0.10	0.20	0.30	0.40	0.50
0.60	θ_x					1.1192
	θ_y					0.7269
0.75	θ_x					1.1640
	θ_y					0.7968
0.80	θ_x					1.1725
	θ_y					0.8439
0.90	θ_x					1.1714
	θ_y					0.8678
0.95	θ_x					1.1699
	θ_y					0.8678

$k=1.9 \quad \alpha=1.3 \quad \beta=0.1$

ξ	η	0.10	0.20	0.30	0.40	0.50
0.60	θ_x	0.0525	0.1020	0.1447	0.1753	0.1874
	θ_y	0.0268	0.0556	0.0881	0.1273	0.1629
0.75	θ_x	0.0542	0.1043	0.1460	0.1740	0.1835
	θ_y	0.0296	0.0612	0.0967	0.1384	0.1749
0.80	θ_x	0.0544	0.1041	0.1446	0.1713	0.1809
	θ_y	0.0315	0.0652	0.1025	0.1456	0.1827
0.90	θ_x	0.0542	0.1035	0.1433	0.1692	0.1781
	θ_y	0.0325	0.0672	0.1054	0.1491	0.1865
0.95	θ_x	0.0541	0.1034	0.1430	0.1688	0.1778
	θ_y	0.0325	0.0672	0.1054	0.1491	0.1865

$k=1.9 \quad \alpha=1.3 \quad \beta=0.2$

ξ	η	0.10	0.20	0.30	0.40	0.50
0.60	θ_x	0.1043	0.2023	0.2864	0.3461	0.3684
	θ_y	0.0541	0.1118	0.1780	0.2571	0.3006
0.75	θ_x	0.1073	0.2065	0.2885	0.3432	0.3623
	θ_y	0.0597	0.1231	0.1951	0.2788	0.3241
0.80	θ_x	0.1076	0.2059	0.2857	0.3384	0.3569
	θ_y	0.0636	0.1310	0.2066	0.2930	0.3394
0.90	θ_x	0.1071	0.2046	0.2830	0.3340	0.3517
	θ_y	0.0656	0.1349	0.2123	0.3001	0.3469
0.95	θ_x	0.1071	0.2044	0.2825	0.3334	0.3509
	θ_y	0.0656	0.1349	0.2123	0.3001	0.3469

$k=1.9 \quad \alpha=1.3 \quad \beta=0.3$

ξ	η	0.10	0.20	0.30	0.40	0.50
0.60	θ_x	0.1545	0.2991	0.4220	0.5074	0.5381
	θ_y	0.0822	0.1706	0.2708	0.3783	0.4175
0.75	θ_x	0.1585	0.3045	0.4242	0.5034	0.5314
	θ_y	0.0906	0.1876	0.2961	0.4100	0.4516
0.80	θ_x	0.1585	0.3030	0.4200	0.4968	0.5236
	θ_y	0.0966	0.1993	0.3130	0.4308	0.4739
0.90	θ_x	0.1577	0.3010	0.4160	0.4905	0.5164
	θ_y	0.0995	0.2052	0.3216	0.4410	0.4847
0.95	θ_x	0.1575	0.3006	0.4154	0.4896	0.5154
	θ_y	0.0995	0.2052	0.3216	0.4410	0.4847

$k=1.9 \quad \alpha=1.3 \quad \beta=0.4$

ξ	η	0.10	0.20	0.30	0.40	0.50
0.60	θ_x		0.3905	0.5484	0.6548	0.6922
	θ_y		0.2319	0.3690	0.4785	0.5142
0.75	θ_x		0.3960	0.5497	0.6509	0.6864
	θ_y		0.2545	0.4021	0.5192	0.5576
0.80	θ_x		0.3932	0.5443	0.6427	0.6768
	θ_y		0.2699	0.4242	0.5459	0.5861
0.90	θ_x		0.3902	0.5389	0.6348	0.6681
	θ_y		0.2777	0.4352	0.5593	0.6003
0.95	θ_x		0.3898	0.5376	0.6336	0.6668
	θ_y		0.2777	0.4352	0.5593	0.6003

$k=1.9 \quad \alpha=1.3 \quad \beta=0.5$

ξ	η	0.10	0.20	0.30	0.40	0.50
0.60	θ_x		0.4746	0.6619	0.7848	0.8275
	θ_y		0.2976	0.4605	0.5610	0.5937
0.75	θ_x		0.4784	0.6619	0.7817	0.8234
	θ_y		0.3257	0.5007	0.6095	0.6450
0.80	θ_x		0.4744	0.6553	0.7723	0.8128
	θ_y		0.3446	0.5274	0.6414	0.6788
0.90	θ_x		0.4702	0.6482	0.7632	0.8030
	θ_y		0.3542	0.5405	0.6571	0.6955
0.95	θ_x		0.4695	0.6471	0.7619	0.8011
	θ_y		0.3542	0.5405	0.6571	0.6955

$k=1.9 \quad \alpha=1.3 \quad \beta=0.6$

ξ	η	0.10	0.20	0.30	0.40	0.50
0.60	θ_x			0.7591	0.8945	0.9412
	θ_y			0.5326	0.6261	0.6565
0.75	θ_x			0.7582	0.8929	0.9394
	θ_y			0.5789	0.6809	0.7142
0.80	θ_x			0.7502	0.8827	0.9284
	θ_y			0.6095	0.7172	0.7525
0.90	θ_x			0.7419	0.8727	0.9178
	θ_y			0.6249	0.7354	0.7716
0.95	θ_x			0.7406	0.8708	0.9158
	θ_y			0.6249	0.7354	0.7716

$k=1.9 \quad \alpha=1.3 \quad \beta=0.7$

ξ	η	0.10	0.20	0.30	0.40	0.50
0.60	θ_x			0.8373	0.9820	1.0315
	θ_y			0.5878	0.6759	0.7046
0.75	θ_x			0.8359	0.9818	1.0320
	θ_y			0.6390	0.7357	0.7673
0.80	θ_x			0.8266	0.9712	1.0210
	θ_y			0.6729	0.7754	0.8089
0.90	θ_x			0.8174	0.9611	1.0104
	θ_y			0.6897	0.7950	0.8296
0.95	θ_x			0.8155	0.9586	1.0079
	θ_y			0.6897	0.7950	0.8296

$k=1.9 \quad \alpha=1.3 \quad \beta=0.8$

ξ	η	0.10	0.20	0.30	0.40	0.50
0.60	θ_x				1.0455	1.0969
	θ_y				0.7106	0.7381
0.75	θ_x				1.0467	1.0994
	θ_y				0.7739	0.8042
0.80	θ_x				1.0359	1.0886
	θ_y				0.8160	0.8483
0.90	θ_x				1.0254	1.0777
	θ_y				0.8371	0.8704
0.95	θ_x				1.0229	1.0752
	θ_y				0.8371	0.8704

$k=1.9$　　$\alpha=1.3$　　$\beta=0.9$

ξ	η	0.10	0.20	0.30	0.40	0.50
0.60	θ_x				1.0840	1.1365
	θ_y				0.7314	0.7582
0.75	θ_x				1.0862	1.1403
	θ_y				0.7969	0.8264
0.80	θ_x				1.0753	1.1297
	θ_y				0.8405	0.8720
0.90	θ_x				1.0646	1.1188
	θ_y				0.8622	0.8948
0.95	θ_x				1.0620	1.1161
	θ_y				0.8622	0.8948

$k=1.9$　　$\alpha=1.3$　　$\beta=1.0$

ξ	η	0.10	0.20	0.30	0.40	0.50
0.60	θ_x					1.1497
	θ_y					0.7646
0.75	θ_x					1.1541
	θ_y					0.8336
0.80	θ_x					1.1435
	θ_y					0.8796
0.90	θ_x					1.1325
	θ_y					0.9026
0.95	θ_x					1.1299
	θ_y					0.9026

$k=1.9$　　$\alpha=1.4$　　$\beta=0.1$

ξ	η	0.10	0.20	0.30	0.40	0.50
0.70	θ_x	0.0540	0.1036	0.1444	0.1715	0.1810
	θ_y	0.0309	0.0639	0.1006	0.1432	0.1801
0.80	θ_x	0.0532	0.1017	0.1409	0.1665	0.1755
	θ_y	0.0329	0.0678	0.1062	0.1502	0.1876
0.90	θ_x	0.0526	0.1004	0.1387	0.1636	0.1722
	θ_y	0.0339	0.0698	0.1091	0.1536	0.1912
0.95	θ_x	0.0525	0.1002	0.1384	0.1633	0.1722
	θ_y	0.0339	0.0698	0.1091	0.1536	0.1912

$k=1.9$　　$\alpha=1.4$　　$\beta=0.2$

ξ	η	0.10	0.20	0.30	0.40	0.50
0.70	θ_x	0.1069	0.2051	0.2854	0.3385	0.3572
	θ_y	0.0623	0.1284	0.2028	0.2884	0.3344
0.80	θ_x	0.1053	0.2011	0.2784	0.3289	0.3465
	θ_y	0.0663	0.1362	0.2141	0.3021	0.3490
0.90	θ_x	0.1040	0.1983	0.2740	0.3230	0.3400
	θ_y	0.0683	0.1402	0.2196	0.3089	0.3562
0.95	θ_x	0.1038	0.1979	0.2734	0.3226	0.3399
	θ_y	0.0683	0.1402	0.2196	0.3089	0.3562

$k=1.9$　　$\alpha=1.4$　　$\beta=0.3$

ξ	η	0.10	0.20	0.30	0.40	0.50
0.70	θ_x	0.1577	0.3022	0.4195	0.4968	0.5239
	θ_y	0.0946	0.1955	0.3076	0.4239	0.4666
0.80	θ_x	0.1549	0.2959	0.4092	0.4829	0.5086
	θ_y	0.1005	0.2071	0.3241	0.4440	0.4879
0.90	θ_x	0.1530	0.2917	0.4026	0.4744	0.4993
	θ_y	0.1035	0.2129	0.3323	0.4538	0.4984
0.95	θ_x	0.1527	0.2910	0.4018	0.4739	0.4988
	θ_y	0.1035	0.2129	0.3323	0.4538	0.4984

$k=1.9$　　$\alpha=1.4$　　$\beta=0.4$

ξ	η	0.10	0.20	0.30	0.40	0.50
0.70	θ_x		0.3923	0.5436	0.6425	0.6770
	θ_y		0.2652	0.4170	0.5372	0.5767
0.80	θ_x		0.3837	0.5300	0.6249	0.6578
	θ_y		0.2804	0.4385	0.5630	0.6041
0.90	θ_x		0.3779	0.5214	0.6140	0.6460
	θ_y		0.2877	0.4492	0.5759	0.6177
0.95	θ_x		0.3772	0.5206	0.6133	0.6452
	θ_y		0.2877	0.4492	0.5759	0.6177

$k=1.9$　　$\alpha=1.4$　　$\beta=0.5$

ξ	η	0.10	0.20	0.30	0.40	0.50
0.70	θ_x		0.4735	0.6545	0.7720	0.8127
	θ_y		0.3385	0.5186	0.6309	0.6678
0.80	θ_x		0.4624	0.6379	0.7512	0.7904
	θ_y		0.3570	0.5446	0.6619	0.7004
0.90	θ_x		0.4552	0.6274	0.7383	0.7766
	θ_y		0.3662	0.5574	0.6770	0.7164
0.95	θ_x		0.4543	0.6266	0.7374	0.7756
	θ_y		0.3662	0.5574	0.6770	0.7164

$k=1.9$　　$\alpha=1.4$　　$\beta=0.6$

ξ	η	0.10	0.20	0.30	0.40	0.50
0.70	θ_x			0.7494	0.8821	0.9279
	θ_y			0.5995	0.7053	0.7400
0.80	θ_x			0.7301	0.8589	0.9033
	θ_y			0.6293	0.7405	0.7770
0.90	θ_x			0.7180	0.8444	0.8880
	θ_y			0.6442	0.7581	0.7955
0.95	θ_x			0.7171	0.8432	0.8867
	θ_y			0.6442	0.7581	0.7955

$k=1.9$ $\alpha=1.4$ $\beta=0.7$

ξ	η	0.10	0.20	0.30	0.40	0.50
0.70	θ_x			0.8263	0.9707	1.0203
	θ_y			0.6616	0.7627	0.7949
0.80	θ_x			0.8044	0.9453	0.9939
	θ_y			0.6948	0.8010	0.8358
0.90	θ_x			0.7909	0.9296	0.9773
	θ_y			0.7109	0.8200	0.8558
0.95	θ_x			0.7899	0.9283	0.9759
	θ_y			0.7109	0.8200	0.8558

$k=1.9$ $\alpha=1.4$ $\beta=0.8$

ξ	η	0.10	0.20	0.30	0.40	0.50
0.70	θ_x				1.0348	1.0872
	θ_y				0.8023	0.8339
0.80	θ_x				1.0086	1.0600
	θ_y				0.8433	0.8769
0.90	θ_x				0.9919	1.0427
	θ_y				0.8639	0.8985
0.95	θ_x				0.9905	1.0412
	θ_y				0.8639	0.8985

$k=1.9$ $\alpha=1.4$ $\beta=0.9$

ξ	η	0.10	0.20	0.30	0.40	0.50
0.70	θ_x				1.0743	1.1283
	θ_y				0.8260	0.8572
0.80	θ_x				1.0471	1.1003
	θ_y				0.8687	0.9016
0.90	θ_x				1.0299	1.0825
	θ_y				0.8897	0.9236
0.95	θ_x				1.0284	1.0809
	θ_y				0.8897	0.9236

$k=1.9$ $\alpha=1.4$ $\beta=1.0$

ξ	η	0.10	0.20	0.30	0.40	0.50
0.70	θ_x					1.1417
	θ_y					0.8646
0.80	θ_x					1.1138
	θ_y					0.9096
0.90	θ_x					1.0959
	θ_y					0.9322
0.95	θ_x					1.0943
	θ_y					0.9322

$k=1.9$ $\alpha=1.5$ $\beta=0.1$

ξ	η	0.10	0.20	0.30	0.40	0.50
0.70	θ_x	0.0536	0.1027	0.1426	0.1690	0.1786
	θ_y	0.0320	0.0661	0.1038	0.1471	0.1844
0.80	θ_x	0.0521	0.0995	0.1376	0.1623	0.1706
	θ_y	0.0340	0.0700	0.1093	0.1539	0.1914
0.90	θ_x	0.0512	0.0976	0.1347	0.1586	0.1671
	θ_y	0.0350	0.0719	0.1121	0.1571	0.1950
0.95	θ_x	0.0511	0.0973	0.1343	0.1582	0.1665
	θ_y	0.0350	0.0719	0.1121	0.1571	0.1950

$k=1.9$ $\alpha=1.5$ $\beta=0.2$

ξ	η	0.10	0.20	0.30	0.40	0.50
0.70	θ_x	0.1061	0.2031	0.2818	0.3338	0.3522
	θ_y	0.0646	0.1328	0.2091	0.2961	0.3427
0.80	θ_x	0.1031	0.1967	0.2718	0.3204	0.3371
	θ_y	0.0685	0.1405	0.2201	0.3093	0.3567
0.90	θ_x	0.1012	0.1928	0.2661	0.3132	0.3299
	θ_y	0.0705	0.1444	0.2251	0.3161	0.3636
0.95	θ_x	0.1009	0.1923	0.2652	0.3125	0.3289
	θ_y	0.0705	0.1444	0.2251	0.3161	0.3636

$k=1.9$ $\alpha=1.5$ $\beta=0.3$

ξ	η	0.10	0.20	0.30	0.40	0.50
0.70	θ_x	0.1564	0.2990	0.4137	0.4902	0.5166
	θ_y	0.0979	0.2020	0.3170	0.4353	0.4786
0.80	θ_x	0.1516	0.2892	0.3997	0.4705	0.4951
	θ_y	0.1038	0.2135	0.3331	0.4547	0.4992
0.90	θ_x	0.1487	0.2834	0.3908	0.4599	0.4845
	θ_y	0.1068	0.2192	0.3411	0.4640	0.5093
0.95	θ_x	0.1484	0.2827	0.3899	0.4591	0.4830
	θ_y	0.1068	0.2192	0.3411	0.4640	0.5093

$k=1.9$ $\alpha=1.5$ $\beta=0.4$

ξ	η	0.10	0.20	0.30	0.40	0.50
0.70	θ_x		0.3878	0.5370	0.6341	0.6677
	θ_y		0.2735	0.4291	0.5518	0.5922
0.80	θ_x		0.3750	0.5170	0.6089	0.6407
	θ_y		0.2884	0.4501	0.5768	0.6187
0.90	θ_x		0.3672	0.5060	0.5954	0.6263
	θ_y		0.2959	0.4605	0.5894	0.6321
0.95	θ_x		0.3660	0.5048	0.5942	0.6250
	θ_y		0.2959	0.4605	0.5894	0.6321

k=1.9　α=1.5　β=0.5

ξ	η	0.10	0.20	0.30	0.40	0.50
0.70	θ_x		0.4674	0.6466	0.7619	0.8018
	θ_y		0.3491	0.5333	0.6484	0.6862
0.80	θ_x		0.4518	0.6221	0.7322	0.7703
	θ_y		0.3672	0.5586	0.6784	0.7179
0.90	θ_x		0.4420	0.6087	0.7161	0.7532
	θ_y		0.3762	0.5710	0.6930	0.7332
0.95	θ_x		0.4404	0.6074	0.7146	0.7516
	θ_y		0.3762	0.5710	0.6930	0.7332

k=1.9　α=1.5　β=0.6

ξ	η	0.10	0.20	0.30	0.40	0.50
0.70	θ_x			0.7402	0.8708	0.9159
	θ_y			0.6163	0.7252	0.7609
0.80	θ_x			0.7119	0.8374	0.8807
	θ_y			0.6453	0.7594	0.7969
0.90	θ_x			0.6965	0.8191	0.8614
	θ_y			0.6598	0.7765	0.8150
0.95	θ_x			0.6951	0.8173	0.8595
	θ_y			0.6598	0.7765	0.8150

k=1.9　α=1.5　β=0.7

ξ	η	0.10	0.20	0.30	0.40	0.50
0.70	θ_x			0.8156	0.9582	1.0073
	θ_y			0.6804	0.7842	0.8182
0.80	θ_x			0.7843	0.9219	0.9693
	θ_y			0.7124	0.8218	0.8576
0.90	θ_x			0.7673	0.9019	0.9483
	θ_y			0.7281	0.8402	0.8770
0.95	θ_x			0.7656	0.8999	0.9462
	θ_y			0.7281	0.8402	0.8770

k=1.9　α=1.5　β=0.8

ξ	η	0.10	0.20	0.30	0.40	0.50
0.70	θ_x				1.0220	1.0739
	θ_y				0.8254	0.8582
0.80	θ_x				0.9837	1.0341
	θ_y				0.8654	0.9001
0.90	θ_x				0.9625	1.0119
	θ_y				0.8853	0.9209
0.95	θ_x				0.9604	1.0096
	θ_y				0.8853	0.9209

k=1.9　α=1.5　β=0.9

ξ	η	0.10	0.20	0.30	0.40	0.50
0.70	θ_x				1.0609	1.1145
	θ_y				0.8502	0.8822
0.80	θ_x				1.0214	1.0735
	θ_y				0.8917	0.9257
0.90	θ_x				0.9995	1.0507
	θ_y				0.9122	0.9473
0.95	θ_x				0.9972	1.0483
	θ_y				0.9122	0.9473

k=1.9　α=1.5　β=1.0

ξ	η	0.10	0.20	0.30	0.40	0.50
0.70	θ_x					1.1281
	θ_y					0.8900
0.80	θ_x					1.0868
	θ_y					0.9339
0.90	θ_x					1.0637
	θ_y					0.9556
0.95	θ_x					1.0613
	θ_y					0.9556

k=1.9　α=1.6　β=0.1

ξ	η	0.10	0.20	0.30	0.40	0.50
0.80	θ_x	0.0512	0.0976	0.1348	0.1589	0.1672
	θ_y	0.0349	0.0717	0.1117	0.1567	0.1945
0.90	θ_x	0.0500	0.0953	0.1314	0.1547	0.1628
	θ_y	0.0359	0.0736	0.1144	0.1599	0.1979
0.95	θ_x	0.0499	0.0950	0.1310	0.1541	0.1619
	θ_y	0.0359	0.0736	0.1144	0.1599	0.1979

k=1.9　α=1.6　β=0.2

ξ	η	0.10	0.20	0.30	0.40	0.50
0.80	θ_x	0.1012	0.1929	0.2663	0.3138	0.3302
	θ_y	0.0702	0.1439	0.2248	0.3150	0.3627
0.90	θ_x	0.0988	0.1883	0.2596	0.3056	0.3215
	θ_y	0.0722	0.1477	0.2302	0.3214	0.3694
0.95	θ_x	0.0985	0.1877	0.2587	0.3043	0.3200
	θ_y	0.0722	0.1477	0.2302	0.3214	0.3694

k=1.9　α=1.6　β=0.3

ξ	η	0.10	0.20	0.30	0.40	0.50
0.80	θ_x	0.1488	0.2835	0.3913	0.4609	0.4849
	θ_y	0.1064	0.2184	0.3399	0.4629	0.5079
0.90	θ_x	0.1453	0.2766	0.3814	0.4489	0.4722
	θ_y	0.1093	0.2240	0.3478	0.4721	0.5176
0.95	θ_x	0.1448	0.2758	0.3800	0.4470	0.4702
	θ_y	0.1093	0.2240	0.3478	0.4721	0.5176

k=1.9　α=1.6　β=0.4

ξ	η	0.10	0.20	0.30	0.40	0.50
0.80	θ_x		0.3674	0.5067	0.5965	0.6275
	θ_y		0.2951	0.4590	0.5874	0.6299
0.90	θ_x		0.3584	0.4938	0.5811	0.6112
	θ_y		0.3021	0.4693	0.5996	0.6427
0.95	θ_x		0.3572	0.4920	0.5787	0.6086
	θ_y		0.3021	0.4693	0.5996	0.6427

$k=1.9$　$\alpha=1.6$　$\beta=0.5$

ξ	η	0.10	0.20	0.30	0.40	0.50
0.80	θ_x		0.4424	0.6096	0.7173	0.7545
	θ_y		0.3748	0.5694	0.6912	0.7313
0.90	θ_x		0.4314	0.5942	0.6989	0.7350
	θ_y		0.3836	0.5815	0.7055	0.7464
0.95	θ_x		0.4299	0.5918	0.6961	0.7321
	θ_y		0.3836	0.5815	0.7055	0.7464

$k=1.9$　$\alpha=1.6$　$\beta=0.6$

ξ	η	0.10	0.20	0.30	0.40	0.50
0.80	θ_x			0.6977	0.8204	0.8628
	θ_y			0.6577	0.7740	0.8122
0.90	θ_x			0.6799	0.7994	0.8407
	θ_y			0.6718	0.7906	0.8297
0.95	θ_x			0.6772	0.7963	0.8374
	θ_y			0.6718	0.7906	0.8297

$k=1.9$　$\alpha=1.6$　$\beta=0.7$

ξ	η	0.10	0.20	0.30	0.40	0.50
0.80	θ_x			0.7685	0.9033	0.9497
	θ_y			0.7261	0.8378	0.8745
0.90	θ_x			0.7489	0.8803	0.9256
	θ_y			0.7414	0.8558	0.8934
0.95	θ_x			0.7459	0.8769	0.9220
	θ_y			0.7414	0.8558	0.8934

$k=1.9$　$\alpha=1.6$　$\beta=0.8$

ξ	η	0.10	0.20	0.30	0.40	0.50
0.80	θ_x				0.9639	1.0133
	θ_y				0.8825	0.9180
0.90	θ_x				0.9395	0.9877
	θ_y				0.9020	0.9385
0.95	θ_x				0.9359	0.9839
	θ_y				0.9020	0.9385

$k=1.9$　$\alpha=1.6$　$\beta=0.9$

ξ	η	0.10	0.20	0.30	0.40	0.50
0.80	θ_x				1.0009	1.0521
	θ_y				0.9094	0.9442
0.90	θ_x				0.9756	1.0256
	θ_y				0.9292	0.9651
0.95	θ_x				0.9718	1.0217
	θ_y				0.9292	0.9651

$k=1.9$　$\alpha=1.6$　$\beta=1.0$

ξ	η	0.10	0.20	0.30	0.40	0.50
0.80	θ_x					1.0651
	θ_y					0.9527
0.90	θ_x					1.0383
	θ_y					0.9742
0.95	θ_x					1.0344
	θ_y					0.9742

$k=1.9$　$\alpha=1.7$　$\beta=0.1$

ξ	η	0.10	0.20	0.30	0.40	0.50
0.80	θ_x	0.0505	0.0962	0.1327	0.1564	0.1648
	θ_y	0.0355	0.0729	0.1134	0.1587	0.1966
0.90	θ_x	0.0491	0.0936	0.1290	0.1518	0.1596
	θ_y	0.0365	0.0748	0.1160	0.1618	0.1999
0.95	θ_x	0.0490	0.0932	0.1285	0.1512	0.1592
	θ_y	0.0365	0.0748	0.1160	0.1618	0.1999

$k=1.9$　$\alpha=1.7$　$\beta=0.2$

ξ	η	0.10	0.20	0.30	0.40	0.50
0.80	θ_x	0.0997	0.1900	0.2622	0.3089	0.3252
	θ_y	0.0715	0.1463	0.2282	0.3189	0.3669
0.90	θ_x	0.0971	0.1849	0.2548	0.2998	0.3153
	θ_y	0.0734	0.1500	0.2334	0.3252	0.3734
0.95	θ_x	0.0967	0.1842	0.2539	0.2987	0.3143
	θ_y	0.0734	0.1500	0.2334	0.3252	0.3734

$k=1.9$　$\alpha=1.7$　$\beta=0.3$

ξ	η	0.10	0.20	0.30	0.40	0.50
0.80	θ_x	0.1466	0.2793	0.3852	0.4538	0.4775
	θ_y	0.1082	0.2219	0.3449	0.4687	0.5141
0.90	θ_x	0.1427	0.2716	0.3743	0.4404	0.4632
	θ_y	0.1111	0.2274	0.3525	0.4779	0.5237
0.95	θ_x	0.1422	0.2708	0.3730	0.4389	0.4616
	θ_y	0.1111	0.2274	0.3525	0.4779	0.5237

$k=1.9$　$\alpha=1.7$　$\beta=0.4$

ξ	η	0.10	0.20	0.30	0.40	0.50
0.80	θ_x		0.3619	0.4990	0.5874	0.6179
	θ_y		0.2997	0.4654	0.5950	0.6379
0.90	θ_x		0.3519	0.4847	0.5701	0.5996
	θ_y		0.3066	0.4754	0.6068	0.6503
0.95	θ_x		0.3505	0.4828	0.5681	0.5975
	θ_y		0.3066	0.4754	0.6068	0.6503

$k=1.9$　$\alpha=1.7$　$\beta=0.5$

ξ	η	0.10	0.20	0.30	0.40	0.50
0.80	θ_x		0.4357	0.6005	0.7064	0.7429
	θ_y		0.3804	0.5770	0.7002	0.7409
0.90	θ_x		0.4235	0.5831	0.6857	0.7211
	θ_y		0.3890	0.5890	0.7144	0.7558
0.95	θ_x		0.4218	0.5811	0.6833	0.7186
	θ_y		0.3890	0.5890	0.7144	0.7558

$k=1.9$　$\alpha=1.7$　$\beta=0.6$

ξ	η	0.10	0.20	0.30	0.40	0.50
0.80	θ_x			0.6871	0.8079	0.8495
	θ_y			0.6665	0.7843	0.8231
0.90	θ_x			0.6672	0.7844	0.8249
	θ_y			0.6802	0.8007	0.8403
0.95	θ_x			0.6649	0.7817	0.8220
	θ_y			0.6802	0.8007	0.8403

$k=1.9$　$\alpha=1.7$　$\beta=0.7$

ξ	η	0.10	0.20	0.30	0.40	0.50
0.80	θ_x			0.7568	0.8895	0.9352
	θ_y			0.7357	0.8491	0.8864
0.90	θ_x			0.7349	0.8638	0.9083
	θ_y			0.7509	0.8668	0.9049
0.95	θ_x			0.7323	0.8605	0.9048
	θ_y			0.7509	0.8668	0.9049

$k=1.9$　$\alpha=1.7$　$\beta=0.8$

ξ	η	0.10	0.20	0.30	0.40	0.50
0.80	θ_x				0.9493	0.9979
	θ_y				0.8946	0.9307
0.90	θ_x				0.9220	0.9693
	θ_y				0.9137	0.9509
0.95	θ_x				0.9184	0.9656
	θ_y				0.9137	0.9509

$k=1.9$　$\alpha=1.7$　$\beta=0.9$

ξ	η	0.10	0.20	0.30	0.40	0.50
0.80	θ_x				0.9857	1.0361
	θ_y				0.9219	0.9574
0.90	θ_x				0.9574	1.0065
	θ_y				0.9414	0.9779
0.95	θ_x				0.9537	1.0027
	θ_y				0.9414	0.9779

$k=1.9$　$\alpha=1.7$　$\beta=1.0$

ξ	η	0.10	0.20	0.30	0.40	0.50
0.80	θ_x					1.0490
	θ_y					0.9660
0.90	θ_x					1.0190
	θ_y					0.9872
0.95	θ_x					1.0152
	θ_y					0.9872

$k=1.9$　$\alpha=1.8$　$\beta=0.1$

ξ	η	0.10	0.20	0.30	0.40	0.50
0.90	θ_x	0.0486	0.0925	0.1275	0.1500	0.1578
	θ_y	0.0369	0.0755	0.1170	0.1629	0.2011
0.95	θ_x	0.0484	0.0922	0.1270	0.1495	0.1573
	θ_y	0.0369	0.0755	0.1170	0.1629	0.2011

$k=1.9$　$\alpha=1.8$　$\beta=0.2$

ξ	η	0.10	0.20	0.30	0.40	0.50
0.90	θ_x	0.0960	0.1828	0.2519	0.2964	0.3117
	θ_y	0.0742	0.1514	0.2353	0.3275	0.3759
0.95	θ_x	0.0957	0.1821	0.2509	0.2952	0.3106
	θ_y	0.0742	0.1514	0.2353	0.3275	0.3759

$k=1.9$　$\alpha=1.8$　$\beta=0.3$

ξ	η	0.10	0.20	0.30	0.40	0.50
0.90	θ_x	0.1411	0.2686	0.3700	0.4353	0.4579
	θ_y	0.1121	0.2295	0.3555	0.4811	0.5271
0.95	θ_x	0.1406	0.2676	0.3686	0.4337	0.4562
	θ_y	0.1121	0.2295	0.3555	0.4811	0.5271

$k=1.9$　$\alpha=1.8$　$\beta=0.4$

ξ	η	0.10	0.20	0.30	0.40	0.50
0.90	θ_x		0.3479	0.4791	0.5636	0.5927
	θ_y		0.3093	0.4791	0.6113	0.6550
0.95	θ_x		0.3465	0.4773	0.5615	0.5905
	θ_y		0.3093	0.4791	0.6113	0.6550

$k=1.9$　$\alpha=1.8$　$\beta=0.5$

ξ	η	0.10	0.20	0.30	0.40	0.50
0.90	θ_x		0.4186	0.5764	0.6779	0.7129
	θ_y		0.3924	0.5934	0.7195	0.7612
0.95	θ_x		0.4170	0.5743	0.6754	0.7102
	θ_y		0.3924	0.5934	0.7195	0.7612

$k=1.9$　$\alpha=1.8$　$\beta=0.6$

ξ	η	0.10	0.20	0.30	0.40	0.50
0.90	θ_x			0.6596	0.7754	0.8153
	θ_y			0.6854	0.8067	0.8467
0.95	θ_x			0.6571	0.7726	0.8124
	θ_y			0.6854	0.8067	0.8467

$k=1.9 \quad \alpha=1.8 \quad \beta=0.7$

ξ	η	0.10	0.20	0.30	0.40	0.50
0.90	θ_x			0.7264	0.8539	0.8978
	θ_y			0.7563	0.8734	0.9119
0.95	θ_x			0.7238	0.8508	0.8945
	θ_y			0.7563	0.8734	0.9119

$k=1.9 \quad \alpha=1.8 \quad \beta=0.8$

ξ	η	0.10	0.20	0.30	0.40	0.50
0.90	θ_x				0.9113	0.9582
	θ_y				0.9207	0.9581
0.95	θ_x				0.9080	0.9547
	θ_y				0.9207	0.9581

$k=1.9 \quad \alpha=1.8 \quad \beta=0.9$

ξ	η	0.10	0.20	0.30	0.40	0.50
0.90	θ_x				0.9464	0.9950
	θ_y				0.9489	0.9858
0.95	θ_x				0.9430	0.9914
	θ_y				0.9489	0.9858

$k=1.9 \quad \alpha=1.8 \quad \beta=1.0$

ξ	η	0.10	0.20	0.30	0.40	0.50
0.90	θ_x				0.9582	1.0074
	θ_y				0.9581	0.9947
0.95	θ_x				0.9547	1.0037
	θ_y				0.9581	0.9947

$k=1.9 \quad \alpha=1.9 \quad \beta=0.1$

ξ	η	0.10	0.20	0.30	0.40	0.50
0.90	θ_x	0.0484	0.0922	0.1270	0.1495	0.1573
	θ_y	0.0370	0.0757	0.1173	0.1634	0.2016
0.95	θ_x	0.0482	0.0918	0.1265	0.1488	0.1566
	θ_y	0.0370	0.0757	0.1173	0.1634	0.2016

$k=1.9 \quad \alpha=1.9 \quad \beta=0.2$

ξ	η	0.10	0.20	0.30	0.40	0.50
0.90	θ_x	0.0957	0.1821	0.2509	0.2952	0.3106
	θ_y	0.0744	0.1519	0.2360	0.3282	0.3767
0.95	θ_x	0.0953	0.1814	0.2498	0.2939	0.3091
	θ_y	0.0744	0.1519	0.2360	0.3282	0.3767

$k=1.9 \quad \alpha=1.9 \quad \beta=0.3$

ξ	η	0.10	0.20	0.30	0.40	0.50
0.90	θ_x	0.1406	0.2676	0.3686	0.4337	0.4562
	θ_y	0.1125	0.2302	0.3563	0.4824	0.5284
0.95	θ_x	0.1401	0.2665	0.3670	0.4317	0.4540
	θ_y	0.1125	0.2302	0.3563	0.4824	0.5284

$k=1.9 \quad \alpha=1.9 \quad \beta=0.4$

ξ	η	0.10	0.20	0.30	0.40	0.50
0.90	θ_x		0.3465	0.4773	0.5615	0.5905
	θ_y		0.3101	0.4804	0.6126	0.6564
0.95	θ_x		0.3451	0.4752	0.5593	0.5877
	θ_y		0.3101	0.4804	0.6126	0.6564

$k=1.9 \quad \alpha=1.9 \quad \beta=0.5$

ξ	η	0.10	0.20	0.30	0.40	0.50
0.90	θ_x		0.4170	0.5743	0.6754	0.7102
	θ_y		0.3933	0.5950	0.7214	0.7631
0.95	θ_x		0.4153	0.5717	0.6728	0.7075
	θ_y		0.3933	0.5950	0.7214	0.7631

$k=1.9 \quad \alpha=1.9 \quad \beta=0.6$

ξ	η	0.10	0.20	0.30	0.40	0.50
0.90	θ_x			0.6571	0.7726	0.8124
	θ_y			0.6870	0.8085	0.8487
0.95	θ_x			0.6541	0.7697	0.8093
	θ_y			0.6870	0.8085	0.8487

$k=1.9 \quad \alpha=1.9 \quad \beta=0.7$

ξ	η	0.10	0.20	0.30	0.40	0.50
0.90	θ_x			0.7238	0.8508	0.8945
	θ_y			0.7584	0.8756	0.9142
0.95	θ_x			0.7210	0.8469	0.8905
	θ_y			0.7584	0.8756	0.9142

$k=1.9 \quad \alpha=1.9 \quad \beta=0.8$

ξ	η	0.10	0.20	0.30	0.40	0.50
0.90	θ_x				0.9080	0.9547
	θ_y				0.9231	0.9607
0.95	θ_x				0.9039	0.9504
	θ_y				0.9231	0.9607

$k=1.9 \quad \alpha=1.9 \quad \beta=0.9$

ξ	η	0.10	0.20	0.30	0.40	0.50
0.90	θ_x				0.9430	0.9914
	θ_y				0.9511	0.9881
0.95	θ_x				0.9387	0.9869
	θ_y				0.9511	0.9881

$k=1.9 \quad \alpha=1.9 \quad \beta=1.0$

ξ	η	0.10	0.20	0.30	0.40	0.50
0.90	θ_x					1.0037
	θ_y					0.9975
0.95	θ_x					1.0000
	θ_y					0.9975

$k=2.0$　$\alpha=0.1$　$\beta=0.1$

ξ	η	0.10	0.20	0.30	0.40	0.50
0.10	θ_x	−0.0008	−0.0016	−0.0022	−0.0026	−0.0028
	θ_y	0.0004	0.0008	0.0011	0.0013	0.0014
0.20	θ_x	−0.0015	−0.0030	−0.0042	−0.0051	−0.0054
	θ_y	0.0009	0.0017	0.0023	0.0027	0.0029
0.30	θ_x	−0.0021	−0.0040	−0.0058	−0.0070	−0.0075
	θ_y	0.0013	0.0025	0.0035	0.0042	0.0045
0.40	θ_x	−0.0021	−0.0057	−0.0065	−0.0128	−0.0072
	θ_y	0.0018	0.0036	0.0049	0.0056	0.0063
0.50	θ_x	−0.0015	−0.0034	−0.0057	−0.0076	−0.0085
	θ_y	0.0022	0.0044	0.0063	0.0077	0.0082
0.60	θ_x	0.0002	−0.0004	−0.0023	−0.0047	−0.0058
	θ_y	0.0026	0.0052	0.0077	0.0097	0.0105
0.75	θ_x	0.0035	0.0057	0.0053	0.0026	0.0008
	θ_y	0.0028	0.0058	0.0090	0.0120	0.0132
0.80	θ_x	0.0082	0.0174	0.0193	0.0313	0.0163
	θ_y	0.0028	0.0054	0.0098	0.0149	0.0169
0.90	θ_x	0.0129	0.0262	0.0396	0.0485	0.0454
	θ_y	0.0026	0.0056	0.0096	0.0160	0.0222
1.00	θ_x	0.0150	0.0315	0.0519	0.0818	0.1137
	θ_y	0.0026	0.0056	0.0096	0.0160	0.0222

$k=2.0$　$\alpha=0.1$　$\beta=0.2$

ξ	η	0.10	0.20	0.30	0.40	0.50
0.10	θ_x	−0.0016	−0.0031	−0.0044	−0.0053	−0.0055
	θ_y	0.0008	0.0016	0.0022	0.0026	0.0028
0.20	θ_x	−0.0031	−0.0059	−0.0083	−0.0100	−0.0106
	θ_y	0.0017	0.0033	0.0046	0.0054	0.0057
0.30	θ_x	−0.0041	−0.0080	−0.0114	−0.0138	−0.0147
	θ_y	0.0026	0.0050	0.0070	0.0083	0.0088
0.40	θ_x	−0.0043	−0.0115	−0.0125	−0.0250	−0.0148
	θ_y	0.0035	0.0071	0.0096	0.0112	0.0123
0.50	θ_x	−0.0032	−0.0069	−0.0113	−0.0150	−0.0165
	θ_y	0.0044	0.0087	0.0124	0.0151	0.0161
0.60	θ_x	0.0002	−0.0012	−0.0047	−0.0091	−0.0111
	θ_y	0.0052	0.0104	0.0153	0.0191	0.0206
0.75	θ_x	0.0066	0.0107	0.0100	0.0046	0.0025
	θ_y	0.0057	0.0117	0.0180	0.0235	0.0258
0.80	θ_x	0.0161	0.0347	0.0372	0.0617	0.0334
	θ_y	0.0057	0.0113	0.0199	0.0291	0.0323
0.90	θ_x	0.0260	0.0525	0.0783	0.0923	0.0947
	θ_y	0.0054	0.0115	0.0198	0.0325	0.0402
1.00	θ_x	0.0304	0.0640	0.1061	0.1676	0.2050
	θ_y	0.0054	0.0115	0.0198	0.0325	0.0402

$k=2.0$　$\alpha=0.1$　$\beta=0.3$

ξ	η	0.10	0.20	0.30	0.40	0.50
0.10	θ_x	−0.0024	−0.0046	−0.0064	−0.0076	−0.0080
	θ_y	0.0012	0.0024	0.0033	0.0039	0.0041
0.20	θ_x	−0.0045	−0.0088	−0.0123	−0.0146	−0.0155
	θ_y	0.0025	0.0048	0.0067	0.0079	0.0083
0.30	θ_x	−0.0061	−0.0119	−0.0168	−0.0202	−0.0219
	θ_y	0.0038	0.0074	0.0103	0.0122	0.0129
0.40	θ_x	−0.0065	−0.0176	−0.0182	−0.0363	−0.0223
	θ_y	0.0052	0.0104	0.0141	0.0164	0.0179
0.50	θ_x	−0.0050	−0.0106	−0.0167	−0.0218	−0.0238
	θ_y	0.0066	0.0129	0.0183	0.0221	0.0235
0.60	θ_x	−0.0002	−0.0025	−0.0074	−0.0128	−0.0152
	θ_y	0.0078	0.0155	0.0226	0.0279	0.0299
0.75	θ_x	0.0091	0.0145	0.0136	0.0086	0.0060
	θ_y	0.0086	0.0177	0.0268	0.0342	0.0372
0.80	θ_x	0.0235	0.0516	0.0504	0.0902	0.0409
	θ_y	0.0088	0.0177	0.0303	0.0420	0.0455
0.90	θ_x	0.0392	0.0788	0.1143	0.1329	0.1420
	θ_y	0.0083	0.0179	0.0312	0.0478	0.0541
1.00	θ_x	0.0466	0.0985	0.1651	0.2474	0.2773
	θ_y	0.0083	0.0179	0.0312	0.0478	0.0541

$k=2.0$　$\alpha=0.1$　$\beta=0.4$

ξ	η	0.10	0.20	0.30	0.40	0.50
0.10	θ_x		−0.0060	−0.0083	−0.0099	−0.0105
	θ_y		0.0031	0.0043	0.0050	0.0053
0.20	θ_x		−0.0114	−0.0166	−0.0189	−0.0200
	θ_y		0.0063	0.0087	0.0102	0.0108
0.30	θ_x		−0.0155	−0.0218	−0.0261	−0.0276
	θ_y		0.0096	0.0133	0.0158	0.0167
0.40	θ_x		−0.0240	−0.0365	−0.0463	−0.0501
	θ_y		0.0135	0.0183	0.0213	0.0223
0.50	θ_x		−0.0144	−0.0218	−0.0278	−0.0300
	θ_y		0.0169	0.0238	0.0285	0.0302
0.60	θ_x		−0.0045	−0.0102	−0.0158	−0.0182
	θ_y		0.0205	0.0295	0.0359	0.0382
0.75	θ_x		0.0166	0.0161	0.0126	0.0110
	θ_y		0.0237	0.0352	0.0438	0.0470
0.80	θ_x		0.0678	0.0964	0.1162	0.1234
	θ_y		0.0249	0.0403	0.0531	0.0581
0.90	θ_x		0.1043	0.1449	0.1723	0.1846
	θ_y		0.0252	0.0440	0.0600	0.0650
1.00	θ_x		0.1365	0.2314	0.3110	0.3351
	θ_y		0.0252	0.0440	0.0600	0.0650

$k=2.0$　$\alpha=0.1$　$\beta=0.5$

ξ	η	0.10	0.20	0.30	0.40	0.50
0.10	θ_x		−0.0072	−0.0100	−0.0118	−0.0125
	θ_y		0.0037	0.0051	0.0060	0.0064
0.20	θ_x		−0.0138	−0.0192	−0.0230	−0.0239
	θ_y		0.0076	0.0104	0.0123	0.0130
0.30	θ_x		−0.0189	−0.0263	−0.0313	−0.0330
	θ_y		0.0116	0.0161	0.0190	0.0200
0.40	θ_x		−0.0304	−0.0276	−0.0548	−0.0350
	θ_y		0.0161	0.0222	0.0257	0.0277
0.50	θ_x		−0.0182	−0.0267	−0.0329	−0.0351
	θ_y		0.0206	0.0287	0.0342	0.0361
0.60	θ_x		−0.0071	−0.0130	−0.0179	−0.0197
	θ_y		0.0252	0.0357	0.0428	0.0453
0.75	θ_x		0.0171	0.0178	0.0169	0.0166
	θ_y		0.0296	0.0429	0.0520	0.0552
0.80	θ_x		0.0829	0.0675	0.1390	0.0791
	θ_y		0.0326	0.0496	0.0623	0.0652
0.90	θ_x		0.1273	0.1721	0.2077	0.2210
	θ_y		0.0338	0.0561	0.0694	0.0734
1.00	θ_x		0.1801	0.2939	0.3608	0.3812
	θ_y		0.0338	0.0561	0.0694	0.0734

$k=2.0$　$\alpha=0.1$　$\beta=0.6$

ξ	η	0.10	0.20	0.30	0.40	0.50
0.10	θ_x			−0.0115	−0.0135	−0.0142
	θ_y			0.0059	0.0069	0.0073
0.20	θ_x			−0.0220	−0.0257	−0.0272
	θ_y			0.0119	0.0141	0.0148
0.30	θ_x			−0.0302	−0.0360	−0.0376
	θ_y			0.0184	0.0217	0.0228
0.40	θ_x			−0.0317	−0.0616	−0.0399
	θ_y			0.0254	0.0294	0.0315
0.50	θ_x			−0.0309	−0.0369	−0.0390
	θ_y			0.0330	0.0389	0.0410
0.60	θ_x			−0.0156	−0.0193	−0.0205
	θ_y			0.0411	0.0486	0.0512
0.75	θ_x			0.0192	0.0215	0.0225
	θ_y			0.0495	0.0587	0.0618
0.80	θ_x			0.0755	0.1580	0.0959
	θ_y			0.578	0.0694	0.0720
0.90	θ_x			0.1983	0.2372	0.2506
	θ_y			0.0654	0.0765	0.0798
1.00	θ_x			0.3414	0.3991	0.4172
	θ_y			0.0654	0.0765	0.0798

$k=2.0$　$\alpha=0.1$　$\beta=0.7$

ξ	η	0.10	0.20	0.30	0.40	0.50
0.10	θ_x			−0.0130	−0.0149	−0.0156
	θ_y			0.0065	0.0076	0.0080
0.20	θ_x			−0.0242	−0.0288	−0.0301
	θ_y			0.0132	0.0155	0.0163
0.30	θ_x			−0.0334	−0.0391	−0.0411
	θ_y			0.0203	0.0238	0.0251
0.40	θ_x			−0.0351	−0.0667	−0.0437
	θ_y			0.0280	0.0325	0.0346
0.50	θ_x			−0.0333	−0.0398	−0.0419
	θ_y			0.0364	0.0427	0.0448
0.60	θ_x			−0.0174	−0.0200	−0.0206
	θ_y			0.0454	0.0532	0.0558
0.75	θ_x			0.0204	0.0257	0.0279
	θ_y			0.0548	0.0639	0.0669
0.80	θ_x			0.0835	0.1731	0.1097
	θ_y			0.0641	0.0746	0.0771
0.90	θ_x			0.2206	0.2602	0.2735
	θ_y			0.0720	0.0816	0.0846
1.00	θ_x			0.3758	0.4277	0.4440
	θ_y			0.0720	0.0816	0.0846

$k=2.0$　$\alpha=0.1$　$\beta=0.8$

ξ	η	0.10	0.20	0.30	0.40	0.50
0.10	θ_x				−0.0158	−0.0166
	θ_y				0.0081	0.0085
0.20	θ_x				−0.0302	−0.0332
	θ_y				0.0165	0.0173
0.30	θ_x				−0.0415	−0.0437
	θ_y				0.0254	0.0267
0.40	θ_x				−0.0703	−0.0731
	θ_y				0.0347	0.0366
0.50	θ_x				−0.0421	−0.0436
	θ_y				0.0454	0.0476
0.60	θ_x				−0.0203	−0.0203
	θ_y				0.0564	0.0590
0.75	θ_x				0.0292	0.0322
	θ_y				0.0675	0.0704
0.80	θ_x				0.1840	0.1927
	θ_y				0.0781	0.0807
0.90	θ_x				0.2766	0.2897
	θ_y				0.0852	0.0880
1.00	θ_x				0.4473	0.4629
	θ_y				0.0852	0.0880

$k=2.0$　$\alpha=0.1$　$\beta=0.9$

ξ	η	0.10	0.20	0.30	0.40	0.50
0.10	θ_x				−0.0159	−0.0174
	θ_y				0.0084	0.0088
0.20	θ_x				−0.0329	−0.0329
	θ_y				0.0171	0.0180
0.30	θ_x				−0.0432	−0.0452
	θ_y				0.0264	0.0277
0.40	θ_x				−0.0724	−0.0480
	θ_y				0.0361	0.0381
0.50	θ_x				−0.0435	−0.0450
	θ_y				0.0471	0.0493
0.60	θ_x				−0.0203	−0.0200
	θ_y				0.0584	0.0610
0.75	θ_x				0.0314	0.0349
	θ_y				0.0697	0.0725
0.80	θ_x				0.1905	0.1260
	θ_y				0.0800	0.0827
0.90	θ_x				0.2864	0.2993
	θ_y				0.0873	0.0899
1.00	θ_x				0.4590	0.4740
	θ_y				0.0873	0.0899

$k=2.0$　$\alpha=0.1$　$\beta=1.0$

ξ	η	0.10	0.20	0.30	0.40	0.50
0.10	θ_x					−0.0175
	θ_y					0.0090
0.20	θ_x					−0.0335
	θ_y					0.0182
0.30	θ_x					−0.0453
	θ_y					0.0280
0.40	θ_x					−0.0485
	θ_y					0.0386
0.50	θ_x					−0.0454
	θ_y					0.0498
0.60	θ_x					−0.0200
	θ_y					0.0616
0.75	θ_x					0.0358
	θ_y					0.0732
0.80	θ_x					0.1282
	θ_y					0.0834
0.90	θ_x					0.3025
	θ_y					0.0905
1.00	θ_x					0.4777
	θ_y					0.0905

$k=2.0$　$\alpha=0.2$　$\beta=0.1$

ξ	η	0.10	0.20	0.30	0.40	0.50
0.10	θ_x	−0.0016	−0.0031	−0.0044	−0.0052	−0.0055
	θ_y	0.0009	0.0016	0.0023	0.0027	0.0028
0.20	θ_x	−0.0030	−0.0059	−0.0083	−0.0100	−0.0106
	θ_y	0.0017	0.0033	0.0046	0.0055	0.0058
0.30	θ_x	−0.0040	0.0079	−0.0113	−0.0138	−0.0147
	θ_y	0.0026	0.0051	0.0071	0.0085	0.0090
0.40	θ_x	−0.0041	−0.0107	−0.0125	−0.0243	−0.0160
	θ_y	0.0036	0.0072	0.0098	0.0114	0.0125
0.50	θ_x	−0.0028	−0.0063	−0.0107	−0.0147	−0.0163
	θ_y	0.0044	0.0087	0.0126	0.0154	0.0164
0.60	θ_x	0.0008	−0.0001	−0.0035	−0.0083	−0.0107
	θ_y	0.0052	0.0104	0.0154	0.0195	0.0211
0.75	θ_x	0.0074	0.0122	0.0123	0.0072	0.0034
	θ_y	0.0056	0.0115	0.0179	0.0240	0.0267
0.80	θ_x	0.0164	0.0344	0.0404	0.0617	0.0309
	θ_y	0.0056	0.0108	0.0194	0.0296	0.0340
0.90	θ_x	0.0252	0.0510	0.0774	0.1007	0.1112
	θ_y	0.0053	0.0113	0.0191	0.0311	0.0450
1.00	θ_x	0.0290	0.0602	0.0968	0.1418	0.1689
	θ_y	0.0053	0.0113	0.0191	0.0311	0.0450

$k=2.0$　$\alpha=0.2$　$\beta=0.2$

ξ	η	0.10	0.20	0.30	0.40	0.50
0.10	θ_x	−0.0032	−0.0062	−0.0086	−0.0102	−0.0109
	θ_y	0.0017	0.0032	0.0045	0.0053	0.0056
0.20	θ_x	−0.0060	−0.0117	−0.0165	−0.0197	−0.0209
	θ_y	0.0034	0.0066	0.0091	0.0108	0.0114
0.30	θ_x	−0.0080	−0.0157	−0.0224	−0.0272	−0.0289
	θ_y	0.0052	0.0101	0.0141	0.0167	0.0177
0.40	θ_x	−0.0083	−0.0218	−0.0247	−0.0477	−0.0318
	θ_y	0.0071	0.0142	0.0193	0.0225	0.0246
0.50	θ_x	−0.0058	−0.0129	−0.0212	−0.0287	−0.0317
	θ_y	0.0088	0.0174	0.0249	0.0303	0.0323
0.60	θ_x	0.0012	−0.0008	−0.0074	−0.0159	−0.0199
	θ_y	0.0103	0.0207	0.0306	0.0383	0.0413
0.75	θ_x	0.0141	0.0233	0.0232	0.0147	0.0090
	θ_y	0.0112	0.0232	0.0358	0.0471	0.0519
0.80	θ_x	0.0324	0.0684	0.0780	0.1216	0.0680
	θ_y	0.0113	0.0225	0.0392	0.0578	0.0649
0.90	θ_x	0.0506	0.1023	0.1542	0.1991	0.2182
	θ_y	0.0107	0.0229	0.0393	0.0644	0.0800
1.00	θ_x	0.0585	0.1217	0.1958	0.2825	0.3214
	θ_y	0.0107	0.0229	0.0393	0.0644	0.0800

$k=2.0$　$\alpha=0.2$　$\beta=0.3$

ξ	η	0.10	0.20	0.30	0.40	0.50
0.10	θ_x	−0.0047	−0.0091	−0.0127	−0.0151	−0.0159
	θ_y	0.0025	0.0048	0.0066	0.0078	0.0082
0.20	θ_x	−0.0089	−0.0173	−0.0242	−0.0289	−0.0306
	θ_y	0.0051	0.0097	0.0134	0.0159	0.0168
0.30	θ_x	−0.0119	−0.0232	−0.0330	−0.0398	−0.0419
	θ_y	0.0077	0.0148	0.0207	0.0245	0.0259
0.40	θ_x	−0.0125	−0.0334	−0.0363	−0.0692	−0.0468
	θ_y	0.0105	0.0208	0.0284	0.0331	0.0360
0.50	θ_x	−0.0091	−0.0198	−0.0317	−0.0417	−0.0456
	θ_y	0.0132	0.0257	0.0367	0.0444	0.0472
0.60	θ_x	0.0008	−0.0028	−0.0118	−0.0225	−0.0272
	θ_y	0.0155	0.0310	0.0453	0.0560	0.0600
0.75	θ_x	0.0196	0.0319	0.0319	0.0228	0.0177
	θ_y	0.0171	0.0350	0.0534	0.0686	0.0746
0.80	θ_x	0.0474	0.1017	0.1102	0.1779	0.1082
	θ_y	0.0174	0.0354	0.0598	0.0834	0.0911
0.90	θ_x	0.0762	0.1536	0.2290	0.2907	0.3143
	θ_y	0.0165	0.0357	0.0615	0.0953	0.1073
1.00	θ_x	0.0892	0.1859	0.2987	0.4066	0.4507
	θ_y	0.0165	0.0357	0.0615	0.0953	0.1073

$k=2.0$　$\alpha=0.2$　$\beta=0.4$

ξ	η	0.10	0.20	0.30	0.40	0.50
0.10	θ_x		−0.0118	−0.0166	−0.0195	−0.0206
	θ_y		0.0062	0.0086	0.0101	0.0106
0.20	θ_x		−0.0225	−0.0311	−0.0373	−0.0394
	θ_y		0.0126	0.0174	0.0206	0.0217
0.30	θ_x		−0.0304	−0.0428	−0.0513	−0.0544
	θ_y		0.0193	0.0268	0.0317	0.0335
0.40	θ_x		−0.0455	−0.0694	−0.0882	−0.0953
	θ_y		0.0269	0.0367	0.0429	0.0450
0.50	θ_x		−0.0270	−0.0416	−0.0530	−0.0574
	θ_y		0.0337	0.0477	0.0572	0.0607
0.60	θ_x		−0.0062	−0.0168	−0.0273	−0.0320
	θ_y		0.0409	0.0590	0.0719	0.0766
0.75	θ_x		0.0373	0.0379	0.0322	0.0294
	θ_y		0.0471	0.0703	0.0877	0.0942
0.80	θ_x		0.1337	0.1900	0.2291	0.2432
	θ_y		0.0497	0.0803	0.1056	0.1156
0.90	θ_x		0.2047	0.3000	0.3725	0.3983
	θ_y		0.0500	0.0874	0.1192	0.1287
1.00	θ_x		0.2542	0.4042	0.5244	0.5650
	θ_y		0.0500	0.0874	0.1192	0.1287

$k=2.0$　$\alpha=0.2$　$\beta=0.5$

ξ	η	0.10	0.20	0.30	0.40	0.50
0.10	θ_x		−0.0143	−0.0198	−0.0234	−0.0247
	θ_y		0.0075	0.0103	0.0121	0.0128
0.20	θ_x		−0.0273	−0.0378	−0.0448	−0.0472
	θ_y		0.0152	0.0210	0.0247	0.0260
0.30	θ_x		−0.0370	−0.0517	−0.0615	−0.0649
	θ_y		0.0233	0.0323	0.0381	0.0401
0.40	θ_x		−0.0577	−0.0564	−0.1042	−0.0718
	θ_y		0.0322	0.0445	0.0517	0.0555
0.50	θ_x		−0.0345	−0.0507	−0.0626	−0.0670
	θ_y		0.0411	0.0576	0.0685	0.0724
0.60	θ_x		−0.0110	−0.0217	−0.0309	−0.0343
	θ_y		0.0504	0.0715	0.0858	0.0908
0.75	θ_x		0.0393	0.0426	0.0424	0.0424
	θ_y		0.0590	0.0857	0.1041	0.1105
0.80	θ_x		0.1634	0.1571	0.2740	0.1889
	θ_y		0.0650	0.0993	0.1239	0.1299
0.90	θ_x		0.2542	0.3669	0.4428	0.4692
	θ_y		0.0668	0.1119	0.1377	0.1455
1.00	θ_x		0.3276	0.5024	0.6151	0.6517
	θ_y		0.0668	0.1119	0.1377	0.1455

$k=2.0$　$\alpha=0.2$　$\beta=0.6$

ξ	η	0.10	0.20	0.30	0.40	0.50
0.10	θ_x			−0.0227	−0.0267	−0.0281
	θ_y			0.0118	0.0139	0.0146
0.20	θ_x			−0.0434	−0.0514	−0.0538
	θ_y			0.0240	0.0282	0.0297
0.30	θ_x			−0.0593	−0.0696	−0.0738
	θ_y			0.0369	0.0435	0.0458
0.40	θ_x			−0.0648	−0.1171	−0.0813
	θ_y			0.0510	0.0592	0.0632
0.50	θ_x			−0.0588	−0.0703	−0.0743
	θ_y			0.0661	0.0780	0.0822
0.60	θ_x			−0.0262	−0.0326	−0.0347
	θ_y			0.0823	0.0973	0.1025
0.75	θ_x			0.0463	0.0526	0.0554
	θ_y			0.0990	0.1174	0.1236
0.80	θ_x			0.1775	0.3116	0.2231
	θ_y			0.1155	0.1381	0.1434
0.90	θ_x			0.4231	0.4978	0.5240
	θ_y			0.1300	0.1517	0.1585
1.00	θ_x			0.5828	0.6867	0.7202
	θ_y			0.1300	0.1517	0.1585

$k=2.0$　$\alpha=0.2$　$\beta=0.7$

ξ	η	0.10	0.20	0.30	0.40	0.50
0.10	θ_x			−0.0245	−0.0294	−0.0309
	θ_y			0.0130	0.0153	0.0161
0.20	θ_x			−0.0478	−0.0562	−0.0590
	θ_y			0.0264	0.0311	0.0327
0.30	θ_x			−0.0654	−0.0764	−0.0807
	θ_y			0.0407	0.0478	0.0503
0.40	θ_x			−0.0718	−0.1269	−0.0886
	θ_y			0.0562	0.0653	0.0693
0.50	θ_x			−0.0654	−0.0761	−0.0796
	θ_y			0.0730	0.0855	0.0898
0.60	θ_x			−0.0299	−0.0334	−0.0344
	θ_y			0.0910	0.1064	0.1116
0.75	θ_x			0.0497	0.0620	0.0669
	θ_y			0.1096	0.1276	0.1335
0.80	θ_x			0.1959	0.3413	0.2509
	θ_y			0.1279	0.1484	0.1535
0.90	θ_x			0.4680	0.5427	0.5685
	θ_y			0.1430	0.1621	0.1681
1.00	θ_x			0.6440	0.7408	0.7721
	θ_y			0.1430	0.1621	0.1681

$k=2.0$　$\alpha=0.2$　$\beta=0.8$

ξ	η	0.10	0.20	0.30	0.40	0.50
0.10	θ_x				−0.0314	−0.0333
	θ_y				0.0163	0.0171
0.20	θ_x				−0.0600	−0.0628
	θ_y				0.0331	0.0348
0.30	θ_x				−0.0820	−0.0857
	θ_y				0.0510	0.0536
0.40	θ_x				−0.1336	−0.1389
	θ_y				0.0698	0.0734
0.50	θ_x				−0.0802	−0.0832
	θ_y				0.0910	0.0954
0.60	θ_x				−0.0336	−0.0335
	θ_y				0.1129	0.1181
0.75	θ_x				0.0695	0.0759
	θ_y				0.1348	0.1405
0.80	θ_x				0.3628	0.3800
	θ_y				0.1553	0.1605
0.90	θ_x				0.5746	0.6000
	θ_y				0.1692	0.1748
1.00	θ_x				0.7787	0.8085
	θ_y				0.1692	0.1748

$k=2.0$　$\alpha=0.2$　$\beta=0.9$

ξ	η	0.10	0.20	0.30	0.40	0.50
0.10	θ_x				−0.0329	−0.0336
	θ_y				0.0169	0.0178
0.20	θ_x				−0.0617	−0.0651
	θ_y				0.0344	0.0361
0.30	θ_x				−0.0847	0.0887
	θ_y				0.0529	0.0556
0.40	θ_x				−0.1376	−0.0968
	θ_y				0.0725	0.0764
0.50	θ_x				−0.0817	−0.0844
	θ_y				0.0943	0.0987
0.60	θ_x				−0.0336	−0.0329
	θ_y				0.1168	0.1219
0.75	θ_x				0.0742	0.0816
	θ_y				0.1391	0.1447
0.80	θ_x				0.3757	0.2837
	θ_y				0.1592	0.1646
0.90	θ_x				0.5937	0.6189
	θ_y				0.1733	0.1786
1.00	θ_x				0.8010	0.8300
	θ_y				0.1733	0.1786

$k=2.0$　$\alpha=0.2$　$\beta=1.0$

ξ	η	0.10	0.20	0.30	0.40	0.50
0.10	θ_x					−0.0352
	θ_y					0.0180
0.20	θ_x					−0.0666
	θ_y					0.0366
0.30	θ_x					−0.0897
	θ_y					0.0562
0.40	θ_x					−0.0978
	θ_y					0.0773
0.50	θ_x					−0.0858
	θ_y					0.0998
0.60	θ_x					−0.0325
	θ_y					0.1232
0.75	θ_x					0.0835
	θ_y					0.1461
0.80	θ_x					0.2879
	θ_y					0.1660
0.90	θ_x					0.6251
	θ_y					0.1800
1.00	θ_x					0.8371
	θ_y					0.1800

$k=2.0$　$\alpha=0.3$　$\beta=0.1$

ξ	η	0.10	0.20	0.30	0.40	0.50
0.10	θ_x	−0.0024	−0.0046	−0.0064	−0.0077	−0.0082
	θ_y	0.0013	0.0025	0.0034	0.0041	0.0043
0.20	θ_x	−0.0044	−0.0086	−0.0122	−0.0147	−0.0156
	θ_y	0.0026	0.0050	0.0070	0.0083	0.0088
0.30	θ_x	−0.0057	−0.0114	−0.0165	−0.0202	−0.0216
	θ_y	0.0040	0.0076	0.0107	0.0128	0.0135
0.40	θ_x	−0.0057	−0.0146	−0.0179	−0.0335	−0.0254
	θ_y	0.0053	0.0107	0.0147	0.0173	0.0188
0.50	θ_x	−0.0035	−0.0082	−0.0144	−0.0204	−0.0230
	θ_y	0.0066	0.0130	0.0189	0.0232	0.0249
0.60	θ_x	0.0022	0.0018	−0.0026	−0.0097	−0.0135
	θ_y	0.0076	0.0154	0.0230	0.0293	0.0319
0.75	θ_x	0.0119	0.0205	0.0223	0.0158	0.0097
	θ_y	0.0082	0.0170	0.0266	0.0360	0.0406
0.80	θ_x	0.0246	0.0504	0.0643	0.0904	0.0618
	θ_y	0.0083	0.0162	0.0285	0.0440	0.0524
0.90	θ_x	0.0362	0.0730	0.1108	0.1481	0.1725
	θ_y	0.0080	0.0170	0.0285	0.0456	0.0669
1.00	θ_x	0.0409	0.0840	0.1312	0.1787	0.2017
	θ_y	0.0080	0.0170	0.0285	0.0456	0.0669

$k=2.0$　$\alpha=0.3$　$\beta=0.2$

ξ	η	0.10	0.20	0.30	0.40	0.50
0.10	θ_x	−0.0047	−0.0091	−0.0127	−0.0152	−0.0161
	θ_y	0.0026	0.0049	0.0068	0.0080	0.0085
0.20	θ_x	−0.0088	−0.0171	−0.0241	−0.0290	−0.0308
	θ_y	0.0052	0.0099	0.0138	0.0164	0.0173
0.30	θ_x	−0.0115	−0.0226	−0.0326	−0.0398	−0.0424
	θ_y	0.0078	0.0151	0.0212	0.0253	0.0267
0.40	θ_x	−0.0116	−0.0297	−0.0356	−0.0656	−0.0495
	θ_y	0.0106	0.0212	0.0291	0.0341	0.0371
0.50	θ_x	−0.0073	−0.0168	−0.0288	−0.0400	−0.0448
	θ_y	0.0132	0.0259	0.0374	0.0458	·0.0489
0.60	θ_x	0.0037	0.0026	−0.0060	−0.0188	−0.0251
	θ_y	0.0153	0.0308	0.0458	0.0577	0.0625
0.75	θ_x	0.0230	0.0393	0.0425	0.0312	0.0230
	θ_y	0.0166	0.0342	0.0532	0.0708	0.0786
0.80	θ_x	0.0487	0.1003	0.1261	0.1781	0.1394
	θ_y	0.0167	0.0335	0.0575	0.0859	0.0985
0.90	θ_x	0.0725	0.1463	0.2215	0.2945	0.3296
	θ_y	0.0162	0.0344	0.0585	0.0951	0.1180
1.00	θ_x	0.0824	0.1691	0.2627	0.3512	0.3912
	θ_y	0.0162	0.0344	0.0585	0.0951	0.1180

$k=2.0$　$\alpha=0.3$　$\beta=0.3$

ξ	η	0.10	0.20	0.30	0.40	0.50
0.10	θ_x	−0.0069	−0.0134	−0.0187	−0.0223	−0.0233
	θ_y	0.0038	0.0072	0.0100	0.0118	0.0124
0.20	θ_x	−0.0130	−0.0252	−0.0355	−0.0425	−0.0452
	θ_y	0.0076	0.0146	0.0203	0.0240	0.0253
0.30	θ_x	−0.0171	−0.0336	−0.0480	−0.0582	−0.0619
	θ_y	0.0116	0.0223	0.0312	0.0371	0.0391
0.40	θ_x	−0.0175	−0.0455	−0.0528	−0.0952	−0.0716
	θ_y	0.0157	0.0312	0.0428	0.0502	0.0543
0.50	θ_x	−0.0116	−0.0260	−0.0430	−0.0578	−0.0640
	θ_y	0.0196	0.0385	0.0552	0.0670	0.0713
0.60	θ_x	0.0040	0.0014	−0.0105	−0.0258	−0.0331
	θ_y	0.0230	0.0461	0.0678	0.0843	0.0906
0.75	θ_x	0.0324	0.0547	0.0588	0.0473	0.0407
	θ_y	0.0252	0.0518	0.0796	0.1032	0.1126
0.80	θ_x	0.0718	0.1491	0.1826	0.2605	0.2105
	θ_y	0.0256	0.0528	0.0880	0.1240	0.1368
0.90	θ_x	0.1092	0.2198	0.3288	0.4188	0.4535
	θ_y	0.0249	0.0536	0.0916	0.1408	0.1578
1.00	θ_x	0.1249	0.2562	0.3974	0.5114	0.5591
	θ_y	0.0249	0.0536	0.0916	0.1408	0.1578

$k=2.0$　$\alpha=0.3$　$\beta=0.4$

ξ	η	0.10	0.20	0.30	0.40	0.50
0.10	θ_x		−0.0174	−0.0242	−0.0288	−0.0303
	θ_y		0.0093	0.0129	0.0153	0.0161
0.20	θ_x		−0.0329	−0.0461	−0.0549	−0.0580
	θ_y		0.0190	0.0263	0.0311	0.0327
0.30	θ_x		−0.0441	−0.0624	−0.0750	−0.0795
	θ_y		0.0290	0.0404	0.0479	0.0505
0.40	θ_x		−0.0621	−0.0953	−0.1213	−0.1313
	θ_y		0.0403	0.0554	0.0650	0.0683
0.50	θ_x		−0.0360	−0.0568	−0.0735	−0.0800
	θ_y		0.0506	0.0717	0.0863	0.0915
0.60	θ_x		−0.0023	−0.0160	−0.0309	−0.0375
	θ_y		0.0611	0.0885	0.1082	0.1154
0.75	θ_x		0.0651	0.0712	0.0650	0.0624
	θ_y		0.0698	0.1050	0.1318	0.1416
0.80	θ_x		0.1959	0.2784	0.3355	0.3561
	θ_y		0.0740	0.1194	0.1570	0.1718
0.90	θ_x		0.2932	0.4409	0.5512	0.5891
	θ_y		0.0746	0.1296	0.1763	0.1902
1.00	θ_x		0.3458	0.5202	0.6538	0.7024
	θ_y		0.0746	0.1296	0.1763	0.1902

$k=2.0 \quad \alpha=0.3 \quad \beta=0.5$

ξ	η	0.10	0.20	0.30	0.40	0.50
0.10	θ_x		−0.0210	−0.0292	−0.0345	−0.0364
	θ_y		0.0113	0.0156	0.0183	0.0193
0.20	θ_x		−0.0399	−0.0555	−0.0658	−0.0694
	θ_y		0.0229	0.0316	0.0373	0.0393
0.30	θ_x		−0.0537	−0.0753	−0.0897	−0.0948
	θ_y		0.0351	0.0487	0.0575	0.0606
0.40	θ_x		−0.0790	−0.0840	−0.1433	−0.1075
	θ_y		0.0484	0.0669	0.0782	0.0837
0.50	θ_x		−0.0465	−0.0696	−0.0865	−0.0927
	θ_y		0.0618	0.0866	0.1032	0.1091
0.60	θ_x		−0.0084	−0.0218	−0.0337	−0.0385
	θ_y		0.0754	0.1073	0.1290	0.1367
0.75	θ_x		0.0707	0.0798	0.0836	0.0854
	θ_y		0.0878	0.1284	0.1561	0.1657
0.80	θ_x		0.2395	0.2757	0.4013	0.3393
	θ_y		0.0967	0.1489	0.1842	0.1937
0.90	θ_x		0.3681	0.5280	0.6371	0.6904
	θ_y		0.0991	0.1656	0.2036	0.2153
1.00	θ_x		0.4346	0.6362	0.7740	0.8211
	θ_y		0.0991	0.1656	0.2036	0.2153

$k=2.0 \quad \alpha=0.3 \quad \beta=0.6$

ξ	η	0.10	0.20	0.30	0.40	0.50
0.10	θ_x			−0.0334	−0.0392	−0.0415
	θ_y			0.0178	0.0210	0.0221
0.20	θ_x			−0.0636	−0.0752	−0.0792
	θ_y			0.0362	0.0426	0.0449
0.30	θ_x			−0.0865	−0.1021	−0.1076
	θ_y			0.0557	0.0657	0.0691
0.40	θ_x			−0.0968	−0.1609	−0.1208
	θ_y			0.0768	0.0895	0.0953
0.50	θ_x			−0.0808	−0.0968	−0.1023
	θ_y			0.0995	0.1175	0.1237
0.60	θ_x			−0.0273	−0.0347	−0.0372
	θ_y			0.1236	0.1462	0.1540
0.75	θ_x			0.0880	0.1018	0.1075
	θ_y			0.1484	0.1758	0.1850
0.80	θ_x			0.3143	0.4564	0.3916
	θ_y			0.1728	0.2053	0.2137
0.90	θ_x			0.6090	0.7197	0.7569
	θ_y			0.1927	0.2248	0.2345
1.00	θ_x			0.7360	0.8713	0.9163
	θ_y			0.1927	0.2248	0.2345

$k=2.0 \quad \alpha=0.3 \quad \beta=0.7$

ξ	η	0.10	0.20	0.30	0.40	0.50
0.10	θ_x			−0.0369	−0.0433	−0.0455
	θ_y			0.0196	0.0231	0.0243
0.20	θ_x			−0.0702	−0.0824	−0.0866
	θ_y			0.0399	0.0469	0.0493
0.30	θ_x			−0.0955	−0.1119	−0.1176
	θ_y			0.0615	0.0722	0.0759
0.40	θ_x			−0.1071	−0.1742	−0.1311
	θ_y			0.0847	0.0986	0.1044
0.50	θ_x			−0.0900	−0.1044	−0.1091
	θ_y			0.1098	0.1287	0.1352
0.60	θ_x			−0.0317	−0.0341	−0.0344
	θ_y			0.1367	0.1597	0.1675
0.75	θ_x			0.0954	0.1192	0.1278
	θ_y			0.1644	0.1910	0.1997
0.80	θ_x			0.3467	0.5000	0.4337
	θ_y			0.1910	0.2207	0.2286
0.90	θ_x			0.6733	0.7996	0.8365
	θ_y			0.2114	0.2402	0.2492
1.00	θ_x			0.8149	0.9460	0.9890
	θ_y			0.2114	0.2402	0.2492

$k=2.0 \quad \alpha=0.3 \quad \beta=0.8$

ξ	η	0.10	0.20	0.30	0.40	0.50
0.10	θ_x				−0.0460	−0.0485
	θ_y				0.0246	0.0259
0.20	θ_x				−0.0878	−0.0921
	θ_y				0.0500	0.0526
0.30	θ_x				−0.1190	−0.1247
	θ_y				0.0769	0.0808
0.40	θ_x				−0.1834	−0.1906
	θ_y				0.1053	0.1107
0.50	θ_x				−0.1095	−0.1136
	θ_y				0.1369	0.1434
0.60	θ_x				−0.0335	−0.0319
	θ_y				0.1693	0.1770
0.75	θ_x				0.1316	0.1424
	θ_y				0.2016	0.2100
0.80	θ_x				0.5315	0.5567
	θ_y				0.2311	0.2388
0.90	θ_x				0.8295	0.8818
	θ_y				0.209	0.2592
1.00	θ_x				0.9986	1.0403
	θ_y				0.2509	0.2592

$k=2.0$　$\alpha=0.3$　$\beta=0.9$

ξ	η	0.10	0.20	0.30	0.40	0.50
0.10	θ_x				−0.0479	−0.0502
	θ_y				0.0255	0.0268
0.20	θ_x				−0.0914	−0.0954
	θ_y				0.0519	0.0545
0.30	θ_x				−0.1233	−0.1291
	θ_y				0.0798	0.0838
0.40	θ_x				0.1888	−0.1426
	θ_y				0.1094	0.1151
0.50	θ_x				−0.1126	−0.1161
	θ_y				0.1418	0.1484
0.60	θ_x				−0.0323	−0.0299
	θ_y				0.1751	0.1828
0.75	θ_x				0.1397	0.1516
	θ_y				0.2079	0.2162
0.80	θ_x				0.5504	0.4829
	θ_y				0.2369	0.2451
0.90	θ_x				0.8568	0.8930
	θ_y				0.2572	0.2650
1.00	θ_x				1.0299	1.0709
	θ_y				0.2572	0.2650

$k=2.0$　$\alpha=0.3$　$\beta=1.0$

ξ	η	0.10	0.20	0.30	0.40	0.50
0.10	θ_x					−0.0504
	θ_y					0.0272
0.20	θ_x					−0.0967
	θ_y					0.0552
0.30	θ_x					−0.1305
	θ_y					0.0848
0.40	θ_x					−0.1440
	θ_y					0.1164
0.50	θ_x					−0.1169
	θ_y					0.1500
0.60	θ_x					−0.0293
	θ_y					0.1847
0.75	θ_x					0.1547
	θ_y					0.2182
0.80	θ_x					0.4892
	θ_y					0.2471
0.90	θ_x					0.9178
	θ_y					0.2671
1.00	θ_x					1.0810
	θ_y					0.2671

$k=2.0$　$\alpha=0.4$　$\beta=0.1$

ξ	η	0.10	0.20	0.30	0.40	0.50
0.20	θ_x	−0.0056	−0.0110	−0.0157	−0.0190	−0.0202
	θ_y	0.0035	0.0067	0.0094	0.0112	0.0118
0.30	θ_x	−0.0072	−0.0143	−0.0209	−0.0258	−0.0277
	θ_y	0.0053	0.0102	0.0144	0.0172	0.0183
0.40	θ_x	−0.0068	−0.0167	−0.0221	−0.0393	−0.0328
	θ_y	0.0071	0.0142	0.0197	0.0234	0.0253
0.50	θ_x	−0.0033	−0.0085	−0.0161	−0.0241	−0.0277
	θ_y	0.0087	0.0173	0.0252	0.0312	0.0335
0.60	θ_x	0.0046	0.0059	0.0016	−0.0075	−0.0131
	θ_y	0.0100	0.0202	0.0305	0.0393	0.0431
0.75	θ_x	0.0172	0.0309	0.0369	0.0311	0.0222
	θ_y	0.0107	0.0222	0.0348	0.0480	0.0552
0.80	θ_x	0.0325	0.0651	0.0897	0.1165	0.1153
	θ_y	0.0109	0.0215	0.0370	0.0578	0.0718
0.90	θ_x	0.0454	0.0912	0.1372	0.1809	0.2035
	θ_y	0.0107	0.0228	0.0379	0.0599	0.0858
1.00	θ_x	0.0504	0.1021	0.1548	0.2014	0.2225
	θ_y	0.0107	0.0228	0.0379	0.0599	0.0858

$k=2.0$　$\alpha=0.4$　$\beta=0.2$

ξ	η	0.10	0.20	0.30	0.40	0.50
0.20	θ_x	−0.0112	−0.0218	−0.0310	−0.0375	−0.0398
	θ_y	0.0069	0.0133	0.0185	0.0220	0.0233
0.30	θ_x	−0.0143	−0.0285	−0.0414	−0.0508	−0.0542
	θ_y	0.0105	0.0203	0.0285	0.0340	0.0360
0.40	θ_x	−0.0137	−0.0341	−0.0440	−0.0770	−0.0635
	θ_y	0.0141	0.0281	0.0390	0.0463	0.0500
0.50	θ_x	−0.0071	−0.0176	−0.0323	−0.0470	−0.0533
	θ_y	0.0174	0.0344	0.0499	0.0615	0.0659
0.60	θ_x	0.0083	0.0104	0.0019	−0.0141	−0.0229
	θ_y	0.0201	0.0405	0.0607	0.0774	0.0843
0.75	θ_x	0.0337	0.0600	0.0707	0.0611	0.0511
	θ_y	0.0216	0.0446	0.0698	0.0946	0.1063
0.80	θ_x	0.0647	0.1296	0.1773	0.2296	0.2269
	θ_y	0.0220	0.0444	0.0751	0.1130	0.1319
0.90	θ_x	0.0909	0.1824	0.2740	0.3564	0.3937
	θ_y	0.0217	0.0460	0.0775	0.1241	0.1528
1.00	θ_x	0.1011	0.2045	0.3083	0.3983	0.4365
	θ_y	0.0217	0.0460	0.0775	0.1241	0.1528

$k=2.0$　$\alpha=0.4$　$\beta=0.3$

ξ	η	0.10	0.20	0.30	0.40	0.50
0.20	θ_x	−0.0166	−0.0323	−0.0457	−0.0549	−0.0582
	θ_y	0.0102	0.0196	0.0273	0.0324	0.0341
0.30	θ_x	−0.0215	−0.0423	−0.0610	−0.0743	−0.0796
	θ_y	0.0155	0.0299	0.0419	0.0499	0.0527
0.40	θ_x	−0.0210	−0.0525	−0.0655	−0.1116	−0.0911
	θ_y	0.0209	0.0413	0.0574	0.0679	0.0731
0.50	θ_x	−0.0118	−0.0278	−0.0486	−0.0679	−0.0757
	θ_y	0.0260	0.0512	0.0737	0.0899	0.0960
0.60	θ_x	0.0105	0.0121	0.0000	−0.0190	−0.0280
	θ_y	0.0302	0.0608	0.0901	0.1130	0.1218
0.75	θ_x	0.0483	0.0851	0.0986	0.0910	0.0852
	θ_y	0.0329	0.0677	0.1050	0.1380	0.1511
0.80	θ_x	0.0958	0.1926	0.2608	0.3359	0.3337
	θ_y	0.0336	0.0698	0.1149	0.1632	0.1818
0.90	θ_x	0.1366	0.2737	0.4095	0.5211	0.5643
	θ_y	0.0333	0.0714	0.1205	0.1838	0.2058
1.00	θ_x	0.1525	0.3072	0.4581	0.5814	0.6287
	θ_y	0.0333	0.0714	0.1205	0.1838	0.2058

$k=2.0$　$\alpha=0.4$　$\beta=0.4$

ξ	η	0.10	0.20	0.30	0.40	0.50
0.20	θ_x		−0.0422	−0.0594	−0.0708	−0.0751
	θ_y		0.0255	0.0353	0.0418	0.0441
0.30	θ_x		−0.0557	−0.0792	−0.0956	−0.1015
	θ_y		0.0389	0.0543	0.0644	0.0680
0.40	θ_x		−0.0719	−0.1110	−0.1420	−0.1539
	θ_y		0.0537	0.0743	0.0878	0.0925
0.50	θ_x		−0.0394	−0.0645	−0.0858	−0.0940
	θ_y		0.0673	0.0959	0.1158	0.1230
0.60	θ_x		0.0102	−0.0037	−0.0212	−0.0284
	θ_y		0.0808	0.1180	0.1450	0.1549
0.75	θ_x		0.1043	0.1205	0.1219	0.1223
	θ_y		0.0915	0.1393	0.1761	0.1893
0.80	θ_x		0.2530	0.3592	0.4327	0.4591
	θ_y		0.0978	0.1574	0.2067	0.2261
0.90	θ_x		0.3649	0.5408	0.6676	0.7129
	θ_y		0.0992	0.1703	0.2302	0.2482
1.00	θ_x		0.4094	0.6000	0.7450	0.7965
	θ_y		0.0992	0.1703	0.2302	0.2482

$k=2.0$　$\alpha=0.4$　$\beta=0.5$

ξ	η	0.10	0.20	0.30	0.40	0.50
0.20	θ_x		−0.0513	−0.0715	−0.0849	−0.0896
	θ_y		0.0308	0.0426	0.0502	0.0529
0.30	θ_x		−0.0682	−0.0956	−0.1142	−0.1208
	θ_y		0.0471	0.0654	0.0773	0.0815
0.40	θ_x		−0.0918	−0.1051	−0.1676	−0.1353
	θ_y		0.0648	0.0898	0.1055	0.1125
0.50	θ_x		−0.0519	−0.0796	−0.1002	−0.1078
	θ_y		0.0824	0.1159	0.1384	0.1463
0.60	θ_x		0.0046	−0.0085	−0.0206	−0.0249
	θ_y		0.1001	0.1433	0.1726	0.1829
0.75	θ_x		0.1158	0.1382	0.1520	0.1580
	θ_y		0.1157	0.1709	0.2081	0.2208
0.80	θ_x		0.3091	0.4106	0.5175	0.5132
	θ_y		0.1276	0.1976	0.2425	0.2559
0.90	θ_x		0.4549	0.6577	0.7927	0.8387
	θ_y		0.1311	0.2171	0.2664	0.2817
1.00	θ_x		0.5085	0.7338	0.8856	0.9383
	θ_y		0.1311	0.2171	0.2664	0.2817

$k=2.0$　$\alpha=0.4$　$\beta=0.6$

ξ	η	0.10	0.20	0.30	0.40	0.50
0.20	θ_x			−0.0820	−0.0970	−0.1021
	θ_y			0.0487	0.0574	0.0604
0.30	θ_x			−0.1098	−0.1304	−0.1369
	θ_y			0.0749	0.0883	0.0929
0.40	θ_x			−0.1212	−0.1880	−0.1515
	θ_y			0.1030	0.1206	0.1279
0.50	θ_x			−0.0929	−0.1115	−0.1182
	θ_y			0.1332	0.1574	0.1657
0.60	θ_x			−0.0125	−0.0181	−0.0192
	θ_y			0.1651	0.1954	0.2057
0.75	θ_x			0.1544	0.1810	0.1914
	θ_y			0.1977	0.2339	0.2459
0.80	θ_x			0.4708	0.5887	0.5837
	θ_y			0.2289	0.2705	0.2821
0.90	θ_x			0.7585	0.8954	0.9414
	θ_y			0.2519	0.2943	0.3076
1.00	θ_x			0.8461	0.9956	1.0481
	θ_y			0.2519	0.2943	0.3076

$k=2.0 \quad \alpha=0.4 \quad \beta=0.7$

ξ	η	0.10	0.20	0.30	0.40	0.50
0.20	θ_x			−0.0905	−0.1064	−0.1118
	θ_y			0.0537	0.0631	0.0663
0.30	θ_x			−0.1214	−0.1434	−0.1494
	θ_y			0.0826	0.0970	0.1020
0.40	θ_x			−0.1342	−0.2033	−0.1637
	θ_y			0.1137	0.1327	0.1401
0.50	θ_x			−0.1035	−0.1196	−0.1248
	θ_y			0.1471	0.1723	0.1809
0.60	θ_x			−0.0156	−0.0143	−0.0134
	θ_y			0.1826	0.2131	0.2234
0.75	θ_x			0.1692	0.2060	0.2197
	θ_y			0.2188	0.2537	0.2651
0.80	θ_x			0.5193	0.6450	0.6397
	θ_y			0.2526	0.2909	0.3016
0.90	θ_x			0.8381	0.9753	1.0247
	θ_y			0.2771	0.3150	0.3270
1.00	θ_x			0.9359	1.0853	1.1370
	θ_y			0.2771	0.3150	0.3270

$k=2.0 \quad \alpha=0.4 \quad \beta=0.8$

ξ	η	0.10	0.20	0.30	0.40	0.50
0.20	θ_x				−0.1133	−0.1187
	θ_y				0.0673	0.0707
0.30	θ_x				−0.1512	−0.1584
	θ_y				0.1034	0.1085
0.40	θ_x				−0.2139	−0.2221
	θ_y				0.1415	0.1487
0.50	θ_x				−0.1253	−0.1291
	θ_y				0.1831	0.1918
0.60	θ_x				−0.0107	−0.0076
	θ_y				0.2258	0.2359
0.75	θ_x				0.2251	0.2410
	θ_y				0.2676	0.2786
0.80	θ_x				0.6856	0.7183
	θ_y				0.3046	0.3149
0.90	θ_x				1.0359	1.0815
	θ_y				0.3293	0.3405
1.00	θ_x				1.1492	1.2001
	θ_y				0.3293	0.3405

$k=2.0 \quad \alpha=0.4 \quad \beta=0.9$

ξ	η	0.10	0.20	0.30	0.40	0.50
0.20	θ_x				−0.1173	−0.1229
	θ_y				0.0698	0.0733
0.30	θ_x				−0.1566	−0.1637
	θ_y				0.1072	0.1125
0.40	θ_x				−0.2201	−0.1773
	θ_y				0.1468	0.1543
0.50	θ_x				−0.1281	−0.1314
	θ_y				0.1896	0.1983
0.60	θ_x				−0.0084	−0.0038
	θ_y				0.2334	0.2434
0.75	θ_x				0.2370	0.2542
	θ_y				0.2758	0.2866
0.80	θ_x				0.7101	0.7049
	θ_y				0.3123	0.3234
0.90	θ_x				1.0543	1.0997
	θ_y				0.3376	0.3485
1.00	θ_x				1.1874	1.2378
	θ_y				0.3376	0.3485

$k=2.0 \quad \alpha=0.4 \quad \beta=1.0$

ξ	η	0.10	0.20	0.30	0.40	0.50
0.20	θ_x					−0.1243
	θ_y					0.0742
0.30	θ_x					−0.1655
	θ_y					0.1139
0.40	θ_x					−0.1790
	θ_y					0.1560
0.50	θ_x					−0.1321
	θ_y					0.2005
0.60	θ_x					−0.0025
	θ_y					0.2459
0.75	θ_x					0.2587
	θ_y					0.2892
0.80	θ_x					0.7131
	θ_y					0.3259
0.90	θ_x					1.1268
	θ_y					0.3510
1.00	θ_x					1.2503
	θ_y					0.3510

$k=2.0$　$\alpha=0.5$　$\beta=0.1$

ξ	η	0.10	0.20	0.30	0.40	0.50
0.20	θ_x	−0.0066	−0.0130	−0.0187	−0.0228	−0.0243
	θ_y	0.0044	0.0085	0.0119	0.0141	0.0150
0.30	θ_x	−0.0081	−0.0164	−0.0243	−0.0304	−0.0328
	θ_y	0.0066	0.0128	0.0181	0.0218	0.0231
0.40	θ_x	−0.0071	−0.0167	−0.0244	−0.0409	−0.0362
	θ_y	0.0088	0.0175	0.0247	0.0299	0.0322
0.50	θ_x	−0.0020	−0.0066	−0.0148	−0.0248	−0.0296
	θ_y	0.0107	0.0214	0.0315	0.0394	0.0426
0.60	θ_x	0.0082	0.0128	0.0103	0.0000	−0.0075
	θ_y	0.0122	−0.0036	−0.0070	0.0495	0.0550
0.75	θ_x	0.0233	0.0433	0.0564	0.0570	0.0463
	θ_y	0.0131	0.0270	0.0425	0.0596	0.0710
0.80	θ_x	0.0399	0.0782	0.1138	0.1395	0.1665
	θ_y	0.0134	0.0266	0.0453	0.0711	0.0906
0.90	θ_x	0.0526	0.1050	0.1558	0.1992	0.2187
	θ_y	0.0134	0.0285	0.0471	0.0736	0.1023
1.00	θ_x	0.0573	0.1146	0.1696	0.2148	0.2334
	θ_y	0.0134	0.0285	0.0471	0.0736	0.1023

$k=2.0$　$\alpha=0.5$　$\beta=0.2$

ξ	η	0.10	0.20	0.30	0.40	0.50
0.20	θ_x	−0.0131	−0.0258	−0.0369	−0.0449	−0.0479
	θ_y	0.0087	0.0167	0.0234	0.0279	0.0295
0.30	θ_x	−0.0163	−0.0327	−0.0482	−0.0599	−0.0644
	θ_y	0.0131	0.0254	0.0359	0.0430	0.0456
0.40	θ_x	−0.0144	−0.0342	−0.0485	−0.0800	−0.0704
	θ_y	0.0175	0.0347	0.0490	0.0589	0.0634
0.50	θ_x	−0.0047	−0.0141	−0.0302	−0.0489	−0.0570
	θ_y	0.0215	0.0427	0.0624	0.0776	0.0835
0.60	θ_x	0.0155	0.0237	0.0184	0.0005	−0.0107
	θ_y	0.0245	0.0497	0.0753	0.0975	0.1070
0.75	θ_x	0.0458	0.0850	0.1099	0.1103	0.1006
	θ_y	0.0264	0.0544	0.0854	0.1184	0.1349
0.80	θ_x	0.0794	0.1556	0.2264	0.2749	0.3199
	θ_y	0.0271	0.0550	0.0919	0.1390	0.1643
0.90	θ_x	0.1051	0.2096	0.3102	0.3922	0.4270
	θ_y	0.0272	0.0576	0.0963	0.1511	0.1840
1.00	θ_x	0.1146	0.2287	0.3366	0.4233	0.4551
	θ_y	0.0272	0.0576	0.0963	0.1511	0.1840

$k=2.0$　$\alpha=0.5$　$\beta=0.3$

ξ	η	0.10	0.20	0.30	0.40	0.50
0.20	θ_x	−0.0195	−0.0382	−0.0544	−0.0658	−0.0699
	θ_y	0.0128	0.0247	0.0345	0.0410	0.0432
0.30	θ_x	−0.0245	−0.0488	−0.0711	−0.0876	−0.0937
	θ_y	0.0194	0.0376	0.0528	0.0631	0.0668
0.40	θ_x	−0.0223	−0.0530	−0.0721	−0.1159	−0.1013
	θ_y	0.0260	0.0513	0.0721	0.0864	0.0925
0.50	θ_x	−0.0086	−0.0234	−0.0461	−0.0691	−0.0794
	θ_y	0.0321	0.0636	0.0923	0.1134	0.1214
0.60	θ_x	0.0210	0.0312	0.0231	0.0027	−0.0075
	θ_y	0.0370	0.0748	0.1121	0.1422	0.1540
0.75	θ_x	0.0667	0.1230	0.1578	0.1616	0.1622
	θ_y	0.0401	0.0826	0.1290	0.1731	0.1902
0.80	θ_x	0.1182	0.2311	0.3367	0.4022	0.4582
	θ_y	0.0413	0.0864	0.1407	0.2007	0.2252
0.90	θ_x	0.1575	0.3134	0.4612	0.5730	0.6165
	θ_y	0.0418	0.0891	0.1490	0.2231	0.2495
1.00	θ_x	0.1719	0.3414	0.4991	0.6161	0.6609
	θ_y	0.0418	0.0891	0.1490	0.2231	0.2495

$k=2.0$　$\alpha=0.5$　$\beta=0.4$

ξ	η	0.10	0.20	0.30	0.40	0.50
0.20	θ_x		−0.0500	−0.0707	−0.0848	−0.0897
	θ_y		0.0321	0.0447	0.0529	0.0558
0.30	θ_x		−0.0644	−0.0928	−0.1126	−0.1198
	θ_y		0.0490	0.0685	0.0815	0.0861
0.40	θ_x		−0.0731	−0.1143	−0.1473	−0.1601
	θ_y		0.0669	0.0936	0.1115	0.1179
0.50	θ_x		−0.0349	−0.0625	−0.0868	−0.0979
	θ_y		0.0839	0.1203	0.1459	0.1552
0.60	θ_x		0.0339	0.0242	0.0077	0.0010
	θ_y		0.0998	0.1472	0.1822	0.1949
0.75	θ_x		0.1557	0.1984	0.2130	0.2205
	θ_y		0.1118	0.1728	0.2204	0.2368
0.80	θ_x		0.3034	0.4304	0.5182	0.5497
	θ_y		0.1209	0.1940	0.2543	0.2779
0.90	θ_x		0.4155	0.6015	0.7361	0.7844
	θ_y		0.1232	0.2088	0.2802	0.3022
1.00	θ_x		0.4511	0.6523	0.7950	0.8466
	θ_y		0.1232	0.2088	0.2802	0.3022

$k=2.0$　　$\alpha=0.5$　　$\beta=0.5$

ξ	η	0.10	0.20	0.30	0.40	0.50
0.20	θ_x		−0.0609	−0.0853	−0.1015	−0.1072
	θ_y		0.0388	0.0538	0.0636	0.0670
0.30	θ_x		−0.0792	−0.1120	−0.1344	−0.1423
	θ_y		0.0594	0.0825	0.0977	0.1030
0.40	θ_x		−0.0939	−0.1154	−0.1735	−0.1501
	θ_y		0.0812	0.1131	0.1338	0.1420
0.50	θ_x		−0.0482	−0.0778	−0.1009	−0.1088
	θ_y		0.1030	0.1456	0.1742	0.1843
0.60	θ_x		0.0313	0.0238	0.0155	0.0130
	θ_y		0.1243	0.1793	0.2165	0.2295
0.75	θ_x		0.1811	0.2282	0.2619	0.2748
	θ_y		0.1420	0.2132	0.2597	0.2752
0.80	θ_x		0.3706	0.5375	0.6199	0.6774
	θ_y		0.1575	0.2445	0.2984	0.3157
0.90	θ_x		0.5138	0.7301	0.8766	0.9274
	θ_y		0.1624	0.2650	0.3251	0.3438
1.00	θ_x		0.5563	0.7912	0.9488	1.0039
	θ_y		0.1624	0.2650	0.3251	0.3438

$k=2.0$　　$\alpha=0.5$　　$\beta=0.6$

ξ	η	0.10	0.20	0.30	0.40	0.50
0.20	θ_x			−0.0979	−0.1156	−0.1217
	θ_y			0.0616	0.0726	0.0764
0.30	θ_x			−0.1288	−0.1525	−0.1608
	θ_y			0.0946	0.1115	0.1173
0.40	θ_x			−0.1334	−0.1943	−0.1675
	θ_y			0.1298	0.1526	0.1613
0.50	θ_x			−0.0916	−0.1107	−0.1173
	θ_y			0.1674	0.1978	0.2083
0.60	θ_x			0.0232	0.0247	0.0261
	θ_y			0.2068	0.2447	0.2575
0.75	θ_x			0.2588	0.3055	0.3225
	θ_y			0.2468	0.2912	0.3059
0.80	θ_x			0.6261	0.7053	0.7651
	θ_y			0.2830	0.3329	0.3479
0.90	θ_x			0.8407	0.9935	1.0453
	θ_y			0.3073	0.3599	0.3765
1.00	θ_x			0.9103	1.0760	1.1327
	θ_y			0.3073	0.3599	0.3765

$k=2.0$　　$\alpha=0.5$　　$\beta=0.7$

ξ	η	0.10	0.20	0.30	0.40	0.50
0.20	θ_x			−0.1081	−0.1267	−0.1331
	θ_y			0.0679	0.0798	0.0839
0.30	θ_x			−0.1428	−0.1668	−0.1750
	θ_y			0.1043	0.1225	0.1287
0.40	θ_x			−0.1480	−0.2098	−0.1805
	θ_y			0.1433	0.1676	0.1765
0.50	θ_x			−0.1025	−0.1178	−0.1223
	θ_y			0.1850	0.2164	0.2271
0.60	θ_x			0.0232	0.0339	0.0385
	θ_y			0.2288	0.2665	0.2791
0.75	θ_x			0.2852	0.3415	0.3679
	θ_y			0.2728	0.3153	0.3292
0.80	θ_x			0.6819	0.7728	0.8340
	θ_y			0.3119	0.3582	0.3718
0.90	θ_x			0.9292	1.0849	1.1373
	θ_y			0.3386	0.3857	0.4007
1.00	θ_x			1.0061	1.1758	1.2331
	θ_y			0.3386	0.3857	0.4007

$k=2.0$　　$\alpha=0.5$　　$\beta=0.8$

ξ	η	0.10	0.20	0.30	0.40	0.50
0.20	θ_x				−0.1355	−0.1413
	θ_y				0.0851	0.0893
0.30	θ_x				−0.1766	−0.1856
	θ_y				0.1305	0.1369
0.40	θ_x				−0.2204	−0.2285
	θ_y				0.1785	0.1873
0.50	θ_x				−0.1229	−0.1250
	θ_y				0.2298	0.2405
0.60	θ_x				0.0429	0.0485
	θ_y				0.2821	0.2944
0.75	θ_x				0.3746	0.3967
	θ_y				0.3322	0.3456
0.80	θ_x				0.8216	0.8608
	θ_y				0.3751	0.3879
0.90	θ_x				1.1505	1.2030
	θ_y				0.4036	0.4176
1.00	θ_x				1.2473	1.3047
	θ_y				0.4036	0.4176

$k=2.0$　$\alpha=0.5$　$\beta=0.9$

ξ	η	0.10	0.20	0.30	0.40	0.50
0.20	θ_x				−0.1397	−0.1462
	θ_y				0.0883	0.0926
0.30	θ_x				−0.1831	−0.1912
	θ_y				0.1353	0.1419
0.40	θ_x				−0.2265	−0.1946
	θ_y				0.1851	0.1940
0.50	θ_x				−0.1243	−0.1264
	θ_y				0.2378	0.2486
0.60	θ_x				0.0467	0.0549
	θ_y				0.2913	0.3036
0.75	θ_x				0.3912	0.4145
	θ_y				0.3423	0.3553
0.80	θ_x				0.8510	0.9138
	θ_y				0.3848	0.3987
0.90	θ_x				1.1899	1.2425
	θ_y				0.4141	0.4276
1.00	θ_x				1.2903	1.3476
	θ_y				0.4141	0.4276

$k=2.0$　$\alpha=0.5$　$\beta=1.0$

ξ	η	0.10	0.20	0.30	0.40	0.50
0.20	θ_x					−0.1479
	θ_y					0.0937
0.30	θ_x					−0.1932
	θ_y					−0.1436
0.40	θ_x					−0.1963
	θ_y					0.1962
0.50	θ_x					−0.1267
	θ_y					0.2512
0.60	θ_x					0.0571
	θ_y					0.3066
0.75	θ_x					0.4204
	θ_y					0.3586
0.80	θ_x					0.9238
	θ_y					0.4018
0.90	θ_x					1.2556
	θ_y					0.4308
1.00	θ_x					1.3619
	θ_y					0.4308

$k=2.0$　$\alpha=0.6$　$\beta=0.1$

ξ	η	0.10	0.20	0.30	0.40	0.50
0.30	θ_x	−0.0084	−0.0173	−0.0263	−0.0337	−0.0367
	θ_y	0.0079	0.0154	0.0220	0.0266	0.0282
0.40	θ_x	−0.0063	−0.0143	−0.0243	−0.0377	−0.0364
	θ_y	0.0104	0.0207	0.0298	0.0366	0.0395
0.50	θ_x	0.0006	−0.0020	−0.0097	−0.0213	−0.0278
	θ_y	0.0126	0.0253	0.0376	0.0478	0.0521
0.60	θ_x	0.0131	0.0225	0.0244	0.0152	0.0041
	θ_y	0.0143	0.0291	0.0446	0.0597	0.0676
0.75	θ_x	0.0298	0.0570	0.0790	0.0936	0.0986
	θ_y	0.0153	0.0316	0.0496	0.0704	0.0881
0.80	θ_x	0.0462	0.0893	0.1337	0.1588	0.1938
	θ_y	0.0158	0.0316	0.0533	0.0836	0.1070
0.90	θ_x	0.0577	0.1143	0.1671	0.2092	0.2269
	θ_y	0.0161	0.0342	0.0561	0.0861	0.1169
1.00	θ_x	0.0618	0.1222	0.1776	0.2196	0.2351
	θ_y	0.0161	0.0342	0.0561	0.0861	0.1169

$k=2.0$　$\alpha=0.6$　$\beta=0.2$

ξ	η	0.10	0.20	0.30	0.40	0.50
0.30	θ_x	−0.0169	−0.0347	−0.0523	−0.0663	−0.0719
	θ_y	0.0157	0.0306	0.0435	0.0524	0.0556
0.40	θ_x	−0.0131	−0.0296	−0.0484	−0.0737	−0.0715
	θ_y	0.0208	0.0411	0.0590	0.0722	0.0774
0.50	θ_x	0.0003	−0.0053	−0.0206	−0.0414	−0.0520
	θ_y	0.0253	0.0506	0.0748	0.0942	0.1019
0.60	θ_x	0.0253	0.0432	0.0458	0.0298	0.0174
	θ_y	0.0287	0.0583	0.0892	0.1178	0.1308
0.75	θ_x	0.0589	0.1126	0.1562	0.1845	0.1943
	θ_y	0.0308	0.0634	0.1000	0.1418	0.1643
0.80	θ_x	0.0921	0.1777	0.2666	0.3130	0.3749
	θ_y	0.0320	0.0653	0.1081	0.1634	0.1940
0.90	θ_x	0.1152	0.2278	0.3315	0.4123	0.4443
	θ_y	0.0327	0.0690	0.1144	0.1758	0.2119
1.00	θ_x	0.1233	0.2432	0.3522	0.4323	0.4624
	θ_y	0.0327	0.0690	0.1144	0.1758	0.2119

$k=2.0$　$\alpha=0.6$　$\beta=0.3$

ξ	η	0.10	0.20	0.30	0.40	0.50
0.30	θ_x	−0.0257	−0.0521	−0.0774	−0.0968	−0.1042
	θ_y	0.0234	0.0453	0.0640	0.0768	0.0814
0.40	θ_x	−0.0207	−0.0463	−0.0719	−0.1066	−0.1031
	θ_y	0.0310	0.0610	0.0871	0.1057	0.1127
0.50	θ_x	−0.0014	−0.0111	−0.0330	−0.0589	−0.0704
	θ_y	0.0380	0.0756	0.1108	0.1376	0.1477
0.60	θ_x	0.0357	0.0603	0.0621	0.0450	0.0363
	θ_y	0.0433	0.0879	0.1334	0.1720	0.1871
0.75	θ_x	0.0867	0.1656	0.2296	0.2709	0.2853
	θ_y	0.0468	0.0965	0.1516	0.2083	0.2291
0.80	θ_x	0.1373	0.2639	0.3965	0.4581	0.5383
	θ_y	0.0489	0.1023	0.1661	0.2361	0.2658
0.90	θ_x	0.1721	0.3395	0.4925	0.6031	0.6452
	θ_y	0.0502	0.1065	0.1765	0.2592	0.2891
1.00	θ_x	0.1840	0.3612	0.5202	0.6323	0.6742
	θ_y	0.0502	0.1065	0.1765	0.2592	0.2891

$k=2.0$　$\alpha=0.6$　$\beta=0.4$

ξ	η	0.10	0.20	0.30	0.40	0.50
0.30	θ_x		−0.0692	−0.1011	−0.1242	−0.1327
	θ_y		0.0592	0.0830	0.0991	0.1048
0.40	θ_x		−0.0646	−0.1033	−0.1351	−0.1475
	θ_y		0.0801	0.1133	0.1362	0.1444
0.50	θ_x		−0.0202	−0.0468	−0.0725	−0.0828
	θ_y		0.1001	0.1447	0.1767	0.1883
0.60	θ_x		0.0719	0.0722	0.0630	0.0595
	θ_y		0.1178	0.1761	0.2200	0.2356
0.75	θ_x		0.2149	0.2975	0.3505	0.3690
	θ_y		0.1308	0.2053	0.2642	0.2836
0.80	θ_x		0.3463	0.4907	0.5902	0.6260
	θ_y		0.1430	0.2287	0.2993	0.3269
0.90	θ_x		0.4467	0.6437	0.7759	0.8246
	θ_y		0.1471	0.2450	0.3262	0.3517
1.00	θ_x		0.4755	0.6754	0.8144	0.8646
	θ_y		0.1471	0.2450	0.3262	0.3517

k=2.0　α=0.6　β=0.5

ξ	η	0.10	0.20	0.30	0.40	0.50
0.30	θ_x		-0.0858	-0.1225	-0.1478	-0.1569
	θ_y		0.0719	0.1001	0.1188	0.1253
0.40	θ_x		-0.0840	-0.1147	-0.1586	-0.1517
	θ_y		0.0977	0.1369	0.1630	0.1724
0.50	θ_x		-0.0325	-0.0603	-0.0821	-0.0898
	θ_y		0.1234	0.1755	0.2107	0.2230
0.60	θ_x		0.0752	0.0793	0.0813	0.0832
	θ_y		0.1477	0.2153	0.2608	0.2763
0.75	θ_x		0.2593	0.3582	0.4220	0.4441
	θ_y		0.1668	0.2552	0.3103	0.3284
0.80	θ_x		0.4227	0.6352	0.7062	0.8031
	θ_y		0.1860	0.2887	0.3514	0.3723
0.90	θ_x		0.5476	0.7805	0.9335	0.9795
	θ_y		0.1926	0.3093	0.3794	0.4015
1.00	θ_x		0.5820	0.8163	0.9741	1.0295
	θ_y		0.1926	0.3093	0.3794	0.4015

k=2.0　α=0.6　β=0.6

ξ	η	0.10	0.20	0.30	0.40	0.50
0.30	θ_x			-0.1411	-0.1674	-0.1765
	θ_y			0.1148	0.1354	0.1425
0.40	θ_x			-0.1330	-0.1770	-0.1683
	θ_y			0.1572	0.1855	0.1954
0.50	θ_x			-0.0720	-0.0879	-0.0934
	θ_y			0.2020	0.2389	0.2515
0.60	θ_x			0.0867	0.1012	0.1073
	θ_y			0.2487	0.2940	0.3091
0.75	θ_x			0.4100	0.4824	0.5073
	θ_y			0.2950	0.3471	0.3642
0.80	θ_x			0.7334	0.8037	0.9053
	θ_y			0.3341	0.3922	0.4103
0.90	θ_x			0.8975	1.0595	1.1147
	θ_y			0.3593	0.4209	0.4402
1.00	θ_x			0.9377	1.1078	1.1664
	θ_y			0.3593	0.4209	0.4402

k=2.0　α=0.6　β=0.7

ξ	η	0.10	0.20	0.30	0.40	0.50
0.30	θ_x			-0.1563	-0.1826	-0.1915
	θ_y			0.1267	0.1487	0.1562
0.40	θ_x			-0.1481	-0.1906	-0.1803
	θ_y			0.1736	0.2034	0.2136
0.50	θ_x			-0.0811	-0.0916	-0.0939
	θ_y			0.2233	0.2610	0.2737
0.60	θ_x			0.0945	0.1188	0.1282
	θ_y			0.2750	0.3196	0.3344
0.75	θ_x			0.4518	0.5308	0.5580
	θ_y			0.3256	0.3752	0.3914
0.80	θ_x			0.8068	0.8808	0.9854
	θ_y			0.3680	0.4221	0.4386
0.90	θ_x			0.9912	1.1586	1.2081
	θ_y			0.3953	0.4517	0.4697
1.00	θ_x			1.0359	1.2135	1.2739
	θ_y			0.3953	0.4517	0.4697

k=2.0　α=0.6　β=0.8

ξ	η	0.10	0.20	0.30	0.40	0.50
0.30	θ_x				-0.1935	-0.2021
	θ_y				0.1583	0.1661
0.40	θ_x				-0.1997	-0.2066
	θ_y				0.2163	0.2266
0.50	θ_x				-0.0930	-0.0937
	θ_y				0.2768	0.2895
0.60	θ_x				0.1326	0.1444
	θ_y				0.3378	0.3523
0.75	θ_x				0.5662	0.5950
	θ_y				0.3950	0.4106
0.80	θ_x				0.9365	0.9814
	θ_y				0.4422	0.4575
0.90	θ_x				1.2300	1.2874
	θ_y				0.4732	0.4899
1.00	θ_x				1.2897	1.3508
	θ_y				0.4732	0.4899

k=2.0　α=0.6　β=0.9

ξ	η	0.10	0.20	0.30	0.40	0.50
0.30	θ_x				-0.1999	-0.2084
	θ_y				0.1641	0.1720
0.40	θ_x				-0.2049	-0.1930
	θ_y				0.2240	0.2344
0.50	θ_x				-0.0936	-0.0930
	θ_y				0.2863	0.2989
0.60	θ_x				0.1414	0.1545
	θ_y				0.3487	0.3630
0.75	θ_x				0.5877	0.6175
	θ_y				0.4067	0.4220
0.80	θ_x				0.9701	1.0778
	θ_y				0.4537	0.4704
0.90	θ_x				1.2730	1.3307
	θ_y				0.4859	0.5018
1.00	θ_x				1.3357	1.3973
	θ_y				0.4859	0.5018

k=2.0　α=0.6　β=0.6

ξ	η	0.10	0.20	0.30	0.40	0.50
0.30	θ_x					-0.2104
	θ_y					0.1740
0.40	θ_x					-0.1945
	θ_y					0.2371
0.50	θ_x					-0.0927
	θ_y					0.3021
0.60	θ_x					0.1579
	θ_y					0.3665
0.75	θ_x					0.6251
	θ_y					0.4258
0.80	θ_x					1.0894
	θ_y					0.4740
0.90	θ_x					1.3381
	θ_y					0.5059
1.00	θ_x					1.4128
	θ_y					0.5059

$k=2.0$　　$\alpha=0.7$　　$\beta=0.1$

ξ	η	0.10	0.20	0.30	0.40	0.50
0.30	θ_x	−0.0079	−0.0168	−0.0266	−0.0349	−0.0385
	θ_y	0.0092	0.0180	0.0259	0.0315	0.0336
0.40	θ_x	−0.0044	−0.0094	−0.0212	−0.0295	−0.0359
	θ_y	0.0120	0.0237	0.0349	0.0437	0.0470
0.50	θ_x	0.0046	0.0057	0.0003	−0.0121	−0.0203
	θ_y	0.0144	0.0290	0.0436	0.0565	0.0623
0.60	θ_x	0.0191	0.0350	0.0441	0.0429	0.0303
	θ_y	0.0162	0.0330	0.0509	0.0696	0.0816
0.75	θ_x	0.0362	0.0705	0.1017	0.1291	0.1452
	θ_y	0.0174	0.0359	0.0564	0.0809	0.1049
0.80	θ_x	0.0513	0.0984	0.1479	0.1742	0.2041
	θ_y	0.0182	0.0365	0.0611	0.0953	0.1211
0.90	θ_x	0.0610	0.1198	0.1727	0.2116	0.2291
	θ_y	0.0188	0.0397	0.0647	0.0977	0.1298
1.00	θ_x	0.0643	0.1259	0.1804	0.2206	0.2333
	θ_y	0.0188	0.0397	0.0647	0.0977	0.1298

$k=2.0$　　$\alpha=0.7$　　$\beta=0.2$

ξ	η	0.10	0.20	0.30	0.40	0.50
0.30	θ_x	−0.0160	−0.0338	−0.0530	−0.0688	−0.0756
	θ_y	0.0183	0.0359	0.0512	0.0621	0.0662
0.40	θ_x	−0.0094	−0.0197	−0.0427	−0.0575	−0.0699
	θ_y	0.0240	0.0472	0.0692	0.0860	0.0920
0.50	θ_x	0.0084	0.0098	−0.0013	−0.0232	−0.0357
	θ_y	0.0289	0.0580	0.0868	0.1112	0.1214
0.60	θ_x	0.0374	0.0683	0.0856	0.0834	0.0721
	θ_y	0.0325	0.0663	0.1021	0.1383	0.1560
0.75	θ_x	0.0719	0.1402	0.2024	0.2561	0.2805
	θ_y	0.0350	0.0720	0.1139	0.1643	0.1924
0.80	θ_x	0.1022	0.1957	0.2942	0.3433	0.3992
	θ_y	0.0368	0.0752	0.1241	0.1863	0.2205
0.90	θ_x	0.1215	0.2382	0.3420	0.4166	0.4439
	θ_y	0.0381	0.0801	0.1315	0.1984	0.2366
1.00	θ_x	0.1279	0.2501	0.3573	0.4355	0.4653
	θ_y	0.0381	0.0801	0.1315	0.1984	0.2366

$k=2.0$　　$\alpha=0.7$　　$\beta=0.3$

ξ	η	0.10	0.20	0.30	0.40	0.50
0.30	θ_x	−0.0246	−0.0513	−0.0783	−0.1001	−0.1091
	θ_y	0.0273	0.0531	0.0754	0.0910	0.0966
0.40	θ_x	−0.0155	−0.0318	−0.0642	−0.0827	−0.0996
	θ_y	0.0359	0.0705	0.1022	0.1258	0.1338
0.50	θ_x	0.0103	0.0106	−0.0060	−0.0321	−0.0443
	θ_y	0.0434	0.0870	0.1291	0.1624	0.1752
0.60	θ_x	0.0541	0.0982	0.1220	0.1184	0.1163
	θ_y	0.0491	0.1000	0.1534	0.2023	0.2210
0.75	θ_x	0.1067	0.2084	0.3012	0.3759	0.4033
	θ_y	0.0531	0.1096	0.1731	0.2422	0.2668
0.80	θ_x	0.1524	0.2905	0.4370	0.5025	0.5836
	θ_y	0.0562	0.1176	0.1899	0.2692	0.3028
0.90	θ_x	0.1808	0.3537	0.5041	0.6095	0.6485
	θ_y	0.0584	0.1233	0.2019	0.2920	0.3250
1.00	θ_x	0.1901	0.3706	0.5269	0.6382	0.6783
	θ_y	0.0584	0.1233	0.2019	0.2920	0.3250

$k=2.0$　　$\alpha=0.7$　　$\beta=0.4$

ξ	η	0.10	0.20	0.30	0.40	0.50
0.30	θ_x		−0.0691	−0.1022	−0.1281	−0.1376
	θ_y		0.0695	0.0980	0.1174	0.1243
0.40	θ_x		−0.0459	−0.0772	−0.1042	−0.1150
	θ_y		0.0930	0.1333	0.1617	0.1721
0.50	θ_x		0.0070	−0.0135	−0.0374	−0.0465
	θ_y		0.1157	0.1692	0.2083	0.2224
0.60	θ_x		0.1230	0.1516	0.1623	0.1667
	θ_y		0.1346	0.2045	0.2581	0.2766
0.75	θ_x		0.2745	0.3964	0.4829	0.5123
	θ_y		0.1489	0.2366	0.3064	0.3287
0.80	θ_x		0.3809	0.5390	0.6476	0.6866
	θ_y		0.1640	0.2615	0.3413	0.3726
0.90	θ_x		0.4637	0.6548	0.7859	0.8331
	θ_y		0.1696	0.2787	0.3681	0.3967
1.00	θ_x		0.4850	0.6856	0.8226	0.8710
	θ_y		0.1696	0.2787	0.3681	0.3967

$k=2.0$　　$\alpha=0.7$　　$\beta=0.5$

ξ	η	0.10	0.20	0.30	0.40	0.50
0.30	θ_x		−0.0862	−0.1248	−0.1520	−0.1623
	θ_y		0.0846	0.1183	0.1406	0.1484
0.40	θ_x		−0.0613	−0.1044	−0.1216	−0.1420
	θ_y		0.1142	0.1612	0.1931	0.2036
0.50	θ_x		−0.0014	−0.0217	−0.0386	−0.0440
	θ_y		0.1435	0.2058	0.2478	0.2624
0.60	θ_x		0.1411	0.1768	0.2005	0.2097
	θ_y		0.1696	0.2515	0.3049	0.3228
0.75	θ_x		0.3374	0.4826	0.5755	0.6066
	θ_y		0.1905	0.2954	0.3590	0.3796
0.80	θ_x		0.4647	0.6959	0.7751	0.8793
	θ_y		0.2129	0.3296	0.4010	0.4251
0.90	θ_x		0.5651	0.7903	0.9410	0.9938
	θ_y		0.2207	0.3504	0.4292	0.4544
1.00	θ_x		0.5912	0.8284	0.9847	1.0392
	θ_y		0.2207	0.3504	0.4292	0.4544

$k=2.0$　　$\alpha=0.7$　　$\beta=0.6$

ξ	η	0.10	0.20	0.30	0.40	0.50
0.30	θ_x			−0.1441	−0.1720	−0.1815
	θ_y			0.1357	0.1601	0.1686
0.40	θ_x			−0.1219	−0.1347	−0.1552
	θ_y			0.1852	0.2193	0.2304
0.50	θ_x			−0.0292	−0.0373	−0.0385
	θ_y			0.2371	0.2804	0.2951
0.60	θ_x			0.1997	0.2350	0.2480
	θ_y			0.2906	0.3428	0.3602
0.75	θ_x			0.5548	0.6525	0.6854
	θ_y			0.3414	0.4009	0.4203
0.80	θ_x			0.8009	0.8823	0.9926
	θ_y			0.3815	0.4477	0.4687
0.90	θ_x			0.9073	1.0713	1.1278
	θ_y			0.4062	0.4770	0.4996
1.00	θ_x			0.9505	1.1211	1.1799
	θ_y			0.4062	0.4770	0.4996

$k=2.0$　$\alpha=0.7$　$\beta=0.7$

ξ	η	0.10	0.20	0.30	0.40	0.50
0.30	θ_x			−0.1599	−0.1870	−0.1945
	θ_y			0.1498	0.1756	0.1845
0.40	θ_x			−0.1363	−0.1441	−0.1642
	θ_y			0.2046	0.2399	0.2513
0.50	θ_x			−0.0344	−0.0337	−0.0323
	θ_y			0.2622	0.3058	0.3204
0.60	θ_x			0.2196	0.2638	0.2796
	θ_y			0.3211	0.3720	0.3888
0.75	θ_x			0.6116	0.7133	0.7476
	θ_y			0.3763	0.4327	0.4512
0.80	θ_x			0.8839	0.9672	1.0816
	θ_y			0.4203	0.4822	0.5013
0.90	θ_x			1.0123	1.1854	1.2442
	θ_y			0.4480	0.5131	0.5332
1.00	θ_x			1.0490	1.2294	1.2910
	θ_y			0.4480	0.5131	0.5332

$k=2.0$　$\alpha=0.7$　$\beta=0.8$

ξ	η	0.10	0.20	0.30	0.40	0.50
0.30	θ_x				−0.1961	−0.2044
	θ_y				0.1869	0.1960
0.40	θ_x				−0.1501	−0.1545
	θ_y				0.2547	0.2666
0.50	θ_x				−0.0304	−0.0271
	θ_y				0.3240	0.3385
0.60	θ_x				0.2853	0.3032
	θ_y				0.3927	0.4091
0.75	θ_x				0.7573	0.7927
	θ_y				0.4553	0.4731
0.80	θ_x				1.0285	1.0780
	θ_y				0.5054	0.5229
0.90	θ_x				1.2493	1.3095
	θ_y				0.5378	0.5573
1.00	θ_x				1.3078	1.3712
	θ_y				0.5378	0.5573

$k=2.0$　$\alpha=0.7$　$\beta=0.9$

ξ	η	0.10	0.20	0.30	0.40	0.50
0.30	θ_x				−0.2024	−0.2102
	θ_y				0.1937	0.2029
0.40	θ_x				−0.1534	−0.1730
	θ_y				0.2636	0.2754
0.50	θ_x				−0.0280	−0.0231
	θ_y				0.3348	0.3492
0.60	θ_x				0.2987	0.3178
	θ_y				0.4050	0.4211
0.70	θ_x				0.7838	0.8200
	θ_y				0.4685	0.4859
0.80	θ_x				1.0656	1.1841
	θ_y				0.5186	0.5379
0.90	θ_x				1.3053	1.3663
	θ_y				0.5523	0.5713
1.00	θ_x				1.3553	1.4196
	θ_y				0.5523	0.5713

$k=2.0$　$\alpha=0.7$　$\beta=1.0$

ξ	η	0.10	0.20	0.30	0.40	0.50
0.30	θ_x					−0.2121
	θ_y					0.2052
0.40	θ_x					−0.1740
	θ_y					0.2784
0.50	θ_x					−0.0218
	θ_y					0.3528
0.60	θ_x					0.3227
	θ_y					0.4252
0.70	θ_x					0.8292
	θ_y					0.4904
0.80	θ_x					1.1970
	θ_y					0.5421
0.90	θ_x					1.3708
	θ_y					0.5759
1.00	θ_x					1.4357
	θ_y					0.5759

$k=2.0$　$\alpha=0.8$　$\beta=0.1$

ξ	η	0.10	0.20	0.30	0.40	0.50
0.40	θ_x	−0.0010	−0.0019	−0.0142	−0.0162	−0.0343
	θ_y	0.0135	0.0265	0.0399	0.0510	0.0548
0.50	θ_x	0.0101	0.0200	0.0160	0.0240	−0.0070
	θ_y	0.0160	0.0315	0.0492	0.0662	0.0734
0.60	θ_x	0.0258	0.0484	0.0677	0.0772	0.0837
	θ_y	0.0179	0.0356	0.0567	0.0813	0.0972
0.70	θ_x	0.0421	0.0786	0.1211	0.1345	0.1771
	θ_y	0.0194	0.0389	0.0630	0.0950	0.1195
0.80	θ_x	0.0550	0.1053	0.1565	0.1855	0.2111
	θ_y	0.0207	0.0411	0.0687	0.1060	0.1334
0.90	θ_x	0.0626	0.1237	0.1741	0.2205	0.2247
	θ_y	0.0214	0.0425	0.0727	0.1132	0.1411
1.00	θ_x	0.0651	0.1302	0.1794	0.2330	0.2307
	θ_y	0.0214	0.0425	0.0727	0.1132	0.1411

$k=2.0$　$\alpha=0.8$　$\beta=0.2$

ξ	η	0.10	0.20	0.30	0.40	0.50
0.40	θ_x	−0.0029	−0.0048	−0.0295	−0.0313	−0.0646
	θ_y	0.0270	0.0531	0.0793	0.1004	0.1075
0.50	θ_x	0.0193	0.0388	0.0294	0.0479	−0.0059
	θ_y	0.0321	0.0636	0.0983	0.1300	0.1422
0.60	θ_x	0.0509	0.0955	0.1336	0.1526	0.1654
	θ_y	0.0360	0.0725	0.1141	0.1593	0.1819
0.70	θ_x	0.0838	0.1559	0.2416	0.2653	0.3419
	θ_y	0.0391	0.0795	0.1275	0.1859	0.2185
0.80	θ_x	0.1094	0.2094	0.3106	0.3656	0.4137
	θ_y	0.0414	0.0846	0.1392	0.2073	0.2443
0.90	θ_x	0.1245	0.2461	0.3448	0.4346	0.4428
	θ_y	0.0433	0.0878	0.1473	0.2212	0.2590
1.00	θ_x	0.1293	0.2592	0.3546	0.4591	0.4538
	θ_y	0.0433	0.0878	0.1473	0.2212	0.2590

k=2.0　α=0.8　β=0.3

ξ	η	0.10	0.20	0.30	0.40	0.50
0.40	θ_x	−0.0061	−0.0097	−0.0464	−0.0444	−0.0885
	θ_y	0.0405	0.0796	0.1174	0.1465	0.1559
0.50	θ_x	0.0267	0.0554	0.0378	0.0713	0.0052
	θ_y	0.0484	0.0964	0.1468	0.1891	0.2039
0.60	θ_x	0.0748	0.1401	0.1963	0.2244	0.2426
	θ_y	0.0545	0.1111	0.1723	0.2311	0.2549
0.70	θ_x	0.1248	0.2305	0.3603	0.3889	0.4891
	θ_y	0.0593	0.1232	0.1941	0.2692	0.3016
0.80	θ_x	0.1630	0.3106	0.4595	0.5352	0.6011
	θ_y	0.0635	0.1322	0.2130	0.2998	0.3362
0.90	θ_x	0.1848	0.3656	0.5083	0.6360	0.6440
	θ_y	0.0662	0.1377	0.2254	0.3196	0.3568
1.00	θ_x	0.1917	0.3852	0.5217	0.6718	0.6673
	θ_y	0.0662	0.1377	0.2254	0.3196	0.3568

k=2.0　α=0.8　β=0.4

ξ	η	0.10	0.20	0.30	0.40	0.50
0.40	θ_x		−0.0168	−0.0361	−0.0549	−0.0626
	θ_y		0.1056	0.1535	0.1880	0.2008
0.50	θ_x		0.0690	0.0867	0.0940	0.0957
	θ_y		0.1297	0.1936	0.2418	0.2600
0.60	θ_x		0.1810	0.2481	0.2907	0.3052
	θ_y		0.1515	0.2318	0.2945	0.3186
0.70	θ_x		0.3008	0.4212	0.5021	0.5306
	θ_y		0.1699	0.2654	0.3421	0.3718
0.80	θ_x		0.4070	0.5750	0.6900	0.7311
	θ_y		0.1839	0.2920	0.3802	0.4147
0.90	θ_x		0.4799	0.6807	0.8193	0.8691
	θ_y		0.1927	0.3090	0.4049	0.4425
1.00	θ_x		0.5059	0.7183	0.8654	0.9183
	θ_y		0.1927	0.3090	0.4049	0.4425

k=2.0　α=0.8　β=0.5

ξ	η	0.10	0.20	0.30	0.40	0.50
0.40	θ_x		−0.0259	−0.0818	−0.0625	−0.1169
	θ_y		0.1306	0.1858	0.2240	0.2358
0.50	θ_x		0.0794	0.0423	0.1154	0.0353
	θ_y		0.1626	0.2363	0.2869	0.3023
0.60	θ_x		0.2173	0.3055	0.3500	0.3779
	θ_y		0.1924	0.2874	0.3481	0.3684
0.70	θ_x		0.3650	0.5788	0.6020	0.7313
	θ_y		0.2182	0.3331	0.4031	0.4278
0.80	θ_x		0.4961	0.7256	0.8261	0.9141
	θ_y		0.2382	0.3671	0.4469	0.4737
0.90	θ_x		0.5862	0.7923	0.9802	0.9920
	θ_y		0.2509	0.3880	0.4753	0.5022
1.00	θ_x		0.6182	0.8212	1.0351	1.0263
	θ_y		0.2509	0.3880	0.4753	0.5022

k=2.0　α=0.8　β=0.6

ξ	η	0.10	0.20	0.30	0.40	0.50
0.40	θ_x			−0.0970	−0.0675	−0.1236
	θ_y			0.2138	0.2538	0.2661
0.50	θ_x			0.0428	0.1346	0.0529
	θ_y			0.2727	0.3236	0.3388
0.60	θ_x			0.3496	0.4007	0.4323
	θ_y			0.3319	0.3910	0.4100
0.70	θ_x			0.6673	0.6866	0.8240
	θ_y			0.3850	0.4514	0.4735
0.80	θ_x			0.8338	0.9405	1.0349
	θ_y			0.4249	0.4993	0.5228
0.90	θ_x			0.9086	1.1153	1.1283
	θ_y			0.4495	0.5302	0.5537
1.00	θ_x			0.9416	1.1775	1.1675
	θ_y			0.4495	0.5302	0.5537

k=2.0　α=0.8　β=0.7

ξ	η	0.10	0.20	0.30	0.40	0.50
0.40	θ_x			−0.1088	−0.0703	−0.1271
	θ_y			0.2363	0.2771	0.2897
0.50	θ_x			0.0479	0.1507	0.0706
	θ_y			0.3015	0.3518	0.3671
0.60	θ_x			0.3850	0.4417	0.4760
	θ_y			0.3663	0.4235	0.4417
0.70	θ_x			0.7351	0.7539	0.8968
	θ_y			0.4242	0.4874	0.5079
0.80	θ_x			0.9205	1.0313	1.1301
	θ_y			0.4685	0.5380	0.5595
0.90	θ_x			1.0028	1.2221	1.2363
	θ_y			0.4959	0.5705	0.5921
1.00	θ_x			1.0385	1.2900	1.2795
	θ_y			0.4959	0.5705	0.5921

k=2.0　α=0.8　β=0.8

ξ	η	0.10	0.20	0.30	0.40	0.50
0.40	θ_x				−0.0716	−0.0723
	θ_y				0.2937	0.3069
0.50	θ_x				0.1631	0.1734
	θ_y				0.3716	0.3872
0.60	θ_x				0.4717	0.4962
	θ_y				0.4460	0.4635
0.70	θ_x				0.8029	0.8425
	θ_y				0.5120	0.5309
0.80	θ_x				1.0970	1.1499
	θ_y				0.5641	0.5840
0.90	θ_x				1.2992	1.3614
	θ_y				0.5976	0.6180
1.00	θ_x				1.3713	1.4366
	θ_y				0.5976	0.6180

$k=2.0$　$\alpha=0.8$　$\beta=0.9$

ξ	η	0.10	0.20	0.30	0.40	0.50
0.40	θ_x				−0.0721	−0.1292
	θ_y				0.3036	0.3167
0.50	θ_x				0.1708	0.0907
	θ_y				0.3833	0.3991
0.60	θ_x				0.4901	0.5275
	θ_y				0.4592	0.4776
0.70	θ_x				0.8325	0.9810
	θ_y				0.5262	0.5468
0.80	θ_x				1.1367	1.2400
	θ_y				0.5791	0.6008
0.90	θ_x				1.3458	1.3615
	θ_y				0.6130	0.6350
1.00	θ_x				1.4203	1.4097
	θ_y				0.6130	0.6350

$k=2.0$　$\alpha=0.8$　$\beta=1.0$

ξ	η	0.10	0.20	0.30	0.40	0.50
0.40	θ_x					−0.1293
	θ_y					0.3201
0.50	θ_x					0.0934
	θ_y					0.4031
0.60	θ_x					0.5341
	θ_y					0.4819
0.70	θ_x					0.9915
	θ_y					0.5513
0.80	θ_x					1.2538
	θ_y					0.6056
0.90	θ_x					1.3773
	θ_y					0.6400
1.00	θ_x					1.4261
	θ_y					0.6400

$k=2.0$　$\alpha=0.9$　$\beta=0.1$

ξ	η	0.10	0.20	0.30	0.40	0.50
0.40	θ_x	0.0038	0.0080	−0.0019	0.0018	−0.0269
	θ_y	0.0148	0.0291	0.0447	0.0586	0.0635
0.50	θ_x	0.0167	0.0304	0.0376	0.0339	0.0220
	θ_y	0.0175	0.0355	0.0543	0.0738	0.0859
0.60	θ_x	0.0326	0.0635	0.0917	0.1180	0.1371
	θ_y	0.0196	0.0401	0.0623	0.0878	0.1123
0.70	θ_x	0.0471	0.0927	0.1356	0.1728	0.1883
	θ_y	0.0213	0.0441	0.0695	0.1009	0.1318
0.80	θ_x	0.0573	0.1102	0.1606	0.1927	0.2113
	θ_y	0.0228	0.0455	0.0759	0.1158	0.1441
0.90	θ_x	0.0629	0.1221	0.1725	0.2074	0.2205
	θ_y	0.0238	0.0499	0.0800	0.1172	0.1511
1.00	θ_x	0.0647	0.1251	0.1757	0.2105	0.2233
	θ_y	0.0238	0.0499	0.0800	0.1172	0.1511

$k=2.0$　$\alpha=0.9$　$\beta=0.2$

ξ	η	0.10	0.20	0.30	0.40	0.50
0.40	θ_x	0.0067	0.0149	0.0057	0.0042	0.0469
	θ_y	0.0297	0.585	0.0891	0.1151	0.1241
0.50	θ_x	0.0327	0.0592	0.0726	0.0642	0.0531
	θ_y	0.0351	0.0712	0.1089	0.1463	0.1644
0.60	θ_x	0.0647	0.1263	0.1827	0.2352	0.2619
	θ_y	0.0393	0.0803	0.1255	0.1781	0.2072
0.70	θ_x	0.0938	0.1848	0.2699	0.3414	0.3678
	θ_y	0.0430	0.0885	0.1407	0.2052	0.2416
0.80	θ_x	0.1140	0.2188	0.3180	0.3799	0.4150
	θ_y	0.0461	0.0936	0.1536	0.2265	0.2651
0.90	θ_x	0.1250	0.2420	0.3413	0.4095	0.4343
	θ_y	0.0482	0.1005	0.1619	0.2370	0.2787
1.00	θ_x	0.1283	0.2478	0.3473	0.4149	0.4388
	θ_y	0.0482	0.1005	0.1619	0.2370	0.2787

$k=2.0$　$\alpha=0.9$　$\beta=0.3$

ξ	η	0.10	0.20	0.30	0.40	0.50
0.40	θ_x	0.0082	0.0197	−0.0123	0.0075	−0.0587
	θ_y	0.0446	0.0882	0.1323	0.1677	0.1793
0.50	θ_x	0.0472	0.0848	0.1020	0.0938	0.0902
	θ_y	0.0529	0.1072	0.1636	0.2140	0.2334
0.60	θ_x	0.0961	0.1874	0.2701	0.3456	0.3719
	θ_y	0.0595	0.1220	0.1906	0.2624	0.2880
0.70	θ_x	0.1398	0.2756	0.4011	0.4997	0.5369
	θ_y	0.0653	0.1350	0.2144	0.3025	0.3339
0.80	θ_x	0.1694	0.3244	0.4687	0.5564	0.6022
	θ_y	0.0702	0.1458	0.2344	0.3276	0.3662
0.90	θ_x	0.1850	0.3572	0.5007	0.6004	0.6355
	θ_y	0.0736	0.1539	0.2474	0.3484	0.3856
1.00	θ_x	0.1898	0.3659	0.5116	0.6085	0.6430
	θ_y	0.0736	0.1539	0.2474	0.3484	0.3856

$k=2.0$　$\alpha=0.9$　$\beta=0.4$

ξ	η	0.10	0.20	0.30	0.40	0.50
0.40	θ_x		0.0219	0.0191	0.0120	0.0084
	θ_y		0.1179	0.1736	0.2149	0.2302
0.50	θ_x		0.1053	0.1234	0.1260	0.1285
	θ_y		0.1439	0.2175	0.2733	0.2926
0.60	θ_x		0.2476	0.3615	0.4433	0.4704
	θ_y		0.1648	0.2585	0.3325	0.3562
0.70	θ_x		0.3635	0.5262	0.6421	0.6828
	θ_y		0.1837	0.2939	0.3822	0.4103
0.80	θ_x		0.4247	0.5988	0.7175	0.7599
	θ_y		0.2024	0.3201	0.4157	0.4530
0.90	θ_x		0.4660	0.6509	0.7753	0.8189
	θ_y		0.2101	0.3376	0.4406	0.4740
1.00	θ_x		0.4759	0.6634	0.7863	0.8298
	θ_y		0.2101	0.3376	0.4406	0.4740

$k=2.0$　$\alpha=0.9$　$\beta=0.5$

ξ	η	0.10	0.20	0.30	0.40	0.50
0.40	θ_x		0.0215	−0.0369	0.0174	−0.0628
	θ_y		0.1468	0.2108	0.2554	0.2688
0.50	θ_x		0.1188	0.1410	0.1582	0.1654
	θ_y		0.1810	0.2670	0.3233	0.3422
0.60	θ_x		0.3049	0.4417	0.5271	0.5554
	θ_y		0.2097	0.3220	0.3902	0.4125
0.70	θ_x		0.4482	0.6395	0.7653	0.8082
	θ_y		0.2357	0.3677	0.4474	0.4730
0.80	θ_x		0.5171	0.7358	0.8593	0.9235
	θ_y		0.2616	0.4014	0.4889	0.5179
0.90	θ_x		0.5646	0.7854	0.9300	0.9803
	θ_y		0.2709	0.4220	0.5154	0.5458
1.00	θ_x		0.5763	0.7983	0.9439	0.9947
	θ_y		0.2709	0.4220	0.5154	0.5458

$k=2.0$　$\alpha=0.9$　$\beta=0.6$

ξ	η	0.10	0.20	0.30	0.40	0.50
0.40	θ_x			−0.0464	0.0233	−0.0593
	θ_y			0.2430	0.2887	0.3024
0.50	θ_x			0.1587	0.1877	0.1986
	θ_y			0.3084	0.3638	0.3822
0.60	θ_x			0.5081	0.5967	0.6263
	θ_y			0.3717	0.4366	0.4579
0.70	θ_x			0.7359	0.8676	0.9120
	θ_y			0.4252	0.4990	0.5230
0.80	θ_x			0.8445	0.9787	1.0486
	θ_y			0.4646	0.5466	0.5722
0.90	θ_x			0.9003	1.0609	1.1164
	θ_y			0.4888	0.5746	0.6024
1.00	θ_x			0.9147	1.0776	1.1339
	θ_y			0.4888	0.5746	0.6024

$k=2.0$　$\alpha=0.9$　$\beta=0.7$

ξ	η	0.10	0.20	0.30	0.40	0.50
0.40	θ_x			−0.0528	0.0290	−0.0545
	θ_y			0.2687	0.3145	0.3284
0.50	θ_x			0.1749	0.2125	0.2262
	θ_y			0.3407	0.3951	0.4131
0.60	θ_x			0.5597	0.6515	0.6824
	θ_y			0.4098	0.4721	0.4925
0.70	θ_x			0.8123	0.9479	0.9936
	θ_y			0.4687	0.5382	0.5608
0.80	θ_x			0.9322	1.0735	1.1476
	θ_y			0.5124	0.5892	0.6129
0.90	θ_x			0.9929	1.1643	1.2234
	θ_y			0.5393	0.6193	0.6453
1.00	θ_x			1.0086	1.1844	1.2448
	θ_y			0.5393	0.6193	0.6453

$k=2.0$　$\alpha=0.9$　$\beta=0.8$

ξ	η	0.10	0.20	0.30	0.40	0.50
0.40	θ_x				0.0339	0.0382
	θ_y				0.3328	0.3472
0.50	θ_x				0.2313	0.2469
	θ_y				0.4173	0.4349
0.60	θ_x				0.6910	0.7230
	θ_y				0.4972	0.5171
0.70	θ_x				1.0058	1.0523
	θ_y				0.5660	0.5878
0.80	θ_x				1.1422	1.1976
	θ_y				0.6182	0.6402
0.90	θ_x				1.2402	1.3018
	θ_y				0.6506	0.6752
1.00	θ_x				1.2622	1.3267
	θ_y				0.6506	0.6752

$k=2.0$　$\alpha=0.9$　$\beta=0.9$

ξ	η	0.10	0.20	0.30	0.40	0.50
0.40	θ_x				0.0371	−0.0469
	θ_y				0.3436	0.3581
0.50	θ_x				0.2429	0.2605
	θ_y				0.4305	0.4480
0.60	θ_x				0.7150	0.7476
	θ_y				0.5121	0.5317
0.70	θ_x				1.0407	1.0877
	θ_y				0.5822	0.6035
0.80	θ_x				1.1837	1.2622
	θ_y				0.6348	0.6587
0.90	θ_x				1.2872	1.3502
	θ_y				0.6692	0.6930
1.00	θ_x				1.3109	1.3756
	θ_y				0.6692	0.6930

$k=2.0$　$\alpha=0.9$　$\beta=1.0$

ξ	η	0.10	0.20	0.30	0.40	0.50
0.40	θ_x					−0.0458
	θ_y					0.3618
0.50	θ_x					0.2648
	θ_y					0.4523
0.60	θ_x					0.7558
	θ_y					0.5365
0.70	θ_x					1.0996
	θ_y					0.6090
0.80	θ_x					1.2766
	θ_y					0.6641
0.90	θ_x					1.3652
	θ_y					0.6988
1.00	θ_x					1.3920
	θ_y					0.6988

$k=2.0 \quad \alpha=1.0 \quad \beta=0.1$

ξ	η	0.10	0.20	0.30	0.40	0.50
0.50	θ_x	0.0241	0.0460	0.0633	0.0745	0.0784
	θ_y	0.0188	0.0383	0.0590	0.0816	0.1000
0.60	θ_x	0.0390	0.0769	0.1128	0.1466	0.1646
	θ_y	0.0211	0.0434	0.0677	0.0966	0.1250
0.70	θ_x	0.0510	0.1001	0.1451	0.1806	0.1946
	θ_y	0.0232	0.0480	0.0758	0.1100	0.1423
0.80	θ_x	0.0585	0.1130	0.1615	0.1962	0.2081
	θ_y	0.0249	0.0497	0.0824	0.1246	0.1536
0.90	θ_x	0.0623	0.1203	0.1687	0.2017	0.2133
	θ_y	0.0261	0.0544	0.0867	0.1254	0.1599
1.00	θ_x	0.0634	0.1221	0.1706	0.2031	0.2147
	θ_y	0.0261	0.0544	0.0867	0.1254	0.1599

$k=2.0 \quad \alpha=1.0 \quad \beta=0.2$

ξ	η	0.10	0.20	0.30	0.40	0.50
0.50	θ_x	0.0477	0.0908	0.1251	0.1472	0.1546
	θ_y	0.0377	0.0767	0.1186	0.1638	0.1875
0.60	θ_x	0.0778	0.1532	0.2251	0.2909	0.3201
	θ_y	0.0425	0.0870	0.1366	0.1964	0.2301
0.70	θ_x	0.1015	0.1992	0.2880	0.3558	0.3820
	θ_y	0.0468	0.0964	0.1534	0.2229	0.2618
0.80	θ_x	0.1162	0.2243	0.3197	0.3869	0.4099
	θ_y	0.0504	0.1020	0.1667	0.2437	0.2835
0.90	θ_x	0.1235	0.2382	0.3336	0.3978	0.4207
	θ_y	0.0528	0.1095	0.1751	0.2533	0.2962
1.00	θ_x	0.1257	0.2416	0.3374	0.4007	0.4236
	θ_y	0.0528	0.1095	0.1751	0.2533	0.2962

$k=2.0 \quad \alpha=1.0 \quad \beta=0.3$

ξ	η	0.10	0.20	0.30	0.40	0.50
0.50	θ_x	0.0701	0.1334	0.1838	0.2162	0.2273
	θ_y	0.0570	0.1160	0.1789	0.2406	0.2633
0.60	θ_x	0.1159	0.2285	0.3360	0.4250	0.4586
	θ_y	0.0644	0.1323	0.2076	0.2896	0.3185
0.70	θ_x	0.1511	0.2962	0.4258	0.5202	0.5556
	θ_y	0.0711	0.1471	0.2337	0.3282	0.3623
0.80	θ_x	0.1722	0.3322	0.4711	0.5668	0.5973
	θ_y	0.0766	0.1586	0.2538	0.3527	0.3927
0.90	θ_x	0.1825	0.3512	0.4905	0.5835	0.6164
	θ_y	0.0803	0.1673	0.2664	0.3722	0.4110
1.00	θ_x	0.1855	0.3560	0.4959	0.5884	0.6210
	θ_y	0.0803	0.1673	0.2664	0.3722	0.4110

$k=2.0 \quad \alpha=1.0 \quad \beta=0.4$

ξ	η	0.10	0.20	0.30	0.40	0.50
0.50	θ_x		0.1727	0.2380	0.2796	0.2943
	θ_y		0.1563	0.2407	0.3060	0.3277
0.60	θ_x		0.3030	0.4441	0.5468	0.5818
	θ_y		0.1791	0.2835	0.3665	0.3929
0.70	θ_x		0.3893	0.5550	0.6703	0.7116
	θ_y		0.2001	0.3195	0.4151	0.4458
0.80	θ_x		0.4345	0.6112	0.7311	0.7738
	θ_y		0.2196	0.3457	0.4478	0.4874
0.90	θ_x		0.4574	0.6361	0.7541	0.7955
	θ_y		0.2277	0.3629	0.4712	0.5065
1.00	θ_x		0.4629	0.6432	0.7602	0.8014
	θ_y		0.2277	0.3629	0.4712	0.5065

$k=2.0 \quad \alpha=1.0 \quad \beta=0.5$

ξ	η	0.10	0.20	0.30	0.40	0.50
0.50	θ_x		0.2078	0.2863	0.3366	0.3537
	θ_y		0.1977	0.2976	0.3605	0.3813
0.60	θ_x		0.3751	0.5423	0.6499	0.6859
	θ_y		0.2287	0.3541	0.4296	0.4540
0.70	θ_x		0.4768	0.6716	0.8012	0.8462
	θ_y		0.2569	0.3993	0.4861	0.5140
0.80	θ_x		0.5284	0.7359	0.8760	0.9202
	θ_y		0.2831	0.4325	0.5269	0.5577
0.90	θ_x		0.5528	0.7660	0.9053	0.9543
	θ_y		0.2926	0.4527	0.5520	0.5844
1.00	θ_x		0.5594	0.7741	0.9138	0.9623
	θ_y		0.2926	0.4527	0.5520	0.5844

$k=2.0 \quad \alpha=1.0 \quad \beta=0.6$

ξ	η	0.10	0.20	0.30	0.40	0.50
0.50	θ_x			0.3276	0.3848	0.4046
	θ_y			0.3438	0.4045	0.4246
0.60	θ_x			0.6246	0.7350	0.7720
	θ_y			0.4090	0.4800	0.5031
0.70	θ_x			0.7717	0.9108	0.9582
	θ_y			0.4619	0.5424	0.5685
0.80	θ_x			0.8438	0.9981	1.0471
	θ_y			0.5004	0.5894	0.6169
0.90	θ_x			0.8776	1.0342	1.0881
	θ_y			0.5240	0.6162	0.6462
1.00	θ_x			0.8865	1.0438	1.0990
	θ_y			0.5240	0.6162	0.6462

$k=2.0$　$\alpha=1.0$　$\beta=0.7$

ξ	η	0.10	0.20	0.30	0.40	0.50
0.50	θ_x			0.3605	0.4242	0.4460
	θ_y			0.3793	0.4383	0.4578
0.60	θ_x			0.6889	0.8018	0.8396
	θ_y			0.4507	0.5184	0.5406
0.70	θ_x			0.8522	0.9973	1.0464
	θ_y			0.5093	0.5851	0.6097
0.80	θ_x			0.9310	1.0952	1.1477
	θ_y			0.5521	0.6358	0.6614
0.90	θ_x			0.9681	1.1368	1.1947
	θ_y			0.5781	0.6649	0.6931
1.00	θ_x			0.9772	1.1487	1.2074
	θ_y			0.5781	0.6649	0.6931

$k=2.0$　$\alpha=1.0$　$\beta=0.8$

ξ	η	0.10	0.20	0.30	0.40	0.50
0.50	θ_x				0.4527	0.4760
	θ_y				0.4623	0.4813
0.60	θ_x				0.8497	0.8883
	θ_y				0.5455	0.5670
0.70	θ_x				1.0597	1.1100
	θ_y				0.6153	0.6390
0.80	θ_x				1.1656	1.2225
	θ_y				0.6673	0.6914
0.90	θ_x				1.2116	1.2723
	θ_y				0.6990	0.7259
1.00	θ_x				1.2246	1.2863
	θ_y				0.6990	0.7259

$k=2.0$　$\alpha=1.0$　$\beta=0.9$

ξ	η	0.10	0.20	0.30	0.40	0.50
0.50	θ_x				0.4701	0.4943
	θ_y				0.4766	0.4954
0.60	θ_x				0.8786	0.9177
	θ_y				0.5617	0.5828
0.70	θ_x				1.0974	1.1484
	θ_y				0.6329	0.6561
0.80	θ_x				1.2082	1.2647
	θ_y				0.6855	0.7115
0.90	θ_x				1.2571	1.3194
	θ_y				0.7192	0.7453
1.00	θ_x				1.2708	1.3342
	θ_y				0.7192	0.7453

$k=2.0$　$\alpha=1.0$　$\beta=1.0$

ξ	η	0.10	0.20	0.30	0.40	0.50
0.50	θ_x					0.5000
	θ_y					0.5000
0.60	θ_x					0.9275
	θ_y					0.5880
0.70	θ_x					1.1612
	θ_y					0.6621
0.80	θ_x					1.2795
	θ_y					0.7173
0.90	θ_x					1.3351
	θ_y					0.7518
1.00	θ_x					1.3493
	θ_y					0.7518

$k=2.0$　$\alpha=1.1$　$\beta=0.1$

ξ	η	0.10	0.20	0.30	0.40	0.50
0.50	θ_x	0.0318	0.0619	0.0895	0.1155	0.1348
	θ_y	0.0200	0.0409	0.0634	0.0891	0.1137
0.60	θ_x	0.0447	0.0882	0.1292	0.1642	0.1796
	θ_y	0.0226	0.0465	0.0730	0.1051	0.1359
0.70	θ_x	0.0537	0.1050	0.1506	0.1841	0.1978
	θ_y	0.0250	0.0517	0.0817	0.1181	0.1513
0.80	θ_x	0.0587	0.1140	0.1602	0.1964	0.2038
	θ_y	0.0269	0.0536	0.0884	0.1323	0.1618
0.90	θ_x	0.0610	0.1173	0.1636	0.1946	0.2057
	θ_y	0.0282	0.0585	0.0926	0.1328	0.1677
1.00	θ_x	0.0616	0.1182	0.1646	0.1953	0.2055
	θ_y	0.0282	0.0585	0.0926	0.1328	0.1677

$k=2.0$　$\alpha=1.1$　$\beta=0.2$

ξ	η	0.10	0.20	0.30	0.40	0.50
0.50	θ_x	0.0631	0.1231	0.1785	0.2311	0.2570
	θ_y	0.0402	0.0820	0.1277	0.1807	0.2100
0.60	θ_x	0.0891	0.1757	0.2572	0.3236	0.3511
	θ_y	0.0455	0.0934	0.1475	0.2132	0.2502
0.70	θ_x	0.1068	0.2087	0.2982	0.3645	0.3898
	θ_y	0.0504	0.1039	0.1652	0.2388	0.2795
0.80	θ_x	0.1166	0.2262	0.3170	0.3873	0.4019
	θ_y	0.0544	0.1098	0.1786	0.2590	0.2997
0.90	θ_x	0.1208	0.2321	0.3235	0.3841	0.4045
	θ_y	0.0570	0.1177	0.1869	0.2677	0.3124
1.00	θ_x	0.1220	0.2339	0.3251	0.3858	0.4059
	θ_y	0.0570	0.1177	0.1869	0.2677	0.3124

k=2.0　α=1.1　β=0.3

ξ	η	0.10	0.20	0.30	0.40	0.50
0.50	θ_x	0.0937	0.1831	0.2667	0.3400	0.3660
	θ_y	0.0608	0.1244	0.1934	0.2663	0.2920
0.60	θ_x	0.1329	0.2622	0.3823	0.4729	0.5080
	θ_y	0.0690	0.1423	0.2244	0.3141	0.3461
0.70	θ_x	0.1587	0.3093	0.4397	0.5340	0.5681
	θ_y	0.0766	0.1585	0.2514	0.3513	0.3876
0.80	θ_x	0.1724	0.3347	0.4660	0.5675	0.5889
	θ_y	0.0826	0.1703	0.2715	0.3749	0.4162
0.90	θ_x	0.1783	0.3421	0.4760	0.5635	0.5945
	θ_y	0.0866	0.1795	0.2838	0.3933	0.4333
1.00	θ_x	0.1799	0.3443	0.4776	0.5651	0.5957
	θ_y	0.0866	0.1795	0.2838	0.3933	0.4333

k=2.0　α=1.1　β=0.4

ξ	η	0.10	0.20	0.30	0.40	0.50
0.50	θ_x		0.2416	0.3537	0.4357	0.4622
	θ_y		0.1679	0.2628	0.3376	0.3614
0.60	θ_x		0.3464	0.4993	0.6081	0.6472
	θ_y		0.1928	0.3068	0.3976	0.4265
0.70	θ_x		0.4052	0.5712	0.6882	0.7291
	θ_y		0.2153	0.3429	0.4446	0.4776
0.80	θ_x		0.4372	0.6135	0.7324	0.7746
	θ_y		0.2352	0.3687	0.4763	0.5180
0.90	θ_x		0.4445	0.6162	0.7287	0.7681
	θ_y		0.2436	0.3855	0.4983	0.5353
1.00	θ_x		0.4469	0.6197	0.7325	0.7716
	θ_y		0.2436	0.3855	0.4983	0.5353

k=2.0　α=1.1　β=0.5

ξ	η	0.10	0.20	0.30	0.40	0.50
0.50	θ_x		0.2984	0.4337	0.5164	0.5440
	θ_y		0.2133	0.3271	0.3963	0.4189
0.60	θ_x		0.4270	0.6060	0.7255	0.7665
	θ_y		0.2470	0.3833	0.4657	0.4922
0.70	θ_x		0.4934	0.6894	0.8198	0.8654
	θ_y		0.2764	0.4278	0.5209	0.5511
0.80	θ_x		0.5311	0.7292	0.8779	0.9093
	θ_y		0.3026	0.4604	0.5608	0.5932
0.90	θ_x		0.5370	0.7418	0.8755	0.9219
	θ_y		0.3120	0.4799	0.5845	0.6187
1.00	θ_x		0.5392	0.7463	0.8800	0.9262
	θ_y		0.3120	0.4799	0.5845	0.6187

k=2.0　α=1.1　β=0.6

ξ	η	0.10	0.20	0.30	0.40	0.50
0.50	θ_x			0.4988	0.5843	0.6132
	θ_y			0.3777	0.4435	0.4651
0.60	θ_x			0.6974	0.8229	0.8653
	θ_y			0.4430	0.5200	0.5450
0.70	θ_x			0.7913	0.9337	0.9827
	θ_y			0.4950	0.5816	0.6097
0.80	θ_x			0.8357	1.0008	1.0359
	θ_y			0.5325	0.6277	0.6569
0.90	θ_x			0.8496	1.0002	1.0523
	θ_y			0.5553	0.6532	0.6851
1.00	θ_x			0.8545	1.0055	1.0576
	θ_y			0.5553	0.6532	0.6851

k=2.0　α=1.1　β=0.7

ξ	η	0.10	0.20	0.30	0.40	0.50
0.50	θ_x			0.5482	0.6377	0.6679
	θ_y			0.4162	0.4797	0.5006
0.60	θ_x			0.7702	0.8994	0.9428
	θ_y			0.4883	0.5613	0.5852
0.70	θ_x			0.8842	1.0354	1.0868
	θ_y			0.5459	0.6280	0.6539
0.80	θ_x			0.9215	1.0986	1.1366
	θ_y			0.5876	0.6775	0.7048
0.90	θ_x			0.9352	1.0988	1.1550
	θ_y			0.6126	0.7057	0.7352
1.00	θ_x			0.9416	1.1061	1.1627
	θ_y			0.6126	0.7057	0.7352

k=2.0　α=1.1　β=0.8

ξ	η	0.10	0.20	0.30	0.40	0.50
0.50	θ_x				0.6763	0.7075
	θ_y				0.5053	0.5256
0.60	θ_x				0.9544	0.9986
	θ_y				0.5905	0.6135
0.70	θ_x				1.0895	1.1424
	θ_y				0.6601	0.6857
0.80	θ_x				1.1696	1.2270
	θ_y				0.7115	0.7375
0.90	θ_x				1.1731	1.2324
	θ_y				0.7421	0.7710
1.00	θ_x				1.1796	1.2394
	θ_y				0.7421	0.7710

$k=2.0$ $\alpha=1.1$ $\beta=0.9$

ξ	η	0.10	0.20	0.30	0.40	0.50
0.50	θ_x				0.6997	0.7314
	θ_y				0.5205	0.5405
0.60	θ_x				0.9875	1.0322
	θ_y				0.6078	0.6305
0.70	θ_x				1.1405	1.1942
	θ_y				0.6792	0.7044
0.80	θ_x				1.2126	1.2541
	θ_y				0.7311	0.7589
0.90	θ_x				1.2160	1.2770
	θ_y				0.7637	0.7922
1.00	θ_x				1.2243	1.2860
	θ_y				0.7637	0.7922

$k=2.0$ $\alpha=1.1$ $\beta=1.0$

ξ	η	0.10	0.20	0.30	0.40	0.50
0.50	θ_x					0.7395
	θ_y					0.5455
0.60	θ_x					1.0435
	θ_y					0.6360
0.70	θ_x					1.1964
	θ_y					0.7105
0.80	θ_x					1.2690
	θ_y					0.7653
0.90	θ_x					1.2939
	θ_y					0.7991
1.00	θ_x					1.3016
	θ_y					0.7991

$k=2.0$ $\alpha=1.2$ $\beta=0.1$

ξ	η	0.10	0.20	0.30	0.40	0.50
0.60	θ_x	0.0493	0.0970	0.1407	0.1754	0.1889
	θ_y	0.0240	0.0496	0.0781	0.1127	0.1452
0.70	θ_x	0.0555	0.1079	0.1532	0.1856	0.1976
	θ_y	0.0267	0.0552	0.0871	0.1252	0.1594
0.80	θ_x	0.0583	0.1135	0.1574	0.1938	0.1991
	θ_y	0.0288	0.0571	0.0938	0.1391	0.1690
0.90	θ_x	0.0593	0.1137	0.1580	0.1872	0.1978
	θ_y	0.0301	0.0622	0.0979	0.1391	0.1746
1.00	θ_x	0.0595	0.1139	0.1580	0.1871	0.1972
	θ_y	0.0301	0.0622	0.0979	0.1391	0.1746

$k=2.0$ $\alpha=1.2$ $\beta=0.2$

ξ	η	0.10	0.20	0.30	0.40	0.50
0.60	θ_x	0.0983	0.1931	0.2802	0.3456	0.3708
	θ_y	0.0485	0.0997	0.1573	0.2282	0.2674
0.70	θ_x	0.1102	0.2140	0.3032	0.3660	0.3891
	θ_y	0.0538	0.1109	0.1759	0.2527	0.2948
0.80	θ_x	0.1156	0.2251	0.3112	0.3822	0.3923
	θ_y	0.0580	0.1169	0.1887	0.2723	0.3138
0.90	θ_x	0.1174	0.2249	0.3127	0.3695	0.3903
	θ_y	0.0607	0.1250	0.1968	0.2802	0.3249
1.00	θ_x	0.1178	0.2253	0.3123	0.3690	0.3886
	θ_y	0.0607	0.1250	0.1968	0.2802	0.3249

$k=2.0$ $\alpha=1.2$ $\beta=0.3$

ξ	η	0.10	0.20	0.30	0.40	0.50
0.60	θ_x	0.1463	0.2874	0.4152	0.5055	0.5402
	θ_y	0.0736	0.1518	0.2405	0.3360	0.3706
0.70	θ_x	0.1633	0.3163	0.4466	0.5364	0.5688
	θ_y	0.0817	0.1691	0.2673	0.3717	0.4098
0.80	θ_x	0.1707	0.3327	0.4580	0.5603	0.5762
	θ_y	0.0881	0.1809	0.2871	0.3944	0.4368
0.90	θ_x	0.1730	0.3312	0.4589	0.5432	0.5726
	θ_y	0.0921	0.1903	0.2991	0.4117	0.4529
1.00	θ_x	0.1734	0.3312	0.4592	0.5418	0.5707
	θ_y	0.0921	0.1903	0.2991	0.4117	0.4529

$k=2.0$ $\alpha=1.2$ $\beta=0.4$

ξ	η	0.10	0.20	0.30	0.40	0.50
0.60	θ_x		0.3774	0.5386	0.6509	0.6911
	θ_y		0.2063	0.3281	0.4252	0.4564
0.70	θ_x		0.4136	0.5800	0.6923	0.7320
	θ_y		0.2296	0.3638	0.4707	0.5055
0.80	θ_x		0.4340	0.6073	0.7234	0.7644
	θ_y		0.2493	0.3892	0.5013	0.5446
0.90	θ_x		0.4296	0.5944	0.7015	0.7389
	θ_y		0.2581	0.4054	0.5220	0.5605
1.00	θ_x		0.4299	0.5950	0.7009	0.7380
	θ_y		0.2581	0.4054	0.5220	0.5605

$k=2.0$ $\alpha=1.2$ $\beta=0.5$

ξ	η	0.10	0.20	0.30	0.40	0.50
0.60	θ_x		0.4625	0.6519	0.7780	0.8217
	θ_y		0.2643	0.4096	0.4982	0.5268
0.70	θ_x		0.5021	0.6997	0.8298	0.8752
	θ_y		0.2939	0.4534	0.5519	0.5839
0.80	θ_x		0.5264	0.7161	0.8675	0.8910
	θ_y		0.3200	0.4850	0.5906	0.6244
0.90	θ_x		0.5182	0.7153	0.8432	0.8876
	θ_y		0.3292	0.5040	0.6130	0.6487
1.00	θ_x		0.5187	0.7164	0.8440	0.8881
	θ_y		0.3292	0.5040	0.6130	0.6487

$k=2.0$ $\alpha=1.2$ $\beta=0.6$

ξ	η	0.10	0.20	0.30	0.40	0.50
0.60	θ_x			0.7492	0.8842	0.9303
	θ_y			0.4737	0.5563	0.5831
0.70	θ_x			0.8025	0.9460	0.9955
	θ_y			0.5425	0.6166	0.6465
0.80	θ_x			0.8203	0.9895	1.0160
	θ_y			0.5609	0.6615	0.6921
0.90	θ_x			0.8189	0.9638	1.0138
	θ_y			0.5827	0.6856	0.7193
1.00	θ_x			0.8201	0.9647	1.0146
	θ_y			0.5827	0.6856	0.7193

$k=2.0 \quad \alpha=1.2 \quad \beta=0.7$

ξ	η	0.10	0.20	0.30	0.40	0.50
0.60	θ_x			0.8273	0.9680	1.0157
	θ_y			0.5223	0.6004	0.6258
0.70	θ_x			0.8853	1.0385	1.0909
	θ_y			0.5786	0.6656	0.6940
0.80	θ_x			0.9043	1.0867	1.1158
	θ_y			0.6189	0.7144	0.7433
0.90	θ_x			0.9025	1.0606	1.1150
	θ_y			0.6431	0.7410	0.7730
1.00	θ_x			0.9035	1.0616	1.1160
	θ_y			0.6431	0.7410	0.7730

$k=2.0 \quad \alpha=1.2 \quad \beta=0.8$

ξ	η	0.10	0.20	0.30	0.40	0.50
0.60	θ_x				1.0285	1.0772
	θ_y				0.6316	0.6562
0.70	θ_x				1.1057	1.1600
	θ_y				0.7003	0.7277
0.80	θ_x				1.1574	1.2146
	θ_y				0.7506	0.7784
0.90	θ_x				1.1312	1.1887
	θ_y				0.7800	0.8108
1.00	θ_x				1.1324	1.1900
	θ_y				0.7800	0.8108

$k=2.0 \quad \alpha=1.2 \quad \beta=0.9$

ξ	η	0.10	0.20	0.30	0.40	0.50
0.60	θ_x				1.0650	1.1144
	θ_y				0.6498	0.6739
0.70	θ_x				1.1464	1.2018
	θ_y				0.7207	0.7473
0.80	θ_x				1.2002	1.2324
	θ_y				0.7715	0.8010
0.90	θ_x				1.1743	1.2336
	θ_y				0.8031	0.8333
1.00	θ_x				1.1755	1.2350
	θ_y				0.8031	0.8333

$k=2.0 \quad \alpha=1.2 \quad \beta=1.0$

ξ	η	0.10	0.20	0.30	0.40	0.50
0.60	θ_x					1.1268
	θ_y					0.6801
0.70	θ_x					1.2158
	θ_y					0.7542
0.80	θ_x					1.2471
	θ_y					0.8078
0.90	θ_x					1.2486
	θ_y					0.8406
1.00	θ_x					1.2501
	θ_y					0.8406

$k=2.0 \quad \alpha=1.3 \quad \beta=0.1$

ξ	η	0.10	0.20	0.30	0.40	0.50
0.60	θ_x	0.0529	0.1034	0.1484	0.1822	0.1948
	θ_y	0.0254	0.0525	0.0828	0.1194	0.1527
0.70	θ_x	0.0564	0.1091	0.1538	0.1851	0.1960
	θ_y	0.0282	0.0583	0.0919	0.1313	0.1660
0.80	θ_x	0.0574	0.1118	0.1537	0.1890	0.1928
	θ_y	0.0304	0.0603	0.0985	0.1449	0.1752
0.90	θ_x	0.0574	0.1098	0.1523	0.1801	0.1897
	θ_y	0.0318	0.0654	0.1024	0.1446	0.1804
1.00	θ_x	0.0753	0.1095	0.1515	0.1790	0.1884
	θ_y	0.0318	0.0654	0.1024	0.1446	0.1804

$k=2.0 \quad \alpha=1.3 \quad \beta=0.2$

ξ	η	0.10	0.20	0.30	0.40	0.50
0.60	θ_x	0.1052	0.2055	0.2939	0.3591	0.3839
	θ_y	0.0512	0.1055	0.1674	0.2414	0.2824
0.70	θ_x	0.1119	0.2162	0.3043	0.3640	0.3855
	θ_y	0.0569	0.1172	0.1854	0.2649	0.3081
0.80	θ_x	0.1137	0.2216	0.3036	0.3729	0.3805
	θ_y	0.0613	0.1232	0.1985	0.2838	0.3260
0.90	θ_x	0.1136	0.2172	0.3009	0.3557	0.3746
	θ_y	0.0640	0.1314	0.2063	0.2911	0.3364
1.00	θ_x	0.1134	0.2165	0.2994	0.3534	0.3721
	θ_y	0.0640	0.1314	0.2063	0.2911	0.3364

$k=2.0 \quad \alpha=1.3 \quad \beta=0.3$

ξ	η	0.10	0.20	0.30	0.40	0.50
0.60	θ_x	0.1563	0.3048	0.4334	0.5260	0.5596
	θ_y	0.0778	0.1609	0.2547	0.3552	0.3916
0.70	θ_x	0.1655	0.3193	0.4480	0.5338	0.5646
	θ_y	0.0864	0.1785	0.2814	0.3894	0.4289
0.80	θ_x	0.1677	0.3272	0.4469	0.5469	0.5592
	θ_y	0.0929	0.1904	0.3008	0.4111	0.4545
0.90	θ_x	0.1673	0.3195	0.4422	0.5223	0.5501
	θ_y	0.0970	0.1998	0.3125	0.4276	0.4698
1.00	θ_x	0.1668	0.3185	0.4400	0.5189	0.5463
	θ_y	0.0970	0.1998	0.3125	0.4276	0.4698

$k=2.0 \quad \alpha=1.3 \quad \beta=0.4$

ξ	η	0.10	0.20	0.30	0.40	0.50
0.60	θ_x		0.3990	0.5652	0.6780	0.7183
	θ_y		0.2184	0.3471	0.4497	0.4828
0.70	θ_x		0.4161	0.5818	0.6895	0.7281
	θ_y		0.2421	0.3823	0.4935	0.5299
0.80	θ_x		0.4262	0.5945	0.7064	0.7458
	θ_y		0.2618	0.4070	0.5228	0.5676
0.90	θ_x		0.4142	0.5729	0.6757	0.7113
	θ_y		0.2702	0.4227	0.5426	0.5822
1.00	θ_x		0.4132	0.5699	0.6715	0.7068
	θ_y		0.2702	0.4227	0.5426	0.5822

$k=2.0$　$\alpha=1.3$　$\beta=0.5$

ξ	η	0.10	0.20	0.30	0.40	0.50
0.60	θ_x		0.4863	0.6832	0.8126	0.8576
	θ_y		0.2801	0.4331	0.5270	0.5574
0.70	θ_x		0.5044	0.6993	0.8275	0.8721
	θ_y		0.3096	0.4759	0.5790	0.6126
0.80	θ_x		0.5162	0.6978	0.8477	0.8667
	θ_y		0.3354	0.5065	0.6164	0.6514
0.90	θ_x		0.4996	0.6895	0.8122	0.8546
	θ_y		0.3442	0.5247	0.6376	0.6748
1.00	θ_x		0.4974	0.6857	0.8074	0.8494
	θ_y		0.3442	0.5247	0.6376	0.6748

$k=2.0$　$\alpha=1.3$　$\beta=0.6$

ξ	η	0.10	0.20	0.30	0.40	0.50
0.60	θ_x			0.7842	0.9249	0.9731
	θ_y			0.5008	0.5885	0.6170
0.70	θ_x			0.8014	0.9474	0.9967
	θ_y			0.5503	0.6472	0.6788
0.80	θ_x			0.7991	0.9674	0.9892
	θ_y			0.5856	0.6908	0.7229
0.90	θ_x			0.7893	0.9285	0.9766
	θ_y			0.6066	0.7138	0.7489
1.00	θ_x			0.7849	0.9232	0.9710
	θ_y			0.6066	0.7138	0.7489

$k=2.0$　$\alpha=1.3$　$\beta=0.7$

ξ	η	0.10	0.20	0.30	0.40	0.50
0.60	θ_x			0.8655	1.0139	1.0645
	θ_y			0.5524	0.6353	0.6623
0.70	θ_x			0.8838	1.0407	1.0934
	θ_y			0.6073	0.6991	0.7291
0.80	θ_x			0.8806	1.0630	1.0872
	θ_y			0.6462	0.7465	0.7769
0.90	θ_x			0.8696	1.0219	1.0743
	θ_y			0.6694	0.7719	0.8055
1.00	θ_x			0.8647	1.0163	1.0685
	θ_y			0.6694	0.7719	0.8055

$k=2.0$　$\alpha=1.3$　$\beta=0.8$

ξ	η	0.10	0.20	0.30	0.40	0.50
0.60	θ_x				1.0784	1.1304
	θ_y				0.6682	0.6941
0.70	θ_x				1.1086	1.1637
	θ_y				0.7358	0.7647
0.80	θ_x				1.1326	1.1890
	θ_y				0.7847	0.8140
0.90	θ_x				1.0902	1.1457
	θ_y				0.8129	0.8453
1.00	θ_x				1.0843	1.1397
	θ_y				0.8129	0.8453

$k=2.0$　$\alpha=1.3$　$\beta=0.9$

ξ	η	0.10	0.20	0.30	0.40	0.50
0.60	θ_x				1.1174	1.1703
	θ_y				0.6877	0.7131
0.70	θ_x				1.1498	1.2062
	θ_y				0.7573	0.7855
0.80	θ_x				1.1749	1.2021
	θ_y				0.8068	0.8379
0.90	θ_x				1.1317	1.1892
	θ_y				0.8373	0.8690
1.00	θ_x				1.1258	1.1831
	θ_y				0.8373	0.8690

$k=2.0$　$\alpha=1.3$　$\beta=1.0$

ξ	η	0.10	0.20	0.30	0.40	0.50
0.60	θ_x					1.1836
	θ_y					0.7193
0.70	θ_x					1.2205
	θ_y					0.7927
0.80	θ_x					1.2166
	θ_y					0.8451
0.90	θ_x					1.2038
	θ_y					0.8769
1.00	θ_x					1.1977
	θ_y					0.8769

$k=2.0$　$\alpha=1.4$　$\beta=0.1$

ξ	η	0.10	0.20	0.30	0.40	0.50
0.70	θ_x	0.0567	0.1092	0.1530	0.1828	0.1937
	θ_y	0.0296	0.0611	0.0960	0.1366	0.1720
0.80	θ_x	0.0563	0.1094	0.1497	0.1828	0.1868
	θ_y	0.0318	0.0632	0.1025	0.1498	0.1805
0.90	θ_x	0.0555	0.1060	0.1467	0.1735	0.1824
	θ_y	0.0332	0.0682	0.1063	0.1493	0.1853
1.00	θ_x	0.0552	0.1053	0.1455	0.1715	0.1808
	θ_y	0.0332	0.0682	0.1063	0.1493	0.1853

$k=2.0$　$\alpha=1.4$　$\beta=0.2$

ξ	η	0.10	0.20	0.30	0.40	0.50
0.70	θ_x	0.1124	0.2163	0.3025	0.3609	0.3819
	θ_y	0.0597	0.1228	0.1937	0.2753	0.3193
0.80	θ_x	0.1114	0.2165	0.2958	0.3608	0.3689
	θ_y	0.0641	0.1289	0.2065	0.2934	0.3362
0.90	θ_x	0.1098	0.2096	0.2899	0.3422	0.3605
	θ_y	0.0668	0.1369	0.2141	0.3004	0.3461
1.00	θ_x	0.1091	0.2081	0.2873	0.3387	0.3563
	θ_y	0.0668	0.1369	0.2141	0.3004	0.3461

$k=2.0 \quad \alpha=1.4 \quad \beta=0.3$

ξ	η	0.10	0.20	0.30	0.40	0.50
0.70	θ_x	0.1660	0.3190	0.4451	0.5296	0.5594
	θ_y	0.0905	0.1869	0.2937	0.4047	0.4452
0.80	θ_x	0.1641	0.3193	0.4347	0.5294	0.5409
	θ_y	0.0972	0.1988	0.3126	0.4253	0.4695
0.90	θ_x	0.1615	0.3083	0.4262	0.5025	0.5291
	θ_y	0.1012	0.2079	0.3238	0.4412	0.4841
1.00	θ_x	0.1605	0.3060	0.4220	0.4973	0.5234
	θ_y	0.1012	0.2079	0.3238	0.4412	0.4841

$k=2.0 \quad \alpha=1.4 \quad \beta=0.4$

ξ	η	0.10	0.20	0.30	0.40	0.50
0.70	θ_x		0.4149	0.5772	0.6844	0.7218
	θ_y		0.2534	0.3983	0.5130	0.5506
0.80	θ_x		0.4153	0.5774	0.6842	0.7217
	θ_y		0.2727	0.4223	0.5411	0.5869
0.90	θ_x		0.3997	0.5524	0.6503	0.6843
	θ_y		0.2810	0.4375	0.5601	0.6007
1.00	θ_x		0.3964	0.5461	0.6437	0.6773
	θ_y		0.2810	0.4375	0.5601	0.6007

$k=2.0 \quad \alpha=1.4 \quad \beta=0.5$

ξ	η	0.10	0.20	0.30	0.40	0.50
0.70	θ_x		0.5018	0.6955	0.8216	0.8654
	θ_y		0.3233	0.4953	0.6023	0.6373
0.80	θ_x		0.5021	0.6775	0.8216	0.8404
	θ_y		0.3486	0.5249	0.6383	0.6746
0.90	θ_x		0.4818	0.6651	0.7818	0.8224
	θ_y		0.3569	0.5425	0.6587	0.6969
1.00	θ_x		0.4772	0.6578	0.7742	0.8143
	θ_y		0.3569	0.5425	0.6587	0.6969

$k=2.0 \quad \alpha=1.4 \quad \beta=0.6$

ξ	η	0.10	0.20	0.30	0.40	0.50
0.70	θ_x			0.7968	0.9382	0.9869
	θ_y			0.5727	0.6736	0.7067
0.80	θ_x			0.7756	0.9382	0.9601
	θ_y			0.6067	0.7157	0.7491
0.90	θ_x			0.7601	0.8952	0.9414
	θ_y			0.6269	0.7378	0.7742
1.00	θ_x			0.7528	0.8854	0.9311
	θ_y			0.6269	0.7378	0.7742

$k=2.0 \quad \alpha=1.4 \quad \beta=0.7$

ξ	η	0.10	0.20	0.30	0.40	0.50
0.70	θ_x			0.8783	1.0314	1.0839
	θ_y			0.6319	0.7279	0.7593
0.80	θ_x			0.8547	1.0315	1.0560
	θ_y			0.6695	0.7739	0.8056
0.90	θ_x			0.8386	0.9853	1.0358
	θ_y			0.6919	0.7982	0.8331
1.00	θ_x			0.8293	0.9735	1.0236
	θ_y			0.6919	0.7982	0.8331

$k=2.0 \quad \alpha=1.4 \quad \beta=0.8$

ξ	η	0.10	0.20	0.30	0.40	0.50
0.70	θ_x				1.0993	1.1545
	θ_y				0.7664	0.7967
0.80	θ_x				1.0995	1.1548
	θ_y				0.8138	0.8446
0.90	θ_x				1.0512	1.1048
	θ_y				0.8411	0.8749
1.00	θ_x				1.0389	1.0921
	θ_y				0.8411	0.8749

$k=2.0 \quad \alpha=1.4 \quad \beta=0.9$

ξ	η	0.10	0.20	0.30	0.40	0.50
0.70	θ_x				1.1406	1.1973
	θ_y				0.7889	0.8186
0.80	θ_x				1.1409	1.1685
	θ_y				0.8370	0.8695
0.90	θ_x				1.0914	1.1469
	θ_y				0.8663	0.8995
1.00	θ_x				1.0788	1.1339
	θ_y				0.8663	0.8995

$k=2.0 \quad \alpha=1.4 \quad \beta=1.0$

ξ	η	0.10	0.20	0.30	0.40	0.50
0.70	θ_x					1.2117
	θ_y					0.8261
0.80	θ_x					1.1828
	θ_y					0.8771
0.90	θ_x					1.1610
	θ_y					0.9079
1.00	θ_x					1.1480
	θ_y					0.9079

$k=2.0 \quad \alpha=1.5 \quad \beta=0.1$

ξ	η	0.10	0.20	0.30	0.40	0.50
0.70	θ_x	0.0566	0.1087	0.1515	0.1797	0.1902
	θ_y	0.0308	0.0635	0.0996	0.1411	0.1765
0.80	θ_x	0.0551	0.1065	0.1459	0.1760	0.1819
	θ_y	0.0331	0.0656	0.1059	0.1539	0.1848
0.90	θ_x	0.0537	0.1025	0.1415	0.1670	0.1757
	θ_y	0.0344	0.0705	0.1096	0.1532	0.1895
1.00	θ_x	0.0532	0.1014	0.1401	0.1650	0.1736
	θ_y	0.0344	0.0705	0.1096	0.1532	0.1895

$k=2.0 \quad \alpha=1.5 \quad \beta=0.2$

ξ	η	0.10	0.20	0.30	0.40	0.50
0.70	θ_x	0.1121	0.2151	0.2993	0.3556	0.3756
	θ_y	0.0621	0.1276	0.2007	0.2840	0.3287
0.80	θ_x	0.1089	0.2106	0.2883	0.3475	0.3589
	θ_y	0.0666	0.1337	0.2132	0.3014	0.3448
0.90	θ_x	0.1062	0.2026	0.2797	0.3297	0.3471
	θ_y	0.0692	0.1415	0.2205	0.3080	0.3543
1.00	θ_x	0.1052	0.2005	0.2766	0.3258	0.3429
	θ_y	0.0692	0.1415	0.2205	0.3080	0.3543

$k=2.0$　$\alpha=1.5$　$\beta=0.3$

ξ	η	0.10	0.20	0.30	0.40	0.50
0.70	θ_x	0.1653	0.3170	0.4399	0.5220	0.5507
	θ_y	0.0942	0.1941	0.3041	0.4173	0.4587
0.80	θ_x	0.1603	0.3102	0.4231	0.5100	0.5249
	θ_y	0.1008	0.2059	0.3225	0.4369	0.4821
0.90	θ_x	0.1562	0.2977	0.4110	0.4843	0.5096
	θ_y	0.1048	0.2147	0.3334	0.4525	0.4960
1.00	θ_x	0.1547	0.2947	0.4065	0.4790	0.5040
	θ_y	0.1048	0.2147	0.3334	0.4525	0.4960

$k=2.0$　$\alpha=1.5$　$\beta=0.4$

ξ	η	0.10	0.20	0.30	0.40	0.50
0.70	θ_x		0.4114	0.5696	0.6750	0.7113
	θ_y		0.2629	0.4118	0.5294	0.5681
0.80	θ_x		0.4028	0.5581	0.6596	0.6950
	θ_y		0.2820	0.4351	0.5562	0.6028
0.90	θ_x		0.3859	0.5323	0.6268	0.6594
	θ_y		0.2898	0.4497	0.5748	0.6160
1.00	θ_x		0.3818	0.5263	0.6195	0.6517
	θ_y		0.2898	0.4497	0.5748	0.6160

$k=2.0$　$\alpha=1.5$　$\beta=0.5$

ξ	η	0.10	0.20	0.30	0.40	0.50
0.70	θ_x			0.4965	0.6856	0.8108	0.8536
	θ_y			0.3349	0.5116	0.6218	0.6580
0.80	θ_x			0.4862	0.6590	0.7925	0.8165
	θ_y			0.3597	0.5404	0.6564	0.6939
0.90	θ_x			0.4647	0.6405	0.7537	0.7928
	θ_y			0.3678	0.5573	0.6761	0.7154
1.00	θ_x			0.4597	0.6333	0.7450	0.7836
	θ_y			0.3678	0.5573	0.6761	0.7154

$k=2.0$　$\alpha=1.5$　$\beta=0.6$

ξ	η	0.10	0.20	0.30	0.40	0.50
0.70	θ_x			0.7871	0.9242	0.9722
	θ_y			0.5914	0.6958	0.7300
0.80	θ_x			0.7543	0.9056	0.9334
	θ_y			0.6244	0.7365	0.7711
0.90	θ_x			0.7330	0.8620	0.9065
	θ_y			0.6440	0.7578	0.7952
1.00	θ_x			0.7247	0.8521	0.8961
	θ_y			0.6440	0.7578	0.7952

$k=2.0$　$\alpha=1.5$　$\beta=0.7$

ξ	η	0.10	0.20	0.30	0.40	0.50
0.70	θ_x				0.8653	1.0167	1.0688
	θ_y				0.6526	0.7522	0.7848
0.80	θ_x				0.8311	0.9962	1.0271
	θ_y				0.6890	0.7967	0.8297
0.90	θ_x				0.8074	0.9490	0.9978
	θ_y				0.7106	0.8203	0.8563
1.00	θ_x				0.7982	0.9383	0.9865
	θ_y				0.7106	0.8203	0.8563

$k=2.0$　$\alpha=1.5$　$\beta=0.8$

ξ	η	0.10	0.20	0.30	0.40	0.50
0.70	θ_x				1.0843	1.1392
	θ_y				0.7922	0.8237
0.80	θ_x				1.0624	1.1162
	θ_y				0.8381	0.8702
0.90	θ_x				1.0127	1.0645
	θ_y				0.8644	0.8995
1.00	θ_x				1.0013	1.0526
	θ_y				0.8644	0.8995

$k=2.0$　$\alpha=1.5$　$\beta=0.9$

ξ	η	0.10	0.20	0.30	0.40	0.50
0.70	θ_x				1.1254	1.1820
	θ_y				0.8157	0.8465
0.80	θ_x				1.1027	1.1372
	θ_y				0.8623	0.8960
0.90	θ_x				1.0515	1.1052
	θ_y				0.8907	0.9251
1.00	θ_x				1.0397	1.0929
	θ_y				0.8907	0.9251

$k=2.0$　$\alpha=1.5$　$\beta=1.0$

ξ	η	0.10	0.20	0.30	0.40	0.50
0.70	θ_x					1.1964
	θ_y					0.8543
0.80	θ_x					1.1512
	θ_y					0.9039
0.90	θ_x					1.1189
	θ_y					0.9336
1.00	θ_x					1.1065
	θ_y					0.9336

$k=2.0$　$\alpha=1.6$　$\beta=0.1$

ξ	η	0.10	0.20	0.30	0.40	0.50
0.80	θ_x	0.0539	0.1035	0.1423	0.1693	0.1768
	θ_y	0.0341	0.0676	0.1087	0.1571	0.1883
0.90	θ_x	0.0522	0.0986	0.1371	0.1585	0.1702
	θ_y	0.0354	0.0704	0.1123	0.1612	0.1929
1.00	θ_x	0.0515	0.0968	0.1354	0.1545	0.1674
	θ_y	0.0354	0.0704	0.1123	0.1612	0.1929

$k=2.0$　$\alpha=1.6$　$\beta=0.2$

ξ	η	0.10	0.20	0.30	0.40	0.50
0.80	θ_x	0.1066	0.2046	0.2811	0.3342	0.3491
	θ_y	0.0684	0.1377	0.2185	0.3077	0.3518
0.90	θ_x	0.1031	0.1948	0.2708	0.3132	0.3360
	θ_y	0.0712	0.1431	0.2258	0.3159	0.3608
1.00	θ_x	0.1018	0.1910	0.2673	0.3052	0.3308
	θ_y	0.0712	0.1431	0.2258	0.3159	0.3608

$k=2.0 \quad \alpha=1.6 \quad \beta=0.3$

ξ	η	0.10	0.20	0.30	0.40	0.50
0.80	θ_x	0.1568	0.3009	0.4131	0.4908	0.5126
	θ_y	0.1037	0.2117	0.3305	0.4463	0.4922
0.90	θ_x	0.1516	0.2859	0.3984	0.4602	0.4942
	θ_y	0.1076	0.2196	0.3410	0.4583	0.5055
1.00	θ_x	0.1497	0.2802	0.3925	0.4487	0.4851
	θ_y	0.1076	0.2196	0.3410	0.4583	0.5055

$k=2.0 \quad \alpha=1.6 \quad \beta=0.4$

ξ	η	0.10	0.20	0.30	0.40	0.50
0.80	θ_x		0.3902	0.5388	0.6351	0.6685
	θ_y		0.2895	0.4454	0.5683	0.6155
0.90	θ_x		0.3698	0.5079	0.5961	0.6264
	θ_y		0.2996	0.4590	0.5840	0.6318
1.00	θ_x		0.3621	0.4962	0.5814	0.6105
	θ_y		0.2996	0.4590	0.5840	0.6318

$k=2.0 \quad \alpha=1.6 \quad \beta=0.5$

ξ	η	0.10	0.20	0.30	0.40	0.50
0.80	θ_x		0.4702	0.6438	0.7636	0.7972
	θ_y		0.3688	0.5529	0.6710	0.7095
0.90	θ_x		0.4444	0.6211	0.7174	0.7686
	θ_y		0.3808	0.5694	0.6899	0.7301
1.00	θ_x		0.4347	0.6110	0.7000	0.7557
	θ_y		0.3808	0.5694	0.6899	0.7301

$k=2.0 \quad \alpha=1.6 \quad \beta=0.6$

ξ	η	0.10	0.20	0.30	0.40	0.50
0.80	θ_x			0.7368	0.8731	0.9113
	θ_y			0.6387	0.7532	0.7889
0.90	θ_x			0.7108	0.8211	0.8788
	θ_y			0.6577	0.7749	0.8123
1.00	θ_x			0.6991	0.8015	0.8645
	θ_y			0.6577	0.7749	0.8123

$k=2.0 \quad \alpha=1.6 \quad \beta=0.7$

ξ	η	0.10	0.20	0.30	0.40	0.50
0.80	θ_x			0.8117	0.9610	1.0030
	θ_y			0.7048	0.8151	0.8492
0.90	θ_x			0.7829	0.9047	0.9674
	θ_y			0.7257	0.8392	0.8749
1.00	θ_x			0.7701	0.8834	0.9520
	θ_y			0.7257	0.8392	0.8749

$k=2.0 \quad \alpha=1.6 \quad \beta=0.8$

ξ	η	0.10	0.20	0.30	0.40	0.50
0.80	θ_x				1.0253	1.0777
	θ_y				0.8578	0.8909
0.90	θ_x				0.9659	1.0159
	θ_y				0.8836	0.9180
1.00	θ_x				0.9434	0.9925
	θ_y				0.8836	0.9180

$k=2.0 \quad \alpha=1.6 \quad \beta=0.9$

ξ	η	0.10	0.20	0.30	0.40	0.50
0.80	θ_x				1.0645	1.1108
	θ_y				0.8827	0.9175
0.90	θ_x				1.0033	1.0717
	θ_y				0.9095	0.9459
1.00	θ_x				0.9802	1.0550
	θ_y				0.9095	0.9459

$k=2.0 \quad \alpha=1.6 \quad \beta=1.0$

ξ	η	0.10	0.20	0.30	0.40	0.50
0.80	θ_x					1.1245
	θ_y					0.9257
0.90	θ_x					1.0850
	θ_y					0.9544
1.00	θ_x					1.0682
	θ_y					0.9544

$k=2.0 \quad \alpha=1.7 \quad \beta=0.1$

ξ	η	0.10	0.20	0.30	0.40	0.50
0.80	θ_x	0.0529	0.1008	0.1394	0.1632	0.1727
	θ_y	0.0348	0.0692	0.1108	0.1595	0.1910
0.90	θ_x	0.0509	0.0969	0.1336	0.1572	0.1655
	θ_y	0.0361	0.0739	0.1143	0.1588	0.1953
1.00	θ_x	0.0501	0.0955	0.1316	0.1550	0.1628
	θ_y	0.0361	0.0739	0.1143	0.1588	0.1953

$k=2.0 \quad \alpha=1.7 \quad \beta=0.2$

ξ	η	0.10	0.20	0.30	0.40	0.50
0.80	θ_x	0.1046	0.1991	0.2753	0.3224	0.3412
	θ_y	0.0701	0.1408	0.2228	0.3125	0.3571
0.90	θ_x	0.1005	0.1914	0.2639	0.3107	0.3268
	θ_y	0.0727	0.1482	0.2298	0.3190	0.3659
1.00	θ_x	0.0991	0.1887	0.2599	0.3058	0.3217
	θ_y	0.0727	0.1482	0.2298	0.3190	0.3659

$k=2.0 \quad \alpha=1.7 \quad \beta=0.3$

ξ	η	0.10	0.20	0.30	0.40	0.50
0.80	θ_x	0.1538	0.2925	0.4049	0.4737	0.5027
	θ_y	0.1060	0.2163	0.3366	0.4534	0.5000
0.90	θ_x	0.1478	0.2813	0.3878	0.4564	0.4801
	θ_y	0.1098	0.2245	0.3469	0.4685	0.5131
1.00	θ_x	0.1456	0.2772	0.3819	0.4493	0.4726
	θ_y	0.1098	0.2245	0.3469	0.4685	0.5131

$k=2.0 \quad \alpha=1.7 \quad \beta=0.4$

ξ	η	0.10	0.20	0.30	0.40	0.50
0.80	θ_x		0.3788	0.5216	0.6133	0.6449
	θ_y		0.2954	0.4534	0.5775	0.6251
0.90	θ_x		0.3645	0.5021	0.5908	0.6214
	θ_y		0.3025	0.4673	0.5956	0.6380
1.00	θ_x		0.3589	0.4949	0.5816	0.6116
	θ_y		0.3025	0.4673	0.5956	0.6380

$k=2.0$　　$\alpha=1.7$　　$\beta=0.5$

ξ	η	0.10	0.20	0.30	0.40	0.50
0.80	θ_x		0.4558	0.6314	0.7377	0.7815
	θ_y		0.3758	0.5626	0.6821	0.7215
0.90	θ_x		0.4387	0.6043	0.7107	0.7466
	θ_y		0.3831	0.5785	0.7012	0.7418
1.00	θ_x		0.4320	0.5948	0.6996	0.7357
	θ_y		0.3831	0.5785	0.7012	0.7418

$k=2.0$　　$\alpha=1.7$　　$\beta=0.6$

ξ	η	0.10	0.20	0.30	0.40	0.50
0.80	θ_x			0.7226	0.8440	0.8935
	θ_y			0.6498	0.7659	0.8026
0.90	θ_x			0.6914	0.8121	0.8540
	θ_y			0.6683	0.7863	0.8253
1.00	θ_x			0.6806	0.8011	0.8423
	θ_y			0.6683	0.7863	0.8253

$k=2.0$　　$\alpha=1.7$　　$\beta=0.7$

ξ	η	0.10	0.20	0.30	0.40	0.50
0.80	θ_x			0.7959	0.9295	0.9834
	θ_y			0.7170	0.8292	0.8643
0.90	θ_x			0.7607	0.8943	0.9404
	θ_y			0.7374	0.8517	0.8893
1.00	θ_x			0.7505	0.8821	0.9274
	θ_y			0.7374	0.8517	0.8893

$k=2.0$　　$\alpha=1.7$　　$\beta=0.8$

ξ	η	0.10	0.20	0.30	0.40	0.50
0.80	θ_x				0.9921	1.0431
	θ_y				0.8729	0.9068
0.90	θ_x				0.9545	1.0043
	θ_y				0.8980	0.9346
1.00	θ_x				0.9414	0.9897
	θ_y				0.8980	0.9346

$k=2.0$　　$\alpha=1.7$　　$\beta=0.9$

ξ	η	0.10	0.20	0.30	0.40	0.50
0.80	θ_x				1.0303	1.0892
	θ_y				0.8984	0.9341
0.90	θ_x				0.9912	1.0428
	θ_y				0.9255	0.9617
1.00	θ_x				0.9776	1.0270
	θ_y				0.9255	0.9617

$k=2.0$　　$\alpha=1.7$　　$\beta=1.0$

ξ	η	0.10	0.20	0.30	0.40	0.50
0.80	θ_x					1.1027
	θ_y					0.9424
0.90	θ_x					1.0558
	θ_y					0.9705
1.00	θ_x					1.0397
	θ_y					0.9705

$k=2.0$　　$\alpha=1.8$　　$\beta=0.1$

ξ	η	0.10	0.20	0.30	0.40	0.50
0.90	θ_x	0.0499	0.0950	0.1310	0.1542	0.1621
	θ_y	0.0367	0.0749	0.1157	0.1605	0.1971
1.00	θ_x	0.0491	0.0935	0.1289	0.1516	0.1594
	θ_y	0.0367	0.0749	0.1157	0.1605	0.1971

$k=2.0$　　$\alpha=1.8$　　$\beta=0.2$

ξ	η	0.10	0.20	0.30	0.40	0.50
0.90	θ_x	0.0986	0.1877	0.2588	0.3041	0.3202
	θ_y	0.0738	0.1502	0.2326	0.3222	0.3695
1.00	θ_x	0.0971	0.1848	0.2545	0.2994	0.3149
	θ_y	0.0738	0.1502	0.2326	0.3222	0.3695

$k=2.0$　　$\alpha=1.8$　　$\beta=0.3$

ξ	η	0.10	0.20	0.30	0.40	0.50
0.90	θ_x	0.1450	0.2760	0.3801	0.4472	0.4704
	θ_y	0.1114	0.2275	0.3511	0.4735	0.5182
1.00	θ_x	0.1426	0.2716	0.3741	0.4399	0.4626
	θ_y	0.1114	0.2275	0.3511	0.4735	0.5182

$k=2.0$　　$\alpha=1.8$　　$\beta=0.4$

ξ	η	0.10	0.20	0.30	0.40	0.50
0.90	θ_x		0.3573	0.4924	0.5783	0.6082
	θ_y		0.3064	0.4728	0.6024	0.6444
1.00	θ_x		0.3517	0.4843	0.5695	0.5989
	θ_y		0.3064	0.4728	0.6024	0.6444

$k=2.0$　　$\alpha=1.8$　　$\beta=0.5$

ξ	η	0.10	0.20	0.30	0.40	0.50
0.90	θ_x		0.4300	0.5916	0.6957	0.7316
	θ_y		0.3878	0.5847	0.7085	0.7504
1.00	θ_x		0.4232	0.5825	0.6852	0.7205
	θ_y		0.3878	0.5847	0.7085	0.7504

$k=2.0$　　$\alpha=1.8$　　$\beta=0.6$

ξ	η	0.10	0.20	0.30	0.40	0.50
0.90	θ_x			0.6769	0.7959	0.8369
	θ_y			0.6760	0.7951	0.8345
1.00	θ_x			0.6665	0.7838	0.8242
	θ_y			0.6760	0.7951	0.8345

$k=2.0$　　$\alpha=1.8$　　$\beta=0.7$

ξ	η	0.10	0.20	0.30	0.40	0.50
0.90	θ_x			0.7456	0.8765	0.9216
	θ_y			0.7455	0.8617	0.8992
1.00	θ_x			0.7343	0.8631	0.9075
	θ_y			0.7455	0.8617	0.8992

$k=2.0$　　$\alpha=1.8$　　$\beta=0.8$

ξ	η	0.10	0.20	0.30	0.40	0.50
0.90	θ_x				0.9363	0.9847
	θ_y				0.9083	0.9455
1.00	θ_x				0.9212	0.9686
	θ_y				0.9083	0.9455

$k=2.0$ $\alpha=1.8$ $\beta=0.9$

ξ	η	0.10	0.20	0.30	0.40	0.50
0.90	θ_x				0.9715	1.0220
	θ_y				0.9361	0.9729
1.00	θ_x				0.9567	1.0058
	θ_y				0.9361	0.9729

$k=2.0$ $\alpha=1.8$ $\beta=1.0$

ξ	η	0.10	0.20	0.30	0.40	0.50
0.90	θ_x					1.0352
	θ_y					0.9821
1.00	θ_x					1.0183
	θ_y					0.9821

$k=2.0$ $\alpha=1.9$ $\beta=0.1$

ξ	η	0.10	0.20	0.30	0.40	0.50
0.90	θ_x	0.0493	0.0939	0.1294	0.1522	0.1601
	θ_y	0.0371	0.0756	0.1166	0.1616	0.1982
1.00	θ_x	0.0485	0.0923	0.1272	0.1496	0.1574
	θ_y	0.0371	0.0756	0.1166	0.1616	0.1982

$k=2.0$ $\alpha=1.9$ $\beta=0.2$

ξ	η	0.10	0.20	0.30	0.40	0.50
0.90	θ_x	0.0975	0.1855	0.2556	0.3007	0.3162
	θ_y	0.0744	0.1515	0.2344	0.3243	0.3713
1.00	θ_x	0.0958	0.1824	0.2512	0.2955	0.3108
	θ_y	0.0744	0.1515	0.2344	0.3243	0.3713

$k=2.0$ $\alpha=1.9$ $\beta=0.3$

ξ	η	0.10	0.20	0.30	0.40	0.50
0.90	θ_x	0.1432	0.2725	0.3754	0.4417	0.4646
	θ_y	0.1124	0.2293	0.3536	0.4766	0.5216
1.00	θ_x	0.1408	0.2680	0.3692	0.4341	0.4566
	θ_y	0.1124	0.2293	0.3536	0.4766	0.5216

$k=2.0$ $\alpha=1.9$ $\beta=0.4$

ξ	η	0.10	0.20	0.30	0.40	0.50
0.90	θ_x		0.3531	0.4862	0.5718	0.6014
	θ_y		0.3085	0.4760	0.6057	0.6487
1.00	θ_x		0.3470	0.4779	0.5620	0.5910
	θ_y		0.3085	0.4760	0.6057	0.6487

$k=2.0$ $\alpha=1.9$ $\beta=0.5$

ξ	η	0.10	0.20	0.30	0.40	0.50
0.90	θ_x		0.4248	0.5849	0.6878	0.7233
	θ_y		0.3906	0.5891	0.7136	0.7548
1.00	θ_x		0.4177	0.5749	0.6760	0.7109
	θ_y		0.3906	0.5891	0.7136	0.7548

$k=2.0$ $\alpha=1.9$ $\beta=0.6$

ξ	η	0.10	0.20	0.30	0.40	0.50
0.90	θ_x			0.6693	0.7869	0.8274
	θ_y			0.6800	0.8003	0.8400
1.00	θ_x			0.6578	0.7734	0.8132
	θ_y			0.6800	0.8003	0.8400

$k=2.0$ $\alpha=1.9$ $\beta=0.7$

ξ	η	0.10	0.20	0.30	0.40	0.50
0.90	θ_x			0.7372	0.8665	0.9111
	θ_y			0.7507	0.8673	0.9057
1.00	θ_x			0.7246	0.8517	0.8955
	θ_y			0.7507	0.8673	0.9057

$k=2.0$ $\alpha=1.9$ $\beta=0.8$

ξ	η	0.10	0.20	0.30	0.40	0.50
0.90	θ_x				0.9249	0.9724
	θ_y				0.9144	0.9519
1.00	θ_x				0.9091	0.9558
	θ_y				0.9144	0.9519

$k=2.0$ $\alpha=1.9$ $\beta=0.9$

ξ	η	0.10	0.20	0.30	0.40	0.50
0.90	θ_x				0.9604	1.0098
	θ_y				0.9427	0.9797
1.00	θ_x				0.9440	0.9926
	θ_y				0.9427	0.9797

$k=2.0$ $\alpha=1.9$ $\beta=1.0$

ξ	η	0.10	0.20	0.30	0.40	0.50
0.90	θ_x					1.0223
	θ_y					0.9888
1.00	θ_x					1.0049
	θ_y					0.9888

$k=2.0$ $\alpha=2.0$ $\beta=0.1$

ξ	η	0.10	0.20	0.30	0.40	0.50
1.00	θ_x	0.0483	0.0919	0.1266	0.1490	0.1567
	θ_y	0.0375	0.0766	0.1180	0.1633	0.1999

$k=2.0$ $\alpha=2.0$ $\beta=0.2$

ξ	η	0.10	0.20	0.30	0.40	0.50
1.00	θ_x	0.0954	0.1816	0.2502	0.2943	0.3093
	θ_y	0.0755	0.1535	0.2371	0.3277	0.3751

$k=2.0$ $\alpha=2.0$ $\beta=0.3$

ξ	η	0.10	0.20	0.30	0.40	0.50
1.00	θ_x	0.1402	0.2668	0.3676	0.4324	0.4547
	θ_y	0.1139	0.2321	0.3578	0.4813	0.5265

$k=2.0$ $\alpha=2.0$ $\beta=0.4$

ξ	η	0.10	0.20	0.30	0.40	0.50
1.00	θ_x		0.3454	0.4760	0.5593	0.5886
	θ_y		0.3126	0.4813	0.6121	0.6554

$k=2.0$ $\alpha=2.0$ $\beta=0.5$

ξ	η	0.10	0.20	0.30	0.40	0.50
1.00	θ_x		0.4156	0.5726	0.6733	0.7074
	θ_y		0.3953	0.5953	0.7211	0.7627

$k=2.0$ $\alpha=2.0$ $\beta=0.6$

ξ	η	0.10	0.20	0.30	0.40	0.50
1.00	θ_x			0.6552	0.7696	0.8093
	θ_y			0.6875	0.8090	0.8491

$k=2.0 \quad \alpha=2.0 \quad \beta=0.7$

ξ	η	0.10	0.20	0.30	0.40	0.50
1.00	θ_x			0.7210	0.8483	0.8919
	θ_y			0.7586	0.8767	0.9156

$k=2.0 \quad \alpha=2.0 \quad \beta=0.8$

ξ	η	0.10	0.20	0.30	0.40	0.50
1.00	θ_x				0.9054	0.9519
	θ_y				0.9246	0.9626

$k=2.0 \quad \alpha=2.0 \quad \beta=0.9$

ξ	η	0.10	0.20	0.30	0.40	0.50
1.00	θ_x				0.9402	0.9885
	θ_y				0.9531	0.9907

$k=2.0 \quad \alpha=2.0 \quad \beta=1.0$

ξ	η	0.10	0.20	0.30	0.40	0.50
1.00	θ_x					1.0000
	θ_y					1.0000

附录五 国内部分起重机产品的技术资料

目前国内起重机产品多由国内各起重设备机械公司（重工集团）生产，其技术资料多自行确定，且可根据用户需求条件非标准订货生产。本附录收集了部分国内知名公司的起重机产品的技术资料供设计者选用参考。其中多数产品与以往同类型产品相比较具有可降低起重机总质量及总高度、减小起重机最大轮压标准值等优点。

一、电动单梁悬挂起重机

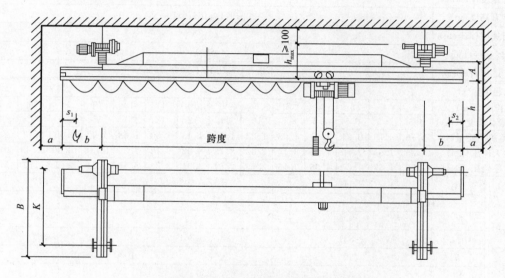

附图 5-1 电动单梁悬挂起重机

1. 天津起重设备有限公司的 LX 型电动单梁悬挂起重机（附图 5-1）技术资料见附表 5-1。

2. 天津起重设备有限公司的 BX 型防爆电动单梁悬挂起重机（附图 5-1）技术资料见附表 5-2。

天津起重设备有限公司的 LX 型电动单梁悬挂起重机技术资料　　附表 5-1

起重量(t)	0.5												
跨度 S(m)	3	4	5	6	7	8	9	10	11	12	13	14	15	16
主梁总长度 l(m)	4.5	5.5	6.5	7.5	8.5	10	11	12	13	14	15	16	17	18
起重机总质量(t)	0.67	0.70	0.82	0.87	0.92	1.14	1.21	1.28	1.47	1.54	1.71	1.79	1.87	1.95
最大轮压(kN)	4.61	4.81	4.90	5.00	5.10	5.69	5.88	5.98	6.37	6.57	6.96	7.16	7.35	7.55
量小轮压(kN)	1.37	1.57	1.67	1.77	1.86	2.45	2.65	2.75	3.14	3.33	3.73	3.92	4.12	4.31

续表

起重量(t)		0.5													
基本尺寸(mm)	A	~512				~562						~592			
	H	550													
	H_0	220		273				328				362			
	h_{max}	~781				~831						~861			
	b	750				1000									
	S_1	234													
	S_2	153.5													
	a	≥350													
	B	1500				2000						2500			
	K	1000				1500						2000			
工作级别		A3~A5													
起升速度(m/min)		8(CD);8/0.8(MD)													
起升高度(m)		6;9;12;18;24;30													
运行速度(m/min)		20;30													
车轮直径(mm)		φ130													
适用轨道		I20ₐ~I45_c(GB/T 706—1988)													

起重量(t)		1													
跨度 S(m)		3	4	5	6	7	8	9	10	11	12	13	14	15	16
主梁总长度 l(m)		4.5	5.5	6.5	7.5	8.5	10	11	12	13	14	15	16	17	18
起重机总质量(t)		0.76	0.79	0.94	1.01	1.08	1.28	1.36	1.43	1.50	1.58	1.97	2.05	2.13	2.21
最大轮压(kN)		7.35	7.55	7.75	7.94	8.14	8.53	8.73	8.92	9.12	9.32	10.10	10.30	10.49	10.69
量小轮压(kN)		1.57	1.67	1.77	1.96	2.16	2.65	2.84	3.04	3.24	3.43	4.41	4.61	4.81	5.00
基本尺寸(mm)	A	~562				~592						~612			
	H	660													
	H_0	250		328				362				600			
	h_{max}	~831				~861						~881			
	b	750				1000									
	S_1	256													
	S_2	154													
	a	≥350													
	B	1500				2000						2500			
	K	1000				1500						2000			
工作级别		A3~A5													
起升速度(m/min)		8(CD);8/0.8(MD)													
起升高度(m)		6;9;12;18;24;30													
运行速度(m/min)		20;30													
车轮直径(mm)		φ150													
适用轨道		I20ₐ~I45_c(GB/T 706—1988)													

起重量(t)	2													
跨度 S(m)	3	4	5	6	7	8	9	10	11	12	13	14	15	16
主梁总长度 l(m)	4	5	6	7	8	10	11	12	13	14	15	16	17	18
起重机总质量(t)	0.92	0.97	1.05	1.12	1.20	1.55	1.63	1.71	1.79	1.87	2.06	2.14	2.22	2.30
最大轮压(kN)	12.75	12.94	13.14	13.34	13.53	14.12	14.32	14.51	14.71	14.91	15.49	15.69	15.89	16.08
量小轮压(kN)	1.57	1.77	1.96	2.16	2.35	3.14	3.33	3.53	3.73	3.92	4.41	4.61	4.81	5.00

续表

起重量(t)		2													

基本尺寸(mm)	A	~ 592			~ 612											
	H	840														
	H_0	362			600											
	h_{max}	~ 861			~ 881											
	b	500			1000											
	S_1	277.5														
	S_2	152.5														
	a	$\geqslant 350$														
	B	1500			2000			2500								
	K	1000			1500			2000								

工作级别	A3~A5
起升速度(m/min)	8(CD);8/0.8(MD)
起升高度(m)	6;9;12;18;24;30
运行速度(m/min)	20;30
车轮直径(mm)	$\phi 150$
适用轨道	I20$_a$~I45$_c$(GB/T 706—1988)

起重量(t)	3													
跨度S(m)	3	4	5	6	7	8	9	10	11	12	13	14	15	16
主梁总长度l(m)	4.5	5.5	6.5	7.5	8.5	10	11	12	13	14	15	16	17	18
起重机总质量(t)	1.20	1.28	1.36	1.44	1.52	1.81	1.91	2.01	2.11	2.21	2.35	2.45	2.55	2.65
最大轮压(kN)	16.38	18.53	18.73	19.02	19.22	20.01	20.20	20.50	20.79	20.99	21.28	21.57	21.77	22.06
量小轮压(kN)	1.96	2.16	2.35	2.65	2.84	3.63	3.82	4.12	4.41	43.61	4.90	5.20	5.39	5.69

基本尺寸(mm)	A	~ 610			~ 590											
	H	930														
	H_0	395			630											
	h_{max}	~ 851			~ 831											
	b	750			1000											
	S_1	278.5														
	S_2	151														
	a	$\geqslant 350$														
	B	1500			2000			2500								
	K	1000			1500			2000								

工作级别	A3~A5
起升速度(m/min)	8(CD);8/0.8(MD)
起升高度(m)	6;9;12;18;24;30
运行速度(m/min)	20;30
车轮直径(mm)	$\phi 150$
适用轨道	I20$_a$~I45$_c$(GB/T 706—1988)

起重量(t)	5													
跨度S(m)	3	4	5	6	7	8	9	10	11	12	13	14	15	16
主梁总长度l(m)	4.5	5.5	6.5	7.5	8.5	10	11	12	13	14	15	16	17	18
起重机总质量(t)	1.44	1.52	1.60	1.68	1.76	2.08	2.18	2.28	2.38	2.48	2.62	2.72	2.82	2.92
最大轮压(kN)	28.64	29.13	29.52	29.71	29.91	30.89	31.09	31.38	31.68	31.87	32.75	33.05	33.34	33.64
量小轮压(kN)	1.96	2.16	2.35	2.65	2.84	3.73	3.92	4.22	4.51	4.71	5.59	5.88	6.18	6.47

续表

起重量(t)		5		
基本尺寸(mm)	A	~620	~600	
	H	1185		
	H_0	395	640	740
	h_{max}	~861	~841	
	b	750	1000	
	S_1	301.5		
	S_2	170		
	a	≥350		
	B	1500	2000	2500
	K	1000	1500	2000
工作级别		A3~A5		
起升速度(m/min)		8(CD);8/0.8(MD)		
起升高度(m)		6;9;12;18;24;30		
运行速度(m/min)		20;30		
车轮直径(mm)		ϕ150		
适用轨道		I20$_a$~I45$_c$(GB/T 706—1988)		

天津起重设备有限公司的 BX 型防爆单梁悬挂起重机技术参数　　　　附表 5-2

起重量(t)		0.5			1			2			3			5		
跨度(m)		3~7	8~12	13~16	3~7	8~12	13~16	3~7	8~12	13~16	3~7	8~12	13~16	3~7	8~12	13~16
工作级别		A3~A5			A3~A5			A3~A5			A3~A5			A3~A5		
防爆标志		dⅡBT4			dⅡBT4			dⅡBT4			dⅡBT4			dⅡBT4		
最大起升高度(m)		24			24			24			24			24		
电动葫芦型号		BH、BMH			BH、BMH			BH、BMH			BH、BMH			BH、BMH		
速度(m/min)	起升速度	1.17~8			1.17~8			1.17~8			1.17~8			1.17~8		
	电动葫芦运行	6~20			6~20			6~20			6~20			6~20		
	起重机运行	8~30			8~30			8~30			8~20			8~20		
主要尺寸(mm)	A	512	562	592	562	592	612	592	612		610	590		620	600	
	h	550			660			840			930			1185		
	h_0	200~273	328	362	250~328	362	600	362	600		395	630		395	640	740
	h_{max}	781	831	861	831	861	881	861	881		851	831		861	841	
	B	1500	2000	2500	1500	2000	2500	1500	2000	2500	1500	2000	2500	1500	2000	2500
	K	1000	1500	2000	1000	1500	2000	1000	1500	2000	1000	1500	2000	1000	1500	2000
	b	750	1000		750	1000		500	1000		750	1000		750	1000	
	a	≥350			≥350			≥350			≥350			≥350		
	S_1	234			256			277.5			278.5			301.5		
	S_2	153.5			154			152.5			151			170		
起重机总质量(t)		0.83~1.08	1.3~1.7	1.87~2.11	0.94~1.26	1.64~1.76	2.15~2.39	1.22~1.50	1.85~2.17	2.36~2.60	1.84~2.16	2.45~2.85	2.99~3.29	1.96~2.28	2.60~3.00	3.14~3.44
最大轮压(kN)		5.4~5.9	6.5~7.4	7.7~8.3	8.2~9.0	9.4~10.2	11.0~11.6	14.2~15.0	15.6~16.4	17.0~17.6	21.5~22.4	23.1~24.1	24.4~25.2	31.7~32.5	33.4~34.4	35.3~36.2
荐用轨道		工20$_a$~工32$_c$			工20$_a$~工32$_c$			工20$_a$~工32$_c$			工25$_a$~工45$_c$			工25$_a$~工45$_c$		

二、电动单梁起重机

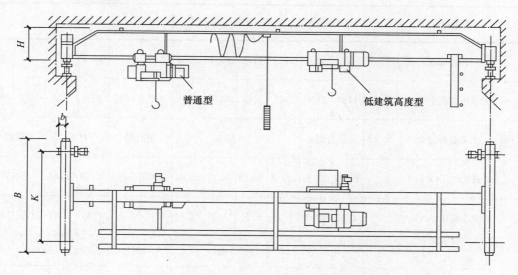

普通型

低建筑高度型

附图 5-2 LDT 或 LBT 型电动单梁起重机

（一）天津起重设备有限公司的 LDT 型电动单梁起重机（附图 5-2）技术资料见附表 5-3。

（二）天津起重设备有限公司的 LBT 型防爆电动单梁起重机（附图 5-2）技术资料见附表 5-4。

天津起重设备有限公司的 LDT 电动单梁起重机技术资料　　　　附表 5-3

起重量(t)		1						1.6				
跨度(m)		7.5	10.5	13.5	16.5	19.5	22.5	7.5	10.5	13.5	16.5	19.5	22.5
起重机总质量(kg)		1448	1730	2413	3282	3781	4235	1548	2140	2920	3382	3885	4845
主梁截面形式		组合型		H 形				组合型		H 形			
最大轮压(kN)		9.38	10.27	12.14	14.46	15.89	17.20	12.81	14.39	16.59	18.16	19.32	21.88
最小轮压(kN)		3.62	4.50	6.37	8.71	10.13	11.43	3.62	5.19	7.39	8.71	10.13	12.69
基本尺寸(mm)	H	467		490		587		467	490	587		467	490
	b	120						120					
	B	2600		3100		3600		2600		3100		3600	
	K	2000		2500		3000		2000		2500		3000	

续表

起重量(t)		2						3.2				
跨度(m)		7.5	10.5	13.5	16.5	19.5	22.5	7.5	10.5	13.5	16.5	19.5	22.5
起重机总质量(kg)		1735	2430	2929	3381	4324	4845	1923	2600	3099	3925	5840	6600
主梁截面形式		组合型		H形				组合型		H形		箱形	
最大轮压(kN)		15.27	17.13	18.55	19.86	22.37	23.84	22.00	23.85	25.27	27.49	31.09	32.95
最小轮压(kN)		4.12	5.97	7.39	8.71	11.21	12.69	4.12	5.97	7.39	9.62	13.34	15.20
基本尺寸(mm)	H	490		587		687		490		587		687	740
	b			120						120			
	B	2600		3100		3600		2600		3100		3600	
	K	2000		2500		3000		2000		2500		3000	

起重量(t)		4						5				
跨度(m)		7.5	10.5	13.5	16.5	19.5	22.5	7.5	10.5	13.5	16.5	19.5	22.5
起重机总质量(kg)		2091	2545	3348	3870	5840	6600	2583	3105	4733	5530	6150	7140
主梁截面形式		H形		箱形				箱形					
最大轮压(kN)		26.21	27.50	29.67	31.15	35.01	36.87	33.10	34.57	38.05	40.11	41.48	43.93
最小轮压(kN)		4.67	5.97	8.14	9.62	13.34	15.20	5.07	6.55	9.81	11.77	13.24	15.69
基本尺寸(mm)	H	587		687		740		687	640	740		790	840
	b			120						120			
	B	2600		3100		3600		2600		3100		3600	
	K	2000		2500		3000		2000		2500		3000	

续表

起重量(t)		6.3						8					
跨度(m)		7.5	10.5	13.5	16.5	19.5	22.5	7.5	10.5	13.5	16.5	19.5	22.5
起重机总质量(kg)		3470	4080	4900	5560	6480	7300	3790	4470	5200	6430	7670	8770
主梁截面形式		箱　形						箱　形					
最大轮压(kN)		41.29	42.76	44.82	46.39	48.64	50.70	50.80	52.56	54.33	57.37	60.41	63.06
最小轮压(kN)		6.67	8.14	10.20	11.77	14.02	16.08	7.06	8.73	10.49	13.53	16.57	19.22
基本尺寸(mm)	H	640		740	790	840	890	650			750	850	950
	b	120						120					
	B	2600		3100		3600		2600		3100		3600	
	K	2000		2500		3000		2000		2500		3000	

起重量(t)		10					
跨度(m)		7.5	10.5	13.5	16.5	19.5	22.5
起重机总质量(kg)		3790	4470	5630	6950	7770	9020
主梁截面形式		箱　形					
最大轮压(kN)		60.70	62.17	65.21	68.35	70.41	73.45
最小轮压(kN)		7.06	8.73	11.57	14.71	16.77	19.81
基本尺寸(mm)	H	650		750	850	950	1050
	b	120					
	B	2600		3100		3600	
	K	2000		2500		3000	

天津起重设备有限公司的 LBT 型防爆电动单梁起重机技术资料　　附表 5-4

起重量(t)	1						1.6						2		
跨度(m)	8	11	14	17	19.5	22.5	8	11	14	17	19.5	22.5	8	11	14
工作级别	A5						A5						A5		
起重机总质量(kg)	1596	1878	2573	3457	3800	4335	1696	2270	3105	3560	3985	4945	1835	2605	3105
最大轮压(kN)	10.00	10.89	12.85	15.21	16.38	17.75	13.44	15.05	17.31	18.63	19.81	22.36	15.94	17.85	19.27
最小轮压(kN)	3.78	4.66	6.57	8.92	10.10	11.47	3.78	5.39	7.65	8.92	10.15	12.75	4.31	6.18	7.65
基本尺寸(mm) H	467	491	587	587	587	587	467	491	587	587	587	687	491	587	587
基本尺寸(mm) b	130	130	130	130	130	130	130	130	130	130	130	130	130	130	130
基本尺寸(mm) B	2600	2600	3100	3100	3600	3600	2600	2600	3100	3100	3600	3600	2600	2600	3100
基本尺寸(mm) K	2000	2000	2300	2300	3000	3000	2000	2000	2500	2500	3000	3000	2000	2000	2500

起重量(t)	2			3.2						4					
跨度(m)	17	19.5	22.5	8	11	14	17	19.5	22.5	8	11	14	17	19.5	22.5
工作级别	A5			A5						A5					
起重机总质量(kg)	2100	2330	2480	2310	2505	2649	2880	3220	3410	2750	2880	3100	3250	3620	3810
最大轮压(kN)	20.59	22.85	24.32	22.65	24.57	25.98	28.24	31.58	33.44	26.97	28.24	30.40	31.87	35.50	37.36
最小轮压(kN)	8.92	11.18	12.75	4.31	6.18	7.65	9.86	13.34	15.20	4.9	6.18	8.38	9.90	13.34	15.20
基本尺寸(mm) H	587	687	687	491	587	587	587	687	687	491	587	587	687	687	741
基本尺寸(mm) b	130	130	130	130	130	130	130	130	130	130	130	130	130	130	130
基本尺寸(mm) B	3100	3600	3600	2600	2600	3100	3100	3600	3600	2600	2600	3100	3100	3600	3600
基本尺寸(mm) K	2500	3000	3000	2000	2000	2500	2500	3000	3000	2000	2000	2500	2500	3000	3000

续表

起重量(t)		5						6.3				
跨度(m)		8	11	14	17	19.5	22.5	8	11	14	17	19.5	22.5
工作级别		A5						A5				
起重机总质量(kg)		2770	3295	4930	5730	6250	7240	3970	4480	5500	5960	6780	7600
最大轮压(kN)		33.83	35.30	40.70	41.97	42.95	44.42	44.62	46.58	47.17	50.11	52.17	
最小轮压(kN)		5.30	6.82	10.00	11.96	13.24	15.69	6.86	8.43	10.40	12.06	14.02	16.08
基本尺寸(mm)	H	687		641	741	791	841	641		741	791	841	891
	b	130						130					
	B	2600		3100		3600		2600		3100		3600	
	K	2000		2500		3000		2000		2500		3000	

起重量(t)		8						10				
跨度(m)		8	11	14	17	19.5	22.5	8	11	14	17	19.5	22.5
工作级别		A5						A5				
起重机总质量(kg)		4200	4880	5600	6860	7970	9070	4290	4880	6060	7390	8070	9320
最大轮压(kN)		52.66	54.33	56.09	59.13	61.88	64.53	62.47	63.25	66.88	70.22	71.88	74.92
最小轮压(kN)		7.35	9.02	10.79	13.83	16.57	19.22	7.35	9.02	11.77	15.10	16.77	19.81
基本尺寸(mm)	H	651		751	851	951		651		751	851	951	1051
	b	130						130					
	B	2600		3100		3600		2600		3100		3600	
	K	2000		2500		3000		2000		2500		3000	

三、电动桥式起重机

（一）北京起重运输机械设计研究院 QDL 系列（5t～50/10t）

轻量化通用桥式起重机（四轮）技术资料（2015 年）见附图 5-3、附表 5-5❶。

---

❶　注：QDL 系列轻量化通用桥式起重机技术资料为"起重机减量化产业技术创新战略联盟"提出，北京起重机械设计研究院是该联盟牵头组织和盟主单位。

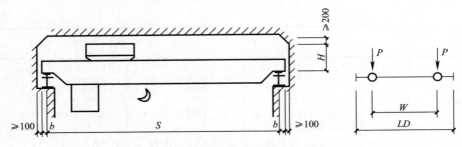

附图 5-3　北京 QDL 系列起重机（四轮）

四轮起重机技术资料　　　　　　　　　　　　　附表 5-5

起重量 $Q(t)$	工作级别	跨度 $S(m)$	起升高度（m）		运行速度（m/min）		基本尺寸（mm）				轨道型号	质量（t）		轮压（kN）	
			主钩	副钩	大车	小车	LD	W	H	b		小车质量	总质量	P_{max}	P_{min}
5	A3	10.5		—	44.53	24.13	5650	3000	1441	260	P38	1.261		9.1	60	12
		13.5					5600							10.3	64	14
		16.5							1541					11.6	68	17
		19.5	16				5800	3500	1591					13.6	73	21
		22.5					5850							15.5	78	25
		25.5			45.24		6550	5000	1687					18.7	84	30
		28.5					6500		1787					21.6	90	36
		31.5												23.7	96	42
	A4	10.5		—	83.13	24.13	5650	3000	1441	260	P38	1.261		9.1	60	12
		13.5					5600							10.3	64	14
		16.5							1541					11.7	68	17
		19.5	16		82.14		5800	3500	1591					13.6	73	21
		22.5					5850							15.5	78	25
		25.5			85.45		6550	5000	1687					18.7	84	30
		28.5					6500		1787					21.7	90	36
		31.5												23.8	96	42
	A5	10.5		—	82.14	33.68	5650	3000	1521	260	P38	1.361		9.2	60	11
		13.5					5600							10.5	64	14
		16.5							1621					11.8	68	17
		19.5	16				5800	3500	1671					13.7	73	20
		22.5					5850							15.6	78	25
		25.5			84.2		6550	5000	1767					18.9	84	29
		28.5					6500		1867					21.9	90	35
		31.5												23.9	96	41

起重量 Q(t)	工作级别	跨度 S(m)	起升高度 (m) 主钩	起升高度 (m) 副钩	运行速度 (m/min) 大车	运行速度 (m/min) 小车	基本尺寸 (mm) LD	基本尺寸 (mm) W	基本尺寸 (mm) H	基本尺寸 (mm) b	轨道型号	质量 (t) 小车质量	质量 (t) 总质量	轮压 (kN) P_{max}	轮压 (kN) P_{min}
5	A6	10.5		—	87.09	32.17	5650	3000	1521	260	P38		1.514	9.4	61	11
		13.5					5600		1621					10.7	66	14
		16.5												12	70	17
		19.5	16				5800	3500	1671					13.9	75	20
		22.5					5850							15.8	80	25
		25.5			84.2		6550	5000	1767					19.1	86	30
		28.5					6500		1867					22	92	30
		31.5												24.1	98	42
10	A3	10.5	16	—	38.59	24.13	5720	3000	1541	260	P38		1.514	10.1	84	16
		13.5												11.4	89	18
		16.5												12.8	94	20
		19.5			38.59		5900	3500	1591					14.8	99	24
		22.5												16.7	104	28
		25.5			40.21		6500	5000	1687					19.8	112	33
		28.5							1787					22.5	118	39
		31.5					6550							25.1	125	45
	A4	10.5	16	—	85.11	24.13	5720	3000	1541	260	P38		1.651	10.3	86	16
		13.5												11.7	91	18
		16.5												13.0	96	20
		19.5					5900	3500	1591					14.9	101	24
		22.5												16.9	106	28
		25.5			84.19		6500	5000	1687					20.1	114	33
		28.5							1787					22.7	120	39
		31.5					6550							25.3	127	45
	A5	10.5	16	—	85.11	32.17	5720	3000	1621	260	P38		2.152	10.8	88	16
		13.5												12.2	94	18
		16.5												13.6	99	21
		19.5					5900	3500	1671					15.5	104	24
		22.5												17.4	109	28
		25.5			84.2		6500	5000	1767					20.6	117	33
		28.5							1867					23.2	123	39
		31.5					6550							25.8	130	45
	A6	10.5	16	—	85.11	36.19	5720	3000	1621	260	P38		2.444	11.1	90	16
		13.5												12.5	95	18
		16.5												13.9	100	21
		19.5					5900	3500	1671					15.8	106	24
		22.5												17.7	110	28
		25.5			91.74		6500	5000	1767					20.9	118	34
		28.5							1867					23.6	124	40
		31.5					6550							26.2	130	46

起重量 Q(t)	工作级别	跨度 S(m)	起升高度 (m)		运行速度 (m/min)		基本尺寸 (mm)				轨道型号	质量 (t)		轮压 (kN)	
			主钩	副钩	大车	小车	LD	W	H	b		小车质量	总质量	P_{max}	P_{min}
16/3.2	A3	10.5	16	—	40.21	24.13	5900	3500	1815	260	P38	2.152	11.7	116	20
		13.5					5900	3500	1815				13.4	123	22
		16.5					5800	3500	1815				15.3	129	25
		19.5					6050	4000	1937				17.9	136	29
		22.5			40.84		6000	4000	1937				20.4	141	33
		25.5					6000	4000	1937				23.1	148	39
		28.5					6500	5000	2039				26.1	155	45
		31.5					6550	5000	2039				29.3	162	51
	A4	10.5	16	—	84.19	27.65	5000	3500	1815	260	P38	2.455	12.1	116	21
		13.5					5000	3500	1815				13.8	122	22
		16.5					5800	3500	1815				15.6	129	25
		19.5			87.96		6050	4000	1937				18.3	136	30
		22.5					6000	4000	1937				20.8	141	34
		25.5					6000	4000	1937				23.5	148	40
		28.5			84.82		6500	5000	2039				26.6	155	45
		31.5					6550	5000	2039				29.8	162	51
	A5	10.5	16	18	84.2	34.56	5900	3500	1905	260	P38	3.653	13.5	115	27
		13.5					5900	3500	1905				15.2	122	27
		16.5					5800	3500	1905				17	130	29
		19.5					6050	4000	2027				19.8	137	33
		22.5					6000	4000	2027				22.3	143	37
		25.5			84.82		6000	4000	2027				25.1	151	42
		28.5					6500	5000	2129				28	158	48
		31.5					6550	5000	2129				31.2	165	54
	A6	10.5	16	18	84.2	34.56	5900	3500	1905	260	P38	4.43	14.3	122	29
		13.5					5900	3500	1905				16	130	29
		16.5					5800	3500	1905				17.9	137	31
		19.5					6050	4000	2027				20.7	146	34
		22.5					6000	4000	2027				23.2	153	38
		25.5			84.82		6000	4000	2027				25.9	160	43
		28.5					6500	5000	2129				28.9	167	49
		31.5					6550	5000	2129				32.1	175	55
20/5	A3	10.5	16	18	40.21	25.13	6800	4500	1943	260	QU70	4.584	15.1	137	32
		13.5					6800	4500	1943				16.9	147	33
		16.5					6750	4500	1943				19.1	155	34
		19.5					6800	4500	2065				22.3	164	40
		22.5					6750	4500	2065				24.8	172	44
		25.5			39.27		6800	4500	2065				28.6	181	50
		28.5					7050	5000	2215				31.6	190	58
		31.5					7100	5000	2215				35	199	65

续表

起重量 Q(t)	工作级别	跨度 S(m)	起升高度 (m) 主钩	副钩	运行速度 (m/min) 大车	小车	基本尺寸 (mm) LD	W	H	b	轨道型号	质量 (t) 小车质量	总质量	轮压 (kN) P_{max}	P_{min}
20/5	A4	10.5	16	18	84.19	25.13	6800	4500	1943	260	QU70	4.584	15.2	137	32
		13.5											17	147	33
		16.5					6750		2065				19.2	155	34
		19.5					6800						22.4	164	40
		22.5			84.82		6750						24.9	172	44
		25.5					6800						28.7	181	50
		28.5					7050	5000	2267				31.7	190	58
		31.5					7100						35.1	199	65
	A5	10.5	16	18	84.2	34.56	6800	4500	1993	260	QU70	5.979	16.7	142	33
		13.5											18.4	152	33
		16.5					6750		2115				20.6	160	34
		19.5					6800						23.9	169	40
		22.5			84.82		6750						26.4	177	44
		25.5					6800						30.2	187	50
		28.5					7050	5000	2265				33.2	196	58
		31.5					7100						36.6	204	65
	A6	10.5	16	18	84.2	34.56	6800	4500	2029	260	QU70	6.996	17.7	147	34
		13.5											19.5	158	34
		16.5					6750		2151				21.7	166	35
		19.5					6800						25	175	40
		22.5			84.82		6750						27.4	182	44
		25.5					6800						31.2	191	50
		28.5					7050	5000	2301				34.2	200	58
		31.5					7100						37.6	208	63
25/5	A3	10.5	16	18	40.21	25.13	6800	4500	1943	260	QU70	4.584	15.5	159	35
		13.5					6850						17.4	170	38
		16.5					6750		2465				19.5	179	39
		19.5					6800						22.9	191	45
		22.5					6850						25.5	200	50
		25.5			39.27		6750						28.6	208	56
		28.5					7000	5000	2215				31.8	218	64
		31.5					7050						35	229	73
	A4	10.5	16	18	75.40	25.13	6800	4500	1993	260	QU70	5.979	17.2	164	38
		13.5					6850						19	175	38
		16.5					6750		2215				22.1	185	40
		19.5					6800						24.5	196	45
		22.5					6850						27.1	205	50
		25.5			84.82		6750						30.2	214	56
		28.5					7000	5000	2265				33.4	224	64
		31.5					7050						36.6	235	73

续表

起重量 Q(t)	工作级别	跨度 S(m)	起升高度(m) 主钩	副钩	运行速度(m/min) 大车	小车	基本尺寸(mm) LD	W	H	b	轨道型号	质量(t) 小车质量	总质量	轮压(kN) P_{max}	P_{min}
25/5	A5	10.5			74.4		6800		2029				18.2	168	38
		13.5					6850						20.1	179	38
		16.5					6750	4500					22.2	189	40
		19.5	16	18		36.62	6800		2151	260	QU70	6.996	25.5	200	45
		22.5					6850						28.1	210	50
		25.5			84.82		6750						31.2	218	56
		28.5					7000	5000	2301				34.5	228	64
		31.5					7050						37.7	240	73
	A6	10.5			84.82		6800		2313				20.3	170	39
		13.5					6850						22.1	182	39
		16.5					6750	4500					24.3	192	41
		19.5	16	18		31.67	6800		2413	260	QU100	7.34	26.9	202	46
		22.5					6850						29.5	211	50
		25.5			91.11		6750						32.6	221	57
		28.5					7000	5000	2415				35.9	232	66
		31.5					7050						39.1	241	73
32/8	A3	10.5			40.21		6700		2029				17.1	193	44
		13.5											19.1	206	42
		16.5					6750	4500					21.1	216	44
		19.5	16	18		25.13	6700		2151	260	QU70	5.979	24.8	228	49
		22.5											27.4	239	54
		25.5			39.27		6750		2215				30.4	247	60
		28.5					7050	5000	2267				38	256	66
		31.5					7100						41.9	268	75
	A4	10.5			67.86		6750		2029				18.3	196	41
		13.5					6800						20.3	209	44
		16.5					6850	4500					22.3	219	44
		19.5	16	18		28.70	6800		2151	260	QU100	6.996	26.1	232	49
		22.5					6850						28.7	242	55
		25.5			65.97		6750		2251				31.7	251	60
		28.5					7050	5000	2303				39.3	260	66
		31.5					7100						43.2	271	75
	A5	10.5			67.86		6700		2091				18.7	197	44
		13.5											20.7	210	43
		16.5					6750	4500					22.7	221	44
		19.5	16	18		31.67	6700		2213	260	QU70	7.34	26.4	233	49
		22.5											29	244	55
		25.5			65.97		6750		2313				32	252	60
		28.5					7050	5000	2365				39.6	261	65
		31.5					7100						43.5	271	75

续表

起重量 Q(t)	工作级别	跨度 S(m)	起升高度 (m)		运行速度 (m/min)		基本尺寸 (mm)				轨道型号	质量 (t)		轮压 (kN)	
			主钩	副钩	大车	小车	LD	W	H	b		小车质量	总质量	P_{max}	P_{min}
32/8	A6	10.5	16	18	84.82	35.63	6750	4500	2473	260	QU100	8.036	20.6	206	48
		13.5					6800						22.6	220	46
		16.5					6850						25	231	48
		19.5					6800						27.7	242	52
		22.5			81.68		6850						30.4	253	58
		25.5					6750						33.8	263	63
		28.5					7050	5000	2575				42.4	273	70
		31.5					7100						46.6	284	79
40/8	A3	10.5	16	18	39.27	28.70	6800	4500	2313		QU100	6.996	20.2	233	52
		13.5					6850						22.2	247	49
		16.5					6750		2315				24.5	258	50
		19.5					6800						27.6	272	55
		22.5					6850						30.5	281	59
		25.5					6750		2415				33.7	293	66
		28.5					7050	5000	2417				37.9	302	73
		31.5					7100						41.4	312	80
	A4	10.5	16	18	65.97	28.70	6800	4000	2313		QU100	7.340	20.8	234	53
		13.5					6850						22.8	248	50
		16.5					6750		2315				25	259	50
		19.5					6800						28	273	56
		22.5					6850						31	283	59
		25.5					6750		2415				34.1	294	67
		28.5					7050	5000	2417				38.3	304	73
		31.5					7100						41.8	313	80
	A5	10.5	16	18	65.97	35.63	6800	4500	2373	260	QU100	8.036	21.6	238	54
		13.5					6850						23.6	253	51
		16.5					6750		2375				25.8	265	51
		19.5					6800						28.8	278	56
		22.5					6850						31.8	288	60
		25.5					6750		2475				35	300	67
		28.5					7050	5000	2477				39.1	309	73
		31.5					7100						42.6	319	80
	A6	10.5	16	18	84.82	35.19	6800	4500	2544	260	QU100	10.634	24.4	242	66
		13.5					6850						26.5	259	60
		16.5					6900						28.9	274	60
		19.5					6800		2546				32.3	287	63
		22.5					6850						35.6	300	69
		25.5			81.68		6900		2646				39	313	76
		28.5					7050	5000	2648				43.5	325	81
		31.5					7100						47.4	337	92

续表

起重量 Q(t)	工作级别	跨度 S(m)	起升高度 (m)		运行速度 (m/min)		基本尺寸 (mm)				轨道型号	质量 (t)		轮压 (kN)	
			主钩	副钩	大车	小车	LD	W	H	b		小车质量	总质量	P_{max}	P_{min}
50/10	A3	10.5	16	18	39.27	24.74	6750	4500	2423		QU100	8.036	22	280	64
		13.5					6800		2423				24.1	296	58
		16.5					6750		2475				26.7	310	58
		19.5					6800		2475				29.9	324	62
		22.5					6850		2475				33.2	335	66
		25.5					6750						36.7	347	73
		28.5					7050	5000	2577				41.6	363	84
		31.5					7100		2577				45.4	375	93
	A4	10.5	16	18	65.97	24.74	6750	4500	2423		QU100	8.036	22.1	280	64
		13.5					6800		2423				24.3	296	58
		16.5					6750		2475				26.9	310	58
		19.5					6800		2475				30.2	324	62
		22.5					6850		2475				33.4	335	66
		25.5					6750						36.9	347	73
		28.5					7050	5000	2577				41.7	363	84
		31.5					7100		2577				45.6	375	93
	A5	10.5	16	18	65.97	35.19	6750	4500	2663	260	QU100	10.634	24.9	279	75
		13.5					6700		2663				27	298	67
		16.5					6750		2715				29.6	314	66
		19.5					6800		2715				32.9	328	66
		22.5					6850		2715				36.1	338	72
		25.5					6750						39.6	354	78
		28.5					7050	5000	2817				44.4	370	88
		31.5					7100		2817				48.3	382	96
	A6	10.5	16	18	81.68	35.19	6750	4500	2813	260	QU100	11.341	26.2	292	83
		13.5					6800		2813				28.4	314	76
		16.5					6750		2815				31.2	332	75
		19.5					6800		2815				34.5	349	79
		22.5					6850		2915				38.3	364	84
		25.5			83.25		6750						42.2	377	90
		28.5					7050	5000	3017				47	393	100
		31.5					7100		3017				51.7	408	110

（二）北京起重运输机械设计研究院 QDL 系列（63/16t～100/20t）轻量化通用桥式起重机（八轮）技术资料（2015 年）见附图 5-4、附表 5-6。❶

---

❶　注：QDL 系列轻量化通用桥式起重机技术资料为"起重机减量化产业技术创新战略联盟"提出，北京起重机械设计研究院是该盟的牵头组织和盟主单位。

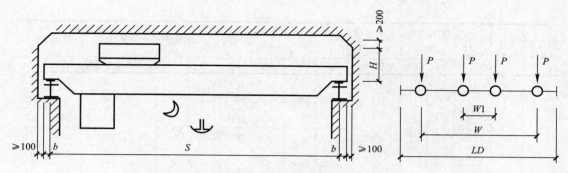

附图 5-4 北京 QDL 系列起重机（八轮）

八轮起重机技术资料　　　　　　　　　　　　　　附表 5-6

起重量 Q(t)	工作级别	跨度 S(m)	起升高度 (m)		运行速度 (m/min)		基本尺寸 (mm)					轨道型号	质量（t）		轮压 （kN）	
			主钩	副钩	大车	小车	LD	W	$W1$	H	b		小车质量	总质量	P_{max}	P_{min}
63/16	A3	16	20	22	40.21	20.11	8730	6580	2580	2701		QU80	14.090		36.2	211	38
		19												38.7	219	38
		22												41.7	228	40
		25								2921				47.9	236	43
		28			39.27		8770	6620						51.7	243	46
		31								2923				56.7	251	50
		34												61.4	259	55
	A4	16	20	22	62.83	20.11	8730	6580	2580	2701		QU80	14.090		36.5	211	38
		18												39.0	219	38
		22												42.0	228	40
		25								2921				48.1	236	41
		28			64.4		8770							51.9	243	46
		31								2923				56.9	251	50
		34												61.6	259	55
	A5	16	20	22	62.83	31.42	8730	6580	2580	2751	260	QU80	16.101		38.6	216	40
		19												41.1	225	40
		22												44.1	234	41
		25								2971				50.2	242	44
		28			64.40		8770							54.0	250	47
		31								2973				59.0	258	51
		34												63.7	266	56
	A6	16	20	22	75.40	29.85	8730	6580	2580	2948	260	QU80	19.840		42.5	223	45
		19												46.1	233	44
		22												49.4	244	46
		25								3168				55.7	253	49
		28			84.82		8770							59.7	263	54
		31								3170				65.6	273	60
		34												70.1	283	66

续表

起重量 Q(t)	工作级别	跨度 S(m)	起升高度 (m) 主钩	副钩	运行速度 (m/min) 大车	小车	基本尺寸 (mm) LD	W	W1	H	b	轨道型号	质量 (t) 小车质量	总质量	轮压 (kN) P_max	P_min
80/20	A3	16	20	22	39.27	20.11	8870	6620	2620	2913	260	QU80	14.090	38.6	249	46
		19												41.2	259	46
		22								2915				45.5	268	47
		25								2967				50.6	277	50
		28					9050	6600	2600					55.2	289	56
		31								2969				61.0	297	60
		34												67.7	306	66
	A4	16	20	22	64.40	22.62	8870	6620	2620	2963	260	QU80	16.101	40.8	254	48
		19												43.5	265	47
		22								2965				47.7	274	49
		25								3017				52.9	283	51
		28					9050	6600	2600					57.4	295	57
		31								3019				63.3	303	61
		34												69.9	313	67
	A5	16	20	22			8870	6620	2620	2963	260	QU80	19.840	44.6	259	51
		19												47.3	271	50
		22			64.40					2965				51.5	281	51
		25				29.85				3017				57.0	291	54
		28					9050	6600	2600					61.6	303	58
		31			65.97					3019				67.4	311	62
		34												74.1	321	67
	A6	16	20	22	84.82		8870	6620	2620	3160	260	QU80	19.852	45.3	265	55
		19												48.9	277	54
		22								3162				53.4	290	56
		25				29.85				3214				58.4	301	60
		28			81.68		9050	6600	2600	3224				64.0	313	67
		31												70.4	324	73
		34								3232				78.2	336	80
100/20	A3	16	20	22			8870	6620	2620	3260	260	QU80	16.101	41.2	298	57
		19			43.98									43.7	310	56
		22								3262				50.5	322	57
		25				22.62				3314				54.6	332	60
		28					8950	6600	2600	3316				63.0	344	65
		31			39.27					3318				65.8	355	71
		34								3326				69.2	365	77
	A4	16	20	22			8870	6620	2620	3260	260	QU80	19.840	45.1	302	62
		19			64.40									47.6	315	59
		22								3262				54.5	327	60
		25				21.99				3314				58.6	338	62
		28					8950	6600	2600	3316				67.0	351	67
		31			65.97					3318				69.8	362	73
		34								3326				73.2	372	78

续表

起重量 Q(t)	工作级别	跨度 S(m)	起升高度(m)		运行速度(m/min)		基本尺寸(mm)					轨道型号	质量(t)		轮压(kN)	
			主钩	副钩	大车	小车	LD	W	W1	H	b		小车质量	总质量	P_{max}	P_{min}
100/20	A5	16	20	22	65.97	29.85	8870	6620	2620	3260	260	QU80	19.852	45.6	305	61
		19												48.0	319	60
		22								3262				54.9	331	60
		25								3314				58.8	342	63
		28					8950	6600	2600	3316				67.2	354	67
		31								3318				70.0	366	73
		34								3326				73.4	376	78
	A6	16	20	22	81.68	29.85	8870	6620	2620	3383	260	QU80	22.443	47.6	313	66
		19												50.1	328	66
		22								3385				58.2	342	68
		25								3439				65.9	356	73
		28					8950	6600	2600	3447				70.7	368	78
		31								3449				70.9	381	85
		34								3459				87.9	392	91

（三）宁波市凹凸重工集团的欧式双梁桥式起重机（四轮）技术资料（2020年）见附图5-5及附表5-7。

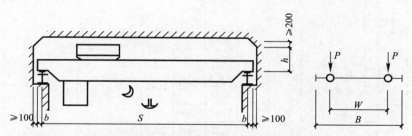

附图 5-5　欧式双梁桥式起重机（四轮、起重量 5t～12.5t、A5 级）

四轮起重机技术资料　　　　　　　　　　附表 5-7

起重量 Q(t)	工作级别	跨度 S(m)	起升高度(m)		运行速度(m/min)		基本尺寸(mm)				轨道型号	质量(t)		轮压(kN)	
			主钩	副钩	大车	小车	B	W	h	b		小车质量	总质量	P_{max}	P_{min}
5	A5	10.5	可根据用户定货要求确定		0～32	0～20	2556	2200	1000	108	P22	0.37	3.56	35.9	6.6
		13.5											5.18	42.7	9.8
		16.5					3150	2700	1200	130			6.8	47.6	12.7
		19.5					3550	3100					8.92	52.7	17.6
		22.5					4250	3800	1300	132		0.38	10.75	56.7	22.1
		25.5											13.19	63.1	27.5
		28.5					5010	4500		146			15.75	69.2	33.7
		31.5					5510	5000	1450	148	P30		18.93	76.9	41.4
		34.5					6010	5500					23.31	87.8	51.7

续表

起重量 Q(t)	工作级别	跨度 S(m)	起升高度 (m) 主钩	副钩	运行速度 (m/min) 大车	小车	基本尺寸 (mm) B	W	h	b	轨道型号	质量 (t) 小车质量	总质量	轮压 (kN) P_{max}	P_{min}
6.3	A5	10.5	可根据用户定货要求确定		0~32	0~20	2616	2200	1000	130	P22	0.37	3.39	43	7.9
		13.5					3516	2700	1000	130			5.57	50.5	11
		16.5					3516	2700	1200	130			7.03	55.1	13.4
		19.5					3550	3100	1200				8.92	59.5	17.8
		22.5					4310	3800	1300	146		0.38	11.32	64.8	23.7
		25.5					4250	3800	1300	130			12.62	68.5	26.2
		28.5					5010	4500	1400	140	P30		16.34	77.3	35.3
		31.5					5510	5000	1450	148			18.93	83.5	41.5
		34.5					6124	5500	1450	148			23.69	95.4	52.7
10	A5	10.5	可根据用户定货要求确定		0~32	0~20	3150	2700	1200	130	P22	0.65	4.57	62.9	10.3
		13.5					3210	2700	1200				6.52	69	13.7
		16.5					3210	2700	1400	144			8.29	74.5	16.7
		19.5					3610	3100	1400	144			10.08	79.1	20.6
		22.5					4420	3800	1650	144		0.69	12.36	84.4	26.1
		25.5					4310	3800	1650	146			14.42	90.1	30.5
		28.5					5010	4500	1650	146	P30		17.53	97.6	38
		31.5					5584	5000	1850	148			20.62	105.3	45.3
		34.5					6124	5500	1850	148			26.36	119.6	58.9
12.5	A5	10.5	可根据用户定货要求确定		0~32	0~20	3210	2700	1200	144	P22	0.69	5.22	76.6	12.6
		13.5					3210	2700	1200				6.93	82.4	15.1
		16.5					3284	2700	1400	144			8.75	87.9	18.3
		19.5					3610	3100	1400				10.34	92	21.7
		22.5					4350	3800	1650				12.18	96.3	26
		25.5					4384	3800	1650	146			15.25	104.5	32.7
		28.5					5084	4500	1650		P30		17.69	110.3	38.6
		31.5					5624	5000	1850	148			21.61	120	48
		34.5					6314	5500	1850	160			27.57	134.8	62.1

（四）宁波市凹凸重工有限公司的欧式双梁桥式起重机（八轮）技术资料（2020 年）见附图 5-6、附表 5-8。

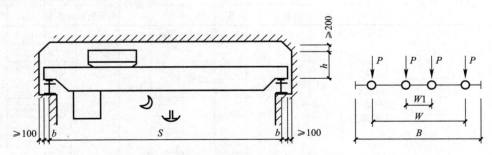

附图 5-6　欧式双梁桥式起重机（八轮、起重量 5t～50t、A5 级）

八轮起重机技术资料　　　　　　　　　　　　　　　　　　附表 5-8

起重量 $Q(t)$	工作级别	跨度 $S(m)$	起升高度 (m)		运行速度 (m/min)		基本尺寸 (mm)					轨道型号	质量（t）		轮压（kN）	
			主钩	副钩	大车	小车	B	W	$W1$	h	b		小车质量	总质量	P_{max}	P_{min}
15	A5	10.5	可根据用户定货要求确定		0~32	0~20	3757	3307		1350	130	P22	0.96	5.55	47.9	6.9
		13.5					3783	3333		1450				7.29	50.6	7.7
		16.5					3807	3357		1550				8.88	53.1	8.6
		19.5					3828	3378		1650				10.61	55.7	9.9
		22.5					3889	3399		1800	152			12.78	58.7	11.8
		25.5					4100	3650						15.62	62.7	14.9
		28.5					4922	4472		2000	150	P30	1.02	18.29	65.9	19.3
		31.5					5598	5048					1.78	23.98	73.6	25.2
		34.5					6094	5544					1.89	30.40	81.8	31.3
16	A5	10.5	可根据用户定货要求确定		0~32	0~20	4153	3703	1303	1350	130	P22	1.07	5.7	49.5	7.1
		13.5					4178	3728	1328	1450				7.44	52.5	7.8
		16.5					4201	3751	1351	1550				9.02	55	8.8
		19.5					4223	3773	1373	1650				11.04	58	10.3
		22.5					4283	3799	1399	1800	132			12.92	60.7	11.9
		25.5					4292	3642	1442					15.73	64.5	13.6
		28.5					4913	4463	1663	2000	150	P30	1.89	18.34	68.2	19.2
		31.5					5988	5438	1838					25.07	77.4	26.3
		34.5					6080	5530	1930					30.4	84.3	31.1
20	A5	10.5	可根据用户定货要求确定		0~32	0~20	4137	3687	1287	1450	130	P22	1.07	5.99	59.7	8
		13.5					4158	3708	1308	1550				7.67	62.7	8.5
		16.5					4238	3748	1348	1650				9.45	66.9	11.4
		19.5					4257	3767	1367	1850	132			11.59	68.7	11.1
		22.5					4259	3809	1409			P30		13.83	72	12.9
		25.5					4439	3929	1529	2000	146			16.09	75.2	13.9
		28.5					4981	4431	1631		148			20.16	81.3	21.8
		31.5					5660	5000	1800	2100	150		1.78	25.45	87.8	26.7
		34.5					6221	5487	1887		156		1.9	31.44	96	37.4
25	A5	10.5	可根据用户定货要求确定		0~32	0~20	3708	3258		1850	130	P30	1.8	7	76.7	10.8
		13.5					3738	3288						8.9	80.7	11.2
		16.5					4069	3519			146			11.59	85.8	13.4
		19.5					4071	3521		2050				13.7	89.2	15.4
		22.5					4108	3558						16.46	93.3	16.7
		25.5					4127	3577		2250	148			19.5	97.7	19.3
		28.5					5104	4554					1.98	23.74	101.4	22.9
		31.5					5509	4959			150	P43		26.66	105.5	27.5
		34.5					6185	5451		2300	156		2.13	31.18	106	31.5

续表

起重量 Q(t)	工作级别	跨度 S(m)	起升高度 (m) 主钩	副钩	运行速度 (m/min) 大车	小车	基本尺寸 (mm) B	W	W1	h	b	轨道型号	质量 (t) 小车质量	总质量	轮压 (kN) P_{max}	P_{min}
30/10	A5	10.5	可根据用户定货要求确定		0~32	0~20	3872	3462			146	P30	1.81	7.78	91.4	13
		13.5					3998	3488		1850				9.76	95.7	13.2
		16.5					4444	3894	未提供				1.91	11.88	98.1	14.7
		19.5					4474	3924		2050				14.23	100.5	15.6
		22.5					4498	3948		2250	148		1.98	16.97	101.8	17.3
		25.5					4514	3964		2300				19.37	104.2	19
		28.5					5150	4526			154		2.02	23.93	108.4	23.7
		31.5					5570	4946		2400	156	P43		27.4	112.6	29.2
		34.5					6155	5421					2.03	33.46	120.8	33.8
32/10	A5	10.5	可根据用户定货要求确定		0~32	0~20	3974	3464	1064			P30		7.75	86.5	13.8
		13.5					3990	3480	1080	1850	146		2.12	9.65	90.7	13.8
		16.5					4045	3495	1095					11.5	94.3	14.4
		19.5					4077	3527	1127	2050				14.03	98.7	15.3
		22.5					4193	3569	1169	2250				17.04	105.5	18.6
		25.5					4593	3696	1296	2300	154			20.26	120.9	24.3
		28.5					5393	4769	1169				2.24	24.29	121.7	28.1
		31.5					5561	4937	1337	2400	156	P43	2.4	28.97	119.9	30.5
		34.5					6149	5415	1415				2.67	36.54	130.2	36.5
40/10	A5	10.5	可根据用户定货要求确定		0~32	0~20	4153			1800		P30		8.69	114.2	17.3
		13.5									152			10.71	118.3	17.8
		16.5					4193	3569		2000			2.14	13.29	121.4	18
		19.5								2100				15.87	124.7	19.3
		22.5					4303		1169					18.81	128.2	21.1
		25.5					4570	3946		2300	154		2.25	23.18	131.1	23.9
		28.5					5120	4496				P43	2.41	26.75	136.6	26.5
		31.5					6086	5154		2400	168			31.88	159.3	38.2
		34.5					6312	5380					2.68	38.14	151.6	
50/10	A5	10.5	可根据用户定货要求确定		0~32	0~20	4153	3569		1900	152	P43	2.5	9.53	140.3	20.3
		13.5					4193	3569						12.03	145.6	21
		16.5					4507	3883		2000			2.62	14.81	149.2	22.7
		19.5					5286	4354	1169	2150	162			18.5	169.9	24.7
		22.5											2.75	22.34	175.3	28.6
		25.5					5310	4378		2350	166			26.15	179.9	31.2
		28.5					5810	4678					2.79	30.5	185	35.1
		31.5					6086	5154	1154	2400	168			34.04	191.7	41.4
		34.5					6536	5546	1546		178		2.83	42.95	185	48.4

（五）大连重工起重集团有限公司的 DHQD08 系列（5t～80/20t）
通用桥式起重机（四轮）技术资料（2015 年）见附图 5-7、附表 5-9。

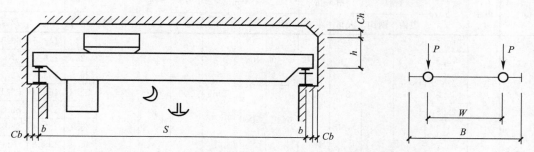

$Ch \geqslant 300(Q=5t\sim25t)$，$Ch \geqslant 400(Q=32t\sim100t)$，$Cb \geqslant 80(b\leqslant 300)$，$Cb \geqslant 100(b=300)$

附图 5-7　大连 DHQD08 系列起重机（四轮）

四轮起重机技术资料　　　　　　　　　　　　　　　　　　　　　　　　　附表 5-9

起重量 Q(t)	工作级别	跨度 S(m)	起升高度 (m)		运行速度 (m/min)		基本尺寸 (mm)				轨道型号	质量（t）		轮压（kN）	
			主钩	副钩	大车	小车	B	W	h	b		小车质量	总质量	P_{max}	P_{min}
5	A5	16.5	16	—	63	40	5720	3600	1350	168	P38	1.5	14.8	69.2	44.4
		19.5											16.8	74.4	48.9
		22.5											18.3	78.4	52.3
		25.5											21.3	86.1	59.3
		28.5					5840	5000					24.8	95	67.6
		31.5											26.8	100.2	72.2
		34.5											31.3	111.5	82.9
	A6	16.5	16	—	80	40	5300	3600	1350	168	P38	1.8	15.6	71.7	45.7
		19.5											17.6	77	50.3
		22.5											19.5	82.6	55.3
		25.5											22.5	90.3	62.3
		28.5					5920	5000					26	99.2	70.6
		31.5											28	104.5	75.2
		34.5											33	117.1	87.1
10	A5	16.5	16	—	63	40	6000	4000	1490	168	P38	2.5	18.8	102.7	54.9
		19.5											20.8	108.2	59.2
		22.5											22.3	112.5	62.3
		25.5											25.9	123.5	72
		28.5					6320	5000					29.5	132.8	80.1
		31.5											32.5	140.8	86.9
		34.5											36.2	151.2	96.1
	A6	16.5	16	—	80	40	6040	4000	1350	168	P38	3	19.9	106.3	56.6
		19.5											22.5	114.8	63.8
		22.5											24	119.1	66.9
		25.5											27	127.1	73.6
		28.5					6320	5000					30.5	136.3	81.5
		31.5											32.5	141.9	85.8
		34.5											37.5	154.7	97.4

续表

起重量 Q(t)	工作级别	跨度 S(m)	起升高度 (m)		运行速度 (m/min)		基本尺寸 (mm)				轨道型号	质量 (t)		轮压 (kN)	
			主钩	副钩	大车	小车	B	W	h	b		小车质量	总质量	P_{max}	P_{min}
16	A5	16.5					6040	4000					23	142.5	66.1
		19.5											25	148.4	70
		22.5											26.5	153.1	72.7
		25.5	16	—	63	40			1985	200	P43	4	30.2	164.4	82.1
		28.5					6440	5000					33.7	174.1	89.8
		31.5											36.7	182.4	96.2
		34.5											40.4	193.2	105
	A6	16.5					6300	4200					24	145.6	67.7
		19.5											26.6	154.5	74.6
		22.5											28.1	159.2	77.3
		25.5	16	—	80	40			1985	200	P43	4.4	31.1	167.6	83.6
		28.5					6880	5000					35.6	182.4	96.3
		31.5											28.6	166.1	78.2
		34.5											42.6	201.4	111.5
20/5	A5	16.5					7180	4500	2150	230			24.7	165.8	70.4
		19.5											26.8	172.3	74.5
		22.5			91								29.6	180.2	79.9
		25.5	16	16		38.7	7230				P43	5	33.8	193.3	90.5
		28.5					7530	4800					36.9	202.3	97.1
		31.5			92		7730	5000	2252	250			39.8	210.5	102.8
		34.5					8030	5300					43.7	221.9	111.7
	A6	16.5					7180		2210	230			25.5	169.4	70.9
		19.5						4500	2212				28.4	179.2	78.3
		22.5			103		7230						31.3	187.7	84.3
		25.5	16	16		38.5				250	P43	5.8	35	197.9	91.9
		28.5					7530	4800	232				38.7	211	102.5
		31.5					7730	5000					42.1	220.4	109.4
		34.5					8030	5300					45.8	230.7	117.2
25/5	A5	16.5					7180		2210	230			25.6	198	80.3
		19.5			91			4500	2212				28.7	206.4	85.8
		22.5					7230			250			31.6	215.5	91.8
		25.5	16	16		38.5			2312		P43	5.8	35.6	227	100.3
		28.5			92		7530	4800					40.3	242.4	112.7
		31.5					7730	5000	2327	300			44.2	253.5	120.8
		34.5					8030	5300					50.5	270.5	134.8
	A6	16.5							2212	250			26.7	201.9	81.5
		19.5			103								29.5	210.5	87
		22.5					7530	4800	2312				32.7	219.8	93.2
		25.5	16	16		38.5			237	300	P43	6.5	37.8	236.3	106.6
		28.5			105		7830	5000					41.5	247.1	114.3
		31.5					8030	5200					45.7	258.3	122.4
		34.5					8130	5300	2427				51.5	274.7	135.7

续表

起重量 Q(t)	工作级别	跨度 S(m)	起升高度 (m)		运行速度 (m/min)		基本尺寸 (mm)				轨道型号	质量 (t)		轮压 (kN)	
			主钩	副钩	大车	小车	B	W	h	b		小车质量	总质量	P_{max}	P_{min}
32/5	A5	16.5	16	16	92	38.5					P43	6.1	28	237.4	91.7
		19.5					730	4800	2313	250			31	246.5	97.1
		22.5											34.6	257.3	104.2
		25.5					7830	5000		300			39.6	273.8	116.9
		28.5							2327				43.4	285.4	124.7
		31.5					8130	5300					49.6	302.3	137.9
		34.5											54.5	316.3	148.2
	A6	16.5	16	16	104	38.5					P43	8.7	30.9	249.7	94.1
		19.5					7530	4800	2417				34.9	264	104.4
		22.5								300			38.6	274.9	111.3
		25.5					7830	5000			QU80		42.6	286.7	119.2
		28.5							2517				46.5	298.2	126.7
		31.5					8130	5300					53	316.5	141
		34.5											58.1	330.8	151.3
40/10	A5	16.5	16	16	92	38.5			2417		P43	9.1	34.5	287.7	100.1
		19.5					7530	5000					38.6	302.7	110.3
		22.5								300			42.5	314.6	117.4
		25.5					8030	5200	2517				46.6	327.2	125.2
		28.5									QU80		52.5	343.4	136.6
		31.5					8330	5500	2519				58.8	363.8	152.1
		34.5											64	379	162.6
	A6	16.5	16	16	104	38.7					P43	10.3	37.1	299.1	106.7
		19.5					7830	5000	2517				40.3	309.4	112.1
		22.5								300			44.1	321.3	119
		25.5					8030	5200					49.2	338.5	131.3
		28.5					8070				QU80		53.8	352	139.9
		31.5					8370	5500	2519				60.9	372.1	155
		34.5											66.3	387.6	165.5
50/10	A5	16.5	16	16	82	38.7			2417		QU80	10	36.8	341.2	112.1
		19.5					7830	5000					41.8	356.2	121.2
		22.5					8070	5200		300			45.8	369	128.1
		25.5							2519				52.3	390	143.2
		28.5					8170	5300					57.5	405.8	153.2
		31.5					8370	5500	2619				62.1	420	161.5
		34.5											69.8	444.5	180.1
	A6	16.5	16	16	104	38.7			2629		QU80	16.3	43.5	369.8	116.4
		19.5					8370	5500					48.5	385.3	125.4
		22.5					8570	5700	2729	300			53.4	402.5	136
		25.5											59.3	420.6	147.6

续表

起重量 Q(t)	工作级别	跨度 S(m)	起升高度(m) 主钩	副钩	运行速度(m/min) 大车	小车	基本尺寸(mm) B	W	h	b	轨道型号	质量(t) 小车质量	总质量	轮压(kN) P_{max}	P_{min}
63/16	A5	16.5	16	16	82	38.7	8070	5200	2729	300	QU100	16.4	47	436.5	132.9
		19.5											51	450.2	138.8
		22.5					8270	5400					55.8	467.8	148.6
		25.5							2927				62.8	488.9	161.9
80/20	A6	16.5	16	16	82	38.5	8330	5500	3057	300	QU100	19.2	54.9	540.1	161.1
		19.5											60.1	557.6	168.9
		22.5											64.8	574.1	175.6
		25.5											72.1	596.9	188.7

（六）大连重工起重集团有限公司的 DHQD08 系列（50/10t～100/20t）
通用桥式起重机（八轮）技术资料（2015 年）见附图 5-8、附表 5-10。

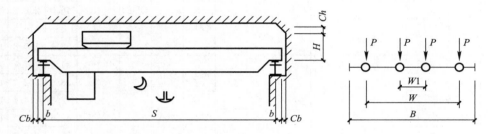

$Ch \geqslant 300(Q=5t\sim25t)$，$Ch \geqslant 400(Q=32t\sim100t)$，$Cb \geqslant 80(b \leqslant 300)$，$Cb \geqslant 100(b=300)$

附图 5-8　大连 DHQD08 系列起重机（八轮）

八轮起重机技术资料　　　　　　　　　附表 5-10

起重量 Q(t)	工作级别	跨度 S(m)	起升高度(m) 主钩	副钩	运行速度(m/min) 大车	小车	基本尺寸(mm) B	W	W1	h	b	轨道型号	质量(t) 小车质量	总质量	轮压(kN) P_{max}	P_{min}
50/10	A6	28.5	16	16	104	38.7	8330	6000	1400	3057	300	QU80	16.3	64.7	218.5	78.7
		31.5												70.5	228.7	85.7
		34.5												77.0	238.3	92.1
63/16	A5	28.5	16	16	82	38.7	8330	6000	1400	2927	300	QU100	16.4	68.7	253.6	86.3
		31.5												76.4	266.5	95.3
		34.5												83.4	277.1	101.9
63/16	A6	16.5	16	16	104	38.5	8330	6000	1400	2927	300	QU100	19.6	50.5	255.7	67.8
		19.5												55.3	234.6	72.7
		22.5					8330	6000	1400					59.7	242.0	76.1
		25.5								2927				66.6	252.5	82.5
		28.5												72.7	263.7	89.7
		31.5					8830	6500	1500					80.5	275.3	97.3
		34.5												89.2	290.0	107.9

续表

起重量 Q(t)	工作级别	跨度 S(m)	起升高度 (m)		运行速度 (m/min)		基本尺寸 (mm)					轨道型号	质量（t）		轮压（kN）	
			主钩	副钩	大车	小车	B	W	W1	h	b		小车质量	总质量	P_{max}	P_{min}
80/20	A5	28.5	16	16	73	38.5	8330	6500	1500	3057	300	QU100	19.2	79.9	310.5	101.6
		31.5												86.7	321.3	107.5
		34.5												94.0	332.6	114.0
	A6	16.5	16	16	92	38.5	8330	6000	1400	3057	300	QU100	22.0	58.1	27.6	82
		19.5												63.4	285.7	86
		22.5												68.2	294.2	89.3
		25.5												77.7	310.6	100.7
		28.5												85.5	322.6	107.8
		31.5	16	16	92	38.5	8830	6500	1500	3059	300	QU100	22.0	93.5	336.2	116.3
		34.5												100.8	347.7	122.8
100/20	A5	16.5	16	16	73	38.5	8830	6500	1500	3057	300	QU100	21.7	61.5	324.8	92.3
		19.5												66.7	334.2	95.7
		22.5												74.6	347.2	102.8
		25.5												82.8	362.2	111.8
		28.5								3059				91.1	375.4	119.0
		31.5												98.5	387.4	125.1
		34.5												106.3	400.0	131.7
	A6	16.5	16	16	92	38.5	8830	6500	1500	3059	300	QU100	24.0	66.2	334.5	97.5
		19.5												71.3	343.7	100.7
		22.5												79.7	359.6	110.4
		25.5												88.7	373.7	118.4
		28.5					9070	6600	1600					95.8	385.3	124.0
		31.5												104.2	398.7	131.3
		34.5												113.3	412.9	139.4
125/32	A5	16.5	18	19	61	33.6	9070	6600	1600	3065	300	QU100	23.7	70.7	396.6	110.9
		19.5												76.1	407.6	114.6
		22.5												85.7	418.6	118.2
		25.5												90.5	432	124.4
		28.5												98.5	444.3	129.3
		31.5												105.1	457.7	135.4
		34.5												119.3	467.5	137.9
	A6	16.5	18	19	64	33.6	9070	6600	1600	3165	300	QU100	25.0	71.3	407.7	117.2
		19.5												80.7	418.8	120.8
		22.5												87.5	436	130.6
		25.5												95.5	448.3	135.4
		28.5					9670	7200	2200					105.8	458.1	137.8
		31.5												113.1	471.6	143.9
		34.5												127.5	481.5	146.3

续表

起重量 Q(t)	工作级别	跨度 S(m)	起升高度 (m)		运行速度 (m/min)		基本尺寸 (mm)				轨道型号	质量 (t)		轮压 (kN)	
			主钩	副钩	大车	小车	LD	W	H	b		小车质量	总质量	P_{max}	P_{min}
40/8	A6	10.5	16	18	84.82	35.19	6800	4500	2544	260	QU100	10.634	24.4	242	27
		13.5					6850						26.5	259	31
		16.5					6900		2546				28.9	274	36
		19.5			81.68		6800						32.3	287	43
		22.5					6850						35.6	300	51
		25.5					6900		2646				39	313	60
		28.5					7050	5000	2648				43.5	325	70
		31.5					7100						47.4	337	80
50/10	A5	10.5	16	18	65.97	35.19	6750	4500	2663	260	QU100	10.634	24.9	279	26
		13.5					6700						27	298	29
		16.5					6750		2715				29.6	314	34
		19.5					6800						32.9	328	42
		22.5					6850						36.1	338	47
		25.5					6750						39.6	354	57
		28.5					7050	5000	2817				44.4	370	70
		31.5					7100						48.3	382	80
	A6	10.5	16	18	81.68	35.19	6750	4500	2813	260	QU100	11.341	26.2	292	32
		13.5					6800						28.4	314	36
		16.5					6750		2815				31.2	332	42
		19.5					6800						34.5	349	51
		22.5					6850		2915				38.3	364	60
		25.5			83.25		6750						42.2	377	69
		28.5					7050	5000	3017				47	393	82
		31.5					7100						51.7	408	93

附录六　常用机械设备动力系数

本附录收集了工业建筑中常用机械设备的动力系数可供设计人员参考。（摘自《机械工业厂房结构设计规范》GB 50906—2013[23]）

常用机械设备动力系数　　　　　　　　　　　　　　附表 6-1

项目		动力系数	备注
胶带输送机	头尾部平台	1.3	—
	中间部平台	1.1	
各种传动装置及减速器底脚		1.3	—
螺旋给料机		1.1	—
圆盘给料机		1.3	包括料斗压力
摆动式给料机	双联	1.5～2.0	包括料斗压力
	单联	1.4	
电磁振动给料机		1.3	—
螺旋输送机（不带传动）		1.1	—
刮板输送机	头尾部	1.4	包括张力影响
	中间部	1.2	
其他固定式输送机		1.3	埋刮板或鳞板输送机等
胶带机双滚筒卸料小车		1.2	尚应考虑皮带压力影响
干燥或冷却滚筒		1.4	包括料重
滚筒筛或多角筛		1.5	包括料重
惯性筛	带弹簧吊架	1.3～1.5	包括 10%料重
	缓冲垫座	1.5～2.0	
曲板筛、悬挂筛		2.0	包括料重
气力输送	吸送式	1.2	发送、卸料装置部位
	压送式	1.5～2.0	
	脉冲式	1.2	
单斗提升机或冲天炉加料机	传动部分支承（包括立柱）	1.4	考虑张力影响
	中下部支承	1.2	
旋风分离器		1.4	包括料重
高落差溜槽溜管		1.4	—
混砂机		2.0	包括料重
松砂机		1.5	—
球磨机		2.5	—

续表

项目		动力系数	备注
鼓风机	>0.2MPa	3.0	—
	0.1~0.2MPa	2.0	
	<0.1MPa	2.5	
离心泵、电动机	≤400r/min	1.2	—
	500r/min	1.25	
	750r/min	1.6	
	1000r/min	2.0	
冷动机		1.5	—
减速机		1.2	—
各种除尘器		1.1	感应颤动

附录七　全国各城市的雪压、风压和基本气温

全国各城市的雪压、风压和基本气温　　　　附表 7-1

省市名	城市名	海拔高度（m）	风压（kN/m²）			雪压（kN/m²）			基本气温（℃）		雪荷载准永久值系数分区
			$R=10$	$R=50$	$R=100$	$R=10$	$R=50$	$R=100$	最低	最高	
北京	北京市	54.0	0.30	0.45	0.50	0.25	0.40	0.45	−13	36	Ⅱ
天津	天津市	3.3	0.30	0.50	0.60	0.25	0.40	0.45	−12	35	Ⅱ
	塘沽	3.2	0.40	0.55	0.65	0.20	0.35	0.40	−12	35	Ⅱ
上海	上海市	2.8	0.40	0.55	0.60	0.10	0.20	0.25	−4	36	Ⅲ
重庆	重庆市	259.1	0.25	0.40	0.45	—	—	—	1	37	—
	奉节	607.3	0.25	0.35	0.45	0.20	0.35	0.40	−1	35	Ⅲ
	梁平	454.6	0.20	0.30	0.35	—	—	—	−1	36	—
	万州	186.7	0.20	0.35	0.45	—	—	—	0	38	—
	涪陵	273.5	0.20	0.30	0.35	—	—	—	1	37	—
	金佛山	1905.9	—	—	—	0.35	0.50	0.60	−10	25	Ⅱ
河北	石家庄市	80.5	0.25	0.35	0.40	0.20	0.30	0.35	−11	36	Ⅱ
	蔚县	909.5	0.20	0.30	0.35	0.20	0.30	0.35	−24	33	Ⅱ
	邢台市	76.8	0.20	0.30	0.35	0.25	0.35	0.40	−10	36	Ⅱ
	丰宁	659.7	0.30	0.40	0.45	0.15	0.25	0.30	−22	33	Ⅱ
	围场	842.8	0.35	0.45	0.50	0.20	0.30	0.35	−23	32	Ⅱ
	张家口市	724.2	0.35	0.55	0.60	0.15	0.25	0.30	−18	34	Ⅱ
	怀来	536.8	0.25	0.35	0.40	0.15	0.20	0.25	−17	35	Ⅱ
	承德市	377.2	0.30	0.40	0.45	0.20	0.30	0.35	−19	35	Ⅱ
	遵化	54.9	0.30	0.40	0.45	0.25	0.40	0.50	−18	35	Ⅱ
	青龙	227.2	0.25	0.30	0.35	0.30	0.40	0.45	−19	34	Ⅱ
	秦皇岛市	2.1	0.35	0.45	0.50	0.15	0.25	0.30	−15	33	Ⅱ
	霸县	9.0	0.25	0.40	0.45	0.20	0.30	0.35	−14	36	Ⅱ
	唐山市	27.8	0.30	0.40	0.45	0.20	0.35	0.40	−15	35	Ⅱ
	乐亭	10.5	0.30	0.40	0.45	0.25	0.40	0.45	−16	34	Ⅱ
	保定市	17.2	0.30	0.40	0.45	0.20	0.35	0.40	−12	36	Ⅱ
	饶阳	18.9	0.30	0.35	0.40	0.20	0.30	0.35	−14	36	Ⅱ
	沧州市	9.6	0.30	0.40	0.45	0.20	0.30	0.35	—	—	Ⅱ
	黄骅	6.6	0.30	0.40	0.45	0.20	0.30	0.35	−13	36	Ⅱ
	南宫市	27.4	0.25	0.35	0.40	0.15	0.25	0.30	−13	37	Ⅱ
山西	太原市	778.3	0.30	0.40	0.45	0.25	0.35	0.40	−16	34	Ⅱ
	右玉	1345.8	—	—	—	0.20	0.30	0.35	−29	31	Ⅱ
	大同市	1067.2	0.35	0.55	0.65	0.15	0.25	0.30	−22	32	Ⅱ

续表

省市名	城市名	海拔高度（m）	风压（kN/m²）			雪压（kN/m²）			基本气温（℃）		雪荷载准永久值系数分区
			R=10	R=50	R=100	R=10	R=50	R=100	最低	最高	
山西	河曲	861.5	0.30	0.50	0.60	0.20	0.30	0.35	−24	35	II
	五寨	1401.0	0.30	0.40	0.45	0.20	0.25	0.30	−25	31	II
	兴县	1012.6	0.25	0.45	0.55	0.20	0.25	0.30	−19	34	II
	原平	828.2	0.30	0.50	0.60	0.20	0.30	0.35	−19	34	II
	离石	950.8	0.30	0.45	0.50	0.20	0.30	0.35	−19	34	II
	阳泉市	741.9	0.30	0.40	0.45	0.20	0.35	0.40	−13	34	II
	榆社	1041.4	0.20	0.30	0.35	0.20	0.30	0.35	−17	33	II
	隰县	1052.7	0.25	0.35	0.40	0.20	0.30	0.35	−16	34	II
	介休	743.9	0.25	0.40	0.45	0.20	0.30	0.35	−15	35	II
	临汾市	449.5	0.25	0.40	0.45	0.15	0.25	0.30	−14	37	II
	长治县	991.8	0.30	0.50	0.60	—	—	—	−15	32	—
	运城市	376.0	0.30	0.45	0.50	0.15	0.25	0.30	−11	38	II
	阳城	659.5	0.30	0.45	0.50	0.20	0.30	0.35	−12	34	II
内蒙古	呼和浩特市	1063.0	0.35	0.55	0.60	0.25	0.40	0.45	−23	33	II
	额右旗拉布达林	581.4	0.35	0.50	0.60	0.35	0.45	0.50	−41	30	I
	牙克石市图里河	732.6	0.30	0.40	0.45	0.40	0.60	0.70	−42	28	I
	满洲里市	661.7	0.50	0.65	0.70	0.20	0.30	0.35	−35	30	I
	海拉尔市	610.2	0.45	0.65	0.75	0.35	0.45	0.50	−38	30	I
	鄂伦春小二沟	286.1	0.30	0.40	0.45	0.35	0.50	0.55	−40	31	I
	新巴尔虎右旗	554.2	0.45	0.60	0.65	0.40	0.45		−32	32	I
	新巴尔虎左旗阿木古朗	642.0	0.45	0.55	0.60	0.35	0.40		−34	31	I
	牙克石市博克图	739.7	0.40	0.55	0.60	0.35	0.55	0.65	−31	28	I
	扎兰屯市	306.5	0.30	0.40	0.45	0.35	0.55	0.65	−28	32	I
	科右翼前旗阿尔山	1027.4	0.35	0.50	0.55	0.45	0.60	0.70	−37	27	I
	科右翼前旗索伦	501.8	0.45	0.55	0.60	0.25	0.35	0.40	−30	31	I
	乌兰浩特市	274.7	0.40	0.55	0.60	0.20	0.30	0.35	−27	32	I
	东乌珠穆沁旗	838.7	0.35	0.55	0.65	0.20	0.30	0.35	−33	32	I
	额济纳旗	940.5	0.40	0.60	0.70	0.05	0.10	0.15	−23	39	II
	额济纳旗拐子湖	960.0	0.45	0.55	0.60	0.05	0.10	0.10	−23	39	II
	阿左旗巴彦毛道	1328.1	0.40	0.55	0.60	0.10	0.15	0.20	−23	35	II
	阿拉善右旗	1510.1	0.45	0.55	0.60	0.05	0.10	0.10	−20	35	II
	二连浩特市	964.7	0.55	0.65	0.70	0.15	0.25	0.30	−30	34	II
	那仁宝力格	1181.6	0.40	0.55	0.60	0.20	0.30	0.35	−33	31	I
	达茂旗满都拉	1225.2	0.50	0.75	0.85	0.15	0.20	0.25	−25	34	II
	阿巴嘎旗	1126.1	0.35	0.50	0.55	0.30	0.45	0.50	−33	31	I
	苏尼特左旗	1111.4	0.40	0.50	0.55	0.25	0.35	0.40	−32	33	I
	乌拉特后旗海力素	1509.6	0.45	0.50	0.55	0.10	0.15	0.20	−25	33	II
	苏尼特右旗朱日和	1150.8	0.50	0.65	0.75	0.15	0.20	0.25	−26	33	II
	乌拉特中旗海流图	1288.0	0.45	0.60	0.65	0.20	0.30	0.35	−26	33	II
	百灵庙	1376.6	0.50	0.75	0.85	0.25	0.35	0.40	−27	32	II

省市名	城市名	海拔高度（m）	风压（kN/m²）			雪压（kN/m²）			基本气温（℃）		雪荷载准永久值系数分区
			$R=10$	$R=50$	$R=100$	$R=10$	$R=50$	$R=100$	最低	最高	
内蒙古	四子王旗	1490.1	0.40	0.60	0.70	0.30	0.45	0.55	−26	30	Ⅱ
	化德	1482.7	0.45	0.75	0.85	0.15	0.25	0.30	−26	29	Ⅱ
	杭锦后旗陕坝	1056.7	0.30	0.45	0.50	0.15	0.20	0.25	—	—	Ⅱ
	包头市	1067.2	0.35	0.55	0.60	0.15	0.25	0.30	−23	34	Ⅱ
	集宁市	1419.3	0.40	0.60	0.70	0.25	0.35	0.40	−25	30	Ⅱ
	阿拉善左旗吉兰泰	1031.8	0.35	0.50	0.55	0.05	0.10	0.15	−23	37	Ⅱ
	临河市	1039.3	0.30	0.45	0.50	0.15	0.25	0.30	−21	35	Ⅱ
	鄂托克旗	1380.3	0.35	0.55	0.65	0.15	0.20	0.20	−23	33	Ⅱ
	东胜市	1460.4	0.30	0.50	0.60	0.25	0.35	0.40	−21	31	Ⅱ
	阿腾席连	1329.3	0.40	0.50	0.55	0.20	0.30	0.35	—	—	Ⅱ
	巴彦浩特	1561.4	0.40	0.60	0.70	0.15	0.20	0.25	−19	33	Ⅱ
	西乌珠穆沁旗	995.9	0.45	0.55	0.60	0.30	0.40	0.45	−30	30	Ⅰ
	扎鲁特鲁北	265.0	0.40	0.55	0.60	0.20	0.30	0.35	−23	34	Ⅱ
	巴林左旗林东	484.4	0.40	0.55	0.60	0.20	0.30	0.35	−26	32	Ⅱ
	锡林浩特市	989.5	0.40	0.55	0.60	0.30	0.40	0.45	−30	31	Ⅰ
	林西	799.0	0.45	0.60	0.70	0.25	0.40	0.45	−25	32	Ⅰ
	开鲁	241.0	0.40	0.55	0.60	0.20	0.30	0.35	−25	34	Ⅱ
	通辽	178.5	0.40	0.55	0.60	0.20	0.30	0.35	−25	33	Ⅱ
	多伦	1245.4	0.40	0.55	0.60	0.20	0.30	0.35	−28	30	Ⅰ
	翁牛特旗乌丹	631.8	—	—	—	0.20	0.30	0.35	−23	32	Ⅱ
	赤峰市	571.1	0.30	0.55	0.65	0.20	0.30	0.35	−23	33	Ⅱ
	敖汉旗宝国图	400.5	0.40	0.50	0.55	0.25	0.40	0.45	−23	33	Ⅱ
辽宁	沈阳市	42.8	0.40	0.55	0.60	0.30	0.50	0.55	−24	33	Ⅰ
	彰武	79.4	0.35	0.45	0.50	0.20	0.30	0.35	−22	33	Ⅱ
	阜新市	144.0	0.40	0.60	0.70	0.25	0.40	0.45	−23	33	Ⅱ
	开原	98.2	0.30	0.45	0.50	0.35	0.45	0.55	−27	33	Ⅰ
	清原	234.1	0.25	0.40	0.45	0.70	0.80		−27	33	Ⅰ
	朝阳市	169.2	0.40	0.55	0.60	0.45	0.50	0.55	−23	35	Ⅱ
	建平县叶柏寿	421.7	0.30	0.35	0.40	0.25	0.35	0.40	−22	35	Ⅱ
	黑山	37.5	0.45	0.65	0.75	0.30	0.45	0.50	−21	33	Ⅱ
	锦州市	65.9	0.40	0.60	0.70	0.30	0.40	0.45	−18	33	Ⅱ
	鞍山市	77.3	0.30	0.50	0.60	0.30	0.45	0.55	−18	34	Ⅱ
	本溪市	185.2	0.35	0.45	0.50	0.40	0.55	0.60	−24	33	Ⅰ
	抚顺市章党	118.5	0.30	0.45	0.50	0.35	0.45	0.50	−28	33	Ⅰ
	桓仁	240.3	0.25	0.30	0.35	0.35	0.50	0.55	−25	32	Ⅰ
	绥中	15.3	0.25	0.40	0.45	0.25	0.35	0.40	−19	33	Ⅱ
	兴城市	8.8	0.35	0.45	0.50	0.20	0.30	0.35	−19	32	Ⅱ
	营口市	3.3	0.40	0.65	0.75	0.30	0.40	0.45	−20	33	Ⅱ
	盖县熊岳	20.4	0.30	0.40	0.45	0.25	0.40	0.45	−22	33	Ⅱ
	本溪县草河口	233.4	0.25	0.45	0.55	0.35	0.55	0.60	—	—	Ⅰ

续表

省市名	城市名	海拔高度（m）	风压（kN/m²）			雪压（kN/m²）			基本气温（℃）		雪荷载准永久值系数分区
			R=10	R=50	R=100	R=10	R=50	R=100	最低	最高	
辽宁	岫岩	79.3	0.30	0.45	0.50	0.35	0.50	0.55	−22	33	Ⅱ
	宽甸	260.1	0.30	0.50	0.60	0.40	0.60	0.70	−26	32	Ⅱ
	丹东市	15.1	0.35	0.55	0.65	0.30	0.40	0.45	−18	32	Ⅱ
	瓦房店市	29.3	0.35	0.50	0.55	0.20	0.30	0.35	−17	32	Ⅱ
	新金县皮口	43.2	0.35	0.50	0.55	0.20	0.30	0.35	—	—	Ⅱ
	庄河	34.8	0.35	0.50	0.55	0.25	0.35	0.40	−19	32	Ⅱ
	大连市	91.5	0.40	0.65	0.75	0.25	0.40	0.45	−13	32	Ⅱ
吉林	长春市	236.8	0.45	0.65	0.75	0.30	0.45	0.50	−26	32	Ⅰ
	白城市	155.4	0.45	0.65	0.75	0.15	0.20	0.25	−29	33	Ⅱ
	乾安	146.3	0.35	0.45	0.55	0.15	0.20	0.23	−28	33	Ⅱ
	前郭尔罗斯	134.7	0.30	0.45	0.50	0.15	0.25	0.30	−28	33	Ⅱ
	通榆	149.5	0.35	0.50	0.55	0.15	0.25	0.30	−28	33	Ⅱ
	长岭	189.3	0.30	0.45	0.50	0.15	0.20	0.25	−27	32	Ⅱ
	扶余市三岔河	196.6	0.40	0.60	0.70	0.25	0.35	0.40	−29	32	Ⅱ
	双辽	114.9	0.35	0.50	0.55	0.20	0.30	0.35	−27	33	Ⅰ
	四平市	164.2	0.40	0.55	0.60	0.20	0.35	0.40	−24	33	Ⅱ
	磐石县烟筒山	271.6	0.30	0.40	0.45	0.25	0.40	0.45	−31	31	Ⅰ
	吉林市	183.4	0.40	0.50	0.55	0.30	0.45	0.50	−31	32	Ⅰ
	蛟河	295.0	0.30	0.45	0.50	0.50	0.75	0.85	−31	32	Ⅰ
	敦化市	523.7	0.30	0.45	0.50	0.30	0.50	0.60	−29	30	Ⅰ
	梅河口市	339.9	0.30	0.40	0.45	0.30	0.45	0.50	−27	32	Ⅰ
	桦甸	263.8	0.30	0.40	0.45	0.40	0.65	0.75	−33	32	Ⅰ
	靖宇	549.2	0.25	0.35	0.40	0.40	0.60	0.70	−32	31	Ⅰ
	扶松县东岗	774.2	0.30	0.45	0.55	0.80	1.15	1.30	−27	30	Ⅰ
	延吉市	176.8	0.35	0.50	0.55	0.35	0.55	0.65	−26	32	Ⅰ
	通化市	402.9	0.30	0.50	0.60	0.80	0.80	0.90	−27	32	Ⅰ
	浑江市临江	332.7	0.20	0.30	0.30	0.45	0.70	0.80	−27	33	Ⅰ
	集安市	177.7	0.20	0.30	0.35	0.45	0.70	0.80	−26	33	Ⅰ
	长白	1016.7	0.35	0.45	0.50	0.40	0.60	0.70	−28	29	Ⅰ
黑龙江	哈尔滨市	142.3	0.35	0.55	0.70	0.30	0.45	0.50	−31	32	Ⅰ
	漠河	296.0	0.25	0.35	0.40	0.60	0.75	0.85	−42	30	Ⅰ
	塔河	357.4	0.25	0.30	0.35	0.50	0.65	0.75	−38	30	Ⅰ
	新林	494.6	0.25	0.35	0.40	0.50	0.65	0.75	−40	29	Ⅰ
	呼玛	177.4	0.30	0.50	0.60	0.45	0.60	0.70	−40	31	Ⅰ
	加格达奇	371.7	0.25	0.35	0.40	0.45	0.65	0.70	−38	30	Ⅰ
	黑河市	166.4	0.35	0.50	0.55	0.60	0.75	0.85	−35	31	Ⅰ
	嫩江	242.2	0.40	0.55	0.60	0.55	0.60	0.60	−39	31	Ⅰ
	孙吴	234.5	0.40	0.60	0.70	0.45	0.60	0.70	−40	31	Ⅰ
	北安市	269.7	0.30	0.50	0.60	0.40	0.55	0.60	−36	31	Ⅰ
	克山	234.6	0.30	0.45	0.50	0.30	0.50	0.55	−34	31	Ⅰ

省市名	城市名	海拔高度（m）	风压（kN/m²）			雪压（kN/m²）			基本气温（℃）		雪荷载准永久值系数分区
			R=10	R=50	R=100	R=10	R=50	R=100	最低	最高	
黑龙江	富裕	162.4	0.30	0.40	0.45	0.25	0.35	0.40	−34	32	Ⅰ
	齐齐哈尔市	145.9	0.35	0.45	0.50	0.25	0.40	0.45	−30	32	Ⅰ
	海伦	239.2	0.35	0.55	0.65	0.30	0.40	0.45	−32	31	Ⅰ
	明水	249.2	0.35	0.45	0.50	0.25	0.40	0.45	−30	31	Ⅰ
	伊春市	240.9	0.25	0.35	0.40	0.50	0.65	0.75	−36	31	Ⅰ
	鹤岗市	227.9	0.30	0.40	0.45	0.45	0.65	0.70	−27	31	Ⅰ
	富锦	64.2	0.30	0.45	0.50	0.40	0.55	0.60	−30	31	Ⅰ
	泰来	149.5	0.30	0.45	0.50	0.20	0.30	0.35	−28	33	Ⅰ
	绥化市	179.6	0.35	0.55	0.65	0.35	0.50	0.60	−32	31	Ⅰ
	安达市	149.3	0.35	0.55	0.65	0.20	0.30	0.35	−31	32	Ⅰ
	铁力	210.5	0.25	0.35	0.40	0.50	0.75	0.85	−34	31	Ⅰ
	佳木斯市	81.2	0.40	0.65	0.75	0.60	0.85	0.95	−30	32	Ⅰ
	依兰	100.1	0.45	0.65	0.75	0.30	0.45	0.50	−29	32	Ⅰ
	宝清	83.0	0.30	0.40	0.45	0.55	0.85	1.00	−30	31	Ⅰ
	通河	108.6	0.35	0.50	0.55	0.50	0.75	0.85	−33	32	Ⅰ
	尚志	189.7	0.35	0.55	0.65	0.40	0.55	0.60	−32	32	Ⅰ
	鸡西市	233.6	0.40	0.55	0.65	0.45	0.65	0.75	−27	32	Ⅰ
	虎林	100.2	0.35	0.45	0.50	0.95	1.40	1.60	−29	31	Ⅰ
	牡丹江市	241.4	0.35	0.50	0.55	0.50	0.75	0.85	−28	32	Ⅰ
	绥芬河市	496.7	0.40	0.60	0.70	0.60	0.75	0.85	−30	29	Ⅰ
山东	济南市	51.6	0.30	0.45	0.50	0.20	0.30	0.35	−9	36	Ⅱ
	德州市	21.2	0.30	0.45	0.50	0.20	0.35	0.40	−11	36	Ⅱ
	惠民	11.3	0.40	0.50	0.55	0.25	0.35	0.40	−13	36	Ⅱ
	寿光县羊角沟	4.4	0.30	0.45	0.50	0.15	0.25	0.30	−11	36	Ⅱ
	龙口市	4.8	0.45	0.60	0.65	0.25	0.35	0.40	−11	35	Ⅱ
	烟台市	46.7	0.40	0.55	0.60	0.30	0.40	0.45	−8	32	Ⅱ
	威海市	46.6	0.45	0.65	0.75	0.30	0.50	0.60	−8	32	Ⅱ
	荣成市成山头	47.7	0.60	0.70	0.75	0.25	0.40	0.45	−7	30	Ⅱ
	莘县朝城	42.7	0.35	0.45	0.50	0.25	0.35	0.40	−12	36	Ⅱ
	泰安市泰山	1533.7	0.65	0.85	0.95	0.40	0.55	0.60	−16	25	Ⅱ
	泰安市	128.8	0.30	0.40	0.45	0.20	0.35	0.40	−12	33	Ⅱ
	淄博市张店	34.0	0.30	0.40	0.45	0.30	0.45	0.50	−12	36	Ⅱ
	沂源	304.5	0.30	0.35	0.40	0.20	0.30	0.35	−13	35	Ⅱ
	潍坊市	44.1	0.30	0.40	0.45	0.25	0.35	0.40	−12	36	Ⅱ
	莱阳市	30.5	0.30	0.40	0.45	0.15	0.25	0.30	−13	35	Ⅱ
	青岛市	76.0	0.45	0.60	0.70	0.15	0.20	0.25	−9	33	Ⅱ
	海阳	65.2	0.40	0.55	0.60	0.10	0.15	0.15	−10	33	Ⅱ
	荣成市石岛	33.7	0.40	0.55	0.65	0.10	0.15	0.15	−8	31	Ⅱ
	菏泽市	49.7	0.25	0.40	0.45	0.20	0.30	0.35	−10	36	Ⅱ
	兖州	51.7	0.25	0.40	0.45	0.25	0.35	0.45	−11	36	Ⅱ

续表

省市名	城市名	海拔高度(m)	风压（kN/m²）			雪压（kN/m²）			基本气温（℃）		雪荷载准永久值系数分区
			R＝10	R＝50	R＝100	R＝10	R＝50	R＝100	最低	最高	
山东	莒县	107.4	0.25	0.35	0.40	0.20	0.35	0.40	−11	35	Ⅱ
	临沂	87.9	0.30	0.40	0.45	0.25	0.40	0.45	−10	35	Ⅱ
	日照市	16.1	0.30	0.40	0.45	—	—	—	−8	33	—
江苏	南京市	8.9	0.25	0.40	0.45	0.40	0.65	0.75	−6	37	Ⅱ
	徐州市	41.0	0.25	0.35	0.40	0.25	0.35	0.40	−8	35	Ⅱ
	赣榆	2.1	0.30	0.45	0.50	0.25	0.35	0.40	−8	35	Ⅱ
	盱眙	34.5	0.25	0.35	0.40	0.20	0.30	0.35	−7	36	Ⅱ
	淮阴市	17.5	0.25	0.40	0.45	0.25	0.40	0.45	−7	35	Ⅱ
	射阳	2.0	0.30	0.40	0.45	0.15	0.20	0.25	−7	35	Ⅲ
	镇江	26.5	0.30	0.40	0.45	0.25	0.35	0.40	—	—	Ⅲ
	无锡	6.7	0.30	0.45	0.50	0.30	0.40	0.45	—	—	Ⅲ
	泰州	6.6	0.25	0.40	0.45	0.25	0.35	0.40	—	—	Ⅲ
	连云港	3.7	0.35	0.55	0.65	0.25	0.40	0.45	—	—	Ⅱ
	盐城	3.6	0.25	0.45	0.55	0.20	0.35	0.40	—	—	Ⅲ
	高邮	5.4	0.25	0.40	0.45	0.20	0.35	0.40	−6	36	Ⅲ
	东台市	4.3	0.30	0.40	0.45	0.20	0.30	0.35	−6	36	Ⅲ
	南通市	5.3	0.30	0.45	0.50	0.15	0.25	0.30	−4	36	Ⅲ
	启东县吕泗	5.5	0.35	0.50	0.55	0.10	0.20	0.25	−4	35	Ⅲ
	常州市	4.9	0.25	0.40	0.45	0.20	0.35	0.40	−4	37	Ⅲ
	溧阳	7.2	0.25	0.40	0.45	0.30	0.50	0.55	−5	37	Ⅲ
	吴县东山	17.5	0.30	0.45	0.50	0.25	0.40	0.45	−5	36	Ⅲ
浙江	杭州市	41.7	0.30	0.45	0.50	0.30	0.45	0.50	−4	38	Ⅲ
	临安县天目山	1505.9	0.55	0.75	0.85	1.00	1.60	1.85	−11	28	Ⅱ
	平湖县乍浦	5.4	0.35	0.45	0.50	0.25	0.35	0.40	−5	36	Ⅲ
	慈溪市	7.1	0.30	0.45	0.50	0.25	0.35	0.40	−4	37	Ⅲ
	嵊泗	79.6	0.85	1.30	1.55	—	—	—	−2	34	—
	嵊泗县嵊山	124.6	1.00	1.65	1.95	—	—	—	0	30	—
	舟山市	35.7	0.50	0.85	1.00	0.30	0.50	0.60	−2	35	Ⅲ
	金华市	62.6	0.25	0.35	0.40	0.35	0.55	0.65	−3	39	Ⅲ
	嵊县	104.3	0.25	0.40	0.50	0.35	0.55	0.65	−3	39	Ⅲ
	宁波市	4.2	0.30	0.50	0.60	0.20	0.30	0.35	−3	37	Ⅲ
	象山县石浦	128.4	0.75	1.20	1.45	0.20	0.30	0.35	−2	35	Ⅲ
	衢州市	66.9	0.25	0.35	0.40	0.30	0.50	0.60	−3	38	Ⅲ
	丽水市	60.8	0.20	0.30	0.35	0.30	0.45	0.50	−3	39	Ⅲ
	龙泉	198.4	0.20	0.30	0.35	0.35	0.55	0.65	−2	38	Ⅲ
	临海市括苍山	1383.1	0.60	0.90	1.05	0.45	0.65	0.75	−8	29	Ⅲ
	温州市	6.0	0.35	0.60	0.70	0.25	0.35	0.40	0	36	Ⅲ
	椒江市洪家	1.3	0.35	0.55	0.65	0.20	0.30	0.35	−2	36	Ⅲ
	椒江市下大陈	86.2	0.95	1.45	1.75	0.25	0.35	0.40	−1	33	Ⅲ
	玉环县坎门	95.9	0.70	1.20	1.45	0.20	0.35	0.40	0	34	Ⅲ
	瑞安市北麂	42.3	1.00	1.80	2.20	—	—	—	2	33	

续表

省市名	城市名	海拔高度(m)	风压(kN/m²)			雪压(kN/m²)			基本气温(℃)		雪荷载准永久值系数分区
			R=10	R=50	R=100	R=10	R=50	R=100	最低	最高	
安徽	合肥市	27.9	0.25	0.35	0.40	0.40	0.60	0.70	−6	37	Ⅱ
	砀山	43.2	0.25	0.35	0.40	0.25	0.40	0.45	−9	36	Ⅱ
	亳州市	37.7	0.25	0.45	0.55	0.25	0.40	0.45	−8	37	Ⅱ
	宿县	25.9	0.25	0.40	0.50	0.25	0.40	0.45	−8	36	Ⅱ
	寿县	22.7	0.25	0.35	0.40	0.30	0.50	0.55	−7	35	Ⅱ
	蚌埠市	18.7	0.25	0.35	0.40	0.30	0.45	0.55	−6	36	Ⅱ
	滁县	25.3	0.25	0.35	0.40	0.30	0.50	0.60	−6	36	Ⅱ
	六安市	60.5	0.20	0.35	0.40	0.35	0.55	0.60	−5	37	Ⅱ
	霍山	68.1	0.20	0.35	0.40	0.45	0.65	0.75	−6	37	Ⅱ
	巢湖	22.4	0.25	0.35	0.40	0.30	0.45	0.50	−5	37	Ⅱ
	安庆市	19.8	0.25	0.40	0.45	0.20	0.35	0.40	−3	36	Ⅲ
	宁国	89.4	0.25	0.35	0.40	0.30	0.50	0.55	−6	38	Ⅲ
	黄山	1840.4	0.50	0.70	0.80	0.35	0.45	0.50	−11	24	Ⅲ
	黄山市	142.7	0.25	0.35	0.40	0.30	0.45	0.50	−3	38	Ⅲ
	阜阳市	30.6	—	—	—	0.35	0.55	0.60	−7	36	Ⅱ
江西	南昌市	46.7	0.30	0.45	0.55	0.30	0.45	0.50	−3	38	Ⅲ
	修水	146.8	0.20	0.30	0.35	0.25	0.40	0.50	−4	37	Ⅲ
	宜春市	131.3	0.20	0.30	0.35	0.25	0.40	0.45	−3	38	Ⅲ
	吉安	76.4	0.25	0.30	0.35	0.25	0.35	0.45	−2	38	Ⅲ
	宁冈	263.1	0.20	0.30	0.35	0.30	0.45	0.50	−3	38	Ⅲ
	遂川	126.1	0.20	0.30	0.35	0.30	0.45	0.55	−1	38	Ⅲ
	赣州市	123.8	0.20	0.30	0.35	0.20	0.35	0.40	0	38	Ⅲ
	九江	36.1	0.25	0.35	0.40	0.30	0.40	0.45	−2	38	Ⅲ
	庐山	1164.5	0.40	0.55	0.60	0.60	0.95	1.05	−9	29	Ⅲ
	波阳	40.1	0.25	0.40	0.45	0.35	0.60	0.70	−3	38	Ⅲ
	景德镇市	61.5	0.25	0.35	0.40	0.25	0.35	0.40	−3	38	Ⅲ
	樟树市	30.4	0.20	0.30	0.35	0.30	0.40	0.45	−3	38	Ⅲ
	贵溪	51.2	0.20	0.30	0.35	0.35	0.50	0.60	−3	38	Ⅲ
	玉山	116.3	0.20	0.30	0.35	0.35	0.55	0.65	−3	38	Ⅲ
	南城	80.8	0.25	0.30	0.35	0.20	0.35	0.40	−3	37	Ⅲ
	广昌	143.8	0.20	0.30	0.35	0.30	0.45	0.50	−2	38	Ⅲ
	寻乌	303.9	0.25	0.30	0.35	—	—	—	−0.3	37	
福建	福州市	83.8	0.40	0.70	0.85	—	—	—	3	37	—
	邵武市	191.5	0.20	0.30	0.35	0.25	0.35	0.40	−1	37	Ⅲ
	崇安县七仙山	1401.9	0.55	0.70	0.80	0.40	0.60	0.70	−5	28	Ⅲ
	浦城	276.9	0.20	0.30	0.35	0.35	0.55	0.65	−2	37	Ⅲ
	建阳	196.9	0.25	0.35	0.40	0.35	0.50	0.55	−2	38	Ⅲ
	建瓯	154.9	0.25	0.35	0.40	0.25	0.35	0.40	0	38	Ⅲ
	福鼎	36.2	0.35	0.70	0.90	—	—	—	1	37	—
	泰宁	342.9	0.20	0.30	0.35	0.30	0.50	0.60	−2	37	Ⅲ

续表

省市名	城市名	海拔高度（m）	风压（kN/m²）			雪压（kN/m²）			基本气温（℃）		雪荷载准永久值系数分区
			R=10	R=50	R=100	R=10	R=50	R=100	最低	最高	
福建	南平市	125.6	0.20	0.35	0.45	—	—	—	2	38	—
	福鼎县台山	106.6	0.75	1.00	1.10	—	—	—	4	30	—
	长汀	310.0	0.20	0.35	0.40	0.15	0.25	0.30	0	36	Ⅲ
	上杭	197.9	0.25	0.30	0.35	—	—	—	2	36	—
	永安市	206.0	0.25	0.40	0.45	—	—	—	2	38	—
	龙岩市	342.3	0.25	0.35	0.45	—	—	—	3	36	—
	德化县九仙山	1653.5	0.60	0.80	0.90	0.25	0.40	0.50	−3	25	Ⅲ
	屏南	896.5	0.20	0.30	0.35	0.25	0.45	0.50	−2	32	Ⅲ
	平潭	32.4	0.75	1.30	1.60	—	—	—	4	34	—
	崇武	21.8	0.55	0.85	1.05	—	—	—	5	33	—
	厦门市	139.4	0.50	0.80	0.95	—	—	—	5	35	—
	东山	53.3	0.80	1.25	1.45	—	—	—	7	34	—
陕西	西安市	397.5	0.25	0.35	0.40	0.20	0.25	0.30	−9	37	Ⅱ
	榆林市	1057.5	0.30	0.40	0.45	0.20	0.25	0.30	−22	35	Ⅱ
	吴旗	1272.6	0.25	0.40	0.50	0.15	0.20	0.20	−20	33	Ⅱ
	横山	1111.0	0.30	0.40	0.45	0.15	0.25	0.30	−21	35	Ⅱ
	绥德	929.7	0.30	0.40	0.45	0.20	0.35	0.40	−19	35	Ⅱ
	延安市	957.8	0.25	0.35	0.40	0.15	0.25	0.30	−17	34	Ⅱ
	长武	1206.5	0.20	0.30	0.35	0.20	0.30	0.35	−15	32	Ⅱ
	洛川	1158.3	0.20	0.35	0.40	0.25	0.35	0.40	−15	32	Ⅱ
	铜川市	978.9	0.20	0.35	0.40	0.15	0.20	0.25	−12	33	Ⅱ
	宝鸡市	612.4	0.20	0.35	0.40	0.15	0.20	0.25	−8	37	Ⅱ
	武功	447.8	0.20	0.35	0.40	0.20	0.25	0.30	−9	37	Ⅱ
	华阴县华山	2064.9	0.40	0.50	0.55	0.50	0.70	0.75	−15	25	Ⅱ
	略阳	794.2	0.25	0.35	0.40	0.10	0.15	0.15	−6	34	Ⅲ
	汉中市	508.4	0.20	0.30	0.35	0.15	0.20	0.25	−5	34	Ⅲ
	佛坪	1087.7	0.20	0.35	0.45	0.15	0.25	0.30	−8	33	Ⅲ
	商州市	742.2	0.25	0.30	0.35	0.20	0.30	0.35	−8	35	Ⅱ
	镇安	693.7	0.20	0.35	0.40	0.20	0.30	0.35	−7	36	Ⅲ
	石泉	484.9	0.20	0.30	0.35	0.20	0.30	0.35	−5	35	Ⅲ
	安康市	290.8	0.30	0.45	0.50	0.10	0.15	0.20	−4	37	Ⅲ
甘肃	兰州	1517.2	0.20	0.30	0.35	0.10	0.15	0.20	−15	34	Ⅱ
	吉诃德	966.5	0.45	0.55	0.60	—	—	—	—	—	—
	安西	1170.8	0.40	0.55	0.60	0.10	0.20	0.25	−22	37	Ⅱ
	酒泉市	1477.2	0.40	0.55	0.60	0.20	0.30	0.35	−21	33	Ⅱ
	张掖市	1482.7	0.30	0.50	0.60	0.05	0.10	0.15	−22	34	Ⅱ
	武威市	1530.9	0.40	0.55	0.65	0.15	0.20	0.25	−20	33	Ⅱ
	民勤	1367.0	0.40	0.50	0.55	0.05	0.10	0.10	−21	35	Ⅱ
	乌鞘岭	3045.1	0.35	0.40	0.45	0.35	0.55	0.60	−22	21	Ⅱ
	景泰	1630.5	0.25	0.40	0.45	0.10	0.15	0.20	−18	33	Ⅱ

省市名	城市名	海拔高度（m）	风压（kN/m²）			雪压（kN/m²）			基本气温（℃）		雪荷载准永久值系数分区
			$R=10$	$R=50$	$R=100$	$R=10$	$R=50$	$R=100$	最低	最高	
甘肃	靖远	1398.2	0.20	0.30	0.35	0.15	0.20	0.25	−18	33	Ⅱ
	临夏市	1917.0	0.20	0.30	0.35	0.15	0.25	0.30	−18	30	Ⅱ
	临洮	1886.6	0.20	0.30	0.35	0.30	0.50	0.55	−19	30	Ⅱ
	华家岭	2450.6	0.30	0.40	0.45	0.25	0.40	0.45	−17	24	Ⅱ
	环县	1255.6	0.20	0.30	0.35	0.15	0.25	0.30	−18	33	Ⅱ
	平凉市	1346.6	0.25	0.30	0.35	0.15	0.25	0.30	−14	32	Ⅱ
	西峰镇	1421.0	0.20	0.30	0.35	0.25	0.40	0.45	−14	31	Ⅱ
	玛曲	3471.4	0.25	0.30	0.35	0.15	0.20	0.25	−23	21	Ⅱ
	夏河县合作	2910.0	0.25	0.30	0.35	0.25	0.40	0.45	−23	24	Ⅱ
	武都	1079.1	0.25	0.35	0.40	0.05	0.10	0.15	−5	35	Ⅲ
	天水市	1141.7	0.20	0.35	0.40	0.15	0.20	0.25	−11	34	Ⅱ
	马宗山	1962.7	—	—	—	0.10	0.15	0.20	−25	32	Ⅱ
	敦煌	1139.0	—	—	—	0.10	0.15	0.20	−20	37	Ⅱ
	玉门市	1526.0	—	—	—	0.10	0.15	0.20	−21	33	Ⅱ
	金塔县鼎新	1177.4				0.05	0.10	0.15	−21	36	Ⅱ
	高台	1332.2	—	—	—	0.10	0.15	0.20	−21	34	Ⅱ
	山丹	1764.6				0.15	0.20	0.25	−21	32	Ⅱ
	永昌	1976.1				0.10	0.15	0.20	−22	29	Ⅱ
	榆中	1874.1	—	—	—	0.15	0.20	0.25	−19	30	Ⅱ
	会宁	2012.2				0.20	0.30	0.35	—	—	Ⅱ
	岷县	2315.0	—	—	—	0.10	0.15	0.20	−19	27	Ⅱ
宁夏	银川	1111.4	0.40	0.65	0.75	0.15	0.20	0.25	−19	34	Ⅱ
	惠农	1091.0	0.45	0.65	0.70	0.05	0.10	0.10	−20	35	Ⅱ
	陶乐	1101.6	—	—	—	0.05	0.10	0.10	−20	35	Ⅱ
	中卫	1225.7	0.30	0.45	0.50	0.05	0.10	0.15	−18	33	Ⅱ
	中宁	1183.3	0.30	0.35	0.40	0.10	0.15	0.20	−18	34	Ⅱ
	盐池	1347.8	0.30	0.40	0.45	0.20	0.30	0.35	−20	34	Ⅱ
	海源	1854.2	0.25	0.35	0.40	0.25	0.40	0.45	−17	30	Ⅱ
	同心	1343.9	0.20	0.30	0.35	0.10	0.15	0.20	−18	34	Ⅱ
	固原	1753.0	0.25	0.35	0.40	0.30	0.40	0.45	−20	29	Ⅱ
	西吉	1916.5	0.20	0.30	0.35	0.15	0.20	0.25	−20	29	Ⅱ
青海	西宁	2261.2	0.25	0.35	0.40	0.15	0.20	0.25	−19	29	Ⅱ
	茫崖	3138.5	0.30	0.40	0.45	0.05	0.10	0.10	—	—	Ⅱ
	冷湖	2733.0	0.40	0.55	0.60	0.05	0.10	0.10	−26	29	Ⅱ
	祁连县托勒	3367.0	0.30	0.40	0.45	0.20	0.25	0.30	−32	22	Ⅱ
	祁连县野牛沟	3180.0	0.30	0.40	0.45	0.15	0.20	0.20	−31	21	Ⅱ
	祁连县	2787.4	0.30	0.35	0.40	0.10	0.15	0.15	−25	25	Ⅱ
	格尔木市小灶火	2767.0	0.30	0.40	0.45	0.05	0.10	0.10	−25	30	Ⅱ
	大柴旦	3173.2	0.30	0.40	0.45	0.10	0.15	0.15	−27	26	Ⅱ
	德令哈市	2981.5	0.25	0.35	0.40	0.10	0.15	0.20	−22	28	Ⅱ

续表

省市名	城市名	海拔高度（m）	风压（kN/m²）			雪压（kN/m²）			基本气温（℃）		雪荷载准永久值系数分区
			R=10	R=50	R=100	R=10	R=50	R=100	最低	最高	
青海	刚察	3301.5	0.25	0.35	0.40	0.20	0.25	0.30	−26	21	Ⅱ
	门源	2850.0	0.25	0.35	0.40	0.20	0.30	0.30	−27	24	Ⅱ
	格尔木市	2807.6	0.30	0.40	0.45	0.10	0.20	0.25	−21	29	Ⅱ
	都兰县诺木洪	2790.4	0.35	0.50	0.60	0.05	0.10	0.10	−22	30	Ⅱ
	都兰	3191.1	0.30	0.45	0.55	0.20	0.25	0.30	−21	26	Ⅱ
	乌兰县茶卡	3087.6	0.25	0.35	0.40	0.15	0.20	0.25	−25	25	Ⅱ
	共和县恰卜恰	2835.0	0.25	0.35	0.40	0.10	0.15	0.20	−22	26	Ⅱ
	贵德	2237.1	0.25	0.30	0.35	0.05	0.10	0.10	−18	30	Ⅱ
	民和	1813.9	0.20	0.30	0.35	0.10	0.10	0.15	−17	31	Ⅱ
	唐古拉山五道梁	4612.2	0.35	0.45	0.50	0.20	0.25	0.30	−29	17	Ⅰ
	兴海	3323.2	0.25	0.35	0.40	0.15	0.20	0.20	−25	23	Ⅱ
	同德	3289.4	0.25	0.35	0.40	0.20	0.30	0.35	−28	23	Ⅱ
	泽库	3662.8	0.25	0.30	0.35	0.20	0.40	0.45	—	—	Ⅱ
	格尔木市托托河	4533.1	0.40	0.50	0.55	0.25	0.35	0.40	−33	19	Ⅰ
	治多	4179.0	0.25	0.30	0.35	0.15	0.20	0.25	—	—	Ⅰ
	杂多	4066.4	0.25	0.35	0.40	0.20	0.25	0.30	−25	22	Ⅱ
	曲麻菜	4231.2	0.25	0.35	0.40	0.15	0.25	0.30	−28	20	Ⅰ
	玉树	3681.2	0.20	0.30	0.35	0.15	0.20	0.25	−20	24.4	Ⅱ
	玛多	4272.3	0.30	0.40	0.45	0.25	0.35	0.40	−33	18	Ⅰ
	称多县清水河	4415.4	0.25	0.30	0.35	0.25	0.30	0.35	−33	17	Ⅰ
	玛沁县仁峡姆	4211.1	0.30	0.35	0.40	0.25	0.30	0.35	−33	18	Ⅰ
	达日县吉迈	3967.5	0.25	0.35	0.40	0.20	0.25	0.30	−27	20	Ⅱ
	河南	3500.0	0.25	0.40	0.45	0.20	0.25	0.30	−29	21	Ⅱ
	久治	3628.5	0.20	0.30	0.35	0.20	0.25	0.30	−24	21	Ⅱ
	昂欠	3643.7	0.25	0.30	0.35	0.10	0.20	0.25	−18	25	Ⅱ
	班玛	3750.0	0.20	0.30	0.35	0.15	0.20	0.25	−20	22	Ⅱ
新疆	乌鲁木齐市	917.9	0.40	0.60	0.70	0.65	0.90	1.00	−23	34	Ⅰ
	阿勒泰市	735.3	0.40	0.70	0.85	1.20	1.65	1.85	−28	32	Ⅰ
	阿拉山口	284.8	0.95	1.35	1.55	0.20	0.25	0.25	−25	39	Ⅰ
	克拉玛依市	427.3	0.65	0.90	1.00	0.20	0.30	0.35	−27	38	Ⅰ
	伊宁市	662.5	0.40	0.60	0.70	1.00	1.40	1.55	−23	35	Ⅰ
	昭苏	1851.0	0.25	0.40	0.45	0.65	0.85	0.95	−23	26	Ⅰ
	达坂城	1103.5	0.55	0.80	0.90	0.15	0.20	0.20	−21	32	Ⅰ
	巴音布鲁克	2458.0	0.25	0.35	0.40	0.55	0.75	0.85	−40	22	Ⅰ
	吐鲁番市	34.5	0.50	0.85	1.00	0.15	0.20	0.25	−20	44	Ⅱ
	阿克苏市	1103.8	0.30	0.45	0.50	0.15	0.25	0.30	−20	36	Ⅱ
	库车	1099.0	0.35	0.50	0.60	0.15	0.20	0.30	−19	36	Ⅱ
	库尔勒	931.5	0.30	0.45	0.50	0.15	0.20	0.30	−18	37	Ⅱ
	乌恰	2175.7	0.25	0.35	0.40	0.35	0.50	0.60	−20	31	Ⅱ
	喀什	1288.7	0.35	0.55	0.65	0.30	0.45	0.50	−17	36	Ⅱ

续表

省市名	城市名	海拔高度（m）	风压（kN/m²）			雪压（kN/m²）			基本气温（℃）		雪荷载准永久值系数分区
			R=10	R=50	R=100	R=10	R=50	R=100	最低	最高	
新疆	阿合奇	1984.9	0.25	0.35	0.40	0.25	0.35	0.40	−21	31	Ⅱ
	皮山	1375.4	0.20	0.30	0.35	0.15	0.20	0.25	−18	37	Ⅱ
	和田	1374.6	0.25	0.40	0.45	0.10	0.20	0.25	−15	37	Ⅱ
	民丰	1409.3	0.20	0.30	0.35	0.10	0.15	0.15	−19	37	Ⅱ
	安德河	1262.8	0.20	0.30	0.35	0.05	0.05	0.05	−23	39	Ⅱ
	于田	1422.0	0.20	0.30	0.35	0.10	0.15	0.15	−17	36	Ⅱ
	哈密	737.2	0.40	0.60	0.70	0.15	0.25	0.30	−23	38	Ⅱ
	哈巴河	532.6	—	—	—	0.70	1.00	1.15	−26	33.6	Ⅰ
	吉木乃	984.1	—	—	—	0.85	1.15	1.35	−24	31	Ⅰ
	福海	500.9	—	—	—	0.30	0.45	0.50	−31	34	Ⅰ
	富蕴	807.5	—	—	—	0.95	1.35	1.50	−33	34	Ⅰ
	塔城	534.9	—	—	—	1.10	1.55	1.75	−23	35	Ⅰ
	和布克塞尔	1291.6	—	—	—	0.25	0.40	0.45	−23	30	Ⅰ
	青河	1218.2	—	—	—	0.90	1.30	1.45	−35	31	Ⅰ
	托里	1077.8	—	—	—	0.55	0.75	0.85	−24	32	Ⅰ
	北塔山	1653.7	—	—	—	0.55	0.65	0.70	−25	28	Ⅰ
	温泉	1354.6	—	—	—	0.35	0.45	0.50	−25	30	Ⅰ
	精河	320.1	—	—	—	0.20	0.30	0.35	−27	38	Ⅰ
	乌苏	478.7	—	—	—	0.40	0.55	0.60	−26	37	Ⅰ
	石河子	442.9	—	—	—	0.50	0.70	0.80	−28	37	Ⅰ
	蔡家湖	440.5	—	—	—	0.40	0.50	0.55	−32	38	Ⅰ
	奇台	793.5	—	—	—	0.55	0.75	0.85	−31	34	Ⅰ
	巴仑台	1752.5	—	—	—	0.20	0.30	0.35	−20	30	Ⅱ
	七角井	873.2	—	—	—	0.05	0.10	0.15	−23	38	Ⅱ
	库米什	922.4	—	—	—	0.10	0.15	0.15	−25	38	Ⅱ
	焉耆	1055.8	—	—	—	0.15	0.20	0.25	−24	35	Ⅱ
	拜城	1229.2	—	—	—	0.20	0.30	0.35	−26	34	Ⅱ
	轮台	976.1	—	—	—	0.15	0.20	0.30	−19	38	Ⅱ
	吐尔格特	3504.4	—	—	—	0.40	0.55	0.65	−27	18	Ⅱ
	巴楚	1116.5	—	—	—	0.10	0.15	0.20	−19	38	Ⅱ
	柯坪	1161.8	—	—	—	0.05	0.10	0.15	−20	37	Ⅱ
	阿拉尔	1012.2	—	—	—	0.05	0.10	0.10	−20	36	Ⅱ
	铁干里克	846.0	—	—	—	0.10	0.15	0.15	−20	39	Ⅱ
	若羌	888.3	—	—	—	0.10	0.15	0.20	−18	40	Ⅱ
	塔吉克	3090.9	—	—	—	0.15	0.25	0.30	−28	28	Ⅱ
	莎车	1231.2	—	—	—	0.15	0.20	0.25	−17	37	Ⅱ
	且末	1247.5	—	—	—	0.10	0.15	0.20	−20	37	Ⅱ
	红柳河	1700.0	—	—	—	0.10	0.15	0.15	−25	35	Ⅱ

续表

省市名	城市名	海拔高度（m）	风压（kN/m²）			雪压（kN/m²）			基本气温（℃）		雪荷载准永久值系数分区
			R=10	R=50	R=100	R=10	R=50	R=100	最低	最高	
河南	郑州市	110.4	0.30	0.45	0.50	0.25	0.40	0.45	−8	36	Ⅱ
	安阳市	75.5	0.25	0.45	0.55	0.25	0.40	0.45	−8	36	Ⅱ
	新乡市	72.7	0.30	0.40	0.45	0.20	0.30	0.35	−8	36	Ⅱ
	三门峡市	410.1	0.25	0.40	0.45	0.15	0.20	0.25	−8	36	Ⅱ
	卢氏	568.8	0.20	0.30	0.35	0.20	0.30	0.35	−10	35	Ⅱ
	孟津	323.3	0.30	0.45	0.50	0.30	0.40	0.50	−8	35	Ⅱ
	洛阳市	137.1	0.25	0.40	0.45	0.25	0.35	0.40	−6	36	Ⅱ
	栾川	750.1	0.20	0.30	0.35	0.25	0.40	0.45	−9	34	Ⅱ
	许昌市	66.8	0.30	0.40	0.45	0.25	0.40	0.45	−8	36	Ⅱ
	开封市	72.5	0.30	0.45	0.50	0.20	0.30	0.35	−8	36	Ⅱ
	西峡	250.3	0.25	0.35	0.40	0.20	0.30	0.35	−6	36	Ⅱ
	南阳市	129.2	0.25	0.35	0.40	0.30	0.45	0.50	−7	36	Ⅱ
	宝丰	136.4	0.25	0.35	0.40	0.20	0.30	0.35	−8	36	Ⅱ
	西华	52.6	0.25	0.45	0.55	0.30	0.45	0.50	−8	37	Ⅱ
	驻马店市	82.7	0.25	0.40	0.45	0.30	0.45	0.50	−8	36	Ⅱ
	信阳市	114.5	0.25	0.35.	0.40	0.35	0.55	0.65	−6	36	Ⅱ
	商丘市	50.1	0.20	0.35	0.45	0.30	0.45	0.50	−8	36	Ⅱ
	固始	57.1	0.20	0.35	0.40	0.35	0.55	0.65	−6	36	Ⅱ
湖北	武汉市	23.3	0.25	0.35	0.40	0.30	0.50	0.60	−5	37	Ⅱ
	郧县	201.9	0.20	0.30	0.35	0.25	0.40	0.45	−3	37	Ⅱ
	房县	434.4	0.20	0.30	0.35	0.20	0.30	0.35	−7	35	Ⅲ
	老河口市	90.0	0.20	0.30	0.35	0.25	0.35	0.40	−6	36	Ⅱ
	枣阳	125.5	0.25	0.40	0.45	0.25	0.40	0.45	−6	36	Ⅱ
	巴东	294.5	0.15	0.30	0.35	0.15	0.20	0.25	−2	38	Ⅲ
	钟祥	65.8	0.20	0.30	0.35	0.25	0.35	0.40	−4	36	Ⅱ
	麻城市	59.3	0.20	0.35	0.45	0.35	0.55	0.65	−4	37	Ⅱ
	恩施市	457.1	0.20	0.30	0.35	0.15	0.20	0.25	−2	36	Ⅲ
	巴东县绿葱坡	1819.3	0.30	0.35	0.40	0.65	0.95	1.10	−10	26	Ⅲ
	五峰县	908.4	0.20	0.30	0.35	0.25	0.35	0.40	−5	34	Ⅲ
	宜昌市	133.1	0.20	0.30	0.35	0.20	0.30	0.35	−3	37	Ⅲ
	荆州	32.6	0.20	0.30	0.35	0.25	0.40	0.45	−4	36	Ⅱ
	天门市	34.1	0.20	0.30	0.35	0.25	0.35	0.45	−5	36	Ⅱ
	来凤	459.5	0.20	0.30	0.35	0.15	0.20	0.25	−3	35	Ⅲ
	嘉鱼	36.0	0.20	0.35	0.45	0.25	0.35	0.40	−3	37	Ⅲ
	英山	123.8	0.20	0.30	0.35	0.25	0.40	0.45	−5	37	Ⅲ
	黄石市	19.6	0.25	0.35	0.40	0.25	0.35	0.40	−3	38	Ⅲ
湖南	长沙市	44.9	0.25	0.35	0.40	0.30	0.45	0.50	−3	38	Ⅲ
	桑植	322.2	0.20	0.30	0.35	0.25	0.35	0.40	−3	36	Ⅲ
	石门	116.9	0.25	0.30	0.35	0.25	0.35	0.40	−3	36	Ⅲ
	南县	36.0	0.25	0.40	0.50	0.30	0.45	0.50	−3	36	Ⅲ

续表

省市名	城市名	海拔高度（m）	风压（kN/m²）			雪压（kN/m²）			基本气温（℃）		雪荷载准永久值系数分区
			R＝10	R＝50	R＝100	R＝10	R＝50	R＝100	最低	最高	
湖南	岳阳市	53.0	0.25	0.40	0.45	0.35	0.55	0.65	−2	36	Ⅲ
	吉首市	206.6	0.20	0.30	0.35	0.20	0.30	0.35	−2	36	Ⅲ
	沅陵	151.6	0.20	0.30	0.35	0.20	0.35	0.40	−3	37	Ⅲ
	常德市	35.0	0.25	0.40	0.50	0.30	0.50	0.60	−3	36	Ⅱ
	安化	128.3	0.20	0.30	0.35	0.30	0.45	0.50	−3	38	Ⅱ
	沅江市	36.0	0.25	0.40	0.45	0.35	0.55	0.65	−3	37	Ⅲ
	平江	106.3	0.20	0.30	0.35	0.25	0.40	0.45	−4	37	Ⅲ
	芷江	272.2	0.20	0.30	0.35	0.25	0.35	0.45	−3	36	Ⅲ
	雪峰山	1404.9	—	—	—	0.50	0.75	0.85	−8	27	Ⅱ
	邵阳市	248.6	0.20	0.30	0.35	0.20	0.30	0.35	−3	37	Ⅲ
	双峰	100.0	0.20	0.30	0.35	0.25	0.40	0.45	−4	38	Ⅲ
	南岳	1265.9	0.60	0.75	0.85	0.50	0.75	0.85	−8	28	Ⅲ
	通道	397.5	0.25	0.30	0.35	0.15	0.25	0.30	−3	35	Ⅲ
	武岗	341.0	0.20	0.30	0.35	0.20	0.30	0.35	−3	36	Ⅲ
	零陵	172.6	0.25	0.40	0.45	0.15	0.25	0.30	−2	37	Ⅲ
	衡阳市	103.2	0.25	0.40	0.45	0.20	0.35	0.40	−2	38	Ⅲ
	道县	192.2	0.25	0.35	0.40	0.15	0.20	0.25	−1	37	Ⅲ
	郴州市	184.9	0.20	0.30	0.35	0.20	0.30	0.35	−2	38	Ⅲ
广东	广州市	6.6	0.30	0.50	0.60	—	—	—	6	36	—
	南雄	133.8	0.20	0.30	0.35	—	—	—	1	37	—
	连县	97.6	0.20	0.30	0.35	—	—	—	2	37	—
	韶关	69.3	0.20	0.35	0.45	—	—	—	2	37	—
	佛岗	67.8	0.20	0.30	0.35	—	—	—	4	36	—
	连平	214.5	0.20	0.30	0.35	—	—	—	2	36	—
	梅县	87.8	0.20	0.30	0.35	—	—	—	4	37	—
	广宁	56.8	0.20	0.30	0.35	—	—	—	4	36	—
	高要	7.1	0.30	0.50	0.60	—	—	—	6	36	—
	河源	40.6	0.20	0.30	0.35	—	—	—	5	36	—
	惠阳	22.4	0.35	0.55	0.60	—	—	—	6	36	—
	五华	120.9	0.20	0.30	0.35	—	—	—	4	36	—
	汕头市	1.1	0.50	0.80	0.95	—	—	—	6	35	—
	惠来	12.9	0.45	0.75	0.90	—	—	—	7	35	—
	南澳	7.2	0.50	0.80	0.95	—	—	—	9	32	—
	信宜	84.6	0.35	0.60	0.70	—	—	—	7	36	—
	罗定	53.3	0.20	0.30	0.35	—	—	—	6	37	—
	台山	32.7	0.35	0.55	0.65	—	—	—	6	35	—
	深圳市	18.2	0.45	0.75	0.90	—	—	—	8	35	—
	汕尾	4.6	0.50	0.85	1.00	—	—	—	7	34	—
	湛江市	25.3	0.50	0.80	0.95	—	—	—	9	36	—
	阳江	23.3	0.45	0.75	0.90	—	—	—	7	35	—

省市名	城市名	海拔高度 (m)	风压（kN/m²）			雪压（kN/m²）			基本气温（℃）		雪荷载准永久值系数分区
			$R=10$	$R=50$	$R=100$	$R=10$	$R=50$	$R=100$	最低	最高	
广东	电白	11.8	0.45	0.70	0.80	—	—	—	8	35	—
	台山县上川岛	21.5	0.75	1.05	1.20	—	—	—	8	35	—
	徐闻	67.9	0.45	0.75	0.90	—	—	—	10	36	—
广西	南宁市	73.1	0.25	0.35	0.40	—	—	—	6	36	—
	桂林市	164.4	0.20	0.30	0.35	—	—	—	1	36	—
	柳州市	96.8	0.20	0.30	0.35	—	—	—	3	36	—
	蒙山	145.7	0.20	0.30	0.35	—	—	—	2	36	—
	贺山	108.8	0.20	0.30	0.35	—	—	—	2	36	—
	百色市	173.5	0.25	0.45	0.55	—	—	—	5	37	—
	靖西	739.4	0.20	0.30	0.35	—	—	—	4	32	—
	桂平	42.5	0.20	0.30	0.35	—	—	—	5	36	—
	梧州市	114.8	0.20	0.30	0.35	—	—	—	4	36	—
	龙舟	128.8	0.20	0.30	0.35	—	—	—	7	36	—
	灵山	66.0	0.20	0.30	0.35	—	—	—	5	35	—
	玉林	81.8	0.20	0.30	0.35	—	—	—	5	36	—
	东兴	18.2	0.45	0.75	0.90	—	—	—	8	34	—
	北海市	15.3	0.45	0.75	0.90	—	—	—	7	35	—
	润洲岛	55.2	0.70	1.10	1.30	—	—	—	9	34	—
海南	海口市	14.1	0.45	0.75	0.90	—	—	—	10	37	
	东方	8.4	0.55	0.85	1.00	—	—	—	10	37	
	儋县	168.7	0.40	0.70	0.85	—	—	—	9	37	
	琼中	250.9	0.30	0.45	0.55	—	—	—	8	36	
	琼海	24.0	0.50	0.85	1.05	—	—	—	10	37	
	三亚市	5.5	0.50	0.85	1.05	—	—	—	14	36	
	陵水	13.9	0.50	0.85	1.05	—	—	—	12	36	
	西沙岛	4.7	1.05	1.80	2.20	—	—	—	18	35	
	珊瑚岛	4.0	0.70	1.10	1.30	—	—	—	16	36	
四川	成都市	506.1	0.20	0.30	0.35	0.10	0.10	0.15	−1	34	Ⅲ
	石渠	4200.0	0.25	0.30	0.35	0.35	0.50	0.60	−28	19	Ⅱ
	若尔盖	3439.6	0.25	0.30	0.35	0.30	0.40	0.45	−24	21	Ⅱ
	甘孜	3393.5	0.35	0.45	0.50	0.30	0.50	0.55	−17	25	Ⅱ
	都江堰市	706.7	0.20	0.30	0.35	0.15	0.25	0.30	—	—	Ⅲ
	绵阳市	470.8	0.20	0.30	0.35	—	—	—	−3	35	—
	雅安市	627.6	0.20	0.30	0.35	0.10	0.20	0.20	0	34	Ⅲ
	资阳	357.0	0.20	0.30	0.35	—	—	—	1	33	—
	康定	2615.7	0.30	0.35	0.40	0.30	0.50	0.55	−10	23	Ⅱ
	汉源	795.9	0.20	0.30	0.35	—	—	—	2	34	—
	九龙	2987.3	0.20	0.30	0.35	0.15	0.20	0.20	−10	25	Ⅲ
	越西	1659.0	0.25	0.30	0.35	0.15	0.25	0.30	−4	31	Ⅲ
	昭觉	2132.4	0.25	0.30	0.35	0.25	0.35	0.40	−6	28	Ⅲ

省市名	城市名	海拔高度（m）	风压（kN/m²）			雪压（kN/m²）			基本气温（℃）		雪荷载准永久值系数分区
			$R=10$	$R=50$	$R=100$	$R=10$	$R=50$	$R=100$	最低	最高	
四川	雷波	1474.9	0.20	0.30	0.40	0.20	0.30	0.35	−4	29	Ⅲ
	宜宾市	340.8	0.20	0.30	0.35	—	—	—	2	35	—
	盐源	2545.0	0.20	0.30	0.35	0.20	0.30	0.35	−6	27	Ⅲ
	西昌市	1590.9	0.20	0.30	0.35	0.20	0.30	0.35	−1	32	Ⅲ
	会理	1787.1	0.20	0.30	0.35	—	—	—	−4	30	—
	万源	674.0	0.20	0.30	0.35	0.05	0.10	0.15	−3	35	Ⅲ
	阆中	382.6	0.20	0.30	0.35	—	—	—	−1	36	—
	巴中	358.9	0.20	0.30	0.35	—	—	—	−1	36	—
	达县市	310.4	0.20	0.35	0.45	—	—	—	0	37	—
	遂宁市	278.2	0.20	0.30	0.35	—	—	—	0	36	—
	南充市	309.3	0.20	0.30	0.35	—	—	—	0	36	—
	内江市	347.1	0.25	0.40	0.50	—	—	—	0	36	—
	泸州市	334.8	0.20	0.30	0.35	—	—	—	1	36	—
	叙永	377.5	0.20	0.30	0.35	—	—	—	1	36	—
	德格	3201.2	—	—	—	0.15	0.20	0.25	−15	26	Ⅲ
	色达	3893.9	—	—	—	0.30	0.40	0.45	−24	21	Ⅲ
	道孚	2957.2	—	—	—	0.15	0.20	0.25	−16	28	Ⅲ
	阿坝	3275.1	—	—	—	0.25	0.40	0.45	−19	22	Ⅲ
	马尔康	2664.4	—	—	—	0.15	0.25	0.30	−12	29	Ⅲ
	红原	3491.6	—	—	—	0.25	0.40	0.45	−26	22	Ⅱ
	小金	2369.2	—	—	—	0.10	0.15	0.15	−8	31	Ⅱ
	松潘	2850.7	—	—	—	0.20	0.30	0.35	−16	26	Ⅱ
	新龙	3000.0	—	—	—	0.10	0.15	0.15	−16	27	Ⅱ
	理唐	3948.9	—	—	—	0.35	0.50	0.60	−19	21	Ⅱ
	稻城	3727.7	—	—	—	0.20	0.30	0.30	−19	23	Ⅲ
	峨眉山	3047.4	—	—	—	0.40	0.55	0.60	−15	19	Ⅱ
贵州	贵阳市	1074.3	0.20	0.30	0.35	0.10	0.20	0.25	−3	32	Ⅲ
	威宁	2237.5	0.25	0.35	0.40	0.25	0.35	0.40	−6	26	Ⅲ
	盘县	1515.2	0.25	0.35	0.40	0.25	0.35	0.45	−3	30	Ⅲ
	桐梓	972.0	0.20	0.30	0.35	0.10	0.15	0.20	−4	33	Ⅲ
	习水	1180.2	0.20	0.30	0.35	0.15	0.20	0.20	−5	31	Ⅱ
	毕节	1510.6	0.20	0.30	0.35	0.15	0.25	0.30	−4	30	Ⅲ
	遵义市	843.9	0.20	0.30	0.35	0.10	0.15	0.20	−2	34	Ⅲ
	湄潭	791.8	—	—	—	0.15	0.20	0.25	−3	34	Ⅲ
	思南	416.3	0.20	0.30	0.35	0.10	0.20	0.25	−1	36	Ⅲ
	铜仁	279.7	0.20	0.30	0.35	0.20	0.30	0.35	−2	37	Ⅲ
	黔西	1251.8	—	—	—	0.15	0.20	0.25	−4	32	Ⅲ
	安顺市	1392.9	0.20	0.30	0.35	0.20	0.30	0.35	−3	30	Ⅲ
	凯里市	720.3	0.20	0.30	0.35	0.15	0.20	0.25	−3	34	Ⅲ
	三穗	610.5	—	—	—	0.20	0.30	0.35	−4	34	Ⅲ

续表

省市名	城市名	海拔高度（m）	风压（kN/m²）			雪压（kN/m²）			基本气温（℃）		雪荷载准永久值系数分区
			R=10	R=50	R=100	R=10	R=50	R=100	最低	最高	
贵州	兴仁	1378.5	0.20	0.30	0.35	0.20	0.35	0.40	—2	30	Ⅲ
	罗甸	440.3	0.20	0.30	0.35	—	—	—	1	37	—
	独山	1013.3	—	—	—	0.20	0.30	0.35	—3	32	Ⅲ
	榕江	285.7	—	—	—	0.10	0.15	0.20	—1	37	Ⅲ
云南	昆明市	1891.4	0.20	0.30	0.35	0.20	0.30	0.35	—1	28	Ⅲ
	德钦	3485.0	0.25	0.35	0.40	0.60	0.90	1.05	—12	22	Ⅱ
	贡山	1591.3	0.20	0.30	0.35	0.45	0.75	0.90	—3	30	Ⅱ
	中甸	3276.1	0.20	0.30	0.35	0.50	0.80	0.90	—15	22	Ⅱ
	维西	2325.6	0.20	0.30	0.35	0.45	0.65	0.75	—6	28	Ⅲ
	昭通市	1949.5	0.25	0.35	0.40	0.15	0.25	0.30	—6	28	Ⅲ
	丽江	2393.2	0.25	0.30	0.35	0.20	0.30	0.35	—5	27	Ⅲ
	华坪	1244.8	0.30	0.45	0.55	—	—	—	—1	35	—
	会泽	2109.5	0.25	0.35	0.40	0.25	0.35	0.40	—4	26	Ⅲ
	腾冲	1654.6	0.20	0.30	0.35	—	—	—	—3	27	—
	泸水	1804.9	0.20	0.30	0.35	—	—	—	1	26	—
	保山市	1653.5	0.20	0.30	0.35	—	—	—	—2	29	—
	大理市	1990.5	0.45	0.65	0.75	—	—	—	—2	28	—
	元谋	1120.2	0.25	0.35	0.40	—	—	—	2	35	—
	楚雄市	1772.0	0.20	0.35	0.40	—	—	—	—2	29	—
	曲靖市沾益	1898.7	0.25	0.30	0.35	0.25	0.40	0.45	—1	28	Ⅲ
	瑞丽	776.6	0.20	0.30	0.35	—	—	—	3	32	—
	景东	1162.3	0.20	0.30	0.35	—	—	—	1	32	—
	玉溪	1636.7	0.20	0.30	0.35	—	—	—	—1	30	—
	宜良	1532.1	0.25	0.45	0.55	—	—	—	1	28	—
	泸西	1704.3	0.25	0.30	0.35	—	—	—	—2	29	—
	孟定	511.4	0.25	0.40	0.45	—	—	—	—5	32	—
	临沧	1502.4	0.20	0.30	0.35	—	—	—	0	29	—
	澜沧	1054.8	0.20	0.30	0.35	—	—	—	1	32	—
	景洪	552.7	0.20	0.40	0.50	—	—	—	7	35	—
	思茅	1302.1	0.25	0.45	0.50	—	—	—	3	30	—
	元江	400.9	0.25	0.30	0.35	—	—	—	7	37	—
	勐腊	631.9	0.20	0.30	0.35	—	—	—	7	34	—
	江城	1119.5	0.20	0.40	0.50	—	—	—	4	30	—
	蒙自	1300.7	0.25	0.35	0.45	—	—	—	3	31	—
	屏边	1414.1	0.20	0.40	0.35	—	—	—	2	28	—
	文山	1271.6	0.20	0.30	0.35	—	—	—	3	31	—
	广南	1249.6	0.25	0.35	0.40	—	—	—	0	31	—
西藏	拉萨市	3658.0	0.20	0.30	0.35	0.10	0.15	0.20	—13	27	Ⅲ
	班戈	4700.0	0.35	0.55	0.65	0.20	0.25	0.30	—22	18	Ⅰ
	安多	4800.0	0.45	0.75	0.90	0.25	0.40	0.45	—28	17	Ⅰ

续表

省市名	城市名	海拔高度 (m)	风压 (kN/m²)			雪压 (kN/m²)			基本气温 (℃)		雪荷载准永久值系数分区
			R=10	R=50	R=100	R=10	R=50	R=100	最低	最高	
西藏	那曲	4507.0	0.30	0.45	0.50	0.30	0.40	0.45	−25	19	I
	日喀则市	3836.0	0.20	0.30	0.35	0.10	0.15	0.15	−17	25	III
	乃东县泽当	3551.7	0.20	0.30	0.35	0.10	0.15	0.15	−12	26	III
	隆子	3860.0	0.30	0.45	0.50	0.10	0.15	0.20	−18	24	III
	索县	4022.8	0.30	0.40	0.50	0.20	0.25	0.30	−23	22	I
	昌都	3306.0	0.20	0.30	0.35	0.15	0.20	0.20	−15	27	II
	林芝	3000.0	0.25	0.35	0.45	0.10	0.15	0.15	−9	25	III
	葛尔	4278.0	—	—	—	0.10	0.15	0.15	−27	25	I
	改则	4414.9	—	—	—	0.20	0.30	0.35	−29	23	I
	普兰	3900.0	—	—	—	0.50	0.70	0.80	−21	25	I
	申扎	4672.0	—	—	—	0.15	0.20	0.20	−22	19	I
	当雄	4200.0	—	—	—	0.30	0.45	0.50	−23	21	II
	尼木	3809.4	—	—	—	0.15	0.20	0.25	−17	26	III
	聂拉木	3810.0	—	—	—	2.00	3.30	3.75	−13	18	I
	定日	4300.0	—	—	—	0.15	0.25	0.30	−22	23	II
	江孜	4040.0	—	—	—	0.10	0.10	0.15	−19	24	III
	错那	4280.0	—	—	—	0.60	0.90	1.00	−24	16	III
	帕里	4300.0	—	—	—	0.95	1.50	1.75	−23	16	II
	丁青	3873.1	—	—	—	0.25	0.35	0.40	−17	22	II
	波密	2736.0	—	—	—	0.25	0.35	0.40	−9	27	III
	察隅	2327.6	—	—	—	0.35	0.55	0.65	−4	29	III
台湾	台北	8.0	0.40	0.70	0.85	—	—	—	—	—	—
	新竹	8.0	0.50	0.80	0.95	—	—	—	—	—	—
	宜兰	9.0	1.10	1.85	2.30	—	—	—	—	—	—
	台中	78.0	0.50	0.80	0.90	—	—	—	—	—	—
	花莲	14.0	0.40	0.70	0.85	—	—	—	—	—	—
	嘉义	20.0	0.50	0.80	0.90	—	—	—	—	—	—
	马公	22.0	0.85	1.30	1.55	—	—	—	—	—	—
	台东	10.0	0.65	0.90	1.05	—	—	—	—	—	—
	冈山	10.0	0.55	0.80	0.95	—	—	—	—	—	—
	恒春	24.0	0.70	1.05	1.20	—	—	—	—	—	—
	阿里山	2406.0	0.25	0.35	0.40	—	—	—	—	—	—
	台南	14.0	0.60	0.85	1.00	—	—	—	—	—	—
香港	香港	50.0	0.80	0.90	0.95	—	—	—	—	—	—
	横澜岛	55.0	0.95	1.25	1.40	—	—	—	—	—	—
澳门	澳门	57.0	0.75	0.85	0.90	—	—	—	—	—	—

注：表中"—"表示该城市没有统计数据。

附录八　我国抗震设防区县级及县级以上城镇中心地区抗震设防烈度设计基本地震加速度和设计地震分组

本附录仅提供我国抗震设防区各县级及县级以上城镇的中心地区建筑工程抗震设计时所采用的抗震设防烈度（以下简称"烈度"）、设计基本地震加速度值（以下简称"加速度"）和所属的设计地震分组（以下简称"分组"）。见附表 8-1～附表 8-32。

1　北京市

附表 8-1

烈度	加速度	分组	县级及县级以上城镇
8 度	0.20g	第二组	东城区、西城区、朝阳区、丰台区、石景山区、海淀区、门头沟区、房山区、通州区、顺义区、昌平区、大兴区、怀柔区、平谷区、密云区、延庆区

2　天津市

附表 8-2

烈度	加速度	分组	县级及县级以上城镇
8 度	0.20g	第二组	和平区、河东区、河西区、南开区、河北区、红桥区、东丽区、津南区、北辰区、武清区、宝坻区、滨海新区、宁河区
7 度	0.15g	第二组	西青区、静海区、蓟县

3　河北省

附表 8-3

	烈度	加速度	分组	县级及县级以上城镇
石家庄市	7 度	0.15g	第一组	辛集市
	7 度	0.10g	第一组	赵县
	7 度	0.10g	第二组	长安区、桥西区、新华区、井陉矿区、裕华区、栾城区、藁城区、鹿泉区、井陉县、正定县、高邑县、深泽县、无极县、平山县、元氏县、晋州市
	7 度	0.10g	第三组	灵寿县
	6 度	0.05g	第三组	行唐县、赞皇县、新乐市
唐山市	8 度	0.30g	第二组	路南区、丰南区
	8 度	0.20g	第二组	路北区、古冶区、开平区、丰润区、滦县
	7 度	0.15g	第三组	曹妃甸区（唐海）、乐亭县、玉田县
	7 度	0.15g	第二组	滦南县、迁安市
	7 度	0.10g	第三组	迁西县、遵化市

续表

	烈度	加速度	分组	县级及县级以上城镇
秦皇岛市	7度	0.15g	第二组	卢龙县
	7度	0.10g	第三组	青龙满族自治县、海港区
	7度	0.10g	第二组	抚宁区、北戴河区、昌黎县
	6度	0.05g	第三组	山海关区
邯郸市	8度	0.20g	第二组	峰峰矿区、临漳县、磁县
	7度	0.15g	第二组	邯山区、丛台区、复兴区、邯郸县、成安县、大名县、魏县、武安市
	7度	0.15g	第一组	永年县
	7度	0.10g	第三组	邱县、馆陶县
	7度	0.10g	第二组	涉县、肥乡县、鸡泽县、广平县、曲周县
邢台市	7度	0.15g	第一组	桥东区、桥西区、邢台县[1]、内丘县、柏乡县、隆尧县、任县、南和县、宁晋县、巨鹿县、新河县、沙河市
	7度	0.10g	第二组	临城县、广宗县、平乡县、南宫市
	6度	0.05g	第三组	威县、清河县、临西县
保定市	7度	0.15g	第二组	涞水县、定兴县、涿州市、高碑店市
	7度	0.10g	第二组	竞秀区、莲池区、徐水区、高阳县、容城县、安新县、易县、蠡县、博野县、雄县
	7度	0.10g	第三组	清苑区、涞源县、安国市
	6度	0.05g	第三组	满城区、阜平县、唐县、望都县、曲阳县、顺平县、定州市
张家口市	8度	0.20g	第二组	下花园区、怀来县、涿鹿县
	7度	0.15g	第二组	桥东区、桥西区、宣化区、宣化县[2]、蔚县、阳原县、怀安县、万全县
	7度	0.10g	第三组	赤城县
	7度	0.10g	第二组	张北县、尚义县、崇礼县
	6度	0.05g	第三组	沽源县
	6度	0.05g	第二组	康保县
承德市	7度	0.10g	第三组	鹰手营子矿区、兴隆县
	6度	0.05g	第三组	双桥区、双滦区、承德县、平泉县、滦平县、隆化县、丰宁满族自治县、宽城满族自治县
	6度	0.05g	第一组	围场满族蒙古族自治县
沧州市	7度	0.15g	第二组	青县
	7度	0.15g	第一组	肃宁县、献县、任丘市、河间市
	7度	0.10g	第三组	黄骅市
	7度	0.10g	第二组	新华区、运河区、沧县[3]、东光县、南皮县、吴桥县、泊头市
	6度	0.05g	第三组	海兴县、盐山县、孟村回族自治县
廊坊市	8度	0.20g	第二组	安次区、广阳区、香河县、大厂回族自治县、三河市
	7度	0.15g	第二组	固安县、永清县、文安县
	7度	0.15g	第一组	大城县
	7度	0.10g	第二组	霸州市
衡水市	7度	0.15g	第一组	饶阳县、深州市
	7度	0.10g	第二组	桃城区、武强县、冀州市
	7度	0.10g	第一组	安平县

续表

	烈度	加速度	分组	县级及县级以上城镇
衡水市	6度	0.05g	第三组	枣强县、武邑县、故城县、阜城县
	6度	0.05g	第二组	景县

注：1　邢台县政府驻邢台市桥东区；

2　宣化县政府驻张家口市宣化区；

3　沧县政府驻沧州市新华区。

4　山西省

附表 8-4

	烈度	加速度	分组	县级及县级以上城镇
太原市	8度	0.20g	第二组	小店区、迎泽区、杏花岭区、尖草坪区、万柏林区、晋源区、清徐县、阳曲县
	7度	0.15g	第二组	古交市
	7度	0.10g	第三组	娄烦县
大同市	8度	0.20g	第二组	城区、矿区、南郊区、大同县
	7度	0.15g	第三组	浑源县
	7度	0.15g	第二组	新荣区、阳高县、天镇县、广灵县、灵丘县、左云县
阳泉市	7度	0.10g	第三组	盂县
	7度	0.10g	第二组	城区、矿区、郊区、平定县
长治市	7度	0.10g	第三组	平顺县、武乡县、沁县、沁源县
	7度	0.10g	第二组	城区、郊区、长治县、黎城县、壶关县、潞城市
	6度	0.05g	第三组	襄垣县、屯留县、长子县
晋城市	7度	0.10g	第三组	沁水县、陵川县
	6度	0.05g	第三组	城区、阳城县、泽州县、高平市
朔州市	8度	0.20g	第二组	山阴县、应县、怀仁县
	7度	0.15g	第二组	朔城区、平鲁区、右玉县
晋中市	8度	0.20g	第二组	榆次区、太谷县、祁县、平遥县、灵石县、介休市
	7度	0.10g	第三组	榆社县、和顺县、寿阳县
	7度	0.10g	第二组	昔阳县
	6度	0.05g	第三组	左权县
运城市	8度	0.20g	第三组	永济市
	7度	0.15g	第三组	临猗县、万荣县、闻喜县、稷山县、绛县
运城市	7度	0.15g	第二组	盐湖区、新绛县、夏县、平陆县、芮城县、河津市
	7度	0.10g	第二组	垣曲县
忻州市	8度	0.20g	第二组	忻府区、定襄县、五台县、代县、原平市
	7度	0.15g	第三组	宁武县
	7度	0.15g	第二组	繁峙县
	7度	0.10g	第三组	静乐县、神池县、五寨县
	6度	0.05g	第三组	岢岚县、河曲县、保德县、偏关县
临汾市	8度	0.30g	第二组	洪洞县
	8度	0.20g	第二组	尧都区、襄汾县、古县、浮山县、汾西县、霍州市
	7度	0.15g	第二组	曲沃县、翼城县、蒲县、侯马市

续表

	烈度	加速度	分组	县级及县级以上城镇
临汾市	7度	0.10g	第三组	安泽县、吉县、乡宁县、隰县
	6度	0.05g	第三组	大宁县、永和县
吕梁市	8度	0.20g	第二组	文水县、交城县、孝义市、汾阳市
	7度	0.10g	第三组	离石区、岚县、中阳县、交口县
	6度	0.05g	第三组	兴县、临县、柳林县、石楼县、方山县

5　内蒙古自治区

附表 8-5

	烈度	加速度	分组	县级及县级以上城镇
呼和浩特市	8度	0.20g	第二组	新城区、回民区、玉泉区、赛罕区、土默特左旗
	7度	0.15g	第二组	托克托县、和林格尔县、武川县
	7度	0.10g	第二组	清水河县
包头市	8度	0.30g	第二组	土默特右旗
	8度	0.20g	第二组	东河区、石拐区、九原区、昆都仑区、青山区
	7度	0.15g	第二组	固阳县
	6度	0.05g	第三组	白云鄂博矿区、达尔罕茂明安联合旗
乌海市	8度	0.20g	第二组	海勃湾区、海南区、乌达区
赤峰市	8度	0.20g	第一组	元宝山区、宁城县
	7度	0.15g	第一组	红山区、喀喇沁旗
	7度	0.10g	第一组	松山区、阿鲁科尔沁旗、敖汉旗
	6度	0.05g	第一组	巴林左旗、巴林右旗、林西县、克什克腾旗、翁牛特旗
通辽市	7度	0.10g	第一组	科尔沁区、开鲁县
	6度	0.05g	第一组	科尔沁左翼中旗、科尔沁左翼后旗、库伦旗、奈曼旗、扎鲁特旗、霍林郭勒市
鄂尔多斯市	8度	0.20g	第二组	达拉特旗
	7度	0.10g	第三组	东胜区、准格尔旗
	6度	0.05g	第三组	鄂托克前旗、鄂托克旗、杭锦旗、伊金霍洛旗
	6度	0.05g	第一组	乌审旗
呼伦贝尔市	7度	0.10g	第一组	扎赉诺尔区、新巴尔虎右旗、扎兰屯市
	6度	0.05g	第一组	海拉尔区、阿荣旗、莫力达瓦达斡尔族自治旗、鄂伦春自治旗、鄂温克族自治旗、陈巴尔虎旗、新巴尔虎左旗、满洲里市、牙克石市、额尔古纳市、根河市
巴彦淖尔市	8度	0.20g	第二组	杭锦后旗
	8度	0.20g	第一组	磴口县、乌拉特前旗、乌拉特后旗
	7度	0.15g	第二组	临河区、五原县
	7度	0.10g	第二组	乌拉特中旗
乌兰察布市	7度	0.15g	第二组	凉城县、察哈尔右翼前旗、丰镇市
	7度	0.10g	第三组	察哈尔右翼中旗
	7度	0.10g	第二组	集宁区、卓资县、兴和县
	6度	0.05g	第三组	四子王旗
	6度	0.05g	第二组	化德县、商都县、察哈尔右翼后旗

续表

	烈度	加速度	分组	县级及县级以上城镇
兴安盟	6度	0.05g	第一组	乌兰浩特市、阿尔山市、科尔沁右翼前旗、科尔沁右翼中旗、扎赉特旗、突泉县
锡林郭勒盟	6度	0.05g	第三组	太仆寺旗
	6度	0.05g	第二组	正蓝旗
	6度	0.05g	第一组	二连浩特市、锡林浩特市、阿巴嘎旗、苏尼特左旗、苏尼特右旗、东乌珠穆沁旗、西乌珠穆沁旗、镶黄旗、正镶白旗、多伦县
阿拉善盟	8度	0.20g	第二组	阿拉善左旗、阿拉善右旗
	6度	0.05g	第一组	额济纳旗

6　辽宁省

附表 8-6

	烈度	加速度	分组	县级及县级以上城镇
沈阳市	7度	0.10g	第一组	和平区、沈河区、大东区、皇姑区、铁西区、苏家屯区、浑南区（原东陵区）、沈北新区、于洪区、辽中县
	6度	0.05g	第一组	康平县、法库县、新民市
大连市	8度	0.20g	第一组	瓦房店市、普兰店市
	7度	0.15g	第一组	金州区
	7度	0.10g	第二组	中山区、西岗区、沙河口区、甘井子区、旅顺口区
	6度	0.05g	第二组	长海县
	6度	0.05g	第一组	庄河市
鞍山市	8度	0.20g	第二组	海城市
	7度	0.10g	第二组	铁东区、铁西区、立山区、千山区、岫岩满族自治县
	7度	0.10g	第一组	台安县
抚顺市	7度	0.10g	第一组	新抚区、东洲区、望花区、顺城区、抚顺县[1]
	6度	0.05g	第一组	新宾满族自治县、清原满族自治县
本溪市	7度	0.10g	第二组	南芬区
	7度	0.10g	第一组	平山区、溪湖区、明山区
	6度	0.05g	第一组	本溪满族自治县、桓仁满族自治县
丹东市	8度	0.20g	第一组	东港市
	7度	0.15g	第一组	元宝区、振兴区、振安区
	6度	0.05g	第二组	凤城市
	6度	0.05g	第一组	宽甸满族自治县
锦州市	6度	0.05g	第二组	古塔区、凌河区、太和区、凌海市
	6度	0.05g	第一组	黑山县、义县、北镇市
营口市	8度	0.20g	第二组	老边区、盖州市、大石桥市
	7度	0.15g	第二组	站前区、西市区、鲅鱼圈区
阜新市	6度	0.05g	第一组	海州区、新邱区、太平区、清河门区、细河区、阜新蒙古族自治县、彰武县
辽阳市	7度	0.10g	第二组	弓长岭区、宏伟区、辽阳县
	7度	0.10g	第一组	白塔区、文圣区、太子河区、灯塔市

续表

	烈度	加速度	分组	县级及县级以上城镇
盘锦市	7度	0.10g	第二组	双台子区、兴隆台区、大洼县、盘山县
铁岭市	7度	0.10g	第一组	银州区、清河区、铁岭县[2]、昌图县、开原市
	6度	0.05g	第一组	西丰县、调兵山市
朝阳市	7度	0.10g	第二组	凌源市
	7度	0.10g	第一组	双塔区、龙城区、朝阳县[3]、建平县、北票市
	6度	0.05g	第二组	喀喇沁左翼蒙古族自治县
葫芦岛市	6度	0.05g	第二组	连山区、龙港区、南票区
	6度	0.05g	第三组	绥中县、建昌县、兴城市

注：1　抚顺县政府驻抚顺市顺城区新城路中段；
　　2　铁岭县政府驻铁岭市银州区工人街道；
　　3　朝阳县政府驻朝阳市双塔区前进街道。

7　吉林省

附表 8-7

	烈度	加速度	分组	县级及县级以上城镇
长春市	7度	0.10g	第一组	南关区、宽城区、朝阳区、二道区、绿园区、双阳区、九台区
	6度	0.05g	第一组	农安县、榆树市、德惠市
吉林市	8度	0.20g	第一组	舒兰市
	7度	0.10g	第一组	昌邑区、龙潭区、船营区、丰满区、永吉县
	6度	0.05g	第一组	蛟河市、桦甸市、磐石市
四平市	7度	0.10g	第一组	伊通满族自治县
	6度	0.05g	第一组	铁西区、铁东区、梨树县、公主岭市、双辽市
辽源市	6度	0.05g	第一组	龙山区、西安区、东丰县、东辽县
通化市	6度	0.05g	第一组	东昌区、二道江区、通化县、辉南县、柳河县、梅河口市、集安市
白山市	6度	0.05g	第一组	浑江区、江源区、抚松县、靖宇县、长白朝鲜族自治县、临江市
松原市	8度	0.20g	第一组	宁江区、前郭尔罗斯蒙古族自治县
	7度	0.10g	第一组	乾安县
	6度	0.05g	第一组	长岭县、扶余市
白城市	7度	0.15g	第一组	大安市
	7度	0.10g	第一组	洮北区
	6度	0.05g	第一组	镇赉县、通榆县、洮南市
延边朝鲜族自治州	7度	0.15g	第一组	安图县
	6度	0.05g	第一组	延吉市、图们市、敦化市、珲春市、龙井市、和龙市、汪清县

8　黑龙江省

附表 8-8

	烈度	加速度	分组	县级及县级以上城镇
哈尔滨市	8度	0.20g	第一组	方正县
	7度	0.15g	第一组	依兰县、通河县、延寿县
	7度	0.10g	第一组	道里区、南岗区、道外区、松北区、香坊区、呼兰区、尚志市、五常市

续表

	烈度	加速度	分组	县级及县级以上城镇
哈尔滨市	6度	0.05g	第一组	平房区、阿城区、宾县、巴彦县、木兰县、双城区
齐齐哈尔市	7度	0.10g	第一组	昂昂溪区、富拉尔基区、泰来县
	6度	0.05g	第一组	龙沙区、建华区、铁峰区、碾子山区、梅里斯达斡尔族区、龙江县、依安县、甘南县、富裕县、克山县、克东县、拜泉县、讷河市
鸡西市	6度	0.05g	第一组	鸡冠区、恒山区、滴道区、梨树区、城子河区、麻山区、鸡东县、虎林市、密山市
鹤岗市	7度	0.10g	第一组	向阳区、工农区、南山区、兴安区、东山区、兴山区、萝北县
	6度	0.05g	第一组	绥滨县
双鸭山市	6度	0.05g	第一组	尖山区、岭东区、四方台区、宝山区、集贤县、友谊县、宝清县、饶河县
大庆市	7度	0.10g	第一组	肇源县
	6度	0.05g	第一组	萨尔图区、龙凤区、让胡路区、红岗区、大同区、肇州县、林甸县、杜尔伯特蒙古族自治县
伊春市	6度	0.05g	第一组	伊春区、南岔区、友好区、西林区、翠峦区、新青区、美溪区、金山屯区、五营区、乌马河区、汤旺河区、带岭区、乌伊岭区、红星区、上甘岭区、嘉荫县、铁力市
佳木斯市	7度	0.10g	第一组	向阳区、前进区、东风区、郊区、汤原县
	6度	0.05g	第一组	桦南县、桦川县、抚远县、同江市、富锦市
七台河市	6度	0.05g	第一组	新兴区、桃山区、茄子河区、勃利县
牡丹江市	6度	0.05g	第一组	东安区、阳明区、爱民区、西安区、东宁县、林口县、绥芬河市、海林市、宁安市、穆棱市
黑河市	6度	0.05g	第一组	爱辉区、嫩江县、逊克县、孙吴县、北安市、五大连池市
绥化市	7度	0.10g	第一组	北林区、庆安县
	6度	0.05g	第一组	望奎县、兰西县、青冈县、明水县、绥棱县、安达市、肇东市、海伦市
大兴安岭地区	6度	0.05g	第一组	加格达奇区、呼玛县、塔河县、漠河县

9　上海市

附表 8-9

烈度	加速度	分组	县级及县级以上城镇
7度	0.10g	第二组	黄浦区、徐汇区、长宁区、静安区、普陀区、闸北区、虹口区、杨浦区、闵行区、宝山区、嘉定区、浦东新区、金山区、松江区、青浦区、奉贤区、崇明县

10　江苏省

附表 8-10

	烈度	加速度	分组	县级及县级以上城镇
南京市	7度	0.10g	第二组	六合区
	7度	0.10g	第一组	玄武区、秦淮区、建邺区、鼓楼区、浦口区、栖霞区、雨花台区、江宁区、溧水区
	6度	0.05g	第一组	高淳区

续表

	烈度	加速度	分组	县级及县级以上城镇
无锡市	7度	0.10g	第一组	崇安区、南长区、北塘区、锡山区、滨湖区、惠山区、宜兴市
	6度	0.05g	第二组	江阴市
徐州市	8度	0.20g	第二组	睢宁县、新沂市、邳州市
	7度	0.10g	第三组	鼓楼区、云龙区、贾汪区、泉山区、铜山区
	7度	0.10g	第二组	沛县
	6度	0.05g	第二组	丰县
常州市	7度	0.10g	第一组	天宁区、钟楼区、新北区、武进区、金坛区、溧阳市
苏州市	7度	0.10g	第一组	虎丘区、吴中区、相城区、姑苏区、吴江区、常熟市、昆山市、太仓市
	6度	0.05g	第二组	张家港市
南通市	7度	0.10g	第二组	崇川区、港闸区、海安县、如东县、如皋市
	6度	0.05g	第二组	通州区、启东市、海门市
连云港市	7度	0.15g	第三组	东海县
	7度	0.10g	第三组	连云区、海州区、赣榆区、灌云县
	6度	0.05g	第三组	灌南县
淮安市	7度	0.10g	第三组	清河区、淮阴区、清浦区
	7度	0.10g	第二组	盱眙县
	6度	0.05g	第三组	淮安区、涟水县、洪泽县、金湖县
盐城市	7度	0.15g	第三组	大丰区
	7度	0.10g	第三组	盐都区
	7度	0.10g	第二组	亭湖区、射阳县、东台市
	6度	0.05g	第三组	响水县、滨海县、阜宁县、建湖县
扬州市	7度	0.15g	第二组	广陵区、江都区
	7度	0.15g	第一组	邗江区、仪征市
	7度	0.10g	第二组	高邮市
	6度	0.05g	第三组	宝应县
镇江市	7度	0.15g	第一组	京口区、润州区
	7度	0.10g	第一组	丹徒区、丹阳市、扬中市、句容市
泰州市	7度	0.10g	第二组	海陵区、高港区、姜堰区、兴化市
	6度	0.05g	第二组	靖江市
	6度	0.05g	第一组	泰兴市
宿迁市	8度	0.30g	第二组	宿城区、宿豫区
	8度	0.20g	第二组	泗洪县
	7度	0.15g	第三组	沭阳县
	7度	0.10g	第三组	泗阳县

11 浙江省

附表 8-11

	烈度	加速度	分组	县级及县级以上城镇
杭州市	7度	0.10g	第一组	上城区、下城区、江干区、拱墅区、西湖区、余杭区
	6度	0.05g	第一组	滨江区、萧山区、富阳区、桐庐县、淳安县、建德市、临安市

续表

	烈度	加速度	分组	县级及县级以上城镇
宁波市	7度	0.10g	第一组	海曙区、江东区、江北区、北仑区、镇海区、鄞州区
	6度	0.05g	第一组	象山县、宁海县、余姚市、慈溪市、奉化市
温州市	6度	0.05g	第二组	洞头区、平阳县、苍南县、瑞安市
	6度	0.05g	第一组	鹿城区、龙湾区、瓯海区、永嘉县、文成县、泰顺县、乐清市
嘉兴市	7度	0.10g	第一组	南湖区、秀洲区、嘉善县、海宁市、平湖市、桐乡市
	6度	0.05g	第一组	海盐县
湖州市	6度	0.05g	第一组	吴兴区、南浔区、德清县、长兴县、安吉县
绍兴市	6度	0.05g	第一组	越城区、柯桥区、上虞区、新昌县、诸暨市、嵊州市
金华市	6度	0.05g	第一组	婺城区、金东区、武义县、浦江县、磐安县、兰溪市、义乌市、东阳市、永康市
衢州市	6度	0.05g	第一组	柯城区、衢江区、常山县、开化县、龙游县、江山市
舟山市	7度	0.10g	第一组	定海区、普陀区、岱山县、嵊泗县
台州市	6度	0.05g	第二组	玉环县
	6度	0.05g	第一组	椒江区、黄岩区、路桥区、三门县、天台县、仙居县、温岭市、临海市
丽水市	6度	0.05g	第二组	庆元县
	6度	0.05g	第一组	莲都区、青田县、缙云县、遂昌县、松阳县、云和县、景宁畲族自治县、龙泉市

12　安徽省

附表 8-12

	烈度	加速度	分组	县级及县级以上城镇
合肥市	7度	0.10g	第一组	瑶海区、庐阳区、蜀山区、包河区、长丰县、肥东县、肥西县、庐江县、巢湖市
芜湖市	6度	0.05g	第一组	镜湖区、弋江区、鸠江区、三山区、芜湖县、繁昌县、南陵县、无为县
蚌埠市	7度	0.15g	第二组	五河县
	7度	0.10g	第二组	固镇县
	7度	0.10g	第一组	龙子湖区、蚌山区、禹会区、淮上区、怀远县
淮南市	7度	0.10g	第一组	大通区、田家庵区、谢家集区、八公山区、潘集区、凤台县
马鞍山市	6度	0.05g	第一组	花山区、雨山区、博望区、当涂县、含山县、和县
淮北市	6度	0.05g	第三组	杜集区、相山区、烈山区、濉溪县
铜陵市	7度	0.10g	第一组	铜官山区、狮子山区、郊区、铜陵县
安庆市	7度	0.10g	第一组	迎江区、大观区、宜秀区、枞阳县、桐城市
	6度	0.05g	第一组	怀宁县、潜山县、太湖县、宿松县、望江县、岳西县
黄山市	6度	0.05g	第一组	屯溪区、黄山区、徽州区、歙县、休宁县、黟县、祁门县
滁州市	7度	0.10g	第二组	天长市、明光市
	7度	0.10g	第一组	定远县、凤阳县
	6度	0.05g	第二组	琅琊区、南谯区、来安县、全椒县
阜阳市	7度	0.10g	第一组	颍州区、颍东区、颍泉区
	6度	0.05g	第一组	临泉县、太和县、阜南县、颍上县、界首市
宿州市	7度	0.15g	第二组	泗县
	7度	0.10g	第三组	萧县
	7度	0.10g	第二组	灵璧县

续表

	烈度	加速度	分组	县级及县级以上城镇
宿州市	6 度	0.05g	第三组	埇桥区
	6 度	0.05g	第二组	砀山县
六安市	7 度	0.15g	第一组	霍山县
	7 度	0.10g	第一组	金安区、裕安区、寿县、舒城县
	6 度	0.05g	第一组	霍邱县、金寨县
亳州市	7 度	0.10g	第二组	谯城区、涡阳县
	6 度	0.05g	第二组	蒙城县
	6 度	0.05g	第一组	利辛县
池州市	7 度	0.10g	第一组	贵池区
	6 度	0.05g	第一组	东至县、石台县、青阳县
宣城市	7 度	0.10g	第一组	郎溪县
	6 度	0.05g	第一组	宣州区、广德县、泾县、绩溪县、旌德县、宁国市

13　福建省

附表 8-13

	烈度	加速度	分组	县级及县级以上城镇
福州市	7 度	0.10g	第三组	鼓楼区、台江区、仓山区、马尾区、晋安区、平潭县、福清市、长乐市
	6 度	0.05g	第三组	连江县、永泰县
	6 度	0.05g	第二组	闽侯县、罗源县、闽清县
厦门市	7 度	0.15g	第三组	思明区、湖里区、集美区、翔安区
	7 度	0.15g	第二组	海沧区
	7 度	0.10g	第三组	同安区
莆田市	7 度	0.10g	第三组	城厢区、涵江区、荔城区、秀屿区、仙游县
三明市	6 度	0.05g	第一组	梅列区、三元区、明溪县、清流县、宁化县、大田县、尤溪县、沙县、将乐县、泰宁县、建宁县、永安市
泉州市	7 度	0.15g	第三组	鲤城区、丰泽区、洛江区、石狮市、晋江市
	7 度	0.10g	第三组	泉港区、惠安县、安溪县、永春县、南安市
	6 度	0.05g	第三组	德化县
漳州市	7 度	0.15g	第三组	漳浦县
	7 度	0.15g	第二组	芗城区、龙文区、诏安县、长泰县、东山县、南靖县、龙海市
	7 度	0.10g	第三组	云霄县
	7 度	0.10g	第二组	平和县、华安县
南平市	6 度	0.05g	第二组	政和县
	6 度	0.05g	第一组	延平区、建阳区、顺昌县、浦城县、光泽县、松溪县、邵武市、武夷山市、建瓯市
龙岩市	6 度	0.05g	第二组	新罗区、永定区、漳平市
	6 度	0.05g	第一组	长汀县、上杭县、武平县、连城县
宁德市	6 度	0.05g	第二组	蕉城区、霞浦县、周宁县、柘荣县、福安市、福鼎市
	6 度	0.05g	第一组	古田县、屏南县、寿宁县

14　江西省

	烈度	加速度	分组	县级及县级以上城镇
南昌市	6度	0.05g	第一组	东湖区、西湖区、青云谱区、湾里区、青山湖区、新建区、南昌县、安义县、进贤县
景德镇市	6度	0.05g	第一组	昌江区、珠山区、浮梁县、乐平市
萍乡市	6度	0.05g	第一组	安源区、湘东区、莲花县、上栗县、芦溪县
九江市	6度	0.05g	第一组	庐山区、浔阳区、九江县、武宁县、修水县、永修县、德安县、星子县、都昌县、湖口县、彭泽县、瑞昌市、共青城市
新余市	6度	0.05g	第一组	渝水区、分宜县
鹰潭市	6度	0.05g	第一组	月湖区、余江县、贵溪市
赣州市	7度	0.10g	第一组	安远县、会昌县、寻乌县、瑞金市
	6度	0.05g	第一组	章贡区、南康区、赣县、信丰县、大余县、上犹县、崇义县、龙南县、定南县、全南县、宁都县、于都县、兴国县、石城县
吉安市	6度	0.05g	第一组	吉州区、青原区、吉安县、吉水县、峡江县、新干县、永丰县、泰和县、遂川县、万安县、安福县、永新县、井冈山市
宜春市	6度	0.05g	第一组	袁州区、奉新县、万载县、上高县、宜丰县、靖安县、铜鼓县、丰城市、樟树市、高安市
抚州市	6度	0.05g	第一组	临川区、南城县、黎川县、南丰县、崇仁县、乐安县、宜黄县、金溪县、资溪县、东乡县、广昌县
上饶市	6度	0.05g	第一组	信州区、广丰区、上饶县、玉山县、铅山县、横峰县、弋阳县、余干县、鄱阳县、万年县、婺源县、德兴市

15　山东省

	烈度	加速度	分组	县级及县级以上城镇
济南市	7度	0.10g	第三组	长清区
	7度	0.10g	第二组	平阴县
	6度	0.05g	第三组	历下区、市中区、槐荫区、天桥区、历城区、济阳县、商河县、章丘市
青岛市	7度	0.10g	第三组	黄岛区、平度市、胶州市、即墨市
	7度	0.10g	第二组	市南区、市北区、崂山区、李沧区、城阳区
	6度	0.05g	第三组	莱西市
淄博市	7度	0.15g	第二组	临淄区
	7度	0.10g	第三组	张店区、周村区、桓台县、高青县、沂源县
	7度	0.10g	第二组	淄川区、博山区
枣庄市	7度	0.15g	第三组	山亭区
	7度	0.15g	第二组	台儿庄区
	7度	0.10g	第三组	市中区、薛城区、峄城区
	7度	0.10g	第二组	滕州市
东营市	7度	0.10g	第三组	东营区、河口区、垦利县、广饶县
	6度	0.05g	第三组	利津县

续表

	烈度	加速度	分组	县级及县级以上城镇
烟台市	7 度	0.15g	第三组	龙口市
	7 度	0.15g	第二组	长岛县、蓬莱市
	7 度	0.10g	第三组	莱州市、招远市、栖霞市
	7 度	0.10g	第二组	芝罘区、福山区、莱山区
	7 度	0.10g	第一组	牟平区
	6 度	0.05g	第三组	莱阳市、海阳市
潍坊市	8 度	0.20g	第二组	潍城区、坊子区、奎文区、安丘市
	7 度	0.15g	第三组	诸城市
	7 度	0.15g	第二组	寒亭区、临朐县、昌乐县、青州市、寿光市、昌邑市
	7 度	0.10g	第三组	高密市
济宁市	7 度	0.10g	第三组	微山县、梁山县
	7 度	0.10g	第二组	兖州区、汶上县、泗水县、曲阜市、邹城市
	6 度	0.05g	第三组	任城区、金乡县、嘉祥县
	6 度	0.05g	第二组	鱼台县
泰安市	7 度	0.10g	第三组	新泰市
	7 度	0.10g	第二组	泰山区、岱岳区、宁阳县
	6 度	0.05g	第三组	东平县、肥城市
威海市	7 度	0.10g	第一组	环翠区、文登区、荣成市
	6 度	0.05g	第二组	乳山市
日照市	8 度	0.20g	第二组	莒县
	7 度	0.15g	第三组	五莲县
	7 度	0.10g	第三组	东港区、岚山区
莱芜市	7 度	0.10g	第三组	钢城区
	7 度	0.10g	第二组	莱城区
临沂市	8 度	0.20g	第二组	兰山区、罗庄区、河东区、郯城县、沂水县、莒南县、临沭县
	7 度	0.15g	第二组	沂南县、兰陵县、费县
	7 度	0.10g	第三组	平邑县、蒙阴县
德州市	7 度	0.15g	第二组	平原县、禹城市
	7 度	0.10g	第三组	临邑县、齐河县
	7 度	0.10g	第二组	德城区、陵城区、夏津县
	6 度	0.05g	第三组	宁津县、庆云县、武城县、乐陵市
聊城市	8 度	0.20g	第二组	阳谷县、莘县
	7 度	0.15g	第二组	东昌府区、茌平县、高唐县
	7 度	0.10g	第三组	冠县、临清市
	7 度	0.10g	第二组	东阿县
滨州市	7 度	0.10g	第三组	滨城区、博兴县、邹平县
	6 度	0.05g	第三组	沾化区、惠民县、阳信县、无棣县
菏泽市	8 度	0.20g	第二组	鄄城县、东明县
	7 度	0.15g	第二组	牡丹区、郓城县、定陶县
	7 度	0.10g	第三组	巨野县
	7 度	0.10g	第二组	曹县、单县、成武县

16 河南省

	烈度	加速度	分组	县级及县级以上城镇
郑州市	7度	0.15g	第二组	中原区、二七区、管城回族区、金水区、惠济区
	7度	0.10g	第二组	上街区、中牟县、巩义市、荥阳市、新密市、新郑市、登封市
开封市	7度	0.15g	第二组	兰考县
	7度	0.10g	第二组	龙亭区、顺河回族区、鼓楼区、禹王台区、祥符区、通许县、尉氏县
	6度	0.05g	第二组	杞县
洛阳市	7度	0.10g	第二组	老城区、西工区、瀍河回族区、涧西区、吉利区、洛龙区、孟津县、新安县、宜阳县、偃师市
	6度	0.05g	第三组	洛宁县
	6度	0.05g	第二组	嵩县、伊川县
	6度	0.05g	第一组	栾川县、汝阳县
平顶山市	6度	0.05g	第一组	新华区、卫东区、石龙区、湛河区[1]、宝丰县、叶县、鲁山县、舞钢市
	6度	0.05g	第二组	郏县、汝州市
安阳市	8度	0.20g	第二组	文峰区、殷都区、龙安区、北关区、安阳县[2]、汤阴县
	7度	0.15g	第二组	滑县、内黄县
	7度	0.10g	第二组	林州市
鹤壁市	8度	0.20g	第二组	山城区、淇滨区、淇县
	7度	0.15g	第二组	鹤山区、浚县
新乡市	8度	0.20g	第二组	红旗区、卫滨区、凤泉区、牧野区、新乡县、获嘉县、原阳县、延津县、卫辉市、辉县市
	7度	0.15g	第二组	封丘县、长垣县
焦作市	7度	0.15g	第二组	修武县、武陟县
	7度	0.10g	第二组	解放区、中站区、马村区、山阳区、博爱县、温县、沁阳市、孟州市
濮阳市	8度	0.20g	第二组	范县
	7度	0.15g	第二组	华龙区、清丰县、南乐县、台前县、濮阳县
许昌市	7度	0.10g	第一组	魏都区、许昌县、鄢陵县、禹州市、长葛市
	6度	0.05g	第二组	襄城县
漯河市	7度	0.10g	第一组	舞阳县
	6度	0.05g	第一组	召陵区、源汇区、郾城区、临颍县
三门峡市	7度	0.15g	第二组	湖滨区、陕州区、灵宝市
	6度	0.05g	第三组	渑池县、卢氏县
	6度	0.05g	第二组	义马市
南阳市	7度	0.10g	第一组	宛城区、卧龙区、西峡县、镇平县、内乡县、唐河县
	6度	0.05g	第一组	南召县、方城县、淅川县、社旗县、新野县、桐柏县、邓州市
商丘市	7度	0.10g	第二组	梁园区、睢阳区、民权县、虞城县
	6度	0.05g	第三组	睢县、永城市
	6度	0.05g	第二组	宁陵县、柘城县、夏邑县
信阳市	7度	0.10g	第一组	罗山县、潢川县、息县
	6度	0.05g	第一组	浉河区、平桥区、光山县、新县、商城县、固始县、淮滨县
周口市	7度	0.10g	第一组	扶沟县、太康县
	6度	0.05g	第一组	川汇区、西华县、商水县、沈丘县、郸城县、淮阳县、鹿邑县、项城市

续表

	烈度	加速度	分组	县级及县级以上城镇
驻马店市	7度	0.10g	第一组	西平县
	6度	0.05g	第一组	驿城区、上蔡县、平舆县、正阳县、确山县、泌阳县、汝南县、遂平县、新蔡县
省直辖县级行政单位	7度	0.10g	第二组	济源市

注：1　湛河区政府驻平顶山市新华区曙光街街道；
　　2　安阳县政府驻安阳市北关区灯塔路街道。

17　湖北省

附表 8-17

	烈度	加速度	分组	县级及县级以上城镇
武汉市	7度	0.10g	第一组	新洲区
	6度	0.05g	第一组	江岸区、江汉区、硚口区、汉阳区、武昌区、青山区、洪山区、东西湖区、汉南区、蔡甸区、江夏区、黄陂区
黄石市	6度	0.05g	第一组	黄石港区、西塞山区、下陆区、铁山区、阳新县、大冶市
十堰市	7度	0.15g	第一组	竹山县、竹溪县
	7度	0.10g	第一组	郧阳区、房县
	6度	0.05g	第一组	茅箭区、张湾区、郧西县、丹江口市
宜昌市	6度	0.05g	第一组	西陵区、伍家岗区、点军区、猇亭区、夷陵区、远安县、兴山县、秭归县、长阳土家族自治县、五峰土家族自治县、宜都市、当阳市、枝江市
襄阳市	6度	0.05g	第一组	襄城区、樊城区、襄州区、南漳县、谷城县、保康县、老河口市、枣阳市、宜城市
鄂州市	6度	0.05g	第一组	梁子湖区、华容区、鄂城区
荆门市	6度	0.05g	第一组	东宝区、掇刀区、京山县、沙洋县、钟祥市
孝感市	6度	0.05g	第一组	孝南区、孝昌县、大悟县、云梦县、应城市、安陆市、汉川市
荆州市	6度	0.05g	第一组	沙市区、荆州区、公安县、监利县、江陵县、石首市、洪湖市、松滋市
黄冈市	7度	0.10g	第一组	团风县、罗田县、英山县、麻城市
	6度	0.05g	第一组	黄州区、红安县、浠水县、蕲春县、黄梅县、武穴市
咸宁市	6度	0.05g	第一组	咸安区、嘉鱼县、通城县、崇阳县、通山县、赤壁市
随州市	6度	0.05g	第一组	曾都区、随县、广水市
恩施土家族苗族自治州	6度	0.05g	第一组	恩施市、利川市、建始县、巴东县、宣恩县、咸丰县、来凤县、鹤峰县
省直辖县级行政单位	6度	0.05g	第一组	仙桃市、潜江市、天门市、神农架林区

18　湖南省

附表 8-18

	烈度	加速度	分组	县级及县级以上城镇
长沙市	6度	0.05g	第一组	芙蓉区、天心区、岳麓区、开福区、雨花区、望城区、长沙县、宁乡县、浏阳市

续表

	烈度	加速度	分组	县级及县级以上城镇
株洲市	6度	0.05g	第一组	荷塘区、芦淞区、石峰区、天元区、株洲县、攸县、茶陵县、炎陵县、醴陵市
湘潭市	6度	0.05g	第一组	雨湖区、岳塘区、湘潭县、湘乡市、韶山市
衡阳市	6度	0.05g	第一组	珠晖区、雁峰区、石鼓区、蒸湘区、南岳区、衡阳县、衡南县、衡山县、衡东县、祁东县、耒阳市、常宁市
邵阳市	6度	0.05g	第一组	双清区、大祥区、北塔区、邵东县、新邵县、邵阳县、隆回县、洞口县、绥宁县、新宁县、城步苗族自治县、武冈市
岳阳市	7度	0.10g	第二组	湘阴县、汨罗市
	7度	0.10g	第一组	岳阳楼区、岳阳县
	6度	0.05g	第一组	云溪区、君山区、华容县、平江县、临湘市
常德市	7度	0.15g	第一组	武陵区、鼎城区
	7度	0.10g	第一组	安乡县、汉寿县、澧县、临澧县、桃源县、津市市
	6度	0.05g	第一组	石门县
张家界市	6度	0.05g	第一组	永定区、武陵源区、慈利县、桑植县
益阳市	6度	0.05g	第一组	资阳区、赫山区、南县、桃江县、安化县、沅江市
郴州市	6度	0.05g	第一组	北湖区、苏仙区、桂阳县、宜章县、永兴县、嘉禾县、临武县、汝城县、桂东县、安仁县、资兴市
永州市	6度	0.05g	第一组	零陵区、冷水滩区、祁阳县、东安县、双牌县、道县、江永县、宁远县、蓝山县、新田县、江华瑶族自治县
怀化市	6度	0.05g	第一组	鹤城区、中方县、沅陵县、辰溪县、溆浦县、会同县、麻阳苗族自治县、新晃侗族自治县、芷江侗族自治县、靖州苗族侗族自治县、通道侗族自治县、洪江市
娄底市	6度	0.05g	第一组	娄星区、双峰县、新化县、冷水江市、涟源市
湘西土家族苗族自治州	6度	0.05g	第一组	吉首市、泸溪县、凤凰县、花垣县、保靖县、古丈县、永顺县、龙山县

19 广东省

附表 8-19

	烈度	加速度	分组	县级及县级以上城镇
广州市	7度	0.10g	第一组	荔湾区、越秀区、海珠区、天河区、白云区、黄埔区、番禺区、南沙区
	6度	0.05g	第一组	花都区、增城区、从化区
韶关市	6度	0.05g	第一组	武江区、浈江区、曲江区、始兴县、仁化县、翁源县、乳源瑶族自治县、新丰县、乐昌市、南雄市
深圳市	7度	0.10g	第一组	罗湖区、福田区、南山区、宝安区、龙岗区、盐田区
珠海市	7度	0.10g	第二组	香洲区、金湾区
	7度	0.10g	第一组	斗门区
汕头市	8度	0.20g	第二组	龙湖区、金平区、濠江区、潮阳区、澄海区、南澳县
	7度	0.15g	第二组	潮南区
佛山市	7度	0.10g	第一组	禅城区、南海区、顺德区、三水区、高明区

续表

	烈度	加速度	分组	县级及县级以上城镇
江门市	7度	0.10g	第一组	蓬江区、江海区、新会区、鹤山市
	6度	0.05g	第一组	台山市、开平市、恩平市
湛江市	8度	0.20g	第二组	徐闻县
	7度	0.10g	第一组	赤坎区、霞山区、坡头区、麻章区、遂溪县、廉江市、雷州市、吴川市
茂名市	7度	0.10g	第一组	茂南区、电白区、化州市
	6度	0.05g	第一组	高州市、信宜市
肇庆市	7度	0.10g	第一组	端州区、鼎湖区、高要区
	6度	0.05g	第一组	广宁县、怀集县、封开县、德庆县、四会市
惠州市	6度	0.05g	第一组	惠城区、惠阳区、博罗县、惠东县、龙门县
梅州市	7度	0.10g	第二组	大埔县
	7度	0.10g	第一组	梅江区、梅县区、丰顺县
	6度	0.05g	第一组	五华县、平远县、蕉岭县、兴宁市
汕尾市	7度	0.10g	第一组	城区、海丰县、陆丰市
	6度	0.05g	第一组	陆河县
河源市	7度	0.10g	第一组	源城区、东源县
	6度	0.05g	第一组	紫金县、龙川县、连平县、和平县
阳江市	7度	0.15g	第一组	江城区
	7度	0.10g	第一组	阳东区、阳西县
	6度	0.05g	第一组	阳春市
清远市	6度	0.05g	第一组	清城区、清新区、佛冈县、阳山县、连山壮族瑶族自治县、连南瑶族自治县、英德市、连州市
东莞市	6度	0.05g	第一组	东莞市
中山市	7度	0.10g	第一组	中山市
潮州市	8度	0.20g	第二组	湘桥区、潮安区
	7度	0.15g	第二组	饶平县
揭阳市	7度	0.15g	第二组	榕城区、揭东区
	7度	0.10g	第二组	惠来县、普宁市
	6度	0.05g	第一组	揭西县
云浮市	6度	0.05g	第一组	云城区、云安区、新兴县、郁南县、罗定市

20 广西壮族自治区

附表 8-20

	烈度	加速度	分组	县级及县级以上城镇
南宁市	7度	0.15g	第一组	隆安县
	7度	0.10g	第一组	兴宁区、青秀区、江南区、西乡塘区、良庆区、邕宁区、横县
	6度	0.05g	第一组	武鸣区、马山县、上林县、宾阳县
柳州市	6度	0.05g	第一组	城中区、鱼峰区、柳南区、柳北区、柳江县、柳城县、鹿寨县、融安县、融水苗族自治县、三江侗族自治县

续表

	烈度	加速度	分组	县级及县级以上城镇
桂林市	6度	0.05g	第一组	秀峰区、叠彩区、象山区、七星区、雁山区、临桂区、阳朔县、灵川县、全州县、兴安县、永福县、灌阳县、龙胜各族自治县、资源县、平乐县、荔浦县、恭城瑶族自治县
梧州市	6度	0.05g	第一组	万秀区、长洲区、龙圩区、苍梧县、藤县、蒙山县、岑溪市
北海市	7度	0.10g	第一组	合浦县
	6度	0.05g	第一组	海城区、银海区、铁山港区
防城港市	6度	0.05g	第一组	港口区、防城区、上思县、东兴市
钦州市	7度	0.15g	第一组	灵山县
	7度	0.10g	第一组	钦南区、钦北区、浦北县
贵港市	6度	0.05g	第一组	港北区、港南区、覃塘区、平南县、桂平市
玉林市	7度	0.10g	第一组	玉州区、福绵区、陆川县、博白县、兴业县、北流市
	6度	0.05g	第一组	容县
百色市	7度	0.15g	第一组	田东县、平果县、乐业县
	7度	0.10g	第一组	右江区、田阳县、田林县
	6度	0.05g	第二组	西林县、隆林各族自治县
	6度	0.05g	第一组	德保县、那坡县、凌云县
贺州市	6度	0.05g	第一组	八步区、昭平县、钟山县、富川瑶族自治县
河池市	6度	0.05g	第一组	金城江区、南丹县、天峨县、凤山县、东兰县、罗城仫佬族自治县、环江毛南族自治县、巴马瑶族自治县、都安瑶族自治县、大化瑶族自治县、宜州市
来宾市	6度	0.05g	第一组	兴宾区、忻城县、象州县、武宣县、金秀瑶族自治县、合山市
崇左市	7度	0.10g	第一组	扶绥县
	6度	0.05g	第一组	江州区、宁明县、龙州县、大新县、天等县、凭祥市
自治区直辖县级行政单位	6度	0.05g	第一组	靖西市

21　海南省

附表 8-21

	烈度	加速度	分组	县级及县级以上城镇
海口市	8度	0.30g	第二组	秀英区、龙华区、琼山区、美兰区
三亚市	6度	0.05g	第一组	海棠区、吉阳区、天涯区、崖州区
三沙市	7度	0.10g	第一组	三沙市[1]
儋州市	7度	0.10g	第二组	儋州市
省直辖县级行政单位	8度	0.20g	第二组	文昌市、定安县
	7度	0.15g	第二组	澄迈县
	7度	0.15g	第一组	临高县
	7度	0.10g	第二组	琼海市、屯昌县
	6度	0.05g	第二组	白沙黎族自治县、琼中黎族苗族自治县
	6度	0.05g	第一组	五指山市、万宁市、东方市、昌江黎族自治县、乐东黎族自治县、陵水黎族自治县、保亭黎族苗族自治县

注：1　三沙市政府驻地西沙永兴岛。

22　重庆市

烈度	加速度	分组	县级及县级以上城镇
7 度	0.10g	第一组	黔江区、荣昌区
6 度	0.05g	第一组	万州区、涪陵区、渝中区、大渡口区、江北区、沙坪坝区、九龙坡区、南岸区、北碚区、綦江区、大足区、渝北区、巴南区、长寿区、江津区、合川区、永川区、南川区、铜梁区、璧山区、潼南区、梁平县、城口县、丰都县、垫江县、武隆县、忠县、开县、云阳县、奉节县、巫山县、巫溪县、石柱土家族自治县、秀山土家族苗族自治县、西阳土家族苗族自治县、彭水苗族土家族自治县

23　四川省

	烈度	加速度	分组	县级及县级以上城镇
成都市	8 度	0.20g	第二组	都江堰市
	7 度	0.15g	第二组	彭州市
	7 度	0.10g	第三组	锦江区、青羊区、金牛区、武侯区、成华区、龙泉驿区、青白江区、新都区、温江区、金堂县、双流县、郫县、大邑县、蒲江县、新津县、邛崃市、崇州市
自贡市	7 度	0.10g	第二组	富顺县
	7 度	0.10g	第一组	自流井区、贡井区、大安区、沿滩区
	6 度	0.05g	第三组	荣县
攀枝花市	7 度	0.15g	第三组	东区、西区、仁和区、米易县、盐边县
泸州市	6 度	0.05g	第二组	泸县
	6 度	0.05g	第一组	江阳区、纳溪区、龙马潭区、合江县、叙永县、古蔺县
德阳市	7 度	0.15g	第二组	什邡市、绵竹市
	7 度	0.10g	第三组	广汉市
	7 度	0.10g	第二组	旌阳区、中江县、罗江县
绵阳市	8 度	0.20g	第二组	平武县
	7 度	0.15g	第二组	北川羌族自治县（新）、江油市
	7 度	0.10g	第二组	涪城区、游仙区、安县
	6 度	0.05g	第二组	三台县、盐亭县、梓潼县
广元市	7 度	0.15g	第二组	朝天区、青川县
	7 度	0.10g	第二组	利州区、昭化区、剑阁县
	6 度	0.05g	第二组	旺苍县、苍溪县
遂宁市	6 度	0.05g	第一组	船山区、安居区、蓬溪县、射洪县、大英县
内江市	7 度	0.10g	第一组	隆昌县
	6 度	0.05g	第二组	威远县
	6 度	0.05g	第一组	市中区、东兴区、资中县
乐山市	7 度	0.15g	第三组	金口河区
	7 度	0.15g	第二组	沙湾区、沐川县、峨边彝族自治县、马边彝族自治县

续表

	烈度	加速度	分组	县级及县级以上城镇
乐山市	7度	0.10g	第三组	五通桥区、犍为县、夹江县
	7度	0.10g	第二组	市中区、峨眉山市
	6度	0.05g	第三组	井研县
南充市	6度	0.05g	第二组	阆中市
	6度	0.05g	第一组	顺庆区、高坪区、嘉陵区、南部县、营山县、蓬安县、仪陇县、西充县
眉山市	7度	0.10g	第三组	东坡区、彭山区、洪雅县、丹棱县、青神县
	6度	0.05g	第二组	仁寿县
宜宾市	7度	0.10g	第三组	高县
	7度	0.10g	第二组	翠屏区、宜宾县、屏山县
	6度	0.05g	第三组	珙县、筠连县
	6度	0.05g	第二组	南溪区、江安县、长宁县
	6度	0.05g	第一组	兴文县
广安市	6度	0.05g	第一组	广安区、前锋区、岳池县、武胜县、邻水县、华蓥市
达州市	6度	0.05g	第一组	通川区、达川区、宣汉县、开江县、大竹县、渠县、万源市
雅安市	8度	0.20g	第三组	石棉县
	8度	0.20g	第一组	宝兴县
	7度	0.15g	第三组	荥经县、汉源县
	7度	0.15g	第二组	天全县、芦山县
	7度	0.10g	第三组	名山区
	7度	0.10g	第二组	雨城区
巴中市	6度	0.05g	第一组	巴州区、恩阳区、通江县、平昌县
	6度	0.05g	第二组	南江县
资阳市	6度	0.05g	第一组	雁江区、安岳县、乐至县
	6度	0.05g	第二组	简阳市
阿坝藏族羌族自治州	8度	0.20g	第三组	九寨沟县
	8度	0.20g	第二组	松潘县
	8度	0.20g	第一组	汶川县、茂县
	7度	0.15g	第二组	理县、阿坝县
	7度	0.10g	第三组	金川县、小金县、黑水县、壤塘县、若尔盖县、红原县
	7度	0.10g	第二组	马尔康县
甘孜藏族自治州	9度	0.40g	第二组	康定市
	8度	0.30g	第二组	道孚县、炉霍县
	8度	0.20g	第三组	理塘县、甘孜县
	8度	0.20g	第二组	泸定县、德格县、白玉县、巴塘县、得荣县
	7度	0.15g	第三组	九龙县、雅江县、新龙县

续表

	烈度	加速度	分组	县级及县级以上城镇
甘孜藏族 自治州	7度	0.15g	第二组	丹巴县
	7度	0.10g	第三组	石渠县、色达县、稻城县
	7度	0.10g	第二组	乡城县
凉山彝族 自治州	9度	0.40g	第三组	西昌市
	8度	0.30g	第三组	宁南县、普格县、冕宁县
	8度	0.20g	第三组	盐源县、德昌县、布拖县、昭觉县、喜德县、越西县、雷波县
	7度	0.15g	第三组	木里藏族自治县、会东县、金阳县、甘洛县、美姑县
	7度	0.10g	第三组	会理县

24　贵州省

附表 8-24

	烈度	加速度	分组	县级及县级以上城镇
贵阳市	6度	0.05g	第一组	南明区、云岩区、花溪区、乌当区、白云区、观山湖区、开阳县、息烽县、修文县、清镇市
六盘水市	7度	0.10g	第二组	钟山区
	6度	0.05g	第三组	盘县
	6度	0.05g	第二组	水城县
	6度	0.05g	第一组	六枝特区
遵义市	6度	0.05g	第一组	红花岗区、汇川区、遵义县、桐梓县、绥阳县、正安县、道真仡佬族苗族自治县、务川仡佬族苗族自治县凤、冈县、湄潭县、余庆县、习水县、赤水市、仁怀市
安顺市	6度	0.05g	第一组	西秀区、平坝区、普定县、镇宁布依族苗族自治县、关岭布依族苗族自治县、紫云苗族布依族自治县
铜仁市	6度	0.05g	第一组	碧江区、万山区、江口县、玉屏侗族自治县、石阡县、思南县、印江土家族苗族自治县、德江县、沿河土家族自治县、松桃苗族自治县
黔西南布依族 苗族自治州	7度	0.15g	第一组	望谟县
	7度	0.10g	第二组	普安县、晴隆县
	6度	0.05g	第三组	兴义市
	6度	0.05g	第二组	兴仁县、贞丰县、册亨县、安龙县
毕节市	7度	0.10g	第三组	威宁彝族回族苗族自治县
	6度	0.05g	第三组	赫章县
	6度	0.05g	第二组	七星关区、大方县、纳雍县
	6度	0.05g	第一组	金沙县、黔西县、织金县
黔东南苗族 侗族自治州	6度	0.05g	第一组	凯里市、黄平县、施秉县、三穗县、镇远县、岑巩县、天柱县、锦屏县、剑河县、台江县、黎平县、榕江县、从江县、雷山县、麻江县、丹寨县
黔南布依族 苗族自治州	7度	0.10g	第一组	福泉市、贵定县、龙里县
	6度	0.05g	第一组	都匀市、荔波县、瓮安县、独山县、平塘县、罗甸县、长顺县、惠水县、三都水族自治县

25　云南省

	烈度	加速度	分组	县级及县级以上城镇
昆明市	9 度	0.40g	第三组	东川区、寻甸回族彝族自治县
	8 度	0.30g	第三组	宜良县、嵩明县
	8 度	0.20g	第三组	五华区、盘龙区、官渡区、西山区、呈贡区、晋宁县、石林彝族自治县、安宁市
	7 度	0.15g	第三组	富民县、禄劝彝族苗族自治县
曲靖市	8 度	0.20g	第三组	马龙县、会泽县
	7 度	0.15g	第三组	麒麟区、陆良县、沾益县
	7 度	0.10g	第三组	师宗县、富源县、罗平县、宣威市
玉溪市	8 度	0.30g	第三组	江川县、澄江县、通海县、华宁县、峨山彝族自治县
	8 度	0.20g	第三组	红塔区、易门县
	7 度	0.15g	第三组	新平彝族傣族自治县、元江哈尼族彝族傣族自治县
保山市	8 度	0.30g	第三组	龙陵县
	8 度	0.20g	第三组	隆阳区、施甸县
	7 度	0.15g	第三组	昌宁县
昭通市	8 度	0.20g	第三组	巧家县、永善县
	7 度	0.15g	第三组	大关县、彝良县、鲁甸县
	7 度	0.15g	第二组	绥江县
	7 度	0.10g	第三组	昭阳区、盐津县
	7 度	0.10g	第二组	水富县
	6 度	0.05g	第二组	镇雄县、威信县
丽江市	8 度	0.30g	第三组	古城区、玉龙纳西族自治县、永胜县
	8 度	0.20g	第三组	宁蒗彝族自治县
	7 度	0.15g	第三组	华坪县
普洱市	9 度	0.40g	第三组	澜沧拉祜族自治县
	8 度	0.30g	第三组	孟连傣族拉祜族佤族自治县、西盟佤族自治县
	8 度	0.20g	第三组	思茅区、宁洱哈尼族彝族自县
	7 度	0.15g	第三组	景东彝族自治县、景谷傣族彝族自治县
	7 度	0.10g	第三组	墨江哈尼族自治县、镇沅彝族哈尼族拉祜族自治县、江城哈尼族彝族自治县
临沧市	8 度	0.30g	第三组	双江拉祜族佤族布朗族傣族自治县、耿马傣族佤族自治县、沧源佤族自治县
	8 度	0.20g	第三组	临翔区、凤庆县、云县、永德县、镇康县
楚雄彝族自治州	8 度	0.20g	第三组	楚雄市、南华县
	7 度	0.15g	第三组	双柏县、牟定县、姚安县、大姚县、元谋县、武定县、禄丰县
	7 度	0.10g	第三组	永仁县

续表

	烈度	加速度	分组	县级及县级以上城镇
红河哈尼族彝族自治州	8度	0.30g	第三组	建水县、石屏县
	7度	0.15g	第三组	个旧市、开远市、弥勒市、元阳县、红河县
	7度	0.10g	第三组	蒙自市、泸西县、金平苗族瑶族傣族自治县、绿春县
	7度	0.10g	第一组	河口瑶族自治县
	6度	0.05g	第三组	屏边苗族自治县
文山壮族苗族自治州	7度	0.10g	第三组	文山市
	6度	0.05g	第三组	砚山县、丘北县
	6度	0.05g	第二组	广南县
	6度	0.05g	第一组	西畴县、麻栗坡县、马关县、富宁县
西双版纳傣族自治州	8度	0.30g	第三组	勐海县
	8度	0.20g	第三组	景洪市
	7度	0.15g	第三组	勐腊县
大理白族自治州	8度	0.30g	第三组	洱源县、剑川县、鹤庆县
	8度	0.20g	第三组	大理市、漾濞彝族自治县、祥云县、宾川县、弥渡县、南涧彝族自治县、巍山彝族回族自治县
	7度	0.15g	第三组	永平县、云龙县
德宏傣族景颇族自治州	8度	0.30g	第三组	瑞丽市、芒市
	8度	0.20g	第三组	梁河县、盈江县、陇川县
怒江傈僳族自治州	8度	0.20g	第三组	泸水县
	8度	0.20g	第二组	福贡县、贡山独龙族怒族自治县
	7度	0.15g	第三组	兰坪白族普米族自治县
迪庆藏族自治州	8度	0.20g	第二组	香格里拉市、德钦县、维西傈僳族自治县
省直辖县级行政单位	8度	0.20g	第三组	腾冲市

26　西藏自治区

附表 8-26

	烈度	加速度	分组	县级及县级以上城镇
拉萨市	9度	0.40g	第三组	当雄县
	8度	0.20g	第三组	城关区、林周县、尼木县、堆龙德庆县
	7度	0.15g	第三组	曲水县、达孜县、墨竹工卡县
昌都市	8度	0.20g	第三组	卡若区、边坝县、洛隆县
	7度	0.15g	第三组	类乌齐县、丁青县、察雅县、八宿县、左贡县
	7度	0.15g	第二组	江达县、芒康县
	7度	0.10g	第三组	贡觉县

续表

	烈度	加速度	分组	县级及县级以上城镇
山南地区	8度	0.30g	第三组	错那县
	8度	0.20g	第三组	桑日县、曲松县、隆子县
	7度	0.15g	第三组	乃东县、扎囊县、贡嘎县、琼结县、措美县、洛扎县、加查县、浪卡子县
日喀则市	8度	0.20g	第三组	仁布县、康马县、聂拉木县
	8度	0.20g	第二组	拉孜县、定结县、亚东县
	7度	0.15g	第三组	桑珠孜区（原日喀则市）、南木林县、江孜县、定日县、萨迦县、白朗县、吉隆县、萨嘎县、岗巴县
	7度	0.15g	第二组	昂仁县、谢通门县、仲巴县
那曲地区	8度	0.30g	第三组	申扎县
	8度	0.20g	第三组	那曲县、安多县、尼玛县
	8度	0.20g	第二组	嘉黎县
	7度	0.15g	第三组	聂荣县、班戈县
	7度	0.15g	第二组	索县、巴青县、双湖县
	7度	0.10g	第三组	比如县
阿里地区	8度	0.20g	第三组	普兰县
	7度	0.15g	第三组	噶尔县、日土县
	7度	0.15g	第二组	札达县、改则县
	7度	0.10g	第三组	革吉县
	7度	0.10g	第二组	措勤县
林芝市	9度	0.40g	第三组	墨脱县
	8度	0.30g	第三组	米林县、波密县
	8度	0.20g	第三组	巴宜区（原林芝县）
	7度	0.15g	第三组	察隅县、朗县
	7度	0.10g	第三组	工布江达县

27　陕西省

附表 8-27

	烈度	加速度	分组	县级及县级以上城镇
西安市	8度	0.20g	第二组	新城区、碑林区、莲湖区、灞桥区、未央区、雁塔区、阎良区、临潼区、长安区、高陵区、蓝田县、周至县、户县
铜川市	7度	0.10g	第三组	王益区、印台区、耀州区
	6度	0.05g	第三组	宜君县
宝鸡市	8度	0.20g	第三组	凤翔县、岐山县、陇县、千阳县
	8度	0.20g	第二组	渭滨区、金台区、陈仓区、扶风县、眉县
	7度	0.15g	第三组	凤县
	7度	0.10g	第三组	麟游县、太白县

	烈度	加速度	分组	县级及县级以上城镇
咸阳市	8度	0.20g	第二组	秦都区、杨陵区、渭城区、泾阳县、武功县、兴平市
	7度	0.15g	第三组	乾县
	7度	0.15g	第二组	三原县、礼泉县
	7度	0.10g	第三组	永寿县、淳化县
	6度	0.05g	第三组	彬县、长武县、旬邑县
渭南市	8度	0.30g	第二组	华县
	8度	0.20g	第二组	临渭区、潼关县、大荔县、华阴市
	7度	0.15g	第三组	澄城县、富平县
	7度	0.15g	第二组	合阳县、蒲城县、韩城市
	7度	0.10g	第三组	白水县
延安市	6度	0.05g	第三组	吴起县、富县、洛川县、宜川县、黄龙县、黄陵县
	6度	0.05g	第二组	延长县、延川县
	6度	0.05g	第一组	宝塔区、子长县、安塞县、志丹县、甘泉县
汉中市	7度	0.15g	第二组	略阳县
	7度	0.10g	第三组	留坝县
	7度	0.10g	第二组	汉台区、南郑县、勉县、宁强县
	6度	0.05g	第三组	城固县、洋县、西乡县、佛坪县
	6度	0.05g	第一组	镇巴县
榆林市	6度	0.05g	第三组	府谷县、定边县、吴堡县
	6度	0.05g	第一组	榆阳区、神木县、横山县、靖边县、绥德县、米脂县、佳县、清涧县、子洲县
安康市	7度	0.10g	第一组	汉滨区、平利县
	6度	0.05g	第三组	汉阴县、石泉县、宁陕县
	6度	0.05g	第二组	紫阳县、岚皋县、旬阳县、白河县
	6度	0.05g	第一组	镇坪县
商洛市	7度	0.15g	第二组	洛南县
	7度	0.10g	第三组	商州区、柞水县
	7度	0.10g	第一组	商南县
	6度	0.05g	第三组	丹凤县、山阳县、镇安县

28 甘肃省

附表 8-28

	烈度	加速度	分组	县级及县级以上城镇
兰州市	8度	0.20g	第三组	城关区、七里河区、西固区、安宁区、永登县
	7度	0.15g	第三组	红古区、皋兰县、榆中县
嘉峪关市	8度	0.20g	第二组	嘉峪关市
金昌市	7度	0.15g	第三组	金川区、永昌县

续表

	烈度	加速度	分组	县级及县级以上城镇
白银市	8度	0.30g	第三组	平川区
	8度	0.20g	第三组	靖远县、会宁县、景泰县
	7度	0.15g	第三组	白银区
天水市	8度	0.30g	第二组	秦州区、麦积区
	8度	0.20g	第三组	清水县、秦安县、武山县、张家川回族自治县
	8度	0.20g	第二组	甘谷县
武威市	8度	0.30g	第三组	古浪县
	8度	0.20g	第三组	凉州区、天祝藏族自治县
	7度	0.10g	第三组	民勤县
张掖市	8度	0.20g	第三组	临泽县
	8度	0.20g	第二组	肃南裕固族自治县、高台县
	7度	0.15g	第三组	甘州区
	7度	0.15g	第二组	民乐县、山丹县
平凉市	8度	0.20g	第三组	华亭县、庄浪县、静宁县
	7度	0.15g	第三组	崆峒区、崇信县
	7度	0.10g	第三组	泾川县、灵台县
酒泉市	8度	0.20g	第二组	肃北蒙古族自治县
	7度	0.15g	第三组	肃州区、玉门市
	7度	0.15g	第二组	金塔县、阿克塞哈萨克族自治县
	7度	0.10g	第三组	瓜州县、敦煌市
庆阳市	7度	0.10g	第三组	西峰区、环县、镇原县
	6度	0.05g	第三组	庆城县、华池县、合水县、正宁县、宁县
定西市	8度	0.20g	第三组	通渭县、陇西县、漳县
	7度	0.15g	第三组	安定区、渭源县、临洮县、岷县
陇南市	8度	0.30g	第二组	西和县、礼县
	8度	0.20g	第三组	两当县
	8度	0.20g	第二组	武都区、成县、文县、宕昌县、康县、徽县
临夏回族自治州	8度	0.20g	第三组	永靖县
	7度	0.15g	第三组	临夏市、康乐县、广河县、和政县、东乡族自治县、
	7度	0.15g	第二组	临夏县
	7度	0.10g	第三组	积石山保安族东乡族撒拉族自治县
甘南藏族自治州	8度	0.20g	第三组	舟曲县
	8度	0.20g	第二组	玛曲县
	7度	0.15g	第三组	临潭县、卓尼县、迭部县
	7度	0.15g	第二组	合作市、夏河县
	7度	0.10g	第三组	碌曲县

29　青海省

	烈度	加速度	分组	县级及县级以上城镇
西宁市	7 度	0.10g	第三组	城中区、城东区、城西区、城北区、大通回族土族自治县、湟中县、湟源县
海东市	7 度	0.10g	第三组	乐都区、平安区、民和回族土族自治县、互助土族自治县、化隆回族自治县、循化撒拉族自治县
海北藏族自治州	8 度	0.20g	第二组	祁连县
	7 度	0.15g	第三组	门源回族自治县
	7 度	0.15g	第二组	海晏县
	7 度	0.10g	第三组	刚察县
黄南藏族自治州	7 度	0.15g	第二组	同仁县
	7 度	0.10g	第三组	尖扎县、河南蒙古族自治县
	7 度	0.10g	第二组	泽库县
海南藏族自治州	7 度	0.15g	第二组	贵德县
	7 度	0.10g	第三组	共和县、同德县、兴海县、贵南县
果洛藏族自治州	8 度	0.30g	第三组	玛沁县
	8 度	0.20g	第三组	甘德县、达日县
	7 度	0.15g	第三组	玛多县
	7 度	0.10g	第三组	班玛县、久治县
玉树藏族自治州	8 度	0.20g	第三组	曲麻莱县
	7 度	0.15g	第三组	玉树市、治多县
	7 度	0.10g	第三组	称多县
	7 度	0.10g	第二组	杂多县、囊谦县
海西蒙古族藏族自治州	7 度	0.15g	第三组	德令哈市
	7 度	0.15g	第二组	乌兰县
	7 度	0.10g	第三组	格尔木市、都兰县、天峻县

30　宁夏回族自治区

	烈度	加速度	分组	县级及县级以上城镇
银川市	8 度	0.20g	第三组	灵武市
	8 度	0.20g	第二组	兴庆区、西夏区、金凤区、永宁县、贺兰县
石嘴山市	8 度	0.20g	第二组	大武口区、惠农区、平罗县
吴忠市	8 度	0.20g	第三组	利通区、红寺堡区、同心县、青铜峡市
	6 度	0.05g	第三组	盐池县
固原市	8 度	0.20g	第三组	原州区、西吉县、隆德县、泾源县
	7 度	0.15g	第三组	彭阳县
中卫市	8 度	0.30g	第三组	海原县
	8 度	0.20g	第三组	沙坡头区、中宁县

31　新疆维吾尔自治区

	烈度	加速度	分组	县级及县级以上城镇
乌鲁木齐市	8 度	0.20g	第二组	天山区、沙依巴克区、新市区、水磨沟区、头屯河区、达阪城区、米东区、乌鲁木齐县[1]
克拉玛依市	8 度	0.20g	第三组	独山子区
	7 度	0.10g	第三组	克拉玛依区、白碱滩区
	7 度	0.10g	第一组	乌尔禾区
吐鲁番市	7 度	0.15g	第二组	高昌区（原吐鲁番市）
	7 度	0.10g	第二组	鄯善县、托克逊县
哈密地区	8 度	0.20g	第二组	巴里坤哈萨克自治县
	7 度	0.15g	第二组	伊吾县
	7 度	0.10g	第二组	哈密市
昌吉回族自治州	8 度	0.20g	第三组	昌吉市、玛纳斯县
	8 度	0.20g	第二组	木垒哈萨克自治县
	7 度	0.15g	第三组	呼图壁县
	7 度	0.15g	第二组	阜康市、吉木萨尔县
	7 度	0.10g	第二组	奇台县
博尔塔拉蒙古自治州	8 度	0.20g	第三组	精河县
	8 度	0.20g	第二组	阿拉山口市
	7 度	0.15g	第三组	博乐市、温泉县
巴音郭楞蒙古自治州	8 度	0.20g	第二组	库尔勒市、焉耆回族自治县、和静镇、和硕县、博湖县
	7 度	0.15g	第二组	轮台县
	7 度	0.10g	第三组	且末县
	7 度	0.10g	第二组	尉犁县、若羌县
阿克苏地区	8 度	0.20g	第二组	阿克苏市、温宿县、库车县、拜城县、乌什县、柯坪县
	7 度	0.15g	第二组	新和县
	7 度	0.10g	第三组	沙雅县、阿瓦提县、阿瓦提镇
克孜勒苏柯尔克孜自治州	9 度	0.40g	第三组	乌恰县
	8 度	0.30g	第三组	阿图什市
	8 度	0.20g	第三组	阿克陶县
	8 度	0.20g	第二组	阿合奇县
喀什地区	9 度	0.40g	第三组	塔什库尔干塔吉克自治县
	8 度	0.30g	第三组	喀什市、疏附县、英吉沙县
	8 度	0.20g	第三组	疏勒县、岳普湖县、伽师县、巴楚县
	7 度	0.15g	第三组	泽普县、叶城县
	7 度	0.10g	第三组	莎车县、麦盖提县

续表

	烈度	加速度	分组	县级及县级以上城镇
和田地区	7 度	0.15g	第二组	和田市、和田县[2]、墨玉县、洛浦县、策勒县
	7 度	0.10g	第三组	皮山县
	7 度	0.10g	第二组	于田县、民丰县
伊犁哈萨克自治州	8 度	0.30g	第三组	昭苏县、特克斯县、尼勒克县
	8 度	0.20g	第三组	伊宁市、奎屯市、霍尔果斯市、伊宁县、霍城县、巩留县、新源县
	7 度	0.15g	第三组	察布查尔锡伯自治县
塔城地区	8 度	0.20g	第三组	乌苏市、沙湾县
	7 度	0.15g	第二组	托里县
	7 度	0.15g	第一组	和布克赛尔蒙古自治县
	7 度	0.10g	第二组	裕民县
	7 度	0.10g	第一组	塔城市、额敏县
阿勒泰地区	8 度	0.20g	第三组	富蕴县、青河县
	7 度	0.15g	第二组	阿勒泰市、哈巴河县
	7 度	0.10g	第二组	布尔津县
	6 度	0.05g	第三组	福海县、吉木乃县
自治区直辖县级行政单位	8 度	0.20g	第三组	石河子市、可克达拉市
	8 度	0.20g	第二组	铁门关市
	7 度	0.15g	第三组	图木舒克市、五家渠市、双河市
	7 度	0.10g	第二组	北屯市、阿拉尔市

注：1 乌鲁木齐县政府驻乌鲁木齐市水磨沟区南湖南路街道；
　　 2 和田县政府驻和田市古江巴格街道。

32 港澳特区和台湾省

附表 8-32

	烈度	加速度	分组	县级及县级以上城镇
香港特别行政区	7 度	0.15g	第二组	香港
澳门特别行政区	7 度	0.10g	第二组	澳门
台湾省	9 度	0.40g	第三组	嘉义县、嘉义市、云林县、南投县、彰化县、台中市、苗栗县、花莲县
	9 度	0.40g	第二组	台南县、台中县
	8 度	0.30g	第三组	台北市、台北县、基隆市、桃园县、新竹县、新竹市、宜兰县、台东县、屏东县
	8 度	0.20g	第三组	高雄市、高雄县、金门县
	8 度	0.20g	第二组	澎湖县
	6 度	0.05g	第三组	妈祖县

参 考 文 献

[1] 建筑结构可靠性设计统一标准：GB 50068—2018 [S]. 北京：中国建筑工业出版社，2018.

[2] 荷载暂行规范：规结 1-58 [S]. 北京：建筑工程出版社，1958.

[3] 工业与民用建筑结构荷载规范：TJ 9—74 [S]. 北京：中国建筑工业出版社，1974.

[4] 建筑结构荷载规范：GBJ 59—87 [S]. 北京：中国建筑工业出版社，1989.

[5] 建筑结构荷载规范：GB 50009—2001 [S]. 北京：中国建筑工业出版社，2002.

[6] 建筑结构荷载规范：GB 50009—2012 [S]. 北京：中国建筑工业出版社，2012.

[7] 砌体结构设计规范：GB 50003—2011 [S]. 北京：中国建筑工业出版社，2011.

[8] 混凝土结构设计规范：GB 50010—2010（2015 年版）[S]. 北京：中国建筑工业出版社，2015.

[9] 钢结构设计标准：GB 50017—2017 [S]. 北京：中国建筑工业出版社，2018.

[10] 木结构设计标准：GB 50005—2017 [S]. 北京：中国建筑工业出版社，2017.

[11] 建筑地基基础设计规范：GB 50007—2011 [S]. 北京：中国建筑工业出版社，2011.

[12] 建筑抗震设计规范：GB 50011—2010（2016 年版）[S]. 北京：中国建筑工业出版社，2016.

[13] 高耸结构设计规范：GB 50135—2019 [S]. 北京：中国计划出版社，2019.

[14] 电子信息系统机房设计规范：GB 50174—2008 [S]. 北京：中国建筑工业出版社，2008.

[15] 建筑边坡工程技术规范：GB 50330—2013 [S]. 北京：中国建筑工业出版社，2013.

[16] 给水排水工程构筑物结构设计规范：GB 50069—2002 [S]. 北京：中国建筑工业出版社，2002.

[17] 门式刚架轻型房屋钢结构技术规范：GB 51022—2015 [S]. 北京：中国建筑工业出版社，2016.

[18] 人民防空地下室设计规范：GB 50038—2005 [S]. 北京：中国建筑工业出版社，2005.

[19] 电梯制造与安装安全规范：GB 7588—2003 [S]. 北京：中国建筑工业出版社，2003.

[20] 起重机设计规范：GB 3811—2008 [S]. 北京：中国建筑工业出版社，2008.

[21] 冷弯薄壁型钢结构技术规范：GB 50018—2002 [S]. 北京：中国计划出版社，2003.

[22] 建筑工程抗震设防分类标准：GB 50223—2008 [S]. 北京：中国建筑工业出版社，2008.

[23] 机械工业厂房结构设计规范：GB 50906—2013 [S]. 北京：中国建筑工业出版社，2013.

[24] 水泥工厂设计规范：GB 50295—2016 [S]. 北京：中国建筑工业出版社，2017.

[25] 锅炉房设计标准：GB 50041—2020 [S]. 北京：中国建筑工业出版社，2020.

[26] 冷库设计规范：GB 50072—2010 [S]. 北京：中国计划出版社，2010.

[27] 高层建筑混凝土结构技术规程：JGJ 3—2010 [S]. 北京：中国建筑工业出版社，2011.

[28] 高层民用建筑钢结构技术规程：JGJ 99—2015 [S]. 北京：中国建筑工业出版社，2016.

[29] 档案馆建筑设计规范：JGJ 25—2010 [S]. 北京：中国建筑工业出版社，2010.

[30] 剧场建筑设计规范：JGJ 57—2000 [S]. 北京：中国建筑工业出版社，2000.

[31] 建筑基坑支护技术规程：JGJ 120—2012 [S]. 北京：中国建筑工业出版社，2012.

[32] 轻钢轻混凝土结构技术规程：JGJ 383—2016 [S]. 北京：中国建筑工业出版社，2016.

[33] 图书馆建筑设计规范：JGJ 38—2015 [S]. 北京：中国建筑工业出版社，2015.

[34] 博物馆建筑设计规范：JGJ 66—2015 [S]. 北京：中国建筑工业出版社，2016.

[35] 城市桥梁设计规范：CJJ 11—2011 [S]. 北京：中国建筑工业出版社，2011.

[36] 公路桥涵设计通用规范：JTG D60—2015 [S]. 北京：人民交通出版社，2004.

[37] 水工混凝土结构设计规范：SL 191—2008 [S]. 北京：中国电力出版社，2008.

[38] 铁路桥涵设计基本规范：TB 10002—2017 [S]. 北京：中国铁道出版社，2005.

[39]　邮件处理中心工程设计规范：Q/YZ 005—2016 [S]. 北京：中国邮政集团公司，2016.

[40]　预应力钢结构技术规程：CECS 212：2006 [S]. 北京：中国计划出版社，2006.

[41]　建设部工程质量安全监督与行业发展司，中国建筑标准设计研究所. 全国民用建筑工程设计技术措施结构分册（2003）. 北京：中国计划出版社，2004.

[42]　中国建筑标准设计研究院. 全国民用建筑工程设计技术措施 结构分册（2009）[M]. 北京：中国计划出版社，2009.

[43]　预应力混凝土结构抗震设计标准：JGJ/T 140—2019 [S]. 北京：中国建筑工业出版社，2019.

[44]　但泽义. 钢结构设计手册 [M]. 4 版. 北京：中国建筑工业出版社，2019.

[45]　建筑结构静力手册编写组. 建筑结构静力计算手册 [M]. 北京：中国建筑工业出版社，1975.

[46]　陈希哲. 土力学地基基础 [M]. 3 版. 北京：清华大学出版社，1998.

[47]　罗福午. 单层工业厂房结构设计 [M]. 2 版. 北京：清华大学出版社，1990.

[48]　杨靖波，牛华伟，等. 单体山丘越山风流速变化试验研究 [J]. 结构工程师，2013，29（5）.

[49]　范重，曹爽. 汽车库等效均布活荷载取值问题研究 [J]. 建筑结构，2014，44（17）.

[50]　王明等. 高吨位消防车等效荷载取值研究 [J]. 建筑结构，2016，46（8）.

[51]　Handbook 3 Actions Effects For Buildings. Development of Skills Facilitatings Implementation of Eurocodes [M]. Aachen 10. 2005.

[52]　沙志国，沙安. 建筑结构荷载规范 GB 50009—2012 解读与应用 [M]. 北京：中国建筑工业出版社，2014.

[53]　王亚勇，戴国莹. 建筑抗震设计规范算例 [M]. 北京：中国建筑工业出版社，2006.

[54]　徐建. 工业建筑抗震设计指南 [M]. 北京：中国建筑工业出版社，2013.

[55]　徐建. 建筑结构设计常见及疑难问题解析 [M]. 2 版. 北京：中国建筑工业出版社，2014.

[56]　方鄂华. 高层建筑钢筋混凝土结构概念设计 [M]. 北京：机械工业出版社，2004.

[57]　国家标准建筑抗震设计规范管理组编. 建筑抗震设计规范（GB 50011—2010）统一培训教材 [M]. 北京：地震出版社，2010.

[58]　中国建筑科学研究院《建筑结构荷载规范》管理组. 建筑结构的荷载（建筑结构荷载规范宣讲材料）（内部资料）. 北京：1987.

[59]　国家标准《建筑结构荷载规范》管理组. 建筑结构荷载规范 GB 50009—2010 宣讲培训材料（内部资料）. 北京：2012.

[60]　沙志国，沙安，陈基发. 建筑结构荷载设计手册 [M]. 3 版. 北京：中国建筑工业出版社，2017.

[61]　克莱斯·迪尔比耶，斯文·奥勒·汉森. 结构风荷载作用 [M]. 薛素铎，李雄彦，译. 北京：中国建筑工业出版社，2006.

[62]　周恒毅. 雪荷载特性实测研究 [J]. 建筑结构，2014，44（17）.

[63]　张相庭. 结构风工程理论·规范·实践 [M]. 北京：中国建筑工业出版社，2006.

[64]　张相庭. 工程结构风荷载理论和抗风计算手册 [M]. 上海：同济大学出版社，1990.

[65]　张瑾，杨律磊. 动力弹塑性分析在结构设计中的理解与应用 [M]. 北京：中国建筑工业出版社，2016.

[66]　物流建筑设计规范：GB 51157—2016 [S]. 北京：中国建筑工业出版社，2016.

[67]　城镇燃气设计规范：GB 50028—2006（2020 年版）[S]. 北京：中国建筑工业出版社，2006.

[68]　服装工厂设计规范：GB 50705—2012 [S]. 北京：中国建筑工业出版社，2012.

[69]　空间网格结构技术规程：JGJ 7—2010 [S]. 北京：中国建筑工业出版社，2010.

[70]　Metal Building Manufacturers Association. Metal Building Systems Manual [M]. 2006 Edition. MBMA Ohio：2006.

[71]　龚思礼. 建筑抗震设计手册 [M]. 2 版. 北京：中国建筑工业出版社，2002.

[72] 烟囱工程技术标准：GB/T 50051—2021 [S]. 北京：中国建筑工业出版社，2021.

[73] 混凝土结构耐久性设计规范：GB/T 50476—2008 [S]. 北京：中国建筑工业出版社，2008.

[74] 工程结构通用规范：GB 55001—2021 [S]. 北京：中国建筑工业出版社，2021.

[75] 建筑与市政工程抗震通用规范：GB 55002—2021 [S]. 北京：中国建筑工业出版社，2021.

[76] 工程结构可靠性统一标准：GB 50153—2008 [S]. 北京：中国建筑工业出版社，2008.

[77] 建筑振动荷载标准：GB/T 51228—2017 [S]. 北京：中国建筑工业出版社，2018.

[78] 建筑楼盖结构振动舒适度技术标准：JGJ/T 441—2019 [S]. 北京：中国建筑工业出版社，2020.